생물학적
풍요

Biological Exuberance

생물학적 풍요

풍요

Biological Exuberance

Animal Homosexuality and Natural Diversity

성적 다양성과
섹슈얼리티의 과학

브루스 배게밀 지음

이성민 옮김

히포크라테스

"무성애, 동성애와 폴리섹슈얼을 다양한 종에서 관찰하고 모아낸 다채로움에 눈을 뗄 수가 없다. 저자는 생물학자들의 연구를 한데 모아 매우 정돈된 형태로 독자에게 전달한다. 독자의 수고로움을 한결 덜어주는 유용한 책이다.

저자는 본 책에서 한 인간이 가질 수 있는 상상력의 한계를 부수고 새로운 사회 구성을 꿈꾸기에 충분한 예시를 제공한다. 트랜스젠더 물고기와 동성 구애를 하는 흰기러기, 성행위 없이 동성 동반자로서 살아가는 코끼리, 대안적인 가족 구성원을 이루는 회색곰을 떠올려 보라.

이 책을 통해 다채로운 자연의 한 귀퉁이를 바라본다면 비로소 깨닫게 될 것이다. 이성애와 결혼이란 제도가 얼마나 지독하게 단순한지, 또한 얼마나 수많은 사람을 편견의 틀에 가두고 있는지."

위선희 • KAIST 원자력 및 양자공학과 의학물리 박사과정 수료,
ESC 젠더다양성위원회 위원장

"출간되자마자 그야말로 숙명적인 것으로 보이는 책이 있다. 『생물학적 풍요』는 바로 그러한 책이다. 무의식적인 유머의 걸작이자, 동물 동성애에 관한 진실이 과거에 억압된 방식에 대한 분개이며, 자연계에 풍부히 존재하는 동물 동성애에 관한 서사시다. 책장을 넘길 때마다 저항하기 힘든 흥미로 이 책은 대중의 즐거움에 많은 기여를 할 것이다."

《이브닝 스탠더드(런던)》

"『생물학적 풍요』는 동물학 연구에서 성관계와 생식을 동일시하는 연구가 만연하는 데 대한, 환영할 만한 해독제다. 이 책에는 풍부한 정보가 포함되어 있으며 범위와 깊이 면에서 정말 인상적이다. 배게밀은 이 복잡한 주제를 완벽히 정의하면서, 간단한 설명으로 끝내지 않고 풍부한 분석을 채택했다. 동물학에서의 동성애혐오와 이성애 중심주의에 대한 그의 대처는 용감하고 정직하다. 『생물학적 풍요』는 앞으로 수년 동안 동물의 비번식적 성행위 주제에 관한 결정적인 출처가 될 것이며 미래에 있을 이 분야 연구의 분수령이 될 것이다."

폴 L. 베이시 • 빅토르 콘드리아 대학교 동물학과 교수

"배게밀의 책은 생물학자나 동물학자가 자기들이 관찰 중인 동물이 온갖 종류의 부적절한 행위를 한다는 사실을 여러 해 동안 억누르거나 감추어 온 방법에 관해 설명하면서 웃음을 자아낸다. 그의 책은 성의 정치학에 대한 논쟁이나 동물학에서의 퀴어 현상을 넘어서는 것이다. 대신 배게밀은 인간의 성적 취향에 대한 최근 태도 변화의 혁명을 '자연의' 세계로 가져가고 있다."

《더 타임스 하이어 에듀케이션 서플먼트(런던)》

"배게밀의 기념비적인 책『생물학적 풍요』는 역설을 포용하며, 겉보기에 양립할 수 없는 바로 그 존재의 본질적 현상에 설득력 있는 논쟁을 시도한다. 과학 문학의 이정표다."

《시카고 트리뷴》

"이따금 어떤 작품은 세상에 나오면서 열렬한 신념을 불태우곤 한다.『생물학적 풍요』는 정확히 과학적 혁명은 아니겠지만 적어도 동물의 성, 궁극적으로 인간의 성 영역에서의 놀라운 패러다임 전환을 위한 밑거름이라고 할 수 있다. 말 그대로 이 책은 '자연'이라는 단어에 대한 우리의 모든 개념에 도전한다."

《기어》

"일반적인 통념의 한계를 밝혀주는 훌륭하고 중요한 도전인 이 책은 일반 독자와 전문가 모두에게 동물이 여러 가지 성적 지향을 가지고 있다는 예시를 철저하게 논증한다. 인간이 동성애를 받아들일 필요가 있다는 주장 대신 세계에 대한 포괄적이고 기념비적인 생물학 해석으로 승화시켰다."

《퍼블리셔스 위클리》

"생물학자 브루스 배게밀은 자연을 '커밍아웃'시켜서 다윈 시대 이후의 동성애 친화적인 세계로 이끌었다. 일반 독자는 글이 우아하고 설득력이 있고 매우 매력적이라는 것을 알게 될 것이다. 또한 성적 다양성을 기록한 사진과 삽화는 이 책을 독특하면서도 편하게 읽을 만한 책으로 만든다."

《워싱턴 블레이드》

"이 놀라운 책에서 브루스 배게밀은 동성애가 본질적으로 어디에나 존재한다는 것을 보여준다. 배게밀은 수십 년 전으로 거슬러 올라가는 방대한 양의 데이터를 활용하고 설득력 있게 해석한다. 그리고 고집스러운 주류 생물학계의 주장에 대해 기염을 토한다. 『생물학적 풍요』가 두세 권의 분량으로 구성되어 있다고 비판하는 것은 무시하라. 그중 하나만으로도 세상을 바꿀 만한 작품이기 때문이다."

《옵서버(런던)》

"E. O. 윌슨의 책을 읽는 것보다 훨씬 더 재미있다. 사회생물학의 태도에 대해 철저하게 연구한 반박이며, 다윈주의에서 빅토리아 시대의 관행을 뽑아내는 동시에, 질펀하고 풍부한 자연의 섭리를 좀 더 정확하게 이해하도록 뻣뻣하고 기계적인 진화 모델의 부족함을 보충한다. 나는 지난 10년 동안 생물학에서 이보다 더 자극적인 책을 읽어본 적이 없다."

피터 와셜 • 생물학자,《홀 어스》편집자

"『생물학적 풍요』에서 저자 브루스 배게밀은 모든 성적 지향을 포용하는 동물의 왕국을 묘사한다. 새끼 곰을 함께 키우는 암컷 회색곰 한 쌍에서부터, 부러워하는 다른 수컷을 쫓아버리고 밀회를 즐기는 수컷 사자들까지, 인간성을 닮은 복잡한 모자이크를 그리고 있다. 이 책을 통해 배게밀은 우리가 알고 있던 암수 한 쌍만이 탔던 이성애적인 노아의 방주 신화를 해체하여 먼지가 낀 진실을 밝혀준다."

《디 애드버킷》

"브루스 배게밀은 백과사전 같은 훌륭한 작품을 통해 자연의 동성애가 실제로 는 어떠한지를 보여준다. 이 목록도 흥미롭지만 그가 착수한 작업은 훨씬 더 매력적이다. 책의 전반부에서 배게밀은 마치 동물의 행동을 연구한 과학자들 이 해당 동물을 살펴보듯, 면밀하게 그 과학자들이 연구한 행동을 살펴본다. 우리는 선의의 과학자조차도 문화적으로 결정된 선입견을 어떻게 자신의 연 구에 도입하는가를 보게 된다. 축적한 자료의 양에 비추어 볼 때, 과학 분야 에서 그러한 동성애혐오에 부딪히면 배게밀이 글을 강력한 정치적 문장으로 바꾸어 자신의 자료를 인간에서 동성애 수용이 필요하다고 주장하는 데 사용 해도 놀라운 일은 아니었을 것이다. 하지만 그 대신 과학적 기록이 스스로 말 할 수 있게 만들었고, 결국 이는 어떠한 정치적 행위보다 더 강한 소리가 되 었다."

마이클 짐머만 • 생물학 박사, 『과학, 비과학, 넌센스』 저자

"이 주제는 선정적이므로 피상적이고 감각적인 대중 생물학으로 쉽게 흐를 수 도 있었다. 하지만 브루스 배게밀은 긴 분량의 학술적이며 다각적인 작품을 썼다. 점점 더 많은 사람이 자연과 거의 접촉하지 않는 도시 환경에서 자라는 시대에, 생물학자는 새로운 세대에게 자연의 풍요로움에 감탄할 수 있는 능력 을 전달하는 것이 중요하다. 저자의 작품은 동물의 성적 행동이 이와 동일한 풍요의 또 다른 표현일 수 있음을 보여주었으므로 감사와 찬사를 받을 자격이 있다."

엘리자베스 애드킨스-리건 • 코넬 대학교 동물학자/동물학과 교수

"배게밀은 동성애와 비非번식성 이성애에 관한 풍부한 정보를 수집했다. 이 주제를 가지고 학술적이면서도 쉽게 접근할 수 있도록 서술했다. 나는 동물의 성적 행동에 관심이 있는 사람에게 이 책을 추천한다."

《애니멀 비헤이비어》

"배게밀은 게이, 레즈비언, 양성애자, 트랜스젠더 동물의 삶에 관한 경이로운 책 한 권을 썼다. 매혹적이어서 나도 모르게 페이지를 넘기게 한다. 우리의 털북숭이 친구들이나 깃털을 가진 친구들이 펼치는 동성애 짝짓기와 성관계 사진으로 가득한 『생물학적 풍요』는 가장 재미있는 책 중 하나이자 올해 가장 읽을 만한 과학책 중 하나다. 당장 구입하라. 놀랍다."

barnesandnoble.com(공식 리뷰)

차례

II부 경이로운 동물 세계

야생의 동성애, 양성애 그리고 트랜스젠더의 모습

눈

만灣을 향한 커다란 창문에 눈이 쏟아지며
분홍색 장미와 대비되자 방이 별안간 다채로워졌다.
조용히 함께 있지만 같이 있으면 안 되는 것들이니
세상은 우리가 상상하는 것보다 더욱 놀랍다.

세상은 우리가 생각하는 것보다 기이하고 더 기이하다.
구제 불능의 다양함.
나는 귤을 까서 쪼개며 씨앗을 뱉다가
술에 취한 듯한 다채로운 세상을 느낀다.

그리고 세상을 향해 부글거리며 넘실대는 불길은
— 혀에서, 시선에서, 소문에서, 마주 잡는 손에서 —
기대한 것보다 훨씬 악의적이고 제멋대로다.
흰 눈과 커다란 장미 사이에는 유리보다 더한 무언가가 있다.

　　　— 루이스 맥니스

… 삼라만상의 창조물보다
단 한 번의 키스가 더 무궁무진할 수 있다.

　　　— E. E. 커밍스

우리가 경험할 수 있는 가장 아름다운 것은 신비로운 현상이다. 그것은 모든 진정한 예술과 과학의 원천이다. 더 이상 궁금하지 않거나 경외감에 빠져들 수가 없어서 이러한 감정이 낯선 사람은 죽은 사람과 다를 바가 없다. 그의 눈이 감겨 있기 때문이다.

— 알베르트 아인슈타인[1]

동물의 동성애와 트랜스젠더에 관한 책은 필연적으로 미완성일 수밖에 없으며 지금도 진행 중인 작업이다. 그 주제가 매우 방대하고 행동 유형이 아주 다양하며 관련된 종의 수가 너무 많아서 포괄적으로 살펴보려는 어떠한 시도도 성공한 적이 없다. 게다가 이 분야의 과학적 연구는 아직 초기 단계에 불과하다. 새로운 발전과 발견이 계속되고 있기도 하고, 알려진 적도 없고 아직 알 수도 없는 영역이 너무 많아서 완전성을 추구하려는 어떠한 시도라도 일찍 절망에 빠질 수 있기 때문이다.

이렇게 엄청난 도전임에도 불구하고 이 책은 주제에 대해 상당히 광범위한 최신의 설명을 제공하기 위해 노력했다. 또 다루는 분야의 범위를 좁히기 위해 특정한 척도를 선택했다. 예를 들어, 이 책에 실린 것처럼 과학적으로 문서화한 동성애 행위나 트랜스젠더의 사례만 다루었다. 이러한 문서에는 과학 저널이나 단행본에 게시된 보고서 또는 동물학자,

야생생물학자, 기타 훈련된 동물관찰자에 의해 직접 관찰한 내용이 포함되며 이는 가능할 때마다 여러 출처에 의해 확증되는 것들이다. 이렇게 하면 포함할 종의 수를 제한할 수 있고 (물론 의심할 여지 없이 더 많은 사례가 발생하지만 아직 문서로 만들어지지 않았으므로) 추가적인 논의의 기반이 되는 균일하고 검증 가능한 데이터 플랫폼을 설정할 수 있게 된다. 이 책은 주로 포유동물과 새에 초점을 맞추고 있다. 이는 다른 종류의 동물이 덜 흥미롭거나 덜 '중요'하기 때문이 아니고 단순히 공간과 시간의 제한으로 인해 모든 종을 다룰 수 없었기 때문이다. 이 두 그룹은 충분히 대표성이 있다고 여겨지며 내용에 들어갈 만큼 범위도 넉넉해 보인다. 어쨌든 다른 동물을 배제한 것은 임의적이라고 할 수 있다.

그러나 이러한 척도로 제한해도 여전히 엄청난 양의 지면이 필요하다. 이 책은 광범위한 종(거의 300종에 이르는 포유류와 새)에 대해 논의하는 것 외에도 2세기가 넘는 과학 연구를 바탕으로 하고 있다. 여기에 몇 줄의 문장으로만 보고된 결과라 할지라도 일부는 문자 그대로 생물학자들이 행한 일생의 작업을 나타내며, 이들은 흔히 한 가지 특정 종의 특정 집단에서, 한 유형의 행동에 관해 매우 구체적이고 복잡한 측면을 연구하는데 자신의 전체 경력을 헌신한 사람들이다. 이를 염두에 둔다면 이 책은 우리 주제에 대한 최종적이고 결정적인 선언이 아니라 더 많은 연구와 토론을 위한 시작 또는 서곡이라고 보아야 한다.

모든 동물의 동성애와 트랜스젠더에 대한 설명은 필연적으로 그 현상을 본, 인간의 해석에 대한 설명이라고 할 수 있다. 동물은 사람들이 할 수 있는 방식으로 직접 말할 수 없으므로 우리는 동물 행동을 바라보는 인간의 관찰에 의존해야 한다. 이것은 이 주제의 연구에 특별한 도전과 독특한 장점을 함께 제공한다. 장점이라면 성행위와 같은 특정 행동을 직접 관찰할 수 있다는 것인데(심지어 정량화할 수도 있다), 이는 흔히 사람들 간의 섹스에 관한 연구가 수행하기 매우 어렵거나 불가능하거나 비윤리적인 것(특히 낙인이 찍히거나 다른 형태의 성적 취향일 경우)과 대조된다. 반면에 도전이라면 우리는 동물 참가자의 속마음에 대해 깜깜한 상태라는 것이다. 결과적으로 데이터 수집과 해석 모두에서 인간 관찰자의 편견과 한계가 이 상황에서 가장 먼저 직면하는 문제가 된다. 여러 면에서 이는 사람들 사이의 동성애에 관한 (다른 문화나 다른 기간에 수행한 잘 알려진 역사적 또는 인류학적 연구를 포함한) 일부 연구에서 발생하는 문제와는 반대라고 할 수 있다. 사람이라면 흔히 자신의 성적 취향과 그것과 관련된 현상이 무엇을 의미하는지에 대해 개인에게 직접 또는 서면 기록으로 이야기할 수 있으므로 실제 성적 행동을 확인할 필요가 없이 감정 및 동기부여의 상태를 파악할 수 있다. 대조적으로 동물의 경우라면, 우리는 흔히 그들의 성적인 행동과 관련된 행동을 직접 관찰할 수 있지만 그 의미와 동기는 추론하거나 해석할 뿐이다. 그 결과 동성애와 트랜스젠더의 기능과 의미에 관한 수많은 논쟁을 불러일으키는 주장과 이론, 해석, 설명이 동물학 분야에서 제시되었고 지금도 계속해서 만들어지고 있다. 이 책은 동물의 행동과 삶에 초점을 맞추면서도 이러한 주제의 역사적이고도 인간적인 차원을 다루고자 한다.

또한 우리가 발견하는 독특한 역사적 순간은 가능한 한 전문가와 비전문가 모두를 대상으로 해야 했으므로 구성을 두 부분으로 나눠 책의 정보를 제공했다. 현재 비학문적인 일반 독자는 방대한 양의 과학 정보에 접근할 수 없으므로 이 책의 주요 목표는 정확성을 희생하거나, 논란이 되는 어려운 주제를 선정적으로 다루지 않으면서도 전문적인 결과를 제공하는 것이 된다. 그러나 이 주제에 대한 포괄적인 조사와 종합은 실제로 과학 문헌 내에서 아직 이용할 수 없으므로, 많은 동물학자는 이 주제의 많은 부분을 인식하지 못하고 있으며 심지어 훈련한 생물학자들 사이에서도 상당한 양의 잘못된 정보와 오해가 이 주제를 둘러싸고 있는 것이 현실이다. 그러므로 이 책은 과학계에도 흥미를 일으킬 것으로 보인다. 이 책은 주석과 참고문헌의 형태로 완전한 문서를 제공하며 광범위한 종에 대한 비교적 철저하고 상세한 내용을 포함하기 위해 모든 노력을 기울였다. 하지만 이러한 좀 더 전문적인 자료를 탐구하고 싶지 않은 독자라면 쉽게 건너뛸 수 있도록 구성했다.

학문적 독자와 비학문적 독자 모두를 위한 이와 같은 책에서 용어 문제는 특별히 어려운 문제였다. 나는 한편으로는 접근하기는 쉽지만 지나치게 의인화되거나 설명이 너무 장황한 용어와, 다른 한편으로는 보다 '중립적'이지만 고도로 기술적인 전문용어이거나 어색하게 돌려 말하는 용어 사이에서 적절한 지점을 찾으려고 노력했다. 특히 동성(애)homosexual(ity)과 같은 성same-sex이란 용어를 우선적으로 사용했다. 게이와 레즈비언이라는 단어는 (문화적, 심리적, 역사적, 정치적으로) 인간적인 의미를 내포하고 있어 부담스럽기도 하고 동물에 대해서는 적절한 사용으로 여겨지지 않을 수 있으므로 가급적 책에서 이러한 용어를 사용하지 않도록 주의했다(1장에서 다룬다). 예를 들어 동물과 그 행동을 구체적으로 언급할 때 게이라는 표현은 사용하지 않았고 레즈비언만 드물게 사용했다. 이는 동물 동성애가 명명된 문서 3,000개 이상의 사례 중에서 3% 미만으로 나타났다. 레즈비언이라는 단어를 썼다 하더라도 일반적으로 '암컷 동성(애)' 또는 '암컷 사이의 같은 성…'처럼 대체했을 때 그 표현이 반복적이거나, 번거롭거나, 기타 부적절하게 되는 경우에만 언어적 편의를 위해 사용했다.

그럼에도 불구하고 덜 '중립적'이거나 문화에 얽매인 용어를 사용하는 것에 대한 선례가 동물학 담론 내에서 확립되어 있다는 것을 인식하는 사실이 중요하다. 과학자들은 권위 있는 저널인 《네이처Nature》에 실린 세 가지의 개별적인 사례를 포함해 지난 25년에 걸쳐 여러 학술 출판물에서 게이와 레즈비언이라는 단어를 동물과 동물의 행동에 적용했다. 이 책『생물학적 풍요Biological Exuberance』에서와 같이 레즈비언이라는 용어는 게이보다 더 널리 사용된다. 예를 들어 초파리의 '레즈비언 암컷'(Cook 1975), 검은부리까치의 '레즈비언 쌍'(Baeyens 1979), '레즈비언'처럼 행동하는 침팬지(de Waal 1982), '게이' 흰기러기(Diamond 1989), 장다리파릿과Long-legged Flies의 '게이 구애'(Dyte 1989), 보노보의 '레즈비언 행동'(Kano 1992), 검은장다리물떼새의 '레즈비언 쌍'(Reed 1993), 꼬마홍학의 '레즈비언 암컷'(Alraun and Hewston 1997), 검은머리물떼새의 '레즈비언 교미'(Heg and van Treuren 1998) 등이 있는데 이는 3장을 참조하면 된다. 복장도착transvestism이나 성전환자(성전환)transsexual(ity)와 같은 기타 용어도 동물학 문헌에서사용하지만 인간에서의 의미와 크게 구별된 뜻을 가진다. 물론 이와 같은 용어를 남성/여성 모방male/female mimicry이나 순차적 자웅동체sequential hermaphroditism와 같은 다른용어로 부르기도 한다.

또한 의인화를 하지 않고 동물을 언급할 때 많은 사람이 동성애자homosexual라는 용어가 게이나 레즈비언보다 낫다고 생각한다는 점도 말하고 싶다. 이는 또한 매우 독특한 인간적인 의미를 내포한 문화 특유의 역사적 구성물이기도 하다. 자웅동체, 모방 등과 같은 다른 '중립적'이라고 알려진 용어도 마찬가지다. 사실 구애courtship, 부모parent나 양육parenting, 일부일처제monogamy, 입양adoption, 짝consort이나 배우자관계consortship, 이성애heterosexual, 수컷male 등 동물학 문헌에서 일상적으로 사용되는 다양한 용어는 인간에서와 동일한 의미를 가지고 있다. 게다가 동일한 용어로 분류된 행동이라도 동물 종간이나 종 안에서 변이의 범위는 때로 동물과 사람 간 행동의 차이 못지않게 크다. 즉 파리와 침팬지의 '어머니들mothers'(또는 '동성애 교미homosexual copulation') 간 차이는 침팬지와 인간의 '어머니들'(또는 '동성애 교미') 간 차이 못지않을 것이다. 그러나 이러한 용어는 주어진 단어가 다른 맥락에서 다양한 의미를 가질 수 있다는 것과 그러한 어휘가 동물학적 맥락에서 사용될 때 인간적인 의미를 특별히 암시하지 않는다는 이해를 가지고 사용할 것이다. 이 문제는 3장에서 더 자세히 논의되는데 나는 이러한 용어를 계속해서 사용하는 것에 대한 주의 깊은 근거를 제시할 것이다. 특히 의인화하거나 인간 중심적인 딱지로서 동성애자라는 단어를 사용한 것으로 추정되는 문헌과 동물학자들이 이 명칭조차도 활용하지 않으려는 역사적인 꺼림도 다룰 것이다.

또한 책에서 이러한 용어는 단독으로 사용하지 않았다. 동물에 적용할 때는 모든 용어설정의 의미를 명시적으로 같이 논의했는데, 여기에는 인간적 의미에 대한 명백한 부정이나 인간-동물 간의 부당한 비교를 만드는 부적절성에 대한 광범위한 고찰을 포함했다(2장 참조). 또한 동물학 문헌에서 이러한 단어를 사용한 선례나 모든 용어 선택에 내재한 문제, 동물의 이성애와 그 행동에 의인화된 용어설정과 묘사에 대해 광범위하게 사용되는 과학적 담론, 이 같은 여러 문제도 다루어 논의의 맥락을 맞추었다. 더욱이 가장 중요한 것은 아마도 『생물학적 풍요』에서 다루는 전문용어의 논쟁 자체가 역사성이 있다는 것, 그리고 과학계와 사회 전반에서 매우 특정한 문화적, 역사적 흐름을 반영하고 구현한다는 점을 말하고 싶다. 이 논쟁은 인간 동성애의 '적절한' 용어에 관해 시대를 따라 잡도록 논점을 요약해 줄 것이며, 동시에 과학적 담론 내에서 이러한 논쟁의 효과는 흔히 용어를 명확히 하지 못하고 오히려 그러한 용어로 인해 생겨난 현상에 매몰되는 것을 막아줄 것이다.

대부분의 동물 행동에 관한 용어, 특히 성적인 행동에 관한 용어는 문화적, 역사적 등으로 인간과 연관성이 있다. 이 상황에 직면했을 때 우리는 두 가지 선택을 할 수 있다. 하나는 생길 수 있는 편견을 피하고자 상대적으로 애매하고 다루기 힘든 완곡한 표현의 어휘를 구성하는 것이다.

그러나 필연적으로 그 목적에 미치지 못하게 된다. 다른 하나는 의미에 대한 신중한 조건과 역사적 맥락에 대한 이해를 가지고 이미 사용이 가능한 용어를 선택한 후 의인화로 인한 함축된 의미를 덜어내는 것이다. 『생물학적 풍요』에서는 후자를 선택했다.

　이 책은 서로 보완성이 있는 두 부분으로 구성되어 있다. 1부 '폴리섹슈얼, 폴리젠더의 세계A Polysexual, Polygendered World'는 동물의 동성애와 트랜스젠더의 모든 측면, 즉 다양성과 역사, 의미에 관한 광범위한 탐구를 제공한다. 2부 '경이로운 동물 세계A Wondrous Bestiary'는 동성애, 양성애, 트랜스젠더 동물의 프로필 일련을 보여준다. 책의 1부가 선형적이고 서술적인 진행을 따르는 반면, 2부는 비선형적인 참조 형식으로 구성되었다. 이 책의 두 부분은 동물 자체를 통해 연결되어 있다. 독자는 1부를 읽는 도중에 2부에서 자료가 수집된 특정 동물이 언급되면 언제든지 그 해당 프로필을 참조하여 설명을 보완할 수 있다. 자료가 수집된 종 또는 관련된 그룹의 이름은 2부 및 부록에 포함된 점을 나타내기 위해 대문자로 표시했다. 다른 접근 방법으로 일반적인 종간cross-species 조사나 분석, 역사적인 측면에 더 관심이 있는 독자는 거의 전적으로 1부에 집중할 수 있는 반면, 특정 동물에 대해 더 깊이 이해하려는 독자는 주로 2부에 집중할 수 있다. 이러한 이중 구조를 이용해 독자는 자신의 읽기 스타일에 맞는 다양한 방법으로 동물의 동성애와 트랜스젠더에 대한 정보에 접근할 수 있을 것이다.

　1장 '새와 벌'은 동물의 동성애와 트랜스젠더에 대한 광범위한 개요를 제공하며 이러한 용어로 다루는 모든 행동과 현상을 탐구한다. 동물과 인간의 동성애 비교는 2장 '인간 같은 동물, 동물 같은 인간'에서 다루는데, 비교의 타당성과 의미에 대한 논의를 먼저 포함한다. 또한 동물 집단 내에서 동성애의 사회문화적 차원을 조사하여 '자연 대 양육nature versus nurture' 논쟁의 잘못된 이분법을 폭로한다. 다음으로 동물 동성애에 관한 과학적 연구의 역사는 3장인 '야생의 동성애를 바라보는 지난 200년 간의 시선'에 기록되어 있다. 이 주제를 다루는 동물학 분야에서 우리의 이해를 자주 방해하는 현상에 대한 체계적인 편견을 다룬 문서도 이야 기한다. 4장인 '동물의 동성애에 대한 얼버무리기 설명'은 역사적 관점을 유지한 채로 동물의 동성애와 트랜스젠더의 '기능' 또는 '원인'을 해석하고 결정하려는 여러 시도를 검토한다. '설명'을 찾기 위한 대부분의 노력은 완전히 실패했거나 근본적으로 잘못된 길로 우리를 인도했다. 특히 동성애가 이성애 생식에 어떻게 이바지할 수 있는지 보여주려고 할 때 그렇다. 다음 장인 '새끼를 낳는 것이 전부가 아니다'에서는 동물의 삶과 성적 취향은 번식만을 중심으로 구성되지 않는다는 것을 보여준다. 동성애, 양성애, 이성애 및 트랜스젠더 동물이 번식과의 관계를 형성하는 다양한 방식 그대로, 비非번식적인 광범위한 이성애 활동도 하는 것을 설명하고 예시를 제공한다.

  1부의 마지막 장인 '새로운 패러다임 : 생물학적 풍요'에서는 우리가 자연계를 바라보는 방식에 대해 근본적인 재검토를 요구한다. 이 관점의 전환은 인류가 가지고 있는 또 다른 대안적 해석인 토착 문화가 보는 동물의 동성애와 트랜스젠더에 대한 전통적인 신념을 탐구하는 것으로 시작한다. 이러한 아이디어가 현대 과학 탐구와 연관된 방식에 특히 주의를 기울였다. 밝혀진 바와 같이 서양 과학은 원주민 문화에서 성별과 성적 취향 체계로부터 많은 것을 배울 수 있다. 이 장의 나머지 부분에서는 카오스 이론, 포스트다윈주의 진화 이론, 생물 다양성 연구 및 일반 경제 이론을 포함한 여러 '새로운' 과학의 종합을 제시했다. 마지막 장 전체에서 취해진 접근 방식은 설명이 아닌 탐색이다. 궁극적으로 이러한 종합은 동물의 동성애와 기타 비번식적 행동이 갑자기 '이치가 있어 보이는' 세계관으로 우리를 인도하다가도 여전히 역설적으로 '설명할 수 없는' 세계관으로 남아 있게 만든다. 이는 성별과 성적 취향에 대한 토착적인 관점과도 상당히 일치하는 세계관이다.

책의 후반부인 경이로운 동물 세계에서 독자들은 개미잡이Antbirds에서 얼룩말Zebras에 이르기까지 동성애, 양성애, 트랜스젠더 동물의 개별 프로필 일련을 볼 수 있다. 각 프로필은 한 종種이나 밀접하게 관련된 여러 종의 구두 및 시각적인 '순간 포착 사진'으로 독자가 동물을 '만나고' 자세히 '알게' 할 것이다. 2부는 두 개의 주요 섹션으로 나뉜다. 포유류와 새에 관한 것인데 각각은 해당 범주에 속한 동물의 공식적인 하위 그룹을 중심으로 구성했다. 예를 들어 포유류 섹션은 영장류, 해양 포유류, 유제류 등에 별도의 그룹을 포함한다. 그룹 각각의 프로필은 구애 표현에 대한 자세한 설명에서부터 동성애 행동 빈도의 통계, 동물 사회조직의 배경 정보에 이르기까지 모든 정보를 풍부하게 수록했다.

이 책은 주로 동물의 동성애와 트랜스젠더에 초점을 맞추고 있지만, 실제로 이러한 주제를 넘어 자연과 인간 사회의 훨씬 더 광범위한 양상으로 이동한다. 동물의 성적인 차이와 성별의 차이는 현재 많은 자연과학 및 사회과학에서 진행되고 있는 더 큰 패러다임의 변화를 상징하는 새로운 세계관의 열쇠를 제공한다. 이에 관한 논의는 동물의 동성애와 비非번식성 이성애에 관한 기본 사실, 즉 개별 동물 프로필에서 가장 완전하게 제시되는 정보에 뿌리를 두고 있다. 이를 사용하여 생물학이 자연계를 바라보는 방식 뒤에 숨겨진 가정을 드러내고, 토착 문화의 전통적인 지식과 현대 과학적 통찰력의 융합을 기반으로 새로운 관점을 개발하였다. 폭넓은 학제적 관점을 취함으로써 이야기는 과학적이고 문화적인 연구의 탄탄한 기반을 구축하여 세계를 보는 우리의 생각과 그 안에 위치하는 우리의 입장을 근본적으로 바꿀 수 있는 몇 가지 결론에 도달한다. 『생물학적 풍요』는 궁극적으로 생명 자체의 본질에 대한 명상이자 그것의 역설과 복수성pluralities에 대한 찬사다.

따라서 이 책은 동물의 행동에 대한 '사실'을 전달하는 것뿐만 아니라 어찌 보면 그들의 '시poetry'를 포착하는 것도 중요하게 생각했다. 자연의 아름다움과 신비는 다양한 형태로 발견할 수 있다. 그리고 자연의 아름다운 한 가지 특별한 형태는 동물계 전체에 걸친 성적 취향과 성별 표현의 다양성이다. 순수한 과학적 관점에서 흥미로울 뿐만 아니라, 이러한 현상은 우리의 가장 깊은 경이로움과 심오한 경외감을 불러일으킬 것이다.

세계의
동물
동성애
지도

🐒 영장류
🐋 해양포유류
🐐 유제류
🦁 식육목
🦘 유대류
🐿 설치류와 식충동물

🦆 수금류와 다른 물새류
🦩 다리가 긴 섭금류
🦅 섭금류
🐦 횟대류와 명금류
🐤 기타 새들

각 기호는 동성애 행동(구애나 성적인 행동, 짝 관계 형성, 공동양육)에 참가하는 해당 부류의 동물이 관찰된 장소를 나타낸다. 포유류와 조류 중 야생에서 과학자가 관찰한 것만 표시했다. 일부 기호는 하나로 표시했어도 여러 장소나 여러 종을 나타내기도 한다.

일러두기

1. 동물명은 가급적 국내에서 사용하고 있는 이름을 사용하거나 국립생물자원관 자료실, 세계 중요동식물일반명명감(전파과학사, 윤실 지음)을 따랐다. 국내에 없는 종은 학명이나 영어 명의 뜻을 살려 번역했다.

2. 1부에서 동물의 이름을 적을 때 2부의 프로필을 통해 등장하는 동물은 영명을 병기하지 않고 국명만 적었다. 부록의 동물명 조견표를 참고하면 해당 동물의 국명과 영명을 확인할 수 있다. 학명은 2부의 프로필에 있다.

3. 동물이 내는 소리나 울음은 원문의 설명과 인터넷이나 동영상의 해당 동물 소리를 참고하여 한국적으로 표현했다.

4. 본문 아래의 각주는 옮긴이 주다.

1부

폴리섹슈얼,
폴리젠더의 세계

제1장 새와 벌

우주는 우리가 상상하는 것보다, 아니 상상할 수 있는 것보다 기이queer하다.
— J. B. S. 홀데인(진화생물학자)[1]

중앙아메리카 열대 우림의 희미한 불빛 아래, 보석 같은 벌새들이 초목 사이를 날아다니다가 처음에는 수컷과 짝짓기를 하기 위해 그리고 이번에는 암컷과 짝짓기를 하기 위해 잠시 멈춘다. 고래는 북극의 어둡고 차가운 물을 미끄러지듯 지나가다가 장난처럼 광폭한 소용돌이와 물보라를 일으키며 수면으로 튀어 오른다. 그 암컷 고래의 가슴지느러미와 꼬리지느러미는 다른 암컷을 애무하고 있다. 아시아의 원시림 한 곳에서 두 마리의 수컷 원숭이가 서로의 품에 부드럽게 누워 잠을 청하고 있다. 텍사스의 반사막 지대에서는 한 무리의 사슴들이 조심스럽게 길을 찾고 있다. 각 개체는 전부 수컷이지만 완전한 수컷은 아니어서 중간 정도 성숙했고 벨벳 같은 뿔과 성체에 비해 작고 가는 체구를 가지고 있다. 뉴질랜드 야생동물 보호구역의 한 포구에서는 평생을 같이해 온 한 쌍의 암컷 갈매기가 새끼들을 함께 돌보고 있다. 북유럽의 황량한 툰드라 땅에서는 작은 깔따구들이 무리를 이루고 있는데 이는 수컷들이 공중에서 서로 짝짓기 활동을 하며 만드는 소용돌이다. 한 암컷 영양은 파트너 주위를 빙빙 돌면서 아프리카 사바나에서 행해지는 유구한 역사의 우아한 의식으로 다른 암컷에게 구애한다.

비록 홀데인J. B. S. Haldane이 자연계의 '기이함queerness'을 이야기할 때 꼭 동성애를 언급한 것은 아니겠지만 자신의 발언이 얼마나 적확한지는 자신도 거의 알지 못했다. 세상은 사실 각양각색의 동성애와 양성애, 트랜스젠더로 가득 차 있다. 미국 남동부 블루베리벌부터 전 세계 130여종의 조류에 이르기까지 문자 그대로 '새와 벌The birds and bees*'은 기이하다.[2]

모든 대륙에서, 같은 성의 동물들은 서로를 찾아 수백만 년 동안 그렇게 해왔다.[3] 그들은 영겁의 진화로 얻은 복잡하고 아름다운 짝짓기 춤을 사용하여 서로에게 구애한다. 수컷들은 서로를 애무하고 키스하며, 단순한 적대감과 공격성보다는 서로에 대해 부드러움과 애정을 보여준다. 암컷들은 오랫동안 지속하는 짝을 이루거나, 단지 섹스를 위해 잠깐 만나거나, 열정적인 포옹 속에서 구르거나, 한쪽이 상대를 마운팅하기도 한다. 같은 성별의 동물들이 둥지와 집을 함께 짓기도 하고, 많은 동성애 짝들이 이성의 구성원 없이 새끼를 기르기도 한다. 다른 동물은 정기적으로 바뀌는 양쪽 성별의 짝을 가지기도 하고, 어떤 동물은 심지어 남녀노소 모든 구성원 간에 성적 활동이 흔하게 일어나는 공동 집단에서 살기도 한다. 많은 생물체는 외모나 행동에서 수컷과 암컷의 특성이 교차하거나 결합하는 '트랜스젠더transgender'다. 이 믿을 수 없을 정도로 다양한 패턴 속에서 한 가지는 확실하다. 동물의 왕국은 단연코 이성애자만 있는 곳이 아니라는 것이다.

---

* The birds and bees는 성교육을 뜻한다. 성에 관해 물어보는 아이에게 부모가 새와 벌의 생식을 예로 들며 돌려 말하는 것에서 기원했다.

동성애 행동은 전 세계 450여 종의 다양한 동물에서 발생하며, 모든 주요 지리적 영역과 모든 주요 동물군에서 발견된다.[4] 그렇다면 동물 동성애가 한 가지 모습을 가진 획일적인 현상이 아니라는 것은 놀랄 일이 아니다. 어느 누가 논의하든 간에 동물에서 같은 성 간의 행동은 그 행동이 취하는 형태, 빈도 또는 이성애적 활동과의 관계에 있어서 상상할 수 있는 모든 변화를 보여준다. 이 장에서는 동물 동성애에 대한 광범위한 개요를 제시하며, 동물 동성애를 대안적인 성별과 성적 취향에 관련된 수많은 다른 현상other phenomena으로 보는 맥락에서 다룰 것이다.

동물 동성애의 다양한 형태

'동성애'는 대부분 사람에게 한 가지를 의미한다. 섹스가 그것이다. 그러나 같은 성별의 동물들이 흔히 서로 성적으로 상호작용하는 것은 사실이지만 이것은 단지 같은 성 사이에 나타나는 표현의 한 측면일 뿐이다. 동물 동성애는 광범위하고 다양한 활동 범위를 나타낸다. 이는 획일적이지도 않고 배타적인 성적 현상도 아니다. 이 섹션은 동물계에서 발견되는 모든 범위의 동성애 활동을 구애, 애정, 섹스, 짝결합, 육아의 5가지 주요 행동 범주로 분류하여 조사한다. 이러한 범주는 상호 배타적이지 않고 대개 서로 부지불식간에 섞이지만 동물의 왕국에서 벌어지는 동성애적 표현의 다양성을 소개하는 데 유용하다.

사용하는 용어의 선택은 적당하다고 본다. 이 책에서 이성애heterosexuality는 반대쪽 성을 가진 동물들 간의 구애, 애정 활동, 성적인 활동, 짝결합, 양육 행위로 정의하는 반면 동성애homosexuality는 같은 성의 동물들 사이에서 일어나는 위와 같은 동일한 활동으로 정의한다. 동성애자homosexual, 게이gay, 레즈비언lesbian이라는 용어를 사람들에게 적용할 때 이는 두 명의 남자 또는 두 명의 여자 사이에서 일어나는 특정한 행동이나, 그러한 활동의 일부 또는 전부를 포함하는 '정체성identity'을 가진 개인을 지칭할 수 있다. 하지만 정체성이라는 개념을 동물에게 부여하기가 적절하지 않기 때문에 이러한 용어는 동물이 관여하는 행동에 대해서나, 관련성이 있을 경우 같은 성의 동물에 대해 구애, 교미 그리고 짝을 이루는 활동을 하는 주된 '성적 지향orientation'을 가진 개체를 묘사하기 위해 남겨질 것이다. 더불어 게이와 레즈비언이라는 용어는 특별히 인간적인 의미를 지니기 때문에 일반적으로 동성애(자) 또는 같은 성same sex이라는 용어를 더 자주 사용할 것이다. 물론 이러한 단어들이 동물과 관련하여 사용될 때는 인간적인 의미와는 무관하게 특정한 의미가 있을 수 있고, 인간들 사이에서도 주류와는 다른 행위에 대한 포괄적인 용어로도 널리 사용될 수 있다는 점을 기억해야 한다. 특정 개체가 동성애와 이성애 활동을 모두 할 때 게이나 레즈비언 같은 단어들은 동물 자체가 양성애자bisexual로 지칭되는 동안의 (동물 파트너의 성별에 따라 결정되는) 특정한 행동을 묘사하는 것으로 제한한다.[5]

피루엣 댄스, 황홀한 과시 그리고 승리의 의식 : 구애의 패턴

동물들은 짝짓기를 하기 전에 잠재적인 파트너의 관심과 흥미를 끌기 위해 일련의 양식화한 동작과 행동을 수행하는데 이는 때로 복잡한 시각적 과시나 음향 과시의 형태로 나타난다. 이것은 구애 행동으로 알려져 있으며, 보통 한 동물이 장래의 짝에게 자신의 존재를 알리고 있거나 다른 개체에게 성적으로 관심이 있다는 것을 나타낸다. 만약 서로 관심이 있다면 이것은 짝짓기나 다른 성적인 활동으로 이어질 수 있고 어쩌면 짝을 형성할 수도 있을 것이다. 어떤 동물들은 이 특별한 구애 행동을 성적인 활동을 시작하기 위해서 또는 짝과 유대를 강화하기 위해서도 사용한

오스트레일리아의 숲에서 어린 수컷에게 구애하는 수컷 큰거문고새(앞)가 노래를 부르며 정교한 꼬리 깃털을 머리 위로 부채질하는 드라마틱한 '정면 과시full-face display'를 선보이고 있다.

다. 구애 행동은 동성애적 상호작용의 일반적인 특징으로서, 같은 성 간의 활동이 관찰된 포유류와 조류 중 거의 40%에서 발생한다.

같은 성 간의 구애는 일련의 현란한 형태를 취한다. 동물학자들은 흔히 극도로 놀라운 (대개 이성애적 상호작용의 일부이기도 한) 이 동물 행동을 기술적technical으로 지칭하기 위해 다양한 암시적 명칭을 사용한다. 많은 종은 부채꼴로 꼬리를 흔드는 암컷 산쑥들꿩의 '뽐내며 걷기'나 극락조와 큰거문고새의 화려한 곡예와 깃털 과시 또는 천축서과 동물의 '룸바rumba', '럼블rumble', '럼프rump', '리어rear'의 각 두운을 맞춘 연출 행동 같은 정교한 춤이나 움직임으로 과시한다. 안무가 있는 다른 행동의 경우 미묘한 포즈나 양식화한 자세 또는 움직임을 사용한다. 예를 들면 여러 유제류의 구애 과시에서 발견되는 앞다리 발길질이나 검은두건랑구르나 검정짧은꼬리원숭이의 '엉덩이로 유혹하기', 펭귄이 구애할 때의 의식적인 깃털 고르기와 절하기, 검은부리까치의 '갸우뚱하기'와 '구걸하기' 동작, 암컷 코알라의 '저킹'하기 그리고 개미잡이새류나 붉은부리갈매기와 웃는갈매기, 서부쇠물닭, 동부파랑새 등에서 같은 성이나 이성 간의 상호작용으로 행해지는 음식 선물의 의식적인 교환인 '구애 먹이주기courtship feeding' 등이 있다. 때로는 구애하는 두 수컷이 서로 동작이 일치하는 과시를 선보이기도 하는데 예를 들어 회색기러기와 검둥고니의 '승리의 의식', 훔볼트펭귄이나 임금펭귄의 '서로 열광하기'나 '찰싹거리기' 과시, 수컷 잔점박이물범과 범고래가 각각 선보이는 수중에서 나선형으로 헤엄치기, 마나킨 패거리들의 정교한 '등 위로 뛰어넘기'와 '공중제비' 구애 과시, 갈라 동성애 짝이 동시에 보여주는 날개 펼치기와 머리 흔들기 등이 있다. 많은 새들이 경탄을 자아내는 공중 과시를 하는데 그리폰독수리의 '일렬 비행', 안나벌새의 왕복 과시와 '급강하 폭격', 검은부리까치의 '체공 비행', 청다리도요의 '노래춤', 붉은목금란조의 '호박벌 비행'이 그 예다.

동물들은 때로 구애 활동에 특정한 공간적, 환경적 요소들을 이용하기도 한다. 특별한 구애 장소는 다른 성뿐 아니라 같은 성 간의 상호작용에도 사용된다. 수컷 부채꼬리뇌조의 '드러밍 통나무', 리젠트바우어새의 정교한 건축적 창조물 그리고 코브, 긴꼬리벌새와 같이 다양한 동물에서 발견되는 레크lek라고 알려진 전통적인 집단 또는 공동 과시구역이 이에 해당한다. 다른 종에서는, 아주 먼 거리까지 가기도 하는 극적인 추격이 같은 성 상호작용의 일부로서 나타난다. 청다리도요, 개꿩, 갈색제비, 푸른되새에서는 공중 추격이 일어나고 검은꼬리사슴, 치타, 채찍꼬리왈라비, 붉은발도요에서는 구애 중에 육상 추격전이 발생한다. 호주혹부리오리에서는 수중 추격전이 일어난다. 반면에 검은부리까치에서는 '깡총깡총 추격'이라고 알려진 구애 행태 쫓기가 땅과 공중 양쪽에서 일어난다. 아마도 이 중에서 가장 놀라운 것은 많은 종류의 새가 보여주는 빛과 관련된 과시일 것이다. 새들은 환경에서 햇빛의 특정한 특성이나 다른 밝은 물체를 이용하는 것을 고안하였다. 예를 들어 기아나바위새는 주변

빛의 정교한 상호작용과 (찬란한 오렌지색) 깃털의 반사 및 색채 그리고 자신이 위치한 숲의 기하학을 이용하여 자신의 가시성을 극대화하는 특별한 '빛의 환경'에 무대를 만들고 구애 과시를 한다. 안나벌새는 태양을 향해 정확하게 방향을 잡아 멋진 공중 상승의 궤적을 만든 다음 다이빙하여 극도로 멋진 깃털을 뽐낸다. 수컷이 자신의 관심 대상(수컷 또는 암컷)을 향해 휙휙 날아오르는 모습은 가까이 갈수록 강렬해지는 눈부신 잉걸불을 닮았다. 수컷 노랑가슴도요는 구애 무대에서 자신의 존재를 알리기 위해 북극 서식지 정오의 태양을 이용하는 날개 돋우기wing-raising 공연을 하며 과시한다. 멀리서 보면 각 새의 눈부신 하얀 속 날개는 어둑한 툰드라를 배경으로 희미한 늦은 밤의 햇빛을 반사하며 순간적으로 반짝여 다른 새들, 즉 수컷과 암컷 모두를 그들의 영역으로 끌어들이는 빛나는 깃발 신호가 된다.[6]

화려한 시각적 과시 외에도 동성애 구애는 거기에 대응하는 이성애 행동에서처럼 각양각색의 진정한 불협화음을 들려주기도 한다. 암컷 코브는 휘파람을 불고, 수컷 고릴라는 헐떡이며, 암컷 붉은쥐캥거루는 으르렁거리고, 수컷 인도영양은 짖으며, 수컷 점박이개미잡이새는 흥겹게 노래하고, 암컷 다람쥐원숭이는 가르랑거리며, 수사자는 앓는 소리를 내거나 흥흥거린다. 해오라기의 '꾸왁-콰하'하며 의례적으로 부르는 소리, 수컷 말코손바닥사슴의 '꺼어억꺽' 소리와 암컷 붉은여우의 '객객'과 '헥헥' 하는 소리, 서인도제도매너티 수컷의 '찍찍-끼익' 하는 소리, 망치머리황새가 '낑낑낑-부르르' 하며 호출하는 소리, 검은부리까치의 '꺄악'과 '왁자지껄'한 울음소리, 몇몇 히말라야원숭이 종에서 보이는 입술로 '쩝쩝' 하는 소리, 서부쇠물닭의 콧노래 소리, 수컷 치타의 '가르릉' 거리며 '쨱쨱' 하는 소리, 수컷 순록의 '흡입하는 푸르륵' 소리, 북극고래의 오래 지속하는 비명 소리는 동성 간의 구애와 연관된 상호작용 소리의 극히 일부에 불과하다. 때로 새 한 쌍은 회색기러기 수컷 쌍이 듀엣으로 서로 호출하는 울음rolling calls이나 수컷 카푸친새 쌍의 '무moo' 울음 같은 정확하게 동기화한 음성적인 과시를 선보인다. 몇몇의 경우에 구애 활동은 비非음성적인 소리나 특이한 방식으로 만들어지는 소리를 동반한다. 예를 들어 수컷 기아나바위새, 부채꼬리뇌조, 빅토리아비늘극락조, 붉은목금란조는 (소리를 낼 수 있는 깃털로 특별히 변형된 예도 있는) 날개를 치거나 부채질하여 독특한 휘파람 소리, 북소리, 박수 소리를 내기도 하고, 수컷 안나벌새는 과시 비행을 하는 동안 꼬리 깃털을 통과하는 공기로 인해 날카롭게 터지는 소리를 만들기도 한다. 동성 간의 구애 중에 가장 특이한 소리 중 어떤 것은 수중 동물에 의해 만들어진다. 바다코끼리는 지느러미발로 특별한 목주머니를 때려서 괴상한 금속성의 '종' 소리를 만들고 이빨을 딱딱 맞부딪쳐 캐스터네츠 같은 '두드리는' 소리를 만든다. 또 사향오리는 패들킥paddle-kick, 플롱킥plonk-kick 또는 휘슬킥whistle-kick 등 다양한 이름이 붙여진, 다리로 물을 차서 만드는 구애 물장구 소리의 완전한 레퍼토리를 가지고 있다. 마지막으로, 일부 돌고래들은 일종의 음파를 이용한 '전희foreplay'를 하는 것처럼 보인다. 수컷 대서양알락돌고래에서 생식기 윙윙거림genital buzz이라고 불리는 발성 유형을 이용한, 파트너 생식기 음파 진동 자극이 관찰된 것이다.

대부분의 종은 동성애와 이성애의 상호작용에 모두 동일한 구애 행동을 사용한다. 그러나 때로 같은 성 간의 구애에서는 이성 간의 과시에서 발견되는 동작과 행동의 일부만 나타나기도 한다. 예를 들어 캐나다기러기는 동성애적으로 서로 구애할 때 이성 간의 구애에서 발견되는 목담그기neck dipping 의식은 행하지만 짝짓기 후에 수컷과 암컷이 행하는 특별한 자세를 취하지는 않는다. 서부갈매기나 코브 같은 동물의 경우, 같은 성 간의 상호작용에서 얼마나 많은 구애 행위를 하는지는 개체마다 다르다. 어떤 개체는 전형적인 구애의 자세와 움직임 중 한두 가지만 보여주는 반면 다른 개체는 치밀한 구애의 모든 과정을 거친다. 이 중에서 아

어린 두 수컷 보노보가 키스하고 있다.

마도 가장 흥미로운 것은 동성애적 상호작용에서만 발견되는 특별한 구애 패턴을 가진 생물들일 것이다. 예를 들어 수컷 타조는 다른 수컷에게 구애할 때만 독특한 '피루엣 춤pirouette dance'*을 추고, 암컷 히말라야원숭이는 레즈비언 상호작용에서만 특유한 '숨바꼭질hide-and-seek'같은 구애 게임을 한다.

키스, 우즐, 네킹: 애정행위

같은 성의 많은 동물이 노골적이지 않은(성기가 직접 맞닿지 않는) 방식으로 서로 접촉하지만 그럼에도 불구하고 여전히 성적이거나 에로틱한 속

---

*   피루엣 : 발레나 피겨스케이팅에서 한 발을 들고 다른 발을 축으로 팽이처럼 도는 동작.

내는 가지고 있다. 이는 애정 활동affectionate activities이라고 일컬어지며, 동성애 활동의 어떤 모습을 보이는 동물의 거의 1/4에서 발견된다. 비록 이러한 행동들(털고르기, 포옹, 놀이 싸움)의 많은 부분이 다른 맥락에서 일어나지만 같은 성 간의 관계에서 서로의 에로틱한 본성은 대개 명백하다. 즉 두 동물이 눈에 띄게 성적으로 흥분할 수 있고 이 행위가 동성애적 교미나 구애의 앞뒤에 직접적으로 일어날 수도 있다. 애정 활동이 동성 짝 사이에서 일어나기도 한다.

애정 활동의 한 종류는 간단한 털고르기나 문지르기다. 수컷 사자들은 함께 섹스를 하기 전에 '머리를 문지르고' 서로 뒹군다. 회색머리큰박쥐와 흡혈박쥐 같은 박쥐들은 같은 성 간에 에로틱한 털고르기와 핥기를 한다. 큰뿔양 수컷은 뿔과 얼굴을 다른 수컷에게 문지르기도 하고 때로 성적으로 흥분한다. 고래와 돌고래는 몸통을 서로 비비기도 하고 가슴지느러미나 꼬리를 이용해 서로를 쓰다듬고 문지른다. 또한 유인원이나 히말라야원숭이, 개코원숭이와 같은 수많은 영장류는 성적 맥락이 있든 없든 둘 모두에서 빈번하게 서로를 애무하고 털 고르기를 한다. 훔볼트펭귄, 서부쇠물닭, 검은부리까치, 앵무새와 같은 몇몇 새들도 동성애적 상호작용이나, 짝 사이에 조류의 털손질에 해당하는 깃털 고르기에 열중한다.

또한 어떤 동물들은 서로 '키스'를 한다. 특히 수컷 아프리카코끼리, 암컷 히말라야원숭이, 수컷 서인도제도매너티와 바다코끼리, 암컷 흰등마멋, 수컷 산얼룩말이 동성애를 할 때는 모두 입, 코 또는 주둥이를 부딪친다. 심지어 검은부리까치와 같은 몇몇 새들도 같은 성 사이에서 구애의 하나로 서로 부리를 야금야금 쪼거나beak-nibbling '부리 비비기billing'에 열중한다. 영장류에서 키스는 (동성애와 이성애의 맥락 모두) 상응하는 인간의 활동과 놀랄 만한 유사성을 가질 수 있다. 다람쥐원숭이나 침팬지 같은 많은 종이 입과 입으로 접촉하는 반면 수컷 보노보끼리는 입을 벌려 혀를 상당히 자극하는 '열정적인' 키스를 한다.

수많은 원숭이와 유인원도 동성애적 맥락에서 같은 성 파트너에게 '꼭 껴안기hug'를 하거나 포옹을 한다. (대개 서로 바라보고 껴안지만 보노보와 버빗원숭이는 앞뒤로 서 있을 때도 서로 껴안는다.) 비영장류 중에서 암컷 병코돌고래는 동성애 활동 중에 서로를 움켜잡고, 수컷 서인도제도매너티끼리는 물속에서 서로 껴안으며, 회색머리큰박쥐는 상호 자극할 때 같은 성 파트너를 날개 막으로 감싼다. 같은 성 포옹의 놀라운 형태는 몽땅꼬리원숭이와 보넷원숭이에서 발견되는 '껴안고 자기sleeping huddle'다. 한 쌍의 수컷은 흔히 앞뒤 자세로 함께 잠을 자는데 한 수컷은 다른 수컷을 감싸 안고 심지어 자기 짝의 페니스를 붙잡기도 한다. 놀랍게도, 비슷한 수면 배열이 수컷 바다코끼리들 사이에서 나타난다. 흔히 같은 성 커플끼리나 혹은 여러 수컷이 '사슬chains'처럼 이어져 잠을 자고, 수면에 떠 있을 때면 다 같이 서로 앞뒤로 부딪치게 된다.

많은 포유류는 또한 에로틱한 속내를 가진 모의 전투나 '놀이 싸움play-fights'에 참가한다. 이러한 '전투battles'나 '경연contests'은 표면적으로는 공격적인 행동을 닮았지만 물리적인 폭력을 수반하지 않으며, 이들 종에서 공격적이거나 영역 지키기 행동을 하는 실제 사례와 분명히 구별된다. 예를 들어 수컷 아프리카코끼리들은 흔히 성적으로 흥분하여 의례적인 에로틱한 상아 박치기를 할 때 발기하기도 하고, 수컷 기린, 들소, 인도영양, 검은꼬리사슴과 같은 수많은 유제류는 놀이 싸움이나 의례적인 박치기를 할 때 서로 마운팅을 한다. 오랑우탄, 기번원숭이, 코주부원숭이 등과 같은 영장류 수컷들은 성적인 만남으로 발전할 수 있는 장난스러운 레슬링 시합을 하기도 하고, 수컷 오스트레일리아와 뉴질랜드바다사자도 같은 성끼리 마운팅이 동반된 놀이 싸움에 열중한다. 비록 놀이 싸움이 수컷 포유류들 사이에서 더 자주 일어나긴 하지만 암컷 치타들도 때로 같은 성 사이에서 구애의 하나로서 서로 '모의 싸움mock fighting'을 벌이기도 하며, 동성 커플인 암컷 갈라와 반달잉꼬는 부리로 장난스러운 '펜싱 시합'을 하기도 한다.[7]

다른 여러 형태의 애정이 어려 있거나 접촉하는 행동도 같은 성의 동물들 사이에서 일어난다. 때로 동물들은 부드럽게 서로의 귀(암컷 흰등마멋), 날개와 가슴(회색머리큰박쥐), 엉덩이(수컷 남부산캐비), 목(수컷 사바나개코원숭이)을 물어뜯거나 깨물거나 씹는다. 수컷 아프리카코끼리들은 코를 얽어매고, 암컷 일본원숭이들은 가끔 서로의 젖꼭지를 빨고, 수컷 검정짧은꼬리원숭이와 사바나개코원숭이는 다정하게 다른 수컷의 엉덩이를 쓰다듬거나 움켜잡는다. 한 쌍의 동물들(암컷 고릴라, 다람쥐원숭이, 일본원숭이, 수컷 샤망)이 서로 가까이 앉거나, 껴안거나, 함께 누워서 손을 만지거나 어깨에 팔을 얹기도 한다. 한편 수컷 하누만랑구르끼리는 뒤에서 등을 껴안고 앉는데 이때 한 수컷은 다른 수컷의 다리 사이에 앉고 파트너의 손은 그의 사타구니에 위치한다. 수컷 사자와 암컷 긴귀고슴도치는 파트너의 몸을 따라 자기 몸을 미끄러뜨리고, 수컷 북극고래, 범고래 및 회색바다표범은 상대의 몸에 자기 몸을 굴리며, 쇠고래와 보토의 같은 성 동반자는 서로를 지느러미로 부드럽게 만지면서 나란히 수영을 한다.

일부 동물들은 구애 및 성적 행동과 함께, 여러 유형의 애정 활동을 결합한 독특한 형태의 접촉방법을 개발했다. 수컷 기린들은 핥거나 냄새를 맡거나, 성적으로 서로에 의해 자극될 때 서로의 몸을 따라 목을 문지르는 '네킹necking'을 하는데 이는 놀이 싸움, 구애, 성적인 요소를 통합한 다각적인 활동이다. 기린과 다른 종에서 이러한 종류의 활동은 때로 둘 이상이 거의 '난교orgies'처럼 동시에 상호작용하며 신체를 접촉하는 것과 관련이 있다. 예를 들어 긴부리돌고래는 (동성과 이성이 모두 관여하는) 집단적인 상호 애무와 성적 행위의 시간인 '우즐wuzzles'*에 참여하고 서

---

* 우즐은 CBS에서 1985년 방영된 동물 애니메이션이다. 등장 캐릭터들은 각각 우즐

인도제도매너티는 커보팅cavorting[*]이라고 불리는 비슷한 종류의 '모두를 위한' 그룹 활동을 하는데 문지르거나 쫓거나 성적으로 상호작용하는 행동이 주로 나타난다. 새들 사이에서 망치머리황새, 도토리딱따구리 및 푸른배파랑새는 그룹의 여러 개체끼리나 같은 성끼리 또는 이성 파트너끼리 모두 참여할 수 있는 시합과 구애 활동을 의례화했다. 이러한 활동 중 일부 독특하고 과감하면서도 관능적이고 장난스러운 측면은 동물학자들이 여기에 붙여 묘사하는 용어에 적절히 나타난다. 사실 우즐이라는 용어를 과학 문헌에서는 이러한 행동을 기술적으로 지칭하는 의미로 사용한다. 하지만 실제로는 어느 해양 생물학자가 만든 기발한 단어로서 이 이름에 대한 엉뚱한 '어원'은 마치 루이스 캐럴^{**}이 지은 것처럼 보일 정도다. 우드홀 해양연구소의 W.E. 셰빌Schevill에게 이 행동에 관해 물었을 때 그가 망설임 없이 "글쎄? 내가 보기엔 우즐 같은데?"라고 말했던 것이다.[8]

마운팅, 디들링, 엉덩이 찧기 : 성적인 테크닉들

애정 활동은 흔히 (때로 불가피하게) 노골적인 성적 행동을 유발한다. 이 행동은 성기 자극과 관련된 두 개체 이상 동물 사이의 접촉으로 정의된다. 예를 들어 몽땅꼬리원숭이과 필리핀원숭이는 성적인 마운트를 하는 동안 같은 성 파트너에게 키스를 한다. 사실 마운팅mounting은 동성애 관계에서 발견되는 가장 일반적인 형태의 성행위다. 한쪽 동물은 이성 간의 교미와 비슷한 자세로 다른 쪽 동물 위에 올라타며 보통 뒤에서 올라타는 후배위 자세, 즉 한 동물이 다른 동물의 등에 올라타는 자세를

(wuzzle)이라고 불렸는데 이는 원래 '섞다'라는 뜻이다. 등장 우즐들은 사자별, 사슴 공룡처럼 키메라 같은 모습이었다.
* 커보트(cavort)는 '신이 나서 뛰어다니다'라는 뜻이다.
** 루이스 캐럴(Lewis Carroll) : 『이상한 나라의 엘리스』의 저자.

한 수컷 기린이 다른 수컷에 마운트하고 있다.

취한다. 포유류와 조류 종의 95% 이상이 수컷과 암컷의 동성애 상호작용을 위해 이 자세를 사용한다. 반면에 고릴라, 보노보, 흰손긴팔원숭이와 같은 일부 영장류 동물들은 얼굴을 마주 보는 자세를 사용하는데 이는 때로 이성애 관계보다 동성애 관계에서 더 흔하다. 배와 배를 접하는 교미는 돌고래의 동성애와 이성 간 상호작용의 표준이기도 하다. 가끔 암컷 동물들은 더 특이하거나 '창의적인' 마운팅 체위를 사용한다. 예를 들어 보노보, 몽땅꼬리원숭이, 일본원숭이는 때로 암컷이 반듯이 누운 자세나 반쯤 누운 자세로 관계하는데 한 개체가 다른 개체를 다리 사이에 두고 뒤에서 앉거나 상대의 '무릎'에 앉는다. 이 자세는 대면 자세에서도 가능하다. 이따금 암컷 혹멧돼지, 히말라야원숭이, 일본원숭이, 코알라, 몽골야생말 등은 암컷 파트너를 뒤에서 타지 않고 옆으로 올라탄다. 측면 마운트는 때로 이러한 종이나 (다른 종에서) 이성 간의 상호작용 중에도 일어난다. 일부 동물은 '뒤로backward' 하는, 즉 엉덩이를 머리에 마운팅하는 자세를 간혹 사용한다. 보토, 망치머리황새, 목도리도요, 서부갈매기 등이 이에 해당한다. 같은 성 간의 교류는 대부분 한 번에 두 마리만 참여하지만 집단으로 일어나는 성적인(그리고 구애) 활동은 셋이나 넷(기린, 사자) 또는 여섯 마리 이상(북극고래, 산양)의 파트너까지 참여한다. 이는 25개 이상의 종에서 볼 수 있다.

생식기 접촉의 실제 유형은 매우 다양하다. 수컷이 항문성교를 할 때 완전하게 삽입하는 것은 일부 종(예를 들어 오랑우탄, 히말라야원숭이, 들소와 큰뿔양)에서 발생하는 반면 다양한 유형의 암컷 간 삽입은 오랑우탄(질에 손가락을 삽입), 보노보(외음부에 발기한 클리토리스를 삽입), 병코돌고래와 긴부리돌고래(암컷의 생식기 틈에 가슴지느러미 또는 꼬리지느러미를 삽입)에서 레즈비언 상호작용 중에 발생한다. 상대 동물의 엉덩이에 단순하게 골반 찌르기pelvic thrusting를 하거나 생식기를 문지르는 것은 수컷이나 암컷이 동성애 마운트(북방물개, 사자, 코주부원숭이 등에서 발생)를 할 때 널리 볼 수 있다. 단순한 생식기 간의 접촉은 수컷의 페니스가 없는 종(서부쇠물닭이나 나무제비 같은 대부분의 새)에서 나타나는 동성애(와 이성애) 형태다. 더 특이한 형태의 수컷 동성애 접촉은 다양한 형태의 항문 외싸 삽입과 관련이 있다. 고래와 돌고래의 경우 수컷과 암컷 모두 생식기 틈genital slit 혹은 개구부를 가지고 있다. 자극되지 않을 때 수컷의 페니스는 이 구멍으로 이어지는 공간에 수납되어 있다. 북극고래, 병코돌고래, 보토의 동성애 활동에서는 간혹 한 수컷이 페니스를 다른 수컷의 생식기 틈에 삽입하기도 한다. 다른 특이한 형태의 삽입도 기록되어 있다. 수컷 보토는 때로 수컷 파트너의 분수공(머리 꼭대기에 있다!)에 페니스를 삽입하기도 하고, 수컷 오랑우탄은 심지어 다른 수컷의 페니스가 삽입할 수 있는 일종의 '구멍hollow'이나 오목한 곳을 만들기 위해 자기 페니스를 수축하는 것이 목격되기도 했다. 클리토리스를 문지르거나 다른 형태의 생식기 맞비비기tribadism가 암컷 보노보, 고릴라, 히말라야원 숭이 등에서 관찰된다. 몇몇 종의 수컷들은(예를 들어 흰손긴팔원숭이, 서인 도제도매너티, 쇠고래) 서로 페니스를 비비거나 상대의 몸에 문지른다. 수컷 보노보에서 상호 생식기 문지르기는 수컷이 팔로 매달린 채 발기한 페니스를 서로 문지르는 '페니스 펜싱'이라는 화려한 이름을 가진 활동 형태를 취하기도 한다.

다양한 종류의 구강성교 역시 여러 종에서 발생한다. 생식기를 실제로 빨기(보노보, 오랑우탄, 샤망, 몽땅꼬리원숭이의 수컷들끼리), 생식기를 핥기(침팬지, 긴귀고슴도치, 코브의 커닐링구스cunnilingus), 가는뿔산양과 흡혈박쥐에서의 페니스 핥기, 암컷 점박이하이에나와 수컷 치타의 생식기 핥기, 생식기를 입으로 물고 입으로 비비고 '키스'하기(암컷 고릴라, 수컷 사바나개코원숭이, 필리핀원숭이, 서인도제도매너티), 암컷 가지뿔영양과 마멋에서 생식기를 코로 쿵쿵거리며 냄새 맡기, 채찍꼬리왈라비와 붉은목왈라비에서 음낭 냄새 맡기가 이에 해당할 수 있다. 심지어 수컷 몽땅꼬리원숭이는 69체위에서 서로 펠라티오를 하기도 하고, (비록 보통 구강성교 때보다는 일반적으로 서로 생식기를 문지르거나 손으로 자극할 때 그러기는 하지만) 다수의 영장류 종(기번원숭이, 보넷원숭이, 검정짧은꼬리원숭이, 검은두건랑구르를 포함해서)의 수컷들은 때로 실제 파트너의 정액이나 자기 정액을 먹거나 삼키기도 한다.[9] 남부산캐비와 붉은쥐캥거루는 가끔 같은 성(그리고 이성) 파트너들끼리 핥고, 코로 비비고, 쿵쿵거리며 냄새를 맡는 데 열중한다. 또 다른 종류의 '구강'을 이용한 성적인 활동이 병코돌고래나 긴부리돌고래의 수컷과 암컷 모두의 사이에서 일어나는데 이는 생식기 밀기beak-genital propulsion라고 불린다. 즉 한 동물이 다른 동물의 생식기 구멍에 주둥이나 '부리'를 삽입하고 수영하는 동안 파트너를 앞으로 밀며 자극한다. 이와 비슷한 행동이 범고래에서 나타나는데 주둥이로 생식기를 비비거나 만지는 방식이고 이는 부리-생식기 지향beak-genital orientation이라고 알려져 있다.

동성애 상호작용 중에 발견되는 또 다른 형태의 활동은 자위masturbation인데 한 동물이 손가락, 손, 발, 지느러미 또는 다른 부속물로 자기 생식기나 짝의 생식기를 자극한다. 예를 들어 수컷 사바나개코원숭이는 흔히 다른 수컷의 생식기를 만지거나 움켜쥐거나 애무하고(이 행위는 디들링diddling*이라는 걸맞은 용어로 알려져 있다), 수컷 병코돌고래와 서인도제도매너티는 때로 다른 수컷의 페니스를 지느러미로 문지른다. 수컷 히말라야원숭이와 검정짧은꼬리원숭이, 암컷 고릴라, 수컷 흡혈박쥐, 암컷 코주부원숭이, 수컷 바다코끼리는 때로 같은 성의 다른 동물과 마운팅이나 애무를 할 때 혹은 성적인 관계를 할 때 자위를 한다. 암컷 검정짧은꼬리원숭이는 나란히 누워서 69체위로 상호 자위행위를 하는 반면 수컷 보넷원숭이와 몽땅꼬리원숭이는 서로 자위를 해주고 심지어 서로의 음낭을 어루만지기도 한다. 이 종들의 다른 형태의 상호 자위에는 두 마리의 수컷이 서로 등을 맞대고 다리 사이에 서로의 생식기를 애무하는 행위도 포함된다. 보노보와 침팬지 각 개체는 흔히 엉덩이를 맞댄 체위로 항문과 생식기 부위를 함께 문지르는데 동물학자들은 이 행위에 '엉덩이 문지르기rump-rubbing'나 '엉덩이 찧기bump-rump'라는 이름을 붙였다. '손'을 이용한 자극의 다른 특이한 형태로는 암컷 코끼리들의 코를 이용한 상호 생식기 자극과 수컷 침팬지, 샤망, 필리핀원숭이의 손가락 자극과 삽입을 들 수 있다.

---

* 디들링은 '앞뒤로 빠르게 움직이다'라는 뜻이고, 속어로는 '자위하다'라는 뜻도 있다.

배우자, 위성형 그리고 삼두체

: 같은 성 짝mates이나 커플 형성pair-bonding

야생동물들은 흔히 같은 성별을 가진 동물들끼리 의미 있는 커플 관계를 형성한다. 동성애 커플 결합은 여러 가지 형태를 취한다. 서로 성관계나 구애 활동을 하는 '파트너partners'와, 서로 유대를 맺고 있지만 반드시 노골적인 성행위를 하는 것은 아닌 '동반자companions'의 두 가지 범주로 구분할 수 있다. 동성애 활동이 일어나는 포유류와 조류의 1/3 이상이 적어도 이러한 형태의 같은 성 결합 중 하나를 가지고 있다. '파트너 관계partnership'의 전형적인 예는 짝을 이룬 쌍으로서, 같은 종에서 이성애적으로 짝을 이룬 동물과 동등한 방식으로 서로 강하게 결합해 있는 두 개체를 말한다. 파트너들은 직접 구애, 성적인 행동 및(또는) 육아 행동에 관여한다. 대개 상당한 시간을 함께 보내고 비슷한 활동을 같이 한다. 이는 주로 조류(70종 이상의 다른 종)에서 발견된다. 이성 간의 짝 형성은 일반적으로 다른 동물 그룹에서는 드물지만 깃털을 가진 동물에서는 전형적인 현상이기 때문에 놀라운 일은 아니다. 수컷 동성 커플은 검둥고니와 붉은부리갈매기 등에서 볼 수 있고, 암컷 동성 커플은 장다리물떼새와 은갈매기 등에서 찾아볼 수 있다. 포유류에서 파트너 관계는 다양한 형태를 취한다. 예로 암컷 히말라야원숭이와 일본원숭이의 '배우자 관계consortships', 몽땅꼬리원숭이와 필리핀원숭이의 '성적인 우정 관계sexual friendships', 수컷 들소 사이의 '보살핌 관계tending bonds' 그리고 수컷 보넷원숭이와 사바나개코원숭이, 치타 사이의 '연합 관계coalitions'를 들 수 있다. 일부 동물들은 꼭 같은 성 간의 결합을 형성하지는 않으면서도 다른 개체에 비해 더 자주 상호작용하는 경향이 있는 성적 파트너나, 애정 어린 파트너를 가지는 것을 '선호preferred'하거나 '좋아favorite'한다. 이것은 보노보, 고릴라, 범고래, 남부산캐비에서 여실

짝이 된 캐나다기러기 암컷 한 쌍

히 볼 수 있다.

많은 형태의 같은 성 파트너 관계는 배타적이거나 일부일처[*] 관계이며, 파트너들은 심지어 외부 개체(예를 들어 수컷 고릴라, 암컷 일본원숭이, 수컷 사자)의 침범으로부터 자기 짝을 적극적으로 방어하기도 한다. 수컷 고릴라와 푸른날개쇠오리에서와 같이, 같은 성의 동물들도 동성애 파트너의 관심을 얻기 위해 서로 경쟁하기도 한다. 암컷 오랑우탄, 일본원숭이, 반달잉꼬는 심지어 '선호하는' 암컷 파트너를 위해 수컷들과 경쟁할 수도 있다. 그러나 일부 파트너 관계는 '개방적open'이거나 비非일부일처 관계다. 예를 들어 암컷 보노보와 히말라야원숭이는 여러 다른 '좋아하는' 파트너 또는 배우자(양성 모두)와 성관계를 맺을 수 있다. 회색기러기, 웃는갈매기, 훔볼트펭귄, 홍학의 동성애 쌍에 속한 수컷은 때로 자기 짝이 아닌 다른 새(수컷 또는 암컷)와 '난혼제promiscuous' 교미를 하기도 한다(이러한 종의 이성애 짝은 동시에 때로 비일부일처 관계다). 갈매기와 다른 새의 레즈비언 쌍들 사이에서는 다른 형태의 비일부일처 관계가 발생한다. 즉 한 마리 또는 두 마리 암컷 모두 때로 수컷과 짝을 이루는데, 그

---

[*] 일부일처제(monogamy)라는 표현은 인간의 독특한 문화풍습인 결혼 관계가 내포된 단어이므로 우리나라에서는 동물 간의 짝결합에 일웅일자(一雄一雌)라는 표현을 엄격히 사용해 의인화를 피하기도 한다. 동물에서 인간의 혼인풍습 용어를 사용하는 것은 3장의 주석 41번을 참고하라.

러는 동안에도 같은 성 짝은 유지한다. 그 결과로 이 암컷들은 알을 수정하고 부모가 된다.

동성애 짝의 두 번째 주요 유형은 '동반자 관계companionship'다. 같은 성을 가진 두 동물은 서로 유대감을 가질 수 있다. 흔히 대부분의 시간을 이성을 배제한 채 함께 보내지만 반드시 서로 구애나 성적인 활동으로 간주할 만한 일을 하는 것은 아니다. 예를 들어 나이가 더 많은 아프리카코끼리는 때로 어린 '수행원attendant' 수컷과 오래 지속하는 관계를 형성한다. 이 둘은 무리와 떨어져 외로이 지내는데 다른 코끼리들과 비교하여 거의 항상 둘만의 시간을 가지며 서로 돕는다. 그러면서도 이성애적인 활동은 전혀 하지 않는다. 수컷 카푸친새 동반자들은 함께 과시하고 여행하며 때로는 서로 '집home'(과시 무대에서 떨어져 시간을 보내는 곳인 은신처로 알려진 특별한 횃대)을 공유하기도 한다. 같은 성 간의 이와 유사한 관계는 오랑우탄, 쇠고래, 회색곰, 흡혈박쥐, 큰거문고새를 포함한 다른 많은 종에서 발견된다. 같은 성별의 어린 수행원들은 수컷 말코손바닥사슴에서는 위성형satellites으로 알려져 있고, 수컷 바다코끼리에서는 그림자shadows로 불리며, 수컷 하누만랑구르에서는 듀오duos, 암컷 혹멧돼지에서는 노처녀spinsters라고 일컫는다. 참고로 혹멧돼지 동반자들은 꼭 둘 사이만이 아니고 때로 다른 수컷이나 암컷과도 성적인 활동을 하므로 그 명칭은 잘못 붙여진 이름일 수도 있다.

때로 두 마리 이상의 동물들이 서로 결합해 '트리오trio'를 형성한다. 이는 파트너 관계일 수도 있고 동반자 관계일 수도 있다. 이 조합은 암컷 북미갈매기, 수컷 아프리카코끼리, 흰꼬리사슴, 붉은부리갈매기 사이에서 가끔 일어나는 것처럼, 서로 유대 관계에 있는 세 마리의 같은 성별 동물로 구성되기도 한다. 트리오는 두 마리의 암컷과 한 마리의 수컷(캐나다기러기, 바다갈매기, 갈까마귀) 또는 두 마리의 수컷과 한 마리의 암컷(회색기러기, 검둥고니, 집단베짜기새)으로 구성된 양성애 그룹인 경우도 있다. 검은머리물떼새에서는 이 두 가지 형태가 모두 나타난다. 이러한 양성애자 트리오의 형태에서 같은 성의 두 동물 사이에는 중요한 유대감과 구애 그리고(또는) 성적인 행동이 있게 된다. 이는 같은 성의 두 동물이 반대 성의 한 개체와는 유대를 형성하지만 같은 성끼리는 데면데면한 사이인, 이성애 트리오끼리의 비슷한 관계와 구별할 수 있다. 강한 유대로 맺어진 수컷 회색기러기나 암컷 회색곰의 같은 성 트리오는 삼두체triumvirates라고도 불리며, 홍학의 양성(그리고 동성) 트리오는 삼합체triads라고도 부른다. 몇몇 종에서 네 마리의 개체 사이에 동성애와 이성애의 동시 결합을 포함하는 '사인조quartets'가 가끔 발생한다. 예를 들어 회색기러기와 붉은부리갈매기에서는 세 마리의 수컷과 한 마리의 암컷이 때로 서로 결합하고, 갈라에서는 두 마리의 수컷과 두 마리의 암컷이 사인조 내에서 다양한 결합을 맺는 것을 볼 수 있다.

동성애 커플 결합은 유형뿐만 아니라 그 기간도 다양하다. 같은 성 결합이 얼마나 지속하는지는 대개 해당 종의 이성 결합 패턴에 달려 있다. 예를 들어 회색기러기는 평생 동안(혹은 연속되는 수년 동안) 짝을 유지하는데 수컷 쌍도 일반적으로 오래가거나 평생 이어지는 관계를 맺는다. 반면 들소는 이성애건 동성애건 며칠 혹은 몇 시간만 유대 관계를 유지한다. 어떤 경우에는 수컷 점박이개미잡이새처럼 장기적인 커플 결합은 1년 내내 지속하는 관계가 되기도 한다. 이는 계절적 관계와 대비된다. 예를 들면 갈매기 종들 중 어떤 암컷은 짝짓기 시즌이 되면 동일한 암컷과 다시 짝을 짓는다. 일부 종에서 동성애 쌍은 이성애 쌍보다 짧은 기간 유지되기도 한다. 예를 들어 붉은부리갈매기 수컷 커플은 이성 커플보다 더 쉽게 이혼*하는 것처럼 보인다. 그러나 많은 경우에 동성애 커플, 특히 동반자 관계는 그들의 안정성과 지속기간에서 실제로 이성애 커플을

---

* 동물에서 인간의 문화적 풍습인 혼인과 관계된 '이혼'이라는 단어를 사용하는 것에 대해서는 3장의 주석 41번을 참고하라.

능가한다. 사자와 코끼리 중에는 수컷 동반자들 사이의 유대는 이성애적인 결합(이들과 많은 다른 종에서 짝짓기를 넘어서는 거의 존재하지 않는 것)보다 더 친근하고 더 오래 지속한다. 또 회색기러기의 수컷 한 쌍은 흔히 이성애 쌍보다 더 강하게 결합하고 있다. 일본마카크원숭이 암컷들 사이의 배우자 관계는 이 종 대부분의 이성 관계와는 달리 때로 1년 내내 지속하는 우정으로 발전하기도 한다. 사실 유일한 커플 결합이 이성애가 아니라 동성애인 수많은 동물이 있다. 예를 들어 수컷 병코돌고래는 서로 평생 파트너 관계를 맺지만 이 종의 수컷과 암컷은 일반적으로 서로 전혀 짝을 짓지 않는다. 흔히 동반자 관계의 모습을 취하며, 반대 성 짝이 아닌 같은 성 짝을 형성하는 다른 동물로는 사향소, 엘크, 흰꼬리사슴, 치타, 동부회색캥거루, 붉은다람쥐, 카푸친새가 있다.

무시무시한 아비들과 평균을 초월한 어미들 : 동성애 양육

많은 종(특히 새)의 같은 성 쌍들은 함께 새끼를 기른다. 동성애 쌍은 유능한 부모일 뿐만 아니라 때로 그들이 낳은 알의 수, 둥지의 크기 혹은 그들의 양육 기술과 정도에서 이성애 쌍을 실제로 능가한다. 그러한 동물이 동성애 관계에 있다면 어떻게 처음부터 자손을 가질 수 있었을까? 이를 해결하려 다양한 전략을 동원한다. 예를 들어 파트너 중 한 마리 또는 두 마리가 함께 키우는 어린 자녀의 생물학적 부모가 되는 몇 가지 방법이 이에 해당한다. 이 유형의 가장 일반적인 양육 방식은 여러 기러기, 제비갈매기, 거위 종의 레즈비언 쌍에서 발견된다. 즉 한 암컷 또는 두 암컷 파트너가 임의의 수컷과 교미하여 알을 수정하는 것이다. 암컷과 수컷(본질적으로 동성애 쌍의 '정자 기증자') 사이에 유대감이나 장기적인 관계는 형성되지 않으며, 새끼들은 수컷 부모의 도움을 전혀 받지 않고 암컷이 공동으로 양육한다. 그러나 암컷 새는 수정 여부와 관계없이

수컷 홍학 한 쌍이 위탁받은 새끼를 보살피고 있다.

알을 낳을 수 있으므로 레즈비언 쌍의 각 파트너는 일반적으로 수컷과 짝을 이루지 않더라도 둥지에 알을 가득 채운다. 결과적으로 암컷 동성 애 쌍은 흔히 평균초월 알둥지supernormal clutches라고 불리는 것을 만든 다. 즉 이성애 쌍의 둥지에서 일반적으로 발견되는 알 수數의 2배가 된 다.[10]

때로 이미 새끼를 낳은 두 마리의 암컷 동물이 힘을 합쳐 서로 유대를 맺고 새끼를 동성 가족 단위로 키우기도 한다. 포유류 중에서 암컷 협력 부모는 서로의 새끼에게 젖을 먹일 수도 있다. 이는 회색곰, 붉은여우, 흑멧돼지, 남부산캐비, 쇠검은머리흰죽지, 산쑥들꿩에서 발생한다. 이성 애 쌍은 이러한 종에서 형성되지 않으며 따라서 대부분의 새끼는 단일 암컷에 의해 자란다는 점을 주목해야 한다.[11] 일부 종에서는 번식하지 않는 동물이 (단일) 번식 동물과 결합하여 새끼를 키우는 데 도움을 준 다. 이런 모습은 다람쥐원숭이, 북방코끼리바다표범, 갈까마귀(젊은 싱글 암컷과 과부 암컷이 짝을 이룰 때) 그리고 아메리카레아(한 수컷이 다른 수컷 의 알을 품고 새끼를 함께 키울 때)에서 발생한다. 대부분의 이러한 집단번 식 방식(동성애 짝과 반대되는 개념으로서)에서 맺어진 공동 부모 사이에 명백한 구애 또는 성적인 활동이 반드시 일어나라는 법은 없다. 하지만 일부 종(예를 들어 다람쥐원숭이, 북방코끼리바다표범, 에뮤, 산쑥들꿩)에서는 동성애 활동이 다름 아닌 바로 그 공동 부모 사이에서 발생한다. 또 다른 새(예를 들어 회색기러기, 바다갈매기, 검은머리물떼새)는 양성애 육아 트리오를 형성하기도 한다. 즉 동성애 및 이성애 유대를 동시에 유지하면서 이성 파트너와 교미를 하고 이로 인해 태어난 새끼를 세 마리의 새가 함께 키우는 것이다. 검둥고니에서는 이러한 조합의 변형으로서 일종의 '대리모surrogate motherhood'가 발생하기도 한다. 즉 수컷 동성애 쌍이 맺어지면 이들은 한 암컷과 일시적으로 관계하여 짝짓기를 하고 자기 알을 낳게 한다. 그러나 일단 알을 낳으면 그들은 암컷을 쫓아내고 동성애 커플로서 둘이 새끼를 키우게 된다.

많은 경우에 동성애 커플은 그들이 돌보는 자손의 친부모가 아님에도 그 새끼를 기른다. 몇몇 같은 성 커플은 새끼를 입양한다. 두 마리의 암컷 북방코끼리바다표범은 가끔 고아가 된 새끼를 입양해서 공동 부모가 되기도 하고, 수컷 검은목아메리카노랑솔새와 붉은부리갈매기는 암컷에게 버림받은 알이나 둥지 전체를 입양하기도 하며, 수컷 치타 한 쌍은 부모 잃은 새끼를 돌보기도 한다. 때로 암컷 새는 탁란parasitism으로 알려진 과정을 통해 동성애 커플에게 알을 '기부'한다. 많은 새에서 암컷은 자기 것이 아닌 다른 둥지에 알을 낳아 '숙주' 부부에게 양육 의무를 맡긴다. 이러한 일은 동일한 종 내에서 그리고 (더 일반적으로) 종을 뛰어넘어서도 발생하며, 대개 이성애인 숙주가 이 역할을 떠맡는다. 그러나 검은목아메리카노랑솔새의 수컷 쌍은 때로 갈색머리흑조(그리고 자기 종의 암컷)로부터 이런 방식으로 알을 받는다. 또한 수컷 붉은부리갈매기 한 쌍과 붉은제비갈매기와 카스피제비갈매기 암컷 한 쌍은 같은 종 내에서 탁란으로 알을 받기도 한다. 북미갈매기에서는 정반대의 상황이 발생하는 것으로 보인다. 연구자들은 일부 동성애 암컷이 실제로 이성애 쌍 소유의 둥지에 알을 낳는다고 여긴다. 마지막으로, 같은 성 커플의 일부 새는 이성애 쌍의 둥지를 인수하거나 '납치'하기도 하고(예를 들어 검둥고니나 홍학에서) 때로는 개개의 알을 '훔치기도' 한다(예를 들어 카스피제비갈매기와 붉은제비갈매기, 붉은부리갈매기에서). 또한 사람이 키우는 동성애 쌍은 위탁받은 어린 개체를 키운다.

과학자들은 북미갈매기 암컷 커플의 부모 행동에 관한 자세한 연구에서 이성애 부모와 비교해서 동성애 부모가 제공하는 돌봄의 질에 큰 차이가 없음을 발견했다. 그들은 수컷 북미갈매기 부모는 두 암컷이 먹이를 제공하는 경우보다 못할 것 없이 먹이를 잘 제공한다고 결론지었다.[12] 이러한 경우가 예외적인 것은 아니다. 즉 동성애 부모는 일반적으로 이성애 부모만큼 양육에 능하다. 동성 커플이 성공적으로 새끼를 기른 예는 적어도 20여 종에서 관찰되었으며, 몇몇 사례에서는 동성애 커플이 이성애 커플보다 실제 더 유리한 것으로 보인다.[13] 예를 들어 수컷 검둥고니들은 흔히 둘의 합쳐진 힘 때문에 가장 크고 질 좋은 영토에서 새끼를 기를 수 있다. 한 과학자에 의해 '무시무시한formidable' 경쟁자라고 이름이 붙여진 이러한 아비들은 결과적으로 대부분의 이성애 쌍보다 더 성공적으로 자손을 기르는 경향이 있다.[14] 또한 이성애 커플 결합이 없기 때문에 단일 육아가 규칙인 많은 종(예를 들어 다람쥐원숭이, 회색곰, 쇠검은머리흰죽지)에서 같은 성 커플은 두 부모 양육이라는 독특한 기회를 새끼에게 제공한다. 더 나아가 일부 갈매기에서 암컷 쌍은 다양한 이유로 적절한 영토보다 좋지 못한 곳에 자리를 잡지만 여전히 성공적으로 새끼를 키운다. 많은 경우에 그들은 수컷-암컷 쌍보다 더 많은 부모의 노력을 투자하여 보상하고 새끼 돌봄에 더 헌신적이다.[15] 물론 예외가 있다. 예를 들어 일부 암컷 쌍의 갈매기는 더 작은 알을 낳고 더 적은 수의 병아리를 키우는 경향이 있다(평균초월 알둥지에 속하는 이성애 트리오도 마찬가지다). 갈까마귀나 캐나다기러기, 검은머리물떼새의 같은 성 부모들은 알을 깨트리거나 알을 품는 시간을 서로 잘 맞추지 못하는 등 육아의 고충을 겪기도 한다. 그러나 대체로 같은 성 커플은 유능하고 때로는 심지어 우월한 부모이기도 하다.

동성애 커플의 새들은 흔히 함께 둥지를 짓는다. 보통 그들은 대부분의 이성 쌍들이 하는 것처럼 하나의 둥지를 짓지만 다른 변형도 일어난다. 암컷 바다갈매기 쌍과 갈까마귀 쌍은 때로 한 그릇에 두 컵이 들어가듯이 '쌍둥이twin' 혹은 '공동joint' 둥지를 만들기도 하고, 수컷 아메리카레아 쌍과 암컷 캐나다기러기 쌍은 두 개의 가깝거나 맞붙은 둥지로 구성된 '이중double' 둥지를 짓기도 한다. 암컷 혹고니들은 때로 양쪽의 새가 모두 알을 낳는 두 개의 분리된 둥지를 짓는다. 일부 종(예를 들어 홍학과 민물가마우지)의 수컷 커플이 만드는 둥지는 흔히 인상적인 건축물이 된다. 이는 두 수컷 모두 그 둥지를 짓는 데 동등하게 기여했기 때문에 이성애 커플이 만드는 둥지의 크기를 초과하게 된 것이다. 이 종의 이성애 쌍에서는 일반적으로 한 성별만이 둥지를 짓거나 수컷과 암컷이 서로 달리 기여한다. 많은 동성 커플들은 그들이 수정된 알을 낳는지와 관계없이 둥지를 짓는다. 예를 들어 혹고니, 홍학, 해오라기, 민물가마우지의 수컷 쌍은 알을 얻지 못해도 둥지를 틀고 수컷 '부모'는 마치 알을 품은 것처럼 둥지에 앉아 있기도 한다. 또 암컷 쌍은 전부 무정란으로 이루어진 평균초월 알둥지를 자주 짓는다. 같은 성 부모는 흔히 부화의 의무를 공유하는데 그들의 둥지에서 번갈아 가며 알을 품거나(가장 흔한 임무 배치다) 하나의 둥지에서 동시에 알을 품기도 하고(암컷 붉은등때까치, 수컷 에뮤) 또는 쌍둥이 둥지나 이중 둥지에서 나란히(암컷 갈까마귀, 수컷 아메리카레아) 알을 품는다.

동성애 커플에 의한 양육 외에도 일부 동물은 대안적인 가족 구성을 이뤄 어린 새끼를 키우는데 일반적으로 여러 수컷 또는 암컷이 함께 사는 형태가 된다. 예를 들어 고릴라 새끼는 어미들이 서로 레즈비언 상호작용을 하는 혼성 일부다처제 그룹에서 자라는 반면 서부쇠물닭과 도토리딱따구리는 여러 그룹 구성원이 참여하는 집단번식 그룹에서 살며 새끼를 기른다. 이때 집단번식 그룹의 구성원은 전부는 아니더라도 일부는 서로 구애나 성적인 행위(동성 및 이성 모두)에 참여한다. 이러한 상황에서 동성애 구애 또는 교미 활동에 참여하는 개체는 동시에 이성애로도 짝을 이루기 때문에 직접 번식하거나(서부쇠물닭), 자신은 번식하지 않고 그룹 구성원이 새끼를 키우도록 도울 수 있다(도토리딱따구리).[16] 다른 대안적인 가족 형태로는 앞에서 언급한 양성애 삼합체나 세 마리의 어미가 새끼를 함께 기르는 동성애 삼합체(회색곰, 남부산캐비, 쇠검은머리흰죽지, 북미갈매기에서처럼)가 있다. 심지어 네 마리의 같은 성 개체나(회색곰) 네 마리의 양쪽 성 개체가(회색기러기) 모두 함께 새끼를 기르는 경우도 있다.[17]

  마지막으로, 동성애 상호작용을 하는 일부 동물들은 '한 부모single parents'가 되기도 한다. 예를 들어 다른 암컷에게 구애하거나 짝짓기를 하는 많은 암컷 포유류는 이성애적으로 짝짓기를 하고 그렇게 얻은 새끼를 혼자서 또는 암컷 전용 그룹에서 키운다. 이는 같은 종의 이성애 암컷에게서도 당연히 일반적으로 나타나는 현상으로, 코브나 가지뿔영양 및 북방물개와 같이 (수컷이나, 때로 암컷이 일반적으로 둘 이상의 파트너와 짝짓기를 하는) 일부다처제나 난혼제 이성애 짝짓기 체계를 가진 포유류에서 특히 만연하다. 많은 일부다처제 종의 수컷은 흔히 양성애자여서 다른 수컷과 구애하거나 교미하면서도 자손을 다른 암컷에게서 얻는다. 그러나 일반적으로 양성애자든 이성애자든 관계없이 새끼를 적극적으로 양육하지는 않는다.[18]

그 거위에게 어떤 이득이 있는 것일까…
: 수컷 동성애와 암컷 동성애의 비교

동성애는 수컷의 특징인가 아니면 암컷의 특징인가? 그리고 두 성 사이에 일어나는 다른 형태의 관계라고 추정할 수 있는가? 또는, 대중적인 격언을 빗대어 말하자면[*], 그 '암거위goose'의 행동이 본질적으로 '수거위gander'의 행동과 유사한가? 공교롭게도 캐나다기러기, 흰기러기, 회색기러기 이 세 가지 기러기 종의 동성애는 수컷 동성애와 암컷 동성애의 주요 패턴 중 일부와 나머지 동물 세계 전체에서 발견되는 다양성을 보여준다. 캐나다기러기는 수컷과 암컷 모두 동성 커플을 형성하고 몇몇 구애 활동을 하는, 기본적으로 동일한 형태의 동성애 활동에 참가한다. 그러나 이러한 같은 성 간의 유대 관계는 몇몇 흔하지 않은 행동에 있어서 성별 간 차이가 있다. 즉 성적인 활동이 암컷에서 더 큰 특징이 있다(특히 그들이 이성애 트리오의 구성원인 경우). 이는 둥지를 짓거나 부모 역할을 하는 때도 마찬가지다. 또한 두 성의 참여 빈도에도 차이가 있다. 같은 성 쌍은 일부 모집단에서 10% 이상의 비율을 차지할 정도로 비교적 흔하지만 수컷은 훨씬 더 높은 비율로 같은 성 결합에 참여한다. 이와는 대조적으로 흰기러기의 동성애 활동은 수컷과 암컷이 크게 다르지만 비교적 암수 두 성에서 모두 드물다. 암컷끼리는 성적인 활동이 그다지 눈에 띄지는 않지만 오래 지속하는 결합을 형성하여, 양육 활동을 할 때는 둘 다 공동 둥지에 알을 낳고 새끼를 함께 기른다. 이때 암컷들은 수컷과 짝짓기를 해서 알을 수정시킨다. 반면에 수컷들은 이성에 대한 집단적인 강간 시도를 하는 도중 다른 수컷에게 마운팅하는 것을 빼고는 동성 커플을 형성하지 않는다(하지만 캐나다기러기와 다른 종간의 수컷 쌍은

---

[*] 여기서 대중적인 격언이란 'What's good for the goose is good for the gander(암거위에게 좋은 것은 수거위에게도 좋다)'를 말한다.

간혹 발생한다). 마지막으로, 회색기러기에서 동성애 활동은 수컷에서만 발견되며 이들은 다양한 구애, 성적인 활동, 짝결합, 육아 활동을 하는 수컷 쌍을 형성한다.

우리가 모든 종과 그들의 모든 행동이라는 범위로 살펴보면 비록 근소한 차이기는 하지만 수컷 동성애가 암컷 동성애보다 약간 더 많다는 것을 알 수 있다. 동성애가 관찰된 종의 수컷 포유류와 수컷 조류 사이에서는 80%가량, 암컷 사이에서는 55%가 조금 넘게 동성애 활동이 일어난다. 일부 종에서 암수 동성애가 모두 발견되기 때문에 이 수치의 합은 100% 이상으로 증가한다. 또한 암컷 동성애의 발생률이 실제로 이 수치들이 보여주는 것보다 더 클 수 있다는 것을 명심해야 하지만 많은 생물학적 연구에 만연한 남성적인 편견 때문에 체계적으로 기록되지는 않았다.[19] 또한 서로 다른 동물군들 사이에는 차이가 있다. 예를 들어 식육목, 유대류, 수금류, 바닷새에서 수컷과 암컷의 동성애는 각각 발견되는 종의 수로 볼 때 거의 동등한 비율로 흔하다. 반면에 해양 포유류와 횟대류에서는 수컷 동성애의 비율이 훨씬 흔하다. 그리고 많은 종에서 같은 성 활동은 수컷(예를 들어 민물 돌고래인 보토) 사이에서만 또는 암컷 사이에서만(예를 들어 아프리카 영양인 푸쿠) 일어난다.

수컷과 암컷의 같은 성 행동 빈도 역시 해당 종 내에서 평가할 수 있는데 여기에서 다시 여러 가지 다양한 패턴이 발견된다. 예를 들어 히말라야원숭이, 망토개코원숭이, 겔라다개코원숭이, 태즈메이니아쇠물닭에서는 같은 성 마운팅의 80~90%가 수컷들 사이에 일어나고, 회색머리큰박쥐에서도 수컷에서 동성애 활동이 좀 더 자주 일어난다.[20] 다른 종에서는 암컷 동성애 활동이 두드러진다. 즉 서부쇠물닭은 동성 간 교미의 70% 이상이 암컷 사이에서 일어나고, 보노보는 동성애 활동의 70~80%가 레즈비언 활동이다. 몽땅꼬리원숭이와 붉은큰뿔사슴에서도 같은 성 행동의 거의 2/3를 암컷이 차지하고 있고, 붉은목왈라비와 북부주머니고양이에서도 동성애 활동은 암컷에서 더 전형적이다.[21] 그러나 일부 종(예를 들어 기린, 인도영양, 큰뿔양)에서는 수컷 동성애가 너무 우세하여 과학적인 관찰자가 암컷의 같은 성 활동을 놓치거나 거의 언급하지 않는 경우가 많다. 반면 다른 종(예를 들어 하누만랑구르, 재갈매기, 은갈매기)은 그 반대다. 대조적으로 돼지꼬리원숭이의 같은 성 마운팅, 갈라의 커플 결합, 가지뿔영양의 동성애 상호작용은 (실제 같은 성 마운팅은 수컷 가지뿔영양에서 더 흔하지만) 두 성 사이에 상당히 균등하게 분포한다.[22]

앞에서 언급한 기러기 종과 마찬가지로 성별의 차이는 다양한 행동 유형에서도 나타난다. 어떤 형태의 동성애적 행동이 발생하는 포유류와 조류 중에서 각각의 구애, 애정 활동, 성적인 활동, 짝결합을 만드는 활동은 일반적으로 수컷 동물에게 더 자주 드러난다. 수컷들 간의 이러한 행동은 이 행동이 발견된 종의 75~95%에서 나타난다. 반면 암컷들 사이의 이러한 행동은 50~70%에서 발생한다(그러나 이 수치의 기초가 되는 연구의 성별 편향 가능성을 다시 한번 염두에 두어야 한다). 한 가지 예외는 같은 성 간의 양육이다. 이런 양육 행동이 발생하는 종의 80% 이상은 암컷들이 하고, 수컷들은 비슷한 형태의 육아를 하는 종에서 50% 조금 넘게 보일 뿐이다. 물론 이러한 모든 형태의 같은 성 간 상호작용이 항상 같은 종 내에서 암수 동일하게 일어나는 것은 아니다. 동물들은 때로 같은 종의 암컷과는 달리 수컷이 어떤 활동에 참여하는지에 따라 (기러기에서처럼) 차이가 생긴다. 예를 들어 은갈매기와 재갈매기에서 암컷은 육아 의무를 수행하는 같은 성 커플을 형성하고 수컷은 동성애 마운팅에 참여한다. 또 치타와 사자는 두 성 모두 성적인 활동을 하지만 각 종에서 수컷은 같은 성 커플 결합을 형성하는 반면 암컷 치타는 같은 성 구애 활동에 참여한다. 그리고 목도리도요에서 수컷은 서로 성적인 활동, 구애 활동, (때로) 짝짓기 활동을 하지만 목도리도요 암컷(이 도욧과 종 암컷의 이름)은 주로 서로 간의 성적인 활동에 참여한다.

성별 간의 차이는 구애 활동, 성적인 활동, 짝형성, 육아 행동의 각 범주 내에서도 추가로 나타날 수 있다. 다양한 형태의 성적 행동을 고려해야 하는 것이다. 같은 성 활동으로서 마운팅은 어디에나 있으며 수컷과 암컷 모두에서 상당히 정기적으로 발생한다. 하지만 예외도 있다. 예를 들어 아프리카코끼리에서는 수컷 간의 성적인 활동은 마운팅 형태를 취하는 반면 같은 성의 암컷 간 상호작용은 상호 자위 행동으로 이루어진다. 펠라티오, 커닐링구스, 생식기를 코로 비비거나 냄새 맡기, 부리−생식기 밀기와 같은 다양한 활동의 구강성교는 두 성 모두에서 동등하게 만연하다. 집단 성행위는 수컷에서 더 흔하고 암컷에서는 보노보와 산쑥들꿩를 포함하여 6종에서만 발생한다. 이는 성체와 청소년 개체의 상호작용이 암컷에서는 하누만랑구르, 일본원숭이, 북미갈매기, 갈까마귀 등 9종에서만 발생하지만 수컷에서는 70종 이상에서 발생하는 식으로 수컷에서 더 흔한 것과 유사하다. 또한 삽입은 비록 수컷 동성애 상호작용에서 더 전형적이지만 주목할 만한 예외(예를 들어 앞에서 언급한 보노보, 오랑우탄, 돌고래)도 있다. 성별 차이는 때로 다양한 성행위의 사소한 부분에서도 드러난다. 예를 들어 고릴라는 같은 성 마운팅을 할 때 얼굴을 마주 보는 자세와 후배위 자세를 모두 수행하지만 이 두 가지 체위의 사용 빈도에는 차이가 있다. 즉 암컷은 얼굴을 마주 보는 자세를 선호해서 대부분의 성적 상호작용에서 그 자세를 취하지만 수컷이 동성애적 마운팅 활동을 할 때 얼굴을 마주 보는 자세를 취하는 빈도는 약 17%에 불과하다.[23] 이와는 대조적으로 동성애 교미 중 완전한 생식기 접촉의 빈도는 서부쇠물닭의 암수 양쪽에서 거의 동일하다. 즉 암컷은 같은 성 간의 약 23%에서 총배설강* 접촉에 성공하고, 수컷은 25%에서 이 접촉에 성공한다(비교해 본다면 모든 이성 간 마운트의 약 1/3에서 절반에 이르는 정도에서 생

---

* 총배설강이란 소화관 말단 개구부와 비뇨생식기관 개구부가 합쳐진 주머니를 말한다.

식기 접촉이 일어난다). 그러나 홍학에서 생식기 접촉은 수컷보다 암컷 사이의 교미에서 더 흔하게 나타난다.[24]

또한 커플 결합과 육아도 고려해봐야 한다. 안정적이고 오래 지속하는 커플 결합은 일반적으로 애초에 예상하는 것과 달리 암컷들 간의 결합과 특별히 다를 것이 없다. 동성애 커플 결합이 발생하는 종의 수 측면을 보면, 짝이 된 쌍 혹은 파트너 관계는 양쪽 성에서 거의 동등하게 흔하지만 같은 성 동반자 관계는 수컷들 사이에 더 널리 퍼져 있다. 마찬가지로 장기적인 커플 결합은 암컷처럼 수컷 사이에서 발견될 가능성이 크지만 非일부일처와 이혼은 종 내에서 수컷과 암컷 커플 사이에 거의 같은 수로 발생한다. 또한 수컷 커플이 성공적이지 못한 부모가 되는 것도 아니다. 가끔 양육에 어려움을 겪는 것이 보이는 몇 안 되는 종들이 있긴 하지만 그렇다고 수컷 공동 부모나 파트너가 그 대표격으로 말하기는 어렵다. 같은 성 간의 양육에서 성별의 차이가 드러나는 부분은 동성애 커플이 새끼를 '획득acquire'하는 방식이다. 특히 새들 사이에서 암컷 커플은 자기 동성애 커플의 결합을 유지한 채 그냥 한쪽 혹은 양쪽이 수컷과 짝짓기를 함으로써 자기 자손을 기를 수 있다. 이러한 방법은 보통 (검둥고니, 회색기러기, 아메리카레아처럼) 암컷과 우선적이거나 동시적인 장기간의 관계를 형성하여 자기 자손을 양육해야 하는 수컷 커플들이 이용하기가 힘들다.

일본원숭이는 동성애 활동이 수컷과 암컷 사이에서 다양한 방식으로 차이가 날 수 있다는 것을 보여주는 특별한 예다. 이 종에서 동성애적 마운팅은 암수 모두에서 발생하지만 수컷과 암컷은 성적 상호작용의 구체적인 세부 사항에서 차이가 있다. 동성애적 마운트는 일반적으로 수컷 사이에서는 마운터*mounter에 의해 시작되고 암컷 사이에서는 마운

---

* 마운터는 상대에게 올라타는 개체를 말한다.

티*mountee에 의해 시작된다. 암컷 사이에서는 더 다양한 마운팅 체위를 사용하고, 수컷 간의 마운팅에서 보이는 독특한 발성이 존재하며, 골반 찌르기와 여러 마리가 중첩하는 마운팅은 암컷 사이에서보다 수컷 사이에서 더 자주 발생한다.[25] 두 성별은 또한 파트너 선택과 커플 결합 활동에서도 차이가 있다. 일반적으로 암컷끼리는 수컷끼리일 때보다 더 강한 유대 관계를 형성하고 더 적은 수의 파트너를 갖지만 수컷은 더 많은 개체와 성적으로 상호작용하고 유대 형성이 덜 강렬한 경향이 있다(물론 수컷 파트너를 '선호preferred'하는 경우도 있다). 마지막으로, 암컷 간의 같은 성 상호작용과는 대조적으로 수컷 간의 상호작용에는 계절적인 차이가 있다. 즉 동성애적 마운팅은 수컷의 경우 번식기가 아닐 때 더 흔하지만 암컷의 경우에는 번식기 동안 더 흔하며, 수컷들 사이의 결합과는 다르게 암컷 간의 같은 성 결합은 번식기를 넘어서 1년 내내 지속하는 관계로 이어질 수 있다.

수거위든 암거위든, 목도리도요의 수컷이든 암컷이든, 보토든 보노보든, 푸쿠든 서부쇠물닭이든 간에 암수의 동성애는 놀라울 정도로 비슷하거나 혹은 명확하게 서로 구별할 수 있다. 어떤 경우든 각 성별에서 동성애의 표현은 복잡한 요소들이 교차해서 개입한다. 동물 동성애의 다른 측면과 마찬가지로 동물 행동의 모든 범위를 고려할 때 수컷과 암컷이 어떻게 행동하는지에 대한 선입견은 다시 평가하고 좀 더 다듬어져야 한다. 은갈매기 같은 어떤 종의 수컷과 암컷 동성애는 우리가 유사한 인간 행동에 대해 일반적으로 가지고 있는 고정관념과 일치한다. 즉 암컷들은 안정적이고 오래가는 레즈비언 커플 결합을 형성하고 가족을 부양하는 반면 수컷들은 문란한 동성애 활동에 참여한다. 다른 종에서 이러한 성별의 고정관념은 완전히 뒤집힌다. 검둥고니는 수컷들만이 장기적인 동성 커플을 형성하고 자손을 키우며, 산쑥들꿩은 암컷들만이 동성

---

* 마운티는 상대가 올라타는 대상 개체를 말한다.

애 활동의 집단 '난교orgies'에 참여한다.[26] 그리고 대부분의 경우 수컷과 암컷 동성애는 단순한 분류를 불가능하게 하는 고유한 행동과 특성의 조합을 보여준다. 예를 들어 보노보는 수컷 동성애가 아닌 암컷 동성애에서 성적인 삽입이 일어나고, 암컷들 간 상호작용에서는 성체와 청소년 개체 사이에 성적 상호작용이 나타나며, 수컷끼리는 암컷들이 하는 것처럼 서로 강하게 결합하는 관계를 형성하지 않고, 수컷은 전체적으로 동성애 활동을 덜 하지만 입을 벌리는 키스 같은 애정 활동은 더 많이 하는 경향이 있다. 다시 한번 말하자면 동물 동성애의 다양성은 그 표현에 있어서 구석구석까지 모두 다르다고 할 수 있다.

백한 가지의 레즈비언 행동 : 동성애 행위의 빈도 계산

우간다에서 코브를 연구하는 동안 과학자들은 암컷들 사이에서 정확히 백한 번 일어난 동성애 마운트를 기록으로 남겼다. 코스타리카에서는 긴꼬리벌새를 연구하는 동안 수컷 사이에 두 번의 교미가 관찰되었다. 그렇다면 동성애가 어느 종에서 더 빈번해 보이는가? 답은 분명해 보일 것이다. 코브. 하지만 각 종에서 관찰된 동성애 행동의 총 횟수를 아는 것만으로 동성애 발생률을 평가하기에는 충분하지 않다. 예를 들어 코브를 벌새보다 훨씬 더 오랜 시간 동안 관찰했을 수 있는데 이 경우 더 많은 수의 같은 성 마운트가 두 종 사이의 실제 차이를 반드시 반영한다고는 할 수 없다. 우리에게 정말로 필요한 것은 동성애 활동의 비율, 즉 주어진 기간 동안 행해진 동성애 '행위acts'의 수數에 대한 척도다. 이것을 결정하기 위해서 우리는 각 종에 대한 연구 기간과 얼마나 많은 동물을 관찰하였는지 알아야 한다. 앞의 경우 여덟 마리의 코브는 총 67시간 동안 연구한 반면 36마리의 수컷 긴꼬리벌새는 수백 시간 동안 관찰하였

$$\sqrt{a} = \frac{1}{2\sqrt{E}}\left(C - \frac{D^2}{4E}\right) \qquad b = \frac{D}{2E}\left(C - \frac{D^2}{4E}\right)$$

a, b, C, D, E는 각각 2~6개의 알을 가진 둥지의 수를 나타낸다.
―기러기 개체군의 암컷 동성애 쌍 수를 추정하는 데 사용하는 공식[27]

다. 따라서 코브는 실제로 벌새보다 수백 배나 더 높은(일반적으로 보아서나 개체로 보아서나) 동성 활동 비율을 가지고 있다.

그러나 발생률은 빈도를 측정하는 한 가지 척도에 불과하다. 일반적으로 성적인 활동이 벌새에서 코브보다 훨씬 더 드물다면 이 경우 절대적인 숫자나 비율을 비교하는 것은 왜곡되거나 불완전한 상황 묘사가 된다. 더 의미 있는 비교는 같은 기간 동안 얼마나 많은 이성애 활동이 행해지는지를 살펴본 다음 모든 성적 활동의 비율에서 동성애 활동의 빈도를 나타내는 것이라고 할 수 있다. 사실 성적인 활동은 코브 사이에서 놀라울 정도로 흔하고 긴꼬리벌새 사이에서는 드물다. 즉 같은 연구 기간 동안 코브 사이에서 1,032번의 이성애 마운트가 관찰된 반면 벌새의 이성애 짝짓기는 여섯 번만 관찰되었다. 따라서 코브 사이의 모든 성행위의 9%만이 동성애 마운트인 반면에 긴꼬리벌새는 전체 교미의 1/4이 수컷 사이에서 발생한 것이 된다. 이것은 같은 종에서 동성애 활동의 빈도 수나 총수와는 정반대의 결과다.[28]

이 두 가지 사례는 "동물에서 동성애가 얼마나 흔하거나 빈번한가?"라는 질문에 답하려고 할 때 발생하는 많은 문제점에 대한 좋은 예를 보여준다. 가장 유효한 대답은 진부하다고 하겠지만 "그때그때 다르다"라는 것이다. 그것은 빈도를 재는 척도뿐만 아니라 종에 따라, 기록되는 행동에 따라, 이용하는 관찰기법에 따라 그리고 많은 다른 요인에 따라 다르다. 이 섹션에서는 이러한 요인 중 일부를 살펴보고 동물의 왕국에서 동성애가 만연하는 것에 대해 의미 있는 일반화를 시도해 보고자 한다.

빈도에 대한 한 가지 광범위한 척도는 동성애가 일어나는 종의 총수다. 같은 성 행동(구애, 성적인 활동, 커플 결합, 부모 활동으로 구성된다)은 전 세계 450여 종의 동물들에서 문서로 보고되었다.[29] 이것이 많은 동물처럼 보일지 모르지만 사실 이는 존재하는 것으로 알려진 100만이 넘는 종의 아주 작은 일부일 뿐이다.[30] 이 책이 초점을 맞춘 포유류와 조류 두 동물군을 고려하더라도 동성애 행동은 약 1만 3,000종 중 약 300종, 즉 2%를 조금 넘어 발생하는 것으로 알려져 있다. 하지만 알려진 모든 종의 수와 동성애를 나타내는 종의 수를 비교하는 것은 아마 부정확한 측정일 것이다. 왜냐하면 현존하는 종의 극히 일부만이 깊이 연구되었기 때문이다. 동성애와 같은 행동을 발견하기 위해서는 대개 상세한 연구가 필요하다. 과학자들은 한 종의 행동에서 좀 더 특이하지만 중요한 활동이 명백해지기 위해서는 적어도 1,000시간의 현장 관찰이 필요하다고 추정했으며, 비교적 적은 수의 동물만이 이 정도의 정밀 조사를 받았다.[31] 불행하게도 얼마나 많은 종이 이 정도 깊이까지 연구되었는지는 정확히 알 수는 없다. 대략 1,000~2,000종만이 적절하게 기술되기 시작한 것으로 추정되고 있다. 이 수치를 사용하면 동성애 행동을 보이는 동물 종의 비율은 15~30%로 상당한 양이다.[32]

사실 극도로 세부적인 연구 과정에서도 일반적인 행동을 놓치는 것이 얼마나 쉬운지를 고려해 본다면 아마도 그 비율은 이것보다 더 높을 것이다. 모든 과학적인 노력에서, 특히 생물학에서 알아야 할 점은 아직 학습하고 관찰해야 할 많은 것이 남아 있으며 많은 비밀이 발견을 기다리고 있다는 것이다. 이는 특히 성적인 행동과 관련하여 더욱 그러하다. 야행성 또는 나무에 거주하는 습관, 찾기 어려움, 서식지 접근 불가능, 작은 크기 및 개별 동물의 식별 문제는 많은 종의 성에 대한 현장 관찰을 매우 어렵게 만드는 요인 중 단지 일부에 불과하다.[33] 모든 포유류와 조류(그리고 대부분의 다른 동물들)에서 일어나는 것으로 알려진 행동인 이성 간의 짝짓기를 생각해 보자.[34] 많은 종에서 아직까지 한 번도 이러한 이성애 활동을 관찰하지 못했다. "서인도, 하와이 그리고 기타 지역에서 수년간 생물학자들이 말 그대로 수천 시간을 관찰했음에도 불구하고 혹등고래의 실제 교미는 아직 관찰되지 않았다."[35] 루시퍼벌새, 미국갈색제비, 흑백아메리카솔새, 붉은꼬리열대새 그리고 몇몇 종의 두루미(볼망태두루미, 시베리아흰두루미 등)는 이성 간의 짝짓기가 한 번도 기록된 적이 없는 소수의 새다. 어떤 경우에는 이성 짝짓기가 관찰되기는 했지만 기껏해야 몇 번뿐이었다. 예를 들어 리볼리벌새와 흔한 북아메리카의 새인 검은머리밀화부리는 이 종에 관한 과학적 연구의 전체 역사 동안 단한 번만 수컷과 암컷 간 교미가 관찰되었다. 빅토리아비늘극락조는 거의 1세기 반 전부터 서양 과학에 알려졌지만 이 종의 이성 교미는 1990년대 중반까지 기록되지 않았고 그나마 그것도 몇 번에 불과하다. 치타를 5,000시간 동안 관찰하는 10년간의 한 연구 과정에서 이성 간의 짝짓기는 볼 수 없었으며, 이 동물에 대한 모든 과학적인 연구를 통틀어도 야생에서의 교미는 총 다섯 번만 관찰되었다. 비슷한 패턴이 다른 종에서도 특징적으로 나타난다. 아케파(하와이핀치)에서는 5년간의 연구 동안단 다섯 번의 교미만 목격되었고, 점박이하이에나에 대한 4년간의 연구에서는 단 다섯 번의 이성 간 짝짓기만 볼 수 있었고, 애절왈라비에 대한 3년간의 연구에서는 단 세 번의 짝짓기만이 관찰되었다. 제비과나 극락조 등 많은 새들의 둥지와 알은 아직 발견되지 않은 것이 있었으며, 알락쇠오리의 첫 둥지는 서양 과학에 의해 이 새가 발견된 지 170여 년이 지난 1959년에야 발견되었다.

물론 이성애 행동에 대한 새로운 발견은 계속 이루어지고 있다. 예를 들어 오랑우탄의 짝짓기 활동에서 암컷의 개시initiation는 지난 20년 동안 거의 2만 2,000시간 동안 관찰했음에도 불구하고 1980년까지 기록되지 않았다. (그리고 이전의 광범위한 현장 연구는 흔히 이성애 교미를 보고하는 것조차 실패했다.) 탄카오tanga'eo, 즉 만가이아물총새는 1996년 무렵에야 일부다처제 트리오의 존재가 뉴질랜드 인근 쿡 제도에서 처음으로 밝혀졌고, 침팬지는 1997년이 되어서야 그들 무리 밖에서 이루어지는 이성 간의 짝짓기에 관해 완전히 이해할 수 있게 되었다. 1998년까지 잔점박이물범의 다중 이성 간 짝짓기는 확인되지 않았다. 심지어 그 행동은 3년간의 연구(번식기의 전체 기간 동안 동물을 사로잡아 연속으로 24시간 비디오 감시를 한 것까지 포함해서)에서는 직접적으로 확인할 수 없었고 간접적으로 DNA 검사를 통해 밝혀낼 수 있었다.[36] 만일 과학자들에 의한 직접적인 관찰이 한 행동의 존재에 대한 유일한 기준이 된다면 우리는 많은 종이 이성애(또는 특정한 형태의 이성애)에 관여하지 않는다고 결론을 내려야 할 것이다. 그러나 우리는 이것이 사실이 될 수 없다는 것을 안다. 따라서 많은 동물에서 동성애가 관찰되지 않는다는 사실이 반드시 그러한 종에서 동성애가 없다는 것을 의미하지는 아니다. 단지 아직 관찰되지 않았을 뿐이다.

아이러니하게도, 이성애가 거의 혹은 전혀 관찰되지 않은 많은 종 중에 동성애 활동이 기록된 종들이 있다. 예를 들어 에뮤의 동성애 교미는 사육을 하며 70년 전부터 관찰되었는데도 야생 에뮤의 이성 간 짝짓기는 1995년 이전에는 어떠한 정보도 얻을 수 없었다. 검은엉덩이화염등딱따구리에서 동성애 교미가 관찰된 적이 있기는 하지만 이성 간의 짝짓기는 관찰된 적이 없다. 또 검은두건랑구르, 잔점박이물범, 북부주머니고양이, 회색머리집단베짜기새에 대한 일부 연구에서는 같은 성 마운팅이 발생했지만 이성 마운팅은 전혀 기록할 수 없었다. 마찬가지로 수컷 바다코끼리 간의 성적인 활동에 대한 사진을 포함한 기록은 수컷과 암컷 간의 성적 활동에 대한 비교 가능한 설명과 사진 증거보다 거의 10년을 앞서 보고되었다. 정기적으로 같은 성 마운팅을 하는 종인 도토리딱따구리의 경우 1,400시간 이상의 관찰 시간을 이성 짝짓기를 기록하는 데 특별히 할애했지만 단지 스물여섯 번의 이성 교미만을 기록할 수 있었다. 마찬가지로 호주혹부리오리(암컷이 가끔 동성애 커플을 형성하는 종)의 이성 교미는 거의 10년간의 연구 기간에 아홉 번만 관찰되었고 이 중 세 번만이 완전한 순서를 보여준 행동이었다. 이성 간의 교미를 관찰하는 어려움 때문에 범고래의 짝짓기 체계는 거의 알려지지 않아서, 한 과학자는 "영원히 확실하게 알 수 없을지도 모른다"라고 했다. 그러나 비록 아직 연구의 초기 단계이긴 하지만 범고래에서의 동성애 활동은 이미 기록되어 있다.[37] 그렇다면 다음 사실은 명백하다. 즉 한 종의 규칙적인 행동 일부가 될 수 있는 어떤 활동은 (야생과 사로잡힌 상태에서 모두) 양심적이고 때에 따라서는 철저한 관찰 방법을 세웠음에도 불구하고 관찰자가 완전히 놓치거나 거의 기록하지 않았을 수 있다.

과학자들은 흔히 동물에서 동성애를 "극히 드물다" 또는 "상당히 흔하다" 또는 "주기적으로 발생한다"라거나 "드물다"로 특징지었다. 이 경우 흔히 그 횟수라거나 상황에 대한 정보가 없는 경우가 많다. 그러나 이러한 서술은 공통의 측정 기준과 합의한 기준점이 없다면 사실상 무의미하다. 따라서 동성애적 행동에 대한 평가를 표준화하기 위해 많은 과학자가 양적인 정보, 즉 대체로 특정한 행동(성적인 행위, 구애, 커플 형성 등)을 수집했다. 어떤 경우에는 현장 관찰의 어려움으로 인해 이성 활동과 동성애 활동 모두 직접적인 관찰이 불가능했으므로 간접적인 수단을 바탕으로 동성애 활동의 빈도를 계산하는 몇 가지 혁신적인 기술이 개발되었다. 예를 들어 갈매기의 성별은 흔히 현장 조건에서 판단하기가 어려운데 수만 쌍의 번식 쌍이 모여 있을 수 있는 군집에서는 어떤 커플이 동성애이고 어떤 커플이 이성애인지를 결정하는 작업이 만만치 않다. 그러나 일단 연구자가 레즈비언 쌍이 전형적으로 평균초월 알둥지를 갖는다는 것을 발견하면 같은 성 쌍의 빈도는 보통 알의 2배인 둥지 수를 세는 것으로 훨씬 더 쉽게 집계할 수 있다. 한 조류학자는 평균초월 알둥지(또는 평균 둥지보다 더 많은 알을 낳는 이성 쌍)보다 작게 알을 낳는 같은 성 쌍도 고려해서, 둥지 크기의 표본을 기반으로 모집단의 레즈비언 쌍의 총수를 추정하기 위한 수학적 공식(이 섹션의 시작 참조)을 개발하기도 했다.[38] 비슷하게, 잠자리는 비행하며 교미를 하므로 짝짓기를 하는 잠자리의 성별을 살아 있는 동안 결정하는 것이 극히 어려울 수 있다. 하지만 과학자들은 이 곤충의 수컷이 짝짓기 중에 상대(수컷과 암컷 모두)를 움켜잡아 머리에 상처를 입힌다는 사실을 발견했다. 이러한 부상은 일단 개별 잠자리를 수집하면 쉽게 판별하고 계수할 수 있어서, 이 방법으로 11종에서 평균 20% 가까운 수컷이 동성애 교미를 경험한다는 것과 일부 종의 수컷에서는 동성애 교미가 80% 이상에 이른다는 것을 밝혀냈다.[39]

양적 정보를 이용할 수 있는 경우라 하더라도 빈도에 대한 평가가 주관적이고 모순되는 경우가 많다. 예를 들어 한 과학자는 서부쇠물닭 사이의 스물네 번의 동성애 교미(전체 성적 활동의 7%)를 관찰한 다음 이 행동을 '흔하다common'로 분류한 반면 다른 동물학자는 가지뿔영양에서 거의 동일한 횟수와 비율(모든 마운팅 활동의 10%인 스물세 번의 마운트)을 관찰했지만 그 행동을 '드물다rare'[40]로 분류했다. 문제는 같은 성 행동의 빈도를 측정하고 해석하는 데 여러 가지 방법이 있다는 것이다. 특정한 활동의 절대적인 횟수를 계산하거나 동성애인 모든 성적인 활동의 비율을 결정하는 것 외에도, 빈도수frequency rates와 활동비용activity budgets을 같은 성 활동에 참여하는 개체수의 비율에 따라 계산할 수 있다. 빈도수란 주어진 기간 동안 각 개체 또는 전체 동물 집단 내에서 행해지는 동성애 행동의 횟수를 의미한다. 예를 들어 하누만랑구르에서 각 암컷은 평균 5일에 한 번씩 동성애 마운팅에 참여하는 반면 일부 수컷 타조 간의 구애는 하루에 두서너 번 정도 일어난다. 활동비용 혹은 시간비용이란 개별 동물이 활동이나 시간의 얼마만큼을 동성애적 상호작용에 할애하는지를 가리킨다. 예를 들면 수컷 범고래는 자기 시간의 10% 이상을 다른 수컷들과 사회적, 성적으로 상호작용하는 데 보낸다든지, 수컷 리젠트바우어새에서 구애하는 과시 시간의 약 15%는 다른 수컷을 향한다든지, 몇몇 수컷 흰손긴팔원숭이가 시간의 1/3 이상을 동성애 관계에 할애한다든지, 수컷 필리원숭이에서 다른 수컷과의 상호작용의 10%가 마운팅 활동과 연관되어 있다든지 하는 식이다.[41] 동성애 활동을 하는 개체군의 비율은 매우 다양하다. 갈매기 떼 수천 마리 가운데 한두 마리만 있는 것에서부터 사실상 수컷 큰뿔양의 전체 개체군과 그 속에서 일어나는 모든 활동에 이르기도 한다. 물론 이러한 개체 중 일부는 이성애 활동(다양한 수준의 양성애)을 보이는 반면 다른 개체들은 정도의 차이는 있더라도 동성애 관계에만 전념한다. 이는 성적 지향에 관한 질문이 탐구되는 2장에서 더 자세히 논의할 것이다.

광범위한 종에 걸친 동성애적 표현의 다양성과 복잡성 때문에 이런 다양한 빈도수를 측정해 계산하는 것이 언제나 쉬운 것은 아니다. 세 종류의 각기 다른 종에서 단지 빈도수 하나를 측정하면서도 발생하는 문제점, 즉 동성애인 성적 활동의 비율과 관련한 몇몇 문제점의 예를 볼 수 있다. 기린에서 관찰된 행동 대對 실제로 일어나는 행동, 산양에서 성적인 활동의 계절적 변화, 왜가리에서 대체 가능한 참고 기준들은 각각의 종에서 동성애 빈도 계산을 복잡하게 만든다. 탄자니아의 아루샤와 타랑기르 국립공원에 있는 기린에 대한 어느 철저한 연구에서 연구자들은 1년(3,200시간) 이상의 관찰 기간 동안 열일곱 번의 동성애 마운팅과 한 번의 이성애 마운팅을 기록했다. 따라서 관측된 모든 마운팅 활동 중 94%가 같은 성 사이에서 일어난 것이다. 이것이 기린의 동성애 활동 비율을 실제로 반영하는가? 확실한 것은 그 해 한 개체군에서만 20마리 이상의 새끼 기린이 태어났기 때문에 그 기간에 한 번 이상의 이성 간 짝짓기가 이루어졌을 것이란 사실이다. 어찌 됐건 이 개체군은 상대적으로 낮은 출산율을 보였고 이성 간의 짝짓기는 정말 드물게 관찰되었다. 덧붙여 만일 관찰자들이 이성 간의 짝짓기를 놓치고 있다면 아마도 동성 간의 활동도 마찬가지로 놓쳤을 것이다(같은 성 마운팅이 이성 간 마운팅보다 더 눈에 띄는 환경에서 지속해서 일어나지 않는 한). 이는 일부 마운팅을 놓쳤는지 아닌지와 상관없이 동일한 비율의 동성애 활동이 있을 수 있다는 것을 의미한다.[42] 산양에서는 같은 성 간의 활동 비율에 뚜렷한 계절적 차이가 있다. 즉 연중 약 2개월에 이르는 발정기 동안에는 전체 마운트의 약 1/4이 수컷들 사이에 발생하고, 나머지 기간에는 비록 숫양들 간 상호작용의 극히 일부에서만 마운팅이 나타나지만 사실상 모든 마운트가 동성애로 발생한다.[43] 따라서 동성애 활동은 빈도수나 시간비용, 절대적인 수치 등을 집계하면 발정기 동안에 더 흔하지만 성적인 활동 비율을 계산하면 발정기가 아닌 시기에 더 많이 일어난다. 다른 많은 새와 마찬가지로 왜가리는 흔히 문란한 교미를 한다. 수컷들이 자기 짝이 아닌, 수컷과 암컷 모두와 짝짓기를 하는 것이다. 한 연구는 이러한 문란한 교미 시도의 약 8%가 동성애라는 것을 밝혀냈다. 하지만 문란한 교미와, 결합한 파트너 사이에 발생하는 교미를 더해 전체 교미 횟수의 기준으로 삼으면 동성애 마운팅의 비율은 1%로 떨어진다.[44] 이러한 세 가지 예에서 알 수 있듯이 빈도 평가를 할 때는 개체군, 계절, 행동 등의 차이를 고려해야 한다.

빈도 측정이 자주 종간의(그리고 종 내의) 중요한 행동 차이를 모호하게 만들고 폭넓고 다양한 관찰 방법론의 영향을 받을 수 있다는 것을 안다. 그럼에도 불구하고 다양한 동물에 걸친 다채로운 동성애 활동의 발생률을 비교하는 것에는 여전히 유용하다. 다음의 요약은 같은 성 간의 동물들 사이에서 발생하는 구애, 성생활, 짝결합의 세 가지 행동 범주와 동성애 활동에 참여하는 개체군의 비율에 초점을 맞추고 있다. 이러한 방법은 많은 수의 동물들에게 가장 널리 이용 가능하며 종간의 비교에도 상당히 도움이 된다. 흥미롭게도 비록 다양한 종과 행동을 나타내긴 하지만 이러한 여러 측정에서 유사한 평균 비율을 얻을 수 있다.[45]

동성애 활동이 일어나는 동물에서 평균적으로 모집단(또는 하나의 성) 개체의 약 1/4이 같은 성 활동을 한다. 범위는 수컷 타조와 암컷 산쑥들꿩의 2~3%에서부터 수컷 기린과 범고래의 거의 절반, 보노보의 전체 무리에 이르기까지 분포한다. 특정 행동과 관련해서는 동성애 구애 상호작용을 하는 종에서 구애 활동의 평균 25%가 같은 성 동물 사이에서 발생한다. 범위는 재갈매기와 카푸친새의 5% 미만에서 남부산캐비와 기린의 50% 이상에 이르기까지 다양하다. 또 동성애가 관찰된 종에서 성적인 활동이 거의 동일한 1/4의 비율로 같은 성 동물 사이에 일어난다. 범위는 0.3%에 불과한 은빛논병아리와 1~2%의 짙은회색쇠물닭과 태즈메이니아쇠물닭에서부터 모든 성적인 활동의 거의 절반 이상을 차지하는 들소와 보넷원숭이 그리고 앞서 언급한 것처럼 기린의 일부 개체에서 관찰된 마운팅의 94%에 이르기까지 다양하다. 마지막으로, 어떤 형태의 같은 성(그리고 이성) 커플 결합을 하는 종에서 모든 쌍의 평균 14%는 동성애다. 적게는 3.5%를 차지하는 재갈매기와 흰기러기에서부터 전체 배우자 관계의 평균 1/4 이상을 차지하는 일본원숭이 그리고 모든 커플 결합의 절반 이상을 차지하는 갈라에 이르기까지 분포한다.

이 세 가지 행동 범주를 결합하면 20%가 조금 넘는 수치를 얻을 수 있다. 평균적으로 포유류와 조류 종에서 모든 상호작용의 적어도 약 1/5은 어떤 형태의 같은 성 구애, 성적 행동 또는 커플 결합 활동을 하는 동성애다. 만약 어떤 수치가 동물에서의 동성애 활동의 전체 빈도를 나타낸다고 말할 수 있다면 이 수치가 아마도 그것일 것이다. 그러나 진정한 '대표적인' 숫자를 밝혀내는 것은 사실상 불가능하다. 이와 같은 수치는 (종간과 종 내 모두에서) 행동의 다양성을 무너트리고, 동성애가 기록된 동물 일부만을 나타낼 뿐이며, 많은 관찰과 이론의 불확실성을 얼버무리고(광범위하게 다른 샘플의 크기를 사용한 예가 적지 않다), 흔히 다른 형태의 이성애 및 동성애 행동과 이질적인 사회적 맥락 등 근본적으로 서로 다른 현상을 동일시하는 잘못을 일으킨다. 빈도를 이해하는 데에 만족스럽지는 않지만 궁극적으로 더 의미 있는 '공식'은 하나의 전체적인 빈도나 단일공식은 없다는 것을 인식하는 것이다. 동물 동성애의 모든 측면에서 볼 때 서로 다른 종들은 매우 다양한 비율, 수량, 주기, 같은 성 행동 비율을 보여준다. 이는 행동 자체의 다채로움과 버금가는 다양성이다. 우리는 특정 종에 대한 수치를 집계하고, 특정 개체군이나 행동에 대한 공식을 개발하고, 비율과 시간비용 등을 계산할 수 있다. 따라서 동물에서 동성애가 만연하는 것에 대한 전반적인 인상을 얻으려고 노력한다. 그러나 결국 우리는 우리의 측정치가 기껏해야 불완전하다는 것을 인정해야 하며, 우리가 정량화하려고 하는 것은 어떤 의미에서 계측이 불가능하다는 사실을 받아들여야 한다.

성별 내에서, 성별이 없이, 성별을 넘어서

동물의 왕국에 대한 전통적인 견해(노아의 방주 견해라고 할 수 있다)는 생물학이 수컷과 암컷 각각 하나가 짝을 만드는, 두 성을 중심으로 이루어진다는 것이다. 그러나 실제 동물 세계에서 발견되는 성별과 성적 취향의 범위는 이보다 훨씬 더 풍부하다. 암컷이 수컷이 되는 동물도 있고, 수컷이 전혀 없는 동물도 있고, 수컷임과 동시에 암컷인 동물도 있고, 수컷이 암컷을 닮은 동물도 있고, 암컷이 다른 암컷에게 구애하고 수컷이 다른 수컷에게 구애하는 동물도 있다. 노아의 방주는 결코 이와 같지 않았다! 동성애는 다양한 변환적인 성적 취향과 성별 중의 하나일 뿐이다. 많은 사람이 오직 인간의 성도착transvestism과 성전환transsexuality에만 익숙한데 동물의 왕국에서도 이와 비슷한 현상이 발견된다. 이 책은 주로 동성애에 초점을 맞추고 있지만 이를 흔히 동성애와 혼동되는 관련 현상과 비교하고 각각의 구체적인 사례를 논의하는 것에도 도움이 될 것이다.

많은 동물이 명확한 두 가지 성별이 없이 살거나 혹은 여러 성별로 살고 있다. 예를 들어 자웅동체hermaphrodite 종은 모든 개체가 수컷임과 동시에 암컷이어서 실제로 두 가지 별도의 성별이 없다. 또 처녀생식parthenogenetic 종은 모든 개체가 암컷이어서 단성생식으로 번식한다. 동물의 왕국에서 우리가 트랜스젠더transgender라는 용어를 사용해 대표할 다른 많은 현상은 기존 성별 범주의 교차나 횡단을 포함한다. 예를 들어 성도착(행동적으로, 시각적으로 또는 화학적으로 이성을 모방한다)이나 성전환(물리적으로 이성이 된다), 간성intersexuality(양쪽 성의 물리적 특성을 결합한다)이 이에 해당한다.[46]

동물 동성애에 대한 초기 서술에서는 흔히 동물을 '자웅동체'라고 잘못 불렸는데 이는 성적인 행동 따위의 모든 성별 범주의 '위반transgression'이 대개 신체적 성별 혼합physical gender-mixing과 동일했기 때문이었다. 그러나 진정한 자웅동체는 수컷과 암컷의 생식기를 동시에 가진 동물을 말한다. 이 현상은 민달팽이, 벌레와 같은 많은 무척추동물 유기체에서 발견되며 많은 어류종(예를 들어, 샛비늘치와 일부 햄릿종과 심해어종)에서도 발견할 수 있다. 일부 자웅동체는 스스로 수정이 가능하지만, 많은 자웅동체 종은 짝짓기에서 난자와 정자를 상호 교환하기 위해 두 개체가 서로 섹스를 한다. 이러한 개체는 동일한 생물학적 모습을 가진, 같은(이중dual) 성이므로 기술적으로 그러한 행동을 동성애로 분류할 수는 있다.[47] 그러나 이러한 활동은 두 가지 별도의 성을 갖지 않는 종에서 발생하며, 전형적으로 생식을 초래하기 때문에 실제 동성애와는 다르다. 두 개의 뚜렷한 성을 가진 종에는 개체가 두 성의 다양한 신체적 특징들을 결합하는 자웅동체나 간성의 다른 형태가 있다. 이러한 동물들은 한 몸에서 동시에 수컷이자 암컷인 상태로 번식할 수 없으므로 종 전체에 걸친 진정한 자웅동체와는 다르며, 대개 비非자웅동체 개체군의 극히 일부만을 차지한다. 이러한 유형의 트랜스젠더에 대한 추가적인 예는 6장에서 논의할 것이다.

단성생식virgin birth, 즉 처녀생식은 종교만의 것이 아니다. 그것은 실제로 전 세계적으로 1,000여 종에서 발견되며 복제의 '자연스러운' 형태다. 처녀생식 종의 각 구성원은 생물학적으로 암컷이다. 즉 난자를 생산할 수 있다. 하지만 정자가 이 난자를 수정하게 만들기보다는 단지 자기 유전 코드의 정확한 사본을 만들 뿐이다. 처녀생식은 많은 어류, 도마뱀, 곤충 그리고 다른 무척추동물에서 발견된다. 대부분의 처녀생식 종에서 각 개체는 서로 섹스를 하지 않는다. 하지만 아마존몰리나 채찍꼬리도마뱀과 같은 몇몇 종에서는 만남에서 알(이나 정자)을 서로 교환하지 않으면서도 암컷들은 실제로 서로 구애하고 짝짓기를 한다.

동성애와 양성애가 같은 성별 내의 활동인 반면 자웅동체와 처녀생식은 성별이 없는(적어도 수컷인 한 부류의 개체와 암컷인 다른 부류의 개체가 없는) 구애와 성적인 행동이다. 이와는 대조적으로 성도착과 성전환은 하나의 성별이나 성적인 범주에서 다른 범주로 가거나 각 범주의 요소들을 결합하는 일종의 '교차crossing over'다. 성도착에서 한 생물학적 성의 개체는 실제로 자신의 성을 바꾸지 않은 채 행동에 있어서나 신체에 있어서 다른 성의 특성을 받아들인다. 성전환에서 개체는 실제로 반대 성이 되어 수컷이 암컷으로 변하거나 그 반대로 변한다. 참고로 여기서 수컷과 암컷이란 각각 정자나 알을 낳는 동물을 지칭하는 생식적인 의미에서 엄격하게 사용된다.

성도착은 동물의 왕국에 널리 퍼져 있으며 다양한 형태를 취하고 있다.[48] 수컷에서 암컷으로의 성도착과 암컷에서 수컷으로의 성도착이 모두 발생한다. 예를 들어 암컷 아프리카호랑나비 중 일부는 날개 색상과 무늬가 수컷과 흡사하지만 오징어의 일부 종에서 수컷은 공격적인 만남에서 암컷의 팔 자세를 흉내 낸다.[49] 신체적인 성도착physical transvestism은 수컷과 암컷 사이의 거의 완전한 신체적 유사성을 가지거나 어떤 일차적 또는 이차적인 성의 특징만을 모방하는 것을 말한다. 예를 들어 북아메리카의 여러 종의 횃대류에서 어린 수컷은 깃털이 성체 암컷을 닮았으므로 성체 수컷이나 청소년 암컷과 구별이 가능해진다. 오색멧새painted bunting와 같은 일부 새의 경우 성체 암컷과 청소년 수컷은 거의 전적으로 유사하고, 그보다 좀 더 어린 수컷은 성체 수컷과 암컷의 중간 정도 외모를 가지고 있다.[50] 유제류의 몇몇 종은 다른 종류의 신체적인 성도착을 보인다. 수컷이 암컷의 뿔이나 엄니를 흉내 내는 것이다.[51] 예를 들어 암컷 고라니는 수컷의 엄니를 닮은 특별한 털 다발을 턱에 기르고 있고, 암컷 사향소는 이마에 수컷의 뿔 방패를 모방한 털 부분을 가지고 있다. 또한 신체적인 성도착은 화학적인 방식이나 냄새를 기반으로 할 수도 있다. 예를 들어 몇몇 수컷 가터얼룩뱀은 암컷 페로몬과 비슷한 향을 생산해 다른 수컷들이 암컷으로 착각하고 구애와 짝짓기를 시도하게 만든다.

행동적인 성도착behavioral trasnvestism은 하나의 성의 동물이 그 종 내 이성 구성원들의 특징적인 방식으로 행동해 흔히 그들 종의 다른 구성원들을 속이는 것이다. 예를 들어 몇몇 제비갈매기 종의 수컷은 다른 수컷의 먹이를 훔치기 위해 암컷이 먹이를 구걸할 때 취하는 몸짓을 흉내 낸다. 행동적인 성도착은 다른 종에서라면 '전형적으로' 수컷이나 암컷의 행동이라고 생각되는 방식을 취하는 동물을 의미하는 것은 아니다. 예를 들어 해마와 실고기pipefishes에서는 수컷이 새끼를 배고 새끼를 낳는다. 비록 이러한 활동을 대개 '암컷'의 행동이라고 생각하지만 이것은 해당 종의 규칙적인 행동 패턴과 생태의 일부이기 때문에 성도착의 진정한 사례는 아니다. (즉 전체 수컷에 해당하고 암컷에는 전혀 없다.) 암컷 해마는 결코 새끼를 낳지 않으며, 수컷이 새끼를 낳는다는 이유로 수컷이 아니라고 여겨 속는 것도 아니다. 구애의 시작도 마찬가지다. 어떤 종에서는 암컷이 구애와 교미를 더 적극적으로 시작하지만(예를 들어 호사도요greater painted-snipes에서) 이것은 암컷이 그러한 활동을 시작하지 않는 다른 종을 참조해서만 '성도착'으로 간주할 수 있다.[52]

성도착의 문제는 동물 동성애에 있어서 중요한 문제다. 왜냐하면 이 두 현상을 흔히 혼동하기 때문이다. 수많은 과학자가 어떠한 같은 성 간의 행동이라도 이는 반대쪽 성을 모방하는 것에 지나지 않는다고 생각했기 때문에 그들은 동물 동성애의 모든 예를 수컷 또는 암컷의 '흉내mimicry'라고 불렀다. 물론 많은 동물이 동성애적으로 구애하고 교미할 때 반대쪽 성도 사용하는 행동 패턴을 이용하는 것은 사실이다. 그러나 대부분 이는 단순히 반대쪽 성을 흉내 내기 위한 시도라기보다는 해당 종이 이용할 수 있는 행동 레퍼토리를 사용하는 것이다. 게다가 이런 '이성애' 패턴의 유사성은 기껏해야 부분적인 경우가 많은 반면 일부 종에서는 완전히 구별되는 구애와 교미 패턴을 동성애 활동에 사용한다.[53]

행동적인 성도착과 동성애 차이의 좋은 예는 큰뿔양에서 볼 수 있다. 이 종에서 수컷과 암컷은 거의 완전히 떨어져 산다. 1년 중 대부분의 기간을 성별에 따라 구분된 무리에서 살다가 번식기에 단 몇 달 동안만 함께 사는 것이다. 수컷 사이에서 동성애 마운팅은 흔하지만 암컷은 일반적으로 흥분했을 때(발정기)를 제외하고는 수컷이 마운트하는 것을 허용하지 않는다. 그러나 소수의 수컷은 행동적인 성도착자들이다. 그들은 1년 내내 암컷 무리에 남아 있고 암컷 행동 패턴도 흉내 낸다. 유의미하게도, 이 수컷들은 일반적으로 암컷이 하는 것처럼 다른 수컷이 자기에게 마운트하는 것을 허락하지 않는다. 따라서 큰뿔양에서 수컷에 의해 마운트되는 것은 전형적으로 '수컷적인masculine' 활동이지만 그러한 마운트

'수컷적인masculine' 활동으로서의 동성애. 수컷 큰뿔양이 다른 양을 마운트하고 있다. 이 종에서 암컷을 흉내 내는 수컷(행동적인 성도착자)은 일반적으로 비非성도 착 큰뿔양과는 달리 다른 수컷이 마운트하는 것을 허용하지 않는다.

거부는 전형적으로 '암컷적인faminine' 행동이다. 암컷을 흉내 내는 수컷들은 특히 동성애를 기피한다. 이는 수컷 동성애에 대한 고정관념과는 정반대의 모습을 보이는 예로서, 수컷이 암컷을 '모방'하는 경우로 흔히 여겨진다. 또한 동물을 볼 때 인간의 동성애에 대한 우리의 선입견으로 현혹되지 않는 것이 얼마나 중요한지를 일깨워 주는 것이기도 하다.[54]

성전환 또는 성변화sex change는 많은 동물에서 삶의 일상적인 측면이다. 특히 무척추동물에서 그렇다. 예를 들어 새우, 굴, 쥐며느리는 모두 생의 어느 단계에서 성의 완전한 전환을 겪는다.[55] 그러나 성전환의 가장 주목할 만한 예는 산호초 물고기 중 하나다. 50종 이상의 비늘돔parrot fishes, 놀래기류wrasses, 참바리아과groupers, 에인절피시angelfishes와 다른 종들은 성전환을 한다. 이러한 모든 경우에 물고기의 생식기관은 완전한 전환을 겪는다. 예를 들어 한때는 완전히 기능하던 난소가 완전히 기능하는 고환이 되어 예전에 암컷이었던 물고기는 수컷으로 짝짓기를

하고 번식할 수 있게 된다.[56]

　발견한 성변화의 종류, 성별의 수와 유동성 그리고 이들 종의 전반적인 사회조직이 너무 복잡해서 과학자들은 이러한 모든 변이를 기술하기 위해 상세한 용어를 개발했다. 어떤 종에서는 암컷이 수컷으로 변하고(이를 자성선숙protogynous 성변화라고 부른다), 다른 종에서는 수컷이 암컷으로 변한다(웅성선숙protandrous 성변화라고 부른다). 일부 어류에서 성변화는 성숙의 과정이다. 즉 특정 연령이나 크기에 도달하면 모든 개체에서 자동으로 발생하거나 각 개체에 따라 저마다 다른 시간에 자발적으로 발생하는 것이다. 다른 종에서 성변화는 물고기의 크기와 성별 또는 이웃 물고기의 수와 같은 사회적 환경의 요인에 의해 촉발되는 것으로 보인다. 암컷에서 수컷으로 변화하는 어종에서는 여러 다양한 성별 프로필이 발견된다. 어떤 종에서 모든 물고기는 암컷으로 태어나고 수컷은 오직 성변화로만 발생한다(이런 체계는 일부제monandric라고 한다). 다른 종에서는 유전적 수컷(수컷으로 출생)과 성변화 수컷이 모두 발견된다(이런 배열을 이부제diandric라고 한다). 이러한 어류에서 유전적 수컷은 1차 수컷, 성전환 수컷은 2차 수컷으로 불리기도 한다. 흔히 이 두 종류의 수컷은 색깔, 행동, 사회조직이 서로 달라서 트랜스젠더 수컷들은 집단에서 뚜렷하고 분명하게 보이는 '성별gender'을 형성하기도 한다.

　어떤 종에서는 상황이 훨씬 더 복잡해진다. 2차 수컷 중 일부는 암컷으로 성숙하기 전에 성을 바꾸는 반면(성숙기 전premnaturational 2차 수컷) 다른 일부는 성체 생활의 일부를 암컷으로 산 후에야 성을 바꾼다(성숙기 후post maturational 2차 수컷). 또한 많은 종은 두 가지 뚜렷한 색상의 단계를 가지고 있다. 즉 물고기는 흔히 흐릿한 색과 칙칙한 무늬로 삶을 시작해서 나이가 들면서 전형적인 열대 물고기처럼 더 빛나는 색조로 변한다. 어느 개체가 색을 바꾸는지, 언제 변하는지 그리고 색이 변할 때의 성별은 어떠한지에 따라 더 많은 변화가 생길 수 있다. 예를 들어 비늘돔parrot fishes의 많은 종은 이러한 특징에 기초한 여러 개의 '성별' 또는 개체의 범주를 가지고 있다. 사실 몇몇 어류과科에서는 성전환이 너무 일반적이기 때문에 생물학자들은 성을 바꾸지 않는 이런 '특이한' 종을 지칭하는 용어를 만들어 냈다. 바로 암수딴몸gonochoristic 동물로서 수컷은 항상 수컷으로, 암컷은 항상 암컷으로 남아 있는 두 개의 뚜렷한 성을 가진 종을 말한다.

산호초 어류는 성전환이 얼마나 정교해질 수 있는지를 보여주는 예다. 카리브해와 버뮤다, 브라질에 이르는 대서양에 자생하는 중간 크기의 종인 줄무늬비늘돔striped parrot fish(이 이름은 앵무새의 부리처럼 이빨이 함께 융합되어 있다는 사실을 말한다)을 보기로 하자.[57] 줄무늬비늘돔은 성변화를 하는 많은 물고기들처럼 수컷으로 태어난 수컷과 암컷으로 태어난 수컷이 모두 존재한다. 실제로 이 종의 모든 수컷 중 절반 이상은 암컷이었던 개체다. 게다가 모든 암컷 줄무늬비늘돔은 결국 성을 바꾸게 되는데 특정한 크기에 도달하면 수컷이 되는 방식이다. 성변화는 완료되기까지 열흘이 채 걸리지 않을 수도 있다. 물고기가 암컷일 때 완전히 기능하던 난소는 성변화 수컷이 되면 완전히 기능하는 고환이 된다. 즉 유전적인 수컷과 같은 방식으로 짝짓기를 하고 수정시킬 수 있는 것이다. 줄무늬비늘돔은 동물의 왕국에서 가장 복잡한 폴리젠더형 사회를 가지고 있다. 이들은 다섯 가지 성별을 가지는데 생물학적 성별, 유전적 기원, 색상color phase에 따라 구분된다. 생물학적 성은 물고기에 난소(=암컷) 또는 고환(=수컷)이 있는지를 가리킨다. 유전적 기원은 물고기가 그 성으로 태어났는지 아니면 다른 성(=성전환)에서 변화했는지의 여부를 가리킨다. 색상은 줄무늬비늘돔이 나타내는 두 가지 종류의 색을 가리킨다. 초기색상initial-phase의 물고기는 칙칙한 갈색 또는 푸른빛이 도는 회색이고, 종말색상terminal-phase의 물고기는 빛나는 청록색과 주황색을 띤다. 이 세 범주가 교차하여 다음 다섯 가지의 성별을 생성한다. (백분율은 주어진 시간에 각 성별이 전체 개체수에서 어느 비율로 나타나는지를 의미한다.) (1) 유전적 암컷 : 암컷으로 태어났고, 각각의 초기색상 물고기는 결국 수컷이 되고 색깔이 변한다(45%). (2) 초기색상 트랜스젠더 수컷 : 암컷으로 태어난 이 물고기는 밝은색으로 변하기 전에 수컷이 되며, 상당히 드물다(1%). (3) 종말색상 트랜스젠더 수컷 : 암컷으로 태어난 이 물고기는 색이 변함과 동시에 수컷이 되며, 보통 유전적인 수컷(27%)보다 늦은 나이에 수컷이 된다. (4) 초기색상 유전적 수컷 : 수컷으로 태어났고, 이들 중 대부분은 나이가 들면서(그러나 성별은 변하지 않는다) 색이 변한다(14%). (5) 종말색상 유전적 수컷 : 수컷으로 태어난 이 물고기는 초기색상 수컷으로 시작하며, 성전환 수컷보다 더 어린 나이에 (성별이 바뀌는 것은 아니고) 색깔을 바꾼다(13%).

줄무늬비늘돔 사회는 수많은 성별과 그들 사이의 유동적인 변화와 함께, 특정한 지리적 영역에서 발견되는 여러 복잡한 사회조직과 짝짓기 패턴의 체계로 특징지어진다. 집단산란group spawning군群 혹은 폭발적인 번식 집합으로 알려진 한 체계는 자메이카줄무늬비늘돔Jamaican striped parrot fish에서 흔하다. 최대 스무 마리의 초기색상 수컷과 암컷으로 구성된 큰 무리가 모여 함께 알을 낳으며, 빠르게 방향을 바꾸는 극적인 형태의 군무를 보인다. 흔히 종말색상 수컷들은 이 짝짓기 활동을 방해하려고 한다. 또 다른 체계는 파나마 근해에서 발견되며, 기본적인 번식군은 종말색상 수컷 한 마리와 암컷 여러 마리로 이루어져 있기 때문에 하렘haremic군으로 알려져 있다. 이 개체들은 침입자를 방어하며 영구적인 장소에 살고 있으므로 텃세권자territorials로 불린다. 그러나 같은 지역에 있는 다른 물고기들은 서로 다른 종류의 무리를 형성한다. '정거장stationaries'군은 초기색상과 종말색상 양쪽의 독신(비번식) 물고기들이고, '포식자foragers'군은 최대 500마리의 물고기들로 이루어져 먹이를 찾는 큰 그룹이다. 이러한 포식 그룹 중 일부는 암컷과 초기색상 유전적 수컷으로 구성되며, 다른 일부는 종말색상 수컷으로만 구성된다. 이런 그룹의 모든 암컷의 절반과 모든 수컷은 비번식nonbreeders 물고기다. 푸에르토리코와 버진아일랜드 해역의 줄무늬비늘돔은 '구애 무대leks'와 관련이 있다. 초기색상과 종말색상 수컷들은 작은 임시 영역을 만들며 군집을 이루는데 이 영역으로 산란하려는 암컷을 유인하고 방어하게 된다.

성전환의 추가적인 변화는 다른 종에서도 발견된다. 뉴질랜드의 물고기인 파케티poketi 혹은 스파티spotty는 성전환과 성도착을 둘 다 하기도 하고(일부 암컷은 색을 바꾸기 전에 수컷이 되고 따라서 암컷으로 자신을 '가장 masquerading'한다), 험버그자리돔humbug damselfism은 성전환을 같은 성 간의 짝 형성과 관계 형성에 결부하기도 한다. 자웅동체, 성전환, 성도착 그리고 명백한 동성애적 활동을 포함하는 훨씬 더 복잡한 성별 체계가 랜턴배스lantern bass와 다른 물고기들에 존재한다. 성전환을 하지 않는 수컷과 암컷 외에도, 어떤 개체는 자웅동체(동시에 수컷이자 암컷)이고 다른 개체는 2차(성전환) 수컷인 반면 일부 개체는 (같은 성의 개체를 대상으로 하는) 반대 성의 전형적인 구애와 짝짓기 패턴을 보인다. 모든 암컷 홍해흰동가리Red Sea anemonefish는 수컷으로 시작한다. 그러나 일단 성을 바꾸면 그들은 수컷에게 지배적이 되고 아홉 마리까지의 수컷으로 이루어진 '하렘'을 가지는데 이들 중 한 마리를 제외하고는 모두 비非번식 수컷이다. 대부분의 성전환 어류는 한 방향으로 성변화를 하지만 몇몇 종에서 성변화는 실제로 양쪽 방향으로 모두 일어난다. 예를 들어 문절망둑어coral goby에서 어떤 개체들은 수컷에서 암컷으로 변하기도 하고 다른 것들은 암컷에서 수컷으로 변하기도 한다. 심지어 어떤 것들은 여러 차례 순차적으로 변화하기도 하는데 수컷-암컷-수컷 순으로 또는 암컷-수컷-암컷 순으로 성별을 '왔다 갔다' 한다.[58]

이러한 사례들이 보여주듯이 트랜스젠더나 무無성별이라는 생태는 많은 동물에 있어서 삶의 현실이기도 하고, 많은 종에서 놀라울 정도로 정교하고 복잡한 사회조직 체계와 행동 패턴으로 발전하기도 했다. 우리 중 일부는 영구히 변하지 않고 완전히 분리된, 두 개의 성이라는 관점에서 사고思考하곤 했는데, 그렇다면 이것은 정말 놀라운 소식이다. 마찬가지로 동물 동성애 자체는 적어도 이성애만큼 복잡하고 다양한 풍부하고 다면적인 현상이다. 같은 성을 가진 동물들은 특별한 행동 패턴의 모음으로, 어떤 경우에는 독특한 행동 패턴으로 서로 구애한다. 그들은 서로에 대한 애정 활동이나 성적인 활동을 하며, 키스하고 그루밍하는 것에서부터 커닐링구스와 항문성교에 이르기까지 다양한 형태의 접촉과 성적인 기술을 이용한다. 그리고 여러 가지 다른 형태와 기간을 가지고 짝을 형성하고 심지어 같은 성의 가족 구성 형태로도 새끼를 기른다. 과학자 J. B. S. 할데인이 말했듯이 자연계가 우리가 아는 것보다 더 기이하다면, '기이한queer' 동물의 삶은 우리가 상상했던 것보다 훨씬 더 다양하다는 것도 사실이다. 다음 장에서는 동물의 다양한 성적 표현과 성별 표현을 사람과 어떻게 비교할 수 있는지 살펴볼 것이다.

제2장 인간 같은 동물, 동물 같은 인간

수컷 고릴라인 티투스와 아합은 르완다의 산에서 자주 구애하고 서로 성 관계를 했으며, 마체사는 임신 기간 동안 그녀만의 섹스를 갈구했다. 플로리다에서 병코돌고래인 프랭크, 플로이드, 앨지는 서인도제도매너티인 게이브와 모에-밀러가 그랬던 것처럼 서로 동성애 활동에 참여했다. 샤망인 레스와 샘은 밀워키에서 역시 동성애 활동을 하고 있었고, 콩고(자이레)에 사는 암컷 보노보 키쿠는 새로 합류한 무리에서 암컷 멘토인 할루와 다른 누구보다도 더 자주 섹스를 했다. 카토와 몰라(수컷 검정짧은꼬리원숭이), 뎁과 니스(수컷 히말라야원숭이), 사루타와 오로(수컷 일본원숭이), 대디와 지미(필리핀원숭이)는 서로 마운팅을 했다. 코르시카섬에서 르 바론과 르 발렛(아시아무플론)의 관계는 와이오밍의 높은 산에 사는 마리안과 그녀의 회색 암컷 동반자 사이처럼 불가분의 관계였다. 비엔나의 긴귀고슴도치인 아폴리와 아리마는 서로 분리되자 둘 다 수컷과 짝짓기 하는 것을 거부했다. 오스트리아에서 수컷 회색기러기인 페피노는 플로리안과 잠시 불륜관계였으나 이후 세르게의 구애를 받았고, 막스와 오디세우스, 코프스슐리츠는 스리섬threesome을 결성하여 마르티나와 함께 가족을 꾸렸다. 플로이드라는 이름의 흰손긴팔원숭이는 태국에서 조지(그의 아비)와 성관계를 했고, 수컷 오랑우탄인 시부종과 보보는 인도네시아에서 서로 섹스를 했다.[1]

이러한 예에서 알 수 있듯이, 동물학자들은 때로 그들이 연구하는 동물에게 이름을 붙여주며 의도하지 않게 (그리고 으스스하게) 동물의 동성애 활동에 관한 보고에 인간성을 빌려주게 된다. 물론 대부분의 과학자들은 대상의 의인화를 피하기 위해 조심하고 있다. 하지만 이와 같이 인간의 이름을 사용하는 것은 각 생물의 개성을 나타내면서도 동물에게 인간성을 투영할 때 발생하는 위험성을 동시에 상기시킨다. 이러한 이름 붙이기는 또한 우리 자신과 다른 종 사이의 연결점을 찾는 것에 대한 거의 보편적인 인간의 집착을 보여준다. 동물의 행동, 특히 성적인 행동과 관련하여 동물과 사람을 비교하는 것은 (과학자조차도) 불가피해 보인다.

동물과 인간의 동성애 사이에는 상당한 차이가 있지만 동시에 수많은 실질적인 연결고리와 대응점이 있다. 또한 동물에서 인간의 행동을 추정하려는 시도나 그 반대 방향의 시도에는 다양한 함정이 도사리고 있다. 이 장에서는 동물과 인간의 특별한 비교 몇 가지와 이를 둘러싼 문제를 탐구한다. 예를 들어 동성애의 특정 측면이 인간 고유의 것이라는 주장을 다룰 것인데 이는 다양한 유형의 성적 지향이나, 규모가 큰 사회에서 동성애 및 트랜스젠더 개인에 대한 대우 같은 내용이다. 또한 영장류 동성애(특히 문화적 행동)가 제공하는 인간 행동에 대한 특별한 통찰과 함께 애초에 종간 비교를 하는 이유와 동기(특히 '자연스러움naturalness'이라는 모호한 개념에 관한 경우)에 관해 논의한다. 여기에 전반적으로 주의할 점이 있다. 동물 행동을 기반으로 인간 동성애의 결론에 도달하려는 유혹

이 있겠지만(또는 그 반대 방향으로도), 동물과 사람 모두에서 동성애 표현의 전적全的인 복잡성과 풍부함을 고려해야 한다는 것이다. 그래야만 양측의 독특함과 공통점의 이해에 발을 내디딜 수 있을 것이다.

페더라스티에서 부치-펨까지 : 인간에게만 있을까?

지난 수십 년 동안 인간 동성애에 관한 연구에서 나온 가장 중요한 결과 중 하나는 이 활동이 취하는 형태의 엄청난 다양성이다. 고대 그리스의 페더라스티pederasty* 혹은 '소년 사랑'에서부터 뉴기니에서의 의식화한 동성애 입회나 부치-펨butch and femme** 레즈비언 관계, 감옥에서 상황에 따른 동성애, 현대의 북미 동성애 커플에 이르기까지 동성애는 역사, 문화, 사회 상황을 통틀어 여러 모습을 띠고 있다. 따라서 동성애적 욕망과 활동은 아마 어디에나 있을 것이지만 그들이 취하는 특별한 형태는 특정한 사회역사적 맥락에 따라 밀접한 관계를 가지고 형성된다고 하겠다. 이처럼 같은 성관계의 주제에 많은 차이점이 있으므로 우리는 동성애에 관해 이야기할 때 실제로는 복수형으로 동성애들homosexualities이라고 말해야 한다.[2]

인간 사이에서 발견되는 거의 모든 유형의 같은 성 활동은 동물계에 각각 대응하는 것이 있기 때문에 동물 동성애는 이러한 관찰에 새로운 반전을 일으킨다. 그러나 동물과 인간의 동성애 간의 비교는 서로 다른 유형의 동성애에 관한 적절한 이해와 분류가 부족하기 때문에 필연적으로 혼란스러워진다. 이 주제를 둘러싼 혼란은 쉽게 드러난다. 예를 들어

---

* 페더라스티는 성인 남성과 소년 간의 성적 관계를 말한다. 주로 그리스나 고대 로마에 있었던 역사적인 특정 문화를 의미한다.
** 부치와 펨은 각각 남성적이거나 여성적인 성 정체성을 가진 레즈비언을 일컫는 말이다.

암컷 캥거루 사이나 수컷 큰뿔양 사이, 병코돌고래 사이의 동성 간 짝결합 같은 각기 다른 활동들은 모두 감옥에서 인간들 사이에서 일어나는 일종의 동성애 활동과 비교됐다.[3] 필연적으로 불완전하고 부정확한 이와 같은 비유의 문제는 '감옥 동성애prison homosexuality'와 비슷한 것 자체가 실제로 '대응하는' 동물 행동과 마찬가지로 다양한 행동 변수와, 같은 성 활동의 다양한 패턴이 혼합되어 있다는 것이다.[4] 관련된 동성애 활동의 실제 형태(짝결합, 성행위 등) 외에도 합의나 연령, 파트너의 성별 표현 등과 같은 다른 여러 요소를 고려해야 한다. 따라서 동성애 활동의 특정 예(동물이든 인간이든)는 실제로는 여러 요소의 고유한 융합 또는 '혼합'이며, 이러한 요소들은 각기 그들이 나타내는 모든 조합들에 굳이 성 정체성을 부여하지 않고도 다른 형태의 동성애 활동과 공유할 수 있는 것들이다. 그러한 복잡성을 인식하지 못하는 동물과 인간의 동성애 비교는 오해를 불러일으킨다.

이러한 면에서 동성애를 여러 독립적인 축으로 생각하는 것은 도움이 된다. 각 축은 특정 범주의 두 '반대' 끝을 연결하는 연속체다[5](이 틀에 기초한 인간 동성애의 유형학을 발전시킨 연구자 스티븐 도널드슨Stephen Donaldson과 웨인 다인스Wayne Dynes가 제안한 대로). 예를 들어 한 축은 동성애 상호작용의 성별 또는 역할 기반 정도를 나타낼 수 있다(범위는 아메리카 원주민의 두영혼two-spirits이나 유럽계 미국인 부치-펨 레즈비언 간의 강한 역할 중심 동성애에서부터 남아프리카 산San 부족이나 현대의 유럽과 미국의 몇몇 게이 커플에서 보이는 성별 없는 동성애에 이르기까지). 또 다른 축은 관련된 파트너의 연령 관계를 나타낼 수 있다(범위는 연령 차이 없음에서부터 명확하게 연령을 구분하는 상호작용에 이르기까지). 다른 하나는 참가자의 성적 지향성을 나타낸다(동성애자 ↔ 양성애자 ↔ 이성애자). 다른 하나는 합의를 나타낸다(강제 또는 합의 없음 ↔ 자유로운 선택이나 합의에 의함). 다른 하나는 파트너의 유전적 관련성이다(근친상간 ↔ 친척관계 없음). 다른 하나는 같은 성 활동의 사회적 지위나 입지에 관한 것이다(사회적으로 묶인 됨 ↔ 엄중히 비난받음). 그리고 기타 등등.

이러한 시스템의 효용성은 주어진 맥락(또는 종)에서 동성애를 이 같은 여러 축의 다양한 교차로 볼 수 있기 때문에 여러 요소를 따져 비교가 가능하다는 것이다. 이 장에서는 동물과 인간의 동성애가 사실상 모든 각도에서 조사했을 때 비교 가능한 다양성을 나타낸다는 것을 보여주기 위해 이러한 유형적 축의 많은 부분을 더 자세히 탐구할 것이다.[6] 궁극적으로는 동물과 인간 모두에서 동성애의 복수성plurality이 겉으로 보이는 자연과 문화 또는 생물학 그리고 사회의 반대되는 범주*의 모호함을 암시한다는 것을 알게 될 것이다. 한편으로는 인간의 (동)성적 표현의 다양성을 문화나 역사의 영향으로만 돌리는 것은 더 이상 불가능해진다. 왜냐하면 그러한 다양성은 사실 우리의 생물학적 소인, 즉 다른 많은 종과 공유하는 '성적 가소성sexual plasticity'의 본질적인 능력의 일부일 수 있기 때문이다. 다른 한편으로는 동물에서 동성애 '문화'를 말하는 것도 역시 의미 있는 일이 된다. 왜냐하면 발견된 다양성의 한도와 폭(개체 간이나 개체군 간 또는 종간에서)은 유전자 프로그래밍에 의해 제공되는 범위를 넘어서 개체의 습관과 학습된 행동, 심지어 공동체 전체의 '전통' 영역으로 발을 들이기 때문이다.

동물과 사람 사이의 비교는 거의 필연적으로 인간 특유의 행동에 초점을 맞추게 된다. 생물학자인 제임스 와인리치James Weinrich가 지적한 바와 같이, 한때는 사람만이 행하는 것으로 여겨졌던 거의 모든 행동들(동성애를 포함해서)이 동물들 사이에서도 유사하게 존재하는 것으로 밝혀졌다.

아주 오래되고 비도덕적인 인간 고유성에 대한 설명의 역사가 있다. 여러 해

---

* 여기서 '반대되는 범주'란 동성애의 반대로서의 이성애를 말한다.

동안 나는 인간만이 유일하게 웃는다거나, 같은 종의 일원을 죽이는 유일한 존재라거나, 유일하게 식용의 목적 없이 생명을 살해한다거나, 유일하게 지속적인 여성 수용성*receptivity을 가지고 있다거나, 유일하게 거짓말을 한다거나, 유일하게 암컷 오르가슴을 보인다거나, 유일하게 자기 새끼를 죽이는 생명체라는 글을 읽었다. 이 모든 꿈속 나라 이야기들은 이젠 모두 거짓으로 밝혀졌다. 이 목록에 인간만이 '진정한' 동성애를 보여주는 유일한 종이라는 이야기가 추가되어야 한다. 어디 우리만이 유일하게 진정한 이성애를 보여준다고 말하는 사람이 있던가?[7]

많은 과학자가 이제는 동물이 동성애에 관여한다는 것을 받아들이지만 동성애 상호작용의 특성에 관한 인간의 고유성에 대한 주장은 계속해서 제기하고 있다. 예를 들어 동물이 아닌 사람만이 배타적인 동성애를 한다든지, 동물이 아닌 사람만이 동성애에서 훨씬 더 다양하거나 '진짜genuine' 성적 동기를 나타낸다든지, 동물이 아닌 사람만이 동성애에 대한 적대감을 가지고 반응하며 성적 지향에 의해 분리된 집단으로 산다든지 하는 것 등이다.

우리가 동물의 행동에 대해 점점 더 많이 이해하게 되면서 이와 같은 시기상조의 성급한 일반화는 전반적으로 틀리지는 않더라도 순진한 것으로 입증되었다. 특히 동성애가 관련된 경우에는 더욱 그러한데 동물의 이러한 활동에 대해 아직 알아야 할 것이 여전히 많이 남아 있기 때문이다. 이 섹션에서는 이러한 여러 가지 주장을 다루고 각 주장을 둘러싼 몇 가지 광범위한 문제를 살펴볼 것이다(이 주제는 다른 유형의 '축'과 관련하여 다음 장에서도 다루어진다). 인간의 고유성에 대한 이러한 진술에는 약간의 진실이 있기는 하지만 인간과 인간이 아닌 동물 사이의 절대적인

---

* 여성 수용성이란 성적으로 수컷을 받아들이는 것을 말하는데 대부분의 유인원은 암컷이 배란하는 짧은 기간 동안만 수용성을 나타낸다.

I부

경계선이란 것은 없다. 항상 그렇듯이 동물의 성과 사회생활은 이전에 상상했던 것보다 훨씬 더 복잡하고 미묘하다. 만일 종들 사이의 행동에서 유일하고 진정한 차이가 있다면 아마도 동물이 아닌 인간에서는 단순한 일반화를 만들기 쉽다는 것이 될 것이다.

배타적 동성애자, 동시 양성애자 : 성적 지향

호모 사피엔스 이외의 포유류 종에서는 우선적인 동성애나 의무적인 동성애가 성체에서 자연적으로 발견되지 않는다.
— W. J. 캐드파유, 1980

현재까지 알려진 바로는 성체 시기 내내 함께 지내는 동성애 인간 커플에 상응하는 야생 포유류는 거의 없다.
— 앤 이니스 대그, 1984

인간이 아닌 영장류들 사이에서는 배타적인 동성애 행동이 존재하지 않는 것처럼 보인다.
— 폴 L. 베이시,1995[8]

동성애에 대해 흔히 되풀이되는 주장은 배타적이고, 평생을 가며, '우선적인preferential' 동성애 활동은 인간에게 유일하거나, 최소한 동물들 사이에서는(특히 영장류와 다른 포유류들 사이에서) 드물다는 것이다. 이것은 정말로 성적 지향의 문제다. 즉 어느 정도까지 동물이 이성 구성원들과 성적이거나 관련된 활동을 하지 않은 채 같은 성 구성원들과만 그러한 활동을 하는가의 문제다. 실제로는 다양한 유형의 배타적 동성애가 최소 10종의 영장류와 20종 이상의 다른 포유류 등 약 60여 종 이상의 야생 포유류와 조류에서 발생한다.[9] 이 섹션에서는 이러한 다양한 형태의 동성애 지향성을 살펴보고 이를 동물의 세계에서도 발견되는 다양한 양성애와 비교할 것이다.

배타적 동성애 문제를 논의할 때는 몇 가지 요소를 구별할 필요가 있다. 배타성이 유지되는 시간(단기 대對 생애 전체 동안을 포함하는 장기), 사회적 맥락 그리고 관련된 같은 성 활동의 유형(예를 들어 짝결합 대 비非번식 동물들에서의 문란함), 관련된 동물의 종류(예를 들어 포유류 대 조류), 배타성의 정도(예를 들어 이성 활동의 완벽한 부재 대 간혹 이성적인 관계를 가지는 우선적인 동성애 관계나 그의 반대)가 그것이다. 이러한 요인들은 다양한 방식으로 결합하고 상호작용하여 여러 가지 다른 패턴을 생성한다. 우선 우리는 장기 또는 연속된 배타성을 살펴볼 것이다. 왜냐하면 이 패턴이 동물들 사이에서 존재하는지가 가장 논쟁을 일으키는 것으로 보이기 때문이다. 종에 따라 기대수명, 성적인 성숙기의 시작, 성체기의 기간 등이 천차만별이기 때문에 넓게 적용이 가능한, 장기long-term라는 절대적인 정의를 내리기는 어렵다. 그러나 이 논의의 목적상 우리는 2년(또는 번식기) 이하로 계속되는 동성애 활동을 다소 자의적이지만 단기적인 것으로 간주할 것이며, 반면에 더 오래 지속하는 것은 모두 연속적이거나 장기적인 것으로 간주할 것이다. 후자의 범주가 3년에서 40년 이상의 수명까지 광범위한 가능성을 포함한다는 것도 염두에 둘 것이다.

평생 지속하는 배타적인 동성애를 절대적으로 검증할 수 있는 유일한 방법은 많은 수의 개체를 출생부터 사망까지 추적하고 그들이 가지고 있는 다양한 동성애 또는 이성애 관계를 기록하는 것이다. 말할 필요도 없이 이러한 기록은 (특히 야생에서) 성공하기 어려운 작업이며 소수의 종에 대해서만 달성되었다. 사실은 많은 경우 정확히 동일한 이유로 평생 지속하는 배타적 이성애에 대한 비교 가능한 증거도 이용할 수 없다. 그렇지만 적어도 세 가지 종의 새들(은갈매기, 회색기러기, 훔볼트펭귄)에 관해서는 상당히 광범위한 추적 체계가 수행되었고 평생 동안 동성애 짝 관계만을 형성했던 개체들이 기록되었다. 어떤 경우에는 회색기러기에서 15년, 훔볼트 펭귄에서 (관계된 한 개체가 죽을 때까지) 6년 이상 지속하는 장기간의 짝결합이 있었고, 다른 경우(예를 들어 은갈매기)에는 개체들이 ('이혼' 또는 파트너들의 죽음 때문에) 생애 동안 여러 같은 성 파트너 관계를 맺기도 했다.[10]

평생 지속하는 동성애에 대한 절대적인 검증이 다른 종들에서 직접적으로 이용 가능한 것은 아니지만, 같은 성 활동 기간도 지속성이 있으며 어쩌면 평생을 갈 수 있다는 것을 강력하게 시사한다. 예를 들어 갈라나 바다갈매기, 붉은부리갈매기, 민물가마우지, 이색개미잡이새에서 특정한 동성애 파트너 관계(또는 해당 기간에 여러 번의 순차적인 동성애 관계를 가진 개체)는 최대 6년까지 지속하는 것으로 기록되었다. 이러한 경우 대부분 최소한 한쪽 파트너에서 보이는 이성애 활동의 부재不在가 문서로 보고되었고 그 가능성도 매우 높다. 다른 많은 조류 종에서도 수년에서 전체 생애까지 지속하는 같은 성 파트너 관계가 발생하는 것으로 보인다. 예를 들면 검둥고니, 북미갈매기, 서부갈매기, 검은목아메리카노랑솔새 등이 있다. 비록 이러한 장기간의 관계가 특정 개체에서 확인되지는 않았지만 적어도 2년 이상 지속하는 동성애 쌍이나 그 기간 동안 지속적으로 같은 성 커플을 형성한 새들이 확인되었다.[11] 다른 경우에도 이러한 종의 같은 성 쌍은 일반적으로 평생 동안(또는 여러 해에 걸쳐) 지속하는 이성 쌍의 패턴을 따르기 때문에 장기적인 같은 성 결합은 의심할 여지 없이 일어난다. 장다리물떼새, 재갈매기, 세가락갈매기, 푸른박새, 붉은등때까치 등이 대표적이다. 많은 동물(예를 들어 뿔호반새)에서 2년에서 3년 동안 지속하는 같은 성(그리고 이성) 간의 짝 형성은 해당 종의 비교적 짧은 수명을 고려하면 평생 동안 지속한 셈일 수도 있다는 것을 기억해야 한다.

포유류에서 장기적이고 배타적인 동성애 짝의 경우는 아주 드물다. 예로는 수컷 병코돌고래가 있다. 이들의 일부 개체군에서는 대부분의 수컷이 평생 동성애 쌍을 유지하며 그중 특정한 예는 10년 이상 지속하거나 죽을 때까지 이어지는 것으로 확인되었다. 비록 이러한 개체들의(동성 및 이성 모두) 성적인 관여가 모든 경우에 철저히 추적되지는 않았지만, 적어도 이들 동물 중 일부는 암컷들과 성적인 접촉을 거의 또는 전혀 하지 않을 가능성이 크다(매년, 더 길게는 아마 평생 많은 개체가 번식에 참여하지 않아서 병코돌고래 사회는 번식률이 낮은 경향이 있기 때문이다).[12] 하지만 이 종에 대한 절대적인 검증은 이루어지지 못할 수도 있다. 왜냐하면 어떤 바다 생물 종의 대상 개체군 내에서 모든 개체의 성적인 행동을 지속적으로 감시하는 것은 사실상 불가능하기 때문이다. 그렇지만 병코돌고래는 이 종의 동성애 패턴이 이성애 패턴과 구별된다는 점에서 예외적인데 이성애 짝 형성이 병코돌고래 사이에서는 일어나지 않기 때문이다. 대부분의 다른 종에서 동성애와 이성애 활동은 동일한 기본 패턴을 따르는 경향이 있다. 이 패턴이 짝 형성, 일부다처제, 난혼 행위 또는 어떤 다른 조합을 의미하든 상관없이 말이다.[13] 따라서 평생 동안 지속하는 동성애 커플은 포유류 사이에서 흔하지 않은데 같은 이유로 평생 동안 지속하는 이성애 커플도 흔하지 않다. 일부일처제 커플은 포유류에서 흔한 유형의 짝짓기 시스템이 아닌 것이다(모든 포유류 종의 약 5%에서만 발견된다).[14]

　그럼에도 불구하고 포유류들 사이에서 짝 형성 외의 다른 사회적 맥락을 가진, 오랜 기간 지속하는 배타적인 동성애가 기록됐다. 많은 종에서 개체군의 상당 부분은 적어도 생애 일부 동안은 번식이나 이성애를 추구하는 것에 관여하지 않는다. 이 동물 중 일부는 계속해서 같은 성 간의 상호작용을 하기 때문에 어쨌든 적어도 그 시간 동안은 전적으로 동성애자인 것이고 이 기간이 상당하다고 할 수 있다. 고릴라를 예로 들면 수컷들은 동성애 활동이 일어나는, 성별로 구분된 집단에서 흔히 산다. 수컷 전용 무리에서의 평균 체류 기간은 6년 남짓이지만 일부 수컷들은 그러한 배타적인 동성애 환경에 훨씬 더 오래 머무르기도 한다. 한 개체는 죽을 때까지 10년 동안 수컷 무리에서 살았고, 13년의 연구 기간 동안 이 무리에 참여한 수컷의 거의 1/3은 여전히 그 집단에서 살고 있었다. 마찬가지로 하누만랑구르 수컷들도 동성애 활동이 이루어지는 수컷 전용 무리에서 5년 이상 지내기도 하며 일부 개체는 그러한 집단에서 성체기 전부를 살아가기도 한다.[15] 여러 유제류에서는 성에 따른 분리를 기반으로 한 유사한 형태의 배타성이 발생한다. 즉 소수의 수컷만이 이성애 교미에 참여하고 나머지는 흔히 동성애 활동이 일어나는 '독신자 무리bachelor herds'에서 산다.[16] 예를 들어 산얼룩말 중에서 수컷들은 번식 그룹에 들어가기 전에 독신자 무리에서 평균 3년 동안 머무르며 일부는 이성적으로 짝짓기를 하지 않고 평생을 머무르기도 한다. 유사한 패턴이 상대적으로 적은 비율의 수컷만이 번식하는 여러 다른 종에서 발생한다. 인도영양과 가지뿔영양, 그랜트가젤과 톰슨가젤을 포함한 영양과 가젤, 기린, 붉은큰뿔사슴, 산양, 북방코끼리바다표범, 오스트레일리아바다사자와 뉴질랜드바다사자와 같은 바다표범 그리고 부채꼬리뇌조와 긴꼬리벌새, 기아나바위새 같은 조류가 이에 해당한다. 아메리카들소와 같은 일부 유제류에서는 나이와 관련된 패턴이 발견된다. 수컷은 일반적으로 5~6세가 될 때까지 이성애 활동에 참여하지 않는다. 그 이전에는 많은 수가 동성애 활동을 하며 일부 개체에서는 5년까지 배타적인 같은 성 활동 기간이 이어지기도 한다.[17]

다른 패턴의 배타성도 역시 발생한다. 예를 들어 검은두건랑구르와 망토개코원숭이에서는 일반적으로 집단에서 가장 높은 계급의 수컷만이 암컷과 짝짓기를 한다. 그 외의 수컷들은 약간 성적인 활동을 한다 해도 단지 간간이 동성애를 추구하는 것만 수행한다. 검은두건랑구르에서는 최소 4년 동안 같은 성 상호작용만 하는 비非번식 수컷의 사례가 기록되었다. 목도리도요에서는 몇 가지 다른 범주의 수컷들이 있는데, 이들 중 많은 수컷이 이성적으로 짝짓기를 거의 하지 않는다. 이러한 개체 중 일부는 동성애 활동에 참여하며 아마 평생을 가기도 하는 연속된 기간에 걸쳐 그렇게 할 수 있다. 일부 종에서 같은 성 활동은 부모와 비非번식 자손을 포함하는 근친상간이기 때문에 배타적일 수 있다. 수컷 흰손긴팔원숭이의 경우를 예로 들면 부자간의 성관계를 몇 년 동안 지속하기도 한다. 아들은 그 기간에 병행하는 이성적인 활동을 하지 않으며 때로 그의 아비조차도 이 기간 동안 반대 성과의 짝짓기를 거의 또는 전혀 하지 않을 수 있다. 붉은여우의 딸들은 가족 무리에 수년간 머물 수 있으며, 때로는 떠나지 않을 수도 있다. 이 기간 동안 간혹 어미(또는 딸들 간에)와 같은 성 마운팅을 할 수도 있지만 이성애적인 활동은 전혀 하지 않는다.[18]

따라서 많은 종에서 배타적인 장기간의 동성애(또는 이성애)에 대한 보고를 직접적으로 이용할 수는 없겠지만 배타성은 해당 종 사회조직의 일반적인 패턴에서 추론할 수 있다. 예를 들어 (평생 이성애적으로 짝짓기를 하지 않는 개체를 포함하여) 많은 수의 비非번식 동물이 있는 시스템은 이러한 비번식 동물(때로는 성별로 분리된 그룹)의 적어도 일부 간의 동성애 활동과 함께, 오직 같은 성 동물과의 성적 접촉만을 하는 개체가 어느 정도 나타난다. 일부 동물에게 있어서 이 배타적 동성애 기간은 몇 년 이하다. 다른 동물에서는 심지어 일생에 이르도록 상당히 더 길게 연장될 수도 있다.

짧은 기간의 배타적이거나 '우선적인preferential' 동성애도 역시 발생한다. 예를 들어 몽땅꼬리원숭이와 히말라야원숭이에서의 성적인 '우정friendships'과 일본원숭이에서의 동성애적 배우자 관계는 며칠에서 몇 달까지 지속한다. 이 기간 동안 이성 간의 관계는 전혀 없다. 수컷 바다코끼리와 회색바다표범의 계절적 집합 동안 같은 성 활동은 보통 반대

라운드섬(알래스카) 해안에 있는 수컷 바다코끼리 무리. 한 쌍의 수컷이 물에 떠 있는 동안 서로 구애 및 기타 활동에 참여하고 있다. 수컷 바다코끼리는 흔히 계절적으로 양성애자이며 번식기가 아닌 경우 동성애를 한다.

성과의 행동을 배제하기 위해 일어난다. 암컷 마멋들은 몇 년 동안 번식을 포기하지만 다른 암컷들과 여전히 성적인 접촉을 하기도 한다. 임금 펭귄의 같은 성 짝결합과 암컷 오랑우탄의 동성애 관계도 마찬가지로 해당 기간 동안 배타적이다. 물론 이 동물 중 많은 수가 실제로는 양성애자인데 일생의 다른 기간에 이성애를 추구하기 때문이다. 하지만 같은 성 활동을 하는 동안에 동시적으로 이성애 행동을 하지는 않는다. 그러므로 다양한 형태의 배타적 동성애를 고려할 때 배타적이지 않은 동성애의 다른 유형, 즉 양성애에 관한 이해도 필요하다.

한 개체가 동성애와 이성애 활동에 모두 참여하는 것은 동물들 사이에 널리 퍼져 있다. 양성애는 같은 성 활동이 발견되는 포유류와 조류 종의 절반 이상에서 발생한다. 그렇지만 다양한 형태와 단계의 양성애가 있으므로 동물에서의 성적 지향을 논의할 때 이는 신중하게 구별되어야 한다. 우선 유용한 구분 방법으로는 동시적simultaneous 양성애와 그에 반대되는 순차적sequential 양성애가 있다. 이는 동성애와 이성애 추구 사이의 시간적 또는 발생 순서에 따른 구분이다. 순차적 혹은 연속적serial 양성애에서는 배타적인 같은 성 활동 기간이 전적으로 반대 성 활동 기간과 번갈아 나타난다. 동시적 양성애에서는 동성애와 이성애 활동은 비교적 짧은 기간 내에(예를 들어 같은 짝짓기 시즌 내에) 동시에 나타난다. 따라서 우리가 생각해 왔던 배타적 동성애의 여러 '짧은shorter' 시기는 실제로는 더 큰 패턴의 순차적 양성애에 속하게 되므로, 순차적 양성애는 동물의 일생 중 몇 달에서 몇십 년에 이르는 어느 구간에서라도 같은 성 활동을 보이는 연속체continuum 모습을 띠게 된다. 더 나아가 양성애 경험의 '순차성sequentiality'은 여러 다양한 형태를 취한다. 계절적 패턴(예를 들어 주로 번식기가 아닐 때 동성애에 관여하는 바다코끼리나 이동철이나 피서철의 쇠고래)이나, 연령에 기초한 패턴(예를 들어 들소나 기린처럼 어린 동물의 같은 성 활동이 더 특징적이거나 동물의 초기 나이에는 주로 동성애 추구가 많고 나이가 들어서야 이성 활동이 뒤따르는 경우 또는 일부 아프리카코끼리처럼 그 반대의 경우)이나, 특정 시점에서 이성애자에서 동성애자로(예를 들어 재갈매기나 훔볼트펭귄) 또는 동성애자에서 이성애자로(예를 들어 민물가마우지) 개체를 바꾸는 일회성 '스위치switches' 패턴이나, 여러 가지 서로 다른 길이의 같은 성 및 반대 성 활동 기간이 서로 번갈아 나타나는 구조화가 덜 한 순서 패턴도 있다(예를 들어 고릴라, 은갈매기, 임금펭귄, 이색개미잡이새).[19]

동시적인 양성애는 또한 여러 가지 외형으로 나타난다. 한쪽 극단極端에서는 같은 성 파트너와 이성 파트너와의 성행위가 문자 그대로 동시에 발생한다. 예를 들어 암컷을 마운팅하고 있는 수컷에 다른 수컷이 마운트한다든지(예를 들어 늑대, 웃는갈매기, 쇠푸른왜가리) 또는 참가자의 일부나 전부가 수컷과 암컷 상관없이 상호작용하는 그룹 성행위(예를 들어 보노보, 서인도제도매너티, 바다오리, 산쑥들꿩)를 하는 것이다. 다른 극단에서, 각 개체가 필리핀원숭이, 흰바위산양, 붉은발도요, 안나벌새의 예에서처럼 짧지만 상대적으로 뚜렷한 시간에 걸쳐 양쪽 성과 별도로 구애하거나 짝짓기를 한다. 이러한 양극단 사이에는 또 다른 패턴이 있다. 예를 들어 회색기러기, 검은머리물떼새, 갈까마귀처럼 같은 성과 반대 성 파트너가 서로 동시에 관계를 형성하는, 세 마리나 네 마리의 모임을 유지하기도 한다. 또 다른 형태의 동시성은 반대 성의 구성원과 짝을 이룬 한 동물이 같은 성의 구성원과 가끔 구애를 하거나 성적인 만남을 하는 것이다(혹은 그 반대로). 예를 들어 암컷 파트너가 있는 수컷 재갈매기와 웃는갈매기, 왜가리, 제비, 바다오리의 경우나 수컷 파트너가 있는 암컷 청둥오리는 같은 성의 새에게 마운트를 하기도 한다. 반대로 같은 성 파트너를 가진 암컷 흰기러기, 서부갈매기, 카스피제비갈매기, 수컷 훔볼트펭귄과 웃는갈매기가 때로 반대 성 파트너와 짝짓기를 한다. 꼬마홍학에서는 또 다른 변형도 발견된다. 동성애 커플인 수컷들이 가끔 동성애 커플인 암컷들과 교미를 시도하는 것이다. 그리고 병코돌고래, 붉은부리갈매기, 갈라와 같은 몇몇 동물에서 그 조합은 훨씬 더 다양해진다. 즉 배타적인 동성애(와 이성애)뿐만 아니라 다른 형태의 순차적이고 동시적인 양성애가 같은 종 내의 다른 개체에서 발견되며 심지어 한 개체에서 시점에 따라 이 같은 양상이 함께 나타나기도 한다.

　더 나아가 양성애의 범주 내에서도 (다시 말해 동성애와 이성애 활동이 교차하는 동시적 양성애에서도) 집단 내의 각 암수 개체는 자신만의 특별한 동성 및 이성 활동의 조합을 만들며, 일반적으로 고유한 성적 지향 프로필을 보인다. 인간의 성적 지향을 설명하기 위해 알프레드 킨제이Alfred Kinsey가 개발한 척도* 혹은 연속체의 개념은 여기에서도 유용하다.[20] 일

---

* 킨제이 척도(Kinsey scale)는 주어진 시간 내의 성적 경험이나 반응을 기준으로 사람의 성적 지향성을 0~6까지 정도로 나타낸 것이다. 0은 배타적인 이성애를 나타내

반적으로 각 종 내에서 개체는 주로 또는 배타적으로 이성애 행동을 보이는 개체로부터 둘 사이에서 균형 잡힌 행동을 보이는 개체를 지나 우세하거나 배타적인 동성애 행동을 보이는 개체까지 그리고 그 사이에 낀 모든 변형의 범위에 속하게 된다. 따라서 보노보 중에서는 모든 암컷이 동성애와 이성애 활동에 모두 참여하지만 특정 무리에 속한 각 암컷이 보여주는 같은 성 행동의 비율은 33%에서 88%(평균 64%) 사이가 된다. 암컷 붉은큰뿔사슴의 경우 0~100%(평균 49%)이고, 보넷원숭이 수컷 중에서는 12~59%(평균 28%), 수컷 돼지꼬리원숭이에서는 6~22%(평균 18%), 코브 암컷 중에서는 1~58%(평균 11%)였다.[21] 다시 말해서 양성애의 전반적인 패턴 내에서 개별 동물들은 다양한 '정도degrees'의 양성애를 보인다. 이를테면 이성애 행동과 대조되는 다양한 '선호도preferences'의 동성애를 보인다.

이러한 발견은 (동)성적 행동과 지향의 척도나 연속체의 개념이 여전히 '유일하게 인간'에게만 있다는 생각의 또 다른 예이기 때문에 특히 의미가 있다. 이러한 보노보의 자료(다른 종의 자료뿐 아니라)는 한 영장류학자의 다음과 같은 최근 주장을 정면으로 반박하고 있다. "특정 종 내에서 우리가 본 모든 야생 영장류는 똑같이 동성애자다… 만일 암컷 보노보 열 마리를 줄 세운다면 한 마리는 킨제이 척도의 6에 있고 다른 암컷은 척도의 2에 있고 하는 식은 아닐 듯하다. 그들은 모두 같은 숫자일 것이다. 정체성을 가진 것은 오직 인간뿐이다."[22] 물론 킨제이 척도는 정체성이 아닌 행동을 측정하는 특별한 척도이며(사람들의 '자기정체성확인self-identification'이라는 흔히 논란이 되는 이슈를 회피하기 위해 특별히 고안되었다), 확실히 어떤 동물연구도 성적 '정체성identity'처럼 주관적인 것을 평가한다고 주장하지는 않는다. 그러나 킨제이 척도(또는 성적인 단계에 대한 비교할 만한 측정)를 의도한 바 그대로 사용한다면 보노보에 특히

고 6은 배타적인 동성애를 의미한다.

적합한 것으로 보인다. 앞에서 인용한 수치는 콩고(자이레)에서의 제니치 이다니 박사Dr. Gen'ichi Idani의 연구에 기초하고 있다. 이다니는 (우연하게도) 정확히 열 명의 암컷 보노보로 구성된 무리를 연구하여 3개월에 걸쳐 그들의 모든 동성애 성기 문지르기와 이성애 교미를 대조한 표를 만들었다. 이들 각 개체의 동성애 활동 비율은 33%, 36%, 47%, 68%, 68, 70%, 75%, 75%, 82%, 88%였다. 또한 이다니는 각 암컷의 다른 암수 파트너 수(양성애나 행동 '선호도'의 또 다른 가능한 척도)를 표로 작성했다. 같은 성 파트너의 비율도 역시 모든 암컷에 걸쳐서 36%, 50%, 50%, 54%, 67%, 67%, 67%, 69%, 71% 그리고 80%를 나타낸다. 분명히 이러한 개체들은 성적 행동의 관점에서 어떤 스펙트럼에 속하며 따라서 성적 지향의 측면에서 서로 다른 수준의 양성애를 보인다(이들 중 배타적인 이성애자나 배타적인 동성애자는 실제 아무도 없다).[23]

같은 성 활동에 대한 '선호도'는 확실히 인간이 아닌 것을 다룰 때('정체성'을 파악하는 것만큼 어렵지는 않지만) 측정하기 어려운 개념이다. 하지만 우리가 그들의 내면적인 동기나 '욕망desires'에 접근할 수는 없더라도 동물들은 행동이나 같은 성 파트너의 비율 외에 개체의 '선호'에 대한 다양한 여러 단서를 제공한다. 이러한 단서의 예로는 반대 성 구성원이 있을 때(에도 불구하고) 수행하는 동성애 활동, (그런 동성애 활동에 '호소resorting'하기보다는) 같은 성 파트너의 관심을 끌기 위해 적극적으로 경쟁하는 개체, 반대 성 파트너의 접근에 대한 무시나 거부, 동성애 짝을 잃은 후에 또다시 같은 성 파트너와 계속해서 짝을 이루는 '과부'나 '이혼'한 개체(심지어 반대 성 파트너를 찾을 수 있음에도 불구하고) 등을 들 수 있다. 이러한 유형의 행동은 실제로 50종 이상의 포유류와 조류에서 보고되었으며(일부 예는 프로필 참조) 적어도 이들 종의 일부 개체에서 같은 성 활동이 어떤 맥락에서 반대 성 활동보다 '우선순위priority'를 가지고 있음을 나타낸다. 반대의 경우도 사실이다. 캐나다기러기, 은갈매기, 이색개미잡이새, 갈까마귀, 갈라와 같은 종은 반대 성 파트너를 구할 수 없는 상황에서 개체군의 일부만이 같은 성 활동을 하는데 이는 나머지 개체군에서 이성애 '선호도'가 더 높다는 것을 의미한다.[24] 그러한 상황적 맥락에서 같은 성 활동에 참여하는 동물은 '잠재적인latent' 양성애를 보인다고 말할 수 있다. 즉 특정 상황에서 동성애와 관련될 가능성이 있는 우선적인 이성애 지향성이다. 개체의 '선호도'나 양성애 정도를 평가할 때 고려해야 할 또 다른 요소는 성적 상호작용의 합의성consensuality이다. 예를 들어 암컷 캐나다기러기나 은갈매기 동성애 쌍은 가끔 강압에 의해 이성애 교미를 하기도 한다. 즉 그들은 때로 수컷에 의해 강제로 짝짓기를 하거나 강간을 당한다. 비슷하게 바다오리, 레이산알바트로스, 삼색제비 그리고 몇몇 기러기 종에서도 이성적으로 짝을 이룬 수컷이 다른 수컷에 의해 강제로 마운트를 당하기도 한다. 엄밀히 말하면 이러한 모든 개체는 동성애와 이성애의 활동을 모두 하기 때문에 '양성애자'라고 할 수 있다. 하지만 그들이 보여주는 양성애의 종류는 양쪽 성의 동물과 기꺼이 짝짓기를 하는 암컷 보노보나 수컷 바다코끼리의 예와는 크게 다르다.

개체군을 아우르는 넓은 범위의 성적 지향 패턴은 개체 내에서의 성적 지향 패턴만큼이나 다양한 변화를 보여준다. 일부 종에서 대부분의 동물은 배타적인 이성애자지만 소수의 동물은 양성애 활동(예를 들어 검은꼬리사슴)이나 배타적인 동성애 활동(예를 들어 수컷 타조)을 한다. 다른 한편에서는 대부분의 개체가 양성애자고 배타적으로 이성애자거나 동성애자인 개체는 있더라도 아주 드물다(예를 들어 보노보). 또 다른 종들은 거의 보편적인 양성애의 패턴과 약간의 배타적인 동성애가 합쳐져 있다(예를 들어 수컷 산양). 그리고 다른 경우에는 이러한 비율이 더 균등하게 분포되어 있지만 여전히 상당한 다양성이 있다. 은갈매기를 예로 들면 암컷의 10%가 평생 동안 배타적인 동성애를 하고, 11%는 양성애를 하며,

79%는 이성애자다. 다른 종의 특정 개체군에 대한 동성애-양성애-이성애의 배분은 다음과 같다. 붉은부리갈매기는 22%-15%-63%, 일본원숭이는 9%-56%-35%, 갈라는 44%-11%-44%를 보인다.[25]

따라서 성적 지향은 사회적, 행동적, 시기적 그리고 개체에 따른 다양한 차원을 가지고 있으며, 이는 이성애나 동성애 관계의 패턴을 평가할 때 모두 고려되어야 한다. 동물에서 배타적인 동성애가 양성애보다 덜 흔한 것은 사실이지만 이전에 생각했던 것보다는 더 많은 종에서 발생하고 있으므로 독특한 인간만의 현상이라 할 수 없다. 더욱이 종 내와 종 전체에 걸쳐 양성애가 광범위하게 나타나므로 배타적 이성애도 확실하게 아주 흔하다고 보기는 어렵다. 동물들도 사람과 마찬가지로 같은 성 및 반대 성 활동 모두에 여러 다양한 정도의 참여도를 가진 채 넓은 범위의 성적 지향을 가진 복잡한 생활 이력을 가지고 있다. 그러므로 우리는 "동물들이 양성애나 배타적인 동성애에 관여하는가?"라는 질문에 "양쪽에 다 관여하고 또한 양쪽에 다 관여하지 않는다"라고 답해야 한다. 단일 형태의 '양성애'도, 획일적인 패턴의 '배타적인 동성애'도 없는 것이다. 동물의 세계 곳곳에서 여러 가지 색조를 가진 성적 지향이 발견되며, 이는 때로 같은 종이나 심지어 같은 개체에서도 공존하며 훨씬 더 큰 성적 변형sexual variance의 일부를 형성한다.

무심한 구경꾼과 게이 게토 : 사회적 및 공간적 반응

동성애적 행동은 영장류 친척들 사이에서 널리 퍼져 있지만 동성애에 관여하는 개체들을 향한 공격성은 인간의 독특한 발명품인 것으로 보인다.
— 폴 L. 베이시, 1995[26]

대중적이고 과학적인 논의에서 거의 주목을 받지 못한 동물 동성애의 한 측면은 큰 규모의 사회에서의 동성애자, 양성애자, 성전환자의 신분이나 '지위status'에 관한 것이다. 그들은 주변의 동물로부터 어떤 사회적 반응을 불러일으킬까? 나머지 개체군과의 공간적인 관계는 어떻게 될까? 즉 분리되어 있거나 완전히 통합되어 있거나 아니면 그 사이의 어딘가에 존재하는 것일까? 영장류학자 폴 L. 베이시Paul L. Vasey는 영장류에서의 동성애 행동은 그들 주변의 동물에게 적대를 당하거나 분리되는 일이 현저하게 적다는 것이 특징이라고 주장한다. 이는 영장류뿐만 아니라 동성애 활동이 일어나는 대부분의 다른 종에서도 사실인 것으로 보인다. 거의 예외 없이 '다른' 성적 취향이나 성별을 가진 동물들은 해당 종의 사회적 구조에 완전히 통합되어, 우리가 인간 사회에서 동성애와 연관시키는 데 익숙한 관심이나 적대감, 분리나 비밀성을 거의 이끌어 내지 못한다. 과학적인 관찰자 이후 일반 관찰자도 동물에서의 동성애적 행동이 주변 동물들로부터 어떻게 무덤덤하게 받아들여지는지에 대해 언급해 왔다. 개체들은 주변의 동물에게 별다른 주목을 받지 않은 채 동성애 활동과 다른 사회적 상호작용이나 행동을 하며 무리 없이 움직인다.[27]

동성애 활동을 하는 개체가 관심을 끈다 해도 그것은 대개 단순한 호기심(예를 들어 아프리카들소, 사향소) 때문이거나 다른 동물들도 참여하고 싶기 때문이다.[28] 보노보나 범고래, 서인도제도매너티, 기린, 가지뿔영양, 바다오리, 산쑥들꿩과 같은 많은 종에서 두 동물 사이의 동성애적 상호작용은 점점 더 많은 동물이 그 활동에 이끌려 들어가면서 흔히 그룹 모임으로 발전한다. 또한 이러한 양상은 여러 해당 종의 이성 간 상호작용에도 나타나며, 간혹 동성애적 활동과 이성애적 활동이 동일한 집단 상호작용의 일부가 되기도 한다. 이는 더 큰 사회적 틀 안에서 동성애 활동의 통합에 관한 중요한 일면을 보여준다. 한 종에서 양성애가 만연할 때 또는 개체군의 많은 부분이 동성애 활동에 관여할 때(흔히 그렇듯이), 이러한 범주에 기반한 공격적 반응의 잠재성이 사라지듯이 '동성애자'와 '이성애자' 동물 사이의 구별도 사라진다. 동성애 활동의 '관찰자observer'는 어느 순간 쉽게 참여자가 될 수 있고, 같은 성 활동을 하는 동물과 그렇지 않은 동물 사이의 어떠한 구분도 본질적으로 임의적인 것이 되어버린다.

　동성애, 양성애, 트랜스젠더가 널리 퍼지지 않은 종에서도 같은 성 행동(또는 성전환된 개체)에 참여하는 동물은 일반적으로 그들 주위의 다수로부터 거부반응을 일으키지 않는다. 오히려 동성애 활동은 일상적으로 이성애 활동처럼 여겨진다. 사실 많은 종에서 부정적인 반응을 이끌어내는 것은 동성애가 아니라 이성애적인 행동이다. 수많은 영장류와 다른 동물을 예로 들면, 수컷과 암컷의 교미는 정기적으로 주변 동물들에 의해 괴롭힘을 당하고 방해받는다. 이러한 종에서 같은 성 활동은 완전히 무시되거나(예를 들어 몽땅꼬리원숭이), 반대 성 교미보다 괴롭힘과 중단을 당하는 비율이 훨씬 낮은 대상이 된다(예로는 하누만랑구르, 일본원숭이).[29] 성체 수컷 보노보는 젊은 수컷의 동성애 활동은 무시(또는 심지어 참여)하면서도 그들이 이성적인 활동을 하려 하면 방해한다. 또한 동성 커플이 아닌, 양육을 하는 갈까마귀 이성애 커플은 때로 비非번식 이성애 커플에 의해 공격을 당하기도 한다(심지어 새끼가 죽임을 당하기도 한다). 그리고 기아나바위새에서는 이성애적 구애의 상호작용은 일상적으로 방해받고 다른 수컷들에 의해 괴롭힘을 당하지만 동성애 활동은 그렇지 않다. 실제로 암컷들은 (이 활동이 진행되는 동안 과시 무대를 나가거나 피함으로써) 동성 간의 구애나 교감을 하는 수컷들에게 자리를 내주고, 수컷들은 동성애를 시작함으로써 사실상 이성 간의 상호작용을 방해하기도 한다.[30]

　동성애와 트랜스젠더에 대한 다른 개체들의 부정적인 반응이 거의 없을 뿐만 아니라 심지어 어떤 경우에는 실제로 관련된 동물들에게 긍정적인 지위를 부여하는 것처럼 보인다. 예를 들어 서열화한 사회조직 형태를 가진 종에서 동성애 활동은 흔히 가장 높은 계급의 개체들 사이에서 발견된다(예를 들어 고릴라, 큰뿔양, 몽골야생말, 회색머리집단베짜기새). 마찬가지로 트랜스젠더 동물은 개체군에서 높은 지위를 가지거나(예를 들어 사바나개코원숭이), 다른 동물보다 성적 동반자를 얻는 데 더 성공적이다(예를 들어 붉은큰뿔사슴, 가터얼룩뱀).[31] 이러한 개체가 경험하는 이득이 모두 트랜스젠더나 동성애의 직접적인 결과인 것은 아니지만 몇몇 경우에는 개체들이 실제로 동성애 활동 때문에 신분 상승이나 다른 긍정적인 결과를 얻는 것처럼 보인다. 예를 들어 동성애적 동반자 관계를 형성하는 검둥고니와 회색기러기는 흔히 그들 무리에서 강력하고 높은 지위의 힘을 발휘하는데 부분적으로 이는 짝을 이룬 수컷과 합친 힘이 독신자 수컷과 이성애 쌍이 갖지 못하는 이점을 가져다주기 때문이다. 사실 때로 검둥고니 수컷 쌍들은 영역에서 가장 크고 가장 가치 있는 영역을 획득하여 다른 새들을 명백히 불리한 지위로 밀쳐버린다.[32]

많은 동물에서 같은 성 커플은 (이성애 쌍처럼) 일상적으로 침입자로부터 그들의 보금자리 영역을 보호하거나 다른 개체와의 갈등에서 자기 파트너를 돕는다.[33] 그러나 많은 종의 몇몇 동성애 개체들과 트랜스젠더 개체들은 방어하는 것뿐만 아니라 한 걸음 더 나아가 실제로 공세를 펼친다. 수거위 쌍이나 코브 쌍은 흔히 너무 강력해서 전체 무리를 '공포에 떨게terrorize' 만들 수도 있고 (회색기러기에서처럼) 다른 개체를 공격하거나 심지어 (검둥고니에서처럼) 이성애 쌍으로 하여금 둥지와 알을 포기하게 만들기도 한다. 또한 독신 홍학 수컷들은 간혹 수컷(암컷이 아닌) 파트너에게 관심을 가지고 이성애 쌍을 쫓고 괴롭히는 한편 홍학 수컷 쌍은 다른 새들로부터 둥지를 훔치는 것으로 알려져 있다. 반달잉꼬 암컷 쌍은 흔히 이성애 쌍에 대해 공격적으로 행동하고 위협을 통해 적극적으로 그들을 '장악dominate'할 수 있고 심지어 보금자리 확보 경쟁에 성공하기도 한다. 수컷 아프리카목고리앵무 쌍처럼 웃는갈매기 동성애 쌍은 때로 이웃 이성애 쌍의 영역을 침범하고 소유주를 괴롭힌다. 유사한 패턴이 검은두건랑구르에서도 보고되었는데 같은 무리에 살고 (꼭 둘이 짝인 것은 아니더라도) 때로 서로 같은 성 마운팅에 참여하는 두 마리의 수컷이 이웃 무리의 수컷을 공격하는 데 협력할 수 있다. 동성애 구애와 성적인 활동을 하는 수컷 사자들은 자신들에게 너무 다가온 다른 수컷 사자를 공격할 수도 있고, 이는 흔히 구애 중인 두 수컷 사자들이 동성애 활동에 직접 관여하지 않는 다른 무리 구성원들의 도움을 받으며 격렬한 싸움으로 이어지기도 한다. 암컷 히말라야원숭이 간의 동성애적 배우자 관계는 파트너가 다른 개체를 공격하는 도발부터 무리에서 몰아내는 상황에 이르기까지 강력하고 매우 공격적인 동맹으로 발전하기도 한다. 또 암컷 일본원숭이는 흔히 성적인 암컷 파트너에게 접근하기 위해 수컷(및 다른 암컷)과 치열하게 경쟁한다. 다른 암컷과 성관계를 가진 한 암컷 침팬지는 다른 개체들에 대해 지속적으로 공격적이었고, 양쪽 성별의 침팬지들은 그녀를 두려워하게 되었다. 때때로 이러한 공격성은 라이벌 이성애 파트너들을 향한다. 예를 들어 자기 어미를 성적으로 추구했던 한 암컷 리빙스턴과일박쥐는 어미와 교미하는 데 관심이 있는 수컷들을 성공적으로 물리쳤다. 성전환 사바나(차크마)개코원숭이는 무리에서 가장 강하고 높은 계급의 일원 중 하나였다. 그녀는 '용기와 결단력courage and determination'을 보여주는 것으로 묘사되며, 위협을 통해 정기적으로 이성애 교제를 방해했으며, 한 수컷과 짝짓기를 하기 위해 '억류capturing' 한 다음 수컷 파트너를 '노략질carrying off'했다.[34]

그래서 아이러니하게도 동물에서 변형된 성적 취향과 성별을 둘러싼 가장 공격적인 상호작용 중 일부는 동성애, 양성애 및 트랜스젠더 개체의 공격이나 괴롭힘 또는 침범을 받는 이성애 개체다. 하지만 그 반대의 상황도 알려져 있다. 동성애 동물이 이성애 동물에 의해 표적이 되는 많은 예가 있다. 이러한 모든 예에는 한 수컷이 두 암컷 사이의 동성애 활동에 간섭하는 것이 관계되어 있는데 이는 흔히 암컷 중 한 마리에게 성적 접근을 하기 위한 시도에서 나온 것이다. 수컷 검은머리꼬리감기원숭이, 붉은쥐캥거루, 산쑥들꿩은 가끔 암컷들 사이의 짝짓기 활동을 중단시키려고 노력한다. 수컷 고릴라는 서로 성관계를 하고 있는 두 마리의 암컷을 공격하는 것으로 알려져 있다. 한 수컷 보노보는 암컷들 사이의 성적인 활동에 간섭하려고 비명을 지르고 뛰고 심지어 때리기까지 하는 것을 반복했다. 그러나 이것은 단지 암컷들이 서로 몰래 섹스를 하게 만들 뿐이어서 그 수컷은 괴롭히는 것을 포기했고 이후 암컷들은 공개적으로 섹스를 할 수 있었다. 수컷 캐나다기러기와 엘크는 때로 암컷 커플의 한 구성원을 쫓아내거나 동반자에게 가까이 가지 못하게 만드는 방법으로 짝을 분리하고 그중 한 구성원과 짝짓기를 시도한다(암컷들은 보통 어떻게든 다시 결합하게 된다). 또 동성애 배우자 관계인 일본원숭이와 히말라야원숭이 암컷 커플은 수컷에 의해 위협받고 습격을 당한다. 양성애 트리오의 일원으로서 서로 유대 관계를 맺고 있는 갈까마귀 암컷들은 때로 그들의 수컷 파트너가 암컷 중 하나의 둥지 접근을 막기 때문에 공동 육아를 하려는 노력에 방해를 받을 수 있다. 어떤 경우에는 이로 인해 알이나 새끼를 잃을 수도 있다.[35] 명백한 점은 이와 같은 반응 패턴이 이러한 종의 대부분에서 전형적이지 않다는 것이다. 왜냐하면 다른 경우, 동물들은 보통 같은 성 활동에 대해 부정적인 반응을 보이지 않기 때문이다(예를 들어 보노보, 고릴라, 붉은쥐캥거루, 산쑥들꿩). 그리고 이런 간섭을 하려는 시도는 (심지어 폭력적이더라도) 개체들의 동성애 활동을 영구적으로 중단하게 만들 수는 없고 오히려 간단히 관계 패턴을 바꾸게 하거나 일단 간섭이 멈출 때까지 활동을 쉬게 만들 뿐이다.

대조적으로 흰꼬리사슴은 트랜스젠더 '벨벳뿔velvet-horns'(수컷과 암컷의 특징을 모두 결합한 개체)에 대해 매우 공격적인 폭행을 하는 일관된 패턴이 있다. 벨벳뿔은 모든 연령과 성별을 불문하고 트랜스젠더가 아닌 사슴들에 의해 쫓기거나 먹이터에 대한 접근이 막히며 지속적으로 괴

동성애 청둥오리는 우선적으로 그들의 무리 안이나 '클럽clubs'에서 서로 교제하는 경향이 있다.

롭힘을 당한다. 때로는 여섯 마리나 되는 숫사슴 '갱gang'들이 벨벳뿔을 습격하여 돌진하고 쫓으며 뿔로 심하게 상처를 주기도 한다. 아마도 이러한 사회적 배척의 결과로 벨벳뿔은 그들만의 그룹을 형성하고 일반적으로 다른 사슴을 피하면서 다른 벨벳뿔과만 관계를 맺는 경향이 있다.[36] 그러나 이러한 예 외에 종족 구성원들의 박해로 인해 다른 성적 취향이나 성별을 가진 동물들이 따로 사는 경우를 찾기는 힘들다.

많은 경우에 동성애적 상호작용에 관여하는 동물은 분리된 집단에서 살지만 공간적이거나 사회적인 분리는 (동성애에 관여하지 않는 개체도 포함하기 때문에) 성적 취향 이외의 요소에 기반을 둔다. 이러한 요인들에는 나이, 성별, 번식 지위, 사회적 서열, 활동 패턴 그리고 이들의 다양한 조합이 있다. 예를 들면 동성애 활동은 어리고 번식을 하지 않는 낮은 서열의 북방코끼리바다표범 무리에서나, 많은 유제류 및 해양 포유류의 성별에 따라 분리된 '독신자 무리bachelor herds'의 비非번식 수컷에서, 보금자리 서식지에서 멀리 떨어져 진흙 채집 활동을 하는 삼색제비 무리에서, 나이가 많고 혼자 지내는 아프리카코끼리 수컷에서, 이성애 짝을 돕는 데 관여하지 않는 비번식 뿔호반새에서, 털갈이 철 동안 함께 모이는 수컷 회색 바다표범 무리에서 나타나는 특징이 있다. 신체적 장애도 개체를 자신들만의 집단으로 격리할 수 있다. 예를 들어 청다리도요에서는 다리가 하나인 새 떼가 다른 개체들과 따로 무리를 이루고 이동하는 것이 관찰되었다. 이는 아마도 사회적 배척을 당해서라기보다는 다른 새들을 따라가지 못해서 생긴 현상일 것이다. 왜냐하면 두 다리를 가진 새들도 가끔 그런 무리에서 발견되기 때문이다.[37] 이와는 대조적으로 일부 청다리도요는 동성애 활동에 참여하지만 확실하게 동성애나 양성애 새들이라고 할 만한 '새 떼flocks'가 이 종에는 알려져 있지 않다.

다른 동물이 보이는 적대감 외의 기타 요소들도 동성애 활동에 참여하는 개체를 때로 분리한다. 예를 들어 북미갈매기들 사이에서 암컷 쌍들은 때로 질이 더 낮은 둥지나 더 작은 영역으로 밀려나다가 결국 이성애 쌍들이 소유하는 영역 사이의 공간에 함께 모이게 된다. 이것은 이웃 새들의 적극적인 적대감 때문일 수 있다. 하지만 암컷 쌍이 일반적으로 수컷-암컷 쌍만큼 공격적이지 않기 때문에 결과적으로 모든 쌍이 붐비는 군락에서 견뎌야 하는 침입으로부터 둥지를 지킬 수 없기 때문일 가능성이 크다. 게다가 나이가 어리거나 경험이 적은 북미갈매기의 이성애 쌍도 최적이 아닌 위치에 있게 되는 경향이 있으며, 일부 군락에서는 암컷 쌍이 주변으로 밀려나거나 군집이 되기보다는 완전히 통합되거나 무작위로 분포한다. 이것은 암컷 쌍에 대한 적대감이 어디에나 있는 것은 아니며 적대감이 있다손 치더라도 암컷 쌍에게만 전적으로 향하지는 않는다는 것을 나타낸다. 어떤 종에서는 동성애 활동에 관여하는 개체에 의해 분리가 활발하게 시작된다. 예를 들어 동성애 배우자 관계에 있는 암컷 일본원숭이들은 친척을 포함한 다른 무리의 구성원들로부터 신체적으로나 사회적으로 자신들을 격리하며 함께 시간을 보낸다. 비슷하게 검둥고니 수컷 쌍은 다른 개체와 신체적으로 떨어져 지낼 수도 있다. 하지만 이것은 그들의 영역이 가장 넓고 접근하는 다른 새들에 대해 공격적이기 때문이다. 회색기러기 수거위 쌍은 무리에서 외곽의 위치를 차지하는 경향이 있지만 이들이 가장자리에 위치하도록 '강제forced'된 것 같지는 않다. 왜냐하면 수컷 쌍이 무리의 다른 새들보다 더 지배적이기 때문이다. 일부 과학자들은 그러한 동성애 커플들이 실제로 무리 전체의 '파수꾼sentinel'이나 경비원의 역할을 수행할지도 모른다고 제안했고 따라서 그들의 위치는 무리의 '경계border'에 위치한다고 설명했다. 또한 동성애 청둥오리들이 서로의 동반자를 선호하고 함께 모이는 경향이 있다는 증거가 있다. 예를 들어 많은 수의 수컷 쌍들이 포획 상태에서 길러질 때 그들은 이성애 새들과 함께 지내기보다는 자신들의 무리를 형성하고 서로 교제하는 경향이 있었다. 그런 무리가 야생에서 자주 보이지 않는 이유는 단순히 숫자의 문제일 수도 있다. 왜냐하면 흔히 같은 성 커플은 이 종에 속한 개체군의 소수만을 차지하므로 동성애 개체들이 야생 무리에서 함께 모여 자신들만의 큰 무리를 형성할 가능성은 거의 없기 때문이다.[38]

그럼에도 불구하고 동물 세계에서 동성애자나 양성애자의 분리된 하위집단이 사실상 없는 것은 적어도 부분적으로는 동물들 사이에서 동성애에 대한 일반적인 적대감이 별로 없는 것과 관련이 있을 것이다. 물론 의심할 여지 없이 여러 요소가 관련되어 있는데 이는 인간 동성애자들이 분리된 집단을 형성할 때 그러한 것과 마찬가지다. 일부 인간사회에서 '게이 게토gay ghettos'나 하위문화가 출현하는 것은 박해에서 벗어나야 할 필요성 외에도, 자신과 같은 유형의 사람들을 찾고 연관시킬 필요성, 동성애 '정체성identity'의 형성, 경제적 자립의 발전 등 많은 것이 관련된 복잡한 과정이다. 또한 그러한 그룹이 적대적인 사회에 대해 방어적인 대응에 그치는 것이 아니다. 다른 많은 소수자와 마찬가지로, 그러한 '게토ghettos'는 불가피한 생존 전술로 시작되었다가 그들만의 필수적이고 풍요로운 하위문화로 발전할 수도 있다. 동물 사회의 경우 우리는 이미 다른 많은 요인들(예를 들어 광범위한 양성애나 같은 성 활동에 참여하는 소수의 동물)이 분리된 무리의 형성을 막는 완충작용을 할 수 있음을 이미 확인했다. 반대로 동성애 활동이 일어나는 분리된 사회적 단위는 흔히 관련된 동물들의 성별과 (처음에는) 무관한 이유로 형성된다. 하지만 동성애와 관련된 개체에 대한 적극적인 적대감과 그러한 개체들의 분리가 동물계에서 드문 일이라는 것은 놀라운 사실이다. 동성애에 대한 이러한 사회적 반응은 인간 고유의 것도 아니고 (지금까지 주장된 바와 같이) 동물 사회의 일반적인 모습도 아니다. 그 발생 빈도와 관계없이 동성애, 양성애, 트랜스젠더는 대개 이성애 못지않은 동물 사회생활의 일부다. 이러한 측면에서 대부분의 다른 생물들은 인간적human이 아닌 분명히 인도적humane으로 성별 차이나 성향의 차이에 접근하고 있는 셈이며, 심지어 우리 사회가 어떻게 다른 성적 지향을 보이거나 모호한 성향을 가진 개인을 사회생활의 구조에 통합할 수 있는지에 대한 모델을 우리에게 제공할 수도 있다.

성적인 기교의 거장 : 이성애와 동성애의 비교

> 인간 이성애의 어떤 단일한 모습은 일부 동물 종에서 발견될 수 있지만(사회 계급에 따른 성적인 행동의 차이, 짝 형성, 얼굴을 마주 보는 성교, 숨겨진 생리와 발정 주기, 구강 및 항문성교 등), 인간 이성애의 완전한 패턴은 다른 어떤 종에서도 발견되지 않는다.
> — 제임스 D. 와인리치[39]

인간의 성적 행동에서 인간이 어떻게 유일무이한지에 대한 이 최후의 주장이, 얼마나 그러한 인간적 독특성에 대한 진술이 드물게 사실로 증명되는지 언급한 바로 그 과학자에 의해 제기됐다는 것은 아이러니한 일이다. 실제로 동물 동성애에 대해 더 상세하고 포괄적인 정보를 얻을 수 있게 된 지금, 적어도 세 가지 종이 그들의 성적 표현의 다양성과 '완전성completeness'에 있어서 인간과 경쟁하는 것으로 보인다. 보노보, 오랑우탄, 병코돌고래가 그들이다. 적어도 같은 성의 맥락에서는 앞에서 언급한 각각의 특징과 일치하거나 동등한 행동 양상을 발견할 수 있다. 이 종들 중 어느 종도 엄격하게 층을 이룬 '사회적 계층'은 없지만 서로 다른 나이와 사회적 지위를 가진 동물들 사이의 성적 행동에는 뚜렷한 차이가 있다. 예를 들어 동성애 활동은 최근 새로운 무리에 합류한 젊고 낮은 계급의 암컷 보노보에서 흔히 더 자주 일어난다. 또 젊은 개체들은 흔히 암컷 동성애 상호작용에서는 '위on the top'에 위치하고 수컷 동성애 상호작용에서는 '아래on the bottom'에 위치하게 된다. 암컷들 사이의 성적 활동이 그들이 낮은 계급에 속할 때 더 자주 발생한다는 몇몇 증거도 있다. 청소년이나 젊은 성년 오랑우탄은 나이가 많고 높은 계급의 개체보다 같은 성 활동에 더 많이 참여하며 독특한 이성애 패턴을 보인다. 어린 수컷 병코돌고래는 짝을 형성한 개체들 사이에서보다 같은 성 활동이 더 흔한 그들만의 그룹을 형성하는 경향이 있는 반면 이 종의 성체 수컷은 일반적으로 둘이 평생을 지속하는 유대를 형성한다.

보노보는 배타적인 짝결합 자체를 가지고 있지는 않지만 암컷은 성적 상호작용을 포함한 오래 지속하는 서로 간의 결합을 형성한다. 또한 청소년 암컷들은 새로운 그룹에 합류할 때 전형적으로 나이 든 '멘토mentor' 암컷과 짝을 짓고 그녀와 가장 빈번하게 성적인 활동을 한다. 오랑우탄은 흔히 이성적인 맥락에서 짝처럼 보이는 배우자 관계를 형성하는데 동성애적인 맥락에서도 비슷한 종류의 관계가 형성된다. 암컷 보노보 사이의 성적인 상호작용은 일반적으로 오랑우탄의 이성애(및 일부 동성애) 상호작용이나 대부분의 병코돌고래의 교미와 마찬가지로 얼굴을 마주 보는 체위로 발생한다(후자의 경우 '배를 맞댄belly-to-belly' 체위라고 부르는 게 아마 특징을 더 잘 나타낼 것이다). '숨겨진 발정주기hidden estrous cycles'란 암컷 성적 주기의 다양한 단계를 나타내는 뚜렷한 신체적 변화가 없다는 것을 가리킨다. 암컷 보노보의 성적性的인 피부는 주기에 따라 부풀어 오르는데 이는 대부분의 주기 동안 나타나지만 특별히 배란과 관련이 있지는 않다. 병코돌고래는 일반적으로 성적인 주기나 배란 시기에 대한 어떠한 시각적 신호도 주지 않는다. 이는 암컷 오랑우탄도 마찬가지다.[40] 어떤 경우든 세 가지 종 모두 인간이 하는 것처럼 암컷의 생리주기 내내 성적인 활동을 하는데 이는 인간의 숨겨진 성적 주기가 만들어 낸 중요한 결과에 해당한다. 보노보, 오랑우탄, 병코돌고래는 모두 항문성교와 구강성교(보노보와 오랑우탄의 펠라티오, 오랑우탄의 커닐링구스, 돌고래의 부리-생식기 밀기)의 모습을 가진 행동을 한다.[41]

동물과 인간의 동성애가 서로 다르기는커녕 비교 가능하다고 주장하는 성적인 변동성과 관련된 한 영역이 있다. 이는 이성애 맥락과는 다르게 동성애에서 사용되는, 성적 행위나 지위의 다양성에 관한 것이다. 마스터스Masters와 존슨Johnson은 장기간의 관계에 있는 게이들과 레즈비언들이 결혼한 이성애자들보다 흔히 더 나은 성적 테크닉과 더 많은 성생활 다양성을 가지고 있다는 것을 발견했다. 제임스 와인리치James Weinrich는 같은 성 활동을 하는 동물들은 어떤 의미에서는 이성애 상대보다 더 다양한 성적인 행동, 체위 또는 기술을 사용하는 성적인 '기교의 거장virtuosos'이라고 주장하면서 동물들 사이의 이러한 관찰이 인간의 그것과 일치한다고 주장했다.[42] 인간에 관한 이 주장의 타당성을 여기서 직접 다룰 수는 없지만 동물에 관한 정확성은 평가할 수 있으며, 이 경우 상황은 이전에 생각했던 것보다 훨씬 더 복잡해 보인다.

동성애 레퍼토리가 여러 종에서 이성애 레퍼토리보다 성행위의 범위가 더 넓은 것은 확실하다. 예를 들어 몽땅꼬리원숭이와 필리핀원숭이에서 구강성교와 상호 자위행위는 다른 관계에서도 나타날 수 있긴 하지만 주로 같은 성 파트너 사이에서 일어난다. 수컷 보노보는 같은 성 간의 상호작용에 페니스 펜싱으로 알려진 특유한 상호 생식기 문지르기 형태를 가지고 있다. 수컷 서인도제도매너티들은 다른 성 파트너와 섹스를 할 때보다 더 다양한 위치와 형태의 생식기 자극을 사용한다. 몇몇 히말라야원숭이 종, 샤망, 사바나개코원숭이는 다양한 종류의 항문이나 엉덩이 자극(마운팅이나 성교에 덧붙여)을 하는데 이러한 행동은 동성애에서는 일어나지만 이성애 맥락에서는 일어나지 않는다. 보넷원숭이, 산얼룩말, 코알라, 서부쇠물닭 등을 포함한 최소 15종에서는 같은 성 파트너들만이 상호 마운팅에 참여한다.[43]

그러나 이것이 전체적인 패턴의 일부로 보이지는 않는데, 특히 마운팅이나 성교 이외의 성적인 활동이 관련된 경우 그러하다. 예를 들어 어떤 형태의 구강성교가 행해지는 36종(동성애적 행동을 보이는) 중에서, 이들 중 10종(28%)만이 동성애적 맥락에 국한된 구강 생식 자극이며 다른 경우에서 생식기 핥기는(예를 들어 히말라야원숭이, 순록, 바다코끼리, 사자) 오직 이성애에서만 일어나는 행위다. 마찬가지로 파트너 사이에서 생식기를 손으로 자극하거나 자위를 하는 행위는 이러한 행동이 발생하는 27종 중 15종(55%)에서만 같은 성 간의 상호작용으로 일어난다. 나머지 동물에서는 이성애든 동성애든 (또는 어떤 경우에는 이성애만) 상관없이 사용한다. 심지어 항문이나 엉덩이 자극(성교가 아닌)도 그러한 활동을 하는 종의 절반(12종 중 6종)에서 이성애적 현상으로 발견된다. 이러한 관찰을 종합하면 우리는 다양한 성적 행위가 대부분 이성애와 동성애 양쪽 모두의 레퍼토리의 일부이며, 같은 성 간의 상호작용에 고유한 행동은 사례의 약 40%에서만 발생한다는 것을 알 수 있다.

사실 대부분 이성애와 동성애 행동 모두 똑같이 '독창적이라 할 것 없는uninspired' 행위이며, 동물 대부분의 전형적인 짝짓기에서 일어나는 후배위 자세보다 이색적이라고 할 것도 없다. 심지어 다른 체위를 사용하는 동물들을 고려하더라도 같은 성 활동이 더 많은 '다양성versatility' 을 가지고 있다고 주장하는 것은 지나치게 단순하다. 많은 종에서 여러 가지 체위는 이성애와 동성애의 상황에 모두 사용된다. 더군다나 비록 사용 빈도는 상황에 따라 다르긴 하지만 마운팅 체위의 주요한 차이는 성적 지향보다는 성별에 따라 나타나는 경우가 많다. 차이를 만드는 요인은 성적인 활동이 같은 성 또는 반대 성 파트너가 관계되어 있느냐가 아니라 (이성애 관계나 동성애 관계 양쪽에서) 수컷이 관계되어 있느냐가 된다. 예를 들어 얼굴을 마주 보는 체위는 암컷 보노보 사이의 성적 상호작용의 약 99%에 사용되지만 수컷과 암컷의 상호작용에서는 거의 사용되지 않는다. 또한 이러한 얼굴을 마주 보는 체위는 수컷 동성애 상호작용에서도 거의 똑같이 드물어서 수컷들 사이의 활동 중 약 2%에서만 발생한다. 따라서 수컷 동성애는 암컷 동성애보다 이 두 가지 기본적인 체위의 사용 빈도 측면에서 이성애와 더 유사하다. 고릴라에서도 비슷한 패턴이 나타난다. 비록 얼굴을 마주 보는 체위가 이성애적인 만남에서는 사실상 없고 동성애적인 만남에서 훨씬 더 흔하지만 수컷과 암컷은 이 체위에 대해 거의 반대되는 선호도를 보인다. 암컷 동성애 만남의 거의 3/4은 얼굴을 마주 보는 자세를 취하는 반면 수컷 동성애 마운팅의 80% 이상은 (이성애 만남에서도 선호하는) 후배위 자세를 취하게 된다. 또한 하누만랑구르는 상호작용을 시작하는 방식에 있어서 수컷 동성애가 암컷 동성애보다 이성애와 더 유사하다. 수컷과 암컷 모두 일반적으로 암컷끼리 마운팅할 때는 잘 하지 않는, 특별한 '머리 흔들기head-shaking' 과시를 수행해서 수컷이 마운트하도록 유도한다.[44]

일본원숭이는 다양한 체위의 종류 면에 있어서 암컷 동성애가 수컷 동성애보다 이성애와 더 유사하다. 이와는 대조적으로 수컷 동성애는 다양한 체위가 사용되는 빈도 면에서 암컷 동성애보다 이성애와 더 유사하다. 이 종에서 완전히 다른 일곱 가지의 다른 마운팅 체위를 식별할

성적인 포옹을 하고 있는 암컷 일본원숭이들. 이러한 얼굴을 마주 보는 체위는 이
성애와 수컷 동성애 상호작용에서는 흔하지 않다.

수 있는데 여기에는 네 가지의 후배위 자세(마운팅하는 동물의 자세에 따
라 앉는 체위, 눕는 체위, 짝의 다리를 움켜잡고 서는 체위, 짝의 다리를 잡지 않
고 서는 체위)와 두 가지의 얼굴을 마주 보는 자세(앉는 체위, 눕는 체위) 그
리고 측면 마운트가 포함된다. 이러한 일곱 가지 체위는 이성애적 만남
과 암컷 동성애적 만남에서 모두 찾아볼 수 있다. 반면 수컷 동성애적 만
남에서는 일곱 가지 체위 중 다섯 가지만 사용한다(후배위 자세로 파트너
에 앉거나 눕는 체위를 사용하지 않는다). 그러나 암컷들 사이의 성적인 만남
은 얼굴을 마주 보는 체위를 더 자주 사용하는 것과 20%의 시간에서만
두 발로 껴안기double-foot-clasp 자세를 사용한다는 점에서 이성애나 수
컷 동성애와 모두 다르다(수컷이 이성애적이든 동성애적이든 성적인 만남의
75~85%의 시간에 그 자세를 사용하는 것과 비교된다).[45]
　또한 성별과 성적 지향의 교차점에 기초한 다른 패턴들도 발생한다.
몽땅꼬리원숭이를 예로 들면, 암컷 동성애자끼리는 세 가지 기본자세(후
배위 자세로 서기, 후배위 자세로 앉기, 얼굴을 마주 보며 앉기)를 사용하고 이
성애 활동은 이 중 두 가지를 사용하는 반면(후배위 자세로 서기, 후배위 자
세로 앉기) 수컷 동성애 활동은 이 중 하나만을 사용한다(후배위 자세로 서

기). (하지만 수컷들은 서로의 만남에서 더 광범위한 구강 및 손을 이용한 형태의 생식기 자극을 사용한다). 암컷 홍학 사이의 교미는 수컷 홍학 사이의 교미보다 일반적으로 이성애 교미와 더 유사하다. 하지만 암컷끼리든 수컷끼리든 이 새의 같은 성 교미는 독특한 '고리를 거는hooking' 자세가 없다는 점에서 이성애 활동과는 다르다.[46] 수컷 흰손긴팔원숭이는 다른 수컷과는 얼굴을 마주 보는 체위로만 성적으로 상호작용하고 암컷과는 후배위 체위로만 성적으로 상호작용한다. 따라서 이러한 종들에서 동성애와 이성애 상호작용은 '융통성이 있을 수flexible도' 있고 '융통성이 없을 수inflexible도' 있지만 동성애와 이성애 각각의 맥락에서 선호하는 체위는 서로 다르다고 할 수 있다. 상호 또는 역逆마운팅(파트너들이 서로를 교대로 마운트하는 것)도 이러한 활동을 하는 종의 3/4 이상에서 이성애 레퍼토리(같은 성 또는 반대 성 맥락에서)의 일부로서 나타난다. 즉 역마운팅은 많은 동물(서부갈매기, 은빛논병아리를 포함해서)에서 이성애 관계일 때만 나타나기도 하고 동성애 행위를 전혀 하지 않는 많은 동물에게 존재하기도 한다.

사실 때로 반대 성 파트너가 성적인 활동에 더 많은 가변성이나 유연성을 보이는 경우가 있다. 보토의 이성애 교미는 세 가지 주요 체위(모두 배와 배를 맞대는데 머리-머리 체위나 머리-꼬리 체위 또는 직각 체위로)로 일어나는 반면 동성애 교미는 보통 이 중 하나만 사용한다(머리-머리 체위).[47] 이 종에서 이성애적이거나 동성애적인 만남은 두 가지 다른 형태의 삽입(생식기 틈 또는 분수공)을 사용할 수 있지만 같은 성 활동에는 세 번째 옵션인 항문 삽입도 사용한다. 조류의 경우는 압도적으로 많은 종이 이성애적, 동성애적 맥락 모두에서 한 개체가 다른 개체의 등에 마운트하는 표준적인 체위로 짝짓기를 한다. 규칙적으로 사용되는 다른 체위의 유일한 예는 수컷-암컷 마운트에서 일어난다. 예를 들어 마주 보는 체위가 스티치버드stitchbirds에서 사용되는데(조류에서는 극도로 드문 일이다) 이때 암컷은 등을 대고 눕고 그 위로 수컷이 짝짓기를 한다. 또 붉은목카리브벌새purple-throated Carib hummingbirds는 나뭇가지에 걸터앉아 배와 배를 대고 짝짓기를 한다. 붉은머리물떼새red-capped plovers에서의 교미는 수컷이 먼저 몸을 던져 등을 땅에 댄 다음 마주 보는 자세로 암컷을 그의 위로 끌어당김으로써 이루어진다. 검은앵무새vasa parrots는 암컷의 총배설강 안에 수컷이 자신의 생식기 돌출부(생식기 입구를 감싸고 전구 모양으로 부풀어 오른 부위)를 삽입하는, 정교하고 특이한 형태의 생식기 접촉을 한다. 이 돌출부는 두 새가 일반적인 마운팅 자세에서 옆으로 나란한 체위로 전환할 때 길어져서 수컷의 생식기를 감싸게 된다(조류의 교미에서 완전한 삽입은 거의 일어나지 않는다). 잿빛벌새Vervain hummingbirds는 지표 위로 낮게 24미터의 궤도를 횡단하는 동안 비행 중에 실제로 짝짓기를 한다. 몇 가지 종의 딱따구리는 진정한 이성애적인 기교의 거장이다. 어떤 곡예 순서에서 수컷은 처음에는 표준적인 후배위 마운트를 하다가 암컷의 한쪽으로 떨어지면서 꼬리로 자기 생식기가 암컷의 생식기에 닿게 만들거나, 때로는 등이나 몸 전체가 수직이나 심지어 거꾸로 되는 자세로 마치기도 한다.[48]

또한 다른 행동양식들을 살펴보아도 '고도의 기교virtuosity'가 일반적으로 동성애 만남에서만 배타적으로 일어나는 것은 아니다. 예를 들어 대부분의 구애 상호작용은 같은 성별의 파트너 사이에서 수행되는지 혹은 반대 성 사이에서 수행되는지와 관계없이 종들에게 전형적인, 동일한 일련의 행동으로 나타난다. 물론 주목할 만한 예외도 있다. 암컷 히말라야원숭이의 구애 '게임'과 암컷 일본원숭이의 유혹, 수컷 기린 간의 '목걸기necking' 상호작용, 수컷 타조의 피루엣 춤, 회색기러기 수컷 커플의 듀엣 노래, 웃는갈매기, 개미잡이새, 큰거문고새, 반달잉꼬에서 구애 먹이주기를 하는 모습, 리젠트바우어새의 다른 형식의 바우어 과시, 수컷 에뮤와 일본원숭이가 동성애에서는 사용하지만 이성애 상호작용에서는 하지 않는 독특한 발성이 그것이다. 때로 구애 활동은 다른 비율이나 다른 강도로 수행되기도 한다. 장다리물떼새와 붉은부리갈매기의 같은 성 쌍을 예로 들면, 특정한 구애 행동은 같은 성 쌍에서 더 자주 발생하며 그 외의 구애 행동은 반대 성 쌍에서 더 흔하게 발생한다. 이 모든 것들은 같은 성 맥락일 때 행동에 있어서 혁신을 나타내지만 전형적인 것은 아니다. 일반적으로 동성애 및 이성애 구애는 동일한 행동 레퍼토리를 기반으로 한다. 많은 경우 같은 성 상호작용은 실제로 그 종의 특징인 전체 행동 모음의 부분 집합일 뿐이다.

따라서 동물들 사이의 동성애가 때로 이성 간의 상호작용에서 발견되지 않는 혁신적이거나 예외적인 행동에 의해 특징지어지기도 하지만 그 반대 상황은 더 많다고 할 수는 없더라도 거의 비슷하게 많거나 널리 퍼져 있다. 그렇다면 성적 표현에서 보이는 고도의 기교나 상스러움은 동성애적인 맥락만의 특징도 아니고 이성애적인 맥락만의 특징도 아닌 듯하다. 이것은 실제 놀라운 일이 아니다. 우리가 이미 본 바와 같이 동물들의 성적인(그리고 성과 관계된) 행동의 특징은 다른 개체들 사이뿐만 아니라 종들 사이에 발견되는 엄청난 범위의 변형성이다. 식별할 수 있는 거의 모든 패턴이나 추세에 대해 모순이나 모호함을 발견할 수 있다. 그렇다면 '성적인 기술sexual technique'과 같은 현상이 비슷한 범위의 다양성을 보이리라는 것은 당연하다. 그리고 비록 마스터스와 존슨이 일부 동성애 커플들 사이에서 성에 대한 더 높은 수준의 기술적 숙련도를 발견했을지 모르지만 이것은 지나치게 단순한 일반화일 것이다. 심지어 인간들 사이에서조차 그렇다. 연령, 성별, 계층 차이, 사회적 맥락 및 기타 요인에 대한 보다 세심한 주의뿐만 아니라 광범위한 비교 문화적cross-cultural 정보를 포함하는 폭넓은 연구 표본은 인간이 (다시 한번) 이 점에서 다른 종들과 훨씬 더 비슷하다는 점을 드러낼 수 있을 것이다.

영장류의 (동)성애와 문화의 기원

동성애는 영장류로서 가지는 진화적 유산의 일부다. 동물의 왕국에 있는 우리의 가장 가까운 친척들 사이에서 동성애적 행동이 만연한 것과 그 정교함을 보는 사람들은 결국 이런 결론에 이르게 될 것이다. 실제로 영장류학자 폴 L. 베이시Paul. L. Vasey는 (현대 영장류들 사이의 분포와 특징에 근거하여) 최소한 2,400만 년 전에서 3,700만 년 전의 올리고세 시대로부터 영장류에서의 동성애 발생을 추적했다.[49] 동물들 사이에서 가장 조직적이고 발달한 형태의 동성애는 이러한 행동이 일어나는 30종 이상의 원숭이와 유인원에서 발견할 수 있다. 예를 들어 보노보는 상대의 마음을 누그러뜨릴 때마다 열정적으로 암수 동성애 상호작용에 참여하며, 생식기-생식기 비비기로 알려진 레즈비언 맞비비기tribadism 유형을 포함한 다양하고 독특한 형태의 성적 표현을 개발했다. 비슷한 정도의 정교한 동성애 패턴은 몽땅꼬리원숭이, 고릴라, 하누만랑구르 그리고 여러 기타 원숭이와 유인원 종 사이에서도 발견된다. 영장류에서는 고도로 발달한 체계의 같은 성 간의 상호작용과 다양한 성적 테크닉 외에도, 동성애 활동의 여러 다른 측면들이 특히 눈에 띈다. 이러한 것 중에는 배우자 관계나 '선호하는favorite' 파트너 또는 성적인 우정과 같은 다양한 형태의 짝 형성이나, 일부 개체에 대한 배타적이거나 우선적인 동성애 활동의 증거나(앞 장에서 논의한 바와 같이), 동성애적이나 이성애적 맥락에서 보이는 원숭이와 유인원의 암컷 오르가슴이나, 일부 종에서 보이는 수컷 동맹이나 다른 무리와 협력하는 수컷들뿐만 아니라 암컷이 중심이 된matrifocal 사회, 그리고 많은 영장류에서 보이는 광범위한 비非번식적 이성애 활동 등이 있다.[50]

동성애는 우리의 진화적 유산의 일부일 뿐만 아니라 영장류로서의 문화유산의 일부이기도 하다. 원숭이와 유인원에서 일어나는 같은 성 활동은 동물들 사이의 문화적 전통에 관한 몇 가지 놀라운 예를 제공한다. 비록 '문화'는 우리가 전형적으로 인간과 연관 짓는 것이긴 하지만 많은 동물은 행동을 혁신하고 나서 학습을 통해 세대에서 세대로 물려준다. 동물학자들은 이를 동물에서의 '문화적' 행동이라고 부른다. 그 활동이 덜 발달한 경우에는 '전문화적precultural' 행동 또는 '원문화적protocultural' 행동이라고 부르기도 한다. 동물의 문화적 전통은 널리 퍼져 있고 흔히 매우 복잡하며 다양한 종류의 종에서 발생한다. 또한 사냥과 사냥 기술, 의사소통 패턴과 노래의 방언, 사회조직의 형태, 포식자에 대한 반응, 보금자리나 피난처의 특징과 위치, 이주 패턴과 같은 다양한 행동을 포함한다.[51] 아마도 동물 문화 행동의 가장 유명한 예는 야생 일본원숭이의 음식 수집 기술에 관한 것일지도 모른다. 1950년대 중반 한 암컷이 고구마 세척, 땅콩 캐기, '사금 채취placer mining' 방식의 밀 얻기 등의 새로운 음식 아이템 접근 방법을 여러 가지 발명했다(새로운 음식은 연구자가 도입했다). 10년 안에 모든 무리의 90%가 이러한 습관을 습득했는데 이것은 어린 동물들에 의해 자연스럽게 학습되어 다음 세대들에게 전해졌다.

더불어 '문화'는 사회적 행동도 포함할 수 있다. 예를 들어 일본원숭이에서 유아를 돌보는 수컷은 특정 개체군만의 특성이며, 일부 개체나 무리에 의해 획득된 학습 행동으로 보이고 다른 개체나 무리에서는 보이지 않는다. 또한 동성애 활동을 포함한 성적 취향도 문화적 활동의 특질을 가질 수 있다. 암컷의 마운팅 행동을 연구한 과학자들은 (역시 일본원숭이에서) 암컷이 수컷이나 다른 암컷 파트너를 마운트하는지의 여부와 그 방법은 전문화적 행동 형태를 나타낼 수 있다고 주장했다. 예를 들어 어떤 마운팅 체위는 시간이 지남에 따라 일부 무리에서 더 '인기popular' 가 생기는 것처럼 보이다가 서서히 수그러들더니 결국 다른 체위로 대치되었다. 마찬가지로 암컷들 사이의 자위행위는 관찰이나 다른 사회적 경로를 통해 학습되는 것으로 보인다. 비록 (역마운팅과 자위와 더불어) 동성애 활동을 위한 능력은 (대부분의 개체가 이러한 활동을 적어도 일부 수준에서 하는 것으로 증명되는) 종의 선천적 특성일 수 있지만 서로 다른 무리나 개체 사이에서의 발생은 매우 가변적이다. 그러한 활동의 주요 측면은 분명히 학습되고 공간과 시간을 통해 전달되고 있다. 이것은 '전통traditions'이나 성적인 활동의 패턴이 혁신되고 나면 개체군이나 지리적 영역, 세대 사이를 오가며 사회적 상호작용의 연결망을 통해 전달될 수 있음을 나타낸다. 같은 성 간의 상호작용과 반대쪽 성 간의 상호작용의 모습 같은 성적 취향 역시 적어도 두 마리의 다른 영장류인 몽땅꼬리원숭이와 사바나개코원숭이에서 문화적 전통의 측면을 드러내는 것으로 보인다.[52]

성적 취향 자체가 문화적 행동의 한 형태일 뿐만 아니라 흔히 놀라운 방법으로 영장류에서 다른 종류의 문화적 혁신에 영향을 미치고 접점을 만들기도 한다. 사실 동성애적 행동을 포함한 비번식적인 성적 활동은 수많은 중요한 문화적 '이정표milestones'의 발전에 기여했을지도 모른다. 이러한 활동은 '인간성humanness'의 특징을 정의하는 것으로 간주되는, 진화적이고 문화적인 변화의 특질이지만 일부 영장류 친척에서도 (그리고 아마도 우리의 원시 인간 조상에게도) 원형 형태로 존재한다. 이 섹션에서는 성적 취향이 영장류 의사소통 체계의 발달과 언어의 기원, 도구의 제조와 사용, 사회적 금기와 의례의 창조에서 어떤 역할을 했는지 간략히 살펴보겠다. 동물과 사람을 직접 비교할 때 항상 주의를 기울여야 하며, 이러한 영역 대부분은 어떠한 세부 사항에 있어서도 연구의 초창기일 뿐이다. 그럼에도 불구하고 영장류의 (동)성애와 관련된 '전통'은 가장 '인간'적인 몇 가지 특징을 우리에게 거울처럼 비춰주는 놀라운 역할을 하거나, 어쩌면 우리의 진화적 과거와 문화적인 역사에 대한 창구까지 제공할 수도 있다.

언어

보노보(피그미침팬지로도 알려져 있다)는 모든 종에서 가장 다양한 성적 레퍼토리를 가진 종의 하나이며, 이성애자와 동성애자 모두 성적인 상호작용에 사용하는 다양한 행동과 체위를 가지고 있다. 그 결과 일부 보노보는 섹스 중에 주로 사용되는 독특한 제스처 의사소통 체계를 개발했다. 1970년대 중반 선구적인 유인원 언어 연구자 수잔 새비지−럼보Susan Savage-Rumbaugh와 그녀의 동료들에 의해 처음 발견된 이 제스처 체계는 영장류 의사소통 체계에 대한 우리의 이해와 인간 언어의 발전에 광범위한 영향을 미쳤다. [53]

보노보는 각각 특정한 의미를 가진 약 열두 가지의 손과 팔 제스처의 '어휘lexicon'를 사용하여 성적인 활동을 시작하고 (같은 성 또는 반대 성) 파트너와 다양한 체위를 협상한다. 예를 들어 손목의 옆 방향으로 손을 왔다 갔다 튕기는 한 제스처는 대략 '생식기를 움직여라'라는 뜻이고, 이것은 성적인 상호작용을 용이하게 하기 위해 수컷 혹은 암컷 파트너의 생식기 위치를 정하도록 하는 데 사용한다. 손바닥을 아래로 하고 팔을 들어 올리는 또 다른 동작은 보노보가 성적인 파트너가 교미를 위해 마주 보는 위치로 움직이기를 원할 때 사용한다. 다른 제스처의 목록은 다음 그림에 나와 있다. 수신호는 짧은 순서로 함께 묶어 사용할 수도 있으며, 제스처의 순서가 중요하다는 증거도 있다. [54] 이러한 손동작은 이성애 및 동성애 활동 모두에서 사용하지만 반대 성 상호작용에서 더 자주 나타나기도 하고 수컷과 암컷이 다른 빈도로 일부 제스처를 사용하기도 한다.

대부분의 수신호는 상징적iconic인데 이 말은 수신호가 그것이 나타내는 의미와 물리적으로(즉 몸의 움직임과) 유사성을 띠고 있다는 것을 의미한다. 물론 어떤 신호는 다른 신호들보다 묘사의 명확성이 덜하긴 하다.

따라서 '몸을 돌려라'라는 의미는 해당 제스처의 회전하는 동작과 관련될 수 있다. 하지만 제스처가 효과적이기 위해서는 두 참가자 모두가 제스처를 통해 전달하는 의도된 동작을 합의하고 이해해야 하므로 그 의미 또한 관습화한다. 예를 들어 제스처 체계를 배우지 않은 개체는 어떤 제스처가 무슨 종류의 '돌리기'를 의도하는지 알지 못할 것이다. 이러한 손동작과 함께, 성적 상호작용을 용이하게 하기 위해 파트너의 신체나 팔다리를 직접 만지고 배치하는 다양한 체위 동작도 사용한다. 좀 더 추상적인 손동작 제스처를 더해 섹스 중에 사용된 총 스물다섯 개의 신호가 확인되었다. 또한 눈이 마주치고 응시하는 패턴도 상당한 의사소통 가치를 지닌 것으로 보인다.

보노보 제스처 체계를 연구하는 연구자들은 보다 추상적인 수신호가 단순하게 자세를 지정하는 동작에서 발전했을지도 모른다고 주장한다.[55] 섹스를 하는 동안 의사소통은 처음에는 순전히 상대를 움직이기 위한 상당히 조잡한 시도였을 수도 있다. 이 시도에서 좀 더 의식화한 만지기와 지시적인 제스처가 진화한 다음 점점 더 양식화하여 어떤 경우에는 상당히 모호한 손 제스처까지 나타나게 되었다. 이 순서는 인간의 수화 개발에서 확인된, 순수한 묘사적인 제스처에서 고도로 암호화한 수신호로 가는 일종의 진행을 나타내기 때문에 중요하다.[56] 더 넓게는 추상성 또는 자의성의 시작, 즉 일반적으로 인간 언어의 특징인 상징symbols의 생성을 보여준다. 보노보 제스처의 레퍼토리들은 진정한 면에서 완전한 인간 언어 체계의 '언어language'는 확실히 아니다. 완전히 발달한 수화나 회화 또는 문자 언어는 말할 것도 없고 심지어 가장 단순한 인간 제스처 체계의 복잡함이나 미묘함도 결코 가지고 있지 않다. 그럼에도 불구하고 그것은 인간 이외의 영장류 수준에서는 비교할 데 없는 정교함을 보여주는 공식화한 의사소통 체계로, (아마도 몸짓의 순서라는 면에서) 초보적인 '어법syntax'도 가지고 있을 것이고 사실상 인간 언어의 원

보노보가 성적인 상호작용을 할 때 자주 사용하는 손동작의 '어휘'

모습 : 팔을 약간 펴고 손목 옆 방향으로 손을 왔다 갔다 튕기기.

의미 : '생식기를 움직여라' – 성적인 상호작용을 용이하게 하기 위해 수컷 혹은 암컷 파트너의 생식기 위치를 정하도록 하는 데 사용.

모습 : 팔은 펴고 손목은 구부린 다음 손을 빠르고 격렬하게 돌리기.

의미 : '몸을 돌려라' – 다른 방식의 성적인 상호작용의 초대가 통하지 않을 때 사용하는 초대 방법.

모습 : 손을 파트너를 향해 뻗기(팔은 바깥쪽 위로 펴고 손바닥은 다른 개체를 향한다).

의미 : '가까이 와라' – 파트너를 가까이 부를 때 사용. 또한 간단히 성적인 상호작용에 초대할 때 사용.

모습 : 팔은 펴고 손목으로 손을 자신을 향해 구부리기.

의미 : '이리 와라' – 성적인 상호작용 동안 파트너를 더 가까이 오게 하려 할 때 사용.

모습 : 손목으로 손을 구부리며 팔을 약간 편 채 들어 올리기.

의미 : '일어나라' – 얼굴을 마주 보는 성적 상호작용에서 파트너를 뒷다리로 서게 할 때 사용.

모습 : 팔은 펴고 손바닥은 아래로 하여 머리 위치까지 들어 올린 다음 가볍게 상대 개체의 등이나 어깨에 올리기.

의미 : 성적인 상호작용에의 초대.

모습 : 손가락 관절 부위를 파트너의 팔이나 등에 대었다가 자신을 향해 팔을 움직이기.

의미 : '더 가까이 와라' – 파트너에게 후배위 성적 상호작용에 적합한 자세를 취하게 할 때 사용.

모습 : 손바닥을 아래로 한 채 팔을 들어 올리기.

의미 : '자세를 취해라' – 파트너에게 얼굴을 마주 보는 체위로 움직이게 할 때 사용.

모습 : 손과 앞팔이 몸을 가로질러 휩쓰는 동작.

의미 : '몸을 돌려라' – 암컷 혹은 수컷 파트너의 몸 전체를 회전시킬 때 사용.

모습 : 양팔을 흔들거나 몸으로부터 벌리기.

의미 : '다리나 팔을 벌려라' – 얼굴을 마주 보는 체위를 용이하게 하기 위해 파트너의 다리를 벌리게 할 때 사용.

조를 보여주는 것일 수도 있다.

더욱 중요한 것은 보노보가 자발적으로 이 시스템을 고안했다는 것이다. 그들은 스스로 수신호를 발명한 것이지 사람들이 사용법을 가르친 것이 아니다. 유인원들에게 다양한 형태의 인간 수화나 기타 소통체계를 가르치려는 시도는 여러 예에서 우리의 영장류 친척들이 어마어마한 언어 능력을 갖추고 있다는 것을 증명했지만 모든 경우에 (적어도 초기에는) 인간의 자극과 개입이 있었다. 성적인 제스처의 독특한 점은 보노보 자신이 손 신호를 개발하여 서로 가르쳐 주었고(혹은 다른 개체에게 배웠고) 자신들의 사회적 상호작용 안에서 자연스럽게 생겨난 의사소통의 필요에 반응했다는 것이다.[57] 더군다나 이러한 발전을 촉발한 특정한 사회적 맥락 또한 독특하다. 이러한 발전을 이끈 것은 성적인 행동이고, 더 정확히 말하면 보노보 성적 취향의 매우 가변적이고 유연한 모습이다. 보노보의 성적인 상호작용을 특징짓는 다양한 이성애 및 동성애 활동 때문에 성적 상호작용을 협상할 수 있는 보완적인 의사소통 체계가 생겨났다. 즉 이 종의 (두드러진 동성애 활동을 포함한) 타의 추종을 불허하는 성적 능력에 대응하여 타의 추종을 불허하는 동물 의사소통 체계가 만들어진 것이다.

보노보 제스처 체계는 동물에서 문화적 전통이 자발적으로 발전한 훌륭한 예임과 동시에 인간의 언어능력 기원에 대한 몇 가지 단서도 제공한다. 많은 이론가는 최초의 인간 의사소통 체계가 실은 손짓 언어, 즉 수신호 체계였을지도 모른다고 제안했다.[58] 그러나 언어가 인간들 사이에서 애당초 왜 진화했어야 하는가는 미스터리와 논쟁에 휩싸여 있는 주제다. 제시된 많은 이론 중 다수의 이론은 사회적 요인에 대응하여 언어가 발달했다고 주장한다. 예를 들어 사냥이나 농업처럼 복잡한 집단 활동을 조정할 필요가 있을 때다. 보노보의 체계는 언어의 기원에 대한 논의에서 거의 고려되지 않는 또 다른 요소도 연관되어 있을 수 있다는 것을 보여준다. 바로 성적 취향이다. 특히 진화 과정에 걸쳐 성적인 상호작용이 더욱 다양해지면서 성적인 만남을 용이하게 하기 위해 더 큰 복잡성을 가진 제스처 체계가 발달했을 수 있다.

영장류 진화는 생식 '기능functions'으로부터 성적 취향을 분리하는 추세가 계속 증가하고 있는 것이 특징이며, 여기에는 수많은 형태의 동성애나, 출산과 관련이 없는 이성애 활동의 개발이 포함된다. 이는 인간과 보노보(보노보를 인간과 가장 유사한 영장류로 간주하는 연구자도 있다)에서 가장 두드러지고 침팬지, 고릴라 그리고 다른 유인원들에서는 다소 덜하다. 과학자들은 또한 유인원들 사이의 성적인 상호작용에 사용되는 의사소통 체계가 고릴라에서 침팬지를 지나 보노보까지의 순서로 (당연히 더 나아가 인간에 이르기까지) 복잡성이 증가하는 것을 확인했다.[59] 아마도 진보는 이 순서만큼 질서정연하지는 않을 것이며, 각 종의 특정 의사소통 체계의 발생에 분명히 여러 가지 요인이 관련되어 있을 것이다. 그러나 일반적인 경향은 분명하다. 성적인 상호작용이 더 다양해지면서 성적인 의사소통 체계는 더 정교해진다. 따라서 성적 취향이 (특히 출산과 관련이 없는 성행위와 연관된 가변성이) 인간 언어의 기원과 발달에 중요한 역할을 했을 수 있다.

도구

인간 문화의 진화적 특징은 도구의 개발이었으며, 후에 오늘날 우리가 알고 있는 모든 물질적인 기술로 정교하게 다듬어졌다. 그러나 많은 동물, 특히 영장류 또한 인간과 유사한 활동의 원조로 간주할 수 있는 방식으로 환경 속의 사물을 조작하거나 영향을 주려고 무생물체를 사용한다. 영장류와 다른 종에서 스무 가지 이상의 도구 사용이 확인되었다. 예를 들어 침팬지는 물체를 무기로, 지렛대로 그리고 마시거나 먹기 위한 다양한 종류의 도구(잘 알려진 예로는 흰개미나 개미를 포획하여 잡아먹는 막대기가 있다)로 사용한다. 도구는 또한 동물 자신이나 상대의 신체에 영향을 미치려고 사용할 수 있다. 예를 들어 '청결hygiene' 요법이나 털손질 방법의 하나로 쓰는 경우가 있다. 이를테면 침팬지와 다른 영장류들은 흔히 나뭇잎, 잔가지, 짚, 넝마 또는 다른 물체들을 사용하여 자신을 청소하고 몸의 분비물(침, 혈액, 정액, 대변, 소변 등)을 닦아낸다. 또한 침팬지와 사바나개코원숭이는 막대기, 잔가지, 돌을 사용하여 자신이나 서로의 이빨을 청소하는 것과 심지어 치아를 뽑아내는 것도 관찰되었다. 침팬지들은 또한 때로 돌이나 막대기와 같은 다양한 물건으로 자신을 간질이기도 하고, 일본원숭이들은 간혹 서로에게 털손질을 하기 위해 비슷한 물건을 사용한다.[60]

그러나 성적 자극을 목적으로 물체를 사용하는 것은 잘 알려져 있지 않다. 많은 영장류들이 (야생과 포획 상태 모두에서) 자위 보조 기구로 다양한 도구를 사용하고 있지만 이러한 도구 문화의 측면은 동물과 인간의 물체 조작 발달에 관한 논의에서 폭넓은 관심을 받지 못하고 있다. 예를 들어 암컷 오랑우탄은 때로 물건을 클리토리스에 문지르거나 질에 삽입하여 자위를 한다. 이러한 목적에 사용하는 도구로는 적절한 크기로 물어뜯은 리아나* 조각이나 (포획 상태에서의) 전선 조각이 있다. 수컷 오랑우탄 또한 생식기를 자극하기 위해 물체를 사용하는데 손가락으로 잎사귀에 구멍을 뚫어 독창적인 모습의 도구를 만든 어떤 개체도 있었다. 그는 발기한 페니스를 이 '구멍orifice'에 삽입한 뒤 잎을 페니스의 위아래로 문질러 자신을 자극했다. 수컷들은 또한 때로 (오렌지 껍질 같은) 과일 조각을 손에 들고 그것에 대고 자위를 한다.[61]

침팬지들 또한 다양한 도구를 사용하여 몇 가지 혁신적인 자위 기술을 개발했다. 한 암컷은 막대기, 조약돌, 나뭇잎의 작은 수집품을 모았는데

---

* 리아나(liana)는 열대산 칡의 일종이다.

수마트라 삼림의 한 암컷 오랑우탄이 자기가 리아나 조각으로 만든 도구로 자위를 하고 있다.

이 중에서 자신을 자극할 특정 아이템을 신중하게 고르려는 것이었다. 예를 들어 그 암컷은 외음부 아래에 잎을 놓고 손가락 마디로 줄기를 튕김으로써 잎을 진동하게 만들어 자기 생식기를 외부적으로 자극했다. 또한 자신의 질에 줄기를 반복적으로 삽입했고 흔히 그것을 침으로 윤활하고 손으로 줄기를 조작하여 내부적으로도 자극했다. 어떤 때에는 줄기를 삽입한 채로 몸을 앞뒤로 흔들며 잎의 면을 문질러서 결과적으로 줄기가 그녀의 안에서 진동하는 효과를 만들어 냈다. 또 다른 경우에 그 암컷은 질에 조약돌을 삽입했다 빼내기를 반복하기도 했고, 생식기를 자극하기 위해 작은 막대기를 사용하기도 했다. 다른 암컷 침팬지들 또한 작은 상자나 공 따위의 인간이 만든 물체뿐만 아니라 망고, 잔가지, 잎을 이용하여 외부 생식기를 문지르거나 간질거리거나 질에 삽입하는 것이 관찰되었다. 비슷하게 몇몇 젊은 수컷들은 생식기에 맞대고 찌르기 위해 돌이나 과일, 심지어 마른 똥 조각들까지 모았다. 수컷과 암컷 보노보도 때로 자신을 자극하거나 (혹은 생식기에 대고 찌르거나) 자위를 할 때 나뭇가지나 나무 부스러기 그리고 기타 여러 무생물체를 이용한다.[62]

오랑우탄처럼 한 암컷 보넷원숭이도 비교적 정교한 도구 제작 기술을 발명했다. 정기적으로 자신의 질에 삽입하기 위해 자연에서 물체를 만들어 내거나 다듬는 다섯 가지 특별한 방법을 개발한 것이었다. 예를 들어 그 암컷은 손가락이나 이빨로 마른 유칼립투스 나뭇잎의 잎을 벗겨내고 나서 잎맥을 2.5센티미터 조금 안 되는 길이로 쪼갰다. 또한 마른 아카시아 잎을 세로로 반을 잘라 한쪽만을 사용하기도 했고, 긴 가지를 여러 조각으로 쪼개거나 가지 일부를 떼어내는 방식으로 짧은 막대기를 만들기도 했다. 때로 그녀는 도구를 질에 삽입하기 전에 손가락이나 양 손바닥을 이용해 강하게 문지르기도 했으며, 잔가지나 잎 또는 풀잎을 변형하지 않은 채로 사용하기도 했다.[63]

영장류에 의한 도구의 사용과 제조는 동물에서의 문화적 행동의 중요한 예이자 인간들 사이에 널리 퍼져 있는 활동의 전신으로 여겨지고 있다. 비록 동물의 도구 사용에서 여러 다른 형태와 기능이 명백하게 나타나지만 이러한 예들은 비非생식적 성적 활동이 전반적인 행동 패턴의 일부라는 것을 보여준다. 즉 물체를 조작하기 위한 영장류의 능력은 성적 영역까지 매끄럽게 확장되는 것이다. 유인원과 원숭이는 다양한 물체를 사용하여 자위하고 심지어 의도적으로 나뭇잎이나 잔가지와 같은 물질을 자르거나 형태를 구성해서 (때로 매우 창조적인 방식으로) 성적 자극을 위한 기구를 창조한다. 물론 비슷한 유형의 활동이 사람들 사이에서 일어나며, 다양한 종류의 성적 도구는 인간 문화에서 길고 뚜렷한 역사를 가지고 있다. 예를 들어 돌, 테라코타, 나무 또는 가죽으로 만들어진 딜도dildos 혹은 팔리phalli는 고대 이집트, 로마, 그리스, 인도, 일본, 유럽에서 파트너에게 자위와 성적 쾌락을 유도하는 데 사용되었을 뿐만 아니라 의식적인 '처녀성 뺏기deflowering'와 풍요제에도 사용되었다. 이러한 증례는 전 세계 많은 토착민의 현재까지 이어지는 전통일 뿐만 아니라 (몇몇 성서 참고문헌도 포함해서) 중세를 넘어 멀리는 구석기 시대까지 기록되어 있다.[64] 그러나 인류학자 중에 성적인 자극이 초기 인간들 사이에서 도구 사용의 구성 요소일 수도 있고 심지어 물질문화의 기원과 정교함에 한몫했을 가능성에 대해 생각해 본 사람은 거의 없다. 물론 기술의 복잡성이 문화 발전의 유일한 척도는 아니다. 예를 들어 가장 복잡한 언어 및 구전 역사 전통 중 일부는 남아프리카 산San족과 오스트레일리아 원주민들 사이에서 발견되는데 그들의 물질문화는 비교적 단순하다. 그리고 우리 인간이나 원시인, 영장류 조상들을 살펴보면 도구 사용의 발달에 있어서 더 많은 '실용적인utilitarian' 기능을 확인할 수 있다는 것은 분명하다. 어떤 면에서 성적 쾌락의 추구는 영장류 중에서 도구를 사용하는 관행이 가장 다양한 우리가 고유의 유산을 가지는 데 기여했을지도 모른다.

금기

대부분의 인간 문화는 친척들 사이의 성관계를 금지한다. 흔히 근친상간 금기로 알려진 이 금지가 본능적인 것인지 아니면 학습된 것인지에 대해 과학자들 사이에 여전히 논쟁이 계속되고 있다. 생물학적 요인이 관여하는 정도와 무관하게, 근친상간 기피에는 분명히 강력한 사회적, 문화적 요소가 있다. 인간의 서로 다른 문화와 사회는 근친 관계를 정의하는 방법과 그러한 활동이 어느 정도까지 낙인이 찍히고 실행되느냐에 따라 크게 다르다. 예를 들어 부모 근친상간(아버지-딸, 어머니-아들)은 사실상 모든 사회에서 금지되어 있지만(그런 금지에도 불구하고 다양한 빈도로 여전히 발생한다) 다른 혈연관계에 대해서는 더 폭넓은 자유가 있다. 사촌 결혼은 어떤 경우에는 받아들일 수 있고 어떤 경우에는 받아들일 수 없는 것으로 간주한다. 하지만 어떤 사회에서는 평행 사촌*이 아니라 교차 사촌**과의 관계를 더 구별한다. 생물학적으로 볼 때 이러한 사촌의 구분은 임의적인 구별에 불과한데 이는 사촌 결혼의 형태에 따른 유전적인 '해로움harm'에 차이가 있다는 증거가 없기 때문이다. 형제자매 결혼은 고대 로마 시대의 이집트인, 일부 중앙아프리카와 발리 사회의 왕족, 고대 잉카인, 하와이인, 이란인, 이집트인 사이에서 널리 행해졌다. 사실 클레오파트라는 프톨레마이오스 왕조 내에 일어난 11세대의 근친상간 결혼의 산물이었다고 여겨진다.[65]

근친상간의 금지에 학습이나 문화적 구성 요소가 관련되어 있다는 추가적인 증거는 파트너를 선택할 때 유전적 관련성이 아닌 사회적 친숙성에 의해 수행되는 역할role과 관련이 있다. 우리 문화에서 입양 가족이나 의붓 가족 구성원들 사이의 성적 관계는 일반적으로 관련자들이 혈연관계에 있지 않더라도 눈살을 찌푸리게 만든다. 반대로 유전적으로 관련이 있지만 사회적 상황(예를 들어 출생 시에 헤어짐) 때문에 생물학적 연관성에 대해 알지 못하는 사람들은 (적어도 그들의 관련성에 대해 알게 될 때까지) 관계를 발전시킬 수 있다. 이런 점에서 다른 사회들은 상당히 다르다. 예를 들어 이스라엘의 키부츠***에서는 친척은 아니지만 함께 자란 사람들이 서로 결혼하는 일은 거의 없다. 이와는 대조적으로 대만 결혼의 전통적인 형태에는 다른 결혼 방식보다 선호도가 떨어지긴 하지만 소녀들이 어린 시절 가정에 입양되었다가 성인이 되었을 때 의붓형제들과 결혼하는

---

* 평행 사촌(parallel cousins)은 인류학 용어로서 부모와 성별이 같은 형제자매의 자녀인 친사촌과 이종사촌을 말한다. 예를 들면 나를 중심으로 삼촌의 자녀들과 이모의 자녀들이다.

** 교차 사촌(cross cousins)은 부모와 성별이 다른 형제자매의 자녀를 말한다. 예를 들면 나를 중심으로 고모의 자녀들과 외삼촌의 자녀들이다.

*** 키부츠(kibbutz)는 1909년에 시작된 이스라엘 집단 농장의 한 형태다. 규모는 60명에서 2,000명까지 다양하다. 아이들은 부모의 집이 아닌 공동어린이집에서 함께 잠을 자고 부모는 하루에 2시간 정도만 같이 있을 수 있다.

경우도 있다. 뉴기니의 아라페시Arapesh 부족 사이에서도 이와 비슷한 의붓여동생과의 결혼관습을 널리 받아들이고 선호했다.

친척들 간에 동성애 관계가 대체로 금지된다는 사실 역시 근친상간의 금기에서 비생물학적인 요소의 중요성을 지적한다. 현대 미국에서부터 뉴기니의 토착 부족에 이르기까지, 어떤 형태로든 같은 성 에로티시즘을 '허용'하는 대부분의 인간 문화에서 동성애 파트너들의 선택은 '친족kin'과 '비친족nonkin'으로 구분된다. 이러한 결합으로 어떠한 아이도 태어날 수 없고 따라서 잠재적으로 해로운 유전적 영향도 있을 수 없다는 사실에도 불구하고 그렇다. 일반적으로 이성애적 관계에 대한 동일한 제한이 동성애에도 적용된다. 그러나 여러 뉴기니 사회에서는 같은 성과 반대 성 파트너를 선택할 때 친척관계의 제약을 약간 차이가 나게 규제한다. 실제로 일부 부족의 동성애 파트너는 실제로 이성애 파트너보다 혈연적으로 더 멀리 떨어져 있어야 하는데 이는 근친상간의 금기가 단지 생물학적 요인에 기초한다고 할 때 예상되는 것과는 정반대 현상이다.[66]

이 현상은 특별한 의미가 있다. 왜냐하면 최근에 나온 근친상간 금기의 생물학적 기초에 대한 대부분의 이론들이 선천적 결함의 증가율과 근친교배의 결과로 인한 낮은 유전적 변동성의 가능성에 초점을 맞추고 있기 때문이다. 이성애 관계라 할지라도 그 증거는 우리가 생각하는 것처럼 명확하지 않다. 여러 세대에 걸쳐 근친교배가 실행된 소규모 인구집단에 관한 수많은 연구는 유전적 결함의 빠른 제거와 그에 따른 유전자 풀gene pool의 안정화 때문에 근친교배의 유해한 영향을 밝혀내지 못했다.[67] 과학자들은 흔히 이 금지의 생물학적 근거에 대한 더 많은 증거를 끌어들이기 위해 동물들에게도 '근친상간 금기incest taboos'가 존재한다고 지적한다. 그러나 아이러니하게도 실제로 많은 동물 종들은 인간의 예와 유사하게 친척들 간의 성적 활동을 회피하는 '문화적' 또는 '사회적' 차원의 증거를 보여준다. 이는 특히 영장류들 사이에서 그리고 특히 동성애와 관련해서 그러하다.

동물들 사이의 근친상간 활동은 매우 다양해서, 발생하는 빈도와 관계의 유형에 따른 차이뿐만 아니라 이성애적, 동성애적 맥락 모두에서 그러한 활동이 회피되거나 추구되는 정도에 따라 차이가 나타나기도 한다. 영장류들 사이에서도 여러 다양한 시나리오와 '금기'의 형태를 발견할 수 있다. 예를 들어 히말라야원숭이에서는 비록 어미-아들, 형제-자매, 형제-형제관계가 발생하지만 어떤 종류의 근친상간도 흔하지 않다(어떤 수컷들은 실제로 그들의 어미와 교미하는 것을 더 좋아하는 것으로 보인다). 긴팔원숭이에서는 가끔 이성애 근친상간(부모와 형제 모두)이 행해지며 동성애 관계는 거의 항상 근친상간으로 이루어진다. 고릴라에서는 형제간에(또는 이복형제간에) 이성애 활동과 동성애 활동이 모두 일어난다. 가장 눈에 띄는 점은 몇몇 종들이 조직적인 동성애 금기를 개발한 것으로 보이며 각각은 사회적으로 정의된 '수용할 수 있는acceptable' 파트너와 '수용할 수 없는unacceptable' 파트너의 조합을 가지고 있다는 것이다. 일부 경우 이러한 동성애에 대한 제한은 (일부 인간 집단에서도 그러하듯이) 상응하는 이성애 관계를 통제하는 제한과 크게 다르다.

예를 들어 일본원숭이 간의 동성애적 협력(성적인 활동을 하며 짝을 이루는 것)은 사실상 어미와 딸, 자매 사이에는 일어나지 않는다. 이와는 대조적으로 이 종에서 이성애 남매나 모자 사이의 관계는 흔하지는 않지만 동성애 근친상간보다는 훨씬 더 널리 퍼져 있다. 흥미롭게도 일본원숭이의 고모(이모)와 조카들은 일반적으로 서로를 친족으로 인식하지 않는다. 예를 들어 공격적인 만남 중에 다른 개체를 대신해서 개입할 때 고모는 친척이 아닌 개체보다 조카를 더 자주 돕지 않으며 어미, 할머니, 자매일 때보다 훨씬 더 적게 돕는다. 결과적으로 몇몇 혈족들은 서로 배우자 관계를 맺을 수 있어서 모든 고모(이모)-조카 쌍의 약 1/3이 동성애를 한다. 다시 말해서 일본원숭이들은 동성애 관계 특유의 근친상간 기피 패턴을 전체적으로 가지고 있는데 그 안에서 명백히 근친상간인 고모(이모)-조카 쌍은 더 큰 사회적 틀로 봐서는 친척으로 간주하지 않기 때문에 그러한 파트너는 '허락permitted'된다.

하누만랑구르에서는 이성애와 동성애의 근친상간 금기가 시행되고 있지만 약간의 차이가 있는 제한을 두고 있다. 모든 이성애적 근친상간 관계는 일반적으로 피한다. 어미와 딸 사이의 성적 활동 또한 '금지prohibited'된다(전체 동성애 마운팅의 약 1%만 차지한다). 이와는 대조적으로 이복 자매(같은 어미이지만 다른 아비를 둔 암컷)는 서로 성관계를 맺는 것이 '허용allowed'된다. 사실 암컷들 사이 모든 마운트의 약 1/4 이상이 이복 자매 사이에서 일어난다. 보노보도 역시 암컷들 사이 근친상간 관계를 일반적으로 피하는 것처럼 보인다. 암컷이 청소년기에 새로운 무리로 이주하면 대개 무리의 구성원 대부분과 친척관계가 없어지지만 친척인 암컷들과는 성적인 활동을 하지 않는다.[68]

이러한 예는 적어도 일부 비非인간 영장류에서 동성애(이성애자뿐만 아니라) 관계는 적절한 파트너 선택에 있어서, 특히 친척이 관련된 경우에 다양한 사회적 금지의 대상이라는 것을 보여준다. 이러한 선택은 본능(즉 해로운 유전적 영향을 줄 수 있는 활동의 회피)에 의한 것이 아니다. 왜냐하면 그러한 관계에서 자손이 발생하지 않으며 또한 모든 근친상간 금기가 동일한 모습으로 나타나지는 않기 때문이다. 또한 이 선택은 이성애적인 금기가 단순히 '이어진carryover' 것도 아니다. 왜냐하면 같은 성 간의 관계와 반대 성 간의 관계는 흔히 다른 금지 규정을 가지고 있기 때문이다. '허용 가능한allowable' 근친상간 관계는 종에 따라, 개체군에 따라, 심지어 같은 종 내에서의 이성애와 동성애 활동에 따라 중요한 차이가 존재하므로 생물학적(유전적) 요인으로만 단정하기는 어렵다. 단지 일부 친척관계만이 실제로 근친상간 금기의 목적과 관련이 있다고 '헤아릴count' 수 있을 뿐 어떤 개체가 '금기시tabooed'되는지는 대체로 자의

적이다. 다시 말해서 영장류는 동성애와 이성애 모두에 있어서 어떤 종류의 친족 체계가 성적인 관계를 통제한다면 그것을 배워야 한다. 이러한 동물에서 같은 성 활동의 발생과 표현은 본능적 또는 유전적 요소를 가질 가능성이 매우 높다. 하지만 동성애 관계는 높은 수준의 사회적 학습을 포함할 수도 있는 중요한 '문화적' 특성을 나타낸다. '금기'는 동물들에게 존재하며, 동성애는 그러한 금지가 특히 설득력 있는 방식으로 드러나는 한 영역이다.

의례

선서하는 것과 같은 인간의 의례는 어디에서 오는가? 바버라 스머츠Barbara Smuts와 존 와타나베John Watanabe는 사바나개코원숭이의 사회적 시스템에 대한 흥미로운 연구에서 놀라운 대답을 내놓았다. 그들은 그러한 상징적인 몸짓이 수컷 개코원숭이들 사이에서 일어나는 의례화한 동성애 활동에서 유래했을지도 모른다고 암시했다.[69] 수컷 사바나 개코원숭이들은 사회적 상호작용의 하나로 다양하게 형식화한 성적 행동과 애정 활동을 서로 수행하는데, 특히 페니스와 음낭을 애무하는 '디들링diddling'을 한다. 기타 의례화한 동성애 활동에는 마운팅이 있고, 엉덩이를 붙잡거나 더듬거나 코로 비비는 것도 있고, 성기에 키스하거나 코로 비비는 것도 있고, 머리나 입에 하는 포옹과 키스도 있다(침팬지, 보넷원숭이, 검정짧은꼬리원숭이 등 다른 영장류에서도 이와 유사한 활동이 발견된다). 이러한 행동들은 의심할 여지 없이 성적인 차원뿐만 아니라 애정 활동과 '즐거운pleasurable' 촉각적 요소를 가지고 있지만, 일부 과학자들은 이를 '인사greeting' 상호작용으로 특징지었으며 수컷들 간의 협상과 협력을 공고히 하는 역할을 할 수도 있다고 생각한다. 실제로 두 수컷이 짝을 지어 안정적인 '동맹coalition'을 형성하기도 하는데 이 속에서 상

두 마리의 수컷 보넷원숭이가 '인사greeting'하는 동작으로 서로를 껴안고 있다. 왼쪽에 있는 수컷은 오른손으로 다른 수컷의 음낭을 애무하고 있는데 수컷 사바나개코원숭이에서도 '디들링'이라고 알려진 행동이 발견된다.

호방어와 도움이 의례적인 성적 교류의 맞교환reciprocity으로 상징화된다. 스머트와 와타나베는 한 수컷이 자신의 가장 연약하고 친밀한 기관을 말 그대로 다른 개체의 손에 맡기는 것과 같은 성적인 제스처는 어떤 의미에서는 맹세를 하는 전형적인 형태라고 말한다. 그 수컷은 이 행동으로 다른 개체와 협력하려는 신뢰와 의지를 나타내고 있는 것이다. 하지만 이것이 인간의 선서 의례와 무슨 관계가 있을까? 적어도 우리 사회에서 맹세는 보통 오른손을 들거나 심장을 가로지르거나 성경 위에 손을 얹는 것과 같은 제스처를 동반하지만 확실히 성기를 애무하는 것처럼 선을 넘어가는 제스처는 없다. 하지만 놀랍게도 스머트와 와타나베는 개코원숭이와 다른 영장류의 의례적인 동성애 활동과 유사한 제스처가 사실한때 인간의 맹세하기의 일부였을 수도 있고 심지어 몇몇 현대 문화에서 여전히 사용되고 있다는 몇 가지 흥미로운 단서를 제시한다. 예를 들어 많은 오스트레일리아 원주민 부족에서 페니스를 쥐는 제스처를 전통적으로 남성의 충성과 협력을 표현하기 위해 사용하며, '비난accused'하는 무리와 '옹호defending'하는 무리 사이의 분쟁을 해결하는 의례의 일부분으로 사용한다. 왈비리Walbiri족과 아란다Aranda족 사이에서는 서로 다른 공동체가 모이거나 공식적인 '재판trials'에서 고충이 해결돼야 할 때 남성들은 음경만지기touch-penis, 음경제공하기penis-offering, 음경붙잡기penis-holding 등으로 다양하게 알려진 의례에 참여한다. 각 남자는 자신의 반 정도 발기한 성기를 다른 모든 사람에게 차례로 내놓으며, (손가락을 고환 방향으로 잡고) 성기를 각 남자의 손바닥에 대고 누른 다음 위로 향한 손의 길이 방향으로 끌어당긴다. 서로의 페니스를 제공하고 움켜쥐는 것을 통해 ('한 사람의 목숨으로 갚는 것paying with one's life'이라고 일컬어진다) 남자들은 그들 사이의 상호 지지와 호의를 천명하거나, 분쟁 해결 과정에서 도달한 합의를 상징화하고 공고하게 만든다. 비슷하게 아이포Eipo족과 베다미니Bedamini족 같은 일부 뉴기니 부족은 생식기 및(또는) 음낭을 쓰다듬는 제스처를 인사로 사용한다.[70]

남 일 같지 않게, 유사한 의례가 유대 (크리스트교와 유럽계) 미국 유산의 일부였을 수도 있다는 역사적인, 심지어 성경에서 말하는 증거도 있다. 아이러니하게도 오늘날 수많은 우리의 맹세의식에 사용하는 그 책이 이러한 이전 관행의 암시를 포함하고 있는 것이다. 창세기 24장 9절에는 아브라함의 종이 주인의 '엉덩이loins' 밑에 손을 놓아 맹세하는 것을 언급하고 있다. 게다가 옥스퍼드 영어사전에 따르면 '증언하다testify', '증언testimony' 및 고환testicle'이라는 단어는 모두 서로 연관이 있으며, 원래 '증인witness'을 의미하는 '고환testis'을 어원으로 공유한다. 이러한 연관성은 추측에 불과하지만 영장류의 의례화한 동성애적 행동과, 맹세와 같은 인간의 사회적 의례 사이의 연속성을 암시한다. 스머트와 와타나베가 지적한 바와 같이, 인간의 의례에 의해 표현되는 진리와 신성함에 대한 개념은 개코원숭이의 개념(비인간적인 맥락에서 조금이라도 존재한다고 치면)과 크게 다르다. 그럼에도 불구하고 이러한 의례의 형태와 사회적 결과는 놀라울 정도로 유사하다.

　언어, 도구, 금기, 의례. 이러한 각각의 것들은 전통적으로 성적 취향과 무관하거나 거리가 먼 것처럼 보이지만 더 광범위한 퍼즐의 일부가 되거나 문화 발전의 토대 역할을 한다. 게다가 동성애와 비非번식적인 이성애를 중심으로 하는 여러 주목할 만한 영장류 행동의 발생은 이러한 영역이 이전에 상상했던 것보다 훨씬 더 밀접하게 연관되어 있음을 시사한다. 성적인 제스처 체계, 자위 도구, 동성애 근친상간 금기 그리고 의례화한 동성 간의 '맹세하기'는 문화, 생물학, 사회, 진화와 나란히 놓고 대조할 특별한 비교를 제공한다. 이와 같은 영장류 (동)성애 행동은 문화적인 전통과 진화적인 유산 모두에서 전형적인 예가 된다. 그 결과 이 같은 행동이 인류 문화의 역사가 가장 숭고하고 소중히 여기는 획기적인 사건들 중 일부의 발전에 기여했을지도 모른다.[71]

자연스럽지 않은 자연

동물들은 그렇게 하지 않는데 우리는 왜 그래야 합니까? 당신은 퀴어 회색곰을 상상할 수 있습니까? 아니면 레즈비언 올빼미나 연어가 상상이 되나요?
— 『욕망의 과학: 게이 유전자 탐색과 행동 생물학』의 공동 저자인
딘 해머Dean Hamer에게 온 편지에서[72]

위에서 인용한 남자와 같은 많은 사람은 동성애가 자연에서 일어나지 않는다고 믿고 이 믿음을 인간 동성애에 대한 그들의 의견을 정당화하기 위해 사용한다. 사실 동물의 동성애가 순수하게 논의되는 경우는 드물다. 필연적으로 종간의 비교를 통해 긍정적인 것이거나 부정적인 것이라며 그 행동에 도덕적 가치를 부여하게 된다. '자연스러움naturalness'

이라는 개념과 이 문제 있는 용어가 불러일으키는 동물–인간 간閒 비교의 전체적인 복잡함은 매우 분명하다. 현재 널리 퍼져 있는 견해는 지나치게 단순한 견해다. 즉 만약 동성애가 동물에게서 일어난다고 믿는다면 그것은 '자연적'으로 여겨지고 따라서 인간에게 받아들여질 수 있다고 보고, 반대로 만약 동물에게 발생하지 않는다고 생각되면 그것은 '비자연적인' 것으로 여겨지고 따라서 인간에게는 받아들여질 수 없다고 본다. 이 논쟁은 분명해 보이고 구별의 경계는 침범할 수 없는 것처럼 보인다.

그러나 [동물 = 자연 = 인간에게 허용될 수 있다]라는 이 도식의 이면에 있는 논리를 세심하게 고려해 보면 이 추론에 결함이 있다는 것을 알 수 있다. 많은 사람이 지적했듯이 인간은 요리부터 편지 쓰기, 옷 입기 등 자연에서 일어나지 않는 다양한 행동을 하고 있지만 동물들 사이에서는 이러한 행위가 발견되지 않는다는 이유로 '비자연적'이라고 비난하지는 않는다. 작가 존 워드Jon Ward는 '생물학은 논란의 여지가 없다'라고 주장하는 친구(동성애는 '자연스럽지 않다'라고 믿는 친구)에 대해 다음과 같이 이야기한다.

그는 달걀부침도 만들어 본 적이 없는 것일까? 인류의 역사는 모두 '생물학과의 논쟁'이다. 가장 동성애혐오적인 사상을 가진 그 문명이 간절히 수호하고자 하는 것은 바로 자연의 반대antithesis of nature인 법과 예술이다.[73]

우리는 또한 그러한 활동에 도덕적 가치를 부여하지 않은 채 생물학과 해부학을 '자연은 그렇게 사용하라고 의도하지 않았다'라는 식으로 이용한다. 제임스 와인리치가 관찰한 바와 같이 혀의 주된 생물학적 목적은 먹는 행위이지만 혀를 말하거나, 풍선껌을 불거나, 키스하는 행위로 사용할 때 '자연스럽지 않다'라고 여기지 않는다. 게다가 질병, 선천적 결함, 강간, 동종포식cannibalism 등 동물에서 자연적으로 발생하는 많은 것들은 대부분의 인간이 '자연적'이거나, 바람직한 상황이나 행동으로 간주하지 않는다. 와인리치는 딱 맞는 말을 한다. "동물들이 우리가 좋아하는 것을 할 때 우리는 그것을 자연적이라고 말한다. 그들이 우리가 좋아하지 않는 것을 할 때 우리는 그것을 동물적이라고 말한다."[74]

동성애의 자연사

역사적 기록에서도 동성애를 대하는 태도는 사람들이 동성애가 동물에서 발생한다고 믿든 믿지 않든 동일하다는 것을 보여준다. 즉 '자연스러움'의 유무와는 거의 관계가 없다. 사실 기록된 역사 전반에 걸쳐, 동성애가 동물들에게 일어나지 않는다는 주장을 포함한 '비자연적'이라는 비난은 상상할 수 있는 모든 형태로 동성애에 대한 제재, 통제, 억압을 정당화하는 데 사용되었다. 그러나 '자연스러움'에 대한 다른 여러 해석 또한 다양한 시기에 걸쳐 널리 퍼져 있었다. 실제로 동성애가 자연에서 발견되지 않는 '비자연적'인 것이라고 여겨진다는 바로 그 사실은 때로 이성애에 대한 동성애의 우월성을 정당화하기 위해 사용되었다. 예를 들어 고대 그리스에서 같은 성 간의 사랑은 생식이나 '동물 같은' 열정을 포함하지 않기 때문에 이성애보다 순수하다고 여겨졌다. 다른 시대에는 동성애가 동물 세계의 기본적이고 통제되지 않는 성적 본능을 반영하면서 '자연'에 더 가깝다고 여겨졌기 때문에 때로 정교하게 비난받기도 했다. 나치는 이러한 추론을 동성애자와 다른 '하위 인간subhumans'을 대상으로 한 집단수용소(의료 실험 대상인 동성애 남성을 '실험동물'로 지칭하는 곳)를 겨냥해 일부 사용했다. 또한 18세기 후반 뉴잉글랜드에서는 여성들 사이의 성적인 관계를 '동물적인 사랑'으로 특징지으며 비하하였다. 이러한 믿음의 비합리성은 역설적으로 동물적 행동에 대한 비난과 '비자연적'이라는 혐의가 결합하는 경우에 두드러진다. 예를 들어 일부 초기 라틴어 문헌들은 동성애자들이 동물에서 알려지지 않은 행동을 보인 것에 대해 비난했고, 동시에 동성애에 빠져 있다고 여겨지는 특정 종(예를 들어 하이에나나 토끼)을 모방했다고 비난하기도 했다.[75]

우리 시대에는 소수의 인간 집단에게 주어진 특성이 생물학적으로 결정된다는 사실은 그 집단이 차별받아야 하는지 혹은 차별받고 있는지 여부와 거의 관계가 없다. 예를 들어 소수 인종은 그들의 차이점에 대한 생물학적 근거를 주장할 수 있지만 이것은 인종 편견을 없애는 데 거의 도움이 되지 않았다. 반대로 종교 단체들은 그러한 생물학적 특권을 주장할 수 없지만 그렇다고 해서 그러한 단체들이 차별로부터 자유로워질 수 있는 권리가 없어지는 것은 아니다. 그렇다면 동성애가 생물학적으로 결정되었는지 아닌지 또는 누군가가 게이가 되기로 선택하였는지 아니면 그렇게 태어났는지 혹은 동성애가 자연에서 발생하는지 아닌지 따지는 것들 중 어느 것도 동성애의 수용이나 거부를 보장하지 못한다는 것과 그 자체가 동성애를 '타당valid'하거나 '불법illegitimate'이라고 만들지 못한다는 사실을 분명히 해야 한다.

'자연'과 동성애의 기원에 관한 논쟁은 유전학 대 환경, 생물학 대 문화, 자연 대 양육, 본질론 대 구성론처럼 흔히 겉보기에는 반대되는 범주들을 불러온다. 실제로 '동성애자'와 '이성애자'라는 범주 자체가 그러한 이분법의 예다. 생물학자와 사회과학자들은 이러한 범주들을 사용함으로써 동성애의 어떤 측면이 생물학적으로 결정되었는지 발견하기를 희망한다. 그러나 이러한 범주의 관점에서 토론을 틀에 맞추면 요인들 사이의 더 복잡한 상호작용이 고려되어야 한다는 점을 놓치기 쉽다. 예를 들어 대부분의 연구는 환경과 생물학 모두가 사람(그리고 아마도 동물들)의 성적 지향성을 결정하는 데 관련이 있다는 것을 보여준다. 일부 개인은 동성애에 대해 선천적인 성향을 보일 수 있지만 이를 실현하기 위해서는 환경적(사회적) 요인의 올바른 조합이 필요하다. 그리고 우리가 방금 본 것처럼 몇몇 동물 종들이 문화적 행동의 형태를 발전시켰을 때 문화-자연의 구별에 관해 이야기하는 것이 무슨 의미가 있는 일이겠는가? 마찬가지로 동성애의 '원인'에 주의를 집중함으로써 이성애의 결정요소는 무관한 것으로 간주하거나 또는 무언가 '잘못된' 것이 아니라면 이성애는 불가피하다고 가정하기도 한다. 게다가 모든 성이 배타적인 동성애 또는 배타적인 이성애의 범주에 깔끔하게 들어맞는 것도 아니다. 즉 양성애와 관련된 경험의 큰 영역은 동성애와 이성애의 기원에 대한 논의에서 가볍게 얼버무리고 넘어가 버린다. 따라서 동성애가 '자연스러운' 것인지와, 동물에서 동성애 발생률에 대한 의문은 우리에게 다음과 같은 것을 다시 말해줄 뿐이다. "그것은 처음 보는 것보다 훨씬 더 복잡하다."

　동성애의 자연스러움에 대한 모든 논쟁에서 주목할 만한 것은 동물 동성애에 대한 정확한 포괄적 정보나 구체적인 사실에 대한 언급이 드물다는 것이다. 동성애의 자연스러움에 반대한다고 주장하는 사람들은 같은 성 행동은 자연에서 일어나지 않으며(앞에서 인용한 남자처럼) 따라서 자명하게 비정상적이라고 단언한다. 동성애에 대한 생물학적 기원에 찬성하는 사람들은 흔히 사회적, 원문화적 또는 개인의 생활사적 요인에서 발생하는 동물 행동의 복잡성을 무시한다(예를 들어 사회적 집단이나 공동체에서 자기들끼리 상호작용하는 동물에 관한 장기적인 연구 대신에 호르몬을 주입한 실험동물의 행동에 의존한다).[76] 이는 자연스러움이라는 것이 사실보다는 해석의 문제이기 때문이다. 동물 동성애의 광범위한 현상이 기록되기 시작한 지금이지만 이 논의는 거의 변할 것처럼 보이지 않는다. 동물에서의 같은 성 활동에 대한 더 많은 정보는 단순히 더 가능한 해석을 의미할 뿐이다. 즉 그 정보는 결론을 도출하는 사람이 특정 전망에 따라 (이전처럼) 동성애의 자연스러움이나 수용가능성에 대한 다양한 입장을 지지하거나 반박하는 데 사용될 수 있다.

제임스 와인리치가 지적한 바와 같이, 사실에 부합하는 자연스러움naturalness에 대한 유일한 주장은 다음과 같다. "동성애 행동은 이성애자의 행동만큼이나 자연스러운 것이다."[77] 이성애, 이혼, 일부일처제, 유아살해 등이 그러한 것처럼, 이것이 의미하는 바는 동성애가 사실상 모든 동물 집단, 사실상 모든 지리적 영역과 시기 그리고 다양한 형태에서 발견된다는 것이다. 반대로 이성애는 동성애만큼이나 '비자연적'이다. 그 이유는 이성애가 같은 성관계와 전형적으로 연관된 문란함, 비번식성, 성적 쾌락의 추구, 불안정하거나 부적절하거나 심지어 적대감이 특징인 상호작용처럼 많은 '수용할 수 없는' 특징들을 나타낼 뿐 아니라 사회적인 정교함이나 문화적인 '윤색embellishment'을 보이기 때문이다.[78] 그러나 이것이 동성애가 '생물학적으로 결정됨' 또는 '사회적으로 조건화됨'을 의미하는지 여부(더 나아가, 인간에게 받아들여질 수 있거나 없음)는 해석상의 문제다. 물론 과학적인 관점에서, 동물 세계에서 동성애적 표현의 순수한 범위와 다양성은 비인간 생물학 및 사회조직의 한 측면을 드러낸다. 이는 예상치 못한 지대한 영향을 가져올 (아마도 혁명적인) 함축적인 의미를 내포하고 있다. 그것은 세심한 고려를 필요로 하고 환경, 문화, 유전, 진화 및 사회 발전에 대한 우리의 가장 근본적인 개념 중 몇 가지를 다시 생각하게 만든다. 그러나 동성애가 동물에게서 일어나기 때문에 생물학적으로 결정된 것이 분명하다고 자동적으로 결론짓는 것은 논쟁을 지나치게 단순화하고 사실을 부당하게 다루는 것이다.

대부분의 사람에게 동물은 상징적이다. 동물의 중요성은 그들이 무엇인지에 달려 있는 것이 아니라 우리가 그들을 무엇이라고 생각하는지에 달려 있다. 우리는 동물의 존재와 행동에 그들의 생물학적, 사회적 현실과 거의 관련이 없는 방식으로 의미와 가치를 부여하며, 궁극적으로 다른 인간에 대한 우리의 관점을 정당화하기 위해 자연의 순결함이나 동물

성의 상징으로 취급한다. 동물들 자신은 수수께끼로 남아 자기들의 삶에 대한 인간의 해석이 끝없이 쏟아지는 것처럼 보이는 상황 앞에서 침묵하고 있다. 만약 이것이 단지 사람들 사이에 벌어지는 논쟁의 문제라면 아마도 적절한 관점에서는 단순하게 또 다른 인간의 어리석음이라고 볼 수 있을 것이다. 불행하게도 사람들이 동물의 (성적) 행동에 적용하는 해석은 무해한 것과는 거리가 멀다. 이는 인간과 동물 모두에게 심각한 결과를 가져올 수도 있고 심지어 삶과 죽음의 문제가 될 수도 있다. 예를 들어 어떤 가해자가 동성애를 '자연스럽지 않다'라고 생각한다는 이유로 동성애자나 레즈비언을 폭행 또는 살해할 때나, 동성애에 대한 정치인들의 입법, 사법적 결정이 '자연에 대한 범죄'와 같은 용어로 포장될 때 동물 행동에 대한 과학적 해석보다 훨씬 더 많은 것이 위태로워진다.[79]

동물의 성적 취향에 기인하는 도덕적 가치 또한 생물 자체의 복지에 직접적인 영향을 미칠 수 있다. 1995년 미국 어류야생동물국의 한 생물학자가 제시 헬름스Jesse Helms 상원의원 보좌관에게 멸종위기에 처한 새인 미국 남동부에 사는 붉은벼슬딱따구리red-cockaded woodpecker를 구하는 일의 가치에 대해 보고했다.[80] 그의 보고서는 이 종에 있는 것으로 추정되는 '가족 가치family values'를 강조하며 이 새의 일부일처제와 상대적으로 오래 지속하는 이성애 짝결합을 언급하였다. 다시 말해서 멸종위기종법에 투표하는 입법자들에 의해 결정되는 이 종의 존재 권리는 그 새의 고유한 가치가 아니라 그들의 행동이 현재 인간에게 허용되는 행위와 얼마나 밀접하게 유사할 수 있는지에 달려 있었다. 그리고 이는 어느 종에 대한 이상적인 '이미지'를 보여주는 가장 확실한 사례다. 붉은벼슬딱따구리의 '가족적 가치'는 실제로는 정치인들이 들은 것보다 훨씬 더 복잡하고 지저분하며 '의심스럽다'.

이 종이 보통 장기적이고 일부일처제의 쌍으로 번식하는 것은 사실이지만 이 새의 사회생활은 그러한 주제에 대한 변형으로 가득 차 있다. 그

중 일부는 헬름스 상원의원이 완전히 무시무시하다고 느꼈을 것이다.[81]

이 종의 많은 가족 집단은 불안정하다. 6년간의 한 연구 결과는 양육을 하는 열세 쌍 중 여섯 쌍만이 함께 남아 있는 것으로 나타났다. 헬름스의 고향 노스캐롤라이나주에서 시행한 이 종에 관한 어느 연구에 따르면 이 개체군 암컷의 거의 20%가 짝을 버리고 가족 집단을 바꾼다고 한다. 수컷도 동반자를 떠나는 경우가 있으며, 전체(종 전체에 걸쳐) 이혼율은 약 5%다. 일부일처제가 아닌 교미도 가끔 일어나는데 1%가 약간 넘는 둥지에서 어미의 짝이 아닌 다른 수컷이 부화시킨다. 붉은벼슬딱따구리는 흔히 '재혼가족stepfamilies' 혹은 '혼합가족blended families'을 이뤄 사는데 이러한 번식 집단에 살면서 양육을 도와주는 어린 새의 1/4 이상이 부모 중 한쪽과만 관련이 있고 5~11%는 어느 쪽과도 관련이 없다. 이런 '도우미helper' 새 중 일부는 부모를 집단에서 쫓아내거나 심지어 남은 부모와 짝짓기를 하는 '재혼가족 근친상간'을 저지르는 방식으로 확실히 가족답지 않은 활동을 한다. 드물긴 하지만 형제자매나 이복 형제자매와 관련된 근친상간도 발생한다. 어떤 도우미들은 전적으로 번식을 포기하기도 하며(성체가 되어도 몇 년 동안 부모와 함께 계속 산다), 구성원이 전부 수컷인 무리도 존재할 뿐만 아니라 개체군에서 혼자 살며 번식하지 않는 새도 있다. 일부 붉은벼슬딱따구리 무리는 두 마리의 암컷이 동시에 번식(또는 번식하려고)하는 일부다처제 혹은 '복수plural'의 양육 단위일 수도 있다.

만약 헬름스 상원의원과 그의 보좌관들이 이 새들의 번식과 무관한 성적인 활동(알을 품는 중이나 알을 낳기 훨씬 전에 하는 짝짓기) 참여라든지 형제자매간의 살해와 새끼 굶기기 그리고 새끼 살해와 둥지에서 새끼를 버리는 행위 등을 알게 되면 이 붉은벼슬딱따구리는 덜 '보호받을 만한' 종으로 여겨질까? 이 모든 행동들은 이 종에 기록되어 있지만 이 새의 '가족적 가치'에 대한 환상을 깨뜨릴까 봐 이 새의 운명을 손에 쥔 정치인들에게 보여주는 과학적인 보고서에는 포함되지 않았다. 동성애는 도토리딱따구리나 검은엉덩이화염등딱따구리와 같은 관련 종에서는 발생하지만 붉은벼슬딱따구리에서는 (아직) 관찰되지 않았다. 만일 그러한 행동이 밝혀진다면 종의 생존이 '도덕적 행위'에 대한 인간의 평가에 달려 있는 이 새나 다른 멸종 위기에 처한 종들에 대한 나중 일을 두려워할 수밖에 없다.

동성애는 모든 의미에서 '자연사'를 가지고 있다. 즉 동성애는 상호 연결되고 불가분의 관계에 있는 생물학적('자연적인')인 차원과 사회적 또는 문화적('역사적인')인 차원을 모두 가지고 있는 것이다. 그것은 동물이나 사람에게 있어서 획일적인 현상이 아니다. 수많은 형태를 취하며 수많은 변형과 독특함을 보여준다. 이러한 특징들을 형성하는 과정에서 생물학과 환경의 상호작용은 (그리고 실제로 '생물학적인' 것과 대비되는 '문화적인' 것이라는 정의는) 우리가 믿던 양극화한 논쟁보다 훨씬 더 복잡하다. 논의는 흔히 '자연 대 양육' 또는 '유전자 대 환경'과 같은 오해의 소지가 있는 이분법적 측면의 틀에 갇혀 있기 때문에 일부 동물의 성행위가 중요한 사회 문화적 요소를 가질 가능성이 무시되는 것처럼, 이 두 가지가 모두 관련이 있을(서로 영향을 미칠 수 있는) 가능성은 간과되기 일쑤다. 그렇다. 동성애는 자연에서 일어나고 분명히 계속 그래왔다. 하지만 이 사실이 동성애를 '자연적인' 것이나 아니면 단순히 '동물적인' 것으로 만들어 줄까? 이 질문에 대한 대답은 그 현상 자체의 본질적인 성격이나 맥락보다는 보는 사람의 눈에 전적으로 달려 있다.

가정과 농장에서의 동성애 : 반려동물과 길들인 동물

우리가 흔히 가장 '인간'처럼 여기는 동물들, 즉 반려동물이야말로 가장 생생하게 해석상의 문제를 설명할 수 있는 예가 된다. 여기서 동물과 인간 사이의 유대가 만들어지는 것은 유전적 유사성(영장류와도 마찬가지로)이 아니라 정서적으로 그리고 신체적으로 얼마나 가까이 있는가의 문제다. 이는 우리가 동료로서 기르는 동물들과 함께 있든, 농장이나 목장에서 길들인 동물들과 같이 있든 마찬가지다. 같은 성 활동은 반려동물 주인이나 동물 조련사 및 관리사에게 아주 익숙해서, 그들 중 많은 사람이 자기 동물이나 친구의 동물에게서 보이는 동성애 마운팅이나 짝 형성 또는 기타 같은 성(또는 양성애) 활동의 예를 제공할 수 있다. 이러한 일화적인 보고는 길들인 동물에 관한 과학적 연구에 의해 확인되었다.[82] 비글, 바센지, 코커스파니엘, 바이마라너와 같은 품종을 포함한 개에서 같은 성 짝결합과 동성애 마운트(수컷끼리 상호작용을 할 때 사정하는 것까지)가 기록되어 있다. 고양이에서도 암수 모두 동성애 행동의 사례가 확인되었는데 여기에는 암컷 간의 상호 생식기 자극과 마운팅, 수컷 간의 오르가슴으로 이어지는 마운팅이 포함된다. 동성애는 또한 반려동물로 길러지는 다른 동물들에서도 확인되었다. 기니피그는 같은 성 간의 구애와 마운팅을 하고, 길들인 토끼와 햄스터는 암컷끼리 동성애 마운팅을 한다. 금화조나 십자매, 사랑앵무 같은 새장 속의 새들은 같은 성 짝결합과 구애, 마운팅을 한다. 많은 일반적인 수족관 물고기들은 동성애나 성전환을 보여준다.

또한 동성애 행동은 다양한 가축과 농장의 동물에서도 연구됐다. 소, 양, 염소, 돼지, 말 등에서는 암수 모두가 동성애 마운팅을 했고 돼지, 양, 염소에서는 같은 성 짝결합이 보고되었다. 사실 유제류 포유동물 사이에서 동성애 활동은 너무나 일상적인 일이기 때문에 농부들과 동물 사육자들은 그러한 행동에 대한 특별한 용어를 만들어 냈다. 수컷 소들 사이에 마운팅하는 것은 '불러 증후군buller syndrome'(마운트를 당하는 소를 불러bullers라고 부르고 올라타는 소를 라이더riders라고 부른다)이라고 하며, 서로 마운팅하는 암돼지들은 '수퇘지가 된다going boaring'라고 묘사한다.

암말들이 그렇게 하면 '수말horse'이라 부르고, 암소들이 그렇게 하면 '황소bull'라고 부른다. 같은 성 활동은 역설적으로 사육 프로그램에 흔히 활용된다. 어떤 종에서는 암컷들 간의 동성애적 마운팅은 그들이 발정했다는 것을 보여주는 믿을 만한 지표로 사용되고, 성숙한 황소에게는 그들을 자극하고 정액을 채취하기 위해 어린 황소나 거세한 황소(티저teaser라고 알려져 있다)가 흔히 제공된다.[83]

동성애 행동을 보이는 각각의 길들인 종에는 역시 동성애가 관찰되는 하나 이상의 야생 '친척'이 있다. 사자와 다른 고양잇과 동물, 늑대와 다른 갯과 동물, 캐비(기니피그의 야생 조상), 아메리카들소와 다른 들소, 큰뿔양과 다른 야생 양 종, 얼룩말과 다른 야생마 등이 이에 해당한다. 어떤 경우에는 길들인 종과 그들의 야생 조상에서 관찰되는 같은 성 활동이 두드러진 유사성을 보인다. 염소와 양에서 보이는 집단적인 성적 상호작용과 '옹송그리기huddle'(야생과 가축 모두에서), 가축으로 기르는 소와 들소에서 보이는 같은 성 마운팅의 빈도, 암컷 고양이와 암사자가 다른 암컷 파트너 아래에 자리를 잡고 마운팅에 초대하는 행동, 암컷 칠면조와 야생 산쑥들꿩이 보여주는 같은 성 간의 구애가 이에 속한다. 다른 경우에는 현저한 차이를 보인다. 예를 들어 가축 수퇘지 사이의 짝결합과 마운팅은 야생 수퇘지에서 같은 성 활동이 사실상 없는 것과 대조되고, 암컷 치타가 상당히 광범위한 동성애 구애 활동을 하는 것은 집고양이가 그러한 구애 활동을 거의 하지 않는 것과 대조된다.

비록 과학적으로 증명되었지만 반려동물과 다른 길들인 동물들의 동성애는 '사실'과는 무관하게 그냥 그러한 생물과 함께 살거나 일하는 사람들에게 여러 의미를 계속해서 불러일으키고 있다. 동물의 세계에 대한 인간의 모든 관찰과 마찬가지로 사람들은 그들이 받아들일 준비가 되어 있는 것만 보는 경향이 있다. 이러한 경향은 농장의 동물이 보여준 동성애적 행동에 대한 두 가지 대조적인 견해에서 꽤 명확하게 나타나는

데 이는 사람과 동물 모두에게 적용되는 같은 성 활동에 대한 모순되는 해석을 상징한다. 아니타 브라이언트*Anita Bryant는 특히 뛰어난 논리의 전환으로, "심지어 농장의 동물들도 동성애자들이 하는 짓을 하지 않는다"라고 주장한 바 있다. 농장의 동물들과 많은 야생종들이 실제로 인간 동성애자 수준으로 '몸을 구부리는stoop' 것을 알았을 때 그녀는 "그렇다고 옳은 일이 되는 것은 아니다"라고 쏘아붙였다.[84] 놀랄 것도 없이, 유명한 레즈비언 작가이자 역사가인 릴리안 페이더먼Lillian Faderman은 현저하게 다른 견해를 제시하고 있다.

사람들이 자연에서 [동성애]를 알아채지 못하는 것은 우스운 일이다. 내 파트너는 목장을 가지고 있었다. 그리고 나는 암컷 동물들이 흔히 다른 암컷 동물들에 마운트를 대주거나 마운트를 하는 방식에 완전히 매료되었다… 포유류는 그야말로 성적인 동물이다.[85]

이 두 여성은 각각 동물의 동성애에 대한 확고한 의견을 가지고 있으며, 각각의 시각은 사람들 사이의 동성애에 대한 자신의 감정에 의해 영향을 받았다. 그러나 둘 중 릴리안 페이더먼의 시각이 동물 왕국의 동성애라는 과학적 현실에 더 가깝다. 다음 장에서는 과학의 역사를 통해 사람들이 동물 동성애를 어떻게 해석해 왔는지 더 자세히 알아볼 것이다. 불행하게도 생물학자들은 릴리안 페이더먼의 견해보다 아니타 브라이언트의 견해와 더 많은 공통점을 공유해 왔다.

---

* 아니타 브라이언트는 미국의 여성 가수이자 배우다.

제3장 야생의 동성애를 바라보는
지난 200년간의 시선

1764: 젊은 [밴텀] 수탉 서너 마리가 암탉과 만날 수 없는 곳에 남겨졌다… 각자 자기 동료를 올라타려고 애썼지만 그들 중 아무도 상대의 아래에 있으려 하지 않았다. 이 이상한 상황에 대해 생각해보니 왜 자연적 취향이 우리 종들 중 일부에서 잘못된 길로 바뀌는지에 대해 내게 암시하는 바가 있었다.

— 조지 에드워즈, 『자연사의 이삭』

1964: 돌이킬 수 없는 성적인 이상에 대한 또 다른 예는 오랑우탄에 관한 것이다. 젊은 수컷인 이 유인원은 또 다른 젊은 수컷과 함께 있었고 그들은 함께 놀며 많은 시간을 보냈다. 여기에는 약간의 성적인 놀이가 포함되었고 항문성교도 여러 번 관찰되었다.

— 데즈먼드 모리스, 『제한된 환경에서의 동물의 반응』

1994: 인간이 아닌 동물에서의 동성애 행동에 대한 몇 가지 설명이 있다. 첫째, 2년생 암컷 나무제비의 깃털이 수컷의 깃털과 닮았기 때문에, 쫓아다니는 개체들이 수컷 42번을 암컷으로 오인했을 가능성이 있다.

— 마이클 롬바르도 외, 『수컷 나무제비의 동성애 교미』[1]

동물의 동성애는 현대 과학에 의한 '새로운' 발견이 결코 아니다. 동물에서의 동성애 행동에 관한 최초의 서술은 고대 그리스로 거슬러 올라가지만 동성 행동에 대한 최초의 상세한 과학적 연구는 1700년대와 1800년대에 이루어졌다. 동물의 동성애에 대한 묘사는 처음부터 발생을 해석하거나 설명하려는 시도와 함께 진행되었고, 그러한 행동을 목격한 관찰자들은 거의 변함없이 그 존재에 대한 단순한 사실에 당황하고 놀라고 심지어 화를 내기까지 했다. 앞의 인용문이 보여주는 바와 같이 여러 동일한 태도가 오늘날까지 이어지고 있다. 200년 이상 과학적인 관심을 이 주제에 집중하고도 오늘날 다수의 과학자를 포함한 수많은 사람이 어떻게 여전히 동물 동성애의 전체 범위와 특성을 모르고 동성애의 발생에 대해 계속 난처해하는 것일까? 이 장은 먼저 동물 동성애 연구의 역사를 연대순으로 확인한 다음 이 현상을 다루는 많은 동물학자의 체계적인 누락과 부정적인 태도를 이야기함으로써 이 질문에 답하고자 한다. 우리가 보게 되겠지만 동물 동성애에 대한 과학적 연구의 역사는 동시에 동성애에 대한 인간 태도의 역사이기도 하다.

동물 동성애 연구의 간략한 역사

서구 과학사상科學思想에서 동물 동성애의 역사는 하이에나의 '암수한 몸hermaphroditism'과 자고새partridges의 동성애 그리고 다른 여러 종에서의 성별과 성적 취향의 변형에 관한 아리스토텔레스와 이집트의 학자 호라폴로Horapollo의 초창기 추측으로 시작한다.[2] 비록 두 사람 생각의 많은 부분에 신화와 의인화가 스며들어 있고 관찰에 현저한 부정확함이 있지만(예를 들어 점박이하이에나는 암수한몸이 아니다) 이러한 학자들의 논의는 동물의 동성애와 트랜스젠더에 관한 최초의 기록된 사고思考를

동물 동성애에 대한 최초의 사진 기록 : 1923년 스코틀랜드에서 한 쌍의 수컷 혹
고니가 함께 지은 둥지에서 사진에 찍혔다. 같은 종의 암컷 한 쌍은 1885년에 처
음 관찰되었다.

나타낸다. 동물 동성애에 대한 최초의 과학적 관찰은 프랑스의 저명한
박물학자 조르주 루이 르클레르 드 부폰Georges-Louis Leclerc de Buffon
의 기록인데 열다섯 권의 기념비적인 『자연사 일반론Histoire naturelle
générale et particuitére(1749-1767)』에는 조류의 같은 성 행동을 관찰한 내
용이 포함되어 있다. 새들의 동성애에 대한 추가적인 관찰은 18세기 영
국의 생물학자인 조지 에드워드George Edwards에 의해 이루어졌으며, (앞
에서 인용한 바와 같이) 그러한 행동의 '원인'과 '비정상성'에 대한 최초의
선언 일부를 담고 있다.[3]

　동물 동성애에 관한 현대적인 연구는 곤충(예를 들어 1859년 알렉산드르
라불메네Alexandre Laboulmène, 1896년 앙리 가데우 데 케르빌Henri Gadeau
de Kerville), 작은 포유류(예를 들어 1895년 박쥐에 대해 R. 롤리낫Rollinat과 E.
트루스Trouessart), 조류(1885년 백조에 대해 J. 휘태커Whitaker, 1906년 목도리
도요에 대해 에드워드 셀러스Edward Selous)의 같은 성 행동에 대한 여러 초
창기 설명으로 시작했다. 또 1900년에 독일의 과학자 페르디난드 카르
슈Ferdinand Karsch는 이 현상에 관한 최초의 총괄 조사라고 할 만한 것을
제공했다.[4] 그 이후로 동물 동성애에 관한 과학적 연구는 광범위한 조

사를 포함해서 거대하게 확장되어 600여 개에 가까운 과학기사, 학술논문, 학위논문, 전문보고서 그리고 열 가지가 넘는 다른 언어로 작성된 출판물에 보고되었다. 이 연구들의 범위는 야생에서 조사된 광범위한 종의 동성애를 일화적으로 언급하는 동물 현장 관찰(전 세계 많은 동물원과 수족관을 포함해서)에서부터 포획된 동물 관찰, 실험실 동물 실험, 특정 종의 동성애 행동의 모든 측면을 검토하는 데 매진하는 최근의 연구(흔히 야생에서) 또는 어떤 현상에 대한 보다 포괄적인 일반 조사에까지 이른다. 일부 보고는 큰 주목을 받았다. 예를 들어 1970년대 후반과 1980년대 초반 다양한 갈매기와 제비갈매기 종에서 암컷끼리 짝을 형성하는 것이 발견되자 과학계와 대중 매체에는 한바탕 큰 소동이 일었다. 반면 수많은 동물 동성애에 관한 보고는 심지어 다른 동물학자들도 모를 정도로 눈에 띄지 않아서《뭄바이 자연사 저널The Bombay Journal of Natural History》,《오르니스 페니카Ornis Fennica(핀란드 조류학회 저널)》,《레비스타 브라질레이라 데 엔토몰로지아Revista Brasileira de Entomologia(브라질 곤충학 저널)》,《파푸아뉴기니 조류협회의 편지Newsletter of the Papua New Guinea Bird Society》와 같은 소규모 전문 저널이나 지역 저널에 실렸다가 잊혀갔다. 몇몇 유명한 과학자들도 동물 동성애에 대한 묘사를 발표했는데 그중에는 데즈먼드 모리스Desmond Morris의 오랑우탄, 금화조, 큰가시고기에 관한 것과 디안 포시Dian Fossey의 고릴라에 관한 것, 콘라트 로렌츠Konrad Lorenz의 회색기러기, 큰까마귀, 갈까마귀에 관한 것이 있다.[5] 귀족 계층이 관련된 적도 있다. 18세기 부폰Buffon 백작이 관찰한 것 외에도 1930년대에 영국의 타비스톡Tavistock 후작은 과학자 G. C. 로Low와 함께 사로잡힌 수금류의 같은 성 쌍에 대한 설명이 들어 있는 조류 행동에 관한 보고서를 작성했다. 그러나 앞에서 인용한 오랑우탄의 같은 성 활동에 대한 데즈먼드 모리스의 설명처럼, 타비스톡 후작의 보고서도 '객관적'이라고 하기에는 다소 부족했는데 이 보고서는 매년 함께 남

1896년에 그려진 이 그림은 두 마리의 수컷 소똥구리가 서로 교미하는 모습을 보여준다. 이것은 동물 동성애에 관해 출판된 최초의 과학적인 삽화 중 하나다.

아서 둥지를 짓는 수컷 혹고니 한 쌍이 얼마나 '우스꽝스러운지'에 대한 설명을 담고 있다.[6]

동물의 동성애에 관한 대부분의 과학적 연구는 단순히 신중하고 체계적인 행동 패턴의 관찰과 기록(때로는 사진 설명에 의해 보완됨)이지만 어떤 경우에는 더 정교한 방법을 사용하였다. 동물의 행동에 대한 연구는 이제 극도로 정교해지고 심지어 '첨단기술'이 되었다. 이러한 다양한 기술들은 같은 성 활동과 그들의 사회적 맥락에 대한 기록과 분석, 해석에 큰 영향을 끼쳤다. 예를 들어 DNA 검사는 흰기러기 레즈비언 쌍이 키우는 알의 부모를 확인하거나, 같은 성 활동을 하는 암컷 검은머리물떼새와 보노보의 유전적 연관성을 확인할 때, 또 붉은제비갈매기(일부 동성애 쌍을 형성하는 개체)의 성별을 확인할 때 그리고 다른 범주의 수컷 목도리도요 간의 짝짓기 행동의 유전적 결정 요인을 조사하기 위해 사용되었다. 은갈매기와 병코돌고래의 동성애 짝 형성의 정도와 특성은 오랫동안 많은 수의 개체를 확인하고 표시한 장기長期 개체통계학적 연구에 의해 밝혀졌다. 붉은여우의 성적인 활동은 대부분 밤에 이루어지기 때문에 연구원들은 동물의 야행성 활동을 자동으로 기록하는 적외선 원격비디오카메라를 설치하기도 했는데 이 종에서 같은 성 마운팅만 발견하고 끝나기도 했다(야생에서 점박이하이에나의 유사한 활동을 기록하기 위해서도 야간 촬영이 필요했다). 회색곰 개체의 무선 추적(동물원격측정법)은 짝을 맺은 암컷 쌍의 활동을 밝혔으며, 붉은여우에 적용된 유사한 기술은 그들의 확산 패턴과 동성 마운팅의 발생과 관련된 전반적인 사회조직에 관한 정보를 제공했다. 녹음된 행동 순서의 '프레임 단위frame-by-frame' 분석을 하는 비디오 촬영은 보노보의 성적인 만남(같은 성과 반대 성 모두) 동안의 의사소통 상호작용뿐만 아니라 그리폰독수리와 빅토리아비늘극락조의 구애 상호작용 연구에 활용되었다. 한 조류학자는 심지어 동성애 쌍에 속하는 장다리물떼새의 알이 수정되었는지 알아보기 위해 엑스레이를 찍기도 했다(무정란이었다).[7]

불행하게도 몇몇 경우에 과학자들은 동물들에게 좀 더 극단적인 실험 처치를 하거나 절차를 수행하거나 '개입'을 했다. 사로잡힌 동물에 대한 몇 가지 연구에서 히말라야원숭이, 병코돌고래, 치타, 긴귀고슴도치, 붉은부리갈매기 등의 같은 성 파트너들은 그들의 활동이 '비정상적unhealthy'이라고 여겨졌기 때문에, 또는 재결합에 대한 반응과 그 이후의 행동을 연구하기 위해 강제로 분리하거나 이성애적인 짝짓기를 하도록 강요했다. 암컷 반달잉꼬 한 쌍은 그들이 이성애 쌍으로부터 성공적으로 방어한 둥지에서 강제로 쫓겨나기도 했다. 이성애 쌍이 대신 번식할 수 있도록 '만들어 주기' 위해서였다(암컷 쌍이 부모가 될 수 없다는 잘못된 가정에 일부 근거한다). 암컷 몽땅꼬리원숭이들은 동성애적인 만남 동안 오르가슴 반응을 관찰하기 위해 자궁에 전극이 이식되었고, 암컷 다람쥐원숭이들은 동성애 활동 중 발성이 미치는 효과를 추적하기 위해 귀머거리로 만들어졌다.

표면적으로는 중요한 행동적, 발달적 영향을 밝히기 위해 의도된 것이지만 어떤 경우 동물들에게 적용되는 '처치'는 인간 동성애자들을 '치료'하려는 시도(파트너 분리나 없애기, 호르몬 치료, 거세, 뇌엽절제술, 전기충격 등)와 충격적일 정도로 유사했다. 예를 들어 수많은 영장류, 설치류,

유제류, 포유류는 동성애 행동이나 간성intersexuality에 어떤 영향을 미칠 수 있는지 보기 위해 호르몬 주사를 맞았다. 흰꼬리사슴이 그 종에서의 트랜스젠더의 '원인'이 무엇인지 결정하기 위해 거세된 것처럼 히말라야원숭이도 동성애 활동에 대한 조사를 포함하는 행동 연구의 일부로 마찬가지 일을 당했다. 심지어 고양이들은 (동)성애에 대한 영향을 연구하기 위해 뇌엽절제술을 당하기도 했다. 어떤 경우에는 생물학자들이 내부 생식 기관의 표본을 채취하기 위해 같은 성 활동에 참여하는 개체(예를 들어 가터얼룩뱀, 검은목아메리카노랑솔새, 젠투펭귄)를 죽이기까지 했다.[8] 이러한 (일반적으로 성별을 확인하거나 '비정상성'의 존재를 포함한 생식 체계의 상태를 결정하려는) 이유는 흔히 많은 과학자가 동성애에 대해 가지고 있는 왜곡된 선입견뿐만 아니라 불신감을 보여준다. 다음 절에서 보게 되겠지만 이러한 태도는 흔히 동성애나 트랜스젠더에 대한 '해석'이나 '설명'으로 이어지기도 한다.

"나비들 간의 도덕적 규범의 타락" : 동물학의 동성애혐오증

… 나는 몇몇 (익명을 요구한) 영장류학자들과 이야기를 나누었는데 그들은 현장 연구 중에 암수 모두에서 동성애 행동을 관찰했다고 말했다. 그러나 그들은 동성애혐오 반응을 두려워하거나("동료들이 나를 게이라고 생각할 수도 있다"), 분석을 위한 체계가 부족했기 때문에("그게 무엇을 의미하는지 모르겠다") 자료 공개를 꺼리는 것 같았다. 인류학자와 영장류학자가 영장류의 성적 취향에 대해 완전히 이해하려면 그들의 관찰과 보고의 지침이 되는 전통적인 모델(동반하는 동성애혐오증도 함께)의 사용을 중단해야 한다.
— 영장류학자 린다 울프, 1991[9]

동물 동성애에 관한 엄청난 양의 과학적인 정보가 있지만 대부분의 정보는 일반 대중은 말할 것도 없고 생물학자들조차 접근하기 어렵다. 용케 활자로 나타났다 하더라도 흔히 잘 알려지지 않은 저널과 발표되지 않은 논문 속에 숨겨지거나, 시대에 뒤떨어진 가치 판단과 암호 같은 용어 안에 묻혀버리기도 한다. 더구나 이러한 정보 대부분은 아직 발표되지 않은 채 남아 있는데 오늘날까지 존재하는 동성애에 대한 논의를 둘러싼 일반적인 무지와 무관심, 더 나아가 두려움과 적대감의 결과다. 이는 (린다 울프가 기술한 바와 같이) 영장류학뿐만 아니라 동물학 분야 전반에 걸쳐서 일어난다. 마찬가지로 당황스러운 사실은, 동물에 관한 인기 있는 작품들도 동성애에 대한 언급을 일상적으로 생략하는데 심지어 저자가 그러한 정보가 과학적인 원문에 이용 가능한 것이 있다는 것을 분명히 알고 있을 때도 그렇게 한다는 점이다. 결과적으로 사람들 대부분은 동성애가 자연계에 어느 정도까지 스며들어 있는지를 깨닫지 못한다.

과학자들은 특정한 시기에 특정한 문화 속에 살고 있는, 인간의 결점을 가진 인간이다. 비록 그 직업이 '객관성'과 비非심판적 태도라는 기준을 요구하지만 과학사를 조사해 보면 이것이 항상 지켜진 것은 아니라는 사실을 알 수 있다. 예를 들어 지난 20년 동안 여러 페미니스트 생물학자들에 의해 수많은 생물학적 사고에서의 성차별이 밝혀졌다.[10] 그들은 과학자들이 실수를 할 수 있는 인간일 뿐만 아니라 대부분이 남자라는 것을 보여주었다. 또한 과학자들의 이론은 흔히 자신과 그들 문화의 여성에 대한 (보통은 부정적인) 태도로 인해 해를 끼치는 쪽으로 덧칠해 온(그리고 많은 경우 지금도 계속되고 있는) 모습도 보여주었다. 이러한 관찰은 한 단계 더 나아갈 수 있다. (흔히 이성애자인) 과학자들은 동성애에 대한 사회의 부정적인 태도를 의식적이든 무의식적이든 주제에 자주 투영한다. 그 결과로 해당 주제에 관한 과학적이고 대중적인 이해 모두 어려움

을 겪어왔다.[11)

물론 주목할 만한 예외도 있다. 많은 과학자는 다양한 종에서 같은 성 활동을 묘사할 때 그 행동에 대한 자기 논평을 덧씌울 필요를 느끼지 않은 채 가치중립적인 설명을 했고, 몇몇 작가들은 동성애 활동이 특정 동물에서 행해지는 행동 레퍼토리의 '자연적' 또는 일상적인 구성 요소라는 것을 인식했다. 예를 들어 1984년에 동물학자 안네 이니스 다그Anne Innis Dagg는 그녀의 동시대 사람들보다 몇 광년은 앞서가는, 포유류의 현상에 관한 획기적인 조사를 제공했다. 또한 좀 더 최근의 영장류학

자 폴. L. 베이시의 연구는 이전 연구들의 일부 부적절함과 편견을 직접적으로 집어내기 시작했다.[12) 그러나 이러한 몇 가지 예외를 빼면 동물 동성애에 대한 과학적 연구의 역사는 거의 끝없는 선입견의 연속, 부정적인 '해석'이나 합리화, 부적절한 표현과 누락, 심지어 동성애에 대한 노골적인 혐오나 공포, 즉 동성애혐오증homophobia의 역사였다. 그리고 이는 지금도 진행형이다.[13) 더구나 1990년대 전까지는 동물학자들이 그러한 편향된 태도에 대해 고심한 적이 없었다. 지금까지는 폴 베이시와 린다 울프가 그들 직종에 문제가 있을 수 있다고 활자로 인정한 유일한 과학자다(울프는 구체적으로 동성애혐오증이라고 부르는 유일한 과학자다). 그러나 이 문제에 관한 완전하고 전체적인 역사나 파장은 이전에 논의되거나 문서로 알려진 적이 없다.

과학적 담론의 변천

멀리서 보면 이것은 싸움으로 오해될 수도 있지만 진짜 본 바탕은 변태적인 성적 취향이다… 사실 때로 새들이 스스로 이해하거나 감정에 따라 움직이는 것 같지는 않아 보인다… 초반에 나의 주된 관찰은… 누군가 그것을 호칭하는 것을 따라 성적인 변태에 관해 이전에 언급한 내용을 반복하는 것이었다. 이는

누군가가 생각이란 것을 할 때 생기는 문제를 덜어주는 용어다…
　　　　— 1906년, 목도리도요에 관한 과학적인 설명에서

세 가지 비정상적인 보살핌 관계를 관찰했다. 7월 16일, 두 살짜리 황소는 위치나 피난처에서 적어도 4시간 동안 1년생 황소를 면밀히 돌보았고 페니스를 꺼내 마운팅을 하려고 했다.
　　　　— 1958년, 아메리카들소에 관한 과학적인 설명에서

일탈적인·성적 행동 중의 하나로, 발정기가 아닌 시기에 매우 가끔 서로 마운트하는 것이 보였다.
　　　　— 1982년, 물영양에 관한 과학적인 설명에서[14]

과학적 토론에서의 동물 동성애에 대한 대우는 사회 전반에서의 인간 동성애에 대한 논의와 여러 면에서 밀접하게 유사하다. 동물과 사람의 동성애 모두 여러 번에 걸쳐 병적인 상태나 사회적인 일탈, '부도덕하고' '죄가 되는' '범죄자의' 변태적인 행동이나 감금, 반대쪽 성을 만나기가 불가능한 상황에서 인위적으로 생기는 현상, 이성애 '역할'의 반전 또는 '자리바꿈inversion', 어린 동물들이 이성애로 가는 과정의 한 '단계', 불완전한 이성애의 모방, 예외적이지만 중요하지 않은 활동, 쓸모없고 수수께끼 같은 호기심, 이성애를 '자극'하거나 '유도'하는 기능적 행동 따위로 간주되었다. 다른 여러 측면에서도 동물 동성애에 대한 노골적인 적대감은 이 모든 역사적 경향을 능가해 나타났다. 이는 1800년대 후반부터 현재까지 본질적으로 일정하게 유지되었다. 이 행동을 설명하는 데 사용된 장황하고 경멸적인 용어들만 살펴보아도 이를 알 수 있다. 이상한, 기괴한, 비뚤어진, 변태적인, 일탈적인, 비정상적인, 변칙적인, 부자연스러운과 같은 단어는 모두 이 현상에 대한 '객관적인' 과학적 설명에서 일상적으로 사용한 것이며 지금도 계속 사용 중이다(가장 최근 사례 중 하나는 1997년의 것이다). 게다가 수많은 과학적인 설명에서 이성애적인 행동은 동성애 활동과는 대조적으로 '정상'이라고 일관되게 정의한다.[15]

동성애에 대한 생각 그리고 동성애에 대한 태도의 모든 역사는 시대를 관통해서 이 주제에 대한 동물학 논문(또는 책의 챕터)의 다음과 같은 제목들에 요약되어 있다. 「수컷 딱정벌레의 변태적인 성 행동Sexual Perversion in Male Beetles」(1896년), 「동물의 성적인 자리바꿈Sexual Inversion in Animals」(1908년), 「(개코원숭이의) 성적인 자각의 장애Disturbances of the Sexual Sense (in Baboons)」(1922년), 「(길들인 핀치인) 한 암컷 십자매의 가성 수컷 행동Pseudomale Behavior in a Female Bengalee (a domesticated finch)」(1957년), 「남아프리카타조의 일탈적인 성행동Aberrant Sexual Behavior in the South African Ostrich」(1972년), 「감금된 암컷 헤미키에누스 아우리투스 시리아쿠스(긴귀고슴도치)의 비정상적인 성행동Abnormal Sexual Behavior of Confined Female *Hemichienus* auritus syriacus (Long-eared Hedgehogs)」(1981년), 「자연에서 단성 채찍꼬리도마뱀의 가성교미Pseudocopulation in Nature in a Unisexual Whiptail Lizard」(1991년).[16] 그러나 최고상은 W. J 테넌트Tennent에게 넘겨주어야 한다. 그는 1987년에 「인시목*의 도덕적 규범의 타락에 대한 기록A Note on the Apparent Lowering of Moral Standards in the Lepidoptera」이라는 제목의 논문을 출판했다. 본의 아니게 본심이 드러난 이 보고서에서 저자는 모로코 아틀라스산맥에서의 후치령부전나비의 동성애 교미를 묘사하고 있다. 하지만 이 곤충학자의 행동 관찰은 한탄으로 서두를 열고 있다. "전국의 신문들이 타락한 도덕적 규범의 선정적인 정보와 동료 호모 사피엔스가 저지른 끔찍한 성범죄로 너무나 자주 채워져 있다는 것은 우리 시대의 통탄할 징후다. 이것은 또한 곤충학 문헌이 최근 비슷한 방향으로 향하고 있는 것처럼 보이는 시대의 징후일

---

* 인시목(lepidoptera)은 나비나 나방을 포함하는 곤충강의 한 목을 뜻한다.

수도 있다."[17] 나비에서 도덕적 규범의 타락이라니?! 기억하길 바란다. 이러한 것이 자연 현상에 대해 과학자들이 권위 있는 학술 출판물에서 하는 설명이다!

부자연스럽다거나 비정상적이라거나 비뚤어졌다는 딱지 외에도 다양한 부정적인(또는 다소 공정하지 못한) 명칭이 과학 문헌에 사용되었다. 이 역시 수십 년에 걸쳐 사용되었다. 가축으로 기르는 황소 사이의 마운팅은 '수컷 동성애 악습vice'(1983년)의 하나로 특징지었다. 이는 수컷 코끼리들 사이의 같은 성 활동을 '악덕vices'과 '성범죄'로 분류하며 '최소한 한 기독교 종파의 규칙에 의해 금지된다'(1892년)라고 한 거의 1세기 전의 묘사를 떠올리게 한다. 수컷 사자 간의 구애와 마운팅은 '비정상적인 성적 집착atypical sexual fixation'(1942년)이라고 불렀고, 노랑가슴도요의 같은 성관계는 이 종의 '성적인 난센스sexual nonsense'에 대한 논문에서 설명했다. 또 가축으로 기르는 암컷 칠면조 사이의 구애와 마운팅은 '성적인 행동의 결함defects in sexual behavior'으로 언급했다. 긴부리돌고래(1984년), 범고래(1992년), 순록(1974년), 아델리펭귄(1998년)에서의 동성애 활동은 '부적절하다inappropriate'(또는 '부적절한' 동반자를 지향하는 행위)라고 특징짓고, 검은부리까치(1979년)와 기아나바위새(1985년) 사이의 같은 성 간의 구애는 '엉뚱한 방향을 향했다misdirected'라고 불렀다. 아마도 가장 완곡한 명칭은 한 과학자가 헤테로클라이트heteroclite('불규칙적irregular' 또는 '일탈적인diviant'이라는 뜻)라고 산쑥들꿩의 동성애 구애나 교미를 지칭한 용어일 것이다(1942).[18]

많은 과학자가 같은 성 행동을 경멸적이거나 편파적인 용어로 규정하는 것 외에도 동성애에 대한 설명을 다른 종류의 가치 판단으로 장식할 필요성을 느꼈다. 예를 들어 한 동물학자는 암컷 긴귀고슴도치들의 같은 성 활동을 반복적으로 '비정상적'이라고 언급하면서, 연구 중인 두 마리의 암컷이 실제로 이러한 행동을 계속하는 것으로 인해 그들이 실제적인

'손상을 입는' 것이 두려워 분리했다고 무미건조하게 보고했다. 마찬가지로 또 다른 과학자는 한 쌍의 암컷 동부회색캥거루를 설명할 때 암컷들 사이에 (공공연한) 동성애적 행동이 없는 경우에만 그 유대감은 '두 동물 사이의 긍정적인 관계'를 나타내는 것으로 간주할 수 있다고 제안했다. 1930년대에 해오라기의 동성애 짝 형성은 '진정한 위험'으로 여겨졌고, 한 생물학자는 (조류의 실제 섹스를 알게 되면서) 자기가 임금펭귄에서 같은 성 활동을 발견하여 보고한 것을 두고 이는 '유감스러운 폭로'이며 자기도 펭귄의 '방해' 활동으로 '피해를 본 입장'이라고 언급했다. 50여 년 후, 한 과학자는 동물원에서 수컷 고릴라의 동성애 행동은 사람들이 그것을 '정상적인 이성애 교미 행위'와 구별할 수 없다면 '대중에게 방해가 될 것'이라고 말했다. 청해앵무의 같은 성 짝 형성은 '불운한' 일로 묘사되고 있고, 붉은여우들 사이의 마운팅 활동은 '라블레풍의 기분 *Rabelaisian mood'의 일부로 특징지어졌다. 끝으로 청다리도요의 행동을 묘사하면서 한 조류학자는 염치없이 화려하고 호의적인 언어를 사용해 이성애 교미 에피소드를 '사랑스러운 짝짓기 행위'라고 표현하며 '이 짝짓기의 우아함과 움직임 그리고 열정이 황홀함과 기쁨의 시를 만들어 냈다'라고 결론지었다. 이와는 대조적으로 같은 종에서 동성애 교미는 그냥 대충 묘사하였고, 한 에피소드는 심지어 '기괴한 사건'으로 특징지었다.[19]

인간의 동성애에 대한 태도에서 직접적으로 이어진 경우 같은 성 활동은 다른 증거가 없다면 일상적으로 다른 동물들에게 '강제'되는 것으로 묘사하고, 그러한 '원하지 않은 성적인 접근'을 경험한 개체에게는 '괴로운' 감정의 여러 모습을 투영한다.[20] 한 과학자는 산양이 (다른 수컷이 마운팅하는 것을 포함해서) '암컷으로 취급당하는 것을 모욕으로 간주한다'라고 가정하기도 하며, 히말라야원숭이와 웃는갈매기들은 기꺼이 참

---

* 외설적이고 우스꽝스럽고 익살맞다는 뜻. 프랑수와 라블레의 문학에서 유래했다.

여하겠다는 분명한 증거가 있을 때조차(예를 들어 먼저 활동을 시작함으로써) 동성애자에게 '복종'하는 것으로 묘사하기도 한다. 동성애 교미 과정에서 상대에게 마운트를 당한 황로는 '고통받는 수컷'으로, 다른 암컷들에게 마운트를 당한 암컷 산쑥들꿩은 이들의 '희생양'으로 특징지어진다. 동성애에 참여하는 오랑우탄 수컷에 대해서는, 이성애적인 강간 중에 암컷 오랑우탄이 보이는 특징인 명백한 고통(비명, 격렬하게 몸부림치는 등)의 징후를 전혀 드러내지 않았음에도 불구하고, 파트너로부터 '일반적인 관행이 아닌 성행위를 강요당한다'라고 설명했다. 과학자들은 코브에서 같은 성 간의 구애에 대해 설명하면서 암컷들이 다른 암컷의 주위를 빙빙 돌거나 상대의 어깨에 엉덩이를 대며 동성애자의 관심을 '피하려avoid'한다고 암시했다. 사실 이러한 행동은 이성애 구애의 일상적인 부분인 짝짓기돌기mateing-circling라고 하는 공식적으로 인정되는 의식행위이지 구애받는 암컷의 무관심이나 '내키지 않음unwillingness'을 나타내는 것은 아니다. (수컷 파트너에 의해) 마운트 당하기를 원하지 않는 암컷들은 실제로는 엉덩이 부분을 땅에 내려버린다(동성애 관계에서는 관찰되지 않는 행동이다). 타조에서의 같은 성 간 구애는 '마르고 닳도록' 계속되며 '성적으로 일탈한' 수컷들에 의해 자행되는 '성가신 일nuisance'로 여겨진다. 그러한 동성애적 접근에 직면한 구애받는 수컷('정상적인' 파트너라고 불린다)의 차분한 자세는 '놀랍다'라고 묘사하며, 구애를 받는 수컷이 그러한 활동을 가끔 받아들이는 것은 눈에 보이는 반응이 없을 때(무관심으로 해석한다)를 위주로 판단해서 경시한다. 1년생 수컷 기아나바위새는 그들이 마운트하는 성체 수컷을 '이용해 먹거나' '희생양으로 삼는다'라고 일관되게 묘사하며, 상대 파트너는 그러한 동성애 활동을 '견뎌준다'라고 말한다. 이것은 똑같은 그 과학자가 동성애 마운트 동안 성기 접촉을 적극적으로 촉진하고 1년생 개체들이 자기 영역에 머물도록 허용하는 바로 그 성체 파트너를 기꺼이 참여하는 개체라고 설명한 것과 상충된다(이와 달리, 원치 않는 성체 침입자가 오면 추방하거나 공격한다). 이성애 짝결합에서 동성애 짝결합으로 전환한 수컷 청둥오리는 다른 수컷에 의해 '꾀임을 당한' 것으로 묘사하며, 히말라야원숭이는 같은 성 간의 접근에 대해 '동성애혐오증'과 비슷한 반응을 하는 것으로 특징짓는다. 이 둘은 모두 인간 동성애에 대해 널리알려진 오해들을 반영한 것이다.[21]

다른 경우에 동물학자들은 동성애 활동을 문제 삼기도 하고 같은 성관계를 타고난 부적절함, 불안정성 또는 기술 부족의 탓으로 돌렸는데 그 근거가 있다고 해도 매우 희박하거나 의문시되고 최악의 경우에는 아예 존재하지도 않는다. 예를 들어 회색기러기에서 수컷 동성애 짝들이 더 높은 비율로 짝을 형성하고 구애 행위를 한다는 사실은 동성애 짝결합의 (근거 없는) '불안정성'에 기인한 것이라고 여겼다. 실제로 이 종의 수컷 기러기 쌍은 15년 이상 지속하는 것으로 기록되었으며, 많은 경우 이성애 짝보다 더 강하게 결합해 있다고 알려져 있다.[22] 유사하게 수컷 개미잡이새 사이의 짝결합은 수년 동안 지속할 수 있지만 한 조류학자는 그 짝을 '깨지기 쉬운' 것으로 묘사하고 '매력 있는 암컷' 한 마리가 나타나는 것만으로도 헤어지기 쉽다고 주장했다. 개미잡이새의 같은 성 짝이 때로 헤어지기는 하지만 이성애 짝도 헤어진다. 그리고 아직 이 종에 대해 수행되지 않은 포괄적이고 장기적인 짝결합에 대한 연구가 없이는 절대로 각각의 상대적인 안정성에 대해 일반화할 수 없다.[23] 암컷 고릴라 간의 성행위가 이성애 교미보다 일반적으로 더 오래 걸리는 것은 두 암컷 사이의 성행위에 관련된 '신체구조상의 어려움'에 기인한다고 추측한다. 암컷들이 서로 더 가깝게 유대감을 느끼거나 더 큰 즐거움을 경험하고 있을 수 있다는 것은 연구자에게는 분명히 상상도 할 수 없는 일이었다(얼굴을 마주 보는 체위나 또 다른 특징에 의해 반영되는 것처럼 이 종의 동성애와 이성애 활동을 구별할 수 있게 해주는 것은 알기 쉽지만). 같은 맥락에서, 서부갈매기, 기아나바위새, 붉은여우에서 같은 성 마운팅에 대한 설명은 일부 개체가 '방향을 잃고disoriented', '갈팡질팡하는bumbling', '어설픈fumbling' 행동을 한다고 일컬어지는데 이는 이성애적인 교미에서 비표준적인 마운팅 시도를 묘사할 때는 거의 사용하지 않는 용어다(그 시도가 똑같이 '기술이 부족'해도 마찬가지로 쓰지 않는다). 반대로 한 영장류학자는 반대 성 동물들 간의 (상호적인 스킨십, 털손질, 또는 깃털고르기와 같은) 친밀한 제스처가 '친절함'일 수도 있고 심지어 '사랑과 애정의 표현'일 수도 있다고 기꺼이 인정했지만 같은 성 참가자 간의 유사하거나 동일한 활동은 결코 이런 식으로 특징지어지지 않는다고 했다.[24]

이러한 이중적인 잣대는 갈매기의 같은 성 쌍에 대한 설명에서 특히 두드러진다. 예를 들어 웃는갈매기 동성애 쌍의 한 수컷이 다른 암컷에게 구애하고 마운트했을 때 한 조사자는 그 수컷의 짝결합이 (간단히 양성애 행동의 예로 받아들이기보다는) 불안정하고 동성애 파트너 관계에 '불만족스러워했다'라는 의미로 받아들였다. 대조적으로 이성애 쌍 새들의 동성애 활동은 절대로 이성애에 대한 '불만족'으로 해석하거나 반대 성 결합의 약함을 반영하는 것으로 해석하지 않았다. 붉은부리갈매기의 짝결합에 관한 연구에서 이 종의 동성애 쌍도 안정적이고 일부일처제일 수 있으며 이성애 쌍이 때로 일부일처제가 아닐 수 있음에도 불구하고 '일부일처제'(안정성을 의미함)라는 용어는 이성애 쌍에게만 쓰였다. 마찬가지로 재갈매기 암컷 쌍의 안정성은 이성애 쌍보다 낮다고 주장을 했다. 그러나 이 평가를 할 때 연구자들은 그냥 단순하게 암컷들을 다음 해에 둥지를 튼 서식지에서 볼 수 없을 때(실제로는 암컷 또는 암컷의 파트너가 죽었을 때나 이동했을 때나 혹은 관찰자가 놓칠 때다) 그 암컷들이 쌍 결합을 깨뜨렸다고 생각하고 있었다. 다음 해에 서식지에서 관찰된 암컷 중에서의 짝 안정성 비율은(더 정확한 측정이고 이성애 쌍에 대한 짝 충실도를 계산하는 표준적인 방법이다) 사실 반대 성 쌍의 안정성과 거의 동일했다.

유사하게, 많은 갈매기 종에서 암컷 쌍은 이러한 커플이 이성애 쌍보다 더 적은 수의 새끼를 부화하기 때문에 흔히 표준 이하의 양육능력을 갖추고 있음을 암시한다. 그러나 동성애 쌍의 부화 성공률에는 특징적으로 전체 숫자에 무정란을 포함하고 있다. 즉 같은 성 쌍의 여러 암컷이 수컷과 짝을 이루지 않기 때문에 많은 수의 알이 불임이 되고 당연히 알 둥지의 더 높은 비율이 부화하지 않는 것이다. 또한 일부암컷 쌍에서 양육의 질이 좋지 않음을 나타내기 위해 갖가지 특성(예를 들어 더 작은 알, 더 느린 배아의 발달, 더 낮은 유정란의 부화율, 새끼의 체중감소 및 더 높은 사망률, 더 높은 손실률 또는 포기율)을 끌어들인다. 이는 이성애 부모가 참여하는(일반적으로 일부다처제 트리오) 평균초월 알둥지의 특징이기도 하다. 바꿔 말하면 양육은 부모 그 자체의 성별보다는 평균 이상의 알둥지 크기와 관련이 있는 것이다. 사실 대부분의 갈매기 연구는 동성애 쌍의 양육 능력이 이성애 쌍의 양육 능력만큼 우수하다는 것을 보여주었다. 게다가 많은 갈매기 종의 이성애 부모는 새끼를 극도로 방치하거나 지나치게 폭력적일 수 있어서 어린 새끼들은 자기 가족으로부터 '도주'하여 다른 갈매기에 의해 입양되기도 한다(또는 죽기도 한다). 말할 필요도 없이 동물학자들은 이러한 행동이 모든 이성애 쌍을 대표한다고 해석하지 않고 이성애를 비난하려 일반화해서 해석하지도 않는다(일반적으로 동성애의 약점보다 훨씬 더 널리 퍼져 있음에도 불구하고).[25] 따라서 많은 동물학 연구는 인간 동성애에 관한 토론에서 흔히 발견되는 동일한 불일치의 증거를 보여준다. 같은 성관계의 어려움이나 변칙적인 것은 모든 동성애 상호작용에 일반화하고(혹은 반대되는 예를 배제하는 데 중점을 두기도 하고) 반면에 반대 성관계의 문제는 좀 더 적절한 시각으로 본다. 여기서 적절한 시각이란 그냥 주목할 만하긴 하지만 이성애 전체를 반영하는 것은 아니고 특별한 관심을 둘 필요는 없는 개체의(또는 특이한) 사건이라고 보는 방식을 말한다.

동물학 분야의 동성애혐오가 항상 이렇게 노골적이거나 맹렬한 것은 아니다. 그럼에도 불구하고 직접적으로 표현되지 않은 무지나 부정적인 태도는 흔히 대상을 다루는 방식에 있어서 눈에 띄는 후과後果를 가져오고 중대한 파장을 불러일으킨다. 사실 과학적인 담론에서 동물 동성애에 대한 논의는 네 가지 주요 방법으로 주제를 타협하고 억압해 왔다. 이성애로 추정하기, 동성애 활동에 대한 용어상의 부인, 부적절하거나 일관성이 없는 적용, 정보의 누락 또는 억압이 그것이다.

유죄가 입증될 때까지는 이성애다

약 20분 후에 나는 내가 고래 세 마리의 극히 에로틱한 활동을 보고 있다는 것을 깨달았다!… 그다음에 고래들이 동시에 몸을 돌리자 하나, 둘 그리고 마지막으로 세 개째의 페니스가 나타났다. 분명히 세 녀석 모두 수컷이었다! 첫 목격이 있은 지 거의 2시간 후였다… 그리고 그때까지 나는 내가 짝짓기 행동을 보고 있다고 확신했었다. 하나의 발견이자 첫인상에 속았다는 엄중한 깨우침이었다.

— 제임스 달링, 『밴쿠버 섬의 쇠고래』[26]

수많은 동물행동 연구가 이성애를 가정한 상태에서 이루어진다. 보편적이지는 않지만 현장 생물학자들 사이에 널리 퍼져 있는 가정은 달리 입증되지 않는 한 모든 구애와 짝짓기 활동은 이성애라는 추측이다. 이것은 특히 멀리 맨눈으로 수컷과 암컷을 구별할 수 없는 동물의 연구에 널리 퍼져 있다. 과학 문헌은 생물학자들이 관찰한 성적인 활동, 구애 활동 또는 짝결합 활동이 수컷과 암컷 사이에서 일어났다고 확신했던 사례로 가득 차 있다. 이는 두 개의 수컷 생식기를 얼핏 본다든지 또는 암컷 한 마리가 낳을 수 있는 것보다 더 많은 알을 포함하는 둥지와 같은 동성애

두 마리의 수컷 쇠고래가 밴쿠버섬 해안에서 동성애 활동을 하고 있다. 오직 고래의 발기한 음경만이 수면 위로 보일 뿐이지만 이것은 과학자들이 그 동물의 성별을 확인할 수 있게 해주었다. 이런 확실한 증거가 없었다면 관찰자들은 아마도 이것을 이성애 짝짓기 활동으로 착각했을 것이다.

의 명확한 증거에 직면할 때까지 계속된다.[27]

게다가 많은 동물학자는 모든 성적인 상호작용은 수컷(마운팅을 하는 개체)과 암컷(마운팅을 당하는 개체) 사이에만 일어날 것이라는 (흔히 언급되지 않은) 가정을 가지고 여전히 성적인 활동 중의 동물행동을 기반으로 현장에서 성별을 결정한다. 당연히 이런 가정은 애초에 동성애 활동을 관찰할 수 있는 모든 '기회'를 자동으로 없애버린다. 예를 들어 웃는갈매기에 대한 현장 연구는 새의 성별을 결정하는 데 다음과 같은 가정을 활용했다. "(1) 교미할 때 위로 두 번 이상 올라타는 새는 수컷으로 추정하고 수컷의 짝은 암컷으로 추정한다." 그러나 이 종에 관한 다른 연구들은 야생과 포획된 상태 모두에서 수컷 동성애 마운팅과 짝결합이 실제로 일어난다는 것을 밝혀냈다. 바다오리의 성행동을 연구하는 과학자들은 반대되는 직접적인 증거가 없는 한 성적인 행동은 반대 성 파트너와 했을 것이라고 가정했으므로 동성애 마운팅의 빈도가 과소평가되었을 것임을 인정했다. 놀랍게도 이러한 관행은 세가락갈매기나 그리폰독수리와 같이 포획한 동물이나 야생동물에 대한 이전 연구에서 동성애행동이 발생하는 것으로 이미 알려진 종에서도 나타난다.[28] 사실 일부 생물학자들은 이 성별 결정 방법을 비판했다. 그러나 역逆이성애 마운팅(암컷이 수컷에게 마운트하는)의 예를 놓칠 수 있다는 이유로만 비판했다.[29] 그리고 명백한 단점에도 불구하고 행동에 따른 성별 결정법은 최근 연구에 여전히 사용되고 있으며, 그중 일부는 잘 알려지지 않은 종에 대한 최초이자 유일한 문서인 경우도 있다. 이로 인해 우리는 동성애 활동의 예가 얼마나 많이 존재했었고 앞으로도 계속 등한시될지 추측할 수 있다.[30]

포획 상태에서도 동물의 성별은 흔히 착각할 수 있으며, 그 결과 짝짓기나 구애 활동을 이성애에서 동성애로 '수정'하면서 때로 주장을 철회하거나 정정 및 재해석에 공들여야 하는 일이 발생한다. 예를 들어 독일의 저명한 조류학자 오스카 하인로트Oskar Heinroth는 에뮤의 이성애 짝짓기에 대한 최초의 설명 중 하나를 출판했는데 그가 포획 상태에서 관찰한 두 마리의 새가 실제로는 모두 수컷이라는 사실을 발견하게 되면서 3년 후에 이전 설명을 '수정'해서 출판해야 했다. 과학자들은 사로잡힌 리젠트바우어새의 구애 행동에 대한 초기의 설명을 검토하면서, 이전에 이성애 활동으로 묘사했던 것이 실제로는 두 수컷 사이에서 수행되는 행동이었다는 것을 깨달았다. 이에 따라 새의 진짜 성별은 후속 저자가 괄호를 삽입해 표시하는 방식 같은, 이전 자료에 대한 다음과 같은 다소 혼란스러운 인용이 발생했다("나는 그의 텍스트를 의미 있게 수정하기 위해 괄호로 수정한 것에 대해 사과할 생각이 없다"라는 서문의 주장과 함께). "이 사랑의 정자亭子는 암컷[미성숙 수컷]이 그녀[그]만 단독으로 사용하기 위해 만든 것으로… 말굽 모양이었다. 암컷[미성숙 수컷]은 꼬리를 입구 쪽에 남긴 채 사랑의 정자에 들어가서 쪼그리고 앉았다… 거부당한 암컷[성체 암컷 외형을 한 미성숙 수컷]은… 서로 다른 세 장소에 사랑의 정자를 만들었거나 만드는 중이다." 듀공(해양 포유류의 하나)의 '이성애' 구애와 짝짓기에 대한 최초의 설명은 아이러니하게도 인어와 바다 님프(역사적으로 듀공을 오해해서 부르던 생물체)의 '부푼 가슴heaving bosoms'에 대한 낭만적인 구절로 시작하는 과학 기사에 발표되었다. 아이러니라 함은* 거의 10년 후에 생물학자들이 이 성적인 활동에 관련된 두 동물 모두 실제로 수컷이라는 것을 확인했기 때문이다.[31]

아마도 가장 난해하고 유머러스한 이런 식의 혼동은 1915년부터 1930년까지 수행한 에든버러 동물원의 임금펭귄에 관한 연구일 것이다. 잘못된 성 정체성(새가 아닌 인간 관찰자가 보는)의 다양한 순열과 뒤틀림은 셰익스피어적 복잡성에까지 이르렀다. 펭귄의 성별은 처음에는 이성애적 행동으로 여겨지는 것을 기반으로 결정되었으며 그에 따라 새의 (인간식) 이름이 정해졌다. 그러나 이름을 정하고 나니 명백하게 동성애 활동인 '수수께끼 같은' 관찰이 이루어졌다. 그 후의 짝짓기와 번식 활동을 통해 결국 한 마리를 제외한 모든 새의 성별이 과학자들에 의해 잘못 식별되었다는 사실이 밝혀졌다. 이 사실이 밝혀지기까지 7년이 넘게 걸렸다! 이 시점에서 새들의 진짜 성별을 반영하기 위해 새 이름의 포괄적인 '성별 변화'가 급히 이루어졌다. '앤드루'는 앤으로 이름이 바뀌었고 '버사'는 버트런드로 바뀌었고 '캐럴라인'은 찰스가 되었고 '에릭'은 에리카로 변신했다('도라'는 정확하게 암컷으로 식별되었다). 아이러니하게도, 이전의 일부 '동성애' 상호작용은 새의 진정한 성이 알려지면서 이성애로 재분류할 수 있었지만 다른 복잡한 수정도 필요했다. 처음에 '이성애' 활동에 참여하는것으로 보였던 두 펭귄('에릭'과 '도라')은 나중에 같은 성별인 것으로 판명되었고, '버사'와 '캐럴라인' 사이의 레즈비언 짝짓기에 대한 처음의 관찰은 동성애로 확인은 되었지만 실제로는 수컷인 버트런드와 찰스의 동성애였다![32]

때로 이성애로 추정하는 것은 동물의 성별이 아니라 구애나 짝짓기 활동이 발생하는 맥락과 연관이 있다. 이것은 동물 행동에 대한 '이성애 중심적heterocentric' 관점이라고 특징지을 수 있는데 이는 모든 형태의

---

* 인어와 바다 님프 모두 신화 속 여성 생물체이므로 동성애를 연상시키는 구절이다.

사회적 상호작용이 이성애 활동을 중심에 두고 돌아간다고 보는 경향을 말한다(5장 참조). 예를 들어 흰기러기, 북미갈매기, 붉은등때까치와 푸른박새 같은 여러 새의 암컷 동성애 쌍은 처음에는 이성애 트리오의 암컷 구성원을 나타내는 것으로 생각되었다. 암컷은 서로가 아니라 세 번째 새인, (아직 관찰되지 않은) 수컷과 유대 관계에 있다고 잘못 가정한 것이다. 이는 여러 연구자가 이 암컷 쌍이 수컷과 관련이 없다는 명백한 증거와 주장을 제공해야 한다고 느꼈기 때문에 생긴 일이다. 마찬가지로 어느 연구에서 수컷 기아나바위새 사이의 구애와 마운팅 활동은 이성애 구애에 대한 '방해disruption'의 한 형태로 분류했다. 실상 같은 성 활동의 대부분은 암컷이 주변에 없을 때인 이성애적 구애 현장의 밖에서 일어난다. 비슷한 맥락에서 몽땅꼬리원숭이에 대한 어느 연구에서는 같은 성 행동을 '교미 중이나 교미 직후 또는 그사이에 발생하는 경우'에만 성적인 행동으로 분류했다. 한 과학자는 과부가 된 갈까마귀가 채택한 짝짓기 전략을 요약하면서, 자신의 데이터에 따르면 과부 암컷의 10%가 새로운 암컷 짝을 끌어들이는 것으로 나타났음에도 불구하고 이성애 짝짓기 패턴만을 열거하고 암컷 동성애 짝의 형성은 포함하지 않았다. 마찬가지로 수컷 치타의 동성애 활동에 대한 한 저자의 논의는 수컷이 이성애 구애 활동 중에 명백한 '좌절'을 겪은 상황에서 서로 수컷 간에 마운트를하는, 딱 하나의 단일 사례에 초점을 맞추었다. 실제로 같은 성 상호작용 대부분은이러한 유형의 맥락에서 발생하지 않는다. 암컷 보노보 간의 성행위와 유대감은 전통적으로 이성애에서 파생해서 확장한 것으로 해석해서 수컷-암컷 관계의 일반적인 패턴에 포함해 버렸다. 그러나 최근 연구에 따르면 이 종의 암컷 유대감과 동성애는 사실상 이성애로부터 자율적이며, 이성 파트너를 끌어들이는 데 맞추어져 있지 않고 실제로는 수컷-암컷 유대보다 훨씬 더 강하고 주된 것임을 보여주었다.[33]

실제 성행위를 다룰 때도 흔히 유사한 가정을 해왔다. 가장 노골적인 경우는 성행위를 구성하는 것이 무엇인지 정의하면서 같은 성 활동을 완전히 배제하는 것이었다. 예를 들어 한 연구자는 '성기를 질에 집어넣는' 사례만을 사바나(올리브)개코원숭이의 성적인 삽입의 실제 사례로 간주했다. 또 참고래에 관한 연구에서는 성적인 행동이 수컷과 암컷을 모두 포함하는 무리에서 발생하는 경우만을 성적인 행동으로 분류했다. 최근 말코손바닥사슴에 관한 한 연구에서는 성적인 마운팅 행동을 정의할 때 '암컷에 대한 수컷의 마운팅' 하나로만 정의하기도 했고, 황로의 '수컷-암컷 총배설강(성기) 접촉이 불가능한 것처럼 보이는' 마운팅 행동은 '불완전'하거나 실패한 성행위라고 연역적으로 분류하기도 했다.[34] 항문성교와 구강성교 외에도 이러한 종류의 정의에서 제외되는 삽입 형태가 있다. 한 과학자는 암컷 다람쥐원숭이의 동성애 활동에 대해 논의하면서 클리토리스 삽입(한 암컷의 클리토리스를 다른 암컷의 질에 삽입하는 것)은 해부학적으로 불가능하다며 "암컷 생식기의 구조로 인해 어쨌거나 암컷 간의 삽입intromission은 가능하지 않다"라고 단호하게 주장했다. 사실 다람쥐원숭이와 다른 여러 암컷 포유류의 클리토리스는 성적인 흥분을 하는 동안 눈에 띄게 발기하며, 실제 클리토리스 삽입은 보노보에서 레즈비언 성행위를 하는 동안 일어난 것으로 문서화되어 있고 점박이하이에나에서 발생하기도 한다.[35] 위와 같은 열거에서 나타난 남근중심적 관점은 동물 동성애에 대한 최초의 설명 때부터 이어지는 태도의 가장 최근 모습 중 하나일 뿐이다. 예를 들어 1922년에 한 과학자는 사바나(차크마)개코원숭이의 암컷 동성애 상호작용에 대해 다음과 같이 썼다. "물론 그 행위의 육체적 완성은 불가능했으며, 실제 성적인 흥분이 없는 충동적인 행동처럼 보였다."[36] 이 문장은 동물과 사람 모두에서 오늘날까지 동성애를 계속 에워싸고 있는 일종의 고정관념과 잘못된 정보를 완벽하게 요약하고 있다.

모의 구애와 가짜 짝짓기

동성애 활동이 '진정한' 성적인 행동이나 구애 행동 또는 짝결합 행동이 아니라는 태도는 간혹 연구자들이 사용하는 설명과 용어에서도 명백하게 드러난다. 예를 들어 한 조류학자는 아침에 목도리도요를 관찰하는 동안 두 마리의 수컷 동성애 마운트를 목격했음에도 불구하고 이성애 마운팅이 일어나지 않았기 때문에 "진짜 교미가 없었다"라고 별다른 고민 없이 보고했다. 보넷원숭이를 연구하는 과학자도 비슷한 의견을 남겼는데 이러한 태도는 동성애 행동에 사용하는 단어에 직접 담겨 있다.[37] 이들의 시각으로 볼 때 같은 성 동물은 (반대 성 동물이 하는 것처럼) 단순히 서로 '교미', '구애' 또는 '짝짓기'를 하는 경우는 거의 없다. 대신 수컷 바다코끼리는 서로 '모의 구애mock courtship'에 탐닉하고, 수컷 아프리카코끼리와 고릴라는 '가짜 짝짓기sham matings'를 하며, 암컷 산쑥들꿩과 수컷 하누만랑구르 및 침팬지는 '의사 짝짓기pseudo-matings'를 하고, 사향소는 '모의 교미mock copulation'를 한다. 또 같은 성 청둥오리는 서로 '의사 쌍pseudo-pairs'을 형성하고, 푸른배파랑새는 '가짜fake' 성행위를 하고, 수컷 사자는 서로 '허위로 꾸민 성교feigned coitus'를 하며, 수컷 오랑우탄과 사바나개코원숭이는 '의사 성적인pseudo-sexual' 마운팅과 기타 행동에 참여한다. 검은꼬리사슴과 망치머리황새는 '허위虛僞 마운팅false mounting'을 하고, 보노보와 일본원숭이와 히말라야원숭이, 붉은여우, 다람쥐는 모두 같은 성별의 동물과 '의사 교미pseudo-copulation'를 수행한다.[38] 이처럼 수많은 가짜 성행위가 판치는 가운데 딱 한 가지, 즉 이 주제를 다루는 일부 동물학자들이 부인하는 수준만큼은 확실하게 진짜다.[39]

심지어 동성애라는 용어의 사용조차도 논란이 되고 있다. 같은 성 활동에 관한 대부분의 과학적 자료들은 그 행동을 '동성애'로 명시적으로 분류하고 심지어 몇몇 사람들은 게이 또는 레즈비언이라는 좀 더 과장된 용어까지 사용하지만 그럼에도 불구하고 많은 과학자는 이 용어를 모든 동물 행동에 적용하는 것을 꺼린다.[40] 실제 그 용어를 대체하는 완전한 '회피용' 어휘와 더 '중립적'이라고 추정되는 단어가 사용되기 시작했는데 '수컷-수컷male-male' 또는 '암컷-암컷female-female' 활동이 가장 일반적인 호칭이다. 범고래의 '수컷 전용 사회적 상호작용male-only social interactions' 또는 붉은제비갈매기와 일부 갈매기의 같은 성 쌍의 '다중 암컷 관계multifemale associations'와 같이 완곡한 명칭도 보인다. 동성애 활동은 또한 고릴라, 목도리도요, 몽땅꼬리원숭이, 검은목아메리카노랑솔새, 히말라야원숭이 같은 다양한 종에서 '단성unisexual', '동성isosexual', '성내intrasexual' 또는 '양성ambisexual'(각각 한 가지 성, 같은 성, 성별 내, 그리고 양쪽 성을 의미한다)이라고 불린다. 단성unisexual과 같은 '대체' 단어의 사용은 때로 동성애라는 용어에 의해 유발된 바로 그 동성애혐오증 때문에 지지를 받기도 한다. 즉 제목에 동성애라는 단어가 들어간 동물 행동에 관한 기사는 생물학자들에 의해 '야릇한 코웃음'을 널리 받으므로, 이들 중 많은 학자가 제목의 '선정적인 표현'이 거슬려 실제로 그 내용까지는 읽지 않게 된다고 보고했던 것이다.[41]

간혹 같은 종의 동일한 행동에서 동성애라는 용어의 적합성에 대해 직접적으로 반대되는 주장이 있다. 예를 들어 한 동물학자는 기린의 같은 성 활동에 대한 상대적으로 계몽된 논의에서 이렇게 말했다. "[동성애라는 용어의] 이러한 사용법은 낙인과 성적인 이상異常이라는 인간 보통의 함축된 의미를 빼고 사용한다면 받아들일 수 있다… 기린의 페니스 발기, 마운팅, 심지어 오르가슴까지도 이러한 행동 뒤에 있는 성적인 동기에 대해서는 의심할 여지가 없다." 대조적으로 10년 후 다른 동물학자는 다음과 같이 반대했다. "네킹necking을 하는 수컷이 때로 페니스의 발기를 보여준다거나 한 수컷이 다른 수컷에 마운팅을 할 수 있다는 사실에 그동안 상당한 중요성이 부여되었다… 그런 행동을 '동성애'라고 부른다고? 하지만… 나는… 동성애라는 용어를 보통의 (인간적인) 함축된 의미를 가진 채 이 맥락에서 사용하는 것은 정당하다고 보지 않는다."[42] 아이러니하게도 첫 번째 과학자는 사람들에게 적용된 용어와 관련된 낙인에만 반대했고 두 번째 과학자는 사람들에게 적용된 용어에서 실제 성적 행동의 함축된 의미에 반대했다.

그러나 이성애 활동에 관해서라면 과학자들은 인간의 행동과 유사성을 만드는 것에 전혀 반대하지 않는다. 조류에서 반대 성 간의 구애 먹이 주기는 인간 연인들 사이의 키스를 연상시킨다며 '낭만적'이라고 기술하고, 암컷 파트너를 끌어들이는 수컷 카나리아의 발성은 '섹시한' 노래를 부른다고 묘사하며, 조류의 이성애 일부일처제와 입양부모제는 (관련된 행동에 차이가 있음이 인정되었음에도 불구하고) 사람들의 비슷한 활동과 비교한다. 훨씬 더 노골적인 의인화도 가끔 발생한다. 예를 들어 사바나개코원숭이의 수컷-암컷 상호작용은 '젊은 여자와 늙은 남자의 연애May-December romances'나 '추파 던지기flirting' 그리고 '싱글 바single bar'에서의 인간 구애 의식과 연결했다. 또 태즈메이니아쇠물닭의 일처다부제는 '아내 공유wife-sharing'라고 부르고, 서로 쉽게 짝을 이루는 두루미 사이의 반대 성 유대는 '마법 같은 결혼magic marriage'이라고 특징지었다. 그리고 이성애적으로 조숙한 수컷 보노보는 '작은 돈 후안*little Don Juans'이라고 불렀다. 다른 종의 수컷을 꾀어 구애한 다음 잡아먹는 암컷 반딧불이는 '팜 파탈**femme fatale'이라고 이름 붙였다. 한 과학자는 심지어 가축으로 기르는 염소에서의 집단 구애와 강압적인 이성애 활동을 묘사하기 위해 윤간gang-bang이라는 용어를 사용하기도 했다. 이러

---

* 돈 후안은 유럽의 전설적인 호색한이다.
** 팜 파탈은 프랑스어로서 남성을 유혹해 죽음이나 파멸로 이끄는 '숙명의 여성'이라는 뜻이다.

한 특징화가 적절한지 아닌지와 관계없이 (실제 이론적으로는 아니더라도) 이성애와 관련한 인간과의 유사점을 끌어내는 것은 동물학자 사이에서 여전히 더 허용 가능성이 크다.[43]

많은 과학자가 같은 성 간의 구애 활동, 성적인 활동, 짝결합이나 양육 활동을 '동성애'의 범주에 넣지 않는 것은, 그 현상(또는 단어)에 대한 비논리적이거나 지나치게 제한적인 해석 때문에 생긴 일이다. 예를 들어 콘라트 로렌츠는 회색기러기의 수컷 쌍이 실제로는 '동성애'가 아니라고 주장한다. 그는 성적 행동이 반드시 그러한 관계의 중요한 구성 요소가 아니기 때문에(모든 수컷 쌍의 구성원이 성행위에 참여하는 것은 아니다) 그리고 그러한 모든 새가 평생 동안 다른 수컷과 배타적으로 짝을 이루는 것은 아니기 때문에 그렇다고 주장한다. 그러나 동일한 기준에 따르면 반대 성 쌍도 '이성애'로 분류되지 못한다. 즉 (로렌츠 자신이 인정한 바와 같이) 성적 활동은 이 종에서 수컷-암컷 쌍의 중요한 구성 요소가 아니며, 그러한 모든 새가 평생 반대 성 파트너와 배타적으로 쌍을 이루지도 않는 것이다. 그래도 로렌츠는 그러한 쌍을 '이성애'라고 부르는 것에 전혀 거리낌이 없다.[44] 사실 그에게서 우리가 보고 있는 것은 동성애를 같은 성 활동의 단지 한 가지 특성이나 어떤 유형(성적인 활동 대 짝결합 또는 순차적인 양성애 대 배타적인 동성애)과 동일시하려는 시도일 뿐이다.

서부갈매기 암컷 쌍에 대한 비슷한 토론에서 한 연구자는 '동성애' 또는 '레즈비언' 또는 '게이' 쌍 등으로 묘사하는 이전 설명은 그 행위가 인간의 동성애 쌍과 유사하지 않기 때문에 부적절하다고 주장했다.[45] 그러나 어떤 인간에서 어떤 동성애 짝이란 말인가? 2장에서 논의한 바와 같이 사람에서 같은 성 짝결합의 단일한 유형이란 존재하지 않는다. 즉 동성애 커플은 성적인 행동, 사회적 지위, 형성 과정, 구성원의 성적 지향, 양육 참여, 기간 등과 같은 다양한 요인에 따라 크게 다르며 서로 다른 문화, 역사적 기간 그리고 개인에 따라서도 엄청나게 다양하다. 더구나 이 저자가 유럽계 미국인 레즈비언 커플을 언급하고 있다고 가정해도 동성애라는 라벨이 허용되려면 어떤 특정한 유사점이 필요한지 파악하기는 어렵다. 갈매기와 인간의 같은 성 쌍은 둘 다 다양한 구애, 짝결합, 성적 및 육아 활동에 참여하며, 짝의 형성, 사회적 지위 및 파트너의 성적 지향에 있어서 비슷한 변동성을 보인다. 사실 같은 성 활동에 동성애라는 라벨을 붙이기 위해서는 먼저 동성 행위가 인간의 행동과 유사해야 한다고 주장하는 것은 불합리한 것이다. 보다 합리적인 접근 방식(이 책과 많은 과학적 출처에서 사용한 접근 방식)은 동일한 종이나 밀접하게 관련된 종이 보이는 유사한 행동을 기준점으로 취하는 것이다. 다시 말해 (대개 이성애 맥락에서) 두 마리의 같은 성 동물 간에 독립적으로 인식되는 구애 활동, 성적인 활동, 짝결합이나 양육 활동 같은 모든 활동은 '동성애'로 분류하는 것이다. 이 기준에 따르면 같은 성 쌍의 갈매기는 '동성애자'다. 왜냐하면 그들이 보여주는 모든 특성은 같은 종 이성애 쌍 짝결합의 확실한 구성 요소를 보여주기 때문이다. 같은 성 커플은 흔히 이성애 쌍이라고 흔히 오해받을 정도이고, 그들의 진정한 성이 밝혀지기 전까지는 주저 없이 '짝을 이룬 쌍'이라는 꼬리표가 달렸었다.

보다 일반적으로 여러 과학자는 동성애라는 용어는 명백한 성적 행동에 적용해야 하며, 이 단어를 같은 성 구애나 짝결합 또는 양육 계약과 같은 다른 행동 범주에 적용하는 것은 부적절하다고 주장했다. 우리는 이것을 (로렌츠가 가정한 것과 같은) 동성애에 대한 '좁은narrow' 정의라고 부를 수 있다. 반면에 이 책에서 사용한 용어인 동성애는 같은 성 동물 간의 명백한 성적 행동뿐만 아니라 더 일반적으로 이성애나 번식 상황에서의 관련 활동을 의미한다. 이러한 용법은 동물학 문헌에서 이 단어를 성적 및 관련 행동(예를 들어 구애, 짝짓기, 양육)을 아우르는 용어로 사용하는 여러 연구와 일치한다.[46] 우리는 이것을 동성애에 대한 '넓은broad' 정의라고 부를 수 있다. 지금까지는 명백한 성적 행동만을 다양한 종에서 발견되는 가장 일반적인 같은 성 활동 유형으로 분류하였지만(따라서 과거 용어에 해당한다) 같은 성 활동을 문서로 보고한 사례를 보면 다른 행동 범주도 상당한 비율로 발생한다. (전부는 아니지만) 많은 종에서 다양한 범주의 행동들이 함께 발생한다(예를 들어 짝결합과 함께 발생하는 성적 행동과 구애 활동, 양육과 함께 발생하는 구애나 유대, 기타 등등). 또한 하나의 행동 유형만 예시되는 경우도 많고, 여러 행동 범주가 같은 종에서 함께 발생하지만 동일한 개체에서 반드시 관찰되는 것은 아닌 경우도 많다(예를 들어 일부 동물 사이에서 성적인 행동을 볼 수 있고, 구애 행동은 다른 동물에서 볼 수 있는 등등). 어떤 경우에는 이것이 실제 행동의 불연속성을 나타내고, 다른 경우에는 관측상의 차이를 나타낸다. 이러한 경우를 동성애라는 용어의 넓은 의미로 사용할 때는 단지 선택된 행동 범주만 포함되거나 동시에 발생한 것만 포함되었을 수 있다는 합의가 항상 함께 존재한다(이성애 행동 관찰에서와 같이).[47]

동성애라는 용어의 이 두 가지 사용법의 차이점은 두 가지 다른 형태의 같은 성 활동의 예를 들어 설명할 수 있다(각각 조류에서 널리 입증되고 때로는 둘 다 같은 종에서 입증된다). 한 편으로 평생 서로 짝을 이룬 두 마리의 암컷 새를 생각해 보자. 그들은 정기적으로 서로 구애 활동을 하며, 매년 함께 알을 낳는 둥지를 짓는다. 한번은 (파트너 중 하나가 이 시즌에 한 번의 이성애 교미로 낳은) 병아리를 함께 키우는 예도 있었다. 그러나 절대 서로 마운트를 하지는 않는다. 다른 한편으로 평생 동안 암컷 파트너와 교미하는 수컷 새를 생각해 보자. 그는 정기적으로 교미하고 새끼를 키우지만 다른 수컷과 딱 한 번 교미하는 데 참여한다(그리고 나머지 생애 동안 그러한 행동을 다시는 하지 않았다). 동성애에 대한 좁은 정의에 따르면, 우리는 단지 두 암컷 사이에 명백한 성적 행동이 일어나지 않았다는 이유로 첫 번째 경우가 두 번째 경우보다 '동성애'가 덜한 것으로 간주해야 한다. 반면에 동성애에 대한 넓은 정의는, 두 경우 모두 동성애적 행동을 포함하지만 사회적 맥락과 참가자의 다른 성적 행동 및 짝짓기 활동 측면에서 신중하게 구별해야 하는 두 가지 유형이 있음을 인식하게 한다(두 시나리오 모두 실제로 양성애의 대조되는 형태를 예시하기 때문에). 좁은 정의와는 달리 이 사용법은 동물 세계에서 같은 성 상호작용의 복잡성과 변동성을 인정하는 동시에 종간 비교 및 일반화를 위한 유용한 틀을 제공한다. 또한 성적 지향을 더 섬세하고 미묘하게 특징지을 수 있는 가능성도 제공한다.

대부분의 과학자는 인간적인 맥락에서 광범위하게 적용할 수 있는 용어를 가지고 동물을 의인화하는 것을 당연히 경계하고 있다(당연히 그래야만 하고). 동성애라는 단어를 피하는 모든 동물학자가 동성애혐오증 때문에 그러는 것도 아니다. 그런데도 간단한 설명문으로 쉽게 설명할 수 있는 용어를 우회하려고 만든 그 긴 단어들은 터무니없을 정도다.[48]

"통계표에는 포함하지 않음"

동성애 행동을 있는 그대로 인식한다 해도 그에 관한 상세한 연구는 흔히 생략하거나 무시하고 그 현상은 하찮게 여기거나 사소하게 다룬다. 예를 들어 동물의 구애및 교미 행동에 대해 발표한 수많은 보고서는 마운트의 빈도, 사정 횟수, 페니스 발기의 지속 시간, 찌르는 횟수, 발정주기, 성적인 파트너의 총 수, 기타 등등을 불편할 정도로 자세히 설명하지만 이는 모두 이성애 상호작용에 관한 것이다. 이와는 대조적으로 동성애 활동은 흔히 지나가는 말로만 언급하고 '진짜' 성적인 행위를 제공하는 완전한 범주에는 적합하지 않다고 여긴다.[49] 예를 들어 긴부리돌고래의 성적인 활동에 대한 자세한 어느 연구에서, 저자는 이 종에서 동성애 활동이 두드러짐을 인식하고 실제로 그 빈도가 이성애 활동의 빈도를 초과한다고 직접 언급하기는 했지만 이성애 행동에 대해서만 정량화와 자세한 통계치를 제공한다. 같은 종에 대한 또 다른 연구는 이성애 교미를 다룰 때와는 달리, 동성애 짝짓기를 관찰한 총 횟수에 대해서는 알려주지 않고 이를 언급한다. 또 코브의 동성애와 이성애 활동 통계표에서 각 암컷의 수컷 파트너 수는 목록으로 정리했지만 암컷 파트너의 수는 그렇게 하지 않는다. 마찬가지로 검정짧은꼬리원숭이와 검은머리꼬리감기원숭이의 성적 행동에 대한 기사는 암컷 동성애 활동의 발생은 인정했지만 이 행동에 관한 통계는 제공하지 않았다. 심지어 검정짧은꼬리원숭이에서 수컷 동성애 활동(이것은 이성애 행동에 덧붙여 정량화했다)보다 암컷 동성애 활동이 더 흔하다고 언급하면서도 그렇게 한 것이다. 한 연구에서 다양한 기린 활동 빈도에 관한 그래프는 동성애 마운트에 대한 적절한 정보를 제공하는 데 실패했다. 즉 모든 같은 성 상호작용을 실제 '스파링sparring(싸움의 한 형태)'과 목걸기necking(의식화한 비폭력적 놀이-싸움과 애정표현) 또는 마운팅 활동으로 구별하지 않고 한꺼번에 스파링 범주로 분류했던 것이다.[50]

때로 동성애 활동의 특정 측면을 전체적인 분석이나 통계표에서 빼거나 임의로 제거하여 같은 성 상호작용에 대한 왜곡된 모습을 보여주는 경우가 있다(누락이 의도적이든 좋은 동기를 가졌든 관계없이). 예를 들어 한 암컷 서부갈매기는 자기의 암컷 파트너와 아주 극명한 성적인 활동을 했지만 이성애와 동성애 행동을 비교하는 연구의 '통계표에는 포함시키지 않았다'. 이 개체의 데이터를 (의도적이든 아니든) 통합하지 않음으로써 연구자들은 이 종의 암컷 짝결합에서 성적인 활동은 일률적으로 무시할 수 있는 측면이라는 (현재 널리 인용되는) 인상을 조성하는 데 확실하게 일조했다. 같은 맥락에서 해오라기의 쌍 형성을 조사한 과학자들은 사로잡혔을 때의 '혼잡한crowded' 조건이 '원인'인 것으로 여겨지는 동성애 커플만을 표로 작성했다. 그들은 짝의 형성 조건이 그 상황에 맞지 않는 수컷 쌍은 무시했고 또한 같은 종의 야생 서식지에서 그러한 '혼잡한' 조건이 정기적으로 발생한다는 사실도 간과했다. 그리고 웃는갈매기, 카나리아날개잉꼬, 아메리카레아 및 금화조의 같은 성 쌍 또는 공동 부모에 관한 모든 자료는 이러한 종의 짝결합, 알품기나 여타 행동에 대한 일반적인 연구에서제외했다.[51]

동성애 활동의 중요성은 그 유행이나 빈도에 대한 논의에서 흔히 가볍게 여겨진다. 같은 성 활동을 정량화하려고 할 때는 확실히 여러 변수를 고려해야 하며, 그 작업이 간단한 경우는 거의 없다(1장에서 살펴본 것처럼). 그럼에도 불구하고 일부 경우에 동성애 빈도는 실제보다 같은 성 활동이 덜 흔하다거나 다른 종에 비해 그 중요성 측면에서 무게감이 떨어진다는 인상을 줄 목적으로 해석하거나 계산한다. 예를 들어 고릴라에서 연구자들은 암컷 동성애 활동을 8일 동안 '오직' 열 번만 관찰했다는 이유로 '희귀한rare' 것으로 분류했다. 그러나 이러한 수치는 같은 기간 동안의 이성애 교류 빈도와 비교하지 않는 한 불완전한 것이다. 실제로 같은 기간 동안 이성애 교미의 98개 에피소드를 기록하였는데 이는 모든 성적인 활동의 9%가 동성애라는 것을 의미한다. 이 수치는 다른 종에 비교하면 상당한 비율이다.[52] 이와 유사하게 서부갈매기의 레즈비언 쌍을 연구하는 연구자들은 "우리는 암컷-암컷 쌍이 개체수의 단지 10~15%만을 차지하는 것으로 추정했다"라고 (강조를 덧붙여서) 진술하고 있는데 이는 사실상 동성애 쌍이 기록된 어느 종보다 높은 비율에 속한다(그리고 확실히 그 당시에 보고된 것 중 가장 높은 비율이다). 암컷 점박이하이에나에서의 동성애 마운팅은 다른 암컷 포유류보다 훨씬 덜 빈번하다고 주장했지만 구체적인 수치는 제시하지 않았다. 이때 비교에 언급했던 한 종은 야생 육식동물과 비교할 때 가장 좋은 모델이라고는 할 수 없는 길들인 설치류, 기니피그였다.[53]

빈도 평가를 할 때 행동 유형과 맥락을 고려하는 것도 중요하다. 예를 들어 나무제비의 동성애 교미는 그동안 '극도로 드문exceedingly rare' 것으로 특징지어졌는데 그 이유는 드물게만 관찰할 수 있다는 것과, 짝을 형성한 새들을 놓고 보았을 때 이성애 짝짓기와 비교해서 훨씬 덜 흔하기 때문이었다. 그러나 동성애 교미는 비非일부일처제 짝짓기다(즉 그들은 일반적으로 서로 짝을 이루지 않는 새이며 심지어 이성애 짝짓기를 할 수도 있는 새다). 따라서 이 경우 두 가지 다른 유형의 교미(짝 안에서의 교미와 짝을 벗어난 교미) 빈도수를 비교하는 것은 불완전하다. 사실 더 비교할 만한 이성애 행동인, 수컷과 암컷이 관계하는 비일부일처제 교미 역시 '드물게' 보인다. 초기 관찰자들은 그러한 교미를 매우 흔하지 않은 (또는 존재하지 않는) 것으로 간주했고, 이후 연구는 4년간의 관찰 동안 단두 번의 그러한 짝짓기만을 문서화했으며, 이후 연구에서도 지속적으로 낮은 수준의 난혼(이성애) 교미 관찰을 보고했다. 그러나 이제 과학자들은 이성애 비일부일처제 짝짓기가 일반적이라는 것을 알고 있다. DNA 검사를 통해 일부 개체군에서 모든 둥지의 3/4 이상의 높은 비율로 그러한 짝짓기의 자손이 증명되었던 것이다. 따라서 동성애 비일부일처제 짝짓기의 빈도 역시 비슷하게 과소평가되었을 가능성이 있다.[54]

또한 많은 과학자는 동성애 활동의 단일 에피소드를 처음 관찰했을 때 그 행동을 해당 종의 예외적이거나 일회성인 발생으로 금방 분류해 버린다. 대조적으로, 이성애의 단일 관찰 사례는 그것이 극히 드물게 발생하거나(또는 드물게 관찰되거나) 형태나 맥락에 있어서 큰 변화를 보일 수 있음에도 불구하고, 반복되는 행동 패턴의 대표라고 일상적으로 해석한다. 특히 반대 성 사이의 교미는 동물의 사회생활에서 널리 흔하다거나 한결같다거나 하는 특징이 다소 덜할 수 있기 때문에(5장 참조), 이렇게 분류하면 각각의 행동 유형 발생률을 평가하고 해석할 때 이중적인 기준이 세워지게 된다. 더불어 다른 종들에서 확실하게 자리를 잡은 패턴과도 충돌한다. 여러 예에서 반복적으로, 처음에 동성애 활동은 단 한 번의 에피소드나 한 쌍 또는 한 개체군에서만 기록되었으나(일반적으로 일회성 예로 해석되거나 제외됨), 이후 연구에 의해 흔히 수십 년간, 여러 지리적 영역에서, 여러 행동의 맥락에 걸쳐 그 종의 행동 레퍼토리의 규칙적인 특징으로 확인되곤 했다.[55] 동성애가 단지 몇 번밖에 관찰되지 않았다는 이유만으로 특정 종에서 변칙적인 현상이라고 주장하는 것은 더 이상 불가능하다.

실제 정량적 자료가 비교적 높은 발생률을 보일 때 동일한 조사자가 동성애 활동이 얼마나 널리 퍼져 있는지에 대한 상반된 평가를 언급하는 경우도 있다. 예를 들어 서부쇠물닭에서 동성애 구애와 교미는 '흔하다common'와 '비교적 드물다relatively rare'라는 두 가지로 설명한다. 실제 서부쇠물닭에서 보이는 모든 성적인 활동의 7%라는 수치는 다른 종에 비해 상당히 높은 편이다(그리고 심지어 같은 성 구애의 비율은 이보다 훨씬 더 높다). 마찬가지로 붉은부리갈매기에 대한 보고서는 "동성애 쌍 역시 드물었다"라고 말하고는 몇 페이지 후에 "수컷-수컷 결합이 상당히 흔하게 일어났다"라고 말을 뒤집었다. 여기서 관찰된 모든 쌍의 약 16%라는 실제 비율은 전자보다 후자의 해석을 더 많이 뒷받침한다.[56] 이러한 평가는 관찰한 동성애의 비율을 놓고 볼 때 일관성이 없고 불공평할 뿐만 아니라 이성애 빈도에 대한 표준적인 종간측정과도 어긋난다. '드물다' 또는 '흔하다'에 대한 절대적이거나 보편적인 기준은없지만 생물학자들은 적어도 한 가지 이성애 행동(일부다처제)에 관해서는 5%의 '임곗값'을 중요한 것으로 인식하고 있다. 이 짝짓기 체계가 소수의 개체에서만 관찰될때(예를 들어 많은 새에서 그렇듯이), 만일 그 종에서의 발생률이 일단 5%에 이르기만 하면,그 종의 행동 레퍼토리의 '규칙적인regular' 특징으로 간주한다. 이는 확실히 같은 성행동이 '흔하지 않다uncommon' 또는 '예외적이다exceptional'라고 여겨지는 여러 종에서의 동성애 비율보다 훨씬 낮은 수치다.[57]

흔히 동물 동성애에 대한 논의에 나타나는 소외시키기marginalization의 생생한 예를 보면, 과학자들은 때로 자기가 쓴 같은 성 활동에 대한 묘사 임에도 그 내용이나 명칭을 불편해하는 저널이나 재출판 편집자가 '수정', '제외' 또는 '설명'을 삽입시켜 인쇄한 것을 발견하기도 한다. 예를 들어 한 조류학자의 집참새와 갈색머리흑조에서의 동성애 활동에 대한 설명은 논문을 실은 저널 편집자가 주석으로 윤색하고 그 동성애 행동에서 모든 성적 동기를 없애버린, 믿기 어려운 '재해석'을 몇 가지 선보였다. 마찬가지로, 1920년대 개코원숭이의 동성애 활동에 관한 서술이 거의 반세기 후에 다시 출판되었을 때, 새로운 판본의 서문을 쓴 한 과학자는 그러한 활동이 실제로 동성애가 아니라는 '현대적' 관점에서, 불쾌한 구절에 주석을 달지 않을 수 없다고 느꼈다. 그리고 저널 《영국의 새British Birds》의 편집자는 수컷 황조롱이 동성애 커플의 예가 실제로는 '수컷의 깃털을 한 암컷male-plumaged female(즉 수컷과 똑같이 생긴 암컷)' 과 관련이 있다고 '설명'하기 위해 안간힘을 썼다. 편집자들은 자기들이 보기에 이러한 추정상의 깃털 변이는 저자의 주된 관심사였던 "두 수컷의 교미나 혹은 교미시도보다 훨씬 더 흥미롭다"라고 그 기사에 후기를 덧붙여 출판했다.[58]

비슷한 맥락에서, 한 쌍의 암컷 푸른되새를 관찰한 한 과학자는 '암컷 깃털을 한female-plumaged' 새들이 관련되었다고만 말함으로써 피해 갈 구석을 만들었다. 이렇게 함으로써 그는 양쪽 새 중 어느 쪽도 수컷일 수 있다는 증거가 전혀 없음에도 불구하고 한 마리가 여전히 수컷일 수 있다는 가능성을 열어두었다(따라서 이성애 쌍의 하나일 수 있게 된다). 나중에 그는 그 새들이 '확실히 암컷'이라는 것을 인정해야 했다. 때로이러한 전략은 리젠트바우어새에서의 구애 과시에 대한 초기 설명의 경우(앞에서 언급)와 같이 역효과를 일으키기도 한다. 이 경우 '암컷 깃털을 한' 것으로 추정했던 새는 모두 수컷으로 판명되었고 따라서 여전히 동성애 활동에 참여하고 있는 상황이 되었다.[59] 이러한 사례는 과학자들이 동성애가 관련될 수 있다고 생각할 경우 때로 관찰하는 동물의 성별을 인정하는 것조차 꺼린다는 것을 보여준다. 이는 과학자들이 일반적으로 최소한의 증거만으로 참가하는 개체들이 반대 성을 가지고 있다고 판단(또는 가정)하는 서두름과는 극명한 대조를 이룬다.

감히 이름 지을 수 없는 사랑

영장류들 사이의 동성애적 행동에 대한 첫 보고서가 75년 전에 발표되었지만 사실상 모든 영장류 입문서들은 심지어 그것의 존재조차 언급하지 못한다.
— 영장류학자 폴. L. 베이시, 1995[60]

1890년대 오스카 와일드의 연인인 알프레드 더글러스 경은 동성애를 '이름을 감히 말할 수 없는 사랑The love that dare not speak its name'으로 특징지으며 동성애에 관심을 가져줄 것과, 같은 성 활동 논의를 둘러싼 침묵과 낙인찍기에 대해 언급했다.[61] 이러한 침묵과 낙인찍기의 유사점은 동물학 저널과 단행본 그리고 교과서의 내용 사이에 존재하고, 더 광범위한 과학적 담론 사이에도 존재한다. 동물에서의 동성애 활동에 대한 논의는 흔히 억눌러지거나 삭제되어 왔고 그 주제의 정보에 대한 적극적인 억압으로밖에 볼 수 없는 사례도 다수 존재한다. 동물의 생태와 행동에 관해 상상 가능한 모든 측면을 다루는 몇몇 포괄적인 참고문헌을 출판할 때, 만일 그 종에서 동성애를 관찰했던 과학자들의 챕터는 포함하면서도 해당 동성애 행동에 대한 언급을 지속적으로 전혀 하지 않는다면, 그러한 과학적인 노고의 '객관성'에 대해 의문을 가질 수밖에 없다.

어느 극단적인 예에서는 고의로 정보를 삭제하는 경우가 있었다. 1979년, 고래 연구를 주로 하는 비영리 과학단체인 모클립스Moclips 고래학회가 범고래 행동에 관한 보고서를 발표하였다. 보고서는 '동성애'라고 명시적으로 분류한, 수컷 간의 성적인 활동을 상당히 자세하게 다루었고 "고래목의 동물, 갯과 동물 그리고 영장류를 포함한 많은 동물에서 동성애 행동이 관찰되었으며, 이는 경우에 따라 사회질서적인 의미를 가지고 있다"라는 설명으로 결론을 맺었다. 1년 뒤 이 보고서가 미국 해양 포유류 위원회의 정부 문서로 발표되었을 때 다른 보고서 부분은 온전했지만 동성애에 관한 언급은 모두 사라졌다. [62] 또 다른 극단적인 예에서는, 동성애가 논의되기는 했지만 발표하지 않은 논문이나 불명확한 학위 논문, 외국어 저널 또는 제목이 그 내용에 대한 단서를 주지 않는 기사에 묻혀버리기도 했다. 예를 들어 같은 성간의 구애와 야생 사향소에 대한 최초의 보고는 알래스카 대학의 미발표 석사 논문과 캐나다 야생동물 국의 (간행된) 보고서에 실렸다. 결과적으로, 최초의 발견 이후 20년이 지나 수행한, 사로잡힌 사향소에서의 동성애 활동에 관한 연구는 야생에서 이러한 행동이 발생하는 것에 관해 전혀 언급할 수가 없었다. 비슷하게, 사진이 곁들여진 바다코끼리의 동성애 활동에 대한 첫 보고서는 〈바다코끼리의 윤리학 I : 엄니의 사회적 역할과 다차원 척도의 적용-Walrus Ethology I: The Social Role of Tusks and Applications of Multidimensional Scaling〉이라는 다소 이해하기 힘든 제목을 가진 기사로 출판되었다. 또 잔점박이물범에서의 동성애적 행동에 대한 모든 기록은 출판하지 않은 보고서와 학술대회 논문에만 포함되어 있어서, 전 세계 극소수의 도서관에서만 이용할 수 있다. 이것으로 왜 동물에서의 동성애에 대한 사실상의 모든 후속 논의가 이 두 종에 대한 언급을 생략하는지 설명할 수 있을 듯하다. [63]

이러한 양극단 사이에는 동성애를 '간과'하거나 언급하지 않는 수많은 사례가 있다. 스스로 '70명 이상의 저자[이 종에 대한 모든 전문가들]가 수년간 집중적으로 연구한 저술의 정점'이라고 자랑하는 방대한 책인 『흰꼬리사슴: 생태학과 관리White-tailed Deer: Ecology and Management(1984)』는 이 동물의 생태와 행동에 관해 상상할 수있는 모든 측면을 아무리 모호하거나 희귀하더라도 세세하게 보여준다. 거의 1,300 페이지에 달하는 이 책에는 심지어 '비정상'과 병리 현상(동성애 활동이 흔히 실리는 범주)에 대한 긴 논의를 위한 공간도 있다. 하지만 동물 행동에 관한 장은 흰꼬리사슴의 동성애 마운팅을 최초로 기술한 과학자가 공동 집필한 것임에도, 이 특별한 행동에 관해서는 책 어디에도 언급이 없다. 또한 챕터 하나를 전부 텍사스 지역 개체군에 할애하긴 했지만 그 지역에서 발견된 성전환 사슴에 대한 논의도 전혀 없다. 10년 후, 동일한 종에 대해 동일한 범위의 다른 책이 같은 출판사에 의해 출간되었을 때도 동일한 시나리오가 반복되었다. 마찬가지로, 표준적인 과학자료 도서인 『쇠고래 : 에쉬리히티우스 로부스투스The Gray Whale, Eschrichtius robustus (1984년)』는 쇠고래에서 같은 성 활동을 기록한 최초의 생물학자에 관한 챕터는 포함하고 있음에도 불구하고 이 종의 동성애에 대한 어떠한 언급도 하지 않고 있다.[64] 또한 딱따구리에 관한 몇 가지 포괄적인 참고문헌은 이 종에서 다른 (이)성애 행동이 관찰되지 않았음에도 불구하고 검은엉덩이화염등딱따구리의 동성애적 교미에 대해 언급하지 않았다. 어느 책에서는 야생 딱따구리에서 단 한 번만 관찰된 또 다른 행동인 목욕bathing을 언급하고 있으므로 동성애 행동을 희소하거나 '사소하다'라고 여겨 누락시켰다고 보기는 어렵다.[65] 개별 종에 대한 다른 심층 조사도 이러한 전례를 좇아, 같은 성 활동을 설명하는 어느 출처의 다른 정보는 직접 사용하면서도 바로 그 동성애에 대한 언급은 모두 삭제해 버린다.[66]

과학 문헌의 이러한 동물 동성애에 대한 정보의 누락과 접근성의 저하 때문에 많은 동물학자도 그 현상의 전모를 모르고 있다. 이로 인한 가장 불행한 결과 중 하나는 주제에 대한 잘못된 정보(및 정보의 부재)가 한 출처에서 다음 출처로 널리 전파되어 영구화한다는 것이다. 직접 연구하는 특정 종에서 동성애 활동을 발견한 후 형식적인 문헌 검색에서 비교할 만한 예를 몇 가지밖에 찾을 수 없게 되면, 많은 동물학자는 자기가 관찰한 이러한 행동이 어느 정도 독특하거나 특이하다는 잘못된 인상을 받게 된다. 바로 이때 그들은 동성애 활동이 희귀하거나, 이전에 해당 종에서 또는 해당 형태로 보고되지 않았다는 취지의 성급한 일반화를 할 수 있다. 그런 다음 다른 생물학자들이 이러한 진술을 흔히 반복하게 되면 그 진술은 주제에 대한 결정적인 선언이 된다. 예를 들어 1993년에 검은목아메리카노랑솔새에 대해 보고한 과학자는 이전에는 야생의 조류에서 수컷 동성애 쌍을 볼 수 없었다고 주장했으나 사실 그러한 쌍은 이미 사반세기 전에 개미잡이새, 반달잉꼬, 개꿩, 청둥오리 그리고 그 이후 검둥고니, 스코틀랜드솔잣새, 검은부리까치, 뿔호반새 등에서 기록되어 있었다.[67] 1985년에 사로잡힌 붉은부리갈매기의 같은 성 커플을 연구한 과학자들은 야생에서 이 종의 이러한 행동은 아직 발견되지 않았다고 주장했다. 불과 1년 전 러시아 동물학 저널에 게재된 야생 붉은부리갈매기의 수컷 동성애 쌍에 대한 설명은 몰랐던 것으로 보인다. 그리고 아델리펭귄과 훔볼트펭귄 그리고 황조롱이에서 같은 성 간의 짝짓기를 발견한 조사자들도 펭귄의 다른 종이나 맹금류에서 이와 비교할 만한 현상을 찾을 수 없었다고 말했지만 사실 임금펭귄, 젠투펭귄, 그리폰독수리에서의 동성애 활동이 문헌에 보고된 바 있다.[68]

안타깝게도 동물 동성애 주제에 대한 누락과 잘못된 정보는 그것이 발생하는 개별 과학 기사를 훨씬 넘어서는 결과를 초래한다. 앞에서 언급한 것과 같은 참고문헌은 다른 분야의 연구자가 자주 참조하고 있으며, 일반 대중에게 제공되는 동물 행동에 대한 많은 정보의 원천이기도 하다. 이번 소주제 시작 부분의 인용에서 나타나듯이, 이러한 순환은 각 신세대 과학자들이 공부하는 교과서(또는 그것을 가르치는 교수)가 그 주제에 대해 부정확하거나 불완전한 정보를 계속 제공함에 따라(그 주제에 대해 완전히 침묵하지 않을 때) 영구히 지속한다. 결과적으로 많은 과학자나 더 나아가 대부분의 비非과학자가 동성애는 동물에 존재하지 않거나 기껏 해야 예외적이고 변칙적인 현상이라는 잘못된 인상을 계속 지니고 있는 것은 놀랄 일이 아니다. 동물학자들 사이에서 삭제와 침묵이 이 주제를 둘러싸게 되면 과학계와 그 너머에서는 잘못된 정보와 편견이 빈 공간을 금방 채우게 된다.

과학적 근거자료에서 볼 수 있는 동성애혐오적 태도에 대한 이 조사를 마무리하며, 한 가지 간단한 관찰이 가능하다. 즉 그 주제에 대한 기록과 분석, 토론에서 부딪히는 상당한 장애물을 고려할 때 동물 동성애에 대한 어떠한 서술이라도 과학 저널과 단행본(또는 더 많은 청중에게)의 한 페이지를 차지한다는 것은 주목할 만하다. 많은 발전이 이루어지고 있고 오늘날의 상황은 10년 전에 비해 확실히 개선되었다. 더욱이, 연구와 보고는 때로 결함이 있을 수 있지만 동물을 직접 연구하고 발견을 보고하는 동물학자 및 야생생물학자들의 귀중한 연구가 없이는 이 담론 중 어떤 것도 가능하지 않을 것이다. 그럼에도 불구하고 동물학 문헌에 수록된 동물 동성애의 예는 빙산의 일각에 불과하다. 더 많은 것들이 발견되고, 기록되고, 과거에 너무나 반복적으로 거부되었던 과학적인 관심을 받아야 할 것이다.

섹스는 결코 아닌 어떤 것

우리가 살펴본 것처럼, 동물학자들이 같은 성 활동을 '동성애'로 분류하지 않으려고 애쓴 한 가지 방법은 그 활동이 성적인 행동이 결코 아니라고 부정하는 용어와 행동 범주를 사용하는 것이다. 이러한 접근법

두 마리의 암컷 보노보가 생식기 맞문지르기GG(genito-genital) rubbing를 하고
있다.

은 해석이나 설명 그리고 같은 성 행동의 결과인 '기능functions'에까
지 이어지는데 그 행동이 아무리 노골적이고 적나라한 활동이라 하더
라도 마찬가지다. 놀랍게 들리겠지만, 많은 과학자가 실제 한 암컷 보노
보가 다른 암컷을 다리로 감고 자신의 클리토리스를 파트너의 클리토
리스에 비비면서 즐거운 비명을 지를 때, 이를 실제로 '인사greeting' 행
동이나 '유화appeasement' 행동 또는 '안심시키기reassurance' 행동, '화
해reconciliation' 행동, '긴장 완화tension-regulation' 행동, '사회적 유
대social bonding' 행동 또는 '음식 교환food exchange' 행동이라고 주장
했다. 이는 즐거운 성적인 행동 외의 거의 모든 행동인 것처럼 보인다.[69]
다른 많은 종(수컷과 암컷 모두에서)에 대해서도 유사한 '해석'을 제시하
였고, 과학자들은 이러한 동물들이 실제로는 '진정한(즉 순수하게 성적
인)' 동성애 활동을 하지 않는다고 주장할 수 있게 되었다. 하지만 '순수
하게' 성적인 이성애 활동은 어디 존재했던가?
　대부분의 생물학자들은 발레리우스 가이스트Valerius Geist만큼 솔직하
지 못하다. 발레리우스 가이스트는 『북부 야생의 산양과 인간Mountain

Sheep and Man in the Northern Wilds』에서 큰뿔양의 동성애를 '공격적' 또는 '지배적' 행동이라고 설명하려는 자신의 불편함과 동성애혐오증을 기꺼이 인정한다.

> 나는 아직도 나이 든 D-양이 S-양에 반복적으로 마운트하는 것을 본 기억에 주눅이 든다… 늘 그렇듯, 이 깨달음을 한 번에 흡수할 수 없어서, 나는 이런 양들의 행동을 공격성 성행동aggressosexual behavior이라고 불렀다. 수컷들이 동성애 사회를 진화시켰다고 말하는 것은 내 감정에 너무 부담이 되었기 때문이다. 이런 당당한 짐승을 '퀴어'라고 생각하기까지 — 오 하느님! 나는 2년 동안이나 [야생 산]양에서 공격적인 행동과 성적인 행동은 분리할 수 없다고 주장했다… 그런 헛소리를 글로 출판하지 않았다는 사실이 매우 기쁘다… 결국 나는 있는 그대로를 말하게 되었고, 양들이 본질적으로 동성애적인 사회에 살고 있다는 것을 인정했다.[70]

이 섹션에서는 동성애를 지배적 또는 공격적인 행동으로 만들려는 시도나 놀이의 한 형태로 보는 시도, 집단의 긴장을 완화하는 사회적 상호작용으로 분류하려는 시도, 인사 행동으로 분류하려는 시도 등 여러 비성적인 해석에 관해 살펴볼 것이다. 많은 경우에 이러한 '설명'은 애당초 그 존재를 부정하는 방식이기 때문에 해당 현상을 이해하려는 진정한 시도라고 할 수 없다. 대개 이러한 해석은 단순 사실과도 동떨어진 경우가 많은데, 특히 '지배dominance'가 개입되었을 때 그러하다. 더 나아가 흔히 동물 동성애가 이러한 모든 (성적이지 않은) 활동 유형의 요소들을 가지고 있는 것은 사실이지만 그렇다고 성적인 측면이 없어지는 것은 아니다. 폴 L. 베이시는 "성적인 행동이 어떤 사회적 역할이나 기능을 제공한다고 해서 그것이 동시에 성적일 수 없다는 것을 의미하지는 않는다"라고 보았다.[71] 실제로 동물과 인간의 이성애는 모두 '성적인' 활동으로 분류되면서도 이러한 비非성적인 기능의 일면을 공유하고 있다.

지배 패러다임

많은 동물 사회에서 개체는 공격성, 음식 또는 이성 교제 기회의 접근성, 나이나 크기 등 여러 요소를 바탕으로 서로에 대해 순위가 매겨질 수 있다. 그 결과 나타난 이 체계 내에서 개체의 위계질서와 상호작용은 지배dominance라는 용어로 요약되는 경우가 많다. 많은 과학자가 같은 성을 가진 동물들 사이의 마운팅과 기타 성적인 행동은 사실 전혀 성적인 행동이 아니고 오히려 두 개체 사이의 지배적인 관계를 표현하는 것이라고 제안했다. 통상적인 해석은 '지배적인dominant' 파트너가 '하위적인subordinate' 파트너에 해당 개체에 대해 자신의 순위를 주장하거나 확고히 한다는 것이다. 동성애에 대한 이러한 '설명'은 과학적인 근거자료 내에서 확고히 자리를 잡고 있다. 이 입장에 대한 최초의 진술 중 하나는 히말라야원숭이의 같은 성 마운팅에 대한 1914년의 설명이며, 그 이후로 동물 동성애에 관한 토론에서 지배라는 요소가 정기적으로 제기되었다.[72] 대부분의 과학자는 동물 동성애에 대한 설명으로서, 더 넓은 범위에 대해 고려하지 않고 그들이 연구하고 있는 특정 종(또는 기껏해야 동물 하위집합)과 관련된 것, 때로는 그 종 내의 한 성별에 대해서만 지배를 주장하고 있다. 그러나 일단 동물의 유형, 행동 그리고 사회조직 형태의 모든 집합을 고려하면 지배가 설명력이 거의 없다는 것이 분명해진다. 지배는 몇몇 특정한 경우에 관련이 있을 수 있지만 자연계에서 발견되는 동성애 상호작용의 전체 범위를 설명할 수는 없다. 더욱이 지배가 중요한 것으로 보이는 특정 사례에서도 완화적인 요소가 끼어있는 경우 일반적으로 그것도 영향을 줄 것이라는 의심이 든다.

가장 기본적으로 지배는 한 종의 동성애 행동 발생에 있어서 충분조건도 아니고 필요조건도 아니다. 동물이 지배를 기반으로 한 사회조직이나 계급화한 형태의 사회조직을 가지고 있다고 해서 동성애를 나타내는 것은 아니며, 동성애 행위가 종에서 일어난다고 해서 지배적인 계층구조가 있는 것도 아니다. 예를 들어 지배적인 위계질서를 가진 여러 동물이 동성애 마운팅에 관여하는 것이 보고된 적이 없다. 대부분의 영장류, 바다표범, 유제류, 캥거루, 설치류 등처럼 '사회적인 복잡성이 어느 정도 존재하는 대다수의 포유류 종들'에서 지배 체계가 보이긴 하지만 이들 중 극히 일부만이 같은 성 마운팅에 참여하고 있다. 지배적인 위계질서를 가지고 있지만 동성애가 보고되지 않은 새들의 구체적인 예로는 마도요curlews, 동박새silvereyes, 해리스참새, 어치, 검은머리박새black-capped chickadees, 아프리카대머리황새marabou storks, 노랑턱멧새white-crowned sparrows, 스텔러어치 등이 있다. [73] 반대로 지배적인 위계질서가 없거나 개체의 상대적 서열이 사회체계 내에서 미미한 역할만 하는 여러 동물에서 동성애가 발견되기도 한다. 예를 들면 고릴라의 일부 개체군, 사바나(올리브)개코원숭이, 병코돌고래, 산얼룩말과 사바나얼룩말, 사향소, 코알라, 노랑가슴도요, 나무제비 등이 이에 해당한다. [74]

흔히 동성애에 대한 지배의 관련성은 밀접하게 연관된 두 종에서 극명하게 대조를 이룬다. 서부쇠물닭은 몇몇 과학자들이 새들의 동성애 행동에 영향을 준다고 믿는 명확한 위계질서를 가지고 있지만 관련된 종인 태즈메이니아쇠물닭에서는 지배적 위계질서가 없는 상태에서 같은 성 간의 마운팅이 일어난다. 또 수컷 동성애 마운팅이 황로의 지배와 관련이 있다는 주장이 있어왔지만 쇠푸른왜가리에서는 이러한 연관성이 명백히 부인되었다. 흰눈썹참새베짜기새(그리고 다른 여러 종의 베짜기새)는 회색머리집단베짜기새와 거의 동일한 사회조직과 지배 체계를 가지고 있지만 수컷들 사이의 마운팅은 후자의 종에서만 발견된다. [75] 이종 간 비교뿐만 아니라 성별 간 비교도 여기에 관련이 있다. 지배와 동성 활동 사이의 이 영문 모를 관계는 동일 종 내의 수컷과 암컷 사이 같은 각별히 좋은 예를 살펴보면 명백해진다. 많은 동물에서 두 성 모두 그들만의 지배적인 위계질서를 가지고 있지만, 동성애는 오직 한 성에서만 일어난다. 예를 들어 늑대의 동성애는 수컷에서는 일어나고 암컷에서는 일어나지 않는다. 점박이하이에나의 동성애는 암컷에서는 일어나지만 수컷에서는 일어나지 않는다. 당연한 결과로 어떤 종에서는 오직 하나의 성만이 안정된 지배적 위계질서를 보여주지만 동성애는 수컷과 암컷 모두에서 일어나기도 한다. 예를 들어 다람쥐원숭이에서 암컷 상호작용은 지배나 서열 체계에 따라 일관성 있게 형성되지 않지만 동성애 마운팅과 성기 과시는 암수 모두에서 일어난다. 병코돌고래에서도 안정적인 지배적 위계질서는(일단 존재한다면) 암컷들 사이에서 더 두드러지지만 동성애 활동은 두 성 모두에서 일어난다.[76] 동성애 마운팅은 때로 다른 종의 동물들 사이에서 일어난다. 종을 넘어선 지배 관계는 문서로 보고되어 있지만(예를 들어 조류에서) 대다수의 동성애 활동에서 서로 다른 종의 참여 동물들 사이의 위계질서 관계는 잘 확립되어 있지 않다.[77] 그렇다면 확실히 지배는 주어진 종에서 동성애의 발생에 관여하는 유일한 요인이 될 수 없다.

더구나 지배적인 위계질서가 분명한 동물에서도 같은 성 마운팅은 흔히 개체의 서열과 상관관계가 없으며 "지배 개체가 언제나 예외 없이 하위 개체를 마운트한다"라는 이상적인 시나리오를 거의 따르지 않는다. 많은 종에서 하위 동물이 지배 동물을 자주 마운팅하기 때문에 계급과 마운팅하는 행동 사이에는 아무런 상관관계가 없다. 예를 들어 히말라야원숭이에서는 수컷 사이의 36%가 지배 개체에 대한 하위 개체의 마운트이고, 모든 일본원숭이 암컷 동성애 마운팅의 42%는 위계질서를 '거슬러against' 일어나며, 침팬지 수컷 사이 마운팅의 43%도 이와 마찬가지다.[78] 보노보, 사자꼬리원숭이, 다람쥐원숭이, 겔라다개코원숭이, 목

도리도요 등에서도 지배 개체-하위 개체와 하위 개체-지배 개체 마운
팅이 동시에 일어난다. 또한 여러 종에서 젊고 크기가 작은 하위 개체가
나이가 많고 몸집이 크며 더 서열이 높은 개체를 마운팅하는 것이 보고
되었다. 그 예로는 비단마모셋, 오스트레일리아바다사자와 뉴질랜드바
다사자, 바다코끼리, 병코돌고래, 흰꼬리사슴, 검은꼬리사슴, 사불상, 엘
크, 말코손바닥사슴, 흰바위산양, 붉은여우, 점박이하이에나, 채찍꼬리
왈라비, 붉은쥐캥거루, 바위천축쥐, 스픽스노랑이빨캐비, 기아나바위새,
에뮤, 도토리딱따구리 등이 있다. 흔히 마운트는 높은 비율로 특정 종의
지배적인 위계질서를 따르는 것처럼 보일 수 있지만 지배 개체에 대한
하위 개체의 마운트 또한 동일한 종에서 일어나기도 한다. 이것은 하누
만랑구르, 보넷원숭이, 사향소, 큰뿔양과 가는뿔산양, 황로, 집단베짜기
새에 나타나는 모습이다.[79]

'표준적인' 지배에 기반한 마운팅 체계의 정확한 반대 모습 또한 흔
히 발견된다. 여러 종에서 지배 개체에 대한 하위 개체의 마운팅이 그
반대보다 더 자주 발생하는 것이다. 예를 들어 검정짧은꼬리원숭이에서
60~95%의 마운트는 지배 개체에 대해 하위 개체가 하는 것이다. 들소
수컷 동성애의 거의 2/3에서도 하위 개체가 지배 개체를 마운트한다. 상
황을 더 복잡하게 만드는 것은 흔히 마운팅과 지배사이의 관계에는 성별
차이가 결합한다는 점인데 암컷 마운트는 위계질서를 '따르고following'
수컷 마운트는 위계질서를 '거스른다against'. 예를 들어 돼지꼬리원숭이
에서 암컷 사이의 마운팅은 보통 하위 개체에 대한 지배 개체의 것이지
만 수컷 사이 마운트의 3/4 이상은 그 반대다. 마찬가지로 붉은큰뿔사슴
과 서부쇠물닭에서 암컷은 낮은 서열의 동물에 마운트하는 경향이 있지
만 수컷은 높은 서열에 마운트하는 경향이 있다. 개체 또는 지리적인 차
이도 흔히 있다. 즉 일부 일본원숭이 암컷 간의 배우자 관계에서는 모
든 마운팅이 상위 서열 파트너에 대해 하위 서열 개체가 하는 것일 수

도 있고, 일부 큰뿔양 개체군에서는 다른 개체군에서보다 하위 개체가 지배 개체에 마운팅하는 것이 훨씬 더 흔하기도 하다.[80] 게다가 많은 종에서 동성애 마운팅은 상호적이며, 이는 두 파트너가 한 번의 마운팅 활동시간 동안이나 혹은 장기간에 걸쳐 번갈아 가며(마운터mounter가 마운티mountee가 되고 그 반대로도) 위치를 바꾼다는 것을 의미한다. 최소 30종의 다양한 종에서 발견되는 이러한 행동은 동성애 상호작용에 대한 지배의 무관성에 대한 유력한 증거다. 왜냐하면 만일 마운팅이 참여하는 개체들의 서열을 엄격히 따라야 한다면 한 방향으로만 일어날 것이기 때문이다.[81] 어떤 종에서는 같은 서열이나 인접한 서열의 개체(예를 들어 침팬지, 흰목꼬리감기원숭이, 사향소, 인도영양, 캐비, 회색머리집단베짜기새) 사이에 마운팅이 일어날 수도 있다.[82]

지배에 기초한 동성애 마운팅의 관점에서는 마운트를 대주는 동물이 다소 덜 자발적인 상호작용의 참여자이고, 동시에 자신의 '우위성superiority'을 주장하는 더 지배적인 개체의 의지에 '복종submitting'한다고 가정한다. 하지만 실제 30개 이상의 종에서 마운트를 대주는 동물이 상호작용을 사실상 시작한다. 마운트의 초대로서 다른 개체에게 엉덩이를 '내주고presenting' 때로는 항문 삽입(수컷들 사이에서)이나 상호작용의 다른 모습들을 활발하게 촉진하기도 한다. 엉덩이를 내주는 동물이 하위 개체 동물인 상황에서는 이것은 단순히 지배 체계가 강화된 모습으로 해석할 수 있다. 하지만 많은 종에서 하위 서열의 동물이 마운트하도록 엉덩이를 내주고 적극적으로 권장하는 동물은 사실 지배적인 개체다.[83] 덧붙여 지배dominance라는 '설명'은 흔히 합의된 마운트와 합의가 없는 마운트(또는 강간) 사이의 명확한 차이뿐만 아니라 마운트를 대주는 동물 쪽의 성적인 흥분과 즐거움에 대한 증거마저 무시한다.[84]

성적 취향과 지배 사이의 관계는 복잡하고 다면적이며, 동성애를 비非성적인 서열기반nonsexual rank-based 행동이나 공격적인 행동으로 보는 흔한 단순화와는 큰 차이점이 있다. 많은 종에서 성적인 마운트와 지배에 따른 마운트 사이에는 단계적 차이나 혹은 연속체continuum 성질이 존재하며, 한 유형은 다른 종류와 '혼합'되므로 둘 사이의 어떤 구별은 본질적으로 임의적인 것이 된다. 따라서 같은 성 마운팅이 여전히 지배적 패턴을 따르는 경우에도 명백한 성적 요소를 가질 수 있다. 예를 들어 하누만랑구르는 일반적으로 지배적인 암컷만이 하위적인 암컷을 마운트하지만, 이 행동과 성적인 흥분의 징후는 불가분하게 연결되어 있어서 과학자들은 이렇게 결론을 내렸다. "'성적 마운팅'과 '지배적 마운팅'을 분리하는 것은 사실상 불가능해 보인다… 암컷 간의 마운팅은 지배와 성적 취향 둘 다 관련이 있기 때문에 랑구르 암컷들에서 성적인 흥분과 지배는 상호 배타적이지 않다는 것이 확실하다."[85] 스펙트럼의 다른 쪽 끝을 보면 일부 종에서는 실제로 두 가지 유형의 마운팅 사이에 뚜렷한 차이가 있으며, 이 두 가지 유형 모두 같은 성 파트너 사이에서 발생한다. 즉 지배나 공격성이 관련된 비非성적인 형태가 하나 있고, 다른 맥락에서 발생하는(흔히 동성애 짝 사이나 배우자 사이에 발생하는) 명백한 성적인 형태가 하나 있다. 이러한 모습은 일본원숭이 암컷이나 히말라야원숭이, 장다리물떼새, 회색기러기 수컷 등에서 나타난다.[86]

　일부 동물의 경우 지배와 마운팅은 완전히 분리되어 있으며, 사회적 서열은 명백하게 비非성적인 활동을 통해 표현된다. 예를 들어 수컷 바다코끼리 지배 상호작용은 일반적으로 번식기 동안 발생하고, 흔히 젊은 동물까지 참여하는 싸움과 엄니 과시의 형식을 띤다. 수컷들의 동성애 마운팅은 이러한 활동과 관련이 없으며, 일반적으로 비非번식기 동안 모든 연령 그룹의 수컷 사이에 발생한다(회색바다표범에서도 유사한 패턴이 나타난다). 또 검은머리물떼새는 특별한 의식인 '파이핑 과시piping display'(목을 아치형으로 구부리고, 부리는 아래쪽을 향하고 날카로운 피리 소리를 낸다)를 사용하여 지배에 기반한 상호작용을 협상하는 반면 같은 성의 마운팅 및 구애는 다른 상황에서 발생한다.[87] 다른 많은 동물에서 지배는 싸움이나 공격적인 만남에서, 음식에 대한 접근권이나 먹이를 먹는 횟수에서, 몸집의 크기나 나이에서, 신체적 이동(다른 개체를 자세나 위협, 응시 또는 기타 활동으로 이동하게 만드는)에서, 이성애 짝짓기에 대한 접근권에서 나타나거나 이러한 요인과 다른 요인의 조합으로 나타나지 특별히 이러한 종에서 일어나는 마운팅이나 기타 동성애 상호작용과 관계가 있지는 않다. 이 경우에 해당하는 종으로는 사바나(노란)개코원숭이, (암컷) 망토개코원숭이, 병코돌고래, 순록, 인도영양, 늑대, 덤불개, 점박이하이에나, 회색곰, 흑곰, 붉은목왈라비, 캐나다기러기, 스코틀랜드솔잣새, 검은부리까치, 갈까마귀, 도토리딱따구리, 갈라가 있다.[88]

지배의 관점에서 동성애 상호작용을 해석하는 것의 또 다른 한계점으로는 마운팅하는 행위 자체가 단독으로 해석을 제공한다는 점이다. 다른 모든 동성애 활동들은 지배 패러다임에 깔끔하게 들어맞지 않는다. 왜냐하면 본질적으로 그것이 상호적인 활동이기 때문이거나 또는 그러한 활동 중에 취할 것으로 예상되는 '체위posture'를 바탕으로 해서는 명확하게 어느 쪽이 '지배 개체'인지 또는 '하위 개체'인지 지위를 부여할 수 없기 때문이다. 예를 들어 생식기 맞문지르기(두 동물이 삽입 없이 서로 생식기를 문지르는 경우)는 참가자 모두 '마운팅'하지 않은 상태에서 발생하는 경우가 많다. 긴팔원숭이와 보노보 수컷들은 흔히 나뭇가지에 매달려 서로를 마주 보며, 보다 '평등한' 이 자세로 동성애 활동을 한다. 쇠고래, 서인도제도매너티, 병코돌고래, 보토 같은 수중 동물에서 수컷들은 부드러운 신체로 끊임없이 움직이는 체위를 통해 페니스를 서로 문지르거나 서로를 자극하면서 부딪치는데 여기서 '마운터mounter'나 '마운티mountee'로 분류하려는 모든 시도는 쓸모가 없게 된다. 또한 침팬지와 일부 히말라야원숭이에서 발견되는 상호적인 엉덩이 문지르기와 생식기 자극도 동성애 상호작용에 대한 지배에 기초를 둔 관점을 의미 없게 만든다. 두 마리의 수컷이나 두 마리의 암컷이 서로 등을 맞대고 항문과 생식기 부위를 문지르는 경우나, 때로 손으로 서로의 생식기를 자극하는 경우라면 누가 다른 녀석을 '지배'하고 있단 말인가? 아니면 수컷 흡혈박쥐가 파트너의 생식기를 핥아 애무하며 동시에 자신은 자위를 하고 있을 때 어느 박쥐가 '순종적으로submissively' 행동하고 있단 말인가? 같은 이야기로, 검정짧은꼬리원숭이 암컷들은 서로 반대 방향으로 나란히 서서 서로의 클리토리스를 자극하는 독특한 형태의 상호 자위행위를 가지고 있다. 다시 말하지만 순수한 상호주의 때문에 이 행동을 파트너 사이의 일종의 위계질서 관계를 표현하는 것으로 해석하는 것은 거의 아무런 의미가 없다.

생식기 문지르기, 파트너에게 해주는 자위, 구강성교, 마운팅이 아닌 항문 자극, 성적인 털손질 등이 70여 종의 같은 성 개체 사이에서 발생하지만 사실상 이러한 모든 형태의 성적 표현은 명확하게 지배 관계의 영역 밖에 있다.[89] 이러한 좀 더 쌍방향이거나, 상호적이거나, 지배의 성격이 모호한 성적 활동은 일반적으로 동일한 종에서 동성애 마운팅 행동과 동시에 발견되지만 지배라는 관점으로 분석할 때는 일반적으로 무시된다.[90] 아이러니하게도 동성애 활동의 또 다른 온전한 영역(공공연한 성

수컷 몽땅꼬리원숭이가 손으로 서로의 생식기를 자극하고 있다. 이와 같은 쌍방향 또는 상호적인 성행위는 '지배'에 기원을 두지 않은 동성애 활동의 좋은 예다.

적 모습을 띠지 않는 모든 같은 성 상호작용들)도 지배 해석을 비껴간다. 구애, 짝결합, 양육 행동이 성기의 접촉이나 직접적인 성적 흥분 없이 같은 성 파트너 사이에 일어나지만 이런 것들은 동성애 표현에 있어서 지배의 관련성에 대한 모든 토론에서 항상 빠진다.[91] 이와 같은 비非성적인 행동을 지배 중심 사고에서 배제하는 것은 역설적으로 마운팅 행동 자체를 지배적 범주에 포함함으로써 궁극적으로 비성적인 행위로 만드는 방식과 대비가 된다.

지배 기반 분석의 마지막 맹점은 마운팅이나 다른 성적인 행동을 바탕으로 한 개체군의 서열이 종의 다른 지배 척도와 일치하지 않는 경우가 많다는 것이다. 예를 들어 수컷 기린은 잘 정의된 지배적인 위계질서를 가지고 있다. 개체의 서열은 나이, 크기, 능력에 따라 결정되며 특정 자세와 시선으로 다른 수컷을 쫓아낼 수 있다. 동성애적 마운팅과 '목걸기necking' 행동은 보통 지배와 관련이 있다고 주장되지만 한 연구에서 다른 척도로 측정한 개체의 사회적 지위로 이러한 활동과의 관계를 비교했을 때는 아무런 연관성도 드러나지 않았다. 마운팅 체위는 수컷 검정짧은꼬리원숭이, 수컷 몽땅꼬리원숭이, 암컷 돼지꼬리원숭이에서도 공격적인 만남(즉 위협과 공격 행동)과 다른 기준에 의해 측정되는 개체의 서열을 역시 반영하지 못한다. 사바나(올리브)개코원숭이에서 수컷 동성애 마운트의 약 절반만이 공격적이거나 장난스러운 상호작용으로 결정되는 지배 기반의 지위와 마운터 또는 마운티로서의 동물의 역할과 상관관계가 있다. 또 수컷 다람쥐원숭이에서 지배 기반의 지위는 한 개체의 먹이 접근성, 이성애 짝짓기의 기회 및 다른 수컷과의 상호작용의 성격에 영향을 미치지만 동성애적 생식기 과시에 참여할 때 증명된 수컷의 서열은 이러한 다른 기준 중 어느 것과도 직접적으로 일치하지 않는다. 수컷 붉은다람쥐에서도 공격성과 같은 성 마운팅을 간단하게 연결 짓는 관계란 존재하지 않는다. 한 연구에서 개체군 중 가장 공격적인 개체는 실제로 다른 수컷을 가장 자주 마운트하지만 다른 수컷에 의해 마운트가 되는 경우도 가장 많았다. 반면에 가장 덜 공격적인 수컷은 다른 수컷에 의해 마운트가 되는 일이 거의 없었다. 이는 자신보다 더 공격적인 수컷을 마운트하는 수컷 스피니펙스껑충쥐에서도 마찬가지다. 마찬가지로 수컷 들소는 턱들어 올리기chin-raising와 머리맞대고 밀기head-to-head pushing와 같은 과시를 통해 지배력을 상당히 일관되게 표현하지만 그렇다고 이러한 행동들이 앞으로 상대방을 마운트할 것이라는 신뢰할 만한 예측을 제공하지는 않는다. 비록 수컷 서부쇠물닭 사이의 일부 마운트는 참가자의 지배 기반의 지위(먹이를 먹는 행동, 나이, 크기 및 기타 요인에 의해 결정됨)와 상관관계가 있는 것처럼 보이지만 이러한 지배의 척도와 또 다른 서열의 중요한 지표인 수컷의 이성애 교미 접근권(또는 그가 낳은 자손의 수) 사이에는 일관적인 관계가 없다. 집단베짜기새의 지배 관계 역시 여러 가지 척도로 비교할 경우 균일하지는않은 모습을 보여준다. 예를 들어 한 수컷은 마운팅 행동에 따르면 다른 수컷의 '지배 개체'였지만 쪼기와 위협 상호작용에 따르면 그의 '하위 개체'였다.[92]

실제로 여러 비非성적인 지배 관계를 재는 척도는 동물 사이에서도 일치하지 않는 경우가 많고, 이로 인해 일부 과학자들은 지배에 대한 전체 개념을 완전히 포기하지는 않더라도 심각하게 재검토할 필요가 있다는 의견을 제시하게 되었다. 몇몇 종에서 일부 행동과 관련이 있을 수 있지만 지배(또는 서열)는 동물 행동의 고정적이거나 획일적인 결정 요인이 아니다. 지배와 다른 요인과의 상호작용은 복잡하고 맥락에 따라 다르므로, 전통적으로 인정되어 온 현저한 형태의 사회조직의 지위를 부여해서는 안 된다.[93] 영장류학자 린다 페디건Linda Fedigan은 아래의 문장에서 동물 행동에서 지배의 역할에 대한 보다 정교한 접근법을 매끄럽게 요약해서 주장한다. 비록 그녀의 논평이 영장류에 관한 것이긴 하지만 다른 종과도 역시 관련이 있다.

우리는 일상적 원시생활에서 신체적 강압의 중요성을 과대평가할 뿐만 아니라 지배라고 뭉뚱그려 분류된 현상을 흔히 지나치게 단순화한다… 친족, 우정, 배우자 관계, 역할에 기초한 동맹alliances이나 리더십, 관심 구조, 사회적 장려 및 억제와 같은 현상에서 드러나는 사회적 동력social power에 대해 조금 더 주목한다면 영장류의 사회적 상호작용 역학을 더 잘 이해하는 데 도움이 될 것이다. 이는 또한 우리에게 사회적 영장류 사이가 대립적인 힘보다는 경쟁과 협력으로 얽혀 있다는 적절한 시각과, 수컷은 물론 암컷 영장류도 동맹체제에 참여하는 방법으로 영장류 '정치'에서 주요한 역할을 한다는 적절한 시각을 제공해 줄 것이다.[94]

같은 성 활동에서 지배라는 요소에 대해 미심쩍어하거나 완전히 무가치하게 여기는 동물학자들의 여러 명쾌한 진술뿐만 아니라 동물 동성애에 대한 지배 기반의 분석에 반反하는 광범위한 증거를 고려할 때, 동성애 행동에 관해 논의할 때마다 과학 문헌에 이러한 '설명'이 계속해서 다시 나타난다는 것은 놀라운 일이다.[95] 1990년대에 발표된 몇 가지 연구에서도 다시 나타난다. 1995년까지만 해도 사실 수컷 얼룩말들 사이의 마운팅에 대한 논의에서 지배가 들먹여졌고, 또 이 설명은 과학자들이 1994년 나무제비의 동성애 교미에 관한 어느 해석을 보고 반박해야겠다고 느낄 만큼 여전히 널리 통용되고 있었다. 이 '설명'이 사용된 방법의 많은 예를 살펴보면, 흔히 지배의 관련성을 뒷받침하는 근거도 없이 주장되다가 후속 연구에서 인용되고 또 재인용되어 흡사 오해의 사슬을 형성하며 수십 년의 과학 조사에 걸쳐 있는 것처럼 보인다. 동성애 활동을 지배 행동이라고 초기에 특징짓는 것은(어떤 종에서 이러한 행동을 처음 발견했을 때 흔히 성급하게 제안된다) 나중 이 현상에 대한 보다 신중한 여러 조사에 의해 되풀이해서 반박되었다.[96] 그러나 흔히 연구자들은 초기 연구만을 인용해서 이것이 그 행동의 유효한 특징이라는 신화를 영구화한다. 예를 들어 채찍꼬리왈라비에서 동성애 마운팅을 설명하는 1974년 보고서에서 한 동물학자는 히말라야원숭이의 동성애를 지배 기반의 해석으로 언급했다. 좀 더 최근의 연구로 히말라야원숭이 종에 대한 분석에서 이 해석이 틀렸다는 것이 입증되거나 최소한 의문이 제기되었음에도 그렇게 한 것이었다.[97]

때로 지배라는 단어 자체는 단순히 '동성애 마운팅'을 위한 코드가 되어, 마침내 시작하며 가져야 할 최소한의 의미를 잃을 때까지 주문처럼 반복되기도 했다. '지배' 해석은 같은 성 마운팅이 실제로 얼마나 명백하게 성적인지와 관계없이 적용되었다. 암컷 히말라야원숭이 사이의 오르가슴을 위한 직접적인 클리토리스 자극이 있는 상호작용이나 기린의 완전한 항문 삽입과 사정 그리고 암컷 나무타기캥거루 사이나 수컷 보닛원숭이 사이의 비교적 '기능적'인 마운트까지도 한 번쯤은 모두 비성적인 '지배' 기반의 활동으로 분류된 적이 있었다. 비록 많은 과학자가 지배 해석에 반대하는 기록을 남기기도 했지만(이를 통해 이 분석 체계의 아성에 도전했다) 여러 연구들은 지배 기반의 분석과 모순되는 정보는 때로 성가시게 여겨 무시하거나 생략하였다. 예를 들어 큰뿔양의 지배에 대한 여러 보고서에서, 같은 성 간의 마운팅과 구애 활동(특정한 공격적인 상호작용뿐만 아니라)은 빈번하게 '지배 개체'처럼 행동하는 '하위 개체'와 관련이 있다는 이유로, 다시 말해 지배 기반의 위계질서와 일치하지 않았기 때문에 통계 계산에서 의도적으로 배제되었다. 한 과학자는 심지어 검정짧은꼬리원숭이에서 같은 성 마운팅의 일부 사례에 대해 그 행동이 지배 시스템을 반영하지 못했다거나 다른 '유용한useful' 특성을 전혀 나타내지 못했다는 이유로 '기능 장애dysfunctional'로 분류하기도 했다.[98]

이것은 단지 과학자들만 관련된 문제이거나 단순하게 난해한 학문적 해석의 문제로 끝나지 않는다. 동성애적 행동의 '기능'에 대해 동물학자들이 만드는 이러한 주장은 흔히 동물을 다루는 인기 있는 작업에서 어깨너머로 근거도 없이 반복되다가 이러한 생물들에 대한 우리 '상식'의 일부가 된다. 1995년에 발표된 영장류 동성애에 대한 상세한 조사에서 동물학자이자 인류학자 폴 L. 베이시는 동성애에 대한 지배 기반의 해석을 적절한 시각으로 그리고 최종적이고도 확실하게 다음과 같이 말했다. "지배는 아마도 일부 영장류 동성애 행동의 중요한 요소일 것이지만 그것은 오직 이러한 복잡한 상호작용을 부분적으로만 설명할 수 있을 뿐이다."[99] 우리는 다만 동료들이 그리고 궁극적으로 우리 모두에게 동물 행동의 경이로운 모습을 전하는 사람들이 이 말을 마음속에 영원히 간직하기만을 바랄 뿐이다.

동성애 행동의 중성화

··· 두 수컷(딘딩과 두리안)은 주기적으로 서로의 페니스를 입에 문다. 하지만 이러한 행동은 성적인 동기보다는 영양을 제공하기 위한 것으로 보인다.
— T. L. 메이플, 『오랑우탄의 행동』[100]

동성애를 관찰하고 분석한 모든 동물의 거의 1/4에서, 그 행동은 지배 기반 행동 외의(또는 지배 기반의 행동에 더해진) 어떤 다른 형태의 비성적인 활동으로 분류되었다. 같은 성별의 동물들 간에 일어나는 활동에 대해 성적 동기를 부여하는 것을 꺼렸던 과학자들은 여러 경우에 있어서 대안적인 '기능'을 고안해 냈다. 이러한 다소 억지스러운 제안의 예로는 (위에서 인용한 것 같은) 수컷 오랑우탄 사이의 펠라티오를 '영양을 제공하는nutritive' 행동이라고 보는 것이나, 수컷 서인도제도매너티 사이에 일어나는 커보팅*cavorting과 성기를 자극하는 에피소드를 '체력의 대결'이

---

* 커보팅은 '신나게 뛰어다니다'라는 뜻이고 여기서는 무리지어 물장구치거나 서로 비비거나 구르는 매너티의 사회적 행동을 말한다.

라고 생각하는 것 등이 있다.[101] 또한 여러 시대에 걸쳐 동성애는 공격성(꼭 지배와 관련이 있을 필요는 없는), 유화나 달래기, 놀이, 긴장 완화, 인사나 사회적 유대, 안심시키기나 화해, 연합이나 동맹 형성, 음식이나 다른 호의에 대한 '물물교환' 등의 한 형태로 분류되기도 했다. 인간의 성적 상호작용의 본질에 대한 모든 모습을 반영하듯이, 사실상 이러한 기능이 전부 실제 합리적이고 가능성이 있는 성적 취향의 구성 요소라는 것은 놀라운 일이다. 사실 일부 종에서는 동성애 상호작용이 이러한 활동의 일부 또는 전부의 특징을 지니고 있다. 그러나 대부분 이러한 기능은 성적인 구성 요소에 덧붙여진 행동이 아니라 성적인 구성 요소를 대신한 행동이라고 설명하며, 그 행동이 두 수컷 또는 두 암컷 사이에서 발생하는 경우에만 적용한다. 폴 L. 베이시에 의하면 "동성애 행동이 일부 사회적 역할을 할 수는 있지만 동물학자들은 이러한 역할을 흔히 동성애 상호작용의 주된 이유로 해석하며, 대개 동성애 행동에 대한 어떠한 성적인 요소라도 부정하는 것으로 보인다. 이와는 대조적으로 이성애 상호작용은 항상 우선적으로는 성적인 것이며 이차적으로 일부 가능한 사회적 기능을 동반한 것으로 여긴다".[102]

이리하여, 행동을 '성적인' 것으로 분류할 때 광범위한 이중기준이 존재하게 된다. 중성화desexing는 다양한 전략에 따라 이성애에는 적용하지 않고 동성애에만 선택적으로 적용한다. 첫 번째이자 가장 명백한 예로는 과학자들이 동일한 행동을 반대쪽 성 구성원이 포함된 경우에는 성적인 것으로 분류하고, 같은 성 구성원이 관계된 경우에는 비성적인 것으로 분류하는 모습이다. 이는 다음 진술에서 쉽게 드러난다. "[들소에게] 마운팅은 '모의 교미mock copulation'라고 할 수 있다. 이 행동은 암컷을 향했을 때만 성적인 행동으로 분류하는 것이 적절해 보인다. 물론 이 제스처는 수컷에게 향하기도 하므로, 그것이 사회적 기능을 가지고 있다는 것도 암시한다." 마찬가지로, 아시아무플론이나 다른 산양에서 구애와 관련된 한 행동(앞다리 발길질)이 반대쪽 성보다 같은 성 간의 개체 사이에서 더 자주 관찰되었다는 이유로 어느 동물학자는 이 활동이 구애 행동이라기보다는 공격 행동일 것이라고 결론을 내렸다. 영장류학자들은 처음에 몽땅꼬리원숭이에서 성행위로 분류했던 것을 그것이 동성애 쌍에서 일어나자 공격적이거나 지배적인 행동의 범주로 재분류했고, 해양생물학자들은 듀공에서의 구애와 짝짓기 활동이라고 분류했던 것을 두 참가자 모두 실제로는 수컷이라는 것을 알게 되자 비성적인 행위로 재분류했다. 레이산알바트로스의 구애용 과시를 연구하는 조류학자들은 일부 구애하는 새가 같은 성임을 발견하게 되자 이 행동이 짝결합이나 짝짓기와 '진정한' 관련이 있는지 의문을 제기하기도 했다. (수컷) 난쟁이몽구스와 보넷원숭이는 반대쪽 성 파트너만큼이나 같은 성 파트너를 마운트할 가능성이 크기 때문에 과학자들은 이 행동이 비성애적인 것이 분명하다고 결정했다.[103] 이것은 행동이 같은 성 對 반대쪽 성의 관계에서 다른 의미나 '기능'을 가질 수 없다는 말이 아니고 단지 동물학자들이 같은 성의 관계에서 성적인 해석을 지우는 것이 그동안 널리, 거의 어디에서나 있었다는 이야기다.

동물학자들은 참가자들이 같은 성이라는 것을 알게 되면 비非성적인 해석을 행동에 적용할 뿐만 아니라 역으로 겉보기에 비성적인 행동(특히 공격성을 포함할 경우)이 있으면 반드시 같은 성의 동물이 연관되었을 것이라고 가정하기도 한다. 이러한 가정의 특히 흥미로운 예로는 붉은발도요의 구애 레퍼토리 일부인 성적 추적sexual chases의 해석에 있어서 조삼모사처럼 하는 행태를 들 수 있다. 이러한 추적의 다소 공격적인 성질 때문에 원래는 비성적인 텃세 지키기 상호작용으로 해석하였고, 일부 과학자들이 반대쪽 성 새들 간의 추적을 보았다고 보고했음에도 불구하고 두 마리의 수컷이 연관된 것으로 추정했다. 이후, 새에 표식을 붙인(개체 식별이 가능한) 더 자세한 연구에 의해, 대부분의 추적은 실제로 수컷 한 마리와 암컷 한 마리 사이에 일어나며 번식기 초기에 발생한다는 것이 밝혀졌다. 이때 그 행동은 구애의 형태로 재분류되었다. 하지만 몇몇 경우에 두 수컷이 실제로 서로를 추적한다는 것도 발견되었고, 당연히 과학자들은 이 경우에 한해 추적은 성적인 것이 아니라고 다시 한번 주장했다(두 수컷이 또한 서로 빈번하게 교미했다는 사실에도 불구하고).[104]

때때로 행동의 임의적인 분류는 터무니없는 수준에 도달하기도 한다. 몇몇 예에서 하나의 동일한 활동의 구성 요소들을 별도의 분류로 나누어 버리거나, 동성애 상호작용의 명백한 성적 특성을 그 행동이 '일반적인' 이성애 행동이라는 의미로 해석해 버린다. 예를 들어 암컷 검정짧은꼬리원숭이에 대한 한 보고서는, '상호 측면 과시mutual lateral display'라는 행위를 '사회-성적인sociosexual' 활동으로 분류했다. 이것은 '털손질 전이나 공격을 끝마칠 때' 하는 '거리감 줄이기 과시'나 '인사'의 한 형태로 묘사한 것이다. 그러나 암컷들이 서로의 클리토리스를 자위한다는 사실(어떤 행동이 보여줄 수 있는 가장 확실한 성적 행동)은 이 활동에 대한 설명에서 알 수 없는 이유로 빠져 있다. 대신 이 세부 사항은 '자위'라는 제목으로 보고서의 '성적인 행동' 섹션에 별도로 포함되어 있다. 이는 명백히 이 행동의 일부가 성적인 것이 아니라는 잘못된 인식이다. 그러나 그 일부도 성적인 행동이다! 같은 종에서 수컷들은 흔히 서로 털손질을 하는 동안 성적으로 흥분하여 발기하다가 때로는 자위하며 사정까지 하기도한다. 놀랍게도, 또 다른 조사자는 이를 수컷들의 털손질에 나타나는 성적인 본성의 증거로 보지 않고 대신 털손질은 아마도 '일반적으로' 교미에 앞서 암컷이 수컷에게 실시하는 것일 거라고 해석했다. 명백히 이러한 주장은 노골적인 성애는 대상을 잘못 찾은 이성애의 경우는 될 수 있지만 '진정한' 동성애는 아니라는 뜻이 된다.[105]

흔히 어떤 행동은 참가자들이 반대쪽 성이라고 알려져 있으면 구애나 성애에 관련된 것일 것이라고 자동으로 가정하고, '성적인sexual' 해석의 기준은 일반적으로 동성 간의 상응하는 상호작용에 적용할 때보다 훨씬 덜 엄격하게 잡는다. 다시 말해서 이성 간의 상호작용은 성적인 내용이나 동기 부여에 있어서 의심을 더 잘 받는 이점이 있다. 이에 대한 직접적 증거가 거의 없거나 또는 아예 없거나 심지어 반대되는 명백한 증거가 있을 때도 그렇다. 예를 들어 수컷이 암컷 비쿠냐의 생식기를 단순히 코로 비비는 행위genital nuzzling(번식기가 아닐 때 발생하며 이에 수반하는 어떠한 마운팅이나 교미가 없이 발생한다)는 성행위로 분류했지만 동일한 종에서 실제 같은 성 마운팅은 비성적인 행위나 '놀이' 행위로 분류했다. 사향소의 경우 이성애 맥락에서 앞다리로 발길질foreleg-kicking을 하는 것은 동성애 맥락에서 차는 것보다 훨씬 더 공격적이다. 수컷

이 암컷의 척추나 골반에 가하는 타격은 때로 45미터 떨어진 곳에서도 들릴 정도로강력하지만 이러한 행동은 여전히 본질적으로 구애에서 기원한 것으로 분류한다.만약 이 정도의 공격성이 수컷들 사이의 앞다리 발길질로 나타난다면 그 행동은 결코 동성애적 구애 행위로 간주되지 않을 것이다(그저 이 분류는 수컷들 사이의 '지배' 기능에 대한 의무적인 언급과 함께 마지못해 다뤄질 뿐이다).

수컷 기린이 암컷 엉덩이의 냄새를 맡을 때sniff(아무런 마운팅이나 발기, 삽입 또는 사정도 없이) 그 수컷은 암컷에게 성적으로 관심이 있는 것으로 묘사한다. 수컷의 행동은 주로, 전적인 것은 아니라 해도, 성적인 것으로 분류한다. 그러나 수컷 기린이 다른 수컷의 생식기를 냄새 맡고 발기한 페니스로 마운트해서 사정을 하는 경우, 그 수컷은 '공격적' 또는 '지배적' 행동을 하고 있다고 보고 그 행동은 기껏해야 이차적으로 성적이거나 또는 표면적으로만 성적인 것으로 간주한다. 갈색제비에 관한 어느 연구에서 수컷과 암컷 사이의 추적chases은 비록 교미를 초래하는 경우는 드물었지만 모두 성적인 것으로 추정하였다. 실제로 대부분의 조류 연구에서 수컷과 암컷으로 구성된 한 쌍은 '[이성애] 쌍'이라고 부르

는데 이러한 모든 커플에게 노골적인 성적 (마운팅) 활동이 거의 검증되지 않는다는 사실에도 불구하고 그렇게 여긴다. 대조적으로 대부분의 조사자는 새들의 같은 성 상호작용에 마운팅이 관찰되지 않는다면 구애 활동이나 성적인 활동 또는 짝결합 활동으로 분류하는 것을 고려조차 하지 않을 것이다. 아무리 그 행동이 이성애 맥락에서 사용된 것과 동일한 행동 패턴을 가지고 있다고 하더라도 말이다. 사바나개코원숭이와 히말라야원숭이 수컷과 암컷 사이의 특정한 관계는 흔히 성행위를 포함하지 않아도 '성적인' 관계 또는 '짝 관계'라고 설명된다. 대조적으로 이들 종의 같은 성 간의 결합은 성적인 활동(이성애 결합에서 발견되는 것과 동일한 강도 및 기간을 가지고 있다)을 포함할 수 있음에도 불구하고 비非성적인 '연합' 또는 '동맹'으로 특징지어진다. 앞에서 설명한 검은머리물떼새의 '파이핑 과시'는 수컷과 암컷 간의 공통적인 활동이라는 이유로 처음에는 구애 행위로 간주되었다. 후속 연구는 이것이 사실 주로 비성적인 (영역 또는 지배 기반의) 상호작용이라는 것을 보여주었다. [106]

과학자들이 두 마리의 수컷이나 두 마리의 암컷 사이에 일어나는 명백하게 성적인 행동에 직면했을 때 채택한 또 다른 전략은 같은 성 간 그리고 반대쪽 성 간의 맥락에서도 그것의 성적 내용을 부정하는 것이다. 예를 들어 한 과학자는 암컷 검정짧은꼬리원숭이가 이성애 마운트를 할 때뿐만 아니라 동성애 마운트 중에도 오르가슴의 행동 징후를 보여주기 때문에 이러한 행동은 어느 상황에서든 암컷 오르가슴의 신뢰할 수 있는 증거가 아니라고 결론을 내렸다. 병코돌고래와 긴부리돌고래에서 같은 성별 개체 간의 성관계 및 기타 성적 상호작용이 발생한다는 사실은 흔히 그러한 행동이 성적인 내용과 크게 떨어져 있다는 '증거'로 간주하며, 지금은 이성애적 맥락이라고 할지라도 '인사' 또는 '사회적 의사소통'의 형태라고 본다. 비슷한 예를 보자. 바다오리의 교미는 번식과 관계가 없는 여러 특징을 가지고 있다. 수컷들 사이에서 교미가 일어난다는 것 외에도 이성애 쌍에서 흔히 암컷이 가임기가 되기도 전에 교미가 일어나는 것이다. 이렇게 영장류에서의 '비성적인' 마운팅과 분명한 유사점이 보이는 것에 착안해서, 한 이론가는 이 새에서 이성적인 마운팅은 주로 성적인 행동이라기보다는 '유화appeasement' 기능을 제공하는 것이라고 제시했다. 즉 암컷이 수컷의 공격성을 비껴가기 위해 수컷 파트너를 짝짓기에 초대한다는 것이다. 마찬가지로 푸른배파랑새의 생식과 관계가 없는 교미는 이성애 및 동성애 맥락 모두에서 의식화한 공격 행동이나 유화 행동의 한 형태로 분류된다.[107]

동성애와 이성애적 행동의 형태 차이는 흔히 그들의 성적 내용의 차이로 해석된다. 만일 같은 성 활동이 반대쪽 성과 닮지 않고 반대쪽 성 활동만이 정의에 의해 성적인 것이라면, 같은 성 활동은 성적인 것이 될 수 없다는 논리다. 예를 들어 히말라야원숭이에서 대부분의 이성애 교미는 수컷이 일련의 마운트를 수행하며, 그중 마지막 것에서만 전형적으로 사정이 일어난다. 수컷들 사이의 마운트는 흔히 일련의 마운트라기보다는 단일 마운트이기 때문에 그것이 발기, 골반 찌르기, 삽입, 심지어 사정 등 명확한 성적 흥분의 징후를 포함하고 있어도 흔히 비非성적인 것으로 분류된다. 수컷 일본원숭이들 사이의 마운팅에도 비슷한 해석이 제안되었다. 이와는 반대로, 히말라야원숭이의 이성애 교미(일련의 마운팅을 동반한)와 수컷 자위 패턴 사이에도 형태상의 중요한 차이가 존재하지만 두 활동 모두 성적인 것이 분명하고 그에 따라 전형적으로 성적인 것이라고 분류된다.[108]

다른 동물에서, 같은 성 활동이 비성적인 것이라고 주장하기 위해 사용되는 바로 그 특성들(예를 들어 간결함, '불완전함' 또는 성적 흥분 징후가 없음)은, 더 전형적인 형태는 아닐 수도 있겠지만, 성적 행동으로 분류되는 반대쪽 성 상호작용의 전형적인 형태다. 같은 성 마운팅이 발생한 모두 포유류의 1/3에서도 발기나 골반찌르기, 삽입 그리고 사정이 일어나지 않은 '상징적'이거나 '불완전한' 이성애 마운트가 발생한다. 또한 '의식적인' 이성애 마운팅은 여러 조류 종의 전형적인 모습이기도 하다.[109] 코브 이성애 교미의 52%에서는 최소 1번의 발기하지 않은 수컷의 마운트가 있다. 대조적으로 수컷 기린의 동성애 마운트의 56%는 발기한 상태에서 일어나지만 때로 비성적인 것이라고 분류된다. 마찬가지로 북방자카나northern jacanas 중 이성애 마운트의 1/4~1/5이 총배설강(생식기) 접촉을 한다. 아마도 오랑우탄 이성애 마운트의 3/4 이하에서만 사정이 일어날 것이라고 추측된다.[110] 흔히 이성애 관계에서 성적인 흥분이나 '완전한' 교미에 대한 증거가 완전히 결여되어 있어도 수컷-암컷 사이의 마운트는 여전히 '성적인' 행동으로 간주된다. 예를 들어 바다코끼리, 사향소, 큰뿔양, 아시아무플론, 회색곰, 올림픽마멋에서는 이성애 마운트 동안 삽입과 사정을 직접 관찰할 수 있는 경우가 거의 없다. 또한 흰꼬리사슴 교미 중에 수컷의 발기는 거의 볼 수가 없고, 오랑우탄, 흰목꼬리감기원숭이, 북방물개의 이성애 교미를 관찰할 때 사정은 발생하는 것으로만 '추정'할 수 있으며, 목도리도요 수컷-암컷 마운트에서의 성기 접촉은 확인하기가 어렵다. 이는 몇 가지 예만 열거한 것이다.[111]

사실 많은 종에서 이성애 교미 동안 실제 정자의 전달을 관찰하는 것은 너무 어려워서 생물학자들은 다양하고 특별한 '사정 증명ejaculation-verification' 기술을 개발해야만 했다. 예를 들어 나무제비 같은 새에서는 다양한 색깔의 작은 유리구슬 혹은 '미소구체microsphere'가 수컷의 생식기에 삽입된다. 만약 새들이 이성애 교미 중에 사정한다면 이 구슬들은 암컷의 생식기로 옮겨진다. 과학자들은 이 구슬을 회수하고 색깔 코드를 검사하여 실제로 어떤 수컷이 정자를 전달했는지 확인할 수 있다. 설치류와 작은 유대류의 경우, 생물학자들은 실제로 수컷의 전립선에 여러 가지 서로 다른 방사성 물질을 주입한다. 사정하는 동안 이 물질들은 정액을 통해 암컷으로 옮겨지고, 일종의 정자 가이거 계수기sperm Geiger counter를 이용해 어떤 수컷이 수정을 시켰는지 알아낸다.[112] 이성애 짝짓기의 기본적이고도 자명하다고 알려진 측면을 입증하기 위해 이토록 정교한 노력이 요구되는데 동성애 짝짓기가 때로 '미완성'으로 보이기도 하는 것이 과연 이상한 것인가?

이러한 관찰과 해석의 어려움 때문에 과학자들은 동성애 성관계를 '검증'하기 위해 비슷하게 극단적인 방법을 사용했다. 1970년대 초, 수컷 동물들 사이에 마운팅 활동이 정말 어느 정도까지 진정하게 '성적인' 것인지에 대해 논란이 일었다. 그것의 '비非성적인' 성격의 증거로서, 일부 과학자들은 완전한 항문 삽입은 그러한 관계에서 절대 일어나지 않았다고 주장했다(따라서 삽입을 '진정한' 성애와 동일시한 것이다). 연구자들은 항문 삽입의 예를 기록하기 위해 수컷 히말라야원숭이들의 마운팅을 촬영하는 수고를 마다하지 않았다. 그들은 심지어 직장에 정액이 있는지 찾으려고 원숭이를 마취하기도 했다. 말할 필요도 없이, 그 연구자들이 입수한 항문 삽입의 영화학적 증거는 그러한 마운트가 '성적'인지 아닌지에 대한 이후의 논쟁을 잠재우는 데 거의 도움이 되지 않았다. 그들이 삽입은 기록할 수 있었지만 사정은 기록할 수 없었다는 사실은 이제 성애에 대한 새로운 '기준'이 적용될 수 있다는 것을 의미할 뿐이었다. 바로 오직 사정으로 절정에 이른 마운트만이 '진정한' 성적 행동으로 간주된다는 것이었다. 아이러니하게도 이들 연구자 중 누구도 히말라야원숭이의 항문 삽입과 사정이 모두 관찰된 동성애 활동에 대한 초기 현장 보고에 대해 명백히 알지 못했다.[113]

삽입과 사정에 거의 집착한다고도 할 수 있는 이 초점은 (사실 처음에는 성적인 활동의 다양한 측면을 '측정'하던) 대다수 생물학자의 성애에 대한 뿌리 깊은 남성 중심적이고 '목표 지향적goal-oriented'인 관점을 보여준다. 동성애 활동뿐만 아니라 비삽입적 성행위, 암컷 성애와 오르가슴 반응, 구강성교와 자위, 수컷이 페니스를 가지고 있지 않은 종(예를 들어 조류)에서의 교미 등 페니스—질 삽입이 관계되어 있지 않은 모든 형태의 섹스는 그러한 좁은 정의의 지도에서는 설 자리가 없다. 진실은 이성애와 동성애 활동 모두 '성애' 또는 '완전성'의 정도에 관하여 연속체 성질로 존재한다는 것이다. 예를 들어 수컷 포유류의 마운팅 활동은 부분적인 마운팅, 골반 찌르기가 없는 완전한 마운팅, 골반 찌르기는 있지만 발기는 없는 마운팅, 발기는 있지만 삽입은 없는 마운팅, 삽입은 있지만 사정이 없는 마운팅, 사정은 있지만 삽입은 없는 마운팅, 마운팅은 없지만 삽입이나 사정은 하는 마운팅 등 수없이 다양하다.[114] 이 연속체를 따라 있는 각 단계는 한 번쯤은 '진정한' 성적 행동을 정의할 때 문턱으로 간주된 적이 있었다. 때로 그러한 문턱을 사용한 목적은 흔히 동성 간의 상호작용을 배제하기 위한 것이었다. 각 단계를 일부 유기적이거나 유전적인 초점을 바탕으로 한 광범위한 성적 능력의 한 가지 가능한 표현으로 보지 않고 말이다.

동성애 행위의 비非성적인 요소는 수많은 종에서 유효한 것으로 보인다. 또 그만큼 많은 종에서, 다양한 비성적인 해석에 반대하는 분명한 주장이 있고, 몇몇 동물학자들은 비성적인 분석을 명백히 거부하기도 한다.[115] 하지만 전반적으로는 같은 성을 가진 동물들 사이의 행동에 대한 비성적인 해석과 관련하여 세 가지 중요한 점을 고려해야 한다. 첫째, 인과성(또는 비성적인 측면의 우선권)에 대한 질문이 해결되어야 한다. 겉보기에 성적인 행동이 단지 비성적인 결과나 상황과 관련이 있다고 해서 그 행동의 단독적인 기능이나 맥락이 반드시 비성적이라는 것을 의미하는 것은 아니다. 예를 들어 흔히 일본원숭이 암컷들은 동성애 관계를 형성함으로써 강력한 동맹을 얻는 경우가 있는데 배우자는 전형적으로 개체군에 있는 다른 자에게 도전할 때(또는 자신을 방어할 때) 전형적으로 파트너를 지지하기 때문이다. 그러나 파트너 선택에 관한 자세한 연구는 그러한 비성적인 이득은 이차적인 중요성만 가진다는 것을 보여주었다. 즉 암컷들은 상대가 최고의, 혹은 가장 전략적인 동맹이 될 것인지 보다는 일차적으로 성적인 매력을 바탕으로 배우자를 선택했다.[116] 마찬가지로 같은 성을 가진 동물들 사이의 마운팅(또는 다른 성적인 활동)은 많은 종(예를 들어 보노보)에서 참여자 사이의 공격성이나 긴장을 감소시키는 역할을 하는 행동으로 묘사된다. 실제 서로 마운트하는 개체들은 서로에게 덜 공격적으로 대하거나 상호작용에서 긴장을 덜 경험할 수도 있다. 그리고 적어도 어떤 맥락의 일부 동성애는 아마도 긴장감을 줄여주는 역할을 할 것이다. 그러나 상황은 이보다 상당히 더 복잡한 것이 연관되어 있다. 긴장 감소가 성적인 활동의 직접적인 결과가 되는 것처럼, 개체 간의 친밀한 관계나 우호적인 관계(성적 접촉을 통해서도 표현되는 관계)도 성적 접촉을 통해서 표현된다. 게다가 일부 연구원들이 보노보에 대해 지적했듯이, 인과 관계 또한 일반적으로 추정되는 것의 역행일 수 있다. 이 종에서 성적인 행동이나 상황에 따른 긴장은 흔히 동시에 일어나므로 성애가 긴장을 줄이는 데만 기능하고 있다는 인상을 줄 수 있다. 사실은 그 자체의 긴장을 만들거나 불러올 수도 있다. 실제로 수컷 고릴라의 동성애 활동은 흔히 사회적 긴장을 감소하기보다는 증가하는 결과를 낳는다.[117]

둘째로, 행동을 비非성적인 것으로 분류하거나 혹은 비성적인 구성 요소를 가진 것으로 분류하더라도 할당되는 행동 범주(공격, 인사, 동맹 형성 등)는 획일적인 것이 아니다. 이러한 행동의 형태와 맥락에 대한 여러 중요한 질문들은 남아 있다. 이는 '분류'를 일단 받은 후에 흔히 간과되었던 질문들이다. 우리가 주어진 행동이 '비성적'이라는 것을 '알고 있다'고 해서 우리가 그 행동에 대한 모든 것을 알고 있다는 것을 의미하는 것은 아니다. 예를 들어 보넷원숭이와 사바나개코원숭이들 사이의 성적 행동은 사회적 '인사greetings' 상호작용으로 분류된다. 그러나 이 두 종 사이에는 관련된 활동의 유형뿐만 아니라 참여의 빈도, 참여자의 유형, 참여의 사회적 틀과 결과 등에 근본적인 차이가 있다.[118] 궁극적으로 그러한 행동을 '비성적'이라고 분류하는 것은 무의미하고 오해의 소지가 있으며 사실을 밝히지 못하게 한다. 많은 조사자는 성적인 분류가 이러한 차이를 모호하게 만들거나 그 근원을 다루지 못하고 있다고 주장한다.

마지막으로, 행동의 성적인 측면과 비성적인 측면 사이의 관계는 복잡하고 다층적이며 일반적으로 적용되는 간단한 방정식, 즉 '같은 성 참가자 = 비성적', '반대쪽 성 참가자 = 성적'이라는 관계와 맞지 않는다. 많은 종에서 이성애 상호작용에 적용되는 동일한 기준을 사용했을 때 같은 성 동물들 간 행동의 진정한 성적 모습이라고 할 명백한 증거가 있다. 예를 들면 페니스나 클리토리스 발기, 골반 찌르기, 삽입(또는 총배설강 접촉), 오르가슴과 같은 것이 이에 해당한다.[119] 하지만 다른 종에서는 엄격한 분류를 거스르는 성적인 행동과 비성적인 행동 사이에 단계적인 차이가 있기도 하고 혹은 두 가지 행동 사이에 뚜렷한 차이를 가진 채 같은 성 동물들 사이에서 동시에 발생하기도 한다. 가장 중요한 것은 행동의 성적인 측면과 비성적인 측면이 상호 배타적이지 않다는 것이다. 두 마리의 수컷 또는 두 마리의 암컷 사이에 생식기 자극이 있는 상호작용은 인사의 한 형태일 수도 있고, 긴장이나 공격성을 줄이는 방법이기도 하며, 놀이의 한 유형이자 안심시키기의 한 형태도 되는 등 여러 가지가 될 수 있다. 그러면서도 여전히 성적인 상호작용인 것이다. 아이러니하게도, 많은 동성 활동의 성적인 요소를 부정하고 대안적인 '기능'을 추구함으로써 과학자들은 무심코 이성애 상호작용에게 부여하는 것보다 훨씬 더 풍부하고 다양한 행동 뉘앙스의 색깔을 동성애 상호작용에 부여했다.[120] 이성애는 번식과 불가분하게 연결되어 있으므로 비성적인 '기능'은 흔히 간과하는 반면 동성애는 일반적으로 번식과 관련이 없으므로 성적인 측면을 흔히 부정한다. 이 두 가지 관점을 결합함으로써, 다시 말해 같은 성 및 반대쪽 성 행동이 모두 성적인 것이 될 수 있음을 인식함으로써 우리는 동물의 삶과 성적 취향에 대해 완전히 통합된(전체적인) 관점을 수용하는 데 아주 가까이 다가갈 것이다.

제4장 동물 동성애에 대한
얼버무리기 설명

1995년 8월, 동물의 성적 지향에 관한 특별 심포지엄이 제24회 국제 동물행동학 회의에서 열렸다(동물행동학자는 동물의 행동을 연구하는 동물학자다). 이는 전례가 없는 일이었다. 동물 동성애가 공식적으로 동물학 단체에 의해 합법적인 조사 대상으로 인정이 된 첫 번째 사례였다. 전 세계 40여 국가에서 수백 명의 동물학자들과 과학자들이 모여 최신 발견과 가설을 논의하면서 이 회의는 동물 동성애 연구의 새로운 시대를 열겠다는 약속을 했다. 앞 장에서 보았던, 시대에 따라 이어진 심판적 태도가 없는 연구가 될 것이라면서.

불행히도, 회의에서 실제로 일어난 일은 이 주제를 다룬 과학연구의 역사 동안 동물 동성애에 관한 토론을 괴롭혀 온 함정을 상징한다. 심포지엄의 명시된 과제는 '성적 가소성의 행동 상관관계behavioral correlates of sexual plasticity'를 탐구하는 것이었다. 주최자의 개회사는 심지어 폴.

L. 베이시의 영장류 동성애에 관한 최근 연구까지 언급했고, 스크린에는 인간 동성애 커플의 거대한 사진이 시각적으로 곁들여 비춰졌다.[1] 그러나 심포지엄에서는 동성애가 깊이 있게 다루어지지 않았고 소수의 논문에서만 동성애가 언급될 뿐이었다. 대부분은 행동과 해부학에서 수컷과 암컷 간의 차이에 대한 호르몬 및 신경학적 상관관계를 다뤘다. 이는 동성애가 단순히 성별의 '자리바꿈inversion'이나 '성별에 맞지 않는gender-atypical' 행동(예를 들어 '암컷'의 행동 패턴을 보이는 수컷 및 그 반대)의 한 예라는, 여전히 널리 퍼져 있는 그 관점을 반영한다. 아이러니하게도 회의 참석자 중에는 야생동물에서 동성애 행동을 직접 관찰한 정말 유명한 동물학자들도 있었다. 그들이 관찰한 행동은 해당 주제에 관한 보물 창고였지만 심포지엄 주최자들은 전혀 다루지 않았고 콘퍼런스 참석자들도 거의 무시했다.[2] 회의 마지막 날, 동물 동성애가 공식적인 주제발표에서는 형식적으로 논의될 뿐이라는 것이 명백해진 후 한 동물학자는 손으로 휘갈겨 쓴 메모를 공개 게시판에 붙였다. "곤충에 관한 동성애 사건의 예를 찾고 있습니다. 연락해 주세요…" 이는 주제에 관한 정보를 가장 많이 구할 수 있어야 하는 바로 그 장소에서 정보에 대한 열망과 결여를 동시에 상기시킨다.

이 회의에서 일어난 일은 드문 일이 아니다. 동물 동성애를 둘러싼 과학적 담론은 흔히 동물계 전체에 걸친, 같은 성 활동의 실제 범위와 다양성에 대한 포괄적인 설명 정보를 제공하거나 이를 인정하는 대신 그 현상에 대한 설명을 찾는 데 몰두해 왔다. 동성애와 트랜스젠더를 성적인 표현과 성별 표현의 자연스러운 변이 스펙트럼의 일부로 보기보다는 자연의 질서 밖에 있는 것으로 간주하고 어떻게든 '설명' 또는 '합리화'해야 하는 예외나 변칙으로 여긴다. 어떤 식으로든 "어떤 동물은 왜 동성애 행동을 하는가?"라는 질문에 답하려고 노력한다. 하지만 과학자들은 이전 장에서 기록한 것과 같은 동성애혐오적인 태도를 계속할 기회를 찾았을 뿐이었다(처음에는 그러한 질문에 내재한 편견을 무시하며). 상당수의 동물학자는 같은 성 간의 구애, 교미, 짝결합이 실제로 '성적'이거나 '동성애' 활동이라는 사실을 기꺼이 인정하고 있다. 그러나 일반적으로는 이러한 활동이 어떤 식으로든 '변칙적'이거나 '일탈적'이라는 개념을 전제한 다음 이러한 행동에 대한 대체 설명을 제안한다. 궁극적으로, '설명'을 찾으려는 대부분의 시도는 완전히 실패했거나 근본적으로 잘못 판단한 것이었다. 이 장에서 우리는 동물 동성애를 둘러싼 과학적이고 대중적인 담론에서 반복적으로 등장하는 네 가지 '설명'을 탐구할 것이다. 동성애는 이성애의 모방이라는 설명, 이성애가 불가능할 때의 '대체' 활동이라는 설명, '실수'라는 설명, 병적인 상태라는 설명이 그것이다. 이러한 설명은 과학적 근거자료 내에 널리 퍼져 있을 뿐만 아니라 동물 동성애를 둘러싼 대중적인 신화의 일부를 형성하기 때문에 짚고 넘어가야 한다. 이러한 각각의 아이디어나 분석은 사실 부정확하거나 설사 관련이 있다고 해도 부분적으로만 관련이 있다.

의미심장하게도, 이러한 각각의 설명은 인간의 동성애에 대한 '원인' 또는 '이유'로 이미 여러 번 제안된 적이 있으며 마찬가지로 대개 거짓인 것으로 드러났다. 사실 동물에 대한 이러한 여러 설명에 사용하는 언어와 논리는 1940년대와 1950년대의 인간 동성애에 대한 정신병리학적 분석에서 직접 나온 것이다(이는 '비정상적인' 행동에 대한 초창기의 편견적 태도의 연속선상에서 정교하게 만든 것이다). 그 시대의 우스꽝스럽고 동성애 혐오적인 설명과 너무 비슷해서, 만일 한쪽에는 동물이라는 단어를 쓰고 다른 한쪽에는 인간이라는 단어를 사용하지 않았다면 설명을 완전히 서로 바꿔도 될 정도였다. 인간과 동물의 동성애에 대한 태도 사이의 아주 매끄러운 이 연속성은 다음 두 가지의 '관찰'로 예를 들 수 있으며, 각각은 동성애를 이성애의 역할 놀이 모방의 한 형태로 축소해 버린다.

… 한 여자가 다른 여자 위에 누워 성교하는 동작을 흉내 낸다… 그녀는 남성적인 요소를 충족시키고… 어떤 전문가는 [이들의 파트너인] 여성들을… 가성동성애자pseudohomosexuals라고 여긴다. 성욕에 굶주려 동성애에 굴복하는 여성들의 수는… 우리가 생각하는 것보다 훨씬 많다.
　　　― F. S. 카프리오, 『여성의 동성애』, 1954

암컷[들]은… 때로 정교한 동성애 의사교미pseudocopulatory 동작을 수행한다. 일반적으로 한 암컷이 수컷 역할을 맡아 다른 암컷을 마운트하고, 두 동물은 놀랍도록 실제처럼 보이는 의사교미를 수행한다.
　　　― 북방물개에 대한 과학적인 설명에서, 1953[3]

안타깝게도, 동물 동성애에 대한 그러한 관점은 오늘날에도 여전히 과학자들과 비非과학자들 사이에서 널리 퍼져 있다. 많은 경우에 사람들은 여전히 20세기 내내 인간의 행동을 비난하고 병리적으로 묘사하기 위해 사용했던 동성애에 대한 구시대적인 관점을 동물들에게 다시 적용하고 있다. 그러한 '설명'은 나중에 인간에서 (완전히 웃기는 것은 아닐지라도) 성립하지 않는 것으로 드러났고, 그렇다면 마찬가지로 동물을 연구하는 과학자들도 오래전에 폐기했어야 했다.

"어떤 녀석이 암컷 역할을 하지?" ― 유사이성애로 본 동성애

동물 동성애에 대해 가장 널리 퍼지고 악의적인 오해 중의 하나는 그것이 단순히 이성애와 이성애 성별 역할gender roles을 모방한 것이라는 점이다.[4] 수많은 종에서 동성애 상호작용에 참여하는 동물들은 (때로는 임의적으로) '수컷'과 '암컷' 두 가지 역할 중 하나에 배정된다. 수컷다운masculine이나 암컷다운feminine, 수컷 같은manlike이나 암컷 같은femalelike, 수컷 역할male-acting이나 암컷 역할female-acting, 수컷 모방male mimicry이나 암컷 모방female mimicry, 가성 수컷pseudo-male이나 가성 암컷pseudo-female 같은 용어들은 동성애 상호작용 참가자를 지칭하는 데 흔히 사용하는 것 중 일부에 불과하다.[5] 다시 말해서 동성애를 단지 이성애의 복제, 즉 같은 성 파트너를 바꾸어 놓은 암수의 패턴으로 보는 것이다. 아마도 이러한 관점의 가장 극단적인 예라고 할 수 있는 연구에서 한 과학자는 실제로 사로잡힌 반달잉꼬와 아즈텍잉꼬 개체군의 동성애 커플을 이성애 쌍에 대한 대역으로 취급했다. 그 과학자는 무리에 이성 쌍보다 같은 성 쌍이 더 많다는 다소 당혹스러운 사실 때문에 '이성애' 짝결합 행동에 관한 실험에서 몇 개의 동성애 쌍을 수컷-암컷 대역으로 사용했다. 이 일을 위해서는 "동성애 쌍에서 그러한 새들 사이의 어떤 사건이 이성애적으로 짝을 이룬 새들의 전형적인 사건이라고 가정하는 것이 필요했다." 이러한 가정은 해당 종의 암컷 쌍이 이성애 쌍과 중요한 측면에서 다르다는 사실을 완전히 무시한 것이었고(예를 들어 한 방향이 아닌 양방향 구애 먹이 주기를 보여주는 것) 다른 차이의 발견을 방해했을 수도 있다.[6]

동물에서 동성애는 반드시 이성애라는 틀을 따라 성별을 형성한다는 생각은 프로이트가 (그리고 다른 사람들이) (인간) 동성애를 성적인 자리바꿈inversion으로 보는 시각에서 비롯되었으며, 같은 성 상호작용에서 나타나는 한쪽 파트너의 행동이나 역할을 '전형적인' 이성 상호작용에서 가져와 결부한다.[7] 실제 일부 동물학자들도 동물의 동성애 활동을 설명하기 위해 성적인 자리바꿈sexual inversion과 뒤바뀐 (또는 역전된) 성적 취향inverse sexuality이라는 용어를 사용했다. 데즈먼드 모리스는 1950년대의 일련의 논문에서 동물과 관련하여 이 아이디어를 발전시켰다. 그는 반대쪽 성에서 더 흔히 볼 수 있는 행동 패턴을 보이는 동물을 설명하기 위해 가성 수컷과 가성 암컷이라는 용어를 도입했다. 이러한 용어는 오늘날까지도 같은 성 활동을 기술하는 과학 출판물에 사용되고 있다.[8] 또한 여전히 이러한 용어로 표현하는 분석 체계를 사용 중이다. 이 체계는 한 종에서 동성애가 발생하는 것은 직접적으로는 반대쪽 성 때문이거나 '성별에 맞지 않는gender-atypical' 행동이 생기기 때문이며 그것이 바로 특징이 된다고 주장한다. 논쟁은 다음과 같이 흘러간다. 개체군 내 특정 동물은 '가성 암컷'이나 '가성 수컷' 행동을 하기 쉽다. 고로 반대쪽 성에게서 발견되는 행동 패턴의 모방이다. 그러면 이러한 이성애의 모방은 자신이 반대쪽 성 구성원을 상대하고 있다고 생각하도록 본질적으로 '속은' 개체에게 '동성애' 행동을 자동으로 유발하고, 따라서 그들은 성적 행동이나 구애 행위로 반응한다.

흔히 성적인 '역할 자리바꿈'을 반대쪽 성(또는 특정 성 역할)의 특징인 것으로 추정되는 다른 행동이나 신체적 특성과 연관하려는 시도도 있었다. 예를 들어 더 높은 수준의 공격성을 가진 암컷 몽골야생말이나 다른 암컷을 마운트하는 청둥오리와 같은 경우다. 한 과학자는 동성애 짝을 형성하며 '수컷 역할'을 맡은 것으로 추정되는 어느 수컷 흰기러기를 묘사하면서 그 수컷의 강해진 공격성 외에도 '훨씬 커진 페니스'까지 언급하기도 했다. 이 장의 뒷부분에서 보게 되겠지만, 이것은 초기 성과학 문헌에 나온 인간의 '자리바꿈'에 대한 묘사를 연상시킨다. 그 문헌은 흔히 사람 성기의 외형을 동성애의 '비정상성'이나 병리에 대한 암시로 보고 초점을 맞추곤 했다.[9]

상호적 동성애와 이성애 '반전'

과학계에서 조금도 수그러들지 않는 명백한 인기에도 불구하고, '가성 이성애pseudo-heterosexuality'라는 해석은 동물 동성애에 대한 제한적인 틀과 흔히 잘못된 프레임을 부과하며 그에 대한 수많은 논쟁을 불러일으킨다.[10] 우선, 압도적인 숫자의 동성애 행동 예는 이성애를 모방하는 식으로 해석하는 것이 불가능하다. 많은 종에서 이성 간의 상호작용에서는 발견되지 않는, 독특한 성적인 행동이나 구애 행동이 같은 성의 동물들 사이에 일어나는 것이다. 예를 들어 보노보, 기번원숭이, 몽땅꼬리원숭이, 검정짧은꼬리원숭이, 서인도제도매너티, 쇠고래는 이성애가 아닌 동성애에서만 흔히 생식기 맞문지르기를 하고 손이나 입으로 성기를 자극한다.[11] 두 파트너의 행동은 흔히 동일하거나 상호적이며, 따라서 두 동물 모두 전형적으로 '수컷'이나 '암컷' 역할을 채택하는 것이라고 해석할 수 없다.[12] 병코돌고래, 치타, 회색곰 등과 같은 종에서 같은 성 짝결합은 있어도 반대쪽 성 짝결합은 존재하지 않는다. 따라서 동성애 쌍에 속한 개체의 '역할'은 단순히 모델이 아예 없으므로 수컷-암컷 (이성애) '역할'을 본떠서 만들 방법도 없다.

동성애 및 이성애 상호작용에서 모두 동일하거나 유사한 행동이 발생하는 동물에서도 같은 성 활동은 흔히 '가성 이성애' 해석에서 예상되는 성별 패턴과 깔끔하게 맞아떨어지지 않는다. 예를 들어 동성애 마운팅은 흔히 상호적이며 배타적으로 '수컷'이나 '암컷' 역할을 선호하지 않는다. 이것은 동물들이 번갈아 마운터/마운티의 자세를 취한다는 것을 의미한다. 다양한 형태의 상호 마운팅은 최소 30여 종에서 문서로 보고되었다(그리고 아마도 더 많은 종에서 발생할 것이다). 동시적 상호관계simultaneous reciprocity에서는 (서부쇠물닭 또는 검은엉덩이화염등딱따구리처럼) 동일한 한 차례의 마운팅에서 파트너가 역할을 교환하게 되고, 순차적 상호관계sequential reciprocity에서는 파트너가 서로 다른 시점에 역할을 교환하는데 일본원숭이에서처럼 장기간에 걸쳐 빈번한 교체를 할 수도 있고, 일부 병코돌고래에서 보고된 바와 같이 한 번만 교체할 수도 있다. 게다가 많은 종에서 이성애 마운팅은 암컷이 수컷을 마운트한다는

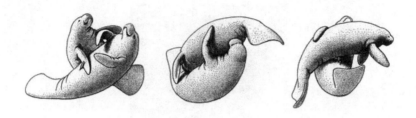

수컷 서인도제도매너티는 손이나 입을 이용한 생식기 접촉과 상호 생식기 접촉까지 동성애 만남에서 다양한 체위와 형태의 생식기 자극을 사용한다. 이것들은 이종에서 이성 간 상호작용의 특성이 아니며, 전형적인 '수컷'과 '암컷' 역할을 모델로 하지 않는 동성애 행동의 좋은 예다.

점에서 '역전' 또는 '반전'될 수 있다. 그러므로 '마운터'와 '마운티'의 자세는 반대쪽 성 간의 상호작용에서조차 고정된 '수컷'과 '암컷'의 역할이라고 절대적으로 공식화할 수 없다. 따라서 동성애에 대한 대부분의 '가성 이성애' 해석은 같은 성 활동뿐만 아니라 수컷-암컷 관계에 대한 고정관념을 포함한다고 할 수 있다.[13]

상호적이나 쌍방향 또는 '반전적'이 아닌 동성애 활동 또한 마운팅과 성적인 활동 외에도 여러 다른 행동 범주로 특징지을 수 있다. 예를 들어 웃는갈매기와 개미잡이새에서 구애 먹이 주기는 이성애와 동성애 맥락 모두에서 일어난다. 그러나 두 수컷 사이에서 이 활동은 두 수컷 모두 '암컷' 역할을 하지 않는다는 사실 때문에 여러 가지 특징들을 보여준다. 수컷은 흔히 음식 선물을 서로 주고받음으로써 상호적인 구애 먹이 주기를 하며, 둘 중 누구나 교환을 시작할 수 있다(이성애 구애 먹이 주기에서는 일반적으로 수컷이 이 활동을 시작하고 암컷은 답례를 하지 않는다). 회색기러기, 청둥오리, 청다리도요, 훔볼트펭귄을 포함한 많은 다른 조류 종에서 동성애를 하는 두 수컷 모두 전형적인 수컷의 성적인 행동, 구애

'호출rolling'하는 울음의 듀엣을 서로 맞춰 수행하는 회색기러기 수컷 한 쌍. 이 종과 다른 종에서 동성애 쌍의 두 수컷은 한 새가 '수컷' 역할을 하고 다른 한 새가 '암컷' 역할을 하는 대신 상호적 또는 전형적인 '수컷' 활동을 수행한다.

행동, 짝짓기 행동을 보인다. 즉 양쪽 누구도 '여성스러운' 역할을 채택하지 않는다.[14] 마찬가지로 흰기러기, 혹고니, 모란앵무, 붉은등때까치, 푸른박새의 동성애 쌍을 이루는 두 암컷은 모두 알을 품는다. 이는 해당 종의 이성애 쌍에 있는 암컷에서만 나타나는 활동이다. 또 에뮤와 아메리카레아에서는 같은 성관계인 두 수컷 모두 알을 품고 새끼를 기른다(이성애 관계의 수컷만이 수행하는 활동이다).

동성애에 대한 '가성 이성애' 설명에서 일반적으로 같은 성 상호작용은 반대쪽 성의 행동 패턴을 채택하는 동물에 의해 시작된다고 가정한다. 즉 수컷 간의 성적인 에피소드나 구애 에피소드는 한 수컷이 다른 수컷에게 전형적인 암컷의 '초대'를 수행함으로써 촉발하며, 암컷 간의 상호작용에서는 유사하게 한 '암컷'이 다른 쪽에게 전형적인 '수컷'으로서 접근해서 시작한다고 본다. 동성애 활동의 시작이 때로 이러한 패턴을 따르는 것이 사실이지만 정확히 그 반대 모습도 (더 많지는 않더라도) 꽤 많이 나타난다. 암컷 사이의 성적인 행동은 보통 마운티가 다른 암컷에게 암컷의 유혹 자세나 제안 자세를 취하면서 시작하는 경우가 많다.

이것은 사자, 다람쥐원숭이, 히말라야원숭이, 하누만랑구르, 산쑥들꿩과 같은 다양한 종에 해당한다. 반대로 수컷들 사이의 성적인 상호작용은 마운터가 다른 수컷에게 전형적인 '수컷의' 접근을 해서 시작하는 것이 일반적이다. 구애 활동에서도 참여 동물의 '역할'이 '가성 이성애' 해석이 예측한 패턴에 맞아떨어지지 않는 경우가 많다. 예를 들어 타조에서 동성애 구애는 한 수컷의 '암컷다운' 행동으로 유발되는 것이 아니라, 한 수컷이 같은 성 간에만 일어나는 독특한 행동을 이용하여 다른 수컷에게 접근함으로써 시작한다. 마찬가지로 수컷 사향오리는 수컷이든 암컷이든 그들이 보이는 암컷다운 행동에 의해 '유발'되지 않아도 구애 과시를 수행한다. 오히려 암수 오리 모두 이미 과시 중인 수컷에게 매력을 느낀다.

흔히 과학자들은 같은 성 간의 상호작용에서 단 한 마리의 동물('성별에 맞지 않는gender-atypical' 행동에 관여한다고 추정되는 개체)만을 진정한 '동성애자'로 분류한다. 따라서 다른 수컷을 유혹하고 마운트를 대주는 수컷 동물은 '진정한' 동성애자로 간주하지만 그를 마운트하는 수컷은 '반대쪽 성' 모방에 반응하는 '정상적인' 이성애 수컷으로 간주한다. 이런 종류의 논리는 흔히 동물에 대한 불합리하고 모순적인 분류로 이어진다. 우리는 이미 동물 간에 '역할'을 교환할 때, 즉 '동성애' 행동에 참여하는 것으로 간주되는 그 순간에 그에 상응하는 전환이 반드시 필요한 상호적인 마운팅 사례에 대해 논의했다. 때때로 동물은 실제로 마운터와 마운티가 동시에 되는 경우가 있다. 늑대, 웃는갈매기, 쇠푸른왜가리, 산쑥들꿩 그리고 기타 종에서 다른 개체(같은 성이나 반대쪽 성)를 마운팅하는 동물은 때로 같은 성을 가진 동물에 의해 자신도 마운트된다. 따라서 한 개체는 성별 '전형적인' 그리고 성별 '이형적인' 마운팅 행동을 동시에 보여줄 수 있으며, 같은 성 파트너들과 '동성애적'인 행동과 '이성애적'인 행동을 동시에 수행할 수 있다. 또 다른 경우에 이러한 행동들은 동일한 개체에서 발생하긴 하지만 시간에 따라 분리되며, '가성 이성애' 해석에 부합하지 않는 방식으로 발생한다. 그동안 전형적으로, '진정한' 동성애 동물은 반대쪽 성 행동 패턴에 한정되어 있기 때문에 실제 이성애 관계를 할 수 없다고 여겨졌다. (예를 들어 수컷 파트너와 관계하며 '암컷 역할'을 했던 수컷은 암컷 파트너와 관계하며 '수컷 역할'을 할 수 없다고 간주한다.) 그러나 반대쪽 성 파트너와 성공적으로 짝짓기를 하고 번식한 양성애 동물은 흔히 동성애 상호작용 중에 '성별에 맞지 않는' 역할을 수행하기도 하고, 엄격하게 이성애적인 동물이 이성애 상호작용 중에 '성별에 맞지 않는' 역할을 수행할 수도 있다. 이는 동성애와 이성애 '역할' 사이에 필수적인 연결은 없다는 것을 보여준다.[15]

한 연구는 붉은큰뿔사슴에서 가능한 한 거의 모든 조합을 밝혀냈다. 동성애 활동에 전혀 참여하지 않는 붉은큰뿔사슴 암컷 중 일부가 이성애 마운트를 역전시켜 '수컷' 역할을 하기도 하고, 이성애 활동을 하지 않는 다른 암컷들이 동성애 상호작용에서 '암컷' 역할을 맡기도 한다(또는 두 가지 역할을 모두 동등하게 취하기도 한다). 가장 이성애적인 행동을 보인 한 암컷이 동성애 상호작용 동안에는 '마운터'만 맡기도 하고(즉 그 암컷은 동성애 맥락에서의 '암컷' 역할을 하지 않았다), 동성애 상호작용에서 '수컷' 역할을 가장 많이 한 암컷이 이성애 상호작용에서는 '암컷' 역할만 수행하기도 했다.[16] 더욱이, 신경과학자인 윌리엄 번William Byne이 지적했듯이, '가성 이성애' 해석의 논리를 따르다 보면 각각의 동물들이 (수컷이 마운트를 당하고 암컷이 마운팅을 하는) 반대쪽 성의 마운팅 행동을 보여주기 때문에 역전된 이성애 마운트를 수행하는 각각의 동물을 '동성애자'로 간주해야 한다는 결론이 나온다. 이 경우 우리는 같은 성 마운팅에서 일부 참여자('성별 전형적인' 역할을 하는 개체)가 '이성애' 행동을 하는 것이 되고, 반대쪽 성 마운팅에서 때로 참여자('성별에 맞지 않는' 역할을 하는 개체)가 '동성애' 행동을 할 수 있다는 터무니없는 결과를 가지게

된다.[17]

젠더링 및 트랜스젠더링

동성애 대부분의 예가 반대쪽 성 모방이나 '가성 이성애' 행동에서 기인한다고 볼 수 없듯이, 진정한 트랜스젠더나 성적인 모방의 여러 예도 동성애와 관련이 없는 경우가 많다. 북방자카나northern jacanas, 극제비갈매기arctic terns, 오징어, 수많은 파충류와 곤충 같은 종에서 동물들은 같은 성의 동물에게 동성애 활동을 유도하지 않으면서도 다양한 맥락에서 반대쪽 성 구성원의 행동을 모방한다. 사실 그러한 반대쪽 성 간의 모방이나 행동적인 성도착은 이성애적인 구애, 짝짓기 또는 상호작용과 관련이 있는 경우가 더 많다. 예를 들어 자카나 수컷은 암컷에게 성적인 행동을 요구하려고 암컷의 교미 자세를 규칙적으로 취하지만 이것이 다른 수컷에게 동성애적 성향을 유발하지는 않는다. 암컷의 음식을 애걸하는 몸짓을 이용하는 수컷 극제비갈매기의 경우도 마찬가지다.[18]

이는 동성애가 전혀 보고되지 않은 이러한 종들에게만 해당하는 것은 아니다. 어떤 동일한 종에서 동성애와 '가성 이성애' 행동(또는 트랜스젠더)은 흔히 서로 아무런 관계없이 공존하는 경우가 많다. 예를 들어 푸른되새 수컷은 다른 공격적인 수컷과 맞닥뜨렸을 때 공격을 막기 위해 암컷의 성적인 유혹 자세를 취하기도 하지만 이것이 상대 수컷에게 동성애 마운팅을 유발하지는 않는다. 또 이 종의 비非번식 수컷은 다른 수컷의 영역을 침범할 때 흔히 암컷처럼 행동하지만 이것이 상대 수컷으로 하여금 구애를 시작하도록 유발하지는 않는다. 푸른되새에서 성적인 추적은 암컷 짝과 행해질 뿐만 아니라 수컷들 사이에서도 발생하지만 반대쪽 성 모방과는 무관한 맥락에서는 일어난다. 제프로이타마린 수컷은 꼬리 말기upward tail-curling라고 불리는 '가성 암컷' 행동을 하는데 이것은 전형적으로 암컷이 짝짓기를 시작하려 할 때 취하는 동작이다. 하지만 수컷은 다른 수컷과 동성애 마운팅을 하는 에피소드 때 이 과시를 사용하는 것이 아니라 암컷과의 양가적兩價的인 만남이나 적대적인 만남에서 이 과시를 사용한다. 마찬가지로 산얼룩말 독신자 종마도 번식 텃세를 가진 종마를 만났을 때 발정이 난 암컷의 표정과 울음을 흉내 내지만 이러한 반대쪽 성 모방이 텃세를 가진 종마에게 동성애적 마운팅을 부추기지는 않는다. 오히려 이 종에서 같은 성 간의 마운팅은 거의 전적으로 텃세를 가진 종마 사이나 독신자 종마 사이에서 발생할 뿐 텃세를 가진 종마와 독신자 종마 사이에서는 거의 일어나지 않는다.

암컷 해오라기와 세가락갈매기, 수컷 코알라는 때때로 반대쪽 성의 전형적인 구애 행동을 하지만 이 경우 어느 것도 해당 종에서 일어나는 동성애 활동과 연관된 행동은 아니다. 사실 그들은 이성애 상호작용을 하는 전형적인 동물일 뿐이다.[19] 북방코끼리바다표범에서도 어린 수컷은 이성애 교제 기회를 얻기 위해 암컷을 흉내 내어 (암컷들 사이에 불법 침입이 발견되면 그를 공격할) 나이 든 수컷으로부터 자신을 '위장camouflaging' 한다. 그러나 이것이 특별히 나이 든 수컷에게 동성애 마운팅을 유발하지는 않는다. 이 종에서 같은 성 마운팅은 암컷의 모방 이외의 상황에서 일반적으로 일어난다. 사실 북방코끼리바다표범과 많은 다른 종들(예를 들어 붉은큰뿔사슴, 붉은부리갈매기, 가터얼룩뱀)의 트랜스젠더 개체들은 흔히 다수의 성전환을 하지 않는 개체들보다 이성애 교미에 더 성공적이다. 다시 말해서 반대쪽 성처럼 보이고 행동하는 동물들은 실제로 그렇게 행동하지 않은 동물보다 '더 이성애적'일 수 있다.[20]

많은 동물에서 일부 동성애 상호작용은 '가성 이성애' 또는 트랜스젠더 행동과 관계있는 것으로 해석할 수 있는 특성을 가지고 있지만 그 종에서 같은 성 활동의 일부만을 구성할 뿐이다. 따라서 이러한 활동의 발생에 대해 기껏해야 부분적인 '설명'밖에 제공하지 못한다. 예를 들어 태즈메이니아쇠물닭의 경우 수컷들은 암컷의 짝짓기 초대 자세와 유사한 이성애 교미 자세를 따라 하지만 이 종에서 기록된 동성애 마운팅 중 단 하나만이 이 자세에 의해 유발된 것으로 보인다. 나머지는 다른 맥락에서 일어났다. 다른 암컷을 마운트하는 히말라야원숭이 암컷은 때로 다양한 머리 움직임, 꼬리를 옮기는 방식 또는 다른 패턴 등으로 '수컷'의 행동을 한다. 그러나 다수의 암컷들만큼 흔히 하는 행동일 뿐 동성애 상호작용의 일부로 그러한 행동을 하는 것은 아니다.[21]

동성애, 트랜스젠더 및 성별의 역할이 예상치 못한 방식으로 상호작용하는 예는 산양의 '암컷 같은femalelike' 수컷과 관련이 있다. 큰뿔양과 가는뿔산양에서 다른 수컷에게 마운팅을 당하는 것은 전형적인 '수컷'의 활동이다. 1장에서 설명했듯이 대부분의 수컷은 1년 내내 동성애 마운트에 참여하지만 암컷은 발정이 난 연중 이틀 정도를 제외하고는 수컷이 마운트하는 것을 거부한다. 결과적으로 트랜스젠더 수컷, 가령 (대부분의 다른 수컷과는 달리) 1년 내내 암컷과 어울리고 다른 암컷의 행동 특성을 보이는 수컷은 전형적으로 다른 수컷이 마운트하는 것을 허용하지 않는다. 다시 말해서 동성애 활동은 이 종에서 '암컷다운faminine' 수컷이 아니라 '수컷다운masculine' 수컷의 특징이다. 더구나 같은 성 마운팅은 이러한 동물의 사회조직에서 우선권을 차지하고 있기 때문에, 이성애 활동이 실제로 동성애 상호작용을 본떠서 이루어지지 그 반대는 아니다. 이때 발정이 난 암컷은 수컷의 성적인 흥미를 유발하기 위해 수컷 동성애자들의 구애 패턴을 모방한다. 이것은 '가성 이성애' 패턴의 정반대에 해당하는 놀라운 예다.[22]

동성애 '역할 놀이' : 성별 혼합 및 병합

많은 동물에서 어떤 종류의 성별 역할이 동성애적 상호작용에 존재하는 것은 맞다. 하지만 그렇게 간단히 암수 행동의 복제만 고려하는 것은 지나치게 단순하다. 같은 성 간의 관계에서 성별 활동은 결코 이성애 역할을 똑같이 복제한 것이 아니며, 실상 많은 경우에 동물들은 암수 행동 패턴의 복잡한 혼합을 보여준다. 이러한 성별 역할 혼합의 유형은 세 가지 기본 형태를 취한다. 개체 간의 연속체a continuum among individuals, 역할구분 조합role-differentiated combinations, 행동 혼합behavioral amalgams 이 그것이다.[23] 어떤 종의 개체는 동성애적 상호작용에서 그들의 행동이 '수컷' 또는 '암컷' 패턴과 유사한 정도에 따라 등급이나 연속성을 띠며 다양성을 가진다. 예를 들어 코브의 어떤 암컷은 수컷이 전형적으로 사용하는 구애 패턴의 완전한 모음을 이용하기도 하고, 어떤 암컷은 전혀 또는 거의 사용하지 않기도 한다. 하지만 대다수의 다른 암컷들은 이러한 극단적인 모습 사이의 어딘가에 존재한다.[24] 목도리도요 수컷은 외모(목도리의 유무와 색깔, 크기), 공격적인 행동, 구애 행동 그리고 다른 특징적인 모습에 따라 가장 '수컷 같은'부터 가장 '암컷 같은'까지의 스펙트럼을 가지고 네 가지 범주로 나뉜다. 그러나 이러한 범주들은 동성애 상호작용에서 마운터의 '수컷' 역할과 마운티의 '암컷' 역할의 참여를 포함한 성적인 행동의 여러 측면을 교차한다. 가장 '수컷 같은' 수컷(상주형)이 가장 '암컷 같은' 수컷(벌거숭이형)이 하는 역할까지 두 가지 역할을 모두 수행하기도 하고, 중간 범주에서 일부는 두 역할(위성형 수컷)에 모두 참여하기도 하며, 일부는 두 역할에 거의 관여하지 않는다(주변형 수컷). 고릴라, 하누만랑구르, 히말라야원숭이, 보넷원숭이, 돼지꼬리원숭이 같은 많은 종에서 일부 개체들은 동성애 활동 동안 '마운티' 역할에 반대되는 '마운터' 역할을 하는 것을 분명히 선호(또는 대부분 참여)하지만 다른 개체들은 그 반대인 경우도 있다. 그러나 이러한 패턴은 연속체의 두 극단을 나타낼 뿐이다. 왜냐하면 실제 마운팅 활동 측면을 보았을 때 이 종의 많은 개체는 전체적인 범위에 걸쳐 퍼져 있기 때문이

다.[25]

'가성 이성애' 역할에 관한 질문을 구체적으로 해결하기 위해, 서부갈매기의 동성애 짝짓기를 연구하는 과학자들은 해당 짝이 보이는 구애 행동, 성적인 행동, 영역 지키기 행동의 측면을 보고 어느 파트너가 더 '암컷다운'지, 어느 파트너가 더 '수컷다운'지에 대해 자세히 관찰했다. 과학자들은 대부분의 암컷이 전형적인 수컷 패턴과 전형적인 암컷 패턴을 혼합해 사용하지만 짝 관계는 파트너 간 역할 차이의 정도에 따라 다르다는 것을 발견했다. 어떤 쌍에서는 한 마리의 새가 대부분의 마운팅과 구애 먹이 주기(전형적인 '수컷'의 활동)를 수행하고, '머리 젖히기head-tossing'(전형적인 '암컷'의 구애 행동)는 덜 자주 한다. 다른 쌍의 경우에는 두 파트너 간의 차이가 거의 없지만 또 다른 경우에는 두 암컷이 거의 동등하게 성별에 따른 행동에 참여한다. 그러나 전반적으로 과학자들은 동성애 쌍의 파트너들이 둘 다 자신들의 둥지 지역에서 보내는 시간과 침입자에 대한 공격적인 반응 면에서 이성애 수컷보다는 이성애 암컷과 더 유사하다는 것을 발견했다.[26]

성별 혼합의 또 다른 패턴은 역할구분 조합이다. 이 조합에서 같은 성 상호작용은 주로 '수컷'과 '암컷' 역할로 성별을 맡거나 구분하지만 각 개체는 여전히 두 가지 요소를 다양한 정도로 결합한다. 이것은 성적인 행동, 구애 행동 또는 양육과 짝결합 행동의 영역에서 완전히 극단적인 패턴과 대조를 이루며, 그 사이에서 '수컷다운' 특성과 '암컷다운' 특성이 교차 또는 혼합해서 나타나는 것이다. 예를 들어 검은목아메리카노랑솔새 수컷 커플은 양육 의무를 흔히 수컷과 암컷 역할로 나누는 경우가 많다. 수컷 한 마리는 둥지를 만들고 알을 품는('암컷'의 의무) 반면 다른 수컷 한 마리는 영토를 지키며 노래를 한다('수컷'의 활동). 하지만 그 위에 더 미묘한 성별 역할의 혼합이 겹쳐 있다. 좀 더 '암컷다운' 파트너가 전형적인 수컷 노래 활동에 역시 참여할 수 있기도 하고(특이한 노래 유형을 포함하더라도), 좀 더 '수컷다운' 파트너 또한 알을 품는 동안 짝에게 먹이를 줄 수 있다(이성애 쌍 중 어느 쪽 파트너에게도 거의 나타나지 않는 활동).[27]

짝결합과 육아활동에 관련한 다른 예들도 많이 있다. 일부 캐나다기러기(그리고 칠레홍머리오리) 레즈비언 커플의 '수컷' 파트너는 여전히 본질적으로 암컷의 활동인 알을 낳고 품으며, 둥지를 짓는다(이 종에서 둥지는 대개 암컷만 짓는다) 반달잉꼬 동성애 쌍의 한 암컷은 전형적으로 둥지용 터널을 파는 '수컷'의 활동을 수행하지만 두 파트너 모두 구애를 시작(이성애 쌍에서 수컷이 하는 특징)할 수 있다. 그리고 혹고니 암컷 쌍에서 한 파트너는 보초를 서며 (수컷처럼) 영토를 지키지만 두 암컷 모두 알을 낳는다(그리고 둘 다 둥지를 짓는데 역시 이성애 쌍 양쪽 파트너의 전형적인 행동이다). 일부 모란앵무의 같은 성 커플은 역할구분이 되어 있지만 다른 커플은 '수컷'과 '암컷' 구애 활동과 성적인 활동을 조합한다. 그러나 어느 경우든 두 마리의 암컷이 관련되면 둘 다 둥지 만들기, 알을 낳고 품는 등의 전형적인 '암컷' 역할을 하는 데 비해 쌍을 이룬 수컷은 둘 모두 둥지 만들기에 관심을 보이지 않는다. 푸른되새 레즈비언 커플의 일부 '암컷' 파트너들도 노래와 같은 특징적인 수컷의 행동 패턴을 보이기도 하고, 역할이 분화된 갈까마귀 동성애 쌍(또는 트리오)의 파트너들은 양쪽 모두 서로 몸치장(이성애 쌍에서 암컷만의 전형적인 행동)을 해주기도 한다. 성적인 활동과 구애 활동이 관련된 곳에서도 유사한 패턴이 발견된다. 예를 들어 긴귀고슴도치의 레즈비언 상호작용에서 한 암컷이 다양한 구애와 성적인 행동을 시작하고 수행하며 더 '수컷 같은' 모습을 보일 수 있지만 두 파트너 모두 특징적인 '암컷' 초대 자세나 전형적인 '수컷' 마운팅을 시도할 수 있다. 마찬가지로 수컷 빅토리아비늘극락조나 푸른등마나킨의 구애 상호작용에서 구애를 받는 좀 더 '암컷 같은' 파트너는 흔히 자신만의 뚜렷한 수컷 과시 패턴으로 반응한다.[28]

동성애자 상호작용에서 볼 수 있는 성별 역할 혼합의 마지막 유형은 행동 혼합이다. 이것은 동일한 개체 내에서 '수컷'과 '암컷'의 특성이 좀 더 균형 잡힌 조합을 이루는 일종의 행동적 '양성성兩性性, androgyny'이라고 할 수 있다. 이 행동 혼합은 성적인 활동에서 나타날 수 있다. 예를 들어 수컷 고릴라들이 동성애 상호작용을 하는 동안, 마운터(즉 '수컷의 역할을 하는' 동물)는 보통 그 상호작용을 시작하는 '암컷의 역할을 한다(이성애 관계에서는 전형적으로 암컷 고릴라가 성적인 활동을 시작한다)'. 청둥오리 암컷은 다른 암컷에게 마운팅을 하는 '수컷'의 활동을 했음에도 불구하고 전형적인 암컷의 교미 후 행동postcopulatory behaviors을 과시하기도 하고, 동성애 만남에서 마운티 역할을 했던 수컷 해오라기가 전형적인 '수컷' 구애 행위를 할 수도 있다. 하누만랑구르 암컷 동성애 만남에서는 흔히 성적인 상호작용을 시작하거나 마운트를 한 후에 상대 파트너에게 털손질을 하는, 시작과는 다른 '암컷'의 행동을 보이기도 한다. 행동 혼합은 또한 구애 활동과 육아활동에도 나타날 수 있다. 예를 들어 한 수컷 에뮤가 다른 수컷에게 구애할 때 목을 길게 펴고 목에 깃털을 세우지만(이성애 구애에서 암컷과 수컷 모두의 특징인 행동[29]) 두 마리의 수컷 모두 암컷 특유의 웅성거리는 소리를 내지 않으면서 서로를 따라다니기도 한다(대개 이성애 구애에서 수컷만 암컷을 따라다닌다). 성체 수컷의 구애를 받는 젊은 수컷 제비꼬리마나킨은 명확하게 구별할 수 있는 수컷과 암컷의 행동 특성이 결합한 것을 보여준다(그리고 성체 수컷과 암컷의 외양이 혼합된 깃털의 모습과 상응하기도 한다). 그들이 발성과 일부 비非구애적인 과시에 참여하는 것은 뚜렷이 수컷다운 모습이지만 일반적으로 조용하고 눈에 띄지 않는 태도는 성체 수컷들과는 다른 모습이다. 구애 상호작용에서는 보통 암컷이 하는 역할을 맡기도 한다.[30] 흰기러기 동성애 쌍에서 두 암컷은 모두 알품기 같은 전형적인 암컷의 활동과 새끼 기러기를 보호하는 전형적인 수컷의 활동을 수행한다.[31]

이 세 가지 종류 중 하나로 분류할 수 없는 성별 역할 혼합의 다중성은 붉은부리갈매기와 같은 종에서는 그 자체가 정상이다. 이 새의 이성애 쌍과 동성애 쌍 양쪽에 대해 상세하게 비교함으로써 해당 종의 같은 성 쌍이 전형적인 '수컷'이나 '암컷'의 행동을 모두 보여주지 않는다는 것을 밝혀냈다. 오히려 같은 성 쌍이 다양한 구애와 짝결합 활동을 수행하는 빈도는 이성애 쌍에 속한 수컷과 암컷 양쪽의 빈도와 큰 차이를 보이거나 그 중간 정도 모습을 보였다. 예를 들어 동성애 쌍에서 '의식적 만남ceremonial encounters(구애 상호작용의 한 형태)'의 최대 비율은 이성애 쌍에서 두 파트너의 최대 비율을 초과한다. 반면에 동성애 커플에서 '길게 울기long-calling'와 '머리 흔들기head-flagging'(구애의 다른 형태)의 비율은 일반적으로 이성애 쌍의 수컷과 암컷 사이에 일어나는 비율보다 낮다. 동성애 커플의 수컷이 하는 '애걸하기begging'의 비율은 일반적으로 이성애 쌍에 있는 수컷이 하는 애걸하기(이는 이성애 암컷의 일반적인 애걸하기 비율보다 낮은 것이다)의 비율만큼 낮다.[32] 또한 동성애 쌍의 두 수컷은 대개 양 개체 모두 둥지를 짓는다(이것은 이성애 커플의 경우 전형적인 '수컷'의 활동이다). 물론 이때 개체 간의 차이가 있어서 일부 수컷 쌍의 둥지에 기여하는 파트너가 한 마리뿐인 경우도 있다.

동물 행동에 대한 '가성 이성애' 해석은 인간 동성애에 대한 고정관념과 현저한 유사성을 보여준다. 동물을 '수컷' 혹은 '암컷' 역할로 지정하는 것에 대한 과학적인 곤혹스러움은 게이와 레즈비언인 사람들이 흔히 듣는 "어느 쪽이 남자(혹은 여자) 역할을 맡나요?"라는 질문을 상기시킨다. 이 가정은 동성애 관계가 이성애 관계를 본받아야 한다는 뜻이다. 이것은 동물의 성적 취향에 대한 개념만큼이나 인간관계에 대한 좁은 견해다. 게이 또는 레즈비언 관계에 있는 각 파트너는 이성애 커플의 1/2씩 '역할을 하는' 것으로 간주되지만 실제로는 훨씬 더 복잡하고 다차원적인 성별 범주 표현이 나타난다. 심지어 파트너들이 외부 관찰자들에게 가장 '이성애자'인 것처럼 보일 때도(또는 아마도 특별하게) 그러하다. 어떤 사람들은 자신의 동성애적 상호작용을 전혀 성별에 따라 맞추지 않는다. 다른 일부는 성별에 맞추기도 하지만 전형적인 '남성'과 '여성' 패턴을 새로운 구성으로 다시 만들어 낸다. 예를 하나만 들어보겠다. 부치-펨 레즈비언 관계는 오랫동안 이성애의 단순한 모방으로 여겨져 왔다. 부치-펨 관계에서 부치 파트너는 '남자'이고 펨 파트너는 '여자'다. 하지만 그들의 에로틱한 삶이 이런 식으로 정리된 레즈비언들은 실제 경험이 이것과 얼마나 다른지 웅변적으로 묘사한다. 어느 쪽 파트너도 이성애 역할을 '복제'하지 않는다. 오히려 각각은 남성성과 여성성의 요소를 취해서 다른 조합과 강도로 결합한 다음 여성 특유의 성별을 만든다. 한 레즈비언이 자기가 매력을 느끼는 여성의 종류에 관해 이야기했듯이, 남성스러운 레즈비언은 가짜 남자imitation man가 아니라 진짜 부치real butch다.[33] 만약 이러한 가장 피상적인 '이성애자' 성별 표현조차도 보이는 것 이상을 지니고 있다면, 동성애 상호작용이 성별 역할을 다른 방식으로 정의하는 상황이나 혹은 전혀 정의할 수 없을 가능성을 상상해 보라. 그러한 '가능성'은 사실 인간과 동물 모두의 삶에서 일상적인 현실이다.

지난 30년 동안 페미니스트, 게이와 레즈비언, 트랜스젠더 운동에서 성별 카테고리에 대한 정교한 분석이 나오고 있다. 이는 '남성'과 '여성', '남성다운'과 '여성다운', '남성적인mannish'과 '여성적인effeminate' 같은 기본 개념에 도전하는 것이다. 이러한 움직임은 또한 단순한 폄훼나 폐지가 아닌, 위와 같은 범주들을 다시 결합하거나 상상하도록 요구하고 있다. 불행하게도 대부분의 동물학자는 여전히 (동성애와 이성애 모두에서) 성별 역할에 대한 이전 시대의 뒤떨어진 개념을 가지고 활동하고 있다. 이는 동물과 인간 세계에서의 성적인 표현이나 성별 표현 현실과 일치하지 않는다. 동물 동성애와 트랜스젠더에 대한 연구와 이해에 진전이 있으려면, 과학자들과 비과학자들 모두 이러한 인간 해방 운동 안에서 현재 표현되고 있는 성별과 성적 취향에 대한 일종의 다면적인 관점을 습득할 필요가 있다.

"불우한 생물이 향하는 길" — 이성애 대용품으로 본 동성애

가장 널리 퍼져 있는 동물 동성애 신화 중 하나는 그것이 언제나 반대쪽 성 구성원의 부족으로 인해 일어난다는 것이다. 이는 전형적으로 개체군에 왜곡된 성비(암컷보다 수컷이 더 많거나 그 반대일 때)가 있을 때, 성별에 따라 분리될 때, 잠재적인 짝짓기 상대에 대한 적대감이나 무관심이 있을 때, 반대쪽 성 파트너의 이용이 불가능할 때 등에 기인한다. 이러한 믿음은 비과학자들 사이에 널리 퍼져 있고, 생물학자들이 동물에서 동성애 행동의 발생에 대해 내놓는 가장 흔한 '설명'이기도 하다. 예를 들어 동물학자들은 65종 이상의 포유류와 조류에서 이성애적인 교미가 '불가능'한 것이 원인이 되어 같은 성 활동이 생긴다고 주장한다. 때로 이것은 야생에서나 포획된 개체군에서 한 성이 다른 성보다 우세한 탓으로 돌려진다. 예를 들어 호주혹부리오리와 북미갈매기에서 레즈비언 쌍의 형성은 아마도 과도한 수의 암컷에 의해 '발생'한다고 여겨졌다(호주혹부리오리 개체군의 65%가 암컷이고, 북미갈매기의 55%가 암컷이다).

불균형한 성비를 가진 개체군에서 발생하는 혹고니의 동성애 쌍은 '불우한 생물들이 번식하고자 하는 자연스러운 충동을 충족하기 위해 향하는 길의 예'라고 불린다. 어떤 경우 동성애 행동은 다양한 요인을 따라 이성애 행동의 '대체'나 '전가轉嫁, redirected'된 이성애로 분류한다. 예를 들어 (산양, 병코돌고래나 범고래) 개체는 다른 (흔히 상위 서열) 동물이나 전체 사회조직에 의해 이성과의 짝짓기(또는 다른 방식으로 접근하기)가

'막혀 있다prevented'고 주장한다. 아니면 이성애적 접근이 거절당하거나 무관심에 부딪힐 때 동성애에 의존하는 것이라고 제시한다(예를 들어 흰손긴팔원숭이, 서인도제도매너티, 아시아코끼리). 심지어 몇몇 사례에서 과학자들은 암컷이 (레즈비언의 '원인'에 대한 널리 퍼진 고정관념의 한 형태인) 수컷 파트너로부터 충분한 관심을 받지 못했기 때문에 서로에게 의지하는 것이라고도 제안한다.[34]

이와 같은 '설명'에서 추론하는 순서는 호기심을 자극한다. 왜냐하면 반대쪽 성이 적절히 공급되지 않는다면 동성애가 필연적으로 뒤따르리라는 것을 의미하기 때문이다. 이것은 사실 동성애적 충동의 상대적 강도에 대해 의도치 않은 주장이거나, 그에 따라 이성애의 강점이 상대적으로 약하다는 것이다. 왜냐하면 그러한 요인들이 균형을 깨뜨릴 수 있다면 이성애의 강점은 정말로 미미해야 하기 때문이다. 그러나 이러한 문제 외에도, 우리가 부족가설shortage hypothesis이라고 부를 반대쪽 성의 이용 불가능성은 기본적인 사실과도 부합하지 않는다.

잉여 동성애

부족가설은 동물들이 반대쪽 성 파트너를 자유롭게 이용할 수 있을 때도 같은 성 활동을 하는 수많은 예로 인해 동물 동성애에 대한 보편적인 설명이 될 수 없다.[35] 과학자들은 오랑우탄, 일본원숭이, 몽땅꼬리원숭이, 히말라야원숭이, 바다갈매기, 붉은부리갈매기, 임금펭귄, 갈라 등 40여 종에서 개체들이 반대쪽 성 파트너를 무시하고 대신 같은 성 파트너를 더 찾거나, 이성애 활동과 거의 비슷한 정도로 동성애 활동을 한다는 기록을 남겼다(동시적인 양성애에 관한 논의에서 이미 언급된 바와 같이 반대쪽 성 파트너에게 접근할 수 있는 경우에도).[36] 사실 놀랍게도 많은 종에서 동성애 활동은 이성애 활동과 확실히 상관관계가 있다. 즉 동물들이 반대쪽 성 파트너에게 접근하며 이성 동물이 더 자주 보일수록 같은 성 간의 상호작용은 실제로 증가한다. 이것은 만약 동성애가 이성애적인 짝짓기의 기회가 부족해서 생긴 것일 때 예상할 수 있는 것과 정반대의 모습이다.

예를 들어 사로잡힌 수컷 병코돌고래들 사이의 동성애 활동은 암컷들을 수조에서 다른 곳으로 옮기자 실제로 감소했고, 수컷들 사이의 공격적인 상호작용은 증가했다. 반대로 한 연구에서 암컷 다람쥐원숭이들은 같은 성 무리에 있을 때는 사실상 동성애 활동을 하지 않았지만 수컷들이 무리에 들어오자 동성애 마운팅과 (이성애적 행동과 함께) 다른 활동을 상당한 비율로 수행했다. 이 종에 대한 또 다른 연구는 이성애 파트너들의 관심을 가장 많이 받는 암컷들이 동성애도 역시 가장 많이 한다는 것을 발견했다. 보노보, 몽땅꼬리원숭이, 사바나(노란)개코원숭이, 서인도제도매너티에서 같은 성 활동은 흔히 반대쪽 성 활동에 의해 자극되며(그 반대로도 그렇다), 그 결과 하나의 활동시간에 여러 참가자 사이의 이성애와 동성애 만남이 모두 포함될 수 있다. 서부쇠물닭의 동성애 마운팅은 가장 많은 횟수의 이성애 활동을 하는 번식 집단에서 가장 널리 퍼져 있고, 또 바다오리에서 동성애 마운팅은 문란한 이성애 마운트의 빈도가 증가하면서 더 흔해진다(아이러니하게도 후자는 가용한 암컷의 감소로 인해 발생할 수 있다). 집단베짜기새나 보넷원숭이와 같은 일부 종에서는 이성애 교미에 가장 많이 참여하는 개체가 동성애 교미에도 가장 많이 참여할 수 있다. 반대로 이성애적으로 가장 활동적이지 않은 동물은 흔히 동성애적으로도 가장 활동적이지 않다. 예를 들어 목도리도요에서 일반적으로 암컷과 짝짓기를 하지 않는 수컷 계층은 동성애 짝짓기에 거의 참여하지 못했다. 일본원숭이에 관한 한 연구에서는 다른 암컷과 성관계를 하지 않은 유일한 암컷은 수컷과도 성관계를 하지 못했다.[37] 제비, 레이산알바트로스, 왜가리와 같은 많은 종에서 같은 성 간의 마운팅은 주로 번식하는 개체들(즉 이미 이성애 짝이 있는 개체) 사이에서 발생하며 대개 비번식 개체 사이에는 존재하지 않는다.

많은 종이 왜곡된 성비를 가지고 있지만 이것은 (지배 이론에서처럼) 개체군에서 동성애가 발생하는 것의 충분조건도 아니고 필요조건도 아니다. 예를 들어 일부 개체군의 80~84%가 수컷인 붉은날개검은새red-winged blackbirds나 자이언트카우버드giant cowbirds에서도 수컷 동성애는 보고되지 않았고, 수컷이 2/3를 차지하는 고방오리pintail duck 개체군이나, 수컷이 58%인 키위kiwis에서도 또는 57%가 수컷인 보라색핀치purple finches 경우에도 그러했다. 마찬가지로 수컷이 개체군의 1/3에 불과했지만 배꼬리검은찌르레기사촌boat-tailed grackles에는 암컷 동성애가 없었고, 암컷이 '남아도는' 새매sparrow hawks에서도 역시 보이지 않았다(수컷이 40% 미만을 차지한다). 이와는 대조적으로 동성애는 같은(또는 거의 비슷한) 성비를 가진 보노보, 보넷원숭이, 서인도제도매너티, 흰기러기, 캘리포니아갈매기, 서부쇠물닭 등 수많은 종이나 개체군에서 발생한다.[38] 게다가 동일한(또는 비슷한) 성비와 사회조직 형태를 가진, 밀접하게 관련이 있는 종이나 같은 종의 다른 개체군은 흔히 두드러지게 다른 동성애 패턴을 보인다. 예를 들어 일부다처제 짝짓기 체계를 갖춘 많은 바다표범과 바다사자는 강한 암컷 편중 성비(모든 수컷에 대해 3~5마리의 암컷)를 보이고, 흔히 성별에 따른 분리가 있거나 많은 수의 수컷이 번식의 기회를 얻지 못하는 사회체계를 가지고 있다. 이러한 종들 중 일부는 수컷 동성애를 보이고 있고(예를 들어 회색바다표범, 북방코끼리바다표범, 바다코끼리), 일부는 암컷 동성애를 보이며(예를 들어 북방물개), 일부는 암수 양쪽 다 동성애를 보이며(예를 들어 오스트레일리아바다사자), 일부는 종의 대부분이 동성애를 전혀 하지 않는다(예를 들어 캘리포니아바다표범, 남방물개). 마찬가지로 초승달무늬개미잡이새, 살빈개미잡이새, 이색개미잡이새, 점박이개미잡이새도 모두 수컷이 더 많은 개체군에 살고 있지만 동성애 짝짓기는 마지막 두 종에서만 발견된다.[39]

성비가 왜곡된 많은 동물에서 동성애는 '잉여surplus' 성보다는 공급량이 더 적은 성에서만 일어난다(또는 더 흔하다). 예를 들어 필리핀원숭이의 일부 개체군에서는 암컷이 수컷보다 2:1로 더 많지만 같은 성 활동은 수컷 사이에서만 일어난다. 서부쇠물닭의 몇몇 개체군에서는 수컷이 차지하는 비율이 70%가 넘지만 암컷 동성애가 같은 성 활동의 80%를 차지한다. 히말라야원숭이의 경우는 그 반대다. 일부 개체군에서 암컷이 수컷보다 거의 3:1로 더 많지만 대부분의 같은 성 활동은 (80%가 넘게) 수컷들 사이에서 이루어진다. 나무제비 개체군은 흔히 암컷이 더 많지만 오직 수컷 동성애만 발생한다. 마찬가지로 사로잡혀 수컷이 더 많아진 갈라와 주홍따오기 개체군에서는 암컷 쌍이 형성되었고, 수컷보다 암컷이 더 많은 홍학 개체군에서는 수컷 쌍이 형성되었다. 검은두건랑구르에서는 전체 개체군에 암컷 편향 성비가 존재하지만(그리고 각 개체는 수컷보다 암컷이 더 많은 무리에서 산다) 오직 수컷의 같은 성 활동만 보고되었다. 쇠백로와 쇠푸른왜가리에는 짝이 없는 수컷들이 '남아돌았지만' 같은 성 마운팅은 이성애 짝을 찾을 수 없는 새의 개체군보다는 짝을 이룬 수컷들 사이에서만 거의 독점적으로 발생했다.[40]

일부 종에서 동성애 활동은 반대쪽 성을 이용할 수 없는 것과 관련이 있는 것처럼 보일 수 있지만 그 발생 패턴은 흔히 부족shortage 설명이 나타내는 것보다 훨씬 더 복잡하다. 예를 들어 검은장다리물떼새의 레즈비언 쌍은 일반적으로 성비가 암컷에 치우친 집단에서 발생하지만 같은 종의 다른 개체군에서는 수컷이 더 많은데도 수컷 동성애 쌍은 형성되지 않았다. 그 반대의 경우인 사로잡힌 훔볼트펭귄에서도 마찬가지다. 즉 수컷이 남아돌 때 수컷 쌍은 형성되지만 암컷이 남아돌 때 암컷 쌍은 형성되지 않는다. 사바나(노란)개코원숭이의 일부 개체군 가운데 나이가 든 청소년 개체 사이의 성비는 왜곡되어 있어서 수컷이 암컷보다 2:1로 더 많고, 실제로 마운팅의 10%는 동성애적인 것이다. 하지만 성체와 나이가 어린 청소년 개체의 성비는 동일하며, 이러한 개체군에서의 동성애 마운팅의 발생률은 부족가설로 예측할 수 있는 것과는 정반대다. 마운팅의 17~24%가 같은 성에서 일어나는 것이다. 바꾸어 말하면 나이가 든 청소년 수컷은 그 연령대가 수컷이 가장 남아도는 때이지만 실제 동성애 활동에는 가장 낮은 비율을 보이고 이성에 마운팅에는 어느 연령대보다 높은 참여율을 보인다(모든 수컷-암컷 마운트의 절반 이상을 차지한다). 야생 청둥오리의 성비는 번식기 동안 변동이 있어서 몇 달 동안 다른 때보다 암컷이 적게 나타난다. 때로 수컷 쌍이 이러한 시기에 형성되긴 하지만 개체군에서 수컷이 더 많은 다른 달 동안에는 수컷 쌍이 발생하지 않는다.[41]

만일 이성애에 대한 접근이 동성애의 발생에 관련된 유일한 요소였다면 성별에 따라 분리된 개체군의 수컷과 암컷 모두 동일한 정도의 동성애 활동을 보여야 한다. 하지만 어떤 형태의 성별에 따른 분리가 있는 종 대부분에서 동성애 활동은 오직 한 성에서만 발견되거나(예를 들어 바다코끼리, 회색바다표범, 혹멧돼지, 아메리카들소) 한 성에서만(대개 수컷에서) 훨씬 더 자주 나타난다(예를 들어 기린, 인도영양, 산양, 오스트레일리아바다사자). 반대로 돼지꼬리원숭이, 병코돌고래, 치타, 코알라, 캐나다 기러기, 홍학처럼 불균형한 성비를 가진 일부 종에서는 (야생이나 사로잡힌 상태에서) 동성애가 암수 모두에게 일어난다(비록 '잉여' 성에서 더 흔할 수는 있지만). 이는 단순히 이용할 수 있는 이성애 파트너의 '부족'이 아니라 더 많은 것이 연관되어 있다는 것을 나타낸다.[42] 마찬가지로 같은 종에서 성비가 서로 다른 개체군을 비교하면 때로 성비가 왜곡되지 않은 개체군에서 동성애는 더 드물게 나타나면서도 여전히 출현한다. 예를 들어 일본원숭이, 기린, 회색기러기의 경우 같은 성 활동은 한쪽 성의 숫자가 더 많은 개체군에서 증가할 수 있지만 성비와 관계없이 다른 상황에서도 상당히 일정한 비율로 발생하며 심지어 성비의 '한도'까지 도달해도 나타날 수 있다(예를 들어 60% 이상의 암컷이 있는 기린 개체군에서도 수컷 동성애는 여전히 일어난다). 왜곡된 성비를 가진 일본원숭이의 개체군에서도 대부분의 개체는 여전히 이성애와 동성애에 둘 다 참여한다. 이는 그들이 반대쪽 성 파트너를 완전히 '빼앗긴' 결과로서 같은 성 파트너를 찾는 것이 아님을 보여준다.[43]

유사하게, 많은 종에서 동성애는 (성별에 따른 분리, 이성의 거부, 사로잡힌 상황 등으로 인해) 반대쪽 성 파트너가 없을 때 가끔 발생하지만 같은 성 활동은 이러한 맥락에 국한되지 않고 혼성 그룹에서도 발생하고(예를 들어 고릴라, 하누만랑구르, 검정짧은꼬리원숭이, 다람쥐원숭이, 바다코끼리, 사자, 청둥오리, 붉은부리갈매기), 이성의 거부나 반대쪽 성의 이용 불가 상황이 아님에도 발생한다(예를 들어 서인도제도매너티, 치타).[44] 만일 같은 성 활동이 전적으로 반대쪽 성이 없어서 생긴 것이라면 일단 이성 파트너를 구할 수 있게 되면 완전히 사라져야 한다. 하지만 이러한 예들은 그렇지 않다는 것을 보여준다. 동성애는 동물들이 반대쪽 성 파트너를 빼앗겼을 때 자동으로 혹은 즉각 발생하는 것도 아니며, 그들이 이성 파트너에 한 번 접근했다고 이성애가 반드시 일어나는 것도 아니다. 예를 들어 사로잡힌 다람쥐원숭이 암컷 집단에서의 동성애 활동은 수컷으로부터 격리된 지 1년이 지나서야 발전했고, 반면에 수컷이 없는 상황에서 동성애적으로 관계를 맺은 암컷 긴귀고슴도치는 수컷에 접근이 가능해지고 나서 2년이 훨씬 지나서야 이성애 짝짓기를 했다.[45]

다양한 가능성

설사 어떤 종에서 동성애가 한쪽 성이 다른 쪽보다 더 많은 개체군에서만 일어난다고 해도, 이것은 최소한 일부 개체들 사이의 '잠재적인' 양성애 능력에 대한 증거라고 볼 수 있다. 게다가 왜곡된 성비는 그러한 경우에 같은 성 상호작용의 결정적 '원인'이 아니라 아마도 기여하는 요소에 불과할 것이다. 일반적으로 이러한 개체군의 '잉여' 성性 중 일부만이 실제 동성애에 참여하며, 때로 '이용할 수 있는' 반대쪽 성 파트너를 그냥 지나치기도 한다. 이것은 매년 전체 암컷의 거의 절반이 수컷 파트너를 찾을 수 없지만 레즈비언 쌍은 개체수의 약 6%만을 차지하고 있는 은갈매기에서 가장 명백하게 나타난다. 다시 말해 대다수의 '잉여' 암컷들은 동성애 쌍을 형성하기보다는 독신으로 남아 있다. 게다가 모든 수컷 중 약 14%가 짝이 없는 상태인데 이는 개체군에 독신 수컷이 있음에도 불구하고 암컷들이 같은 성 간의 유대 관계를 형성한다는 것을 의미한다. 마찬가지로 일부 암컷 청둥오리들은 암컷보다 수컷이 더 많은 개체군에서도 짝을 이루지 않았다. 수컷의 수가 많은 캐나다기러기의 반半야생 개체군에서는 짝이 없는 수컷 중 일부는 동성애 쌍을 이루지 않았다. 게다가 일부 암컷들 또한 반대쪽 성 새를 '구할 수 있음'에도 불구하고 짝을 이루지 않거나 동성애 유대 관계를 형성했다. 과부가 된 갈까마귀의 약 10%는 동성애 짝 관계를 형성하지만 수컷 파트너를 찾지 못하는 대다수의 과부 새들은 실제로 암컷 파트너와 짝을 맺기보다는 독신으로 남았다. 쇠검은머리흰죽지 개체군은 일반적으로 60~80%가 수컷으로 구성되어 있지만 이들 중 극히 일부만이 동성애 마운팅에 참여한다(그리고 동성애 짝 관계는 형성하지 않는다). 비슷하게, 순록 무리는 30~40%의 수컷만을 포함할 수 있지만 암컷들 사이의 같은 성 활동이 넘쳐나는 것은 아니다.[46] '잉여' 개체 중 오직 일부만이 같은 성 결합을 형성하는 다른 종으로는 홍학, 웃는갈매기, 훔볼트펭귄, 젠투펭귄, 뿔호반새, 벚꽃모란앵무, 갈라, 이색개미잡이새가 있다.[47]

동성애가 이러한 종에 생기는 것이 왜곡된 성비의 '결과'일 수도 있다. 하지만 이 요소에 의존하는 동성애에 대한 전체적인 '설명'은 왜 일부 개체들만 이 전략을 '택하고', 왜 다른 전략이 아닌 이 전략을 택하는지 알 필요가 있다. 한쪽 성이 남아도는 개체군이나 반대쪽 성을 '구할 수 없는' 상황의 동물에게는 독신으로 남거나 같은 성 쌍 결합을 형성하는 것 외에도 폭넓게 다양한 행동 반응이 발생한다. 예를 들어, 수컷보다 암컷이 더 많은(혹은 반대의) 다른 여러 일부일처제 종에서 일부 개체들은 일부다처제의 이성애 트리오(소위 '이중혼bigamy')나 사인조('삼중혼')를 형성하기도 한다. 이러한 옵션은 홍학과와 훔볼트펭귄의 동성애 짝 형성에 결부하여 발생하기도 하고 황로, 황제펭귄emperor penguins, 물까마귀dippers 등에서 같은 성 짝 형성 대신 발생하기도 한다. 동일한 개체군에 속한 개체는 다른 전략을 채택하거나 이러한 전략을 조합하여 다음과 같이 다양한 수준으로 적용할 수 있다. 예를 들어 검은머리물떼새 군집에서는 많은 수의 비非번식 새들이 이성애 짝이나 자신의 번식 영역을 찾지 못하는 상황에서 이들 새 중 극히 일부만이 일부다처제 트리오를 형성하게 되고(대부분은 짝이 없이 남아 있다), 다시 이들 중 일부만이 트리오 내에서 차례로 동성애적 유대를 발전시킨다. 오스트레일리아의 검은얼굴꿀빨이새noisy miners(심하게 수컷에 치우친 성비를 가진 조류 종)는 일처다부제(같은 성 간의 유대가 없는 여러 마리의 수컷이 각각의 암컷과 맺어진) 등이 포함된, 종 전체를 아우르는 복잡한 집단번식 체계를 개발했다. 쇠청다리도요사촌spotted sandpipers에서는 반대의 상황이 발생하는데 '잉여'로 남겨진 새가 일부다처제가 아닌 일부일처제에 실제로 참여한다. 이 종에서 암컷은 보통 여러 마리의 수컷과 짝짓기를 하고 일반적으로 수컷에게 양육 의무를 맡긴다. 그러나 일부다처제 짝을 찾지 못한 암컷은 흔히 일부일처제(이성애) 짝 형성과 양육으로 '돌아가서' 한 수컷 파트너의 알품기와 번식을 도와준다.[48]

대체 전략에 관한 한 일부다처제는 빙산의 일각에 불과하다. 잉여로 남아도는 암컷 붉은발도요는 다른 암컷과 결합을 형성하기보다는 이미 짝을 이룬 수컷과의 난잡한 짝짓기에 참여한다. '여분의extra' 수컷 검은 수염개개비는 이미 짝을 맺고 새끼를 키우고 있는 쌍을 돕는다. 또 잉여가 된 암컷 타조와 아메리카레아는 다른 수컷이나 암컷과 결합을 맺기보다는 자기 알을 다른 암컷의 둥지에 낳거나 혹은 유기한다. 암컷 나무제비, 열대의 수컷 집굴뚝새house wrens 그리고 자기 짝을 찾을 수 없는 제비들은 흔히 이미 짝을 맺은 이성애 쌍의 둥지를 침범해서 파트너를 강제로 빼앗는다(다른 배우자를 직접적으로 공격하거나 쫓아내는 방법으로 또는 그들의 새끼를 죽이고 그 짝이 헤어지게 만드는 방법으로). 펭귄과 백로의 일부 종에서 한쪽 성의 잉여가 발생하면 개체들은 좀 더 빈번하게 일시적이거나 연속적인 이성애 짝 관계를 형성하거나 파트너와 더 자주 이혼한다. 한 성에 잉여가 발생한 검은장다리물떼새 개체군에서는 새들이 정기적으로 그들의 종 밖에서 이성애 파트너를 찾기도 하고(근연관계인 장다리물떼새와 교잡한다), 성체 수컷이 '부족'해진 일부 군집의 암컷 은갈매기와 재갈매기는 흔히 훨씬 더 어린 수컷과 짝을 짓는 것으로 해결한다. 수컷 아프리카코끼리가 성적으로 흥분했지만 이를 받아들일 암컷 파트너를 찾지 못하게 되면 (수컷과 또는 암컷과) 어떠한 성적 행동을 하기보다는 진흙탕에서 구르거나 먼지로 목욕을 하는 공통된 반응을 보인다(이 방법으로 자신의 흥분을 '가라앉히는' 것이리라). 이 모든 종에서 동성애 활동은 (일어난다고 할지라도) 단지 몇몇 개체들이 여러 다른 대안들과 함께 채택하는 하나의 '선택사항'일 뿐이다.[49]

부족shortage 설명은 이러한 여러 전략의 발생을 적절히 설명할 수 없으며, 다른 전략을 놔두고 어느 하나를 우선하여 선택하는 이유도 설명할 수 없다. 동물들이 유사시에 동성애에 '의지'한다고 주장함으로써 과학자들은 흔히 더 그럴듯한 다른 (이성애적) 대안들을 간과한다. 이는 어느 개체에게 이러한 상황에서 동성애가 실제로 가장 매력적인 선택일 수도 있다는 생각에 대해 지지를 의도치 않게 내비치는 것이기도 하다. 예를 들어 흰손긴팔원숭이의 동성애 활동은 수컷의 한 암컷 파트너가 그와 섹스를 할 수 없을 때(또는 원치 않을 때) 발생한다. 하지만 왜 그런 상황의 수컷들은 자기 짝이 아닌 상대와 이성애 짝짓기를 추구하지도 않고 또는 단순히 자위행위로 해결(이 전략은 둘 다 이 종의 다른 맥락에서 발생한다)하지 않는가? 마찬가지로 타조의 동성애 구애는 일부 개체군에서 균형 잡힌 성비에서 비롯된다고 (복잡한 논리를 따라) 주장되고 있다. 타조는 흔히 일부다처제로 짝을 짓기 때문에(한 수컷과 여러 암컷) 같은 수의 수컷과 암컷을 가진 개체군은 그러한 여러 번의 짝짓기가 불가능할 것이다. 한 과학자는 이 경우에 수컷은 자신과 같은 성에 눈을 돌린다고 제안했다. 하지만 왜 수컷은 (쇠청다리도요사촌에서처럼) 일부일처제 이성애 짝짓기에 단순히 머무르지 않고 그러한 현상이 발생하는 것일까? 또 노랑가슴도요의 일부 동성애 마운팅은 번식기 후반에 암컷이 부족해서 발생하는 것으로 알려져 있다. 하지만 일단 이 시기에 암컷들이 번식지를 방문하는 것을 멈추면 수컷들은 흔히 암컷들이 있는 곳(그들의 둥지)으로 이동해 구애용 과시를 하고 심지어 산란기 동안 교미하기도 한다. 왜 어떤 수컷들은 장소를 옮겨 이성애 활동을 하는 것에 '의지'하고, 다른 수컷들은 동성애 활동을 위해 자신의 이성애 활동을 '버리는' 것일까?[50] 이러한 종에서 같은 성 활동이 반대쪽 성을 이용할 수 없는 상황에 기인한다 치더라도 이와 같은 중요한 질문은 부족 설명에서는 다루어지지 않고 있다. 반면에 동성애에 참여하는 것을 반대쪽 성의 부족에 '기인'하거나 '결정'된다고 보지 않고 성적 지향에 대한 개체의 가변성과 가소성의 표현으로 본다면, 그러한 상황에서 실제로 보이는 성적인 반응과 수용력의 다양성은 이제 앞뒤가 맞아떨어진다.

이성애 박탈?

부족shortage 설명 중 특히 일반적인 한 가지 버전은 수컷들이 서열이 높은 수컷의 적극적인 간섭이나 쫓아내기로 인해 암컷과 짝짓기를 하지 못하게 되면 동성애로 돌아선다는 것이다. 흔히 상대적으로 적은 수의 수컷만이 이성애 짝짓기를 할 수 있는, 일부다처제나 난혼제 짝짓기 체계를 가진 포유류를 설명할 때 제시된다. 이것이 일부 종(예를 들어 산양, 북방코끼리바다표범)에서 같은 성 활동에 기여할 수 있지만 이러한 설명이 지나치게 단순하다는 상당한 증거가 있다. 예를 들어 아메리카들소에서 동성애 마운팅은 (1~6살까지 나이의) 번식을 하지 않는 젊은 수컷들 사이에서 특히 흔하지만 이것은 나이가 많은 상위 서열의 수컷이 암컷에 대한 접근을 '불허'했기 때문이라고만 볼 수는 없다. 같은 성 활동은 1살에서 3살 사이의 수소들보다 4살에서 6살 사이의 황소들 사이에서 훨씬 드물게 나타난다. 두 집단 모두 번식 활동에 참여하는 것이 '막혀 있지만'(혹은 꺼리지만) 그러한 차이가 있는 것이다. 또한 (더 어린 수소에게 암소에 '접근'할 기회를 주려고) 나이 든 황소를 제거한 개체군에 관한 연구에서는 더 높은 서열의 수컷이 없을 때 어린 수소들 사이에서 이성애 활동이 증가하긴 하지만 동성애 활동도 같이 증가한다는 것을 보여주었다. 실제로 수컷이 이성애 짝짓기를 하는 것을 '막을' 나이 든 황소가 없음에도 불구하고(또한 그 개체군에 암컷이 수컷보다 더 많음에도 불구하고) 그러한 그룹에 속한 마운트의 55% 이상이 여전히 수컷들 사이에 벌어졌다. 마찬가지로 수컷 보노보도 자라면서 이성애 파트너와 접촉이 급격히 줄어들고 이에 상응하여 동성애 활동이 증가한다. 일반적으로 수컷 보노보는 영아와 청소년일 때 성숙한 암컷들과 성적으로 매우 활발하게 관계하지만 일단 청소년기에 접어들면 나이 든 수컷이 그들을 암컷과 성적인 상호작용을 하지 못하게 막는다. 하지만 같은 성 활동에 대한 참여는 암컷 파트너가 '이용 불가능'해지면서 급격히 증가했다기보다는 단순히 이 기간 꾸준히 증가한다(혹은 다시 이용할 수 있을 때 이성애 활동을 하지 않는다). 사실 성체가 되어 이성애 활동이 최고조에 달할 때 동성애 활동도

최대 수준에 도달한다.[51]

나이 든 수컷 사향소가 나이 어린 수컷 사향소의 이성애 짝짓기 기회를 박탈할 수는 있지만 그렇다고 그것이 이 종에서 발생하는 동성애 활동을 발생시키는 '원인'이 되는 것은 아니다. 수컷 사이의 구애와 마운팅 활동은 일반적으로 번식(하렘) 무리에서 이루어지며, 성체 황소가 1년생 황소를 향해 시작한다. 다시 말해 암컷에 접근할 수 있는 수컷이 먼저 시작한다. 대부분의 다른 성체 수컷들도 번식에서 제외되지만 동성애 행동은 이러한 황소들이 흔히 대부분의 시간을 보내는, 구성원 전부가 수컷인 무리all-male herds의 특징이 아니다. 게다가 이성애 짝짓기를 '방해'할 나이 든 수컷이 없는 사로잡힌 무리에서도 동성애 마운팅은 반대쪽 성 마운팅과 함께 여전히 상당히 높은 비율로 일어난다. 마찬가지로 수컷 아시아코끼리의 동성애 행동은 번식 개체와 비번식 개체 모두에서 발생한다. 사로잡힌 무리에서 나이가 많거나 높은 서열의 수컷(보통 암컷 파트너를 독점하는 수컷)의 이성애 교미를 금지하면 더 어리거나 더 낮은 서열의 수컷은 암컷과 교미를 할 수 있게 된다. 그러나 같은 성 활동은 암컷 파트너에 대한 접근 권한이 있는지와 관계없이 두 연령(서열) 무리에서 모두 지속한다. 사실 이성애적으로 활발한 수컷은 암컷과 짝짓기를 하지 않는 수컷보다 더 높은 수준의 동성애 활동을 보일 수 있다. 뉴질랜드바다사자에서 대부분의 어린 수컷은 번식에서 제외되지만 번식을 하는 성체 수컷들 사이에서도 동성애 활동이 일어난다. 낮은 서열의 수컷 늑대는 무리 중에서 가장 높은 서열의 암컷과 짝짓기를 하는 것이 막혀 있지만, 낮은 순위의 이용 가능한 암컷과 짝짓기를 하기보다는 비슷한 처지의 수컷끼리 흔히 마운트를 한다. 청소년 범고래의 동성애 활동은 이성애 교미 기회에서 배제되기 때문에 발생하지만 암컷에 접근할 수 있는 성체 수컷도 때로 같은 성 활동에 참여한다. 게다가 청소년이 성체처럼 암컷과 성적이거나 성과 관련된 사회적 행동을 하는 시간의 비율은

둘이 거의 비슷하다.[52]

조류에서 동성애 활동 또한 일반적으로 이성애 교미에서 배제되는 패턴과는 상관관계가 없다. 예를 들어 목도리도요에서 수컷 사이의 마운팅은 암컷이 번식 장소에 없을 때보다 오히려 있을 때 실제로 더 흔하다. 비록 수컷들이 때로 서로 이성애적인 짝짓기를 막으려고 노력하지만, 같은 성 간의 마운트가 단순히 '방향을 틀거나' '대체'된 이성애 교미인 것은 아니다. 동성애 마운트는 다양한 서열의 수컷들(위성형satellites이나 벌거숭이형naked-nape으로 알려진 개체) 사이에서 발생한다. 심지어 수컷이 암컷과 직접적으로 짝짓기를 하는 것을 '방해하지' 않을 때도 발생한다. 반대로 (다른 수컷의 직접적인 공격에 의해) 반대쪽 성 상호작용에서 일상적으로 배제되는 한 종류의 수컷(소위 주변형 수컷marginal males이라고 불린다)은 일반적으로 동성애 활동을 하지 않는다. 서부쇠물닭은 개체군의 상당수가 스스로 번식하는 것보다 다른 새들이 새끼를 기르는 것을 돕는다. 이 종의 동성애 활동은 번식을 하지 않는 '도우미'보다는 번식하는 개체의 특징이다. 황토색배딱새와 부채꼬리뇌조에서는 개체군에 번식하지 않는 '잉여' 새가 있어도 번식 영토를 사용하지 않는 경우가 많다. 이는 비번식 개체가 이성애적으로 짝짓기하는 것을 '방해받지' 않고 있다는 것을 나타낸다(또는 최소한 좀 더 좋은 영토를 사용할 수 있을 때까지 비번식 개체로 남아 있기로 한 것을 의미한다). 게다가 그러한 비번식 개체의 일부만이 같은 성 활동에 참여하고, 일반적으로 이 종의 동성애 활동에서 적어도 한 마리의 파트너는 자신의 번식 영역을 가지고 있는 개체가 참여한다. 마찬가지로 검은머리물떼새 사이의 동성애 유대 관계 발생률(양성애 트리오의 형태)은 많은 개체가 자기 반대쪽 성 짝과 번식 영역을 획득할 수 없는 상황인, 더 높은 개체밀도 아래에서도 크게 증가하지 않는다. 갈색머리흑조 개체군은 일반적으로 수컷이 상당히 남아돌아서 높은 서열의 수컷은 하위 서열의 수컷이 암컷과 구애하고 짝짓기 하는 것을 적극적으로 막는다. 이에 따라 전체 수컷의 절반에서 2/3에 이르는 수많은 새들이 이성애 교미 기회에서 '제외'되지만 그러한 수컷들이 정기적으로 서로 구애하거나 짝짓기를 하지는 않는다. 사실 이 종에서 관찰된 유일한 동성애 활동은 수컷 흑조가 때로 다른 종인 집참새 수컷에 의해 마운트되는 것뿐이다. 기아나바위새는 아메리카들소와 놀랍도록 유사한 동성애와 이성애 참여 패턴을 보여준다. 즉 1살과 2살 된 수컷 모두 일반적으로 번식에서 '제외'되지만 광범위한 동성애 활동은 한 살 연령대에서만 발생한다. 그 파트너는 거의 항상 성체 수컷이고, 그 성체 수컷 중 대부분은 이성애 교미에서 제외된 개체가 아니다.[53]

동성애는 일반적으로 동물들이 이성애 교미의 기회를 '박탈'당한 결과물이 아니다. 이는 왜곡되거나 분리된 집단(야생과 포획된 상태 모두)의 반대쪽 성 구성원을 향한 개체의 행동에서 꽤 분명하게 볼 수 있다. 잠재적인 이성애 파트너는 흔히 무시당하거나 심지어 적극적으로 거부당한다. 우리가 예상하기로 동물들이 반대쪽 성 교미에 참여하는 것에서 배제되었다면 그들이 폭발적인 관심을 받을 것 같지만 사실 거의 그렇지 않다. 예를 들어 대다수가 수컷인 기린 개체군에서 암컷에게 이성애적인 관심이 빗발치지는 않는다. 심지어 수컷은 암컷과 짝짓기를 할 수 있는 기회를 동성애적인 마운팅과 기타 활동을 위해 때로 무시하기도 한다. 암컷 일본원숭이들과 암컷 하누만랑구르들은 동성애 활동을 하는 수컷을 완전히 무시하고, 만일 그들이 성적인 제안 자세를 취하면 실제로 위협하거나 공격할 수 있다. 회색바다표범과 범고래의 동성애 활동은 보통 모든 수컷 집단에서 일어난다. 몇몇 암컷이 가끔 이러한 집단에서 나타나지만 대부분의 수컷이 그들을 다 무시하므로 성적인 관심을 거의 받지 못한다. 이것은 회색바다표범(과 다른 바다표범)에서 번식기 동안 많은 수의 수컷들이 암컷들에게 흔히 폭력적인 성적 공격을 가하는 것과는 극명한 대조를 이룬다. 혼자 살거나 '독신자'(또는 비번식) 무리에 사는 암컷

I부

영국의 람지Ramsay섬에 털갈이 기간을 맞은 회색바다표범 수컷 무리가 육지로 몰려나왔다. 이 사진이 찍히기 직전에 해변의 큰 바위 근처에 있던 두 마리의 수컷이 동성애 활동을 하고 있었는데 이것은 1년 중 이맘때 모든 연령대의 수컷들 사이에 흔한 일이다. 비록 몇몇 암컷들이 봄맞이 털갈이에 참석할지 모르지만, 그들은 수컷들에게 대부분 무시당한다. 이는 동성애 활동이 단순히 이성애 짝짓기의 '대체물'이 아니라는 것을 보여준다.

사바나얼룩말과 산얼룩말에게 '독신자' 수컷이나 무리의 종마(둘 다 가끔 동성애 활동에 참여한다)가 성적으로 접근하는 일은 거의 없다. 종마는 심지어 새로운 암컷들이 무리에 합류하는 것을 적극적으로 막기도 한다. '잉여' 수컷 민물가마우지는 (그들 중 일부는 동성애 쌍을 이루지만) 무리의 (이성애 짝을 이룬) 암컷에게는 전혀 관심을 보이지 않는다. 반대로, 암컷이 '남아도는' 반달잉꼬 개체군에서는 동성애 짝짓기가 이성애 짝을 '찾을 수 없는' 새에만 국한되지 않는다. 왜냐하면 수컷과 짝을 이룬 암컷도 (이성애 트리오를 통해) 정기적으로 동성애 유대 관계를 형성하기 때문이다. 다 자란 수컷 엘크는 번식기가 아닐 때 우연히 마주치게 되는 암컷에게 성적인 관심을 보이지 않지만(심지어 그때 암컷이 발정이 나 있어도) 어린 수컷은 흔히 성적인 관심을 보인다. 하지만 번식기가 아닐 때 이 종의 동성애 활동은 두 연령대에서 모두 일어난다. 따라서 동성애 활동은 두 연령대 모두에서 암컷에 대한 접근성의 부족 때문에 일어나는 것이 될 수 없다. 수컷이 남아도는 많은 오리 종은 암컷을 강간하려는 수컷으로 가득 차 있지만 대부분 그러한 수컷은 이미 암컷과 짝을 이루고 있다. 이성애 파트너에게 접근하지 않는, 짝이 없는 수컷은 암컷과의 강제적인 교미에도 거의 관여하지 않는다(동성애 행동이 해당 종에서 발생하는지 여부와 관계없이).[54]

반대쪽 성 파트너가 없는 상황에서 시작된 같은 성 활동도(소위 상황에 따른 동성애situational homosexuality라고 불린다) 흔히 놀라운 유지 기간과 내구성을 보여준다. 이성애 짝을 구할 수 있게 되면 '취약'해지거나 해체되기 쉽다는 고정관념과는 거의 맞지 않는다. 포획된 동물이 반대쪽 성 파트너를 전혀 만날 수 없는 상황에서 성적으로 유대 관계를 맺은 경우 나중에 그들을 이성애로 '전환시키려고' 시도하면 저항한다. 이들이 처음에는 동성애를 '상황에 따라' 시작했어도 나중 같은 성 짝에 대한 장기적인 '선호'를 보일 수 있다. 예를 들어 한 쌍의 수컷 흰이마아마존앵무새들은 암컷이 없기 '때문에' 동성애적 유대감이 형성되었음에도 암컷 새의 접근을 강력히 거부했다. 또한 (앞에서 언급한 것처럼) 수컷이 없는 상태에서 서로 성적으로 관계를 맺은 두 마리의 암컷 긴귀고슴도치는 그들을 분리한 이후 최대 2년 반 동안이나 이성애적으로 짝짓기 하는 것을 거부했다. 수컷 참수리와 암컷 가면올빼미의 같은 성 짝 유대 관계는 공동육아를 성공하기에 충분했고(어떠한 이성애 짝과도 같이 살지 않은 채), 어떤 경우에는 나중 반대쪽 성 파트너를 데려와도 새들이 무시하기도 했다. 동성애 유대 관계를 가진 수컷 히말라야원숭이, 필리핀원숭이, 병코돌고래, 치타, 붉은부리갈매기는 반대쪽 성 파트너의 관심에 저항했고, 서로 떨어지게 만들면 분명히 괴로워했고 다시 만나게 하면 금방 관계를 재형성했다. 흔히 수컷 파트너와 재회하면 애정과 흥분의 가시적인 징후를 보일 정도였다. 이것은 수컷 청둥오리를 함께 키웠을 때도 해당하는데 이 수컷 청둥오리들은 동성애 짝 형성이 평생 지속하는 그들의 '지향orientation'이 되었다. 그들은 반대쪽 성과 짝짓기가 가능할 때도 동반자 수컷을 일관되게 찾았으며, 암컷의 끈질긴 제안에도 불구하고 해마다 자신들의 동성애 유대 관계를 유지했다(또는 한 파트너가 죽으면 다른 수컷과 관계를 다시 형성했다).[55]

동성애의 오염

동성애에 대한 부족shortage 설명을 지지하는 모든 과학자 중에서 어느 누구도 동성애를 일관되게 '유도'할 중요한 성비sex ratio나, 혹은 어느 개체가 동성애에 '의지'하는 것을 막기 위해 필요한 반대쪽 성 구성원 수의 결정적인 역치를 명시한 적이 없다. 한쪽 성에 5%의 잉여만 있어도 저울이 한쪽으로 기울게 될까? 명백히 무리의 55%를 암컷이 차지하는 북미갈매기 개체군이 동성애 짝짓기를 일으키는 '원인'이 될 만큼 충분히 왜곡되어 있다는 주장이 있긴 하다. 그러나 회색기러기와 같은 다른 종에서 수컷의 5% 초과는 동성애 짝짓기를 '촉진'하기에 충분치 않은 것으로 보인다.[56] 사실 한 종(또는 개체군)에서 동성애를 '유발'하는 비율이 다른 종에서는 전혀 그러한 영향을 미치지 않기 때문에, 심지어 엄청난 '잉여'가 있는 경우에도(말하자면 한쪽 성이 80% 이상을 차지해도) 단 하나의 결정적인 성비가 정해질 가능성은 매우 작다. 좀 더 광범위하게는 성비가 실제로 종의 짝짓기 습관과 사회체계를 결정한다는 부족 가설의 기본 가정은 이미 다른 유형의 짝짓기 행동에서 맞지 않는 것으로 밝혀졌다. 과학자들은 현재 모집단에서 이용할 수 있는 수컷이나 암컷의 수와 이들의 짝짓기 체계가 취하는 형태(예를 들어 일부일처제와 반대되는 일부다처제) 사이에 명확한 일방적 인과관계가 없다는 것을 인식하고 있다.

대신 많은 요소들의 복잡한 상호작용이 작용하고 있다.[57] 불행하게도 과학자들은 이러한 상호작용의 미묘한 점을 일반적으로 이성애 짝짓기 체계가 관련된 경우에만 인정한다.

부족 가설은 이론적 근거가 의심스러울 뿐만 아니라 흔히 특정 사례에 성급하거나 일관성이 없는 방식으로 적용한다. 같은 성 활동을 보이는 동물에서의 왜곡된 성비를 적절한 근거 없이 추정하기도 하고, 그러한 왜곡된 비율의 기원에 대해 의문스러운 '설명'을 하기도 한다.[58] 이것은 부족 설명이 가장 눈에 띄는 종인 갈매기를 설명하는 방식을 보면 잘 알 수 있다. 1970년대 후반과 1980년대 초에 과학자들은 고농도의 DDT와 다른 환경 오염물질이 평균초월 알둥지supernormal clutches(흔히 레즈비언 쌍에 속한다)를 가지고 있는 서부갈매기와 재갈매기의 일부 개체군과 연관이 있는 것을 발견했다. 그다음 명백한 상관관계를 설명하려고 '원인'을 찾는 논리의 사슬이 제시되었다. 즉 독소(DDT 등)는 수컷 갈매기 배아의 '암컷화'를 유발하고, 이는 다시 암컷 편향 성비로 이어지고, 결과적으로 레즈비언 쌍이 형성되고, 그들은 양육을 시도하고, 결국 초정상적인 클러치를 갖게 된다는 것이다.[59] 이 설명이 적용 범위가 제한적이라는 사실은 잠시 접어두자. 즉 동성애 짝짓기는 몇몇 갈매기(예를 들어 북미갈매기, 바다갈매기, 세가락갈매기)를 포함한 70여 종의 다른 조류에서 환경 독소와 관련이 없다.[60] 설명에 제한이 있다는 사실 또한 제쳐두자. 즉 같은 성 짝짓기가 독소에 의해 뒤틀린 성비에서 비롯된다는 것을 결론적으로 보여줄 수 있다 하더라도, 일부 종만이(그리고 각 종의 일부 개체만이) 그러한 조건에서 동성애로 반응할 수 있다는 사실은 여전히 주지할 필요가 있다. 이러한 설명이 적절하다고 여겨지는 갈매기 종에서도 전체 사슬의 각 고리는 취약하다.

첫째, 실험실의 실험은 몇몇 독소가 수컷 새 배아의 난소조직 발달을 유발할 수 있다는 것을 보여주었지만 오염된 지역에 사는 야생 서부갈매기 중에서 실제로 '암컷화한' 수컷 병아리나 성체는 발견되지 않았다.[61] 둘째, 독소로 인한 수컷의 암컷화는 수컷보다 암컷이 더 많이 번식하는 개체군을 만들 것 같지는 않다. 왜냐하면 독소가 실제로 수컷 배아를 완전한 기능을 하는 난소를 가진 암컷 새로 '변환'시키는 증례는 명백하지 않기 때문이다. 독소는 아마도 수컷의 건강에 직접적으로 작용하여 더 많은 죽음을 초래하거나 또는 암컷과 짝짓기를 못하게 수컷의 행동 변화를 초래하며 간접적으로 작용할 것이다. 그러나 독소가 갈매기의 생식기관에서 생리적 변화를 넘어서는 어떤 것을 유발한다는 직접적인 증거는 없다.[62] 독소에 노출된 수컷의 높은 사망률은 입증된 적이 없고, 짝짓기를 포기하거나 수컷으로서 '기능을 상실한' 상태 같은 수컷 사이의 행동 차이도 관찰된 적이 없다.[63] '화학적으로 불임이 된' 수컷들은 단순히 번식 군락에 참여하지 않거나 이성애 교미에 '더 이상 관심이 없다'는 의견이 제기되었다. 하지만 불임이 왜 또는 어떻게(또는 다른 생리학적 변화) 수컷들로 하여금 생식 활동을 스스로 안 하게 하는지, 불임이라 하더라도 무엇이 암컷들과 짝짓기까지(또는 심지어 교미까지) 못하게 하는지에 관한 질문은 남아 있다. 한 동물이 간성intersexed이거나 트랜스젠더(예를 들어 '암컷화'한 상태)라고 해서 그것이 그 동물이 성에 무관심하거나, 생식 기관이나 행동에 '기능 장애'가 있다는 것을 의미하지는 않는다. 예를 들어 '수컷화한' 암컷 사슴, 곰, 점박이하이에나는 고도로 변형된 해부학적 생식기관의 모습과 호르몬 체계를 가지고 있긴 하지만 정기적으로 수컷과 짝짓기를 하고, 출산하고, 새끼를 기른다. 심지어 다른 종에서는 동물이 불임이거나, 트랜스젠더 또는 간성일 때도 구애와 교미, 짝결합을 한다. 따라서 생식계의 생리학적인 변화를 성적인 능력이나, 짝짓기 또는 생식 능력의 부재와 동일시하는 것은 지나치게 단순하다. 왜곡된 성비가 반드시 환경오염의 '자연스럽지 않은' 결과는 아니라는 점도 지적해야 한다. 많은 갈매기 집단은 사실 독소의 영향과 무관하게 암컷

에 편향되어 있고, 암컷의 전반적인 생존율이 높다는 등의 요소도 가지고 있다.[64]

제시한 세 번째 사슬의 연관성을 보면, 왜곡된 성비는 사실 자동적으로 동성애 쌍을 초래하지 않는다. 예를 들어 암컷의 수가 불균형한 서부 갈매기와 재갈매기의 일부 개체군은 같은 성 쌍이 거의 없다. 잉여 암컷이 있는 개체군에서도 새의 일부만이 실제로 동성애 쌍을 형성한다.[65] 즉 대부분의 짝이 없는 암컷 재갈매기는 독신으로 남으며(레즈비언 쌍은 전체 쌍의 3% 이하이고, 때로는 1/350 이하다), 일부 수컷은 수컷보다 암컷이 더 많은 모집단에서도 짝이 되지 않은 상태로 남아 있다(일부 '남은' 암컷이 이성애 짝을 맺지 않는다는 의미다). 물론 과학자들은 수컷을 제거함으로써 북미갈매기 집단에서 암컷 쌍의 형성을 '유도'할 수 있었다. 그러나 이것은 모든 같은 성 쌍이 이 종의(또는 다른 종의) 반대쪽 성 부족에서 비롯된다는 사실이 아니라, 단지 이 종의 많은 암컷이 수컷이 부족할 때 자연히 드러나는 잠재적 양성애 능력을 갖추고 있다는 것을 보여줄 뿐이다. 게다가 동성애 짝짓기를 '유발'하는 데 필요한 성비(암컷 77%)는 자연적으로 발생하는 동성애 짝짓기 개체군(55%)에서 암컷의 비율보다 훨씬 높았다.[66] 대부분의 종에서 성비를 실험적으로 조작해도 동성애 짝짓기는 일어나지 않기 때문에 모든 조류 종이 이러한 잠재적인 양성애 능력을 갖추고 있는 것은 아니다(또는 최소한 같은 정도로 가지고 있는 것은 아니다). 예를 들어 수컷을 제거한(또는 암컷을 더 추가한) 사할린뇌조willow ptarmigans, 큰머리흰뺨오리bufflehead ducks, 알락딱새, 박새great tits, 갈색머리흑조, 멧종다리song sparrows, 바다멧참새seaside sparrows, 초원멧새savanna sparrows 개체군은 같은 성 쌍을 형성하기보다는 일부다처제로 수컷과 짝짓기를 하거나 독신으로 남는 등의 전략을 취한다. 이러한 일부일처제 종에서 일부다처제 같은 변형된 이성애 행동이 '유도'될 때 과학자들은 이러한 행동이 어떻게든 '인공적'이라거나 그 발생이 단지 실험적으로 촉발된 개체통계학적 변화 때문이라는 증거로 해석하지 않는다. 오히려 그 종에 일부다처제에 대한 고유한 능력(그리고 보다 광범위하게는 짝짓기 행동의 유연성)이 있다는 것을 나타낸다고 보고, 이것이 대부분의 개체군에서 상대적으로 낮은 수준으로 표현되었지만 적절한 조건이라면 더 큰 규모로 나타날 현상으로 본다.[67] 의미심장하게도 이러한 해석은 일반적으로 동성애 짝 형성에는 적용되지 않는다.

넷째, 동성애 짝 형성을 양육 전략으로 삼을 증거는 희박하다. 과학자들에 따르면 암컷은 수컷과의 교미로(짝은 형성하지 않고) 얻은 새끼를 기르기 위해 같은 성 파트너와 유대 관계를 맺는다(왜냐하면 이러한 종에서 새끼를 기르기 위해서는 두 마리의 부모가 필요하므로). 하지만 동성애 쌍에서 암컷 중 상대적으로 적은 비율만이 실제로 수컷과 짝짓기를 하고 수정된 알을 낳는다. 즉 서부갈매기 암컷 쌍의 알은 0~15%만 수정란이고 재갈매기 암컷 쌍의 알은 4~30%만이 수정란이므로 실제로 그런 암컷은 거의 번식하지 않는다는 것을 보여준다.[68] 가장 중요한 것은 만일 같은 성 짝 형성이 출산의 전략이라면 이로 인해 잠재적으로 이득을 볼 수 있는 암컷들이 일반적으로 이 옵션을 '이용'해야 하는데 그렇지 않는다는 점이다. 연구자들은 짝이 없는 재갈매기 암컷들이 수컷과 교미하고 그 결과로 생긴 새끼를 키우기 위해 어떠한 동성애 쌍도 실제로 형성하지 않으며 심지어 그런 쌍을 형성하려는 시도조차 하지 않는 것을 발견했다. 마찬가지로 수컷 파트너를 잃은(그리고 다른 수컷을 찾지 못한) 북미갈매기, 서부갈매기, 붉은제비갈매기 어미들은 양육에 도움을 줄 새로운 짝을 찾아야 하지만 이용 가능한 암컷들과 같은 성 짝결합을 형성하지 않는다. 게다가 일부 짝을 맺지 않은 암컷이나 동성애 짝을 맺은 북미갈매기 암컷은 실제로 다른 (이성애) 쌍의 둥지에 알을 낳기도 한다. 이것은 (a) 독신 암컷은 두 부모(양쪽 성의 새 어느 쪽이든 상관없이)를 형성해 새끼를 키울 목적으로 짝을 이룰 필요가 없다는 것과 (b) 적어도 동성애 쌍

의 일부 암컷은 자신이 돌볼 의사가 없는 알을 낳는다는 사실을 보여준
다.[69]

암컷 쌍과 평균초월 알둥지 사이에는 절대적인 상관관계가 없다. 물론
어떤 종에서는 대부분의 레즈비언 쌍이 평균초월 알둥지를 만들고 대부
분의 평균초월 알둥지는 레즈비언 쌍에 속한다는 것이 사실이다. 그러나
많은 경우 암컷 쌍이 '정상' 크기의 알둥지를 만들기도 하고(또는 알을 잃
어 정상적인 크기의 알둥지가 되기도 하고), 특대형의 알둥지는 다른 여러 요
인에 의해서도 정기적으로 발생한다. 여기에는 알 도둑질이나 입양, 한
암컷이 낳은 엄청난 수의 알둥지, 두 개의 이성애 쌍이 한 둥지를 튼 것,
외부의 암컷(둥지를 소유한 새들과 짝을 맺지 않은 암컷)이 알을 낳는 것, 이
성애 트리오 등이 포함된다. 많은 갈매기와 다른 종에서 평균초월 알둥
지와 동성애 쌍 사이의 연관성은 확립된 적이 없거나(예를 들어 수리갈매
기glaucous-winged gulls) 반박을 받았다(예를 들어 괭이갈매기black-tailed
gulls, 검정제비갈매기brown noddies). 따라서 독소와 평균초월 알둥지의 증
가 사이의 상관관계를 보여주는 연구는 해당 종의 암컷 쌍이 평균적인
알둥지보다 더 크게 낳는다는 것을 독립적으로 규명하지 않는 한, 동성
애 짝 형성에 귀결된다고 확실히 추론할 수 없다.[70]

과학자들은 사슬의 양 끝(독성과 평균초월 알둥지) 사이의 '상관성'을 자
주 지적하면서도 그 사이에 존재하는 모든 고리에 대한 증거를 제시하
지 않는다.[71] 두 현상 사이의 관계를 결정적으로 보여주기 위해서는 모
든 중간 순서를 확립해야 하며 가급적 질문의 대상인 해당 특정 종도 확
립해야 한다. 때로 이러한 사슬의 연관성에 대한 추론은 종간에 이루어
진다. 즉 독소는 한 갈매기 종의 환경에 존재하고, 다른 갈매기 종에서
독소에 의한 암컷화가 나타나고, 세 번째 종에서 왜곡된 성비가 보이고,
네 번째 종에서 암컷 동성애 쌍이 나타나고, 다른 종에 평균초월 알둥지
가 있는 식이다. 그러나 이러한 모든 조건이 동일한 종이나 지리적 영역

에 공존한다는 것을 보여주는 경우는 드물다.[72] 게다가 많은 갈매기 연구에서 이 사슬은 완전히 붕괴되거나 순환논리로 변한다. 만약 동성애가 한 종에서 일어나고 환경에 오염의 증거가 있거나 공해물질이 있다면 그 둘은 자동으로 연관이 있다고 가정한다. 동성애 짝짓기를 자명한 '장애' 현상으로 간주하므로(전형적으로 '생식실패reproductive failure'라고 특징짓는다) 조사자들은 흔히 추정된 독소와의 연관성을 가정할 때 발생이나 원인에 대한 실제적인 세부 사항을 다룰 필요가 없다고 느낀다. 실제로 동성애의 존재 자체는 흔히 대상 개체군에서 실제 오염물질이 발견되지 않은 경우에도 환경오염 및 질병과 미묘하게 동일시한다. 궁극적으로 암컷 짝 형성은 특정한 화학물질의 영향에 간접적으로 추적될 수도 있고 그렇지 않을 수도 있는, 단순한 특정 개체통계학적 변수에 대한 행동 반응 이상의 것으로 간주한다. 이는 사람이 만든 독소에 의해 직접적으로 유발되는 병적인 '증상'의 상태를 가정한 것이고, 사람들이 환경에 가한(자연이 인간의 개입으로 뒤틀려진) 더 큰 대혼란을 상징한다.[73] 결국 동성애는 단지 오염의 결과만 되는 것이 아니고 그 자체가 건강에 해로운, 순수 이성애자인 종을 중독되게 만드는 바로 그 '오염'이 되는 것이다.

요약하자면 반대쪽 성의 사용 불가 가설은 기껏해야 동물 동성애의 발생에 대한 미미한 '해명'일 뿐이다. 의문스러운 이론 및 방법론적 토대를 갖는 것 외에도 이 설명은 많은 경우에 단순한 사실과 양립할 수 없다. 같은 성 간 활동이 반대쪽 성 파트너를 이용할 수 없는 상황에서 발생하지만 많은 추가 요인들이 연관되어 있어서 그 발생에 관한 여러 중요한 질문들이 여전히 해결되어야 한다. 예를 들어 왜 성적으로 편향된 개체군을 가진 일부 개체나 종만이 동성애 활동을 보이고 다른 종들은 다양한 대안적 행동 반응을 보이는가? 그리고 왜 성별에 의한 분리나 왜곡된 성비를 수반하는 (따라서 동성애 활동을 '선호'하는) 사회체계가 애초에 그리고 그렇게 많은 종에서 진화했을까? 이와 관련해서 반대쪽 성을 이용하지 못하는 상태는 많은 기여 요인 중 하나일 뿐이며, 동물에서 동성애의 발생을 둘러싼 더 복잡한 문제에 관한 추가 연구의 시작이라고 보아야 한다. 안타깝게도 이 설명은 같은 성 활동의 '원인'에 대한 최종적인 과학적 진술로 계속 제공되고 있다. 이것은 동물 행동의 실제적인 풍요로움에 해를 끼칠 뿐만 아니라 진정한 복잡성이 이제 막 이해되기 시작한 현상에 대해 추가적인 조사를 하지 못하게 한다.

"그들이 행한 방식상의 오류" — 잘못된 성 식별로 본 동성애

동물 동성애의 발생에 대해 놀랍도록 흔한 과학적 설명 중 하나는 이것이 단순히 동물 측에서 수컷과 암컷을 '적절하게' 구별하지 못했기 때문이거나 그렇지 않으면 '무분별한' 짝짓기 충동 때문이라는 것이다(즉 성별 간에 인식된 모든 차이는 무시된다). 이러한 설명은 곤충과 양서류 같은 일부 '하등' 동물을 설명할 때 흔히 나타난다. 이 동물들에서 실제로 동성애 개체와 이성애 개체 사이에 임의적인 짝짓기가 있다는 증거는 제한적이다.[74] 그러나 이러한 유형의 '무분별한' 짝짓기 또는 잘못된 성 식별 설명은 55종 이상의 포유류와 조류를 포함한 고등 동물에서도 제안되었다. 이 경우 대부분 성체 수컷과 암컷이 표면적으로 서로 닮았거나(예를 들어 삼색제비), 청소년 수컷이 성체 암컷을 닮았다고 가정한다(예를 들어 인도영양, 극락조).

이 설명의 요지는 동물들이 동성애를 할 때 그들은 단지 '실수'를 한다는 것이다. 즉 이성애 짝짓기를 하려 했지만 성별 간의 신체적 유사성 때문에 파트너의 성별을 잘못 식별했다는 것이다. 사실 동성애 상호작용은 몇몇 종에서 명시적으로 '실수mistakes' 또는 '오류errors'로 불린다. 다른 수컷 바위새를 마운트하는 수컷 바위새들은 실제로 '혼란'에 빠져

'갈팡질팡'하는 것으로 묘사되었다. 또 서로 마운트를 하는 수컷 기린들의 '성적인 일탈 행동'은 그들의 '혼란 상태의 반사반응muddled reflexes'에 기인한다고 하고, 검은부리까치는 같은 성을 가진 새들과 '엉뚱한 방향의' 구애 활동을 할 때 '혼란에 빠진' 것으로 특징지어진다. 한 과학자는 심지어 산양의 같은 성 구애는 이 동물이 수컷과 암컷을 적절히 구별할 수 있었다면 절대 일어나지 않았을 것이라고 말했다.[75] 흔히 한 종에 동성애가 존재한다는 것은 동물들이 수컷과 암컷을 구별할 수 없다는 '증거'로 받아들여진다. "많은 섭금류waders는 관찰자뿐만 아니라 새 자신도 때로 성별을 구별하기가 어렵기 때문에 수컷이 다른 수컷과 교미하려고 시도했다는 기록이 계속 전해지고 있다." 이와 같은 순환논리는 터무니가 없다. 왜냐하면 대개 성별의 오인이 해당 종에 만연하다는 것을 나타내기 위한 추가적인 증거를 전혀 제공하지 않기 때문이다.[76] 반대로 과학자들은 노란눈펭귄yellow-eyed penguins과 같은 종에서 동성애가 없다는 것과 은빛논병아리와 붉은얼굴모란앵무에서 동성애가 드물다는 사실을 이러한 종의 성별 인식에 '문제'가 없다는 증거로 제시하고 있다.[77]

갈팡질팡 혼란스러운가?

분명히 성별 오인sex misrecognition은 동물 동성애의 광범위한 '원인'이 될 수 없다. 같은 성 구애와 교미 및 짝짓기는 수컷과 암컷이 서로 매우 다르게 보이는 수많은 종, 예를 들어 여러 영장류와 유제류 그리고 타조, 산쑥들꿩, 검은엉덩이화염등딱따구리, 스코틀랜드솔잣새 같은 다양한 조류에서 일어난다. 반대로 동성애는 수컷과 암컷을 시각적으로 구별할 수 없는 많은 동물에게서 발견되지 않는다. 예를 들어 젊은 수컷이 성체 암컷을 상당히 닮은 북미의 횃대류 31종의 새에서는 같은 성 활동이 보고되지 않았고, 또 성체 수컷과 암컷이 서로 동일한 수백 마리의 새 중 극히 일부에서만 동성애가 발생했다.[78] 게다가 동성애가 잘못된 성 식별에 기인하는 대부분의 종에서 오직 하나의 성만이 동성애 활동에 관여한다(대개 수컷이다). 동물들이 정말 암컷과 수컷을 구별할 수 없다면 우리는 암수가 동등한 비율로 동성애에 참여할 것으로 예상해 볼 수 있다. 물론 한 성별만이 다른 성별을 식별하는 데 어려움을 겪을 수도 있겠지만 그것은 불가능해 보인다. 더욱이 성체 및 청소년 수컷 사이의 동성애 상호작용이 젊은 수컷과 암컷의 유사성에 기인하는 많은 종에서, 동성애는 성체 또는 나이가 많은 수컷 사이에서나 성별 오인의 가능성이 없는 암컷 사이에서도 발생한다. 인도영양, 흰바위산양, 코끼리바다표범, 북부금란조, 제비꼬리마나킨, 큰거문고새가 그렇다. 또한 성체-청소년 동성애는 젊은 수컷이 암컷을 닮지 않아도 일어나고 (양쪽 파트너 중 어느 쪽도 특별히 수컷을 닮지 않은) 암컷들 사이에서도 발생한다.

동성애가 어린 수컷과 성체 암컷 사이의 닮은 점(예를 들어 인도영양, 마나킨새, 극락조) 때문에 발생하는 일부 포유류와 조류에서도 두 성별이 반

한 성체 수컷 인도영양이 양식화한 과시인 '목 선보이기presenting the throat'를 하며 젊은 수컷에게 구애하고 있다. 몇몇 과학자들은 이 종의 동성애 활동이 어린 수컷과 성체 암컷 사이의 유사성에 의해 유발된다고 제안됐다. 하지만 어린 수컷들은 뿔과 다른 해부학적 특징 때문에 수컷으로 분명히 구별이 가능하다.

드시 똑같이 생긴 것은 아니다. 오히려 나이 든 청소년과 젊은 성체 수컷은 성체 암컷과 성체 수컷 사이의 신체적 특성을 보이고, 흔히 구별이 가능한 수컷이다.[79] 수컷과 암컷의 동일한 외모에서 동성애가 발생한다고 주장되는 종에서도 흔히 개체들이 성별 간에 미미하지만 구별할 수 있는 눈에 띄는 신체적 차이가 있다. 이러한 특징에는 흰바위산양의 신체와 뿔의 크기, 북부금란조의 날개 길이(그리고 성 암컷과 구별되는 청소년 수컷), 갈라의 홍채와 눈 구조의 다른 모습, 훔볼트펭귄과 임금펭귄의 상대적 크기 및 기타 신체 측정치, 큰거문고새 수컷과 암컷(그리고 성체 암컷과 청소년 수컷 사이)의 꼬리 깃털 패턴, 황토색배딱새의 날개 및 꼬리 길이(그리고 일부 개체군에서는 날개 깃털의 홈), 암컷 나무제비의 갈색 이마의 무늬와 짧은 날개의 유무, 안나벌새의 성체 암컷과 청소년 수컷의 부리 구조와 꼬리 색상 등이 있다.[80]

이러한 (흔히 미묘한) 차이를 동물들 스스로 감지할 수 있을까? 많은 과학자가 성에 대해 잘못 인식하고 있다는 것을 암시하는 것은, 단지 우리 눈에 수컷과 암컷이 닮아 보인다고 해서 동물들도 구별할 수 없을 것이라는 가정이다. 종들은 시력이나 색 지각 그리고 다른 감각 능력에서 크게 다르므로 동물의 성별 인식 능력에 대한 결론이 나기 전에 각각의 종을 개별적으로 평가할 필요가 있다. 그리고 분명히 이러한 것들은 동물 동성애가 관련된 사례에서 체계적으로 조사되지 않았다. 그럼에도 불구하고 한 가지는 확실하다. 즉 우리는 이제 겨우 동물 인식의 많은 측면을 이해하기 시작했다는 것이다. 여기에는 지금까지 상상하지 못했던 시각, 음감, 시간에 대한 인식 능력을 포함한다. 예를 들어 최근 과학자들은 찌르레기starlings, 금화조, 흰눈썹울새bluethroats, 푸른박새와 같은 많은 새들이 개체와 성별을 구별하는 데 자외선을 사용한다는 것을 발견했다. 일반적인 빛에서는 똑같이 보이는 새들이 자외선 하에서 다른 패턴을 보이는데 이를 인식해 같은 종의 다른 짝을 고르기 위해 사용하는 것이다. 마찬가지로 우리가 구별할 수 없는 몇몇 나비 종의 수컷과 암컷은 자외선으로 보면 근본적으로 다른 모습을 가지고 있다. 음감과 시간 영역을 보면, 거문고새의 성대모사에 대한 테이프 녹음을 분석한 결과 그 새의 시간에 대한 인식이 인간보다 10배 더 길 수 있다는 사실과 이로 인해 거문고새가 다섯 마리 다른 새들의 울음소리를 동시에 흉내 낼 수 있는 놀라운 능력을 갖추게 되었다는 것이 밝혀졌다.[81] 그렇다면 동물들은 사람의 눈이나 귀로는 알 수 없고 인간의 측정 기구로만 구별할 수 있는 외모의 차이나 다른 미세한 감각 신호를 인지할 가능성이 매우 높다.

동물이 우리에게는 똑같이 보이는 수컷과 암컷을 구별할 수 있다는 추가적인 증거는 '구별할 수 없는' 성별을 가진 종에서 동성애와 양성애가 다른 빈도로 생긴다는 사실이다. 동물들은 흔히 한쪽 또는 다른 쪽 성을 가진 개체들과 우선적으로 구애나 짝짓기를 하거나 유대를 형성한다. 예를 들어 수컷 흰바위산양은 둘 사이의 차이를 '구별할 수' 없다고 여겨지지만 1년생 암컷 산양보다 1년생 수컷 산양에게 더 자주 구애를 한다. 사향소에서는 정반대의 시나리오가 발생한다. 즉 성체 수컷은 1년생 수컷과 암컷 모두에게 구애하지만 수컷보다는 암컷과 더 자주 상호작용을 한다. 마찬가지로 남부산캐비 성체 수컷은 청소년 암컷보다 청소년 수컷에게 더 자주 구애한다(그리고 심지어 특별한 수컷 파트너를 찾아내기도 한다). 이와는 대조적으로 남부산캐비와 근연 관계인 브라질기니피그의 성체 수컷은 청소년 암컷에게만 구애하고 청소년 수컷에게는 결코 구애를 하지 않는다. 이 두 종의 청소년과 암컷이 모두 구별이 불가능하다고 알려져 있음에도 불구하고 그렇게 한다. 큰뿔양에서 숫양은 다른 숫양이 암컷과 얼마나 흡사한지에 정비례하여 성적으로 관심을 보인다고 주장되지만 암컷을 가장 많이 닮은 1년생 수컷은 여전히 암컷보다 훨씬 적은 성적 관심을 받고 있다. 이것은 큰뿔양에서 어떤 형태의 성적 구별이 여전히 일어나고 있음을 나타낸다. 수컷 바다오리는 성별을 구별하는 데 어려움을 겪기 때문에 다른 수컷 바다오리에게 마운트를 한다고 여겨지지만 여전히 수컷들은 암컷을 훨씬 높은 비율로 마운트하고 있다. 수컷 홍학의 '무분별한' 성적인 추적은 실제로 수컷보다는 암컷을 대상으로 한 것이 더 많다. 성체 수컷 가지뿔영양은 1년생과 2년생 수컷에게 구애와 마운트를 하는데 둘 다 겉으로 보기에는 암컷과 닮았다. 하지만 실제로 성체는 뿔의 크기와 볼의 검은색 무늬의 모습이 1년생보다 더 '암컷 같은(덜 수컷 같은)' 2년생 수컷에게 더 자주 성적인 행동을 한다.[82]

성별 오인을 동성애 촉진의 요소로 보는 것에 반대하는 논쟁은 수컷과 암컷이 신체적으로 동일하더라도 흔히 행동적으로는 다르다는 것과 관련이 있다. 동성애 상호작용에서 암컷을 '닮은' 수컷은 명확한 수컷 행동 패턴을 자주 보이므로 그의 파트너가 실제 성별을 인식하지 못했다는 개념에 심각한 의문이 제기된다. 암컷으로 '오인'된 수컷 개미잡이새는 실제 수컷 파트너에게 구애 먹이 주기를 시작하고 되받기도 한다(암컷은 절대 하지 않는 행동이다). 성체 수컷에게 구애하는 젊은 수컷 제비꼬리마나킨와 리젠트바우어새는 신체적으로 암컷과 유사할 수 있지만 뚜렷한 '수컷적인' 행동이나 과시 또는 발성을 보인다. 수컷 청다리도요 사이에서 동성애 짝짓기를 하는 두 참가자는 같은 성 마운팅을 하기 전에 전형적인 수컷 과시를 하고, 암컷 갈까마귀 동성애 쌍은 둘 다 서로 몸치장을 해준다(전형적인 암컷의 행동이다). 암컷과 교미하는 것보다 더 확실한 '수컷' 활동은 거의 없겠지만 수컷 갈매기는 때로 암컷 파트너와 번갈아 교미하는 중인 그 수컷에게 성적인 접근을 한다(세 마리의 갈매기가 '층층이 쌓기pile-up'를 만들며). 이와 같은 동성애 마운트는 가장 위쪽의 수컷이 단순히 암컷과 짝짓기를 하려고 시도하는 것도 아니다. 왜냐하면 그의 파트너가 흔히 암컷을 마운트하다가 내려와서 암컷이 '이용 가능해진' 다음에도 여전히 그 수컷과 계속 마운트를 유지하기 때문이다. 반대로 새들에서 알을 낳는 것보다 더 확실한 '암컷' 활동은 거의 없겠지만 수컷 붉은부리갈매기는 알을 낳는 도중인 암컷들을 자기의 수컷 파트너와 교미하기 위해 그냥 지나치는 것이 관찰되었다![83] 성별 인식의 결함 때문에 동성애 활동이 생겼을 가능성은 매우 작아 보인다. (특히 갈매기 사이에서 알을 낳고 있거나 품고 있는 암컷 갈매기에 대한 이성애 교미 시도는 상당히 일상적이기 때문에) 또한 같은 성 행동을 가장 잘 '설명'해 주는 것이기도 하다.

믿지 못할 정도로 명료한

개체군의 일부만이 반대쪽 성을 닮은(또는 성전환을 한) 많은 동물에서 성별 간의 혼란이 동성애 행동을 유발한다고 가정했을 때 동성애 발생 모습은 예상과는 반대되는 경우가 많다. 예를 들어 청소년 수컷 스코틀랜드솔잣새는 깃털 색상이 암컷을 닮았지만 이 종의 동성애 쌍은 성체 수컷과 청소년 수컷 사이에 형성되지 않는다. 목도리도요에서 일부 수컷들은 정교한 목 깃털과 다른 수컷들의 독특한 깃털 특징이 없다는 점에서 암컷을 닮았지만 이 종의 동성애는 이러한 '벌거숭이형naked-nape' 수컷들에게만 국한되지 않는다. 암컷을 닮지 않은 수컷들이 서로 구애와 마운트를 하기도 하고, '암컷 같은' 수컷들이 흔히 더 '수컷 같은' 수컷을 마운트하기도 한다. 북아메리카 횃대류 새들 사이에서 흔하지 않은 일이지만 나무제비 암컷들은 번식하는 첫해에 청소년기의 칙칙한 회갈색 깃털을 지니고 있어서 성체 암컷보다는 청소년 수컷을 더 많이 닮았다. 따라서 나무제비에서 다음 두 가지를 기대해 볼 수 있다. (a) 성체 수컷은 갈색 깃털을 가진 암컷을 수컷으로 '오인'하기 쉬우며, 아마도 그들에게 더 공격적으로 반응할 것이다(즉 마치 그들이 수컷인 것처럼). 또는 (b) 이 종의 동성애는 연령 기반 체계로 나타나며, 수컷은 어린 갈색 깃털을 가진 수컷을 번식하는 1년생 암컷으로 '오인'할 것이기 때문에 그들을 쫓아다닐 것이다. 그러나 이러한 시나리오 중 어느 것도 사실이 아니다. 즉 수컷은 갈색 깃털을 가진 암컷의 성별을 인식하는 데 문제가 없으며(사실상 그들에게 상당히 덜 공격적이다), 또 이 종의 동성애는 갈색 깃털을 가진 수컷을 '혼동'해서 나타나는 것이 아니라 성체 수컷이 상호작용해서 나타난다.[84]

붉은부리갈매기 수컷과 암컷은 수컷이 암컷보다 평균적으로 약간 긴 머리와 부리를 가지고 있다는 것을 제외하면 거의 똑같은 외모를 가지고 있다. 하지만 어떤 수컷들은 평균보다 머리와 부리 길이가 더 짧다는 점에서 더 '암컷 같다'. 만일 이 종에서 성별 오인이 작용한다면 더 작은 수컷(즉, 몸집이 좀 더 암컷과 유사한 새)은 동성애 쌍을 형성할 가능성이 더 크고(수컷이 암컷으로 '오인'할 것이기 때문에) 이성애 쌍은 형성할 가능성이 더 적다고 예측할 것이다(암컷이 그들을 다른 암컷으로 '오인'할 것이기 때문에). 하지만 예상과는 달리 이 종의 성별 인식을 연구하는 과학자들은 암컷과 닮은 수컷들이 거의 동성애 짝 관계만큼 이성애를 형성할 가능성이 있다는 것을 발견했다. 사실 몸집이 작은 수컷들이 더 '수컷다운' 수컷들보다 오래 지속하는 이성애 유대 관계를 유지하고 새끼를 키우는 데도 더 성공적이다. 이것은 일부 성전환 동물들이 더 훌륭한 이성애 능력을 보이는 다른 사례들과 궤를 같이한다.[85]

트랜스젠더와 동성애가 모두 발생하는 다른 종들은 성별 오인이 동성애를 '설명'하는 방법으로 얼마나 비효율적인지를 특별히 잘 보여주는 예다. 전형적으로 이러한 종들의 같은 성 및 반대쪽 성 간의 상호작용 패턴은 개체가 단순히 파트너를 반대쪽 성으로 '오인'했을 때 기대할 수 있는 명확한 구분을 따르지 않는다. 예를 들어 검은목아메리카노랑솔새에서 일부 암컷들은 어두운 색의 두건 때문에 수컷과 거의 똑같이 보이는 복장도착transvestite 깃털을 가지고 있다(이 두건 무늬 깃털은 대개 수컷에서만 발견된다). 어느 암컷들은 수컷의 완전한 두건 무늬가 없으면서도 대부분의 암컷들보다는 더 어둡고 검은 중간형태를 띠기도 하고, 어느 암컷들은 '수컷 같은' 머리 깃털을 전혀 가지고 있지 않기도 한다. 그러나 수컷은 두건의 차이 외에도 전형적으로 암컷보다 더 무겁고 날개가 더 길다. 지금까지 일부 (복장도착) 암컷과 수컷 사이의 시각적 유사성 때문에 수컷 동성애 쌍이 처음에 이 종에서 형성된다는 의견이 있었다. 만일 동성애 쌍의 수컷들이 후드를 두른 암컷과 수컷을 혼동하는 경향이 있다면 그들이 특히 성별이 '흐릿'하거나 구별하기 어려운 개체들과 짝을 이루는 것을 기대할 수 있을 것이다. 즉 더 어둡고 더 수컷 같은 암컷이나, 더 작고 더 암컷 같은 수컷과 짝을 이룰 것이다. 하지만 적어도 양성애 새 중 한 마리는 정반대의 짝을 선택했다. 그 새의 수컷 파트너는 암컷의 신체 부분은 없었지만 수컷 대부분의 평균 몸무게와 날개 길이를 초과한 유난히 '수컷적인' 수컷이었다. 반대로 그 새의 이성애 짝은 '분명한' 암컷 파트너들, 즉 복장도착 새가 아니거나 중간 정도의 검은색을 띤 개체들이었다. 더욱이 동성애 짝짓기에서 암컷으로 오인된 것으로 추정되는 수컷은 육반brood patchs(알을 부화하는 데 사용하는 배의 독특한 맨살 피부 부분을 말하며 암컷만의 특징이다)을 만들지 않는다. 그래서 그러한 수컷을 후드가 있는 암컷으로 착각할 것 같지는 않다.[86] 또한 수컷 검은목아메리카노랑솔새가 일반적으로 복장도착 암컷이나 검은색 암컷을 수컷으로 혼동하지 않는다는 증거가 있다. 무엇보다도 수컷들은 어둡고 가장 수컷 같은 암컷들을 영역에서 만나도 다른 수컷을 대할 때보다 덜 공격하고 좀 더 자주 그냥 내버려 두는 차별적인 공격성을 보인다. 게다가 '수컷다운 외모'(검은색)의 암컷들은 일반적으로 수컷 파트너를 찾을 때 비非복장도착 암컷들만큼 성공적이며, 수컷들은 비非복장도착 암컷들에게 하는 것만큼 그들과 문란한 교미를 시도한다.[87] 만약 수컷이 후드를 가진 암컷을 수컷과 혼동하는 경향이 있다면, 그들은 아마도 이성애 교미 상호작용 동안 어두운 색의 새(검은색 암컷을 포함해서)를 피할 것이지

트랜스젠더 검은목아메리카노랑솔새. : 이 종의 암컷들은 보통 머리에 검은색을 거의 또는 전혀 가지고 있지 않지만, 어떤 개체들은 검은 두건과 턱끈을 가진 완전한 수컷 같은 복장도착 깃털을 보인다(제일 오른쪽). 다른 암컷들은 이 두 극단 사이에서 깃털 무늬 패턴의 점진적인 변화를 보인다(가운데).

만(그런 새들은 다른 수컷일 가능성이 크기 때문에) 그런 경우는 없는 것으로 보인다.

몇몇 개체들이 트랜스젠더 동물에게 확실히 '속아서' 같은 성관계를 맺는 종에서도 상황은 이것보다 훨씬 더 복잡하다. 예를 들어 어떤 가터얼룩뱀 수컷은 암컷의 향기와 유사한 페로몬을 생산한다. 과학자들이 성전환뱀she-males이라고 부르는 이 개체들은 암컷 뱀들이 하는 것만큼 많은 수컷 구혼자들을 끌어들인다. 성전환뱀에게 구애하는 대부분의 수컷들은 그들이 유전적 암컷과 상호작용하고 있다고 여기도록 '속는' 것으로 보인다. 그러나 성전환뱀과 유전적 암컷은 동일하지 않다. 화학적 분석에 따르면 성전환뱀의 페로몬은 암컷의 것과 구별할 수 없는 것은 아니고, 실제로는 수컷과 암컷 페로몬의 중간에 해당한다. 선택권이 주어질 때 대부분의 비非성전환 수컷들은 유전적 암컷을 선호한다. 이는 그들이 적절한 상황에서 둘 사이를 구별할 수 있다는 것을 보여준다. 게다가 비성전환 수컷은 때로 성전환뱀을 쫓기 위해 암컷에게 구애하는 것을 포기하기도 하고, 수컷 중 20%는 선택권이 주어졌을 때 실제로 암컷보다 성전환뱀에게 구애하는 것을 선호하기도 한다. 이것은 성전환뱀과 상호작용하는 모든 개체가 전적으로 '사기행각'에 속아 그렇게 하는 것은 아니라는 것을 보여준다. 성전환뱀의 페로몬이 암컷의 것과 닮았지만 그들 또한 반대쪽 성 파트너를 찾는 데 아무런 문제가 없다. 사실 일부 연구는 성전환뱀이 성전환을 하지 않은 수컷보다 암컷과 교미하는 데 더 성공적일 수 있다는 것을 보여준다(실제로 성전환뱀은 일반 수컷보다 3배나 더 많은 테스토스테론을 가지고 있다). 또한 수컷 가터얼룩뱀들은 간혹 성도착transvestism이 관계되지 않은 상황에서도 서로에게 구애를 한다. 따라서 모든 같은 성 간 상호작용이 (성전환뱀에 의해 유도된) 잘못된 성별 구분 때문에 생긴 것은 아닐 수 있다. 개체군의 일부가 성전환을 한 다른 많은 종에서 동성애는 전혀 일어나지 않으며, 성전환한 개체들이 다시 반대쪽 성의 짝을 끌어들이는 데 어려움을 겪지 않는다. 이는 수컷 같은 견장epaulets을 가진 암컷 붉은날개검은새red-winged blackbirds, 수컷의 하얀 이마 부분을 가진 암컷 알락딱새, 수컷의 엉덩이와 꼬리색을 가진 암컷 작은황조롱이lesser kestrels, 깃털이 암컷의 그것과 닮은 어린 수컷 긴꼬리마나킨long-tailed manakins에서 나타난다.[88] 만약 성별 오인이 동성애 짝 형성의 '원인'이었다면 성전환 개체와 반대쪽 성 간의 '혼동'이 일어나 같은 성 짝 형성이나 구애 또는 마운팅이 이러한 종들에 만연할 것이라고 예상할 수 있다. 또한 성전환 개체가 '분명히' 이성애 파트너와 닮지 않은 경우에는 반대쪽 성 구성원이 그를 피하기를 기대할 수 있다. 다시 한번 말하지만 이 두 시나리오 모두 일반적으로 발생하지 않는다.

동성애 상호작용을 잘못된 성별 확인 탓으로 돌리는 것과 관련된 또 다른 문제점은 그것이 (기껏해야) 같은 성에 대한 동물의 초기 관심 정도만 설명할 수 있다는 것이다. 그것은 왜 반대쪽 성으로 '착각'한 동물들이 흔히 동성애 상호작용에 기꺼이 참여하거나 심지어 시작할 수도 있는지를 설명할 수 없다. 예를 들어 개미잡이새의 동성애 쌍이 (그동안 주장된 대로) 성별을 구별하는 데 처음 실패한 결과로 수컷에게 구애했다 하더라도 그러한 쌍들은 두 수컷 모두 그들 사이의 유대 관계를 적극적으로 형성하지 않는 한 몇 년 동안 지속할 수 없었을 것이다(또는 최소한 동성애 관계에 저항하지는 않았다고 할 수 있다). 나무제비에서 동성애 짝짓기를 연구하는 과학자들이 지적했듯이, 비록 수컷이 다른 수컷을 암컷으로 착각하더라도(그럴 것 같지는 않지만) 그들이 교미하는 수컷은 동성애적 접근에 저항하지 않고 심지어 적극적으로 생식기 접촉을 용이하게 한다. 특히 그들은 원치 않는 성적 접근을 막기 위해 이 종에서 새들이 사용하는 특정한 전술(일반적으로 이성애적 맥락에서 암컷들이 행하는 것)을 채택하지 않는다. 수컷 해오라기는 암수를 가리지 않고 구애할 수 있고, 그들의 수컷 파트너는 공연에 의해 성적인 자극을 받아 동성애 짝을 형성할 수도 있다. 리젠트바우어새에서 '암컷을 닮은' 청소년 수컷들은 실제로 성체 수컷에 대한 구애 과시를 시작할 수 있다('잘못된' 성 식별에서의 일반적인 시나리오와 반대다). 다른 수컷의 영역을 방문하고 암컷으로 '오인'된 수컷 청다리도요는 동성애 구애 추적을 적극적으로 부추긴다. 그들은 다른 수컷들이 따라오도록 초대하는 특별한 급회전 비행 패턴swerving flight pattern(이성애 구애 동안 암컷이 사용한다)을 사용하며 그 영역을 떠난다. 만약 그들이 동성애적 구애에 불을 붙이고 싶지 않았다면 그들은 단지 최단거리 비행경로로 영역을 떠나거나, 추적하는 수컷의 '등 위로 뛰어넘기leapfrogging'를 하는 것과 같이 이 종에서 암컷들이 수컷의 접근을 단념시키기 위해 사용하는 몇 가지 전략(전형적인 동성애 상호작용의 일부가 아닌 전략) 중 하나를 사용했을 것이다.[89] 따라서 비록 잘못된 성별 인식이 같은 성을 가진 두 동물을 하나로 만드는 데 책임이 있다 하더라도, 완전한 구애나 짝짓기 에피소드 또는 수년 동안 지속하는 짝 등 이 두 동물이 흔히 상호작용을 계속하고 완전한 결말에 이르기까지 함께 남아 있는 이유를 설명하는 것과는 궁극적으로 무관하다.[90]

요약하자면 여러 사항을 고려해 볼 때 잘못된 성별 인식이나 무분별한 짝짓기 설명은 폭넓게 적용하기에는(또는 신뢰성을 가지기에는) 심각한 의문점이 있다는 것이다. 다시 한번 동물 행동의 복잡성은 인간이 하는 해석의 성긴 붓놀림을 피한다. 우리는 성별 간의 실제 물리적인 차이, 동물의 다양한 지각 능력의 강도와 정확성, 수컷과 암컷 간의 행동의 차이, 반대쪽 성으로 '오인'된 개체의 적극적인 참여, 동성애에 성전환이 겹친 복잡성과 같은 수많은 상호 연결된 요소들을 고려해야 한다. 결국 가장 중요한 '오인식misrecognition'은 아마도 서로의 성별을 간과하는 동물들의 것이 아니라 이러한 요인의 중요성과 상호작용을 인식하지 못하는 과학자들의 것일 것이다. 더구나 일부 종의 짝짓기나 구애가 실제 수컷과 암컷 사이에 무작위성 또는 무분별성 때문이라고 하더라도 그러한 '임의성'은 생물체의 양성애 능력에 대한 (또 하나의) 강력한 증거이기도 하다. 이것은 그 자체로 과학자들에 의해 자주 경시되는 중요한 관찰인데 과학자들은 이 짝짓기 공식의 동성애적 부분을 더 큰 이성애적 결과를 얻기 위해 동물들이 만든 필수적인 '오류'로 여기고 너무 쉽게 무시한다. 이러한 기계적 관점에서는 동물들은 그들의 교미 중 일부가 생식 능력이 없더라도, 번식 성공을 극대화하기 위해 수컷이든 암컷이든 가능한 한 많은 파트너와 교미한다고 본다. 그러나 이러한 동물들이 자기 성별에 따라 성적으로 반응할 수 있다는 사실은 여전하다. 그리고 그들은 반복적으로 또 명백한 열정으로 그렇게 하고, (어쩌면) 저지르고 있는 '실수'를 분명하게 무시할 수도 있다.

"행동의 총체적인 이상" — 병적인 현상으로 본 동성애

동물의 동성애는 흔히 병적인 현상으로 여겨져 왔다. 비정상적abnormal이라거나 일탈적aberrant이라는 용어는 흔히 추가적인 이유나 설명 없이 이 현상에 일상적으로 적용되며(3장에서 다루었다), 동성애는 질병, 장애, 기능 장애 또는 탈선이라는 딱지를 받기에 충분하다고 간주한다. 하지만 많은 연구자가 동성애와 트랜스젠더를 병적인 상태로 만드는 것에 좀 더 구체적이어서 우리는 이번 섹션에서 앞서 언급한 두 가지 주요 '설명'을 살펴볼 것이다. 하나는 동성애가 인위적인 포획 상태에서 발생한다는 주장이고, 다른 하나는 동성애와 트랜스젠더가 생리학적 이상 징후라는 주장이다.

동물원에 와서 뭔가 잘못된 것

과학자들은 오랫동안 동물 동성애의 예를 무시했는데 그 이유는 초창기 기술 중 일부가 포획된 동물에 바탕을 두고 있었기 때문이다. 많은 경우에 생물학자들은 이러한 행동을 '비정상적abnormal'이라고 계속 분류하고, 이를 인간과의 접촉이나 갇힘 같은 '자연스럽지 않은' 상황 탓으로 돌렸다. 예를 들어 한 과학자는 백조 동성애 쌍에 대해 다음과 같이 쓰고 있다(이성애 트리오 및 이종 교미와 같은 다른 '성적인 이상'도 마찬가지로 취급했다). "사로잡힌 백조는 다른 많은 동물처럼 때로 심각한 총체적 이상 행동을 보인다. 이것은 거의 전적으로 새들이 사육되는 인공적인 환경 때문이다."[91] 1991년까지만 해도 코카코의 동성애는 포획 상태 탓으로 여겨졌다. 비슷한 '설명'(밀집과 포획 상태의 스트레스 등의 요인에 의한 것이라고)이 제시된 다른 종들에는 침팬지, 고릴라, 몽땅꼬리원숭이, 사향소, 코알라, 긴귀고슴도치, 흡혈박쥐, 해오라기 등이 있다.[92] 때로 같은 성 활동을 논의하는 유일한 맥락은 포획 상태에서 발생하는 '병리'의 유형을 예시하는 것뿐이었다. 예를 들어 돌고래의 동성애는 수족관에 갇혀서 생길 수 있는 '성적 일탈'의 예로 제공했고, 가면올빼미 암컷들의 공동 부모 양육 사례는 맹금류의 (모든) 질병에 관한 논문의 일부인 '포획 상태 맹금의 비정상적이고 부적응적인 행동Abnormal and Maladaptive Behavior in Captive Raptors'에 대한 보고서에 포함했다. 심지어 히말라야 원숭이에서의 동성애 활동은 영양실조의 해로운 영향의 예시로 제시했다.[93] 많은 과학적 논의에 이용하는 순환논리의 완벽한 예에서는 사로잡힌 동물의 동성애를 흔히 포획 상태의 인위성에 대한 '증거'로 인용하기도 했다. 한 동물학자는 "[치타의] 동성애 행동이… 동물원에서 매우 빈번하게 보고되고 있는데 내가 보기에 이것은 동물원에 와서 뭔가가 잘못되었다는 것을 나타낸다"라고 주장하기도 했고, 다른 동물학자는 "[금화조에서] 암컷-암컷 쌍이 발생하는 것은 행동병리를 암시한다"라고 기술하기도 했다.[94] 이는 인간 동성애에 대해 '도긴개긴인 의학적 견해'를 오싹하게 연상시킨다. 인간의 매력적인 요소나 활동도 병적인 상태나 정신질환으로 너끈하게 진단을 내렸던 것이다.

때로 포획이 동물들에게 특이한 행동을 유발하는 것은 사실이지만 대부분의 증거는 이것이 동물 동성애의 '원인'이라는 것을 뒷받침하지 못한다. 영장류학자 린다 페디건이 관찰한 바와 같이, "물론… 동물에서의 동성애 관계는 스트레스를 받는 억류 상태의 결과로 발생할 수 있지만 우리는 그러한 모든 행동을 병적이거나 기능적이지 못한 것으로 치부해서는 안 된다고 제안한다. 그것은 동성애를 설명하기보다는 '얼버무리기explaining away'로 귀결되는 관행이기 때문이다."[95] 통계적 근거만으로는 포획 상태의 동물에서 동성애 발생률이 더 높다는 것을 입증할 수 없다. 사실 그 반대도 사실이다. 같은 성 활동이 기록된 60% 이상의 포유류와 조류에서 이러한 행동은 야생에서도 자연적으로 일어난다. 이러한 종의 2/3 이상에서 동성애는 야생동물에서만 관찰되고, 나머지 경우에는 야생동물과 포획동물 모두에서 발생한다.[96] 많은 과학자가 야생과 포획 두 가지 상황에서 동성애가 발생할 때 야생에서보다 포획 상태에서 높은 비율로 나타나는 것에 대해 언급했다. 다른 말로 표현하면, 동성애의 발생 자체는 감금에 기인할 수 없지만 야생 상태와 포획 상태 사이에는 질적이라기보다는 양적인 차이가 있을 수 있다. 그러나 이 차이조차 명확하지 않다. 어떤 경우에는 전반적인 인상을 보는 관찰에 바탕을 두고 있긴 하지만, 실제로 오랑우탄, 망토개코원숭이, 검은꼬리사슴, 사향소와 같은 일부 종에서 야생 상태보다 포획 상태에서 (이성애 활동뿐 아니라) 동성애 구애 활동과 성적인 활동이 더 높은 비율로 나타났다.[97] 이와는 반대로 상세한 정량적 정보를 이용할 수 있는 두 가지 종에서 같은 성 활동은 야생 상태와 포획 상태에서 거의 동일한 비율로 나타났다. 즉 보노보에 관한 연구에서는 모든 성적 행동의 45~46%가 동성애라는 것을 밝혀냈고, 포획동물에 대한 연구에서는 49%의 수치를 보여주었다. 그리고 검둥고니에서 한 조사원은 포획 상태 쌍의 5%가 동성애인 반면 야생 쌍의 6%가 동성애라는 것을 발견했다.[98]

야생에서 동성애를 잘 관찰하지 못하는 이유는 동물이 자유롭게 돌아다니기 때문이다. 즉 실제 그 행동이 없었다기보다는 불완전한 연구나 부적절한 관찰기술이 원인이 된다. 처음에는 같은 성 활동이 포획 동물들에게만 나타나서, 그것이 야생에서 그 종의 '정상적인' 성적 레퍼토리의 일부가 아니라고 분명히 선언했던 일이 몇 번이고 있었다. 그러나 같은 종에 대한 상세한 현장 연구를 (흔히 수십 년 후) 마침내 수행하면서 동성애는 필연적으로 발견되었다. 사실 현재 일부 종의 야생에서 밝혀진 동성애 활동이 너무 만연하고 일상적이어서 과학자들은 포획 상태에서 이 동물들의 같은 성 활동에 대한 과거의 평가를 완전히 수정해야 했다. 예를 들어 병코돌고래에서 동성애 행동을 하는 수컷 쌍들은 원래 수족관에서 관찰되었고, 이는 암컷은 없이 수컷만 함께 있어서 생긴 '일탈적인' 결과로 여겨졌다. 40여 년 후 이 종에 관한 상세한 추적연구와 개체학적 연구를 통해 수컷 쌍과 성별에 따른 분리가 야생에서 이 종의 사회조직 특징임이 밝혀졌다. 1998년에 이르러 동물학자들은 포획 상태의 수컷 병코돌고래를 유대 관계를 맺은 한 쌍으로 사육하면 야생에서의 삶에 적응하는 데 도움을 줄 수 있는 종의 '자연적인 기능을 하는 사회 단위'를 구성한다는 것을 알게 되었고, 실제로 그렇게 사육하는 것을(그리고 야생으로 돌려보내는 것을) 지지했다. 과학자들의 완전한 반전의 또 다른 예는 고릴라에 관한 것이다. 이 종에 관한 초기 연구는 야생 고릴라에서는 동성애가 발견되지 않았다고 보고했다. 그러다가 30년 후 아프리카의 산간 숲에서 수컷과 암컷 모두에서 광범위한 동성 활동이 기록되었다. 1996년이 되자 생물학자들과 사육사들은 모든 고릴라 수컷 집단에서 동성애가 '인위적인 포획에 의한 산물'이 아니라는 것을 공공연하게 인정했고 심지어 동물원에서 종의 자연적인 사회 패턴에 근접하게 만들려고 그러한 집단의 형성을 장려하기까지 했다.[99]

　다른 여러 현장 연구의 예에서도 동성애에 관한 초기 포획 상태의 관찰(그리고 동성애의 '인위성'에 대한 초기 평가의 반증)을 확인하는 발견이 있었다. 1935년, 콘라트 로렌츠는 암컷 갈까마귀의 같은 성 쌍의 구성은 "자연조건에서는 일어나지 않는 것 같다"라고 주장했다. 그 뒤 조류학자들이 야생 갈까마귀에서 동성애 짝 형성의 발생을 확인한 것은 40년이 넘게 지난 뒤였다. 포획 상태 수컷 코끼리들 사이의 같은 성 활동은 1892년 과학 문헌에 처음 보고되었고 '일탈'과 '왜곡'으로 특징지어졌다. 거의 75년 후 야생 코끼리들 사이에서 비슷하고 더 광범위한 동성애 상호작용이 기록되었다. 1997년 동물학자들은 야생 검정짧은꼬리원숭이에서 같은 성 활동에 대한 첫 번째 설명을 제시했고 마침내 30년 전에 수행했던 포획 상태 관찰에 대한 결론을 내릴 수 있게 되었다. 1990년대 이전에는 이 종에 대한 상세한 현장 연구가 수행되지 않았기 때문에 동성애 활동에 관한 이전의 모든 보고는 포획 상태의 관찰에 기초했고, 일부 과학자들은 야생 검정짧은꼬리원숭이에서 같은 성 활동이 발견되지 않으리라 추측했었다. 우리는 이제 이 예측이 틀렸다는 것을 안다. 앵무

새의 동성애 짝짓기는 오랫동안 '감금 상태에 의해 유발되거나 따라오는 것'으로 여겨졌다. 하지만 1966년 한 조류학자가 니카라과의 숲에서 반달잉꼬 수컷 한 쌍을 기록했다. 야생 앵무새에서 동성애를 최초로 확인한 것이다. 아이러니하게도 그 새들의 성별이 확인된 것은 그 과학자가 그들을 번식기 초기에 이례적으로 번식하는 이성애 한 쌍으로 착각했기 때문이었다(그래서 그 과학자는 그 새들의 내부 생식 기관의 상태를 확인하고 싶었다). 1942년에 포획 상태 암컷 사자들의 동성애에 대한 초기 관찰은 1981년에 야생에서 확인하였고, 1992년에 야생 민물가마우지에서 수컷 쌍을 관찰한 것은 1949년에 동물원 새들 사이에서 이러한 현상에 대한 초기 관찰을 확증한 것이 되었다. 마찬가지로 리젠트바우어새에서의 같은 성 구애는 1905년에 처음으로 조류사육장의 관찰에 기초하여 기술되었지만 야생 수컷들 사이의 과시는 거의 100년이 지나서야 기록되었다. 그리고 수족관에서 오랫동안 관찰된 돌고래의 다른 종들 사이의 동성애 활동은 마침내 1997년에 야생 개체군에서 확인되었다.[100] 오늘날 많은 종에서 동성애는 여전히 포획 상태의 연구에서만 알려졌다. 그러나 전부는 아닐지라도 대부분이 이와 같은 패턴을 따를 것이고 결국 현장 연구에 의해 확인될 것이다. 마침내 과학자들이 포획 상태 동물의 동성애는 포획의 결과라기보다는 거의 항상 그들의 정상적인 행동 레퍼토리의 표현이라는 것을 인정해야 할 때가 된 듯하다.

하나 더 명심해야 할 점은 야생과 포획의 구별은 어떤 의미에서는 잘못된 이분법이라는 것이다. 왜냐하면 실제로는 동물들의 생활환경에 대한 감금의 정도, '인공성' 그리고 인간의 개입에 따른 연속체 성질이 있기 때문이다. 그 연속체의 한쪽 끝에는 인간과의 접촉이 없거나 사실상 전혀 경험하지 못한 진정한 '야생동물'들이 있다. 이는 현대 세계에서 점점 더 드물어지는 현상이다. 다른 한쪽 끝에는 여러 세대에 걸쳐 포획 상태에서 사육하고 길들인 동물들이 있는데 흔히 원래의 야생동물들과 유전적으로 별개의 종이나 아종이 될 정도다. 그 극단 사이에는 맥락과 요인에 따른 전체적인 스펙트럼이 있다. 좀 더 '야생'에 해당하는 연속체의 끝을 향하면 인간의 접촉이나 간섭의 정도를 다양하게 경험하면서도 자유롭게 이동하는 종이 있다. 인간에게 많이 밀렵당한 범고래 개체군, 인간이 공급한 새집에 둥지를 튼 야생 나무제비 군락 또는 '방해받는' 서식지에 사는 회색곰, 사람들이 있는 곳에 서식하는 야생 대서양 알락돌고래가 이에 해당한다.[101] 여러 가지 상황을 포괄하는 용어인 반半야생semi-wild동물도 있다. 예를 들어 갇히지 않은 동물임에도 길들일 수 있는 경우가 있고(예를 들어 회색기러기), 제한적이지만 크기가 수백 또는 수천 에이커에 이르는 광범위한 영토 내에서 야생 상태이거나 '자유롭게 이동'할 수 있는 보호 구역 내 동물의 경우가 있다(예를 들어 들소나 치타). 때로 멸종 위기에 처해 있기 때문에 자연적인 서식지에서 (흔히 좀 더 제한된) 새로운 환경으로 전체 집단이나 무리가 이식된 개체군은 사회조직과 개체수를 그대로 유지하게 된다(예를 들어 히말라야원숭이 집단은 인도에서 푸에르토리코로 이식되었고, 인도영양 무리는 인도에서 프랑스로 이동했다). 또 다른 반야생 상황은 최근에 야생에서 멸종되어 포획 상태에서만 관찰할 수 있는 동물들이다(예를 들어 몽골야생말, 사불상). 많은 경우에 그러한 종들은 '이전의' 야생 서식지나 사회조직과 최대한 비슷한 상태로 유지되고 있으며, 어떤 경우에는 포획한 개체군으로부터 야생으로 다시 천천히 유입이 이루어지고 있다. 즉 '식량을 제공받는provisioned' 동물은 야생이면서도 음식을 공급받고 다양한 수준으로 인간과 접촉하며(예를 들어 일본원숭이), '재활rehabilitated'을 하는 동물은 (야생에 태어나) 이전에 포획이 되었지만 야생 개체군에 다시 통합이 된다(예를 들어 오랑우탄). 야생종들은 가축이었다가 탈출하여 '야생으로 돌아가' 그들만의 자유를 누리며 돌아다니는 개체군을 형성한다(예를 들어 물소, 흑고니, 바위비둘기).

포획 상태의 동물들을 제한하는 '인공성artificiality'을 평가할 때는 (각각 자체적인 연속체를 나타내는) 매우 다양한 요소들을 고려해야 한다. 그 동물들은 야생에서 태어났는가 아니면 포획 상태에서 길러졌는가? 길들여지거나 훈련받았는가 아니면 인간과 거의 접촉하지 않았는가? 야외 울타리 내에서 자유롭게 이동할 수 있는가(예를 들어 동물원 또는 야생동물 공원) 아니면 제한적인 우리에 갇혀 있는가(예를 들어 실험실)? 혼성 무리에 살고 있는가 아니면 성별에 따라 나눠진 무리에 살고 있는가? 그리고 그중 어떤 것이 야생 개체군에서 일반적인가? 포획 상태의 사회조직은 사회적 집단의 규모와 수, 그 집단을 구성하는 동물들의 성별과 나이, 그러한 집단의 지속성이나 안정성 측면에서 야생동물의 사회조직과 얼마나 유사한가? 동성애의 발생과 관련해서 사실상 이 연속체에 분포하는 모든 각각의 상황은(그리고 모든 반야생적인 맥락은) 이런저런 정도까지 '인공적'이라고 주장되기도 했고, 우려하지 않아도 될 만큼 충분히 '자연적'이라고 주장되기도 했다. 그러나 동성애가 실제로 이러한 모든 조건에서 관찰되었다는 사실은 '포획 상태'든 '야생 상태'든 어떤 상황에서도 이러한 행동이 상대적인 독립성을 가진다는 것을 의미한다. 더욱이 '자연적인' 포획 상태라는 의미를 따르는 것은 흔히 선입견에 정면으로 배치된다. 예를 들어 치타에서 많은 연구자는 수컷과 암컷을 함께 가둬놓는 것은 사실 '인공적인' 상황이라고 평가했다(이성애 구애와 짝짓기를 억제하는 것으로 보이기 때문에). 반대로 같은 성 짝 관계는 수컷의 '심리 사회적 복지'에 필수적인 것으로 보인다. 아이러니하게도 포획 상태에서 같은 성별끼리 모아 분리하는 것은 야생에서 치타의 사회적 조직을 반영하기 때문에 사실 이 종에게 더 '자연스러운' 것인 셈이다(이 상황은 수컷과 암컷이 일반적으로 서로 떨어져 사는 다른 많은 종에게도 해당한다).[102]

또한 '포획 상태로 인한' 행동이 아닌 '자연적'인 행동으로 해석할 때 무언가 이중 잣대가 존재한다는 것을 지적해야 한다. 예를 들어 짝결합을 이루는 종(새 등)의 짝짓기를 연구하기 위해 개체에게 반대쪽 성 파트너라는 '선택권'만 주어지는 포획 상황을 설정하는 것이 흔히 있는 동물학의 관행이다. 또한 번식을 목적으로 동물을 엄격하게 이성애 쌍으로 키우는 것도 표준 관행이다. 따라서 보고된 '이성애' 행동의 상당 부분은 그것을 동성애 행동을 연구하는 데 사용한다면 '인공적'이라고 간주할 상황에 기초하고 있는 셈이다. 즉 동물들이 자기와 같은 성별의 개체들과만 함께 있다가 나중에 동성애 활동을 보인다면 이것은 전적으로 그 상황이 아니라면 일어나지 않았을 '상황에 따른' 행동으로 해석한다. 하지만 동물들이 반대쪽 성 파트너에게만 접근할 수 있다가 이후에 이성애 행동을 보인다면 이것은 예외 없이 '자연적인' 성향을 표현하는 것으로 해석한다. 연구자들은 동성애를 이성애 동물들에게 작용한 외부적 또는 인위적 요인의 결과라고 쉽게 여기지만 그 누구도 반대의 상황, 즉 이성애가 다른 동성애 동물들에게(또는 대체로 같은 성 지향을 가진 동물들에게) '강제'될 수 있다는 것을 대담하게 제안하지 않았다. 사실 동물원과 기타 포획 상태의 번식 프로그램은 동물들이 반대쪽 성 파트너와 함께 있을 때 뚜렷한 이유 없이 갇힌 상태의 번식에 실패한다는 보고를 양산한다. 하지만 이 결과와 관련될 수 있는 요인들의 긴 목록을 다 열거하면서도 동물 사육자들은 한결같이 이러한 개체 중 일부가 단순히 같은 성 활동이나 동성 파트너를 선호할 가능성은 간과한다.

동성애가 포획 또는 반야생 상태에서만 관찰된 대부분의 종에서, 연구원들은 포획 상태의 행동이나 사회조직의 다른 측면(성적인 행동을 포함해서)이 야생동물의 것과 동등하다는 것을 확인했다. 어떤 경우에, 한때 '비정상적', '인공적' 또는 '특이함'으로 간주했던 행동들 역시 야생에서 기록되었다. 예를 들어 보토는 흔히 수족관에서 사람이 만든 물체를 가지고 놀며(링이나 솔 등을 옮기고 조작한다) 수조에 갇힌 다른 종의 동물들과 장난스럽게 상호작용한다. 야생 보토들 또한 막대기, 통나무, 과일 꼬투리, 심지어 어부들의 노를 가지고 놀기도 하며, 강거북river turtles 과 같은 다른 종들과 상호작용하는 비슷한 행동이 관찰되었다. 오랑우탄 의 도구 제작과 사용은 포획 상태의 동물과 반야생동물 연구를 통해 오 래전부터 알려져 왔다. 1993년 야생 오랑우탄에 이러한 행동이 기록되기 전까지는 '인공적인' 상황으로만 여겨졌다. 포획 상태의 사바나개코원 숭이를 연구한 어느 연구자는 "임신이나 수유 중의 교미와 같은 특정 유 형의 행동은 우리에 갇힌 생활과 관련이 있을 수 있으며, 자연적인 개체 군의 일반적인 행동이 아닐 수 있다"라고 주장했지만 야생 개체군에 관 한 이후의 연구는 이러한 행동이 실제 정기적으로 일어난다는 것을 밝혀 냈다. 마찬가지로 야생에서 기록되기 전까지는 수컷 톰슨가젤에 의한 이 종 간 무리짓기cross-species herding 행동은 포획 상태에서 동종 무리가 존재하지 않아서 발생한 것으로 생각되었다. 포획 상태의 임금펭귄에서 육아 트리오, 짝 바꾸기, 난혼제 교미, 알 훔치기가 처음으로 관찰되자 모두 이를 ('비정상적인' 행동까지는 아닐지라도) '특이한' 행동으로 간주했 다. 하지만 거의 30년 후에 야생에서 이 종에 관한 상세한 연구는 이러 한 활동들이 하나하나 야생에서도 발생한다는 것과, 그 외에도 많은 '예 상치 못한' 행동 패턴들이 있음을 입증했다. 몇몇 경우에는 더 '특이한' 행동이 야생 개체군에서만 기록되기도 했고 포획 상태보다 현장에 더 널 리 퍼져 있기도 했다. 예를 들어 붉은부리갈매기는 역전된 마운팅을 했 고 홍학은 이혼을 했다.[103] 따라서 동성애는 아직 야생의 많은 종에서 관 찰되지는 않았지만 발견되는 것은 아마도 시간문제일 것이다.

포획 상태 동물의 동성애에 따라오는 또 다른 상황도 발생한다. 흔히 어떤 종에서 같은 성 활동은 포획 상태에서만 관찰되었는데(예를 들어 샤 망, 흑고니, 집단베짜기새) 그 종과 근연 관계가 있는 동물이 야생에서 유사 하거나 동일한 행동을 보이는 경우가 있다(예를 들어 각각 흰손긴팔원숭이, 검둥고니, 회색머리집단베짜기새). 다른 경우에는 동성애의 한 형태는 포획 상태에서 보이고, 또 다른 형태는 야생에서 볼 수 있다. 예를 들어 그리폰독수리에서 동성애 쌍과 성적인 활동은 포획 상태에서 관찰되었고, 같은 성 구애와 짝결합 과시 비행은 야생에서 관찰되었다. 에뮤에서 수컷들 사이의 성적 활동은 포획 상태에서 기록되었고, 수컷 공동양육은 야생에서 기록되었다. 갈라에서는 동성애 쌍이 포획 상태에서는 광범위하게 관찰되었지만 야생에서는 관찰되지 않았다. 하지만 '평균초월 알둥지(다른 조류에서 전형적으로 암컷 쌍이 만드는 2배의 알을 가진 둥지)'는 현장에서 확인이 되었다. 그리고 치타에서는 같은 성 구애와 성적인 활동이 포획 상태에서만 보이지만 수컷 쌍 유대 관계는 야생동물과 포획 동물 모두에서 관찰되었다. 이는 야생동물 연구에서 특정한 행동의 부재는 아마도 더 광범위한 현장 연구의 수행으로 채워질 우연한 '틈새'일 것임을 시사한다. 이것은 동성애 활동을 식별하기 위한 적절한 관찰 기법이 흔히 채택되지 않는 것을 고려하면 특히 가능성이 크고, 이전에 같은 성 활동이 포획 상태에서 증명된 종에서도 마찬가지다. 예를 들어 그리폰독수리의 가장 최근 현장 연구에서 새의 성별은 마운팅 중의 위치인 '행동에 따라' 결정하거나(위쪽의 새 = 수컷, 아래쪽의 새 = 암컷) 전혀 증명하지 않기도 하므로 동성애 쌍을 탐지할 가능성은 배제된다. '행동에 따른' 성별 구분법은 야생 임금펭귄, 젠투펭귄, 홍학의 대규모 개체군에 대한 장기간에 걸친 주요 연구에서도 채택되었다. 어떤 경우에는 '외모에 따른' 성별 구분법을 사용하기도 했다. 즉 어느 한 쌍이 있다면 성별에 대한 실제 검증 없이 큰 새는 수컷으로, 작은 새는 암컷으로 가정하였다. 결국 이런 모든 종에서 같은 성 쌍은 포획 상태에서는 관찰되고 아직 야생에서는 기록되지 않았다. 그리고 짝짓기 행동에 참여하는 야생 듀공의 성별은 거의 20년 동안 현장 관찰에서 명확히 결정된 적이 없다. 연구원들은 비록 같은 성 활동이 포획 상태에서 (그리고 근연종인 야생 서인도제도매너티에서) 관찰되었음에도 항상 야생 듀공의 상호작용은 이성애라고 가

정했다.[104]

또한 야생에서 어떤 종을 관찰하거나 행동에 대한 상세한 정보를 얻는 것이 흔히 극도로 어렵다는 것을 기억해야 한다. 동성애가 포획 상태에서만 목격된 많은 동물은 현장 연구에 엄청난 어려움을 겪고 있다. 어떤 것들은 야행성(밤에만 활동하는)이거나 박명박모薄明薄暮성(해질녘이나 새벽에 활동하는) 동물인데 예를 들면 모홀갈라고(와 다른 여우원숭이들), 늑대, 붉은쥐캥거루, 해오라기가 이에 해당한다. 다른 동물들은 활동은 낮에 하지만 성적 행동은 대부분 밤에 한다(예를 들어 붉은큰뿔사슴). 이것은 성적 활동을 관찰하려는 노력을 크게 방해할 수 있다. 예를 들어 붉은여우의 동성애 마운팅은 포획된 개체군에서 야간 활동을 지속적으로 모니터링 하는 원격제어 적외선 비디오카메라를 설치한 뒤에야 발견되었으며, 이는 사실상 현장 조건에서 불가능한 일이다. 어떤 종은 찾기가 매우 힘들다. 예를 들어 덤불개는 연구는커녕 야생에서 거의 목격조차 되지 않았으며, 포획 상태의 사회적 조직에 대한 가장 완전한 분석은 1996년에야 발표되었다. 마찬가지로 돼지꼬리원숭이는 발견하기가 어려워서 1990년대 초반까지 상세한 현장 관찰이 불가능했으며, 야생 검정짧은꼬리원숭이 최초의 자세한 행동 연구는 1997년에야 발표되었다. 때로 해당 동물의 서식지에 접근할 수 없다는 것이 거의 극복할 수 없는 장애물이 되기도 한다. 예를 들어 검은긴팔원숭이는 땅에서 36미터나 되는 정글 숲지붕에 자주 출몰하고, 이들과 근연관계이며 마찬가지로 나무 위에 사는 흰손긴팔원숭이의 동성애는 1991년까지 야생에서 발견되지 않았다. 고래와 돌고래는 수면에서 20% 미만의 시간만을 보낸다. (성적인 활동이 흔히 일어나는) 수중에서의 관찰은 실현 불가능하다.[105] 이것은 개별 동물을 인식하고 성별을 결정하는 것(상세한 행동 자료를 얻는 데 필수적이다) 또한 일반적으로 극도로 어렵다는 사실에 의해 더욱 복잡해진다. 동물의 크기 또한 하나의 요인이 될 수 있다. 예를 들어 야생 브라질기니피

붉은여우의 성적 활동은 주로 밤에 이루어지기 때문에 과학자들은 적외선으로 비추는 울타리 안에 설치된 원격 제어 비디오카메라를 사용해서만 동성애 활동을 기록할 수 있었다. 비디오테이프에 찍힌 이 두 개의 스틸샷에서 어린 암컷 붉은여우가 그녀의 어미에 마운트하고 있다.

그는 크기가 너무 작고 사회적 활동은 흔히 빽빽한 풀과 덤불 속에 숨겨져 일어나기 때문에 행동 관찰이 거의 이루어지지 않았다. 동물의 작은 크기(다른 요인들 중에서도) 역시 다람쥐원숭이, 제프로이타마린, 붉은쥐캥거루의 예에서처럼 현장 관찰을 방해하는 요소가 된다. 붉은쥐캥거루는 대개 비사교적이거나 단독 생활을 하는 종인데 곰과 그 밖의 수많은 육식동물에서는 이것도 문제가 된다. 즉 현장에서 수천 시간을 관찰해도 흔히 사회적 또는 성적 상호작용에 대한 귀중한 정보를 거의 얻을 수가 없었던 것이다.

　관찰하기 쉬운 종일지라도 동물의 습관에 대한 제법 완전한 그림을 꿰맞추려면 여전히 관찰과 행동의 정량화에 엄청난 시간을 투자해야 한다. 동물학자들은 한 종을 잘 이해하기 위해서는 세 명의 현장 작업자들이 2년과 2,000시간을 관찰에 투자해야 한다고 추정했다. 하지만 이것만으로는 충분하지 않을 수도 있다. 예를 들어 오랑우탄을 연구하는 12명이 넘는 과학자들은 이러한 시간의 10배 이상(총 20년 그리고 총 2만 2,000시간)

현장 관찰을 했지만 오랑우탄 종의 행동에 대한 많은 측면은 여전히 제대로 이해되지 않고 있다는 것을 인정했다. 마찬가지로 야생에서 검은머리물떼새의 행동에 관한 포괄적인 연구에 참여한 동물학자들은 그들의 연구 프로젝트가 거의 10년이 될 때까지 동성애 활동을 관찰하지 못했다.[106] 그렇다면 동성애를 포함한 많은 행동이 이제 막 야생에서 기록되기 시작했다거나, 아직 포획 상태가 아닐 때는 관찰되지 않았다는 것은 결코 놀랄 일이 아니다. 야생동물의 행동과 포획한 동물의 행동 비교를 요약하면서 제인 구달Jane Goodall은 "영장류가 포획 상태에서 야생에서는 관찰되지 않은 행동을 보인다고 해서 그것이 야생에서 일어나지 않는다는 것을 의미하지는 않는다"라고 언급했다.[107] 동물 동성애 연구의 역사는 이것이 영장류뿐만 아니라 모든 종에서 자명한 사실이라는 것을 보여주었다.

호르몬 불균형과 다른 흉물들

많은 과학자가 동물의 같은 성 활동에 대한 다른 '이유'를 찾을 수가 없어서, 동성애가 신체적인 이상이나 어떤 병적인 상태의 발현이라고 주장했다. 동물의 동성애 행동을 '설명'하기 위해 제안되는 가장 흔한 생리적 '기능이상'은 일종의 호르몬 불균형과 생식기의 '비정상' 상태다. 예를 들어 과학자들은 다른 암컷에게 구애와 마운트를 하는 암컷 산쑥들꿩은 '호르몬 또는 자웅동체적인 이상'을 앓고 있는 것으로 묘사했고, 동성애 활동에 참여하는 암컷 히말라야원숭이에 대해서는 '내분비 균형'을, 다른 암컷에게 마운트하는 암컷 살찐꼬리두나트는 '호르몬 결함'의 가능성을, 긴귀고슴도치의 레즈비언 행동에 대해서는 '비정상인 생리학적 특징'의 영향을 추정했다. 심지어 과학자들은 임신한 몽골야생말 암말이 마운팅을 하는 동성애는 수컷 태아를 임신해서 생긴 체내에 순환하

는 남성호르몬 때문이라고 주장하기도 했다.[108]

동성애에 관한 과학적 연구는 흔히 동물의 생식기의 형태나 상태에 대한 '이상' 증거를 찾는다. 이것은 대체로 동성애가 암수한몸 현상에 버금간다는, 즉 모든 성별 '위반transgression'은 해부학적이거나 생리학적인 '비정상성'에 기반한다는 (초기 인간에 대한 성과학 논의에서 비롯된) 널리 퍼진 오해를 반영한다. 1937년, 과학자들은 다른 수컷과 성적인 행동을 한 수컷 가터얼룩뱀이 '정상적인' 수컷 생식기를 가지고 있다는 것을 확인하려고 외부 생식기를 주의 깊게 검사했다. 그리고 나서 이 동물이 암컷 생식선을 가졌는지 보기 위해 죽여 해부한 뒤 "난소 조직은 발견되지 않았다"라고 보고했다. 누군가 혹시 이 시나리오가 단지 시대에 뒤떨어진 그 당시의 견해를 반영한다고 생각하지 않도록 거의 60년 후에 기묘한 유사성이 반복되었다. 1993년에 과학자들은 반복적으로 동성애 쌍을 이루는 수컷 검은목아메리카노랑솔새를 대상으로 개복수술(내부 성기를 검사하는 수술 기법)을 수행했다. 그 새의 성별을 확인하고 수컷 장기의 상태를 판단하기 위해서였다. 나중에 조직 표본을 얻기 위해 그 새를 죽였다. 과학자들은 그 새의 성기가 다른 수컷의 것과 차이가 없다고 보고하면서 "난소 조직은 존재하지 않았다"라며 반세기 이전에 사용된 말을 반복했다.[109] 인간의 동성애에 대한 초기 의학적인 서술이 (호르몬 요인과 함께) 흔히 외부 생식기의 비정상적 발달이나 상태에 관심을 집중시켰듯이, 마찬가지로 동물의 같은 성 활동을 연구하는 과학자들 역시 이러한 행동을 생식기의 '특이성peculiarities'과 연결하려 노력했다. 아프리카코끼리의 수컷 동반자를 묘사하면서 한 동물학자는 그와 같은 협력 관계에 있는 동물들이 '커진 외부 생식기'를 포함한 신체적 '결함'을 보일 수 있다고 강조했고, 수컷 흰기러기 동성애 쌍을 묘사한 조류학자는 "훨씬 커진 그 새의 페니스는 강한 내분비 자극을 암시한다"라고 언급할 필요를 느꼈다.[110]

동물 동성애에 대한 호르몬이나 다른 생리학적 '해명'을 뒷받침하는 증거는 없지만 반대되는 증거는 상당수가 있다. 동성애 서부갈매기와 북미갈매기 암컷에 대한 포괄적이고 엄격한 내분비학적 분석과 생식선의 측정은 동성애와 이성애 쌍의 새들 사이에 같은 성 짝 형성을 설명할 수 있는 유의미한 호르몬 또는 해부학적 차이가 없다는 것을 결론적으로 보여준다. 특히 연구자들은 동성애 쌍의 암컷들이 호르몬적으로 '수컷화'되지 않다는 것을 발견했다. 즉 그들은 이성애 쌍의 암컷들보다 남성호르몬(안드로겐) 수치가 높지 않았다. 오히려 동성애 암컷은 이성애 암컷보다 호르몬 수치상 더 '암컷적'이기도 했다. 일부 레즈비언 갈매기들이 실제로 둥지를 틀고 알을 품는 행동과 연관된 여성호르몬인 프로게스테론 수치가 훨씬 더 높게 나왔던 것이다.[111] 마찬가지로 다양한 영장류 종에 대한 연구는 호르몬 수치와 동성애 활동 사이의 상관관계를 보여주지 못했다.[112]

반대로 연구자들은 동성애 행동을 보이는 일부 종에서 개체 간의 호르몬의 차이는 발견했지만 특별히 같은 성 활동에 참여하는 동물에서는 발견하지 못했다. 예를 들어 뿔호반새에 관한 내분비학적 연구는 몇몇 수컷들의 테스토스테론 수치가 낮아져 있다는 것을 보여주었지만 이 개체들은 부모가 새끼를 기르는 것을 돕는 비非번식 '도우미'의 한 부류였다. 그러한 수컷 중에 때로 이 종에서 발생하는 동성애 짝결합이나 마운팅 활동에 참여하는 개체는 거의 없다. 마찬가지로, 비非번식 오랑우탄의 특정 유형은 흔히 에스트로겐 수치가 높지만 동성애 활동은 그러한 개체의 특징도 아니고 그 개체만 하는 것도 아니다. 과학자들은 다른 종에서도 대다수의 개체에서 '비정상적인' 호르몬 프로파일이 발견되지만 동성애 활동과는 관련이 없다는 것을 밝혀냈다. 점박이하이에나 암컷은 일반적으로 수컷보다 특정 '남성'호르몬(안드로겐의 일종)의 수치가 더 높지만 실제 같은 성 마운팅에 참여하는 경우는 극히 일부에 불과하다.

게다가 임신한 암컷들 또한 (태아의 성별과 관계없이) 테스토스테론의 수치가 증가하지만 같은 성 간의 마운팅이 더 쉽게 일어나지는 않는다. 마찬가지로 모든 암컷 서부갈매기는 동성애 쌍에 속하는지 이성애 쌍에 속하는지와 관계없이 높은 수준의 안드로겐(테스토스테론 포함)을 가지고 있다.[113] 이러한 예들은 또 다른 중요한 포인트를 보여준다. 즉 많은 종에서 개체군 일부는 일상적으로 '정상'과 다른 호르몬 프로필(또는 다른 생리적 특징)을 보인다는 점이다. 이는 때로 비非번식과는 상관관계가 있지만 개체가 명백한 동성애나 트랜스젠더인 경우에만 비정상이나 기능장애라는 딱지로 이 수치를 적용한다.

생리학적 '설명'을 옹호하는 대부분의 증례는 관련 동물의 실제 호르몬 연구에 근거한 것이 아니라 순전히 추측에 의한 것일 뿐 독립적인 근거로는 가능성이 거의 없다. 예를 들어 수컷 태아 호르몬과 임신한 어미의 행동 사이의 연관성(암컷 몽골야생말 사이의 마운팅을 '설명'하는 데 적용됨)은 전적으로 추측에 의한 것이다. 왜냐하면 내분비학적 프로필이 같은 성 활동에 관련한 특정 개체에 대해 작성되지 않았기 때문이다. 더욱이 연관성이 있더라도 이 종(과 다른 종)에 대한 부분적인 설명일 뿐이다. 한 몽골야생말 암말은 수컷 태아를 임신했을 때 다른 암컷을 마운팅하지 않고 수컷을 마운팅했고, 이듬해 다시 수컷 태아를 임신했을 때 비슷한 행동을 보이지도 않았다.[114] 따라서 이러한 암말들이 동성애나 양성애 또는 이성애 역逆마운팅 행동에 참여하는지를 결정하는 데에는 추가 요소를 포함해야 한다. 보다 일반적으로 이 설명은 다른 종에 광범위하게 적용하기가 힘들다. 예를 들어 가축 말(몽골야생말과 근연관계다)의 극히 일부만이, 임신했을 때 특정 종류의 마운팅 행동을 보인다.[115] 게다가 기록된 임신한 암컷에 의한 동성애 행동은 전체 포유류의 8% 미만에서 발생하며, 이러한 종들 중 어느 종에서도 동성애는 임신한 암컷에(또는 수컷 태아를 임신한 암컷에) 국한되지 않는다. 또한 태아 호르몬 '설명'은 임신하지 않은 동물(예를 들어 모든 종의 수컷과 알을 낳는 종의 모든 암컷)의 같은 성 행동 같은 동성애 활동의 커다란 영역과는 무관하다.

실험적으로 근거가 없는 것 외에 생리학적 설명도 개념을 따지면 의심스럽다. 거의 예외 없이 동성애에 대한 호르몬이나 다른 병리학적 설명은 수컷이 마운팅을 당하거나 암컷이 마운팅을 하는 것과 같은 '성별에 맞지 않는' 행동을 보이는 동물에 초점을 맞춘다. 이러한 개체의 파트너는 대개 신체적으로 '정상적인' 동물로 간주하고 그의 행동은 일반적으로 더 이상 고려하지 않는다. 하지만 많은 경우에 '성별에 맞는' 파트너가 동성애 활동에 똑같이 적극 참여하고 때로는 같은 성 상호작용을 시작하기도 한다. 우리가 '가성 이성애'에 대한 논의에서도 보았듯이, 동물을 성별에 맞는 개체와 맞지 않는 개체로 또는 '진정한 동성애자'와 '동성애자로 보이지는 않는 개체'로 나누는 것은 대부분 자의적인 분류다. 이는 동물 자체에 내재한 특성이나 의미 있는 행동 특성을 잘 반영하는 것이 아니고 관찰자의 편견이나 개념의 범주를 반영할 뿐이다.[116]

'성별에 맞지 않는' 행동을 병적인 상태로 만드는 것은 성전환 동물에 대한 논의에서 극단으로 치닫는다. 간성間性, intersexual 동물들에 대한 초창기 서술에서는 흔히 그들을 '흉물monstrosities'이라고 불렀다.[117] 최근에도 자웅동체, 염색체 이상 및 기타 형태의 성별 혼합 그리고 신체적인 성도착과 행동적인 성도착은 항상 질병 상태나 선천적 결함 또는 생리학적 이상이나 기능 장애로 간주한다. 그러나 연구자들은 동성애에 대한 신체적 '원인'을 밝혀내는 데 성공적이지 못했다. 예를 들어 과학자들은 소위 말하는 '암컷적인' 행동을 하는 큰뿔양 숫양(암컷의 행동과 사회적 특징을 일부 보이는 수컷)에 대해 논의하면서 호르몬 요인에 호소하려고 노력했다. 그러나 이러한 수컷은 신체적으로 '정상'이고 행동에서만 다른 숫양과 차이가 있었기 때문에 그들은 이것이 불만족스러운 설명이라고 결론지을 수밖에 없었다. 흰꼬리사슴의 성전환을 둘러싼 전체 담론도 이것을 '병리학적 상태'로 묘사하고 생리학적 근원을 찾으려는 것에 초점을 맞추고 있다. 텍사스의 벨벳뿔velvet-horns(성별 혼합 수컷 사슴)은 감염이나 '이상'을 찾기 위해 생식기를 채취하고 해부하고, 또 가능한 미생물이나 오염 물질에 대한 혈액 검사, 식단, 주사 호르몬, 염색체 연구 등의 종합적인 테스트를 받았는데 그중 어떤 것도 '원인'이라고 여겨지는 것이 없었다. 조사원들은 이 '상태'가 동물들이 사는 토양에서 자연적으로 발생하는 독소 때문임이 틀림없다고 결론을 내렸지만 이러한 영향을 미칠 수 있는 어떤 특정 물질도 동물의 환경에서 정확히 파악되거나 동정할 수 없다는 것을 인정했다. 비슷하게, 성별 혼합을 보이는 남아프리카의 사바나(차크마)개코원숭이는 생식 기관을 연구하기 위해 총을 맞고 해부가 되었다. 또 다른 개체는 호르몬 '치료'를 받으면 '정상적인' 암컷(이 경우 수컷과의 이성애 교미 참여로 정의함)처럼 행동할 것인지 알아보기 위해 잡혀서 실험을 받았다. 조사자들은 이 개체가 '정상적으로 기능하는 난소'만 있었다면 '야생에서 성공한 암컷'이 될 수 있었을 것이라고 말했다.[118]

이러한 사례들은 성전환을 한 동물이 보통 비정상적이라고 여겨지는 주된 이유 중 하나인, 그들은 흔히 번식하지 못한다(않는다)는 것을 강조하고 있다. 그러나 이것은 성전환 동물의 삶에 대한 중요한 사실을 간과하는 '정상'에 대한 제한적이고 잘못된 정의다. 우선 성전환 동물들은 자연 개체군에서 '자연적'으로 그리고 반복적으로 발생하며, 그들은 야생에서 성공적으로 생존한다. 1900년대 초부터 남아프리카의 동일한 지역에서, 앞에서 호르몬 치료를 받은 개체와 유사한 성별 혼합을 보이는 개코원숭이가 관찰되었으므로 아마도 성별 혼합은 이 개코원숭이와 다른 개체군에서 정기적으로 발생하는 특징일 것이다. 게다가 그러한 개체들은 무리에 완전히 섞인 소속원이며 심지어 높은 서열이나 '리더'의 직책을 맡을 수도 있다. 실상은 앞에서 설명한 성별 혼합을 보이는(그리고 이를 좋아하는) 이 개체가 '정상적으로 기능하는 난소' 없이도 살아남을 수 있었고 심지어 번성할 수 있었다는 것이다. 비슷하게 벨벳뿔들은 광범위한 지리적 영역에서 적어도 1910~1920년대 전에 보고되었다. 이것은 벨벳뿔 집단이 자연사슴 개체군의 오래되고 규칙적인 특징임을 다시 한번 나타낸다.[119] 비록 벨벳뿔 개체는 때로 다른 사슴들에 의해 '추방' 당하지만 그들은 독특한 행동 패턴을 가진 뚜렷한 '공동체'에서 사는 자기들만의 사회조직을 발달시켰다.

반대로 많은 비성전환 동물들은 번식에 참여하지 못하고 실제 평생 성공적으로 번식하지 못할 수도 있다(많은 예들이 다음 장에서 논의될 것이다). 만약 번식 실패가 한 개체를 '정상'에서 제외하기에 충분한 근거였다면 일부 개체군과 종에 있는 대부분의 동물은 정상 명단에 오르지 못할 것이다. 하지만 많은 성전환 동물들은 간성을 보이는 곰과 성별 혼합을 보이는 암컷 흰꼬리사슴처럼 번식한다. 사실 성전환을 하지 않은 동물들보다 이성애적으로 더 성공적일 수 있다(복장도착을 보이는 북방코끼리바다표범, 붉은큰뿔사슴, 붉은부리갈매기, 그리고 가터얼룩뱀에서처럼).[120] 또한 아이러니한 것은 번식을 하지 않는다는 바로 그 이유로 비非번식 동물(성전환 개체를 포함해서)이 때로 번식하는 개체보다 더 건강하다는 것이다. 예를 들어 벨벳뿔 흰꼬리사슴은 발정기의 극심한 육체적인 혹독함을 겪지 않기 때문에 번식하는 수컷보다 일반적으로 훨씬 더 좋은 신체 조건을 가지고 있다. 발정은 흔히 심각한 체중 감소를 야기하고 심지어 어린 숫사슴에서 성장을 방해할 수도 있어서다. 마찬가지로 큰뿔양 숫양의 번식 사망률은 비번식 수컷의 사망률보다 거의 6배가 더 높다. 따라서 번식에 참여하는 것은 개체의 생존과 성공에 자산이 아니라 부담이 될 수 있다.

성전환을 격렬하게 병리적인 문제로 삼는 것은 동물의 성적性的 및 성별 표현이 변환된 '원인'을 둘러싼 전체 논의를 요약하고 있다. 즉 동성애나 성별 혼합과 같은 현상을 성적 및 성별 연속체를 따라 중간에 해당하거나 예상할 수 있는 변화로 보지 않고 설명이 필요한 비정상 또는 예외적인 조건으로 보는 것이다. 이러한 인식의 근원에는 동성애와 성전환이 번식으로 이어지지 않기 때문에 기능을 하지 못하는 행동이나 조건이라는 생각이 깔려 있다. 다음 장에서는 동물의 왕국에서 생식의 역할과 동성애, 양성애, 트랜스젠더 그리고 이성애와의 복잡한 상호 관계에 대해 더 자세히 알아보겠다. 우리가 동물들이 번식과 비非번식 생활을 구조화하는 놀라운 방법을 이해하게 되면 번식의 의미에 관한 가장 근본적인 가정 중 일부를 수정해야 한다.

제5장 새끼를 낳는 것이 전부가 아니다
: 일상생활과 번식

절대로 번식하지 않는 이성애 동물, 정기적으로 새끼를 낳는 동성애 동물. 이렇게 번식과 성적 지향은 흔히 예상치 못한 역설적인 방식으로 결합하는 경우가 많다. 동성애의 기원과 기능을 이해하기 위한 시도로, 많은 과학자는 동성 활동이 실제로 그 종의 재생산이나 영속화에 어떤 방식으로든 기여할 수 있다고 제안했다. 이런 식으로 어느 체계 안에서 동성애를 위한 '장소'를 찾으려고 노력해 왔지만 주로 양육과 이성애가 중심이 되고 동성애는 측면을 차지하는 식이었다. 많은 사람이 놓친 것은 번식 그 자체가 흔히 동물의 생활에서 지엽적인 위치를 차지하고 있다는 사실이다. 이것은 명백한 이성애자로 보이는 동물들 간의 '주변적인' 활동이거나, 겉보기에 '주변적인' 동물로 보이는 동물(예를 들어 동성애를 하는 동물) 간의 일반적인 활동이다. 이 장에서는 보다 넓은 삶의 패턴에서 동성애를 위한 '유용한' 장소를 찾으려는 다양한 시도를 살펴보고, 이러한 시도가 왜 흔히 동성애의 '목적'을 부정하려는 노력만큼 잘못된 것인지를 우선 살펴볼 것이다.

동성애의 진화적 '가치'

1959년, 진화생물학자 조지 에블린 허친슨George Evelyn Hutchinson은 당시로서는 급진적이었던(심지어 지금도 논란이 있는) 제안을 하나 발표했다. 동성애의 진화적 가치에 관한 첫 이론을 내놓았던 것이다.[1] 허친슨은 동성애가 (사람과 동물 모두에서) 세대를 거듭할수록 생물학적 '실수'를 훨씬 능가하는 생물학적 상수로 나타나기 때문에 동성애는 비정상적인 행동이라기보다는 유용한 기능을 수행하는 것이 분명하며, 더 나아가 유전학적 근거가 있을 것이라고 주장했다.[2] 거의 20년 후인 1975년, 유명한 생물학자 에드워드 O. 윌슨Edward O. Wilson은 동일한 주제(동성애가 한 종에서 계속해서 다시 나타난다는 것은 틀림없이 이득이 있어서 그런 것)를 다룬 주요 저서 『사회생물학Sociobiology』을 출판했다. 그 이후로 동물 동성애에 대해 다른 많은 '긍정적인' 설명이 제시되었다. 어떤 것은 도발적이고 또 어떤 것은 당황스럽지만, 이 모든 것은 양육이나 이성애 혹은 개체나 종의 전반적인 생식 프로필이 동성애에 의해 강화될 수 있다는 생각을 중심으로 한 것이다.[3]

이 제안 중 다수는 인간의 동성애를 참고로 하여 만들어졌지만 시험해야 할 관련 자료나 상황을 찾기 어렵다는 등의 이유로 (사람이나 동물 모두에서) 엄격하게 평가되지는 않았다. 또 다른 다수는 동물의 같은 성 활동에 대한 정보에 접근할 수 없다는 등의 이유로 인간이 아닌 동물의 동성애 영역에는 전혀 적용되지 않았다. 이 섹션에서는 이러한 여러 '설명'을 살펴보고, 다양한 여러 종에 대해 그러한 사실이 있는지를 (많은 경우 처음으로) 평가할 것이다. 이러한 제안 중 많은 것들이 동성애를 '비정상적'이라고 보는 관점에서 변화한 것은 환영할 만하지만 여전히 중대한 문제에 직면해 있다. 흔히 이러한 설명은 광범위한 동물들 간의 동성애에 관한 사실과 전혀 일치하지 않는다. 또한 이러한 제안 중 많은 수의 근본적인 가정, 특히 동성애, 양성애, 트랜스젠더 및 이성애 동물의 양육 참여(또는 참여하지 않음)에 관한 것은 흔히 부정확하다.

가족과 종의 이익을 위해서?

여러 인간 사회에서 동성애자나 성전환자들은 부족 전체나 특정 가족의 이익을 위해 무당이나 스승, 보호자 기능 같은 특별한 역할을 수행한다. 많은 생물학자가 동물의 동성애가 비슷한 방식으로 작용할 수도 있다고 제안했다. 한 가지 제안은 동성애 동물이 스스로는 번식하지 않지만 친척의 자손을 양육하는 데 '도우미helpers' 역할을 함으로써 자신의 유전자가 전해지는 데 간접적으로 기여한다는 것이다. 또 다른 아이디어는 동성애가 번식과 관계가 없기 때문에 한 종의 개체수 증가를 조절하기 위한 자기조절 기전self-regulating mechanism으로 작용한다는 것이다.[4] 이 두 이론 모두 상당한 논란을 불러일으켰지만 이 이론들을 뒷받침하거나 반박할 구체적인 증거는 거의 나오지 않았다. 동물 종의 자료로 직접 확인해 볼 수 있겠지만 이러한 제안 중 어느 것도 동물에서 평가되지 않았다. 아마 이전에는 인간이 아닌 동물의 동성애에 대한 포괄적이고 상세한 조사가 불가능했기 때문일 것이다. 그러나 일단 행동과 사회조직의 관련 측면을 고려하게 되면 이 가설 중 어느 것도 맞지 않다는 것이 아주 명백해진다.

이러한 제안에는 동성애에 관여하는 동물들이 번식을 하지 않는다는 가정이 깔려 있다. 하지만 이것은 명백히 잘못된 것이다. 앞 장에서 보앗듯이 양성애는 동물의 왕국에 널리 퍼져 있다. 동성애가 일어나는 포유류와 조류 종의 절반 이상에서 적어도 일부 개체들은 같은 성 간 또는 반대쪽 성 간 상호작용에 모두 관여한다. 게다가 동성애에 참여하는 동물의 실제 번식도 65종 이상에서 확인됐다. 여기에는 이성애 짝을 이루어 새끼를 기르지만 외부에서 동성애 상호작용을 하는 동물(청다리도요, 쇠백로, 나무제비, 회색머리집단베짜기새)이 포함된다. 또한 한 부모로서 동성애를 하는 동물(일본원숭이, 하누만랑구르, 북방물개)도 있고, 양성애 트리오나 사인조(검둥고니, 회색기러기, 검은머리물떼새, 갈까마귀)로 새끼를 기르기도 하고, 외부에서 이성애 짝짓기를 한 결과로 얻은 새끼를 같은 성 쌍이 기르는 동물(북미갈매기, 서부 갈매기)도 있고, 임신 중에 동성애 활동에 참여하는 암컷(고릴라, 몽골야생말, 비쿠냐)이나 새끼가 매달려 있는 동안 동성애를 하는 암컷(보노보)도 있다. 또한 동성애 기간 전후의 특정 시점에 번식하는 동물(오랑우탄, 붉은쥐캥거루, 에뮤, 은갈매기, 이색개미잡이새)이나 개체군에서 대부분의 번식 기회를 독점하는 개체끼리 동성애를 하는 동물(검은두건랑구르, 산얼룩말, 큰뿔양, 목도리도요, 서부쇠물닭)도 있고, 자기 자식과 근친상간 동성애 관계를 맺는 동물(흰손긴팔원숭이, 붉은여우, 리빙스턴과일박쥐, 점박이개미잡이새)도 있다. 이처럼 동물들은 동성애를 번식과 결합하기 위해 여러 가지 전략을 사용한다. 심지어 동성애를 '선호'하는 동물이나, 반대쪽 성 간의 상호작용보다 같은 성 상호작용을 더 하는 동물이 더 성공적으로 새끼를 기를 수도 있다.[5] 간단히 말해서 동성애에 참여하는 동물이 번식할 수 없고 그들의 유전자를 미래 세대에 물려줄 수 없다는 것은 사실이 아니다. 물론 어떤 동물은 배타적인 동성애자여서 번식을 절대 하지 않거나(2장에서 논의했듯이), 이성애나 동성애 맥락에서 성공적인 번식자가 아닐 수도 있다. 하지만 번식이 이성애 접촉만을 하는 동물에 국한된 것은 분명히 아니다.

이 두 가설의 초기 전제가 부정확하다는 사실을 제쳐두고, 그렇다면

이 제안 각각의 내용과 의미에 타당성이 있을까? 밝혀진 바와 같이 동물계는 우리에게 이미 존재하는 자연적인 '실험실'을 제공한다. 말하자면 동성애 동물이 자기 종이나 가족의 다른 구성원들에게 '도우미' 역할을 한다는 첫 번째 가설을 실험할 수 있는 것이다. 많은 동물은 자기 자손이 아닌 (물론 친척이겠지만) 새끼들을 보살피고 키우는 데 개체들이 기여하는 다양한 '도우미 체계'를 개발했다. 이러한 방식은 몇 가지 다른 형태를 취한다. 공동번식 또는 집단번식 체계(일부 동물만 번식하고 다른 동물만 보조하는 집단생활 방식)도 있고, 한 가족 이상에서 온 한두 마리 청소년 개체 보호자가 모여서 감시를 돕는 탁아소나 보육 무리 같은 주간보호 체계도 있다. 동종 부모역할alloparenting이란 어떤 개체가 다른 부모의 새끼를 먹이고 보호하고 운반하고 '새끼를 봐주는' 등의 역할을 돕는 것이다. 이는 고아가 되었거나 길을 잃었거나 버려진 새끼들을 입양하는 것도 포함한다.[6] 그러나 실제 이러한 도우미 체계 중 어디에도 동성애 동물이 우선적으로 '직원staff'이 된다든지, 동성애와 어떤 특정한 방식으로 관련이 있다든지 하는 것은 없다. 물론 동성애에 관여하는 일부 개체가 이러한 체계 중 일부에서 확실히 도우미 역할을 하는 것은 맞지만 가설처럼 동성애와 도움 사이에 특별한 연관성은 찾을 수 없다. 사실 어떤 경우에 동성애와 도움의 관계는 이 가설에 따라 예측된 것과 정반대다.

집단번식 체계의 예를 들어보면, 이러한 형태의 사회조직은 적어도 222종에서 발견될 정도로 특히 조류들 사이에서 널리 퍼져 있지만 동성애는 이 중 8종(4%)에서만 일어난다.[7] 어느 종에서 동성애의 부재를 근거로 결론을 내릴 때는 항상 주의를 기울여야 하지만, 그렇다고 해도 도우미가 동성애를 하는 경향이 있다거나 동성애에 참여한 개체가 어떻게든 돕기를 하는 경향이 있다고 말하기에는 이 비율이 예상치보다 훨씬 적다.[8] 게다가 이 여덟 가지 사례 각각에서 어떤 새들이 동성애에 참여

임신한 암컷 몽골야생말(프르제발스키말Przewalski's Horse)이 다른 암컷을 옆에서 마운팅하고 있다. 많은 종에서 육아하는 동물도 동성애 활동에 참여한다.

하고 돕기를 하는지에 대한 구체적인 내용은 예측된 패턴을 따르지 않는다. 예를 들어 서부쇠물닭과 회색머리집단베짜기새에서는 도우미가 아닌 육아하는 새만이 동성애에 참여한다. 이는 이 가설로 예측된 것과 정반대다. 또 다른 경우 동성애는 도우미에게만 국한되지 않고 양육자에게서도 발견된다. 즉 도토리딱따구리에서 공동체 구성원은 양육자와 도우미 모두 같은 성 마운팅에 참여한다. 또 태즈메이니아쇠물닭, 짙은회색쇠물닭, 멕시코어치와 산블라스어치에서는 동성애가 양육자와 도우미 모두에게 발생하지만 각기 작은 비율로만 발생한다(대부분의 도우미들은 같은 성의 관계를 전혀 맺지 않는다). 뿔호반새는 양육자나 도우미 둘 다 동성애 특징을 가지고 있지 않고 오히려 도우미 체계에 참여하지 않는 비非번식 개체군의 일부 집단이 같은 성 활동에 참여한다.[9]

마찬가지로 동물에게서 발견되는 다른 형태의 양육 돕기는 동성애와 어떠한 연관성도 보이지 않는다. 탁아소, 동종 부모역할, 입양은 동성애가 없는 수많은 종에서 발생한다. 일부 개체만 동성애 활동을 하는 포유류와 조류 중에서 이러한 종류의 돕기 시스템은 종의 1/3 이하에서만 발견되며, 일부 개체가 전적으로 동성애자인 종의 절반 이하에서만 발생한다. 더구나 이런 경우 중 어떤 경우에도 동성애와 돕기 사이의 특정한 연관성은 존재하지 않는다. 예를 들어 돕기는 많은 동물에서 동성애가 존재하지 않는 성별 구성원만 수행한다(예를 들어 검은두건랑구르는 암컷이 서로의 새끼를 돌보며 돕지만 수컷만 동성애에 참여한다). 또는 돕기가 다른 이성애 양육자를 돕는 이성애 양육 동물의 특징일 수도 있다(예를 들어 부모가 번갈아 가며 탁아소를 감시하거나, 다른 부모의 새끼들을 먹이고 보호하는 데 도움을 준다).[10] 돕기는 어떤 사례에서도 독점적이거나 우선적으로 또는 산발적으로라도 동성애에 관여하는 동물에게 제한되지 않으며, 돕기를 하는 그러한 개체에서 동성애가 더 흔한 것도 아니다.[11] 몇몇 종에서는 훨씬 더 혼란스러운 상황이 발견된다. 예를 들어 하누만랑구르에서는 실제로 '도우미'들이 육아하는 동물을 동성애 활동에 참여할 수 있도록 해준다. 이 종의 어미들은 흔히 같은 성 마운팅을 하지만 그들의 새끼를 '돌보는' 다른 개체에 의해 일시적으로 부모의 의무에서 '자유롭게' 되었을 때만 그렇게 한다.[12]

동성애가 개체수 증가를 규제하는 기전으로 작용한다는 생각은 어떨까? 다시 한번 말하지만 이 가설을 뒷받침하는 구체적인 증거는 거의 없으며, 바탕에 있는 전제에도 심각한 문제가 있다.[13] 동성애 활동을 하는 많은 동물이 (앞에서도 말했듯이) 계속해서 번식한다는 사실 외에도, 개체군에서 전적으로 동성애자인 동물의 비율이 높다고 하더라도 개체수 증가에 심각한 영향이 있을 것 같지는 않다. 대부분의 동물 집단은 개체수의 감소를 겪지 않고도 많은 수의 비非번식 개체를 유지할 수 있다. 실제로 많은 종에서 대다수의 개체는 번식을 하지 않으면서도 대체로 개체군에 부정적인 영향을 주지 않는다. 예를 들어 다마랄랜드두더지쥐 개체의 90~98%는 평생 번식을 하지 않지만 개체군은 그것과 무관하게 유지되고 심지어 계속 커지고 있다. 과학자들은 또한 안정적인 범고래 개체군은 새끼를 낳지 않는 암컷을 30%까지 포함하고도 어떠한 개체수 감소도 겪지 않을 수 있다고 계산했다. 다른 여러 종에도 상당한 수의 비번식 개체군이 존재하며, 한 성별의 최대 90% 이상이 짝짓기나 번식을 하지 못할 수도 있다.[14] 따라서 동성애가 개체수 증가와 규모에 영향을 미치려면 그 어떤 종에서 볼 수 있는 것보다 훨씬 더 큰 규모의 배타적인 동성애가 일어나야 할 것이다.

많은 동물은 주기적이고 흔히 극적인 개체수 변동을 경험하며, 때로 5년 또는 10년을 주기로 개체수 증가와 감소를 정기적으로 겪는다. 예를 들어 눈덧신토끼snowshoe hares, 레밍lemmings, 밭쥐voles, 핀치의 일부종, 도요새, 매, 산쑥들꿩이 이에 해당한다.[15] 만일 동성애가 개체수 크기와 상관관계가 있다면 동성애가 그러한 종에서 두드러지게 나타날 것이라고 예상할 수 있다. 또한 개체수 주기에 따라 동성애의 발생이 '그림자'처럼 따라다니거나 변동하면서 동성애가 개체수 규모나 증가율이 최대치에 도달할 때는 더 보편화되고, 개체수가 쇠퇴할 때는 덜 보편화되거나 존재하지 않을 것이라고 예측할 수 있다. 실제로는 동성애 행동은 그러한 종에서 보고되지 않았다. 그리고 동성애가 보고된 스코틀랜드솔잣새, 황조롱이, 산쑥들꿩과 같은 그러한 소수의 종에서도 동성애는 주기적 또는 불규칙적인 개체군 증가(때로 '폭발eruption'이라고 알려져 있다)와 관련이 없는 것으로 보인다.[16]

마찬가지로 동성애가 실제 개체수의 상당한 감소를 초래했다면 동성애가 심각한 개체수 감소를 겪는 종, 즉 멸종위기종의 동물들 사이에서 불균형적으로 나타날 것이라고 예상할 수 있다. 하지만 현재 멸종위기에 처한(멸종위기종, 위기종, 취약종을 포함해서) 것으로 분류되는 2,203마리의 포유류와 조류 중에서 동성애는 겨우 2% 이상에 불과하다.[17] 게다가 다른 종과 비교하면 동성애의 분포는 멸종위기에 관한 것과는 분명히 아무런 관련이 없다. 예를 들어 서부쇠물닭과 타카헤takahe(두 새 모두 뉴질랜드의 새다)는 밀접하게 관련이 있는 종이지만 동성애는 멸종위기에 노출되지 않은 종(서부쇠물닭)에서만 발생한다. 또 어떤 동물에서 한 아종subspecies은 멸종위기에 처하고(예를 들어 아시아사자) 다른 아종은 그렇지 않지만 동성애는 모두에서 발생한다. 혹은 하나 이상의 아종이 멸종위험에 빠진 경우(예를 들어 바하칼리포르니아가지뿔영양과 소노란가지뿔영양)에서 동성애 행동은 동일한 동물의 멸종위험에 빠지지 않는 아종(아메리카가지뿔영양)에서 발견되기도 한다. 또 밀접한 관련이 있는 두 종에서 한 종은 동성애는 흔하지만 멸종위기에 처하지 않은 종(하누만랑구르)이고, 다른 종은 동성애는 훨씬 덜 흔하지만 멸종 위협을 받고 있는(검은두건랑구르) 경우도 있다. 반대로 동성애가 ('안전밸브'처럼 개체수 과잉 시기에 활성화되는) 한 종 전체를 위한 자기 보존의 한 형태라면 심각한 개체수 감소를 겪고 있는 동물에서는 동성애 발견을 전혀 기대할 수 없을 것이다. 그럼에도 불구하고 적어도 50종의 멸종위기 종에서 같은 성 활동이 보고되었다. 아마도 가장 극적인 예는 거의 멸종된 검은장다리물떼새일 것이다. 이 새는 50마리도 채 안 되게 야생에 남아 있지만 몇몇 개체들은 여전히 레즈비언 쌍을 이룬다.[18]

동물들은 동성애보다 훨씬 더 능률적이고 효과적인 전략으로 개체수를 완벽하게 '조절'할 수 있다. 밀도와 성장률을 줄이기 위한 다양한 기전이 기록되었는데 여기에는 이주, 출산 억제, 생식력 감소, 성숙 지연 또는 발달 지연, 새끼 살해, 동족 잡아먹기 등이 포함된다(포식자와 같은 개체군 규모에 대한 '외부적인' 억제는 말할 것도 없다).[19] 요약하자면 동성애는 개체수 증가를 조절하는 방법으로도 유용하지 않고, 번식하지 않는 '도우미'가 양육하는 동물을 돕는 기전으로서도 각각의 가족에 유용하지 않은 것으로 보인다.

양성애의 우월성과 동성애의 유전학

동성애의 진화적 가치를 주장하는 과학자들은 명백한 역설에 직면한다. 만약 동성애가 가치 있는 특성이라면 동성애는 유전적 근거를 가져야 한다. 하지만 어떻게 직접적으로 생식으로 이어지지 않는 유전자가 한 세대에서 다음 세대로 계속 전해질 수 있을까? 아마도 누군가는 잠정적인 동성애 유전자가 저절로 작용하는 것이 아니라 번식을 촉진하는 다른 유전자와 함께 작용하기 때문일 것이라고 제안할 수 있다. 흔히 겸상적혈구빈혈증과 말라리아 저항성의 유전이 이와 유사하다고 인용된다. 한 부모로부터 겸상적혈구 유전자를 받고 다른 부모로부터 정규 헤모글로빈 유전자를 받은 사람은 말라리아에 내성이 있다. 두 개의 겸상적혈구 유전자를 받은 사람은 겸상적혈구 빈혈에 굴복하지만, 두 개의 정규 헤모글로빈 유전자를 받은 사람들은 말라리아에 굴복할 가능성이 더 높다. 따라서 (스스로) 잠재적으로 개인의 생식 능력을 감소시킬 수 있는 유전자들은 서로 결합할 때 유익하기 때문에 계속 전달된다. 과학자들은 동성애도 마찬가지일 수 있다고 제안했다. 즉 한 개인이 동성애를 하도록 만드는 어떤 유전자가 있고, 한 개인이 이성애를 하도록 만드는 다른 유전자가 있다고 가정하자. 두 개의 동성애 유전자를 받은 사람(각 부모로부터 한 개씩)은 전적으로 동성애자일 것이다. 또 두 개의 이성애 유전자를 받은 사람은 오로지 이성애만 할 것이다. 반면에 각각 하나씩을 받은 사람은 양성애자일 것이다. 만약 한 개의 동성애 유전자와 한 개의 이성애 유전자를 가진 사람들이 어떻게든 더 잘 번식한다면 동성애 유전자는 이점을 줄 것이고 계속해서 전해질 것이다. 비록 때로 생식하지 않는 사람들(각 부모로부터 동성애 유전자를 받은 사람들)을 낳겠지만 말이다.[20]

언뜻 직관적으로 보기에도 이 가설은 틀려 보인다. 관련된 유전적인 기전에 상관없이 양성애자들은 왜 생식 능력이 우수하거나 생식에 이득을 가져야 하는 것일까? 누군가는 그 반대로 두 개의 이성애 유전자를 가진 사람들(말하자면 '두 배로' 이성애적이거나 배타적인 이성애자)이 양성애자보다 더 성공적인 번식자가 될 것으로 기대할 것이다. 그럼에도 불구하고 이 가설은 놀랍게도 다른 설명에서도 여전히 수수께끼로 남아 있는 동물 동성애의 여러 측면과 잘 들어맞는다. 무엇보다도 이전에 언급한 바와 같이 양성애는 동물의 왕국에 널리 퍼져 있다. 동성애의 진화적 가치에 대한 다른 이론들과는 달리, 이 가설은 동성애 활동에 참여하는 많은 개체가 이성애 행동에 관여할 수 있고 따라서 유전자를 복제하고 물려줄 수 있다는 점을 인정한다. 게다가 개체군 내의 양성애 발생률은 흔히 매우 높다. 예를 들어 보노보, 일본원숭이, 병코돌고래, 산양, 기린, 코브와 같은 많은 동물에서 사실상 종의 모든 구성원들은 같은 성 및 반대쪽 성 간의 상호작용에 모두 참여한다(동시에 또는 생애의 여러 시점에). 또다시 이 가설은 그러한 상황이 존재할 수 있다고 예측한다. 왜냐하면 이것이 모집단에서 양성애의 극대화를 주장하기 때문이다. 즉 양성애자들이 더 성공적인 번식자라면 그들은 인구의 대다수를 차지하는 경향이 있어야 하기 때문이다.

심지어 더 놀라운 것은 몇몇 종에서 양성애 동물들이 실제 번식, 이성애 교미 그리고 반대쪽 성별의 관심 끌기에 이성애자들보다 훨씬 더 성공적인 것으로 보인다는 점이다. 우리가 이미 논의한 바와 같이 암컷과 임시로 관계를 맺어 새끼를 낳은 다음 그 새끼들을 자기들끼리 양육할 수 있는 수컷 검둥고니 한 쌍은 일반적으로 이성애 쌍보다 더 성공적인 부모가 된다. 부분적으로 이것은 그러한 같은 성 쌍이 수컷-암컷 쌍보다 더 공격적이기 때문에 성공적으로 백조를 키우는 데 필수적인 더 크고 더 나은 품질의 영역을 획득할 수 있기 때문이다. 또한 두 수컷 모두 알을 품는 데 기여해서 유리하지만 이성애 쌍에서는 수컷이 알을 품는 의무를 덜 하기 때문일 수도 있다. 3년 동안 진행된 한 연구에서 수컷 쌍은 80%가 성공적인 부모가 된 것으로 밝혀졌는데 반면 이성애 쌍은 약 30%만이 성공적으로 자손을 키웠다(성공하지 못한 부모란 알둥지를 버린 경우나, 포식자나 다른 위험으로 알을 잃었거나, 새끼가 죽은 경우다). 동성애 쌍들은 연구 개체군에서 모든 번식 쌍이나 관계의 13%만을 차지했음에도 불구하고 성공한 모든 부모의 1/4을 차지했다.[21]

또한 동성애 활동에 참여하는 동물들은 때로 반대쪽 성 구성원을 끌어들이는 데 더 성공적이거나 이성애 교미에 더 자주 참여한다. 예를 들어 수컷 파트너와 함께 구애 영역에서 과시하고 상대를 마운트하는 수컷 목도리도요들은 혼자 과시하는 수컷보다 더 자주 짝짓기를 할 암컷들을 끌어들인다. 회색기러기 수컷 쌍이나 다른 동성애 관계 또한 우월한 힘과 용기 그리고 무리에서의 높은 지위 때문에 때로 반대쪽 성에게 매력적이다. 이 종의 암컷은 수거위 쌍과 관계를 맺고 양성애 트리오를 형성해 수컷들 중 한 마리 또는 두 마리 모두와 짝짓기를 한 다음 함께 새끼를 기르기도 한다. 서부쇠물닭에서는 수컷 간에 동성애 상호작용이 일어나는 번식 집단이 바로 가장 강도 높은 이성애 교미 활동이 일어나는 집단이기도 하다. 성체 수컷의 과시 영역을 가장 많이 방문하는 청소년 기아나바위새 수컷은 동성애적 구애와 마운팅이 발생하는 동안 어린 나이에 자신의 영역을 차지하기도 한다. 이성애적 짝짓기 기회에 일찍 접근할 수 있기 때문에 이것은 번식에 대한 '유리한 출발headstart'이 될 수 있다. 마찬가지로 암컷 검은머리물떼새 양성애(이성애뿐만 아니라) 트리오들은 이후 몇 년 동안 자신의 번식 영역을 가지는 것과 이성애자 짝을 얻는 데 유리할 수 있다.[22]

또한 많은 연구들은 이성애적으로 가장 활동적인 동물들이 때로 가장 활발한 동성애자라는 것을 보여주었다. 예를 들어 집단베짜기새, 보넷원숭이, 아시아코끼리의 특정 개체군에서는 이성애적 마운팅과 다른 행동 면에서 상위 두 마리에 해당하는 수컷이 동성애 활동에도 가장 자주 참여했다. 일본원숭이 수컷 동성애 행동 중 가장 완전하다고 할 수 있는, 사정을 포함한 완전한 교미는 '무리에서 가장 강한 이성애 수컷 중 한 마리'가 보여준 것이었다. 또 다른 연구에서는 무리에서 동성애 배우자 관계를 형성하는 데 실패한 한 암컷은 또한 어떠한 이성애 배우자 관계에도 참여하지 않았다.[23] 앞 장에서 언급했듯이 바다오리, 레이산알바트로스, 제비와 같은 많은 새에서 동성애 교미에 참여하는 대부분의 개체는 사실 이성애적으로 활발하지 않은 비非번식 개체가 아니고 이성애 짝이 있는 번식하는 개체들이다.

그러나 이러한 다소 예상치 못한 사실에도 불구하고 대부분의 증거는 실제로 이 가설을 지지하지 않으며, 그 예측의 많은 부분이 맞지 않는다. 앞에 인용된 예의 대부분은 '양성애 우월성bisexual superiority' 개념을 뒷받침하는 것처럼 보인다. 하지만 그것은 양적인 정보가 아닌 일화적인 것에 바탕을 두고 있고, 어느 한 시점에서(또는 기껏해야 번식기의 일부 기간에서) 소수의 개체만을 보기 때문에 오해를 불러일으키고 있다. 양성애 개체가 번식에 더 성공하는지 여부를 평가하기 위해 실제 필요한 것은, 많은 수의 개체를 대상으로 평생 동안 추적하는 장기 연구를 통해 양성애자의 총자손수와 이성애자의 총자손수를 비교하는 것이다. 말할 필요도 없이 이것은 거대하고 어려운 일이 될 것이다. 수년 동안 수백 또는 수천 마리의 동물들과 잠재적으로 넓은 지리적 지역을 추적하고, 각 개체의 생식 성과뿐만 아니라 어떤 동물이 양성애자고 어떤 동물이 배타적인 이성애자인지도 알아내기 위해 암컷이나 수컷의 모든 성적性的 역사를 표로 만들어야 한다. 놀랄 것도 없이 이러한 유형의 추적연구는 거의 수행되지 않았고, 동성애 또는 양성애 활동이 두드러지는 종은 더더욱 포함되지 않았다(혹은 그러한 행동이 존재할 때 그러한 행동을 고려하지 않았다).

하지만 제임스 A. 밀스James A. Mills라는 과학자가 있다. 그는 광범위한 양성애와 동성애가 존재하는 뉴질랜드의 (빨간부리)은갈매기에 대한 장기적이고 포괄적인 연구를 시행했다. 그의 연구 결과는 사실 양성애 개체가 이성애 개체보다 훨씬 더 성공적이지 못한 번식자breeders라는 것을 보여준다. 밀스 박사와 그의 동료들은 30년 넘게 8만 마리 이상의 갈매기들을 묶어서 이들 중 5,000마리 이상의 일생에 걸친 상세한 생식 및 성적 프로필을 표로 만들었다. 이 프로젝트의 거대함 때문에 모든 데이터를 분석하고 처리하기 위한 특별한 컴퓨터 프로그램을 개발해야 했다. 은갈매기는 암컷의 (짝짓기 행동에 있어서) 성적 지향성이 세 가지 명확한 범주로 분류되기 때문에 이 가설을 시험하기 위한 이상적인 종이다. 즉 어떤 암컷들은 평생 동안 동성애 쌍만을 형성하는 배타적인 레즈비언이고, 다른 암컷들은 평생 같은 성 및 반대쪽 성 파트너를 둘 다 가지고 있는 명백한 양성애자며, 또 다른 암컷들은 수컷 파트너와만 짝을 짓는 전적 이성애자다.[24] 게다가 밀스와 그의 팀은 얼마나 많은 새끼들이 이성애 개체와 양성애 개체(그리고 동성애 개체)에 의해 부화하고 길러지는지뿐만 아니라 얼마나 많은 새끼들이 성체까지 생존해서 번식자가 되는지도 조사했다. 이것은 한 개체가 실제로 자신의 유전자를 물려주고 있는지에 대한 진정한 척도다.

밀스의 최종 결과는 결정적이었다. "평생 양성애자였던 암컷은 수컷-암컷 짝만 배타적으로 유지한 암컷보다 14% 더 적은 새끼를 낳았다."[25] 게다가 성체로서 번식 개체군에 합류하는 새끼도 더 적었다. 배타적인 이성애 개체가 양성애 개체보다 1/3 이상 더 높은 비율로 병아리를 살아남도록 키웠다. 또한 양성애 암컷의 전반적인 생식 능력이 떨어지는 것은 그들 삶의 어느 시점에서 동성애 짝짓기에 참여했기 때문도 아니었다. 그러한 암컷들은 '수컷 파트너와 함께 있어도 성공적인 번식자가 되지 못하는 경향'이 있었다.[26] 양성애-우월성 가설bisexual-superiority hypothesis에 대해 이보다 더 확정적이거나 더 문서화가 잘된 반박을 찾기는 어려울 것이다. 양성애 암컷은 이성애 암컷보다 적은 수의 병아리를 부화하고 기를 뿐만 아니라 개체군 내 번식 무리에 기여하는 새끼 수가 적다. 생식 능력의 감소는 그들이 수컷과 암컷 중 누구와 번식하는지와는 무관한 것으로 보인다.

양성애-우월성 가설을 겨냥한 한 가지 비판은 시험하기가 너무 어렵다는 것이다. 많은 과학자가 심지어 그 주장을 입증하거나 조작할 수 있는 관련 실험이나 연구조차 상상할 수 없다고 말했다.[27] 놀랍게도 이 연구가 비록 양성애-우월성 가설을 평가하는 데 필요한 모든 요소를 가지고 있긴 하지만, 밀스의 연구는 이 가설을 테스트하기 위해 특별히 설계한 것도 아니었고 심지어 특별히 양성애 동물의 생식 성능에 초점을 맞춘 것도 아니었다. 실제로 밀스가 이 가설을 알고 있었는지조차 의심스럽다. 이 가설은 1958년 프로젝트를 시작할 당시에는 아직 공식화하지 않았고, 이후 30년 동안 다양한 형태로 출판되고 개정된 후에도 과학계에서 널리 알려지거나 논의되지 않았기 때문이다.[28] 그럼에도 불구하고 밀스가 사용한 절차와 분석은 이 가설의 타당성을 평가하기 위해 거의 맞춤으로 만들어졌다. 이는 그의 결과가 원래의 목적에서 벗어난 지금까지의 조사 방법에 유용하게 쓰일 수 있다는 그의 전문지식을 입증하는 증거다.

불행하게도 유사한 규모와 수준을 갖춘 연구는 아직 대부분의 다른 관련 종에서 수행되지 않았다. 물론 성적 지향에 따른 생식 성과의 상이한 패턴이 다른 동물에서 드러날 수 있겠지만 그럴 가능성은 작아 보인다. 다른 종의 같은 성 양육이나 번식에 대한 대부분의 보고는 은갈매기에서의 결과와 일치하는 것으로 보인다.[29] 검둥고니(로 잠시 되돌아가)의 경우에도 불구하고 동성애 쌍으로 번식하는 동물들은 일반적으로 이성애 부모들에 비해 비슷하거나 덜 성공적일 뿐 더 성공적이지는 못하다. 게다가 많은 경우에 번식 동물의 입장에서 동성애 활동은 실제로 생식 성과를 방해한다. 예를 들어 암컷 갈까마귀, 검은머리물떼새, 캐나다기러기, 카푸친새에서 동성애 관계는 사실 흔히 알품기를 방해함으로써 자손의 성공적인 양육에 해를 끼칠 수 있다(이러한 예는 이 장의 뒷부분에 자세히 설명되어 있다). 노랑가슴도요에서 같은 성 활동은 흔히 이성애 짝짓기와 번식의 기회를 저해한다. 수컷 치타는 유대를 맺은 쌍이나 트리오를 이루어 살면서 흔히 그들 동반자의 짝짓기를 방해하거나 경쟁하고 혹은 이성애 교미를 방해하기도 한다(결과적으로 상대의 번식률을 떨어뜨린다).[30] 이렇게 일부 종에서 성적인 다양성이 번식 성공의 차이와 연관이 있을 수 있지만 양성애자(또는 동성애자)보다는 전형적으로 성전환을 한 개체들이 번식에 더 성공적이다(앞 장에서 설명한 북방코끼리바다표범, 붉은큰뿔사슴, 붉은부리갈매기, 그리고 앞 장에서 논의한 일반적인 가터얼룩뱀의 예에서처럼).

양성애-우월성 가설에 반대하는 다른 주장도 있다. 만약 양성애 동물들이 더 성공적인 번식자였다면 우리는 그들이 특정 종에서 개체수의 대부분을 차지할 것이라고 예상할 수 있다. 그리고 훨씬 적은 비율로 배타적인 이성애 혹은 동성애 동물이 차지할 것으로 보이지만 사실 성적 지향의 분포는 이러한 패턴을 따르지 않는다. 은갈매기에서 이성애자 대 양성애자 비율은 우리가 방금 본 상대적인 번식 성과와 일치한다. 전체 암컷의 79%는 이성애자고, 11%는 양성애자며, 10%는 레즈비언이다. 이러한 패턴은 우리가 개체군을 단면에서 보았을 때의 평생 번식 결과에 대한 정보를 가지고 있지 않은 다른 많은 종의 특징이다. 즉 양성애 동물은 일반적으로 개체군의 훨씬 적은 비율을 차지하고, 때로는 배타적인 동성애 개체의 비율보다도 적다. 예를 들어 수컷 붉은부리갈매기의 이성애-양성애-동성애 비율은 각각 63%-15%-22%이고, 갈라의 경우는 44%-11%-44%다.[31] 다른 많은 종에서는 양성애 활동을 하는 동물의 비율이 훨씬 더 낮다.

게다가 어떤 경우에는 모집단에 양성애자가 전혀 없는 것으로 보인다(즉 같은 성 활동은 비번식 동물에서만 발생한다). 예를 들어 세가락갈매기, 붉은등때까치, 혹고니의 암컷 동성애 쌍은 일관되게 무정란을 낳는 것으로 보인다(이들이 수컷과 교미를 하지 않는다는 것을 의미한다). 뿔호반새에서 동성애는 나중에 번식할 가능성이 없어 보이는 비非번식 새의 전형이다. 다른 수컷에게 구애하는 수컷 타조도 이성애 관계는 없는 듯하다. 물론 이러한 개체가 순차적인 양성애자가 아니라는 것을 확인하기 위해 각각의 경우에 추적연구가 필요하긴 하지만 이러한 패턴은 양성애 우월성 가설에 잘 맞지 않는다. 보다 광범위하게 보면 동성애나 양성애가 한 성별의 개체에서만 발견되는 종들(또는 모든 개체가 배타적인 이성애자인 종들)도 극히 흔한데 이것은 가설에 반하는 또 다른 증거가 된다. 왜냐하면 이러한 종은 기대만큼 양성애가 '최대화'하지 않은 예이기 때문이다.

앞에서 언급한 양성애가 극대화해서 대다수의 개체가 양성애자인 종은 어떠할까? 이러한 경우의 모든 동물(보노보, 돌고래, 산양 등)에서 양성애는 개체마다 정도의 차이가 심하다. 어떤 동물들은 동성애나 이성애 활동에 거의 참여하지 않지만 다른 동물들은 그러한 활동(한 가지 혹은 둘 다)이 대부분을 차지하는 등 같은 성 대對 반대쪽 성 상호작용은 각 개체에서 성적인 만남의 다양한 비율을 차지한다(2장에서 보았다). 따라서 양성애가 번식 성공과 관련이 있다면 동물이 '얼마나 양성애인지'에 따라 결과가 달라질 것이라고 예상할 수 있다. 즉 성공적인 번식자들(이성애적으로 가장 활발한 동물들)에서는 동성애 활동 또한 더 큰 부분을 차지해야 한다. 이것을 시험하기 위해서는 번식 결과에 대한 장기적인 연구가 필요하다는 것을 다시 말해야겠지만, 양성애가 널리 퍼져 있는 여러 종에서 개별 동물들의 성적인 활동에 대한 현재의 데이터는 이러한 생각을 뒷받침하지 않는다. 만일 동물이 참여하는 이성애 교미의 횟수를 대략적인 생식 능력이라고 보고 측정해 보면, 일반적으로 양성애의 정도와 번식의 성공 사이에서는 긍정적인 상관관계를 찾을 수가 없다.

예를 들어 사실상 모든 암컷이 같은 성 및 반대쪽 성 마운팅을 하는 코브에서는 일반적으로 개체의 이성애 및 동성애 활동 사이에 반비례 관계가 존재한다. 한 연구에서는 동성애 마운트를 가장 많이 하는 암컷이 가장 적은 이성애 마운트를 했고, 그 반대의 경우도 사실이었다. 또한 이성애 활동에서 상위 4분위 또는 1/3을 차지한 암컷들의 동성애 참여율이 훨씬 낮았다는 것을 보여주었다. 게다가 이성애와 동성애 활동이 가장 동등한 암컷(즉 가장 '양성애'인 암컷)은 실제로 가장 적은 횟수로 이성애 짝짓기에 참여했다. 마찬가지로 모든 보노보 암컷들은 수컷과 암컷 모두와 성적으로 상호작용하지만 양성애의 정도는 매우 다르다. 어느 한 집단에서 세 마리의 암컷이 가장 자주 이성애 교미에 참여했지만 이 암컷들은 전체 동성애 활동의 1/3 미만을 차지했고, 이 중 한 마리는 암컷 중 가장 적은 수의 같은 성 만남을 가졌다. 또한 이러한 암컷들이 각 개체 내에서 같은 성 및 반대쪽 성 활동 비율 측면에서도 꼭 '균형'을 이룬 것도 아니었다. 한 마리는 동성애와 이성애 상호작용의 비율이 거의 같았지만 다른 두 마리는 조금 덜 '비례적인' 양성애자들이었고, 성적인 만남의 과반수(2/3)는 반대쪽 성 파트너들에게 치우쳐 있었다. 마찬가지로 네 번의 짝짓기 계절마다 동성애 활동에 가장 많이 참여했던 일본원숭이 암컷들은 이성애 상호작용에 거의 참여하지 않았고, 그들 무리 중 이성애 활동이 가장 적은 구성원에 해당했다. 돼지꼬리원숭이 연구에서는 또 다른 패턴이 밝혀졌다. 한 무리의 모든 수컷이 암컷과 다른 수컷을 둘 다 마운트하긴 했지만 그들은 이성애 활동에 참여했든 안했든 상관없이(참여 비율은 아주 다양했다) 거의 같은 횟수의 동성애적 만남을 가졌다. 이성애적으로 가장 활발한 수컷은 또한 가장 '양성애'가 덜한 수컷 개체였다. 즉 다른 수컷에서는 성적인 활동의 평균 48%를 같은 성 마운팅이 차지했지만 그 수컷은 8%에 불과했던 것이다.[32]

물론 이성애 활동(즉, 반대쪽 성 짝짓기의 수)이 번식 성공의 정확한 척도는 아니며, 이러한 연구 중 어느 것도 개별 동물과 그들이 평생 낳은 자손의 수를 추적하지는 않았다.[33] 그럼에도 불구하고 양성애가 동물의 번식 능력이나 성공에 기여한다면 기대해 볼 만한 동성애와 이성애 사이의 연관성은 없어 보인다. 게다가 양성애를 '최대한'으로 보이는 대부분의 종에서는 한 성이 다른 성보다 동성애 활동에 더 많이 참여하는 것이 보통이다. 예를 들면 코브와 보노보, 일본원숭이의 암컷들 그리고 산양이나 병코돌고래의 수컷들이 이에 해당한다. 비록 양성애가 어떻게든 유리한 생식 전략이었다 하더라도, 왜 양성애의 '효율성'에 성별 차이가 있어야 하는지 그리고 왜 양성애가 다른 종에서는 다른 성별과 관련되어야 하는지에 대해서는 설명이 필요하다.

마지막으로, 앞에서 언급한 대부분의 구체적인 사례들(예를 들어 검둥고니, 서부쇠물닭, 목도리도요)은 양성애와 생식력 사이의 어떤 연관성을 지지하는 것으로 보이지 않는다. 각각의 경우에 대해 자세히 들여다보면 완전히 비논리적인 것은 아니지만 그 연결은 의심스럽게 보인다.[34] 예를 들어 검둥고니의 수컷 쌍들이 더 성공적인 부모인 경향은 있지만 그러한 커플들이 반드시 양성애 새들로만 구성된 것은 아니다. 그들이 항상 자기들의 새끼를 기르는 것도 아니다. 이 종의 같은 성 쌍은 흔히 (암컷과 짝짓기하기 보다는) 이성애 쌍으로부터 둥지를 인수하거나 훔침으로써 새끼를 '입양'한다. 따라서 성공한 수컷 쌍들은 어떠한 이성애 활동에도 전혀 관여할 필요가 없어서 양성애자라기보다는 배타적인 동성애자일 수 있다. 게다가 그러한 개체들이 일생을 통해서는 양성애자임을 증명한다 하더라도(즉 순차적으로 암컷과 짝을 맺는다고 해도) 양육 성공의 대부분은 그들과 관련이 없는 자손들을 기르는 것일 수 있다. 이러한 상황은 양성애자가 다른 동물이 아닌 바로 자신의 유전자를 물려주는 데 더 성공하는 것을 따지는, 양성애 우월성 가설의 근거에 반한다.

유사한 문제나 자격은 다른 사례에서도 명백하다. 회색기러기 수컷 쌍이 때로 암컷의 관심을 끄는 것은 사실이지만 그들이 독신인 배타적 이성애 수컷보다 더 반대쪽 성에게 매력적이라는 증거는 없다. 또 수컷 서부쇠물닭의 동성애는 가장 이성애적으로 활발한 그룹과 연관이 있지만 암컷 동성애(더 흔하고, 관련된 구애 행동 측면에서 더 발달해 있는)는 그렇지 않다. 게다가 일부 무리에서 발견되는 더 높은 수준의 이성애가 반드시 참가자들이 동성애나 양성애에 참여한 결과일 필요는 없다. 이성애와 동성애가 증가하는 것은 모두 제 삼의 요인 때문일 가능성이 큰데, 아마도 일반적으로 더 고취된 성적인 '상태'나 활동 수준 또는 그러한 집단에서 일어나는 흥분과 비슷한 것으로 보인다. 이것은 동성애 활동이 실제로 이성애 활동과 함께 최고조에 달하거나 급격하게 증가하는 많은 다른 종(예를 들어 보노보, 고릴라, 다람쥐원숭이, 늑대, 커먼나무두더쥐, 병코돌고래)의 관찰에 의해 뒷받침된다.[35]

인과관계 문제는 앞에서 논의된 몇몇 다른 종과도 관련이 있다. 예를 들어 이성애와 동성애 참여는 수컷 집단베짜기새, 보닛원숭이, 아시아코끼리와 연관이 있는 것으로 보이지만 이는 주로 높은 서열의 개체에 해당한다. 이러한 동물들은 양쪽 성별의 더 많은 개체(성적인 파트너를 포함해서)에게 접근이 가능한 경향이 있다. 다시 말해 그러한 개체들에게 주어진 더 잦은 이성애 짝짓기의 기회는 아마도 양성애의 결과가 아니라 그들의 지위에 따른 결과일 것이고, 동시에 더 높은 동성애 짝짓기의 기회도 주었을 것이다. 기아나바위새도 이와 유사하다. 비록 동성애적 관계를 더 자주 하는 청소년 수컷들이 번식 영역 획득이라는 후속後續 능력에 있어서 더 유리해 보이긴 하지만, 과학자들은 이것이 (동성 활동의 직접적인 결과라기보다는) 제3의 요인 때문일 수 있다는 것을 인정한다. 게다가 이 종의 양성애는 청소년 수컷의 번식 성공과 관련이 있는 것으로 보일 수 있지만 (그것과 상관없이 양성애 행동을 계속하는) 성체 수컷의 번식에는 분명히 도움이 되지 않는다. 동성애 구애와 성적인 행동은 흔히 이성애 활동을 방해하고 이를 대체하며, 암컷들은 대개 주인이 청소년들과 동성애를 하는 동안 번식 영역으로부터 멀리 떠나간다. 마찬가지로, 암컷 검은머리물떼새 트리오에게 발생할 수 있는 향후 번식의 이점은 구체적으로 그들이 양성애자인지에 따른 결과가 아니다. 비非번식 개체에 비해 이러한 개체는 이후 몇 년 동안 이성애 짝과 자신의 번식 영역을 획득할 가능성이 더 크긴 하지만 이는 현재의 트리오가 양성애자인지(같은 성 파트너와 유대감과 성적 활동을 하는) 아니면 엄격한 이성애자인지(같은 성 활동을 하지 않는)와는 무관하다. 사실 양성애 트리오 암컷들은 이성애 트리오의 암컷들보다 나중에 자기 짝을 얻을 가능성이 더 작을 수 있다. 왜냐하면 양성애 트리오는 이성애 트리오에 비해 더 안정적이고 오래 지속하는 경향이 있기 때문이다. 그리고 기아나바위새에서 보았듯이 양성애 트리오 안에 있는 개체의 동성애 활동은 번식 결과에 도움이 되지 않는다.[36]

일본원숭이 동성애 행동의 가장 완전한 절차 중 몇 가지는 이성애적으로 가장 활발한 일부 수컷들에게서 발견되지만 이러한 패턴이 이 종이나 다른 종에서 보편적인 것은 아니다. 예를 들어 코브에 대한 한 연구에서 레즈비언 구애의 가장 발달한 절차sequence를 보여준 한 암컷은 연구 동물 중 드물기로는 두 번째에 해당하는 횟수로 이성애 교미에 참여했다.[37] 그리고 동성애 교미는 (난혼제 이성애 짝짓기를 포함해서) 많은 조류 종(예를 들어 제비, 왜가리)에서 이성애 짝을 형성한 수컷의 특징이지만 개별 조류에서 같은 성 활동과 반대쪽 성 활동이 반드시 특정하게 일치하는 것은 아니다. 예를 들어 황로에서는 수컷이 자기 파트너 암컷이 아닌 다른 새(수컷이나 암컷)와 짝짓기를 시도하는 경우가 많다. 하지만 한 연구에서는 암컷과 가장 문란한 번식을 완료했고 따라서 아마도 번식에 가장 '성공적'이었을 수컷이 동성애 번식에는 관여하지 않았음을 밝혀냈다. 다른 수컷들도 일부일처제 이성애를 추구했든 아니든 동성애적 만남

을 가졌는데 이는 양성애와 번식의 성공 사이에 필요한 연관성이 없음을 보여준다.[38]

역설적으로, 유전학을 동성애의 유일한 결정 요소로 보는 이론에 반할 뿐만 아니라 양성애-우월성 가설에도 반하는 가장 강력한 증거 중 일부는 수컷들 사이의 같은 성 활동이 암컷들을 번식 영역에 확실히 끌어들이는 종인 목도리도요에서 비롯된다. 그 이유를 알기 위해서 우리는 이 새의 사회적, 생물학적 패턴을 더 자세히 살펴볼 필요가 있다. 수컷 목도리도요는 신체적, 행동적, 성적으로 서로 다른 네 가지 서열인 상주형residents, 주변형marginals, 위성형satellites, 벌거숭이형naked-napes으로 분류할 수 있다.[39] 암컷이 위성형과 상주형 사이의 동성애(및 기타 행동) 상호작용에 의해 상주형 수컷의 과시 영역에 끌리는 것은 사실이지만, 일단 암컷이 유인되면 위성형은 실제로 상주형 수컷의 이성애 교미를 방해한다. 위성형 수컷이 상주형 수컷의 지역에 있을 때 발생하는 교미는 3% 미만이다. 위성형 수컷이 있으면 이성애 상호작용이 방해될 뿐만 아니라 때로 수컷과 암컷 사이에 끼어들거나 상주형을 암컷의 등에서 떨어뜨리려 함으로써 상주형이 교미하는 것을 직접적으로 막는다.[40] 더욱이 모든 동성애 활동이 암컷 끌기와 관련이 있는 것은 아니다. 같은 성 간의 마운팅과 구애는 번식에 관여하지 않은 수컷들(벌거숭이형) 사이나 암컷이 없을 때 수컷들 사이 그리고 번식기가 아닌 동안에도 발생한다. 게다가 모든 상주형 수컷들이 동성애에 참여하는 것도 아니다. 일부는 위성형 '파트너' 없이 그들 스스로 과시를 한다. 만약 같은 성 활동이 이 종의 암컷을 유인하는 데 필수적이라면(그리고 번식 성공에 필요하다면) 모든 수컷이 이 활동에 참여하기를 기대해야 할 것이다. 동성애 활동의 발생에서 추가적인 지리적, 개체수적 차이점은 또한 그것이 성공적인 번식의 필수 요소라는 것에 반한다.

아마도 가장 중요한 증거는 수컷 계급 간의 유전적 차이일 것이다. 과

신체적 외모, 사회적, 성적인 행동, 유전적 차이가 있는 수컷 목도리도요의 네 종류. 왼쪽 위에서 시계 방향으로 상주형, 주변형, 벌거숭이형, 위성형 수컷.

학자들은 최근 일부 범주의 수컷들 간의 차이가 유전적으로 결정된다는 것을 발견했다. 그러나 유전적 차이는 그들의 성적인 다양성과 일치하기 보다는 동성애 행동의 차이점들과 교차한다는 것도 발견했다. 그들은 상세한 염색체와 유전 연구를 통해 수컷이 상주형 혹은 위성형으로 되는 것이 유전학적으로 결정된다는 것을 밝혀냈다. 이 결과는 두 범주의 수컷이 깃털의 모양에서 서로 가장 신체적으로 다르다는 사실과 두 유형 사이의 범주 변화가 사실상 불가능하다는 것으로 확증되었다(위성형 수컷이 상주형이 되거나 그 반대로 되지는 않는다).[41] 하지만 상주형과 위성형 모두 동성애 행동에 관여한다. 사실 흔히 암컷들을 유혹하는 것은 동성애 활동에 대한 그들의 공동 참여다. 이와는 대조적으로 상주형과 주변형은 유전적으로 구분되지 않는다. 둘은 여러 깃털 특성을 공유하며, 수컷은 지위의 자격을 주변형에서 상주형으로 또는 그 반대로 변경할 수 있다. 그런데 가장 성적으로 다른 것이 바로 이 두 범주의 수컷이다. 즉 상주형 수컷은 이성애와 동성애 만남 모두에 공통으로 관여하지만 주변형 수컷은 같은 성이나 반대쪽 성 활동에 거의 참여하지 않는 비非번식자다.

이것은 동성애가 이(혹은 다른) 종에서 유전적 근거가 부족하다는 것을 의미하지는 않는다. 그보다는 동성애에 유전적 요소가 있든 없든 상관없이, 동성애를 표현하는 것에 비유전적 요인이 중요함(심지어 우월함)을 보여준다. 수컷 목도리도요는 성적인 활동을 전혀 하지 않으면서 자신의 성생활을 주변형으로 시작한 후 상주형 신분으로 전환하여 수컷과 암컷 모두와 교미하거나 암컷과만 교미하거나 수컷과만 교미할 수 있다. 그는 심지어 나중에 주변형으로 돌아가 다시 한번 무성애자가 될 수도 있고 상주형으로 지내면서 같은 성 활동을 하지 않을 수도 있다. 애초에 상주형이 되지 않을 수도 있다. 다른 수컷들은 동성애 활동을 하거나 하지 않은 채 상주형이나 위성형으로 평생을 살지만 모든 경우에 성별 표현은 자기 유전자에서 스스로 발견하는 만큼의 사회적, 행동적 맥락에 달려 있다. 이것은 유전자 프로그래밍이나 동성애에 대한 선천적인 성향이 존재하지 않거나 중요하지 않다고 말하는 것이 아니다. 단지 여러 다른 요소들도 관련되어 있다는 것이다.

이는 우리가 동물과 사람의 동성애 유전학에 대해 알고 있는 것과 일치한다. 유전적 요소에 관한 직접적인 증거가 축적되고 있다. 예를 들어 몇몇 종의 곤충에서 과학자들은 최근 동성애에 대한 유전자 표지를 분리했다(인간 동성애의 유전적 연관성에 관해서도 상응하는 연구 결과가 있다).[42] 하지만 사회적, 행동적, 개인적 요소들이 적어도 유전적 요소들만큼 중요하다는 것 또한 분명하다*. 이는 특히 복잡한 형태의 사회조직과 매우 유연한 행동 상호작용을 하는 포유류와 같은 '고등 동물'에서 더욱 확실하다. 동성애의 표현은 흔히 다른 사회적 맥락, 연령대, 활동, 개인들, 심지어 인구와 지리적 영역을 따라 매우 다양하다. 우리는 또한 2장에서

---

* 동성애 유전자에 관한 최신 연구로는 Andrea Ganna 2019가 있다.

동성애 (그리고 다른 성적) 활동이 많은 종, 특히 영장류에서 '문화적', 사회적 그리고 학습된 차원을 갖는다고 간주할 만한 충분한 이유가 있다는 것을 보았다. 궁극적으로 실제 동성애 '유전자'가 있는지 혹은 그것이 '우수한' 양성애 번식 패턴의 일부인지는 상대적으로 중요하지 않다. 동성애가 분명히 유전적인 요소를 가지고 있다는 것을 보여준다고 해도(그런 듯하다), 동성애는 항상 동물의 생태와 사회 환경의 전체성을 포함하는 훨씬 큰 그림의 한 부분으로 남을 것이다.

이성애에 기여하는 동성애

만일 동성애가 생식 능력을 향상하게 만들거나 개체수 조절장치로 작용하거나 도우미 체계로 작용하거나 하는 것이 아니라면, 그것은 진화적으로 어떻게 '유용한' 것일까? 많은 과학자가 동성애 행동이 직간접적으로 이성애 활동과 양육에 기여할 수 있는 다른 방법들을 제안했다. 이 섹션에서 우리는 동성애가 이성애 교미를 실습하는 것이라는 설, 반대쪽 성 파트너를 끌어들이는 방법이라는 설, 경쟁 상대의 이성애 교미 기회를 줄이기 위한 경쟁의 한 형태라는 설 그리고 더 억지스러운 다른 '설명' 등 몇몇 제안을 살펴볼 것이다.

동성애로 실습하기

같은 성 활동은 흔히 젊은 동물들이 이성 간의 구애나 짝짓기를 실습practice 혹은 '리허설'하는 것이라거나, 개체가 미래의 번식 성공을 향상시킬 성적인 '경험'을 얻는 방법이라고 주장된다.[43] 동성애가 이런 '서비스'를 제공할 수도 있지만 이것이 주요 기능일 가능성은 작다. 몇몇 과학자들이 지적한 바와 같이 이 주장의 심각한 문제는 대부분의 종에서 동성애 행동이 젊은 개체나 성적인 경험을 습득해야 하는 개체에게만 국한되지 않는다는 것이다.[44] 어떤 경우에는 모든 연령대에서 발견되기도 하고(바다코끼리, 북방코끼리바다표범, 서인도제도매너티), 어떤 경우에는 젊은 동물들에게서 더 흔하지만 여전히 나이 든 동물들에게서 발견되기도 하며(범고래, 기린), 어떤 경우에는 한 개체의 전체 생애 동안 나타나기도 한다(붉은부리갈매기).[45] 게다가 이러한 종과 다른 많은 종에서는 동성애나 양성애 지향의 다른 패턴이 흔히 있어서 거의 터무니없는 정도로 '실습' 해석의 범위를 늘려버린다. 예를 들어 주로 또는 배타적으로 같은 성 활동에 참여하는 동물은 영원히 달성할 수 없는 이성 간의 기회를 잡기 위해 평생을 '실습'하고 있다는 말일까? 아니면 동성애와 이성애 활동을 섞어서 하거나 번갈아 하는 개체는 보충 '실습'을 위해 끊임없이 같은 성 행동으로 돌아갈 필요를 느꼈다는 말인가? 그리고 이성애 활동을 한 후에만 동성애로 '전환'하는 동물 혹은 늦은 나이에 동성애를 시작하는 동물도 있는데, 그렇다면 이들이 이전에 했던 이성애 관계는 동성애 관계를 위한 '실습'이라고 봐야 한다는 것일까?

이러한 예와 성체기에 나타나는 동성애의 다른 예에 직면했을 때 '실습' 해석의 옹호자들은 이렇게 납득할 수 없는 시나리오를 둘러댈 수밖에 없었다. 예를 들어 과학자들은 실제로 개체가 다양한 파트너(양쪽 성과)와 관계를 통해 성적인 행동의 차이를 경험하려고 성체로서 동성애를 계속하고 있으며, 그에 따라 이성애 성과를 지속해서 개선할 수 있다고 주장해 왔다. 이는 동성애가 이성애를 손상시킨다고 보거나 둘이 양립할 수 없는 것으로 보는 전통적인 관점의 아이러니한 반전이다.[46] 이 '실습' 해석에 따르면 이성애는 '능숙competence해지기'가 극도로 어려운 것임이 분명하고, 간접적이기는 하지만 동성애의 도움을 통한 지속적인 강화가 필요한 활동이 된다. 물론 우리가 동물 행동의 현실을 조사해 보면 흔히 이성애 교미는 일반적으로 추정할 수 있는 자동적이거나 '자연적인' 발생과는 거리가 멀다는 것과 약간의 '실습'을 요구한다는 것을 알 수 있다. 하지만 이성애를 불필요하게 취약하게 보고 동성애는 반드시 파생적이라고 보는 이러한 관점의 '설명'은 이성애와 동성애 모두에 해를 끼친다.

동성애가 젊은 동물 사이나 성체와 청소년 간의 상호작용에 국한된 종에서도 흔히 실습 해석에 반하는 중대한 참여 중단 시기가 있다. 예를 들어 기아나바위새의 동성애 구애와 짝짓기는 청소년과 성체 수컷 사이에서 일어나는데 이를 젊은 수컷의 '실습' 행동으로 분류해 왔다. 하지만 참여 수컷들의 연령 분포에는 기묘한 차이가 있다. 즉 주로 1년생이 참여하고 2년생은 거의 그런 활동에 참여하지 않는다. 일단 1년생 단계를 통과하면, 더 이상 '실습'이 필요하지 않을 수 있을까? 이런 식은 분명히 아니다. 이 종을 연구하는 과학자들은 수컷이 세 살에서 다섯 살 사이에 처음으로 자신들의 영역을 차지했을 때 구애연습을 (대부분 동성애 상호작용 없이) 계속함으로써 이성애 교미를 시작하기 전에 필요한 귀중한 경험을 얻게 되는 것이라고 보고하고 있다.[47] 왜 새들은 한 살 때 동성애를 이용한 '실습'을 한 뒤, 2살 때 그런 실습을 중단하고, 3∼5살 때 동성애 없이 연습을 다시 시작하고, 나이가 들면 다시 한번 젊은 수컷들과 동성애를 하는 '실습'에 참여해야 하는 것일까? 그리고 이러한 모든 '실습' 활동시간에 기꺼이 참여하는 성체 수컷의 역할은 정확히 무엇일까? 실상 새들이 기술을 '개선'할 필요가 있을 것 같지도 않고, (아마도 관계가 없을) 수컷이 그냥 '멘토' 역할을 하고 있을 뿐인 것 같지도 않으며, 이타적으로 그들의 짝짓기 기술을 연습할 기회를 제공하는 것 같지도 않다. 비록 젊은 수컷이 동성애 상호작용의 간접적인 결과로서 성적 경험과 구애 경험을 얻을 수는 있지만 그 활동의 결과로 보아서는 상대적으로 미미하고, 그 행동에 대한 전반적인 '설명'으로 보기에는 문제가 매

우 많다.[48]

동성애적 행동이 단지 이성애적 행동을 위한 리허설일 뿐이라는 개념
에는 또 다른 의문스러운 측면이 있다. '실습' 해석이 제시된 많은 종에
서 개체군의 오직 소수의 개체만이 같은 성 활동에 참여하기도 하고, 흔
히 어떤 개체는 극도로 적은 횟수만 참여하기도 한다. 이렇게 활동해서
는 많은 성적 경험이나 유용한 '훈련'이 얻어질 가능성은 매우 작아 보
인다.[49] 게다가 많은 종에서 젊은 동물은 성체와 혹은 다른 젊은 동물과
이성애에 직접적으로 참여함으로써 이성애 행동을 연습한다. 다른 동물
에서는 (성체들이 동성애를 하는 동물을 포함해서) 이성애 실습이 파트너나
명백한 동성 활동 없이도 이루어진다. 예를 들어 청소년기의 수컷 산쑥
들꿩은 번식 장소 주변에 위치한 청소년 무리에 모여 있는 동안 '뽐내며
걷기strutting' 동작과 소리를 연습하고, 나이 든 수컷을 흉내 냄으로써 자
기 종의 복잡한 구애 과시를 배운다. 한 조류학자의 말에 따르면 나이 든
수컷이 '급속히 성숙하는 초심자에게 뽐내며 걷기 동작의 요점을 보여
주기 위해서' 가끔 합류하긴 하지만 동성애 구애나 교미는 일어나지 않
으며, 사실 이 종의 동성애 활동은 성체 암컷에게만 국한되어 일어난다
고 한다. 작은잿빛개구리매와 몇몇 다른 종류의 맹금류 중에서 젊은 새
들은 동성애 활동 없이 양쪽 부모에 의해 이성애 구애 훈련을 받는다.[50]
설사 동성애 행동이 이성애를 위한 훈련이라고 해도 이것은 대답보다 더
많은 질문을 양산한다. 왜 어떤 동물들은 반대쪽 성 간의 상호작용을 사
용하는 반면 어떤 동물들은 같은 성 간의 실습에 '의지'해야 하는가? 왜
어떤 종에서는 성체가 젊은 동물의 동성애 '실습'을 '도와주는' 반면 다
른 종에서는 청소년들끼리만 '실습'을 하는 것일까? 그리고 왜 일부 개
체는 '연습'을 전혀 할 필요가 없는 것일까? 이러한 사례들을 보면 동성
애에 대한 '실습' 해석은 적용 가능성과 설명적 가치가 제한적이라는 것
이 명백하다.[51]

동성애에 대한 '실습' 해석의 적용에는 묘한 성별 편견이 존재한다. 압도적인 대다수의 경우 오직 수컷 동물만이 그러한 리허설을 필요로 한다고 보는 것이다.[52] 복잡한 구애 행위가 종의 수컷에 의해서만 이루어진다면 아마도 이 제안을 이해할 수 있겠지만, 왜 암컷은 같은 성 행동을 함으로써 아무도 성적 행동을 '연습'할 필요가 없는 것일까? 많은 동물, 특히 영장류에서 암컷은 흔히 성적인 활동을 개시하거나 성적인 상호작용의 일부로서 특정한 자세나 체위 또는 동작을 하면서 이성애 교미에 적극적으로 참여한다. 대부분의 조류 종에서 암컷의 협력과 적극적인 참여 없이는 이성애 교미가 불가능하다. 대부분의 수컷 새들은 페니스를 가지고 있지 않기 때문에 짝짓기는 암컷이 생식기 접촉을 허용하는 등의 자세를 통해 적극적으로 상호작용을 용이하게 할 때만 일어날 수 있다. 하지만 이러한 종들 중 어느 종에서도 암컷이 동성애 교미를 통해 이성애 교미를 '실습'한다고 제안되지 않았다. 이는 암컷에게 연습이 필요하지 않거나 레즈비언 활동이 이러한 '기능'에 도움이 되지 못했기 때문이 아니라, 많은 과학자가 여전히 암컷을 본질적으로 성적인 활동의 수동적인 참여자로 간주하기 때문이다.[53] 이것은 생물학에서의 성차별적 태도뿐만 아니라 이 설명의 진짜 '용도'를 매우 잘 드러낸다. 실습 설명은 잠재적으로 관련된 모든 사례에 체계적이고 신중하게 적용되지 않는다. 즉 그저 대부분의 다른 '설명'이 실패한 경우에 동성애 활동을 깎아내리거나 뭉개는 편리한 도구에 불과한 경우가 많다.

번식 전략으로서의 동성애

앞 장에서 논의한 동성애 활동에 대한 일부 비非성적인 해석은 이성애에 대한 동성애의 간접적인 기여 유무에 달려 있다. 예를 들어 동성애는 개체 간의 집단 결속력과 사회적 유대감을 강화하여 안녕을 향상하며 궁극적으로 더 성공적으로 번식할 수 있게 한다고 제안했다. 또한 동물 간의 동성애 '동맹'은 이성애 교미를 얻을 기회를 증가시킨다고 주장했다.[54] 심지어 일부 과학자들은 동성애와 이성애 사이의 연관성에 대해 더 대담하게 아예 그 둘이 직접적으로 관련이 있거나 심지어 필수적으로 유지된다고 생각했다. 즉 동성 활동을 단순히 일부 동물들에 의해 채택된 대안적 번식 전략으로 보거나, 반대쪽 성 파트너를 꾀거나 획득하려는 방법으로 보는 것이다.[55] 예를 들어 암컷 히말라야원숭이는 때로 수컷에게 접근하기 위해 그 짝인 암컷 배우자와 동성애 배우자 관계를 형성한다고 보거나 수컷 병코돌고래들은 암컷 파트너들을 찾기 위해 짝을 이룬다고 제시했다.[56]

암컷들(특히 포유류)의 동성애 활동에 대한 또 다른 '설명'은 그 활동이 수컷을 끌어들여 이성애자들이 짝짓기를 하도록 자극한다는 것이다. 또한 암컷 포유류는 주로 한쪽 혹은 양쪽의 파트너가 발정이 났을 때 서로를 마운트하는데 이러한 동성애 활동은 수컷에게 암컷이 짝짓기를 할 준비가 되었다는 신호 역할을 한다고 제안했다. 동성애가 이성애의 자극제라는 개념의 한 가지 변형은 수컷들이 같은 성 활동을 함으로써 자신의 성욕을 자극한다는 추측이다(암컷 파트너를 꾀기보다는). 예를 들어 (양쪽 참가자가 성적으로 흥분한 동안의) 아프리카코끼리의 에로틱한 싸움은 그 수컷들을 자극하여 나가서 암컷 파트너를 찾을 수 있도록 하고, 청다리도요와 개꿩의 수컷 동성애는 그 새들의 이성애 욕구를 자극하고 강화한다고 주장한다.[57]

이러한 다소 공상적인 추측 대부분은 체계적 증거에 바탕을 두고 있지 않다. 사실 그러한 해석에 반대하는 여러 주장이 있다. 우선, 많은 종의 동성애 활동은 번식기(즉 이성애 짝짓기를 '자극'할 수 있는 시기)나 혹은 발정기에 있는 암컷에 제한되어 있지 않다. 동성애 활동의 시기에 따른 정보를 알 수 있는 포유류와 조류의 1/3 이상에서 동성애는 1년 내내 발생하거나(즉 번식기와 비번식기 모두 또는 암컷이 발정기나 가임기에 있든 없든 상관없이)또는 비번식기에만 발생한다.[58] 어떤 경우에는 동성애 활동이 대부분 암컷이 임신을 할 수 없을 때 발생하므로 동성애는 이성애 짝짓기에 기여를 할 수 없다. 예를 들면 임신 중이거나(일본원숭이), 생리주기의 비가임기(하누만랑구르) 때의 관계가 이에 해당한다.[59]

게다가 동성애 활동이 번식기 동안이나 암컷이 임신할 수 있는 시기에 발생하더라도 반대쪽 성을 유혹하거나 이성애 짝짓기를 자극하는 경우는 예외적 현상이지 정해진 규칙이 아니다. 대부분의 종에서 다른 동물들은 우연히 보게 된 모든 같은 성 활동에 완전히 무관심하거나 냉담하거나 '전혀 감동을 받지 않는다'(2장에서 다뤘다). 흔히 근처에 반대쪽 성 구성원이 전혀 없기도 하고(하누만랑구르), 동성애 활동이 있을 때 멀리 떨어져 있거나 떠나버릴 수도 있고(기아나바위새), 동성애 활동을 하는 동물과 교류하려고 할 때 쫓겨나거나 무시당할 수도 있다(일본원숭이, 하누만랑구르). 게다가 많은 종에서 동성애 동맹은 사실 참여하는 개체들의 반대쪽 성 파트너를 얻을 기회를 '향상'하게 만들지 않았고, 같은 성 연합 관계의 번식 이점은 흔히 의심을 불러일으킨다. 예를 들어 함께 과시하는 수컷 카푸친새 동반자들은 암컷을 유혹하지 못했고, 짝짓기 영역을 획득하거나 '독신' 수컷보다 경쟁자들을 물리치는데 더 성공적이지도 못했다. 같은 성끼리 연대한 연합 관계(쌍이나 트리오) 속의 수컷 치타가 독신 수컷보다 암컷을 더 많이 만날 가능성은 없어 보인다(비록 이러한 연대에 대한 표준적인 해석은 수컷의 번식 기회와 반대쪽 성 파트너에의 접근성을 향상시킨다는 것이지만). 사실 그들은 동반자의 직접적인 간섭이나 경쟁으로 인해 이성애 짝짓기를 할 가능성이 낮아질 수 있다. 마찬가지로 한 연구자는 비록 수컷 사바나개코원숭이의 연합 관계는 때로 암컷 파트너를 얻거나 방어하는 데 협력하지만 이는 이러한 모든 동맹체제의 1/4에서 1/3 정도만 해당되며, 대부분의 수컷 파트너 관계는 짝을 얻는 것 외에

도 많은 목적을 수행하고 심지어 인식할 수 있는 기능이 없을 수도 있다는 결론을 내렸다.[60]

수컷과 짝짓기를 하는 것이 순전히 병코돌고래의 번식 전략이라는 사례도 확정적인 것과는 거리가 멀다. 이 종의 수컷들 사이의 짝짓기나 '연합관계' 형성은 흔히 이성애 짝을 얻는 수단으로 해석되고 널리 인용된다. 병코돌고래 수컷 쌍(과 트리오)이 일부 모집단(예를 들어 오스트레일리아 개체군)에서 짝짓기를 위해 협력해서 암컷을 찾고 몰이를 할 수는 있지만 이것이 수컷 파트너 관계의 정해진 모습은 아니며, 많은 경우 아직 문서로 만들어지지도 않았다. 실제 수컷 짝짓기에 대한 가장 광범위한 연구가 수행된 플로리다 개체군에서도 그리고 최근 짝을 이룬 수컷이 암컷을 위해 경쟁할 수 있다는 의견이 제기된 에콰도르 개체군에서도 수컷 쌍 관계에서 발생한 이성애 짝짓기는 관찰되지 않았다. 오스트레일리아에서는 짝을 이룬 수컷이 암컷을 몰고 마운팅하는 것이 관찰되었지만 실제 삽입을 포함한 '전체적인' 교미가 문서로 보고되지 않았기 때문에 번식에서 이러한 행동의 역할은 명확하지 않다. 게다가 오스트레일리아의 수컷 쌍이 몰이를 했던 동물의 거의 38%는 확실히 성별이 밝혀진 것이 아니다. 연구자들은 단지 그들이 암컷이라고 가정했을 뿐이다. 사실 다른 개체군의 수컷 쌍은 적어도 어느 정도 성적인 맥락에서는 암컷 파트너보다는 수컷 파트너를 찾는다. 바하마에서는 성체 수컷 병코돌고래의 쌍 또는 연합 관계가 대서양알락돌고래를 떼 지어 쫓는다. 그들은 전형적으로 이러한 이종 간 만남 동안 동성애 활동(다른 수컷과 완전한 삽입을 하는 교미를 포함해서)을 추구한다. 유대 관계에 있는 수컷들이 이성애 짝을 얻을 때 서로를 돕더라도 이러한 행동이 파트너 관계에 대한 동성애 측면을 배제한 것은 아니다. 결국 순차적이고 동시적인 양성애가 이 종에서 두드러진다. 같은 성 쌍은 번식 활동이 시작되기 10년에서 15년 전에 형성될 수 있고, 동성애 활동은 일단 번식할 나이가 되면 그러한 쌍

에서 이성애 활동과 동시에 존재할 수 있다.[61]

수컷 사이의 같은 성 활동이 때로 암컷을 유혹하는 종으로는 목도리도
요가 있다. 그러나 이미 언급한 바와 같이 이 새의 동성애 행동은 이성애
교미를 위한 기회를 증가시킬 수 있는 상황에만 국한하지 않는다. 암컷
이 없을 때나 번식기가 아닌 때에 비번식 수컷들 사이에서 발생하는 것
이다. 마찬가지로 암컷 다람쥐원숭이의 동성애 활동은 때로 수컷의 관심
을 불러일으킨다. 그러나 참여하는 암컷이 수컷을 끌어모으는지와 상관
없이 그러한 행동을 하는 것은 분명하다. 심지어 동성애 활동을 하는 동
안 접근하는 수컷의 추파를 거부하기도 한다. 때로 이성애 행동은 동성
애 활동을 자극하는 역할을 하지만 그 반대는 아닌 경우가 있다. 이성애
활동을 보고 흥분한 몽땅꼬리원숭이가 흔히 같은 성 상호작용을 시작하
기도 하고, 늑대와 사바나(노란)개코원숭이와 산양도 이성애 교미를 보
고 동물들이 흔히 흥분해서 동성애 활동을 하기도 한다.[62]

일부 종의 수컷이 암컷들 사이의 성행위로 인해 진정으로 흥분할지라
도 그 증거는 암컷들이 자신들의 행동이 수컷에게 미치는 영향에 무관
심하기도 하고, 이성애에 끼치는 영향을 극대화하려고 동성애에 대한 그
들의 참여를 짜임새 있게 만들지도 않는다는 것을 명백히 보여준다. 하
지만 이러한 모든 반증에도 불구하고 생물학자들은 여전히 암컷 동성
애 활동의 주된 '기능'은 수컷을 자극하는 것이라고 다음과 같이 주장
한다. "다람쥐원숭이의 한 암컷이 다른 암컷을 마운팅하는 모습은 수컷
을 성적으로 흥분하게 만드는 것으로 알려져 있는데 인간 남성들이 레즈
비언 활동 포르노 영화를 보는 예처럼 다른 종의 수컷에서도 그럴 수 있
다."[63] 이 서술을 쓴 저자는 인간의 성에 명백한 유사성을 둠으로써 동
성애의 진화적 '유용성'을 주장하기를 희망한다. 하지만 실제 이 유추는
생물학적 요소보다는 문화적 요소에 의존하고 있다는 것을 보여줄 뿐이
고, 이 '설명'의 근본적인 불합리성을 강조할 뿐이다. 많은 이성애자들

이 두 여자가 함께 성관계하는 것을 보고 흥분하는 것과 레즈비언 성애가 이성애자들이 소비하는 포르노로 포장되어 흔히 폄하되는 것은 사실이다. 하지만 이것을 근거로 레즈비언들이 이성애 남성을 자극하기 위해 섹스를 한다고 결론짓는 것은 우스꽝스러울 것이다. 그렇지만 이것이 바로 동물의 동성애 행동에 일상적으로 적용되고 있는 환원주의적 사고 유형이다. 또한 이러한 설명은 수컷 동물들 사이의 동성애 행동을 암컷에게 자극을 주는 것으로는 사실상 절대 묘사하지 않는다는 것도 여실히 드러낸다.[64]

동성애가 그저 번식 행동의 한 형태일 뿐이라는 널리 퍼진 생각은 조류의 같은 성 짝짓기에서 가장 잘 찾아볼 수 있다. 그러한 관계의 '기능'은 암컷들이 수컷 짝을 얻을 수 없을 때 성공적으로 새끼를 기를 수 있도록 하는 것이라고 흔히 주장한다. 동성애 쌍이 반대쪽 성 구성원을 이용하지 못하는 것에서 비롯된다는 이 설명의 초기 전제는 부정확하기도 하지만 무엇보다 먼저 조류들은 보통 육아를 하기 위해 특별히 같은 성 쌍을 형성하지 않는다.[65] 동성애 쌍이 결코 새끼를 기르려 하지 않는 종도 같은 성 양육이 일어나는 종만큼 흔하다. 암컷 쌍이 알을 낳는 종에서도 실제 유정란의 비율은 보통 낮으며, 이는 암컷이 수컷과 짝짓기를 하지 않았거나 새끼를 키우려 하지 않는다는 것을 나타낸다. 유정란의 비율은 세가락갈매기가 거의 0%, 서부갈매기 0~15%, 재갈매기 4~30%, 은갈매기 33%, 북미갈매기 몇몇 개체군이 8%로 기록되었다.[66] 또한 알둥지가 전부 무정란인 암컷 쌍들이 혹고니, 장다리물떼새, 붉은제비갈매기, 푸른박새, 붉은등때까치, 모란앵무 등에서 보고되었다. 수컷 파트너를 잃은 암컷 갈까마귀는 가끔 비非번식 암컷과 짝을 짓는다. 그러나 이러한 관계는 그 과부 새가 어린 새끼를 가진 것과 무관하게 발생하므로, 그 암컷이 단지 자녀 양육에 도움을 받기 위한 목적으로 같은 성관계를 형성하는 것이 아님을 보여준다. 게다가 과부 암컷 중 10%만이 동성애 쌍에 관여하고 있으므로, 동반 관계가 '번식적인' 동기로 만들어졌다 하더라도 왜 일부 암컷만이 그러한 대안적인 부모 관계를 이용하는지 설명이 필요하다.

게다가 새들(그리고 다른 동물) 사이에는 같은 성 양육의 몇 가지 다른 형태가 있다. 어떤 경우에 개체는 구애와 성적인 활동을 포함한 완전한 유대관계의 공동부모 쌍을 형성하고, 그 파트너 관계는 전형적으로 양육 기간 이전에 발생해서 양육이 끝난 이후까지 존재한다(예를 들어 서부갈매기, 장다리물떼새). 다른 종에서는 이미 새끼를 가진 파트너들이 서로 아무런 구애나 성행위 없이 단순한 공동육아 방식을 이루며, 이는 흔히 새끼가 자랄 때까지만 지속한다(예를 들어 쇠검은머리흰죽지). 또 다른 경우에 동물들은 번식하지 않을 때도 계속 함께 관계를 유지하는, 중간 형태의 '플라토닉'한 공동부모 방식을 발전시켰다(예를 들어 도토리딱따구리, 다람쥐원숭이). 그리고 많은 종에서 개체는 자손을 함께 키우는 양성애 트리오를 형성한다(흔히 같은 종 내의 동성애 쌍이나 이성애 트리오와 대조된다).[67] 이러한 4가지 유형의 방식은 새끼를 키우기 위한 '전략'으로 해석할 수 있지만 동성애 관계를 공동부모로서의 합의로만 여긴다면 그 차이는 여전히 해결되지 않은 채로 남아 있게 된다.

같은 성 양육 관계에 있을 것으로 추정되는 혜택은 많은 개체가 그것을 이용하지 않는다는 사실에 의해 역시 거짓으로 드러난다. 동성애 짝을 형성하거나 공동양육 방식에 참여하는 조류의 비율은 흔히 상대적으로 적다. 이것은 단순히 효율적이거나 유익한 생식 전략일 경우 예상할 수 있는 것보다 실제로 훨씬 적다는 뜻이다. 예를 들어 대부분의 수컷 아메리카레아와 에뮤는 한 부모로서 새끼를 기르지만 때로 두 마리의 수컷이 힘을 합쳐 알을 품고 병아리를 함께 기르기도 한다. 이러한 종에서는 단독양육이 부담이 될 수 있다. 예를 들어 파트너가 없는 수컷은 전체 부화기간 동안 굶을 수도 있고, 독신인 아메리카레아 아비는 흔히 알둥지

동성애자인 장다리물떼새(왼쪽)와 붉은등때까치(오른쪽) 쌍에 속하는 둥지. 두 마리의 암컷 모두 알을 낳기 때문에 그들의 둥지는 '평균초월 알둥지'의 모습이다. 그러나 암컷은 수컷과 짝짓기를 하지 않았기 때문에 이 알둥지들은 전형적으로 완전한 무정란으로 이루어져 있다.

를 따뜻하게 유지하지 못하기 때문에 알을 잃기도 한다. 그래서 수컷 두 마리 체계는 서로를 도우면서 양육의 어려움을 더 잘 처리할 것이라는 의견이 제기되었다. 그러나 둥지의 극히 일부에서만 두 마리의 수컷(아메리카레아의 3% 미만)이 양육하고 있다. 이것이 정말 유용한 육아 전략이라면 왜 모든 수컷(또는 적어도 더 높은 비율)이 사용하지 않았을까? 분명히 단순히 수컷이 받을 수 있는 육아 혜택보다 더 많은 것(혹은 다른 무언가)이 수컷들 사이의 관계와 관련되어 있다. 이 상황을 더욱 혼란스럽게 하는 것은 아메리카레아에서는 같은 성 공동부모와 같은 성 둥지 도우미가 모두 발생한다는 사실이다. 어떤 수컷들은 같은 시기에 태어난 새끼들을 공동으로 양육하지만 훨씬 더 높은 퍼센트의 수컷들은(약 1/4정도. 그래도 개체군에서는 소수다) 둥지 중 한 개를 따로 키워줄 청소년 수컷에 의해 도움을 받는다. 다시 한번 이것은 왜 어떤 수컷들은 공동육아를 선택하고 다른 수컷들은 수컷 도우미를 '선택'하는지 그리고 왜 다른 대부분의 수컷은 그러한 선택을 하지 않은지에 대한 의문을 일으킨다. 그리고 많은 종에서 단독양육과 비교한 공동육아의 이점은 사실 환상에 불과하다. 대부분의 암컷 쇠검은머리흰죽지는 수컷의 도움 없이 새끼를 기르지만 때로 두세 마리의 암컷이 공동양육을 하기도 한다. 보통 이러한 전략은 그러한 암컷에게 양육에서 이점을 준다고 가정하지만 부모의 투자에 대한 자세한 연구는 단독양육이 같은 성 부모 양육 못지않게 성공적이라는 것을 보여주었다. 게다가 공동양육 방식의 각 암컷은 일반적으로 독신 암컷과 똑같은 시간을 육아에 사용한다. 즉 동반자가 양육의 책임 중 일부를 '덜어 가지' 않는다. 다른 말로 하자면 이 종에서 양육 파트너와 협력하는 것은 본질적으로 번식의 이점이 없다.[68]

다른 종에서도 동성애 짝의 발생은 양육에 도움을 줄 반대쪽 성 파트너가 있을 때 생길 것으로 추정되는 이점과는 관련이 없다. 수컷과 암컷의 공동육아가 일반적인 조류에서도 양쪽 부모의 보살핌이 성공적인 새끼 양육에 얼마나 필수적인지에 대해서는 종들 간에 흔히 중요한 차이점이 있다. 어떤 조류에서는 암컷이 수컷의 도움 없이 새끼를 기를 수 있지만 어떤 조류에서는 수컷의 기여가 필수적이다. 만약 동성애 짝짓기가 혼자 힘으로 새끼를 기를 수 있거나 없거나 하는 것과 관련이 있다면 우리는 양쪽 부모의 돌봄이 더 중요한 종, 즉 혼자 새끼를 기를 수 없는 종에서 같은 성의 관계가 발생할 것이라고 예상할 수 있다. 하지만 실제 현실은 이것과 맞지 않는다. 흰기러기와 검은부리까치의 두 가지 예를 비교해 보자. 암컷 흰기러기의 동성애 짝 형성은 독신 새에게 새끼를 키울 기회를 준 것이라고 주장되고 있다. 하지만 양쪽 부모 돌봄은 이 종의 성공적인 번식을 위해 필수적인 것이 아니다. 즉 이성애 쌍에 속한 암컷이 수컷 파트너를 잃었을 때 한 부모로서 어린 새끼를 양육할 수 있는 능력이 꽤 된다. 반면 검은부리까치에게는 양쪽 부모의 보살핌이 필수적이다. 왜냐하면 암컷은 수컷 짝을 잃었을 때 스스로 새끼를 키울 수 없기 때문이다. 그러나 동성애 까치 쌍들은 함께 새끼를 키우지 않으며 또한 이 종의 과부 암컷들이 같은 성 쌍을 이루지도 않는다(근연관계인 갈까마귀와는 다르게). 이것은 짝이 없는 새들이 양육을 할 목적으로 동성애 관

계를 형성한다고 가정했을 때 예상할 수 있는 것과는 정반대다.[69]

사실 대부분의 짝을 이루는 새는 이성애 짝이 그들을 버리거나 실험적으로 제거될 때 동성애 커플을 형성하지 않는다. 이는 동성애 짝 형성이 두 부모 보살핌two-parent care을 얻기 위한 광범위한 기전이 아님을 나타낸다(동성 간 짝 형성이 '불가결'한지 아니면 단순히 선호되는지와 관계없이). 게다가 암컷이 수컷 부모의 도움으로부터 상당한 혜택을 받을 수 있는(그리고 수컷의 지원이 없으면 자손의 성장 속도가 느려지는 등의 손해를 입는) 큰거문고새와 같은 일부다처제(짝결합을 하지 않는) 종에서도 암컷의 짝 형성과 공동부모 양육은 현저하게 결핍되어 있다.[70] 역으로 한 부모가 보통 성공적으로 새끼를 기르는 여러 종에서 같은 성 짝 형성 및 공동육아가 발생하기도 한다. 검은목아메리카노랑솔새와 청둥오리(새끼가 독립하기 전에 이성애 부모가 거의 항상 분리되어 독신 부모가 된다), 붉은다람쥐와 회색곰(이 종의 일부다처제 짝짓기 체계의 일부로서 이성애 공동육아가 절대 발생하지 않는 경우)이 이에 해당한다. 이 동물은 둘 다 성공적인 육아를 위해 양쪽 부모 가정(이성애든 혹은 동성애든)을 반드시 필요로 하지는 않는다.

몇몇 종에서 동성애 관계는 실제 육아에 해로울 수 있다. 카푸친새 암컷 동반자들은 서로에게 명백한 부모의 이득을 주지 않는다는 점 외에도, 사실 서로 너무 가까이 둥지를 틀어서(따라서 그 장소에 관심을 끌어) 포식자 공격의 위험을 증가시킬 수 있다. 또한 동성애 배우자 관계인 일본원숭이들은 전형적으로 배우자의 양육에 도움을 주지 않으며, 흔히 배우자의 자손에 대해 공격적이다. 동성애 유대는 양성애 트리오인 검은머리물떼새와 갈까마귀에게 생식적으로 불리한데 여기에는 약간 다른 이유가 있다. 그러한 관계에 있는 검은머리물떼새들은 일반적으로 그들의 평균초월 알둥지를 공동으로 품지 않는다(한 번에 한 마리만 둥지에 앉는다). 각자가 알을 품을 때 모든 알을 동시에 덮을 수 없으므로 크기가 커진 알둥지는 흔히 충분한 따뜻함을 유지할 수 없게 된다. 그 결과 양성애자 트리오 부모는 이성애 검은머리물떼새보다 알을 적게 부화하고 훨씬 적은 새끼만 가지게 된다. 반면 양성애 트리오의 암컷 갈까마귀들은 그들의 평균초월 알둥지를 함께 품는다. 하지만 두 암컷은 서로 유대감이 있기 때문에 그들의 수컷 파트너가 와서 교대해 주면 둘 다 둥지를 떠나게 되고, 그 수컷은 알을 모두 덮어 따뜻하게 유지할 수가 없게 된다. 비슷한 효과가 쇠검은머리흰죽지에서 발생할 수 있다. 대부분의 암컷 공동 부모들은 공동둥지에 대해 주목할 만한 협력 방어를 한다. 하지만 일부 짝들은 포식자가 접근하는 위험에 직면하여 일시적으로 새끼를 버리며 함께 날아가는 것이 관찰되었다. 동성애 쌍을 이룬 캐나다기러기 암컷은 때로 인접한 둥지 사이에 알을 굴리는 과정에서 많은 알을 깨뜨린다.[71] 그렇다면 분명히 성공적인 양육이나 더 나아가서 종의 번식이나 '영속화'라는 것은 같은 성 쌍 결합에 숨어 있는 이야기의 전부가 될 수 없다.

정자교환 및 기타 상상의 나래

동성애의 진화적인 '기능'을 결정하려는 시도는 때로 훨씬 더 모호하고 믿기 어려운 '설명'으로 이어졌고, 이 모든 것은 (예상대로) 이성애 번식을 중심으로 돌아간다. 예를 들어 일부 과학자들은 동성애가 생식 '경쟁'의 한 형태라고 제안했다. 암컷은 다른 암컷과 섹스를 해서(또는 짝을 이루어서) 파트너의 시간을 독점하여 상대가 이성애적인 짝짓기를 하는 것을 막고, 수컷은 경쟁자의 성적인 욕구를 줄이거나 다른 방향으로 향하게 하려고 서로 마운팅한다는 것이다.[72] 하지만 많은 종에서 동성애 상호작용은 마운터가 아닌 마운트가 된 동물이 활발하게 시작하고, 참여하는 동물들은 흔히 서로 경쟁하기보다는 친근한 관계를 가진다.[73] 게다가 동성애 마운팅에 참여하는 것이 이성애 활동을 감소시킨다는 증거는 없다. 실제 일부 종에서는 그 반대다. 동성애적으로 가장 활발한 개체가 이성애 짝짓기도 가장 많이 하기 때문이다(앞에서 논의한 바와 같이). 그리고 이미 언급했듯이 많은 동물에서 동성애 활동은 번식기 동안에 일어나지 않기도 하고 소수의 개체만 수행하기도 한다.

이 경쟁 가설의 또 다른 버전은 동성애가 경쟁자의 이성애 활동을 직접적으로 방해하는 방식이라는 것이다. 수많은 새(서부쇠물닭, 기아나바위새, 황토색배딱새, 노랑가슴도요)에서 동성애 활동은 한 수컷이 다른 수컷의 암컷과의 짝짓기를 막는 동시에 파트너를 '탈취'하고 자신이 이성애 짝짓기를 시도하려는, '방해'의 한 형태라고 주장한다. 그러나 각각의 경우에 같은 성 구애와 짝짓기의 구체적인 내용은 이러한 해석을 뒷받침하지 않는다. 예를 들어 서부쇠물닭에서 수컷은 때로 다른 수컷을 마운트하도록 초대함으로써 이성애 교미를 방해하지만 일반적으로 자신이 상대 암컷 파트너와 교미하기 위해 그 상황을 이용하지는 않는다. 게다가 이러한 상황은 단지 간헐적으로만 일어나고, 수컷들은 다른 수컷의 이성애 교미를 막으려고 하기보다는 무시하거나 혹은 방해하지 않고 그들을 지켜볼 가능성이 더 크다. 게다가 수컷이 이성애 교미를 방해하기 위한 방법으로 동성애를 사용하려 한다고 해도, 다른 수컷이 이성애 교미를 완수하는 것보다 그 수컷을 더 매력적으로 여기지 않는 한 이 전략은 효과가 없을 것이다. 아이러니하게도 이 종에서 같은 성 간 마운팅에 대한 '방해' 해석은 (전형적으로 이성애 관계의 우위성에 관한 예로 제시되지만) 사실 수컷 서부쇠물닭이 동성애 활동을 선호할 것이라는 가정을 수반한다. 황토색배딱새에서 수컷이 이성애 교미를 방해하거나 암컷에게 접근하려 애쓴다는 제안은 전적으로 억측이다. 이 종에서 수컷이 동성애 상호작용의 결과로 암컷과 짝짓기를 하는 장면은 관찰된 적이 없으며, 사실 암컷은 수컷 간의 대부분의 구애 추적 활동 동안에 모습을 보이지도 않는다. 또한 동성애 활동은 기아나바위새에서 구애 '방해'의 한 형태로 분류되지만 이 설명을 뒷받침하는 증거는 거의 없다. 대부분의 동성애 활동이 수컷의 과시 영역에 암컷이 없을 때 일어나므로 이러한 '방해'를 시작하는 수컷은 거의 반대쪽 성 구성원에게 접근하지 못하게 된다. 심지어 암 컷과 교미하는 것은 관찰조차 되지 않았다. 게다가 동성애 활동을 수반하는 1년생 수컷의 방문은 경쟁관계의 성체 수컷이 하는 진정한 구애 방해와 구별된다. 1년생 수컷의 방문은 여러 다양한 수컷을 대상으로 하고 그들 모두 상호작용에 협력한다. 이와 반대로 라이벌 수컷은 가장 성공적인 이성애 양육자만을 목표로 하고 그들이 방해하려고 하는 수컷에게 난폭한 공격을 받는다. 게다가 같은 성 상호작용은 때로 이성애 교미에 전혀 참여하지 않는 성체 비非번식 개체를 대상으로 하기 때문에 이것을 어떻게 '방해'의 한 형태로 볼 것인지 상상하기가 어렵다.[74]

적어도 동성애 활동이 이성애 교미의 방해와 진정으로 관련이 있는 것으로 보이는 한 종은 노랑가슴도요다. 이 종은 경쟁 상대인 수컷을 흔히 마운팅하고 부리로 쪼아서 구애 시도를 서로 방해한다. 그러나 이 경우에도 '중단시키는 개체'에게 항상 유리한 짝짓기 기회가 생기는 것도 아니고 '중단당하는 개체'의 짝짓기 기회가 감소하는 것도 아니기 때문에 그러한 활동의 이점은 명확하지 않다. '방해하는' 수컷은 흔히 암컷을 경쟁자로부터 떼어놓을 수 있다. 하지만 어떤 경우에는 암컷과 짝짓기를 시도하지 않고 계속해서 그 라이벌에게 마운트하려고 할 수도 있다. 또한 상세한 연구를 통해, 암컷과 교미하려고 할 때 어느 수컷의 성공은 사실상 방해하는 수컷을 퇴치하는 능력과 관계가 없다는 사실이 밝혀졌다. 게다가 동성애 마운팅의 일부만이 이성애 구애를 방해하는 것과 직접적으로 관련이 있는 데 비해 수많은 방해 행동은 동성애 활동이 전혀 없어도 발생한다.[75] 이것은 다른 종과도 관련이 있는 사항을 제기한다. 많은 동물은 (다른 맥락에서 동성애를 하는 동물을 포함해서) 이성애 교미를 방해하거나 괴롭히기 위해 직접적인 전술을 사용하는 것이다. 여기에는 교미 중인 커플을 위협하거나 물리적으로 공격하는 행위, 각각의 파트너를 끌어내거나 떼어내려는 행위 등이 포함된다. 동성애 행동이 어떤 경우에 이성애 방해의 한 형태로 사용된다고 하더라도, 더 효과적이고 더 효율적인 조처를 할 수 있는데 왜 일부 종(또는 한 종에 속한 일부 개체만)이 이처럼 상당히 이례적이고 간접적인 전략에 의존하는지에 대해서는 여전히 설명이 필요하다.

어떤 동물학자들은 동성애 교미는 이성애 (번식) 목적으로 같은 성 파트너 사이에서 정자를 전달하거나 '교환하는' 방법이라고 진지하게 제안했다. 예를 들어 한 조류학자는 수컷 새가 동성애 교미 동안 다른 수컷의 생식관에 정자를 넣어서 상대 수컷으로 하여금 이성애 교미 동안 암컷에게 전달하게 하여 간접적으로 정자를 수정시킬 것이라고 제안했다.[76] 이 설명은 거의 있을 법하지 않을 뿐만 아니라 사실 여러 종에서 부정확하다. 동성애 교미는 번식기가 아닐 때나 암컷의 수정이 불가능한 시기에도 흔히 일어난다. 게다가 수컷 새는 흔히 다른 수컷 새에게 동성애 마운트를 요청하거나 적극적으로 동성애 상호작용을 촉진하는데 이는 만약 그 행동이 '수정 경쟁insemination rivalry'의 한 형태라면 일어나서는 안 되는 모습이다. 수컷 새들은 스트레스를 받을 때 자주 배변을 한다(새들은 모든 배설과 성적인 기능에 동일한 구멍을 사용한다). 따라서 만약 같은 성 활동이 합의되지 않았다면 수컷은 경쟁 수컷이 그곳에 저장해놓았을지도 모르는 생식관의 모든 정자를 쉽게 비울 수 있을 것이다.[77]

더 터무니없는 것은 이 '설명'이 정자가 직접 관련되지 않은 서부쇠물닭의 레즈비언 짝짓기에 대해서도 제안되었다는 점이다. 그 주장은 암컷 새들이 이전의 이성애 교미에서 얻은 사정의 전달을 위해 서로 짝짓기를 한다는 것이다. 서부쇠물닭 암컷들이 이런 짓을 하는 이유가 무엇일까? 동물학자들은 그들이 서로 '임신'시키기 위해서 그런 것이 아니라 친자 관계를 모호하게 하려고 그런 것이라고 제안했다. 즉 누가 실제 아비인지에 대해 여러 수컷을 혼란스럽게 만들어서 더 많은 수컷이 자기 새끼들을 돌보도록 '속임수'를 쓴다는 것이다. 그러나 다른 많은 기전이 이미 친자관계를 모호하게 하고 있고, 이 종에서 부모의 보살핌을 함께하도록 보장하고 있으므로 이 제안은 믿기가 어렵다. 이러한 보살핌 기전에는 무리의 모든 수컷과 여러 번 교미하는 암컷, 배란 시점의 가변성, 짝짓기 지키기나 교미 방해의 부재, 수컷이 부모로서 노력할 때의 '너그러움'과 '차별하지 않는' 불편부당한 경향(즉 자기가 아비인지 관계없이, 심지어 암컷과 전혀 교미를 하지 않고도 모든 병아리를 돌보는 것) 등이 포함된다. 또 다른 불확실한 추측으로는 암컷 서부쇠물닭이 그들의 성적인 주기를 '동기화'하려고 서로 교미하는 것이고, 이를 통해 알을 동시에 낳을 수 있게 한다는 것이 있다. 다시 한번 말하지만 레즈비언 교미가 이런 영향을 미친다는 증거는 없다.[78]

동성애에 대한 이들보다 더 난해하고 억측이 가득한 설명은 상상하기가 쉽지 않다. 이러한 아이디어 중 많은 것들은 가능성이 매우 낮고 과학적으로 입증되지 않았다. 하지만 그 뿌리를 따라가 보면 실제 우리 문화에 깊이 자리 잡은 인간 동성애에 대한 오해에 도달할 수 있다. 예를 들어 레즈비언의 성적인 활동이 이성애 상호작용을 통해 정자를 전달하는 역할을 한다는 믿음은 사람들의 동성 활동에 관한 초기의 기록에서 찾을 수 있다. 12세기 아일랜드의 한 이야기가 이 주제를 활용했는데 서기 778년에 죽은 왕 니알 프래작Niall Frassach에 관한 것이다.

한 여자가 어린아이를 안고 왕에게 왔다… "이 소년의 육친이 누구인지 제게 알려주십시오… 저는 지금까지 수년 동안 남자와 잠자리를 한 적이 없습니다." 왕은 그러자 침묵했다. "다른 여자와 장난스럽게 관계를 한 적이 있느냐?"라고 그가 물었다. "그런 적이 있다면 숨기지 말거라." "감추지 않겠습니다."라고 그녀가 말했다. "그런 적이 있습니다." "진실은 이러하니라." 왕이 말했다. "그 여자는 얼마 전에 어떤 남자와 관계를 한 적이 있다. 그녀가 자신에게 남겨진 남자의 정액을 너랑 뒹굴 때 네 자궁 속에 집어넣었고, 그리하여 정액이 네 자궁에 들어가게 된 것이니라."[79]

역사학자 존 보스웰John Boswell은 이 기이한 이야기를 논하면서, 이 책은 여성을 자신의 성적인 삶과 욕구를 가진 존재로 보기보다는 혈통의 전달자나 운반자로 보는 '선입견'을 드러낸다고 말한다.[80] 거의 900년이 지난 지금, 같은 성 활동(또는 이 문제에 있어서는 여성)에 아무런 개선도 없는 채 거의 동일한 생각이 과학 이론을 빙자하여 암컷 동물에 관해 다시 나타났다. 존 보스웰의 논평은 역사의 '진보'에 경종을 울리는 것이다.

무엇이 가치 있는 것일까?

동성애는 일반적으로 번식과 관계가 없거나 심지어 번식에 역효과를 낳는다고 여겨진다. 이 섹션에서 우리는 이 '상식적인' 관점에 도전하는 동성애의 (유전학과) 가능한 진화적 가치에 대한 광범위한 제안을 살펴보았다. 이러한 제안들은 동성애가 해당 종의 영속화에 어느 정도 기여하는 방법에 관한 것이다. 직접적인 예를 들면 동물의 번식 능력을 향상시키거나 이성애 교미 기회를 증가시키는 방법이 있고, 간접적인 예로는 번식 동물을 '도우미' 역할로 도와주거나 개체수 조절 기전으로서 기능하는 방법이 있다. 이러한 아이디어 중 일부는 타당성이 없기도 하고, 동물 동성애의 많은 측면들은 이러한 선입견에 반하는 것이기도 하다. 그 중에서도 가장 중요한 점은 번식하는 동물들이 동성애 활동에 광범위하게 참여한다는 사실이다. 여러 종의 다른 예상치 못한 수많은 현상을 통해 우리는 이러한 제안 중 일부가 실제로 설명으로서 가치를 가질 수 있는지를 추가로 고려했다. 하지만 더 넓은 범위의 동물들 내에서의 더 깊은 패턴의 조사와 특정 사례에 대한 더 엄격한 조사는 동물들이 그렇지 않다는 것을 보여주었다. 따라서 결국 우리는 다시 출발점으로 돌아왔다. 즉 동성애는 번식하는 개체든 아니든 간에 일반적으로 종의 번식에 기여하지 않는다. 이것은 아마도 명백한 요점이겠지만 너무나 명백하여 그 타당성에 대한 진지한 조사가 이루어지지 못했다. 그래서 우리는 다시 한번 동성애의 진화적인 '역설'에 직면하게 되었다. 왜 같은 성 활동은 '유용하지 않은' 상황에서 종과 종을 넘어, 세대와 세대를 넘어, 개체와 개체를 넘어 다시 나타나는 것일까?

문제의 일부는 대부분의 생물학적 이론에서 '유용성' 또는 '가치'가 번식만을 지칭하는 것으로 좁게 정의된다는 것이다. 이 섹션에서 고려한 각 제안의 공통된 맥락은 동성애를 그 안에 있을 수 있는 내재적 가치의 관점에서가 아니라, 수컷과 암컷 사이의 양육이나 교미 관계에 어떻게 기여할 수 있는지의 관점에서만 바라본다는 것이다. 이것은 그러한 '진화적으로 가치 있는' 모든 설명과 함께 마지막이자 가장 중요한 문제로 우리를 이끈다. 과학자들은 흔히 동성애의 추정상의 '기능'에 대한 터무니없는 결론에 이르곤 했는데 진화론은 명백하게 '쓸모 없는' 행동을 쉽게 받아들일 수 없기 때문이다. 그리고 그것이 짝짓기와 번식에 어떤 방식으로든 기여해야 하기 때문이다. 아마도 다시 검토될 필요가 있는 것은 바로 이 '유용성' 또는 '가치'에 대한 개념일 것이다. 인간 문화와 생물학 분야에서 인생이 이성애를 중심으로 돌아가고 궁극적으로 삶의 모든 것이 번식과 관련이 있다는 생각(때로 이성애중심주의heterocentrism나 이성애주의heterosexism라고 알려져 있다)은 현재 많은 면에서 도전받고 있다.[81] 물론 번식을 통한 유전 물질의 전달이 생물학과 진화의 바로 그 근간으로 간주되기 때문에 이러한 견해는 동물들에 관한 자명한 진실로 보일 것이다. 다음 섹션에서 우리는 반대로 이 믿음이 인간 사회에서만큼이나 동물 생물학에서도 불완전한 서술임을 보게 될 것이다.

동물의 비번식성 이성애와 대체 가능한 이성애

많은 과학자가 동물 동성애를 문제로 인식하고 여러 비非과학자가 '비정
상'으로 간주하는 (따라서 '설명'이 필요해지는) 주된 이유는 동성애가 번
식으로 이어지지 않기 때문이다. 번식은 생물학적 존재의 모든 것이자
궁극적인 것으로 여겨진다. 하지만 동물의 삶과 성애는 오로지 생식을
중심으로만 이루어져 있지 않다. 동물의 세계에 동성애의 방식이 여러
개 있는 것처럼, 수컷과 암컷이 서로 교류하는 (성적이거나 그 외의) 방법
또한 무수하게 많다. 하지만 그중 일부만이 번식과 관련이 있다. 이 섹션
에서는 다양한 비非번식성 이성애와 대체 가능한 이성애를 자세히 살펴
볼 것이다. 여기에는 비번식 개체, 암수 분리 및 암수 적대감, '대체' 육
아 및 쌍 결합 방식 그리고 생식성이 없는 성적인 행위가 포함된다. 어떤
형태의 비번식성 이성애는 거의 모든 동물 종에서 관찰됐으며 동성애 발
생률을 훨씬 웃돈다. 이러한 현상은 매우 광범위하기 때문에 우리가 다
음 논의에서 광범위한 행동과 종을 조사하더라도 단지 그 범위와 특성에
대한 최소한의 실마리만 제공할 수 있을 것이다. 자세한 내용은 2부의
개별 동물 프로필과 이 섹션의 참고 사항에 포함된 자료를 보길 바란다.

생식이 없는 삶 : 비번식 개체, 독신주의 그리고 번식 억제

어떤 경우에는 황소들이 무리를 차지하기 위한 성적인 경쟁에 적극적으로 참
여하기를 전면적으로 철회하는 것이 분명하다.
— S. K. 사익스, 『코끼리의 자연사』[82]

거의 모든 동물 개체군에는 비번식 개체가 존재한다. 세간에는 동물의 번식 충동을 본능적이고 넘쳐나며 주체할 수 없는 것으로 여기는 경향이 있다. 흔히 이성애 상호작용이 그러한 특성을 가지고 있지만 번식을 하지 않는 동물의 예도 그에 못지않게 흔하다. 예를 들면 번식주기breeding cycle를 스스로 적극적으로 벗어나는 개체도 있고, 종의 전반적인 사회조직이나 생리적 제약에 의해 번식에 참여하지 않아 새끼를 거의 낳지 않는 개체도 있으며, 번식 후에(혹은 번식하지 않고) 온전한 삶을 영위하는 개체도 있다. 많은 비번식 동물이 여전히 성적으로 활발하지만 독신주의나 금욕 그리고 다른 종류의 무성애 또한 동물의 왕국에 널리 퍼져 있다. 비번식 개체의 비율은 종에 따라 그리고 종이 같더라도 각 개체군에 따라 매우 다양하다. 일부 종의 경우 소수의 외톨이 개체만이 스스로 번식을 하지 않는다. 하지만 다른 쪽 극단에서는 양쪽 성 중 하나가 절반(아메리카들소, 참고래)이나 3/4(인도영양, 기린)까지, 심지어 80~95%까지도(뉴질랜드바다사자, 북방코끼리바다표범, 벌거숭이두더지쥐naked mole-rats, 일부 잠자리 종) 번식을 하지 않는다.[83] 이러한 양극단 사이에서 비번식 개체들은 개체군의 1/4(긴꼬리벌새)에서 1/3(바다오리, 황조롱이)까지 차지한다.[84]

동물의 세계에서는 서로 다른 나이와 사회적 환경 그리고 다양한 평생 번식력과 성적인 이력을 가진 개체가 나타내는 비번식의 여러 형태가 발견된다. 예를 들어 유제류와 물개류에서 수컷은 흔히 성적인 성숙기에 도달한 후 몇 년 동안 번식을 '연기'하고, 번식하는 동물과 분리된 커다란 '독신자' 무리 안에서 사는 경우가 많다. 그러한 대다수의 동물은 결국 언젠가 번식을 하지만 개체수 통계로는 젊은 동물의 수가 우세하기 때문에 어느 시점에서든 비번식 동물들은 인구의 큰 부분을 차지하게 된다. 이러한 종뿐만 아니라 일부다처제 또는 난혼제 짝짓기 체계(수컷이 짝을 이루지 않은 채 전형적으로 많은 수의 암컷과 교미를 한다)를 가지고 있는 다른 종에서도 일반적으로 더 심한 짝짓기의 왜곡이 존재한다. 또 어떤 경우는 수컷 개체군의 일부만이 번식 영역을 설정하고 암컷에게 구애하기도 한다. 게다가 이 중에 실제로 암컷과 짝짓기에 성공하고 새끼의 아비가 되는 경우는 극히 일부에 불과하다. 예를 들어 기아나바위새는 평균적으로 수컷의 1/5이 구애 영역을 가지지 못하며, 구애 영역을 가진 수컷의 거의 2/3는 암컷과 짝짓기를 하지 못한다. 서열 형태의 사회조직을 가진 종에서 가장 많은 짝짓기에 참여하는 것은 전형적으로 높은 서열의 수컷들뿐이다. 다람쥐원숭이와 회색곰에서는 때로 그 반대 현상이 일어난다. 가장 높은 서열의 수컷은 더 큰 공격성 때문에 어떠한 이성애 교미도 하지 못할 수 있다.[85] 공동번식 체계를 갖춘 많은 동물의 경우에는 각 무리에서 오직 한두 마리의 개체만 번식하고 다른 개체는 비번식 개체로 남게 된다. 대부분의 비번식 개체들은 번식 개체가 새끼를 기르는 것을 돕는다. 하지만 붉은여우와 회색머리집단베짜기새 같은 몇몇 종에서 일부 비번식 개체들은 다른 구성원들의 번식 노력에 도우미로서 기여하지 않는다.

일시적인 비번식주기가 때로 개체군 전체에서 일어나기도 한다. 예를 들어 흰뺨맹거베이gray-cheeked mangabeys 한 무리에서 모든 암컷이 4개월 동안 생리 주기를 중단하기도 했고, 몇 년 동안 사향소 개체군에서 번식이 일어나지 않기도 했다.[86] 다른 경우를 예를 들면 하누만랑구르, 북방물개, 산얼룩말, 붉은큰뿔사슴, 부채꼬리뇌조, 뿔호반새, 붉은날개검은새에서는 일부 개체가 생애 전체 동안 아무런 번식도 하지 않기도 했고,[87] 북방코끼리바다표범 뿐만 아니라 일부 두더지 쥐 종에서는 개체군의 90% 이상이 평생 새끼를 낳지 않기도 했다.[88] 홍학 떼 전체가 흔히 번식기 도중 번식을 내팽개치거나 '포기'하며, 한 번에 3~4년 정도 생식을 그만두기도 했다. 암컷 은갈매기 개체들은 번식을 하지 않고 길게는 16년을 버티기도 했다. 대부분의 동물이 1년의 번식주기를 가지고 있지만(때로 1년에 한 번 이상 번식한다) 일부 동물들은 1년 주기가 아닌 '1년 초과supra-annual' 주기를 가진다. 예를 들어 임금펭귄과 오스트레일리아바다사자는 16~18개월의 주기를 가지며, 코끼리와 매너티, 고래 같은 대형 포유류는 보통 몇 년에 한 번만 번식한다. 흰손긴팔원숭이의 경우 수컷과 암컷은 2년 정도에 한 번씩만 성적으로 상호작용하는 것으로 여겨진다. 샤망 암컷은 흔히 지도자의 역할을 맡는 동안 임신을 몇 년씩 건너뛰며 수컷에게 양육의 의무를 넘긴다.

한 가지 흥미로운 형태의 비번식은 '번식은퇴postreproductive' 동물과 관련이 있는데 이들은 이전에 일생 동안 번식을 했지만 지금은 번식을 하지 않고 '은퇴한' 개체들이다. 폐경이나 노년의 비번식 시기는 오랫동안 인간의 독특한 특성으로 간주되었다. 모든 동물들은 죽을 때까지 번식하거나, 그게 아니라면 더 이상 번식할 수 없게 되면 곧 죽는 것으로 여겨졌다. 2장에서 우리는 모든 행동 영역에서 인간의 고유성을 주장할 때의 함정을 보았다. 실제 번식은퇴 동물들은 현재 몇몇 영장류, 유제류, 바다표범, 고래 종, 심지어 개미잡이새와 같은 몇몇 조류에서도 발생하는 것으로 알려져 있다.[89] 그러한 동물들은 어떤 경우에는(예를 들어 아프리카코끼리) 해당 종의 사회적 조직에서 고립되었거나 주변을 겉돈다. 다른 경우(예를 들어 히말라야원숭이나 들쇠고래short-finned pilot whales)에는 사회구조에 통합되어 있고 심지어 중심 역할을 맡을 수도 있다.[90] 예를 들어 범고래 무리는 흔히 나이 든 번식은퇴 암컷 우두머리가 이끌기도 한다. 이 종에서 수컷은 자신의 모계 무리와 함께 하기 때문에 모든 암컷이 번식은퇴 동물이면 결국 어떤 고래 무리는 '사멸'하게 된다(심지어 번식 연령의 수컷이 존재하는 경우에도). 많은 번식은퇴 개체들은 죽기 직전까지 성적으로 활발하다. 예를 들어 폐경 상태이거나 노령인 암컷 들쇠고래, 범고래, 일본원숭이, 하누만랑구르는 흔히 이성애(그리고 어떤 경우에는 동성애) 활동을 하는데 때로는 젊은 파트너들과 함께하기도 한다.

성적인 활동은 또한 다른 비번식 동물에서도 일어난다. 예를 들어 전형적으로 이성애 짝 관계를 형성하는 새 중에서 일부 개체는 짝은 없지만 여전히 반대쪽 성 구성원들과 흔히 수정이 불가능한 기간 동안 구애하거나 교미를 한다(예를 들어 검은머리물떼새, 훔볼트펭귄, 흰머리논병아리). 다른 많은 경우에 새들은 이성애 쌍이나 트리오를 형성하면서도 번식은 하지 않는다. 비록 그들이 여전히 성적으로 활발하다 하더라도 말이다. 연구자들은 심지어 일부 캐나다기러기 비번식 쌍들이 번식을 하는 개체들보다 교미율이 높다는 것을 발견했다.[91] 반면 많은 비번식 동물들은 반대쪽 성에게 구애나 상호작용을 전혀 하지 않는 무성애 개체이거나 혹은 '독신celibate' 개체다. 이러한 종류의 흥미로운 변형은 때로 '플라토닉'한 이성애 협력관계를 형성하는 일본원숭이와 관련이 있는데 각각의 파트너는 플라토닉한 관계라 하더라도 배우자 이외의 다른 개체들과는 성적으로 전혀 상호작용을 하지 않는다. 유사한 플라토닉한 '우정'이 암수 사바나개코원숭이 사이에서 발견된다. 역설적으로 성적으로 활발한 비번식 동물들과 반대되는 상황 역시 여러 동물에서 발생한다. 몇몇 조류 종에서 겉보기로는 번식에 관여하는 쌍이지만 실제 암컷의 가임기가 끝나기 전에 교미하는 것을 멈추기도 하고, 일부 해양거북의 수컷들은 번식기가 끝나기 훨씬 전에 암컷이 있는 해역을 떠나기도 한다. 대부분의 그런 동물들이 번식을 하지만 어떤 면에서는 그들이 생식 잠재력을 최대한 이용하지 않는 것처럼 보인다.[92]

왜 동물들은 번식하지 않을까? 생물학자들은 다양한 형태의 비非번식을 지칭하기 위해 생식억제reproduction suppression라는 용어를 만들어 냈다. 이것은 모든 동물이 번식을 할 수 있다면 하겠지만 어떤 식으로든 번식을 '방지'하고 있음을 암시한다. 그러나 비번식과 관련된 기본 기전은 이 용어가 암시하는 것보다 훨씬 더 복잡하다. 수많은 사회적, 생리적, 환경적, 개별적 요인이 연관되어 있으며, 흔히 여전히 잘 이해되지 않는 방식으로 상호작용을 한다.[93] 몇몇 동물들에서는 생식이 실제로 활발하게 '억제'되고 있다. 예를 들어 늑대는 무리의 지배적인 구성원이 흔히 짝짓기를 시도하는 하위 서열 개체를 물리적으로 공격한다. 암컷 사바나 개코원숭이들은 때로 번식하려 하는 암컷을 공격하기 위해 연합체를 형성해서 가임기에 있는 암컷을 방해하거나 임신한 암컷을 유산시키기도 한다. 또 많은 유제류에서는 높은 서열의 수컷들이 다른 수컷들을 암컷에게 접근하지 못하도록 막는다. 그러나 다른 종에서는 강요가 있지 않기 때문에 억제라는 용어는 잘못된 명칭이 된다. 예를 들어 젊은 아메리카들소는 나이가 든 수컷들에 의해 짝짓기를 '방해'받는 것이 아니다. 단지 같은 정도로 참여하지 않을 뿐이다(제4장에서 논의된 바와 같이). 다른 종에서 (특히 타마린tamarins, 마모셋원숭이marmosets와 같은 영장류뿐만 아니라 뿔호반새와 같은 집단번식 체계를 가진 조류에서) 과학자들은 개체의 번식 노력이 '의도에 반해' 억압된 것이 아니라, 스스로 번식을 포기하거나 번식 기회에 참여하는 것을 '자제'하기로 '선택'하는 것이라고 설명한다.[94] 동물들이 흔히 '자발적인' 비번식 동물이라는 추가적인 증거는 황토색배딱새와 부채꼬리뇌조와 같은 종들과 관련이 있다. 이 종들은 개체군 내에 번식하지 않는 많은 개체가 있음에도 불구하고 흔히 번식 영역을 사용하지 않는다. 때로 비번식에는 생리적인 기전이 관여한다. 예를 들면 낮은 호르몬 수치, 성적 성숙의 지연(때로는 무기한으로), 배란 억제, 수정 후 임신 차단(여러 설치류에서 보인다) 같은 방법이 있다.[95]

번식은 흔히 육체적으로 힘들어서 어떤 동물들은 단순히 '회피'하기도 하는 극히 위험한 일이다. 비번식 개체는 번식과 육아의 혹독한 과정을 겪지 않아도 되기 때문에 번식하는 개체보다 신체 조건이 더 나은 경우가 많다. 사실 번식은 기대 수명을 단축시킬 수 있으므로 어떤 경우에는 '자살'로 여겨질 수도 있다. 예를 들어 번식하는 수컷 큰뿔양과 암컷 붉은사슴은 비번식 동물보다 훨씬 높은 사망률을 보인다. 몇몇 육식

성 유대류 종에서 대부분의 수컷은 짝짓기를 한 후에 죽지만 비번식 동물들은 일반적으로 더 오래 생존한다. 번식하지 않는 수컷 부채꼬리뇌조의 기대수명은 번식하는 수컷의 기대수명을 초과하는 경우가 많다. 그리고 일생 동안 '번식'을 더 자주 하는 암컷 서부갈매기는 번식을 더 적게 하는 갈매기보다 생존율이 낮다. 때로는 특정한 생물학적 요인이 번식을 좌절하게 만든다. 예로는 점박이하이에나의 출산에서 질과 대비되는 클리토리스의 놀라운 모습을 들 수 있다. 이 종의 많은 암컷은 첫 임신이나 분만 중에 죽는다. 생식기 해부구조상 새끼가 클리토리스를 통해 태어나야하므로 그것이 파열되어 흔히 어미와 태아 모두에게 여러 합병증을 일으키기 때문이다.[96] 성병(놀랍도록 많은 동물에서 발견된다)에 걸릴 위험도 번식 활동에 영향을 미칠 수 있다. 예를 들어 암컷 레이저빌(새의 일종)은 성병 감염의 위험이 아주 커지면 수컷과의 번식을 위한 교미를 피한다(하지만 비번식적 섹스, 즉 직접적인 생식기의 접촉이 없는 마운팅은 계속한다). 다른 여러 종의 이성애 행동 또한 성병의 잠재적 위험에 따라 줄어들 수 있다.[97]

결국 동물들이 번식하지 않는 단 하나의 '이유'란 없다. 번식하지 않는다는 것은 단지 동물의 삶의 한 부분일 뿐이며 여러 다른 방식으로 자신을 드러내는 것이다. 이는 우리가 성별에서 보았던 것과 같다. 이성애는 모든 범위의 행동과 삶의 역사를 구성하는 요소이지 모든 동물이 따라야 하는 단 하나의 불변하는 본보기가 아니다. 그리고 비번식은 '이성애자'가 되기 위한 수많은 방법의 하나다. 특정 개체군의 번식하지 않는 동물의 숫자나 비번식의 '원인'과 관계없이 한 가지는 확실하다. 비번식 동물은 동물 생활의 어디에서나 볼 수 있는 특징이라는 것이다.

동떨어진 사이 : 성별 분리, 적개심, 이성애의 어두운 면

향유고래의 성체 수컷과 암컷은 별개의 종이라고 할 수 있을 정도로 구별되는 생활 방식을 가지고 있다. 수컷은 매년 여름 열대 해역을 떠나 가장 높은 위도로 향한다… 그러나 암컷들과 새끼들은 적도에서 40도 이상 올라가는 모험을 하는 경우는 드물다.

— 라이얼 왓슨, 『전 세계 고래의 항해 가이드』[98]

이성애 교미는 흔히 묘사되는 것처럼 '자연스럽고' 쉬운 활동이 아니다. 수컷과 암컷 사이에는 성적인 상호작용을 피하거나 악화시키거나 일반적으로 문제를 일으키는 수많은 길이 있다. 예를 들어 많은 동물에게 있어서 종의 사회적 조직과 행동은 수컷과 암컷을 떼어놓고 번식을 막거나 혹은 최소한 그것을 어렵게 만들기 위해 고안된 것으로 보일 정도다. 성별 분리sex segregation를 살펴보자. 놀랍게도 수컷과 암컷의 부분적 또는 전체적인 분리는 동물의 세계에 널리 퍼져 있는 사회조직의 한 형태다. 성별 분리는 다양한 형태로 모든 종류의 포유류와 조류에서 발생하지만, 특히 문란하거나 일부다처제의 짝짓기 체계(개체들이 한 마리 이상의 파트너와 교미하는)를 가진 유제류 같은 종에서 보편적이다. 흔히 두 성별이 함께 모이는 유일한 시간은 짝짓기를 위한 시간이며, 때로는 1년 중 며칠 또는 몇 달 동안만 짝짓기를 한다. 나머지 시간은 완전히 떨어져 지낸다. 한 수컷이 암컷 무리와 연계되어 흔히 다른 수컷이 접근하지 못하게 하는 '하렘'도 일반적으로 떠오르는 이성애 교미 기회의 전형적인 예가 아니다. 바다사자와 일부 유제류 같은 여러 종의 '하렘'을 연구하는 과학자들은 이 집단이 항상 이성애적인 매력이나 수컷의 암컷에 대한 '통제'의 결과로 형성되는 것이 아니라는 것을 발견했다. 그보다는 오히려 암컷들이 서로 어울리는 것을 선호하기 때문에 비교적 자율적인 자신들의 무리를 형성하는 것이다. 그리고 번식에 참여하는 수컷들이 필요에 따라 그와 같은 집단에 연계하게 된다.[99] 별도의 무리나 서식지에서 생활하는 사회적, 공간적 분리 외에도 계절이나 이동에 따른 분리도 가능하다. 예를 들어 번식기가 아닐 때만 분리가 발생하거나, 수컷과 암컷을 위한 별도의 이동 경로나 위도상의 목적지로 인한 분리가 있을 수 있다(예를 들어 북방코끼리바다표범과 황조롱이). 가장 극단적인 형태의 '성별 분리'는 주머니고양잇과의 여러 종에서 발생한다. 즉 모든 수컷은 짝짓기 시즌 며칠 후에 죽는다. 그래서 암컷이 출산할 즈음엔 개체군에 남아 있는 성체 수컷이 전혀 없다.[100]

번식기 동안의 성별 분리는 흔히 정자 저장sperm storage이라고 알려진 현상에 의해 촉진된다. 즉 대부분의 암컷 동물들은 생식관에 하나 이상의 특별한 장기나 부위를 가지고 있어서 오랫동안 (그 전의 교미로 얻은) 정자를 숨겨 보관할 수 있다. 그리고 다음 이성애 교미를 하기 전까지 자신을 '수정'하는 데 사용한다. 새와 파충류는 이것을 가능하게 해주는 특별한 분비샘을 가지고 있다. 예를 들어 암컷 목도리도요는 (수컷과 교미한 후) 번식 장소를 떠나 북쪽으로 이주하며, 수 주 후에 저장된 정자로 수정함으로써 알을 낳는다. 풀마갈매기fulmar와 같은 몇몇 조류에서 암컷은 정자를 최대 8주 동안 저장할 수 있고, 파충류 암컷은 저장된 정자를 훨씬 더 오래, 몇 달 혹은 심지어 몇 년까지도 유지할 수 있다. 예를 들어 암컷 가터뱀은 수컷과 짝짓기를 한 후 3개월에서 6개월까지 정자를 유지할 수 있다. 사실 이 종의 암컷들은 봄에 첫 교미를 한 후 2주에서 5주가 지나야 배란을 한다. 그들은 심지어 동면 전인 지난가을에 일어난 교미의 정자를 이용해서 올 시즌에 짝짓기를 전혀 하지 않고도 임신을 할 수 있다. 최장 정자 저장 기록은 암컷 줄판비늘뱀이 가지고 있는데 무려 7년 동안이나 정자를 저장한다! 포유류의 경우 정자는 일반적으로 짧은 기간만 '저장'하는데 아마도 자궁 경부나 자궁 내부의 '틈crypts'

에 보관할 것이다(몇몇 박쥐는 6개월 이상 정자를 보관하기도 한다). 또한 최근 연구는 대부분의 종에서 암컷이 행동학적, 해부학적, 생리학적 기전을 통해 정자의 어느 부분을 저장하고 수정에 이용할지 제어할 수 있다는 것을 보여주었다.[101]

지연착상delayed implantation으로 알려진 이 현상은 암수가 서로 오랫동안 떨어져 지내는 것을 가능하게 만든다. 거의 50여 종의 포유동물(바다표범, 곰, 기타 식육목, 유대류, 일부 박쥐)에서 수정란은 바로 착상하지 않는다. 수정란은 몇 달 동안 '가사상태suspended animation'로 유지되다가 착상하면 정상적인 발달을 시작한다. 이 지연으로 바다표범은 2~5개월까지, 오소리나 아메리카담비fishers, 흰담비stoats 그리고 근연 관계인 작은 육식동물은 최대 10~11개월까지 임신 기간을 연장한다. 이를 이용해 바다표범 암컷들은 바다에서 더 긴 시간을 보낼 수 있고 수컷과 완전히 떨어져 지낼 수 있다. 또한 임신 시기를 최적화해서 새끼를 낳고 기르는 데 연중 더 유리한 시간을 활용할 수도 있다. 박쥐의 일부 종에도 수정란이 착상 후 일시적으로 발육을 중단하는 배아 발달 지연delayed embryonic development이 일어난다.[102]

사실 정자 저장(다른 다양한 요소 중)뿐만 아니라 지연착상은 많은 척추동물에서 주요 번식 사건을 분리하고 효과적으로 재정렬하므로 결과적으로 수컷과 암컷 번식주기의 '연결 해제uncoupling'를 초래한다. 우리는 번식을 배란, 짝짓기, 수정, 출산(혹은 알 낳기)의 순서로 불가피하게 한 단계에서 다음 단계로 이어지는, 하나의 질서 있는 진행으로 생각하는 것에 익숙하다. 그러나 이러한 사건에는 흔히 중요한 차이와 재정렬이 있다. 정자 저장은 일시적으로 수정과 짝짓기를 분리할 수 있고, 착상지연은 수정과 임신 중 태아의 발육을 분리한다. 앞에서 언급한 바와 같이 암컷은 또한 정자 저장을 통해 정액주입insemination이 일어난 후에도 배란을 일으킬 수 있고, 이로 인해 다른 동물에서는 추가적인 재정렬이 발생할 수 있다. 예를 들어 새들은 '임신'이나 어미의 체내 난자의 발달이 실제로 수정 전에 일어난다. 즉 난황이 수정 전에 이미 상당히 커져 있다(그리고 암컷이 상당히 덩치가 커지고 무게가 늘어날 수 있다). 사실 암컷은 수정하지 않고도 알을 낳을 수 있고, 이로 인해 동성애 쌍의 암컷이 (불임) 알을 낳을 수 있는 것이다. 대부분의 어류에서 '임신'은 짝짓기와 함께 시작한다기보다는 끝이 난다. 알은 암컷의 몸 안에서 발달하다가 수정될 준비가 되었을 때 낳거나 배출된다(즉 전형적으로 수정은 암컷의 몸 밖에서 일어난다).[103] 이러한 번식 사건의 지연과 재배열 외에도 번식은 당연히 이러한 단계의 어디에서나 중단하거나 끝날 수 있다. 이것은 자연적으로 발생하는 산아 제한의 형태를 살펴보는 다음 섹션에서 논의할 것이다.

동물 이성애에 대한 또 다른 흔한 오해는 오직 암컷들만이 번식 생물학의 주기적인 호르몬 변동을 경험한다는 것이다. 사실 여러 수컷 동물들 또한 성적인 주기가 있으며, 성적으로 활발하지 않은 채 암컷과 떨어져 사는 상당한 기간이 있다. 때로 수컷과 암컷의 성적 주기는 타조와 모란앵무에서 일어나는 것처럼 동기화 상태가 좋지 않거나 번식에 적합하지 않다. 수컷의 주기는 영장류, 사슴, 바다표범 그리고 수많은 조류 종 등 광범위한 동물에서 발견되며, 보통 한 달보다는 1년을 주기로 한다. 어떤 경우에는 극적인 물리적, 생리적 변화가 따라온다. 예를 들어 수컷 코카코는 정기적인 '대머리balding'(깃털이 빠진다) 주기와 육수*wattle 발달을 겪으며, 다른 많은 조류 종의 수컷들은 번식과 관련된 극적인 혼인 깃털nuptial plumages을 발달시킨다. 수컷 다람쥐원숭이는 성적인 주기가 최고조에 달하면 '살이 찌는' 반면 수컷 코끼리는 생식샘 분비, 증가한 공격성, 윙윙거리는 발성과 같은 많은 변화를 포함한 '발정 광포musth'를 경험한다.

---

* 육수(肉垂)는 닭이나 칠면조 등에서 보이는 목의 늘어진 붉은색 피부를 말한다.

흔히 성차별적 생물학 이론은 수컷 성적 주기의 중요성을 무시하거나 간과한다. 즉 암수의 성적 유사성을 분명히 보여주지 않고 그저 수컷 동물의 지칠 줄 모르는 '정력'을 확인하는 동물 생물학의 단면만 강조하는 경향이 있다. 사실 흔히 수컷에서만 또는 암컷에서만 나타난다고 생각되는 번식 특성은 적어도 일부 종에서는 반대쪽 성에서도 발견할 수 있다. 예를 들어 수컷 임신은 해마sea horses에서 발생하고, 수컷 수유(완전한 기능을 하는 젖샘에서 모유를 생산한다)는 최근 다약과일박쥐Dayak fruit bats에서 발견되었다.[104] 암컷 쪽을 보면 정자를 몸에 지니고 다니다가 스스로 '수정'하기도 하고(위에서 보았다), 발기를 할 수 있는 긴 음경 같은 클리토리스를 가질 수도 있다(이것은 점박이하이에나, 두더지, 다람쥐원숭이를 비롯한 수많은 포유류와 몇몇 날지 못하는 새에서 볼 수 있다).[105] 일부 동물(예를 들어 바다표범, 곰, 다람쥐)은 클리토리스 뼈를 가지고 있는데 이는 해당 종 수컷의 음경골baculum 혹은 음경뼈에 상응하는 기관이다. 암컷 바다코끼리에서 이 뼈는 길이가 2.5센티미터 이상일 수 있다. 또한 암컷 실고기pipefish와 일본바다큰까마귀Japanese sea ravens(물고기의 일종)는 심지어 수컷 파트너에게 삽입하거나 정자를 회수하기 위해 사용하는, 늘어날 수 있는 생식기를 가지고 있다.[106]

암수가 간신히 함께 모였다고 해도 그들의 성적인 접촉을 막고 궁극적으로는 번식을 방해하는 무시무시한 장애물들이 기다리고 있다. 수컷 또는 암컷 파트너에 의한 거부나 무관심은 동물의 왕국에 널리 퍼져 있고 일상적이다. 이성애 교미는 흔히 발기, 생식기 접촉, 사정이나 수정을 포함하지 않는다는 점에서 '불완전한' 경우가 많다. 예를 들어 푸른되새 이성애 교미에 대한 한 연구에서는 모든 '완전한' 짝짓기 시도와 '불완전한' 짝짓기 시도가 기록되었다. 144회의 짝짓기 시도 중 75회만이(52%) 완전한 생식기 접촉을 한 마운팅이었다(그 결과 수정으로 이어질 수 있었다). 나머지 '성공적이지 못한' 시도 중 76%는 교미가 일어나기 전에 암수 파트너 중 한쪽이나 양쪽이 도망쳤기 때문에 전혀 마운팅이 없었고, 9%는 수컷이 생식기 접촉을 시도하지 않은 채 마운트를 했으며, 8%는 암컷이 교미의 지속을 거부하면서 마운팅이 종료되었다(어떤 경우는 수컷에게 머리를 쪼이자 거부했다). 5%의 마운트에서는 수컷이 암컷의 등에서 미끄러졌고, 1%의 경우 수컷이 머리와 꼬리가 뒤바뀐 자세로 마운트를 하여 생식기 접촉이 일어나지 않았다. 아프리카자카나African jacanas에서 암컷의 성적인 유혹자세는 수컷 네 마리 중 한 마리 정도만 실제로 마운트하는 결과를 낳았다.[107] 어떤 종에서는 수컷과 암컷이 교미하는 동안 적극적으로 괴롭히는 다른 동물의 간섭 때문에 성행위의 완성이 방해받기도 한다. 이는 여러 영장류에서 전형적으로 일어나는 일이지만 임금펭귄, 세가락갈매기, 산쑥들꿩과 같은 몇몇 조류에서도 보고되었다.[108]

많은 동물에서 수컷과 암컷의 해부학적 구조는 이성 간의 상호작용에 완벽하게 들어맞지는 않아 보인다. 예를 들어 암컷 코끼리의 질 개구부는 다른 포유동물보다 훨씬 더 배의 앞쪽에 있다. 수컷의 페니스가 암컷의 생식기에 닿을 수 있는 특별한 형태와 근육을 가지고 있긴 하지만 그래도 여전히 수컷은 암컷의 항문이나 몸 밖에 사정하게 되는 경우가 흔히 있다. 게다가 암수의 생식기가 항상 '자물쇠와 열쇠'처럼 조화를 이룬다는 것은 사실이 아니다. 많은 종에서 성기의 구조적 '적합성compatibility'은 완벽하지 못하다. 덧붙여 몇몇 동물학자들의 말에 따르면, 대부분의 동물에서 암컷의 내부 생식관은 '정자에 극도로 적대적인, 구부러지고 장애물이 있는 길'이다. 생식관의 구조, 화학적 구성 그리고 정자에 대한 면역 반응은 사실 대부분의 정자가 수정되는 것을 방지하고, 일부는 암컷을 감염으로부터 보호하며(정자는 결국 '이물질'일 뿐이니까), 일부는 암컷이 부성paternity을 통제하기 위해 고안되었다.[109] 수컷과 암컷은 다른 측면에서도 해부학적으로 양립할 수 없다. 사향소를 연구하는 생물학자들은 수컷의 짧은 다리와 두툼한 가슴 그리고 몸무게 대부분이 몸의 앞쪽 반에 쏠려 있는 체형은 마운팅을 하고 암컷이 몸을 지탱하는 데 확실히 적합하지 않다는 것을 발견했다. 연구 결과는 수컷이 암컷을 성공적으로 마운트 할 확률이 1/3도 안 된다는 것을 보여주었다.[110] 유제류와 바다표범 같은 다른 종에서 암컷은 흔히 짝짓기 중에 수컷과의 무게 차이로 인해 넘어지거나 깔려서 심각한(심지어 치명적인) 상처를 입기도 한다.

때로 수컷과 암컷 사이에는 추적과 괴롭힘 같은 명백한 적대감이 발생하는데 여기에는 실제적인 공격, 폭력, 그리고 부상도 포함된다(흔히 수컷이 암컷에게 가하지만 드물게 암컷이 수컷에게 가하기도 한다). 공격은 흔하기도 하지만 잔인하기도 하다. 예를 들어 암컷 사바나(올리브)개코원숭이는 도발을 하지 않아도 거의 매일 수컷의 공격을 받기 십상이어서 각각의 암컷은 1년에 한 번 정도 심각한 상처를 입는다. 부상은 때로 치명적이다. 또한 성적인 강요(즉 수컷이 '협조적이지 않은' 암컷을 처벌하거나 협박하는 것)와 노골적인 강간은 매우 다양한 동물들에게서 발생하며, 때로 암컷을 공격하고 강제로 교미하는 수컷들로 구성된 '패거리'가 있기도 한다.[111] 이성 간의 강간은 특히 오리와 갈매기 같은 새들 사이에서 흔하지만 영장류(예를 들어 오랑우탄, 히말라야원숭이), 유제류(예를 들어 큰뿔양), 해양 포유류(예를 들어 참고래, 그리고 여러 바다표범 종)와 같은 포유동물에서도 발생한다. 짝을 이루는 새의 경우 보통 수컷이 자기 짝이 아닌 다른 암컷에게 교미를 시도하며 강간이 일어난다. 짝 관계 내에서의 강제적인 교미도 알려져 있는데 이러한 현상은 은갈매기, 쇠검은머리흰죽지 그리고 몇몇 다른 오리 종의 예에서 발생한다.

동물의 왕국 전체에서 이성애 교미는 암컷들에게 위험하고 심지어 치명적인 일이 될 수 있다. 수컷 해달은 흔히 물에서 교미할 때 암컷의 코를 무는데 이에 따라 암컷은 익사하거나 치명적인 감염이 발생하기도 한다. 또 열 마리 이상의 나무개구리woodfrogs 떼는 흔히 동일한 암컷과 짝짓기를 시도하다가 그 과정에서 때로 암컷을 죽인다. 또 여러 종의 암컷 상어들은 이성애 구애를 받는 동안 일상적으로 등을 심하게 물린다. 수컷 밍크는 짝짓기 하는 동안 암컷의 두개골과 뇌의 밑부분에 이빨로 구멍을 내기도 한다.[112] 이러한 행위들은 이성 간의 교미가 생식적인 행동이라기보다는 얼마나 파괴적인 행동인지를 보여주는 몇 가지 예에 불과하다.

동물 가족의 가치 : 산아제한, 탁아소, 이혼, 불륜

[가지뿔영양에서] 비록 두 명의 어린 배아가 태어나긴 하지만, 원래는 4~6개의 배아가 자궁에 착상되어 있다. 말하자면 좁은 공간에서 그들은 죽을 때까지 싸운다… 기다란 돌기가 배아의 막에서 자라나 다른 배아를 관통하여 죽이는 것이다. 두 개의 배아를 제외한 다른 모든 배아는 어미의 몸에 재흡수 된다.
— 발레리우스 가이스트, 『가지뿔영양』[113]

대부분의 사람은 동물 가족을 생각할 때 어미 사슴이 새끼 사슴을 사랑스럽게 돌본다든지, 아빠 곰이 엄마와 새끼를 열심히 보호하는 장면을 떠올린다. 동물 이성애의 현실은 이런 낭만적인 시각과는 거리가 멀다. 엄마 사슴은 흔히 새끼들을 가족 집단에서 잔인하게 쫓아낸다. 아빠 곰은 가족과 관련해서는 거의 아무것도 하지 않으며, 만약 뭔가 한다 해도 새끼를 죽여서 먹는 것밖에 없다. 5장에서는 번식을 제한하고 자손을 제거함으로써 동물들이 가족을 갖는 것을 아예 피하고자 사용하는 여러 기전을 살펴보는 데서 시작해 동물 '가족생활'의 냉엄한 현실을 살펴보기로 한다.

수정이 일어날 수 없는 시기에 간헐적으로 교미나 짝짓기를 하는 것 외에도 동물에서 몇 가지 다른 형태의 '산아 제한(즉 임신을 막는 방식)'이 발생한다.[114] 사실 스무 개 이상의 다른 전략을 이용해 암컷들이 수정을 제한, 통제, 예방할 수 있음이 확인되었다. 동물계 전반에 걸쳐 이러한 현상이 광범위하게 발생함에 따라 한 과학자는 "교미가… 수정으로 직접적이고 필연적으로 이어지는 경우는 드물다"라고 결론을 내렸다.[115] 갈색얼가니새brown boobies 같은 일부 암컷 새들은 통상적인 생식기 수축이 아니라 짝짓기 중에 배변을 해서 수정을 방지한다. 여러 곤충, 조류, 포유류의 암컷 새들도 교미 후 정액을 활발하게 배출한다.[116] 포유동물 사이에서 질 마개나 교미 마개가 여러 종에서 발견된다(때로 순결 마개chastity plugs라고 부른다). 이 젤리 같은 차폐물은 몇몇 영장류와 돌고래뿐만 아니라 여러 다른 종류의 설치류, 박쥐, 식충 동물, 야생 돼지에서 암컷의 생식기관에 형성된다(또는 놓인다). 아직 마개의 기능이 완전히 이해되지는 않았지만 흔히 수정을 막는 역할을 하는 것으로 보인다. 많은 종에서 수컷은 짝짓기 후에 암컷에게 교미 마개를 남겨서(혹은 단순히 정액이 마개 모양으로 응고해서) 다른 수컷들이 수정을 하지 못하게 한다. 하지만 다람쥐원숭이와 일부 박쥐, 고슴도치, 주머니쥐에서는 암컷이 아마도 수컷에 의한 수정을 통제하거나 예방하려고 마개를 직접 생성하는 것으로 보인다(흔히 질 세포가 벗겨져 형성된다). 또한 암컷 다람쥐들은 때로 교미 마개(수컷이 남겨놓은 모든 정자가 들어 있다)를 완전히 제거해서 가장 최근의 짝짓기로 인한 수정을 효과적으로 막는다.[117] 과학자들은 최근에 암컷 침팬지가 특별한 산아제한 방법을 사용한다는 것을 발견했다. 바로 유두 자극이다. 다른 많은 포유류와 마찬가지로 암컷 침팬지의 정기적인 번식주기도 새끼가 젖을 빨고 있는 동안에는 억제되거나 중단된다(수유무월경lactational amenorrhea으로 알려져 있다). 새끼가 없는 일부 암컷은 자기 젖꼭지를 자극함으로써 이러한 생리적 효과를 효과적으로 모방할 수 있고, 실제 젖을 물리지 않더라도 임신하는 것을 막을 수 있다는 것을 알게 되었다. 몇몇 경우 침팬지들은 이 기발한 '피임' 기술을 사용하여 무려 10년 동안이나 임신을 피해 왔다.[118]

수정 후에도 임신을 막을 수 있다(여러 설치류에서 발견되며 수정된 알이 착상하지 않는 브루스 효과Bruce effect로 알려진 현상이다).[119] 배아는 또한 찌르거나 옥죄어서 서로를 죽이기도 하고(가지뿔영양), 자궁 안에서 활발하게 다른 배아를 먹어 치우기도 한다(강남상어sand sharks, 일부 도롱뇽).[120] 또한 어미가 모든 새끼를 기르기에는 젖꼭지의 수가 너무 적기 때문에 배아를 '제거'할 수도 있고(북부주머니고양이 같은 일부 유대류), 여러 유제류의 배아는 단순히 어미에게 재흡수되기도 한다.[121] 많은 종에서 실제로 낙태가 일어난다. 영장류(예를 들어 하누만랑구르, 돼지꼬리원숭이, 사바나개코원숭이), 해양 포유류(오스트레일리아바다사자, 기타 바다표범), 유제류(야생마, 흰꼬리사슴), 식육목(붉은여우), 설치류 및 식충동물(숲쥐, 밭쥐, 뉴트리아) 등이 이에 해당한다. 낙태는 자연히 일어날 수도 있고, 스트레스나 수컷의 괴롭힘의 결과일 수도 있으며, 낙태를 유도하는 식물을 의도적으로 섭취해서 일어날 수도 있다(영장류에서). 일반적으로 산발적이거나 고립된 발생이긴 하지만 낙태가 일부 종이나 개체군에서는 좀 더 흔할 수 있다. 예를 들어 캘리포니아바다표범에서는 많은 수의 암컷들이 일상적으로 태아를 낙태한다. 매년 수백 건의 낙태가 일부 번식지에서 일어나며, 흔히 통상적인 출산 기간보다 최대 4개월 전부터 발생한다.[122] 알을 낳는 많은 새와 다른 종은 알을 부수거나(살란ovicide이라고도 한다), 둥지에서 알의 버리거나, 알둥지를 버리는 형태로 '낙태'에 버금가는 (즉 배아 발달의 종료에 해당하는) 행동을 한다.[123]

태어나거나 부화한 후에도 많은 동물은 직간접적으로 새끼를 '제거'하기 위한 전략을 채택한다. 모든 주요 동물군에서 영아살해 또는 새끼를 직접 죽이는 것이 보고되었다.[124] 이는 또한 동물의 왕국에 광범위하게 퍼진 현상으로서 흔히 새로운 번식 '기회'를 만들어 내는 것과 연관된 명백한 이성애 행동이다. 영아살해의 한 흔한 형태를 예로 들면, 수 컷은 어린 새끼들을 죽인 다음 그들의 어미와 짝짓기를 해서 장차 자신의 어린 새끼들을 키우게 할 수 있다.[125] 또 다른 유형의 영아살해의 경우 암컷은 자기 새끼나 친척 새끼를 죽인다. 예를 들어 검은꼬리프레리독black-tailed prairie dogs에서는 모든 한 배 새끼 집단의 거의 40%가 암컷에 의한 영아살해로 피해를 입는다.[126] 어린 동물들을 죽일 뿐만 아니라 동족끼리 잡아먹는 영아살해도 발생한다.[127] 새끼들은 알을 품지 못하거나 제대로 돌보지 못하는 부모(예를 들어 바다제비storm petrels, 검은머리물떼새, 임금펭귄)를 만나거나, 유기와 신체적 학대와 성폭력까지 당해서 때로 죽기도 한다(예를 들어 하누만랑구르, 북방코끼리바다표범, 북미갈매기).[128] 많은 조류 종에서 가족의 크기는 복합적인 요인들을 통해 조절된다. 부모들은 흔히 알을 낳고 부화하는 순서를 조절하므로 어떤 새끼들(대개 가장 늦게 낳거나 부화한 알)은 일상적으로 죽게 된다. 다른 경우에는 '잉여' 또는 여분의 새끼가 '만일을 위한' 전략으로 생산되고 대개 서로 싸우다 죽게 된다(이 현상은 형제살해, 카이니즘cainism으로 알려져 있다).[129]

일단 동물들이 가정을 이루면 수많은 다양한 양육 수단을 이용할 수 있다. 그중 극히 일부만이 어미와 아비가 '핵가족'을 구성해 자식을 돌보는 형태가 된다. 대다수의 동물에서는 단독양육이 원칙이다(또는 아비의 투자가 전혀 없다). 예를 들어 대부분의 포유류 종에서는 성별 사이에 오래 지속하는 유대감이 형성되지 않으며 암컷이 스스로 새끼를 키운다. 전형적으로 '핵가족' 양兩 부모 이성애 가정을 이루는 조류에서도 가끔 편부모 양육이 일어난다. 많은 종에서 수컷과 암컷 쌍은 일상적으로 헤어지고 한 마리의 새가 어버이의 의무를 떠안는다. 흔히 암컷이 그 일을 맡지만 때로는 바다오리나 중부리도요whimbrels처럼 수컷이 맡기도 한다. 때로 이런 독신 양육은 부화한 지 며칠 지나지 않아 발생하거나(예를 들어 중부리도요) 심지어 부화하기도 전에 발생한다(예를 들어 오리). 다른 경우에는 새끼들이 실제로 양쪽 부모 사이에서 갈라진다. 이는 일부 딱따구리, 검은목아메리카노랑솔새 그리고 다른 많은 횃대류에서 볼 수 있다.[130] 독신 양육의 반대 형태도 발견된다. 많은 새들이 여러 부모들과 양쪽 성의 보호자들로 이루어진 집단 양육 무리에서 새끼를 기르기도 하고, '핵가족'을 가진 종에서 가끔 육아 트리오를 형성하기도 한다.[131] 어쩌면 이중육아라고 할 수 있는 현상이 개펄에서 일어나고 있는데 두 마리의 이성애 커플이 힘을 합쳐서 새끼들을 사인조 부모가 키우는 형태다. 일반적으로 수컷-암컷 양육 커플은 동물들 사이에서 필요하지도 않고 흔한 형태도 아니다.

동물들이 새끼를 기르는 광범위한 가족 형태 외에도, 거의 300종의 포유류와 새들이 입양, 육아 보조 그리고 친부모가 아닌 다른 동물들이 새끼를 기르거나 돌보는 '주간 보호day-care' 체계를 발달시켰다. 때로 수컷이나 암컷이 다른 개체나 커플 새끼의 양육을 돕는(다른 암컷의 새끼에게 젖을 먹이는 '유모' 형태도 포함해서) 일종의 '새끼 돌보미' 방식이 형성된다(동종 부모역할이라고 알려져 있다). 이 도우미는 친척일 수도 있고 전혀 관계가 없을 수도 있다. 다른 종에서는 새끼들이 떼로 모여 무리를 형성한다. 이러한 무리의 이름은 탁아소creches(예를 들어 보토, 홍학, 삼색제비 그리고 많은 다른 조류), 보육 무리nursery groups, 송아지 무리(예를 들어 기린, 엘크), 깍지pods(예를 들어 북방물개) 등 다양하게 불린다. 부모들이 음식을 찾거나 친목 활동을 하는 동안 이 무리는 보통 한두 마리의 성체 '보호자'에 의해 보살핌을 받는다. 이러한 체계는 자연스러운 '주간 탁아소' 체계에 의해 양육 의무로부터 해방된 성체의 사례와, 다른 활동을 추구하기 위해 양육 '책임'의 일부를 포기한 동물의 사례로 나눠볼 수 있다. 완전한 입양과 다양한 형태의 위탁육아 및 의붓육아 또한 다양한 범위의 동물에서 발생한다. 많은 갈매기 병아리들은 실제로 방치나 폭력의 결과로 가족을 버리거나 '도주'한다(그리고 다른 가족에게 입양된다). 또한 홍부리황새와 작은황조롱이 병아리들도 때로 둥지를 버리고 이웃의 '양육 가정'으로 이동한다. 조류에서는 기타 여러 종류의 '입양'이 다른 새들이 알을 버리거나 다른 가족의 둥지에 알을 낳거나 해서 발생한다. 심지어 알 전체를 삼킨 다음 토하거나 운반하는 방법으로 다른 둥지로 옮겨서도 발생한다.[132] 또한 몇몇 종에서는 어린 새끼들을 납치하거나 알을 훔치는 일(그에 따른 위탁 양육까지)도 일어날 수 있다.[133]

이성애 짝짓기 체계 또한 어지러울 정도로 다양한 형태를 보인다. 수컷과 암컷 사이의 짝결합은 일부 포유류와 대부분의 조류에서 발견된다. 하지만 대부분의 동물은 여러 다른 파트너와 짝짓기를 하거나 유대를 맺는 일부다처제 또는 난혼제 체계를 가지고 있다. 이러한 체계는 여러 명의 암컷을 가진 한 마리의 수컷 형태(일부다처제polygyny로 가장 일반적인 형태다), 여러 마리의 수컷을 가진 한 마리의 암컷 형태(일처다부제polyandry), 두 가지의 조합 형태(각각의 성이 여러 마리의 파트너와 교미하고 유대를 맺는 다처다부제polygynandry), 서로 유대가 없는 복수의 파트너와 짝짓기를 하는(문란함promiscuity) 형태를 취한다.[134] 수컷-암컷이 쌍을 이루는 종에서도 수많은 다양한 방식이 존재한다. 이성애 짝결합은 오랫동안 짝짓기 시스템의 간단명료한 유형으로 여겨져 왔다. 이제 생물학자들은 대부분의 다른 성애 및 사회조직 측면과 마찬가지로 동물들이 짝짓기 배열에서 상당한 유연성과 다양성을 보인다는 것을 인식하고 있다.[135] 연노랑눈솔새willow warblers, 엘레오노라매, 해마와 같은 많은 종에서는 엄격한 일부일처제가 유지된다. 그러나 많은 다른 사례에서 수컷과 암컷 모두 적어도 일부는 '간음infidelity'이나, 일부일처제가 아닌 짝짓기를 한다.[136] 흔히 이러한 번식은 암컷이 수정할 수 없는 시기에 일어나기 때문에 번식과 완전히 관련이 있는 것은 아니다. 예를 들어 쇠청다리도요사촌과 유럽가마우지에서는 거의 모든 '바람을 피우는' 교미는 암컷의 수정기가 아닐 때 발생하고, 암컷 레이저빌에서는 일부일처제가 아닌 짝짓기를 할 때 수정할 수 없어지는 시기까지 생식기 접촉을 특별히 피하기도 한다.[137] 다른 더 복잡한 방식도 발견된다. 태즈메이니아쇠물닭 암탉과 같은 일부 종의 짝짓기 시스템은 '유전적인 일부일처제를 가진 사회적 일부다처제'로 묘사된다. 이 새들은 일부다처제 집단으로 살며, 흔히 여러 마리의 수컷들이 한 마리의 암컷과 짝짓기를 하지만 수컷 중 한 마리만 그 암컷에게서 태어난 새끼의 아비가 된다. 이것은 반대쪽 성의 새와 쌍을 형성하지만('사회적 일부일처제') 다른 파트너들과 짝짓기를 해서 새끼를 낳는('유전적 일부다처제') 새들과는 반대의 모습이다. 또한 개체가 전형적으로 짝 관계를 맺는 많은 종에서는 보통 이성애 트리오를 형성하는 개체 사이의 하위 집단이 있다.[138]

많은 짝 형성 체계는 아마도 '순차적인serial 일부일처제'로 분류할 수 있을 것이다. 평생 짝 관계를 지속하는 새들 사이에서조차 이혼은 간혹 일어나고, 많은 종에서 짝은 그보다 훨씬 더 자주 헤어지고 흔히 다른 짝과 재결합을 한다.[139] 예를 들어 검은머리물떼새에서 이혼과 재결합은 꽤 흔한 일이며, (특히 암컷에서) 어떤 개체는 평생 예닐곱 번의 연속된 짝을 형성하기도 했다. 전반적인 이혼율은 개체와 종에 따라 크게 차이가 난다. 호주큰까마귀Australian ravens와 나그네알바트로스wandering albatrosses의 0%부터, 세가락갈매기에서는 1/4, 붉은머리지빠귀natal robin의 1/3, 긴발톱멧새 쌍의 2/3, 흰턱제비house martin와 홍학 쌍의 거의 100%에 이르기까지 다양하다. 이혼은 자식을 낳지 못한 결과일 수도 있지만 많은 경우 일반적인 파트너의 부적합성을 포함해서 여러 요소의 복잡한 상호작용으로 발생한다. 이성애 가족 해체의 다른 유형도 발생한다. 예를 들어 점박이개미잡이새의 대가족은 수컷-암컷 쌍이 헤어지거나 조부모가 스스로 떠날 때 해체될 수 있다. 또 수컷과 암컷, 새끼로 구성된 혹멧돼지 가족 단위는 일반적으로 암컷만 있는 가정보다 안정적이지 않다. 1년생 흰꼬리사슴은 보통 어미에 의해 쫓겨난다. 그리고 흰기러기 가족은 청소년 개체가 떠나면 일찍 해체되기도 한다.[140]

이처럼 이성애 짝짓기와 양육 방식은 놀랍도록 다양한 형태로 나타난다. 한 가지 유형의 '가족' 구성을 모든 종이 사용하는 것도 아니고 심지어 같은 종이라고 할지라도 모든 개체가 또는 한 개체가 평생 계속 이용하는 것도 아니다. 동물의 이성애는 (동성애처럼) 진정으로 다차원적이고 다형적인 현상인 것이다.

목적이 없는 섹스 : 즐거움과 비非번식

수지는 웅크에게 등을 대고 서서 그녀의 상체를 아래로 숙였다. 웅크는 그녀의 성기를 만지기 시작했다. 같은 날… 수지는 아직 성체가 되지 않은 스미티에게 클리토리스를 핥도록 허락했다… 관찰 결과는… 수지가 오르가슴을 경험할 수 있다는 걸 암시했다… 그녀의 온몸에 전율이 흐르고 나서 몸이 굳어졌다.

— 그레이솔린 J. 팍스, 『사망의 사회동역학』[141]

수컷과 암컷이 짝짓기를 방해하는 여러 장애물을 극복한 뒤에도 그들은 흔히 번식으로 이어지지 않는 성적인 활동을 한다. 이러한 '목적 없는' 성적인 행동의 여러 다양한 형태를 확인할 수 있다. 가장 흔한 것은 수정이 불가능한 파트너나 상황에서의 이성애 섹스다. 앞서 언급한 바와 같이 많은 동물은 번식기가 아닐 때 또는 암컷이 배란하지 않을 때(생리와 임신 기간 포함)에도 일상적으로 짝짓기를 하거나 기타 성적인 활동을 한다. 이러한 비번식적 성활동은 여러 동물에서 (포유류를 예로 들면 다양한 영장류, 유제류, 식육목, 유대류, 설치류 등에서) 발견될 뿐만 아니라 모든 성적 행동의 중요한 부분을 차지한다. 예를 들어 바다오리에서는 일부 개체군 모든 교미의 약 절반이 수정할 수 없는 시기에 발생하기도 하고, 코주부원숭이와 황금사자타마린golden lion tamarins에서는 성적인 활동이 임신 중에 최고조에 달한다.[142] 임신하거나 생리 중인 모든 히말라야원숭이의 약 절반이 성적으로 활발하며, 일부 수컷은 배란 중인 암컷과 하는 것만큼 임신한 암컷과도 자주 교미한다. 실제로 이 종에서 성적인 활동은 때로 출산 중이나 출산 직후에 일어난다. 즉 수컷들이 막 출산한 암컷을 마운팅하는 것과, 도와주던 암컷들이 종종 분만 중인 암컷을 지켜보면서 자위를 하는 것이 관찰되었다. 또한 출생 과정 자체도 흰바위산양, 애닥스addax antelops, 누wildebeest 등 유제류의 몇몇 종에서는 성적인 관심(구애, 마운팅)을 일으킨다.[143] 이러한 경우 중 어느 것도 그러한 성 활동의 '기능'이 생식일 수 없다. 이성애 행동은 또한 성적으로 미성숙한 동물들 사이에서 발생한다. 성체와 청소년 사이, 유전적으로 관련된 동물들 사이, 다른 종의 구성원들 사이 그리고 때로는 살아 있는 동물과 죽은 동물 사이에서도 발생한다. 이러한 모든 예에서 번식은 최적화를 이루지 못했다(전혀 불가능하지는 않겠지만).[144]

　수정에 필요한 양을 훨씬 초과하여 짝짓기를 하는 여러 번의 교미 또한 널리 퍼져 있다. 예를 들어 고양잇과와 맹금류의 몇몇 종은 놀라울 정도로 높은 교미율을 가지고 있다. 사자는 번식기 동안 하루에 100번까지 짝짓기를 할 수 있고(한 배 새끼당 1,500번 정도), 이성애 쌍인 새매속과 아메리카황조롱이는 그들이 낳는 한 알둥지당 500~700번의 짝짓기를 할 수 있다.[145] 또한 검은머리물떼새 쌍은 번식기마다 약 700번 교미를 하고, 각각의 암컷 코브는 번식터를 방문한 24시간 동안 수백 번의 이성애 마운트를 경험하기도 한다.[146] 게다가 일부 종(예를 들어 긴부리돌고래, 쇠고래, 북극고래, 왜가리, 제비)의 동물들은 집단 성행위에 참여하는 개체 중(만일 있다면) 일부만이 실제로 자신의 유전자를 물려주고 번식한다.

　동물의 세계에서 보이는 특정한 비번식성 이성애 관습은 그 수가 많고 다양하며, 인간에서 발견되는 여러 가지 생식과 관계가 없는 성적인 관습뿐만 아니라 동성애 행동과 흔히 그 궤를 같이한다. 우선, 완전한 생식기 접촉이 수반되지 않는 마운팅(때로는 '상징', '과시' 또는 '비교미성noncopulatory' 마운팅이라고 불린다)이 광범위하게 퍼져 있다. 예를 들어 코브의 '완전한' 교미 한 번당 평균 3번의 발기를 하지 않은 마운트와 6번의 발기는 하지만 삽입이 없는 마운트가 발생한다.[147] 역마운팅(암컷이 대개 상호 생식기 접촉 없이 수컷을 마운트한다) 또한 다양한 종에서 발생하며, 때로 수컷과 암컷이 서로 순차적으로 위치를 바꾸는 '상호' 마운팅을 하기도 한다.[148] 어떤 종에서는 수컷이 종종 옆쪽이나, 성기의 삽입이나 접촉이 없는 다른 위치에서 암컷을 마운트한다. 예를 들어 일본원숭이, 물영양, 산양, 몽골야생말, 목도리펙커리, 혹멧돼지, 코알라, 목도리도요, 망치머리황새, 푸른되새가 이에 해당한다. 많은 다른 유형의 비번식적 성적 행위가 포유동물에서도 발생한다. 다양한 형태의 구강 성행위(펠라티오, 생식기 핥기, 부리-생식기 밀기를 포함해서), 손가락을 질에 삽입하기(영장류의 경우)처럼 손이나 기타 부속물(예를 들어 지느러미)을 사용한 파트너 생식기의 자극, 항문 자극, 즉 손가락을 삽입하거나 구강-항문 접촉(예를 들어 오랑우탄), 엉덩이 문지르기(예를 들어 보노보와 침팬지), 심지어 이성애 항문성교(예를 들어 오랑우탄) 등이 일어난다.

또한 자위는 수컷과 암컷 모두에서 광범위하게 발생한다. 손이나 앞발(영장류, 사자), 발(흡혈박쥐, 영장류), 지느러미(바다코끼리), 꼬리(사바나개코원숭이)를 이용한 생식기 자극처럼 다양한 창조적 기술을 사용하며, 때로는 젖꼭지(히말라야원숭이, 보노보)를 동시에 자극하기도 한다. 자기펠라티오auto-pellatio라고 할 수 있는 자신의 페니스를 핥고 빨고 비비는 행동도 있고(침팬지, 사바나개코원숭이, 버빗원숭이, 다람쥐원숭이, 가는뿔산양, 바랄, 바르바리양, 남부산캐비), 페니스를 뒤집거나, 자기 배나 포피에 문질러 자극하기도 하며(흰꼬리사슴, 검은꼬리사슴, 얼룩말, 몽골야생말), 자연사정spontaneous ejaculation(산양, 혹멧돼지, 점박이하이에나)과 무생물 물체를 사용한 생식기 자극(여러 영장류와 고래류에서 발견된다. 자세한 내용은 2장 참조)이 발견되기도 한다. 많은 새들이 풀, 잎, 흙무더기를 마운팅하고 교미하며 자위를 한다. 그리고 영장류와 돌고래와 같은 일부 포유동물들도 성기를 땅이나 어느 표면에 문질러 자신을 자극한다. 상당히 특이한 형태의 (간접) 생식기 자극이 일부 유제류에서 발생하기도 한다. 수컷 붉은 큰뿔사슴, 말코손바닥사슴, 엘크 그리고 다른 사슴 종들에서 뿔은 성적으로 흥분하게 할 수 있고 심지어 문질렀을 때 사정할 수도 있는 에로틱한 기관이다. 때로 이러한 방식으로 서로를 자극할 뿐만 아니라 이러한 종의 수컷들은 종종 식물의 덤불에 뿔을 문질러 자신을 자극하기도 한다.[149]

이성애 및 동성애(특히 영장류의 경우) 교미 동안의 자위뿐만 아니라 암컷 포유류의 자위는 클리토리스를 직접적 혹은 간접적으로 자극하는 경우가 많다(이 섹션의 시작 부분에서 영장류 종인 샤망을 설명한 것처럼). 이 기관은 모든 포유류 종과 몇몇 다른 동물 그룹의 암컷에게 존재하지만 일반적으로 과학 역사 전반에 걸쳐 동일한 반응을 끌어냈다. 그것은 아득한(그리고 당황스러운) 침묵이었다.[150] 이는 암컷 성애를 둘러싼 일반적인 침묵 때문만이 아니라 클리토리스가 종래의 생물학 이론에 심각한 도전을 제기하기 때문이다. 클리토리스의 유일한 '기능'은 성적인 쾌락으로

기쁨을 위한 섹스 : 바다코끼리(왼쪽)와 흰꼬리사슴의 자위(오른쪽)

I부

보이지만 동물의 쾌락에 대한 개념, 특히 암컷 오르가슴 현상과 관련된 것은 생물학자들이 받아들이기 어려운 개념이었다. 과학자들은 이 문제에 대해 놀라울 정도로 말을 아꼈고 심지어 이 현상이 원숭이에 대한 상세한 관찰과 실험 연구로 '증명'될 때까지 그들이 오르가슴을 경험할 수 있다는 것조차 믿지 않았다.[151]

암컷 오르가슴이 '검증'된 뒤에도 과학계에서는 암컷 오르가슴의 '기능'에 대한 논란이 끊이지 않고 있다.[152] 수컷 동물이 오르가슴을 가지고 있을 때, 즉 사정할 때 이것은 일반적으로 성적 쾌락의 추구가 아니라 정자가 암컷에게 전달되도록 보장하는 '기전'으로 설명된다. 그러나 암컷 오르가슴이나 클리토리스에 대해서는 그러한 기계적 '설명'이 가능하지 않다. 가장 최근의 암컷 오르가슴 반응의 생물학적 논의는 성적 쾌락을 '명분화'가 더 이상 필요 없는 원래 가치 있는 것으로 보기보다는, 번식과 사회적 유대감을 '장려'하거나 기여할 수 있다는 면에서 그 존재를 '정당화'하려고 시도한다. 항상 그렇듯이 암컷의 성애는 (그리고 성적 쾌락은) 달리 입증되기 전까지는 존재하지 않는 것으로 추정된다. 그리고 일단 '증명'되면 그것은 본질적인 가치를 갖기보다는 '기능' 또는 '목적'을 필요로 한다. 생물학에서 보이는 이러한 모습은 이성애로 추정하기와 동성애 정체성의 발생에 대한 '설명' 요구하기를 놀라울 정도로 닮아 있다.[153]

결론 : 21세기 생물학을 향하여

비번식성 그리고 대안적인 이성애 현상은 우리가 동물의 행동과 성애를 바라보는 전반적인 방식에 광범위한 의미를 부여한다. 동물의 사회조직과 생물학은 오로지 번식에만 집중하지 않으며 오히려 많은 경우에 번식을 막기 위해 특별히 고안된 것처럼 보일 정도다. 비록 이성애 교미는 번식을 초래할 수 있지만 이것은 최우선적인 '목표'(또는 궁극적인 '목적')라 기보다는 부수적인 결과일 뿐이다. 암수 간의 성애는 매우 다양한 형태를 취하며, 그중 다수는 성적 쾌락이 동기부여로 작용한다는 것을 인식해야 한다.[154] 그러므로 동성애가 번식 '실패'로 이어진다는 이유는 동물의 왕국에서 별로 특별할 것이 없다. 동성애는 단지 종의 영속화에 직접적으로 기여할 것으로 추정되는 '목적'이 결여된, 여러 가지 동물 행동 중 하나일 뿐이다.

또한 동성애가 과학자들에 의해 행동적 '이상'으로 여겨지지만 그 역시 독특한 것이라고 할 수 없다. 왜냐하면 그 과학자들은 자연 세계가 어떻게 구성되는지에 대한 생물학의 가장 근본적인 가정에 이의를 제기했기 때문이다. (동시에 그들은 낙인이 찍힌 인간의 행동을 반영했다) 비번식적이고 대안적인 이성애는 동성애와 똑같은 부정적인 반응을 불러일으켰다. 한 조류학자는 "최근까지도 야생 조류 사이의 [이성애] 불륜은 비정상적인 행동으로 치부되었고 수컷들은 일탈 행동을 했다든지, '아프다'든지, '호르몬 불균형'이 있다든지, 어떤 경우에는 '가정에 만족하지 못했다'라고 묘사되었다"라고 지적했다. 비슷한 식으로 갈색머리흑조의 (다른 종의 둥지를 '기생'함으로써) 부모 보살핌을 포기하는 습관은 많은 생물학자에게 (어떤 경우 아직까지도) 특히 혐오스러운 것으로 여겨졌다. 그 결과 이 흔한 종에 관한 연구는 심각하게 지장을 받아왔고, 이 종의 생물학과 사회조직의 몇 가지 기본적인 측면에 대한 정보는 최근까지도 부족했다.[155] 마찬가지로 자위, 이성애 트리오, 이종 간 짝짓기, 둥지 버리기, 역마운팅, 강제 교미와 같은 행동들은 (어떤 경우에는 10년 전쯤까지도) 모두 비정상, 일탈, 부자연스러움, 변칙적인 것으로 분류되었다.[156]

하지만 동성애와 트랜스젠더와는 달리 이러한 현상들 대부분은 더 이상 현대 생물학자들에 의해 병리적으로 받아들여지지 않으며, 이제 이 행동들이 발생하는 종의 사회적, 성적 조직의 일상적인 양상이고 '정상'

키스. 수컷 침팬지 두 마리(왼쪽)와 암컷 다람쥐원숭이 두 마리(오른쪽)가 키스하고
있다.

행동이라는 점을 인식하고 있다. 그럼에도 불구하고, 비번식적이고 대안
적인 이성애는 동성애에 대한 '설명'을 찾으려는 현재의 시도와 거의 비
슷하게 그것의 기능과 관련하여 심오한 '혼란'을 불러일으키고 있다. 예
를 들어 바다오리의 동종 부모역할(도우미 행동)에 대한 최근의 토론에서
이러한 행동의 가능한 '원인' 또는 '기능'의 목록은 동성애를 설명하기
위해 현재 들먹여진 것과 거의 동일했다. 즉 잘못된 정체성, 이성애 '연
습', 강요 또는 '조종', 호르몬적인 요소, 가족애, 부적응 등의 용어가 소
환되었다.[157] 이러한 추정상의 '목적'에 대한 뜨거운 논쟁은 여전히 대
부분의 다른 비번식적이고 대안적인 이성애에 대한 과학적인 논의를 둘
러싸고 있다. 입양, 이혼, 생식과 관계가 없는 교미, 영아살해, 둥지 버
리기, 역마운팅, 성별 분리, 비非일부일처제 짝짓기, 자위, 다중 교미, 강
간, 질 마개, 번식 억제, 번식은퇴 개체 그리고 교미할 때의 괴롭힘은 모
두 '난처하고' 논쟁의 여지가 많은 현상으로 남아 있다.[158]
　심지어 '키스'도 기능적인 '설명'을 쏟아내게 했다. 이러한 '행동'이
주는 즐거움이나 애정의 가능성에 동의할 수 없어서(아니면 동의하기 싫어
서) 생물학자들은 (심지어 인간에게서도) 키스가 의식적인 음식 교환이나,
냄새 자료를 얻으려는, 화해나 동맹의 형성 같은 (좀 더 막연하지 않은) 특

정한 사회적 '기능'의 흔적임이 분명하다고 주장했다.[159] 어쩌면 이것이 사실일지도 모르지만 그 안에는 다른 사회적이나 성적인 행동들과 마찬가지로 더 많은 것이 내포되어 있다. '키스'는 생물학적 환원주의의 한계에 대한 완벽한 상징이다. 왜냐하면 그 기원을 그러한 기능적 고려사항까지 궁극적으로 추적할 수 있다 하더라도 키스가 수행될 때마다 생물학적 '목적'을 초월한, '설명' 불가능의 형언할 수 없는 무언가가 여전히 그 제스처에 남아 있기 때문이다. 언젠가 시인 E. E. 커밍스cummings는 '메스를 쥔' 사람들이 '키스를 분해할 것'이라고 경고한 적이 있다.[160] 이제 생물학자들이 키스의 기능을 '해부'할 수 있는 분석 도구와 이론적인 틀을 가지고 있고 그렇게 하는 것에 대해 거리낌이 없다는 것을 고려하면, 아마도 그의 조언은 은유 이상의 의미로 쓰이게 될 것이다.

1923년에 한 생물학자는 지느러미발도요phalaropes(도요새의 일종)의 일처다부제(암컷이 둘 이상의 수컷과 짝짓기를 한다)는 '성기에 이상 현상이 일어난' 암컷 새의 '음탕한' 행동이 다른 암컷들을 '다혼제polygamy 경쟁에 뛰어들도록' 만들었기 때문에 발생했다고 설명했다. 반세기 이상이 지난 후에 이 역사적인 '설명'을 발견하자 한 조류학자는 과학 이론이 흔히 '당시의 열정과 편견'을 반영한다는 것을 인정하면서, "반세기 뒤에는 우리의 후임자들이 현재의 무지함으로부터 생겨난 우리의 아이디어에서 틀림없이 비슷한 즐거움을 발견할 것이다"라고 덧붙였다.[161] 생물학에 대한 '현재의 무지'의 대부분은 동성애, 트랜스젠더 그리고 비번식적이고 대안적인 이성애에 대한 생식적인 (또는 다른) '설명'을 찾으려는 외골수적인 시도에 의해 일어난다. 다음 장에서는 생물학이 존재의 가장 근본적인 수준에 조화될 수 있는지를 모색하고 생물학을 자연계에 존재하는 광범위한 행동, 성애, 성별 모음의 명백한 '무목적성purposelessness'과 어울리게 함으로써, 생물학이 어떻게 21세기로 첫걸음을 내디딜 수 있을지 살펴볼 것이다.

제6장　새로운 패러다임 : 생물학적 풍요

동성애의 '원인'이 무엇인지는 동성애를 기이하거나 변칙적으로 여기는 사회에서만 중요한 문제다. 대부분의 사람들은 통계적으로 흔히 보이는, 이성애 욕구나 오른손잡이와 같은 특징들의 '원인'이 무엇인지 궁금해하지 않는다. 일반적인 삶의 패턴을 벗어난 것으로 가정되는 개인적 속성만이 '원인'을 필요로 한다.

　　　　— 역사가, 존 보스웰

한계가 있는 것은 우리가 보는 대상이 아니고 우리의 시야다… 우리가 자신을 자료source라고 이해할 때 우리는 자연을 자료로 이해할 수 있다. 자신을 설명할 수 없고 자신의 기원에 관해 사실대로 말할 수 없다는 것을 알게 되면, 우리는 자연을 설명하려는 모든 시도를 포기하게 된다.

　　　　— 철학자이자 신학자, 제임스 P. 카스[1]

서양 과학은 200년 이상 동안 동물 동성애를 설명하려고 노력해 왔지만 동물 행동의 모든 측면을 번식과 연관시키려고 노력함으로써 상당한 문제에 부딪혔다(앞 장에서 살펴보았듯이). 동물의 동성애와 트랜스젠더 현상 그리고 더 일반적인 현상인 비번식적 이성애는 생물학의 가장 근본적인 개념 몇 가지에 대한 재고再考를 요구한다. 동성애, 이성애자 구강성교, 생식 억제와 같이 겉보기에 비생산적인 활동을 망라할 수 있는 동물의 행동과 진화에 대한 모델을 우리는 어디에서 찾아야 할까? 이 해법이 처음에는 예상 밖의 영감의 원천으로 보일 수도 있겠지만, 토착 문화 및 부족 문화에 대한 전통적인 지식이 바로 그것이다. 이러한 원주민의 세계관은 성별과 성애(동물과 사람 모두의)를 본질적으로 다중적이고 변화가 가능한 것으로 간주하는 경우가 많다. 이는 정교한 아이디어, 관찰, 학습, 자연 세계가 어떻게 돌아가는지에 대한 지식을 통합하는 커다란 해석 체계의 전형적인 일부다. 토착 신앙은 또한 동물의 행동에 대한 최근의 과학적 발견과 주목할 만한 일치성을 보여준다. 더 넓게는 카오스 과학, 포스트다윈주의의 진화, 가이아 이론, 생물다양성 연구, 일반 경제 이론과 같은 '새로운' 서양의 과학적이고 철학적인 관점으로부터 나온 많은 아이디어와도 일치하는 점이 있다.

이 장에서는 이러한 두 가지 주요 사상(토착적 사고와 '현대적 사고')을 자연 세계를 바라보는 새로운 방식으로 통합하는, 생물학적 풍요Biological Exuberance의 개념을 소개하고자 한다. 이 견해는 진화와 생물학에 대한 많은 정통적인 생각들과 일치하면서도 동시에 관점의 급진적인 변화를 제공할 것이다. 전통적으로 희소성과 기능은 생물학적 변화의 주요 요인으로 여겨져 왔다. 생물학적 풍요의 본질은 자연계가 제한과 실용성에 의해 움직이는 만큼이나 풍요와 과잉에 의해서도 움직인다는 것이다. 이러한 관점에서 보면, 동성애와 비번식적인 이성애는 '예상된' 일이고 다른 많은 표현형을 가지고 있는 생물학적 체계의 전반적인

'낭비'의 한 증거일 뿐이다.

왼손잡이 곰과 양성의 화식조 : 생물학에 토착지식 알려주기

서양 과학에서 동성애는 이례적인 행동이며(동물과 인간 모두에서), 무엇보다도 '설명'이나 '원인' 또는 '이유'를 필요로 하는 예상치 못한 행동이다. 이와는 대조적으로 전 세계의 많은 토착 문화에서 동성애와 트랜스젠더는 인간과 동물 세계 모두에서 일상적이고 발생이 예상되는 일이다. 서양 과학에 의한 동물의 동성애와 트랜스젠더에 대한 산발적인 관심은 2세기가 조금 넘을 뿐이지만 원주민 문화는 수천 년 동안 동물들의 성적 체계와 성별 체계를 포함한 자연 세계에 대해 방대한 지식을 축적해 왔다. 그렇다면 서양의 과학이 토착 자료에서 무언가를 배울 수 있을지도 모른다는 것은 누가 봐도 사리에 맞다. 이 섹션에서는 전 세계의 동물(및 인간) 동성애와 트랜스젠더에 대한 전통적인 부족의 믿음에 대해 살펴보고, 이러한 생각이 현대 과학 연구에 어떤 관련이 있는지 살펴볼 것이다.

동물의 동성애와 트랜스젠더에 대한 원주민의 견해

동물(및 인간) 동성애와 트랜스젠더에 대한 아이디어는 서로 다른 대륙의 세 가지 복합문화에서 두드러진다. 북미 원주민, 뉴기니와 멜라네시아 부족, 시베리아와 북극 원주민이 그것이다. 동물의 성적性的 및 성별 변동성에 대한 믿음은 이러한 각 지역의 여러 문화에서 체계적으로 반복되며, 인간 동성애와 트랜스젠더에 상응하는 인식이나 평가와 그 궤를 같이한다. 이러한 믿음이 존재하는 문화가 세계에서 유일한 것은 결코 아니지만 비교적 광범위한 인류학 연구를 통해 이 주제에 대한 토착적인 견해가 특히 이 지역에서 잘 문서화되었다. 이러한 문화들은 성별과 성애에 관한 원주민의 지식 체계에 대한 유용한 소개가 될 것이고, 다른 토착 문화에서 접하게 될 가능성이 있는 세계관을 대표하는 것으로 받아들여질 수 있다.[2] 게다가 그러한 믿음들이 취하는 형태는 각각의 지역이 현저한 유사성을 보여준다. 동물 동성애와 트랜스젠더에 대한 원주민의 생각은 네 가지 주요 문화 형태로 암호화되어 있다. 이 네 가지는 인간 동성애 및 트랜스젠더와 관련한 토템 또는 상징적 연관성, 동물의 성적 및 성별 변동성에 관한 강력한 교차 성별cross-gender의 형상이나 신성한 이야기('신화')가 나오는 특정 종의 변이성mutable 성별이나 비이중성nondualistic 성별에 대한 믿음, 일상적인 활동의 의례적인 역전이 동반된 동물 동성애와 트랜스젠더의 의식적인 재현 또는 표현, 간성intersexual 생물과 비번식성 생물들을 장려하고 가치를 두는 동물 사육 관행이 그것이다.[3]

— 북미 : 두-영혼, 모습을 바꾸는 자, 사기꾼 - 변신자

대부분의 북미 원주민 부족들은 인간의 동성애와 트랜스젠더가 '두-영혼two-spirit'(때로 버데이크berdache로 알려져 있다) 역할을 하는 것으로 정식으로 인정하며 이를 존중한다. 이 두-영혼은 이성 또는 양성의 옷을 입고, 남성과 여성 둘 다의 (또는 주로 '반대쪽 성별'의) 활동을 하고, 같은 성의 관계를 맺음으로써 성별 범주를 혼합하는 신성한 남자 또는 여자다. 전 세계 많은 토착 문화에서 동성애자와 트랜스젠더 개인들이 흔히 하는 것처럼 두-영혼인 사람들은 종교적 기능이나 영매 기능을 수행하며(예를 들어 성별 간이나 인간과 동물 사이, 또는 영혼의 세계 사이에서), 흔히 공동체에서 무당이나 치유자 또는 중재자 역할을 수행한다.[4] 많은 아메리카 원주민 문화에서 어떤 동물들은 상징적으로 두-영혼과 연관되어 있으며, 흔히 창조 신화나 최초의 두-영혼이나 '초자연적인' 두-영혼과 관련한 기원 전설의 형태로도 나타난다. 예를 들어 오토족은 몇몇 기원 전설에서 엘크(와피티)를 의상도착을 하는 동물로 묘사하며 원래 두-영혼이었던 것으로 간주한다. 결과적으로 이 문화에서 두-영혼은 항상 엘크 일족의 것이다.[5] 주니족의 창조 이야기는 어떻게 남성도 여성도 아닌, 하지만 동시에 남성도 되고 여성도 되는, 최초의 두-영혼 생물들이 신화 속의 형제-자매 쌍의 12명의 자손으로 태어났는지에 관한 것이다. 이 생물 중 몇몇은 사람이었지만 한 마리는 박쥐였고 다른 한 마리는 늙은 사슴이었다.[6] 음식의 기원을 설명하는 벨라쿨라의 누살크족 이야기 〈어떻게 연어가 이 세상에 오게 되었나〉에서는 첫 번째 두-영혼이 모든 동물들(큰까마귀, 가마우지, 두루미, 물수리, 매, 밍크)과 동행해서 최초의 연어를 찾는 긴 카누 여행을 떠난다. 두-영혼이 사람이 먹을 수 있는 최초의 열매를 가져오는 동안 각각의 동물들은 다른 종류의 연어를 찾는다. 이러한 신화 속의 여정은 카미아족(티파이, 남부 디구뇨)의 이야기에서도 나타나는데 이 이야기에서는 신성한 두-영혼과 그(녀)의 쌍둥이 아들들이 여러 새들의 (그중에서도 까마귀) 깃털을 머리장식에 사용한다.[7] 마지막으로, 나바호족의 모스웨이Mothway 기원에 관한 이야기는 베고치디라고 알려진 특별한 인물의 모험에 관한 것이다. 신성한 사기꾼이고 모습을 바꾸는 자이자 세계의 창조자이며 두-영혼인 베고치디는 금발(또는 적발)을 한 파란 눈의 신으로서 동물과 인간, 남자와 여자, 나바호족과 나바호족이 아닌 사람을 중재한다. 그(녀)는 나비와도 밀접한 관련이 있다. 나방과 나비의 고향에서 태어난 베고치디는 나비 인간을 기르는 일을 담당하며, 흔히 수컷과 암컷 나비 모두와 자위행위를 하거나 애무한다.[8]

다른 북미 원주민 문화에서, 동물과 트랜스젠더나 동성애의 관계는 개인의 비전 퀘스트*나 두-영혼과 연결된 토템 생물체의 형태를 취한다. 예를 들어 다코타족, 라코타족, 퐁카족과 같은 다양한 수Siouan 부족들은 들소가 나오는(특히 자웅동체 들소나 흰색 들소 송아지가 나오는) 신성한 꿈을 꾸기도 하고, 검은꼬리사슴(노새사슴)의 형태로 나타나는 이중 여성Double-Woman의 비전에서 남자나 여자가 두-영혼이 되기도 한다. 이때 두-영혼이 되는 수족 남자인 오마하의 소명은 부엉이에 의해 발표될 수도 있다. [9] 치시스타스족(샤이엔족)의 천둥새와 관련된 한 비전 퀘스트에서는 어떤 사람이 콘트래리Contrary 모임의 일원이 되는 운명에 처한다. 콘트래리는 (이성애적으로) 독신주의자이고, 검독수리나 해리스매와 같은 존재이며, 모든 것을 반대로 하고, 때로는 두-영혼의 사람들과 관계를 맺는 자들이다. 이렇게 (콘트래리와 두-영혼처럼) 성적 및 성별 변동성의 모습을 나타내는 것은 찌르레기orioles나 풍금새tanagers같이 주황색이나 붉은색을 띠는 조류와 상징적인 연관이 있을 수 있으며, 잠자리와도 관련이 있을 수 있다. [10] 아라파호족 사람들은 두-영혼을 새나 포유류가 주는 초자연적인 선물이라고 믿고, 히다차족의 두-영혼은 전형적으로 의식용 복장의 일부로서 머리에 까치 깃털을 달고 다닌다. 이것은 이 문화에서 까치와 연관된 강력한 성스러운 여성들과의 관계를 상징한다. [11] 어떤 경우에 개별적인 두-영혼 샤먼들은 특정한 동물의 힘을 불러일으킬 수 있다. 예를 들면 톨로와족 두-영혼 샤먼을 위한 늑대 수호자나, 스노콸미족의 두-영혼 샤먼인 헤이윗haywič(루슛시드어語 또는 푸겟 사운드 살리시어語)을 위한 회색곰 수호자가 이에 해당한다. [12]

곰은 동성애나 트랜스젠더와 관련해서 북미 원주민 문화에서 더 큰 역할을 한다. 북미의 많은 부족을 망라해서 특히 왼손잡이 곰과 두-영혼 사이의 매력적인 연관성이 반복해서 나타난다. [13] 수많은 캐나다 원주민

---

* 비전 퀘스트는 북미 원주민에서 보이는 특징적인 초자연적인 경험으로서 보호정령과 개인이 교감하며 충고나 보호를 얻는다.

에서 (예를 들어 누차널스족(누트카족), 쿠터네이족, 케레스족, 위네바고족과 같은) 곰은 강력한 성별 교차cross-gendered 인물로 나온다. 이 부족들에서 곰은 남성성과 여성성의 요소들이 결합하고 있는 것으로 생각되며, 동시에 성별 사이와 인간과 동물 사이의 중재자로 여겨진다(이 부족에서도 역시 나타나는 인간 두-영혼의 역할과 비슷하다). 곰의 힘, 크기, 강렬함은 본질적으로 남성의 속성으로 간주된다. 하지만 곰은 흔히 이러한 문화에서 여성으로 인식되며 생물학적 성별과 관계없이 여성 대명사와 여성 용어로 언급된다. 게다가 많은 유명한 곰 이야기와 의식은 여성 곰, 특히 전지전능하고 생명을 주는 어미 곰Bear Mother 인물에 관한 것이다(이 인물은 주로 신화적인 결혼을 하거나 성교를 하고, 인간으로 변신한다).[14] 또한 곰과 생리 사이에는 일관된 연관성이 있다. 많은 아메리카 원주민들은 여성이 생리기간에 숲으로 들어가면 위험하다고 믿고 있는데 그 이유는 여성이 그들과 짝짓기를 하려고 하는 곰을 유혹할 것으로 여기기 때문이다. 다른 부족들은 신화적으로 곰을 생리혈과 연결시키기도 하고, 다른 관점에서는 곰이 특히 사춘기를 시작한 인간 암컷에게 강하게 끌린다고 생각한다.[15]

가장 주목할 만한 것은, 두 (생물학적) 성별의 곰들을 왼손잡이로 (이러한 문화에서 전통적으로 여성과 관련된 자질이다) 생각한다는 점이다. 그리고 곰 의식Bear rites은 흔히 왼손으로 하는 활동을 요구한다. 실제로 왼손잡이 곰에 대한 믿음은 몇몇 부족에서 의식 생활의 모든 측면에 퍼져 있다. 예를 들어 밴쿠버섬의 누차널스 문화에서 곰 사냥꾼들은 곰이 왼쪽 발로 미끼를 잡으려고 내민다고 믿기 때문에 사냥감과 동일화를 위해 왼손으로 음식을 먹는다(이는 곰 사냥꾼에게만 허락된다). 현대의 누차널스 화가이자 이야기꾼인 조지 클루테시George Clutesi가 전해준 것과 같은 신화와 이야기에서, 침스미트라는 곰은 어미가 왼쪽 발로 딸기를 따는 동안 왼쪽 발로 연어를 잡는다. 클루테시는 왼쪽 발로 연어를 때리는 곰의 그림으로 이야기 중 하나를 설명한다. 왼손잡이는 심지어 언어의 구조에도 암호화되어 있다. 즉 누차널스족은 말할 때 왼손잡이 사람이 말하고 있거나 언급되고 있음을 나타내는 특별한 접사를 단어에 추가할 수 있다. 당연히 이 '왼손잡이 일컫기'는 신화나 이야기 그리고 농담에서 곰을 지칭할 때도 전형적으로 사용한다.[16]

여러 캐나다 원주민의 신성한 설화와 신화, 특히 장난스러운 사기꾼-변신 인물이 등장하는 이야기는 동물과 동성애나 트랜스젠더 사이의 또 다른 연관성을 드러낸다. 흔한 주제는 수컷 코요테가 자주 성별을 바꾸거나 성별 특성을 섞거나 반대쪽 성별인 척하는 방법으로 수컷 산사자나 여우 또는 다른 동물과 (때로는 남자와도) 결혼하거나 성관계를 한다는 것이다. 오카나간족의 이야기 〈코요테, 여우, 검은표범〉에서 코요테는 암컷인 척하면서 검은표범(산사자)을 속여 결혼한다. 따라서 이 문화에서 인간 두-영혼이 나타나는 것은 코요테가 정한 것으로 간주한다. 비슷한 이야기들이 많은 다른 문화권에서도 발견된다. 실제로 아라파호족 이야기는 이 주제를 니하카(최초의 두-영혼) 이야기 속의 초자연적인 두-영혼과 섞었다. 니하카가 여자인 척하고 산사자(남성성의 상징)와 결혼한 것이다. 사기꾼 주제는 또한 많은 다른 형태를 취한다. 예를 들어, 폭스족 인디언들에게는 한 수컷 거북이가 속아서 인간 사기꾼 인물과 섹스를 하게 된다는 이야기가 전해지는데 그 사기꾼은 엘크의 비장으로 외음부를 만들고 도펀Doe-Fawn이라는 여자로 변장한다. 위네바고족 사기꾼 남자도 엘크의 내장 기관을 사용해 여성의 일부를 만들고 나서 여우와 큰어치 등 많은 수컷 동물들과 성관계를 맺음으로써 임신을 하게 된다.[17]

두-영혼은 여전히 많은 캐나다 원주민들에게 살아 있는 전통으로, 현대 북미 원주민들의 이야기와 인생 이야기 그리고 시 속에서 동성애와 트랜스젠더를 가진 동물들과의 지속적인 연관성을 보여준다. 두-영혼인 모호크족 작가 베스 브랜트Beth Brant는 그녀의 이야기 〈코요테는 새로운 속임수를 배운다〉에서 사기꾼 주제에 성별 변환을 준다. 이 이야기에서 암컷 코요테는 남장을 하여 여우를 속이고 함께 자려고 한다. 하지만 이 농담은 코요테를 놀리는 것이다. 왜냐하면 여우는 속은 시늉만 하고 둘은 변장 없이 사랑을 나누기 때문이다. 윈투족인 다니엘-해리 스튜어드Daniel-Harry Steward는 〈코요테와 테호마〉에서 수컷 코요테와 '연기 나는 산의 신神'인 잘생긴 남자 테호마 사이의 사랑에 관한 시적인 이야기를 들려준다. 이 우화에서 테호마가 별로 바뀌게 되자 코요테는 남자 애인을 쓸쓸하게 부르게 되는데 이 신화적인 코요테 조상의 비통함 때문에 지금도 야생 코요테가 울부짖는다고 한다. 앤 캐머런Anne Cameron이 녹음한 전통적인 누차널스 설화의 현대판 '곰의 노래'에서는 어미 곰 신화의 인간과 동물 사이의 결혼이 레즈비언으로 바뀌어서 재연된다. 젊은 여성이 (생리하는 여성은 곰의 관심을 끈다는 경고를 무시하고) 숲으로 들어가 암컷 곰의 관심을 끈다. 그들은 사랑에 빠지고 곰의 굴에서 '영원히' 함께 살게 된다. 현대의 두-영혼인 테리 타포야Terry Tafoya(웜스프링의 스타오스족), 도일 로버트슨Doyle Robertson, 베스 브랜트Beth Brant에게 잠자리, 매, 독수리, 왜가리, 연어와 같은 생물들은 강력한 개인적이고 상징적인 공명을 불러일으키며, 두-영혼 작가이자 활동가인 크리스토스Chrystos(메노미니족) 또한 새나 다른 동물 형상으로 충만해 있다.[18]

토착 문화의 사기꾼 같은 인물은 동물 동성애와 트랜스젠더의 또 다른 모습에서 중심적인 역할을 한다. 즉 성스러운 의식을 할 동안 같은 성 활동을 의례적으로 연기할 때 나타난다. 노스다코타 주의 수족의 하나인 맨던족에서는 오키파라고 알려진 멋진 종교 축제가 들소 사냥의 성공을 기원하고 우주관을 극화하기 위해 최소 5세기 동안(1800년대까지) 매년 열렸다.[19] 성스러운 집단 댄스, 주문, 고대 예식 사투리 기도로 가득 찬 4일간의 의식에는 주술적인 자해 의식(입회자를 꼬치로 꿰고 잡아당기는 등의), 놀라운 육체적 인내의 위업, 사실적인 성적 형상이 등장한다. 축제

와이오밍에서 들소 한 마리가 또 다른 수컷을 마운팅하고 있다. 많은 아메리카 원주민들은 전통적인 믿음, 의식 그리고 이(그리고 다른) 종의 성적 및 성별 변동성과 관련된 견해를 가지고 있다.

동안 들소를 대표하는 남자들이 특별한 들소춤Bull dance을 공연한다. 그들은 들소의 머리와 가죽 전체를 덮어쓰고 들소의 움직임을 사실적으로 묘사한다. 주변에는 다양한 동물 복장을 한 댄서들과 성스러운 여성을 가장한 남성들이 둘러싼다. 이 춤은 수컷 들소와 오케히데Okehéede라고 불리는 광대 같은 인물 사이의 상징적인 동성애 활동으로 마지막 날에 절정에 달한다. 이때 오케히데(바보 같은 사람, 부엉이 또는 악의 영혼 등 다양한 이름으로 알려져 있다)는 완전히 검은색으로 칠하고 들소 꼬리와 들소 털로 장식한다. 거대한 나무 페니스를 휘두르는 오케히데는 '발정기 수컷 들소의 자세'로 수컷 들소를 뒤에서 마운팅하여 항문성교를 모사한다. 그는 각 무용수의 동물 가죽 아래로 음경을 세워 집어넣고 심지어 들소가 사정할 때 하는 특징적인 찌르기 도약도 흉내 낸다. 맨던족은 이러한 동성애 의식이 다음 시즌에 들소의 복귀를 직접적으로 보장한다고 믿는다.[20]

성적 및 성별 변동성에 대한 의례적인 '공연'은 치시스타스(샤이엔)족의 마싸움Massaum 의식과 같은 몇몇 다른 북미 원주민의 신성한 동물 의례에서도 행해진다. '미친' 혹은 '콘트래리' 동물 춤(마산나massane라는 단어의 바보 같은, 미친 또는 정상과 반대로 한다는 뜻에서 나왔다)으로도 알려진 이 2,000년 된 세계 재창조 축제는 1900년대 초반까지 매년 북부 평원에서 열렸다. 한여름 하늘의 주요 천체 사건들(동지에 세 개의 별이 일렬로 서는)과 때를 같이하여, 마싸움의 의식 주기에서 두-영혼과 '콘트래리' 무당들은 지구와 모든 생물에게 활력을 불어넣기 위해 힘을 불러 모은다. 닷새 동안의 이 의식은 인간 대리인의 형태로 의식의 재현을 지휘하는 불멸의 양성 샤먼인, 예언자 모츠예프Motseyoef에 의해 치시스타스족에게 전해진 것으로 생각된다. 마싸움의 눈에 띄는 특징은 한 쌍의 신성한 들소 뿔인데 원래 자웅동체 들소에서 가져온 것이다. 중앙 참가자 중에는 신성한 수컷과 암컷 갯과동물들도 있는데 모두 동물 가죽 옷을 입고 그 생물의 행동을 흉내 내는 남성들로 구성되어 있다. 두 마리의 늑대 (수컷 붉은(또는 노란) 늑대 한 마리와 암컷 흰색(또는 회색) 늑대 한 마리)도 있고, 암컷 키트여우kit fox 한 마리도 있다. 이 동물들은 사냥꾼이자 샤냥감 보호자이자 영혼 세계의 전령으로서 인간들에게 올바른 존경심과 기술로 사냥하는 법을 가르친다. 마사움은 치시스타스족 인구의 거의 1/6이 참여해서 그들 세계의 모든 다양한 생물들을 흉내 내는, 서사시적 규모의 의식적인 사냥으로 절정에 달한다. 각각의 종들은 그 동물의 독특한 방식으로 행동하는 것을 묘사한 누군가에 의해 출연한다. 마지막 날 양성의 콘트래리 샤먼들은 신성한 광대 짓을 시작하고, 거꾸로 일하며, 일반적으로 괴팍한 방식으로 행동한다. 신성한 '미친' 짓의 일부로서 특별한 미니어처 활과 화살을 거꾸로 잡고 동물을 '쏘아' 상징적으로 동물을 사냥한다. 의례적으로 각 생명체를 죽이면 그들은 즉시 그것을 되살려서 지구의 신성한 재생과 수정을 돕는다. 치시스타스족은 두-영혼과 콘트래리 샤먼이 자신과 그들의 행동 안에 원초적인 대립 요소를 모음으로써 세계의 완전한 회복의 중요한 용기容器가 된다고 본다.[21]

또한 의례적인 트랜스젠더는 들소 복장을 한 샤먼이 주재하는 소녀의 사춘기 의식인 오글랄라 다코타족의 들소 의식에서도 볼 수 있다. 이 의식 동안 샤먼은 들소의 암수 모두의 특성을 결합한다. 그는 들소 수컷의 구애하는 행동을 흉내 내지만 얼굴은 암컷 들소를 상징하는 무늬로 칠해져 있고, 암컷 들소라는 단어로 지칭된다. 호피족 들소춤에서도 마찬가지로 들소를 연기한 남자들은 여성의 옷을 입고, 여성 무용수들은 남성의 의상을 입는다. 다른 신성한 의식인 푸에블로족의 카치나kachina 의식에서도 몇몇 암컷 동물 형상들은 남자 댄서들이 흉내를 낸다. 예를 들어 호피족 여신인 탈라툼시Talatumsi 혹은 여명의 여인Dawn woman은 수컷 큰뿔양의 어머니인데 암컷 산양으로 분장한 남자가 묘사한다. 호피족 의식의 외설스러운 카치나 광대들은 때로 들소와의 성관계를 흉내 내는데 한 남자가 당나귀인 척하면 다른 남자가 뒤에서 그를 마운트한다. 주니족에서 동물 수태를 관장하는 여신인 챠크웨나Chakwena도 (토끼와 다른 사냥감 동물의 어머니) 남성이 흉내를 낸다. 토끼의 피가 다리에 떨어지는 형태의 의식적인 월경과 4일간의 출산 의식 연기는 여성의 생식력을 상징적으로 보여주는 것이다. 또한 동물의 탄생 의식도 원투족 두-영혼의 샤먼과 관련이 있다. 예를 들어 어떤 샤먼 남자는 생리 기간을 경험하고 뱀 한 쌍을 낳았다고 믿었다.[22]

북미 원주민의 의례와 성적 및 성별의 다양성에 대한 믿음은 때로 동물 사육의 영역으로 확대된다. 이러한 예는 나바호족에서 볼 수 있다. 훌륭한 양치기와 염소치기를 갖춘 이 남서부 부족은 수세기에 걸쳐 가축을 돌보는 정교한 동물 관리 기술을 개발해 왔다. 그들의 실용적인 지식은 나바호족의 인식에 의해서도 알 수 있는데 그들은 모든 생물체의 성별과 성적인 가변성을 존중한다. 전통적으로 자웅동체인 양과 염소는 다른 동물의 생식력을 높이고 번영을 가져다준다고 생각했기 때문에 양 떼의 필수적이고 소중한 구성원으로 여겨졌다. 이러한 이유로 절대 죽이지 않았으며, 그들의 존재는 몇 가지 의식행위에 의해 더욱 장려되었다. 예를 들어 사냥꾼들이 간성 사슴이나, 가지뿔영양, 또는 산양을 잡으면 잡은 동물의 생식기를 가축 무리의 암컷 꼬리와 수컷 코에 문질렀다. 이렇게 하면 양 떼에서 더 많은 자웅동체 양과 염소가 태어나는 결과를 낳는 것으로 여겼기 때문이다. 덧붙여 양 떼의 성장과 우유 생산을 증가시키기 위해 간성 동물의 위에서 나온 레닛*을 양의 등에 문질렀다. 야생동물과 길들인 동물 모두에서 트랜스젠더의 이러한 융합적인 가치는 나바호 신화와 우주론에도 반영되어 있다. 앞서 설명한 신성한 두-영혼인 베고치디는 사냥감 동물과 길들인 생물 모두의 창조자로 여겨진다. 그(녀)는 사냥꾼들에게 몰래 다가가 고환을 움켜쥐어 목표를 놓치게 하는 장난꾸러기일 뿐만 아니라 사냥의 신이자 추적 기술과 사냥 의식을 사람들에게 가르치는 수호자이기도 하다. 또한 베고치디와 관련된 사냥 의식 중 일부는 의례적 역전ceremonial reversals을 행하기도 한다. 예를 들어 죽은 사슴의 가죽을 떼어낸 후 머리를 사체의 둔부 위에 놓고, 때로는 사슴의 꼬리를 입 부위에 가져다 댄다.[23]

─ 뉴기니 : 남성 모성과 양성의 살아 있는 비밀

북미 원주민 문화에 여러 번 나타나는 것 외에, 동물과 인간의 동성애와 트랜스젠더에 대한 믿음은 뉴기니와 멜라네시아 원주민들 사이에서도 두드러지게 나타난다. 동성애나 트랜스젠더 동물들이 그들의 신념 체계에서 폭넓은 면을 차지하는 상황에서, 동성애도 많은 부족에서 똑같이 인간사회와 의식 상호작용의 중요한 측면을 차지한다. 많은 문화에서 모든 남성은 동성애 입회의 기간을 몇 년 동안 겪는다(청소년 전前 단계부터 젊은 성인 시기까지). 성인 남성의 정액은 남자아이의 '남성화'에 필수적인 물질로 간주하며, 따라서 성인은 구강성교 또는 항문성교를 통해 젊은 남성을 '수정'한다. 다른 형태의 성적 및 성별 변동성도 존재한

---

* 레닛은 우유를 치즈로 만들 때 사용하는 응고 효소다.

다. 예를 들어 삼비아와 비민-쿠스민 문화는 인간들 사이의 '제3의 성'을 인식하고 있고(자웅동체와 간성 개인에게 적용된다), 삼비아족은 또한 동성애 펠라티오를 통해 최초의 인간이 만들어진 것으로 믿는, 남성 단성생식parthenogenesis과 관련된 유명한 기원 신화를 가지고 있다. 의식적인 복장도착은 일부 뉴기니 부족들에서도 보이는데 '남성 생리'와 관련된 믿음이나 의례에서 나타난다(흔히 음경에서 피를 흘리는 것으로 의례화한다).[24] 이 문화들에서도 많은 동물이 동성애와 상징적으로 그리고 의식적으로 관련이 있다. 예를 들어 삼비아족은 동성애 활동의 입회와 참여의 다양한 단계를 표시하기 위해 라기아나극락조, 칼랑가앵무새kalanga parrot 그리고 몇몇 종의 청해앵무를 포함한 몇 가지 새들의 깃털을 소년과 청소년들이 의례적으로 착용한다. 아이이족 간의 동성애적 유대관계는 두 남자가 극락조 토템을 공유하는 것으로 상징하는데 이는 남성 커플이 가지는 공동 토지 소유권의 의미도 내포하고 있다. 그리고 마린드아님 부족에서, 왈라비, 검은머리황새jabiru stork, 화식조cassowary는 상징적으로 동성애와 관련이 있다.[25]

동물의 성 변동 체계(새끼가 전부 암컷으로만 태어나는 것과 다양한 형태의 성변환을 포함해서)에 대한 믿음은 몇몇 뉴기니 문화권에서도 나타난다.[26] 삼비아 사람들은 주머니쥐opossums, 나무타기캥거루 그리고 나무에 사는 다른 유대목 동물은 삶을 암컷으로 시작했다가 나중 성체가 될 때 일부 개체만 수컷이 된다고 생각한다.[27] 따라서 토착적인 개념에서 이러한 종의 생애 주기에는 최종적으로 수컷이 될 동물이 보이는, 일종의 순차적인 성변환이 나타난다. 이와는 대조적으로 능계뉴nungetnyu(극락조나 바우어새의 일종)는 평생 암컷으로만 존재한다고 여겨진다. 삼비아족은 성별이 바뀐 것을 제외하고는(모두가 암컷인 새 무리 대對 모두가 남성인 인간 집단) 이 종의 공동 구애춤이 자신들의 춤 의식과 같다고 여긴다.[28] 다른 새들도 여러 가지 성변환을 겪는 것으로 여겨진다. 즉 암컷으로 삶을 시작했다가, 일부는 성체 때 잠시 밝은색의 깃털을 발달시켜 수컷 새가 되었다가, 늙으면 다시 암컷으로 돌아간다고 믿는다. 비민쿠스쿠스족 또한 극락조의 몇몇 종이 삶 동안 다양한 성별 전환을 겪는다고 믿지만 그 순서는 반대다. 즉 깃털이 밝게 난 개체는 암컷으로 간주하고, 칙칙한 깃털이 난 개체는 수컷으로 간주한다. 비슷한 방식으로, 쏙독새nightjar 의 한 종에 성별의 일일 변화가 있다고 믿는다. 이 야행성 새들이 낮에는 수컷이든지 암컷이든지 하지만 밤에는 수컷과 암컷 모두가 된다고 여긴다.[29] 베다미니족, 오나바수루족, 비민쿠스쿠스족에서도 성변환에 대한 비슷한 생각이 붉은야자나무바구미sago beetles와 그 유충에 대해 나타난다.

아마도 동물에서 성별이 모호하거나 모순되는 것에 대한 믿음의 가장 특이한 예는 화식조일 것이다. 뉴기니와 오스트레일리아 북부에 사는 화식조는 날지 못하는 커다란 타조처럼 생겼는데 많은 뉴기니인은 이들을 양성兩性이거나 성별이 혼합된 생물로 간주한다. 화식조는 흔히 뉴기니 문화에서 중요한 신화적 지위를 차지하고 있다. 이러한 문화에서 화식조는 전통적으로 남성적이라고 여겨지는 힘, 대담성, 흉포함 같은 여러 신체적 특성이 있다. 즉 강력한 다리와 발, 면도날 같은 날카로운 발톱(사람에게 심각한 치명상을 입힐 수 있다)이 있다. 또한 공룡을 닮은 뼈로 된 헬멧 혹은 '투구casque'(정글을 통과할 때 사용한다)가 있으며, 날개 깃털 대신 위험할 정도로 날카로운 가시 깃털을 가지고 있다. 게다가 꿩음('전쟁 트럼펫 같은 소리'로 묘사되는)을 내고, 늘어진 목 주위 피부는 밝은 파란색과 빨간색이며, 당당한 체격(키는 1.5미터 이상, 일부 종에서는 45킬로그램이 넘는다)을 가졌다. 하지만 또한 수많은 뉴기니인은 화식조를 종 전체가 모두 암컷으로만 구성된 것으로(혹은 각각의 새가 동시에 수컷이자 암컷인 것으로) 여기고, 흔히 문화적으로 여성적인 요소와 연관 짓는다.

예를 들어 삼비아인들은 모든 화식조를 '수컷화한 암컷'으로 간주한다. 즉 생물학적으로는 암컷이지만 질이 없으며 수컷의 특성이 있다고 본다(번식이나 '새끼를 낳는' 것은 항문으로 한다고 생각한다). 마찬가지로 미안민족도 화식조를 양성 형태라고 생각한다. 즉 화식조가 페니스는 가지고 있지만 모두 암컷이라고 보는 것이다. 미안민족의 한 설화는 페니스를 가진 여성이 어떻게 화식조로 변했는지에 대해 말하고 있다. 이 신화적인 비유는 몇몇 다른 뉴기니인들의 신성한 이야기에서도 발견된다. 다른 문화들은 전통적인 우주론과 기원 신화에서 화식조를 창조적인 존재이자, 음식과 인간의 생명을 창조한 강력한 여성 창조자라는 독특한 위치로 올린다. 칼룰리족이나 케라키족처럼 의례화한 동성애를 행하는 여러 다른 부족들에서도 이 화식조는 여성성과 남성성의 요소들을 결합하는 것으로 여겨진다. 많은 북미 원주민 문화의 교차 성별cross-gender 곰형상과 놀랍도록 유사하게 화식조도 동물 세계와 인간 세계 사이의 일종의 중개자로 여겨진다. 인간과 화식조 사이에 신화적인 변신을 하거나 결혼을 하는 것에 덧붙여, 몇몇 부족에서는 이 생물을 전혀 새로 보지 않고 인간과 같은 범주로 분류하기도 한다. 이는 화식조의 덩치와 직립해서 두 다리로 걷는 걸음걸이가 인간과 비슷하기 때문이다. 와리스족과 아라페쉬족은 수컷-암컷의 이미지와 새-포유류의 모습을 합쳐서 화식조가 수컷과 암컷 모두 목의 육수나 가시 날개로 새끼에게 젖을 먹인다고 믿는다.[30]

더불어 화식조의 성별 혼합에 관한 의례적인 공연도 행해진다. 예를 들어 우메다족은 아이다Ida라는 풍요제에서 두 명의 화식조 댄서가 의상과 움직임, 상징성에서 남성과 여성 요소를 결합하는 중요한 특징을 보여준다. 새 흉내를 내는 댄서들은 둘 다 남자이고 수컷 화식조를 가리키는 이름으로 불린다. 하지만 이들은 이 부족 조상 어머니(댄서의 여성 수호자 정령 역할을 한다)와 동일시된다. 신화시대에는 전체 의식이 남자들 없이 여성들만으로 치러졌다고 한다. 또한 각각의 화식조 댄서들은 큰

많은 뉴기니 원주민은 화식조가 강력한 양성 생물이라고 여긴다. 이 그림은
황금목화식조 *Casuarius unappendiculatus*다.

검은색 박으로 만들어진 과장된 음경을 페니스의 귀두 위에 착용하고 있
지만 들고 있는 거대한 마스크나 머리장식물(야자수나 화식조의 깃털을 상
징한다)은 여성스러운 상징으로 가득 차 있다(껍질 안의 내부 층의 형태로).
화식조 흉내를 내는 사람들의 춤은 그들의 남성성을 강조한다. 율동감
있게 엉덩이를 튀기거나 움직여 페니스 박이 위로 튀어 올라 허리띠를
치도록 해서 교미하는 동작을 하는데 밤새도록 의식을 치르는 동안 음경
모양 기관이 엄청나게 길어진다고 한다. 동시에 두 남자는 흔히 손을 잡
고 짝지어 춤을 추기도 하는데 이러한 활동은 우메다족의 여성 댄서들에
게서만 볼 수 있는 동작이다.[31]
　성별이 혼합된 화식조 모습은 비민쿠스쿠스족 사이에서 가장 정교하
게 나타난다. 뉴기니 중부의 외딴 고원에 사는 이 부족의 신념 체계에
서 화식조는 양성 모습의 동물들과 성변환을 한 동물들이 이루는 만신
전pantheon 전체를 관장하고 있으며, 성전환 특성을 의례적으로 공연하
는 특별한 인간 대표자의 모습을 통해 물리적으로 구현된다. 비민쿠스쿠
스족의 세계관과 신화에서는 앞서 언급한 화식조, 성전환 조류, 유충 외

에도 수많은 다른 생물들이 수컷과 암컷의 속성을 결합하는 것으로 여겨진다. 유대류, 바우어새, 비단뱀 몇몇 종들은 모두 양성 혹은 자웅동체로 간주한다. 혹멧돼지는 번식은 전혀 하지 않고 대신 정자와 생리혈로 양성 식물을 수정시키는 암컷화한 수컷으로 여겨진다. 그리고 지네의 한 종은 왼쪽은 암컷이고 오른쪽은 수컷으로서, 독을 사용하여 다른 양성 지네들에게는 생명을 주고 양성이 아닌 생물들에게는 죽음을 가져다주는 것으로 여겨진다.

이 트랜스젠더 동물 우화의 정점에는 수컷화한 암컷 화식조인 아페크Afek가 있다. 그녀의 옆에는 오빠이자 아들이자 배우자인 욤녹Yomnok이 서 있다. 욤녹은 암컷화한 수컷 과일박쥐 또는 바늘두더쥐echidna다(후자는 오리너구리와 근연관계이며 알을 낳는 포유류인 가시개미핥기spiny anteater다). 두 마리 모두 강력한 이중성별 왕도마뱀monitor lizard의 후손으로서, 젖가슴을 가지고 있고 동시에 페니스─클리토리스가 합쳐진 성기도 가진 자웅동체로 여겨진다. 아페크는 두 개의 질(각 엉덩이에 하나씩)을 통해 출산하고, 욤녹은 그(녀)의 클리토리스를 통해 출산한다. 이러한 신화 속 인물들의 성별 혼합은 조류와 포유류의 범주에 퍼져 있는 방식과 유사하다. 즉 화식조는 거대하고 흉포하며 날지 못하는 털 모양 깃털을 가진 '포유류 같은' 새고, 바늘두더쥐는 작고 부리가 있으며 알을 낳는 '새 같은' 포유류다(과일박쥐 또한 새 같이 날아다니는 포유류다).

비민쿠스쿠스족은 부족의 특정한 사람들을 이 원초적 생물들의 신성한 대표자로 선출하고 평생 인간의 모습으로 구현하게 만든다. 그들은 특별한 입회 의식을 통해 동물 조상들의 이질적인 성애를 재연하며 보여준다. 이 부족의 폐경을 한 두 명의 노파가 아페크를 대표하도록 선정되면 남성 희생 의례를 치르고, 상징적인 베일을 쓰거나 결혼과 자녀 관계를 끊는 경험을 하며, 남성과 여성의 음식에 대한 금기가 결합한 것을 고수하고, 남성 이름을 얻고, 남성과 여성 모두의 사냥과 원예 도구를 받는다. 때로 '남자 어머니'라고 불리는 의식 행사 동안 그들은 자신을 화식조 깃털로 장식하거나, 흔히 남성용 예복으로 의상도착을 하기도 하고, 붉은 판다누스 열매로 만들어진 발기한 페니스-클리토리스 결합물과 과장된 젖가슴을 입는다. 부족 중 신체적으로 간성 또는 자웅동체인 구성원들은 욤눅의 화신으로 선택된다. 그들은 바늘두더쥐 또는 말린 과일박쥐 페니스로 장식하고, 남성과 여성 모두의 옷과 신체 장식을 착용하며, 의식 중에 발기한 페니스-클리토리스를 뽐내고(소금으로 채워진 검은색 대나무 통으로 만들어졌다), 평생 독신으로 지낸다.[32] 각각의 경우에 원초적 동물과 양성의 살아 있는 인간 대표들은 그 부족에서 매우 존경받고 강력한 인물이 된다. 그들은 신성한 이중성별 능력을 치료, 점괘, 정화, 입회 의식에 사용하기도 하고, 난해한 손재주와 남성과 여성 요소 양쪽의 중재가 필요한 의식을 집전하기도 한다. 무엇보다도 이러한 트랜스젠더가 된 생식과 관계가 없는 '동물-인간들'은 수태능력, 다산, 성장의 상징이기도 하다. 어떤 사람은 화식조 남자-여자가 "살아 있는 생명력의 한가운데에 보이는… 숨겨진 양성의 비밀"을 육체적으로 구현한다고도 했다.[33]

동물의 이미지와 결합한 동성애의 의례화한 '공연'은 두인두이족과 바오족을 포함한 바누아투(과거의 뉴헤브리디즈)의 몇몇 문화의 특별한 입회 의식과 할례 의식에서도 발견된다. 이러한 비밀 의식 동안 상징적인 동성애 관계는 젊은 남성 입회자들과 연장자나 조상들의 남성 영혼들 사이에 행해지거나 암시된다. 일상 활동에서 기타 의례적인 자리바꿈이나 의례 중에 금기를 깨는 것과 함께, 이러한 의식적인 동성애 활동은 참가자에게 특별하고 강렬하면서도 위험한, 영광스러운 힘을 불어넣는 것으로 여겨진다. 이 모든 활동은 상어의 이미지를 중심으로 일어난다. 이 의식은 상어 의식shark rites이라고 알려져 있다. 참가자들은 정교한 상어 머리 장식을 착용한다. 실제적인 동성애 관계나 상징적인 동성애 관계에 있는 개시자 또는 연장자 파트너를 상어라고 부른다. 의식은 상어의 입을 상징하는 울타리 안에서 행해진다. 그리고 할례 자체는 상어에게 물린 것으로 비유한다. 어떤 경우에는 다른 성별을 혼합한 생물과도 연관이 있다. 예를 들어 동성애를 제안하는 자세나 성교를 의례적으로 연기하는 동안 참가자들은 때로 자웅동체 돼지를 언급하기도 한다. 〈상어〉라는 제목을 가진 한 바누아투 문화의 영웅에 관한 이야기는 그의 아들이 어떻게 간성 돼지를 몇몇 섬에 데려왔는지를 말해주기도 한다. 양성과 돼지가 연계된 주제들은 바누아투 지역 외부의 이야기에서도 나타난다. 예를 들어 사바족의 이야기 〈남자처럼 옷을 입은 소녀〉에서는 양성 창조신의 자손인 거대한 돼지와 마주치는 영웅적인 만남에서 한 젊은 여성이 전사를 모방한 옷을 입는다(나중에는 완전한 남성 복장을 한다).[34]

또한 성별을 혼합한 돼지는 동물의 성적 및 성별 변동성을 존중하는 또 다른 매력적인 바누아투 문화적 관습에서도 두드러지게 나타난다. 다양한 바누아투 사회에서 자웅동체 돼지는 고유하고 상대적으로 희귀한 가치를 지니고 있다. 돼지 중에서 간성 동물은 소수에 불과하지만 그들을 사육하는 것은 존중받는 활동이며(특히 북부와 중앙 지역에서), 그 새끼를 얻을 수 있는 동물 흘레붙이기가 권장된다. 그 결과 일부 지역에는 거의 모든 마을에 간성 돼지가 있다. 성별이 혼합된 동물들이 전체 사육 돼지 개체수의 꽤 높은 비율을 차지하고 있는데 아마도 일부 지역에서는 10~20% 정도 될 것이다. 사실 이 섬에는 전 세계 어느 곳보다도 많은 (아마도 1,000마리가 넘는) 수의 자웅동체 포유동물이 있다. 이 간성 돼지들은 (불임이지만) 몸 안에 수컷 생식기를 가지고 있으며 일반적으로 수퇘지처럼 어금니를 기른다. 외부 생식기는 암컷과 수컷의 생식기 사이의 중간 모습이지만 암컷에 좀 더 가깝다. 행동에 있어서 이 돼지들은 흔히 암컷 앞에서 성적으로 흥분하기도 하고 심지어 클리토리스 발기를 하며 다른 암컷을 마운트할 수도 있다. 사카오족은 자웅동체가 뚜렷한 일곱 마리 돼지의 '성별'을 구별하고 이름을 붙였는데 가장 암컷 같은 성기를 가진 개체에서부터 가장 수컷 같은 성기를 가진 개체에 이르기까지 연속성을 띠며 펼쳐져 있다. 이러한 간성 등급의 토착적인 분류는 서양 과학에 의해 발달한 개념 체계나 명명 체계를 완전히 능가한다. 사실 이 어휘는 너무 정확해서 실제로 다양한 종류의 성별 혼합을 구별하기 위해 이 현상을 연구한 최초의 서양 생물학자들에 의해 그 토종 용어가 채택되기도 했다.

이러한 바누아투 문화에서 자웅동체 돼지는 일종의 신분 상징이라고도 할 수 있다. 사회 내에서 점점 더 높은 지위를 얻기 위해 돼지의 의례적인 도살이 요구되기 때문이다. 어떤 경우에는 돼지가 실제 통화의 한 종류로서 기능하는 정교한 통화 시스템과 거래 네트워크가 발달했으며, '돼지 신용'과 '돼지 복리 이자'의 형태까지 갖추기도 했다. 이 제도에서 간성 돼지(그리고 그것을 낳는 암퇘지)는 일반 돼지보다 최대 2배의 가치를 가질 수 있다. 이러한 동물의 지위는 가정 영역으로도 확대된다. 자웅동체 돼지를 때로 접시나 그릇과 같이 정교하게 조각된 가정용품에 묘사하기도 하며, 간성 피그를 반려동물로 키우기도 한다. 심지어 돼지는 여성이 자녀 중 한 명에게 젖을 물리듯 젖을 빨릴 정도로 매우 소중한 '가족 구성원'이 될 수도 있다. 게다가 어금니가 있는 돼지(수퇘지이거나 자웅동체 돼지)를 키우는 남성들은 어떤 경우에는 성적으로 모호하거나 양성으로 여겨진다. 왜냐하면 그러한 돼지를 친밀하게 보살피고 기르는 것은 엄마와 아이 사이의 관계와 비슷하다고 생각하기 때문이다. 이는 이 생물에게 아버지와 어머니가 됨과 동시에 동물과 관련된 '남성 모성'이라는 토착 개념의 또 다른 예가 되기도 한다.[35]

— 시베리아와 극지방 : 역전과 재생, 순회와 돌연변이

시베리아와 북극에 흩어져 있는 수많은 토착 문화에서도 (북미 대륙 북극의 [에스키모인] 이누이트족과 유픽족을 포함해서) 동물의 동성애와 트랜스젠더에 관한 유사한 현상이 발견된다.[36] 시베리아 원주민 샤먼들은 흔히 교차 성별인 동물 정령 안내자의 힘을 이용하거나 정령 동물의 지시로 반대쪽 성의 특징을 가장한다. 예를 들어 샤카(야쿠트족) 부족민 중 가장 강력한 남성 샤먼은 3년간의 입회 기간에 일련의 정령 동물들(큰까마귀나 아비새loon, 강꼬치고기pike, 곰 또는 늑대)을 낳으며 여성 출산의 양상을 경험하는 것으로 여겨졌다. 또한 어떤 여성 샤먼은 스스로 수컷 말로 변신함으로써 힘을 보여줄 수 있다고 주장한다. 성 역전과 재결합은 변신transformed 샤먼으로 알려진 현상, 즉 반대쪽 성 정체성의 모습을 취하는 신성한 남자나 여자에게서 가장 두드러지게 나타난다. 변신은 단순한 이름 변경에서부터 무속 의식 동안 부분적으로 또는 완전하게 복장도착을 하는 것에서 트랜스젠더로 영구적으로 사는 것에 이르기까지 다양하다(변신한 남성이 남편과 결혼하거나 변신한 여성이 아내와 결혼하는 것을 포함해서). 축치족의 변신 샤먼은 때로 정령의 이름을 받아들이고 동물로 변신하는 방법을 통해 동물의 힘을 얻는다. 예를 들어 그러한 남성 샤먼 중 한 명은 바다코끼리녀女, She-Walrus라고 이름 붙여지기도 했고, 다른 샤먼은 그(녀)가 환자를 치료할 때 곰으로 변할 수 있는 능력이 있다고 믿기도 했다. 샤먼의 변신과 유사한 동물의 성별 전환 역시 신성한 이야기에 녹아들어 있다. 예를 들어 코약족의 흰돌고래여자White-Whale-Woman라는 신화 속 인물은 남자로 변신해 다른 여자와 결혼한다. 또 다른 이야기에서 그(녀)는 여자로 변한 수컷 큰까마귀와 결혼한다(그리고 그의 아들은 나중 소년을 낳는다).[37]

많은 시베리아 문화권에서 샤먼들이 입는 화려하고 아름다운 의상은 흔히 동물 흉내와 복장도착이 합해진 것이다. 예를 들어 유카기르족, 예벤크족, 코랴크족 남성 샤먼의 예복, 머리 장식, 신발은 흔히 동물 형상으로 장식된 여성의 의복이다. 이 의복에는 순록 뿔을 나타내는 상징적 표시가 있는 '항아리 모자'와, 망토 전면에 바느질된 젖가슴을 상징하는 두 개의 쇠로 만든 원이 나타난다. 흔히 전체가 동물의 가죽으로 만들어진 이 신성한 의복은 샤먼이 무아지경에 있는 동안 동물로 화化하게 만들거나 초자연적인 새의 비행을 할 수 있게 해준다고 믿어지며, 그(녀)는 흔히 수호 정령 역할을 하는 특정 종의 움직임을 세밀하게 모방한 춤을 춘다. 또한 많은 시베리아 부족의 무속 의식에는 때로 성적인 활동과 '삶의 부활'을 촉진하기 위한 목적으로 다양한 동물의 짝짓기 활동을 모방한 남성들만이 참여하는 춤이 있다. 사모예드어로 샤먼을 뜻하는 단어는 사실 (수사슴이) '발정하다to rut'라거나 (사냥용 새가) '짝짓기하다to mate'라는 말과 동일한 어원을 가지고 있다. 추크치족 변신 샤먼은 일반적으로 특별한 의상을 입지 않거나 동물을 가장하지 않는다. 하지만 여성에서 남성으로 변한 샤먼은 때로 가죽 벨트에 순록 송아지 근육으로 만든 인공 남근을 부착해서 입는다. 또한 샤먼이 아닌 추크치족 여성과 소녀들은 흔히 쇠기러기white-fronted geese, 바다꿩long-tailed ducks, 백조, 바다코끼리, 바다표범 등 다양한 종들을 모방하여 여성으로만 구성된 춤을 춘다. 이 춤 중 일부는 실제로 수컷 목도리도요의 구애나 순록의 발정소리를 나타내며, 춤 역시 두 소녀가 땅바닥에 누워 서로 성관계를 흉내 내는 것으로 끝나기도 한다.[38]

순록(북아메리카에서는 카리부로 알려져 있다)은 일부 북극 문화의 무속적인 맥락에서 초자연적인 강력한 성전환 생물로 간주한다. 예를 들어 이글루릭 이누이트(에스키모)족은 실랏Sillat(수컷의 모습)이나 푸킷Pukit(암컷의 모습, 단수는 푸킥Pukiq)으로 알려진 신화 속의 순록을 믿는다. 이 거대한 동물들은 평범한 순록보다 더 빠르고 힘이 세며 위험한 기상 조건을 만들 수 있고, 툰드라에 있는 거대한 알에서 부화하는 것으로 생각된다(때로 실제 기러기 알과 동일시된다). 수컷은 예복에 (흰색 펜던트 같은) 암컷 장식을 하고 있고, 암컷으로 변신할 수도 있다(또한 어떤 실랏은 턱수염

이누이트족 샤먼인 칭가일리사크의 망토. 각각의 어깨 바로 아래에는 남성과 여성, 동물과 인간의 요소를 결합하고 변형하는 신화적인 트랜스젠더 순록의 이미지인 푸킥이 있다.

바다표범이나 북극곰의 형태를 취할 수도 있다). 실랏과 푸킷은 또한 샤먼에게 정령의 안내자 역할을 한다. 예를 들어 칭가일리사크라고 불리는 샤먼 입회자는 그러한 생물 무리를 만나 그중 한 마리가 여성으로 변한 이야기를 전해주었다. 다른 실랏은 그에게 그녀의 옷과 비슷한 무속인의 망토를 만들라고 지시했다고 한다. 징가일리사크가 만든 의복은 남성과 여성 모두의 요소를 결합한 것이다. 무늬와 전체적인 스타일은 남성의 외투와 비슷하지만 장신구와 장식은 여성의 옷과 비슷하다. 이 망토의 하얀 펜던트는 성전환한 순록의 옷을 연상하게 만들고, 변형된 흰색 순록이나 푸킥의 자수 이미지가 각각의 어깨를 장식하고 있다. 이 순록은 성별의 변동성과 관련된 강력한 신神이자 생명의 힘인 사일라Sila의 정통 남성 후손으로 여겨진다. 이글루릭 이누이트 문화는 '제3의 성'이나 성별의 범주를 인정하는, 세 가지로 이루어진 성별 체계에 바탕을 두고 있다. 이것은 '성전환자'(태어나면서 물리적으로 성을 바꾼 것으로 여겨지는 사람)나 복장도착자(반대쪽 성의 옷, 이름 그리고 다른 표지들을 채택하거나 배정

받은 사람), 샤먼(성전환을 연출한 사람일 수도 있고, 다양하게 남녀의 요소를 결합한 사람일 수도 있고, 성과 종에 있어서 신화적인 변신을 겪었을 수도 있는 사람)과 같은 여러 다양한 성별 교차 현상을 포함한다. 사일라는 이누이트족의 우주론에서 성별의 극단 사이에서 중개자로서 중심 위치를 차지하고 있으며, 사일라의 후손인 트랜스젠더 순록은 이러한 연결과 '반대쪽 간間(남성과 여성 사이나, 동물과 인간 사이)'의 결합이 발전해서 나타난 것이다.[39]

일부 이누이트족은 곰(이 경우 북극곰)이 성별 혼합과 왼손잡이의 특성을 분명히 보여준다는 믿음을 북미 원주민 부족들과 공유한다.[40] 그러나 시베리아 문화권에서는 곰의 성적 및 성별 변동성에 따른 변화가 곰 숭배의식Bear ceremonialism으로 알려진 활동에서 가장 두드러진다. 범凡시베리아 종교적 혼합물인 곰 숭배의식에는 곰의 피부와 머리를 신성한 연단에 올려놓고 여러 날 동안 환호하는 의례적인 살해가 등장한다. 오브-우그리아족은 이 카니발 축제 의식에서 연회와 춤, 신성한 서사시 노래하기 그리고 풍자극 공연을 한다. 후자에는 일반적으로 외설스러운 복장도착이 펼쳐진다. 즉 모든 여성 역할을 흔히 서로 성행위를 흉내내는 남자들이 연기하고, 의례적인 춤이 황홀경에 이르면 남자들은 서로의 옷을 벗길 수도 있다. 니브흐족(길랴크족) 곰 축제 동안 여성복(그리고 뒤쪽은 남성의 옷)을 입은 남성 사냥꾼들은 곰을 뒤에서 붙잡거나 입맞춤을 시도한다. 이것은 시베리아 곰 숭배의식의 근본적인 측면을 강조한다. 성별과 성적 경계의 위반은 축제 기간 일어나는 많은 의례적 '역전reversals' 중의 하나일 뿐이다(다른 전환에는 사람들이 의미하는 것과 반대되는 말을 하거나 여러 다양한 사회적 금지사항을 위반하는 것 등이 있다). 한 인류학자의 말에 따르면 결과적으로 곰 숭배의식은 이 시베리아인들이 인간과 동물의 다산과 번영에 필수적인 것으로 여기는, '한시적으로 (중재가) 의례적으로 넘쳐나는 기간'으로 작용한다.[41]

극적인 성별 전환과 성적 모호성 또한 유픽족(알래스카 에스키모)의 정교한 동물 재생 의례와 풍요제의 필수적인 요소다. 이러한 축제에는 '남성 어머니', 자웅동체와 양성 정령, 의례적 복장도착, 교차성별 동물 흉내 등의 모습이 나타난다.[42] 가장 중요한 의식은 나카시크Nakaciuq 또는 방광 축제라고 불리는 것이다. 이 축제는 동지 근처 10일간에 벌어지며, 바다표범과 다른 바다 포유동물을 추모하고 다음 해에 돌아오도록 초청한다. (동물들의 영혼이 그들의 방광 안에 있다고 믿어져서 붙여진 이름이고, 방광을 의식 중에 부풀려 전시한다.) 또 다른 중요한 의식은 켈렉Kelek이라는 가면극이다. 이것은 샤먼과 다른 사람들이 사냥감 동물의 영혼과 상호작용하고 달래는 더 큰 축제 주기의 일부다. 이러한 의식 중에는 남성 모성애, 임신, 출산의 이미지가 풍부하게 나타난다. 예를 들어 방광 축제가 시작될 때 두 남자(흔히 샤먼이 맡는다)는 '엄마'로 지정되어 서로 결혼하는 척하고 세 번째 남자는 그들의 '아이' 역할을 맡는다. 가면극에서 남성 참가자들은 종종 여성용 마스크를 쓰고 젖꼭지가 새겨진 나무 가슴 두 개를 들어 젖을 먹이는 여성의 역할을 한다. 여성 의상을 입은 남성 샤먼도 동물의 정령을 찾으러 가는 무아지경의 여행을 떠나, 상징적으로 정령을 낳고 정령을 만난 후 생리와 출산에 관련된 의식을 지켜본다. 이 축제의 클라이맥스에서는 여자 옷을 입은 어린 소년이 의례용 지팡이 운반자 역할을 한다. 다른 유픽족의 축제에서도 남녀 모두 반대쪽 성으로 가장하거나 신랑 신부 복장을 하고 결혼하는 척하는 등 복장도착이 일어난다. 남자들은 또한 육지 포유류들을 사냥할 때 행운을 빌기 위해 가끔 여성 의복을 입는다.

샤먼이 방문하는 투우나트Tuunraat라는 정령 도우미들(사냥감 동물의 강력한 수호자들도 여기에 포함된다)은 흔히 자웅동체 존재로 여겨진다. 가면극 축제 내내 남성-여성과 동물-인간의 요소를 혼합한 마스크를 쓴 남성들이 이들을 가장한다. 예를 들어 그러한 가면의 아래로 향한 입(유픽

족 예술에서 여성의 표준적인 상징이다)에는 입의 양쪽 구석에 수컷 바다코
끼리의 엄니를 상징하는 입술 장식을 결합한다. (원래 이 입술 장식은 남성
이 아랫입술을 뚫어서 착용하는 장신구다.) 가면의 코는 바다 포유동물의 꼬
리로 양식화하고 다른 동물 이미지로도 마스크를 장식한다. 일종의 '수
염 난 여자'를 나타내는 까리타크Qaariitaaaq와 같은 양성 정령의 가면도
방광 축제에 사용한다. 사실적인 동작, 소리, 의상으로 다양한 생물을 흉
내 내는 동물 춤도 유픽족 의식에서 중요한 모습이다. 이 중 가장 눈에
띄는 춤은 한 남성이 여성 남근 상징으로 장식된 새 모양의 사냥 헬멧을
착용해 어미 솜털오리eider duck를 묘사하는 것이다(두 명의 어린 소년이
'그녀의' 새끼오리를 연기한다). 또 다른 춤으로는 아비새와 바다오리murer
를 흉내 내는 남성 두 명이 함께 춤을 출 때 성별이 혼합된 헬멧을 착용
하는 것이 있다. 시베리아 곰 숭배의식에서와 같이 이 모든 활동은 유픽
족의 풍요제의 특징인 역전과 순회traversals라는 전체적인 패턴의 일부에
해당한다. 일반적인 활동은 뒤집히고 '반대쪽' 세계와의 경계는 유동적
으로 변한다(예를 들어 참가자들이 뒤로 걷거나, 전통적인 환대 의식을 거꾸로
하거나, 나체가 되거나 옷을 뒤집어 입는 등). 유픽족의 우주론에서는 이러한
신성한 자리바꿈들이 자연계를 다시 형성하고 새롭게 하며 재생하게 만
드는 것이며, 궁극적으로 인간과 동물 사이의 조화로운 관계를 보장한다
고 믿고 있다.

비록 시베리아와 북극 부족들이 (북미와 뉴기니 문화처럼) 가축의 간성
에 특별한 의미를 부여하는 것은 보이지 않지만 일부 시베리아 동물 사
육 관행에서 비번식 동물들은 두드러지게 나타난다. 예를 들어 축치족
은 거세되어 번식하지 않는 동물들이 길들인 순록 무리의 성공을 보장한
다고 믿는다. 다른 여러 '씨 없는' 순록들을 죽이지 않듯이 가장 큰 수컷
순록은 항상 거세한 다음 도살하지 않고 살찌게 내버려 둔다. 거세는 흔
히 목동들이 동물의 정관을 직접 입으로 물어서 실행한다. 이 '내시 같

은' 순록은 매우 높은 가치가 있다. 전체 무리의 번영을 위해 필수적인 것으로 여겨지기 때문이다. 사하(야쿠트)족도 마찬가지로 항상 그들의 커다란 가축 말 떼 중 암말 한 마리를 샤먼에게 바친다. 이 동물은 생애 동안 번식이 허용되지 않으며, 우주 생명력을 구현하고 부족 전체의 다산의 상징이 된다.[43]

문화적 맥락과 세부 사항의 큰 차이에도 불구하고 북미 원주민, 멜라네시아 및 시베리아 사이에는 동물의 성별과 성적 취향에 대한 대안적인 체계를 인식하는 데 주목할 만한 대응점과 연속성이 존재한다. 공간적으로 그리고 시간적으로 크게 떨어진 수많은 토착 문화에서 우리는 다섯 가지 중심 주제가 변형돼서 반복하는 것을 발견할 수 있다. 동물들은 흔히 무속적인 맥락에서 토템의 모습이나 상징적으로 동성애나 트랜스젠더와 연관되어 있다. 곰, 화식조, 순록과 같은 강력한 성별 혼합 생물들은 부족의 우주론과 세계관에서 중심 위치를 차지하고 있다. 동물 동성애와 트랜스젠더의 의례적인 연기는 흔히 일어나며, 풍요와 성장 또는 삶의 본질에 대한 개념과 직접적으로 관련되어 있다. 이것은 때로 '수컷 어미male mother' 같은 형태의 이미지에서 구체화하며, 신성한 역전이나 자리바꿈이라는 더 큰 패턴의 일부일 수 있다. 가축 중에서 자웅동체 생물과 비번식 동물들은 애써 사육하고 그 가치가 높다. 그리고 남성성과 여성성의 측면을 결합하거나 성적 변화를 보이는 동물과 사람들은 모두 지속해서 존중을 받으며 의례화하고, 인간과 비인간 동물 모두에서 동성애와 트랜스젠더 사이의 본질적인 연속성을 인식하고 있다. 이러한 모습은 그 자체로 매력적이기도 하다. 하지만 이러한 문화 사이의 유사점들이 현대의 과학 사상에 미치는 영향은 훨씬 더 중요할 것이다.

키메라, 프리마틴, 여성남성체형 : 토착 신화의 과학적 현실

동물 동성애와 성전환자에 대한 토착적인 견해는 얼마나 정확할까? 다른 말로 하자면 이러한 문화에서 동성애나 트랜스젠더와 관련된 종들이 실제 같은 성 간의 행동이나 간성 성향을 보이는가? 문자 그대로 보면 그 연결이 체계적이지 못한 것은 확실하다. 원주민 문화에서 대안적인 성적 취향을 가진 많은 동물이 실제 동성애나 양성애 또는 성전환 생물이 아닌 반면 성적 및 성별 변동성이 과학적으로 기록된 여러 동물은 이러한 문화에서 동성애나 트랜스젠더와 상징적인 연관성을 보여주지 않는다. 게다가 동물에 대한 여러 '환상적인' 토착 믿음들은 (최소한 그 종에서는) 명백히 잘못된 것이다.

그럼에도 불구하고 특정 종과 관련된 몇몇 현저한 유사점들은 우연 이상의 연관성을 시사한다. 예를 들어 수컷 들소 사이에 완전한 항문 삽입을 하는 동성애는 아메리카들소 사이에서 흔하고, 같은 성 구애와 짝 형성은 검은부리까치에서 발생한다. 수컷과 암컷 동성애는 순록에서 발견할 수 있으며, 같은 성 마운팅과 공동양육 또한 곰에서 발생한다. 이 종들은 모두 일부 북미 원주민 부족에서의 동성애 및 트랜스젠더와 직접적으로 관련이 있다. 게다가 토착적 개념에서 동성애를 보이는 그 종이 실제 동물은 그렇지 않은 여러 경우에도 밀접한 관련이 있는 동물에서는 (흔히 다른 지역에서) 그 행동이 나타난다. 예를 들어 뉴기니 왈라비 사이에서 동성애 활동은 기록되지 않았지만 오스트레일리아 왈라비에서는 일어나고 있다. 마찬가지로 비록 동성애가 아직 화식조에서는 보고되지 않았지만 에뮤와 타조류(날지 못하는 새의 관련 종)에서는 관찰되었다. 다른 예는 다음 표에 요약되어 있다.

동물의 동성애/트랜스젠더(TG)에 대한
토착 신앙과 서양 과학 관찰 사이의 일부 대응점

전통적으로 동성애 / TG와 관련된 동물	과학 문헌에 보고된 동성애 / TG	관련 종에서 관찰된 동성애 / TG
북미		
검은꼬리사슴 (라코타족, 주니족)	예 (검은꼬리사슴)	예 (흰꼬리사슴)
엘크 (오토족)	예 (와피티)	예 (붉은큰뿔사슴, 말코손바닥사슴)
들소 (라코타족, 퐁카족, 만단족 등)	예 (아메리카들소)	예 (기타 들소 종)
큰뿔양 (호피족)	예 (큰뿔양)	예 (기타 산양)
산사자 (오카나곤족 등)	아니요	예 (아프리카, 아시아사자)
여우, 코요테 (아라파오족, 오카나곤족 등)	예 (붉은여우)	예 (덤불개)
회색늑대, 붉은늑대 (치시스타스족)	예 (회색늑대)	예 (기타 갯과 동물)
곰 (누차널스족, 케레스족 등)	예 (회색곰, 흑곰)	예 (기타 식육목 동물)
잭래빗, 솜꼬리토끼 종 (주니족)	아니요	예 (동부솜꼬리토끼)
박쥐 종 (주니족)	아니요	예 (작은갈색박쥐, 기타 박쥐)
검독수리, 해리스매 (치시스타스족)	아니요	예 (황조롱이, 참수리)
부엉이 종 (오마하족, 만단족)	예 (가면올빼미)	예 (큰솔부엉이)
찌르레기, 풍금새 (치시스타스족)	아니요	예 (노랑딱딱새)

전통적으로 동성애 / TG와 관련된 동물	과학 문헌에 보고된 동성애 / TG	관련 종에서 관찰된 동성애 / TG
까치 (히다차족)	예 (검은부리까치)	예 (기타 까마귀)
큰어치 (위네바고족)	아니요	예 (멕시코어치)
까마귀 (카미아족)	아니요	예 (큰까마귀, 갈까마귀)
거북이종 (팍스족)	예 (우드터틀)	예 (사막거북)
연어종 (누샬크족)	아니요	예 (유럽연어 종)
나비/나방 종 (나바호족)	예 (제왕나비)	예 (기타 나비 종)
잠자리 종 (치시스타스족)	예 (잠자리)	예 (실잠자리)
뉴기니		
멧돼지, 돼지 (비민쿠스쿠스족)	예 (가축 돼지)	예 (혹멧돼지,목도리펙커리)
뉴기니왈라비 (마린드아님족)	아니요	예 (호주왈라비)
수목 유대류 (삼비아족, 비민쿠스쿠스족)	예 (나무타기캥거루)	예 (기타 유대류)
과일박쥐 (비민쿠스쿠스족)	아니요	예 (기타 과일박쥐)
바늘두더쥐 (비민쿠스쿠스족)	아니요	아니요
검은머리황새 (마린드아님족)	아니요	예 (홍부리황새)
라기아나극락조 (삼비아족)	예 (라기아나)	예 (아래 참조)
기타 극락조 (아이족, 삼비아족 등)	아니요	예 (빅토리아비늘극락조)

전통적으로 동성애 / TG와 관련된 동물	과학 문헌에 보고된 동성애 / TG	관련 종에서 관찰된 동성애 / TG
바우어새 종 (삼비아족, 비민쿠스쿠스족)	아니요	예 (리젠트바우어새)
화식조 (삼비아족, 비민쿠스쿠스족 등)	아니요	예 (에뮤, 타조, 레아)
검은머리잉꼬와 보라배앵무새 (삼비아족)	아니요	예 (몇몇 앵무새 종)
기타 뉴기니 앵무 (삼비아족)	아니요	예 (갈라)
쏙독새 종 (비민쿠스쿠스족)	아니요	아니요
뱀 종 (비민쿠스쿠스족)	아니요	예 (기타 뱀 종)
왕도마뱀 (비민쿠스쿠스족)	아니요	예 (기타 도마뱀 종)
상어 종 (두인두이족, 바오족)	아니요	아니요
붉은야자나무바구미 (베다미니족, 삼비아족, 비민쿠스쿠스족)	아니요	예 (남부일년사탕수수벌레)
지네 종 (비민쿠스쿠스족)	아니요	예 (거미, 기타 절지류)
시베리아/북극		
흰돌고래 (코랴크족, 이누이트족)	예 (흰돌고래)	예 (기타 고래와 돌고래)
턱수염바다표범, 고리무늬바다표범, 점박이바다표범 (유픽족, 이누이트족)	예 (점박이바다표범)	예 (잔점박이물범, 기타 바다표범)
바다코끼리 (축치족, 유픽족, 이누이트족)	예 (바다코끼리)	예 (기타 기각류)
카리부/순록 (이누이트족, 유카기르족, 축치족 등)	예 (순록)	예 (기타 사슴)

전통적으로 동성애 / TG와 관련된 동물	과학 문헌에 보고된 동성애 / TG	관련 종에서 관찰된 동성애 / TG
말 (사하족)	예 (몽골야생말, 가축 말)	예 (기타 말과)
늑대 (사하족)	예 (늑대)	예 (기타 갯과)
곰 (오브-우그리아족, 니브흐족, 축치족, 이누이트족 등)	예 (회색곰, 아메리카큰곰, 북극곰)	예 (기타 식육목)
솜털오리 (유픽족)	아니요	예 (쇠검은머리흰죽지, 기타 오리)
아비새 (사하족, 유픽족)	아니요	예 (기타 논병아리목)
바다오리 (유픽족)	예 (바다오리)	예 (기타 다이빙하는 새)
목도리도요 (축치족)	예 (목도리도요)	예 (기타 도요새)
큰까마귀 (사하족, 코랴크족)	예 (큰까마귀)	예 (기타 까마귀)
강꼬치고기 (사하족)	아니요	예 (연어 종)

가장 정확하게 대응하는 것은 동성애 자체보다는 트랜스젠더(특히 간성)다. 현대 과학은 여러 가지 교차 성별을 가진 동물에 대한 '믿음'에 대한 놀랍고도 확실한 증거를 제공했다. 이 중 북미 원주민 문화의 왼손잡이 곰 형태에 대한 것은 특히 주목할 만하다. 생물학자들은 실제로 곰의 일부 종이 아마도 왼손잡이 우성일 것이라는 증거를 발견했다. '손잡이handedness' 혹은 편측성은 영장류, 고양이, 앵무새, 고래와 돌고래에 보이듯이 동물의 왕국에 다양하게 널리 퍼져 있는 현상이다. 이 종들

은 다채로운 행동과 작업에서 오른쪽이나 왼쪽 부속지appendage(또는 몸의 한쪽) 사용의 선호를 보여준다.[44] 대부분의 종에서 어느 쪽이 우세한지에 대해서는 개체 간에 상당한 차이가 있지만 적어도 일부 종류의 곰들은 일관되게 '왼손잡이'인 것으로 보인다. 과학자들과 자연학자들은 북극곰이 공격과 방어뿐 아니라 바다표범을 때려잡고 물 밖으로 끌어내기 위해 왼발을 정기적으로 사용한다고 보고한다. 왼쪽 앞발이 더 발달하는 경우가 많고 왼쪽 앞다리와 어깨를 사용하여 큰 물체를 운반할 수도 있다. 왼손을 일관되게 사용하는 것은 야생 생물학자들이 (북극곰의 이동을 장기적으로 연구하기 위해) 북극곰을 포획하고 식별표를 붙이려고 올가미 덫을 설치할 때 잘 증명되었다. 이 덫은 곰이 발로 미끼를 잡으려고 발을 뻗은 것에 의해 촉발되는데 이 방법으로 잡힌 스물한 마리의 곰들은 모두 왼쪽 앞발이 덫에 걸렸던 것이다.[45] 또한 부수적으로 인간의 왼손잡이와 동성애나 트랜스젠더 사이에 상관관계가 있는 것으로 보인다. 게이와 레즈비언의 평균보다 높은 비율이 왼손잡이다. 그리고 한 연구는 레즈비언 중 왼손잡이의 비율이 이성애자 여성보다 네 배 이상 높다는 것을 발견했다. 왼손잡이는 성전환자들, 특히 남자에서 여자로 성전환을 한 사람에게서 더 흔하게 나타난다.[46] 아직까지 동물에서 좌우 방향성과 동성애나 트랜스젠더 사이에 있을 법한 상관관계를 찾는 연구는 없었다.

또 하나 놀라운 대응점을 보여주는 것은 많은 아메리카 원주민 부족들 사이에 널리 퍼져 있는 인간 생리혈에 대한 곰의 끌림에 관한 미신이다. 이러한 연관성이 믿기 어려울 수도 있었지만 동물학자들은 이 '미신'에 진실성이 있는지 알아보기 위해 실험을 하기로 결정했다. 실험실과 현장 환경 모두에서 북극곰의 통제된 후각 선호도 테스트를 통해, 동물학자들은 곰이 (생리혈을 제외한) 인간 피는 물론이고 몇몇 동물과 음식 냄새보다 인간 생리혈 냄새에 훨씬 더 끌린다는 것을 발견했다. 북극곰은 365미터 이상 떨어진 곳에서도 바다표범(야생에서 곰의 주식이다)의 냄새를

맡을 수 있는데 그 냄새만큼이나 인간 생리 냄새도 곰의 강한 반응을 여러 번 끌어냈다.[47]

더욱 놀라운 사실은 생물학자들이 곰의 신체적인 성별 혼합의 실제 사례를 발견한 것이다. 1986년 캐나다의 동물학자 마크 캣Marc Cattet은 놀라운 발견을 했다. 즉 회색곰, 흑곰, 북극곰의 야생 개체군에 상당수의 '수컷화한 암컷'이 존재한다는 것을 밝힌 것이다. 이 동물들은 수컷의 외부 생식기 일부와 결합한 암컷의 내부 생식기 해부 구조로 되어 있다. 일부 개체군에 속하는 곰의 10~20% 정도가 이러한 현상을 보일 수 있다.이러한 개체는 번식도 할 수 있는데 사실 대부분의 간성intersexual 곰은 성공적으로 새끼를 기르는 어미다.[48] 일부 간성 곰의 생식관은 질을 형성하기보다는 음경을 통해 이어지기 때문에 암컷은 실제 짝짓기나 출산을 '페니스'의 끝으로 하게 된다. 이는 암컷 점박이하이에나가 짝짓기를 하고 클리토리스를 통해 출산하는 방식과 비슷하다. 이러한 연구 결과는 많은 아메리카 원주민 부족들의 성별이 혼합된 어미 곰Bear Mother 형태와 일치한다. 더불어 '수컷 어미male mother'와 페니스-클리토리스를 통해 출산하는, 양성 동물에 대한 비민쿠스쿠스부족과 이누이트족의 믿음과도 뚜렷한 유사점을 제공한다.

또한 수컷과 암컷의 성기가 결합하는 (그리고 어떤 경우에는 그들의 신체 비율과 크기에 있어서 수컷과 암컷 사이의 중간인) 간성 동물들은 영장류(예를 들어 침팬지, 히말라야원숭이, 사바나개코원숭이), 고래와 돌고래(북극고래와 흰돌고래, 줄무늬돌고래), 유대류(예를 들어 동부회색캥거루와 붉은캥거루, 다양한 왈라비, 태즈메이니아데빌), 설치류와 식충동물(예를 들어 두더지)에서도 자연적으로 발생한다.[49] 성별 혼합의 풍성함이 동물 세계 곳곳에서 엄청나게 발견되었기 때문에 실제 과학자들은 종잡을 수 없는 각종 성별 간성을 지칭하기 위해 특별한 용어를 만들어야 했다. 키메라chimeras, 프리마틴freemartins, 모자이크mosaics, 암수모자이크gynandromorphs처럼 멋있게 보이는 명칭들은 사실 생물학자들이 다양한 염색체와 해부학적 성별을 혼합한 동물들을 지칭하기 위해 사용하는 기술적 용어들이다.[50] 그리스 신화에서 키메라는 사자, 염소, 뱀의 특징을 결합한 환상적 생물이고, 헤르마프로디토스*Hermaphroditus는 헤르메스와 아프로디테 신의 자식이다. 서구 과학이 실제 동성애와 성전환 종에 대한 토착 신화의 살아 있는 '증거'인 동물들을 지칭하기 위해 신화적 함축성이 있는 이름을 사용하는 것은 아이러니하다. 왼손잡이 양성 곰이 키메리즘chimerism(과학적으로 말해서)을 보일 수도 있지만 이것은 전혀 '공상적인chimerical' 것이 아니다. 그것은 생생히 살아 있고 게다가 잘 살고 있고 지금 북미에 살고 있다!

프리마틴은 자궁(또는 난자)에서 반대쪽 성 쌍둥이와 연관된 결과 간성이 되는 동물이고(몇몇 아메리카 원주민의 카미아와 윈투 같은, 동물과 관계된 두-영혼 전통의 모티브에 주목하자), 키메라는 유전적으로 수컷과 암컷 요소를 결합하는 장기를 가진 동물을 가리킨다. 키메리즘과 유사하게 모자이크는 다양한 염색체 패턴과 남성과 여성의 상응하는 특성을 가진 개체를 말한다. (각각 XX와 XY의 '전형적인' 암컷과 수컷의 형태 외에도) 다양한 염색체 구성의 일부 유형에는 XXY, XXX, XXY, XO가 존재하고, 신체의 다른 세포에서는 이들의 조합도 발생한다. 각각의 염색체 조합은 차례차례 암수 생식기와 이차성징이 각자 다르게 혼합해서 나타난다. 때로는 신체 별도의 부분에 나란히 배치되기도 하고, 때로는 동일한 장기에 결합하며, 때로는 특성이 점차 변화하거나, 이 모든 것을 조합해 섞이기도 한다.[51]

특히 주목할 만한 형태의 모자이크를 '암수모자이크'라고 부른다. 말그대로 반으로 나뉘는 동물인데 한쪽은(대개 오른쪽) 수컷이고 다른 쪽은 암컷이다. 흔히 암수 사이의 선명한 경계를 보이는 동물이다. 이것은 나

---

* 이 신화 속 인물을 본떠 자웅동체(herrmaphoridite)라는 용어가 만들어졌다.

신화의 실현. 성전환한(간성) 동부회색캥거루. 이 동물은 페니스와 육아낭을 모두 가지고 있다(후자는 대개 암컷에서만 나타난다). 염색체상으로 암컷 패턴xx과 수컷 패턴xy이 결합 해 XXY 패턴을 생성했다.

비, 거미, 작은 포유동물과 같이 다양한 종류의 동물에서 발생한다. 왼쪽은 암컷이고 오른쪽은 수컷인 지네에 대한 비민쿠스쿠스족의 믿음과 주목할 만한 유사성을 지니고 있다. 핀치, 매, 꿩과 같은 조류에서도 40건 이상의 암수모자이크가 보고되었다. 이 경우 생물체의 암수 각각의 반쪽은 깃털이 다르며(그리고 때로는 크기도 다르다), 보통 양쪽 성의 내부 생식 기관(한쪽은 난소, 다른 쪽은 고환)과 일치한다. 어떤 암수모자이크는 중앙에 구분선을 유지하면서 외형적으로 더 선명하게 성별 혼합 모습을 보여주기도 한다. 예를 들어 어떤 솔새는 왼쪽은 수컷이고, 오른쪽은 수컷과 암컷 깃털의 특징이 섞인 태피스트리 형태였다. 암수모자이크의 행동에 대한 정보는 거의 없지만 일부 개체는 수컷과 암컷의 행동 패턴을 조합해서 보여줄 수 있다. 예를 들어 한 암수모자이크 거미는 수컷 장기를 이용하여 암컷과 구애하고 짝짓기를 했지만 일반적으로 암컷에게만 나타나는 알집을 만들었다. 반면에 어떤 암수모자이크 칼새chimney swift는 평생 정기적으로 암컷과 짝을 이루며 새끼를 기르는 등 주로 '수컷'이 하는 행동을 보였다.[52]

　트랜스젠더 동물에 대한 토착적 견해와 과학적 관찰이 서로 대응하는 다른 예도 찾을 수 있다. 삼비아족(그리고 다른 뉴기니인)이 믿고 있는, 새끼가 전부 암컷으로 태어나는 것, 성별의 혼합 그리고 다른 동물들의 성변화는 설득력이 없어 보일 수 있지만 다양한 종을 연구하는 동물학자들의 최근 발견은 이러한 생각들과 현저하게 유사하다. 예를 들어 유전학자들은 최근 상당수의 암컷 숲레밍wood lemmings이 실제 염색체상으로는 (XY 패턴을 가지고 있는) 수컷이라고 결정했다. 게다가 이 동물 중 일부는 암컷만 낳기 때문에 개체군의 80%는 암컷으로 구성되어 있다. 이와 유사한 현상이 최소 7종의 다른 설치류에서 발생하며, 최소 12종의 나비에서도 각자 암컷만 낳는 암컷 현상이 반복적으로 보고되었다.[53] 진정한 성전환은 어류에서 (그리고 '하등동물'에서) 가장 흔하게 발견할 수 있다. 일부 산호초 종에서 보이는 시간에 따른 색깔 변화와 성변화의 조합은 삼비아족의 믿음인 새(와 다른 생명체)의 순차적 성변화와 그에 따른 깃털 변화를 연상시킨다. 염색체 '성역전'(암컷 염색체 패턴을 가진 수컷 또는 그 반대로 수컷 염색체 패턴을 가진 암컷)은 흔히 두더지나 두더쥐레밍mole-voles, 영장류(예를 들어 오랑우탄, 하누만랑구르)와 같은 포유류에서 발생한다.[54] 그리고 여성복을 입는 성별 혼합 순록에 대한 이누이트족의 믿음은 문자 그대로는 사실이 아니지만, 암컷 순록이 흔히 뿔을 기른다는 점에서는(다른 모든 사슴 종에서 전형적으로 수컷과 관련된 특징이다) 흔히 신체적인 '복장도착'이라고 할 수 있다.

　삼비아족과 비민쿠스쿠스족이 몇몇 새들과 연관 짓는 성별 전환, 양성, 동성애에도 현저한 유사성이 존재한다. 예를 들어 암컷 라기아나극락조는 서로에게 구애 과시를 하는 것이 관찰되었다. 이러한 행동은 같은 성 간의 상호작용뿐만 아니라 성별 역할의 '역전'을 결합한다. 왜냐하면 전형적으로 수컷만이 이 종에서 과시를 하기 때문이다. 또한 조류학자들은 임금극락조king bird-of-paradise의 수컷이 실제로 짝을 이루며 관계한다는 것을 밝혀냈다. 이는 아이이족의 일부 극락조가 상징적으로 남자 커플과 관련이 있다는 것을 상기시킨다.[55] 화식조에 대해 말하자면, 한 마리의 암컷이 여러 마리의 수컷과 짝짓기를 하고 그 후 알을 낳고 새끼들을 혼자 기르도록 남겨지는 이 새의 일처다부제 사회체계는 뉴기니 원주민들이 이 새를 보고 생각한 '여성의 능력'이나 남성 모성애, 성별 역전의 개념과 어느 정도 일치점을 보여준다.[56]

과학자들은 또한 화식조의 생식기 해부 구조에 대한 몇몇 특이한 세부 사항을 발견했다. 이 생물의 '양성'에 대한 토착적인 아이디어 중에서도 특히 이 새의 '페니스-클리토리스'에 대한 비민쿠스쿠스족의 믿음이 실제와 묘하게 닮아 있었다. 대부분의 다른 새들과 달리 화식조 수컷은 실제로 음경을 가지고 있다. 그러나 포유류와 다르게 이 기관은 안쪽으로 정자를 운반하지 않는다. 과학자들은 화식조의 음경이 '함입invaginated' 되어 있다고 묘사한다. 즉 페니스의 끝이 열려 있고 관 모양의 공간을 가지고 있지만 안쪽으로 수컷의 생식 기관과 연결되어 있지는 않다. 사실 이 질 모양의 공간은 '안을 바깥으로' 뒤집어 음경을 수축할 때 사용한다. 그래서 발기하지 않은 페니스는 장갑의 손가락이 안쪽으로 밀려 들어간 모양을 닮았다. 결과적으로 수컷 화식조가 짝짓기를 하는 동안 암컷에게 발기한 페니스를 삽입하긴 하지만 사정은 페니스의 밑 부분에 있는 구멍인 총배설강을 통해서 한다. 이 구멍은 새의 '항문'과 요로 기관으로도 사용된다. 암컷들도 (다른 모든 암컷 새들처럼) 동일한 구멍인 총배설강을 통해 짝짓기를 하고 알을 낳고 배변을 하고 오줌을 싼다. 화식조의 총배설강은 680그램까지 무게가 나가는 알을 통과시킬 수 있어 이 종에서는 예외적으로 크다. 가장 놀라운 것은 암컷 화식조도 모두 음경을 가지고 있다는 것이다. 이 음경은 수컷과 근본적으로 구조는 같지만 크기는 더 작다. 이 '암컷의 음경'은 때로 클리토리스라고도 불리지만 이를 '수컷의 클리토리스'라고 부르는 것도 똑같이 유효하다(5장에서 다루었다). 왜냐하면 이 종에서 수컷의 '페니스'는 사실 사정 기관이 아니기 때문이다.[57] 따라서 화식조의 생식기 해부학은 '수컷다운' 특성과 '암컷다운' 특성이 당황스럽게 나란히 서 있는 것을 보여준다. 수컷과 암컷 모두 페니스-클리토리스(음경 기관이긴 하지만 형태상으로는 '질' 모양이고 사정 기능이 없다)를 가지고 있으며, 양쪽 성별 모두 항문 역할을 하는 또 다른 생식기 구멍을 가지고 있다. 그렇다면 수컷화한 암컷 화식조, 새의 페니스-클리토리스, 항문 출산 그리고 화식조로 변신하는 음경을 가진 여성들에 대한 토착적인 믿음은 듣기보다 그렇게 이상한 소리가 아니다.

동물에서의 동성애나 트랜스젠더와, 사람들의 이러한 현상에 대한 토착적 견해 사이의 또 다른 흥미로운 유사점은 '초과남성성hypermasculinity'의 개념에 관한 것이다. 남성 동성애에 대한 전형적인 유럽계 미국인들의 견해와는 달리, 일부 토착 북미 문화에서 생물학적으로 남성인 두-영혼의 사람들은 일종의 '과도한' 남성성 또는 강화된 남성성의 모습을 보이며(혹은 보인다고 여겨진다) 동시에 그들은 남녀의 특성을 조합해 몸으로 구현한다. 예를 들어 코아후일텍족, 크로우족, 케레스족, 주니족에서 남성 두-영혼은 때로 실제로 신체적으로 더 건장하고 키가 크며, 두-영혼이 아닌 남자들보다 힘이 세다. 루이스에노족, 히다사족, 오오담족은 두-영혼이 되면서 그들이 커다란 힘을 얻는다고 믿는다. 오세이지족, 일리노이족, 마이애미족, 히다차족에서 일부 남성 두-영혼은 부족에서 뛰어난 전사이고 눈에 띄게 공격적이며 두-영혼이 아닌 남자들과 나란히 함께 싸운다. 치시스타스족은 전쟁하러 가는 무리에 남성 두-영혼을 포함시키는데 이는 부분적으로 두-영혼이 원정의 성공을 보장할 '저장된 정력'을 가지고 있다고 생각해서다. 또한 라코타족과 오지브웨이족 남성 전사들은 남성 두-영혼의 용기와 흉포함에 더해 전투기술까지 취할 목적으로 그들과 성관계를 갖는다. 그리고 이미 언급하였듯이 많은 멜라네시아 문화에서(세계의 다른 문화에서처럼) 동성애는 남성에게 힘을 주거나 '남성화'하는 효과를 내는 것으로 여겨진다. 어떤 경우에는 남성 힘의 우수함과 심지어 과장된 정력을 표현하기도 한다. 동물에도 수컷 동성애나 트랜스젠더와 '넘쳐나는' 수컷다움 사이에 다소 예상치 못한 연관성과 많은 흥미로운 일치점이 있다. 앞 장에서 논의한 바와 같이 회색기러기와 검둥고니 사이의 수컷 쌍은 그들의 우월한 힘, 용기, 공격성 그리고 더 강한 유대감으로 구별이 가능하고, 여러 다른 종의 수컷 쌍은 (그냥 방어적이지 않고) 공격적일 수 있다. 또한 아메리카들소, 사바나(차크마)개코원숭이, 검은목아메리카노랑솔새의 트랜스젠더 또는 동성애 개체는 전체 크기, 체중 또는 기타 신체 치수에서 다른 수컷을 능가하는 경우가 있다. 그러한 개체는 또한 높은 사회적 지위를 얻을 수 있다(예를 들어 회색기러기, 사바나개코원숭이). 이는 여러 북미 원주민 문화에서 두-영혼의 명예로운 지위를 떠올리게 한다. 게다가 몇몇 종의 성전환 수컷은 흔히 성전환하지 않은 수컷보다 더 '정력적'이거나 이성애적으로 활동적이다(예를 들어 북방코끼리바다표범, 붉은큰뿔사슴, 붉은부리갈매기, 가터얼룩뱀). 그리고 큰뿔양에서 동성애 마운팅은 '암컷적인' 숫양(즉 행동적으로 암컷처럼 행동하는 복장도착 수컷)보다는 '수컷다운' 숫양의 특징이기도 하다.[58]

이러한 토착 신앙과 과학적 사실 사이의 다양한 연관성이 단지 우연한 것일까 아니면 토착 문화가 본 동물에 대한 정확한 관찰을 나타내는 것일까? 다시 말해 토착민들이 그들의 믿음을 '입증하는', 흔히 난해한 이러한 동물 행동과 생물학에 대해 알고 있었을 가능성은 얼마나 될까? 비록 동물에 대한 많은 토착적 아이디어가 신화적인 용어로 암호화되어 있기는 하지만(앞서 우리가 본 것처럼) 이는 흔히 환경에 대한 직접적인 관찰과 탐구의 정교한 체계에 기초한다(때로 민족-과학ethno-science이라고 알려져 있다). 이는 동물학 분야뿐만 아니라 식물학, 지질학, 지리학, 해양학, 기상학, 천문학 등 다양한 분야에서 사실로 나타난다. 실제로 자연계의 구조에 대한 원주민의 지식은 흔히 더 '객관적인' 과학적 연구의 발견을 반영하며, 때로는 가장 세부적인 사항까지 반영한다. 예를 들어 많은 부족 문화는 오늘날 생물학자들이 사용하는 과학적 명명 체계에 필적하는 식물과 동물 종을 위한 포괄적인 분류 체계를 개발했다. 뉴기니 아르팍산맥의 부족들은 그들의 환경에서 136종의 독특한 새를 식별하고 이름을 지었다. 이 숫자는 서양 과학이 동일한 지역에서 판별한 것과 거의 정확하게 일치한다.[59] 동물 행동과 동물학의 다른 측면에 대한 토착적 지식은 놀라울 정도로 정확하며, 관련된 행동학적, 해부학적 또는 생리학적 현상들이 지난 10~20년 동안 서구 과학에 의해서 여러 차례 '발견'되거나 입증되었다. 한 생물학자는 다음과 같이 말한다. "[토착] 공동체 경험을 기반으로 한 지식의 총합은 그 범위와 세세함이 놀라울 정도다. 이는 동일한 개체군의 과학 연구에 이용할 수 있는 자료가 부족한 것과 뚜렷한 대조를 이룬다."[60]

예를 들어 이누이트족과 알류샨 열도 사람들은 바다코끼리의 행동과 사회조직에 대해 놀라울 정도로 깊이 이해하고 있으며, 여기에는 동물학자들에 의해 비교적 최근에야 입증된 더 많은 특이한 습관과 동물의 사회생활에 대한 지식이 포함된다. 금속성 소리를 내는 데 (목) 주머니를 사용하는 것, 고아가 된 새끼의 입양, 모두 수컷인 여름철 무리, 엄청나게 몰려갈 때 발생하는 대량 사망은 서양 관찰자들에 의해 처음 발견되었을 때 모두 '예상치 못한' 현상 또는 '논란이 있는' 현상이었지만 토착민들은 그 존재를 생물학자들이 증명하기 훨씬 전부터 알고 있었다.[61] 서양 과학자들은 처음에는 홀로 지내는 수컷 사향소를 개체군에 '불필요한' 나이 든 개체로 간주했다. 반대로 이누이트족은 이 늙은 수컷이 개체군의 잉여 구성 요소가 아니라고 믿는다. 이누이트족은 사향소에 대한 관찰과 동물에 대한 전통적인 믿음을 바탕으로 이러한 동물들이 사향소 사회구조의 필수적인 요소이고, 발정기 이후 개체군을 다시 모으는 초점 이자 가축 떼의 '어른' 역할을 한다고 주장한다. 과학자들은 이제 그러한 수컷들이 사실 불필요한 것이 아니라 종의 개체 구조에서 중요한 역할을 한다는 것을 알고 있다.[62] 게다가 다른 동물들을 연구하는 생물학자들은 심지어 번식은퇴 개체들이 '노인'과 같은 역할을 한다고까지 말한다. 예를 들어 들쇠고래short-finned pilot whales에서는 "그들의 생물학적 기여는 고래들이 알아야 할 것을 배우고 기억하고 전달하는 것일 수 있다"라고 제안했다.[63] 마찬가지로 비버의 사회조직과 개체수 통제에 대한 크리족의 전통적인 지식은 컴퓨터 모델링, 위성 지도제작 및 복잡한 통계분석을 활용하는 서양 과학에 의해 개발된, 가장 정교한 야생동물 관리 프로그램에 필적한다.[64]

그러므로 동물 동성애나 트랜스젠더에 대한 원주민의 믿음은 단순히 신화적인 체계를 투영한 것이 아니라 자연계에 대한 체계적이고 신중한 관찰을 나타내는 것일 수도 있다는 말은 지나친 표현이 아니다. 많은 토착민은 의심할 여지 없이 성별이 혼합된 생물들을 자연 환경의 일부로 인식하고 그들의 믿음 체계에 통합한다. 인류학자 제이 밀러Jay Miller는 "사냥꾼 부족은 또한 다른 동물형 인간Animal People에게 자웅동체 구성원들이 있다는 것을 알아차릴 만큼 매우 예리했고, 흔히 이 자웅동체 구성원들을 버데이크[두-영혼]와 동일시했다"라고 평했다.[65] 예를 들어 북미 원주민이 야생동물의 무리 속에서 간성인 들소를 발견하면 그렇게 인식한다. 크리족은 그들을 아야콰오 무스투스ayekkwe mustus라고 부른다(아야콰오는 남자도 여자도 아님을 말하거나, 둘 모두의 성질, 즉 자웅동체의 성질을 일컫는다. 무수투스는 들소를 의미한다). 또한 라코타족과 폰카족은 그들을 각각 프테 윙테pte winkte와 프테 믹수가pte mixuga라고 부르면서

(프테는 들소를 의미하고 윙테나 믹수가는 두-영혼을 뜻한다) 동물과 인간 트랜스젠더 사이의 분명한 유사점을 표현한다. 거대한 자웅동체인 '들소 수컷' 한 마리가 동반하는 무리 위로 우뚝 솟은 광경을 관찰한 여러 토착민은 이러한 유사성을 의심할 여지 없이 확신했는데 이 모습이 어떤 문화에서 보이는, 남녀 모두보다 키가 크고 강한 두-영혼 남성과 매우 흡사했기 때문이다(대조적으로 초기 백인 관찰자들은 그러한 들소의 간성을 사람이나 늑대에 의한 거세 탓으로 오인했다).[66]

앞서 언급했듯이 나바호족은 몇몇 사냥감 종에서 간성 동물을 인식하고 있었고 심지어 특이한 뿔 형상을 가진 트랜스젠더 검은꼬리사슴에 대해서도 알고 있었다. 그들은 이러한 생물들을 비히 나들레biih nádleeh라고 부르며 ─ 비히는 사슴이라는 뜻이고 나들레는 변신한, 끊임없이 변화하는 또는 자웅동체라는 뜻이다(같은 용어가 두-영혼 인간에게 적용되었다) ─ 동물과 인간의 성별이나 성적인 변동성 사이의 근본적인 연속성을 다시 한번 확립한다.[67] 마찬가지로 야생에서 화식조는 드물고 관찰하기 어렵지만 많은 뉴기니 부족들은 이 새를 사냥하거나 가두어 기르고, 먹기 위해 반가축화하거나 교환하기도 하며, 깃털이나 다른 부위를 모아 의례적인 기능에 사용하거나, 반려동물이나 심지어 화폐의 형태로도 활용한다.[68] 그렇다면 적어도 이 생물의 특이한 생식기 해부구조의 일부 세부 사항은 원주민들이 직접 관찰해서 일반적으로 잘 알고 있을 것이다(신화적 맥락에서 단순히 상상하는 것이 아니라). 실제로 최소 미안민족은 이 새의 음경에 대해 알고 있다. 서양 조류학자 사이에서는 암컷의 음경은커녕 음경이 수컷에게 있다는 것이나 그 구조에 대해서도 널리 알려진 바가 없다.[69] 우리는 이미 토착적인 바누아투족의 지식과 용어가 어떻게 가축 돼지의 경쟁자 간성에 대해 서양 과학만큼 알고 있는지와, 어떤 경우에는 서양 과학의 지식보다 우월한지에 대해 언급했었다.

간성뿐만 아니라 원주민들은 의례적인 트랜스젠더나 동성애와 관련된 것으로 추정되는 동물의 다른 신화적 특성들을 그 생물 주변에 살며 직접 관찰했다. 이누이트족은 북극곰이 왼손으로 바다표범를 죽이고 얼음과 다른 물건들을 바다코끼리에게 던지는 것을 목격했다고 보고했다. 브리티시컬럼비아의 할코멜렘(프레이저강 샐리시)족은 곰의 호기심 어린 행동을 묘사하며 곰이 '왼손잡이'인 것을 인지하고 있음을 암시하기도 한다. 그들은 곰이 동면하던 굴을 떠날 때면 왼쪽 발로 자유롭게 방어할 수 있도록 동굴 벽의 오른쪽 부근에 몸을 둔다고 말한다.[70] 라코타족에서는 상징적으로 두-영혼과 연관이 있는 흰 들소가 야생에서 집단으로 생활하는 원주민에 의해서 정기적으로 관찰되었다. 이 생물에 대한 보고가 인디언이 아닌 사람들에게 처음 전달되었을 때 사람들은 그것을 '원주민 상상력'의 산물로 여기거나, 탈출한 가축 소나 그러한 동물의 잡종 새끼 또는 인디언들이 의도적으로 가죽을 '흰색으로 칠한' 것과 같은 '인공적인' 상황에 기인한 것으로 여겼다. 물론 과학자들은 원주민의 관찰이 옳았다는 것을 인정한다. 흰 들소(알비노와 비非알비노 모두)는 이 종의 야생 개체군에서 드물지만 반복되는 현상이다(얼룩무늬나 회색 같은 다른 색상도 마찬가지로 나타난다).[71]

현대 과학에 의해 널리 퍼진 동물 동성애와 트랜스젠더의 발견은 이러한 유사성에 완전히 새로운 바람을 불어넣었다. 토착 문화가 동물학자들이 아는 것보다 동물들의 성적 및 성별 변동성에 대해 더 많이 알고 있지 않을까? 즉 다양한 토착 문화에서 동성애나 트랜스젠더와 '실수로' 연관되어 있는 종들이 실제로는 서구 과학에 의해 '발견'되기를 기다리는 진정한 예는 아닐까? 확실히 이전에 과학 문헌이 동물의 행동에 대한 특정한 토착 믿음에 확증을 제공하지 못했을 때를 보면 원주민의 관찰이 아닌 과학 기록이 잘못된 경우가 많다. 반복적으로 토착 신앙은 허황한 '미신'으로 치부됐으나 현대 과학의 기술과 관찰 능력이 원주민들의 오랜 가르침을 따라잡고 나서야 비로소 확인이 되곤 했다. 예를 들어 호피족은 아메리카흰목쏙독새poorwill의 동면에 대한 설화를 가지고 있는데 이들을 횔코hölchko, 즉 '잠자는 새'라고 부른다. 나바호족도 이와 같은 믿음을 공유한다. 이것은 겨울 동안 규칙적으로 동면하는 무기력한 아메리카흰목쏙독새를 과학자들이 발견하기 전까지는 순전히 신화적인 것으로 여겨졌다(그 새는 캘리포니아의 암석 틈에서 약 17℃의 체온으로 발견되었다). 조류학자들은 이제 공식적으로 아메리카흰목쏙독새를 세상에서 유일하게 지속적으로 장기간 동면하는 새라고 인정한다.[72] 마찬가지로 애리조나 주의 오덤(피마)족의 전통적인 노래와 구전하는 설화는 나방이 독말풀jimsonweed 꽃의 과즙에 취하는 이야기를 전한다. 곤충에 대한 이러한 '믿음'은 단지 독창적인 의인화에 머물지 않고 이후 서양 과학에 의해 검증되었다. 생물학자들은 독말풀 과즙(마약성 알칼로이드 성분이 들어 있다)을 섭취한 박각시나방hawkmoths이 불규칙하고 조화롭지 않은 비행, '불시착', 고꾸라지기, 취한 듯한 다른 움직임 등 '술에 취한' 행동을 하는 것을 관찰했다.[73] 뉴기니의 칼람족은 지렁이가 꺽꺽 소리를 내고 휘파람이나 비비는 듯한 다양한 소리를 낼 수 있다고 믿는다. 생물학자들은 처음에 이러한 믿음을 비웃었지만 동남아시아와 오스트레일리아에서 발견되는 크기가 큰 종 중 일부가 딸깍 소리, 톡톡 소리, 후르륵하는 소리, 심지어 새소리와 같은 특별한 범위의 소리를 낼 수 있다는 것을 나중에 확인했다.[74] 또 카웨카웨오kawekaweau로 알려진 거대한 도마뱀에 대한 수많은 언급이 마오리족(뉴질랜드의 토착민)의 민속과 전설에서 나타난다. 동시대 서양 연구자들이 상상 속의 생명체라고 일축했던 이 카웨카웨오는 동물학자들에 의해 최근에 발견된 도마뱀붙이gecko 종에 해당하는 것으로 확인되었다. 길이는 30센티미터가 조금 넘지만 실제 그 종에서는 세계에서 가장 크다.[75]

나바호족 전설은 곰이 사람들에게 어떻게 나비na'bi 혹은 곰 의술로 알려진 식물의 의학적 성질에 대해 가르쳐주었는지에 대해 이야기한다(식물을 씹거나 가루로 바르거나 우려내서 피부에 직접 바르는 방법 등이 있다). 과학자들은 최근 이 토착 약물 제조술과 곰과의 연관성을 확인했고, 또한 해당 식물의 활성 성분(리구스틸라이드ligustilide)이 항균 및 항바이러스 효과가 있음을 실험적으로 검증했다. 회색곰이 실제로 이 식물을 국소 치료제로 활용하는 모습에 대한 특별한 관찰도 이루어졌다. 곰들은 뿌리를 씹고 식물의 즙과 침을 발바닥에 뱉은 다음 이 혼합물을 털에 철저하게 문지른다. 사실 이 모습과 다른 동물에서의 '자가 약물치료' 행동의 예들은 (침팬지에서 가장 주목할 만하다) 동물들이 자신을 치료하기 위해 약초를 사용하는 것에 관한 최근 연구인 '동물약물인지학zoopharmacognosy'이라고 불리는 새로운 과학 분야를 정립하도록 이끌었다. 이 흥미로운 조사 분야에서 일하는 연구자들은 많은 원주민들이 아주 오랫동안 알고 있었던 사실, 즉 (한 생물학자가 말한) "모든 약사가 인간인 것은 아니다"라는 사실에 마주치게 되었다.[76]

술에 취한 나방, 겨울잠을 자는 새, 거대한 도마뱀붙이, 꺽꺽거리는 벌레, 흰 들소, 자가 치료하는 곰, 왼손잡이, 월경에 이끌리는 것, 성 변화, 동성애 등… 흔히 동물에 대한 가장 '말도 안 되는' 원주민들의 믿음이 현실에서 근거가 있는 것으로 밝혀지고 있다. 페니스를 가진 엄마 곰이나 질 음경을 가진 화식조 암수는 이보다 더 환상적인 생물을 상상하기 힘들 정도지만 이 '신화'는 생물학적 사실이다. 따라서 동물의 동성애와 트랜스젠더에 대한 많은 토착적 아이디어는, 아직 확인되지는 않았지만, 가장 있을 법하지 않은 신화적 시나리오까지도 그에 대한 과학적인 '증거'가 곧 나올 것으로 보인다.

모든 것을 아우르는 시야

토착적인 '신화', 신성한 이야기 그리고 동물에 대한 민속 지식(동성애와 성별 혼합에 관한 정보를 포함해서)은 수천 년을 이어온 구전 전통의 일부다. 예를 들어 밴쿠버섬의 누차널스 문화는 고고학적 연대 측정법에 따르면 적어도 기원전 3,000년까지 이어지며 거슬러 올라간다. 이는 결코 독특한 예가 아니다.[77] 현대의 원주민 이야기꾼은 어떤 의미에서 연속성을 천 년 단위로 측정할 수 있는 과학 전통의 보고라고 할 수 있다. 동물에 대한 토착적 견해의 '정확성'이 최근에야 동물 동성애와 트랜스젠더를 체계적으로 조사하기 시작한 서양 과학(그리고 일반적으로 이러한 현상의 인지를 내켜 하지 않기도 한다)과 비교 평가되고 있음을 기억해야 한다. 흔히 이전에는 야생에서 동성애 행동을 보이지 않는다고 주장했던 종들에서도 새로운 사례들이 계속 발견되고 있다. 따라서 과학 문헌에 보고된 동물 동성애는 전 세계의 동성애 야생동물의 전체를 나타낸다고 할 수 없다. 단지 과학자들이 우연히 알아차린 사례들만을 나타낼 뿐이다. 그들은 의심할 여지 없이 많은 예를 놓치거나 무시했고, 특히 조사자가 주제에 대해 강한 개인적 혐오감을 가지고 있거나 동성 행동을 관찰할 준비가 되어 있지 않은 경우(3장에서 논의한 바와 같이)에는 더욱 심했다.

따라서 서양의 과학이 밝혀냈거나 현재 '알고 있는' 것과 비교하여 단순히 토착 신앙의 '정확성'을 확인하는 것보다는, 동물학이 이 주제에 관심을 쏟을 수 있는 장소의 표지석으로도 토착 과학의 '발견'을 활용해야 할 것이다. 동물의 동성애와 트랜스젠더에 대한 전통적인 부족의 지식은 ― 예를 들어 새로운 종의 이러한 현상에 관한 연구를 선도함으로써 ― 실제로 그 주제에 대한 보다 정통적인 과학적 조사의 모델이 될 수 있다. 동물학자들이 수천 마리의 동물을 자세히 묘사해야 하고 매년 새로운 종이 발견되고 있는 상황에서, 자연계의 동성애와 트랜스젠더를 연구할 때 어디에서 시작해야 하고 어떤 종에 초점을 맞춰야 하는지를 아는 것은 어려운 과제다. 예를 들어 원주민 문화에서 코요테와 산사자 또는 뉴기니의 극락조, 유대류 그리고 바늘두더쥐가 이 지역에서 동성애나 트랜스젠더와 관련성이 있다고 꾸준히 지목된다면 서양 과학은 자존심을 낮추고 이 '신화'들을 심각하게 받아들이는 것 정도는 할 수 있을 것이다. 이것들이 단지 미신인지 아닌지를 결정할 때 이러한 믿음 중 일부가 예상치 못한 진실의 알맹이가 되어 과학적인 연구를 더 할 가치가 있다는 것을 (다시 한번) 발견하게 될 것임은 자명하다.

토착 문화와 서구의 과학 패러다임 모두 그들만의 강점과 약점을 가지고 있다. 그들 사이에 파트너 관계를 맺음으로써 우리는 둘의 합을 초과하는 지식수준을 달성할 수 있다. 이러한 상호작용으로 인해 두 가지 관점이 많은 이득을 볼 것으로 보이지만 아직까지는 과학계나 학계의 자료물에서 거의 볼 수 없다.[78] 우리는 북미와 뉴기니의 원주민과 관련된 두 가지 사례를 통해 가능한 공동협력에 대한 암시를 얻을 수 있다. 칼람족과 뉴기니의 다른 부족들은 그들의 환경에 있는 여러 종의 독조류를 알고 있다. 그중 하나가 두건피토휘hooded pitohui인데 그들은 이 새를 먹으면 입술이 화끈거리고 저리며 심지어 마비증상과 사망에까지 이를 수 있으므로 '쓰레기 새'라고 부른다. 피부에서 자연적으로 생성된 독성물질을 사용하는 (남미의 독개구리 같은) 화학적 방어는 이전까지는 조류에서 발생하지 않는 것으로 여겨졌다. 그러나 1990년 과학자들은 이 새들의 독성을 일으키는 화학적 화합물인 호모바트라초톡신homobatrachotoxin을 분리함으로써 정말로 독성이 있다는 것을 확인했다. 이 조사는 이 종에 대한 자신들의 전통적인 지식을 공유하고 몇몇 현장 연구에서 조류학자가 새들의 표본을 찾도록 도와준 원주민 사냥꾼들이 없었다면 불가능했을 것이다. 이 발견은 결국 오랫동안 방치되어 있던 조류의 화학적 방어라는 주제에 대한 생물학자들의 새로운 관심에 박차를 가했고, 뒤이은 연구를 통해 전 세계적으로 놀라울 정도로 많은 수의 다양한 독조류 종이 밝혀졌다.[79]

이보다 15년 전 알래스카 어류 및 야생동물국의 생물학자 로버트 스티븐슨Robert Stephenson과 누나미트 이누이트(에스키모) 사냥꾼인 로버트 아쿡Robert Ahkook이 늑대의 생태와 행동에 대한 과학 보고서를 공동 저술했다. 그들은 늑대에 대한 토착적 견해는 늑대의 행동적 유연성과 개성에 대한 고도로 발달한 개념을 포함하고 있으며, 이는 동물학자들이 이제 막 적응하기 시작한 관점이라고 지적했다. "누나미트족은 지금까지 목격해 온 늑대의 다양한 행동 모습을 통해 늑대의 행동을 현대 과학이 지금까지 사용했던 것보다 더 광범위하고 복잡한 이론적 틀로 해석한다. 끈기 있게 현장 관찰에서 얻은 그들의 심층적인 지식은 늑대 행동에 내재한 적응력과 탄력이 인간의 행동에 필적한다는 것을 알게 해주었다."[80] 이러한 교차문화적 협력자들은 서양 과학자들이 이러한 종류의 지적 체계를 당연히 채택해야 한다고 제안한다. 동물 동성애와 트랜스젠더가 관련된 곳에서는 이러한 현상이 자연계에 내재한 행동의 '탄력성'을 전형적으로 나타내기 때문에 더욱 진심으로 들리는 제안이다.

이러한 발견도 중요하지만 동물(그리고 인간) 동성애와 트랜스젠더에 대한 토착적인 관점은 특정 동물의 특별한 행동에 대한 세부 사항을 훨씬 넘어서는, 중요한 다른 의의를 서양의 과학에 제공한다. 동물이 보이는 일종의 변환하는 성별이나 성애 시스템을 인식하고 있는 여러 문화가 인간의 동성애와 트랜스젠더에 대해서도 일상적으로 인정하고 심지어 명예롭게 여긴다는 것은 놀라운 일이다. 그렇다면 동물 동성애와 트랜스젠더에 대한 토착적 견해에서 가장 가치 있는 것은 이 종이나 저 종에 대한 믿음의 '정확성'이 아니라 이러한 문화들이 전달하는 전반적인 세계관일 것이다. 이는 성애와 성별이 각각 다양한 가능성의 영역을 가지는, 동물과 사람 모두에 대한 관점이다.

사실 인간과 동물의 동성애에 관한 생각은 상호 보강하는 경향이 있다. 사람들이 동성애와 트랜스젠더를 인간 현실에서 용인할 수 있는 한 부분으로 여길 때, 그들은 동물에서도 성별과 성적인 다양성을 발견하는 것에 놀라지 않는다. 마찬가지로 자연계와 밀접한 관계를 맺고 사는 문화는 의심할 여지 없이 동물 동성애나 트랜스젠더와 일상적으로 마주치게 될 것이다. 이러한 관찰은 결국 인간 생활의 필수적인 부분 등을 바라보는 문화의 관점에 영향을 끼친다. 반면에 동성애와 트랜스젠더를 일탈로 보는 것에 익숙한 사람들은 동물에서 일어나는 현상들을 마주하는 것을 주저할 것이다. 그리고 한 문화가 더 이상 야생과 밀접한 관계를 맺지 않게 되면 성별과 성적 표현의 변화라는 자연스러운 사례를 접할 기회는 줄어들 것이다.

이러한 차이를 전형적으로 보여주는 동물 동성애에 대한 두 가지 상반된 관점을 생각해 보자. 20세기 후반의 유럽계 미국 문화 전통을 대표하는 한 남자는 '퀴어 회색곰이나… 레즈비언 부엉이나 연어'를 상상하는 것조차 불가능하다고 말했다.[81] 이와는 대조적으로 윈투족의 현대 아메리카 원주민 이야기꾼은 코요테가 '회색곰, 연어, 독수리'의 영혼에 이끌려 다른 수컷과 동성애적인 관계를 맺고 있다고 묘사했다.[82] 놀라운 우연의 일치로 각자 독립적으로 사실상 동일한 동물을 상징적으로 선정했지만 근본적으로 다른 해석을 보이고 있다(둘 다 상대방이 한 말을 전혀 알지 못했다). 백인의 관점에서 동성애는 동물들이 가진 것으로 보이는 '순수함' 또는 '정력' – 이 주제에 대한 과학적 담론 전반에 걸쳐 조금 감춰진 채 울려 퍼지는 감정 – 에 대한 모욕이며, 반면 원주민의 관점에서는 그러한 동성애는 자연의 다원성, 힘, 온전함을 긍정하는 것이다.

문자 그대로 본다면 두 가지 중 윈투 부족민의 설명이 분명히 더 '정확한' 것이다. 동성애와 트랜스젠더는 회색곰과 흑곰, 다양한 종의 연어 및 여러 맹금류(가면올빼미, 큰솔부엉이, 황조롱이, 참수리 등)에서 발생한다. 하지만 이것은 요점을 많이 벗어났다. 가장 중요한 것은 그 부족민 시야의 포괄성이다. 그가 언급한 동물이 동물학에 의해 '알려진', 동성애 동물인지 트랜스젠더인지와는 관계가 없는 것이다. 토착적인 관점을 입증하는 것은 개별적인 관찰의 '정확성'이 아니라 애초에 그러한 '정확한' 관찰을 촉진하는 관점의 확장이다. 서양 과학이 원주민 문화에서 가장 많이 배울 수 있는 것은 이러한 다多성애적, 다多성별적 자연 세계에 대한 견해다. 다음 섹션에서는 이러한 아이디어가 어떻게 과학 담론에 더욱 구체적인 방식으로 통합될 수 있는지 살펴보고, 어떻게 과학과 철학의 여러 새로운 발전과 근본적으로 양립할 수 있는지를 보여준다.

진행 중인 혁명 : 현대 과학 및 철학의 관점

> 우리에게는 동물에 대한 더 현명하고 신비로운 개념이 필요하다… 그들은 형제도 아니고 부하도 아니다. 그들은 다른 세계에 속하지만 우리와 함께 삶과 시간의 그물에 갇힌, 이 땅의 화려함과 고통을 함께하는 동료 수감자들이다.
> — 자연주의자, 헨리 베스톤

> 사실상 삶은 혼돈이다. 모든 엉망진창, 온갖 색깔, 모든 원형질적 절박함, 모든 움직임은 혼돈이다.
> — 수필가, 하킴 베이[83]

생물학은 자연선택의 진화에 기초한 기능적 설명을 재고再考해야 하며, 모든 생명체의 내재적 다양성을 인식해야 한다. 자연 현상이 얼마나 이상하게 보이든, 복잡하게 보이든, '생산적이지 못한'것이든 상관없이 자연 현상의 존재는 그것의 기능function이다. 이것들은 현재 생물학에서 제안되고 있는 수정론적인 생각들의 예일 뿐이며 광범위한 다른 과학 분야의 연구들과 관련이 있다. 이러한 생각 중 어느 것도 동성애와 트랜스젠더에 대한 이해에는 아직 적용되지 않았지만 이러한 현상을 보는 우리의 방식에 강력한 시사점을 가지고 있다. 이러한 새로운 아이디어의 통합 ― 그리고 성별 및 성애 체계를 포함한 광범위한 자연 및 문화 현상에 대한 적용 ― 을 생물학적 풍요Biological Exuberance라고 부르기로 하자. 생물학적 풍요는 이전의 것을 대체하기 위해 고안된 이론이나 '설명'이 아니다. 오히려 그것은 우리가 이해했다고 생각했던 것에 대한 근본적인 관점의 변화이자 대안적인 시야다. 이 개념을 통해 우리는 기존의 지식에 새로운 사실을 추가하는 것이 아니라 (로버트 피어시그Robert Pirsig의 표현처럼) 기존의 사실에 새로운 지식 패턴을 추가하고자 한다.[84]

다음 토론에서는 이러한 수정re-visioning을 시작하기 위해 특정한 현대 과학 및 철학 관점에 내재한 잠재력을 탐구할 것이다. 여기서 고려하고자 하는 여러 아이디어는 극히 이론적이거나 전통적 사고에 반하는 것이며, 흔히 각자의 분야에서조차 논란이 된다. 다른 믿기 어려워 보이는 개념들은 정통 생물학 이론화의 가장 기본적이고 오랜 개념들과 양립할 수 있다는 것을 드러낼 것이다. 더 나아가 논의될 각각의 아이디어는 이미 광범위하고 복잡한 지식 분야를 나타낸다. 우리는 단지 향후 조사를 위한 로드맵의 윤곽만 그려서 몇 가지 유용한 조사 경로를 제시할 수 있을 뿐이다. 그렇지만 우리가 생물학적 풍요라는 지시문하에 편의상 요약하고 있는 아이디어의 공통점은 바로 이해의 돌파구를 마련하는 능력이다(필요에 의해, 그것들이 축약된 형태로 제시된다 하더라도). 이 모든 것을 종합하면 또 다른 단순한 '대답'보다 훨씬 더 가치 있는 새로운 인식 방식을 얻을 수 있다. 기본적인 패러다임의 변화가 예상되는 상황에서 우리가 이전에 얼마나 많은 다양한 거짓을 고수했는가에 대해 당황해서는 안 된다. 오히려 우리는 (제임스 카스James Carse의 문구를 바꾸어 표현하자면) 너무나 많은 다른 진실이 있다는 것에 놀라야 한다.[85]

포스트다윈주의 진화론 및 카오스의 질서

> 자연은… 근본적으로 변덕스럽고 불연속적이며 예측할 수 없다. 그것은 겉보
> 기에 무작위처럼 보이는 사건들로 가득 찬 채, 세상이 어떻게 돌아가는지에 대
> 한 우리의 모델을 벗어나 있다.
> ― 도널드 워스터, 『혼돈과 조화의 생태』[86]

적자생존, 자연선택, 무작위의 유전적 돌연변이, 자원경쟁 등 진화가 어
떻게 진행되는지 우리 모두 잘 알고 있을까? 별로 그렇지 않다. 지난 20
년 동안 생물학에서는 조용한 혁명이 일어나고 있다. 진화 이론에서 가
장 기본적인 개념과 원칙 중 일부는 질문받고 도전받고 재검토되고 (일
부 경우) 모두 버려지고 있다. 새로운 패러다임이 등장하고 있다. 바로 포
스트다윈주의의 진화론이다.[87] 포스트다윈주의의 진화론자들에 의해 생
명의 자기 구성이나, 환경이 유전 코드를 유익하게 바꿀 수 있다는 개념,
한때 패권적이었던 자연선택의 원칙에 수반되는 일련의 진화 과정과 같
은 '이단적' 아이디어들이 제안되고 있다. 게다가 이 이론의 다양한 발
전은 또 다른 '새로운' 과학인 카오스 이론과 놀라운 융합을 반영한다.
  "간단히 말해서, 새로운 패러다임은 진화 연구에서 다원주의pluralism
를 주장하는 것이다." 이 말은 과학자인 호매완Mae-Wan Ho과 피터 손
더스Peter Saunders의 진화에 대한 새로운 사고의 본질을 특징짓는다.[88]
이 패러다임은 생물학의 오랜 퍼즐을 다루고 있다. 예를 들면 생물종
의 출현과 멸종의 전全지구적 패턴이라거나, 지리학적으로 분리된 동물
들 사이의 '모방'(예를 들어 세계의 서로 다른 지역에 있는 두 개의 상관없는
나비 종이 동일한 외형으로 진화한 것), 생물 및 무기물 형태구조 사이의 융
합(예를 들어 해파리 유충은 잉크 방울이 물에 떨어지며 만들어진 패턴과 매우 유
사하다), 동물 외피의 무늬와 얇고 진동하는 판에서 발생할 수 있는 정상

파standing wave 패턴 사이의 유사성 같은 것을 다룬다. 포스트다윈주의의 진화 생물학자들은 물리, 화학, 수학, 분자생물학 및 발달생물학과 같은 다양한 분야의 발전을, 이러한 현상과 기타 현상에 대한 이론화의 일환으로 통합하고 있다.

어떤 제안은 생명의 자가형성self-organization 가능성에 관한 것이다. 즉 단백질이, 다시 말해 첫 번째 기본적인 생명 형태에 필요한 효소와 세포가 무작위로 생겨나지 않았을 수 있다는 개념이다. 실험 결과 오히려 그러한 구조체가 분자 자체와 물 매개체에 내재한 화학적, 물리적 과정의 상호작용을 통해 '자발적으로' 형성될 수 있다는 것이 밝혀졌다. 비슷하게, 유연관계가 먼 종 사이에 일어나는 수렴현상이나 유기 및 무기 물질 사이의 형태상의 일치는 실제 '직접적인' 진화적 변화를 일으키는 근본적인 패턴화 과정을 드러낸다. 또 다른 혁명적인 제안은 '유체 게놈fluid genome'으로 알려진 것이다. 즉 환경이 유기체의 유전자를 유익하게 변화시킬 수 있다는 가설이다. 이전에는 유전자 코드가 정적이고 변경할 수 없다고 생각되었지만 현재 생물학자들은 환경과 유전학 사이에 역동적이고 복잡한 양방향 상호작용이 일어나 새로운 종의 진화를 이끌 수 있다고 인식한다.[89]

이 이론의 많은 부분이 초기 단계에 있지만(그리고 심지어 몇몇 경우에는 과학적 기반을 '살짝 걸치기만' 하지만) 이미 진화 과학에서 가장 존경받는 석학 중 일부가 이 이론의 기본 교리 재평가에 참여하고 있다.[90] 세계적으로 유명한 생물학자이자 진화론자인 에드워드 O. 윌슨은 심지어 어떤 의미에서 진화가 종교의 한 형태라고 선언 – "진화 서사시는 아마도 우리가 가질 수 있는 최고의 신화일 것이다."[91] – 까지 하면서 논의의 선두에 서 있다. 이는 결과적으로 창조론-진화 논쟁 전체에 아이러니한 반전을 초래했다. 아마도 이 모든 토론에서 가장 중요한 것은 특정 이론의 설명력이 아니라 많은 진화론자의 정신이 품고 있는 지적 개방성과 비전일 것이고, 한때 철통같았던 원칙들을 다시 검토하려는 의지일 것이다. 이를 가장 분명하게 보여주는 것은 무작위로 일어나는 유전적 변이에 기초한 자연선택의 기본원리에 관한 질문이다. 스티븐 제이 굴드Stephen Jay Gould를 비롯한 많은 과학자는 '그 설명이 아무리 기이하고 불필요하게 복잡하거나 완전히 미친 것처럼 보일지라도 모든 생존 형태, 구조 또는 행동'에 대한 적응적 설명을 어떻게든 찾으려는 시도를 오랫동안 비판해 왔다.[92] 물론 이런 '적응주의자' 설명의 한계는 정통 생물학이 동성애와 비번식적 이성애의 '기괴한' 행동을 바라볼 때 직면하는 바로 그 문제이기도 하다. 생물학이 결국 이러한 현상을 받아들이려면 그러한 적응주의적 설명은 심각하게 재검토되어야 할 필요가 있을 것이다.

포스트다윈주의의 사상과 새로운 카오스 과학 사이에는 많은 유사점이 있다. 카오스 이론은 기본적으로 자연재해처럼 명백하게 파괴적이거나 '비생산적인' 사건 등 자연(및 인간) 현상의 예측불가능성과 비선형성에 대한 인식이다. 원래 수학, 물리, 컴퓨터 과학 분야에서 발전했지만 카오스 과학은 생물 현상에 빠르게 적용되었다. 사실 동물과 식물 개체수의 주기적인 변동은 자연계에서 밝혀진 '카오스적인 행동'의 첫 번째 사례 중 하나였다. 그 후 카오스 이론은 생물학적 시스템(생태계부터 세포 수준까지)과 진화 과정을 포함한 광범위한 자연 및 사회 현상의 분석에 성공적으로 사용되었다. 실제로 카오스 과학자 조셉 포드Joseph Ford는 "진화는 되먹임feedback이 더해진 카오스다."라고 말한다.[93] 자연의 프랙털fractal 또는 '카오스적 질서' 구조는 개별 동물의 행동 패턴과 꿀벌 집의 '자가형성적' 구조에서도 드러났다.[94]

부정맥, 불협화음, 주기성은 '카오스' 자연 현상이 제공하는 특징적인 모습 중 하나다. 이 용어들은 '패턴 조직pattern organization'의 기본 원칙이 생물학적(및 기타) 실체의 발달이나 '형태'를 지시하긴 하지만 전적으로 결정하지는 않는다는 생각을 전달하려는 시도다. 이러한 체계의 내부 역학 관계는 예측할 수 없는 패턴을 생성하지만 무작위적인 패턴을 생성하지는 않는다.[95] 이 개념은 최근 식물과 동물 형태의 다양성에 대한 '적응주의자'의 재평가에서 그대로 나타난다. 조류 깃털의 증식과 정교함을 연구하는 한 조류학자가 관찰한 바와 같이, 전통적인 진화 이론은 특정한 패턴, 색상 또는 형태가 어떻게 발전해 왔는지 설명할 수 있지만 애초에 그러한 놀라운 다양성이 왜 또는 어떻게 생겨났는지는 설명할 수 없다. "이러한 가설은 천인조widowbird의 꼬리, 닭의 볏, 공작의 깃, 참새의 검은색 턱받이 깃털처럼 다양한 특징들을 설명해 준다. 이러한 가설이 특성의 일부 특징을 설명할 수는 있지만 눈에 띄는 특성의 엄청난 다양성을 설명할 수는 없다. 기본적으로 동일한 과정이 작용하는 것이 분명한데… 왜 어떤 새들은 빨간 머리와 긴 꼬리를 가지고 있느냐는 문제다."[96] 깃털의 다양성과 같은 현상의 최신 이론은 여전히 전체적인 변화 범위보다는 특정 패턴의 예상되는 기능적 또는 적응적 역할에 초점을 맞추고 있다. 하지만 카오스 이론의 원리를 적용하면 성과가 있을 수 있는 분야다.[97]

성적 표현과 성별 표현의 다양성도 마찬가지다. 카오스 이론에서 비롯한 더 중요한 통찰은 자연계가 흔히 겉보기에 이해되지 않는 방식이나 '비생산적인' 방식으로 작동한다는 것이다. 샐리 괴너Sally Goerner에 따르면(그녀의 카오스, 진화, 심층생태학에 관한 토의에서), "비선형 모델은 명백히 이상하고 비논리적인 행동이 사실 시스템의 완전히 적절한 한 부분이라는 것을 보여준다." 생물학자 도널드 워스터Donald Worster도 "과학자들이 오랫동안 보지 않으려 했던 것에 초점을 맞추기 시작했다. 세상은 우리가 상상했던 것보다 더 복잡하다… 그리고 실제로 누군가는 상상할 수 있는 것을 덧붙이지 않을까?"라고 언급했다. 반세기도 전에 진화생물학자 J. B. S. 할데인은 "우주는 우리가 상상하는 것보다, 아니 상상할 수 있는 것보다 기이queer하다"라고 언급하며 이미 이러한 생각을 예지했다. 바로 우리가 이 책을 펼칠 때 보았던 문구다.[98] 이들 과학자 중 어느 누구도 동성애에 관해 구체적으로 언급하지 않았지만 동물의 왕국 전역에서 발견되는 성별과 성애의 변환 체계는 정확히 '카오스' 체계에서 발생할 수 있는 '불연속성'과 '비합리적' 사건들이다.

이 점에서 특히 관련이 있는 것은 카오스의 다섯 가지 기본 '원칙' 중 하나에 관한 괴너의 진술이다. "비선형 체계는 행동의 질적 변화(양분화)을 보일 수 있다. 이 아이디어는 간단하다. 단일한 체계가 여러 가지 다른 형태의 행동을 보일 수 있고, 모든 결과는 동일한 기본 동력의 결과다. 하나의 공식, 수많은 결과다. 이러한 아이디어에 따라 당연히 한 체계는 각각 머리카락 하나만큼 떨어져… 여러 가지 경쟁적인 형태의 행동을 할 수 있다. 그리고 각각은 안정적인 상호 영향을 끼치는 조직을 나타낸다."[99] 이 아이디어가 성적 취향 영역으로 넘어가면 흥미로운 통찰력의 가능성을 제공한다. 즉 이성애, 동성애 그리고 그 사이의 모든 변형은 하나의 성적인 '동력'의 대안적인 현상으로 볼 수 있으며, 그 자체가 훨씬 더 큰 비선형 체계의 일부가 되는 것이다. 이 체계의 '유동성'은 개체의 삶, 다양한 공동체, 다른 종 사이, 시간의 순서 등에 걸쳐 무한히 다양한 표현으로 전개된다.

다양한 사회 현상에 카오스 이론이 적용됐지만 성적인 행동 패턴 분석에는 아직 활용되지 않고 있다. 성적 표현이나 성별 표현처럼 상대적으로 이해하기 어려운 것이 카오스 과학의 엄격한 수학적 모델이 요구하는 범위까지 계량화될 수 있을지는 미지수다. 그럼에도 불구하고, 카오스 이론이 제공하는 더 넓은 통찰력은 명백하다. 외견상 일관성이 없거나 직관에 반하는 현상 – 무기화학에서든 '성적인 끌림sexual chemistry'에서든 – 은 개별적으로 어떠한 의미(또는 그것의 의미 결핍)를 갖든지 간에 전체적인 패턴의 구성 요소가 된다. 본질적으로, 표준으로부터의 편

차는 표준의 일부다.

생물 다양성 = 성적 다양성

가이아 이론은… 생물학에 지대한 의미가 있다. 그것은 다윈의 위대한 비전에
도 영향을 미친다. 왜냐하면 가장 많은 자손을 남기는 유기체가 성공할 것이라
고 말하는 것은 더 이상 충분하지 않을 것이기 때문이다.

— 제임스 E. 러브록, 『살아 있는 유기체로서의 지구』[100]

거의 20년 전에 영국의 과학자 제임스 러브록James Lovelock은 그의 책
『가이아 : 지구에서의 삶을 바라보는 새로운 시각』을 출판하며 생물학
사상의 새로운 시대를 열었다. 가이아 가설 또는 가이아 이론으로 알려
지게 되었고, 과학이 일반적으로 자연계를 바라보는 방식, 특히 진화에
헤아릴 수 없는 영향을 미쳤다. 가이아 이론은 모든 생물과 무생물의 합
이 거대한 생물체와 유사한 단일 자기조절체self-regulating entity를 형성
한다고 말한다. 포스트다윈주의의 진화론의 결과와 융합하면서 가이아
가설은 진화의 가장 기본적인 원리 중 몇 가지를 다시 생각하게 했다. 경
쟁과 더불어 협력은 진화적 변화의 중요한 요소로 인식되었고, 개체 수
준의 적응적 설명에 대한 탐색은 생물권 전체의 기능뿐만 아니라 종 전
체를 포함하도록 상향 이동되었다. 논란이 없는 것은 아니지만 가이아
이론은 많은 혁신적인 아이디어를 만들어 냈고, 그중 다수는 경험적으로
그리고 실험적으로 검증되기 시작했으며, 과학자들 사이에서 중요한 학
문 간 공동 연구를 이끌어냈다.[101]

이러한 새로운 생각의 줄기는 동물 동성애와 더 넓게는, 성애와 성별
을 해석하는 방식에 강력한 영향을 미친다. 러브록(위에서 인용)이 관찰한
바와 같이 생식이 반드시 '생존'의 필수 요소인 것은 아니다. 어떤 경우

에는 일부 구성원이 생식을 하지 않는다면 종이나 생태계 전체에 유익할 수도 있다. 물론 동성애를 비非번식과 동일시하는 것은 지나치게 단순하다(앞 장에서 보았듯이 같은 성 활동을 하는 많은 동물도 생식을 하기 때문이다). 또한 동성애가 대규모의 '인구 조절' 기전의 영역으로 작동한다는 생각을 뒷받침하는 증거도 거의 없다(아마도 가이아 해석에서 동성애 덕택에 생긴다고 여기는 가장 명백한 '기능'일 것이다). 그럼에도 불구하고 가이아 이론의 근본적인 통찰력 중 하나 - '역설적' 현상에 부합하는 가치 - 는 동성애와 트랜스젠더에 직접적으로 적용된다. 실제로 암수모자이크 같은 성 간 동물에서 발견되는 '모자이크' 또는 암수 특징의 혼합은 일부 가이아 이론가들에 의해 하나 속의 다양성, 즉 괴리된 것이 변환하여 완전성을 이루는 모델로 사용된다. 다시 말해 지구의 이미지 바로 그 자체다.[102]

카오스 이론처럼 가이아 가설도 개별 유기체나 개체군의 수준에서 설명할 수 없는 것처럼 보이는 현상들이 더 크고 복잡한 태피스트리의 일부일 수 있다는 것을 인식한다. 이는 마치 흔히 이해하기 어려운 방식으로 삶의 흐름을 생성하기 위해 상호작용하는, 겉보기에 부조화한 힘의 그물 같은 것이다. 생물다양성 개념만큼 이 아이디어가 잘 구체화하는 곳도 없다. 간단히 말해서 이것은 생물학적 시스템의 활력이 그 안에 포함된 다양성의 직접적인 결과라는 원칙이다. 즉 "다양성이 증가함에 따라 안정성과 복원력도 증가한다."[103] 전통적으로 그러한 다양성은 종의 수와 유형 면에서 엄격히 다루어졌다. 이는 대개 전반적인 유전적 다양성으로 표현되는 체계의 물리적 구성을 말한다. 예를 들어 그동안 개별 생태계에 관한 장기적인 연구는 자연계의 건강과 안정성이 자연계가 포함하고 있는 서로 다른 종의 숫자와 직접적으로 연관되어 있다고 제시했었다.[104]

그러나 종 숫자의 가변성만이 생물학적 다양성을 표현할 수 있는 유일한 방법은 아니다. 자연계의 모든 수준에는 사회적, 성적 다양성이 존재한다. 모든 유형의 동물 사이에 그리고 다른 종간, 개체군 간, 각 개체 간에 다양성이 존재한다. 예를 들어 딱 한 집단의 새들, 즉 도요새와 그 근연종들을 생각해 보자.[105] 이 집단의 200여 종에서는 엄청나게 다양한 이성애와 동성애 짝짓기와 사회체계가 발견된다. 우리는 같은 성 또는 반대쪽 성 새들 간의 일부일처제 쌍을 발견할 수 있다(장다리물떼새, 청다리도요). 또한 일부다처제로는 한 수컷이 한 마리 이상의 암컷과 짝을 짓거나(댕기물떼새northern lapwings, 붉은갯도요curlew sandpipers), 한 암컷이 한 마리 이상의 수컷과 짝을 짓거나(자카나), 같은 성의 두 새가 서로 결합한 뒤 반대쪽 성의 세 번째 개체와 짝짓기를 하는 양성애 트리오(검은머리물떼새)를 볼 수 있다. 그리고 흔히 공동 과시무대나 레크와 관련된 새들이 짝을 짓지 않고 같은 성이나 반대쪽 성의 여러 파트너와 짝짓기를 하는 '난교' 체계도 볼 수 있다(목도리도요, 노랑가슴도요). 심지어 이성애 '일부일처제' 같은 특정한 짝짓기 체계 내에서도 많은 다른 변형이 존재한다. 일부 종은 평생 유지되는 쌍 결합을 형성한다(예를 들어 검은장다리물떼새). 다른 종은 연속적인 일부일처제로, 순차적으로 짝을 이루거나 다른 파트너들과 짝짓기 관계를 형성한다(흰물떼새kentish plovers, 세가락도요sanderlings). 또 다른 종은 주로 일부일처제이지만 가끔 일부일처제 트리오를 형성한다(개꿩). 어떤 종은 짝이 아닌 다른 개체와 짝짓기를 거의 하지 않는 등 대체로 '성실한' 짝짓기를 하지만(개꿩), 다른 비非일부일처제 종은 짝 관계가 아닌 새들과 짝짓기를 하는 것이 일상적이다(검은머리물떼새). 주어진 종 내에서도 서로 다른 지리적 영역 간에 차이가 있다. 예를 들어 레즈비언 쌍은 장다리물떼새와 검은장다리물떼새의 일부 개체군에서만 보이는 반면 눈물떼새snowy plovers는 일부일처제에서 연쇄 일부다처제에 이르기까지(그리고 각각의 수많은 버전까지) 이성애 짝짓기 패턴의 광범위한 지리적 변화를 보인다. 주어진 개체군 내에서 각

각의 새들 사이에도 다양성이 있다. 예를 들어 검은머리물떼새는 일부
새들만이 동성애 관계나 일부일처제 이성애 교미 또는 순차적인 일부일
처제에 참여하기도 하고, 이성애나 동성애 활동에 관여하지 않는 광범위
한 수의 비번식 새가 대부분의 종에서 발견되기도 한다. 그리고 각각의
새는 평생 다양한 성적 행동과 짝짓기에 참여할 수 있다. 예를 들어 수컷
목도리도요는 평생 배타적 이성애자고, 어떤 새들은 이성애와 동성애 활
동 기간을 번갈아 하거나 동시에 두 가지 모두에 참여하기도 하며, 다른
개체들은 대부분의 삶 동안 주로 같은 성 활동에 참여하며, 또 다른 새들
은 대개 무성애다. 유사한 예는 거의 모든 다른 동물 그룹에서 관찰할 수
있으며, 특히 상세한 추적연구로 거의 대부분의 생명체에서 개별적인(그
리고 특이한) 생애 이력의 변화가 드러나기 시작하고 있는 지금에 와서는
더욱 잘 볼 수 있다.

과학자들은 사회와 짝짓기 체계의 다양성이 한 종의 '성공'에 직접적
으로 기여한다는 증거를 찾기 시작했다. 예를 들어 느시great bustards(남
유럽과 북아프리카에서 발견되는 황새를 닮은 대형조류)의 이성애 교미 체계
의 유연성은 새들에게 더 큰 적응력을 주며, 까다롭고 가변적인 생태 조
건에 대처할 수 있게 해준다.[106] 그리고 어떤 종에서는 동성애 자체가 환
경이나 사회적 변화와 관련이 있는 것으로 보이는데 이는 시사하는 바
가 있긴 하지만 (지금까지) 잘 이해되지 않는 방식으로 나타난다. 예를 들
어 개꿩 수컷 쌍은 극심한 겨울 눈보라가 이성애 짝 형성을 '방해'한 해
동안 더 흔하게 나타난다고 주장되는 반면 회색곰 암컷들의 공동양육은
환경적으로나 사회적으로 유동적인 조건에 사는 동물의 특징으로 보인
다. 타조에서 동성애 구애는 이 종의 전반적인 성적, 사회적 패턴을 바꾸
는 비정상적인 장마철과 연관이 있을 수 있다. 마찬가지로 북미갈매기나
캘리포니아갈매기의 같은 성 쌍은 급속한 확장을 겪고 있는 새로 발견된
군락에서 더 일반적인 반면 히말라야원숭이와 몽땅꼬리원숭이(그리고 많

은 다른 영장류)에서의 동성애 활동은 흔히 사회집단의 구성이나 역학의 변화와 관련이 있다.[107]

이러한 요인들 간의 상관관계를 좀 더 체계적으로 조사할 필요가 있지만(선형적이고 일방적인 인과관계는 확실히 관여되어 있지 않다) 성적, 사회적, 환경적 변동성이 밀접하게 연관되었을 수 있음을 시사한다. 특히 행동적 가소성behavioral plasticity에 대한 능력 - 동성애 성향을 포함해서 - 은 매우 변화무쌍하고 '예측할 수 없는' 세계에 '창조적으로' 반응하는 종의 능력을 강화시킬 수 있다. 영장류학자 G. 그레이 이튼G. Gray Eaton은 동물의 생물학적, 문화적 현상으로서의 성적 융통성이 진화에 대한 전통적인 관점에 도전하는 방식으로 종의 성공에 직접적인 원인이 될 수 있다고 제안한다.

> 마카크원숭이의 성적인 행동은 이성애 모습과 동성애 모습을 '정상적인' 패턴의 일부로 모두 포함한다. 이러한 패턴의 일부에 관한 원문화적 변형은 이미 논의하였지만 각각의 영장류 개체과 그룹을 특징짓는 행동의 극단적인 변동성은 기억하는 것이 좋다. 이러한 행동의 가소성은 영장류가 다양한 사회적, 환경적 조건에 적응할 수 있게 함으로써 영장류의 진화적 성공에 큰 역할을 해왔다…. 행동의 가변성과 가소성은… 본능에 기초한 생물학적 기계처럼 인간을 비관적으로 보거나 협소하게 보기보다는… 낙관적으로 보며 '인간의 가능성과 한계를 최대한으로 보는 시각'을 제시한다… 다윈주의의 물어뜯고 할퀴는 학풍에 기초한 이러한 협소한 견해는 인간이 아닌 영장류에서 보이는 원문화적 진화의 증거에서 거의 지지를 받지 못한다.[108]

이것은 그러한 가소성이 특정 환경 또는 사회적 요인과 관련하여 항상 식별할 수 있는 '기능'을 가지고 있다는 것을 말하는 것은 아니다(앞 장에서 본 것처럼 특정 사례에서는 그러한 '기능'을 몇 가지 식별할 수 있다). 행동의 다양성은 단순히 그것에 대한 반응이라기보다는 더 큰 '카오스적 질서' 또는 세계 비선형성의 발현이라고 표현할 수 있다. 더 큰 상승효과도 나타난다. 이것은 동물의 생식에 문자 그대로의 '기여'나 안녕에 직접적인 '향상'을 수반하지 않고도 실현할 수 있는, 전반적인 적응력의 패턴이다. 다른 말로 표현하면, 어떤 체계 속에 행동 유연성이 존재하는 것은 실제 구체적인 '유용성'이나 '기능성'보다 더 가치가 있다는 것이다.

종합하면, 성적 다양성에 대한 이러한 관찰과 그러한 성적 가변성에 의해 전달되는 강점은 중요한 결론으로 이어진다. 생물다양성의 개념은 유전적 다양성뿐만 아니라 종이나 생태계 내에서 발견되는 사회조직의 체계까지 포함하도록 확장되어야 한다. 다시 말해 성적 체계 그리고 성별 체계는 생물학적 활력의 필수적인 척도가 된다. 어떤 종이나 생물학적 체계가 더 다양한 패턴의 사회조직이나 성적인 조직 – 동성애, 트랜스젠더, 비번식성 이성애 등 – 을 포함할수록 그 체계는 더 강해질 것이다. 결국 짝짓기와 구애 패턴은 생태계가 포함하고 있는 종의 수만큼 많은 생태계 '복잡성'의 일부다. 그리고 많은 동물에서 같은 성 활동은 짝짓기와 구애 체계의 필수적인 일부다. 그렇다면 다른 사회 패턴의 풍부한 모자이크는 그러한 패턴 자체가 명백히 '생산적이지 않거나' 인구의 일부에서만 발견되는 경우에도 시스템의 활력을 높일 수 있다는 것은 당연하다.

수십만 종의 포유류, 조류, 곤충, 식물 등을 포함하고 있는 열대 우림에서 딱정벌레 한 종류의 '목적'은 그 딱정벌레가 환경의 전반적인 복잡성과 생명력에 기여한다는 점을 이해하지 않고는 찾기 어려울 수 있다. 마찬가지로 동성애 구애나 이성애의 역마운팅과 같은 특정한 사회적 또는 성적 행동의 '기능'은 특정 종이나 개체 수준에서 미미하거나 심지어 존재하지 않는 것처럼 보일 수 있다. 그러나 체계의 전반적인 힘에 대한 기여는 그러한 '유용성'(또는 유용성의 부족)과 무관하며, 체계에 참여하는 모집단에서 차지하는 비율과도 독립적이다. 모든 개체, 모든 행동에는 — 개체가 모집단의 1%를 차지하든 99%를 차지하든 관계없이 그리고 행동이 '생산적'이든 '비생산적'이든 상관없이 — 역할이 있다. 그것의 역할은 삶의 태피스트리 안에 있는 것이 아니라 삶의 태피스트리 자체로서 존재한다. 그것의 존재가 바로 그것의 '기능'이다. 생물학적 다양성은 본질적으로 가치가 있으며 동성애와 트랜스젠더는 그러한 다양성을 반영하는 것 중 하나다.

생물계의 사치

지구상의 생명 역사는 주로 야생의 풍요가 끼친 영향에 의한 것이다.
— 조르주 바타유, 『일반 경제의 법칙』[109]

생물 다양성 연구, 카오스ㄴ 과학, 새로운 진화 패러다임 사이에 많은 접점이 있지만 이 세 가지 분야를 관통하는 가장 중요한 공통점은 자연계의 심오한 낭비에 대한 인식이다. 카오스 물리학자 조셉 포드Joseph Ford 는 물리적 체계 패턴의 '흥미로운 다양성, 선택의 풍부함, 기회의 보고'에 대해 이야기하며, 프랙털fractals과 '기이한 끌개strange attractors'를 '가시나무처럼 가시가 돋고… 소용돌이와 필라멘트가 바깥쪽으로 휘어져 무한히 뒤엉킨 추상화'로 묘사한다.[110] 생물 다양성에 대한 최고의 이론가 중 한 명인 에드워드 O. 윌슨은 '열대지역 풍요의 엔진'에 대해 이야기한다. 그 안에서는 '특수함이… 기이하고 아름다운 극단으로 내몰리고', '프랙털의 세계로 따지면 전체 생태계가 새 한 마리의 깃털 속에 존재할 수 있는 곳'이다.[111] 새 노래의 복잡성을 연구하는 조류학자들은 '새들 사이에서 노래하는 방식의 다양성이 너무 커서 설명이 불가능'하다며 경이로워하고, '진화가 만들어 낸 풍부함과 다양성에 대해 고민'하고 있다.[112] 곤충학자들은 곤충 난자의 정자 수용 부위나 '형태학적 풍부함', '과다함' 그리고 '분명히 불필요한 복잡성'을 가진 곤충 생식기와 같은 가장 미세한 형태의 '복잡한 구조의 놀라운 다양성'에 경탄한다.[113] 진화 이론가들은 다윈이 아이디어를 발전시킨 이후로 진화론자들이 설명해보려 한 특징인 '공작의 호화로운 꼬리 깃털, 사자의 갈기, 많은 도마뱀의 화려한 목 아랫살과 목도리의 색깔… 등 단지 몇 가지 과다한 것'의 수수께끼와 씨름하고 있다.[114]

이러한 '과다함'을 공식적으로 인정하고 이러한 학문에서 융합된 생각 중 일부를 통합하기 위해 우리는 프랑스의 저명한 작가이자 철학자인 조르주 바타유의 연구를 따라 생물학적 풍요의 개념을 제안한다.[115] 바타유는 그의 일반 경제 이론theory of General Economy에서 자연과 문화 시스템의 에너지 흐름에 대해 우리가 생각하는 방식에 관한 급진적인 새로운 시각을 제시했다. 그의 견해에 따르면, 과잉과 풍요는 희소성(자원 경쟁)이나 기능성(특정 형태나 행동의 '유용성')보다 큰 영향을 주는 것은 아니지만 그래도 생물학적 시스템의 주요 원동력이 된다. 바타유의 기본적인 관찰은 모든 유기체가 생존하는 데 필요한 것보다 더 많은 에너지를 받는다는 것이다. 이 에너지의 원천은 궁극적으로 태양이다. 이 남아도는 에너지는 유기체의 성장을 위해(또는 더 큰 생태계를 위해) 먼저 사용될 것이지만, 시스템이 성장 한계에 도달하면 초과 에너지는 어떤 다른 형태로든 '바닥날 때까지' 사용하거나 또는 다른 방법으로 파괴되어야 한다. 바타유는 그러한 에너지를 '탕진하는' 전형적인 방법은 성적인 생식, 다른 유기체에 의한 소비(먹기) 그리고 죽음을 통해서라고 보았다.

우리 행성의 생명체는 무엇보다도 바타유가 말한 태양에 의해 자유롭게 주어지는 '생화학 에너지의 과다'가 특징이다. 따라서 생명체가 직면하는 과제는 부족함이 아니라 과도함이다. 즉 이 모든 여분의 에너지를 어떻게 사용할 것인가 하는 것이다. 창조(출산)하고 파괴하는 사실상 모든 활동의 분출은 궁극적으로 과잉 에너지를 '소비'하거나 표현하는 기전으로 볼 수 있다. 예들 들면 바로크 장식과 패턴의 발전(또는 농축된 미니멀리즘으로의 정제하기), 동물과 식물 식량의 쓸데없는 소비(또는 부족할 때의 대량 기아), 사회체계의 극단적인 정교화(형태의 '복잡함'과 '단순함'을 모두 포함한다), 새로운 종의 만발과 다른 종의 멸종, 생물량의 급증 및 쇠퇴의 주기 등이 있다. 이 견해에 따르면 삶은 사실 '낭비하는'과 다한' '잉여' 활동으로 가득 차야 한다. 바타유는 또한 인위적으로 희소성을 만들어 내는 방법으로 이러한 풍부한 것을 통제하거나 변화시키려는 다양한 시도를 검토하며 그의 이론을 인간 경제와 사회조직 체계로 확장한다.[116] 아즈텍의 희생 의식과 전쟁, 북서부 해안 인디언들의 포틀래치 *potlatch, 티베트의 불교 수도원, 소련의 산업화 등 다양한 현상들이 모두 이 분석에 따른 예상치 못한 특성과 상호 연관성을 가지고 있는 것으로 드러났다.

이 이론은 세상에 대한 상투적인 생각을 사람들의 머리 위에서 뒤집어 놓는다. 하지만 이 이론의 비정통적인 관점에도 불구하고 과학자들이 수년 동안 해 왔던 많은 관측과 놀랍도록 잘 일치한다. (태양에너지가 지구상의 모든 생명체와 모든 움직임의 원동력이라는 것과 같이 명백한 사실들만 일치하는 것이 아니다) 우리는 이미 카오스 이론, 생물 다양성 연구, 포스트다윈주의의 진화 등과 같은 다양한 분야의 과학자들이 자연계의 지독한 천태만상의 과다함에 직면할 수밖에 없다는 것을 살펴보았다.[117] 그리고 자기 생각이 '새로운' 것이라고 여기는 연구자들도 독자적으로 비슷한 결론에 도달했다. 이것은 특히 바타유 이론이 지목하는 세 가지 '지출', 즉 성적인 생식, 먹기, 죽음과 관련해서는 더욱 확실하다.

생물학자들은 유성생식은 비용이 많이 들고 지치게 만들며 위험한 데

---

* 포틀래치는 인디언 사이에서 행해지는 선물 분배 행사다.

다 심지어 낭비하는 것이라고 반복해서 언급해 왔다. 이는 번식하는 개체뿐만 아니라 전체 개체군에게도 마찬가지다. 번식의 대가로 인해 번식기가 끝날 무렵에는 흔히 이전 모습에 비해 쇠약한 그림자처럼 수척해진다. 특히 곤충계는 한 번에 수십만 마리의 개체들이 '짝짓기'를 하는 특이한 활동으로 유명하며, 이들은 흔히 부화 후 몇 시간 또는 며칠 만에 때로는 짝짓기도 못 해보고 죽기도 한다. 그래서 왜 성적 재생산이 존재해야 하는지에 대해 의문을 제기해 온 과학자들에게는 이 '비용'이 매우 인상적이다(물론 모든 동물이 유성생식으로 번식하는 것은 아니다). 이것은 흔히 성의 오랜 '문제' 또는 '역설'로 여겨졌다. 유성생식은 일반적으로 무성생식에 비해 2배 이상 비싸다(유전적으로도 그렇고 에너지적으로도 그렇다). 왜냐하면 각 부모에게 자손 유전 물질의 절반만 기여하게 하는 '비효율성'이 생기고, 많은 종에서 그 자손을 양육하는 데 수컷의 기여가 없어지기도 하며, 구애나 짝짓기 행동과 관련된 위험 및 에너지 지출이 생기기 때문이다. 그러나 정확히 바로 이런 종류의 '낭비'가 생물학적 풍요의 패턴으로 기대할 수 있는 모습이다.[118]

생물학자들은 또한 먹는 것, 즉 한 유기체에 의한 소비는 생명체의 필수 구성 요소가 아니라는 것을 관찰했다. 예를 들어 왜 모든 종이 식물처럼 그들만의 음식을 만들지 않는 것일까? 사실 광합성의 효율성과 자급자족에 비해 한 동물이 다른 동물을 먹거나 식물성 물질을 소비할 때 훨씬 더 많은 에너지가 '탕진'된다. 자연에서 죽음 자체는 흔히 자신만의 '풍부함'에 도달하며, '아주 후한' 비율로 격상하는 것처럼 보인다. 수백 마리의 새끼 거북이들이 몇 시간 동안 알껍데기를 뚫고 마침내 바다에 다다르지만 결국 기다리고 있던 포식자의 턱과 부리에 의해 잡아먹히게 된다. 이는 자연 전반에 걸친 수많은 예 중 하나일 뿐이다. 이러한 '삶의 탕진'은 이 현상을 보통 먹이사슬의 무자비한 역학 – 다른 말로 자연의 '잔혹함'이라고 알려져 있다 – 이라고 부르는 생물학자들의 관심을 벗어나지 못하고 있다. 그러나 이것 또한 전체적인 풍요 또는 과잉 패턴의 일부다.

생물학적 풍요의 개념은 과학적으로 타당할 뿐만 아니라 상식적으로 이해할 수 있고 직관적으로 접근할 수도 있다. 우리는 모두 자기 삶에서 자연의 '과다함'의 예를 생각할 수 있다. 아마도 그것은 정원에 있는 식물의 압도적인 무성함과 아름다움이나, 창문에 맺혀 있는 눈송이나 서리의 끝없이 다양한 패턴일 수도 있고, 무한하고 미묘한 가을 나뭇잎의 빛깔일 수 있고, 또는 수백 가지의 다른 품종과 잡종 중의 하나인 우리의 개나 고양이일 수도 있다. 우리가 자연계의 다른 영역이나 인간 사회에 관심을 돌렸을 때 그 예는 점점 더 많아진다. 삶의 다양성과 '풍요'에 대한 감사는 물론 새로운 것이 아니다. 과학자와 예술가는 모두 역사를 통틀어 이것을 칭송해 왔다! 바타유의 작업의 탁월함은 그가 이 개념을 인식하는 데 있는 것이 아니라 그가 동의하는 중요성의 정도에 있다. 기존의 사고방식은 삶의 다양성과 과다함을 진화, 물리 법칙, 역사의 진보 등 다른 더 큰 힘의 결과 또는 부산물로 간주한다. 바타유의 경우 이 관계는 반전된다. 풍요는 다른 모든 패턴들이 흐르는 생명의 원천이자 본질이다.

가장 중요한 것은 생물학적 풍요라는 개념이 동성애 현상에 새로운 빛을 비춘다는 점이다. 바타유가 제안하는 것처럼 삶이 '낭비'하는 것처럼 보이는 활동으로 특징지어진다면 동성애와 비생식적 이성애(그리고 성별 체제)보다 더 '낭비'할 수 있는 것이 무엇이 있겠는가? 만약 유성생식 자체가 과도한 생화학적 에너지를 소모하는 수단이라면 생식 자체를 초래하지 않는 성적 활동이나 사회적 활동은 그러한 에너지를 훨씬 더 크게 '탕진'하는 것이 분명하다.[119] 동성애와 트랜스젠더는 생물계의 자연적 강도intensity 또는 '풍요'를 나타내는 여러 표현 중 하나일 뿐이다. 고등학교 때 배운 것과는 달리 생식은 생물학에서 궁극적인 '목적'이나 필연적인 결과가 아니다. 이는 훨씬 큰 패턴을 가진 에너지 '지출'의 한 가지 결과일 뿐이며, 그 안에서 우선적인 힘은 잉여를 써버려야 할 필요성이다. 이 과정에서 많은 유기체가 유전자를 물려받지만 거의 같은 수의 유기체들이 생식을 거의 하지 않는 삶을 영위한다. 지구의 풍성함은 단순히 생식 내에 '포함'되지 않을 것이다. 즉 그 위로 흘러넘친다… 강렬하게 짧게 끝나는 삶이나 지속해서 불타오르는 삶은, 생식적procreative이든 혹은 그저 창조적creative이든 각 존재의 너그러움에 의해 연료를 얻는다. 삶의 방정식은 엄청난 생산력과 결실이 없는 방탕함을 동시에 키운다.

원천으로 돌아가기 : 토착 우주론과 프랙털 성적 취향

우파이나는 후파카라는 생명력을 믿고 있는데… 이는 모든 생명체에 존재하는 것이다. 태양을 근원으로 하는 이 생명력은 식물, 동물, 인간 그리고 지구 자체에서 끊임없이 재활용된다. 어떤 존재가 죽으면 이 에너지를 방출한다… 생물이 다른 생명체를 소비할 때도 이와 유사하다….태양은 모두에게 에너지를 균등하게 분배하면서 우주를 회전한다.
— 마틴 폰 힐데브란트, 『아마존인, 부족의 우주론』[120]

태양에너지는 생명체의 풍부한 발달의 원천이다.
— 조르주 바타유, 『일반 경제의 법칙』[121]

생물학적 풍요의 개념은 광범위한 과학 분야에서 한 곳으로 수렴하는 여러 가지 생각을 한 마디로 압축한 것이다. 본질적으로 이것은 세상을 바라보는 새로운 방식이지만 어떤 의미에서는 전혀 새로운 것이 아니다. 이러한 '현대적' 세계관은 전 세계 토착민들의 관점과 이상할 정도로 유사하고, 그들의 고대 '우주론'은 흔히 최신 입자물리학이나 심층생태학의 가장 정교한 이론과 현저하게 닮아 있다. 아마도 카오스 과학, 포스트다윈주의의 진화론, 생물 다양성과 가이아 이론의 교차점에서 가장 중요한 측면은 토착 지식의 원천으로 회귀를 시작할 수 있는 그 잠재력일 것이다.

이러한 각각 '새로운' 과학 분야의 많은 과학자가 원주민 문화의 가르침을 인정하기 시작했다. 생물 다양성 연구, 카오스 이론, 새로운 진화 패러다임에서 가장 유명하고 존경받는 연구자 중 일부는 그들의 혁신적인 생각이 전 세계 원주민들의 믿음 체계와 공명하고 있다는 사실을 깨닫고 있다. 예를 들어 에드워드 O. 윌슨은 뉴기니 원주민들의 분류 전문 지식을 통해 생물 다양성과 '열대 우림 생활의 풍요로움'을 잘 보여주었고, 아마존 원주민 샤먼들의 비전이 담긴 통찰력을 언급하기도 했다.[122] 선구적인 카오스 수학자 랄프 아브라함Ralph Abraham은 고대 문화와 부족 문화에 말리족의 '프랙털 건축'과 같은 '카오스' 패턴이 스며들어 있음을 깨달았다.[123] 전 세계적인 생태계 파괴와 생물 다양성의 대규모 손실에 직면해, 자연과의 관계를 '재영성화respiritualizing'하고 토착 문화를 그 지침으로 삼자는 심각한 논의가 존경받는 과학자들 사이에서오가고 있다.[124] 또한 생물다양성 문제를 다루는 서양 과학자들은 알래스카의 이누피아크족(에스키모족)과 코유콘족, 남서부의 오덤족과 야쿼족, 포레이족과 다양한 뉴기니 부족의 자연사에 대한 고유 지식을 모델로 제시하고 있다.[125] 야생생물학자 더글러스 채드윅Douglas Chadwick은 동물의 '정령'이라는 개념을 받아들였다. 그는 동물을 '언어와 정교한 사회를 가진 존재'로 보는 관점이 아마도 생태계에서 그들의 행동과 역할에 대한 통합된 과학적인 이해를 위해 유용할 것이라고 제안했다. 마이클 E. 소울Michael E. Soule과 R. 에드워드 그룸바인R. Edward Grumbine 같은 유명한 자연보호 생물학자들 역시 - 여러 캐나다 원주민의 샤머니즘(어미

곰 신화를 포함해서)과 같은 - 아메리카 원주민의 영성을 생물 다양성 위기의 중요한 해결책 가운데 하나라고 지적한다.[126]

피터 분야드Peter Bunyard나 에드워드 골드스미스Edward Goldsmith 등의 가이아 이론가와 포스트다윈주의의 진화 이론가들도 자연의 비선형적 복잡성을 이해하는 방법으로 토착적 세계관으로의 회귀를 주장하고 있다.[127] 앞에서 언급한 아마존 우파이나족과 같은 여러 원주민의 우주론들은 바타유의 일반 경제 이론을 포함한 현대 환경 및 경제 이론과 유사한 '생명 에너지'의 흐름을 정교하게 개념화한 것이다. 또 다른 것들은 '예외적'이거나 통계적으로 드물거나, 명백히 역설적인 현상의 중요성을 인식하려 할 때 카오스 이론과 가이아 이론의 몇몇 기본 원칙을 따른다. 원주민 인류학자이자 원투족의 전통적인 시인이자 예술가인 프랭크 라페냐Frank LaPena는 이러한 시각을 간결하게 포착하고 있다. "지구는 살아 있으며 상호 연결된 일련의 체계로 존재한다. 그 체계에서는 확정뿐 아니라 모순도 온전성의 유효한 표현이 된다."[128]

1986년에 열린 생물 다양성에 관한 국가 포럼은 토착적인 원천을 들으려는 과학자들의 의지를 새로이 볼 수 있는 가장 강력한 상징이다. 국립과학아카데미가 주최하고 스미스소니언연구소에서 개최한 이 권위 있는 콘퍼런스에는 전 세계의 60명 이상의 저명한 학자들과 과학자들이 모였다. 그들의 임무는 21세기로 접어들며 생물 다양성의 중요성을 논의하는 것이었다. 가장 큰 기대를 받은 연설자는 전통적인 의미의 '학자'도 '과학자'도 아니었다. 뉴멕시코의 케레스 부족 출신인 미국 원주민 이야기꾼인 래리 리틀버드Larry Littlebird가 초청돼 자연계에 대한 토착적 시각을 보여주었다. 회의 마지막 날 청중들이 조용히 앉아 있을 때 리틀버드는 생물학자들에게 대부분의 평범한 인간들은 들을 수 없는 울음소리로 비구름을 소환하는, 도마뱀의 수수께끼 같은 이야기를 들려주었다.[129]

이 전례 없는 사건은 과학의 새로운 방향을 보여주는 고무적인 신호이지만 무엇인가 중요한 것이 누락되어 있었다. 즉 동성애와 트랜스젠더가 토착 신앙 체계의 중심이 되는 것이었다. 그 회의에 참석한 사람 중 얼마나 많은 사람이 '케레산족의 하나인 리틀버드의 푸에블로 부족이 두-영혼 혹은 코크위무kokwimu(남자-여자)의 신성함을 인정하고 인간과 동물 모두에서 동성애와 트랜스젠더를 명예롭게 여긴다'는 사실을 알고 있을까? 그중 누군가는 케레산 우주론이 왼손잡이 성별 혼합 곰 형태의 가장 주목할 만한 예를 포함하고 있다는 것을 깨달았을까?[130] 아니면 리틀버드 이야기 속의 도마뱀이 처녀생식으로 번식하고 레즈비언 교배에 관여하는 미국 남서부의 여러 암컷 종들 중 하나인 채찍꼬리도마뱀일 가능성이 가장 크다는 것을 알고 있을까?[131] 그들이 리틀버드의 마지막 글에서 언급한 "사슴, 독수리, 나비 댄서들이 온다…"에서 등장하는 동물 중 일부가 자연에서 동성애와 트랜스젠더를 보여준다는 사실을 알고 있었을까? 안타깝게도 청중들은 아무도 이런 연관성을 몰랐을 수도 있다.

현대의 유픽족 두-영혼인 앙국수어Anguksuar(리처드 라포춘Richard LaFortune)는 최근 서양 과학사상과 토착적 관점의 융합과, 성별과 성적 유동성에 대한 관념의 관련성에 주목하고 있다. "현대 과학은 무질서에서 출현[해서] 양자 이론으로 이어지는 직선 비행입니다. 질서 정연하고 다루기 쉬운 것을 향해 달려가는 이 모습은 거대한 미스터리의 무릎에 다시 내려앉았습니다. 바로 카오스, 미지의 것 그리고 상상력이죠… 이곳은 많은 토착 분류학에 익숙한 우주의 한 영역입니다. 그리고 서양인의 마음이 마침내 돌아오고 있습니다… 저는 [프리초프] 카프라Fritjof Capra의 『지각의 위기Crisis of Perception』에서 말한 설명을 읽고 서양 사회를 괴롭히는 것으로 보이는 문화, 정체성, 성별 그리고 인간의 성애가 그러한 위기 상황에서 두드러지게 나타나리라는 것을 완벽하게 이해할 수 있었습니다."[132] 요점은 두-영혼 믿음, 동성애, 양성애, 트랜스젠더가 우리 시대의 가장 중요한 과학적 시각 변화의 선두에 서 있다는 것이다.

그 과정에 토착민과 서구인의 관점 사이의 격차가 마침내 해소되고 있지만 서양 과학자들에 의해 그 기여가 인정된 적은 거의 없다. 저명한 카오스 이론가, 생물 다양성 전문가, 포스트다윈주의의 진화론자들이 부족민의 가르침을 언급할 때 그들은 대개 이러한 토착 믿음 체계에서 동성애와 트랜스젠더가 차지하는 중추적인 역할을 알지 못한다. 또한 과학적인 개념에 시적인 목소리를 불어넣는 작가와 이야기꾼 그리고 비전을 보는 자들의 삶에서 동성애와 트랜스젠더가 차지하는 그러한 역할도 알지 못한다.

진화 이론에 대한 혁신적이고 과학적이고 철학적인 해석을 다룬 최근 발표인『확장된 진화Evolution Extended』라는 책에서는 미국 원주민 시인 조이 하르조Joy Harjo의 말이 삶의 상호연결성을 불러일으키는 상징으로 부각되고 있다.[133] 무스코지(크릭)족의 유산을 이어받은 하르조는 그녀의 저술에 자신의 토착적인 기원을 많이 인용하고, 강력한 자연 세계의 이미지를 이야기하며, 양자 물리학이나 분자 구조와 같은 서양 과학의 특정 구조에 대한 언급을 같이 다뤄서 폭넓은 찬사를 받았다. 하르조는 또한『우리 시대의 게이와 레즈비언 시선집』에 글을 실은 '여성을 사랑하는 사람'이다. 그녀는 레즈비언-페미니즘의 아이디어뿐만 아니라 오드레 로드, 준 조던, 앨리스 워커, 베스 브랜트, 아드리엔 리치 같은 레즈비언 또는 양성애 작가들이 자기 작품에 주요한 영향을 끼쳤다고 말한다. 그녀는 삶의 모든 면에 스며드는 에로티시즘의 중요성에 대해 말했고, 양성의 힘을 믿으며, 모든 개인에게 남성과 여성의 특성이 존재한다는 것을 확신했다. 그러나 하르조의 삶과 작업의 이러한 측면은 그녀가 과학적인 자료에 도입한 관점과는 무관하거나 우연히 일치하는 것으로 여겨졌다.[134] 하르조가 시를 통해 이룬 겉으로 이질적으로 보이는 세계의 결합은 당연히 무시되었고, 개인적인 비전의 한 구성 요소로서도 마찬가지로 무시되었다.

"대정령 와칸 탄카Wakan Tanka로부터 모든 것, 즉 평원의 꽃, 불어오는 바람, 바위, 나무, 새, 동물들 그리고 최초의 인간에게 불어넣었던 것과 같은 거대한 생명력이 흘러들어 왔습니다. 그리하여 모든 것이 관계가 맺어지고 동일한 거대한 불가사의로 결합하였습니다." 이것은 저명한 야생생물학자 발레리우스 가이스트의 최근 저서인 『버팔로 네이션Buffalo Nation』의 지면을 장식하며 오글라(수)족 족장인 루터 스탠딩 베어Luther Standing Bear가 한 말이다. '버팔로 국가(와 자연의 모든 것)'와 '인간 국가'를 연결하는 생명 에너지에 대한 이러한 시각은 가이스트가 도출하는 야생동물 보호에 대한 토착적인 방법과 현대의 과학적인 접근법 사이의 유사점을 강조한다. 가이스트에 따르면 많은 아메리카 원주민들이 개발한 정교한 야생동물 관리 관습(전통적인 노력과 그들의 땅에 들소 무리를 부활시키기 위한 현재의 노력)은 최근 들소 보존 운동의 선두에 서 있다. 그가 이 종의 자연사, 행동, 보존에 대한 논의를 통해 아름답게 엮은 주제는 만단족 들소춤과 라코타족 흰 들소 여인의 전설을 비롯하여 아메리카 원주민 문화에서 들소가 행하는 강력한 정신적 역할을 환기시킨다. 그러나 이 논의에서는 이러한 주제에 대한 현대의 과학적 발견은 고사하고, 들소(또는 인간)의 성적 및 성별 변동성에 대한 토착적 견해에 관해 한마디도 언급되지 않았다. 하지만 아이러니하게도 이 책은 여전히 의도치 않게 들소의 동성애에 대한 생생한 그림을 (말 그대로) 다룬다. 들소의 짝짓기 활동을 찍은 사진에 암컷을 마운트하고 있는 수컷이라고 적어놓았는데 사실 이 사진은 다른 수컷에 마운팅하고 있는 수컷을 찍은 것이다.[135] 결국엔 동물들 스스로가 '최종 발언권'을 통해 동성애와 트랜스젠더를 대변하고, 토착적인 사고와 서구의 과학적 사고 모두에서 정당한 위치를 찾을지도 모른다.

이 누락된 연결의 중요성은 아무리 강조해도 지나치지 않다. 서양의 과학이 토착적인 관점을 수용하기 위해서는 당연히 그래야만 한다. 그다음에 동성애와 트랜스젠더에 대한 관점을 포함해서 전적으로 완전하게 수용해야 한다. 원주민의 '믿음' 중에서 편견에 도전하는 믿음은 배척하면서 가장 편한 믿음만 골라 건질 수는 없다. '원주민의 지혜'를 귀담아들어야 하는 때는 바로 성별과 성별의 분리에 대해 말할 준비가 되어 있지 않은 때(혹은 특히 그럴 때)라는 것을 우리 모두가 알아야 한다. 너무 오랜 시간 동안 원주민들의 시각은 비원주민들의 입맛을 맞추기 위해 윤색되었다. 생수를 팔기 위해 북미 원주민의 영성을 끌어들이는 세상에서 (실제 '뉴에이지' 상품으로 직접 판매 중이다)토착 문화의 환경적 '균형'과 '조화'를 말하는 것은 진부한 것이 되었다.[136] 동성애와 트랜스젠더는 (많은 사람에게 거부감을 줄 수 있는 많은 다른 신념과 관행과 함께) 일반적으로 그러한 '균형'의 핵심 요소는 아닐지라도 필수적인 요소인 것이 사실이다. 뉴기니의 베다미니족의 우주론을 생각해 보자. 이 우주론은 자연계에 대한 기존의 생각을 뒤집는 것으로 보인다.

> 동성애 활동은 자연 전반에 걸쳐 성장을 촉진한다고 믿는다… 반면에 과도한 이성애 활동은 자연에서 쇠퇴로 이어진다… 이 힘의 균형은 인간의 행동에 달려 있다… 베다미니족은 성장의 동성애와 쇠퇴의 이성애라는 우주 방정식에서 어떠한 모순도 경험하지 않는다.
> — 아르베 쇠룸, 『성장 및 붕괴 : 베다미니 성 관념』[137]

또한 동성애와 생식력의 연관성은 이 사례에만 국한되지 않는다. 앞서 살펴본 바와 같이 만단족이나 유픽족 등 여러 문화의 의식에서 동물의 동성애를 상징적으로 재현하고 성별을 혼합하는 의식을 행함으로써 자연의 재생과 풍요를 보장한다. 비민쿠스쿠스족의 인간-동물 양성인은 생식력, 생명의 본질, 지구의 창조력을 구현한 것으로 여겨지고, 나바호족과 추크치족 사이에서 성전환 동물과 비생식 동물의 존재는 길들인 가축들의 생산성을 위해 필수적인 것으로 여겨진다. 그렇다면 동성애, 트랜스젠더, 비번식은 '불임'이나 비생산적이라기보다는 삶의 연속성을 위해 필수적인 것으로 보인다. 이것은 변환된 성별과 성애에 대한 토착적 사고의 핵심에 있는 근본적인 '역설'이다. 물론 이러한 세계관에서는 전혀 역설적이라고 생각하지 않는다. 카오스 이론, 생물 다양성 연구와 가이아 연구, 포스트다윈주의의 진화에서 일하는 과학자들이 토착적 관점과 그들 사이의 진정한 관련성을 인정하는 것이 중요하다. 그러나 이 과정은 과학자 스스로가 이 '역설'를 이해하고, 더 이상 동성애나 트랜스젠더와 자연계 생명력 사이의 방정식에서 어떠한 불일치도 찾을 수 없을 때 비로소 완성될 것이다.

인류학자 칼 슐레지어Karl Schlesier는 치시스타스(샤이엔)족과 그 조상들의 1만 2,000년 된 무속적 세계관을 연구하면서 고대와 현대적 관점의 일치 그리고 그 핵심인 성적 및 성별 변동성의 본질에 대해 분명히 밝히고 있다. 슐레지어는 "지난 수십 년 동안 물리학과 천문학에서 시작한 새로운 과학 패러다임은 단지 4세기 동안만 과학을 지배해 온 합리주의적 설명을 뒤엎었을 뿐만 아니라 치시스타스족의 세계관 설명에서 사실로 여겨지는 개념들을 증명하고 있습니다. 치시스타스족의 세계관 설명은 세상에 존재하는 힘('에너지')을 알고 있습니다…. 바로 우주적 힘이죠."라고 말했다. 이 힘은 양자 현상을 제어하고 수수께끼 같은 성질을 보이며, 국소적 특성과 비국소적 특성, 인과적 특성과 비인과적 특성 등을 모두 보여주는 힘이다. 이러한 이해의 중심에는 성별이 혼합된 혹은 두-영혼인 샤먼이 있다. 그는 반대되는 것들이 화해하는 살아 있는 표본이고, '양성애적 퀘스트를 하러 떠나는 여행자'이자, 그 자신 안에서 명백히 모순되는 범주들을 결합하는 '반은 남성이고 반은 여성'인 인물이다. 이러한 반대되는 것끼리의 결합은 모든 물질의 원래 상태, 즉 전체성의 원초적인 미스터리로 되돌아가는 것으로 간주한다. 따라서 동성애와 트랜스젠더는 이 신성한 유일성과 풍요로움이 발현되어 현신hierophany한 것으로 여겨진다. "이러한 유기적 치시스타스족 세계관에서는 우주의 모든 부분은 서로 뒤얽혀 있다고 생각하며, 삶을 경이로운 것으로 봅니다. 이것은 아마도 샤머니즘이 발전한 이래 최대의 성과일 것입니다. 세상을 기적의 장소, 변혁의 장소, 불멸의 장소로 해석하는 것입니다." [138]

21세기 전야에 인간은 자연과 문화의 가장 근본적인 부분들을 다시 상상하고 재구성하기 시작했다. 몇십 년 전만 해도 상상조차 할 수 없었던 사회적, 생물학적 풍경 속으로 발을 들여놓으면서 동성애자, 양성애자, 트랜스젠더들은 이제 우리 모두가 고려해야 할 새로운 성적 및 성별 패러다임을 제시하고 있다. 이러한 과정의 하나로 이들은 토착 문화와 미래에서 영감의 원천을 동시에 찾고 있다.

새로운 어휘와 표식어를 찾는 과정에서 형태변환자shapeshifter나 변신morphing과 같은 용어가 성 정체성이나 성적 스타일의 표현과 그 유동성을 지칭하는 데 쓰이게 되었다. 형태변환자는 원래 미국 원주민 문화에서 유래한 것으로, 과학 소설에서 사이버 펑크 하위 장르의 갈래로 현재의 대중문화에 도입되었다. 이 장르는 특히 윌리엄 깁슨William Gibson에 의해 유명해지고, 『제노제네시스』 시리즈를 지은 흑인 작가인 옥타비아 E. 버틀러Octavia E. Butler의 작품으로 대표된다. 버틀러의 작품에는 유전자 조작 외계인이 자주 나오는데 이들은 성적으로 성향이 다채롭고 '성 변형의 충동'에 시달리는 종이다. 이들의 생존은 사실 자신들의 '형태학적 변화, 유전적 다양성, 적응'에 달려 있다.

　　— 자카리 I. 나타프, 『미래 : 포스트모던 레즈비언 신체와 트랜스젠더 문제』[139]

아이러니하게도, 적절한 모델을 찾기 위해 미래나 '외계인 세계'까지 살펴볼 필요는 없다. 형태 변환 생물이나 변신 생물들은 단순한 환상의 소재가 아니다. 지금, 이곳 지구상 동물 세계에는 수많은 성별의 다양성과 반짝이는 성적인 가능성이 넘쳐나고 있다. 전체 도마뱀 종이 처녀 출산으로 번식하며 서로 성관계를 갖는 암컷으로만 구성되기도 하고, 목도리도요의 다성별 사회에서는 네 가지 뚜렷한 범주의 수컷 새들이 존재하며, 그중 일부는 서로 구애하고 짝짓기를 한다. 또한 암컷 점박이하이에나와 곰은 '음경' 클리토리스를 통해 교미하고 출산하고, 수컷은 '질' 음경을 가지고 있으며(그 종의 암컷과 같이), 두 아비 가정에서 새끼를 양육한다. 그리고 산호초 물고기의 활기찬 성전환과 암수모자이크와 키메라의 눈부신 간성을 볼 수도 있다. 이처럼 성별과 성애의 '포스트모던' 패턴을 추구하는 과정에서 인간은 성적 다양성과 성별 다양성의 진화에 인간보다 앞서가는 종과 이를 오랫동안 인식해 온 원주민 문화를 따라잡고 있을 뿐이다. 앞의 글에서 제시한 토착 우주론과 프랙털 성적 취향의 혼합은 이미 잘 진행하고 있다. 단 허구가 아닌 과학적 사실의 영역 안에서 말이다.

현실 세계의 장엄한 과잉

멕시코 중부의 시에라 친쿠아산맥은 이른 아침이다. 가을의 황금빛과 오렌지빛 잎으로 뒤덮인 숲은 떨림과 함께 "그녀의 무한한 비밀이 만져지는 듯 살아 있다."[140]라고도 하지만 이것들은 나뭇잎도 아니고 가을도 아니다. 먼 곳에서 폭포 떨어지는 듯한 소리가 공중을 가득 메우고 있지만 근처에는 폭포수가 없다. 종이처럼 얇은 수십만 개의 날개가 펄럭이는 소리다. 여기는 제왕나비의 월동지로 그들이 북미 대륙을 지나는 대장정을 마친 뒤 휴식을 취하고 있는 곳이다. 나뭇가지가 땅 쪽으로 휘어질 정도로 많이 나무에 매달려 있고, 숲 바닥은 빽빽하게 들어찬 나비들이 카펫처럼 깔려 있다. 이 나비들의 짝짓기가 흔히 이곳 월동지에서 이루어지기 때문에 몇몇 나비들은 세로로 나란히 서 있다. 그리고 이 짝짓기 중 일부는 동성애다. 한 월동지 연구는 짝짓기 활동이 최고조에 달했을 때 제왕나비 한 쌍의 10% 이상이 두 마리의 수컷으로 이루어지고, 시즌 후반에는 이 비율이 거의 50%까지 증가한다는 것을 밝혀냈다.[141] 제왕나비들이 떼 지어 공중에 떠오르면 나무들을 집어삼킬 듯한 두꺼운 오렌지색 구름을 형성하며, 다 지나가는 데는 30분이 걸린다. 위에서 그들의 무리를 보면 놀라울 따름이다. 숲은 수백만 마리의 작은 나비들로 불타고 있는 것처럼 보인다. 이 이미지는 생물학적 풍요의 중심 주제를 강력하게 떠오르게 한다. 작가 하킴 베이Hakim Bey가 '현실 세계의 장엄한 과잉'이라고 불렀던 삶의 찬란한 다양성과 풍요로움 그 자체다.[142]

우리는 포스트다윈주의의 진화론, 카오스 이론, 생물 다양성 연구 등의 예측을 따라간 이 여정이 우리를 어디로 이끌었는지에 대한 성찰과 함께 이 섹션을 마치고자 한다. 이 여행은 단서를 따라가는 먼 길처럼 보였고 때로 길을 벗어나기도 했지만 우리는 결코 길을 잃지 않았고 원을 따라 다시 돌아왔다. 우리의 마지막 휴식처인 생물학적 풍요라는 개념은 이 세 가지 지점(카오스, 생물 다양성, 진화)에 의해 정의된 궤적을 따라, 정확한 위치는 이상하리만치 부정확하긴 하지만, 그 어딘가에 놓여 있다.[143] 생물학적 풍요라는 빛에 비추어보면 동물 동성애와 트랜스젠더 및 기타 비생식적 행동은 마침내 '이치에 맞아' 보인다. 동시에 더 큰 패턴으로 직관적으로 연결된다. 그러나 이 행동들은 여전히 역설적으로 유용성에 대한 기존의 정의를 계속 회피하고 있으므로 '설명이 불가능하다'라고 할 수 있다. 결국 실제 '설명'된 것은 아무것도 없다. 정확하게는 애초에 '합리적인 설명'이 좌절되었기 때문이다.

그럼에도 불구하고 우리는 동물 행동의 특정한 한 측면을 봄으로써 월씬 더 큰 것을 우연히 발견하게 되었다. 즉 자연과 인간 사회의 더 넓은 패턴을 인지하는 새로운 방식, 바로 세상을 보는 새로운 방법을 발견한 것이다. 동물의 동성애와 트랜스젠더는 우리의 일상과 거리가 먼 것처럼 보일 수 있지만 이러한 현상을 통해 우리는 주변의 가장 단순하고 평범한 것들에 대한 이해와 감사에 도달하게 된다. 생물학적 풍요는 마음만 먹으면 손쉽게 만나볼 수 있다. 우리가 어디로 고개를 돌리든 우리를 둘러싸고 있는 섬유질과 질감에서, 길모퉁이 가게를 지날 때 콧구멍을 가득 채우는 향신료에서, 우리 위에 있는 구름이 피어나는 모습 속에서, 바람에 흩날려 우리를 스치는 민들레 씨앗에서, 친구의 품에 안기거나 사랑의 입맞춤을 받으면서, 모든 색깔과 패턴 그리고 우리의 삶을 가득 채우는 감각으로 만날 수 있다. 우리 중 이러한 다양성에 한 번도 압도되지 않은 사람이 있을까? 시인 루이 맥니스Louis MacNeice가 세상을 '구제 불능이라 할 정도로 다원적plural'이라 말하고, '취한 듯한 다채로움을 보이는 것들'로 묘사한 이 감정에 말이다.[144] 생물학적 풍요는 진정 삶의 다양성을 직관적으로 이해하게 해주고 그것을 존재의 본질로 만든다. 이런 호화로운 경험을 하려고 물질적인 부자로 살 필요도 없고 외딴 황무지에서 살 필요도 없다. 길가 보도의 틈새를 헤집고 나오거나 버려진 도시의 땅을 질식시키는 잡초들은 어느 모로 보나 웅장한 산속 숲의 가장 고상한 장미꽃밭처럼 화려하다. 이러한 높은 이해력을 얻은 우리는, 이전에는 가장 세련된 포도주도 맛이 없어 보였으나, 이제 한 잔의 물에도 취할 수 있다(하킴 베이의 글을 인용해서).[145]

  궁극적으로 생물학적 풍요로 대표되는 과학적 견해의 종합은 (동물[그리고 인간]의 성적 및 성별 변동성에 대한 가장 오래된 토착적인 개념에 맞게 세계를 바라보는 방향으로) 우리를 완전히 한 바퀴 돌려놓는다. 이러한 관점은 이분법적인 반대를 해소하고 이원론을 통합하는 동시에 다름을 소중히 여긴다. 또 '변칙적'이고 '불규칙한' 것을 친숙하거나 '다루기 쉬운'

것으로 축소하지 않고 그저 존중하면서 그 차이를 받아들인다. 그리고 양립할 수 없어 보이는 모순적인 현상의 공존을 인식하면서 역설을 수용한다. 그것은 심장박동만큼이나 즉각적으로 나타나는, 설명할 수 없는 지구의 미스터리에 관한 것이다. 생물학적 풍요는 무엇보다도 삶의 활력과 무한한 가능성을 확인하는 것이다. 원초적이면서도 동시에 미래적인 이 세계관에서 성별은 만화경처럼 다채롭고, 성애는 다양하며, 남성과 여성의 범주는 유동적이고 변화할 수 있다. 한마디로 우리가 사는 바로 그 세상이다.

II부

경이로운
동물 세계

야생의 동성애, 양성애
그리고 트랜스젠더의 모습

얼룩무늬의 아름다움

얼룩덜룩한 것에 하나님의 영광이 있을지어다.
얼룩소처럼 한 쌍의 색을 이룬 하늘에도 영광이 있기를.
헤엄치는 송어를 점점이 뒤덮은 모든 장미빛 반점에도 영광을.
갓 피운 숯불 모양으로 땅에 떨어진 밤과 핀치의 날개에도.
구획으로 잘 짜인 풍경 ― 목초지, 휴경지, 경작지.
그리고 온갖 생업들, 그들의 마구와 장치, 손질 도구에도.

모든 상반된 것, 색다른 것, 진귀한 것, 기이한 것.
이 모든 바뀌는 것에는 무엇이든 얼룩이 있다(누가 그 이치를 알랴만).
재빠르다가도, 천천히.
달콤하다가도, 시큼하게.
눈부시다가도, 어둑하게.
그는 과거의 아름다움을 지닌 아버지다.
그를 찬양하라.

― 제럴드 맨리 홉킨스

경이로운 동물 세계는 동물의 성적 및 성별 변동성에 관해 종별로 조사
한 내용을 보여준다. 여기에서 프로필로 다룬 포유류와 조류는 적어도
일부 개체가 동성애, 양성애 또는 트랜스젠더인 경우에 해당한다. 그리
고 오직 같은 성 간의 활동이 과학적으로 문서화된 종만 여기에 포함하
였다. 이 명단에서 제외된 종의 경우, 1장의 주석 29를 참조하라. 이러
한 행동에 대한 (때로는 논란이 되는) 해석과 분류에 대한 자세한 내용은
3~5장을 참조하면 된다. 각 동물에 대한 설명은 개별적이므로 독자의
필요에 따라 읽을 수 있다. 즉 순차적으로 관련 동물의 하위분류 부분을
읽거나, I 부의 소재와 연계하여 읽거나, 독자의 특정 관심사에 따라 무
작위로 탐색할 수도 있다(특정 주제를 조사하기 위해 색인을 사용할 수 있다).
각 동물에 대한 설명에는 다음과 같은 유형의 정보가 순서대로 배열되어
있다.

제목 : 각 프로필에 대한 기본 식별 정보.

- **이름** : 종의 일반명과 학명, 동물 하위 그룹 및 주요 동물 유형을 나타내는 아이콘(예를 들어 영장류, 해양 포유류 등).
- **범주** : 해당 동물이 수컷 동성애 및 암컷 동성애를 보이는지 여부를 나타낸다. 트랜스젠더가 존재하는 경우에는 그 주요 유형(복장도착 및 간성)과 관련된 같은 성 행동의 유형 그리고 동성애나 트랜스젠더가 야생, 반야생 및 포획 상태에서 관찰되었는지 여부(이러한 구별에 대한 논의는 1장과 4장 참조).
- **랭킹** : 행동의 다양성과 정교함, 같은 성 활동의 빈도 및 해당 종에 대한 성적 지향 프로필에 근거하여 각 동물의 동성애 및 트랜스젠더의 중요성에 관해 비공식적으로 범주를 정했다. 범주는 '중요', '보통', '부수적'으로 나눴다.
- **초상화** : 프로필이 다뤄진 하나 이상의 종을 선화로 그렸다.

생태 : 동물 및 환경에 대한 배경 정보.

- **식별** : 동물에 대한 간략한 신체적 묘사다.
- **분포** : 동물의 지리적 범위 및 야생에서 위협을 받을 경우 멸종위기종의 상태를 나타낸다(세계보존연맹이 지정한 '심각한 멸종위기', '멸종위기', 또는 '취약' 범주로 나눴다. 이러한 지정에 대한 일부 논의는 5장의 주석 17 참조).
- **서식지** : 동물의 물리적 환경에 대한 설명.
- **연구지역** : 동성애가 관찰 및 연구된 특정 장소와 아종.

사회조직 : 동물의 일반적인 사회체계 및 짝짓기 체계에 대한 배경 정
보로서, 종의 동성애와 트랜스젠더를 이해하기 위한 행동
적 맥락을 제공한다.

설명 : 이 동물에서 발견되는 동성애 및 트랜스젠더의 특정 형태에 대
한 자세한 정보.

· **행동표현** : 구애, 애정표현, 성적 활동, 짝짓기 및 육아 활동
에 대한 논의와 관련 행동 유형, 트랜스젠더의 형태(존재할 경
우 행동도착 또는 복장도착, 간성 등).

· **빈도** : (가능한 경우) 자세한 통계 또는 동성애 활동 발생 빈도
에 대한 추정치, 모든 성적인(또는 기타) 활동에 대한 같은 성
활동의 비율 및 빈도율, 시간이나 활동 예산 또는 기타 측정치.

· **성적 지향성** : 동성애에서 양성애, 이성애까지 이어지는 연속
적인 과정에서 같은 성 활동에 참여하는 개체수 비율과 이것이
개체의 생활사에서 어떻게 나타나는지에 관한 설명.

· **그림** : 특정 활동의 사진 및 선화

비생식적이고 대체 가능한 이성애 : 생식으로 이어지지 않는(또는 생
식을 적극적으로 억제하는) 다양한 이성애 활동에 대한 요약, 일
반적인 패턴에서 벗어나거나 다른 방법으로 주목할 만한 가
족 및 짝짓기 구성에 대한 설명.

기타 종 : 관련 종의 동성애 활동 및 트랜스젠더(해당되는 경우)에 대한 요약.

출처 : 각 동물의 동성애나 트랜스젠더에 대해 논의하거나 언급한 출처의 목록.

부록은 다른 주요 동물 집단에서 발생한 동성애(그리고 경우에 따라 트랜스젠더)를 요약한다. 파충류, 양서류, 어류, 곤충, 거미, 기타 무척추동물 및 가축으로 나누었다. 표와 전체 참조 목록을 포함하였다.

제1장 포유류

영장류
유인원
랑구르원숭이와 루뚱원숭이
마카크원숭이
기타 영장류

해양 포유류
돌고래와 고래
바다표범과 매너티

유제류
사슴
기린, 영양과 가젤
야생양과 염소, 들소
기타 유제류

기타 포유류
식육목
유대류
설치류, 식충목, 박쥐

대형유인원 / 영장류

보노보 혹은 피그미침팬지
Pan paniscus

동성애	트랜스젠더	행동		랭킹	관찰
● 암컷	○ 간성	● 구애	● 짝 형성	● 중요	● 야생
● 수컷	○ 복장도착	● 애정표현	○ 양육	○ 보통	○ 반야생
		● 성적인 행동		○ 부수적	● 포획 상태

식별 : 일반 침팬지와 비슷하지만 체구가 더 작다. 긴 팔다리를 가졌고, 얼굴색은 어두운 색 한 가지만 있으며, 머리 윗부분에 좌우로 나눠진 머리털을 가지고 있다.

분포 : 콩고 중앙과 서부(자이레). 멸종위기.

서식지 : 열대 저지대 우림.

연구지역 : 콩고의 왐바와 로마코 숲(자이레), 여키즈 지역 영장류 연구센터(조지아주), 샌디에이고 동물원, 야생동물 보호소(샌디에이고), 독일 프랑크푸르트와 슈투트가르트 동물원.

사회조직

보노보는 60마리 이상이 모여 여러 연령대로 구성된 대규모 혼성 공동체를 이루며 산다. 이들은 흔히 더 작은 크기의 일시적인 하위 무리로 나뉠 수 있는데 그 구성원은 유동적이다. 청소년기가 되면(그리고 성적으로 성숙해지면) 암컷 보노보는 일반적으로 무리를 떠나 새로운 무리로 이주하지만 수컷은 보통 평생 그들이 자란 무리에 남는다. 암컷은 흔히 강하게 연대를 맺은 하위 무리를 형성하며 일반적으로 수컷에게 지배적이다. 짝짓기 시스템은 난혼제다. 수컷과 암컷은 여러 파트너와 짝짓기를 하며, 수컷은 일반적으로 새끼를 기르는 데 열심히 참여하지 않는다.

설명

행동 표현 : 보노보는 다른 어떤 동물에서 볼 수 있는 것보다 다양하고 광범위한 동성애 행동 레퍼토리를 가지고 있다. 암컷은 여러 면에서 매우 특별한 형태인 이 종 특유의 상호 생식기 자극을 보여준다. 종종 GG-러빙GG-Rubbing(생식기 맞문지르기)으로 알려진 이 행동은 일반적으로 얼굴을 마주 보고 껴안은 자세에서 수행한다(이성애 교미 또한 때로 이 체위로 이루어지지만 레즈비언 상호작용에서만큼 그렇게 흔하지는 않다). 한쪽 암컷은 네 발로 서서 말 그대로 파트너를 '운반'하거나 땅에서 들어 올린다. 아래쪽의 암컷은 다리를 상대의 허리에 감은 채 빠르게 생식기를 서로 문지르며 서로의 클리토리스를 직접 자극한다. 일부 과학자들은 보노보 생식기의 특정한 모양과 위치가 이성애적 상호작용보다는 레즈비언 상호작용에 맞도록 특별히 진화했다고 믿는다. GG-러빙을 하는 동안 각 암컷은 골반을 좌우로 율동적으로 흔들며, 양쪽 파트너가 정확히 타이밍을 맞춰 초당 약 2회의 속도로 서로 좌우 반대 방향으로 찌른다. 이는 이성애 상호작용을 할 때 수컷이 행하는 찌르기 비율과 비슷하다. 하지만 수컷은 횡으로 찌르지 않고 수직으로 찌른다. 동성애 교미와 이

콩고(자이레)의 암컷 보노보 두
마리가 GG-러빙을 하고 있다.

성애 교미 시간은 둘 다 매우 짧다. 그
러나 같은 성 상호작용 시간이 평균 약
15초(최대 1분)로 이성애의 약 12초(최
대 45초)보다 상대적으로 길다. 때로 암
컷 GG-러빙을 같은 파트너와 여러 번
연속으로 하기도 한다.

 암컷들의 표정이나 발성, 생식기 충
혈에서 알 수 있듯이 그들은 동성애 상
호작용 중에 강렬한 쾌락(아마도 오르가
슴)을 경험한다. 파트너는 서로의 눈을
강렬하게 응시하고 상호작용하는 내
내 눈을 마주친다. 때로 암컷들은 이빨을 활짝 드러냄으로써 얼굴을 찡
그리거나 '미소'를 짓기도 하고, 성적인 절정과 관련이 있다고 여겨지는
비명이나 끼익거리는 소리를 지르기도 한다. 보노보의 클리토리스는 돌
출되어 있고 잘 발달해 있다. 성적 흥분을 하는 동안 클리토리스는 자루
와 귀두가 완전히 발기해서(인간의 경우, 클리토리스는 귀두의 크기만 커진
다) 정상 크기의 거의 2배까지 부풀어 오른다. 주목할 만한 것은 동성애
상호작용 동안 암컷들 사이에 간혹 클리토리스 삽입이 관찰되었다는 것
이다. (포획 상태에서) 삽입이 일어나면, 그 암컷은 흔히 일반적인 옆 방향
엉덩이 움직이기를 수직의 찌르기 동작으로 바꾼다.

 암컷 간의 생식기 자극을 다양한 체위로 수행하는 경우도 있는데, 두
파트너가 서로 마주 보고 둘 다 나뭇가지에 매달리기도 한다. 그 상태에
서 한 암컷이 다른 암컷을 뒤에서 마운트한다. 또한 한 암컷이 등을 바닥
에 대고 누워 있을 때, 다른 암컷은 뒤돌아서서 생식기를 연거푸 상대방
의 음부에 문지르기도 한다. 또는 두 암컷 모두 등을 대고 눕거나, GG-
러빙을 하는 동안 엉덩이와 엉덩이를 맞대고 서 있을 수도 있다. 얼굴을

마주 보는 체위에서, 암컷들은 바닥에 있다가 위로 가며 번갈아 위치를 바꾸기도 한다. 그들은 흔히 상호작용을 하기 전에 다리를 벌리고 누워서 다른 파트너가 위에 오르기를 원하는지 여부를 확인함으로써 자세를 '협상'한다. GG-러빙은 청소년 암컷들 사이에서부터 아주 나이 많은 암컷 사이에서까지 발생하지만, 나이가 많은 암컷과 젊은 암컷이 관계하면 젊은 암컷이 위로

수컷 보노보 두 마리의 "엉덩이 문지르기"

올라가는 경우가 많다. 암컷의 서열이 다르면 성적인 활동이 더 흔해질 수 있다. 동성애 상호작용은 흔히 다음과 같은 일련의 '구애' 신호로 시작된다. 먼저 파트너에게 다가가 자세히 쳐다보고, 눈이 마주칠 때 뒷다리로 서서 팔을 머리 위로 올린 다음, 눈을 응시하며 어깨나 무릎을 만진다. 포획 상태의 보노보 사이에서는 파트너들이 성적인 상호작용에 사용할 체위(들)를 협상하는 데 도움이 되는 고도로 개발된 손동작 제스처의 '사전'을 사용할 수도 있다(자세한 설명은 124~129페이지 참조).

암컷에게는 여러 명의 성적인 파트너가 있을 수 있다. 10마리의 암컷이 있는 한 무리에서, 각 암컷은 평균적으로 5마리의 다른 암컷과 성관계를 했으며, 몇몇은 무려 9마리의 짝을 가지기도 했다. 집단 성행위도 종종 일어나는데, 이때 3~5마리의 암컷이 동시에 생식기를 비벼대기도 한다. 일부 암컷은 보통 생식기가 부풀어 오른 모양이나, 크기 및 색상으로 인해 특별히 매력적으로 여겨진다. 어떤 파트너를 선호하여 더 자주 상호작용하는 경향이 생기기도 한다. 실제로 암컷들은 전형적으로 오래 지속하는 강한 유대관계를 형성한다. 이 유대관계는 성적 상호작용이나 쌍방향 털손질, 놀이, 음식 공유, 동맹 형성(흔히 도전적인 수컷에 대항

수컷 보노보가 뒤에서 다른 수
컷을 마운팅하고 있다.

해서)과 같은 활동을 통해 강화된다. 암컷들은 일반적으로 서로 사귀는 것을 선호하며, 그들의 같은 성 연대는 사회조직의 핵심을 형성한다. 덧붙여, 새로운 암컷(대개 청소년들)이 무리에 합류할 때면, 그들은 흔히 나이 든 암컷과 짝을 짓고 대부분의 성적인 상호작용과 애정 활동을 함께 한다. 이와 같은 유대 관계는 배타적일 필요는 없지만(어느 한쪽 참가자가 다른 암컷이나 수컷과 섹스를 할 수 있다), 이러한 멘토 같은mentolike 짝 형성은 신입자가 무리에 완전히 통합될 때까지 1년 이상 지속할 수 있다. 이 종에서, 일종의 동성애적 '근친상간 금기'가 이러한 짝 관계에 적용된다. 대부분의 암컷은 새로운 무리의 보노보와 친척관계가 아니지만, 만일 친척인 경우에는 특별한 파트너로 선택되지 않는다. 그러나 일부 동성애 활동은 어미와 딸 사이에서 일어난다.

수컷 보노보 또한 매우 다양한 동성애 상호작용을 한다. 때로, 두 수컷은 GG-러빙과 유사한 얼굴을 마주 보는 체위를 사용하여 서로의 생식기를 상호 자극한다. 이때 한 수컷은 등을 대고 누워 다리를 벌리고, 다른 수컷은 그에게 찌르는 동작을 하면서 발기한 성기를 서로 비벼댄다(이 행동과 다른 모든 수컷 동성애 활동에서는 항문 삽입이 행해지지 않는다). 만약 파트너들 사이에 나이 차이가 있다면, 흔히 더 젊은 수컷이 바닥을 차지하게 될 것이다. 간혹 수컷 두 마리가 서로 마주 보고 나뭇가지에 매달려 페니스 펜싱penis fencing이라고 알려진 행동을 하는데, 이때 엉덩이를 좌우로 흔들면서 서로 발기한 페니스를 비비거나, 칼로 펜싱 하듯이 휘두르기도 한다. 또 다른 활동은 엉덩이 비비기rump rubbing로서, 두 마리의 수컷이 네 발로 반대 방향으로 서서 엉덩이를 서로 누르고, 항문과 음낭 부위를 쌍방향에서 문지르는 활동이다. 두 수컷 모두 발기하는 경우가 많다. 수컷은 또한 뒤에서 서로 마운트하며, 마운터와 마운티는 서로 찌르는 동작을 하기도 한다. 때로 수컷들은 체위를 바꾸기도 하고, 마운터는 레즈비언이나 이성애 상호작용에서처럼 성적인 흥분을 느끼며 비명을 지르거나 이를 드러내고 웃기도 한다. 보노보 수컷끼리 한 마리가 뒤에서 껴안고 뒷다리로 서 있는 모습도 목격되었다. 다른 성적

어린 수컷 보노보 두 마리가 펠라티오를 하고 있다.

인 활동으로는 구강성교, 혹은 펠라티오가 있다. 즉 관계를 시작할 때 한 수컷이 다른 파트너의 페니스를 번갈아 빨아준다(일반적으로 젊은 수컷들에서만 볼 수 있다). 파트너의 생식기를 손으로 자극하는 것도 발생한다. 전형적으로 청소년기 수컷이 다리를 벌리고 발기한 페니스를 성체 수컷에게 내밀면, 성체 수컷이 손으로 페니스 자루를 잡고 상하로 움직인다. 또한 젊은 수컷들(또는 드물게 암컷들)은 때로 서로에게 입을 벌려 키스를 하는데, 흔히 광범위한 혀의 교환이 일어난다. 비록 수컷이 (일부 암컷과 같이) 성적인 파트너와 한 쌍처럼 유대를 형성하지는 않지만, 때로 두세 마리의 수컷이 동반자로서 친밀하게 관계를 형성해 지속적으로 함께 동행하고 같이 먹이를 찾기도 한다.

빈도 : 보노보의 동성애 활동은 이성애 활동과 거의 비슷하며, 모든 성적인 상호작용의 40~50%를 차지한다. 이 동성 활동의 2/3에서 3/4은 암

컷들 사이에 일어난다(대부분이 GG-러빙이다). 보노보의 일상은 하루 내내 비교적 짧은 성행위의 에피소드가 무수히 흩어져 있다는 것과 동성애 교류가 빈번하다는 것이 특징이다. 암컷 한 마리당 평균 2시간 남짓에 한 번씩 GG-러빙에 참여하는데, 새로 무리에 합류한 일부 암컷들은 더 자주, 한 시간 단위로 GG-러빙을 한다.

성적 지향 : 사실상 모든 보노보는 양성애자며, 수컷과 암컷 모두와 성적으로 상호작용한다. 실제로 보노보는 암컷이 새끼가 배에 매달린 상태에서 다른 암컷과 GG-러빙을 할 때가 많아서, 모성애와 동성애 활동이 완벽하게 통합되어 있다. 보통 같은 성 활동과 반대쪽 성 활동이 번갈아 나타나거나 반복되기는 하지만, 집단 성관계 중에는 두 가지 모두 동시에 발생할 수 있다. 그럼에도 불구하고, 적어도 일부 암컷은 동성애 활동을 선호하는 것으로 보인다. 비록 각각의 암컷은 연속체를 따라 다르긴 하지만, 그들의 상호작용은 1/3에서 거의 90%가 같은 성 파트너와 함께 이루어지고, 전반적으로 흔히 동성애가 우위에 있다. 암컷들 간의 모든 성적인 상호작용의 평균 2/3가 다른 암컷들과 이루어지며, 일반적으로 각 개체는 수컷보다 암컷 성적 파트너를 더 많이 가진다. 또한 암컷들이 때로 섹스를 애원하는 수컷을 지속해서 무시하고, 서로 GG-러빙을 선호하는 것이 관찰되기도 했다.

비생식적이고 대체 가능한 이성애

보노보 성적 접촉의 다양성, 유연성, 성적 상호작용의 빈도가 같은 성끼리의 접촉에만 국한된 것은 아니다. 이성애 활동에도 비생식적인 행동으로 가득 차 있다. 각각의 성에서 보이는 (음낭의 애무를 포함해서) 엉덩이 문지르기와 펠라티오나, 생식기를 손으로 자극하기는 암수 간의 성적인 상호작용에서도 나타나는 모습이다. 또한, 암컷은 때로 뒤에서 수컷을 마운트하기도 하며(역 마운트), 이성애 교미 때 삽입이나 사정 없이 단순하게 생식기를 상호 문지르기만 하기도 한다. 수컷과 암컷 보노보 모두 자위행위를 한다. 집단 성행위도 흔히 발생하는데, 한 개체가 짝을 지어 짝짓기를 하고 있는 한 쌍에게 골반찌르기를 하고, 각 개체는 재빠르게 여러 차례 이어지는 이성애 활동에 연속적으로 참여하기도 한다. 때로 성적인 초대가 반복적으로 이어지기 때문에(흔히 음식을 구걸하며), 어떤 개체(특히 수컷)는 짜증을 내고 더 이상의 이성애 상호작용을 피하려고 할 수도 있다. 또한 암컷은 수

성체 수컷 보노보(왼쪽)가 젊은 수컷의 페니스를 손으로 자극하고 있다.

컷을 괴롭히거나 공격할 때 서로 협력하기도 하는데, 수컷을 붙잡고 귀, 손가락, 발가락, 생식기를 물어뜯어 중상을 입히는 예도 있다.

보노보는 암컷의 성적 주기의 모든 단계에서 짝짓기를 하며, 교미의 약 1/3은 수정이 될 것 같지 않은 시기나 수정 가능성이 없는 시기에 발생한다. 또한 임신 중에도 교미가 이루어지기도 하며, 때로는 출산 한 달 전에 이루어지기도 한다. 성체 수컷과 암컷 모두 청소년 개체나 어린 개체(3~9세)와 성적으로 상호작용한다. 사실, 어린 암컷은 때로 청소년 불임기Adolescent sterility라고 불리는 5년에서 6년의 기간을 거치는데(병적인 상태가 아니다), 그동안 그들은 적극적으로 (흔히 성체와) 이성애 교미에 참여하지만, 결코 임신하지 않는다. 양쪽 성이 행하는 성체와 유아 간의 성적인 행동도 일반적이다. 이는 유아가 시작한 경우가 약 1/3이며, 생식기 문지르기와 완전한 교미 체위(성체 암컷에 대한 수컷 유아의 삽입을

포함해서)가 행해지기도 한다. 또 다른 형태의 비생식적인 성관계는 다른 종과의 접촉이다. 젊은 수컷 보노보가 간혹 야생에서 붉은꼬리원숭이*Cercopithecus ascanius*와 장난기 어린 성적 상호작용을 하는 것이 관찰되었다.

출처

*별표가 있는 출처는 동성애와 트랜스젠더에 대해 논의한다.

* Blount, B. G. (1990) "Issues in Bonobo (*Pan paniscus*) Sexual Behavior." *American Anthropologist* 92: 702–14.

* Enomoto, T. (1990) "Social Play and Sexual Behavior of the Bonobo (*Pan paniscus*) With Special Reference to Flexibility." *Primates* 31:469–30.

* Furuichi, T. (1989) "Social Interactions and the Life History of Female *Pan paniscus* in Wamba, Zaire." *International Journal of Primatology* 10:173–97.

* Hashimoto, C. (1997) "Context and Development of Sexual Behavior of Wild Bonobos (*Pan paniscus*) at Wamba, Zaire." *International Journal of Primatology* 18:1–21.

* Hashimoto, C., T. Furuichi, and O. Takenaka (1996) "Matrilineal Kin Relationships and Social Behavior of Wild Bonobos (*Pan paniscus*): Sequencing the D–loop Region of Mitochondrial DNA." *Primates* 37:305–18.

* Hohmann, G. and B. Fruth (1997) "The Function of Genito–Genital Contacts among Female Bonobos (Panpaniscus)." In M. Taborsky and B. Taborsky, eds., *Contributions to the XXV International Ethological Conference*, p. 112. Advances in Ethology no. 32. Berlin: Blackwell Wissenschafts–Verlag.

* Idani, G. (1991) "Social Relationships Between Immigrant and Resident Bonobo (*Pan paniscus*) Females at Wamba." *Folia Primatologica* 57:83–95.

* Kano, T. (1992) The Last Ape: *Pygmy Chimpanzee Behavior and Ecology.* Stanford: Stanford University Press. Translated from the Japanese by Evelyn Ono Vineberg.

* ——(1990) "The Bonobos' Peaceable Kingdom." *Natural History* 99(11):62–71.

* ——(1989) "The Sexual Behavior of Pygmy Chimpanzees." In P. G. Heltne and L. A. Marquardt, eds., *Understanding Chimpanzees*, pp. 176–83. Cambridge, Mass.: Harvard University Press.

* ——(1980) "Social Behavior of Wild Pygmy Chimpanzees (*Pan paniscus*) of Wamba: A Preliminary Report." *Journal of Human Evolution* 9:243–60.

* Kitamura, K. (1989) "Genito–Genital Contacts in the Pygmy Chimpanzee (*Pan paniscus*)." *African Study Monographs* 10:49–67.

* Kuroda, S. (1984) "Interactions Over Food Among Pygmy Chimpanzees." In R. L. Susman, ed., *The Pygmy Chimpanzee: Evolutionary Biology and Behavior*, pp. 301–24. New York: Plenum Press.

* —— (1980) "Social Behavior of Pygmy Chimpanzees." *Primates* 21:181–97.

* Parish, A. R. (1996) "Female Relationships in Bonobos (*Pan paniscus*): Evidence for Bonding, Cooperation, and Female Dominance in a Male–Philopatric Species." *Human Nature* 7:61–96.

* ——(1994) "Sex and Food Control in the 'Uncommon Chimpanzee': How Bonobo Females Overcome a Phylogenetic Legacy of Male Dominance." *Ethology and Sociobiology* 15:157–79.

* Roth, R. R. (1995) "A Study of Gestural Communication During Sexual Behavior in Bonobos (*Pan paniscus* Schwartz)." Master's thesis, University of Calgary.

Sabater Pi, J., M. Bermejo, G. Illera, and J. J. Vea (1993) "Behavior of Bonobos (*Pan paniscus*) Following Their Capture of Monkeys in Zaire." *International Journal of Primatology* 14:797–804.

* Savage, S. and R. Bakeman (1978) "Sexual Morphology and Behavior in *Pan paniscus*." In D. J. Chivers and J. Herbert, eds., *Recent Advances in Primatology*, vol. 1, pp. 613–16. New York: Academic Press.

* Savage–Rumbaugh, E. S., and R. Lewin (1994) Kanzi: *The Ape at the Brink of the Human Mind*. New York: John Wiley & Sons.

* Savage–Rumbaugh, E. S., and B. J. Wilkerson (1978) "Socio–sexual Behavior in *Pan paniscus* and *Pan troglodytes*. A Comparative Study." *Journal of Human Evolution* 7:327–44.

* Savage–Rumbaugh, E. S., B. J. Wilkerson and R. Bakeman (1977) "Spontaneous Gestural Communication among Conspecifics in the Pygmy Chimpanzee (*Pan paniscus*)." In G. Bourne, ed., *Progress in Ape Research*, pp. 97–116. New York: Academic Press.

* Takahata, Y., H. Ihobe, and G. Idani (1996) "Comparing Copulations of Chimpanzees and Bonobos: Do Females Exhibit Proceptivity or Receptivity?." In W. C. McGrew, L. F. Marchant, and T. Nishida, eds., *Great Ape Societies*, pp. 146–55. Cambridge: Cambridge University Press.

* Takeshita, H., and V. Walraven (1996) "A Comparative Study of the Variety and Complexity of Object Manipulation in Captive Chimpanzees (*Pan troglodytes*) and Bonobos (*Pan paniscus*)." *Primates* 37: 423–41.

* Thompson–Handler, N., R. K. Malenky, and N, Badrian (1984) "Sexual Behavior of *Pan paniscus* Under Natural Conditions in the Lomako Forest, Equateur, Zaire." In R. L. Susman, ed., *The Pygmy Chimpanzee: Evolutionary Biology and Behavior*, pp. 347–68. New York: Plenum Press.

* de Waal, F. B. M. (1997) Bonobo: *The Forgotten Ape*. Berkeley: University of California Press.

* ——(1995) "Sex as an Alternative to Aggression in the Bonobo." In P. A. Abramson and S. D. Pinkerton, eds., *Sexual Nature, Sexual Culture*, pp. 37–56. Chicago: University of Chicago Press.

* ——(1989a) *Peacemaking Among Primates*. Cambridge, Mass.: Harvard University Press.

* ——(1989b) "Behavioral Contrasts Between Bonobo and Chimpanzee." In P. G. Heltne and L. A. Marquardt, eds., *Understanding Chimpanzees*, pp. 154–73. Cambridge, Mass.: Harvard University Press.

* ——(1988) "The Communicative Repertoire of Captive Bonobos (*Pan paniscus*), Compared to That of Chimpanzees." *Behavior* 106:184–251.

* ——(1987) "Tension Regulation and Nonreproductive Functions of Sex in Captive Bonobos (*Pan paniscus*)." *National Geographic Research* 3:318–35.

Walraven, V., L. Van Elsacker, and R. F. Verheyen (1993) "Spontaneous Object Manipulation in Captive Bonobos." In L. Van Elsacker, ed., Bonobo Tidings: *Jubilee Volume on the Occasion of the 150th Anniversary of the Royal Zoological Society of Antwerp*, pp. 25–34. Leuven: Ceuterick Leuven.

* White, F., and N. Thompson–Handler (1989) "Social and Ecological Correlates of Homosexual Behavior in Wild Pygmy Chimpanzees, *Pan paniscus*." *American Journal of Primatology* 18:170.

침팬지

Pan troglodytes

동성애	트랜스젠더	행동		랭킹	관찰
●암컷	●간성	○구애 ●짝 형성		○중요	●야생
●수컷	○복장도착	●애정표현 ○양육		●보통	○반야생
		●성적인 행동		○부수적	●포획 상태

식별 : 검은색, 회색 또는 갈색의 털, 두드러진 귀, 그리고 검은색에서 갈색과 핑크색(특히 어린 동물의 경우)까지 이르는 다양한 피부색을 가진 친숙한 작은 유인원.

분포 : 세네갈 남동부에서 탄자니아 서부에 이르는 서부 및 중부 아프리카, 멸종위기.

서식지 : 삼림 사바나, 초원, 열대 우림.

연구지 : 탄자니아의 하할레산맥 국립공원 및 곰베천 국립공원, 우간다의 부동고 숲, 동부 콩고(자이레), 테네리페의 네덜란드 트로포이드 역, 아른헴 동물원, 예일 대학교 영장류 연구소와 침팬지 무리(코네티컷주 뉴헤이븐, 뉴햄프셔주 프랭클린과 플로리다주 오렌지 파크), 뉴멕시코 ARL 침팬지 무리, LA 델타 지역 영장류 연구센터.

아종 : 동부침팬지 *Pt. schweinfurthii*.

사회조직

침팬지는 40~60마리 정도가 무리나 공동체를 형성해 살며, 무리에는 성체 암컷이 수컷보다 2배 정도 많다. 각 무리 내에서 작은 하위 무리가 형성되는 경우가 많으며, 일부 개체들은 복잡한 사회적 및 의사소통 상호작용 네트워크 속에서 서로 오래 지속하는 유대관계를 형성한다. 짝짓기 시스템은 난혼제이거나 일부다처제다. 수컷과 암컷은 각각 여러 파트너와 짝짓기하며, 수컷은 일반적으로 자신의 새끼 양육에 참여하지 않는다.

설명

행동 표현: 암컷 침팬지는 다양한 동성 활동에 참여한다. 상호 생식기 자극의 한 가지 형태는 엉덩이 부딪치기bumprump라고 알려져 있다. 두 마리의 암컷이 반대 방향으로 마주 보고 네 발로 서서, 그들의 엉덩이를 함께 문지르며 생식기와 항문 부위를 자극한다. 때로는 암컷 한 마리가 얼굴을 마주 보고 다른 암컷 위에 엎드리거나, 두 마리가 서로 마주 보고 앉아 성기를 문지르기도 한다. 마운팅은 이성애 교미에서 보이는 전형적인 후배위 체위로도 이루어진다. 그러나 수컷과 암컷의 마운팅과 달리, 마운팅한 암컷의 몸과 팔의 각도와 위치가 수컷과 약간 다를 수 있고, 골반찌르기의 속도가 느리거나 더 형식적일 수 있으며, 자기 생식기 부위보다는 배로 다른 암컷의 생식기를 문지르기도 한다. 때로 암컷 침팬지도 커널링구스를 한다. 즉 한 개체가 상대 앞에 웅크리고 앉아 엉덩이를 내밀면, 상대 개체는 입술과 혀로 외부 생식기를 자극해준다.

수컷들 사이에서는 몇 가지 다른 종류의 같은 성 간 상호작용이 일어난다. 예를 들어 파트너의 생식기를 손으로 만지거나 자극할 때, 페니스를 애무하거나 문지르거나 움켜잡으며 음낭을 만지기도 한다. 때로 파트너가 상대에게 골반찌르기를 할 경우 그의 생식기는 상대의 손 안에서 '반동'하는 경우도 있다. 침팬지들은 또한 간혹 마주 앉은 자세로 펠라티오를 하거나, 서로 음경을 문지르기도 하고, (때로 골반찌르기나 몸 흔들기와 함께) 후배위 자세로 마운팅을 하기도 하며, 심지어 69 자세로 파트너의 항문에 손가락을 삽입하거나 입으로 항문을 '애무'하기도 한다. 특히 생식기 만지기, 마운팅 및 항문 접촉 등의 여러 가지 활동은 인사나, 지지 확보, 화해나 안심시키기 등의 맥락을 가진 의식화한 성적 제스처로서 발생한다. 이러한 활동은 포옹, 키스(입을 벌린 접촉을 포함), 털손질, 생식기 키스 또는 코비비기와 같은 수컷들 간의 애정 어린 몸짓과 흔히 결합한다. 이러한 활동에 참여하는 수컷은 상호 지원하는 '우정' 또는 동맹을 형성할 수 있다. 때로 수컷 침팬지도 야생에서 수컷 사바나개코원숭이와 성적인 상호작용을 한다. 예를 들어 한 청소년 침팬지가 성체 수컷 개코원숭이의 음경을 잡고 애무하는 것이 관찰되었다.

트랜스젠더나 간성 침팬지도 간혹 발생한다. 신체적으로나 해부학적으로 수컷인 한 개체는 수컷XY과 암컷XX 염색체 유형이 모두 결합한 염색체 모자이크였다.

빈도 : 수컷 침팬지 사이의 같은 성 활동 발생률은 매우 가변적이다. 어느 곳에서든지 수컷들 사이의 마운팅은 안심시키거나 지지 확보, 그리고 분쟁 중이나 분쟁을 겪은 이후 등에 일어나는 행동의 1~2%에서 1/3 또는 1/2를 차지한다. 수컷들 간의 키스와 포옹은 그러한 상호작용의 12~30%를 구성한다(개체군에 따라 달라진다). 전반적으로, 모든 마운팅 활동의 29~33%는 수컷들 사이에서 발생한다. 암컷에서는 자세한 정보를 얻기 힘들지만, 유사한 범위의 빈도일 것으로 생각된다. 엉덩이 부딪치기나, 구강 자극이나 생식기를 손으로 자극하는 것과 같은 다른 동성애 활동은 지금까지 포획 상태에서 주로 관찰되었으며, 상당히 흔하다.

성적 지향: 대부분의 성체 수컷 침팬지는 같은 성과 마운팅, 생식기 만지기, 또는 다른 활동에 참여하면서 암컷과도 짝짓기를 한다. 젊은(청소년 또는 어린) 수컷은 간혹 펠라티오나 생식기 맞문지르기 같은 활동을 하지만, 이성애적으로는 참여 빈도가 떨어진다. 일부 개체군에서는 사실상 모든 성체 수컷이 같은 성 마운팅에 참여하지만, 어느 무리에서든 그러한 행동은 각 개체의 전체 마운팅 활동의 1/5에서 3/4만을 차지한다. 같은 성 활동에 참여하는 암컷들 또한 기능적으로 양성애자며, 수컷들과도 교제한다. 그러나 일부 개체는 더 배타적인 동성애자인 것으로 보인다. 예를 들어, 한 암컷은 오랜 시간 동안 수컷과 짝짓기를 거부하고 다른 암컷들과만 성적으로 관계했다. 그녀는 심지어 다른 암컷과 자기 자식들과도 친밀한 관계를 발전시켰다. 사회적으로 그녀는 수컷 하위 무리와 암컷 하위 무리의 중간 위치에 있었다. 이 암컷은 흔히 수컷과 어울리고 그들의 '패거리 짓기'에 참여해 다른 개체에 대항했지만, 동시에 암컷들과 주요한 유대관계를 유지하고 때로 수컷의 성적인 접근에 대항하여 암컷을 방어하기도 했다. 하지만 나중에 그녀는 수컷들과도 짝짓기를 했다.

비생식적이고 대체 가능한 이성애

침팬지에는 같은 성 간의 행동과 유사한 다양한 비생식적 이성애 관행이 있다. 이성애적 구강성교는 커닐링구스(수컷이 질을 핥거나 음순을 입에 넣는 것)와 펠라티오(암컷이 페니스를 빨거나 코로 비비는 행위) 둘 다 관련이 있다. 생식기를 손으로 자극하는 것도 발생한다. 수컷은 때로 질에 손가락을 삽입하고(암컷은 자신을 자극하기 위해 수컷의 손을 움직일 수 있음), 암컷은 때로 짝의 음경을 애무한다. 또한 엉덩이 부딪치기는 수컷과 암컷 사이에서도 발생하며(때로는 골반찌르기와 음낭만지기도 함께 일어난다), 양쪽 성 모두 자신의 손이나 다양한 기구를 사용하여 생식기를 자극하는 자위를 한다. 어떤 수컷은 심지어 자가 펠라티오auto-fellatio를 하며 자기 음경을 빨기도 한다. 수컷 침팬지는 때로 암컷에 마운트를 할 때 삽입을 하지 않거나 페니스가 빠진 후에 사정을 한다. 그들은 또한 발정기가 아닌 암컷들과 짝짓기를 하기도 한다. 또 다른 형태의 비생식적 교미는 임신 중의 교미다. 일부 암컷은 임신 기간의 75~80% 동안 이성애 활동에 참여한다. 또한 수컷 침팬지는 야생에서 암컷 사바나개코원숭이와 교미하는 것이 관찰되었다.

발정기에 있는 암컷은 전형적으로 다수의 파트너와 여러 번 짝짓기를 하는데, 하루에 6번 이상(때로는 2~7마리의 수컷과 연속적으로), 임신하는 한 마리의 새끼 당 총 수백 번의 짝짓기를 한다. 그러나 어떤 경우에는 이성관계가 원만하지 못하다. 수컷은 때로 암컷들에게 강제로 짝짓기를 시도하기도 하고, 위협하거나 심지어 격렬하게 공격해서 짝짓기를 하기도 한다. 또한 암컷은 간혹 나이가 든 수컷의 접근에 대해 '무뚝뚝한 거부'나 '혐오' 반응을 보인다. 교미는 흔히 성적인 활동을 방해하려는 다른 침팬지에 의해 괴롭힘을 당하면서 중단된다. 게다가, 영아살해와 심지어 동족 잡아먹기도 가끔 일어난다. 예를 들어, 공동체 밖에서 잉태한 영아는 현재 거주지의 수컷에게 살해당할 수 있다. 대부분의 암컷은 자신의 사회적 무리에 속한 수컷들과 짝짓기를 하지만, 일부 개체군에서는 상당수의 암컷이 자기 무리 밖에서 짝을 찾고 그들과 '은밀한' 교제를 한다. 예를 들어, 한 개체군에서는 전체 새끼의 절반 이상이 다른 집단에 사는 수컷에 의해 임신되었다.

성체 간의 근친상간 짝짓기는 흔하지 않지만, 어미들은 갓난 아들과 성적인 행동을 꽤 자주 한다. 젊은 암컷은 일반적으로 첫 생리 후 1년에서 3년간의 청소년 불임기를 경험하는데, 이 기간 동안 그들은 임신하지 않고 이성애적으로 짝짓기를 한다. 일부 성체 암컷은 독특한 형태의 산아제한을 실천한다. 그들은 자기 젖꼭지를 자극하여 수유의 피임 효과를 모방하고, 경우에 따라서는 임신을 10년까지 예방하기도 한다. 암컷은 또한 나중에 번식은퇴기 또는 '폐경기'를 2년까지 경험할 수 있다(최대 수명의 약 4~5%에 해당한다). 그들은 흔히 이 기간에 짝짓기를 계속하며, 이는 집단 내 모든 암컷의 성적인 활동의 20%를 차지한다.

출처 *별표가 있는 출처는 동성애와 트랜스젠더에 대해 논의한다.

* Adang, O. M. J., J. A. B. Wensing, and J. A. R. A. M. van Hooff(1987) "The Arnhem Zoo Colony of Chimpanzees *Pan troglodytes* : Development and Management Techniques." *International Zoo Yearbook* 26:236–48.

* Bingham, H. C.(1928) "Sex Development in Apes." *Comparative Psychology Monographs* 5:1–165.

Bygott, J. D. (1979) "Agonistic Behavior, Dominance, and Social Structure in Wild Chimpanzees of the Gombe National Park." In D. A. Hamburgand E. R. McCown, eds., *The Great Apes*, pp.405–28. Menlo Park, Calif.:Benjamin Cummings.

* ——(1974) "Agonistic Behavior and Dominance in Wild Chimpanzees." Ph.D. thesis, Cambridge University.

Dahl, J. E, K. J. Lauterbach, and C. A Duffey(1996) "Birth Control in Female Chimpanzees : Self–Directed Behaviors and Infant–Mother Interactions." *American Journal of Physical Anthropology* supp. 22:93.

* Egozcue, J. (1972) "Chromosomal Abnormalities in *Primates*." In E. I. Goldsmith and J. Moor–Jankowski, eds., *Medical Primatology* 1972, part I, pp.336–41.

Basel : S. Karger. Gagneux, P., D. S. Woodruff, and C. Boesch (1997) "Furtive Mating in Female Chimpanzees." *Nature* 387:358–59.

* Goodall, J. (1986) *The Chimpanzees of Gombe: Patterns of Behavior.* Cambridge, Mass.: Belknap Press.

(1977) "Infant Killing and Cannibalism in Free Living Chimpanzees." *Folia Primatologica* 28:259–82.

* ——(1965) "Chimpanzees of the Gombe Stream Reserve." In I. deVore, ed., *Primate Behavior: Field Studies of Monkeys and Apes*, pp. 425–73. New York Holt, Rinehart & Winston.

* Kdhler, W.(1925) *The Mentality of Apes.* London: Routledge & Kegan Paul.

* Kollar, E. J., W. C. Beckwith, and R. B. Edgerton (1968) "Sexual Behavior of the ARL Colony Chimpanzees." *Journal of Nervous and Mental Disease* 147:444–59.

* Kollar, E. J., R, B. Edgerton, and W. C. Beckwith(1968) "An Evaluation of the Behavior of the ARL Colony Chimpanzees." *Archives of General Psychiatry* 19:580–94.

* Kortlandt, A.(1962) "Chimpanzees in the Wild." *Scientific American* 206(5): 128–38.

* Lawick–Goodall, J. van (1968) "The Behavior of Free–Living Chimpanzees in the Gombe Stream Reserve." *Animal Behavior Monographs* 1:161–311.

* Nishida, T. (1997) "Sexual Behavior of Adult Male Chimpanzees of the Mahale Mountains National Park, Tanzania." *Primates* 38:379–98.

——(1990) The Chimpanzees of the Mahale Mountains: *Sexual and Life History Strategies*. Tokyo: University of Tokyo Press.

——(1979) "The Social Structure of Chimpanzees of the Mahale Mountains." In D. A. Hamburg and E. R. McCown, eds., *The Great Apes*, pp. 73–121. Menlo Park, Calif.: Benjamin Cummings.

* ——(1970) "Social Behavior and Relationship Among Wild Chimpanzees of the Mahali Mountains." *Primates* 11:47–87.

* Nishida, T., and K. Hosaka(1996) "Coalition Strategies Among Adult Male Chimpanzees of the Mahale Mountains, Tanzania." In W. C. McGrew, L. F. Marchant, and T. Nishida, eds., *Great Ape Societies*, pp. 114–34. Cambridge: Cambridge University Press.

* Reynolds, V., and F. Reynolds(1965) "Chimpanzees of the Budongo Forest." In I. deVore, ed., *Primate Behavior: Field Studies of Monkeysand Apes*, pp. 368–424. New York Holt, Rinehart & Winston.

Takahata, Y., N. Koyama, and S. Suzuki(1995) "Do the Old Aged Females Experience a Long Postreproductive Life Span?: The Cases of Japanese Macaques and Chimpanzees." *Primates* 36:169–80.

Tutin, C. E. G., and P. R. McGinnis (1981) "Chimpanzee Reproduction in the Wild." In C.E. Graham, ed., *Reproductive Biology of the Great Apes*, pp. 239–64. New York Academic Press.

* Tutin, C. E. G., and W. C. McGrew (1973a) "Chimpanzee Copulatory Behavior." *Folia*

Primatologica 19:237–56.

——(1973b) "Sexual Behavior of Group–Living Adolescent Chimpanzees." *American Journal of Physical Anthropology* 38:195–200.

* de Waal, F. B. M. (1982) *Chimpanzee Politics: Power and Sex Among Apes.* New York: Harper & Row.

* de Waal, F. B. M., and J. A. R. A. M. vanHooff(1981) "Side–directed Communication and Agonistic Interactions in Chimpanzees." *Behavior* 77:164–98.

Wrangham, R. W. (1997) "Subtle, Secret Female Chimpanzees." *Science* 277:774–75.

* Yerkes, R. M. (1939) "Social Dominance and Sexual Status in the Chimpanzee." *Quarterly Review of Biology* 14:115–36.

고릴라
Gorilla gorilla

동성애	트랜스젠더	행동	랭킹	관찰
●암컷	○간성	●구애 ●짝 형성	●중요	●야생
●수컷	○복장도착	●애정표현 ○양육	○보통	○반야생
		●성적인 행동	○부수적	●포획 상태

식별 : 검은색 털을 가진 거대한 유인원 (성체 수컷의 몸무게는 일반적으로 136킬로그램 이상이다). 나이가 많은 수컷은 은회색 털 때문에 실버백이라고 불린다.

분포 : 중앙아프리카의 콩고 (자이레), 우간다, 르완다와 나이지리아 남동부에서 콩고 남부까지. 멸종위기.

서식지 : 대나무 숲, 열대 우림.

연구지역 : 르완다 및 콩고 (자이레) 의 비룽가산맥, 산악 고릴라와 바젤, 메트로 토론토, 그리고 세인트루이스 동물원, 저지대 고릴라.

아종 : 동부고릴라 *G.g. beringei*, 서부저지고릴라 *G.g. gorilla*.

사회조직

고릴라는 8~15마리의 개체로 이루어진 작은 무리를 이루어 살며, 보통 성숙한 암컷 3∼6마리, 성숙한 수컷 1마리, 어린 수컷 1∼2마리, 그리고 미성숙한 새끼 5∼7마리로 구성된다. 구성원 전체가 수컷인 무리도 정기적으로 발생한다. 짝짓기 체계는 일부다처제다. 즉 성숙한 수컷이 무리 내의 모든 암컷과 짝짓기를 한다. 암컷은 일반적으로 성년이 되면 가족 무리를 떠나기 때문에 서로 친척관계가 아니다. 집단생활을 하는 다른 여러 영장류에서는 수컷이 (일반적으로 친척인) 암컷 중심의 무리를 떠난다.

설명

행동 표현: 무리 내에서, 암컷 고릴라는 때로 다른 암컷과 강렬한 우정을 형성하며, 무리에서 번식하는 수컷과 함께하는 만큼의 많은 시간을 같이 보낸다. 이 '가장 좋아하는' 암컷과의 상호작용은 둘이 함께 시간을 보내면서, 서로 마주 앉거나 누워 있는 동안 지속적인 스킨십을 하고, 잦은 쌍방향 털손질을 하는 것으로 이루어져 있다. 암컷 고릴라들은 또한 무리의 다른 암컷들과 자주 섹스한다. 전형적인 레즈비언 상호작용에서는 한 암컷이 다른 암컷에게 곧장 다가가 흔히 교미 발성을 하고, 그 이후에는 잠시 조용히 함께 앉아 있게 된다. 흔히 서로의 생식기를 어루만지거나, 얼굴을 상대방의 외음부에 친밀하게 대거나, 냄새를 맡거나 입을 대기 시작한다. 이러다가 보통 서로 성기를 문지르며 (대개 앉아서) 얼굴을 맞대고 포옹하는 것으로 이어지며, 때로는 으르렁거리거나, 헐떡거리거나, 비명을 지르거나, 낑낑거리는 소리를 내기도 한다. 또한 이 동물들은 골반찌르기를 하다가도 멈춰 서로를 애무하거나, 체위를 바꾸거나, 자위를 하기도 한다.

추측건대, 레즈비언 성행위는 상호 간의 쾌락을 달성하는 것에 중점을 둔다는 점에서 이성애 교미와 차이점이 두드러진다. 우선 수컷과 암컷 사이에서는 더 친밀한 얼굴마주보기 체위가 거의 사용되지 않으며, 대신 뒤에서 수컷이 마운팅을 하며 짝짓기를 한다(그리고 흔히 수컷의 골반찌르기와 소리 지르기는 암컷보다 훨씬 적다). 암컷들 간의 성적인 상호작용은 일반적으로 더 애정 어린 활동이어서, 보통 좀 더 긴 시간 동안 훨씬 더 많은 포옹과 털손질을 한다. 한 연구는 암컷들 간의 성적인 상호작용이 이성애 상호작용보다 평균 5배 더 오래가며, 레즈비언 활동에서는 상당히 더 많은 골반찌르기와 생식기 자극이 있다고 밝혔다.

더불어, 암컷 고릴라는 무리 내에서 특정한 암컷 성관계 파트너에 대한 선호도가 뚜렷하다. 레즈비언 활동은 일반적으로 무리의 모든 구성원 사이에서 발생하지만, 각각의 암컷들은 보통 더 자주 관계하는 가장 좋아하는 파트너가 있다. 또한 동성애는 무리의 일반적인 생식 주기에 녹아들어 있다. 즉 번식하는 암컷(어미 포함)은 비번식 암컷이 하는 만큼 다른 암컷과 섹스를 하며, 레즈비언 성관계는 임신 중에도 흔해서, 때로는 출생 1~2주 전까지도 일어난다.

수컷 고릴라(특히 젊은 동물들)들도 때로 혼성 무리 내에서 서로 마운트를 하지만, 동성애는 수컷으로만 이루어진 무리에서 흔하며, 수컷들 사이의 모든 같은 성 활동의 90% 이상이 그러한 무리에서 일어난다. 이러한 무리는 암컷이 다른 무리에 합류하기 위해 가족 무리를 떠나거나, 수컷이 성숙해짐과 동시에 자기 무리를 떠나 함께 뭉칠 때 발생한다. 수컷으로만 구성된 무리는 수년간 지속하며, 복잡한 동성애 짝 형성 관계를 맺고 있다. 각 수컷은 자신이 구애하고 섹스를 한 파트너를 선호한다. 어떤 수컷은 무리 내에서 한 마리의 수컷과만 관계를 가지기도 하고, 다른 수컷은 여러 파트너를 가지기도 한다(한 마리의 개체에 대해 최대 5마리의 파트너가 기록되기도 했다). 각각의 짝이 형성된 후 지속기간은 몇 개월에서 1년, 또는 그 이상일 수 있다. 참가자는 때로 서로 친척관계일 수 있다. 즉 수컷으로 구성된 한 무리에서 동성애 활동의 약 40%가 이복형제 사이에서 발생한다. 흔히 수컷들 사이에 '선호하는' 파트너(흔히 젊은 수컷)를 두고 치열한 경쟁이 벌어지는데, 나이가 더 많고 더 높은 서열의 수컷은 그들이 좋아하는 수컷을 '지키다가' 다른 수컷들이 접근하는 것을 막기 위해 싸우기도 한다. 그럼에도 불구하고 수컷으로 이루어진 무리에서의 공격성은 혼성 무리에서보다 현저히 낮고, 일부 수컷 집단은 구성원의 성적 유대감과 중재 활동에 기인하는 높은 응집력을 보인다.

한 수컷 고릴라가 다른 고릴라에게 구애할 때, 그는 격렬하게 헐떡이는 소리를 내면서 다가간다. 때로 접촉은 한(또는 두) 수컷이 다른 수컷을 만지기 위해 손을 뻗으며 시작하기도 하고, 한 수컷이 더 미묘하게 간청하며 접근해서 시작할 수도 있다. 성적인 행동을 할 때는 얼굴을 마주 보는 체위나 후배위 체위로 한 수컷이 다른 수컷에게 마운팅을 하며 골반 찌르기를 하게 된다. 두 수컷 모두 흔히 그렁거리거나 으르렁거리거나 헐떡이는 소리를 낸다. 오르가슴은 그 동물이 마운트를 끝내고 내려올 때 깊은 한숨을 내쉬는 것과 흔히 사정했다는 직접적인 증거로 알 수 있다(즉 정액을 파트너에게 쏟는다). 수컷 대부분은 마운트를 할 수도 있고 마운트를 대주기도 하지만, 가장 나이 많은 실버백 수컷은 마운트만 한다. 수컷 간의 동성애 만남은 레즈비언 상호작용처럼 평균적으로 이성애보다 더 오래 지속하고, 수컷과 암컷의 상호작용보다 얼굴을 마주 보는 체위를 더 자주 사용하는 경향이 있다(암컷 간에서 일어나는 것보다는 작다). 또한 수컷 고릴라들은 서로 마운팅을 하면서 서로의 생식기를 건드리거나 어루만지기도 한다.

빈도: 혼성 무리에서 모든 성적인 활동의 9%는 레즈비언 활동이며, 암컷의 모든 사회적 활동이나 애정 활동의 58%는 다른 암컷들과 (대부분 가장 '좋아하는' 파트너와) 함께하는 것이다. 이러한 무리에서 마운팅의 약 2%는 성체 수컷 사이에서 발생한다. 혼성 무리에서 어린 동물들(예를 들어 청소년과 유소년) 간 마운트의 7~36%는 수컷 사이에서, 그리고 9~14%

르완다의 산악 우림에서 수컷 고릴라들이 섹스를 하며 두 가지 마운팅 체위를 보여주고 있다. 후배위 체위(왼쪽)와 얼굴을 마주보는 체위.

는 암컷 사이에서 발생한다. 수컷 동성애 구애와 교미는 일부 수컷 무리에서 매일 발생하며 혼성 무리에서 일어나는 이성애 활동의 양을 초과하는 것으로 여겨진다. 일부 수컷들은 이런 무리에서 1년에 75회 이상 동성애 교미를 할 수 있으며, 최고조에 달한 동성애 교미는 시간당 7회까지 가능하다. 일부 개체군에서 수컷은 최대 10%에 이르며, 고릴라는 평균 6년을 이러한 집단에서 보내고, 일부 수컷은 10년 이상 머무르기도 한다(때로는 죽을 때까지 머무르기도 한다).

성적 지향: 많은 암컷 고릴라는 암수 모두와 성적 관계와 애정 관계를 형성하는 양성애자지만, 각각의 개체는 동성애와 이성애 활동에 참여하는 정도에 분명한 차이가 있다. 일반적으로 레즈비언 활동을 선호하는 암컷(같은 성 상호작용의 많은 부분을 차지하는 암컷)부터 수컷과 암컷 모두와 상당히 동일한 양의 상호작용을 하는 암컷, 주로 수컷과 상호작용하는 암컷까지 연속체가 존재하는 것으로 보인다. 많은 수컷 고릴라는 순차적인 양성애자인 것으로 보이며, 삶의 어느 시기에는 (전체가 수컷인 무리에서) 동성애 만남만을 하다가, 그 이후에는 이성애 상호작용만을 하는 시

기 등이 따라오게 된다. 다른 수컷, 특히 젊은 수컷은 동시적인 양성애자일 수 있다. 환경(특정 집단 구성 등)에 따라 일부 수컷은 평생 주로, 또는 배타적으로 동성애 상호작용을 할 수 있고, 다른 수컷은 이성애 상호작용만 하기도 한다. 그러나 기본적으로 모든 수컷은 양성애에 대한 능력을 갖추고 있는 것으로 보인다.

비생식적이고 대체 가능한 이성애

위에서 언급한 바와 같이, 임신 중의 섹스(이성애와 동성애 모두)는 고릴라들 사이에서 흔하다. 수컷과 암컷 모두 자위행위를 하며, 어린 동물은 흔히 삽입이 없는 성적인 행동에 참여한다. 후자 형태의 마운팅은 보통 근친상간이며, 형제자매, 이복형제, 또는 부모와 그들의 자식(또는 형제자매의 자손)과 관계한다. 포획 상태일 때, 구강성교와 손으로 하는 성기 자극이 이성애 상호작용에서도 관찰되었다. 수컷 고릴라는 일반적으로 암컷에 비해 성에 관한 관심이 적으며 때로는 교미를 다소 꺼리거나 형식적으로 참여하는 것으로 보인다. 이성애 상호작용은 거의 항상 암컷이 시작하고(이러한 접근은 흔히 처음에는 수컷이 무시한다), 수컷은 흔히 교미 중에 암컷보다 훨씬 더 적게 골반찌르기를 하고 소리를 덜 지르며(흔히 20초를 넘기지 않는다), 일반적으로 암컷이 언제 특정한 성적 상호작용을 끝낼지 판단한다. 하지만 암컷은 새끼를 돌보는 동안 최대 3~4년 동안 성적으로 활동하지 않을 수 있다. 영아살해는 야생 고릴라들 사이에서 꽤 흔하다. 즉, 한 개체군에서 영아 사망의 40% 이상이 영아살해에 의한 것이며, 보통 성체 수컷이 암컷에게 양육하는 기회를 얻고자 할 때 일어난다(암컷도 유아를 죽이는 것으로 알려져 있긴 하다). 아마도 모든 성체 수컷은 평생 적어도 한 번은 영아살해를 저지르고, 암컷 대부분은 자기 종이 저지른 살해로 인해 적어도 한 마리의 새끼를 잃을 가능성이 있다.

출처

*별표가 있는 출처는 동성애와 트랜스젠더에 대해 논의한다.

* Coffin, R. (1978) "Sexual Behavior in a Group of Captive Young Gorillas." *Boletín de Estudios Médicos y Biológicos* 30:65–69.

* Fischer, R. B. and R.D. Nadler (1978) "Affiliative, Playful, and Homosexual Interactions of Adult Female Lowland Gorillas." *Primates* 19:657–64.

* Fossey, D. (1990) "New Observations of Gorillas in the Wild." In *Grzimek's Encyclopedia of Mammals*, vol. 2, pp.449–62. New York: McGraw–Hill.

——(1984) "Infanticide in Mountain Gorillas (*Gorilla gorilla beringei*) with Comparative Notes on Chimpanzees." In G. Hausfater and S. B. Hrdy, eds., *Infanticide: Comparative and Evolutionary Perspectives*, pp. 217–35. New York: Aldine.

* ——(1983) *Gorillas in the Mist.* Boston: Houghton Mifflin.

* Harcourt, A. H. (1988) "Bachelor Groups of Gorillas in Captivity: The Situation in the Wild." *Dodo* 25:54–61.

* ——(1979a) "Social Relations Among Adult Female Mountain Gorillas." *Animal Behavior* 27:251–64.

——(1979b) "Social Relationships Between Adult Male and Female Mountain Gorillas in the Wild." *Animal Behavior* 27:325–42.

* Harcourt, A. H., D. Fossey, K. J. Stewart, and D. P. Watts (1980) "Reproduction in Wild Gorillas and Some Comparisons with Chimpanzees." *Journal of Reproduction and Fertility* suppl. 28:59–70.

Harcourt, A. H., and K. J. Stewart (1978) "Sexual Behavior of Wild Mountain Gorillas." In D. J. Chivers and J. Herbert, eds., *Recent Advances in Primatology*, vol.1,pp.611–12. New York: Academic Press.

* Harcourt, A. H., K. J. Stewart, and D. Fossey (1981) "Gorilla Reproduction in the Wild." In C. E. Graham, ed., *Reproductive Biology of the Great Apes*, pp. 265–79. New York: Academic Press.

* Hess, J. P. (1973) "Some Observations on the Sexual Behavior of Captive Lowland Gorillas, *Gorilla g. gorilla* (Savage and Wyman)." In R. P. Michael and J. H. Crook, eds., *Comparative Ecology and Behavior of Primates*, pp. 507–81, London: Academic Press.

영장류

* Nadler, R. D. (1986) "Sex–Related Behavior of Immature Wild Mountain Gorillas." *Developmental Psychobiology* 19:125–37.

* Porton, I., and M. White (1996) "Managing an All–Male Group of Gorillas: Eight Years of Experience at the St. Louis Zoological Park." In *AAZPA Regional Conference Proceedings*, pp.720–28.Wheeling, W. V. : American Association of Zoological Parks and Aquariums.

* Robbins, M. M. (1996) "Male–Male Interactions in Heterosexual and All–Male Wild Mountain Gorilla Groups." *Ethology* 102:942–65.

* ——(1995) "A Demographic Analysis of Male Life History and Social Structure of Mountain Gorilla." *Behavior* 132:21–47.

* Schaller, G. (1963) *The Mountain Gorilla.* Chicago: University of Chicago Press.

* Stewart, K. J. (1977) "Birth of a Wild Mountain Gorilla (*Gorilla gorilla beringei*)." *Primates* 18:965–76.

Watts, D. P. (1990) "Mountain Gorilla Life Histories, Reproductive Competition, and Sociosexual Behavior and Some Implications for Captive Husbandry." *Zoo Biology* 9:185–200.

——(1989) "Infanticide in Mountain Gorillas: New Cases and a Reconsideration of the Evidence." *Ethology* 81:1–18.

* Yamagiwa, J. (1987a) "Intra– and Inter–Group Interactions of an All–Male Group of Virunga Mountain Gorillas (*Gorilla gorilla beringei*)." *Primates* 28:1–30.

* ——(1987b) "Male Life History and the Social Structure of Wild Mountain Gorillas (*Gorilla gorilla beringei*)." In S. Kawano, J. H. Connell and T. Hidaka, eds., *Evolution and Coadaptation in Biotic Communities*, pp. 31–51. Tokyo : University of Tokyo Press.

오랑우탄

Pongo pygmaeus

동성애	트랜스젠더	행동		랭킹	관찰
● 암컷	● 간성	○ 구애 ● 짝 형성		○ 중요	○ 야생
● 수컷	○ 복장도착	● 애정표현 ○ 양육		● 보통	● 반야생
		● 성적인 행동		○ 부수적	● 포획 상태

식별 : 긴 적갈색 털을 가진 중간 크기의 유인원 (성체 수컷의 몸무게는 일반적으로 약 77킬로그램). 일부 나이 든 수컷들은 도드라진 볼의 패드인 '플랜지flanges'가 발달해 있다.

분포 : 수마트라, 보르네오 (인도네시아), 취약종.

서식지 : 늪, 저지대 및 산악 우림.

연구지역 : 인도네시아 북수마트라 케탐 (수마트라 오랑우탄), 리젠트 공원 동물원과 싱가포르 동물원

아종 : 보르네오 오랑우탄*Pp. pygmaeus*

사회조직

성체 오랑우탄은 대부분 혼자 산다. 수컷과 암컷은 서로 떨어져 살며 암컷이 짝짓기를 할 준비가 되었을 때만 상호작용을 한다. 그러나 어린 오

랑우탄은 더 사교적이어서 적극적으로 서로 친구를 찾고 집단으로 상호작용을 할 수 있다. 짝짓기 체계는 일처다부제다. 수컷과 암컷은 짝짓기 기간의 짧은 시간 동안 함께 '어울릴' 수는 있지만, 수컷은 여러 암컷과 교미하고 짧게 지속하는 이성애 짝을 형성한다. 수컷은 육아에 참여하지 않는다.

설명

행동 표현 : 오랑우탄은 여러 가지 다른 성적인 기술과 다양한 애정 활동 및 짝짓기 행동이 포함된 다채로운 동성애 활동을 한다. 수컷 오랑우탄들, 특히 젊은 성체(10~15세)와 청소년(7~10세) 간의 마운팅은 흔히 페니스의 발기, 골반찌르기, 삽입 및 사정까지 하는 완전한 항문성교로 발전한다. 더 특이한 형태의 동성애 삽입에서, 한 수컷은 때로 파트너의 페니스가 수축할 때 형성되는 작은 구멍에 자신의 페니스를 삽입하려고도 했다. 또 다른 두드러진 동성애 활동은 펠라티오(구강-생식기 접촉)다. 이때 한 수컷은 다른 수컷의 발기한 페니스를 핥고 빤다. 어떤 경우에는 수컷들이 서로 번갈아서 펠라티오를 한다. 수컷들은 또한 흔히 다른 수컷의 발기한 페니스를 만지고 어루만지며, 흔히 생식기 부분의 털을 가르며 그 장기를 자세히 검사한다. 오랑우탄에서 레즈비언 활동은 보통 한 암컷이 다른 암컷의 생식기를 어루만지며, 흔히 다른 암컷의 질에 손가락을 삽입하기도 한다. 그 암컷은 때로 손가락을 다른 암컷에게 삽입하는 동안 발로 자위하기도 한다. 암컷 간에 동성애 활동이 일어나는 여러 다른 동물들과는 달리, 암컷 오랑우탄 사이에서 마운팅은 거의 일어나지 않는다. 암컷 간의 동성애 만남은 최대 12분 동안 지속하는데, 이는 대부분의 이성애 교미가 10~15분 정도 걸리는 것과 비교된다. 오랑우탄들은 대개 동성애 만남에 기꺼이 참여하지만, 때로 한쪽 동물이 이를 꺼려하는 경우가 있는데, 이때 상대 파트너는 발을 이용해 그(녀)를 붙잡거

나 누르며 제지하려 한다. 그러나 이것은 흔히 수컷이 강제로 짝짓기를 하려고 할 때 암컷들이 소리를 지르고 격렬하게 몸부림치는 이성애 만남과는 극명하게 대비된다(아래 이성애에 대한 논의 참조).

성적인 행동은 흔히 같은 성의 어린 동물들 사이의 '유대'나, 특별한 우정 같은 짝 형성 안에서도 일어난다. 두 마리의 수컷 또는 두 마리의 암컷이 애착관계를 형성할 수 있는데, 며칠에 걸쳐 서로를 따라다니고, 함께 놀고(레슬링 놀이도 포함해서), 음식을 나누고, 일반적으로 많은 시간을 함께 보내며 활

수마트라의 젊은 수컷 오랑우탄 두 마리 사이의 펠라티오. 오른쪽 아래에 있는 수컷이 파트너의 페니스를 빨고 있다.

동시간을 맞춘다. 심지어 상대방이 너무 멀리 모험을 하거나 동반자를 기다리지 않을 때 파트너는 '짜증'을 부릴 수도 있다. 또한 암컷 오랑우탄들은 가장 좋아하는 암컷 파트너에게 성적으로 접근하기 위해 수컷들과 경쟁하고 나중에 그 암컷과 유대 관계를 맺는 것으로 알려져 왔다. 같은 성 동반자들은 서로에게 많은 애정 어린 행동을 보여준다. 예를 들어 암컷은 서로 껴안거나, 서로에게 매달리고, 나란히 걷거나, 서로 털손질을 해주며, 수컷은 서로에게 '키스'를 하기도 한다. 어떤 경우에 이러한 구강 대 구강 접촉은 음식이나 마실 것의 교환을 위한 것일 수도 있지만, 일부는 애정표현이나 인사 제스처에 더 가까워 보인다. 이러한 동반자 관계는 반대쪽 성 간의 동물들 사이에서도 발전하며, 실제로 여러 가지 면에서 이성애 짝짓기 관계를 특징짓는 '배우자 관계'와 유사하다. 그러나 같은 성이든 반대쪽 성이든 간에 동반자 관계가 성적인 접촉을 반드

시 수반하는 것은 아니다.

동성애 상호작용이 때로 수컷 오랑우탄과 필리핀원숭이 사이에서 발생하기도 한다. 이 원숭이들은 흔히 오랑우탄과 어울리며 같은 지역에서 먹이를 찾는 평화적인 관계다. 오랑우탄과 필리핀원숭이는 서로 털손질도 하고, 때로 수컷 오랑우탄이 성체 수컷 필리핀원숭이의 페니스를 빨기도 한다.

트랜스젠더 오랑우탄도 간혹 발생한다. 신체적으로는 수컷이지만 암컷(XX) 염색체 패턴을 가진 개체들이 발견되었다.

빈도 : 일부 개체군에서 발생하는 모든 오랑우탄 성 접촉의 약 9%는 수컷들이 서로 마운팅하는 것과 연관되어 있다. 수컷의 구강−생식기 접촉과 암컷 간의 동성애 만남은 이 수치에 포함되지 않았기 때문에 같은 성 활동의 비율은 더 높을 것으로 보인다. 레즈비언 활동을 하는 암컷들은 이성애 동반자 관계에서 반복적인 성적 상호작용을 하듯이, 며칠에 걸쳐 여러 차례 반복해서 레즈비언 활동을 이어가기도 한다.

성적 지향 : 수컷의 동성애 행동은 젊은 오랑우탄들의 특징이다. 모든 젊은 수컷이 같은 성 활동에 참여하는 것은 아니지만, 동성애를 하는 개체들은 이성애를 추구하기도 하므로 이들은 아마 양성애 동물일 것이다. 성숙한 성체 수컷은 양성애 잠재력이 있을 수 있다. 비록 야생에서는 동성애 활동을 거의 하지 않지만, 포획 상태에서는 흔히 한다(암컷이 있는 곳에서도). 암컷 오랑우탄은 아마도 양성애자일 것이다. 예를 들어, 한 암컷은 다른 암컷과 성적인 활동을 했지만 이후에 이성애적으로 짝짓기를 하고 새끼를 기르기도 했다. 하지만 동성애를 하는 동안에는, 그녀는 전적으로 수컷을 무시하고 다른 암컷들에게 관심을 집중했기 때문에 배타적인 레즈비언이었다.

비생식적이고 대체 가능한 이성애

오랑우탄에서는 다양한 비생식적 이성애 활동이 발견된다. 수컷과 암컷 모두 흔히 입이나 손으로 상대방의 생식기를 자극하고 암컷은 수컷의 생식기를 문지르기도 한다. 암컷은 성교 중에 자극받는 두드러진 클리토리스를 가지고 있으며, 흔히 수컷에게 이성애 활동을 유도하기도 하며, 실제로 수컷에게 마운팅해서 수컷의 페니스를 손으로 잡아 자기 질 쪽으로 끌기도 하며, 수컷이 등을 대고 누워 있는 동안 골반찌르기를 하기도 한다. 다양한 체위가 이성애 교미에 사용되는데, 여기에는 얼굴을 마주 보는(가장 일반적) 체위, 후배위 체위 및 측면 체위가 있다. 마운트의 거의 30%에서는 질 삽입이나 사정이 발생하지 않는다. 또한 항문 자극이 이성애 상호작용의 구성 요소가 되기도 한다. 수컷과 암컷 모두 상대방의 항문에 손가락을 넣거나, 핥고 빨고, 숨을 불어 넣기도 하며, 자신의 성기를 문지르기도 한다. 수컷은 또한 암컷과 항문성교(삽입)를 하는 것으로 알려져 있다. 암컷은 여러 마리의 수컷 파트너와 짝을 형성하고 교미할 수 있으며, 출산 시점까지 임신 기간 내내 교미하기도 한다. 자위도 오랑우탄들 사이에서 흔한데, 암컷은 손가락이나 발로 클리토리스를 문지르거나 손가락이나 발가락을 질에 삽입하며, 수컷은 주먹이나 발로 페니스를 문지른다. 수컷과 암컷 모두 자위를 위해 무생물체나 '도구'를 사용한다. 수컷은 때로 성적으로 흥분해서 길게 울기long-calling(성숙한 수컷이 구애를 할 때나 영역을 주장하며 내는 소리)를 하는 동안 저절로 사정을 하기도 한다. 어미는 흔히 자기 새끼와 근친상간적 접촉을 하며, 손이나 입으로 페니스나 클리토리스를 자극하고(혹은 새끼가 어미를 자극하고) 심지어는 새끼를 마운트하기도 한다.

이성애 관계에는 때로 쾌락과 합의보다는 공격과 폭력이 나타난다는 특징이 있다. 젊은 수컷은 흔히 암컷을 쫓고 괴롭히고 강간한다. 일부 개체군에서는 상호작용 대부분이 그런 강제적인 상호작용일 수 있는데, 이

때 암컷이 비명을 지르거나 훌쩍이며 격렬하게 몸부림을 치면, 수컷은 붙잡고, 때리고, 물고, 강제로 억누르기도 한다. 가끔 그러한 암컷이 (약 7~8%의 경우) 가까스로 탈출하기도 한다. 수컷 오랑우탄들 사이에서도 특이한 형태의 번식 억제가 발생한다. 수컷이 성적으로 성숙하는 나이는 7~10세이지만, 흔히 2차 성징(볼 패드나 '플랜지', 목주머니, 일반적인 체중 증가 등)이 7년간 더 발달하지 않거나, 길게는 20년까지 지연되는 경우도 있다. 이러한 발달 지체는 비록 정확한 기전은 알려져 있지 않지만, 아마도 성숙한 수컷의 존재에 의한 사회적 위협이나 스트레스를 통해 억제된다고 여겨진다. 번식하지 않는 수컷이 번식하는 수컷보다 에스트로겐 수치가 높은 것으로 밝혀졌기 때문에 아마도 생리적인 영향도 동반될 것이다. 흥미롭게도, 플랜지가 없는 젊은 수컷이 임신을 유발하지 않고 암컷과 반복적으로 교미하는 것이 관찰되었다. 아마도 이것은 젊은 수컷의 정체된 성적 발달과 관련이 있을 것이다. 물론 단순히 암컷 생리 주기에서 배란 주기가 아닐 때 짝짓기를 했을 수도 있다. 또한 청소년 암컷은 1년 이상 지속하는 청소년 불임기를 경험하며, 이 기간에 임신하지 않고도 교미할 수 있다. 실제로 청소년 암컷은 성체 암컷보다 교미율이 높아서 이성애 교미의 60% 이상을 차지한다. 성체 암컷은 비교적 드물게, 약 4년에서 8년에 한 번 새끼를 낳는다. 일부 개체군의 암컷은 생식 주기가 일치하기 때문에 모든 성체 암컷이 짝짓기를 할 수 없는 기간이 최대 2년까지 지속하는 경우도 있다.

출처

*별표가 있는 출처는 동성애와 트랜스젠더에 대해 논의한다.

* Dutrillaux, B., M.–O. Rethord, and J. Lejeune(1975) "Comparison du caryotype de l'orang–outang(*Pongo pygmaeus*) à celui de l'homme, du chimpanzé, et du gorille [Comparison of the Karyotype of the Orang–utan to Those of Man, Chimpanzee, and Gorilla]."*Annales de Génétique* 18:153–61.

Galdikas, B. M. F. (1995) "Social and Reproductive Behavior of Wild Adolescent Female

Orangutans." In R. D. Nadler, B. M. F. Galdikas, L. K. Sheeran, and N. Rosen, eds.,*The Neglected Ape*, pp.183–90. New York: Plenum Press.

——(1985) "Orangutan Sociality at Tanjung Puting." *American Journal of Primatology* 9:101–19.

——(1981) "Orangutan Reproduction in the Wild." In C. E. Graham, ed., *Reproductive Biology of the Great Apes*, pp. 281–300. New York: Academic Press.

Harrisson, B. (1961) "A Study of *Orang–utan Behavior* in the Semi–Wild State." *International Zoo Yearbook* 3:57–68.

Kaplan, G., and L. Rogers (1994) *Orang–Utans* in Borneo. Armidale, Australia: University of New England Press.

Kingsley, S, R. (1988) "Physiological Development of Male Orang–utans and Gorillas." In J. H. Schwartz, ed., *Orang–utan Biology*, pp. 123–31. New York: Oxford University Press.

——(1982) "Causes of Nonbreeding and the Development of the Secondary Sexual Characteristics in the Male Orang Utan: A Hormonal Study." In L. E. M. de Boer, ed., *The Orang Utan: Its Biology and Conservation*, pp. 215–29. The Hague: Dr W. Junk Publishers.

* MacKinnon, J. (1974) "The Behavior and Ecology of Wild Orang–utans(*Pongo pygmaeus*)." *Animal Behavior* 22:3–74.

* Maple, T. L. (1980) *Orang–utan Behavior*. New York: Van Nostrand Reinhold.

Mitani, J. C. (1985) "Mating Behavior of Male Orangutans in the Kutai Game Reserve, Indonesia." *Animal Behavior* 33:392–402.

* Morris, D. (1964) "The Response of Animals to a Restricted Environment." *Symposia of the Zoological Society of London* 13:99–118.

Nadler, R. D. (1988) "Sexual and Reproductive Behavior." In J. H. Schwartz, ed., *Orang–utan Biology*, pp. 105–16. New York: Oxford University Press.

——(1982) "Reproductive Behavior and Endocrinology of Orang Utans." In L. E. M. de Boer, ed., *The Orang Utan: Its Biology and Conservation*, pp. 231–48. The Hague: Dr W. Junk Publishers.

* Poole, T. B. (1987) "Social Behavior of a Group of Orangutans(*Pongo pygmaeus*) on an Artificial Island in Singapore Zoological Gardens." *Zoo Biology* 6:315–30.

* Rijksen, H. D. (1978) *A Field study on Sumatran Orang Utans*(*Pongo pygmaeus* abelii Lesson 1827) : Ecology, Behavior, and Conservation. Wageningen, Netherlands: H. Veenman & Zonen b.v.

Rodman, P. S. (1988) "Diversity and Consistency in Ecology and Behavior." In J. H. Schwartz, ed., *Orangutan Biology*, pp.31–51. New York : Oxford University Press.

Schürmann, C. (1982) "Mating Behavior of Wild Orang Utans." In L. E. M. de Boer, ed., *The Orang Utan: Its Biology and Conservation*, pp. 269–84. The Hague: Dr W. Junk Publishers.

Schürmann, C., and J. A. R. A. M. van Hooff (1986) "Reproductive Strategies of the Orang–Utan : New Data and a Reconsideration of Existing Sociosexual Models." *International Journal of Primatology* 7:265–87.

* Turleau, C., J. de Grouchy, F. Chavin–Colin, J. Mortelmans, and W. Van den Bergh (1975) "Inversion péricentrique du 3, homozygote et hétérozygote, et translation centromérique du 12 dans une familie d'orangs–outangs. Implications évolutives [Pericentric Inversion of Chromosome 3, Homozygous and Heterozygous, and Transposition of Centromere of Chromosome 12 in a Family of Orang–utans. Implications for Evolution]." *Annales de Génétique* 18:227–33.

Utani, S., and T. M. Setia (1995) "Behavioral Changes in Wild Male and Female Sumatran Orangutans(*Pongo pygmaeus abelii*) During and Following a Resident Male Take–over." In R. D. Nadler, B. M. F. Galdikas, L. K. Sheeran, and N. Rosen, eds., *The Neglected Ape*, pp. 183–90. New York: Plenum Press.

흰손긴팔원숭이 *Hyalobates lar*

샤망 *Hyalobates syndactylus*

동성애	트랜스젠더	행동	랭킹	관찰
○ 암컷	○ 간성	○ 구애 ○ 짝 형성	○ 중요	● 야생
● 수컷	○ 복장도착	● 애정표현 ○ 양육	● 보통	○ 반야생
		● 성적인 행동	○ 부수적	● 포획 상태

흰손긴팔원숭이

식별 : 다양한 털 색상(크림, 검정색, 갈색 또는 붉은색)과 흰색의 얼굴 테두리, 손, 발을 가진 작은 유인원(최대 5.8킬로그램).

분포 : 중국, 태국, 라오스, 버마, 말레이반도, 수마트라.

서식지 : 저지대 및 산지 낙엽수림, 우림.

연구지역 : 태국 화이 카하 야생동물 보호구역.

샤망

식별 : 흰손긴팔원숭이와 비슷하지만 몸집이 더 크고(최대 10.8킬로그램) 털은 까맣고 목주머니가 두드러진다.

분포 : 수마트라, 말레이 반도.

서식지 : 저지대 및 삼림.

연구지역 : 위스콘신주 밀워키 카운티 동물원.

사회조직

긴팔원숭이는 일반적으로 한 쌍의 수컷과 암컷, 그리고 그들의 새끼로 구성된 가족 집단에서 산다. 샤망 이성애 쌍은 흰손긴팔원숭이 이성애 쌍보다 더 밀접하게 결합할 수 있다. 서로 떨어져 사는 가족 집단끼리는 상호작용이 거의 없지만, 수컷과 암컷 모두 유대감 표시와 영역 과시의 일부로 복잡한 발성의 듀엣을 수행한다.

설명

행동 표현 : 핵가족 집단 내에서 수컷 긴팔원숭이는 때로 서로 동성애 활동을 하기도 한다. 이러한 근친상간 활동은 흔히 청소년 수컷이나 젊은 수컷과 그의 아비(또는 부모가 헤어지고 다시 짝을 이룬 양아버지) 사이에서 이루어진다. 샤망에서는 동성애가 형제들 사이에서도 발생할 수 있다. 흰손긴팔원숭이 아비와 아들의 일반적인 동성애 접촉은 가족이 휴식을 취하거나 먹이를 먹는 아침이나 이른 오후에 나무 위에서 일어난다. 어미는 가까이 있어도 성적인 활동을 무시하는데, 대체로 그러한 만남에 무관심하다. 두 수컷은 상호작용의 하나로 서로 털손질을 하거나 레슬링 놀이, 또는 추격전을 벌인다. 이러한 활동 중에, 수컷 한 마리가 다른 한 마리에게 접근하여 섹스를 시작할 수 있다. 섹스는 두 마리의 수컷이 발기한 페니스를 비벼대는 것이 주가 되고 흔히 오르가슴에 도달한다. 이 것은 (전형적으로 후배위로 하는 이성애 교미와는 달리) 얼굴을 마주 보는 체위로 일어난다. 아비가 나뭇가지에 앉거나 팔에 매달린 채 무릎을 세우고 다리를 크게 벌리면 이는 아들에게 섹스를 권유하는 것이다. 청소년 기의 수컷은 아비의 허리를 다리로 감싸 안은 다음, 아비의 허벅지 위에 다리를 얹고 무릎에 앉을 때까지 몸을 낮춘다. 이렇게 그들의 생식기가 직접적으로 접촉하게 되면, 어린 수컷은 보통 그의 아비에게 빠르게 부딪치기 시작한다. 때로는 나이 든 수컷도 골반찌르기를 한다. 아들이 그

에게 사정을 하면, 아비는 정액을 퍼서 먹을 수 있다. 생식기 접촉은 1분 까지 지속할 수 있지만 평균은 약 20초다. 그에 비해 이 종의 이성애 교미는 평균 약 15초밖에 되지 않는다.

비슷한 형태의 생식기 문지르기가 샤망의 아비와 아들 사이에 일어난다. 두 수컷이 모두 팔로 매달리는 동안, 어린 수컷은 다리로 아비의 허리를 잡고 서로 골반을 찌른다(이 종에서는 이성애 교미도 종종 얼굴을 맞대고 행해진다). 흰손긴팔원숭이와 달리 이 활동은 때로 두 수컷 사이에 위협이 따르기도 하는데, 어린 수컷이 아비보다 먼저 이 활동을 끝내고 싶어 하는 경우도 있다. 때로는 두 형제(4살에서 9살 사이인 유소년 혹은 청소년)가 서로 얼굴을 맞대고 골반찌르기를 한다. 일반적으로 형제들 역시 서로 애정표현을 하는데, 서로 만지고 털손질을 하며, 서로 어깨를 감싸고, 레슬링을 함께 한다. 샤망에서는 펠라티오도 가끔 나타난다. 보통 형은 동생(흔히 1살에서 3살밖에 되지 않은)의 페니스와 사타구니를 핥고 부드럽게 깨물며, 그러는 동안 동생은 그의 위에서 팔로 매달리거나 다리를 벌리고 앉는다. 또한 나이가 많은 수컷이 어린 수컷의 발기한 페니스를 잡아당겨 자위를 해주기도 한다. 이때 만일 사정이 일어난다면, 정액을 먹기도 한다. 가끔 아들이 아비의 생식기를 핥고 어루만지거나, 아니면 아비가 손가락 하나를 아들의 항문에 삽입하기도 한다.

빈도 : 동성애 활동이 일어나는 긴팔원숭이 가족의 경우, 동성애는 상당히 빈번하게 발생해서 이성애 활동과 비율이 동등하거나 더 자주 나타난다. 한 흰손긴팔원숭이 가족에서 아비와 아들은 때로 하루에 8번 정도 성적인 만남을 가졌으며(평균으로는 하루에 두 번 정도), 가족이 관찰된 날의 약 1/3 이상에서 동성애 활동이 이루어졌다. 실제로 18일간의 관찰 동안 44건의 동성애 상호작용이 기록되었다. 이에 비해, 다른 가족에서는 (날짜가 다른) 18일 동안 하루에 1~3회의 비율로 총 23번이 넘는 이성애 교미가 관찰되었고, 다른 연구에서는 하루에 2번꼴의 이성애 교미(관

찰일의 약 1/3에서 보이는 이성애 활동에 해당한다)를 확인했다. 동물원에서 관찰한 어느 샤망 가족에서는 모든 성적 상호작용의 약 30%가 수컷들 사이에서 일어났다. 그러나 (두 가지 종 모두) 얼마나 많은 가족에서 이러한 동성애 활동이 발생하는지는 아직 알려져 있지 않다.

성적 지향 : 수컷 긴팔원숭이의 성생활은 이성애와 동성애가 번갈아 일어나는 시기인 순차적 이성애, 그리고 때로 오래 지속하는 배타적인 동성애로 특징지을 수 있다. 젊은 수컷들은 자라는 동안 아비와 완전한 동성애 상호작용을 경험하다가, 성장을 하면 양쪽 부모와 성적인 활동을 경험하고, 성체가 되면 이성애적으로 짝짓기를 한다. 일단 암컷과 짝을 지으면, 그들은 양쪽 성별의 자녀들과 근친상간 접촉을 하거나 장기간의 배타적인 동성애를 할 수 있다. 어떤 흰손긴팔원숭이 가족에서는 아비와 아들 사이에 동성애 활동이 일어나는 2년 내내, 아비와 그의 암컷 짝 사이에서는 이성애 교미가 관찰되지 않았다.

비생식적이고 대체 가능한 이성애

친척들 사이에 동성애 활동이 일어나는 다른 많은 종과 마찬가지로, 긴팔원숭이 사이에서도 이성애 근친상간이 두드러지게 나타난다. 샤망 어미와 아비는 형제자매와 하는 것처럼 반대쪽 성 자녀와 성적으로 상호작용한다. 성체 수컷은 때로 딸의 성기를 입이나 손으로 자극할 뿐만 아니라, 딸에게 교미 형태의 골반찌르기를 가하기도 한다. 샤망 아비가 청소년 딸의 음부를 손가락으로 만지는 모습이 목격된 사례도 있다. 어미는 4~5살 정도 어린 아들을 초대하여 성기를 핥고 손질하기도 한다(대개 아비의 적대적 반응 없이). 흰손긴팔원숭이와 샤망은 자식이 자라면 때로 어미와 아들 쌍이 생기기도 하는데(간혹 오빠-여동생 쌍도 발생한다), 흔히 아비가 죽으면 그의 아들로 대체되는 식이다. 구강성교와 같은 비생식적인 성적 행동도 나타나는데 일반적으로 비非근친적 맥락(예를 들어 짝을 이룬 수컷과 암컷)에서 일어난다. 커닐링구스(클리토리스를 직접 핥는 것을 포함해서)나, 음순을 손으로 애무하기, 그리고 손가락을 질에 삽입하는 것이 짝을 이룬 쌍에서 모두 관찰되었다. 이성애 만남에서 암컷도 역시 오르가슴을 경험하는 것으로 보인다. 어떤 에피소드에서는 수컷과 암컷이 서로 골반찌르기를 한 후 암컷이 몸 전체를 관통하는 떨림을 보이다가, 강렬한 자극이 한 바탕 지나간 후 거의 30분 동안 가만히 서 있었다. 암컷 흰손긴팔원숭이는 때로 생식기 표피를 문질러 자위하기도 하며, 이런 방식으로 오르가슴을 경험할 수 있다. 수컷 샤망도 오르가슴을 위해서는 아닐지라도 자위를 한다.

흰손긴팔원숭이의 경우, 암컷이 임신을 할 수 없는 시기인 임신이나 수유 중에 약 6~7%의 이성애 교미가 발생한다. 이런 짝짓기 중 일부는 짝이 아닌 다른 수컷들과 관계한다. 비록 대부분의 긴팔원숭이 쌍이 일부일처제이지만, 흰손긴팔원숭이 교미의 10~12%가 문란하게 발생한다고 추정된다. 샤망에서도 일부일처가 아닌 성적인 활동이 발생하며, 암컷이 먼저 시작하기도 한다. 마찬가지로 (두 종 모두) 많은 긴팔원숭이 쌍이 평생 동안 짝을 유지하지만, 이혼도 일어난다. 한 연구는 6년 동안 11쌍의 긴팔원숭이 이성애 쌍을 추적했는데, 이 중 5쌍이 헤어졌다. 보통 한 파트너가 다른 개체와 함께하기 위해 짝을 떠나며 이혼이 발생했다. 그 결과 많은 긴팔원숭이 가족(아마도 1/3까지)이 양부모養父母 가정이 된다. 흥미롭게도 이들 종에서 발생 가능한 성적인 활동과 짝짓기 활동은 매우 다양하지만, 야생 긴팔원숭이에서 이성애 활동은 상대적으로 드물다. 예를 들어 수컷과 암컷 흰손긴팔원숭이 사이의 성적인 행동은 일반적으로 2년 정도에 한 번만 발생하며, 발생한다면 한 번에 4~5개월 동안만 지속한다(암컷은 보통 2~3년에 한 번씩 번식한다). 샤망 암컷은 번식을 미루고 새끼를 수컷에게 맡기는 정기적인 무성애 시기를 거친다. 이 종의 암컷은 생후 12~16개월이 될 때까지 새끼를 돌본다. 이 시기에는 수컷이 새끼에 대한 모든 책임을 지지만 암컷은 그 후 1년 동안 다시 번식하지 않는다. 이러한 비생식 기간으로 인해 그들이 무리 내에서 우두머리 역할을 맡을 수 있다고 여겨진다.

출처 *별표가 있는 출처는 동성애와 트랜스젠더에 대해 논의한다.

Brockelman, W. Y., U. Reichard, U. Tieesucon, and J. J. Raemaekers (1998) "Dispersal, Pair Formation, and Social Structure in Gibbons (*Hylobates lar*)." *Behavioral Ecology and Sociobiology* 42:329–39.

Chivers, D. J. (1974) *The Siamang in Malaya: A Field Study of a Primate in Tropical Rain Forest.* Contributions to Primatology, vol. 4. Basel: S. Karger.

——(1972) "The Siamang and the Gibbon in the Malay Peninsula." In D. M. Rumbaugh, ed., *Gibbon and Siamang*, vol.l, pp. 103–35. Basel: S. Karger.

Chivers, D. J., and J. J. Raemaekers (1980) "Long–term Changes in Behavior." In D. J. Chivers, ed., *Malayan Forest Primates: Ten Years' Study in Tropical Rain Forest*, pp. 209–60. New York: Plenum.

* Edwards, A.–M. A. R., and J. D. Todd (1991) "Homosexual Behavior in Wild White–handed Gibbons(*Hylobates lar*)." *Primates* 32:231–36.

Ellefson, J. O. (1974) "A *Natural History* of White–handed Gibbons in the Malayan Peninsula." In D. M. Rumbaugh, ed., *Gibbon and Siamang*, vol. 3, pp. 1–136. Basel: S. Karger.

* Fox, G. J. (1977) "Social Dynamics in Siamang." Ph. D. thesis, University of Wisconsin–Milwaukee.

——(1972) "Some Comparisons Between Siamang and Gibbon Behavior." *Folia Primatologica* 18:122–39.

Koyama, N. (1971) "Observations on Mating Behavior of Wild Siamang Gibbons at Fraser's Hill, Malaysia." *Primates* 12:183–89.

Leighton, D. R. (1987) "Gibbons: Territoriality and Monogamy." In B. B. Smuts, D. L. Cheney, R. M. Seyfarth, R. W. Wrangham, and T. T. Struhsaker, eds., *Primate Societies*, pp. 135–45. Chicago: University of Chicago Press.

Mootnick, A. R., and E. Baker (1994) "Masturbation in Captive Hylobates (Gibbons)."

Zoo Biology 13:345– 53.

Palombit, R. (1996) "Pair Bonds in Monogamous Apes: A Comparison of the Siamang *Hylobates syndactylus* and the White–handed Gibbon *Hylobates lar.*" Behavior 133:321–56.

——(1994a) "Dynamic Pair Bonds in Hylobatids : Implications Regarding Monogamous Social Systems." *Behavior* 128:65–101.

——(1994b) "Extra–pair Copulations in a Monogamous Ape." *Animal Behavior* 47:721–23.

Raemaekers, J. J., and P. M. Raemaekers (1984) "Vocal Interaction Between Two Male Gibbons, *Hylobates lar.*" *Natural History Bulletin of the Siam Society* 32:95–106.

Reichard, U. (1995a) "Extra–pair Copulation in Monogamous Wild White–handed Gibbons (*Hylobates lar*)." *Zeitschrift für Säugetierkunde* 60:186–88.

——(1995b) "Extra–pair Copulation in a Monogamous Gibbon (*Hylobates lar*)." *Ethology* 100:99–112.

하누만랑구르 *Presbytis entellus*

검은두건랑구르 *Prebytis johnii*

동성애	트랜스젠더	행동	랭킹	관찰
● 암컷	● 간성	○ 구애　● 짝 형성	● 중요	● 야생
● 수컷	○ 복장도착	● 애정표현　○ 양육	○ 보통	○ 반야생
		● 성적인 행동	○ 부수적	● 포획 상태

하누만랑구르

식별 : 은회색 또는 갈색 털과 검은 얼굴, 가느다란 사지, 긴 꼬리 (91센티미터 이상)를 가진
중간 크기의 원숭이.

분포 : 인도, 파키스탄, 방글라데시, 스리랑카, 버마.

서식지 : 관목림과 낙엽수림.

연구지역 : 인도의 조드푸르, 스리랑카의 폴로나루와, 네팔의 멜렘치, 버클리 캘리포니아
대학교.

검은두건랑구르

식별 : 하누만랑구르와 유사하지만 반짝이는 검은색 털과 연한 갈색 두건, 그리고 두드러
진 눈썹 다발이 있다.

서식지 : 산지 상록수 우림, 삼림지대.

분포 : 인도 남서부. 취약.

연구지역 : 인도 닐기리 구역, 문단투라이 호랑이 보호구역, 아나이말라이 야생동물 보호
구역.

사회조직

하누만랑구르는 암수 혼성 무리(수컷이 한 마리만 있는 무리도 있다)와 전체
가 수컷으로 이루어진 무리에서 산다. 후자는 일반적으로 최대 30마리
이상의 개체로 이루어지며, 일부 지역 개체군의 약 20%는 수컷만으로
이루어진 무리다. 검은두건랑구르는 암수 혼성 무리(일반적으로 성체 수
컷 한두 마리가 포함된 8~9마리의 원숭이로 이루어진다)와 동성同性 무리(대
개 두세 마리 이상의 성체 수컷이 1/4에서 1/3을 차지한다)에서 생활한다. 일반
적으로 암컷들을 중심으로 무리 생활과 평온함이 유지된다. 수컷들은 무
리를 방어하는 데 역할이 별로 없고 새끼들의 양육도 최소한으로만 돕는
등 전반적인 사회체계에 있어 뚜렷하게 주변적이다.

설명

행동 표현 : 동성애 마운팅은 하누만랑구르에서 암컷 간 상호작용의 두
드러진 특징이다. 한 암컷이 다른 암컷의 등에 올라 골반을 찌르기 시작
한다. 다른 종과 달리 암컷은 다른 암컷의 엉덩이에 성기를 문지르지 않
고 엉덩이에 골반을 찌른다. 마운터는 자신의 클리토리스 주위로 간접
적인 자극을 경험할 수 있고, 마운티는 올라탄 암컷에 의해 클리토리스
를 직접적으로 자극받을 수 있다. 이러한 마운트는 여러 면에서 이성애
교미와 유사하다. 예를 들어 지속 시간(5~10초)이나, 골반찌르기의 횟

수(2~11초), 마운터의 헐떡거림과 찡그린 표정, 흔히 교미에 선행하거나 후속해서 행하는 동작인 점핑 과시Jumping Display가 유사하다. 그러나 다른 측면에서는 동성애 마운팅은 현저하게 다르다. 예를 들어 이성애 교미의 대부분은 암컷이 수컷에게 엉덩이를 내밀면서 고개를 숙이고 흔들며 간청하는 것으로 시작한다. 비슷한 유혹이 암컷 사이 마운트의 약 13%에서 발생하지만, 대다수는(79%) 마운팅을 하는 암컷들에 의해 시작한다. 동성애와 이성애 마운트 모두에서 파트너들은 마운트가 끝나면 털손질을 한다. 하지만 암컷 사이에서는 일반적으로 마운터가 마운티를 털손질해주지만, 이성애 마운트에서는 전형적으로 마운티(암컷)가 마운터(수컷)를 털손질한다. 마지막으로 동성애 마운트의 30%만이 다른 개체에 의해 방해받는데 비해, 이성애 교미는 80% 이상이 방해하려는(그리고 막으려는) 다른 동물에 의해 괴롭힘을 당한다. 이때 모든 연령대의 암수 7마리에 이르는 동물들이 반대쪽 성 짝짓기를 하는 쌍을 직접적으로 공격하는데, 그들을 때리기도 하고, 수컷을 밀거나 수컷의 밑에 있는 암컷을 쫓아내며, 수컷의 고환을 걷어차려 한다.

모든 암컷이 동성애 마운팅에 자유롭게 참여한다. 이는 수유나 임신, 월경, 배란, 무배란 암컷을 가리지 않는다. 이러한 행동은 특별한 '새끼 돌보미' 체계를 개발한 어미들 사이에서 특히 흔하다. 그들은 짧은 시간 동안 자기 새끼를 무리의 다른 개체(보통 다른 암컷이지만 때로는 수컷)에게 전달한다(검은두건랑구르에서도 비슷한 패턴이 발견된다). 이로 인해 그들은 동성애(및 다른) 활동에 참여할 수 있게 된다. 대부분의 암컷들 사이의 마운팅은 성체 간에 발생하지만, 일부는 성체와 청소년(4살까지) 사이에 일어나고, 이때는 보통 나이가 어린 암컷이 나이 많은 암컷을 마운팅한다. 동성애 참가자 대부분은 친척관계가 아니지만, 어떤 경우에는 근친상간이 일어난다. 이 경우 대부분의 마운팅은 이복자매 간에 일어나고(모든 레즈비언 마운트의 27%), 더 드물게는 어미와 딸 사이에 일어난다(약 1%).

이성애 짝짓기에는 사실상 근친상간이 없다.

또한 수컷 하누만랑구르도 서로 마운트를 하는데, 특히 구성원이 전부 수컷인 무리에서 더 자주 발생한다. 암컷들 사이의 동성애 마운팅과는 달리, 이 활동은 전형적으로 마운티에 의해 시작하는데, 이들은 머리를 흔드는 과시(때로는 낮은 점프와 '코 고는snoring' 발성과 결합해서)를 통해 다른 수컷을 마운트에 초대한다. 이러한 마운팅에

인도의 하누만랑구르 암컷이 다른 암컷을 마운팅하고 있다.

서 흔히 한쪽 수컷은 다른 수컷의 몸에 자신의 발기한 페니스를 문지르고 골반찌르기를 하며, 일반적으로 성적인 흥분과 관련한 여러 가지 애정 활동을 뒤이어 한다. 여기에는 포옹하기(한 수컷이 머리를 다른 수컷의 가슴이나 어깨에 묻는다), 입과 입을 맞부딪치는 '키스'하기, 상호 털손질 하기(흔히 발기를 동반해서), 손이나 입술로 생식기를 만지거나 손질하기 등이 포함된다. 수컷들은 또한 다른 수컷의 뒤에 바짝 붙어 앉아, 머리를 앞의 수컷의 등에 기대고 다리를 벌려 상대의 허벅지에 얹는 '껴안기cuddle'를 한다. 하누만랑구르 수컷은 때로 두 마리의 수컷이 함께 생활하고 여행을 하는 동반자 관계인 듀오Duo를 형성해서, 다른 지역의 무리를 방문하거나 때로는 구성원이 전부 수컷인 무리에 정착하기도 한다. 어떤 듀오들은 지속기간이 짧고(1달 미만), 어떤 듀오들은 지속기간이 더 길다.

수컷 검은두건랑구르들 또한 여러 가지 방법으로 상호작용을 하는데, 보통 털손질, 포옹, 그리고 마운팅의 세 가지 활동으로 분류할 수 있다. 이것들은 완전히 별개의 행동이 아니며, 흔히 서로 결합한다. 털손질은

매우 유쾌하고, 편안하며, 흥분되는 경험이다. 대개 털손질을 하는 동안 한 마리 또는 양쪽 수컷이 모두 발기하며, 이것은 사정으로 이어질 수 있다(심지어 사정 후 정액을 먹기도 한다). 포옹을 할 때는 한 원숭이가 다른 원숭이에게 달려가 오랫동안 매달리는 껴안기를 한다. 이것은 흔히 털손질과 결합하고 눈에 띄는 진정 효과를 발휘한다. 수컷 검은두건랑구르들도 이성애 교미와 동일한 체위로 서로 마운트한다. 한 수컷이 다른 수컷에게 직접 다가가서 엉덩이를 다른 수컷에게 보여주거나, 그렇지 않으면 그가 다른 수컷을 천천히 지나치면서 엉덩이를 상대에게 돌리는, 보다 양식화한 전시를 할 수도 있다. 후자는 엉덩이로 유혹하기rear-end flirtation로 알려져 있다. 같은 성 마운트를 할 때는 한 수컷이 다른 수컷의 엉덩이 위에 올라타서 골반을 찌르며 그의 발로 상대 원숭이의 발목을 잡는다(흔히 그러면서 등에 올라탄다). 이때 마운티는 때로 상대 수컷을 쳐다보거나 뒤로 손을 뻗어서 붙잡는다. 마운팅이 끝나면 원숭이들은 흔히 털손질을 하거나 포옹을 한다. 수컷이 1마리 이상 있는 혼성무리에서는 동성애 마운팅 관계에 있는 수컷 2마리가 협력해 인근 무리의 수컷들을 공격할 수 있다.

간성 하누만랑구르도 발생한다. 예를 들어 해부학적으로 암컷 염색체를 가진 수컷 개체(XX)가 보고되었다. 이것은 동물의 염색체 구조에 일어난 '성 변화'의 결과로 생각된다.

빈도: 하누만랑구르의 암컷 동성애 마운팅은 흔하고 정기적으로 발생하는 것으로서 일부 지역에서 전체 마운팅 활동의 37%를 차지한다. 각 암컷들은 대략 5일에 한 번씩, 보통 오전이나 오후 늦게 동성애 마운트에 참가한다. 또한 암컷 간의 마운팅 빈도에는 상당한 지리적 차이가 있다. 하누만랑구르와 검은두건랑구르 모두에서 수컷 동성애 마운팅은 흔하지 않지만, 구성원이 전부 수컷인 하누만랑구르 무리에서는 (특히 발정기 동

안) 자주 발생할 수 있다. 한 연구에서는 3개월 동안 수컷 하누만랑구르 간의 동성애 상호작용이 40건 이상 관찰되었다. 검은두건랑구르 수컷들 사이에서 털손질 활동시간의 거의 절반은 수컷들 사이에서 일어나고, 포옹의 10% 이상이 수컷들 사이에서 발생한다.

성적 지향 : 모든 암컷 하누만랑구르는 동성애 활동에 다양한 수준으로 참여한다. 즉 암컷 대부분은 양성애자로서, 이성애적으로 짝짓기를 더 자주 하거나 적게 하거나 하는 빈도의 차이만 있는 것으로 보인다. 수컷 하누만랑구르는 순차적인 양성애자로 보인다. 왜냐하면 각각의 수컷은 일반적으로 동성애 활동이 일어나는 수컷 무리에서 삶의 일부를 보내기 때문이다. 그리고 어느 시점에서든지 수컷 개체수의 75~90%는 그러한 무리에서 살고 있다. 일부 수컷은 5년 이상 이러한 무리에 머물 수 있으므로 장기간 동성애자며, 경우에 따라서는 10년 이상 거주한 것도 문서로 보고되었다. 사실 어떤 수컷들은 성체의 삶 전체를 수컷 무리에서 보내기 때문에 이성애 교미를 한 번도 하지 않는다. 검은두건랑구르 무리에서 가장 서열이 높은 수컷은 동성애와 이성애 모두에게 관여한다. 그러나 이 무리의 다른 수컷들은 무리에 머무는 동안 동성애 마운팅에만 참여하며 이 상태가 4년 이상 지속할 수도 있다.

비생식적이고 대체 가능한 이성애

수컷 하누만랑구르의 대부분은 비번식 개체다. 전체 수컷의 약 1/4은 평생 번식하지 않으며, (위에서 언급한 바와 같이) 수컷 개체군의 대다수는 수컷 무리에서 산다. 개별 암컷들은 때로 한 번에 몇 달씩 생리가 중단되는 비번식 기간을 거친다. 게다가 암수 모두 번식은퇴 기간, 혹은 '폐경기'를 생애 후반에 경험한다. 암컷 개체수의 약 14%는 나이 많은 비번식 암컷으로 구성되어 있는데, 그들은 여전히 성적으로 활동적이다. 이

기간은 암컷 평균 수명의 1/4에 해당하는 9년까지 지속할 수 있다. 수컷은 번식이 끝나면 수컷 무리에 다시 합류하는 경우가 많으며, 여기서 여생을 보낸다(6년 이상). 또한 랑구르원숭이는 번식기에 다양한 비생식적인 성적인 행동에 참여하는데, 하누만랑구르는 교미의 약 8%가 암컷의 가임 기간 외에 발생하고, 임신 중 성행동도 흔히 일어난다(특히 임신한 6~7개월의 기간 중 2~3개월째). 암컷은 때로 수컷을 마운트하기도 하며, 성체-청소년 간 이성애 상호작용도 일어난다. 수컷 검은두건랑구르는 흔히 자위를 하는데, 이 종의 일부 개체군에서는 이성애 교미가 눈에 띄게 드물다. 사실 양쪽 성별은 대체로 분리된 삶을 산다. 성체 수컷과 암컷은 서로 거의 상호작용을 하지 않으며, 사회적 상호작용의 대부분은 같은 성별의 또래 원숭이들로 구성된 작은 소집단 내에서 이루어진다.

　하누만랑구르의 번식 체계는 여러 면에서 암수 성별 간의, 그리고 새끼에 대한 적대감과 폭력성을 특징으로 한다. 앞에서 언급한 바와 같이 집단 구성원들은 이성애 교미를 괴롭히고 방해하는데, 그 결과 전체 교미의 절반 이하만이 완료된다(괴롭힘은 검은두건랑구르에서도 교미의 3/4 이상에서 발생한다). 더불어 하누만랑구르에서는 체계적인 영아살해 패턴이 두드러지게 나타난다. 암컷에게 성적 접근을 시도하려는 수컷들은 흔히 새끼를 잔인하게 죽인다. 일부 개체군에서는 영아살해가 전체 새끼 사망의 30~60%를 차지한다. 수컷이 새끼를 탈취하려는 것에 대한 스트레스는 때로 태아의 낙태를 초래하기도 하며, 어떤 경우 암컷들은 자기 새끼가 수컷에게 살해당하느니 차라리 스스로 낙태를 유도하는 것으로 보인다. 예를 들어 임신한 암컷이 배를 땅에 대고 밀기도 하고, 다른 암컷이 배에 올라타거나 강하게 점프하게 놔두기도 한다. 새끼를 키우는 동안 암컷의 학대나 방치는 드물지 않아서, 산모와 새끼의 상호작용 중 12%에서, 그리고 '새끼 돌보미' 상호작용의 17%에서 발생한다. 이러한 학대에는 유기, 흔들기, 떨어뜨리기, 끌기, 땅에 밀기, 물기, 심지어 어린 새

끼들을 나무에서 발로 차서 내던지는 것 등이 포함된다. 주목할 만한 것
은 비록 몇몇 사망(질식 포함) 사례가 기록되어 있긴 하지만, 새끼들이 그
러한 행동의 결과로 심각한 부상을 입는 경우는 거의 없다는 것이다. 게
다가 한 집단의 어린 암컷들은 때로 이웃 무리로부터 새끼를 '유괴'하여
어미가 새끼를 되찾기 전까지 최대 33시간 동안 데리고 있기도 했다. 때
로는 납치 중 잘못 다루거나 소홀히 방치해서 납치당한 새끼가 사망하기
도 한다.

출처   *별표가 있는 출처는 동성애와 트랜스젠더에 대해 논의한다.

Agoramoorthy, G., and S. M. Mohnot (1988) "Infanticide and Juvenilicide in Hanuman
Langurs (*Presbytis entellus*) Around Jodhpur, India." *Human Evolution* 3:279–96.

Agoramoorthy, G., S. M. Mohnot, V. Sommer, and A. Srivastava (1988) "Abortions in
Free-ranging Hanuman Langurs (*Presbytis entellus*) – a Male Induced Strategy?"
Human Evolution 3:297–308.

Borries, C. (1997) "Infanticide in Seasonally Breeding Multimale Groups of Hanuman
Langurs (*Presbytis entellus*) in Ramnagar (South Nepal)." *Behavioral Ecology and
Sociobiology* 41:139–50.

* Dolhinow, P. (1978) "A Behavioral Repertoire for the Indian Langur (*Presbytis
entellus*)." *Primates* 19:449–72.

* Egozcue, J. (1972) "XX Male *Presbytis entellus*? A Retrospective Study." *Folia
Primatologica* 17:292–96.

* Hohmann, G. (1989) "Group Fission in Nilgiri Langurs (*Presbytis johnii*)."
International Journal of Primatology 10:441–54.

Hohmann, G., and L. Vogl (1991) "Loud Calls of Male Nilgiri Langurs (*Presbytis johnii*):
Age-, Individual-, and Population-Specific Differences." *International Journal of
Primatology* 12:503–24.

Hrdy, S. B. (1978) "Allomaternal Care and Abuse of Infants Among Hanuman Langurs."
In D. J. Chivers and J. Herbert, eds., *Recent Advances in Primatology*, vol. 1, pp.
169–72. London: Academic Press.

* ——(1977) *The Langurs of Abu: Male and Female Strategies of Reproduction*. Cambridge, Mass.: Harvard University Press.

Johnson, J. M. (1984) "The Function of All–Male Trouping Structure in the Nilgiri Langur, *Presbytis johnii*." In M. L. Roonwal, S. M. Mohnot, and N. S. Rathore, eds., *Current Primate Researches*, p. 397. Jodhpur, India: Jodhpur University.

* Mohnot, S. M. (1984) "Some Observations on All–Male Bands of the Hanuman Langur, *Presbytis entellus*." In M. L. Roonwal, S. M. Mohnot, and N. S. Rathore, eds., *Current Primate Researches*, pp. 343–59. Jodhpur, India: Jodhpur University.

——(1980) "Intergroup Infant Kidnapping in Hanuman Langur." *Folia Primatologica* 34:259–77.

* Poirier, F. E. (1970a) "The Nilgiri Langur (*Presbytis johnii*) of South India." In L. A. Rosenblum, ed., *Primate Behavior: Developments in Field and Laboratory Research*, vol .1, pp. 251–383. New York: Academic Press.

* ——(1970b) "The Communication Matrix of the Nilgiri Langur (*Presbytis johnii*) of South India." *Folia Primatologica* 13:92–136.

——(1969) "Behavioral Flexibility and Intertroop Variation Among Nilgiri Langurs (*Presbytis johnii*) of South India." *Folia Primatologica* 11:119–33.

Rajpurohit, L. S., V. Sommer, and S. M. Mohnot (1995) "Wanderers Between Harems and Bachelor Bands : Male Hanuman Langurs (*Presbytis entellus*) at Jodhpur in Rajasthan." *Behavior* 132:255–99.

Sommer, V. (1989a) "Sexual Harassment in Langur Monkeys (*Presbytis entellus*)'. Competition for Nurture, Eggs, and Sperm?" *Ethology* 80:205–17.

——(1989b) "Infant Mistreatment in Langur Monkeys–Sociobiology Tackled from the Wrong End?" In A. E. Rasa, C. Vogel, and E. Voland, eds., *The Sociobiology of Sexual and Reproductive Strategies*, pp. 110–27. London and New York: Chapman and Hall.

* ——(1988) "Female–Female Mounting in Langurs(*Presbytis entellus*)." *International Journal of Primtology* 8:478.

Sommer, V., and L. S. Rajpurohit (1989) "Male Reproductive Success in Harem Troops of Hanuman Langurs (*Presbytis entellus*)." *International Journal of Primatology* 10:293–317.

Sommer, V., A. Srivastava, and C. Borries (1992) "Cycles, Sexuality, and Conception in Free–Ranging Langurs (*Presbytis entellus*)." *American Journal of Primatology* 28:1–27.

* Srivastava, A., C. Borries, and V. Sommer (1991) "Homosexual Mounting in Free– Ranging Female Hanuman Langurs (*Presbytis entellus*)." *Archives of Sexual Behavior* 20:487–516.

Tanaka, J. (1965) "Social Structure of Nilgiri Langurs." *Primates* 6:107–22.

Vogel, C. (1984) "Patterns of Infant–Transfer within two Troops of Common Langurs (*Presbytis entellus*) Near Jodhpur: Testing Hypotheses Concerning the Benefits and Risks." In M. L. Roonwal, S. M. Mohnot, and N. S. Rathore, eds., *Current Primate Researches*, pp. 361–79. Jodhpur, India: Jodhpur University.

* Weber, I. (1973) "Tactile Communication Among Free–ranging Langurs." *American Journal of Physical Anthropology* 38:481–86.

* Weber, I., and C. Vogel (1970) "Sozialverhalten in ein– und zweigeschlechtigen Langurengruppen [Social Behavior in Unisexual and Heterosexual Langur Groups]." *Homo* 21:73–80.

* Weinrich, J. D. (1980) "Homosexual Behavior in Animals: A New Review of Observations From the Wild, and Their Relationship to Human Sexuality." In R. Forleo and W. Pasini, eds., *Medical Sexology: The Third International Congress*, pp. 288–95. Littleton, Mass.: PSG Publishing.

코주부원숭이 *Nasalis larvatus*

황금원숭이 *Pygathrix roxellana*

동성애	트랜스젠더	행동	랭킹	관찰
● 암컷	○ 간성	○ 구애 ○ 짝 형성	○ 중요	● 야생
● 수컷	○ 복장도착	● 애정표현 ○ 양육	○ 보통	○ 반야생
		● 성적인 행동	● 부수적	● 포획 상태

코주부원숭이

식별 : 붉은 오렌지색에서 회색에 이르는 털을 가진 꼬리가 긴 원숭이로서, 수컷은 암컷보다 크고(최대 22.6킬로그램), 나이가 들면서 커다란 늘어진 코가 발달한다.

분포 : 보르네오, 취약.

서식지 : 해안 습지 숲.

연구지역 : 인도네시아 칼리만탄텡가에 있는 탄중 푸팅 국립공원.

황금원숭이

식별 : 등과 꼬리가 짙은 갈색인 중간 크기의 꼬리가 긴 원숭이. 가슴, 아랫부분, 그리고 긴 어깨 털이 황금빛 오렌지색이다. 그리고 두드러진 흰 주둥이와 푸른 얼굴을 하고 있다.

분포 : 중국 남중부, 취약.

서식지 : 침엽수림과 대나무 숲.

연구지역 : 중국의 북경 멸종위기동물 사육훈련 센터.

아종 : 들창코원숭이 *R.r. roxellana*.

사회조직

코주부원숭이와 황금원숭이 모두 보통 한 마리의 수컷과 여러 마리의 성체 암컷(평균 5마리), 그리고 몇 마리 정도의 청소년이나 어린 암컷으로 구성된 일부다처제 무리에서 생활한다. 어린 수컷 코주부원숭이는 청소년기가 되기 전에 수컷 무리에 합류하기도 한다. 이러한 무리는 성체를 포함한 모든 연령대의 수컷을 포함하고 있다. 반면 일부 수컷 황금원숭이는 단독으로 생활하거나 무리 주변에 산다. 암컷 코주부원숭이 혼성 무리는 암컷 중심이다. 왜냐하면 암컷 코주부원숭이 행동(친밀함과 공격성)의 대부분이 수컷이 아닌 다른 암컷을 향하고, 이러한 관계가 무리를 하나로 묶는 역할을 하기 때문이다. 또한 많은 경우 암컷이 집단의 이동을 지시하는 주도권을 갖는다. 예를 들면 잠을 잤던 나무를 떠나거나 강을 건널 때가 이에 해당한다. 황금원숭이의 사회적 조직에 대해서는 알려진 바가 거의 없지만, 나무에서 서식하는 영장류 중에서 가장 큰 집단이라고 할 수 있는 600마리까지 거대한 무리를 이루는 것으로 보인다.

설명

행동 표현 : 수컷과 암컷 코주부원숭이 모두 동성애 마운팅에 참여한다. 성체 암컷은 이성애 마운팅과 비슷한 체위로 뒤에서 다른 암컷을 마운트하고 골반을 찌른다. 이러한 행동은 두 사회적 집단이 서로 만났을 때도 가끔 발생한다. 이성애 교미와는 달리, 레즈비언 마운트에서는 일반적으로 마운트가 되는 암컷이 행하는 유혹행동이 선행하지 않는다(유혹행동

영장류   515

에는 입술을 내밀고 머리를 좌우로 흔들며 마운팅을 할 동물에게 엉덩이를 내보이는 것이 있다). 수컷 동성애 마운팅(골반찌르기를 동반한 후배위 자세도 포함해서)은 젊은 동물(청소년 또는 유소년)에서 발생하며, 흔히 레슬링 놀이의 일부로서 나타난다. 또한 마운팅을 하는 수컷이 손으로 페니스를 자극하는 자위행위가 있을 수 있다. 어떤 경우에는 마운트를 당하는 수컷이 전적으로 기꺼이 참여하지 않을 수도 있고 달아나려 하기 때문에, 다른 수컷이 그의 목을 부드럽게 물어서 제지하기도 한다. 비슷한 탈출 행동은 암컷이 이성애 마운팅으로부터 탈출을 할 때도 가끔 나타난다. 황금원숭이에서 동성애 행위는 암컷들 사이에서만 볼 수 있으며, 한 마리의 암컷이 다른 암컷을 마운팅하는 것만 볼 수 있다.

빈도: 같은 성 마운팅은 코주부원숭이와 황금원숭이에서 드문 정도로만 발생하는 것으로 보인다. 그러나 코주부원숭이에서는 이성애 마운트도 역시 드물게 관찰되는데, 한 연구에서는 1년 동안 12회의 마운팅만 관찰되었고, 이 중 2회가(17%)가 같은 성 사이에 발생했다.

성적 지향: 같은 성 마운팅에 참여하는 암컷 코주부원숭이는 동일한 활동시간 동안 같은 성 및 반대쪽 성 활동을 번갈아 하기도 하므로 양성애일 가능성이 크다. 현재까지 황금원숭이 암컷은 수컷이 없는 포획 상태에서만 같은 성 마운팅이 관찰되었고, 그러한 모든 같은 성 마운팅을 하는 암컷들도 이성애 짝짓기를 하며 새끼를 기르기 때문에 양성애일 가능성이 있는 것으로 보인다.

비생식적이고 대체 가능한 이성애

위에서 언급한 바와 같이 암컷 코주부원숭이는 마운팅 중에 수컷에게서 멀어지며 이성애 교미를 거부하는 경우가 많다. 수컷은 암컷의 유혹에 무관심한 태도를 보이기도 하는데, 암컷을 완전히 무시하거나 수컷이 내키지 않는다는 것을 나타내기 위해 으르렁거릴 수도 있다. 수컷 황금원숭이 또한 암컷의 성적인 초대를 무시하는 경우가 많다. 암컷이 행한 모든 초대 중 50%가 수컷의 마운팅을 이끌어 내지 못했다. 게다가 수컷이 하는 마운트 중 상당수에서는 사정이 이루어지지 않는다. 일부 황금원숭이 수컷의 경우, 18~97%의 교미에 사정이 없다. 그러나 암컷들은 성적인 활동에 강한 관심을 보이며, 자주 수컷에게 구애하고 반복적으로 교미한다. 한 암컷은 수컷에게 하루에 34번 구애를 하고, 23번 마운트되기도 했다. 암컷이 수컷을 올라타는 역逆마운팅 역시 황금원숭이에서 흔하게 볼 수 있으며, 전체 이성애 마운트의 약 3~40%를 차지한다. 이러한 경우 보통 수컷이 교미를 요청하는, 전형적인 암컷의 엎드린 유혹자세를 취한다. 코주부원숭이의 이성애 교미는 때로 어린 동물들에 의해 괴롭힘을 당하거나 방해받기도 하는데, 이들은 수컷에게 기어올라가 코를 잡아당기거나, 소리를 지르거나, 집중을 못하게 해서 짝짓기를 방해하려 한다. 암컷 코주부원숭이들은 임신했을 때 흔히 섹스를 하는데, 어떤 경우에는 출산 2주전까지 수컷에게 교미를 간청하기도 한다. 사실 이성애 교미는 일 년 중 어느 때보다도 임신 중에 더 자주 발생할 수 있다. 황금원숭이는 짝짓기 시즌이 아닐 때도 성적인 마운팅을 하며, 암컷은 흔히 생리 중에 성적인 행동을 간청하기도 한다. 앞에서 언급한 바와 같이 코주부원숭이의 자위가 같은 성관계에서 발생할 수 있고, 황금원숭이의 이성애 관계에서도 유사한 행동이 관찰되었다. 이럴 때 사정이 일어나면 수컷과 암컷 모두 정액을 먹기도 한다. 성적으로 성숙한 코주부원숭이 수컷 중 다수는 수컷으로만 이루어진 무리에 살기 때문에 비번식 개체다. 어떤 개체군에서 이러한 개체는 전체 성체 수컷의 28%를 차지했다. 혼자 사는 수컷 황금원숭이 또한 비번식 개체인 것으로 보인다.

출처 　　　　*별표가 있는 출처는 동성애와 트랜스젠더에 대해 논의한다.

Clarke, A. S. (1991) "Sociosexual Behavior of Captive Sichuan Golden Monkeys (*Rhinopithecus roxellana*)." *Zoo Biology* 10:369–74.

Gorzitze, A. B. (1996) "Birth–related Behaviors in Wild Proboscis Monkeys (*Nasalis larvatus*)." *Primates* 37:75–78.

Kawabe, M., and T. Mano (1972) "Ecology and Behavior of the Wild Proboscis Monkey, *Nasalis larvatus*(Wurmb) in Sabah, Malaysia." *Primates* 13:213–27.

Poirier, F. E., and H. Hongxhin (1983) "*Macaca mulatto* and *Rhinopithecus* in China: Preliminary Research Results." *Current Anthropology* 24:387–88.

Qi, J.–F. (1988) "Observation Studies on Reproduction of Golden Monkeys in Captivity: I. Copulatory Behavior." *Acta Theriologica Sinica* 8:172–75.

* Ren, R., K. Yan, Y. Su, H. Qi, B. Liang, W. Bao, and F. B. M. de Waal (1995) "The Reproductive Behavior of Golden Monkeys in Captivity." *Primates* 36:135–43.

——(1991) "The Reconciliation Behavior of Golden Monkeys (*Rhinopithecus roxellanae roxellanae*) in Small Breeding Groups." *Primates* 32:321–27.

Schaller, G. B. (1985) "China's Golden Treasure." *International Wildlife* 15:29–31.

* Yeager, C. P. (1990a) "Notes on the Sexual Behavior of the Proboscis Monkey." *American Journal of Primatology* 21:223–27.

——(1990b) "Proboscis Monkey (*Nasalis larvatus*) Social Organization: Group Structure." *American Journal of Primatology* 20:95–106.

마카크원숭이 / 영장류

일본원숭이 *Macaca fuscata*

동성애	트랜스젠더	행동	랭킹	관찰
● 암컷	○ 간성	● 구애 ● 짝 형성	● 중요	● 야생
● 수컷	○ 복장도착	● 애정표현 ○ 양육	○ 보통	● 반야생
		● 성적인 행동	○ 부수적	● 포획 상태

일본원숭이

식별 : 갈색 빛이 도는 회색 털과 짧은 꼬리, 붉은 얼굴 피부를 가진 중간 크기 (길이 90센티
　　　미터)의 원숭이.

분포 : 일본, 멸종위기.

서식지 : 아고산대와 눈이 덮인 지형을 포함한 숲.

연구지역 : 야생 - 아시야마 근처, 다카사키야마 (규슈), 시가 하이츠 (지고쿤다이), 코시마, 미
　　　야지마와 기타 일본 지역. 반야생 - 라레도 근처, 텍사스 오리건 지역 영장류 연
　　　구센터. 포획 상태 - 퀘벡 캘거리 동물원 세인트 히아신터 영장류 행동연구소,
　　　카브리글리아 공원 (이탈리아).

사회조직

일본원숭이들은 20~100마리의 암수가 혼성 무리를 이루어 살며, 친척관계인 암컷과 몇몇 친척관계가 아닌 수컷으로 구성된 작은 모계 집단 몇 개로 세분된다. 수컷은 보통 성숙하면 출생 집단을 떠나며 주기적으로 다른 집단으로 옮겨가거나, 수컷 집단에서 살거나, 혼자 살거나, 혹은 무리 주변에 머무르게 된다. 반면 암컷은 평생 무리에 남는다. 그로 인해 무리는 암컷들 사이의 친족관계와 유대감을 중심으로 형성된다(그리고 어떤 무리는 오직 한 마리의 고정적인 성체 수컷 구성원을 가지고 있다).

설명

행동 표현 : 일본원숭이 암컷들은 상호 간의 성적인 매력을 바탕으로 강하고 배타적인 짝을 이룬다. 이러한 짝을 '배우자 관계consortships'라고 하며, 여러 가지 독특한 애정 활동과 성적, 사회적 활동으로 특징지어진다. 배우자 관계의 암컷 파트너는 흔히 성적인 상호작용을 하는 사이사이에, 일반적으로 옹기종기 앉거나 친밀한 신체 접촉을 하며, 서로에게 털손질을 하며 오랜 시간을 함께 보낸다. 그들은 또한 같이 여행하고 끈질기게 서로를 따라가는 등 움직임을 일치시키며, 서로를 향해 웅얼거리는cooing 소리를 내기도 한다. 배우자들은 다른 동물이 접근하거나 침입할 때는 불안해하며, 위협이나 떨기, 소리 지르기, 혹은 도망가기로 반응한다. 그들은 때로 친척들과 적극적으로 떨어져 지내기도 하고(보통 어린 새끼나 다른 친족에게 털손질을 하던 것을 일시적으로 하지 않는다), 드물게는 본대를 떠나기도 한다. 동성애 배우자 관계의 파트너들은 흔히 강력한 지지 '동맹'을 맺고, 파트너를 보호하며 한 암컷이 다른 개체로부터 위협을 받을 때 대신 개입한다. 이러한 개입의 대부분은 무리의 전통적인 위계질서나 서열 체계를 무너뜨리지 않는다. 그러나 일부 개입은 파트너가 상위 서열의 개체에게 도전하기 때문에 혁명적revolutionary 개입이라

고 불리고, 다른 것들은 보다 모호한 순위를 가진 개체 간에 벌어지므로 중재적arbitrating 개입이라고 불린다. 암컷은 또한 성적인 파트너로서 다른 암컷에게 접근하기 위해 암수 양쪽의 개체들과 적극적으로 경쟁하는데, 때로는 방해하는 수컷에게 대들다가 심각한 부상을 입기도 한다. 배우자 관계는 전형적으로 짝짓기 시즌 동안 며칠에서 몇 주까지만 지속한다. 하지만 흔히 파트너들은 그러한 배우자 관계로 인해 강한 우정을 발전시키고 일 년 내내 유대를 유지하기도 한다(이와 대조적으로 이성애 배우자 관계는 보통 짝짓기 시즌을 넘어 지속하지 않는다). 암컷들은 이성애 활동을 하는 개체나 수컷 동성애 활동을 하는 개체보다 파트너의 수가 적기는 하지만, 짝짓기 동안 순차적으로 한 파트너씩 몇 차례의 배타적인 배우자 관계를 형성하는 경우가 많다. 동성애 짝짓기는 청소년부터 매우 나이 든 개체까지 모든 연령대의 암컷들 사이에서 발생하며, 때로는 성체 암컷이 청소년 암컷과 짝짓기를 하기도 한다. 흥미롭게도 근친상간 금기는 동성애 배우자 관계에는 적용되지만 이성애 배우자 관계에는 적용되지 않는다. 암컷은 가까운 친척(엄마, 자매, 딸, 손녀, 친사촌)을 배우자로 선택하지 않는 반면, 형제자매 사이나 모자 간의 배우자는 가끔 발생한다. 그러나 고모와 조카 사이는 일반적으로 이 종에서 서로를 친족으로 여기지 않으므로, 그들은 때로 배우자 관계를 형성한다.

배우자 관계에 속한 암컷들이 보통 '발정이 난' 상태라는 것은, 얼굴색과 섹스관련 피부sexual skin가 붉게 변하는(부어오르기도 한다) 것으로 알 수 있고, 성적인 활동은 이러한 동성애 커플의 규칙적이고 두드러진 특징이 된다. 암컷은 생식기 자극을 포함한 다양한 행동을 하는데, 일반적으로 한 암컷이 다른 암컷에 마운트하는 형식을 취한다. 동성애 교미에는 완전히 다른 7가지의 체위를 사용한다(이성애 교미에서도 사용하지만 그 빈도는 다르다). 가장 흔한 것은 한 암컷이 다른 암컷의 등에 앉거나 누워 골반을 찌르고, 자신의 클리토리스를 파트너의 엉덩이에 문지르는 것이다. 이때 마운티의 클리토리스는 파트너의 골반찌르기나 자기 꼬리에 의해 자극받는 것으로 보인다. 두 마리의 암컷이 때로 둘 다 눕거나 '서로의 허벅지에 앉아', 얼굴을 마주 보고 포옹하며 생식기를 비비기도 한다. 이러한 체위는 이성애에서보다 레즈비언 상호작용에서 더 흔하다. 다른 자세로는 '두 발로 껴안기double-foot clasp'(한 마리의 암컷이 뒤에서 상대방의 발목이나 허벅지를 발로 움켜쥔다) 체위나, 마운터가 발을 땅에 두고 있는 후방 마운트 체위, 그리고 옆쪽에서나 다양한 자세로 골반으로 상대를 찌르는 체위 등이 있다. 마운팅 도중 암컷은 목이 쉰 듯한 파열성의 코-코-코-코ko-ko-ko-ko라는 소리를 내기도 한다. 마운트를 당하는 암컷은 일반적으로 뒤로 손을 뻗어 파트너를 붙잡고 상대의 눈을 강렬하게 응시하며 얼굴을 찡그린다. 이때 마운터는 짝의 등을 꽉 움켜잡는다. 이는 두 암컷 모두 동성애 상호작용 중에 오르가슴을 경험할 수 있음을 나타낸다. 배우자들은 일반적으로 (이성애 교미 때처럼) 서로 3번 이상 마운트를 연속해서 하며, 마운팅은 흔히 상호적이다(파트너끼리 체위를 바꾼다). 마운팅이나 생식기 문지르기 외에도 배우자들은 때로 서로의 젖꼭지를 빨기도 한다. 성적인 상호작용은 흔히 마운티에 의해 시작되는데, 마운티는 배우자에게 올라타도록 간청하거나 '요구'하는 여러 가지 특징적인 '구애' 행동을 수행한다. 이때 마운티는 비명을 지르면서 땅을 치거나, 파트너로부터 멀어졌다가 엉덩이를 내보이며 돌아오기도 하고, 고개를 까딱거리거나, 소리 지르기, 등 구부리기, 입술 떨기, 강렬하게 쳐다보기를 하는데, 심지어 몸을 경직하고 공격적으로 밀거나 움켜쥐는 등 다양한 행동을 보이기도 한다. 이 모든 것은 이성애적 구애와는 구별되는데, 이성애 구애 때 암컷은 보통 앉은 자세로 천천히 수컷을 향해 다가가 귀와 눈썹을 까딱거리며 마운트를 하라고 청한다. 이성애와 동성애 구애에는 매우 다양한 소리가 사용된다. 끙끙거리기나, 획획 소리내기, 지저귀는 소리내기, 꽉꽉거리기, 찍찍거리기, 짖기, 끽끽거리기 등을 하는데, 맨 마지막 소리는 암컷들 간의 상호작용에서 전형적으로 나타난다.

수컷 일본 마카크도 서로 마운트를 한다. 이들은 일반적으로 동성애 배우자 관계를 형성하지 않지만(실제로 일부 수컷은 최대 24마리의 파트너들을 거느리고 있다), 어떤 개체는 보통 같은 연령대의 선호하는 특정한 파트너를 가지고 있다. 수컷들은 또한 때로 성적인 상호작용과 함께 만지거나 껴안고 털손질을 해주는 등의 다정하고 장난스러운 활동을 하기도 한다. 이성애나 레즈비언의 상호작용과는 달리, 대부분의 수컷들 사이의 마운트는 연속적인 것이 아니라 일회성이고 일반적으로 더 짧지만, 여전히 완전한 발기와 골반찌르기, 삽입, 그리고 사정이 있을 수 있다. 수컷들이 선호하는 체위는 두 발로 껴안기 자세이며, 파트너의 등에 앉거나 눕는 자세는 거의 사용하지 않는다. 어린 수컷들도 서로 마운팅을 하면서 흔히 목구멍 깊숙한 곳에서 독특한 가르랑거리는 소리나, 혹은 울리는 소리를 낸다. 이 발성은 이성애 맥락에서는 내지 않는 소리다. 수컷 간의 성적인 행동은 여러 가지 면에서 수컷-암컷 사이의 행동과는 다르다. 동성애 마운팅은 번식기가 끝날 무렵에 더 흔하게 나타나고, 이성애 마운트는 수컷 사이의 성행위에 비해 다른 개체들에 의해 더 자주 방해받는다.

빈도 : 일본 마카크의 동성애 활동의 빈도는 무리마다 매우 다르지만, 거의 모든 개체군에서 어느 정도 발견할 수 있다. 어느 개체군에서는 전체 배우자 관계의 1/4 이상이 암컷들 간에 일어나며, 모든 마운팅 에피소드의 1/3 이상이 동성애다. 일부 무리의 경우 매일 아침 수컷들 사이에 5~10회의 마운트가 발생하기도 하지만, 다른 무리에서는 같은 성 간의 행동 빈도가 훨씬 낮다.

성적 지향 : 다시 말하지만, 동성애 활동에 참여하는 암컷 개체수의 비율은 12~78%로 매우 변동적이며 평균 43%(반야생 무리에서)다. 일부 무리에서 같은 성 배우자 관계에 참여하는 모든 암컷은 양성애자여서 수컷과도 배우자 관계를 형성한다. 반면, 한 암컷과 짝을 이루는 동안 해당 수컷은 파트너에 충실하여 그에게 접근하는 모든 수컷을 무시하거나 거부한다. 그러나 다른 무리에서는 일부 암컷은 오직 암컷과만 성적 상호작용을 하는 배타적인 레즈비언이다. 이 경우 암컷의 평균 9%가 동성애자고, 56%는 양성애자, 35%는 이성애자다. 수컷들 사이에서도 동성애 마운팅에 참여하는 개체의 비율은 0~15%에서 거의 모든 수컷에 이르기까지 유사한 다양성을 보인다. 하지만 일반적으로는 같은 성 활동을 하는 수컷들도 반대쪽 성 간의 마운팅에 참여한다. 흥미롭게도 가장 강렬한 동성애 활동이라고 할 수 있는, 사정을 동반한 완전한 마운트를 하는 수컷은 이성애적으로도 가장 활동적이다.

비생식적이고 대체 가능한 이성애

비생식적인 이성애 활동은 일본원숭이 생활의 두드러진 현상이다. 일부 개체군에서는 전체 암컷의 3/4이 임신 중 성관계를 적극적으로 추구하며, 생리 중에는 50%에서 그렇게 한다. 개별 암컷은 짝짓기 기간에 평균 10마리의 다른 수컷과 교미하기도 한다. 대부분의 이성애 마운트(거의 2/3)는 사정으로 이어지지 않는다. 또한 암컷이 수컷의 등에 올라 성기를 문지르는 역마운팅도 흔하다. 일부 무리에서는 전체 암컷의 약 40%가 이런 행동을 하며, 이는 모든 이성애자의 1/3에서 발생한다. 자위 역시 암수 모두에서 흔하다. 일부 무리의 암컷은 흔히 성적으로 미성숙한 (청소년기 이전의) 수컷과 배우자 관계를 형성한다. 앞에서 언급한 바와 같이 근친상간 짝 형성도 가끔 발생하며, 최대 15%의 이성애 마운팅이 친척 관계에서 발생한다.

이성애 교미는 일 년 내내 이루어지지만 번식기를 벗어나면 임신으로 이어지는 경우는 거의 없다. 또한 암컷은 뚜렷한 비생식 기간을 갖는 성적 주기를 경험한다. 수컷은 매년 호르몬의 변동을 겪는데, 이로 인해 고환 수축, 사정 중단, 번식기가 아닌 기간 동안의 섹스 관련 피부색상 손실 등이 발생한다. 또한 일부 무리에서는 일본원숭이 중 약 10%가 비번식 또는 독신 이성애 쌍을 형성하는데, 이들은 다른 개체와 성적으로 상호작용하긴 하지만, 서로 간의 성적인 활동은 특별히 피한다. 또한 많은 암컷은 4~5년 정도 기간이자 평균 수명의 약 16%를 차지하는, 장기간의 번식은퇴 기간을 경험한다. 이러한 개체는 성적인 활발함을 계속 유지하는데, 생식하는 암컷과 비슷한 비율로 수컷과 교미도 하고, 젊은 암컷의 성적인 파트너의 수 못지않게 여러 암컷과 관계도 가진다.

일부 무리에서는 독특한 '새끼 돌보기' 형태가 발달했다. 이 종의 수컷은 일반적으로 양육에 참여하지 않지만, 일부 개체군의 높은 서열의 수컷은 짧은 기간 자기 자식이 아닌 새끼를 돌본다. 이들은 보통 어미의 동의하에 새끼를 털손질 해주고, 안고, 보호한다. 몇몇 암컷도 새끼를 돌보는 역할을 한다. 그러나 번식을 하지 않는 암컷이 새끼를 납치하거나 때로 영구적으로 데리고 있는 것으로도 알려져 있다. 더불어 소수의 수컷 돌보미들은 새끼(대개 암컷)와 성적으로 관계하며, 새끼를 데리고 다니는 동안 자위를 하기도 하고, 심지어 골반찌르기를 하기도 한다.

출처   *별표가 있는 출처는 동성애와 트랜스젠더에 대해 논의한다.

* Chapais, B., C. Gauthier, J. Prud'homme, and P. Vasey (1997) "Relatedness Threshold for Nepotism in Japanese Macaques." *Animal Behavior* 53:1089–1101.

* Chapais, B., and G Mignault (1991) "Homosexual Incest Avoidance Among Females in Captive Japanese Macaques." *American Journal of Primatology* 23:171–83.

* Corradino, C. (1990) "Proximity Structure in a Captive Colony of Japanese Monkeys (*Macaca fuscata fuscata*): An Application of Multidimensional Scaling." *Primates*

31:351–62.

* Eaton, G. G. (1978) "Longitudinal Studies of Sexual Behavior in the Oregon Troop of Japanese Macaques." In T. E. McGill, D. A. Dewsbury, and B. D. Sachs, eds., *Sex and Behavior: Status and Prospectus*, pp. 35–59. New York: Plenum Press.

* Enomoto, T. (1974) "The Sexual Behavior of Japanese Monkeys." *Journal of Human Evolution* 3:351–72.

* Fedigan, L. M. (1982) *Primate Paradigms: Sex Roles and Social Bonds*. Montreal: Eden Press.

* Fedigan, L. M., and H. Gouzoules (1978) "The Consort Relationship in a Droop of Japanese Monkeys." In D. Chivers, ed., *Recent Advances in Primatology*, vol. 1: pp. 493–95. London: Academic Press.

* Gouzoules, H., and R. W. Goy (1983) "Physiological and Social Influences on Mounting Behavior of Troop–Living Female Monkeys (*Macaca fuscata*)." *American Journal of Primatology* 5:39–49.

* Green, S, (1975) "Variation of Vocal Pattern with Social Situation in the Japanese Monkey (*Macaca fuscata*): A Field Study." In L. A. Rosenblum, ed., *Primate Behavior: Developments in Field and Laboratory Research*, vol. 4, pp. 1–102. New York: Academic Press.

* Hanby, J. P. (1974) "Male–Male Mounting in Japanese Monkeys (*Macaca fuscata*)." *Animal Behavior* 22:836–49.

* Hanby, J. P., and C. E. Brown (1974) "The Development of Sociosexual Behaviors in Japanese Macaques *Macaca fuscata*." *Behavior* 49:152–96.

* Hanby, J. P., L. T. Robertson, and C. H. Phoenix (1971) "The Sexual Behavior of a Confined Troop of Japanese Macaques." *Folia Primatologica* 16:123–43.

Itani, J. (1959) "Paternal Care in the Wild Japanese Monkey, *Macaca fuscata fuscata*." *Primates* 2:61–93.

* Lunardini, A. (1989) "Social Organization in a Confined Group of Japanese Macaques (*Macaca fuscata*):An Application of Correspondence Analysis." *Primates* 30:175–85.

* Rendall, D., and L. L. Taylor (1991) "Female Sexual Behavior in the Absence of Male–Male Competition in Captive Japanese Macaques (*Macaca fuscata*)." *Zoo Biology* 10:319–28.

* Sugiyama, Y. (1960) "On the Division of a Natural Troop of Japanese Monkeys at Takasakiyama." *Primates* 2:109–48.

* Takahata, Y. (1982) "The Socio–sexual Behavior of Japanese Monkeys." *Zeitschrift für Tierpsychologie* 59:89–108.

* ——(1980) "The Reproductive Biology of a Free–Ranging Troop of Japanese Monkeys." *Primates* 21:303–29.

Takahata, Y., N. Koyama, and S. Suzuki (1995) "Do the Old Aged Females Experience a Long Postreproductive Life Span?: The Cases of Japanese Macaques and Chimpanzees" *Primates* 36:169–80.

* Tartabini, A. (1978) "An Analysis of Dyadic Interactions of Male Japanese Monkeys (*Macaca fuscata fuscata*) in a Cage–Room Observation." *Primates* 19:423–36.

Tokuda, K. (1961) "A Study on the Sexual Behavior in the Japanese Monkey Troop." *Primates* 3:1–40.

* Vasey, P. L (1998) "Female Choice and Inter–sexual Competition for Female Sexual Partners in Japanese Macaques." *Behavior* 135:1–19.

* ——(1996–98) Personal communication.

* ——(1996) "Interventions and Alliance Formation Between Female Japanese Macaques, *Macaca fuscata*, During Homosexual Consortships." *Animal Behavior* 52:539–51.

* Vasey, P. L., B. Chapais, and C. Gauthier (1998) "Mounting Interactions Between Female Japanese Macaques: Testing the Influence of Dominance and Aggression." *Ethology* 104:387–98.

* Wolfe, L. D. (1986) "Sexual Strategies of Female Japanese Macaques (*Macaca fuscata*)." *Human Evolution* 1:267–75.

* ——(1984) "Japanese Macaque Female Sexual Behavior: A Comparison of Arashiyama East and West." In M. F. Small, ed., *Female Primates: Studies by Women Primatologists*, pp. 141–58. New York: Alan R. Liss.

* ——(1979) "Behavioral Patterns of Estrous Females of the Arashiyama West Troop of Japanese Macaques (*Macacafuscata*)." *Primates* 20:525–34.

* Wolfe, L. D., and M. J. S. Noyes (1981) "Reproductive Senescence Among Female Japanese Macaques (*Macaca fuscata fuscata*)." *Journal of Mammology* 62:698–705.

히말라야원숭이 *Macaca mulatta*

동성애	트랜스젠더	행동		랭킹	관찰
● 암컷	● 간성	● 구애	● 짝 형성	● 중요	● 야생
● 수컷	○ 복장도착	● 애정표현	○ 양육	○ 보통	● 반야생
		● 성적인 행동		○ 부수적	● 포획 상태

히말라야원숭이

식별 : 옅고 불그스레한 얼굴과 엉덩이를 가지고 있으며 중간 크기의 꼬리 (최대 30센티미터 길이) 를 가진 갈색 원숭이.

분포 : 아프가니스탄, 인도 남부, 동남아시아 북부.

서식지 : 반사막, 숲, 늪.

연구지역 : 야생 – 인도 데브라둔 근처. 반야생 : 푸에르토리코 카요 산티아고 섬. 포획 상태 – 푸에르토리코 사바나 세카 캐러비언 영장류 연구센터, 캘리포니아, 툴레인, 위스콘신, 여키즈 지역 영장류 연구센터 및 기타 장소.

사회조직

히말라야원숭이는 80에서 100마리까지 이르는 무리에서 생활한다. 이러한 무리는 모계 혈연에 따라 조직된 여러 개의 혼성 하위 그룹(평균 18마리의 구성원을 가짐)으로 다시 나눌 수 있다. 수컷은 일반적으로 청소년기에 하위 그룹을 떠나 다른 곳에(때로는 수컷 무리에) 자리를 잡게 되므로 암컷 혈통은 그대로 남게 된다.

설명

행동 표현 : 암컷 히말라야원숭이의 동성애 행동은 보통 두 암컷 배우자 관계 사이에 일어난다(배우자 관계는 이성애 관계의 특징이기도 하다). 이러한 관계는 며칠에서 몇 달까지 지속하는 일종의 짝 관계이며, 두 마리의 배우자는 서로를 따라다니며 많은 시간을 보내고, 다양한 구애, 애정, 성적인 활동에 참여한다. 배우자 파트너들은 또한 때로 다른 개체를 공격하는 데 협력한다. 암컷은 다른 여러 암컷과 짝을 이룰 수 있지만 대부분은 짝이 하나뿐이다. 레즈비언 구애는 매우 독특하며, 5가지의 서로 다른 장난스런 쫓기게임이 있다. 즉 두 암컷이 나무줄기 주변에서 서로를 엿보는 '숨바꼭질', 한 암컷이 다른 암컷에게 달려들어 잠깐 키스를 하거나 코를 비비고 도망가면 다른 암컷이 쫓아가는 '키스하고 도망가기', 암컷들이 서로 번갈아 따라가는 '리더 따라가기', 암컷 한 마리가 입술에 부딪치는 소리를 내면서 다른 원숭이에게 점점 더 가까이 원을 그리며 도는 '입술 부딪치며 돌기'와 암컷 한 마리가 다른 한 마리에게 마운트하라고 초대한 다음 장난스럽게 달아나는 '보여주고 도망가기' 등이 있다.

성적인 행동은 일반적으로 한 암컷이 다른 암컷에게 마운팅하며 이루어지는데, 이때 체위는 이성애 마운팅에 사용하는 자세(마운터의 발을 마운티의 다리에 올려놓는 자세)로 하거나, 암컷이 다른 암컷의 등에 직접 올라타서 자기 성기를 마운트의 엉덩이에 문지르는 동성애 마운팅 자세를 사용한다. 측면으로부터의 마운팅도 이루어진다. 마운트를 하는 동안 마

두 암컷 히말라야원숭이의 구애. '숨바꼭질'.

운터는 자기 클리토리스를 자극하거나 파트너로 하여금 자극하게 만들기도 한다. 암컷들은 둘 다 오르가슴의 징후를 보인다. 즉 마운터는 흔히 수컷이 사정하는 순간처럼 '일시 정지'를 하기도 하고, 마운티는 흔히 손을 뒤로 내밀어 파트너를 움켜잡기도 한다. 비록 대부분의 배우자 관계에서는 일관되게 한 마리의 암컷은 마운터가 되고 그 파트너는 마운티가 되지만, 어떤 경우에는 두 마리의 암컷이 서로 번갈아 마운트를 하기도 한다. 때로는 두 마리의 암컷이 서로 팔과 다리를 감싸는 성적인 포옹도 하는데, 그러면서 한쪽 또는 양쪽이 클리토리스 자극(생식기를 땅에 문지르기도 한다)을 한다. 암컷은 성적 자극과 함께 키스(입술이나 혀를 부딪치는 것)와 서로의 얼굴 쓰다듬기, 상대의 귀를 부드럽게 깨물기, 그리고 털손질을 하기도 한다. 임신한 암컷들도 때로 동성애 마운트 및 배우자 관계에 참여한다. 가끔 암컷들은 이성애 상호작용에서처럼 암컷 성적 파트너에게 공격적으로 행동한다(아래 참고).

수컷 히말라야원숭이도 서로 마운트를 하며 때로 배우자 관계를 형성한다. 마운팅을 할 때는 완전한 항문 삽입과 사정까지 할 수도 있고, 파트너에 대고 간단히 골반찌르기만 하기도 한다. 때로는 마운트가 된 수컷이 자위를 하거나 파트너를 자위해주기도 하고, 상호적인 마운팅도 일반적으로 일어난다(두 수컷이 번갈아 가면서 서로 마운팅을 한다). 어떤 경우에는 이성애 교미 때처럼 수컷 한 마리가 파트너를 여러 차례 마운트한다. 동성애 활동은 털손질이나 레슬링 놀이를 포함하며, 배우자 관계를 맺은 두 파트너는 오랫동안 어루만지거나, 붙잡고 포옹하며 서로에 대한 애정을 표현한다. 이 종에서는 형제들 사이의 마운팅뿐만 아니라 필리핀원숭이와 같은 다른 종 수컷들과의 마운트도 관찰되었다(포획 상태에서).

히말라야원숭이에서는 여러 종류의 간성이 자연적으로 발생한다. 예를 들면 내부 생식기가 난소와 고환의 결합형인 자웅동체 원숭이나, 암컷의 외부 생식기가 있지만 암컷 성염색체나 난소가 없는 개체가 있다.

빈도 : 히말라야원숭이의 야생 및 반야생 개체군에서는 항상 마운팅의 16%에서 47%가 같은 성의 동물 사이에 일어나며, 동성애 마운팅의 대다수(84%)는 수컷 사이에 발생한다. 레즈비언 배우자 관계에서는 6개월 동안 두 마리의 암컷이 200번 이상 마운팅을 할 수 있으며, 어떤 커플은 그 기간에 1,000번 이상 동성애 마운팅을 하기도 했다.

성적 지향 : 개체군에 따라 암컷의 20~90%가 동성애자 마운트와 배우자 관계에 참여한다. 이러한 암컷의 대부분은 양성애자인데, 왜냐하면 그들이 (동시적으로 또는 생애의 어느 기간 동안) 이성애 활동을 같이하기 때문이다. 그리고 어떤 암컷들은 심지어 같은 날에 같은 성 활동과 반대쪽 성 활동을 번갈아 하기도 한다. 그럼에도 불구하고 양성애자인 일부 암컷은 수컷과 짝짓기를 한 후에는 암컷 배우자에게 돌아가기 때문에, 동성애 활동을 선호하는 것으로 보인다. 어떤 암컷 배우자는 또한 자기 암컷 파트너가 일시적으로 수컷과 함께 있을 때마다 다시 데려오려고 애쓰기도 한다. 게다가 어떤 개체는 다른 개체보다 레즈비언 배우자 관계에 더 자

주 참여하고 일반적으로 반대쪽 성과의 접촉이 훨씬 적다. 또한 일반적으로 암컷은 같은 성 간의 접근을 더 잘 받아들인다. 예를 들어 어떤 개체군에서 이성애 마운트 시도는 29%가 거부된 반면, 동성애 마운트 시도는 단 6%만이 거부되었다. 많은 수컷 히말라야원숭이들도 역시 양성애자지만, 개체마다 동성애 활동과 이성애 활동에 참여하는 비율이 다르다. 하지만 암컷과 마찬가지로 일부 수컷 개체들은 마운트가 가능한 암컷이 있음에도 이를 무시한 채 서로 마운트를 하므로 동성애를 '선호'하는 것으로 보인다. 게다가 포획 상태의 어떤 수컷 동성애 배우자 관계의 성적인 '우정'에 대한 상세한 연구에서, 두 수컷 모두 암컷 동반자보다 서로의 동반자를 선호했고 선호도 검사를 받았을 때 (둘 다 암컷과 이성적인 섹스 수행이 가능했음에도) 서로를 성적인 동반자로 선택했다.

비생식적이고 대체 가능한 이성애

히말라야원숭이는 비생식적인 이성애적 행동으로 유명하다. 임신한 전체 암컷의 절반 이상이 성적인 행동(짝짓기 포함)을 하며, 전체 교미의 12%가 임신한 암컷과 관련이 있다. 일부 수컷들은 교미의 거의 절반을 임신한 암컷과 하므로, 임신한 암컷과의 교미를 선호하는 것으로 보인다. 실제로 분만 자체가 참석한 개체들과 구경꾼들의 성적인 활동을 자극하기도 하는데, 그들은 자위를 하거나 심지어 출산 직후의 산모를 마운트하기도 한다. 또한 월경을 하는 암컷의 40% 이상이 성적인 활동을 한다. 이성애 교미의 일반적인 패턴은 많은 수의 비생식적인 마운트가 있다는 것이다. 왜냐하면 수컷이 각 '교미'의 일부로 암컷을 100번 이상 마운트를 하기 때문이다. 각각의 마운트 중에 삽입을 할 수 있지만, 일반적으로 일련의 마운트 중 최종의 것에서만 사정이 이루어진다. 암컷은 흔히 먼저 수컷과의 성적인 행동을 시작하고, 이성애 교미를 하는 동안 오르가슴을 경험한다. 또한 여러 다른 수컷과 교미를 할 수 있다. 사실,

암컷은 일반적으로 수컷보다 더 많은 수의 배우자 파트너들과 짝짓기를 하며, 그러한 여러 번의 짝짓기로 인해 정자를 많이 받아 정액홍수viginal overflow라고 알려진 현상을 경험하기도 한다. 히말라야원숭이 암컷은 때로 수컷을 마운트하기도 한다. 이러한 역마운팅은 모든 이성애 마운팅의 2~6%를 차지할 수 있다. 수컷은 암컷이 마운팅을 하는 도중에 성적으로 자극을 받아 자위를 하거나 자연적으로 사정을 할 수 있으며, 암컷도 마운트 중의 문지름으로 오르가슴을 얻을 수 있다. 수컷이 흔히 자위로 스스로 사정하는 것과 암컷이 자기 젖꼭지를 빨고 애무하는 것이 관찰되었다. 부적절한 파트너와의 성행위도 발생한다. 수컷은 때로 어미나 암컷 형제를 마운트하며(일부 개체군에서는 근친 활동이 전체 성적인 상호작용의 12~15%를 차지한다), 성체–청소년 성행위(주로 마운팅을 하지만 펠라티오를 하기도 하며 새끼와도 관계한다)가 전체 성적인 활동의 15% 이상을 차지하기도 한다. 또한 포획 상태에서 다양한 종간 성적 상호작용이 관찰되었다(개에게 교미를 요구하는 암컷 히말라야원숭이도 있었다).

수컷 히말라야원숭이들은 뚜렷한 비번식 기간이 있는 연간 호르몬 주기를 가진다. 암컷은 또한 생애 후반에, 번식은 하지 않지만 성적으로 활동적인 번식은퇴 시기 혹은 '폐경기'를 경험한다. 그들 역시 무리의 소중한 구성원이며, 영아와 어린 원숭이를 돌보고 기르는 데에도 이바지한다. 또한 비번식 원숭이를 포함한 모든 연령의 암컷은 각 개체가 다른 암컷의 새끼를 돌보는 '새끼 돌보미' 형식에 참여한다. 흔히 새끼들을 보호하고 돌보는 이들은 흔히 '이모aunts'라고도 불린다(하지만 새끼의 어미와 친척관계가 아닐 수도 있다). (일반적으로 육아에 참여하지 않는) 수컷들 또한 때로 비슷한 행동을 하고 심지어 고아를 입양하기도 한다. 하지만 어떤 경우에는 '이모'가 새끼들에게 공격적으로 대하거나 성적인 상호작용을 하기도 하고 심지어 다른 암컷의 새끼를 '납치'하려고도 한다. 어미들은 또한 때로 자기 새끼를 학대하기도 하는데, 새끼를 밀치거나 물거나 밟는 것이 관찰되었고, 한 연구에 따르면 생후 2년 동안 새끼의 약 11%가 학대를 받는 것으로 나타났다. 더불어 이성애 관계는 흔히 공격성으로 특징지어진다. 수컷은 자주 짝짓기를 하는 암컷이나 배우자를 공격하여 심각한 상처를 입히기도 한다.

출처

*별표가 있는 출처는 동성애와 트랜스젠더에 대해 논의한다.

* Akers, J. S., and C. H. Conaway (1979) "Female Homosexual Behavior in *Macaca mulatto.*" *Archives of Sexual Behavior* 8:63–80.

* Altmann, S. A. (1962) "A Field Study of the Sociobiology of Rhesus Monkeys, *Macaca mulatto.*" *Annals of the New York Academy of Sciences* 102:338–435.

* Carpenter, C. R. (1942) "Sexual Behavior of Free Ranging Rhesus Monkeys, *Macaca mulatto.* I. Specimens, Procedures, and Behavioral Characteristics of Estrus. II. Periodicity of Estrus, Homosexual, Autoerotic, and Non–Conformist Behavior." *Journal of Comparative Psychology* 33:113–62.

Conaway, C. H., and C. B. Koford (1964) "Estrous Cycles and Mating Behavior in a Free–ranging Band of Rhesus Monkeys." *Journal of Mammalogy* 45:577–88.

* Erwin, J., and T. Maple (1976) "Ambisexual Behavior with Male–Male Anal Penetration in Male Rhesus Monkeys." *Archives of Sexual Behavior* 5:9–14.

* Fairbanks, L. A., M. T. McGuire, and W. Kerber (1977) "Sex and Aggression During Rhesus Monkey Group Formation." *Aggressive Behavior* 3:241–49.

* Gordon, T. P., and I. S. Bernstein (1973) "Seasonal Variation in Sexual Behavior of All–Male Rhesus Troops." *American Journal of Physical Anthropology* 38:221–26.

* Hamilton, G. V. (1914) "A Study of Sexual Tendencies in Monkeys and Baboons." *Journal of Animal Behavior* 4:295–313.

* Huynen, M. C. (1997) "Homosexual Interactions in Female Rhesus Monkeys, *Macaca mulatto.*" In M. Taborsky and B. Taborsky, eds., *Contributions to the XXV International Ethological Conference*, p. 211. Advances in Ethology no. 32. Berlin: Blackwell Wissenschafts–Verlag.

Kaufmann, J. H. (1965) "A Three–Year Study of Mating Behavior in a Free–Ranging Band of Rhesus Monkeys." *Ecology* 46:500–12.

* Kempf, E. J. (1917) "The Social and Sexual Behavior of Infrahuman *Primates* With Some Comparable Facts in Human Behavior." *Psychoanalytic Review* 4:127–54.

* Lindburg, D. G. (1971) "The Rhesus Monkey in North India: An Ecological and Behavioral Study." In L. A. Rosenblum, ed., *Primate Behavior: Developments in Field and Laboratory Research*, vol. 2, pp. 1–106. New York: Academic Press.

Loy, J. D. (1971) "Estrous Behavior of Free–Ranging Rhesus Monkeys (*Macaca mulatto*)." *Primates* 12:1–31.

——(1970) "Peri–Menstrual Sexual Behavior Among Rhesus Monkeys." *Folia Primatologica* 13:286–97.

Michael, R. P., M. I. Wilson, and D. Zumpe (1974) "The Bisexual Behavior of Female Rhesus Monkeys." In R. C. Friedman, ed., *Sex Differences in Behavior*, pp. 399–412. New York: John Wiley & Sons.

Missakian, E. A. (1973) "Genealogical Mating Activity in Free–Ranging Groups of Rhesus Monkeys(*Macaca mulatto*) on Cayo Santiago." *Behavior* 45:225–41.

Partch, J. (1978) "The Socializing Role of Postreproductive Rhesus Macaque Females." *American Journal of Physical Anthropology* 48:425.

* Reinhardt, V., A. Reinhardt, F. B. Bercovitch, and R. W. Goy (1986) "Does Intermale Mounting Function as a Dominance Demonstration in Rhesus Monkeys?" *Folia Primatologica* 47:55–60,

Rowell, T. E., R. A. Hinde, and Y. Spencer–Booth (1964) "'Aunt'–Infant Interaction in Captive Rhesus Monkeys." *Animal Behavior* 12:219–26.

* Sade, D. S. (1968) "Inhibition of Son–Mother Mating Among Free–Ranging Rhesus Monkeys." In J. H. Masserman, ed., *Animal and Human*, pp. 18–38. Science and Psychoanalysis, vol. 12. New York: Grune & Stratton.

Schapiro, S. J., and G. Mitchell (1983) "Infant–Directed Abuse in a Seminatural Environment: Precipitating Factors." In M. Reite and N. G. Caine, eds., *Child Abuse: The Nonhuman Primate Data*, pp. 29–48. Monographs in Primatology, vol.1. New York: Alan R. Liss.

* Sullivan, D. J., and H. P. Drobeck (1966) "True Hermaphrodism in a Rhesus Monkey." *Folia Primatologica* 4:309–17.

Tilford, B. (1981) "Nondesertion of a Postreproductive Rhesus Female by Adult Male

Kin." *Journal of Mammalogy* 62:638–39.

Vessey, S. H., and D. B. Meikle (1984) "Free-Living Rhesus Monkeys: Adult Male Interactions with Infants and Juveniles." In D. M. Taub, ed., *Primate Paternalism*, pp. 113–26. New York: Van Nostrand Reinhold.

* Weiss, G., R. F. Weick, E. Knobil, S. R. Wolman, and F. Gorstein (1973) "An X-O Anomaly and Ovarian Dysgenesis in a Rhesus Monkey." *Folia Primatologica* 19:24–7.

몽땅꼬리원숭이 *Macaca arctoides*

동성애	트랜스젠더	행동		랭킹	관찰
● 암컷	○ 간성	○ 구애 ● 짝 형성		● 중요	○ 야생
● 수컷	○ 복장도착	● 애정표현 ○ 양육		○ 보통	● 반야생
		● 성적인 행동		○ 부수적	● 포획 상태

몽땅꼬리원숭이

식별 : 중간 크기 (길이 60센티미터) 의 원숭이로서 털은 짙은 갈색 또는 적갈색이며, 꼬리는
　　　 짧고 털이 거의 없다. 얼굴은 검고 빨간 피부로 얼룩덜룩하다.

분포 : 동남아시아 및 중국 중남부. 취약.

서식지 : 산악 지역의 울창한 숲.

연구지역 : 반야생 – 멕시코 토토고치요 섬, 케이테마코 호수. 포획 상태 – 스탠포드 대학
　　　　 교, 헬싱키 대학교, 네덜란드 영장류센터, 여키즈 및 위스콘신 지역 영장류 연구
　　　　 센터, 캘커타 및 파리 동물원.

사회조직

몽땅꼬리원숭이에 대한 현장 연구는 거의 이루어지지 않았기 때문에 야

생에서의 사회조직에 대해서는 알려진 바가 거의 없다. 일반적으로 모계 조직을 가진 20~50마리의 개체가 암수 혼성집단에서 생활하는 것으로 보인다. 짝짓기 시스템은 여러 파트너와 교미하고 수컷의 부모 역할이 적은, 일부다처제이거나 난혼제일 것이다.

설명

행동 표현 : 수컷 몽땅꼬리원숭이들은 서로 강한 성적인 '우정'을 형성하며, 그 안에서 특별하고 다양한 동성애 활동을 보여준다. 한 마리의 수컷이 다른 수컷과 강한 애정 관계를 맺기도 하는데, 서로 껴안고 부드럽게 입을 깨물고 옹기종기 모여 있는 것을 볼 수 있다. 심지어 둘이서 한 마리가 다른 파트너의 페니스를 잡은 채 뒤에서 꼭 껴안고 잠을 자기도 한다. 이 수컷들 사이의 애정은 마운팅부터 구강성교나 상호 자위까지 이르는 여러 성적인 활동을 통해서도 표출된다. 마운팅은 이성애 교미에서 발견되는 일반적인 후배위 자세로 이루어지며 골반찌르기, 항문 삽입, 그리고 간혹 사정이 일어난다. 펠라티오 혹은 구강-생식기 활동에서는 한 수컷이 다른 수컷의 페니스를 한 번에 2분씩 핥거나 빤다. 이는 다양한 자세로 행해지는데, 예를 들어 한 수컷이 다른 수컷의 뒤에서 또는 올라탄 채로 상대의 다리 사이에 있는 생식기를 빨기도 한다. 수컷들은 심지어 69 체위로 서로 펠라티오를 한다. 수컷들은 또한 서로의 음낭과 페니스를 어루만지며 손으로 페니스 자루를 잡고 위아래로 문지르기도 한다. 이때도 여러 자세가 사용되는데 한 수컷은 앉고 다른 수컷은 마주 보고 서서, 앉아 있는 수컷이 자위를 해주도록 서 있는 수컷이 허벅지를 벌리거나, 또는 서로 등을 맞대고 다리 사이에 서로의 생식기를 상호 자위를 한다. 때로 수컷 몽땅꼬리원숭이는 다른 원숭이의 자위나 근처에서 일어나는 이성애 교미에 자극을 받아 함께 앉아 자위한다. 성적인 우정 관계의 파트너는 같은 나이일 수도 있고, 한 마리가 다른 한 마리보다 상

당히 어리거나, 심지어 유아일 수도 있다.

암컷 몽땅꼬리원숭이들 또한 서로 성적인 우정을 형성한다. 이러한 관계는 여러 애정 어린 행동을 보여주는데, 암컷 두 마리만 안정적인 관계를 유지하기도 하고, 좀 더 유동적으로 세 마리의 암컷으로 이루어진 관계망을 이루거나 더 짧은 기간만 지속하기도 한다. 성적 행동은 강렬한 생식기 자극과 오르가슴을 수반한다. 한쪽 암컷은 자기가 좋아하는 다른 암컷의 등에 올라타 그 암컷의 엉덩이에 자신의 생식기를 문지르게 되는데, 이는 이성애 교미와는 약간 다른 자세다. 또한 앉아서 하는 후배위 자세로 이루어질 수도 있어서, 한 암컷이 다른 암컷을 자기 배에 기대게 하거나, 심지어 두 마리가 이 자세에서 함께 눕거나 서로 기대며 마치기도 한다. 레즈비언의 상호작용은 2분 정도까지 지속하며(이성애 짝짓기 시간과 비슷하다), 암컷의 골반찌르기 횟수는 보통 수컷이 이성애 교미를 할 때의 횟수와 비슷하다. 오르가슴은 주목할 만하다. 마운팅한 암컷은 긴장이 오르면 먼저 일순간 정지한 다음 여러 차례의 경련을 한다. 이때 털은 쭈뼛쭈뼛 서게 되고 특유의 찡그린 표정으로 입을 둥글게 오므리며(이 표정은 사정하는 수컷에서도 나타난다) 가쁜 숨소리를 내뱉는다. 이 암컷은 또한 거의 1분 동안 지속하는 심한 자궁수축을 경험한다. 마운트를 당한 암컷은 성적 흥분이 매우 높은 상태임에도 불구하고 같은 종류의 오르가슴 반응을 보이지는 않으며, 흔히 마운팅한 암컷을 붙잡기 위해 손을 뻗기도 하고 심지어 클라이맥스 중에 상대에게 키스를 하기도 한다. 오르가슴이 끝나면 암컷들은 보통 서로 껴안고 이빨이 부딪치는 소리나 끽끽거리는 소리를 낸다. 때로 암컷은 직접적인 생식기 자극이 없어도 오르가슴에 도달할 수 있는데, 특히 좋아하는 암컷 파트너와 재결합을 한 후 매우 흥분해서 껴안고 있을 때 더욱 그렇다.

빈도 : 동성애 활동은 몽땅꼬리원숭이에서 흔하며, 일부 포획 상태 무리

마운팅의 절정에 도달해서 한 몽땅꼬리원숭이 암컷이 자기 암컷 파트너에게 키스 하고 있다.

와 반야생 무리에서 발생하는 모든 성적인 만남의 25~40%를 차지한다. 한 연구에서는 이러한 같은 성 활동의 거의 2/3가 암컷들 사이에 발생한 반면, 다른 개체군에서는 모든 같은 성 마운팅이 수컷들 사이에서만 발생한 것으로 나타났다.

성적 지향 : 대부분의 몽땅꼬리원숭이 암컷은 동시적同時的 양성애자로 보이고, 동성애 활동 사이사이에 이성애를 하는 것으로 여겨진다. 사실 암컷은 수유 중에도(그리고 임신 중에도) 레즈비언 활동에 참여하는 것으로 알려져 있어서, 이 종에서 모성과 동성애의 양립이 용이함을 보여 준다. 일부 수컷은 나이가 들면서 같은 성 간의 우정의 강도가 떨어지고, 성숙함에 따라 이성애의 비중이 커질 수 있다. 그럼에도 불구하고 수

컷들 대부분은 평생 어느 정도 동성애적인 만남을 계속하는 것으로 보인다.

비생식적이고 대체 가능한 이성애

수컷 몽땅꼬리원숭이는 자위와 비생식적인 이성애 교미를 모두 한다. 후자에 해당하는 경우로는, 수컷이 암컷에게 마운팅하며 완전한 삽입을 하지 않거나, 월경 중인 암컷과 짝짓기를 하거나, 암컷에게 생식기를 문지르거나(때로는 사정까지 한다), 암컷에 마운팅한 상태에서 자기 발로 페니스를 자극하는 것이 관찰됐다. 암수 모두 이성애 교미 동안 오르가슴을 겪을 수 있다. 그러나 때로는 짝짓기가 명백하게 즐거운 일이 아닌 경우가 있다. 특히 암컷은 교미 중에 수컷의 무게로 쓰러지기도 한다(수컷이 암컷보다 2배까지 무거운 경우가 있다). 암컷은 또한 마운팅을 하는 수컷에게 물려서 어깨와 위팔에 얕은 상처를 입기도 한다(이는 교미의 약 15~18%에서 발생한다). 모든 짝짓기의 절반 이상이 수컷의 공격성(암컷을 쫓고, 밀거나 당기고, 싸우거나 문다)과 암컷의 저항(수컷으로부터 도망치고, 비명을 지르고, 쫓아내고, 싸운다)과 관련이 있다. 게다가 이성애 교미는 흔히 (양쪽 성의) 다른 개체들에 의해 괴롭힘을 당하기도 하고, 때로는 전체 사회 집단에 어마어마한 동요를 촉발하기도 한다. 이러한 일은 흔히 짝짓기를 하는 두 동물이 사정 후에, 짝짓기를 한 개처럼 '교미 접합copulatory tie'을 하고 있는 동안 발생한다.

출처

*별표가 있는 출처는 동성애와 트랜스젠더에 대해 논의한다.

* Bernstein, I. S. (1980) "Activity Patterns in a Stumptail Macaque Group (*Macaca arctoides*)." *Folia Primatologica* 33:20–45.

* Bertrand, M. (1969) *The Behavioral Repertoire of the Stumptail Macaque: A Descriptive and Comparative Study.* Bibliotheca Primatologica 11. Basel: S. Karger.

* Chevalier–Skolnikoff, S. (1976) "Homosexual Behavior in a Laboratory Group

of Stumptail Monkeys (*Macaca arctoides*): Forms, Contexts, and Possible Social Functions." *Archives of Sexual Behavior* 5:511–27,

* ———(1974) "Male–Female, Female–Female, and Male–Male Sexual Behavior in the Stumptail Monkey, with Special Attention to the Female Orgasm." *Archives of Sexual Behavior* 3:95–116.

* Estrada, A., and R. Estrada (1978) "Changes in Social Structure and Interactions After the Introduction of a Second Group in a Free–ranging Troop of Stumptail Macaques (*Macaca arctoides*): Social Relations II." *Primates* 19:665–80.

* Estrada, A., R. Estrada, and F. Ervin (1977) "Establishment of a Free–ranging Colony of Stumptail Macaques (*Macaca arctoides*): Social Relations I." *Primates* 18:647–76.

* Goldfoot, D. A., H. Westerborg–van Loon, W. Groeneveld, and A. K. Slob (1980) "Behavioral and Physiological Evidence of Sexual Climax in the Female Stumptailed Macaque (*Macaca arctoides*)." *Science* 208:1477–79.

Gouzoules, H. (1974) "Harassment of Sexual Behavior in the Stumptail Macaque, *Macaca arctoides*." *Folia Primatologica* 22:208–17.

* Leinonen, L. I. Linnankoski, M.–L. Laakso, and R. Aulanko (1991) "Vocal Communication Between Species: Man and Macaque." *Language and Communication* 11:241–62.

* Linnankoski, I., and L. M. Leinonen (1985) "Compatibility of Male and Female Sexual Behavior in *Macaca arctoides*." *Zeitschrift für Tierpsychologie* 70:115–22.

Niemeyer, C. L., and A. S. Chamove (1983) "Motivation of Harassment of Matings in Stumptailed Macaques." *Behavior* 87:298–323.

* O'Keefe, R. T., and K. Lifshitz (1985) "A Behavioral Profile for Stumptail Macaques (*Macaca arctoides*)." *Primates* 26:143–60.

* Slob, A. K., and P. E. Schenk (1986) "Heterosexual Experience and Isosexual Behavior in Laboratory–Housed Male Stump–tailed Macaques (*M. arctoides*)." *Archives of Sexual Behavior* 15:261–68.

* de Waal, F. B. M. (1989) *Peacemaking Among Primates*. Cambridge, Mass.: Harvard University Press, de Waal, F. B. M., and R. Ren (1988) "Comparison of the Reconciliation Behavior of Stumptail and Rhesus Macaques." *Ethology* 78:129–42.

보넷원숭이 *Macaca radiata*

필리핀원숭이 *Macaca fascicularis*

동성애	트랜스젠더	행동		랭킹	관찰
● 암컷	○ 간성	○ 구애 ● 짝 형성		○ 중요	● 야생
● 수컷	○ 복장도착	● 애정표현 ● 양육		● 보통	○ 반야생
		● 성적인 행동		○ 부수적	● 포획 상태

보넷원숭이

식별 : 회색빛이 도는 갈색 원숭이. 머리에는 원형의 '모자' 모양 털이 있고, 주름진 눈썹과
이마가 튀어나와 있다. 꼬리가 길다 (수컷은 60센티미터 이상).

분포 : 인도 남부.

서식지 : 숲, 수풀, 개활지.

연구지역 : 인도의 소마나타푸르 사구 보호구역 근처와 바이랑쿠페 (마이소어 주), 카르타
타카 다와르 (타밀 나두), 그리고 날 바흐 (방갈로). 캘리포니아 영장류 연구센터,
뉴욕 주립대학교.

아종 : 옅은색보넷원숭이 *M.r. diluta*.

필리핀원숭이

식별 : 회녹색이나 적갈색의 원숭이로서 볏이 약간 뾰족하고 분홍빛이 도는 얼굴과 긴 꼬
리를 가졌다.

분포 : 인도네시아, 필리핀, 니코바르 제도를 포함한 동남아시아. 팔라우에는 도입되었다.

서식지 : 숲, 늪.

연구지역 : 마크로네시아 팔라우 앙가우르 섬, 캘리포니아-버클리 대학교 여키즈 지역 영
       장류 연구센터.

사회조직

보넷원숭이와 필리핀원숭이는 둘 다 어린 개체와 수많은 암수 성체로 구
성된 상당히 큰 모계 집단에서 살고 있다. 수컷은 일반적으로 성체가 되
면 모집단을 떠난다. 보넷원숭이 무리는 50~60마리까지도 커질 수 있
지만 대부분 18~20마리 정도이고 성체 수컷과 암컷이 각각 4~5마리
씩 있다. 수컷 보넷원숭이들은 상호작용하고 협력하려는 경향이 강해
서 흔히 서로 돕는 연합관계를 형성한다. 필리핀원숭이들은 평균적으로
40~50마리 정도의 무리에서 살며, 소규모 하위 무리에는 각각 2~9마
리의 성체 수컷이 있다. 일부 주변적인 동물이나 홀로 지내는 동물도 있
고, 젊은 개체들이 모인 큰 하위 무리도 발생한다.

설명

행동 표현 : 수컷 보넷원숭이들은 이성애 교미 때와 동일한 후배위 자세
를 사용하여 서로 자주 마운트한다. 수컷마다 자기가 마운트하는 파트너
를 2~5마리씩 가지고 있으며, 각 수컷은 마운트하는 횟수나 마운트되는
횟수에 차이가 있다. 어떤 수컷은 동성애 마운팅의 9%에서만 마운티 역
할을 했고, 또 다른 수컷은 모든 마운팅에서 마운티 역할만 했다. 하지만
평균적으로 마운터-마운티 행동의 비율은 거의 같으며, 상호 간의 마운
트도 역시 일어난다. 게다가 수컷 보넷원숭이들은 흔히 연합 '유대' 안
에서 매우 다양한 같은 성 애정 행동이나 성적인 행동을 보인다. 다른 수

컷을 자위해주는 것은 모든 연령 집단
에서 흔한데, 특히 젊은 수컷에서 일반
적으로 나타난다. 이때 한 수컷은 다른
수컷의 페니스를 잡고 애무하며, 심지
어 그런 식으로 사정을 하면 정액을 먹
기도 한다(상호 자위도 발생한다). 수컷
들은 또한 때로 서로의 음낭을 잡고 부
드럽게 잡아당긴다. 흔히 이 행동은 포
옹이나 코비비기, 엉덩이 움켜쥐기, 혀
를 끌끌 차기, 그리고 상대방의 목이나
어깨에 입을 대기 등과 결합해, 이 모
든 것들과 함께 의식화한 '인사' 상호
작용을 형성한다. 동성애 상호작용의

인도에서 나이 든 수컷 보넷원
숭이가 어린 수컷을 마운트하
고 있다.

특유한 또 다른 행동에는, 수컷 두 마리가 모두 자기 엉덩이와 생식기 부
위를 리드미컬하게 문지르며, 흔히 등을 대고 다리 사이로 손을 뻗어 서
로의 생식기를 애무하는 것이 있다. 암컷들 사이에서도 이러한 행동이
일어나며, 암컷 간 마운팅도 역시 발생한다.

필리핀원숭이 수컷에서도 동성애 마운팅이 발생한다. 또한 수컷 필리
핀원숭이들은 다른 수컷의 생식기와 항문 부위를 입에 물고 애무하기도
하며, 이때 검지를 사용하여 그 부위를 샅샅이 살피기도 한다. 수컷들은
또한 서로 강한 성적인 우정을 발전시키기도 하는데, 특히 나이 든 수컷
과 젊은 수컷 사이에 자주 발생한다. 포획 상태에서 관찰된 한 쌍에서 애
정 어린 포옹은 자주 성적인 흥분과 동성애 마운팅을 불러일으켰고, 흔
히 흥분해서 입술을 쩝쩝거리는 소리나 흥얼거리는 소리를 내기도 했다.
이때 수컷은 때로 마운트 도중 상대에게 키스하기 위해 고개를 돌리기도
했다. 필리핀원숭이에서는 합의한 마운팅과 합의하지 않은 마운팅이 둘

다 발생한다. 전자(수컷 간 마운트의 54%)에서 마운트된 동물은 다른 수컷의 무게를 지탱하며 가만히 서서 완전하게 협조한다(그리고 먼저 상대에게 접근했을 수도 있다). 합의하지 않은 마운트(수컷 간 마운트의 46%)에서는 마운팅하는 동물이 상대를 구석으로 몰아서 붙잡아 누르게 된다(이성애 마운트에서도 마찬가지이다). 수컷 필리핀원숭이들도 가끔 다른 종들과 동성애적인 접촉을 한다. 야생 필리핀원숭이는 때로 수컷 오랑우탄이 자기에게 펠라티오하는 것을 허용하기도 했고, 포획 상태에서는 여러 영장류가 아닌 종(예를 들어 여우)의 수컷들과 교미를 시도하는 것으로도 알려져 있다.

빈도 : 수컷 보넷원숭이에서 동성애 마운팅은 매우 흔하다. 일부 개체군에서는 같은 성 간의 마운트가 이성애 마운트 횟수를 4대 1로 초과하기도 하며, 수컷들 간의 마운트가 전체 마운트의 31%에서 79%를 차지한다. 수컷들 간의 성적인 행동과 애정 행동은 그러한 상호작용의 약 1/4에서 발생한다. 암컷의 동성애 활동은 다소 드물다. 한 연구에서는 암컷 간의 마운팅 비율은 수컷 간에 일어나는 것보다 2~7배 낮았지만, 암컷 간에 일어나는 상호 엉덩이 문지르기는 수컷 간의 비율보다 약간 낮을 뿐이었다. 필리핀원숭이에서 동성애 마운팅은 모든 마운팅의 17~30%를 차지하며, 수컷 간 모든 상호작용의 10%는 마운팅과 관련이 있다(수컷과 암컷 간 모든 상호작용의 거의 50%를 마운팅이 차지하는 것과 비교된다).

성적 지향 : 거의 모든 수컷 보넷원숭이들이 동성애와 이성애 마운팅에 둘 다 참여하지만, 일반적으로 암컷보다 수컷 파트너를 더 많이 가지는 것으로 보인다. 일부 수컷들은 동성애 활동에 거의 참여하지 않는 반면(개체군 내 같은 성 마운트 중 약 10%를 차지한다), 다른 수컷들은 전체 동성애 마운트 중 절반 이상에 관련되기도 한다. 이성애 참여에서도 비슷

한 다양성이 일어난다. 그러나 이성애적으로 활동성이 가장 낮은 수컷이 반드시 동성애적으로 가장 활동성이 높은 것은 아니다. 즉 많은 경우에, 수컷 동성애 마운트에 여러 차례 참여하는 수컷이 이성애 마운트에도 여러 차례 참여한다. 필리핀원숭이에서 성적 성향에 대한 양적인 정보는 없다. 그러나 포획 상태에서 관찰된 바에 따르면 수컷은 동성애와 이성애 교미를 둘 다 하며, 때로는 두 가지를 비교적 자주 번갈아 하기도 한다. 게다가 서로 '유대'를 형성한 수컷들은 이성애 활동을 중간에 한다 해도 헤어지지 않고 상대를 선호한다. 그러한 수컷들을 서로 분리했다가 만나게 하면 서로 부리나케 포옹하고, 중단되었던 성적인 관계를 다시 이어간다.

비생식적이고 대체 가능한 이성애

위에서 언급했듯이 필리핀원숭이에서 이성애 교미는 항상 합의된 것은 아니다. 그러한 마운트 중 약 19%는 암컷이 강요한다. 게다가 수컷 필리핀원숭이는 때로 작은 새끼와 암컷을 심하게 공격하고, 암컷에게 성적으로 접근하고 생식하기 위해 새끼를 죽이기도 한다. 보넷원숭이와 필리핀원숭이 모두 다양한 비생식적 행동을 한다. 필리핀원숭이 암컷은 임신 기간에 교미를 하고(대개 처음 2~3주 동안은 그렇지 않지만), 암수 간 교미의 절반 이상은 사정을 수반하지 않는다. 두 종 모두 암컷은 여러 마리의 수컷 파트너와 짝짓기를 한다. 예를 들어 6개월의 기간 동안, 각각의 암컷 필리핀원숭이는 평균 45회 짝짓기를 했고, 일부는 110회 이상 짝짓기를 했다. 암컷 보넷원숭이는 최대 3마리의 서로 다른 수컷과 연속적으로 짝짓기하며, 암컷이 수컷을 마운트하기도 한다(역마운팅). 또한 수컷 보넷원숭이는 암컷의 질에 손가락을 집어넣고 핥거나 냄새를 맡기도 한다. 많은 다른 영장류들과 달리, 보넷원숭이에서의 이러한 행동은 단순히 암컷의 성적인 수용성을 점검하는 방법으로 보이지는 않는다. 암수 보넷원숭이 모두 자위를 하며, 암컷은 때로 혁신적인 기술을 사용한다(예를 들어 물건을 사용하거나 다리 사이에 꼬리를 잡아당겨 음순을 문지르며, 골반찌르기 동작을 한다). 필리핀원숭이들은 흥미로운 형태의 '불륜'을 저지른다. 즉 이성애 짝짓기는 일반적으로 단기간의 유대 관계나 배우자 관계 안에서 일어나는데, 어떤 개체군 중 거의 20%는 일부일처제였지만, 전체 암컷의 절반과 수컷의 거의 3/4이 배우자 관계 기간 동안 다른 파트너를 '훔쳐' 짝짓기를 하고, 이후 원래 파트너에게 돌아갔다. 보넷원숭이의 사회 시스템에는 상당한 수의 근친교배가 있으며, 생존 가능한 자손을 낳는 어미-아들 간의 근친상간도 일어난다.

출처   *별표가 있는 출처는 동성애와 트랜스젠더에 대해 논의한다.

* Bernstein, S. (1970) "Primate Status Hierarchies." In L. A. Rosenblum, ed., *Primate Behavior: Developments in Field and Laboratory Research*, vol.1, pp. 71–109. New York: Academic Press.

Emory, G. R., and S. J. Harris (1978) "On the Directional Orientation of Female Presents in *Macaca fascicularis*." *Primates* 19:227–29.

* Hamilton, G, V. (1914) "A Study of Sexual Tendencies in Monkeys and Baboons." *Journal of Animal Behavior* 4:295–318.

* Kaufman, I. C., and L. A. Rosenblum (1966) "A Behavioral Taxonomy for *Macaca nemestrina* and *Macaca radiata*: Based on Longitudinal Observation of Family Groups in the Laboratory." *Primates* 7:205–58.

* Makwana, S. C. (1980) "Observations on Population and Behavior of the Bonnet Monkey, *Macaca radiata*." *Comparative Physiology and Ecology* 5:9–12.

Moore, J., and R. Ali (1984) "Are Dispersal and Inbreeding Avoidance Related?" *Animal Behavior* 32:94–112.

* Nolte, A. (1955) "Field Observations on the Daily Routine and Social Behavior of Common Indian Monkeys, with Special Reference to the Bonnet Monkey (*Macaca radiata Geofiioy*)." *Journal of the Bombay Natural History Society* 53:177–84.

Noordwijk, M. A. van (1985) "Sexual Behavior of Sumatran Long-tailed Macaques

(*Macaca fascicularis*)." *Zeitschrift für Tierpsychologie* 70:277–96.

* Poirier, F. E., and E. O. Smith (1974) "The Crab–Eating Macaques (*Macaca fascicularis*) of Angaur Island, Palau, Micronesia." *Folia Primatologica* 22:258–306.

Rahaman, H. and. M. D. Parthasarathy (1969) "Studies on the Social Behavior of Bonnet Monkeys." *Primates* 10:149–62.

* ——(1968) "The Expressive Movements of the Bonnet Macaque." *Primates* 9:259–72.

* Rasmussen, D. R. (1984) "Functional Alterations in the Social Organization of Bonnet Macaques (*Macaca radiata*) Induced by Ovariectomy: An Experimental Analysis." *Psychoneuroendocrinology* 9:343–74.

* Silk, J. B. (1994) "Social Relationships of Male Bonnet Macaques: Male Bonding in a Matrilineal Society." *Behavior* 130:271–92.

——(1993) "Does Participation in Coalitions Influence Dominance Relationships Among Male Bonnet Macaques?" *Behavior* 126:171–89.

Sinha, A. (1997) "Complex Tool Manufacture by a Wild Bonnet Macaque, *Macaca radiata*." *Folia Primatologica* 68:23–25.

* Simonds, P. E. (1996) Personal communication.

* ——(1965) "The Bonnet Macaque in South India." In I. DeVore, ed., *Primate Behavior: Field Studies of Monkeys and Apes*, pp. 175–96. New York: Holt, Rinehart, & Winston.

* Sugiyama, Y. (1971) "Characteristics of the Social Life of Bonnet Macaques (*Macaca radiata*)." *Primates* 12:247–66.

* Thompson, N. S. (1969) "The Motivations Underlying Social Structure in Macaca irus." *Animal Behavior* 17:459–67.

* ——(1967) "Some Variables Affecting the Behavior of Irus Macaques in Dyadic Encounters." *Animal Behavior* 15:307–11.

돼지꼬리원숭이
Macaca nemestrina

검정짧은꼬리원숭이
Macaca nigra

동성애	트랜스젠더	행동		랭킹	관찰
● 암컷	○ 간성	○ 구애	○ 짝 형성	○ 중요	● 야생
● 수컷	○ 복장도착	● 애정표현	○ 양육	● 보통	○ 반야생
		● 성적인 행동		○ 부수적	● 포획 상태

돼지꼬리원숭이

식별 : 올리브 빛의 갈색 털과 짧고 곱슬곱슬하며 거의 털이 없는 꼬리를 가진 중간 크기의
원숭이 (수컷은 최대 13.6킬로그램).

분포 : 버마에서 수마트라에 이르는 동남아시아 지역, 취약.

서식지 : 숲.

연구지역 : 인도네시아 서수마트라 케린치 산 근처, 말레이시아 서부 버남강, 워싱턴과 여
키즈 지역 영장류 연구센터, 뉴욕 주립대학교, 토리노 동물원.

아종 : 남부돼지꼬리원숭이 *M.n. nemestrina*

검정짧은꼬리원숭이

식별 : 두드러진 볏과 큰 광대뼈, 솟은 이마, 그리고 짧은 꼬리를 가진 전신이 검은 원숭이.

분포 : 인도네시아 술라웨시, 멸종위기.

서식지 : 열대림.

연구지역 : 인도네시아 북술라웨시 탕코-두아수다라 자연보호구역, 오리건 및 여키즈 지역 영장류 연구센터, 워싱턴 시애틀 우드랜드파크 동물원.

사회조직

이 두 종 모두 혼성 무리를 이루어 사는데, 돼지꼬리원숭이는 약 15~40마리, 검정짧은꼬리원숭이는 약 40~90마리까지 개체가 모인다. 돼지꼬리원숭이 무리는 수컷은 성숙하면 이주하고, 암컷은 본래(태어난)의 무리에 남는 모계집단이다. 이성애 교미 체계는 난혼제다. 즉 암수 모두 여러 파트너와 교미를 한다. 작은 규모의 검정짧은꼬리원숭이 무리(6~15마리)에는 성체 수컷이 한 마리만 있는 경우도 있다.

설명

행동 표현 : 돼지꼬리원숭이는 키스와 동성애 마운트를 한다. 수컷 돼지꼬리원숭이들은 이성애 교미에서 발견되는 자세(한 수컷이 다른 수컷의 뒤에 서서, 손으로는 상대의 허리를 움켜쥐고, 발로는 종아리를 움켜쥔다)로 서로를 마운트하며, 때로는 페니스가 발기해서 골반찌르기를 한다(항문 삽입은 일어나지 않는다). 암컷들끼리도 같은 체위를 사용하며 때로 암컷 파트너에게 골반찌르기를 한다. 대개 마운팅하는 암컷은 흥분상태다. 어떤 돼지꼬리원숭이는 오직 한 파트너와만 같은 성 마운팅을 하는 반면, 다른 개체는 여러 파트너(암컷은 7마리까지 이르지만 평균은 3마리)를 가진다. 개체가 동성애 만남에서 마운팅을 선호하는지와 마운트되는 것을 선호하는지 여부는 각각 다르다. 즉 일부는 한 가지만 좋아하지만, 대부분은 다양하게 마운터와 마운티 행동을 조합한다. 심지어 수컷은 서로 다른 마

두 마리의 암컷 검정짧은꼬리원숭이가 서로 자위를 해주고 있다.

운팅 때마다 위치를 교대하며 번갈아 마운트를 하기도 한다. 같은 성 키스(입과 입의 접촉)는 이성애 키스보다 더 자주 발생하며 암컷 사이에서 가장 흔하다. 하지만 많은 암컷 동성애 마운트는 마운트를 간청하지 않은 채로 일어난다는 점에서 '강제'적인 면이 있고, 따라서 공격성이 개입할 수 있다. 이성애 마운트에서 동의가 없는 마운트는 약 18%이지만, 암컷들 사이에서는 그러한 마운트가 48%에 이른다. 수컷들 사이에는 어떠한 강제적 마운트도 일어나지 않는다. 일부 같은 성 마운팅은 근친상간이다. 예를 들어, 어미와 딸 또는 같은 성의 형제자매 사이에서 일어나는 식이다.

검정짧은꼬리원숭이도 돼지꼬리원숭이에서 발견되는 것처럼 암수가 여러 가지의 동성애 마운팅에 참여한다. 암컷은 흔히 마운팅한 상대 암컷의 다리를 붙잡기 위해 손을 뻗는 경우가 많은데, 이는 오르가슴의 징후로 추정되며(이성애 마운팅에서도 발생한다), 다른 수컷에게 마운트된 수컷이 자기 페니스를 애무하는 경우도 흔하다. 때로 마운팅을 하기 전에 엉덩이로 유혹하기rear-end flirtation라고 알려진 초대 몸짓이 먼저 일어나는데, 한 수컷이 다른 수컷의 옆을 지나치며 엉덩이를 선보이게 된다. 이 종에서 어린 수컷은 흔히 나이가 많은 수컷을 마운트한다. 많은 다른 동성애 활동이 검정짧은꼬리원숭이에서 일어난다. 암컷들은 반대 방향을 보며 나란히 서서 서로의 외음부를 어루만지고 냄새를 맡는 동성애 관계 특유의 상호 자위행위를 하며, 때로는 직접 클리토리스를 자극하기도 한다. 수컷들은 흔히 에로틱한 털손질의 형식에 참여하는데, 이때 한 수컷은 다른 수컷을 손, 입술, 혀를 사용하여 손질하게 되고, 털손질을 받는 수컷은 대개 발기를 하고 자기 페니스를 손바닥 사이에 굴리거나 핥으며 자위하기도 한다(만일 사정을 하게 되면 자기 정액을 먹는 경우가 많다). 털손질을 해주는 동물도 흔히 성적인 흥분을 일으키는데, 이는 그의 발기를 보면 알 수 있다. 수컷들(특히 젊은 수컷들)은 또한 포옹, 얼굴 핥기 혹은 키스, 발기한 음경을 애무하거나 움켜쥐기, 마운팅, 엉덩이 더듬기 등 의례적인 에로틱한 '인사' 몸짓을 서로 사용한다.

빈도: 돼지꼬리원숭이에서 같은 성 마운팅은 자주 발생하며, 모든 마운팅 활동의 7~23%를 차지한다. 모든 키스의 3/4 이상은 암컷들 사이에서 일어난다. 검정짧은꼬리원숭이에서는 모든 마운트 활동의 약 5~8%가 수컷들 사이에 발생한다. 수컷들 간의 의식화한 페니스 움켜쥐기나 애무하기는 이 종에서 정기적으로 발생하며 일부 야생 개체군에서는 매주, 때로는 매일 관찰되기도 한다.

성적 지향: 대부분의 돼지꼬리원숭이는 같은 성 마운팅과 반대쪽 성 마운팅에 모두 관여하는 양성애인 것으로 보인다. 그러나 각 개체가 동성애 활동을 얼마나 하는지는 연속체를 따라 다양하다. 즉 일부 수컷의 경우 동성애 비율이 8%에 불과한 반면, 다른 수컷의 경우 마운팅 활동의

거의 2/3가 같은 성 간에 일어났다. 검정짧은꼬리원숭이에 대해서는 구체적인 정보를 얻기가 힘들지만, 비슷한 성적 지향의 프로필을 가지고 있는 것으로 보인다. 예를 들어 한 야생 무리에서 모든 수컷은 다양한 정도로 이성애와 동성애 마운팅(과 페니스 움켜쥐기)에 참여했다.

비생식적이고 대체 가능한 이성애

위에서 언급했듯이 돼지꼬리원숭이의 일부 이성애 교미는 암컷이 내켜하지 않는 참여자라는 점에서 강요성을 띤다. 또한 돼지꼬리원숭이에서 공격적인 상호작용의 1/3 이상이 수컷과 암컷 사이에 발생한다(이 중 73%는 수컷이 암컷을 공격한다). 포획 상태의 돼지꼬리원숭이에서 영아살해가 목격되기도 했다. 어떤 경우에는 성체 수컷이 영아의 머리와 목에 상처를 입혀 태어난 지 하루 만에 죽이기도 했다. 또한 이 종을 33년간 연구한 결과(7세대 400마리 가까이) 새끼 8마리 중 1마리는 어미로부터 신체적 학대를 받거나 방치되는 것으로 나타났다. 여기에는 땅바닥에 질질 끌고 가거나, 손가락이나 꼬리를 물어뜯거나, 눈 주위를 강박적으로 털손질해서 심한 눈 손상이나 실명을 일으키거나, 머리나 몸을 땅에 짓찧거나, 어미가 버리거나, 굶기는 일이 포함된다. 신체적 학대는 전체 돼지꼬리원숭이 새끼의 부상이나 사망의 약 1/3을 차지하는데, 이는 가족 내력인 것으로 보이며 보통 대를 따라 자손에게 반복된다. 또한 영아 유괴도 전형적으로 비생식 암컷에 의해 간혹 발생하며, 영아는 유괴를 당할 때 부상을 입을 수 있다.

이 두 종에서도 여러 비생식적인 성행위가 발생한다. 돼지꼬리원숭이 수컷은 전체 마운트의 8~15%를 배란을 하지 않는 암컷과 하고, 이성애 행동의 1~2%는 암컷이 수컷을 마운팅하는 것이 차지한다(역마운팅). 또한 암컷 돼지꼬리원숭이는 한 번의 발정기 동안 최대 5마리의 다른 수컷과 짝짓기를 할 수 있다. 어미-아들 간의 마운팅도 발생한다. 이 두 종의 이성애 마운트에는 때로 삽입이 없다. 예를 들어, 검정짧은꼬리원숭이 암수 마운트 중 거의 1/5은 '의례화'한 것이거나 교미가 없이 이루어진다. 수컷 돼지꼬리원숭이와 검정짧은꼬리원숭이는 자위도 하는데 때로 자신의 정액을 먹기도 한다. 또한 암컷 검정짧은꼬리원숭이도 때로 질에 손가락을 삽입하고 동시에 한 손으로 엉덩이를 찰싹 때리는 방식으로 자위하기도 한다. 수컷 영아와 아주 어린 수컷 검정짧은꼬리원숭이는 흔히 성체 암컷을 마운트하고 골반찌르기를 하며 심지어 삽입도 한다. 마지막으로, 자연 유산이 돼지꼬리원숭이에서 발생하는데, 흔히 암컷의 여러 가지 혈중 생리학적 변화와 관련이 있다. 포획 상태의 한 연구에서는 임신 중 14%가 낙태로 종료된 것으로 나타났다(유산 위험이 크지 않은 암컷 중에서).

기타 종

동성애 마운트 현상은 히말라야원숭이의 다른 세 종인 사자꼬리원숭이*Macaca silenus*, 토기안마카크원숭이*Macaca tonkeana*, 그리고 무어마카크원숭이*Macaca maurus*에서도 일어난다. 뒤의 두 종에서 마운팅 활동의 11~13%는 같은 성 사이에 일어난다.

출처   *별표가 있는 출처는 동성애와 트랜스젠더에 대해 논의한다.

* Bemstein, I. S. (1972) "Daily Activity Cycles and Weather Influences on a Pigtail Monkey Group." *Folia Primatologica* 18:390–415.

* ——(1970) "Primate Status Hierarchies." In L. A. Rosenblum, ed., *Primate Behavior: Developments in Field and Laboratory Research*, vol.1, pp. 71–109. New York: Academic Press.

* ——(1967) "A Field Study of the Pigtail Macaque (*Macaca nemestrina*)." *Primates* 8:217–28.

Bernstein, I. S., and S. C. Baker (1988) "Activity Patterns in a Captive Group of Celebes

Black Apes (*Macaca nigra*)." *Folia Primatologica* 51:61–75.

* Bound, V., H. Shewman, and J. Sievert (1988) "The Successful Introduction of Five Male Lion–tailed Macaques (*Macaca silenus*) at Woodland Park Zoo." In *AAZPA Regional Conference Proceedings*, pp. 122–31. Wheeling, W.Va.: American Association of Zoological Parks and Aquariums.

* Caldecott, J. O. (1986) *An Ecological and Behavioral Study of the Pig–Tailed Macaque.* Basel: Karger.

* Dixson, A. F. (1977) "Observations of the Displays, Menstrual Cycles, and Sexual Behavior of the 'Black Ape' of Celebes (*Macaca nigra*)." *Journal of Zoology*, London 182:63–84.

* Giacoma, C., and P. Messeri (1992) "Attributes and Validity of Dominance Hierarchy in the Female Pigtail Macaque." *Primates* 33:181–89.

* Kaufman, I. C., and L. A. Rosenblum (1966) "A Behavioral Taxonomy for *Macaca nemestrina* and *Macaca radiata*: Based on Longitudinal Observation of Family Groups in the Laboratory." *Primates* 7:205–58.

Kyes, R. C., R. E. Rumawas, E. Sulistiawati, and N. Budiarsa (1995) "Infanticide in a Captive Group of Pigtailed Macaques (*Macaca nemestrina*)." *American Journal of Primatology* 36:135–36.

Maestripieri, D., K. Wallen, and K. A. Carroll (1997) "Infant Abuse Runs in Families of Group–Living Pigtail Macaques." *Child Abuse & Neglect* 21:465–71.

* Matsumura, S., and K. Okamoto (1998) "Frequent Harassment of Mounting After a Takeover of a Group of Moor Macaques (*Macaca maurus*)." *Primates* 39:225–30.

* Nickelson, S. A., and J. S. Lockard (1978) "Ethogram of Celebes Monkeys (*Macaca nigra*) in Two Captive Habitats." *Primates* 19:437–47.

Oi, T. (1996) "Sexual Behavior and Mating System of the Wild Pig–tailed Macaque in West Sumatra." In J. E. Fa and D. G. Lindburg, eds., *Evolution and Ecology of Macaque Societies*, pp. 342–68. Cambridge: Cambridge University Press.

* ——(1991) "Non–copulatory Mounting of Wild Pig–tailed Macaques (*Macaca nemestrina nemestrina*) in West Sumatra, Indonesia." In A. Ehara, T. Kimura, O. Takenaka, and M. Iwamoto, eds., *Primatology Today*, pp. 147–50. Amsterdam: Elsevier Science Publishers.

* ——(1990a) "Patterns of Dominance and Affiliation in Wild Pig–tailed Macaques (*Macaca nemestrina nemestrina*) in West Sumatra." *International Journal of Primatology* 11:339–55.

——(1990b) "Population Organization of Wild Pig–tailed Macaques (*Macaca nemestrina nemestrina*) in West Sumatra." *Primates* 31:15–31.

* Poirier, F. E. (1964) "The Communicative Matrix of the Celebes Ape (*Cynopithecus niger*): A Study of Sixteen Male Laboratory Animals." Master's thesis, University of Oregon.

* Reed, C. (1997) Personal communication.

* Reed, C., T. G. O'Brien, and M. F. Kinnaird (1997) "Male Social Behavior and Dominance Hierarchy in the Sulawesi Crested Black Macaque (*Macaca nigra*)." *International Journal of Primatology* 18:247–60.

Schiller, H. S., G. P. Sackett, W. T. Frederickson, and L. J. Risler (1983) "Maintenance of High–density Lipoprotein Blood Levels Prior to Spontaneous Abortion in Pig–tailed Macaques (*Macaca nemestrina*)." *American Journal of Primatology* 4:127–33.

* Skinner, S. W., and J. S. Lochard (1979) "An Ethogram of the Liontail Macaque (*Macaca silenus*) in Captivity." *Applied Animal Ethology* 5:241–53.

* Thierry, B. (1986) "Affiliative Interference in Mounts in a Group of Tonkean Macaques (*Macaca tonkeana*)." *American Journal of Primatology* 11:89–97.

* Tokuda, K., R. C. Simons, and G. D. Jensen (1968) "Sexual Behavior in a Captive Group of Pigtailed Monkeys (*Macaca nemestrina*)." *Primates* 9:283–94.

개코원숭이 / 영장류

사바나개코원숭이
Papio cynocephalus

망토개코원숭이
Papio hamadryas

겔라다개코원숭이
Papio gelada

동성애	트랜스젠더	행동		랭킹	관찰
● 암컷	● 간성	○ 구애 ● 짝 형성		○ 중요	● 야생
● 수컷	○ 복장도착	● 애정표현 ○ 양육		● 보통	○ 반야생
		● 성적인 행동		○ 부수적	● 포획 상태

사바나개코원숭이

식별 : 털 색깔이 다양하고 (녹색에서 황갈색, 회색까지) 친숙한 개코원숭이. 개를 닮은 머리
에 검은 얼굴이고 긴 꼬리 (수컷의 경우 60센티미터 이상) 가 있다.

분포 : 적도 부근, 동부, 남아프리카.

서식지 : 덤불, 사바나, 삼림.

연구지역 : 탄자니아 곰베천 국립공원, 우간다의 퀸엘리자베스 국립공원, 케냐 암보셀리
　　　　　국립공원과 길길과 아티 강 근처, 남아프리카 공화국의 희망봉 자연보호구역,
　　　　　나미비아.

아종 : 올리브개코원숭이 *P.c. anubis*, 차크마개코원숭이 *P.c. ursinus*, 노란개코원숭이 *P.c.*
　　　 cynocephalus.

망토개코원숭이

식별 : 성체 수컷이 눈에 띄는 은회색 '망토', 혹은 어깨 갈기를 가진 회색 개코원숭이.

분포 : 소말리아, 에티오피아, 사우디아라비아 남부, 예멘.

서식지 : 준사막, 스텝지대, 사바나 삼림지대, 바위 지형.

연구지역 : 동부 에티오피아 에레르-고타 지역, 브룩필드(일리노이)와 런던 동물원.

겔라다개코원숭이

식별 : 갈색 개코원숭. 성체 수컷은 두꺼운 '망토' 모양의 털을 가지고 있으며, 암컷과 수
　　　 컷 모두 가슴 위에 모래시계 모양의 맨살을 가지고 있다. 발정기 암컷은 맨살 주변을
　　　 두툼해진 '염주모양'이 둘러싸게 된다.

분포 : 에디오피아 북부 및 중부.

서식지 : 산악초원, 바위고원.

연구지역 : 에디오피아 시미엔산 국립공원, 조지아주 여키즈 지역 영장류 연구센터, 텍사
　　　　　스 샌안토니오 동물원.

사회조직

사바나개코원숭이는 30~100마리씩 무리를 지어 살며, 성체 수컷과 암
컷을 모두 포함하고 있다. 암컷은 평생 무리에 남아 있기 때문에 모계의
중심을 형성하지만, 수컷은 성년이 되면 새로운 집단으로 이주하는 경우
가 많다. 그러나 일부 무리는 개체들이 좀처럼 떠나려 하지 않기 때문에

근친 경향이 강하다. 반대로 겔라다개코원숭이와 망토개코원숭이는 대규모로 무리를 지어 살며, 하렘harem이라고 불리는 집단을 포함한다. 하렘 집단에서는 수컷 한 마리가 암컷 여러 마리를 거느린다. 겔라다개코원숭이의 경우 집단의 암컷들 사이에 일차적인 사회적 유대관계가 있는 반면(사바나개코원숭이처럼 서로 친척관계다), 망토개코원숭이는 수컷과 암컷 사이에 일차적인 유대관계가 있다. 다른 많은 영장류들과 달리 망토개코원숭이는 수컷이 집단에 남고 암컷이 이주한다. 겔라다개코원숭이 또한 비번식 수컷으로 구성된 '독신자' 무리가 있으며, '독신자' 망토개코원숭이나 겔라다개코원숭이 수컷은 때로 하렘 집단과 어울리며 수컷 우두머리와 친밀한 관계를 맺기도 한다.

설명

행동 표현 : 이 개코원숭이는 3종 모두 수컷들과 암컷들 사이에 동성애 마운팅이 일어난다. 체위는 이성애 교미를 할 때 사용하는 자세와 비슷하다. 즉 마운팅하는 동물은 손을 마운티의 아래쪽 등에 얹고 발로 마운티의 발목이나 허벅지를 꽉 움켜쥔다. 양쪽 성 모두 동성애 마운트 동안 골반찌르기를 한다. 대개 수컷은 발기를 하고, 적어도 일부 사바나개코원숭이 수컷 간의 마운트에서는 사정도 일어난다. 수컷 사바나개코원숭이는 같은 성 마운트 도중 자신의 성기나 파트너의 성기를 어루만지는 경우가 있고, 수컷 마운터는 동성애 마운트가 끝나면 파트너의 목을 부드럽게 물거나 코를 비빈다. 수컷 겔라다개코원숭이가 다른 수컷을 자위해주는 것도 관찰되었다. 이러한 종의 암컷은 '발정'기와 성적인 주기가 아닌 시기에 모두 서로 마운트를 한다. 사바나개코원숭이 레즈비언 마운트의 약 9%는 임신한 암컷이 다른 암컷을 마운팅하는 것이다. 대부분의 사바나개코원숭이와 겔라다개코원숭이 암컷은 무리의 다른 암컷과 친척관계이기 때문에, 적어도 일부 동성애 활동은 근친상간이다.

사바나개코원숭이에서는 부드러운 놀이 싸움 도중에 일어나는 경우처럼 다양한 맥락에서 동성애 마운팅이 일어난다. 이 종에서(다른 종에서도 어느 정도) 같은 성 간의 마운팅은 특히 수컷의 독특한 '인사' 상호작용의 일부로서 가장 두드러지게 나타난다. 두 수컷이 서로 만날 때마다 그들은 다양한 여러 성적인 접촉과 애정 어린 접촉을 할 뿐만 아니라, 동성애 마운팅과 마운트에 초대하는 의식화한 일련의 성적인 행동을 교환한다. 그러한 행동 중 하나는 디들링didling으로 알려져 있는데, 수컷들은 페니스를 만지거나 당기고 음낭을 어루만지며 서로의 생식기를 애무한다. 수컷은 또한 포옹을 하거나 머리나 입에 키스하며, 심지어 허리를 굽혀 다른 수컷의 페니스에 키스나 핥기, 또는 부드럽게 깨물기도 하고 사타구니와 허벅지에 코를 비비기도 한다. 때로 한 수컷이 다른 수컷의 등에 코를 비비기도 하는데, 특히 마운트를 하는 동안 자주 한다. 또 다른 '인사' 행동은 한 수컷이 다른 수컷의 엉덩이를 쓰다듬거나 움켜쥐고, 때로는 코를 비비거나 손으로 더듬는 것이다. 비록 '인사' 상호작용의 대부분이 비교적 짧고 일방적이지만, 가끔은 두 수컷은 연합 관계coalition로 알려진 더 가까운 유대 관계로 발전하기도 한다. 연합관계에서는 '인사' 상호작용이 더 광범위하고 빈번하며 양방향으로 발생한다. 이런 동맹을 맺은 파트너들은 번갈아 가며 성적인 행동을 주고받으며(특히 디들링을 한다) 서로를 보호하고 돕는 경우가 많다. 이러한 수컷들 간의 연대는 안정적으로 오랫동안 지속하여 수년을 가기도 한다.

사바나개코원숭이에서는 여러 다른 종류의 간성이나 자웅동체 개체가 자연적으로 발생한다. 남아프리카의 개체군에서 성별 혼합을 한 개체는 때로 무리에서 높은 서열을 가진 강력한 구성원이 되기도 한다. 이런 동물들은 암컷의 생식기와 내부 장기를 가지고 있지만, 유선 발달은 되어 있지 않다. 유전학적으로 그들은 수컷(XY 염색체)이며, 덩치가 크고(간성이 아닌 암컷보다 크고 때로는 수컷보다 큰 경우도 있다), 성적으로 흔히 수컷들과 상호작용한다. 개코원숭이에서는 일부 암컷 내부 생식기(예를 들어 자궁과 나팔관)와 수컷 외부 생식기(고환을 포함해서)를 가진 또 다른 형태의 간성 동물이 발견되었다.

빈도 : 사바나 개코원숭이들 사이에서 동성애 활동은 흔하다. 모든 마운팅 행동의 13~24%는 수컷 사이에서 발생하고 9%는 암컷 사이에서 일어난다. 의식화한 동성애 활동을 포함하는 '인사' 상호작용은 다른 형태의 수컷 상호작용보다 2배 이상 자주 발생하며 일부 무리에서는 대략 50분에 한 번꼴로 이루어진다. 일부 지역의 수컷 중 약 10%가 밀접하게 연결된 연합 관계를 형성하는데, 이는 수컷들 사이의 모든 쌍 관계의 약 2%를 차지한다. 망토개코원숭이에서 성적인 행동(동성애와 이성애)은 전반적으로 빈도가 낮지만, 성 활동의 약 1/3에서 2/3는 같은 성 동물들 사이에서 일어나는 것으로 보인다(대부분 수컷 사이에서). 야생 겔라다개코원숭이를 대상으로 한 연구에서 수컷들 간의 동성애 상호작용이 약 2시간에 한 번 관찰되었다. 포획 상태의 경우, 마운트 중 14~25%가 수컷들 사이에서 일어났고 2~3%는 암컷들 사이에 발생했다.

성적 지향 : 사바나개코원숭이에서 무리의 수컷 전부가 동성애적 '인사'에 참여한다는 것과 모든 성체 수컷(다른 수컷과 연합 관계에 있는 수컷도 포함해서)이 암컷과도 성적으로 활발하다는 것은 양성애의 정도가 높다는 것을 의미한다. 모든 암컷이 동성애 마운팅을 하는 것은 아니므로 암컷의 양성애 정도는 수컷보다는 덜한 것으로 보인다. 망토개코원숭이에서 하렘을 소유한 수컷은 수컷과 암컷을 모두 마운팅하는 양성애자일 수 있는 반면, 하렘을 소유한 겔라다개코원숭이 수컷은 대개 배타적인 이성애자다(무리에 다른 수컷이 있을 경우 같은 성 생식기 만지기는 수행한다). 두 종 모두 일부 '독신자' 수컷은 동성애 활동, 특히 청소년과 젊은 성체 사이

의 관계에 집중한다. 예를 들어 겔라다 개코원숭이에서는 개체군의 평균 12%가 수컷 무리에 산다(여기에서 대개 같은 성 활동이 일어난다). 일부 지역에서는 이 비율이 40% 이상까지 높아지지만, 대부분의 수컷은 나중에 가면 결국 생식에 참여한다.

비생식적이고 대체 가능한 이성애

개코원숭이의 이성애적 행동의 대부분은 비생식적 활동이다. 사바나개코원숭이와 망토개코원숭이는 암컷이 임신할 수 없을 때 보통 짝짓기를 한다. 일부 사바나개코원숭이 개체군의 경우, 이성애 교미의 18%가 배란 주기의

탄자니아의 두 수컷 사바나개코원숭이 사이의 마운팅

수정 불가능한 단계에서 발생하며(월경 포함), 짝짓기의 2~12%는 암컷이 이미 임신했을 때 발생한다. 그러나 대부분의 암컷들은 임신 중이거나 수유를 하는 동안 금욕을 유지하며, 사실상 성체 생애의 10% 미만 동안만 (이)성적으로 활동한다. 이성애 마운팅이 항상 삽입이나 사정을 동반하는 것도 아니다. 실제로 한 연구에서는 사바나개코원숭이의 반대쪽 성과의 교미 중 40% 미만에서만 '완전한' 교미를 하는 것으로 나타났다. 더욱이 질 성교 이외에도 생식기 애무나, 암컷이 수컷을 마운트하는 것(역마운팅) 같은 다양한 성적인 행동이 발생한다. 자위 또한 개코원숭이의 성적인 표현의 한 요소이며 몇 가지 혁신적인 기법을 사용한다. 즉 사바나개코원숭이 수컷은 손으로 페니스를 자극하거나, 자기 페니스를 핥으며, 자신의 성기를 땅에 문지르거나, 꼬리 끝으로 페니스를 두드린

다. 또한 암컷은 꼬리나 손가락으로 클리토리스와 회음부 부위를 자극한다. 암수 모두 털손질을 하는 동안 성적인 흥분을 보이는데, 수컷의 경우 성기가 규칙적으로 발기하는 '페니스 까딱거리기penis flicking' 형태를 보이고, 암컷의 경우 음순 및 클리토리스가 부풀어 오르며 '고동치는' 형태로 나타난다. 개코원숭이에서의 성적인 활동은 또한 번식에 적합하지 않은 파트너와의 교미로 나타난다. 성체 수컷 사바나개코원숭이와 성체 암컷 망토개코원숭이는 어린 동물과 짝짓기를 하기도 하며, 친족 무리에서 근친상간이 흔하게 일어난다. 또한 개코원숭이와 침팬지 사이의 '우정'과 성적인 행동이 야생에서 관찰되었다(그리고 포획된 암컷 사바나개코원숭이와 수컷 마카크 사이에서도 일어났다). 더불어 사바나개코원숭이에서는 임신할 수 없는 암컷이 종종 발견되는데, 이들은 한 무리에서 전체 성체 암컷의 10%를 차지하며 지속적으로 성적인 행동에 관여한다.

개코원숭이들 사이에서는 몇 가지 기타 비생식 형태가 발견된다. 예를 들어 망토개코원숭이는 생식에 일반적으로 참여하지 않는 상당한 수의 '독신자' 개체군을 가지고 있다(수컷 망토개코원숭이 개체군의 20%를 차지한다). 나이가 많은 암컷 사바나개코원숭이는 때로 번식은퇴 시기를 거치며, 번식기 수컷과 암컷은 흔히 서로 플라토닉한 '우정'을 맺는다. 그러나 개코원숭이의 성적인 관계는 때로 심각한 반목을 보이며 양쪽 성 간의 폭력까지도 나타나는 특징이 있다. 망토개코원숭이 하렘의 수컷은 암컷이 집단에서 이탈하지 못하도록 암컷의 목을 물어뜯으며 흔히 위협하고 공격한다. 성체 수컷 사바나개코원숭이는 때로 어린 암컷을 강간하여 심각한 상처를 입히기도 하며, 성체 암컷은 수컷의 짝짓기 시도 중 1/3을 피하거나 거부한다. 일부 개체군에서 외부의 수컷이 무리를 장악할 때 낙태와 영아살해가 발생한다. 그 수컷은 번식 기회를 극대화하기 위해 산모와 유아 모두를 맹렬하게 공격한다. 이러한 잔인한 공격의 결과로 암컷들은 유산을 하거나 심각한 상처를 입기도 하고, 유아들은 죽

임을 당하기도 한다. 또한 암컷이 다
른 암컷의 번식을 억제하기 위하여 공
격한다는 증거도 있다. 최근 겔라다개
코원숭이에서도 영아살해가 발견됐다.
많은 수컷 개코원숭이들이 유아의 '새
끼 돌보미' 역할을 한다. 물론 흔히 어
린 개코원숭이가 그들의 '새끼 돌보미'
와 다른 수컷들 사이의 싸움 중에 다치
기도 한다.

아프리카 남부의 수컷 사바나
개코원숭이가 다른 수컷의 생
식기에 코를 비비고 있다.

기타 종

동성애 활동은 몇몇 다른 종의 아프리카원숭이들에게서 일어난다. (수컷
과 암컷 모두에서) 같은 성 마운팅은 버빗원숭이 *Cercopithecus aethiops*(전체
마운팅에서 약 11%), 흰눈꺼풀망가베이 *cercocebus torquatus*(마운팅의 18%),
탈라포인 *Miopithecus talapoin*에게서 발견된다. 수컷 버빗 사이의 마운팅
은 때로 몸치장, 뒤에서 껴안기, 생식기 애무와 과시, 회음부와 음낭에
코 문지르기 등을 수반한다. 또한 탈라포인의 동성 마운팅은 포옹하기와
놀이 싸움을 하면서 일어날 수 있다. 파타스원숭이 *Erythrocebus patas* 중에
서, 청소년과 젊은 수컷은 때로 성체 수컷의 음낭과 성기를 쓰다듬고 코
를 문지른다.

출처　　　　　*별표가 있는 출처는 동성애와 트랜스젠더에 대해 논의한다.

* Abegglen, J.-J. (1984) *On Socialization in Hamadryas Baboons: A Field Study*.
　　Lewisburg, Pa.: Bucknell University Press.

* Bemstein, I. S. (1975) "Activity Patterns in a Gelada Monkey Group." *Folia*

Primatologica 23:50–71.

* ——(1970) "Primate Status Hierarchies." In L. A. Rosenblum, ed., *Primate Behavior: Developments in Field and Laboratory Research*, vol.1, pp. 71–109. New York: Academic Press.

* Bielert, C. (1985) "Testosterone Propionate Treatment of an XY Gonadal Dysgenetic Chacma Baboon." *Hormones and Behavior* 19:372–85.

* ——(1984a) "The Social Interactions of Adult Conspecifics with an Adult XY Gonadal Dysgenetic Chacma Baboon (*Papio ursinus*)." *Hormones and Behavior* 18:42–55.

* ——(1984b) "Estradiol Benzoate Treatment of an XY Gonadal Dysgenetic Chacma Baboon." *Hormones and Behavior* 18:191–205.

* Bielert, C., R. Bernstein, G. B. Simon, and L. A. van der Walt (1980) "XY Gonadal Dysgenesis in a Chacma Baboon (*Papio ursinus*)." *International Journal of Primatology* 1:3–14.

* Dixson, A. F., D. M. Scruton, and J. Herbert (1975) "Behavior of the Talapoin Monkey (*Miopithecus talapoin*) Studied in Groups, in the Laboratory." *Journal of Zoology*, London 176:177–210.

Dunbar, R. (1984) *Reproductive Decisions: An Economic Analysis of Gelada Baboon Social Strategies*. Princeton: Princeton University Press.

* Dunbar, R., and P. Dunbar (1975) *Social Dynamics of Gelada Baboons*. Basel: S. Karger.

* Fedigan, L. M. (1972) "Roles and Activities of Male Geladas (*Theropithecus gelada*)." *Behavior* 41:82–90.

* Gartlan, J. S. (1974) "Adaptive Aspects of Social Structure in Eryhthrocebus patas." In S. Kondo, M. Kawai, A. Ehara, and S. Kawamura, eds., *Proceedings from the Symposia of the Fifth Congress of the International Primatological Society*, pp. 161–71. Tokyo: Japan Science Press.

* ——(1969) "Sexual and Maternal Behavior of the Vervet Monkey, Cercopithecus aethiops." *Journal of Reproduction and Fertility*, supplement 6:137–50.

* Hall, K. R. L. (1962) "The Sexual, Agonistic, and Derived Social Behavior Patterns of the Wild Chacma Ba boon, *Papio ursinus*." *Proceedings of the Zoological Society of London* 139:283–327.

* Hausfater, G., and D. Takacs (1987) "Structure and Function of Hindquarter Presentations in Yellow Baboons (*Papio cynocephaltis*)." *Ethology* 74:297–319.

* Kummer, H. (1968) *Social Organization of Hamadryas Baboons*. Chicago: University of Chicago Press.

* Kummer, H., and F. Kurt (1965) "A Comparison of Social Behavior in Captive and Wild Hamadryas Baboons." In H. Vagtborg, ed., *The Baboon in Medical Research*, pp. 65–80. Austin: University of Texas Press.

* Leresche, L. A. (1976) "Dyadic Play in Hamadryas Baboons." *Behavior* 57:190–205.

* Marais, E. N. (1926) "Baboons, Hypnosis, and insanity." *Psyche* 7:104–10.

* ——(1922/1969) *The Soul of the Ape*. Nev/York: Atheneum.

* Maxim, P. E., and J. Buettner–Janusch (1963) "A Field Study of the Kenya Baboon." *American Journal of Physical Anthropology* 21:165–80.

Mori, A., T. Iwamoto, and A. Bekele (1997) "A Case of Infanticide in a Recently Found Gelada Population in Arsi, Ethiopia." *Primates* 38:79–88.

* Mori, U. (1979) "Individual Relationships within a Unit; Development of Sociability and Social Status." In M. Kawai (ed.) *Ecological and Sociological Studies of Gelada Baboons*, pp. 93–154. Basel: S. Karger.

* Noë, R. (1992) "Alliance Formation Among Male Baboons: Shopping for Profitable Partners." In A. H. Harcourt and F, B. M. de Waal, eds., *Coalitions and Alliances in Humans and Other Animals*, pp. 284–321. Oxford: Oxford University Press.

* Owens, N. W. (1976) "The Development of Sociosexual Behaviour in Free–Living Baboons, *Papio anubis*." *Behavior* 57:241–59.

Packer, C. (1980) "Male Care and Exploitation of Infants in *Papio anubis*." *Animal Behavior* 28:512–20.

Pereira, M. E. (1983) "Abortion Following the Immigration of an Adult Male Baboon (*Papio cynocephalus*)." *American Journal of Primatology* 4:93–98.

* Ransom, T. W. (1981) *Beach Troop of the Gombe*. Lewisburg, Pa.: Bucknell University Press; London and Toronto: Associated University Presses.

* Rowell, T. E. (1973) "Social Organization of Wild Talapoin Monkeys." *American Journal of Physical Anthropology* 38:593–98.

* ——(1967a) "Female Reproductive Cycles and the Behavior of Baboons and Rhesus Macaques." In S. A. Altmann, ed., *Social Communication Among Primates*, pp. 15–32. Chicago: University of Chicago Press.

* ——(1967b) "A Quantitative Comparison of the Behavior of a Wild and a Caged Baboon Group." *Animal Behavior* 15:499–509.

Saayman, G. S. (1970) "The Menstrual Cycle and Sexual Behavior in a Troop of Free Ranging Chacma Ba boons (*Papio ursinus*)." *Folia Primatologica* 12:81–110.

Smuts, B. B. (1987) "What Are Friends For?" *Natural History* 96(2):36–45.

——(1985) *Sex and Friendship in Baboons*. New York: Aldine.

* Smuts, B. B., and J. M. Watanabe (1990) "Social Relationships and Ritualized Greetings in Adult Male Baboons (*Papio cynocephaltis anubis*)." *International Journal of Primatology* 11:147–72.

* Struhsaker, T. T. (1967) *Behavior of Vervet Monkeys*(Cercopithecus aethiops). University of California Publications in Zoology, vol. 82. Berkeley: University of California Press.

* Wadsworth, P. P., D. G. Allen, and D. E. Prentice (1978) "Pseudohermaphroditism in a Baboon (*Papio anubis*)." *Toxicology Letters* 1:261–66.

Wasser, S. K., and S. K. Sterling (1988) "Proximate and Ultimate Causes of Reproductive Suppression Among Female Yellow Baboons at Mikumi National Park, Tanzania." *American Journal of Primatology* 16:97–121.

* Weinrich, J. D. (1980) "Homosexual Behavior in Animals: A New Review of Observations From the Wild, and Their Relationship to Human Sexuality." In R. Forleo and W. Pasini, eds., *Medical Sexology: The Third International Congress*, pp. 288–95. Littleton, Mass.: PSG Publishing.

* Wolfheim, J. H., and T. E. Rowell (1972) "Communication Among Captive Talapoin Monkeys (*Miopithecus talapoin*)." *Folia Primatologica* 18:224–55.

* Zuckerman, S. (1932) *The Social Life of Monkeys and Apes*. New York: Harcourt, Brace and Company.

다람쥐원숭이

Saimiri sciureus

제프로이타마린

Saguinus geoffroyi

동성애	트랜스젠더	행동		랭킹	관찰
● 암컷	○ 간성	● 구애 ● 짝 형성		○ 중요	○ 야생
● 수컷	○ 복장도착	● 애정표현 ● 양육		● 보통	● 반야생
		● 성적인 행동		○ 부수적	● 포획 상태

다람쥐원숭이

식별 : 심장 모양이나 두개골 모양의 분홍빛이 도는 흰색 얼굴, 긴 꼬리, 촘촘한 노란색 또는 회록색 털을 가진 작은 원숭이 (23~30센티미터).

분포 : 브라질, 콜롬비아를 포함한 대부분의 북동부 남아메리카 지역.

서식지 : 숲, 늪.

연구지역 : 플로리다 마이애미 원숭이정글, 캘리포니아 지역 영장류 연구센터, 산타바바라 캘리포니아 대학, 독일 뮌헨의 맥스-플랑크 정신의학 연구소.

제프로이타마린

식별 : 얼룩덜룩한 검은색과 황금색의 외피, 불그스름한 꼬리, 머리에 하얀 왕관 모양 털이 있는 다람쥐 크기의 원숭이.

분포 : 콜롬비아 북서부, 파나마 중부와 코스타리카.

서식지 : 열대림.

연구지역 : 파나마 바로 콜로라도 섬.

사회조직

다람쥐원숭이는 20~70마리로 이루어진 무리를 짓는데, 암컷의 대다수
는 이 무리에 산다. 젊은 수컷은 무리를 떠나 여러 해 동안 2~10마리의
원숭이들로 이루어진 수컷 '독신자' 무리에서 살다가, 이후에 주변적 구
성원으로서 혼성 무리에 합류한다. 암컷들은 보통 평생 고향 무리에 남
아 서로 강한 유대를 형성한다. 제프로이타마린은 보통 한 쌍의 수컷과
암컷만이 번식하는 3~9마리로 이루어진 무리를 구성한다. 무리의 나머
지는 그들의 자손, 그리고 친척이 아닌 성체 비번식 개체가 차지한다.

설명

행동 표현 : 암컷 다람쥐원숭이는 서로 구애하고 마운트한다. 동성애 구
애는 한 암컷이 다른 암컷을 마주 보고 고개를 갸웃거리면서 '가르
랑purring' 소리(연속해서 부드럽게 목뒤에서 내는 걸리는 듯한 소리)를 내는
것으로 시작한다. 이때 성기 과시genital display를 동반할 수 있는데, 간청
하는 암컷은 다른 암컷 앞에 자리를 잡고, 허벅지를 벌려 외음부와 충혈
하거나 발기한 클리토리스를 노출시킨다. 그리고 다른 암컷에게 마운트
를 권유하기 위해, 돌아서서 엉덩이를 보여주며 발을 벌리고 어깨 너머
로 바라본다. 엉덩이를 보여주는 암컷은 다른 암컷이 접근할 때마다 달
아나며 일종의 구애 '추적'이 일어나게 하므로, 이 행동은 여러 번 반복
되기도 한다. 마운팅은 이성애 교미에 사용되는 것과 같은 자세로 이루
어진다. 즉 한 암컷이 손으로는 상대방의 허리를 잡고, 발로는 종아리를

움켜쥐며 골반찌르기 동작을 한다. 마운트가 된 암컷은 성적인 상호작용을 하는 동안 자주 가르랑거린다. 때로는 두 마리의 암컷이 번갈아 마운팅을 하기도 하지만, 흔히 한 마리의 암컷이 좀 더 전형적인 마운터가 되고 다른 한 마리의 암컷은 마운티가 된다.

암컷 다람쥐원숭이들은 서로 성적으로 상호작용하는 짧고, 배우자 같은 유대 관계를 발전시키기도 한다(이성애 상호관계에서도 볼 수 있다). 더불어 이 종에서는 여러 다른 종류의 암컷 유대 관계가 형성된다. 암컷들은 흔히 함께 여행하고 휴식하는 친한 암컷 '친구' 한 명을 가지고 있다. 흔히 이들은 매우 애정 어린 관계로 발전하며 공동양육까지도 한다. 두 암컷은 자주 손을 만지고 입을 맞추며 껴안는다. 만일 한 마리가 어미일 경우, 다른 한 마리는 새끼를 키우는 것을 돕는다. 만약 둘 다 어미라면, 서로의 새끼를 코로 비비고 안고 포식자로부터 보호하면서 양육을 서로 돕게 된다. 일부 암컷은 다른 여러 어미가 낳은 새끼들에게도 공동어미로 행동하지만, 흔히 새끼는 공동어미와 강한 유대를 맺게 된다. 공동육아를 하는 암컷은 어미와 유전적으로 연관이 있을 필요는 없지만, 때로 '이모aunt'라고 알려져 있다. 이 암컷과 어미와의 관계는 흔히 육아 기간보다 오래 지속한다.

동성애 마운팅은 때로 수컷 다람쥐원숭이들 사이에서 발생하는데, 특히 어린 개체들 사이나 나이가 많은 파트너와 어린 파트너 사이에서 발생하며, 성체 수컷도 서로 생식기 과시를 수행한다. 열렬히 과시하는 동안, 수컷은 한쪽 손으로는 다른 수컷을 붙잡고 다른 손으로는 상대의 얼굴에 자신의 발기한 음경을 들이밀기도 하고, 심지어 다른 수컷의 등에 올라타기도 한다(상대 수컷 역시 때로 발기하기도 한다). 여러 마리의 수컷들이 생식기 과시를 하려고 할 때는 서너 마리 개체가 서로 몸을 비틀고 기어오르면서 공 모양을 만들거나 '포개지는' 활동을 할 수 있다.

제프로이타마린에서 동성애 행동은 (이성애 교미처럼) 골반찌르기를 포함한 같은 성 간의 마운팅 형식이며, 수컷들과 암컷들 모두 동성애 마운트에 참여한다.

빈도 : 포획 상태에서는 동성애 마운팅이 다람쥐원숭이 혼성 무리와 단일성 무리 모두에서 매우 빈번하게 발생할 수 있다. 한 연구에 따르면 40분에 한 번씩 암컷들 사이에 마운트가 일어났다고 하며, 한 달에 3일에서 7일 정도 동성애 활동이 발생했다고 한다. 생식기 과시의 평균 약 40%는 같은 성 간의 동물들 사이에서 발생하며, 암컷들 사이에서 1/4 이상이 발생한다. 제프로이타마린에서는 동성애 마운팅이 산발적으로 일어난다.

성적 지향 : 공동 부모로서 다른 암컷과 유대 관계를 맺는 일부 다람쥐원숭이는 자신은 비번식 개체로 남으면서까지 배타적인 같은 성 활동을 한다. 제프로이타마린뿐만 아니라 대부분의 다른 다람쥐원숭이들도 동시적 양성애자인 것으로 보인다. 예를 들어 성적인 활동을 잠시 표본으로 삼아 기록한 세 마리의 다람쥐원숭이(암컷 두 마리, 수컷 한 마리) 무리에서는, 이성애 만남과 동성애 만남이 30분씩 교대로 일어났고, 구애와 성적인 활동의 25% 이상이 암컷들 사이에 이루어졌다. 그러나 개체의 전 생애에 걸친, 같은 성 대 반대쪽 성 활동의 정도를 검증하기 위한 자세한 장기간의 연구는 시행되지 않았다.

비생식적이고 대체 가능한 이성애

위에서 설명한 암컷의 공동양육 방식 외에도, 다른 대안적인 가족 구성 및 비번식 개체가 다람쥐원숭이에서 발생한다. 어떤 암컷은 때로 입양한 다른 암컷의 새끼를 자기 새끼와 함께 키우기도 하고, 어떤 수컷 다람쥐원숭이는 짝짓기 시즌 내내 교미를 전혀 하지 않기도 한다. 흥미롭게도 이들이 무리에서 높은 서열의 수컷인 경우가 있는데, 흔히 다른 수컷보다 공격적이고 인내심이 부족해서, 암컷들을 괴롭히거나 자발적인 짝짓기에 실패하곤 한다. 다람쥐원숭이 이성애 생활의 몇 가지 다른 양상은 성별 간의 상당한 적대감과 분리가 있다는 점이다. 암컷은 종종 짝짓기 기간에 무리나 연합 관계를 형성하여 싫어하는 암컷을 쫓아낸다. 암컷(그리고 드물게 수컷)은 또한 진행 중인 이성애 교미를 직접적으로 방해하기도 한다. 어떤 때에는 암컷이 수컷을 지속해서 괴롭혀 무리의 주변이나 땅에 더 가까운 쪽으로 몰아내, 암컷으로부터 공간적으로 떨어져 지내게 만든다. 적극적인 암컷이 있고 성적인 상호관계가 방해받지 않는다면, 흔히 여러 수컷이 참여하게 되는데, 모두 암컷의 입에 키스하고, 생식기를 과시하고, 암컷의 생식기에 코를 대고 쿵쿵대거나 비비게 된다. 짝짓기 체계는 암수 모두 여러 파트너와 교미하기 때문에 난혼제다.

암컷 다람쥐원숭이가 다른 암컷을 마운팅하고 있다.

이 신대륙 원숭이들에서도 여러 비생식적 성행위가 발견된다. 수컷 다람쥐원숭이는 자기 음경을 빨거나 한 손이나 두 손으로 문질러 자위하고, 암컷은 발정기가 아닌 시기나 임신 때(임신 4개월까지) 교미하기도 한다. 또한 암컷들은 때로 발정기에 탈락한 질세포로 이루어진 외음부 마개를 만들어 내는데, 이는 수정을 제한하는 역할을 한다. 제프로이타마린 수컷은 때로 암컷에게 골반찌르기나 삽입을 하지 않고 마운트를 한다. 수컷 다람쥐원숭이도 역시 뚜렷한 성적 주기를 가지고 있다. 그들은

1년 중 3~4개월 동안 성적으로 활발하고 더 공격적이며, 체중이 늘어나고 털이 더 많아지는 특징적인 외모를 발달시킨다. 이 기간의 수컷은 살찐 수컷fatted males이라고 불린다. 그러나 그 외의 1년 동안 그러한 수컷의 고환은 본질적으로 휴면 상태다. 즉 살찐 외모를 잃고 암컷과 거의 떨어져 살게 된다. 제프로이타마린은 다른 타마린과 마모셋처럼 집단 내 최고 서열의 암컷을 제외하고는 모두 생식을 하지 않는다. 이는 우두머리 암컷에게서 나오는 페로몬이 매개하는 '자기 억제'의 복잡한 기전을 통해서 일어나는 현상으로 보인다. 그 결과 모든 성숙한 암컷의 약 절반만이 평생 실제로 번식을 하게 된다. 하지만 번식하지 않는 개체들도 흔히 교미는 계속한다. 게다가 번식기가 아닌 기간에 일어나는 대부분의 짝짓기는 새끼를 만들지 않는데, 이는 많은 배아가 재흡수되거나 유산되거나, 또는 새끼가 출생 직후에 죽기 때문인 것으로 생각된다.

기타 종

같은 성 활동은 중남미 원숭이의 여러 다른 종에서 발생한다. 파트너에게 골반찌르기를 하고 생식기를 문지르는 동성애 마운트(암수 모두)가 안장등타마린Saguinus fasicollis과 수염타마린S. mystax, 솜머리타마린S. oedipus 등 다양한 타마린 종에서 관찰되었다. 사자타마린Leontopithecus Rosalia은 암수 모두 때로 청소년과 어린 개체인 자기 새끼를 마운트한다. 비단마모셋Callithrix Jacchus의 마운팅 활동의 약 1%는 청소년과 어린 수컷(같은 가족 무리에 사는 형제) 사이에서 발생한다. 흰이마꼬리감기원숭이Cebus albifrons 어린 수컷은 가끔 나이 든 수컷의 음낭을 빨거나 애무하기도 하고, 검은머리꼬리감기원숭이C. apella와 울보꼬리감기원숭이C. olivaceous에서는 암컷 간에 동성애 활동이 일어난다. 흰목꼬리감기원숭이C. capucinus의 모든 마운트 중 절반 이상은 같은 성 파트너들 사이에

수컷 다람쥐원숭이(오른쪽)가 다른 수컷을 향해 '성기 과시'를 하고 있다.

발생하는데, 이에 앞서 흔히 뒤틀린 자세와, 쌕쌕거리는 발성, 그리고 '느린 동작'의 추적이 일어난다. 이러한 모습은 일종의 구애 활동으로서 쌕쌕춤wheeze dancing으로 알려져 있다.

출처

*별표가 있는 출처는 동성애와 트랜스젠더에 대해 논의한다.

* Akers, J. S., and C. H. Conaway (1979) "Female Homosexual Behavior in *Macaca mulatta.*" *Archives of Sexual Behavior* 8:63–80.

* Anschel, S., and G. Talmage–Riggs (1978) "Social Structure Dynamics in Small Groups of Captive Squirrel Monkeys." In D. J. Chivers and J. Herbert, eds., *Recent Advances in Primatology*, vol. 1, pp. 601–4. New York: Academic Press.

* Baldwin, J. D. (1969) "The Ontogeny of Social Behavior of Squirrel Monkeys (*Saimiri sciureus*) in a Seminatural Environment." *Polia Primatologica* 11:35–79.

——(1968) "The Social Behavior of Adult Male Squirrel Monkeys (*Saimiri sciureus*) in a

Seminatural Environment." *Folia Primatologica* 9:281–314.

Baldwin, J. D., and J. I. Baldwin (1981) "The Squirrel Monkeys, Genus Saimiri." In A. F. Coimbra–Filho and R. A. Mittermeier, eds., *Ecology and Behavior of Neotropical Primates*, vol. 1, pp. 277–330. Rio de Janeiro: Academia Brasileira de Ciências.

* Castell, R., and B. Heinrich (1971) "Rank Order in a Captive Female Squirrel Monkey Colony." *Folia Primatologica* 14:182–89.

Dawson, G. A. (1976) "Behavioral Ecology of the Panamanian Tamarin, *Saguinus oedipus* (Callitrichidae, Primates)." Ph.D. thesis, Michigan State University.

* Defler, T. R. (1979) "On the Ecology and Behavior of *Cebus albifrons* in Eastern Colombia: II. Behavior." *Primates* 20:491–502.

* Denniston, R. H. (1980) "Ambisexuality in Animals." In J. Marmor, ed., *Homosexual Behavior: A Modern Reappraisal*, pp. 25–40. New York: Basic Books.

* DuMond, F. V. (1968) "The Squirrel Monkey in a Seminatural Environment." In L. A. Rosenblum and R. W. Cooper, eds., *The Squirrel Monkey*, pp. 87–145. New York: Academic Press.

DuMond, F. V., and T. C. Hutchinson (1967) "Squirrel Monkey Reproduction: The 'Fatted' Male Phenomenon and Seasonal Spermatogenesis." *Science* 158:1067–70.

* Hoage, R. J. (1982) Social and Physical Maturation in Captive Lion Tamarins, Leontopithecus rosalia rosalia (*Primates: Callitrichidae*). *Smithsonian* Contributions to Zoology no. 354. Washington, D.C.: *Smithsonian* Institution Press.

Hopf, S., E. Hartmann–Wiesner, B. KUhlmorgen, and S, Mayer (1974) "The Behavioral Repertoire of the Squirrel Monkey (*Saimiri*)." *Folia Primatologica* 21:225–49.

Latta, J., S. Hopf, and D. Ploog (1967) "Observation of Mating Behavior and Sexual Play in the Squirrel Monkey (*Saimiri sciureus*)." *Primates* 8:229–46.

* Linn, G. S., D. Mase, D. LaFrançois, R. T. O'Keeffe, and K. Lifshitz (1995) "Social and Menstrual Cycle Phase Influences on the Behavior of Group–Housed *Cebus apella*." *American Journal of Primatology* 35:41–57.

* Manson, J. H., S. Perry, and A. R. Parish (1997) "Nonconceptive Sexual Behavior in Bonobos and Capuchins." *International Journal of Primatology* 18:767–86.

* Mendoza, S. P., and W. A. Mason (1991) "Breeding Readiness in Squirrel Monkeys: Female–Primed Females are Triggered by Males." *Physiology & Behavior* 49:471–79.

Mitchell, C. L. (1994) "Migration Alliances and Coalitions Among Adult Male South American Squirrel Monkeys (*Saimiri sciureus*)." *Behavior* 130:169–90.

* Moynihan, M. (1970) *Some Behavior Patterns of Platyrrhine Monkeys, II. Saguinus geoffroyi and Some Other Tamarins. Smithsonian* Contributions to Zoology no. 28. Washington, D.C.: *Smithsonian* Institution Press.

* Perry, S. (1998) "Male–Male Social Relationships in Wild White–faced Capuchins, Cebus capucinus." *Behavior* 135:139–72.

Peters, M. (1970) "Mouth to Mouth Contact in Squirrel Monkeys (*Saimirisciureus*)." *Zeitschrift für Tierpsychologie* 27:1009–10.

Ploog, D. W. (1967) "The Behavior of Squirrel Monkeys (*Saimiri sciureus*) as Revealed by Sociometry, Bioacoustics, and Brain Stimulation." In S. Altmann, ed., *Social Communication Among Primates*, pp. 149–84. Chicago: University of Chicago Press.

* Ploog, D. W., J. Blitz, and F. Ploog (1963) "Studies on the Social and Sexual Behavior of the Squirrel Monkey (*Saimiri sciureus*)." *Folia Primatologica* 1:29–66.

Ploog, D. W., and P. D. Maclean (1963) "Display of Penile Erection in Squirrel Monkey (*Saimiri sciureus*)." *Animal Behavior* 11:32–39.

Rosenblum, LA. (1968) "Mother–Infant Relations and Early Behavioral Development in the Squirrel Monkey." In L. A. Rosenblum and R. W. Cooper, eds., *The Squirrel Monkey*, pp. 207–33. New York: Academic Press.

* Rothe, H. (1975) "Some Aspects of Sexuality and Reproduction in Groups of Captive Marmosets (*Callithrixjacchus*)." *Zeitschrift für Tierpsychologie* 37:255–73.

* Shadle, A. R., E. A. Mirand, and J. T. Grace Jr. (1965) "Breeding Responses in Tamarins." *Laboratory Animal Care* 15:1–10.

Skinner, C. (1985) "A Field Study of Geoffroy's Tamarin (*Saguinus geoffroyi*) in Panama." *American Journal of Primatology* 9:15–25.

Snowdon, C. T. (1996) "Infant Care in Cooperatively Breeding Species." *Advances in the Study of Behavior* 25:643–89.

Srivastava, P, K., F. Cavazos, and F. V. Lucas (1970) "Biology of Reproduction in the Squirrel Monkey(*Saimiri sciureus*): I. The Estrus Cycle." *Primates* 11:125–34.

* Talmage–Riggs, G., and S. Anschel (1973) "Homosexual Behavior and Dominance in a Group of Captive Squirrel Monkeys (*Saimirisciureus*)." *Folia Primatologica*

19:61–72.

* Travis, J. C., and W. N. Holmes (1974) "Some Physiological and Behavioral Changes Associated with Oestrus and Pregnancy in the Squirrel Monkey (*Saimiri sciureus*)." *Journal of Zoology*, London 174:41–66.

* Vasey, P. L.(1995) "Homosexual Behavior in Primates: A Review of Evidence and Theory." *International Journal of Primatology* 16:173–204.

베록스시파카 *Propithecus verreauxi*

모홀갈라고 *Galago moholi*

동성애	트랜스젠더	행동		랭킹	관찰
● 암컷	○ 간성	○ 구애	○ 짝 형성	○ 중요	● 야생
● 수컷	● 복장도착	○ 애정표현	○ 양육	○ 보통	○ 반야생
		● 성적인 행동		● 부수적	● 포획 상태

베록스시파카

식별 : 두툼한 흰색 털과 검은색 얼굴, 검은 색이거나 갈색의 왕관 모양 머리 부위와 복부가 있고, 긴 꼬리(거의 60센티미터)와 긴 다리의 여우원숭이.

분포 : 서부 및 남부 마다가스카르, 취약.

서식지 : 숲.

연구지역 : 마다가스카르 하자포시 근처.

아종 : 베록스시파카 *P.v. verreauxi.*

모홀갈라고

식별 : 다람쥐 모양의 작은 영장류(18센티미터, 꼬리 길이 30센티미터)로 회색 빛이 도는 노란색의 부드러운 털과 넓은 얼굴에 커다란 눈과 귀를 가지고 있다.

분포 : 사하라 이남 아프리카.

서식지 : 삼림, 관목지대.

연구지역 : 남아프리카의 위트워터스랜드 대학.

사회조직

베록스시파카는 최대 12마리의 개체로 구성된 혼성 무리에 살며, 때로 암수 한 쌍 관계로 지내기도 한다. 대부분의 여우원숭이와 마찬가지로, 이 종에서도 일반적으로 암컷이 수컷에게 지배적이다. 암컷은 보통 평생 출생 무리에 남아 있는 반면, 수컷은 성숙하면 자기 무리를 떠나 평생 수차례 다른 무리를 떠돈다. 짝짓기 체계는 난혼제 요소를 가지고 있다. 즉 암컷은 일반적으로 둘 이상의 수컷과 짝짓기를 하며 그 반대의 경우도 마찬가지다. 모홀갈라고는 일반적으로 암컷과 주변적인 수컷, 그리고 그들의 자손으로 구성된 가족 집단에서 산다. 흔히 단독이나 쌍으로 지내는 것이 관찰되며 최대 7마리의 개체가 함께 잠을 자는 무리를 형성하기도 한다.

설명

행동 표현 : 수컷 베록스시파카는 때로 짝짓기 시즌 동안 다른 수컷을 마운트한다. 마운트가 된 동물(보통 젊은 성체 또는 청소년 수컷)은 흔히 마운터에 몸을 부딪치며 빠져나오려 꿈틀거린다(마음에 들지 않는 이성애적 접근에서 벗어나려는 암컷도 마찬가지이다). 모홀갈라고에서 암컷들은 발정이 나면 종종 서로 마운트하고 골반찌르기를 한다. 다른 부시베이비 종들처럼 암컷 모홀갈라고의 생식기는 몇 가지 면에서 특이하다. 클리토리스가 길고 매달려 있어서 수컷의 페니스와 매우 흡사하며, 요도가 그 장기 끝까지 이어져 암컷이 질 근처의 요도 개구부가 아닌 클리토리스를 통해 소변을 보게 된다. 암컷은 월경을 하지 않으며 실제로 질은 짝짓기철(2~3주 이하로 지속하며 1년에 두 번 발생한다)을 제외하고는 항상 닫혀 있다.

빈도 : 같은 성 마운팅은 베록스시파카와 모홀갈라고에서 드물게 일어나는 것으로 보인다. 그러나 야생 베록스시파카에 대한 한 연구는 21회의 마운팅 중 3회가 수컷 사이에 일어난 것을 발견했다.

성적 지향 : 이 종들의 개별적인 생활사에 대해 알려진 것이 거의 없어 결론을 내리기는 힘들지만, 같은 성 마운팅에 참여하는 여우원숭이와 부시베이비들도 이성애 활동을 할 것으로 보인다.

비생식적이고 대체 가능한 이성애

다수의 베록스시파카 이성애 교미(일부 개체군에서 2/3 이상)는 암컷이 짝짓기를 거부하고 몸을 틀어 도망가기 때문에 삽입이나 사정을 동반하지 않는다. 암컷은 때로 발정기가 아닐 때도 짝짓기를 한다. 일부 개체의 경우 전체 성적인 활동의 약 30~80%가 비생식적이며, 임신을 할 수 없는 시기에 이루어진다. 일부 개체군에서는 암컷이 몇 년 동안 번식을 미루기도 하며, 매년 전체 성체 암컷의 절반 이상만 번식을 한다. 가끔 영아살해가 이 종에서 발생하며, 낙태가 일어날 수도 있다. 모홀갈라고의 경우 이성애 교미는 9분 이상 지속할 수 있으며, 암컷은 흔히 짝짓기를 하는 동안 수컷을 손으로 물어뜯고, '손으로 때리거나' 밀어내며 수컷에게서 떨어지려 한다.

출처   *별표가 있는 출처는 동성애와 트랜스젠더에 대해 논의한다.

* Andersson, A. B. (1969) "Communication in the Lesser Bushbaby (*Galago senegalensis moholi*)." Master's thesis, Witwaters rand University.

Bearder, S. K., and G. A. Doyle (1974) "Field and Laboratory Studies of Social Organization in Bushbabies(*Galago senegalensis*)." *Journal of Human Evolution* 3:37-50.

Brockman, D. K., and P. L. Whitten (1996) "Reproduction in Free-Ranging *Propithecus verreauxi*: Estrus and the Relationship Between Multiple Partner Matings and Fertilization." *American Journal of Physical Anthropology* 100:57–69.

Butler, H. (1967) "The Oestrus Cycle of the Senegal Bush Baby (*Galago senegalensis senegalensis*) in the Sudan." *Journal of Zoology*, London 151:143–62.

Dixson, A. F. (1995) "Sexual Selection and the Evolution of Copulatory Behavior in Nocturnal Prosimians." In L. Alterman, G. A. Doyle, and M. K. Izard, eds., *Creatures of the Dark: The Nocturnal Prosimians*, pp. 93–118. New York: Plenum Press.

* Doyle, G. A. (1974a) "Behavior of Prosimians." *Behavior of Nonhuman Primates* 5:154–353.

——(1974b) "The Behavior of the Lesser Bushbaby." In R. D. Martin, G. A. Doyle, and A. C. Walker, eds., *Prosimian Biology*, pp. 213–31. Pittsburgh: University of Pittsburgh Press.

Doyle, G. A., A. Pelletier, and T. Bekker (1967) "Courtship, Mating, and Parturition in the Lesser Bushbaby(*Galago senegalensis moholi*) Under Semi–Natural Conditions." *Folia Pritnatologica* 7:169–97.

Kubzdela, K. S., A. F. Richard, and M. E. Pereira (1992) "Social Relations in Semi–Free–Ranging Sifakas (*Propithecus verreauxi verreauxi*) and the Question of Female Dominance." *American Journal of Primatology* 28:139–45.

Lipschitz, D. L. (1996) "Male Copulatory Patterns in the Lesser Bushbaby (*Galago moholi*) in Captivity." *International Journal of Primatology* 17:987–1000.

Lowther, F. D. L. (1940) "A Study of the Activities of a Pair of *Galago senegalensis moholi* in Captivity, Including the Birth and Postnatal Development of Twins." *Zoologica* 25:433–65.

Richard, A., (1992) "Aggressive Competition Between Males, Female–Controlled Polygyny, and Sexual Monomorphism in a Malagasy Primate, *Propithecus verreauxi*." *Journal of Human Evolution* 22:395–406.

——(1978) *Behavioral Variation: Case Study of a Malagasy Lemur.* Lewisburg, Pa.: Bucknell University Press.

* ——(1974a) "Intra–specific Variation in the Social Organization and Ecology of *Propithecus verreauxi*." *Folia Primatologica* 22:178—207.

* ——(1974b) "Patterns of Mating in *Propithecus verreauxi verreauxi*." In R. D.

Martin, G. A. Doyle, an A. C. Walker, eds., *Prosimian Biology*, pp. 49–74. London: Duckworth; Pittsburgh: University of Pittsburgh Press.

Richard, A., P. Rakotomanga, and M. Schwartz (1991) "Demography of *Propithecus verreauxi* at Beza Mahafaly, Madagascar: Sex Ratio, Survival, and Fertility, 1984–1988." *American Journal of Physical Anthropology* 84:307–22.

영장류

강돌고래 / 해양 포유류

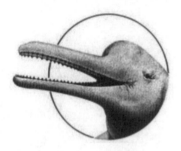

보토 혹은 아마존강돌고래

Inia geoffrensis

동성애	트랜스젠더	행동		랭킹	관찰
○ 암컷	○ 간성	○ 구애	○ 짝 형성	○ 중요	○ 야생
● 수컷	○ 복장도착	● 애정표현	○ 양육	● 보통	○ 반야생
		● 성적인 행동		○ 부수적	● 포획 상태

식별 : 이빨이 있는 긴 부리를 가진 2.4미터 길이의 돌고래. 피부는 연한 파란색 또는 밝은 분홍색이다.

분포 : 아마존 및 오리노코 강계, 취약.

서식지 : 느리게 흐르는 하천과 지류, 홍수림, 호수.

연구지역 : 독일 뒤스부르크 동물원, 뉴욕 나이아가라 폭포 수족관.

아종 : 오리코노강돌고래 *I.g. humboldtiana*.

사회조직

보토의 사회조직에 대해 알려진 것은 거의 없지만, 대개 홀로 살고 간혹 최대 12마리 혹은 그 이상의 개체로 이루어진 무리를 이루기도 하는 것으로 보인다. 일반적으로 먹이를 잡는 지역에서 더 큰 무리를 형성하며, 물고기를 잡을 때 큰수달*Pteronura brasiliensis* 같은 다른 종과 협력하기도 한다. 보토의 짝짓기 체계는 일부다처제인 것으로 보인다.

설명

행동 표현 : 수컷 보토는 매우 다양한 동성애 상호작용에 참여하며 완전히 세 가지 다른 유형의 삽입 방법을 사용하여 서로 짝짓기를 한다. 즉 한 수컷이 자신의 발기한 페니스를 다른 수컷의 생식기 틈이나 항문, 또는 분수공에 삽입한다. 항문 또는 생식기 틈 교미를 할 때는 한 수컷이 이성애 교미에서처럼 다른 수컷의 밑에서 거꾸로 헤엄친다. 분수공 짝짓기는 삽입을 하는 수컷이 다른 수컷의 위쪽에 위치한다. 수컷들 간에 나이 차이가 있다면, 일반적으로 나이가 많은 수컷이 어린 수컷에게 삽입한다. 수컷들은 또한 생식기 개구부나 발기한 페니스를 서로 문지르기도 한다. 또는 한 수컷이 다른 수컷의 생식기에 머리를 문질러 발기하도록 자극할 수도 있다. 성적으로 상호작용하는 수컷 쌍은 서로에 대한 애정을 보여주기도 하는데, 부리나 지느러미로 서로를 쓰다듬거나, 서로 몸이나 지느러미, 꼬리지느러미를 대고 나란히 헤엄치거나, 동시에 숨을 쉬러 수면으로 올라가거나, 함께 놀며 휴식을 취하기도 한다. 수컷 동성애 만남은 상당히 길어질 수 있어서 어떤 경우 오후 내내 지속하기도 하지만, 짝짓기가 일어날 때의 실제적인 삽입은 약 1분 동안만 지속한다(항문성교에서).

수컷 보토는 또한 다른 종의 아마존강돌고래인 투쿠시돌고래*Sotalia fluviatilis*와 동성애 활동을 한다. 이러한 이종 간 만남에서, 수컷들 사이

수컷 보토 사이의 두 가지 형태의 교미.
생식기틈(또는 항문) 삽입(위) 및 분수공 삽입(아래).

의 생식기틈 교미는 앞에서 설명한 것처럼 배와 배를 접하는 체위를 사용하지만, 때로는 삽입하는 동물이 머리를 반대 방향으로 향하며 몸을 비틀기도 한다(다른 수컷에게 여전히 삽입을 한 채로). 애무와 생식기 문지르기 외에도 동성애 활동에는 때로 더 특이한 행동이 일어난다. 즉, 한 수컷 보토가 투쿠시돌고래의 머리 전체를 부드럽게 입에 무는 모습을 한 번 보여주었는데 명백하게 애정 어린 몸짓이었다.

빈도: 포획 상태의 보토에서는 동성애 활동이 흔하다. 야생에서의 동성애 발생률은 알려지지 않았다. 이와 유사하게 보토와 투쿠시돌고래 사이의 성적인 행동은 포획 상태에서만 볼 수 있었지만, 야생에서도 이 두 종은 가끔 서로 상호작용한다.

성적 지향: 동성애 행동은 암컷에게 접근할 수 없는 포획 상태의 수컷 보토들 사이에서만 자세히 연구되었기 때문에, 이 행동이 다른 맥락에서 발생하는 것인지, 아니면 단순히 잠재된 혹은 '상황적인' 양성애 가능성의 표현인지는 알려져 있지 않다. 그러나 돌고래 성애의 다양한 면과 대

성적인 관계인 두 마리의 수컷 보토가 서로 만지며 나란히 헤엄을 치고 있다. 한 쪽은 젊은 개체이고 다른 쪽은 나이 든 개체다.

체로 유연한 성격을 고려할 때, 적어도 일부 개체에는 동성애나 양성애의 표현이 보토 사회생활의 기본 요소일 가능성이 크다.

비생식적이고 대체 가능한 이성애

수컷과 암컷 보토는 때로 비생식적인 짝짓기를 한다. 이성애적인 분수공 교미가 관찰되었고, 수컷은 때로 페니스를 암컷의 가슴지느러미나 꼬리지느러미에 문지르기도 한다. 이 행동은 특히 암컷이 질을 통한 교미를 허락하지 않을 때 흔하다. 또한 이성애 교미는 매우 빈번하게 장기간에 걸쳐 이루어질 수 있다. 암수 한 쌍이 4분에 한 번씩, 실제로 3시간이 넘게 짝짓기를 하는 것이 관찰되었다. 그러나 암컷이 이러한 반복적인 교미에 항상 기꺼이 참여하는 것은 아니며, 흔히 자신을 괴롭히는 수컷을 피하려고 얕은 물 속으로 도망친다. 탈출을 못한 암컷은 수컷에게 공격당하거나 생식기 주변을 물릴 수 있다. 자위는 보토에서도 흔하게 볼수 있다. 수컷은 한쪽 지느러미로 페니스를 문지르고, 암컷은 생식기 틈에 물체를 삽입하려고 하며, 암수 모두 수중이나 수면의 물체에 생식기를 문지른다. 보토는 또한 육아를 대신하거나, 혹은 '새끼 돌보미'를 하는 공동보육 그룹 체계를 개발했다. 때로는 어린 보토들이 얕은 물에 모여 탁아소creches라고 알려진 무리를 형성한다. 이 무리에는 어린 새끼들과 나이가 든 청소년 개체가 모인다. 부모들이 먹이를 찾으러 가는 동안 이러한 무리는 몰려다니며 안전을 확보한다.

출처

*별표가 있는 출처는 동성애와 트랜스젠더에 대해 논의한다.

* Best, R. C., and V. M. F. da Silva (1989) "Amazon River Dolphin, Boto, *Inia geoffrensis* (de Blainville, 1817)." In S. H. Ridgway and R. Harrison, eds., *Handbook of Marine Mammals, vol. 4: River Dolphins and the Larger Toothed Whales*, pp. 1–23. London: Academic Press.

* Caldwell, M. C., D. K. Caldwell, and R. L. Brill (1989) "*Inia geoffrensis* in Captivity in the United States In W. F. Penin, R. L. Brownell, Jr., Z. Kaiya, and L. Jiankang, eds., *Biology and Conservation of the River Dolphins*, pp. 35–41. Occasional Papers of the IUCN Species Survival Commission no. 3. Gland, Switzerland: International Union for Conservation of *Nature* and Natural Resources.

* Caldwell, M. C., D. K. Caldwell, and W. E. Evans (1966) "Sounds and Behavior of Captive Amazon Freshwater Dolphins, *Inia geoffrensis*." *Los Angeles County Museum Contributions in Science* 108:1–24.

Layne, J. N. (1958) "Observations on Freshwater Dolphins in the Upper Amazon." *Journal of Mammalogy* 39:1–22.

* Layne, J. N, and D. K. Caldwell (1964) "Behavior of the Amazon Dolphin, *Inia geoffrensis* (Blainville), in Captivity." *Zoologica* 49:81–108.

* Pilleri, G., M. Gihr, and C. Kraus (1980) "Play Behavior in the Indus and Orinoco Dolphin (*Platanista indi* and *Inia geoffrensis*)." *Investigations on Cetacea* 11:57–107.

* Renjun, L., W. Gewalt, B. Neurohr, and A. Winkler (1994) "Comparative Studies on the Behavior of *Inia geoffrensis* and *Lipotes vexillifer* in Artificial Environments." *Aquatic Mammals* 20:39–45.

* Spotte, S. H. (1967) "Intergeneric Behavior Between Captive Amazon River Dolphins *Inia* and *Sotalia*." *Underwater Naturalist* 4:9–13.

* Sylvestre, J.-P. (1985) "Some Observations on Behavior of Two Orinoco Dolphins (*Inia geoffrensis humboldtiana* [Pilleri and Gihr 1977]), in Captivity, at Duisburg Zoo." *Aquatic Mammals* 11:58–65.

Trujillo, F. (1996) "Seeing Fins." *BBC Wildlife* 14:22–28.

병코돌고래 *Tursiops truncatus*
긴부리돌고래 *Stenella longirostris*

동성애	트랜스젠더	행동	랭킹	관찰
● 암컷	○ 간성	● 구애 ● 짝 형성	● 중요	● 야생
● 수컷	○ 복장도착	● 애정표현 ○ 양육	○ 보통	○ 반야생
		● 성적인 행동	○ 부수적	● 포획 상태

병코돌고래

식별 : 3~4미터 길이의 친숙한 돌고래.

분포 : 전 세계 대양과 바다.

서식지 : 온대 열대 해역 해안가.

연구지역 : 플로리다 사라소타 인근, 바하마제도 그랜드 바하마섬, 플로리다 마린랜드, 캘
리포니아 마린월드 아프리카, 캘리포니아 태평양 마린랜드, 남아프리카 포트엘
리자베스 해양수족관, 네덜란드 하르베이크 돌고래수족관.

아종 : 대서양병코돌고래 *T.t. truncatus*, 태평양병코돌고래 *T.t. gilli*, 인도양병코돌고래 *T.t.
aduncus*.

긴부리돌고래

식별 : 길고 가느다란 부리를 가진 1.8미터 길이의 돌고래. 가파른 삼각형의 등지느러미가
있고, 윗부분은 어둡고 아랫부분은 밝다.

분포 : 전 세계 열대 해양.

서식지 : 흔히 깊은 연안

연구지역 : 하와이 키알레이크아쿠아 만, 하와이 시라이프 파크 해양수족관.

아종 : 하와이얼룩돌고래*S.l. longiostris.*.

사회조직

병코돌고래는 다음과 같은 4가지 기본적인 사회적 단위로 특징지을 수
있는 고도로 발달한 사회체계를 가지고 있다. 어미-새끼 쌍, 청소년 집
단(흔히 수컷만 모이거나, 주로 수컷이 모인 무리), 최대 12마리의 성체 암컷
과 새끼로 구성된 무리, 그리고 짝 관계인 성체 수컷들(그리고 드물지만 자
기들끼리 지내기도 한다)이 그것이다. 긴부리돌고래는 보다 유동적인 사회
조직이 있어서 1,000마리 이상의 개체가 떼를 짓기도 하고, 수컷들의 연
합관계를 보이기도 한다. 이성애 교미 체계는 잘 밝혀지지 않았지만, 강
한 암수 유대 관계는 없으며 여러 파트너와 교미하는 것으로 보인다.

설명

행동 표현 : 병코돌고래와 긴부리돌고래 모두 같은 성의 동물들이 서로
애정 활동과 성적인 활동을 빈번하게 한다. 이러한 활동은 이성애에서
보이는 구애와 성애의 요소를 많이 가지고 있다. 예를 들어 수컷 두 마리
또는 암컷 두 마리는 흔히 서로의 몸을 비비면서 입을 대거나 문지르며,
가슴지느러미, 꼬리지느러미, 주둥이(혹은 '부리') 및 머리로 (동시에 또
는 번갈아) 서로를 애무하고 쓰다듬기도 한다. 그러면서 때로 장난스럽게
몸을 회전하거나, 쫓거나, 밀거나 도약하는 것도 같이 한다. 이러한 활
동(몇 분에서 몇 시간까지 지속한다) 동안 수컷은 발기한 페니스를 과시하기
도 한다. 더 노골적이고 다양한 동성애 활동도 있다. 한 마리가 꼬리지느

러미나 가슴지느러미의 부드러운 끝으로 다른 한 마리의 생식기를 쓰다듬거나 부드럽게 탐색하기도 한다. 또 암컷 긴부리돌고래는 때로 서로의 등지느러미에 '올라타기'도 하는데, 한 마리가 등지느러미를 상대의 외음부나 생식기틈에 삽입한 후, 두 마리가 이 자세로 함께 헤엄을 치는 식이다. 병코돌고래 암컷들 사이에서 클리토리스의 직접적인 자극은 동성애 상호작용의 눈에 띄는 특징이다. 두 마리의 암컷은 흔히 주둥이, 가슴지느러미, 꼬리지느러미를 이용하여 서로의 클리토리스를 문지르거나, 파트너의 것에 대고 적극적으로 자위를 한다. 암컷은 또한 (이성애 짝짓기에서처럼) 배와 배를 맞댄 체위로 서로를 껴안기도 한다.

또한 동성애 상호작용에는 한 마리가 다른 한 마리의 생식기를 주둥이나 부리로 비비고 문지르는 '구강' 성교가 있다. 양쪽 성이 둘 다 이런 식의 삽입이 가능한 이유는 암수 모두 생식기틈 혹은 개구부를 가지고 있기 때문이다. 한 마리가 부리의 끝을 다른 한 마리의 생식기에 삽입하거나, 아래턱만을 사용해서 파트너에게 삽입하고 자극한다. 때로 이것은 부리-생식기 밀기beak-genital propulsion로 알려진 성적인 활동으로 발전한다. 이는 한 파트너가 상대방의 생식기에 부리를 집어넣고 두 마리가 함께 헤엄치는 동안 삽입을 유지하며 부드럽게 앞으로 나아가는 방식이다. 이 활동 중에 아래쪽 동물도 옆으로 돌거나 배를 위로 향하게 회전하기도 한다. 수컷 돌고래는 때로 상대의 몸이나 생식기 부근에 발기한 음경을 문지른다. 이때 한 수컷이 다른 수컷의 아래에서 몸을 뒤집어 헤엄치며 교미가 일어날 수 있다. 자기 페니스를 위쪽에 위치한 다른 수컷의 생식기 틈(또는 드물게 항문)에 삽입하는 것이다(이와 같은 체위는 이성애 교미에서 사용된다). 두 파트너는 같은 활동시간 동안 번갈아 위치를 바꾸거나, 더 오랜 기간에 걸쳐 '역할'을 교환하기도 한다. 수컷 파트너 간에 나이 차이가 있어도 어느 쪽이든 다른 쪽에 삽입할 수 있으며, 병코돌고래 청소년이 훨씬 나이가 많은 수컷에게 삽입하는 것도 관찰되었다. 수

두 암컷 긴부리돌고래 사이의 '부리–생식기 밀기'

컷 3~4마리가 함께 동성애 활동을 할 수도 있고, 다른 수컷들이 근처에서 짝짓기를 하는 동안 또 다른 수컷 한 마리가 (자신의 페니스를 바위나 모래에 문지르며) 자위를 하기도 한다. 동성애 활동은 때로 공격적인 행동을 동반하지만, 이러한 행동은 이성애 교미 때도 나타난다. 예를 들어, 수컷과 암컷이 짝짓기에 앞서 서로에게 강하게 다이빙하고 격렬하게 이마를 부딪치는 것이 관찰되었다. 긴부리돌고래에서는 12마리 이상의 암수 돌고래 무리가 때로 (같은 성, 반대쪽 성 모두와) 애무 행동과 성적 행동을 하기 위한 '난교'에 함께 모인다. 이러한 무리는 우즐wuzzles이라고 알려져 있다.

수컷 병코돌고래는 흔히 평생 이어지는 짝 관계를 맺는다. 청소년과 젊은 수컷은 일반적으로 수컷 무리에 산다. 이 무리는 동성애 활동이 흔하게 일어나는 곳이며, 보통 수컷이 남은 인생을 함께 보낼 특정 파트너(대개 같은 나이의)와 강한 유대감을 형성하는 곳이다. 두 돌고래는 흔히 멀리 여행하며 지속적인 동반자가 된다. 나이가 들수록 성적인 활동은 줄어들겠지만, 이러한 모습은 파트너 관계의 일상적인 특징이 될 수 있다. 짝을 이룬 수컷들은 번갈아 가며 서로를 보호하며 파트너가 쉬는 동안 경계를 선다. 그들은 또한 상어와 같은 포식자들로부터 짝을 방어하고, 파트너가 포식자들의 공격에서 입은 상처로부터 치료하는 동안 보호한다. 때로는 3마리의 수컷이 긴밀하게 유대 관계를 맺은 트리오를 형성하기도 한다. 한 수컷의 파트너가 죽으면, 새로운 수컷 동반자를 찾는데 오랜 시간이 걸리기도 한다. 그 공동체의 대다수 다른 수컷들은 이미 짝이 있고 자신들의 유대 관계를 끊지 않을 것이기 때문이다. 하지만 만일 그 수컷이 역시 수컷 파트너가 죽은, 또 다른 '홀아비'를 찾을 수 있다면, 두 돌고래는 짝이 될 수 있다.

수컷 병코돌고래는 때로 공격적으로 수컷 대서양알락돌고래*Stenella frontalis*를 쫓아가서 교미한다. 처음의 추격이 있고 나면 병코돌고래 수컷은 전형적으로 몸을 아치형으로 구부리고 발기한 페니스를 알락돌고래에게 문지른다. 그런 다음 몸을 수직으로 세워 옆 방향에서 마운트한다(그리고 흔히 삽입을 한다). 이러한 체위는 종 내 성적인 만남에서 일반적으로 사용되는, 몸을 뒤집어 배와 배를 접하는 체위와 구별된다. 때로 한 쌍의 병코돌고래가 알락돌고래 수컷을 쫓고 두 파트너가 동시에 그 수컷을 마운트하기도 한다. 이러한 이종 간 동성애 활동은 흔히 장난스러운 활동이지만, 과열되면 꼬리로 찰싹 때리기, 위협하는 자세, 그리고 꽥꽥거리는 발성과 같은 공격적인 행동이 따라오기도 한다. 실제로 알락돌고래 무리(때로 수컷 병코돌고래들과 함께 다닌다)는 이러한 공격적인 성적 상호작용을 하는 수컷 병코돌고래를 쫓아내기 위해 힘을 모으기도 한다. 그러나 이러한 활동이 명백한 공격성을 동반할 때도 성적으로 상호작용하는 병코돌고래와 알락돌고래 수컷은 나중에 함께 모여 협력할 수 있다. 수컷 대서양점박이돌고래 또한 서로 동성애 활동을 하며, 성체는 때로 자기 종의 수컷 새끼들과 교미를 한다. 한 예로 성체-청소년 동성애 활동은 생식기 윙윙거림genital buzz으로 알려진 발성이 먼저 일어나는데, 이는 성체 수컷이 수컷 새끼의 생식기 부분을 향해 빠

병코돌고래의 동성애 교미.
수컷이 몸을 뒤집은 채로 위쪽 수컷에게 삽입하고 있다.

른 저주파로 윙윙거리는 딸깍 소리를 내는 행동이다. 이 종에서 이러한 소리내기는 이성애 구애의 한 요소이기도 하며, 강한 파동의 음파를 통해 실제로 상대의 생식기를 자극하는 일종의 음향 '전희' 역할을 할 수 있다. 포획 상태의 병코돌고래와 긴부리돌고래는 암수 모두 다른 종의 돌고래와 동성애 활동에 참여하는 것이 관찰되었다. 태평양줄무늬돌고래*Lagenorhynchus obliquidens*, 참돌고래*Delphinus delphis attenuata*, 범열대알락돌고래*Stenella attenuata*, 범고래부치*Pseudorca crassidens* 등이 그 대상이다.

빈도: 동성애 상호작용은 야생 돌고래, 특히 젊은 병코돌고래 수컷 무리에서 빈번하고 규칙적으로 발생한다. 포획 상태의 혼성 집단에서 동성애 행동은 이성애 활동과 동일한 빈도로 나타나는데, 때에 따라서는 더 자주 발생하기도 한다. 수컷 커플은 여러 병코돌고래 사회에서 흔하게 볼 수 있는 특징이며, 어떤 경우에는 전체 수컷의 3/4 이상이 같은 성 짝 관계를 맺고 산다. 야생 병코돌고래와 대서양알락돌고래 간의 상호작용 중 약 30%는 동성애 활동이다(흔히 공격적인 행동을 동반하기도 한다).

성적 지향 : 수컷 병코돌고래의 생애는 배타적인 동성애 시기가 있는 광범위한 양성애로 특징지어진다. 청소년 시기와 젊은 시기에는 수컷 무리에서 잦은 동성애 상호작용을 하며, 때로 이성애 활동을 번갈아 하기도 한다. 10살이 넘으면 대부분의 수컷 돌고래는 다른 수컷과 짝을 이루며, 보통 20~25세가 될 때까지 새끼를 낳지 않기 때문에, 이는 원칙적으로 같은 성 상호작용의 연장 기간(10~15년)이라고 볼 수 있다. 나중에 이성애 교미를 시작해도 그들은 여전히 주된 수컷 짝 관계를 유지하며, 일부 개체군의 수컷 짝과 트리오는 암컷을 쫓아다니거나 알락돌고래와 동성애적인 상호작용을 하는 데 협력한다. 그러나 매년 한 군집에서 태어나는 새끼는 대여섯 마리밖에 되지 않기 때문에, 번식기에 이성애적으로 활발한 성체 수컷은 절반이 넘지 않는 것으로 보인다(일부 생물학자들의 의견대로 오직 두세 마리의 수컷만이 모든 교미를 독점한다면 그 수는 더 적을 수도 있다). 같은 성 짝을 형성하지 않는 수컷들은 좀 더 배타적인 이성애 성향을 가질 수 있다. 암컷 병코돌고래도 대체로 암컷 중심인 사회 기반 위에, 비슷한 패턴의 양성애 상호작용이 겹쳐 있는 것으로 보인다. 긴부리돌고래는 광범위한 배타적 동성애 기간이 없는 보다 획일적인 양성애를 보이며, 흔히 빠르게 같은 성 및 반대쪽 성 상호작용을 번갈아 한다(이런 종류의 동시적 양성애는 병코돌고래와 대서양알락돌고래에서도 관찰되었다). 포획 상태에서 긴부리돌고래의 동성애 활동은 일부 개체 행동의 10%에 불과한 반면, 다른 동물에서는 1/2에서 2/3에 이르기도 했고, 일부 돌고래는 거의 같은 성의 동물들과만 상호작용을 했다.

비생식적이고 대체 가능한 이성애

비생식적인 활동은 돌고래 이성애 상호작용의 전형적인 모습이다. 같은 성 상호작용에 대해 앞에서 설명한 거의 모든 비생식적 행동이 암수 사이에 발생하는데, 여기에는 부리-생식기 밀기와 가슴지느러미, 꼬리지느러미, 주둥이를 이용한 생식기의 자극이 포함된다. 긴부리돌고래는 우즐에서 집단적인 성적 활동(대부분 이성애적이지만 비생식적이다)을 보여주며, 병코돌고래는 최대 10마리의 동물이 모여 구애와 성적인 활동을 한다. 돌고래에서 암컷의 성애는 흔히 쾌락 지향적이며, 질 삽입과 수정만큼이나 클리토리스의 자극에 초점을 맞춘다. 병코돌고래는 짝짓기 시즌을 넘어 일 년 내내 교미와 성적인 상호작용을 한다. 긴부리돌고래는 (다른 돌고래와 마찬가지로)

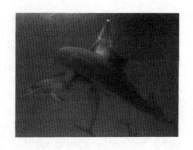

수컷 병코돌고래 두 마리(둘 다 발기한 상태다)가 수직으로 서서, 수컷 대서양알락돌고래(바하마)에게 측면방향 마운팅 체위로 마운트 시도를 하고 있다.

수컷이 암컷을 수정시킬 수 없는 상당히 긴, 연간年間 성주기를 갖는다. 또한 자위는 병코돌고래 성생활의 두드러진 현상이다. 수컷과 암컷 모두 자신의 생식기를 물체나 다른 동물에 비벼대고, 때로는 그 활동을 장난스러운 '게임'으로 발전시키기도 한다. 심지어 암컷이 질 부위의 근육을 이용하여 작은 고무공을 운반하고 나서 생식기에 문지르는 것도 관찰되었다. 어린 돌고래는 성적으로 조숙하여, 생후 몇 달 된 수컷과 어미 사이의 근친상간 현상이 관찰되기도 했다. 또한 암수 병코돌고래는 대서양알락돌고래와 이성애적으로 상호작용하며, 흔히 종간 동성애를 만남에서 앞에서 설명한 것과 같은 측면 마운팅 자세와 공격적인 행동을 한다. 이러한 상호작용 동안 성체들의 성적인 행동은 흔히 청소년을 대상으로 삼는데, 암컷 병코돌고래가 어린 수컷 알락돌고래(후진 마운트)를 측면으로 마운팅하는 모습이 목격되기도 했다(역마운팅). 포획 상태의 이종 돌고래 사이에서도 많은 이성애 상호작용이 일어난다.

홍미롭게도 병코돌고래에서 이러한 광범위한 이성애적 표현은 암수가 원칙적으로 분리된 활동 영역을 가진 더 큰 사회적 틀 안에서 일어난다. 앞에서 설명한 바와 같이, 두 성별은 대부분 생애 동안 분리되어 있으며, 흔히 같은 성 무리에서 사회생활을 한다. 더 나아가, 많은 동물은 일생의 대부분을 번식에 관여하지 않고 보낸다. 수컷 대부분은 최소한 20살(성적으로 성숙한 지 한참 넘은 시기다)이 되어야 교미를 시작하고, 많은 돌고래는 그 나이가 되어도 여전히 이성애 교미에 참여하지 않는다. 암컷은 3~6년에 한 번만 번식하며, 어느 시기에든지 성체 암컷의 거의 1/4은 생식 활동에 관여하지 않는다. 암컷이 새끼를 낳으면, 흔히 다른 성체(보통 암컷)의 도움을 받는다. 이 '새끼 돌보미'는 양육기간 내내 새끼를 돌보는 역할을 한다. 수컷들은 일반적으로 양육에 참여하지 않으며, 실제로 대부분의 새끼 병코돌고래는 무리 밖 수컷들의 자식이다. 긴부리돌고래는 암수 모두 '도우미' 구실을 한다. 그리고 다른 종의 새끼를 돌보는 것도 관찰되었는데 성체 참돌고래, 알락돌고래, 긴부리돌고래가 새끼 병코돌고래를 돕는 행동이었다. 하지만 때로 특히 그것이 (같은 종 내) 수컷과 관련이 있을 때, 이러한 행동은 '도움'이 되지 않을 수 있다. 포획 상태에서 '새끼를 돌보는' 수컷이 산모를 괴롭히거나, 새끼를 '납치'하려 하거나, 심지어 영아에게 성적인 행동을 하는 것이 관찰되었다. 일부 병코돌고래 무리의 수컷 짝과 트리오는 암컷과 짝짓기를 하기 위해, 종종 성체 암컷을 괴롭히며, 쫓거나 몰이를 하고, 심지어 '납치'하거나 공격하기도 한다. 최근 일부 야생 병코돌고래 집단에서 영아살해도 발견되었다.

기타 종

(포획 상태의) 수컷 쇠돌고래 *Phocoena phoecena*와 머리코돌고래 *Cephalorhynchus commersoni*에서도 수컷 동성애 활동이 보고되었다. 성간 혹은 자웅동체 개체(고환 및 기타 내부 수컷 생식기와 함께 외부 암컷 생식

기를 가진다)가 드물게 줄무늬돌고래 *Stenella coeruleoalba*에서 발생한다.

출처

*별표가 있는 출처는 동성애와 트랜스젠더에 대해 논의한다.

* Amudin, M. (1974) "Some Evidence for a Displacement Behavior in the Harbor Porpoise, *Phocoena phocoena* (L.). A Causal Analysis of a Sudden Underwater Expiration Through the Blow Hole." *Revue du comportement animal* 8:39–45.

* Bateson, G. (1974) "Observations of a Cetacean Community." In J. McIntyre, ed., *Mind in the Waters*, pp.146–65. New York: Charles Scribner's Sons.

* Brown, D. H., D. K. Caldwell, and M. C. Caldwell (1966) "Observations on the Behavior of Wild and Captive False Killer Whales, With Notes on Associated Behavior of Other Genera of Captive Dolphins." *Contributions in Science (Los Angeles County Museum of Natural History)* 95:1–32.

* Brown, D. H., and K. S. Norris (1956) "Observations of Captive and Wild Cetaceans." *Journal of Mammalogy* 37:311–26.

* Caldwell, M. C., and D. K. Caldwell (1977) "Cetaceans." In T. A. Sebeok, ed., *How Animals Communicate*, pp. 794–808. Bloomington: Indiana University Press.

* ——(1972) "Behavior of Marine Mammals." In S. H. Ridgway, ed., *Mammals of the Sea: Biology and Medicine*, pp. 419–65. Springfield: Charles C. Thomas.

* ——(1967) "Dolphin Community Life." *Quarterly of the Los Angeles County Museum of Natural History* 5(4):12–15.

* Connor, R. C., and R. A. Smolker (1995) "Seasonal Changes in the Stability of Male-Male Bonds in Indian Ocean Bottlenose Dolphins (*Tursiops sp.*)." *Aquatic Mammals* 21:213–16.

* Connor, R. C., R. A. Smolker, and A. F. Richards (1992) "Dolphin Alliances and Coalitions." In A. H. Harcourt and F. B. M. de Waal, eds., *Coalitions and Alliances in Humans and Other Animals*, pp. 415–43. Oxford: Oxford University Press.

* Dudok van Heel, W. H., and M. Mettivier (1974) "Birth in Dolphins (*Tursiops truncatus*) in the Dolfinarium, Harderwijk, Netherlands." *Aquatic Mammals* 2:11–22.

* Felix, F. (1997) "Organization and Social Structure of the Coastal Bottlenose Dolphin *Tursiops truncatus* in the Gulf of Guayaquil, Ecuador." *Aquatic Mammals* 23:1–16.

* Herzing, D. L. (1996) "Vocalizations and Associated Underwater Behavior of Free-ranging Atlantic Spotted Dolphins, *Stenella frontalis* and Bottlenose Dolphins, *Tursiops truncatus*." *Aquatic Mammals* 22:61–79.

* Herzing, D. L., and C. M. Johnson (1997) "Interspecific Interactions Between Atlantic Spotted Dolphins (*Stenella frontalis*) and Bottlenose Dolphins (*Tursiops truncatus*) in the Bahamas, 1985–1995." *Aquatic Mammals* 23:85–99.

* Irvine, A. B., M. D. Scott, R. S. Wells, and J. H. Kaufmann (1981) "Movements and Activities of the Atlantic Bottlenose Dolphin, *Tursiops truncatus*, Near Sarasota, Florida." *Fishery Bulletin*, U.S. 79:671–88.

* McBride, A. F., and D. O. Hebb (1948) "Behavior of the Captive Bottle-Nose Dolphin, *Tursiops truncatus*." *Journal of Comparative and Physiological Psychology* 41:111–23.

* Nakahara, F., and A. Takemura (1997) "A Survey on the Behavior of Captive Odontocetes in Japan." *Aquatic Mammals* 23:135–43.

* Nishiwaki, M. (1953) "Hermaphroditism in a Dolphin (*Prodelphinus caeruleoalbus*)." *Scientific Reports of the Whales Research Institute* 8:215–18.

* Norris, K. S., and T. P. Dohl (1980a) "Behavior of *the Hawaiian Spinner Dolphin, Stenella longirostris*." *Fishery Bulletin*, U.S. 77:821–49.

* ——(1980b) "The Structure and Functions of Cetacean Schools." In L. M. Herman, ed., *Cetacean Behavior: Mechanisms and Functions*, pp. 211–61. New York: Wiley-InterScience.

* Norris, K. S., B. Wursig, R. S. Wells, and M. Wtirsig (1994) *The Hawaiian Spinner Dolphin*. Berkeley: University of California Press.

* Ostman, J. (1991) "Changes in Aggressive and Sexual Behavior Between Two Male Bottlenose Dolphins (*Tursiops truncatus*) in a Captive Colony." In K. Pryor and K. S. Norris, eds., *Dolphin Societies: Discoveries and Puzzles*, pp. 304–17. Berkeley: University of California Press.

Patterson, I. A. P., R. J. Reid, B. Wilson, K. Grellier, H. M. Ross, and P. M. Thompson (1998) "Evidence for Infanticide in Bottlenose Dolphins: an Explanation for Violent Interactions with Harbor Porpoises?" *Proceedings of the Royal Society of London*, Series B 265:1167–70.

* Saayman, G. S., and C. K. Tayler (1973) "Some Behavior Patterns of the Southern Right Whale, *Eubalaena australis.*" *Zeitschrift für Säugetiekunde* 38:172–83.

Samuels, A., and T. Gifford (1997) "A Quantitative Assessment of Dominance Among Bottlenose Dolphins." *Marine Mammal Science* 13:70–99.

Shane, S. H. (1990) "Behavior and Ecology of the Bottlenose Dolphin at Sanibel Island, Florida." In S. Leatherwood and R. R. Reeves, eds., *The Bottlenose Dolphin*, pp. 245–65. San Diego: Academic Press.

Shane, S. H., R. S. Wells, and B. Wtirsig (1986) "Ecology, Behavior, and Social Organization of the Bottlenose Dolphin: A Review." *Marine Mammal Science* 2:34–63.

* Tavolga, M. C. (1966) "Behavior of the Bottlenose Dolphin (*Tursiops truncatus*): Social Interactions in a Captive Colony." In K. S. Norris, ed., *Whales, Dolphins, and Porpoises*, pp. 718–30. Berkeley: University of California Press.

* Tayler, C. K., and G. S. Saayman (1973) "Imitative Behavior by Indian Ocean Bottlenose Dolphins (*Tursiops aduncus*) in Captivity." *Behavior* 44:286–98.

* Wells, R. S. (1995) "Community Structure of Bottlenose Dolphins Near Sarasota, Florida." Paper presented at the 24th International Ethological Conference, Honolulu, Hawaii

* ——(1991) "The Role of Long–Term Study in Understanding the Social Structure of a Bottlenose Dolphin Community." In K. Pryor and K. S. Norris, eds., *Dolphin Societies: Discoveries and Puzzles*, pp. 199–225. Berkeley: University of California Press.

* ——(1984) "Reproductive Behavior and Hormonal Correlates in Hawaiian Spinner Dolphins, *Stenell longirostris.*" In W. F. Perrin, R. L. Brownell, Jr., and D. P. DeMaster, eds., *Reproduction in Whales, Dolphins, and Porpoises*, pp. 465–72. Report of the International Whaling Commission, Special Issue 6. Cambridge, UK: International Whaling Commission.

* Wells, R. S., K. Bassos–Hull, and K. S. Norris (1998) "Experimental Return to the Wild of two Bottlenose Dolphins." *Marine Mammal Science* 14:51–71.

* Wells, R. S., M. D. Scott, and A. B. Irvine (1987) "The Social Structure of Free–ranging Bottlenose Dolphins." In H. Genoways, ed., *Current Mammalogy*, vol. 1, pp. 247–305. New York: Plenum Press.

범고래 *Orcinus orca*

동성애	트랜스젠더	행동		랭킹	관찰
○ 암컷	○ 간성	● 구애	● 짝 형성	● 중요	● 야생
● 수컷	○ 복장도착	● 애정표현	○ 양육	○ 보통	○ 반야생
		● 성적인 행동		○ 부수적	○ 포획 상태

식별 : 돌고래과에서 가장 큰 종(길이 5~8미터), 기다란 등지느러미와 독특한 흑백의 무늬
  가 있다.

분포 : 전 세계 대양과 바다.

서식지 : 흔히 연안에서 발견된다.

연구지역 : 캐나다 브리티시컬럼비아주 밴쿠버 섬 존스톤 해협, 워싱턴 퓨젯 사운드.

사회조직

범고래는 모계 집단matrilineal group이라 불리는 암컷 중심의 사회 단위
에 기반을 둔 복잡한 사회에 산다. 이 모계집단은 가장인 성체 암컷과 그
암컷의 어린 자식과 성체 아들로 구성되어 있다. 이 암컷 가장은 보통 생
식적으로 활발하지만 때로는 나이가 많거나 번식은퇴 개체인 경우도 있

다. 무리에는 때로 가장 암컷의 어미나 할머니가 들어 있고, 형제나 삼촌들이 함께하기도 한다. 모계 집단은 보통 서너 마리의 범고래로 구성된다(때로 9마리에 이르기도 한다). 그리고 이 집단은 함께 어울리며, 발성에서 공통 방언을 공유하는 경향이 있는 포드pods라고 알려진 더 큰 사회적 단위로 통합된다. 범고래의 일부 개체군은 적은 수가 무리를 이뤄(때로는 홀로) 널리 이동하며 발성을 별로 하지 않는 이동형transients 범고래다. 이들은 주로 물고기보다는 해양 포유류를 먹이로 삼는다. 이동형이 아닌 범고래는 상주형resident 범고래라고 불린다.

설명

행동 표현 : 동성애 상호작용은 수컷 범고래의 사회생활에 있어서 필수적이고 중요한 부분이다. 여름과 가을 동안(상주상태의 포드가 함께 모여 이주하는 연어를 먹는 기간) 모든 연령대의 수컷들은 흔히 오후에 서로에 대한 구애와 애정표현, 그리고 성적인 행동을 하는 활동시간을 가진다. 일반적인 동성애 상호작용은 수컷 범고래가 모계 그룹을 떠나 임시로 수컷 무리에 합류하며 시작한다. 한 번의 활동시간은 평균 1시간 이상이며 몇분에서 2시간 이상 지속하기도 한다. 보통 한 번에 두 마리의 범고래만 참가하는데, 수컷 3~4마리가 참가하는 것도 드물지 않으며, 최대 5마리가 참가하는 경우도 관찰되었다. 수컷들은 수면에서 서로 뒹굴고 첨벙거리기도 하고, 몸을 비비고 쫓고 부드럽게 밀면서 신체를 접촉한다. 이때 꼬리나 가슴지느러미로 물을 강하게 찰싹 때리기, 물 밖으로 머리 들어 올리기(스파이호핑spyhopping), 수면에 떠 있거나 다이빙하기 직전에 몸을 아치형으로 구부리기, 그리고 공중에 발성하기 등의 곡예 과시가 동반된다. 수컷은 서로의 배와 생식기 부위에 특별하게 주의를 집중하는 주둥이-생식기 지향beak-genital orientation이라고 알려진 행동을 시작하는데, 이는 이성애 구애와 짝짓기 과정에서도 볼 수 있는 것이다. 수면 바로 아

래에서 수컷 한 마리가 몸을 뒤집어 헤엄치며 다른 수컷의 생식기 부분을 주둥이 혹은 '부리'로 만지거나 비빈다. 두 마리의 수컷은 이 자세로 함께 헤엄을 치는데, 한 마리가 숨을 쉬기 위해 표면으로 올라갈 때도 주둥이-생식기 접촉 상태를 유지한다. 그런 다음 둘이 우아한 이중 나선 형태로 깊은 곳을 향해 돌면서 하강한다. 이러한 과정의 변형으로, 때로는 수컷 한 마리가 잠수 직전에 꼬리지느러미를 물 밖으로 내밀며 구부려서 다른 수컷 한 마리가 주둥이로 배와 생식기를 문지르게 만들기도 한다. 이러한 쌍은 3~5분 후에 다시 수면으로 나타나며 이 순서를 반복하지만 두 수컷의 위치는 바뀌게 된다. 실제로 모든 동성애 행동의 90% 정도는 수컷들이 번갈아 가며 서로 접촉하거나 상호작용한다는 점에서 쌍방향적이다. 이러한 상호작용을 하는 동안 범고래는 흔히 발기한 페니스를 과시하는데, 수면이나 물속에서 몸을 굴리며 90센티미터 길이의 독특한 분홍색 기관을 드러낸다. 범고래의 페니스는 독립적인 움직임이 가능하고 물체를 붙잡을 수 있는 말단을 가지고 있는데, 어떤 수컷이 자기 페니스를 다른 수컷의 생식기틈에 삽입하려는 경우도 있다(아직 완전히 검증되지는 않았다).

모든 연령의 수컷들이 동성애 활동에 참여하지만, 이러한 행동은 '청소년' 범고래(성적으로 성숙한 12~25살 사이의 개체) 사이에서 가장 흔하게 볼 수 있다. 특히 청소년들은 또래끼리 상호작용을 하기도 하지만, 전체 활동시간의 3/4 이상은 5살 이상 차이가 나는 수컷들과 하게 된다. 때로 성체 전용 동성애 활동(즉 25세 이상의 수컷 사이)이 일어난다. 어떤 수컷들은 매년 상호작용하는 가장 좋아하는 짝이 있는데, 오랜 기간 지속하는 '우정'으로 발전하기도 하고, 특정한 수컷과 짝을 이루기도 한다. 다른 수컷들은 매우 다양한 파트너들과 상호작용하는 것으로 보인다. 동성애 활동 참여자의 대부분은 서로 다른 모계 그룹 출신이며, 따라서 친척 관계가 아니다. 그러나 활동시간의 1/3 이상은 (다른 참가자와 더불어) 형제나 이복형제를 포함하며, 9%는 전적으로 근친상간이다.

빈도 : 범고래 동성애 상호작용은 여름과 가을, 특히 8월과 9월 사이에 일반적으로 발생한다. 일부 개체군에서는 매 시즌 6~30회 이상의 같은 성 활동이 발생할 수 있다. 평균적으로 각각의 수컷들은 매 시즌 한두 번의 활동시간에 참여하며 이러한 활동에 시간의 약 10%를 사용하지만, 어떤 수컷들은 무려 7~8번의 활동시간에 참여하고 18% 이상의 시간을 이 행동에 할애하기도 한다. 전반적으로 일부 개체군에서 관찰된 성적인 활동의 3/4 이상이 수컷 사이에서 발생한다.

성적 지향 : 어디서든 전체 수컷의 1/3에서 1/2 이상이 동성애 상호작용에 참여한다. 이러한 행동은 특히 젊은 범고래 사이에 자주 나타나는데, 청소년 수컷은 성체보다 4배 더 자주 참여한다. 이런 행동을 하는 많은 수컷은 암컷에게도 구애를 하고 짝짓기를 하기 때문에 양성애자인 것으로 보인다. 그러나 수컷 개체마다 동성애적 상호작용에 대한 애착 혹은 '선호도'에는 큰 차이가 있다. 어떤 범고래는 자주 참여하고 적극적으로 수컷 파트너를 찾는 반면, 다른 범고래들은 참여도가 훨씬 덜하다.

비생식적이고 대체 가능한 이성애

범고래 사회에는 나이가 많고 번식하지 않는 암컷이 상당히 많다. 범고래 암컷은 평균 수명은 50년이고 최대 수명이 80년인데, 이 경우 최대 30년까지의 번식은퇴 기간을 겪기도 한다. 일부 개체군에서는 성체 암컷의 1/3에서 1/2이 번식은퇴 기간에 속하며, 안정적인 개체군에서는 번식은퇴 암컷을 2/3까지 유지할 수 있는 것으로 추정된다. 이러한 많은 암컷은 그룹의 암컷 우두머리이며, 그들의 리더쉽은 포드가 완전히 사라질 때까지 계속된다. 만약 자식이 수컷뿐인 경우에는 번식할 수 있는 모계가 사라지기 때문에, 모계 우두머리의 죽음과 함께 포드는 결과적으로 사라지게 된다. 많은 번식은퇴 암컷들은 스스로 번식하지는 않지만, 정교한 공동 육아 체계에서 '새끼 도우미' 혹은 협력자의 역할을 한다. 번식하는 암컷은 물론이고, 비번식 성체 및 청소년 암컷, 성체 수컷도 어미가 부재중이거나 다른 형제와 있을 때 새끼를 돌보는 경우가 많다. 대부분의 번식하는 암컷은 5년에 한 번만 번식하기 때문에, 개체군에는 부모가 아닌 잠재적 조력자가 많다. 각각의 새끼는 특히 바쁠 때 하루에 한 번 정도 새끼 도우미의 도움을 받는 것으로 추정된다. 번식은퇴 암컷들은 더 이상 새끼를 낳지 못하지만, 여전히 젊은 수컷들과도 자주 성적인 활동에 참여한다. 범고래들 사이에서는 몇 가지 다른 유형의 비생식적 이성애도 발생한다. 임신한 암컷이 수컷과 구애 및 성적인 행동에 참여하는 것이 관찰되었고, 이성애 상호작용이 성체 또는 (양쪽 성의) 청소년 사이나, 어린 개체(유소년이나 새끼) 사이에서도 발생했다. 몇몇 근친상간도 보고되었는데, 예를 들어 청소년 수컷과 그의 유소년 여동생 사이에서 일어난 성적인 활동이었다. 마지막으로 이성애 상호작용에 항상 두 마리의 개체만 관여하는 것은 아니다. 때로는 두 수컷과 한 암컷이 트리오를 이뤄 함께 구애 활동을 벌이기도 하는데, 한 수컷이 암컷과 교미하는 동안 다른 수컷이 암컷을 만지고 붙잡기도 한다.

기타 종

이빨고래 몇 종에서도 같은 성 간 활동이 일어난다. 어떤 개체군에서는 동성애적으로 유대 관계를 맺은 것으로 보이는 수컷 향유고래 *Physeter macrocephalus* 쌍이 발생한다. 예를 들어 뉴질랜드 주변 해역에서는 반半상주상태 개체군에 속하는 것으로 보이는 수컷의 3~5%가 그러한 쌍이다. 이 수컷들은 친밀하게 함께 여행하는데, 보통 성체 2마리로 구성되거나 나이가 든 한 마리와 젊은 한 마리로 구성된다. 도미니카 해안의

(주로 젊은) 수컷 향유고래 집단에서는 오르가슴으로 이어지는 성적인 상호작용이 일어났다. 포획 상태의 수컷 흰돌고래*Delphinapterus leucas*에서도 동성애 활동이 목격되었다. 더불어 자웅동체 개체가 드물게 흰돌고래에서 발생하고 향유고래에서도 발생하는 것으로 보인다. 예를 들어 어떤 흰돌고래는 완전한 수컷과 암컷의 내부 생식기 세트(즉, 난소 2개와 고환 2개)와 수컷의 외부 생식기를 가지고 있었다.

출처   *별표가 있는 출처는 동성애와 트랜스젠더에 대해 논의한다.

* Ash, C. E. (1960) "Hermafrodite spermhval/Hermaphrodite Sperm Whale." *Norsk Hvalfangst-Tidende* 49:433.

* Balcomb, K. C. Ill, J. R. Boran, R. W. Osborne, and N. J. Haenel (1979) "Observations of Killer Whales (*Orcinus orca*) in Greater Puget Sound, State of Washington." Unpublished report, Moclips Cetological Society, Friday Harbor, Wash.; 46 pp. (available at National Marine Mammal Laboratory Library, Seattle, Wash.).

* De Guise, S., A. Lagacé, and P. Beland (1994) "True Hermaphroditism in a St. Lawrence Beluga Whale(*Delphinapterus leucas*)." *Journal of Wildlife Diseases* 30:287–90.

Ford, J. K. B., G. M. Ellis, and K. C. Balcomb (1994) *Killer Whales: The Natural History and Genealogy of Orcinus orca in British Columbia and Washington State.* Vancouver: UBC Press; Seattle: University of Washington Press.

* Gaskin, D. E. (1982) *The Ecology of Whales and Dolphins.* London: Heinemann.

* ——(1971) "Distribution and Movements of Sperm Whales (*Physeter catodon L.*) in the Cook Strait Region of New Zealand." Norwegian *Journal of Zoology* 19:241–59.

* ——(1970) "Composition of Schools of Sperm *Whales Physeter catodon* Linn. East of New Zealand." *New Zealand Journal of Marine and Freshwater Research* 4:456–71.

* Gewalt, W. (1976) *Der Weisswal, Delphinapterus leucas* [The Beluga]. Wittenberg: A. Ziemsen-Verlag

* Gordon, J., and R. Rosenthal (1996) "Sperm Whales: The Real Moby Dick." BBC-TV productions, UK.

* Haenel, N. J. (1986) "General Notes on the Behavioral Ontogeny of Puget Sound Killer Whales and the Occurrence of Allomaternal Behavior." In B. C. Kirkevold and J. S. Lockard, eds., *Behavioral Biology of Killer Whales*, pp. 285–300. New York: Alan R. Liss.

* Jacobsen, J. K. (1990) "Associations and Social Behaviors Among Killer Whales (*Orcinus orca*) in the Johnstone Strait, British Columbia, 1979–1986." Master's thesis, Humboldt State University.

* ——(1986) "The Behavior of *Orcinus orca* in the Johnstone Strait, British Columbia." In B.C. Kirkevo and J. S. Lockard, eds., *Behavioral Biology of Killer Whales*, pp. 135–85. New York: Alan R. Liss.

Martinez, D. R., and E. Klinghammer (1978) "A Partial Ethogram of the Killer Whale (*Orcinus orca* L.)." *Carnivore* 1:13–27.

Olesiuk, P. F., M. A. Bigg, and G. M. Ellis (1990) "Life History and Population Dynamics of Resident Killer Whales (*Orcinus orca*) in the Coastal Waters of British Columbia and Washington State." In P. S. Hammond, S. A. Mizroch, and G. P. Donovan, eds., *Individual Recognition of Cetaceans: Use of Photo–Identification and Other Techniques to Estimate Population Parameters*, pp. 209–43. Report of the International Whaling Commission, Special Issue 12. Cambridge, UK: International Whaling Commission.

* Osborne, R. W. (1986) "A Behavioral Budget of Puget Sound Killer Whales." In B. C. Kirkevold and J. S. Lockard, eds., *Behavioral Biology of Killer Whales*, pp. 211–49. New York: Alan R. Liss.

Reeves, R. R., and E. Mitchell (1988) "Distribution and Seasonality of Killer Whales in the Eastern Canadian Arctic." In J. Sigurjónsson and S. Leatherwood, eds., North Atlantic Killer Whales, pp. 136–60. Rit Fiskideildar (*Journal of the Marine Research Institute, Reykjavik*), vol. 11. Reykjavik: Hafrannsóknastofnunin.

* Rose, N.A. (1992) "The Social Dynamics of Male Killer Whales, *Orcinus orca*, in Johnstone Strait, British Columbia." Ph.D. thesis, University of California–Santa Cruz.

* Saulitis, E. L. (1993) "The Behavior and Vocalizations of the 'AT' Group of Killer Whales (*Orcinus orca*) in Prince William Sound, Alaska." Master's thesis, University of Alaska.

* Utrecht, W. L. van (1960) "Notat om den hermafroditte spermhval/Note on the 'Hermaphrodite Sperm Whale.'" *Norsk Hvalfangst–Tidende* 49:520.

쇠고래

Eschrichtius robustus

동성애	트랜스젠더	행동		랭킹	관찰
● 암컷	○ 간성	○ 구애 ● 짝 형성		● 중요	● 야생
● 수컷	○ 복장도착	● 애정표현 ○ 양육		○ 보통	○ 반야생
		● 성적인 행동		○ 부수적	○ 포획 상태

식별 : 몸길이는 11.5~15미터이고, 몸무게는 27~37톤(수컷이 암컷보다 약간 작다)에 이르는 수염고래(입에 있는 수염판으로 먹이를 걸러낸다). 회색빛이 도는 색, 머리에는 억센 털이 나 있고, 피부 표면에는 개체마다 '지문'처럼 다른 독특한 흰 반점과 돌기가 있는 것이 특징이다.

분포 : 바하 캘리포니아에서 북극해에 이르는 북아메리카 서해안, 남한과 일본 남부에서 오호츠크해까지.

서식지 : 얕은 해안가, 피오르드 같은 입구, 탁 트인 바다.

연구지역 : 캐나다, 브리티시 컬럼비아, 밴쿠버 섬, 위카니시 만.

사회조직

일반적으로 쇠고래는 일 년 중 8개월(이주 및 하계 기간) 동안은 성별로 분리된 집단(때로는 포드pods라고도 함)을 이뤄 여행과 사회생활을 하며, 나머지 시간 동안은 두 성별이 함께 지낸다. 쇠고래는 포유류 중 가장 긴 이동 경로를 가진 동물에 속한다. 여름에는 북쪽 해역에서 먹이를 먹으며 보내고, 가을에는 4개월 동안 남하하여 바하 캘리포니아의 맹그로브 군으로 가서 짝짓기를 하고 새끼를 낳으며, 이른 봄이 되어서야 북쪽 해역으로 되돌아온다. 쇠고래의 몇몇 개체군은 이동하지 않으며 일 년 내내 북쪽 해역에 남아 있다.

설명

행동 표현 : 쇠고래 사이의 남성 동성애 상호작용은 북쪽 해역에서 보내는 여름 동안, 그리고 북쪽으로 이주하는 동안 자주 발생한다. 성적인 활동과 애정 활동은 수면 가까이에서 30분에서 1시간 30분 이상 지속하는 긴 활동시간 동안 일어난다. 흔히 두 마리 이상의 수컷이 관련되는데, 때로는 네다섯 마리까지 참여하기도 한다. 시작은 고래들이 상대 주변에서 뒹굴거나 서로를 향해 뒹구는 것으로 하며 가슴지느러미와 꼬리지느러미로 수면을 때리는데, 때로는 표면을 찰싹 치기도 하고 세게 때리기도 하면서 엄청난 물을 튀긴다. 어떤 때는 수컷들이 입을 나란히 하고 몇 미터 떨어진 채로 물 밖으로 솟아오르기도 한다. 고래들은 배를 비벼대며 생식기가 닿도록 자세를 잡는데, 보통 한 마리 이상은 발기하거나 반半 정도 발기한 아치형 페니스(색상은 독특한 연분홍빛이며, 길이는 1~1.5미터, 밑동의 둘레는 30센티미터 정도다)를 보여준다. 흔히 두 마리 이상의 수컷의 페니스가 수면 위에 얽히기도 하고, 한 수컷이 다른 수컷의 배에 자신의 발기한 페니스를 올려놓거나 머리로 다른 수컷의 페니스를 살살 밀기도 한다. 암컷의 동성애 상호작용도 일어날 수 있다.

또한 쇠고래는 자주 같은 성 동반자 관계(쌍이나 트리오)를 형성해서, 여름 내내 함께 여행하고 먹이를 찾는다. 이때 서로 간에 꼭 성적인 활동

밴쿠버 섬 앞바다의 두 수컷 쇠고래 사이에 페니스가 얽혀 있다(두 수컷의 발기한 기관이 수면 위로 보인다).

이 있는 것은 아니다. 그들은 흔히 옆구리의 가슴지느러미로 만지며 친밀하게 나란히 헤엄치고, 한 번에 몇 시간씩 해안 입구를 왕복하는데, 분명히 함께 있는 것 외에는 특별한 목적이 없다. 이러한 동반자는 또한 먹이 먹기와 솟구치기breaching(수면 위로 몸의 2/3정도를 도약해서 옆구리나 등으로 엄청난 물을 튀기며 착수하는 곡예) 같은 동기화된 수면강타 및 다이빙 기술을 수행한다. 두 마리의 고래는 흔히 배를 문지르며 위아래로 서로 뒹굴기도 한다. 단기적인 쌍과 장기(반복)적인 쌍, 그리고 트리오 결합이 모두 발생한다. 즉 어떤 고래들의 관계는 여름에 수차례 파트너를 바꾸므로 몇 시간 또는 며칠 동안만 지속하기도 하고, 다른 동반자 관계는 수년을 이어가기도 한다.

빈도 : 번식기가 아닌 시기에 쇠고래의 동성애 활동은 상당히 흔하며, 일부 개체군에서는 한 달에 대여섯 번 정도 볼 수 있다. 많은 성적인 활동이 물속이나 관찰하기 어려운 장소에서 발생할 것이기 때문에 실제 빈도는 더 높을 수 있다. 모든 동반자 관계와 트리오 중 최소 1/4은 같은 성이다.

성적 지향 : 대부분의 수컷 쇠고래는 양성애인 것으로 보인다. 북쪽으로 이주하는 기간과 여름 동안에는 주로 수컷끼리 상호작용하며, 새끼를 낳는 남쪽 수역에서는 이성애 상호작용을 한다.

비생식적이고 대체 가능한 이성애

쇠고래의 이동에 여행만 있는 것은 아니다. 먹이 먹기, 새끼 돌보기, 그리고 성적인 활동이 모두 여행 중에 일어난다. 이동하는 포드는 고래의 성별, 나이 및 번식 지위에 따라 구분된다. 예를 들어 북쪽으로 이주할 때, 새로 임신한 암컷이 먼저 떠난 다음 성체 수컷이 따라가고, 배란을 하지 않는 미성숙한 암컷, 미성숙한 수컷, 그리고 마지막으로 새로 태어난 새끼와 어미가 뒤를 잇는다. 수컷 쇠고래는 또한 정자 생산과 관련된 뚜렷한 계절적 성주기를 가지고 있다. 즉 북쪽으로 이주할 때와 여름의 몇 달 동안의 고환은 기본적으로 거의 또는 전혀 활동이 없다가, 남쪽으로 이주하며 정자 생산이 재개되고, 이성애 번식에 대비해서 늦가을과 초겨울에 최고조에 달한다. 결과적으로 수컷 쇠고래는 1년 중 2/3 동안 불임이다. 물론 이 시기에 이성애 교미는 할 수 있다. 암컷에게 성적인 주기(봄과 여름의 불임 시기)가 있다는 점과 고래 무리가 짝짓기 시즌이 아닐 때도 성적인 상호작용을 한다는 점(교미하는 모든 고래가 그런 것은 아니다)을 고려하면, 이성애 활동의 상당 부분이 비생산적이라는 것을 알 수 있다. 게다가 짝짓기 시즌에 이성애 구애와 교미를 할 때는 때로 18마리까지의 고래들이 동시에 상호작용하고 수컷과 암컷 모두 여러 파트너와 짝짓기를 한다. 때로는 실제 짝짓기 중에 두 마리의 수컷과 한 마리의 암컷으로 구성된 트리오가 함께하는 경우도 있다. 이때 한 수컷은 암컷과 성적으로 상호작용하지 않고, 대신 다른 두 마리가 짝짓기를 하는 동안 그들이 몸을 맞추고 자세를 유지하도록 돕는 것처럼 보이는 '도우미'다. 암컷은 보통 한 해 걸러 새끼를 낳으며, 어떤 암컷은 새끼를 낳고 2년을 기다리기도 한다.

출처   *별표가 있는 출처는 동성애와 트랜스젠더에 대해 논의한다.

Baldridge, A. (1974) "Migrant Gray Whales with Calves and Sexual Behavior of Gray
Whales in the Monterey Area of Central California, 1967-1973." *Fishery Bulletin*, U.S.
72:615-18.

Darling, J. D. (1984) "Gray Whales Off Vancouver Island, British Columbia." In M.
L. Jones, S. L. Swartz, and S. Leatherwood, eds., *The Gray Whale, Eschrichtius
robustus*, pp. 267-87. Orlando: Academic Press.

* ——(1978) "Aspects of the Behavior and Ecology of Vancouver Island Gray Whales,
Eschrichtius glaucus Cope." Master's thesis, University of Victoria.

* ——(1977) "The Vancouver Island Gray Whales." *Waters: Journal of the Vancouver
Public Aquarium* 2:4-19.

Fay, F. H. (1963) "Unusual Behavor of Gray Whales in Summer." *Psychologische
Forschung* 27:175-76.

Hatler, D, E, and J. D. Darling (1974) "Recent Observations of the Gray Whale in British
Columbia." *Canadian Field-Naturalist* 88:449-59.

Houck, W. J. (1962) "Possible Mating of Gray Whales on the Northern California
Coast." *Murrelet* 43:54.

Rice, D. W., and A. A. Wolman (1971) *The Life History and Ecology of the Gray Whale*
(*Eschrichtius robustus*). American Society of Mammalogists Special Publication no. 3.
Stillwater, Okla.: American Society of Mammalogists.

Samaras, W. F. (1974) "Reproductive Behavior of the Gray Whale, *Eschrichtius
robustus*, in Baja, California." *Bulletin of the Southern California Academy of Sciences*
73(2):57-64.

Sauer, E G. F. (1963) "Courtship and Copulation of the Gray Whale in the Bering Sea at
St. Lawrence Island, Alaska." *Psychologische Forschung* 27:157-74.

Swartz, S. L. (1986) "Demography, Migration, and Behavior of Gray Whales *Eschrichtius
robustus* (Lilljeborg, 1861) in San Ignacio Lagoon, Baja California Sur, Mexico and in
Their Winter Range." Ph.D. thesis, University of California-Santa Cruz.

해양 포유류   **613**

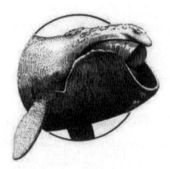

북극고래 *Balaena mysticetus*

참고래 *Balaena glacialis*

동성애	트랜스젠더	행동		랭킹	관찰
● 암컷	● 간성	○ 구애	○ 짝 형성	○ 중요	● 야생
● 수컷	○ 복장도착	● 애정표현	○ 양육	● 보통	○ 반야생
		● 성적인 행동		○ 부수적	○ 포획 상태

북극고래

식별 : 거대한 머리와 아치형 턱이 전체 길이의 40%를 차지하는 15~20미터 크기의 검은
색 고래.

분포 : 캐나다와 그린란드의 북극해, 바렌츠 해.

서식지 : 빙하 가장자리 해역, 만, 해협, 하구.

연구지역 : 이사벨라 만, 캐나다 배핀 아일랜드

참고래

식별 : 무게 104톤에 달하는 15~18미터 크기의 고래로, 거대한 턱은 흔히 따개비나 굳은살
로 덮여있다.

분포 : 전 세계 온대 및 아북극 해역. 취약.

서식지 : 주로 대양에 살지만 번식기에는 육지로 가까이 온다.

연구지역 : 아르헨티나 발데스 반도.

아종 : 남방참고래*B.g. australis.*

사회조직

북극고래는 2~7마리의 작은 무리나, 50~60마리의 큰 무리를 이루어 이동이나 사회생활을 한다. 혼자 생활하는 고래도 많다. 일반적으로 일 년 중 대부분(예를 들어 봄철의 이동 기간과 여름과 초가을의 사회생활 및 먹이 섭취 기간)을 (다른 연령 집단끼리도 떨어져 지낼 뿐만 아니라) 암수가 서로 떨어져 지낸다. 참고래는 100마리 또는 그 이상의 개체가 무리를 형성할 수 있지만 대부분의 사회적 상호작용은 짝짓기 기간에만 발생한다.

설명

행동 표현 : 수컷 북극고래들 간의 열정적인 성적 만남은 수심이 얕은 해역에서 한 번에 3~6마리의 수컷이 참여하며 이루어진다. 엄청나게 물을 튀기고 휘젓는 가운데 수컷은 페니스가 발기한(포피에서 빠져나온) 채로 서로 뒹굴고 어루만지며, 꼬리나 가슴지느러미로 수면을 두드리거나 다른 고래를 뒤쫓고, 수직으로 잠수하면서 꼬리를 수면 위로 높이 치켜 올리는 꼬리 들어올리기tail lofts 행동을 한다. 일반적으로 다른 고래들이 교미하려고 시도하는 한 마리는 중앙에 위치하게 되는데, 이 고래는 이러한 접근을 피하려는지 흔히 물에서 배를 위로 굴려 올린다(이는 이성애 짝짓기 활동에서 암컷이 하는 행동과 비슷하다). 그럼에도 불구하고 수컷 북극고래는 때로 페니스를 다른 수컷의 생식기틈에 삽입한다. 동성애 활동시간은 40분 정도 지속하며 그사이 수컷들은 흔히 커다랗고 복잡한 발성을 내지른다. 이 발성은 포효나 비명, 트럼펫 소리처럼 들린다. 참고래는 수

6마리의 수컷 북극고래가 수면에서 열정적인 동성애 활동을 하는 모습을 위에서 본 모습이며, 수컷 중 일부는 발기한 상태다.

컷과 암컷 모두 애무하거나, 구르기와 밀기, 가슴지느러미와 꼬리로 수면치기 등의 동성애 활동을 한다.

또한 북극고래는 간성 혹은 자웅동체 개체 발생률이 비교적 높다. 이러한 개체는 수컷 염색체와 고환 등의 내부 생식기관(다른 고래류와 마찬가지로 체강 내에 포함되어 있다)을 가지고 있고, 동시에 암컷 외부 생식기와 유선도 가지고 있다.

빈도 : 동성애 활동은 1년 중 어느 시기에만 특징적으로 일어난다. 북극고래에서는 일반적으로 늦은 여름과 가을에 발생하는 반면, 참고래에서는 암컷의 경우에는 번식기 초반에, 수컷의 경우에는 번식기 후반에 발생한다. 이를 넘어서 동성 간 상호작용의 빈도를 수량화하기는 어렵다. 북극고래의 사교활동은 가을 동안에 흔하며, 사교활동을 하는 전체 무리의 약 40%는 3마리나 그 이상의 고래를 포함한다(성적인 상호작용의 전형적인 구성이다). 이러한 상호작용에서 정확한 동성애 비율은 알려져 있지 않았지만, 모든 고래의 성별 결정이 가능했던 무리의 셋 중 둘은, 오직

수컷만이 성적인 활동에 관계하는 무리였다. 따라서 가을철 성적인 활동의 상당 부분(아마도 대다수)은 동성애일 가능성이 있다. 북극고래의 간성은 4,000마리 중 1마리 꼴로 비교적 흔하다(인간에서 동일한 유형의 간성은 6만 2,400명 중 1명꼴로 발생한다).

성적 지향 : 북극고래의 동성애 행위는 청소년이나 젊은 성체 수컷에서 전형적으로 나타나기 때문에, 개체들은 초기 동성애 기간에 이어 나중 이성애를 하는, 순차적 혹은 연령별 양성애를 하는 것으로 보인다. 그러나 개별 고래의 생활사가 추적되지 않았기 때문에 이는 추측일 뿐이다. 참고래에서 동성애 행동은 어린 고래에게만 국한되지 않고 사실 모든 연령대의 고래들 사이에서 발생한다. 그러한 개체의 이성애 활동의 정도는 완전히 알려지지 않았다.

비생식적이고 대체 가능한 이성애

북극고래와 참고래는 암컷의 수정이 가능한 기간 이외에도 일반적으로 일 년 내내 짝짓기를 하기 때문에, 이성애 활동의 많은 부분이 비생식적이다. 두 종 모두에서 이성애 교미는 보통 한 마리의 암컷과 짝짓기를 시도하는 여러 마리의 수컷이 관계하는데, 암컷은 흔히 그들의 관심을 피하려고 한다. 때로 상호작용이 격렬해질 수 있다. 암컷을 찾는 수컷 참고래 무리는 '강간범들rape gangs'로 묘사되며, 때로 두 마리 이상의 수컷이 번갈아 암컷과 짝짓기를 할 목적으로 물속으로 암컷을 강제로 밀어넣는 데 서로 힘을 합치기도 한다. 어떤 경우에는 이러한 이성애 교미 과정에 새끼가 끼어서 부딪히거나 짓눌리기도 하고, 심지어 죽기도 한다. 이 두 종의 암컷은 일반적으로 매년 번식하지 않는다. 예를 들어, 참고래에서는 새끼 간 터울이 5년 또는 그 이상이 걸릴 수 있으며, 그 결과 때로 한 지역의 성체 암컷의 절반 이하만 양육을 하기도 한다.

기타 종

간성과 트랜스젠더는 긴수염고래*Balaenoptera physalus*에서도 나타난다. 예를 들어 어느 개체는 자궁, 질, 길게 늘어난 클리토리스와 고환 등 암 컷과 수컷의 생식기관을 모두 가지고 있었다.

출처 *별표가 있는 출처는 동성애와 트랜스젠더에 대해 논의한다.

* Bannister, J. L. (1963) "An Intersexual Fin Whale *Balaenoptera physalus* (L.) from South Georgia." *Proceedings of the Zoological Society of London* 141:811–22.

Clark, C. W. (1983) "Acoustic Communication and Behavior of the Southern Right Whale (*Eubalaena australis*)." In R. S. Payne, ed., *Communication and Behavior of Whales*, pp. 163–98. American Association for the Advancement of Science Selected Symposium 76. Boulder: Westview Press.

Everitt, R. D., and B. D. Krogman (1979) "Sexual Behavior of Bowhead Whales Observed Off the North Coast of Alaska." *Arctic* 32:277–80.

Finley, K. J. (1990) "Isabella Bay, Baffin Island, an Important Historical and Present-Day Concentration Area for the Endangered Bowhead Whale (*Balaena mysticetus*) of the Eastern Canadian Arctic." *Arctic* 43:137–52.

* Koski, W. R., R. A. Davis, G.W. Miller, and D. E. Withrow (1993) "Reproduction." In J. J. Burns, J. J. Montague, and C. J. Cowles, eds., *The Bowhead Whale*, pp. 239–74. Lawrence, Kans.: Society for Marine Mammalogy.

* Moore, S. E., and R. R. Reeves (1993) "Distribution and Movement." In J, J. Bums, J. J. Montague, and C. J. Cowles, eds., *The Bowhead Whale*, pp. 313–86. Lawrence, Kans.: Society for Marine Mammalogy.

* Ostman, J. (1991) "Changes in Aggressive and Sexual Behavior Between Two Male Bottlenose Dolphins (*Tursiops truncatus*) in a Captive Colony." In K. Pryor and K. S. Norris, eds., *Dolphin Societies: Discoveries and Puzzles*, pp. 304–17. Berkeley: University of California Press.

Payne, R. (1995) *Among Whales*. New York Scribner.

* Richardson, W. J., and K. J. Finley (1989) *Comparison of Behavior of Bowhead Whales of the Davis Strait and Bering/Beaufort Stocks*. Report from LGL Ltd., King City,

Ontario, for U.S. Minerals Management Service, Herndon, Va.; OCS Study MMS 88–0056, NTIS no. PB89–195556/AS. Springfield, Va.: National Technical Information Service.

* Richardson, W. J., K. J. Finley, G.W. Miller, R. A. Davis, and W. R. Koski (1995) "Feeding, Social, and Migration Behavior of Bowhead Whales, Balaena mysticetus, in Baffin Bay vs. the Beaufort Sea–Regions with Different Amounts of Human Activity." Marine Mammal Science 11:1–45.

Saayman, G. S., and C. K. Tayler (1973) "Some Behavior Patterns of the Southern Right Whale, Eubalaena australis." Säugetiekunde für Sliugetierkunde 38:172–83.

* Tarpley, R. J., G. H. Jarrell, J. C. George, J. Cubbage, and G. G. Stott (1995) "Male Pseudohermaphroditism in the Bowhead Whale, Balaena mysticetus." Journal of Mammalogy 76:1267–75.

* Wursig, B., and C. Clark (1993) "Behavior." In J. J. Burns, J. J. Montague, and C. J. Cowles, eds., The Bowhead Whale, pp. 157–99. Lawrence, Kans.: Society for Marine Mammalogy.

* Wursig, B., J. Guerrero, and G. Silber (1993) "Social and Sexual Behavior of Bowhead Whales in Fall in the Western Arctic: A Re–examination of Seasonal Trends." Marine Mammal Science 9:103–11.

물범 / 해양 포유류

회색바다표범
Halichoerus grypus

북방코끼리바다표범
Mirounga angustirostris

잔점박이물범
Phoca vitulina

동성애	트랜스젠더	행동		랭킹	관찰
● 암컷	○ 간성	● 구애	○ 짝 형성	● 중요	● 야생
● 수컷	● 복장도착	● 애정표현	● 양육	○ 보통	○ 반야생
		● 성적인 행동		○ 부수적	● 포획 상태

회색바다표범

식별 : 긴 주둥이와 얼룩무늬 털을 가진 큰 물개(수컷은 2미터까지 자란다).

분포 : 북미 북동부(특히 뉴펀들랜드), 아이슬란드, 영국제도, 노르웨이, 콜라 반도, 발트해를 포함한 대서양 수역.

서식지 : 온대 및 아북극 해역, 바위 해안과 바위섬에서 번식과 털갈이를 한다.

연구지역 : 영국 램지섬.

북방코끼리바다표범

식별 : 몸길이는 최대 5미터이고 몸무게는 2.5톤(수컷 기준)에 이르는 가장 큰 물개 중 하나
이며, 성체 수컷은 커다란 코를 가지고 있다.

분포 : 알래스카에서 바하 캘리포니아까지.

서식지 : 북태평양 해역 해양에 살지만 번식과 털갈이는 섬과 해안에 모인다.

연구지역 : 캘리포니아주, 아뇨 누에보 보전구역.

잔점박이물범

식별 : 흔히 점무늬가 있고 회색빛이 도는 갈색 털을 가진 작고 둥근 머리의 물개.

분포 : 북대서양 및 북태평양 해역.

서식지 : 해안 암초, 모래톱, 바위.

연구 지역 : 알래스카주 프리빌로프 제도 오터섬, 알래스카주 케이프 뉴엔햄 국립 야생동
물 보호구역, 오리건주 씨사이드 아쿠아리움.

아종 : 태평양잔점박이물범 *Pv. ridnagesi*.

사회조직

회색바다표범은 매우 사교적이어서 짝짓기와 털갈이를 위해 큰 군락으로 모이고, 먹잇감을 얻을 때도 큰 무리를 짓는다. 일부 개체군의 짝짓기 체계는 주로 일부다처제여서 수컷이 여러 파트너와 짝짓기를 한다. 수컷은 이성애적 짝 관계를 형성하지 않으며 육아에 참여하지 않는다. 그러나 이 지역의 일부 개체는 매년 동일한 파트너와 짝짓기를 한다는 점에서 '일부일처제'인 경우도 있고, 다른 개체군에서는 대다수의 개체가 한 파트너와만 짝짓기를 하지만 매년 파트너가 바뀌기도 한다. 북방코끼리바다표범은 바다에 있을 때는 홀로 지내지만, 루커리rookeries로 알려진 전통적인 영역에서는 번식과 털갈이를 위한 큰 군집을 형성하고 일부다

처제 체계를 가지기도 한다. 잔점박이물범은 보통 육지에서 12마리에서 수천 마리에 이르는 규모로 암수가 모인다. 그러나 흔히 물속에서도 짝짓기를 하며 일부다처제 체계도 가지고 있는 것으로 보인다.

설명

행동 표현 : 비번식기에 회색바다표범과 북방코끼리바다표범 수컷들은 둘 다 동성애 활동을 한다. 회색바다표범은 털갈이를 위해 해안으로 와서 150마리까지 무리지어 모이는데, 암컷은 그중 6마리를 넘지 않는다. 털갈이를 마친 수컷들은 물가에서 짝을 지어 뒹굴고 서로 마운트를 한다. 모든 연령대의 수컷이 이 활동에 참여한다. 청소년과 젊은 성체 북방코끼리바다표범 수컷도 모두 털갈이 기간에 동성애 마운팅에 관여한다. 이러한 행동은 흔히 해안 근처의 얕은 물에서 볼 수 있는데, 흔히 수컷 무리 사이의 무해한 놀이 싸움의 연장선에서 발생한다. 짝짓기 전과 짝짓기 기간에도 이러한 활동이 청소년 수컷들 사이에 계속되지만, 물속에서는 더 이상 일어나지 않는다. 청소년 수컷은 번식지와 분리된, 수컷만 모이는 구역에서 시간을 보내는 경우가 많다. 수컷들은 이 구역에서의 놀이 싸움과 마운트 활동에 끌려 거기에 참여하려고 루커리를 벗어나 최대 90미터까지 이동하기도 한다. 성체 수컷은 이러한 활동에 참여하지 않는다. 그러나 그들은 때로 젊은 청소년과 어린 수컷(2~4세)을 마운트하기도 한다. 일반적으로 나이 든 수컷이 휴식 중인 젊은 수컷에게 다가가 나란히 올라타기도 하고, 때로 상대의 등에 앞지느러미를 놓기도 한다. 이러한 행동은 이성애 교미의 특징적인 자세다. 보통 어린 수컷은 도망치려고 발버둥 치는데, 마운터는 머리로 상대의 목을 누르거나 위에서 두드리기, 또는 목을 물어 제압하려 할 수 있다. 나이가 많은 수컷은 발기해 어린 수컷에게 삽입하려 하지만 성공하는 경우는 거의 없다. 성체 수컷들은 청소년 개체나 어린 개체를 더 선호하긴 하지만, 몇몇 수컷은 양

쪽 성의 갓 젖을 뗀 새끼처럼 더 어린 개체와 교미하려고도 한다.

수컷 잔점박이물범에서도 동성애 활동은 짝지어 구르기pair rolling 형태로 흔하게 일어난다. 두 마리의 수컷이 물속에서 서로 껴안고 마운트를 하면서 몸을 맞댄 채 계속 몸통을 돌리고 구부린다. 두 동물이 물속과 수면에서(흔히 세로로) 동시에 나선형으로 움직이기 때문에, 구르기는 매우 격렬하게 일어나기도 한다. 때로는 서로의 목에 부드럽게 입을 대거나 물기도 하고, 서로의 지느러미를 쫓거나, 깩깩거리거나 으르렁거리기도 하고, 물속에서 물거품을 만들거나 수면 위를 찰싹 때리기도 한다. 보통 발기한 수컷이 다른 수컷을 뒤에서 붙잡고 이 자세로 최대 3분 동안 마운트하면 전형적인 한 번의 구애 구르기가 끝나게 된다(때로 얕은 물에서는 바닥에 가라앉기도 한다). 수컷 두 마리가 번갈아 마운팅을 하기도 한다. 반면 이성애 교미는 물속과 육지에서 모두 발생할 수 있다. 대개 짝지어 구르기를 하지 않으며 최대 15분 동안 지속할 수 있다. 모든 연령대의 수컷이 짝지어 구르기를 하지만 대부분은 성체(6세 이상의 성숙한 성체)나 청소년이다.

이러한 종의 암컷들 사이에서는 같은 성 구애나 성적 행동은 발견되지 않지만, 두 마리의 암컷 바다표범은 때로 새끼를 함께 키운다. 예를 들어 북방코끼리바다표범은 새끼를 잃은 암컷 두 마리가 고아를 입양해 함께 키우기도 하고, (더 흔하게는) 새끼를 잃은 암컷 한 마리가 다른 어미와 어울려 새끼를 돌보는 부모의 의무를 분담하기도 한다.

마지막으로, 일부 청소년 북방코끼리바다표범 수컷은 암컷처럼 보이도록 복장도착을 하고 행동한다. 그들은 암컷 바다표범의 몸매를 가졌으며, 암컷처럼 보이도록 일부러 코를 안으로 끌어들이고(암컷은 수컷처럼 커다란 주둥이를 가지고 있지 않다), 들키지 않도록 머리를 낮게 유지한다. 이 어린 수컷들은 번식지를 몰래 돌아다니며 암컷들과 교미하려 하지만, 대개 암컷들은 위장 시도에 속지 않으며 짝짓기도 허락하지 않는다. 그러나 대부분의 성체 수컷은 암컷과 짝짓기를 할 수 없으므로, 일부 복장 도착을 한 수컷은 복장도착을 하지 않는 수컷보다는 실제로 번식에 더 성공적이다.

빈도 : 잔점박이물범에서는 늦은 봄, 여름 및 가을에 동성애 활동이 자주 발생한다(새끼를 키우는 기간은 제외). 예를 들어 한 연구에서는 2개월의 연구 동안 수컷 간 짝지어 구르기가 매일 발생했으며, 총 285쌍에 이르는 같은 성 짝의 구르기가 관찰되었다(같은 기간에 이성애 교미는 관찰되지 않았다). 또한 털갈이 기간에 수컷 회색바다표범 사이에서는 동성애 행동이 흔하며, 코끼리바다표범 수컷들 사이에서는 덜 일어난다(하지만 일 년으로 따지면 더 자주 일어난다). 암컷 중 코끼리바다표범의 입양 가족의 약 2%는 두 마리의 새끼를 잃은 어미가 모여 함께 키우는 형태이고, 다른 14%는 한 마리의 암컷이 어미와 함께 새끼를 돌보는 형태다. 전체적으로 이러한 두 어미 가족은 전체 가족의 약 2~3%를 차지한다(나머지는 혼자서 새끼를 키운다).

성적 지향 : 수컷 회색바다표범은 계절에 따른 양성애를 보여준다. 털갈이 동안, 많은 수컷은 동성애 활동을 선호하고(무리에 암컷이 나타나도 대개 무시한다), 짝짓기 시즌에는 일반적으로 이성애 행동을 한다. 하지만 나이 든 수컷의 1/3만이 실제로 암컷과 교미를 하고, 젊은 수컷(8살까지)은 2% 미만만이 정기적으로 암컷에게 접근할 수 있다. 따라서 많은 수컷은 최소한 생애의 일부 동안은 동성애 활동에만 전념하는 것으로 보인다. 젊은 청소년 코끼리바다표범 수컷은 수컷 개체수의 25~55%를 차지하며, 실제로 암컷과 짝짓기를 하는 경우는 거의 없을 것이므로, 주로 동성애 마운팅에만 참여할 것이다. 다른 한 극단에 해당하는, 최고위 서열 수컷들은 배타적인 이성애자인 것으로 보인다. 그들의 관심은 보통

짝짓기 쪽으로 향하기 때문이다(시즌마다 수백 마리의 암컷과 관계한다). 일부 나이 든 청소년 수컷(개체군의 40~55%)이나 젊은 성체는 양성애자일 수 있으며, 암수 모두에게 마운팅을 한다. 그러나 전체 수컷의 9% 미만만이 평생 한번이라도 암컷과 짝짓기를 할 수 있고, 그렇게 짝짓기를 할 수 있는 번식 연령까지 살아남는 수컷은 절반 정도이기 때문에, 많은 수가 같은 성 간의 활동에만 참여할 것이다(회색바다표범에서처럼). 새끼를 마운트하는 수컷(극히 일부에 불과하다)은 암수 새끼 모두에게 동

수컷 잔점박이물범의 '짝지어 구르기'(구애 행동이자 성적인 행동이다).

일한 빈도로 마운트를 한다. 잔점박이물범 수컷은 옆에 호응할 수 있는 암컷이 있더라도 짝지어 구르기 활동에 참여한다. 일반적으로 매년 수개월 동안 이러한 활동을 한다(이성애 짝짓기는 보통 한 달 정도의 짧은 기간에 국한된다). 다른 연령 계층들 사이의 유사한 성적 지향 패턴이 다른 두 종에서와 마찬가지로 이 종에서도 발생할 수 있다.

비생식적이고 대체 가능한 이성애

회색바다표범, 잔점박이물범, 북방코끼리바다표범은 다양한 비생식적 이성애 행동을 한다. 임신 중의 성적인 행동은 흔하지 않다. 암컷 회색바다표범은 새끼가 태어나기 직전에 뭍으로 올라온다. 예를 들어 그들은 흔히 수컷들과 이성애 교미 및 역마운팅(암컷이 수컷을 마운트한다)을 포함한 기타 성적인 행동에 참여한다. 수컷 북방코끼리바다표범은 또한 이미 수정한 후 번식지를 떠나는 암컷이나 임신한 암컷과 짝짓기를 한다. 회

색바다표범과 잔점박이물범도 짝짓기 시즌을 벗어나 수정할 수 없는 기간에 교미를 한다. 여기서 임신이 불가능하다는 것은 암컷이 임신할 수 없을 뿐만 아니라 (회색바다표범) 수컷도 고환이 비활성화되는 성주기를 가지고 있기 때문이다. 이 두 종 사이에 이성애 교미도 가끔 일어난다. 또한 이들 3종의 암컷들은 전부 여러 수컷 파트너와 교미할 수 있다.

위에서 지적했듯이 일부 수컷 북방코끼리바다표범은 갓 젖을 뗀 새끼들과 교미를 하려한다. 모든 새끼의 약 절반 정도는 보통 이러한 강제 짝짓기나 강간 시도에 처하는데 새끼들은 대개 격렬하게 저항한다. 어떤 경우에 새끼들은 성체 수컷에 의해 심한 부상을 입는데, 목을 물려 깊은 상처나 구멍이 생기기도 한다. 성체 수컷의 공격적인 성적 행동은 번식지에서 매년 새끼 200마리 중 1마리가 죽는 주요 사망 원인이다. 또한 수컷 북방코끼리바다표범은 때로 공격적으로 잔점박이물범 같은 다른 종의 새끼를 마운트한다. 수컷의 비슷한 공격성, 폭력성, 강간 시도(때로는 치명적)는 성체 암컷이나 청소년을 향하기도 한다. 짝짓기를 하는 동안 수컷 북방코끼리바다표범들은 일상적으로 암컷을 물고, 찍어 누르며, 온몸으로 암컷에게 체중을 얹는다(수컷은 암컷보다 5~11배나 무겁다). 암컷은 루커리를 떠날 때 수컷 무리에 의해 쫓기기도 하고, 때로는 도망가려고 할 때 3~7차례 강간당하기도 한다. 심지어 어떤 수컷들은 그러한 공격 중에 죽은 암컷들과 짝짓기를 시도한다(그리고 심지어 다른 종의 죽은 바다표범과도). 잔점박이물범의 짝짓기에서는 또한 수컷의 공격적인 행동, 암컷의 거부, 두세 마리 수컷이 암컷과 강제로 짝짓기를 시도하는 '갱단'도 볼 수 있다. 게다가 회색바다표범과 잔점박이물범 새끼는 때로 성체에 의해 죽임을 당하기도 하고(회색바다표범 새끼 죽음의 약 7%를 차지한다), 약 6%의 잔점박이물범은 태어난 지 얼마 되지 않아 어미로부터 버림받는다.

1년 중 대부분 기간에 두 성별은 따로 생활한다. 예를 들어 북방코끼리바다표범 암수는 각자 1년에 두 번, 자신만의 대이동을 위한 여행을 떠난다. 수컷은 알래스카 북쪽으로 가고 암컷은 중앙 태평양으로 향하는데, 이러한 2만 킬로미터 이상의 두 방향 이동으로 인해 최대 300일 동안 떨어져 있게 된다. 수컷 회색바다표범은 일 년 중 9개월에서 10개월 동안 암컷과 본질적으로 분리되어 바다에 산다(또는 육지에서 털갈이를 한다). 이러한 분리는 부분적으로 암컷의 수정된 배아가 3~4개월 동안 '활동을 정지한' 상태가 되어 임신 기간을 11개월 이상으로 연장하는, 지연착상delayed implantation 현상에 의해 촉진된다. 많은 수컷은 번식기에도 교미나 번식을 하지 않는다. 일반적으로 번식지에 있는 수컷의 14~35%만이 매 계절 짝짓기를 한다. 마찬가지로 수컷 코끼리바다표범의 90% 이상은 평생 교미를 하지 않는다(대부분은 번식을 상당히 늦게까지 늦추고 번식이 시작되는 나이에 도달하기 전에 자연사한다). 소수의 개체가 짝짓기 기회를 독점하는 경우가 많으므로, 일부 개체군에는 높은 수준의 근친교배가 존재하기도 한다. 또한 일부 개체군에서는 암컷의 약 20%가 매년 번식을 거른다.

새끼 양육 때도 성별 분리가 지속한다. 대부분의 일부다처제 동물들처럼 수컷 바다표범은 어떤 육아 의무에도 참여하지 않는다. 그러나 암컷들은 여러 가지 양육활동에 참여하며, 이는 흔히 새끼를 잃은 후에도 마찬가지이다(일부는 자기 새끼 외에 다른 새끼를 돌보기도 한다). 매 계절 모든 북방코끼리바다표범 새끼의 절반 이상은 어미와 헤어지며, 모든 암컷의 18%는 새끼를 입양한다. 앞에서 언급한 암컷의 동반양육 방식 외에도, 많은 암컷이 스스로 고아 새끼를 입양하고, 어떤 암컷 코끼리바다표범들은 동시에 여러 고아를 돌보기도 하며, 다른 암컷들은 이미 젖을 뗀 새끼에게 젖을 먹이기도 한다(이러한 새끼들은 넘치는 수유로 인해 통통해져서 소위 말하는 거대한 '우량아'로 변한다). 어떤 암컷은 심지어 어미로부터 새끼를 '납치'하거나 훔치려 하고, 새끼를 잃지 않은 암컷은 흔히 길 잃은 새끼를 위협하고 공격하고 심지어 죽이기도 한다. 일부 개체군에서는 회색바다표범 암컷의 3/4과 잔점박이물범 암컷의 10%가 수양육아에 참여한다.

기타 종

암컷 점박이물범 혹은 라가물범*Phoca largha* 한 쌍은 때로 새끼를 함께 키우고 심지어 젖을 나누기도 한다. 해달*Enhydra lutris*에서는 수컷이 다른 수컷을 (물속에서) 이성애 교미 때 주로 볼 수 있는 체위로 꼭 껴안고 마운팅하는 것이 관찰되었다. 또한 수컷 해달은 때로 잔점박이물범이나 북방코끼리바다표범 같은 바다표범을 마운트하려고도 한다. 이러한 상호작용 중 일부는 같은 성일 수도 있다.

출처   *별표가 있는 출처는 동성애와 트랜스젠더에 대해 논의한다.

Allen, S. G. (1985) "Mating Behavior in the Harbor Seal." *Marine Mammal Science* 1:84–87.

Amos, B., S. Twiss, P. Pomeroy, and S. Anderson (1995) "Evidence for Mate Fidelity in the Gray Seal." *Science* 268:1897–99.

Anderson, S. S. (1991) "Gray Seal, *Halichoerus grypus*." In G. B. Corbet and S. Harris, eds., *The Handbook of British Mammals*, pp. 471–80. Oxford: Blackwell Scientific Publications.

Anderson, S. S., and M. A. Fedak (1985) "Gray Seal Males: Energetic and Behavioral Links Between Size and Sexual Success." *Animal Behavior* 33:829–38.

* Backhouse, K. M. (1960) "The Gray Seal (*Halichoerus grypus*) Outside the Breeding Season: A Preliminary Report." *Mammalia* 24:307–12.

——(1954) "The Gray Seal." *University of Durham Medical Gazette* 48:9–16.

* Backhouse, K. M., and H. R. Hewer (1957) "Behavior of the Gray Seal (*Halichoerus grypus* Fab.) in the Spring." *Proceedings of the Zoological Society of London* 129:450.

Baker, J. R. (1984) "Mortality and Morbidity in Gray Seal Pups (*Halichoerus grypus*)."

Journal of Zoology, London 203:23–48.

Bishop, R. H. (1967) "Reproduction, Age Determination, and Behavior of the Harbor Seal, *Phoca vitulina* L. in the Gulf of Alaska." Master's thesis, University of Alaska.

Boness, D. J., D. Bowen, S. J. Iverson, and O. T. Oftedal (1992) "Influence of Storms and Maternal Size on Mother–Pup Separations and Fostering in the Harbor Seal, *Phoca vitulina*." *Canadian Journal of Zoology* 70:1640–44.

Boness, D. J., and H. James (1979) "Reproductive Behavior of the Gray Seal (*Halichoerus grypus*) on Sable Island, Nova Scotia." *Journal of Zoology*, London 188:477–500.

Burton, R. W., S. S. Anderson, and C. F. Summers (1975) "Perinatal Activities in the Gray Seal (*Halichoerus grypus*)." *Journal of Zoology*, London 177:197–201.

Coulson, J. C, and G. Hickling (1964) "The Breeding Biology of the Gray Seal, *Halichoerus grypus* (Fab.), on the Fame Islands, Northumberland." *Journal of Animal Ecology* 33:485–512.

* Deutsch, C. J. (1990) "Behavioral and Energetic Aspects of Reproductive Effort of Male Northern Elephant Seals (*Mirounga angustirostris*)." Ph.D. thesis, University of California–Santa Cruz.

* Hatfield, B. B., R. J. Jameson, T. G. Murphey, and D. D. Woodard (1994) "Atypical Interactions Between Male Southern Sea Otters and Pinnipeds." *Marine Mammal Science* 10:111–14.

Hewer, H. R. (1960) "Behavior of the Gray Seal (*Halichoerus grypus* Fab.) in the Breeding Season." *Mammalia* 24:400–21.

Hewer, H. R., and K. M. Backhouse (1960) "A Preliminary Account of a Colony of Gray Seals, *Halichoerus grypus* (Fab.) in the Southern Inner Hebrides." *Proceedings of the Zoological Society of London* 134:157–95.

Hoover, A. A. (1983) "Behavior and Ecology of Harbor Seals (*Phoca vitulina richardsi*) Inhabiting Glacial Ice in Aialik Bay, Alaska." Master's thesis, University of Alaska.

* Johnson, B.W. (1976) "Studies on the Northernmost Colonies of Pacific Harbor Seals, *Phoca vitulina richardsi*, in the Eastern Bering Sea." Unpublished report, University of Alaska Institute of Marine Science and Alaska Department of Fish and Game; 67 pp. (available at National Marine Mammal Laboratory Library, Seattle, Wash.).

* ———(1974) "Otter Island Harbor Seals: A Preliminary Report." Unpublished report,

University of Alaska Institute of Marine Science and Alaska Department of Fish and Game; 20 pp. (available at National Marine Mammal Laboratory Library, Seattle, Wash.).

* Johnson, B. W., and P. Johnson (1977) "Mating Behavior in Harbor Seals?" *Proceedings (Abstracts) of the Conference on the Biology of Marine Mammals* (San Diego) 2:30.

Kroll, A. M. (1993) "Haul Out Patterns and Behavior of Harbor Seals, *Phoca vitulina*, During the Breeding Season at Protection Island, Washington." Master's thesis, University of Washington.

* Le Boeuf, B. J. (1974) "Male–Male Competition and Reproductive Success in Elephant Seals." *American Zoologist* 14:163–76.

——(1972) "Sexual Behavior in the Northern Elephant Seal, *Mirounga angustirostris*." *Behavior* 41:1–26.

Le Boeuf, B. J., and R. M. Laws (eds.) (1994) *Elephant Seals: Population Ecology, Behavior, and Physiology*. Berkeley: University of California Press.

Le Boeuf, B. J., and S. Mesnick (1991) "Sexual Behavior of Male Northern Elephant Seals: I. Lethal Injuries to Adult Females." *Behavior* 116:143–62.

Le Boeuf, B. J., and J. Reiter (1988) "Lifetime Reproductive Success in Northern Elephant Seals." In T. H. Clutton–Brock, ed., *Reproductive Success: Studies of Individual Variation in Contrasting Breeding Systems*, pp. 344–62. Chicago: University of Chicago Press.

Mortenson, J., and M. Follis (1997) "Northern Elephant Seal (*Mirounga angustirostris*) Aggression on Harbor Seal (*Phoca vitulina*) Pups." *Marine Mammal Science* 13:526–30.

Perry, E. A., and W. Amos (1998) "Genetic and Behavioral Evidence That Harbor Seal (*Phoca vitulina*) Females May Mate with Multipile Males." *Marine Mammal Science* 14:178–82.

Riedman, M. L. (1990) *The Pinnipeds: Seals, Sea Lions, and Walruses*. Berkeley: University of California Press.

* Riedman, M. L., and B. J. Le Boeuf (1982) "Mother–Pup Separation and Adoption in Northern Elephant Seals." *Behavioral Ecology and Sociobiology* 11:203–15.

* Rose, N. A., C. J. Deutsch, and B. J. Le Boeuf (1991) "Sexual Behavior of Male Northern Elephant Seals: III. The Mounting of Weaned Pups." *Behavior* 119:171–92.

Smith, E. A. (1968) "Adoptive Suckling in the Gray Seal." *Nature* 217:762–63.

Stewart, B. S., and R. L. DeLong (1995) "Double Migrations of the Northern Elephant Seal, *Mirounga angustirostris*." *Journal of Mammalogy* 76:196–205.

Sullivan, R. M. (1981) "Aquatic Displays and Interactions in Harbor Seals, *Phoca vitulina*, with Comments on Mating Systems." *Journal of Mammalogy* 62:825–31.

Thompson, P. (1988) "Timing of Mating in the Common Seal (*Phoca vitulina*)." *Mammal Review* 18:105–12.

Tinker, M. T., K. M. Kovacs, and M. O. Hammill (1995) "The Reproductive Behavior and Energetics of Male Gray Seals (*Halichoerus grypus*) Breeding on a Land–Fast Ice Substrate." *Behavioral Ecology and Sociobiology* 36:159–70.

Venables, U. M., and L. S. V. Venables (1959) "Vernal Coition of the Seal *Phoca vitulina* in Shetland." *Proceedings of the Zoological Society of London* 132:665–69.

——(1957) "Mating Behavior of the Seal *Phoca vitulina* in Shetland." *Proceedings of the Zoological Society of London* 128:387–96.

Wilson, S. C. (1975) "Attempted Mating Between a Male Gray Seal and Female Harbor Seals." *Journal of Mammalogy* 56:531–34.

오스트레일리아바다사자
Neophoca cinerea

뉴질랜드바다사자
Phocarctos hookeri

북방물개
Callorhinus ursinus

동성애	트랜스젠더	행동		랭킹	관찰
●암컷	○간성	○구애	○짝 형성	○중요	●야생
●수컷	○복장도착	●애정표현	○양육	●보통	○반야생
		●성적인 행동		○부수적	●포획 상태

오스트레일리아바다사자, 뉴질랜드바다사자

식별 : 수컷은 길이가 2.5~3미터이고 거대한 목, 어깨, 가슴살을 가지고 있다. 암컷은 더 작다.

분포 : 오스트레일리아의 남해안, 뉴질랜드의 남섬, 그리고 다른 남극 섬들. 뉴질랜드 종은 취약.

서식지 : 연안 해역 및 인접 해변.

연구지역 : 오스트레일리아 남쪽의 위험한 암초섬, 뉴질랜드 오클랜드 제도 엔더비 섬.

북방물개

식별 : 짙은 갈색이나 회색의 매우 촘촘한 털을 가진 물개. 가슴지느러미가 크고 머리는 비
　교적 작다. 암컷은 길이가 1.4미터, 수컷은 거의 2.1미터이다.

분포 : 북태평양 해역. 취약.

서식지 : 바다에서 주로 지내고 해변에서 새끼를 기른다.

연구지역 : 알래스카 프리빌로프 제도, 세인트 폴 제도, 세인트 조지 제도.

사회조직

이러한 종의 암컷은 번식기 동안 무리를 이루며, 여기에 소수의 수컷이
섞이게 된다. 이 조직은 '하렘' 구조로 잘못 해석됐는데, 실제로 수컷은
암컷의 움직임을 거의 통제하지 못한다. 이렇게 무리가 모이는 이유는
흔히 암컷끼리 서로를 찾거나 흔히 수컷을 피하면서 생긴 결과다. 북방
물개에서 비번식 개체와 어린 개체는 섬의 번식지와는 구분된 곳에서 모
인다. 비번식 무리는 다른 두 종에서도 발생한다. 짝짓기 시즌을 벗어나
면 오스트레일리아바다사자와 뉴질랜드바다사자는 더 작은 혼성 무리를
형성하고, 북방물개는 가을과 겨울, 그리고 봄에 암수가 따로 분리되어
바다에서 대개 혼자 지낸다.

설명

행동 표현 : 오스트레일리아바다사자와 뉴질랜드바다사자에서 동성애 마
운팅은 매우 흔하다. 한 수컷이 다른 수컷을 (이성애 교미에서처럼) 뒤에서
올라타 상대에 대고 골반찌르기를 한다. 동성애 교미는 해변이나 파도치
는 곳에서 일어날 수 있다(후자는 특히 나이가 많은 수컷 사이에서 발생한다).
두 수컷 사이에는 흔히 나이 차이가 있지만 모든 연령대가 참여하며, 일

반적으로 젊은 수컷이 나이가 많은 수컷을 마운팅한다. (특히 뉴질랜드바다사자) 젊은 수컷들 사이에서 동성애는 흔히 놀이 싸움의 구성 요소인데, 두 수컷이 가슴을 맞대고 서서 서로 밀치고, 상대방의 목을 입에 물려고 한다. 암컷 오스트레일리아바다사자들도 가끔 서로를 마운트하지만, 레즈비언 마운팅은 북방물개에서 더 흔하다. 짝짓기 시즌 동안 암컷은 때로 다른 암컷을 마운팅해서 골반찌르기를 하며 교미한다. 마운트가 된 암컷은 흔히 등을 구부리고 가슴지느러미를 펼치는 식으로 동성애 마운트를 돕는다. 이렇게 하면 상대 암컷이 자기 생식기에 접근하기가 쉬워진다.

빈도 : 동성애 행동은 오스트레일리아바다사자와 뉴질랜드바다사자에서 꽤 자주 나타나며 북방물개에게서는 흔하게 발생한다.

성적 지향 : 오스트레일리아바다사자와 뉴질랜드바다사자에서 암컷 무리와 관계하지 않는 젊은 수컷들은 배타적인 동성애 활동에 참여하는 것으로 보인다. 많은 개체(뉴질랜드바다사자 수컷 중 81%와 오스트레일리아바다사자 수컷 중 33%)가 이성애 교미를 하지 않기 때문이다. 뉴질랜드바다사자에서는 번식을 하는 성체 수컷도 때로 동성애 마운팅에 참여하므로 양성애자가 되는 반면, 오스트레일리아바다사자에서는 성체 번식 수컷은 전적으로 이성애자다. 북방물개는 레즈비언 마운팅에 특히 애착을 보이는 모든 암컷이 수컷들과도 활발하게 이성애적인 짝짓기를 한다. 실제로 동성애 활동에 관여하는 거의 모든 암컷은 어미이지만, 모든 어미가 동성애에 참여하는 것은 아니다. 하지만 암컷들이 전체 번식기에 단 한 번만 수컷과 짝짓기를 하기 때문에 암컷들이 참여하는 동성애 활동의 양은 이성애 활동과 동일하거나 더 많을 것이다.

비생식적이고 대체 가능한 이성애

이 세 종류의 바다표범 모두 개체군의 상당수는 번식하지 않는다. 앞에서 지적했듯이 뉴질랜드바다사자 성체 수컷의 80% 이상과 오스트레일리아바다사자 수컷의 1/3은 이성애 교미에 참여하지 않는다. 북방물개에서는 9살 미만의 수컷 대부분은 암컷에게 접근하기 위한 나이 든 수컷과의 경쟁을 할 수 없기 때문에 짝짓기를 하지 않는 반면, 대부분의 번식수컷은 실제로 전체 생애 중 단 한 시즌 동안만 번식에 참여한다. 평균적인 수컷은 평생 암컷과 교미를 3~4번밖에 하지 않으며, 많은 수컷은 한번도 하지 않는다. 또한 번식지의 암컷 중 8~17%는 매년 임신을 하지 않으며, 암컷은 일반적으로 5년 정도에 한 번만 번식을 한다. 사실 전체 개체군의 거의 60%가 번식을 시도조차 하지 않는 비번식 개체로 구성되어 있다. 오스트레일리아바다사자는 포유류 중 유난히 긴 번식주기를 갖는데, 짝짓기부터 출생까지 17~18개월에 이를 정도다. 다른 말로 '해를 넘기는supra-annual' 번식주기라고 부른다(대부분의 포유류는 1년 이내에 번식주기를 완료하므로 매년 번식할 수 있다). 이렇게 주기가 늘어난 이유 중 일부는 지연착상delayed implantation이라는 현상 때문이다(다른 바다표범에서도 발견된다). 이 종에서는 수정란이 발달하지 않고 대신 최대 8개월에서 9개월 동안 '가사상태'로 남아 있다. 또한 오스트레일리아바다사자에서는 임신 후반기 낙태가 비교적 흔하다. 북방물개에서 착상은 4~5개월 정도 지연되지만, 배아의 약 11%는 착상에 실패해 낙태되거나 재흡수된다.

수정과 태아 발달 사이의 이러한 분리 외에도, 이 종들에서는 성별 사이의 주목할 만한 공간적, 시간적 분리가 존재한다. 북방물개에서는 짝짓기 철이 끝나면 수컷과 암컷은 서로 다른 방향으로 간다. 암컷은 북태평양에 넓게 분포하는 반면 수컷은 베링해에 남는다. 수컷과 암컷은 일년에 겨우 두 달 동안만 상호작용을 하는데, 이는 그들이 삶의 대부분을 서로 떨어져 보낸다는 것을 의미한다. 게다가 두 성별은 함께 있을 때 흔히 적대적이다. 수컷 북방물개들은 때로 암컷의 몸을 들어 올리거나 공중으로 던지는 방법으로 영역을 떠나지 못하게 막는다. 두 마리의 수컷이 한 암컷을 차지하려고 서로 이빨로 끌어(때로는 실제로 암컷이 새끼를 낳을 때) 심각한 열상을 입히거나 줄다리기 끝에 죽음을 초래하기도 한다. 오스트레일리아바다사자에서는 젊은 수컷들이 서식지를 돌아다니며 암컷을 성적으로 괴롭히고 도망가려는 암컷들을 공격한다. 뉴질랜드바다사자 수컷이 죽은 뉴질랜드북방물개*Arctocephalus forsteri* 암컷과 짝짓기를 시도하는 것이 목격된 적이 있는데, 수컷이 짝짓기를 시도하려는 도중에 죽었을 가능성도 있다. 북방물개와 캘리포니아바다사자*Zalophus californianus* 사이의 성적인 상호작용도 일어나며, 수컷 북방물개는 또한 자기 종의 새끼와 강제 교미를 시도한다는 것도 알려져 있다. 또한 수컷(때로는 암컷) 오스트레일리아바다사자는 간혹 맹렬히 새끼를 공격하며, 흔들거나 던지고, 물어뜯는다. 이러한 부상으로 인한 사망은 육지에서 새끼들 죽음의 가장 중요한 원인이고, 해당 종 새끼 사망의 거의 1/5을 차지한다. 북방물개 새끼 사망의 약 17%는 성체의 공격(대개 암컷)에 의한 것이다.

성체 암컷과 어린 바다표범이 직면하고 있는 이러한 심각한 어려움도 있지만, 이들 종에서는 혁신적인 공동 육아 혹은 '주간 돌보미' 체계도 발전했다. 오스트레일리아바다사자에서는 암컷들이 한 무리의 새끼를 번갈아 돌보며 지킨다. 북방물개에서는 어미들이 바다에 없는 동안 새끼들은 탁아소 혹은 포드pods라는 곳에 모여 보호받는다. 어미들은 보통 일주일에 하루만 해안에서 보내고 때로 한 번에 16일까지 떠나 있기도 하므로 새끼들은 이곳에서 시간 대부분을 보낸다. 새끼를 잃은 오스트레일리아바다사자 암컷도 가끔 다른 암컷의 새끼를 납치하려고 한다.

출처   *별표가 있는 출처는 동성애와 트랜스젠더에 대해 논의한다.

* Bartholomew, G. A. (1959) "Mother–Young Relations and the Maturation of Pup Behavior in the Alaska Pur Seal." *Animal Behavior* 7:163–71.

Bartholomew, G. A., and P. G. Hoel (1953) "Reproductive Behavior of the Alaska Fur Seal, *Callorhinus ursinus*." *Journal of Mammalogy* 34:417–36.

Gales, N. J., P. D. Shaughnessy, and T. E. Dennis (1994) "Distribution, Abundance, and Breeding Cycle of the Australian Sea Lion *Neophoca cinerea* (Mammalia: Pinnipedia)." *Journal of Zoology London* 234:353–70.

* Gentry, R. L. (1998) *Behavior and Ecology of the Northern Fur Seal.* Princeton; Princeton University Press.

——(1981) "Northern Fur Seal, *Callorhinus ursinus* (Linnaeus, 1758)." In S. H. Ridgway and R. J. Harrison, eds., *Handbook of Marine Mammals*, vol. 1, pp. 143–60. London: Academic Press.

Higgins, L. V. (1993) "The Nonannual, Nonseasonal Breeding Cycle of the Australian Sea Lion, *Neophoca cinereal*." *Journal of Mammalogy* 74:270–74.

Higgins, L. V., and R. A. Tedman (1990) "Attacks on Pups by Male Australian Sea Lions, *Neophoca cinerea*, and the Effect on Pup Mortality." *Journal of Mammalogy* 71:617–19.

Kenyon, K. W., and F. Wilke (1953) "Migration of the Northern Fur Seal, *Callorhinus ursinus*." *Journal of Mammalogy* 34:86–89.

* Marlow, B. J. (1975) "The Comparative Behavior of the Australasian Sea Lions *Neophoca cinerea* and *Phocarctos hookeri* (Pinnipedia: Otariidae)." *Mammalia* 39:159–230.

——(1972) "Pup Abduction in the Australian Sea–lion, *Neophoca cinerea*." *Mammalia* 36:161–65.

Miller, E. H., A. Ponce de Uon, and R. L. DeLong (1996) "Violent Interspecific Sexual Behavior by Male Sea Lions (Otariidae): Evolutionary and Phylogenetic Implications." *Marine Mammal Science* 12:468–76.

Peterson, R. S. (1968) "Social Behavior in Pinnipeds with Particular Reference to the Northern Fur Seal." In R. J. Harrison, R. C. Hubbard, R. S. Peterson, C. E. Rice, and R. J. Schusterman, eds., *The Behavior and Physiology of Pinnipeds*, pp. 3–53. New

York: Appleton–Century–Crofts.

Walker, G. E., and J. K. Ling (1981) "New Zealand Sea Lion, *Phocarctos hookeri* (Gray, 1844)." and "Australian Sea Lion, *Neophoca cinerea* (Péron, 1816)." In S. H. Ridgway and R. J. Harrison, eds., *Handbook of Marine Mammals*, vol 1, pp. 25–38,99–118. London: Academic Press.

Wilson, G. J. (1979) "Hooker's Sea Lions in Southern New Zealand." *New Zealand Journal of Marine and Freshwater Research* 13:373–75.

York, A. E., and V. B. Scheffer (1997) "Timing of Implantation in the Northern Fur Seal, *Callorhinus ursinus.*" *Journal of Mammalogy* 78:675–83.

바다코끼리

Odobenus rosmarus

동성애	트랜스젠더	행동		랭킹	관찰
○ 암컷	○ 간성	● 구애　● 짝 형성		● 중요	● 야생
● 수컷	○ 복장도착	● 애정표현　○ 양육		○ 보통	○ 반야생
		● 성적인 행동		○ 부수적	● 포획 상태

식별 : 털이 듬성듬성 난 갈색을 띤 오렌지색 피부와 곤두선 '수염'을 가진 거대한 기각류.
　　　성체 수컷은 커다란 엄니를 가졌다(수컷은 3.6미터, 1.6톤에 이른다).

분포 : 북극 전역.

서식지 : 빙하 해안지역의 얕은 물.

연구지역 : 알래스카 브리스톨 베이 라운드 섬, 허드슨 베이 코트 섬, 캐나다 노스웨스트 준
　　　　　주 배턴트 던다스 제도, 뉴욕 수족관.

아종 : 대서양바다코끼리 *O.r. rosmarus*.

사회조직

바다코끼리는 1월부터 3월까지(번식기) 해안에서 멀리 떨어진 얼음판 위
나 주변에 모이며, 그곳에서 이성애 구애와 교미가 이루어진다. 짝짓기

체계는 일부다처제이며, 일반적으로 수컷은 오랫동안 지속하는 이성애 유대 관계를 형성하지 않고 여러 암컷과 교미한다. 여름과 초가을 동안 수컷들은 보통 매년 이 목적을 위해 사용되는 섬에 모여 수천 마리에 달하는 큰 무리를 이룬다. 이러한 '뭍쉼터*haul-outs'에는 성별끼리 따로 모인다. 수컷과 암컷이 함께 있을 때 서로 구분된 지역을 차지하는 경향이 있다. 하지만 좀 더 일반적으로는 암컷과 새끼들이 여름을 보내기 위해 먼 북쪽으로 이동하기 때문에 이러한 '뭍쉼터'에는 전부 수컷만 있다.

설명

행동 표현: 여름철 뭍쉼터 해안의 얕은 물에서 수컷 바다코끼리는 동성애 구애와 성적인 활동, 그리고 애정 활동을 한다. 수컷 쌍들은 한 번에 많게는 50마리나 모여 목구멍의 특수한 주머니를 부풀려 수면 위를 떠다닌다. 이 주머니는 구명조끼의 부력을 만드는 낭囊과 같은 역할을 한다. 물에 떠 수영하는 동안 수컷들, 특히 어린 수컷들은 서로 몸을 비비고, 앞지느러미로 서로를 붙들고 껴안으며, 코를 만지고, 무리를 지어 함께 몸을 굴린다. 수컷은 때로 물속에서 함께 잠을 자기도 한다. 수컷 쌍이나 수컷 무리는 수면에 세로로 둥둥 떠서(물병자세bottling라고 알려져 있다) 각각의 수컷이 앞에 있는 수컷을 뒤에서 붙잡아 '잠자는 줄'을 형성한다. 수컷들은 또한 다른 수컷들에게 구애 과시를 하는데, 이는 이성애 구애에도 사용되는 특이한 행동과 소리다. 전형적으로 젊은 수컷은 나이가 많은 수컷에게 과시하고, 구애하는 수컷은 흔히 선호하는 절벽 앞이나, 바위 또는 암초 주변 바로 앞 물속에 위치를 잡는다. 이 화려한 과시는 목주머니의 팽창(흔히 머리를 숙인 뒤)과 중간중간 보이는 수컷 한두 마리의 다이빙, 엄청난 일련의 발성으로 부르는 구애 '노래'로 구성되어 있

---

* 뭍쉼터란 기각류가 휴식하거나, 번식을 위해 일시적으로 물 밖으로 나오는 땅이나 얼음판을 말한다.

다. 동성애 만남에서는 적어도 세 가지 유형의 울음이 사용된다. 먼저 두드리기knocks는 캐스터네츠 같은 빠른 울음이며 물속에서 뺨의 이빨을 '딱딱 맞부딪치며' 만든다. 금속성의 종소리bell 울음은 공기 파동을 일으키기 위해 물속에서 앞지느러미로 목주머니를 때려 만들어 내는 섬뜩한 징 같은 소리이며, 휘파람whistle은 바다코끼리가 수면에 올라오며 오므린 입술을 통해 내는 짧고 날카로운 울음이다.

라운드 섬(알래스카) 해안에서 수컷 바다코끼리 한 마리가 다른 수컷의 항문 부위에 발기한 페니스(수면 아래로 보이는 것)를 찌르고 있다.

동성애 구애를 하는 동안 때로 어떤 수컷은 앞지느러미로 사람 팔뚝만한 크기의 페니스를 문지르기도 한다. 수컷 간의 노골적인 성적 행동은 (얕은 물에서) 마운팅을 하는 형태를 취한다. 즉 한 수컷이 뒤에서 앞지느러미로 다른 수컷을 잡고, 다른 수컷의 항문 부위에 대고 발기한 페니스로 골반찌르기를 한다. 젊은 수컷이 나이 든 수컷을 마운트하거나 그 반대로도 한다. 대부분의 동성애 행동은 여름철 뭍쉼터에서 일어나는 일로 국한되지만, 때로 어린 수컷들은 번식기에도 성체나 다른 어린 수컷을 마운트한다. 젊은 바다코끼리 무리가 나이 든 수컷을 둘러싸고 그 위로 몸을 굴리기도 한다. 또 성체 수컷이 때로 어린 수컷 무리에게 구애 노래를 부르거나 노래를 부를 때 어린 수컷이 보조하는 일도 있다. 흔히 그 동반자가 수면에서 동시에 잠수를 한다. 따라하기shadowing라고 알려진 이 행동은 성체가 암컷에게 구애하고 있는지와 상관없이 일어난다. 더불어 포획 상태의 수컷 바다코끼리와 수컷 회색바다표범에서 이종 간 동성애 만남을 하는 것이 관찰된 적이 있다.

빈도: 수컷 바다코끼리는 여름철 '뭍쉼터'에 올라오는 동안 동성애 활동을 자주 한다. 얕은 물에서 벌어지는 수컷들의 모든 사회적 상호작용의 약 1/4은 동성 간의 애정, 구애, 또는 성적인 행동과 관련이 있다. 평균적으로 각 수컷은 물속에서 한 시간에 약 5회 정도 그러한 활동에 참여하며, 수컷들 사이의 접촉(성적인 행동과 구애 행동을 포함해서)은 수컷들이 물속에서 보내는 전체 시간의 약 3%를 차지한다. 어느 시점에든 전체 수컷 개체수(3,000마리가 넘는 경우도 있다)의 2% 이상이 물속에서 동성애 활동을 하는 것으로 보인다. 번식기에는 마운팅 활동의 최대 1/3이 젊은 수컷 또는 어른과 젊은 수컷 사이에서 일어날 수 있으며, 노래하는 수컷의 2~19%는 '따라하기'를 하는 젊은 수컷 동반자를 두고 있다.

성적 지향: 수컷 바다코끼리는 실제로 번식에 참여하기 약 4년 전에 성적으로 성숙하기 때문에, 개체수의 상당 부분은 삶의 일부 동안 동성애에만 관여하는 것으로 보인다. 10세에서 14세 사이의 성적으로 성숙한 수컷의 약 40~60%가 이성애 교미에 참여하지 않으며, 이러한 수컷의 상당수가 동성애 활동을 한다. 대부분의 나이 든 수컷은 계절적인 양성애자인데, 짝짓기 철에는 암컷과 구애하고 교미하며 여름과 초가을에는 같은 성 활동에 참여한다. 하지만 일부는 번식기에도 같은 성 마운팅을 하거나 동반자 관계에 참여하기도 한다.

비생식적이고 대체 가능한 이성애

앞에서 보았듯이 수컷 바다코끼리는 번식을 늦게 경험하는데, 대부분의 바다코끼리는 최대 수명의 약 40%가 끝날 때까지 이성애 교미를 시작하지 않는다. 일단 번식을 하는 나이가 되어도 흔히 소수의 수컷만이 실제로 매년 짝짓기를 하는데, 비율은 전체 성체 수컷의 1/4 정도로 여겨진다. 23세 이상의 암컷 중 약 절반은 비번식 개체다. 이들은 7년 이상의 번식은퇴 또는 '폐경' 기간을 경험한다. 긴 임신 기간(15~16개월)과 수유 기간(2년) 때문에 대부분의 번식 연령의 암컷은 매년 번식을 하지 않는다. 임신이 이렇게 긴 이유는 지연착상delayed implantation 때문이다. 짝짓기 후 수정란은 자궁에 착상하지 않고 일시적으로 발달이 중단돼 4~5개월 동안 '가사상태'를 유지한다. 이로 인해 두 성별은 더 오랫동안 떨어져 지내게 된다. 앞에서 보았듯이 이들의 사회생활이 비록 광범위한 성 분리라는 특징이 있지만, 바다코끼리는 때로 짝짓기 철을 벗어나 교미하기도 한다. 봄과 가을의 거의 모든 달에 이성애 교미가 기록되었다. 수컷은 연간 성주기가 있어서 1~3월을 제외하고는 고환이 본질적으로 휴면 상태이기 때문에 대부분의 이러한 성적인 활동은 비생식적이다. 심지어 짝짓기 기간에도 바다코끼리는 여러 비생식적인 성적 행동에 참여한다. 암컷이 수컷을 뒤에서 붙잡고 마운트하는 역마운트도 물속에서 일어나며, 젊고 성적으로 미성숙한 개체들도 서로 마운트를 한다. 암컷이 교미하기 전에 파트너의 페니스를 발기하게 만들기 위해 앞지느러미로 주무르는 것뿐만 아니라 페니스를 입으로 빠는 것도 관찰되었다(포획 상태에서). 번식기가 아닌 때에 수컷은 앞지느러미로 자신의 음경을 치며 자위하고, 때로는 두드리기knock 울음이나 줄퉁기기strum 울음을 낸다(후자는 기타나 치터를 손가락으로 퉁기는 듯한 소리이다). 게다가 포획 상태에서 회색바다표범과의 이종 간 이성애 교미도 목격되었다.

많은 다른 일부다처제의 포유류처럼 암컷 바다코끼리도 일반적으로 홀로 새끼를 기르는데, 가끔 대안적인 육아법의 도움을 받는다. 친척이 아닌 암컷과 수컷이 새끼를 돌보고 보호하는 데 도움을 줄 수도 있고, 때로 어미들이 짝짓기 시즌에 참여하는 동안 새끼 무리끼리 놀기도 하며, 흔히 다른 어미나 번식하지 않는 암컷이 고아가 된 새끼를 입양하기도 한다. 때로 암컷은 다른 암컷으로부터 새끼를 훔치거나 '납치'하려고도 한다. 불행하게도 새끼와 어미의 삶은 자주 수컷의 폭력에 의해 위험에 처한다. 뭍쉼터에서 단체로 밟고 지나가는 동안 새끼가 때로 수컷의 엄니에 찔리기도 한다. 이러한 일은 공격적인 수컷 바다코끼리가 암컷 무리와 새끼가 모인 곳을 어슬렁거리며 지나갈 때 흔하게 일어난다. 어떤 곳에서는 매년 수백, 수천 마리의 사체가 해변에 나뒹굴 정도로 그러한 무더기 몰림이 정기적으로 발생한다. 죽는 개체의 거의 1/4은 생후 6개월 미만의 새끼이고, 15%는 낙태된 태아다.

출처   *별표가 있는 출처는 동성애와 트랜스젠더에 대해 논의한다.

Born, E. W., and L. 0. Knutson (1997) "Haul—out and Diving Activity of Male Atlantic Walruses (*Odobenus rosmarus rosmarus*) in NE Greenland." *Journal of Zoology*, London 243:381–96.

Dittrich, L. (1987) "Observations oh Keeping the Pacific Walrus *Odobenus rosmarus divergens* at Hanover Zoo." *International Zoo Yearbook* 26:163–70.

Eley, T. J., Jr. (1978) "A Possible Case of Adoption in the Pacific Walrus." *Murrelet* 59:77–78.

Fay, F. H. (1982) *Ecology and Biology of the Pacific Walrus, Odobenus rosmarus divergens liliger*. North American Fauna, no. 74. Washington, D.C.: U.S. Department of the Interior, Fish and Wildlife Service.

——(1960) "Structure and Function of the Pharyngeal Pouches of the Walrus (*Odobenus rosmarus* L.)." *Mammalia* 24:361–71.

* Fay, F. H., G. C. Ray, and A. A. Kibal'chich (1984) "Time and Location of Mating and Associated Behavior of the Pacific Walrus, *Odobenus rosmarus divergens* liliger." In E H. Fay and G. A. Fedoseev, eds., *Soviet—American Cooperative Research on Marine Mammals, vol. 1: Pinnipeds*, pp. 89–99. NOAA Technical Report NMFS 12. Washington, D.C.: U.S. Department of Commerce.

Fay, F. H., and B. P. Kelly (1980) "Mass Natural Mortality of Walruses (*Odobenus rosmarus*) at St Lawrence Island, Bering Sea, Autumn 1978." Arctic 33:226–45.

* Mathews, R. (1983) "The Summer—Long Bachelor Party on Round Island." *Smithsonian* 14:68–75.

Miller, E. H., (1985) "Airborne Acoustic Communication in the Walrus *Odobenus* rosmarus." National Geographic Research 1:124–45.

——(1976) "Walrus Ethology. II. Herd Structure and Activity Budgets of Summering Males." Canadia Journal of Zoology 54:704–15.

* ——(1975) "Walrus Ethology. I. The Social Role of Tusks and Applications of Multidimensional Scaling." Canadian Journal of Zoology 53:590–613.

* Miller, E. H., and D. J. Boness (1983) "Summer Behavior of Atlantic Walruses Odobenus rosmarus rosmarus (L.) at Coats Island, N.W.T. (Canada)." Zeitschrift für Säugetierkunde 48:298–313.

Nowicki, S. N., I. Stirling, and B. Sjare (1997) "Duration of Stereotyped Underwater Vocal Displays by Male Atlantic Walruses in Relation to Aerobic Dive Limit." Marine Mammal Science 13:566–75.

Ray, G. C., and W. A. Watkins (1975) "Social Function of Underwater Sounds in the Walrus Odobenus rosmarus." Rapports et Procès–Verbaux des Réunions, Conseil International pour l'Exploration de la Mer 169:524–26.

* Salter, R. E. (1979) "Observations on Social Behavior of Atlantic Walruses (Odobenus rosmarus [L.]) During Terrestrial Haul–Out." Canadian Journal of Zoology 58:461–63.

Schevill, W. E., W. A. Watkins, and C. Ray (1966) "Analysis of Underwater Odobenus Calls with Remarks on the Development and Function of the Pharyngeal Pouches." Zoologica 51:103–6.

* Sjare, B., and I. Stirling (1996) "The Breeding Behavior of Atlantic Walruses, Odobenus rosmarus rosmarus, in the Canadian High Arctic." Canadian Journal of Zoology 74:897–911.

Stirling, I., W. Calvert, and C. Spencer (1987) "Evidence of Stereotyped Underwater Vocalizations of Male Atlantic Walruses (Odobenus rosmarus rosmarus)." Canadian Journal of Zoology 65:2311–21.

서인도제도매너티

Trichechus manatus

동성애	트랜스젠더	행동		랭킹	관찰
○암컷	○간성	○구애 ○짝 형성		●중요	●야생
●수컷	○복장도착	●애정표현 ○양육		○보통	○반야생
		●성적인 행동		○부수적	○포획 상태

식별 : 큰(2.5~4.3미터) 유선형의 물개처럼 생긴 동물로, 꼬리는 둥글고 앞지느러미는 있지
만 뒷다리는 없으며 피부는 털이 없고 두껍다.

분포 : 미국 남동부, 카리브해 및 브라질 북동부의 연안 해역 및 강. 취약.

서식지 : 수생식물이 풍부한 얕은 열대 및 아열대 수역.

연구지역 : 플로리다의 크리스탈 강과 호모사 강.

아종 : 플로리다매너티 *T.m. latirostris*,

사회조직

서인도제도매너티는 일반적으로 혼자 살며 중간 정도의 사회성을 가지
고 있다. 하지만 2마리에서 6마리까지 느슨한 무리를 형성하기도 한다.
어떤 무리는 혼성으로 모이고, 다른 무리는 젊은 수컷끼리 '독신자' 무

리를 이룬다.

설명

행동 표현 : 모든 연령대의 수컷 서인도제도매너티는 정기적으로 격렬한 동성애 활동을 벌인다. 전형적인 만남에서 두 마리의 수컷은 포용하고, 생식기 개구부를 서로 문지른다. 그런 다음 페니스를 포피에서 나오게 만들고 발기시킨 다음 둘을 맞대고 비벼 흔히 사정을 한다. 동성애 짝짓기를 하는 동안 두 수컷은 흔히 바닥으로 가라앉아 서로에게 골반찌르기를 하고, 서로를 꽉 껴안은 채 진흙탕에 몸을 뒹군다. 매우 다양한 체위가 사용되는데 머리-꼬리 방향이나 측면 방향으로 껴안기도 한다. 이러면서 흔히 페니스가 맞물리기도 하고 앞지느러미-페니스 접촉을 하기도 한다. 이 모든 것은 이성애 교미에 사용하는 체위와는 다르다. 일반적으로 이성애 교미에서는 수컷이 암컷 아래에서 등을 아래로 뒤집어 헤엄치며 짝짓기를 한다. 최대 2분 동안 지속하는 동성애 교미는 일반적으로 이성애 때보다 4~8배 더 길다. 성적인 활동을 하기 전에 수컷들은 흔히 물 표면에서 주둥이를 맞대면서 서로에게 '키스'를 한다. 더불어 기타 여러 종류의 애정 어린 촉각에 관계된 활동들이 동성애 상호작용의 한 부분을 차지하는데, 여기에는 서로의 몸을 입으로 물고 애무하는 것, 생식기 부위를 부드럽게 물거나 비비는 것, 그리고 한 수컷이 다른 수컷의 등에 타고 다니는 것 등이 포함된다(이성애 상호작용에서도 볼 수 있는 행동이다). 때로 수컷은 동성애 활동 중 자신의 즐거움을 나타내는 발성을 내기도 하는데, 이 소리는 고음의 끽끽거림high-pitched squeaks, 찍찍-끼익하는 소리chirp-squeaks, 또는 힝힝-찍찍 소리snort-chirps라고 다양하게 묘사된다. 그러나 만일 수컷이 동성애 참여에 관심이 없고 다른 수컷으로부터 도망칠 때는 꼬리를 내려치며 꽤액하는 소리squealing sound를 낼 수 있다(이는 암컷이 원하지 않는 수컷의 접근을 피하려고 할 때 쓰는 방식

그대로다).

흔히 여러 수컷이 동시에 동성애 상호작용에 참여하기도 한다. 최대 4
마리가 무리를 지어 키스하고, 맞물려 '껴안고', 서로 골반찌르기를 하
고, 상대에게 페니스를 문지르는 것이 목격되었다. 이러한 동성애 '난
교'는 새로운 수컷들이 무리에 합류하기 위해 도착하거나, 더 작은 무리
가 만들어지기를 반복하고, 참가자들이 떠나고 돌아오면서 몇 시간 동
안 지속하기도 한다. 동성애 행동은 흔히 커보팅cavorting이라고 알려진
사회적 활동의 한 부분으로 나타난다. 커보팅은 개체들이 서로 주둥이를
문지르고, 붙잡거나 쫓고, 비비고, 서로에게 구르며, 집단으로 돌아다니
며 첨벙거리는 행동이다. 커보팅을 하는 무리는 혼성일 수도 있고 전체
가 수컷일 수도 있다.

빈도 : 동성애는 서인도제도매너티 사이에 흔하다. 더불어 수컷들은 평균
적으로 전체 시간의 약 11%를 커보팅 무리에서 보낸다.

성적 지향 : 대부분의 수컷 매너티는 양성애자로 보인다. 왜냐하면 이성애
상호작용에 한 마리 이상의 수컷이 참여한 상황에서, 때로 동성애 행동
이 중간에 끼어드는 식으로 발생하기 때문이다. 하지만 많은 동성애 활
동은 이성애 활동과 무관하게 일어나며, 일부 수컷들은 주로 같은 성 상
호작용에 우선적으로 참여하는 것으로 보인다.

비생식적이고 대체 가능한 이성애

서인도제도매너티의 이성애 상호작용에서는 흔히 수컷들이 암컷을 상당
히 괴롭히거나 강압한다. 17~22마리 정도의 수컷이 커다란 무리를 형성
해서 흥분해서 밀쳐대며 암컷과 교미하려고 한 번에 몇 주씩 쫓아 따라
다닌다. 암컷이 임신할 수 없는 개체라 하더라도 마찬가지다. 암컷은 수

컷으로부터 도망치려고 할 때 꼬리로 강하게 때리고, 몸을 비틀고 돌려 잠수해 도망가거나, 수중식물 사이로 빠져나가거나, 진흙에 뛰어들거나 자신을 스스로 해변에 좌초시키기도 한다. 이렇게 어미가 쫓기면, 새끼는 길을 잃거나 극도로 지치거나 다치기도 한다. 수컷 매너티는 일반적으로 3년에 한 번밖에 번식하지 않으며, 어느 시기든지 암컷의 30~40%만이 번식을 한다. 대부분의 수컷 매너티는 겨울 동안 정자를 생산하지 않고 일반적으로 고환이 휴면하는 뚜렷한 계절성 성주기를 가지고 있다. 암컷은 수컷의 도움 없이 스스로 새끼를 기른다. 하지만 때로 어미는 다른 암컷이 자신의 새끼를 돌보도록 허락하거나, 다른 어미 동반자와 새끼들 사이에 자기 새끼를 맡기고 먹이를 먹으러 가기도 한다.

기타 종

오스트레일리아 바다에 사는 매너티의 일종인 듀공*Dugong dugon*에서도 동성애 활동이 관찰되었다. 예를 들어 포획 상태의 수컷 한 쌍은 구르거나 살살 밀고, 부드럽게 밀거나 물을 튀기고, 흔히 페니스를 발기한 채 서로 구애 행동과 성적인 행동을 했다. 아직 야생 듀공에서 같은 성 활동이 기록되지는 않았지만, 야생에서 이 종의 짝짓기 활동에 대한 대부분의 관찰은 성별이 명확하게 결정되지 않은 개체들을 포함하고 있다.

출처   *별표가 있는 출처는 동성애와 트랜스젠더에 대해 논의한다.

* Anderson, P. K. (1997) "Shark Bay Dugongs in Summer. I: Lek Mating." *Behavior* 134:433–62.

* Bengtson, J. L. (1981) "Ecology of Manatees (*Trichechus manatus*) in the St. Johns River, Florida." Ph.D. thesis, University of Minnesota.

* Hartman, D. S. (1979) *Ecology and Behavior of the Manatee* (Trichechus manatus) in Florida. American Society of Mammalogists Special Publication no. 5. Pittsburgh: American Society of Mammalogists.

* ——(1971) "Behavior and Ecology of the Florida Manatee, *Trichechus manatus* latirostris (Harlan) Crystal River, Citrus County." Ph.D. thesis, Cornell University.

Hernandez, P., J. E. Reynolds, III, H. Marsh, and M. Marmontel (1995) "Age and Seasonality in Spermatogenesis of Florida Manatees." In T. J. O'Shea, B. B. Ackerman, and H. F. Percival, eds., *Population Biology of the Florida Manatee*, pp. 84–97. Information and Technology Report 1. Washington, D.C.: U.S. Department of the Interior.

Husar, S. L. (1978) "*Trichechus manatus.*" *Mammalian Species* 93:1–5.

* Jones, S. (1967) "The Dugong *Dugong dugon* (Mtiller): Its Present Status in the Seas Round India with Observations on Its Behavior in Captivity." *International Zoo Yearbook* 7:215–20.

Marmontel, M. (1995) "Age and Reproduction in Female Florida Manatees." In T. J. O'Shea, B. B. Ackerman, and H. F. Percival, eds., *Population Biology of the Florida Manatee*, pp. 98–119. Information and Technology Report 1. Washington, D.C.: U.S. Department of the Interior.

Moore, J. C. (1956) "Observations of Manatees in Aggregations." *American Museum Novitates* 1811:1–24.

* Nair, R. V., R. S. Lal Mohan, and K. Satyanarayana Rao (1975) The Dugong *Dugong dugon*. ICAR Bulletin of the Central Marine Fisheries Research Institute no. 26. Cochin, India: Central Marine Fisheries Research Institute.

Preen, A. (1989) "Observations of Mating Bevavior in Dugongs(*Dugong dugon*)." *Marine Mammal Science* 5:382–87.

* Rathbun, G. B., J. P. Reid, R. K. Bonde, and J. A. Powell (1995) "Reproduction in Free-ranging Florida Manatees." In T. J. O'Shea, B. B. Ackerman, and H. F. Percival, eds., *Population Biology of the Florida Manatee*, pp. 135–56. Information and Technology Report 1. Washington, D.C.; U.S. Department of the Interior.

Reynolds, J. E., III. (1981) "Aspects of the Social Behavior and Herd Structure of a Semi-Isolated Colony of West Indian Manatees, *Trichechus manatus.*" *Mammalia* 45:431–51.

——(1979) "The Semisocial Manatee." *Natural History* 88(2):44–53.

Reynolds, J. E., Ill, and D. K. Odell (1991) *Manatees and Dugongs*. New York: Facts on File.

* Ronald, K., L. J. Selley, and E. C. Amoroso (1978) *Biological Synopsis of the Manatee*. Ottawa: International Development Research Center.

사슴

흰꼬리사슴 *Odocoileus virginianus*

검은꼬리사슴 *Odocoileus hemionus*

동성애	트랜스젠더	행동		랭킹	관찰
● 암컷	● 간성	● 구애	● 짝 형성	○ 중요	● 야생
● 수컷	● 복장도착	○ 애정표현 ○ 양육		● 보통	○ 반야생
		● 성적인 행동		○ 부수적	● 포획 상태

흰꼬리사슴

식별 : 꼬리의 밑면이 흰색이고 뿔이 앞쪽을 향해 여러 갈래로 나있는 중간 크기의 사슴(어
깨 높이 약 90센티미터).

분포 : 캐나다 남부, 남서부를 제외한 미국, 멕시코 남부에서 볼리비아와 브라질 북동부
까지.

서식지 : 잡목 숲에서 개활지까지 다양.

연구지역 : 텍사스 신튼의 웰더 야생동물 보호구역, 텍사스 우아노 카운티의 에드워즈 플
래토.

아종 : 텍사스흰꼬리사슴 *O.v. texanus*.

검은꼬리사슴

식별 : 대칭으로 갈라지는 뿔과 검은 꼬리를 가진 다부지고 회색빛이 도는 사슴.

분포 : 북미 서부, 멕시코 북부.

서식지 : 반건조 지역의 숲, 덤불 지대.

연구지역 : 캐나다 앨버타주 워터톤과 밴프 국립공원, 캐나다 브리티시 컬럼비아 대학, 콜로라도주 포트 콜린스 인근.

아종 : 록키산검은꼬리사슴 *O.h. hemionus*, 콜롬비아검은꼬리사슴 *O.h. columbianus*.

사회조직

흰꼬리사슴과 검은꼬리사슴은 일 년 중 대부분을 성별에 따라 구분된 무리에서 생활한다. 암컷은 다른 암컷과 새끼들로 이루어진 무리를 형성하는 반면, 수컷은 '독신자' 무리에 살거나 혼자 산다. 발정기 동안 수컷은 여러 암컷과 짧은 기간 이어지는 연속적인 '보살핌 관계'를 형성하는데, 이는 일부다처제 또는 '연속적인 일부일처제'의 한 형태다. 겨울에는 규모가 더 큰 혼성 무리를 형성하기도 한다.

설명

행동 표현 : 성체 수컷 흰꼬리사슴은 (특히 번식기에) 1년생 수컷이 하는 것처럼 때로 서로 마운트를 하며, 드물게 젊은 수컷이 나이 든 수컷을 마운트하기도 한다. 동성애 마운트는 (이성애 마운트처럼) 보통 한 수컷이 다른 수컷의 엉덩이에 코를 비비는 행동이 선행하며, 때로는 한 수컷이 다른 수컷을 연속해서 두 차례 마운트하기도 한다. 마운팅하는 수사슴은 가끔 발기도 한다. 이러한 마운트는 수컷-암컷 교미보다는 짧을 수 있지만, 비생식적 이성애 마운트 시간에는 버금간다(5~15초 지속, 암수 교미

는 15~20초). 1년생 검은꼬리사슴은 종종 수사슴끼리 뿔을 걸어 경합하는 의식화한 비폭력적 봄철 대결Spring matches을 하는 동안 서로 마운트를 하기도 한다. 이 활동을 하는 동안 한쪽 수컷은 교미 전 암컷의 자세와 비슷한 경직된 자세를 취하기도 한다. 그런 다음 다른 쪽 수컷(때로는 첫 번째 수컷보다 어리거나 작은 수컷)이 상대의 뒷다리 분비샘에서 나오는 특별한 냄새를 맡은 후 마운트한다. 암컷 검은꼬리사슴도 발정이 나면 때로 서로를 마운트한다. 더불어 어떤 암컷은 질주구애rush courtship라고 알려진 추적 과정을 통해 다른 암컷을 유혹한다. 이 행동에서(이성애 상황에서도 발생한다) 암컷은 다른 암컷을 향해 질주하거나, 갑자기 멈춰 땅을 긁기도 하고, 천천히 걷거나, 몸을 비틀면서 공중으로 뛰어오르고, 또는 원이나 8자 모양을 그리며 달리기도 한다. 이를 통해 다른 암컷은 자극받고 흥분한다. 성체 수컷 흰꼬리사슴은 수사슴 무리 안에서 흔히 한두 마리의 다른 성체 수컷과 '동반자 관계'나 유대 관계를 형성한다. 이러한 강한 결합은 각 수사슴 무리의 안정적인 '중심' 역할을 한다. 전형적으로 번식기가 되면 이러한 동반자는 헤어지게 되지만, 짝짓기가 끝나면 대개 다시 결합한다.

흰꼬리사슴의 일부 개체군에서 특이한 형태의 성전환 사슴이 발견된다. 이러한 동물은 유전적으로는 수컷이지만 실제로 수컷과 암컷 모두의 특성이 결합해 있어서 때로 벨벳뿔velvet-horns이라고 불린다. 이러한 이름이 붙은 이유는 그들의 뿔에 특별한 '벨벳' 피부가 영구적으로 덮여 있기 때문인데, 대부분의 수컷에서 이 피부는 뿔이 자란 후에 떨어져 나간다. 벨벳뿔의 뿔은 보통 뾰족한 형태를 취하고(다른 수컷처럼 뿔이 넓게 가지를 치지 않는다), 뒤쪽을 향하며 때로 큰 밑동을 형성한다. 신체적으로 벨벳뿔은 흔히 암컷의 신체 비율과 얼굴 특징을 가지고 있으며, 고환은 작고 발달이 덜 되어 있다(사실 불임이다). 검은꼬리사슴에서도 비슷한 형태의 트랜스젠더가 발견되는데, 뿔의 독특한 모양 때문에 이 동

물들은 선인장 수사슴cactus bucks이라
고도 알려져 있다(때로 정교한 모양의 뾰
쪽한 뿔, 가지, 비대칭적인 성장도 보인다).
벨벳뿔은 보통 3～7마리의 개체로 이
루어진 자기들만의 사회적 집단을 형
성하고, 암컷들이나 성전환하지 않은
수컷들과 모두 떨어져 지낸다. 실제로
는 흔히 다른 사슴들에게 괴롭힘이나
공격을 당한다. 비非성전환 흰꼬리사

수컷 흰꼬리사슴이 다른 숫사
슴을 마운팅하고 있다.

슴들(모든 연령대의 암컷과 수사슴, 심지어 새끼사슴까지도)은 벨벳뿔이 가까
이 오지 못하게 위협하며(3미터 이상 떨어져 있도록 강요한다), 수사슴은 벨
벳뿔을 쫓아내기 위해 적극적으로 돌진하기도 한다. 위협을 받으면 벨벳
뿔은 다른 사슴이 하는 표준적인 경보 신호(발을 구르고, 콧바람이나 휘파
람 소리를 내며, 꼬리를 치켜올리는 동작)를 보내지 않고 도망친다. 어떤 때
는 6마리에 이르는 수사슴 무리가 벨벳뿔을 '패거리로 괴롭히거나' 쫓아
다니며, 심지어 뿔로 엉덩이를 찌르며 격렬하게 공격하기도 한다. 결과
적으로 벨벳뿔은 다른 사슴들 주변에서 극도로 경계하며, 조심스럽게 먹
이를 먹는 지역 근처만 찾아다니고, 항상 무리 주변에만 머물며, 다른 사
슴들이 나타나면 절대 가까이 가지 않는다. 흥미롭게도 벨벳뿔은 번식하
지 않는다는 바로 그 이유로, 거의 항상 비성전환 수컷들에 비해 더 나은
신체 조건을 가지고 있다. 발정기는 번식하는 수사슴에게 극도로 부담
이 되는 시기여서, 거의 먹지도 않고 몸무게의 1/4까지 잃을 수 있기 때
문이다. 이와 대조적으로 벨벳뿔은 체지방을 잘 축적하고 최상의 체형을
유지한다.

흰꼬리사슴과 검은꼬리사슴에는 두 종류의 성별이 혼합된 암컷도 발
견되는데, 둘 다 뿔을 가지고 있다(이러한 종의 암컷은 대개 뿔이 없다). 첫

트랜스젠더 '벨벳뿔' 흰꼬리사슴.

번째 유형의 뿔은 벨벳뿔의 것과 비슷하다. 영구적인 벨벳이 씌워져 절대 탈락하지 않으며 뾰족한 뿔이나 비대칭적인 가지치기를 한다. 벨벳뿔과는 달리 그러한 암컷들은 대개 임신이 가능해서 이성애 교미를 하고 어미가 된다. 또 다른 유형은 더욱 완전한 형태의 간성이다. 이들의 뿔은 단단하고 윤이 나며, 뿔이 가지 치는 구조가 수컷의 것과 더 흡사하며, 계절에 따라 탈락하기도 한다. 이러한 개체는 일반적으로 암수 생식기 혹은 번식 기관을 둘 다 가지고 있거나, 각 성별의 장기를 일부분만 가지고 있거나, 한 성별의 염색체와 다른 성별의 생식기를 결합해 가지는 식으로 암수의 성적인 특성을 결합한다.

빈도 : 동성애 마운팅은 흰꼬리사슴이나 검은꼬리사슴에서 단지 간간이 일어나는 것으로 보이지만, 흰꼬리사슴에 대한 한 연구에서는 관찰된 마운팅의 10회 중 2회가 같은 성 마운팅이었다. 어떤 지역에서 벨벳뿔은 수컷의 10%를 차지한다. 하지만 벨벳뿔의 발생률에는 변동 폭이 있어서 어떤 해에는 특정 개체군에서 모든 수컷의 40~80%를 차지하는 경우도 있다. 14년 동안 진행한 흰꼬리사슴 개체군에 관한 어느 연구는 암

컷의 1~2%가 뿔을 가지고 있다는 것을 발견했다. 전반적으로는 대략 1,000~1,100마리당 1마리가 뿔을 가지고 있다.

성적 지향: 같은 성 마운팅에 참여하는 사슴 대부분은 이성애 구애와 교미에도 관여할 것이다. 임신이 가능한 성별 혼합 사슴(거의 항상 유전적으로 암컷)은 대개 이성애자고(즉 유전적으로 수컷과 짝짓기를 한다), 반면 임신이 불가능한 트랜스젠더 사슴(예를 들어 벨벳뿔)은 무성애자거나 다른 트랜스젠더 사슴과만 관계를 맺는다.

비생식적이고 대체 가능한 이성애

사슴은 동성애 외에도 다양한 비생식적 성행위에 참여한다. 흰꼬리사슴은 때로 짝짓기 철이 아닐 때 이성애 마운팅을 하는데, 이러한 행동은 두 가지 이유로 생식과 관련이 없다. 즉 삽입을 하지 않는다는 것과 수사슴이 계절적 성주기를 가지고 있어서 봄과 여름 동안 고환이 작아져 정자를 거의 생산하지 못한다는 것이다. 번식기 동안 검은꼬리사슴의 짝짓기 현장을 보면, 흔히 수컷은 실제적인 교미를 하기 전에, 삽입을 하지 않는 성적인 활동을 대대적으로 수행한다. 이 활동에서 수컷의 페니스는 발기하지만(포피에서 나오지만) 삽입은 이루어지지 않는다. 이러한 마운트는 15초까지 꽤 길어질 수 있고 빈도도 높다(한 마운트에 5회에서 40회 이상까지). 이 두 가지 종의 수사슴은 어떤 때는 독특한 방식으로 자위를 한다. 먼저 페니스의 포피를 벗기고 핥은 다음, 오르가슴에 도달할 때까지 포피 안쪽이나 배에 대고 (골반을 돌리거나 골반찌르기를 해서) 앞뒤로 움직인다. 다른 몇몇 사슴 종에서와 같이 이들의 뿔은 매우 민감하고 심지어 에로틱한 기관이기 때문에, 검은꼬리사슴은 때로 식물에 뿔을 문질러 성적인 자극을 얻기도 한다. 새끼가 어미를 마운팅하는 등의 근친상간 활동도 이러한 종에서 일어난다.

앞에서 언급했듯이 성별에 따른 분리는 흰꼬리사슴 사회의 주목할 만한 특징이다. 이러한 모습은 일반적으로 새끼를 낳는 기간에 시작되며 성체 수컷에게 공격적으로 되어 발로 차거나 쫓아내기도 한다. 수컷 새끼가 1년생 수사슴이 될 때도 암컷들은 똑같이 난폭하게 쫓아버린다. 번식하지 않는 트랜스젠더 동물에 더하여, 번식하지 않는 다른 개체들도 발생한다. 흰꼬리사슴은 흔히 3살에서 5살이 될 때까지 짝짓기하지 않는다. 번식의 신체적 스트레스 때문에 번식을 지연하는 수사슴은 실제로 일찍 번식을 시작하는 수사슴보다 체격이 커질 수 있다. 번식을 할 때도 두 종의 암컷들은 때로 태아를 낙태하거나 배아를 재흡수함으로써 임신을 종결시킨다. 검은꼬리사슴 임신의 1~10%에서 이러한 일이 발생하는 것으로 보이며, 기후가 좋지 않을 때나 어미가 나이를 먹어 새끼를 먹이고 돌보는 것이 어려워질 때 일어날 가능성이 크다.

출처
*별표가 있는 출처는 동성애와 트랜스젠더에 대해 논의한다.

* Anderson, A. E. (1981) "Morphological and Physiological Characteristics." in O. C. Wallmo, ed, *Mule and Black-tailed Deer of North America*, pp. 27–97. Lincoln and London: University of Nebraska Press.

* Baber, D. W. (1987) "Gross Antler Anomaly in a California Mule Deer: The ˙Cactus Buck." *Southwestern Naturalist* 32:404–6.

Brown, B. A. (1974) "Social Organization in Male Groups of White-tailed Deer." In V. Geist and E Walther, eds., *The Behavior of Ungulates and Its Relation to Management*, vol, 1, pp. 436–46. IUCN Publication no. 24. Morges, Switzerland: International Union for Conservation of *Nature* and Natural Resources.

* Cowan, I. McT. (1946) "Antlered Doe Mule Deer." *Canadian Field-Naturalist* 60:11–12.

* Crispens, C. G., Jr., and J. K. Doutt (1973) "Sex Chromatin in Antlered Female Deer." *Journal of Wildlife Management* 37:422–23.

* Donaldson, J. C., and J. K. Doutt (1965) "Antlers in Female White-tailed Deer: A 4–

Year Study." *Journal of Wildlife Management* 29:699–705.

* Doutt, J. K., and J. C. Donaldson (1959) "An Antlered Doe With Possible Masculinizing Tumor." *Journal of Mammalogy* 40:230–36.

* Geist, V. (1981) "Behavior: Adaptive Strategies in Mule Deer." In O. C. Wallmo, ed., *Mule and Black–tailed Deer of North America*, pp. 157–223. Lincoln and London: University of Nebraska Press.

* Halford, D. K., W. J. Arthur III, and A. W. Alldredge (1987) "Observations of Captive Rocky Mountain Mule Deer Behavior." *Great Basin Naturalist* 47:105–9.

* Hesselton, W. T., and R. M. Hesselton (1982) "White–tailed Deer." In J. A. Chapman and G. A. Feldhamer, eds., *Wild Mammals of North America: Biology, Management, and Economics*, pp. 878–901. Baltimore and London: Johns Hopkins University Press.

* Hirth, D. H. (1977) "Social Behavior of White–Tailed Deer in Relation to Habitat." *Wildlife Monographs* 53:1–55.

Jacobson, H. A. (1994) "Reproduction." In D. Gerlach, S. Atwater, and J. Schnell, eds., *Deer*, pp. 98–108. Mechanicsburg, Pa.: Stackpole Books.

Marchinton, R. L., and D. H. Hirth (1984) "Behavior." in L. K. Halls, ed., *White–tailed Deer: Ecology and Management*, pp. 129–68. Harrisburg, Pa.: Stackpole Books; Washington, DC: Wildlife Management Institute.

Marchinton, R. L. and W. G. Moore (1971) "Auto–erotic Behavior in Male White–tailed Deer." *Journal of Mammalogy* 52:616–17.

* Rue, L. L., Ill (1989) *The Deer of North America*. 2nd ed. Danbury, Conn.: Outdoor Life Books.

Sadleir, R. M. F. S. (1987) "Reproduction of Female Cervids." In C. M. Werner, ed., *Biology and Management of the Cervidae*, pp. 123–44. Washington, D.C.: Smithsonian Institution Press.

Salwasser, H., S. A. Holl, and G. A. Ashcraft (1978) "Fawn Production and Survivial in the North Kings River Deer Herd." *California Fish and Game* 64:38–52.

* Taylor, D. O. N., J. W. Thomas, and R. G. Marburger (1964) "Abnormal Antler Growth Associated with Hypogonadism in White–tailed Deer of Texas." *American Journal of Veterinary Research* 25:179–85.

* Thomas, J. W., R. M. Robinson, and R. G. Marburger (1970) *Studies in Hypogonadism in White-tailed Deer of the Central Mineral Region of Texas*. Texas Parks and Wildlife Department Technical Series no. 5. Austin: Texas Parks and Wildlife Department.

* ——(1965) "Social Behavior in a White-tailed Deer Herd Containing Hypogonadal Males." *Journal of Mammalogy* 46:314–27.

* ——(1964) "Hypogonadism in White-tailed Deer in the Central Mineral Region of Texas." In J. B. Trfethen, ed., *Transactions of the North American Wildlife and Natural Resources Conference* 29:225–36. Washington, D.C.: Wildlife Management Institute.

* Wishart, W. D. (1985) "Frequency of Antlered White-tailed Does in Camp Wainright, Alberta." *Journal of Mammalogy* 35:486–88.

* Wislocki, G. B. (1956) "Further Notes on Antlers in Female Deer of the Genus Odocoileus." *Journal of Mammalogy* 37:231–35.

* ——(1954) "Antlers in Female Deer, With a Report on Three Cases in Odocoileus." *Journal of Mammalogy* 35:486–95.

* Wong, B, and K. L. Parker (1988) "Estrus in Black-tailed Deer." *Journal of Mammalogy* 69:168–71.

엘크 또는 붉은큰뿔사슴
Cervus elaphus

바라싱가사슴
Cervus duvauceli

동성애	트랜스젠더	행동		랭킹	관찰
● 암컷	○ 간성	○ 구애	● 짝 형성	○ 중요	● 야생
● 수컷	● 복장도착	○ 애정표현	○ 양육	○ 보통	● 반야생
		● 성적인 행동		● 부수적	○ 포획 상태

붉은큰뿔사슴

식별 : 갈색 빛이 도는 붉은 털과 연한 엉덩이 반점을 가진 큰 사슴 (어깨 높이 1.2~1.5미터). 수컷은 일반적으로 큰 뿔과 긴 갈기가 있다.

분포 : 캐나다 남부, 미국, 멕시코 북부, 유라시아, 북서 아프리카.

서식지 : 숲, 목초지, 수풀, 고지대 등 다양.

연구지역 : 캘리포니아 프레리크릭 레드우드 주립공원의 아종 루즈벨트엘크*C.e. mvilti*, 스코틀랜드 룸섬의 아종 붉은큰뿔사슴*C.e. scoticus*.

바라싱가사슴

식별 : 수컷은 갈색 털에 큰 뿔(90센티미터)을 가졌고 키는 90센티미터-1.2미터이다.

분포 : 인도, 네팔. 취약.

서식지 : 목초지, 삼림, 습지 초원.

연구지역 : 인도 마디아프라데시 주의 칸하 국립공원.

아종 : 남인도바라싱가사슴 *C.d. brannderi.*

사회조직

수컷 엘크나 붉은큰뿔사슴은 1년 중 9~10개월 동안 독신자 무리에서 생활하는 반면, 암컷(암사슴)은 모계 무리에서 암컷이나 자손과 관계를 형성한다. 한두 달 동안 지속하는 발정기 동안, 수컷들은 암컷들을 모아서 일부다처제 방식으로 짝짓기를 한다. 바라싱가사슴은 발정기가 끝날 무렵에는 최대 70마리까지 사슴이 모이기도 하지만, 일반적으로는 3~13마리씩 무리를 지어 산다. 바라싱가사슴은 일 년 중 대부분 성별끼리 따로 무리를 짓는다.

설명

행동 표현 : 이 두 종의 사슴 모두 번식기가 아닌 시기에 동성애 마운팅이 일어난다. 바라싱가사슴에서는 암컷끼리, 엘크와 붉은 사슴에서는 암수 모두에서 나타난다(와피티 또는 엘크는 북아메리카에서 부르는 붉은큰뿔사슴의 이름이며, 붉은큰뿔사슴은 유럽에서 부르는 이름이다). 또한 붉은큰뿔사슴은 번식기에 발정이 나면 다른 개체의 마운트를 방해한다. 엘크의 암컷 동성애 마운팅은 일반적으로 암컷 무리에서 일어난다. 일반적으로 같은 성 활동에 참여하는 사슴은 둘 다 완전히 성장한 성체이지만, 수컷 엘크의 경우에는 성체 수사슴과 가시뿔spikehorns(아직 갈래가 발달하지 않은 가시 같은 뿔을 가진 1년생 사슴을 말한다) 개체 사이에 동성애 마운팅이 발생할 수 있다. 1년생 붉은큰뿔사슴은 같은 성 활동에도 참여한다. 이러한 활동에는 드물게 어미에 의한 근친상간 동성애 마운팅도 포함된다. 동성

애 마운팅은 이성애 짝짓기처럼 한 사슴이 다른 사슴 뒤에 서는 체위를 사용한다. 붉은큰뿔사슴 수컷이 다른 수컷을 마운팅할 때 완전히 발기한 것이 관찰되었다. 엘크와 붉은큰뿔사슴의 경우 한 개체가 다른 개체의 엉덩이에 턱을 괴는 뺨기대기chin-resting를 먼저 하는 경우가 있다. 이 행동은 그 암컷이나 수컷이 마운트를 하겠다는 신호다. 동성애 마운팅에 참여하는 모든 붉

암컷 붉은큰뿔사슴이 다른 암컷을 마운팅하고 있다.

은큰뿔사슴 암컷 중 약 1/3은 마운터와 마운티 양쪽으로 참여하며, 다른 1/3은 마운터로만, 그리고 다른 1/3은 마운티로만 참여한다. 두 동물이 교대로 서로 마운팅하는 상호 마운팅도 때로 수컷 엘크에서 발생한다. 이 종에서는 같은 성 간의 '플라토닉'한 짝결합도 발견된다. 수컷과 암컷 모두 같은 성별의 동물과 '동반자 관계'를 형성할 수 있다. 암컷 동반자들은 대개 같은 나이인 반면, 수컷 동반자들은 두 마리 모두 성체이거나 한쪽은 성체, 한쪽은 어린 수컷일 수 있다. 번식기가 되면 때로 성체 수컷들은 암컷 동반자들을 떼어놓으려고 한다. 그러나 암컷 간의 유대감은 강해서 서로 다시 합류하기 위해 먼 거리를 이동하며 만날 때까지 계속 짝을 찾는 소리를 낸다.

　붉은큰뿔사슴에서는 다양한 뿔 모양을 가진 성별 혼합 개체가 가끔 발견된다. 이 종에서 대부분의 수컷들은 뿔을 가지고 있지만, 허믈 *hummels이라고 알려진 일부 수사슴은 2차적인 성적 특징을 가지고 있지 않아서 신체적으로 암컷을 닮았다. 흥미롭게도 허믈은 여러 면에서 가지뿔을 가진 수사슴보다 더 성공적이다. 많은 허믈이 '우두머리 수사

---

*　허믈은 '뿔이 없는 사슴'이라는 뜻이다.

습'이 된다. 즉 이들은 일반적으로 더 나은 신체 조건과 꾀를 가졌고, (가지뿔이 없음에도 불구하고) 싸움을 더 잘하며, 암컷과 교미하는 데 가지뿔 수컷보다 더 성공적이다. 더불어 몇몇 수사슴들은 퍼루크[*]perukes라고 부른다. 이들의 뿔은 뾰족하고 영구적인 벨벳이 덮고 있다. 이러한 수컷들은 발달하지 않은 고환을 가지고 있기 때문에 일반적으로 번식을 하지 못한다. 가지뿔이 난 암컷도 가끔 발생한다.

빈도 : 엘크에서 같은 성 마운팅은 가끔 일어나며, 바라싱가사슴에서는 성적인 활동의 약 2~3%가 암컷 사이에서 일어난다. 붉은큰뿔사슴의 동성애 마운팅은 번식기가 아닐 때 일어나는 마운팅 행동 중 약 1/3을 차지하며, 이 활동의 대부분은 암컷들 사이에서 일어난다.

성적 지향 : 붉은큰뿔사슴에서는 모든 암컷의 약 70%가 발정기가 아닌 시기에 어느 정도 동성애 활동을 한다. 이 중 약 30%는 동성애에만 참여하고 나머지는 양성애자다. 양성애 암컷의 동성애 활동 비율은 6%에서 80%에 이르며, 평균적으로 개체당 약 48%의 같은 성 마운팅 비율을 가진다. 동성에 마운트에 참여하는 엘크와 바라싱가사슴의 생활사가 집계되지 않았기 때문에, 이들이 이성애 행동에도 관여하는지 여부는 알려지지 않았다.

비생식적이고 대체 가능한 이성애

엘크과 붉은큰뿔사슴 개체군의 상당 부분은 번식에 참여하지 않는다. 매년 성체 수컷 엘크의 약 1/3과 성체 수컷 붉은큰뿔사슴의 절반만이 암컷과 짝짓기를 한다. 사실 일부 수컷 붉은큰뿔사슴들(그리고 몇몇 암컷들)은 평생 비번식 개체로 남아 절대 새끼를 낳지 않는다. 또 일부는 노년에 번

---

[*] 퍼루크란 원래 17세기 유럽에 유행한 남성 가발을 뜻한다.

유제류

식은퇴 기간을 가질 수 있다. 게다가 평균적으로 시즌마다 약 30%의 암컷은 생식을 하지 않는다. 번식하지 않는 개체들은 일반적으로 번식하는 개체보다 사망률이 낮다. 앞에서 설명한 바와 같이 사슴 사회는 대부분 성별에 따라 구분되어 있다. 수컷과 암컷은 일 년 중 한 달(번식기)을 제외하고는 대부분 서로 떨어져 산다. 그럼에도 불구하고 일부 이성애 활동이 발정기가 아닌 때에 일어난다. 즉 젊은 수컷 엘크(그 전 시즌에 번식하지 않은 개체)가 암컷을 유혹하고 마운트하려고도 하며, 붉은큰뿔사슴이 발정기가 아닌 때 이성애 마운팅을 하기도 한다. 흥미롭게도 간혹 일부 암컷 엘크가 번식기가 아닌 때에 발정을 하지만, 대부분의 성체 수컷들은 그들을 무시한다.

번식기에도 이성애 관계에 때로 긴장이 있다. 암컷 엘크는 흔히 성체 수컷이 마운트하는 것을 거부하며 짝짓기를 하려는 1년생 수컷을 물거나 발로 찬다. 반면 다양한 비생식적인 성적 행동 역시 이성애 레퍼토리로 나타난다. 예를 들어 수컷 엘크와 붉은큰뿔사슴이 암컷의 생식기를 핥고 코를 비비기도 하고, 붉은큰뿔사슴에서 역마운트(암컷이 수컷을 마운트한다)가 번식기가 아닐 때 이성애 활동의 1/4를 차지하기도 한다. 붉은큰뿔사슴과 엘크의 수컷들은 둘 다 상당히 특이한 방법으로 자위를 한다. 이 종의 뿔은 실제로 에로틱한 부위여서, 수컷은 식물에 뿔을 문질러 성적인 자극을 끌어낸다. 이러한 활동으로 붉은큰뿔사슴 수사슴이 발기와 사정을 하는 것이 정기적으로 관찰되었다. 새끼사슴이 하는 성적인 행동도 (성체-새끼 상호작용도 포함해서) 이 종에서 일어난다. 엘크와 붉은큰뿔사슴 새끼는 때로 성체(붉은큰뿔사슴에서는 어미 포함)를 마운트하며, 암컷 붉은큰뿔사슴은 때로 새끼를 마운트한다. 1년생 붉은큰뿔사슴 마운팅의 반 이상은 어미를 마운팅하는 근친상간이다. 마지막으로 엘크 암컷은 공동양육 혹은 '주간 돌보미' 체계를 발전시켰다. 최대 50마리 혹은 그 이상의 새끼를 포함하는 이러한 육아 무리는 늦여름에서 초가을에 형성되는데, 한두 마리의 암컷이 어린 사슴들을 돌보고 다른 어미들은 자리를 비운다.

기타 종

사불상*Elaphurus Davidianus* 수사슴들은 때로 서로 마운트를 하는데, 일 반적으로 어린 수컷이 나이가 더 많은 수컷을 마운팅한다. 작은 중국 사 슴인 수컷 아기사슴*Muntiacus reevesi*도 때로 다른 수컷에게 구애를 한 다. 때로 퍼루크 수사슴이 일본사슴*Cervus nippon*이나 유럽노루*Capreolus capreolus*, 다마사슴*Dama dama* 같은 다른 종에서도 발견되는데, 이때 일 본사슴이 암컷 털빛을 가진 경우도 있다. 또한 이러한 종에서 암수 모두 의 생식기나 번식 기관을 가진 간성 개체도 발생하는데, 예를 들어 인도 문착*Muntiacus muntjak*에서는 암수 염색체 결합 형태XXY가 나타났다.

출처　　　　　*별표가 있는 출처는 동성애와 트랜스젠더에 대해 논의한다.

Altmann, M. (1952) "Social Behavior of Elk, *Cervus canadensis nelsoni*, in Jackson Hole Area of Wyoming." *Behavior* 4:116–43.

* Barrette, C. (1977) "The Social Behavior of Captive Muntjacs *Muntiacus reevesi* (Ogilby 1839)." *Zeitschrift für Tierpsychologie* 43:188–213.

* Chapman, D. I., N. G. Chapman, M, T. Horwood, and E. H. Masters (1984) "Observations on Hypogonadism in a Perruque Sika Deer (*Cervus nippon*)." *Journal of Zoology*, London 204:579–84.

Clutton-Brock, T. H., F. E. Guiness, and S. D. Albon (1983) "The Costs of Reproduction to Red Deer Hinds." *Journal of Animal Ecology* 52:367–83.

——(1982) *Red Deer: Behavior and Ecology of Two Sexes*. Chicago: University of Chicago Press.

* Darling, F. F. (1937) *A Herd of Red Deer*. London: Oxford University Press.

* Donaldson, J. C., and J. K. Doutt (1965) "Antlers in Female White-tailed Deer: A 4-Year Study." *Journal of Wildlife Management* 29:699–705.

Franklin, W. L., and J. W. Lieb (1979) "The Social Organization of a Sedentary Population of North American Elk: A Model for Understanding Other Populations." In M. S. Boyce and L. D. Hayden–Wing, eds., *North American Elk: Ecology, Behavior, and Management*, pp. 185–98. Laramie: University of Wyoming.

Graf, W. (1955) The Roosevelt Elk. Port Angeles, Wash.: Port Angeles Evening News.

* Guiness, H, G. A. Lincoln, and R. V. Short (1971) "The Reproductive Cycle of the Female Red Deer, *Cervus elaphus* L." *Journal of Reproduction and Fertility* 27:427–38.

* Hall, M. J. (1983) "Social Organization in an Enclosed Group of Red Deer (*Cervus elaphus* L.) on Rhum. II. Social Grooming, Mounting Behavior, Spatial Organization, and Their Relationships to Domi nance Rank." *Zeitschrift für Tierpsychologie* 61:273–92.

* Harper, J. A, J. H. Harn, W, W. Bentley, and C. F. Yocom (1967) "The Status and Ecology of the Roosevelt Elk in California." *Wildlife Monographs* 16:1–49.

* Lieb, J. W. (1973) "Social Behavior in Roosevelt Elk Cow Groups." Master's thesis, Humboldt State University.

* Lincoln, G. A., R. W. Youngson, and R. V. Short (1970) "The Social and Sexual Behavior of the Red Deer Stag." *Journal of Reproduction and Fertility* suppl. 11:71–103.

Martin, C. (1977) "Status and Ecology of the Barasingha (*Cervus duvauceli branded*) in Kanha National Park (India)." *Journal of the Bombay Natural History Society* 74:60–132.

Morrison, J. A. (1960) "Characteristics of Estrus in Captive Elk." *Behavior* 16:84–92.

Prothero, W. L., J. J. Spillett, and D, F. Balph (1979) "Rutting Behavior of Yearling and Mature Bull Elk: Some Implications for Open Bull Hunting." In M. S. Boyce and L. D. Hayden–Wing eds., *North American Elk: Ecology, Behavior, and Management*, pp. 160–65. Laramie: University of Wyoming.

* Schaller, G. B. (1967) *The Deer and the Tiger*. Chicago: University of Chicago Press.

* Schaller, G. B., and A. Hamer (1978) "Rutting Behavior of Père David's Deer, *Elaphurus davidianus*." *Zoologische Garten* 48:1–15.

* Wurster–Hill, D. H. K. Benirschke, and D. I. Chapman (1983) "Abnormalities of the X Chromosome in Mammals." In A. A Sandberg, ed., *Cytogenetics of the Mammalian X Chromosome*, Part B, pp. 283–300. New York: Alan R. Liss.

순록 *Rangifer tarandus*

말코손바닥사슴 *Alces alces*

동성애	트랜스젠더	행동		랭킹	관찰
● 암컷	● 간성	● 구애	● 짝 형성	○ 중요	● 야생
● 수컷	● 복장도착	○ 애정표현	○ 양육	○ 보통	○ 반야생
		● 성적인 행동		● 부수적	● 포획 상태

순록

식별 : 일반적으로 회갈색의 털을 가졌고 배의 아래쪽은 흰색이다. 암수 모두 뿔을 가진 중간 크기의 사슴.

분포 : 북아메리카 북부와 유라시아를 포함한 환북circumboreal지대.

서식지 : 툰드라, 타이가, 침엽수림.

연구지역 : 캐나다 뉴펀들랜드 배저.

아종 : 삼림순록*R.t. caribou*, 황무지순록*R.t. groenlandicus*.

말코손바닥사슴

식별 : 사슴 종 중 가장 크다(무게 최대 590킬로그램). 가느다란 다리와 늘어진 코, 그리고 (수컷은) 거대한 손바닥 모양의 뿔과 목 아래에 군살 혹은 '종' 모양의 살을 가지고 있다.

분포 : 유라시아 북부와 북아메리카.

서식지 : 습기가 많은 삼림.

연구지역 : 와이오밍주 잭슨 홀, 알래스카주 케나이 반도, 뉴펀들랜드주 배저, 캐나다 브리
티시컬럼비아주 웰스그레이 주립공원.

아종 : 와이오밍말코손바닥사슴*A.a. Shirasi*, 알래스카말코손바닥사슴*A.a gigas*, 동부말코손
바닥사슴*A.a. Americana*, 서부말코손바닥사슴*A.a andersoni*.

사회조직

순록은 매우 군집성이 강해서 때로 수십 마리 또는 수천 마리까지도 무
리를 짓는다(대부분의 무리는 40~400마리가 모인다). 이들은 전형적으로
수컷 무리나, 어미-새끼 무리, 그리고 유소년과 청소년 무리에 소속되
어 있다. 말코손바닥사슴은 이에 비해 혼자 지내는 경향이 강하지만 가
을 발정기에는 수십 마리에 이르는 동물들이 모인다. 짝짓기 철에는 수
컷 무리와 혼성 무리가 합쳐지기도 한다. 두 종 모두 장기적인 이성애
유대 관계를 형성하기보다는 여러 파트너와 짝짓기를 하며(즉 다혼제
polygamous mating system이다), 수컷은 자신의 새끼를 기르는 데 참여하지
않는다.

설명

행동 표현 : 순록과 말코손바닥사슴은 간혹 다양한 같은 성 구애와 성적
인 활동에 참여한다. 예를 들어 수컷 말코손바닥사슴은 때로 다른 수
컷의 항문과 생식기 부위의 냄새를 맡고 특징적인 발정기 울음인 크
록croak(파열음이나 흡입음을 깊게 울려서 음절로 내는 끙끙대는 소리)을 내는
등의 직접적인 구애 행동을 한다. 어린 수컷 순록도 비슷한 소리를 내며
다른 수컷에게 구애할 수 있다. 이러한 소리내기는 슬러핑slurping, 혹은

흡입 혀차기vacuum licking라고 알려져 있는데, 이때 한쪽 수컷은 머리를 내밀고 다른 수컷에게 접근하며 입천장에 혀를 부딪치거나 때리게 된다. 암컷 순록들도 어린 수컷들이 하는 것처럼 가끔 서로 마운트를 하고, 1년생 수컷 말코손바닥사슴이 성체 말코손바닥사슴을 마운트하려는 것도 관찰되었다. 더불어 성체 말코손바닥사슴은 때로 위성형stellites으로 알려진 젊은 수컷 동반자와 어울려 쌍이나 작은 그룹으로 함

수컷 순록(왼쪽) 한 마리가 '흡입 혀차기vacuum licking'로 다른 수컷에게 구애하고 있다.

께 이동하며, 보통 번식기가 아닌 시기를 같이 보낸다. 말코손바닥사슴과 순록 양쪽의 수컷들 사이의 또 다른 동성애 활동은 뿔 문지르기다. 이 두 종에서 뿔은 (다른 몇몇 사슴처럼) 매우 민감한 장기이고 진정으로 에로틱한 부위여서 수컷들은 뿔을 함께 문지르며 성적으로 흥분하기도 한다. 말코손바닥사슴 사이에서 이러한 행동은 '놀이 싸움'의 일종으로서 다소 부드럽게 행해진다(아직 벨벳이 뿔을 감싸고 있다). 반면 순록 수컷들은 뿔에 벨벳이 없을 때 서로 덜거덕거리며 부딪친다.

말코손바닥사슴에서는 몇 가지 유형의 성별 혼합이 종종 발생하는데, 이들은 흔히 특이한 뿔 모양을 가지고 있다. 음낭이나 고환이 없는 간성 수컷은 벨벳으로 덮여 있고 다양한 능선과 혹으로 장식된 뿔을 발달시킨다. 이러한 뿔은 벨레리콘velericorn 뿔이라고 불리며, 계절마다 벗겨지고 다시 자라나는 보통의 뿔과는 달리 영구적이다. 퍼루크perukes라고도 알려진 또 다른 수컷들은 바로크풍의 결절 모양이 자라나 뒤덮인 정교하고 기괴한 뿔을 가지고 있다. 때로 암컷은 뿔이 하나일 수도 있고, 뾰족하게 솟기도 하며(가지 없이), 벨벳으로 덮여 있거나, 수컷 말코손바닥사슴 뿔

에서 전형적으로 보이는 평평한 손바닥 모양의 구조가 조금 덜한 뿔을 발달시킨다. 순록은 암컷이 일상적으로 뿔을 뽐내는 유일한 사슴이다. 개체군에 따라 8~95%의 암컷이 뿔을 가지고 있다.

빈도 : 동성애 활동은 말코손바닥사슴과 순록에서 산발적으로만 일어난다. 수컷 말코손바닥사슴의 약 1/4은 적어도 일 년 중 일부 동안은 짝을 지어 생활한다.

성적 지향 : 이 두 종에서 동성애 활동에 참여하는 성체 개체들은 비록 약간의 양성애 성향이 있긴 하지만, 십중팔구 이성애자다. 일부 젊은 동물들, 특히 수컷 말코손바닥사슴들은 이성애에 전적으로 참여하지 않으므로 이들을 이성애가 덜한 양성애 경향이 있다고 볼 수 있다.

비생식적이고 대체 가능한 이성애

말코손바닥사슴과 순록 둘 다 많은 동물이 새끼를 낳지 않는다. 순록 수컷은 생리학적으로 1살이 되면 번식할 수 있지만, 대부분의 수컷은 적어도 4살이 될 때까지 짝짓기를 하지 않는다. 이는 그들이 나이 많은 수컷과 성공적으로 경쟁할 수 없기 때문인데 비슷한 패턴이 말코손바닥사슴에서도 발견된다. 순록에서는 새끼가 없는 암컷은 '어미 보조'로서 양육하는 암컷과 관계를 맺기도 하고, 일부는 진짜 어미로부터 새끼를 '납치'하거나 멀리 유인하려고도 한다. 먹이가 심각하게 부족한 시기에는 임신한 순록 암컷은 배아를 재흡수함으로써 번식을 종결하기도 한다. 이는 그러한 조건에서 새끼를 성공적으로 키울 수 없기 때문이다. 순록 수컷의 약 8%는 번식하지 않는 늙은 개체(10세 이상), 그리고 번식에 참여하지 않는 비생식적인 수컷으로 구성되어 있다. 그러나 수컷의 기대수명이 암컷보다 상당히 짧기 때문에 많은 수사슴들은 이 나이에 이르지 못한다. 부분적으로는 번식과 관련된 스트레스가 이유가 된다. 발정기에 완전히 금식해야 하는 말코손바닥사슴 수컷에게도 번식은 부담되는 활동이다. 짝짓기는 또한 암컷에게 상처를 입히는 활동이기도 하다. 이 두 종의 수컷은 상당히 크기 때문에 암컷은 흔히 교미로 인해 부상을 당하는데, 때로는 말 그대로 마운팅하는 수컷의 무게로 인해 쓰러지기도 한다. 따라서 암컷 순록들은 흔히 교미하려는 시도에 강하게 저항하고 탈출하려고 몸부림치며(짝짓기의 2/3 이하만 성공한다), 그러는 동안 수컷들은 뿔로 암컷을 때려서 마운팅에 따르도록 만들기도 한다. 암컷들도 거기에 대항해 자기 뿔로 싸우기도 한다. 암컷 말코손바닥사슴은 발정기에도 흔히 앞발굽으로 수컷을 때려 심각한 상처를 입힐 수 있다. 두 종 모두 번식기가 아닌 때에는 엄격하게 성별이 분리되어 있다. 예를 들어 말코손바닥사슴에서는 겨울철 무리의 단지 10~20%만이 혼성 무리이다.

또한 말코손바닥사슴과 순록은 다양한 비생식적 성적 행동을 한다. 두 종의 수컷은 가끔 새끼를 마운트하며, 암컷 순록은 가끔 역으로 수컷을 마운트한다. 이성애 상호작용은 흔히 구강 생식기 접촉을 동반한다. 즉 수컷 말코손바닥사슴과 순록은 암컷의 외음부를 핥고, 암컷 순록은 때로 수컷의 페니스를 핥는다. 말코손바닥사슴에서 일어나는 이성애 마운트의 약 45%는 삽입이나 사정을 동반하지 않으며, 수컷은 때로 연속해서 최대 14번까지 암컷을 마운트한다. 더불어 수컷 말코손바닥사슴과 순록 모두 뿔을 식물에 문지르는 '자위'를 하는데, 이것은 종종 (페니스 발기와 사정을 포함한) 성적 자극을 초래한다.

출처   *별표가 있는 출처는 동성애와 트랜스젠더에 대해 논의한다.

Altmann, M. (1959) "Group Dynamics in Wyoming Moose During the Rutting Season." *Journal of Mammalogy.* 40:420–24.

* Bergerud, A. T. (1974) "Rutting Behavior of Newfoundland Caribou." in V. Geist and F. Walther, eds., *The Behavior of Ungulates and Its Relation to Management*, vol. 1,

pp. 395–435. IUCN Publication no. 24. Morges, Switzerland: international Union for Conservation of *Nature* and Natural Resources.

Bubenik, A B., G. A. Bubenik, and D. G. Larsen (1990) "Velericorn Antlers on a Mature Male Moose (*Alces a. gigas*)." *Alces* 26:115–28.

Bubenik, A. B., and H. R. Timmerman (1982) "Spermatogenesis of the Taiga–Moose – a Pilot Study." *Alces* 18:54–93.

* Denniston, R. H., II (1956) "Ecology, Behavior, and Population Dynamics of the Wyoming or Rocky Mountain Moose, *Alces alces shirasi.*" *Zoologica* 41:105–18.

de Vos, A. (1958) "Summer Observations on Moose Behavior in Ontario." *Journal of Mammalogy* 39:128–39.

* Dodds, D. G. (1958) "Observations of Pre–Rutting Behavior in Newfoundland Moose." *Journal of Mammalogy* 39:412–16.

* Geist, V. (1963) "On the Behavior of the North American Moose (*Alces alces andersoni* Peterson 1950), in British Columbia." *Behavior* 20:377–416.

Houston, D. B. (1974) "Aspects of the Social Organization of Moose." In V. Geist and F. Walther, eds., *The Behavior of Ungulates and Its Relation to Management*, vol. 2, pp. 690–96. IUCN Publication no. 24. Morges, Switzerland: International Union for Conservation of *Nature* and Natural Resources.

Kojola, I. (1991) "Influence of Age on the Reproductive Effort of Male Reindeer." *Journal of Mammalogy* 72:208–10.

* Lent, P. C. (1974) "A Review of Rutting Behavior in Moose." *Naturaliste canadien* 101:307–23.

——(1966) "Calving and Related Social Behavior in the Barren–Ground Caribou." *Zeitschrift für Tierpsychologie* 23:701–56.

Miquelle, D. G., J. M. Peek, and V. Van Ballenberghe (1992) "Sexual Segregation in Alaskan Moose." *Wildlife Monographs* 122:1–57.

* Murie, O. J. (1928) "Abnormal Growth of Moose Antlers." *Journal of Mammalogy* 9:65.

* Pruitt, W. O., Jr. (1966) "The Function of the Brow–Tine in Caribou Antlers." *Arctic* 19:111–13.

——(1960) "Behavior of the Barren–Ground Caribou." *Biological Papers of the*

University of Alaska 3:1–44.

* Reimers, E. (1993) "Antlerless Females Among Reindeer and Caribou." *Canadian Journal of Zoology* 71:1319–25.

Skogland, T. (1989) *Comparative Social Organization of Wild Reindeer in Relation to Food, Mates, and Predator Avoidance.* Advances in Ethology no. 29. Berlin and Hamburg: Paul Parey Scientific Publishers.

Van Ballenberghe, V., and D. G. Miquelle (1993) "Mating in Moose: Timing, Behavior, and Male Access Patterns." *Canadian Journal of Zoology* 71:1687–90.

* Wishart, W. D. (1990) "Velvet–Antlered Female Moose (*Alces alces*)." *Alces* 26:64–65.

기린과 영양 / 유제류

기린

Giraffa camelopardalis

동성애	트랜스젠더	행동		랭킹	관찰
● 암컷	○ 간성	● 구애 ○ 짝 형성		● 중요	● 야생
● 수컷	○ 복장도착	● 애정표현 ○ 양육		○ 보통	○ 반야생
		● 성적인 행동		○ 부수적	○ 포획 상태

식별 : 가장 키가 큰 포유동물(최대 5.8미터)이다. 암수 모두 경사진 등과 엄청나게 긴 목, 뼈로 된 혹 모양의 뿔, 그리고 익숙한 적갈색 점무늬를 가지고 있다.

분포 : 사하라 사막 이남 아프리카.

서식지 : 사바나.

연구지역 : 케냐의 차보 이스트와 나이로비 국립공원, 탄자니아의 세렝게티, 아루샤와 타랑기레 국립공원, 남아프리카의 트란스발.

아종 : 마사이기린 *G.c. tippelskirchi*, 케이프기린 *G.c. giraffa*.

사회조직

암컷 기린은 새끼와 몇 마리의 어린 수컷을 포함해서 최대 15마리까지 무리를 지어 모이는 경향이 있다. 수컷은 일반적으로 수컷 '독신자' 무리에 속하지만, 나이가 들면 혼자 지내는 경향이 있다. 짝짓기 체계는 일부다처제다. 대체로 몇몇 나이가 많은 수컷은 두 마리 이상의 암컷과 짝짓기를 하지만, 새끼를 기르는 데는 참여하지 않는다.

설명

행동 표현 : 수컷 기린은 목걸기necking라고 불리는 독특한 '구애' 혹은 애정 활동을 하는데, 이는 흔히 동성애 마운팅과 관련이 있다. 목걸기를 할 때 두 마리의 수컷은 서로 반대 방향으로 서서 상대의 몸, 머리, 목, 사타구니, 허벅지에 목을 부드럽게 문지른다. 때로는 한 시간 동안 이어지기도 한다. 목걸기 활동시간은 보통 한 수컷이 자신의 목을 단단하게 곧추세우는 정해진 자세를 취하면서 시작된다. 목걸기 과정에 한 수컷이 애정 어린 모습으로 다른 수컷의 등을 핥거나 생식기의 냄새를 맡기도 한다. 또한 때로 목걸기를 하는 기린은 서로 목을 휘두르기도 하는데 이 행동은 '중후한 춤stately dance'으로 알려진 놀이 싸움의 한 형태다(물론 서로 거의 때리지는 않고, 다치는 일은 절대 없다). 네킹은 대개 성적인 흥분으로 이어진다. 한 마리 또는 두 마리의 수컷이 발기하며, 때로 이성애 구애에서 볼 수 있는 플레멘flehmen 반응과 유사하게 입술을 마는 모습을 보이기도 한다(이를 통해 성적인 흥분과 성적 '준비'를 확인할 수 있다). 때로 목걸기가 끝나고 15분 정도 지난 후, 한 수컷이 갑자기 멈춰 서서 목을 앞으로 쭉 뻗은 채 '얼어붙는데', 이는 오르가슴에 이르는 강렬한 성적 흥분을 의미하는 것이라고 여겨진다. 수컷은 또한 일반적으로 목걸기를 한바탕 하는 중이나 그 이후에 페니스를 발기한 채 서로 마운팅하며 오르가슴에 도달하기도 한다(때로 정액으로 보이는 액체가 페니스에서 흐

르는 것이 보일 수도 있다). 때로 네다섯 마리의 수컷이 무리지어 모여 서
로 목을 감고 마운트를 하는데, 한 수컷이 여러 마리의 수컷 개체를 빠르
게 연속해서 마운트하거나 같은 수컷을 연속으로 세 번 정도 마운트하기
도 한다. 암컷들은 때로 서로 마운트를 하지만, 목걸기에 참여하지는 않
는다.

빈도 : 기린의 동성애 활동은 흔하며, 실제로 많은 경우 이성애적인 행동
보다 더 빈번하다(이성애 행동은 아주 드
문 것으로 보인다). 한 연구 영역에서, 수
컷들 사이의 마운팅은 관찰된 모든 성
적인 활동의 94%를 차지했다. 모든 구
애 활동시간의 1/3에서 3/4은 동성애
였고(즉 수컷 간에 목걸기를 했다), 어떤
주어진 시간에 모든 수컷 중 약 5%는
목걸기에 참여하고 있었다. 암컷 사이
에서 동성애 마운트는 신체접촉과 관
련된 상호작용의 1% 미만이다.

성적 지향 : 동성애 활동은 수컷 개체수
의 80% 이상을 차지하는 젊은 성체 수
컷들의 특징이다. 나이가 들면서 수컷
은 동성애 구애와 마운팅을 덜 하게 되

수컷 기린 두 마리가 '목걸기'
행동을 하고 있다.

고, 대신 이성애 활동에 더 자주 참여하게 된다. 젊은 수컷 사이의 모든
마운팅 행동은 동성애인 것으로 보이지만, 극소수는 암컷에게 구애하기
도 한다(하지만 마운트는 하지 않는다). 동성애 마운팅과 목걸기에 참여하
는 수컷들은 종종 무리에 있는 모든 암컷을 무시하는데, 이것은 아마도

같은 성 활동에 대한 '선호'를 나타내는 것으로 보인다.

비생식적이고 대체 가능한 이성애

성체 기린 중 비교적 적은 비율만이 생식을 한다. 어떤 개체군에서는 암컷은 1년에 1/4 미만만이 새끼를 낳고, 보통 한두 마리의 수컷만이 암컷과 짝짓기를 한다. 이렇게 낮은 빈도의 생식이 일어나는 요인에는 몇 가지가 있다. 즉 임신은 15개월이나 지속하고, 새끼 간 터울이 최소 20개월에 이른다. 또한 수컷들은 4살이 채 되기 전에 성적으로 성숙하긴 하지만, 적어도 8살이 될 때까지는 성공적인 짝짓기 경쟁을 할 수 없다. 그리고 앞에서 언급한 바와 같이 실제적인 교미는 매우 드물 수 있다. 한 개체군에서 1년 동안 3,200시간 이상의 상세한 관찰을 했지만 단 한 번의 이성애 교미밖에 보지 못했다. 어떤 지역에서는 나이가 많은 번식 퇴 기간의 수컷들이 모이는데, 이들은 일반적으로 혼자 지내며 암컷과 짝짓기를 하지 않는다. 기린은 몇 가지 형태의 비생식적 이성애 활동도 한다. 발정이 난 젊은 암컷들이 드물게 수컷 새끼를 마운트하기도 하고, 새끼가 때로 어미를 마운트할 때도 있다. 대부분의 일부다처제 동물들처럼 수컷은 새끼 기르기에 참여하지 않는다. 하지만 암컷도 흔히 육아 무리 혹은 새끼 무리calving pools에 자식을 맡기고 자리를 비운다. 이 육아 무리에는 아홉 마리까지 새끼들이 모이고 한 마리 이상의 어미가 지키게 된다. 이러한 '주간 돌보미'형태를 이용해 암컷은 자기 새끼를 끊임없이 돌볼 필요 없이 자기 먹이를 먹을 수 있다.

출처   *별표가 있는 출처는 동성애와 트랜스젠더에 대해 논의한다.

* Coe, M. J. (1967) "'Necking' Behavior in the Giraffe." *Journal of Zoology*, London 151:313–21.

* Dagg, A. I., and J. B. Foster (1976) *The Giraffe: Its Biology, Behavior, and Ecology*. New York: Van Nostrand Reinhold.

* Innis, A. C. (1958) "The Behavior of the Giraffe, Giraffa Camelopardalis, in the Eastern Transvaal." *Proceedings of the Zoological Society of London* 131:245–78.

Langman, V. A. (1977) "Cow–Calf Relationships in Giraffe (*Giraffa Camelopardalis giraffa*)." *Zeitschrift für Tierpsychologie* 43:264–86.

* Leuthold, B. M. (1979) "Social Organization and Behavior of Giraffe in Tsavo East National Park." *African Journal of Ecology* 17:19–34.

* Pratt, D. M., and V. H. Anderson (1985) "Giraffe Social Behavior." *Journal of Natural History* 19:771–81.

——(1982) "Population, Distribution, and Behavior of Giraffe in the Arusha National Park, Tanzania." *Journal of Natural History* 16:481–89.

——(1979) "Giraffe Cow–Calf Relationships and Social Development of the Calf in the Serengeti." *Zeitschrift für Tierpsychologie* 51:233–51.

* Spinage, C. A. (1968) *The Book of the Giraffe*. London: Collins.

가지뿔영양

Antilocapra americana

동성애	트랜스젠더	행동		랭킹	관찰
●암컷	○간성	●구애 ○짝 형성		○중요	●야생
●수컷	●복장도착	○애정표현 ○양육		●보통	○반야생
		●성적인 행동		○부수적	○포획 상태

식별 : 사슴 크기의 포유류로 수컷의 뿔은 뚜렷하게 갈라졌고 흰 반점이 있는 적갈색 털을
가지고 있다.

분포 : 미국 중서부, 캐나다와 멕시코의 인접 지역.

서식지 : 대초원, 사막.

연구지역 : 몬태나 주의 옐로스톤 국립공원과 국립 들소 목장.

아종 : 아메리카프롱혼*A.a. americana*.

사회조직

가지뿔영양 사회는 영역을 설정하고 암컷과 짝짓기를 하는 영역보유 수
컷과 주로 봄과 초가을에 7~10마리씩 독신자 무리 속에 사는 비非영역
보유 수컷이 구별된다는 특징이 있다. 암컷은 최대 24마리까지 무리를

지어 살며 흔히 영역보유 수컷과 같이 지낸다. 번식기에 수컷은 여러 짝과 교미하고 양육을 돕지 않는다. 번식기가 지나 겨울이 되면 대부분의 가지뿔영양은 커다란 혼성 무리에 합류한다.

설명

다른 수컷을 마운팅하고 있는 수컷 가지뿔영양.

행동 표현 : 수컷 가지뿔영양들은 이성애 구애와 짝짓기에서도 발견되는 여러 동일한 행동 패턴을 사용하여 4월에서 10월까지 독신자 무리에서 서로 마운트를 한다. 성적인 행동에 대한 서곡으로서 한 수컷이 다른 수컷을 따라다니게 되는데 때로 항문 근처의 냄새를 맡는다. 그런 다음 구애하는 수컷이 자기 가슴을 상대 엉덩이에 대며 마운트하고 싶다는 신호를 보낸다. 일반적으로 이러한 행동은 구애하는 수컷이 페니스를 발기한 채 뒷다리로 서서 다른 수컷을 뒤에서 올라타는 완전한 마운트로 이어진다. 때로는 구애하는 수컷 한 무리가 그 수컷 앞에서 마운트를 하려고 줄 혹은 '대기열'을 이루기도 한다. 모든 연령대의 수컷들이 동성애 구애와 성행위에 참여하지만, 성체 수컷들의 관심은 대개 청소년 수컷에게로 향한다. 수컷들 사이의 마운팅은 때로 연습 싸움 혹은 놀이 싸움을 하는 동안에도 발생한다. 암컷 가지뿔영양들도 발정기에 서로 엉덩이에 코를 킁킁거리거나 마운트를 하지만 그 빈도는 수컷들보다 덜하다.

수컷 가지뿔영양은 번식기가 지나면 뿔이 떨어지는데, 일부 연구자들은 이를 통해 수컷이 겨울 동안 혼성 무리에 암컷인 척 '들어갈 수' 있게 된다고 주장한다. 수컷은 보통 발정기가 지나면 육체적으로 지치기 때문에 암컷보다 포식자의 표적이 되기 쉽다. 따라서 암컷을 흉내 내거나 성전환 같은 형태를 취함으로써 무리 속에 숨는 것으로 보인다.

빈도: 전체적으로 모든 구애와 성적인 행동의 약 7%가 같은 성별의 동물들 사이에서 이루어지며, 모든 마운트의 약 10%는 동성애다(거의 2/3는 수컷들 사이에 이루어진다). 같은 성별 동물 사이의 상호작용 중 약 3~4%는 어떤 종류의 성적인 행동을 포함한다.

성적 지향: 수컷 개체군의 2/3에서 3/4은 번식에 참여하지 않는다. 이러한 동물 중 다수는 배타적인 동성애자다. 예를 들어 두 살짜리 수컷은 절대 암컷을 마운트하지 않지만, 이 독신자들은 모든 동성애 마운트의 거의 1/3에 참여한다. 스펙트럼의 다른 쪽 끝을 보면, 영역보유 수컷들은 배타적인 이성애자다. 그 사이에 다양한 형태의 양성애가 발생한다. 성체 독신자 수컷은 약 7%가 암컷과 짝짓기를 할 수 있지만, 그러면서도 동성애 상호작용의 약 18%를 차지한다. 어떤 수컷들은 독신자 무리에서 영역보유자 지위로 옮겨지므로 생애 동안 순차적인 양성애자가 된다. 하지만 많은 수컷은 절대 영역보유 수컷이 되지 못하므로 설사 암컷에게 구애하려고 할지라도, 이들의 성적 행동 대부분은 생애 대부분 동안 계속해서 동성애가 될 것이다.

비생식적이고 대체 가능한 이성애

위에서 설명한 바와 같이 수컷 개체군의 대다수는 독신자 무리나 외톨이로 살며 번식에 관여하지 않으며, 가지뿔영양의 사회생활은 1년 중 6~7개월 동안 성별에 따라 분리된다는 특징이 있다. 하지만 어떤 독신자들은 암컷에게 구애하려고 노력한다. 그들의 접근은 계속해서 거절당하지만 수컷들은 흔히 끈질기게 암컷을 쫓아 뿔로 찌르고 울어대며, 때로는 추격 중에 쓰러뜨림으로써 무자비하게 괴롭히기도 한다. 프롱혼의 생식에는 또한 자궁 내 공격성이라는 특징이 있다. 생식 동안 일상적으로 태아가 서로를 죽이게 된다. 처음 암컷의 자궁에는 무려 7마리의 태아가 존재할 수 있지만, 이 중 2마리만이 살아남게 된다. 나머지는 다른 태아들에 의해 죽게 되는데, 태아 세포막에서 길게 자란 돌기가 다른 태아에게 치명적인 구멍을 내서 자궁 밖 암컷의 난관으로 밀어낸다. 일부 태아는 다른 태아들의 줄 모양의 신체 형태에 목이 졸려 더 일찍 죽기도 한다. 암컷은 죽은 배아를 재흡수한다.

출처   *별표가 있는 출처는 동성애와 트랜스젠더에 대해 논의한다.

Bromley, P. T. (1991) "Manifestations of Social Dominance in Pronghorn Bucks." *Applied Animal Behavior Science* 29:147–64.

Bromley, P. T., and D. W. Kitchen (1974) "Courtship in the Pronghorn *Antilocapra americana*." In V. Geist and F. Walther, eds., *The Behavior of Ungulates and Its Relation to Management*, vol. 1, pp. 356–74. IUCN Publication no. 24. Morges, Switzerland: International Union for Conservation of *Nature* and Natural Resources.

Geist, V. (1990) "Pronghorns." *In Grzimek's Encyclopedia of Mammals*, vol. 5, pp. 282–85. New York: McGraw-Hill.

Geist, V., and P. T. Bromley (1978) "Why Deer Shed Antlers." *Zeitschrift für Säugetiekunde* 43:223–31.

* Gilbert, B. K. (1973) "Scent Marking and Territoriality in Pronghorn (*Antilocapra americana*) in Yellowstone National Park." *Mammalia* 37:25–33.

* Kitchen, D. W. (1974) "Social Behavior and Ecology of the Pronghorn." *Wildlife Monographs* 38:1–96.

O'Gara, B. W. (1978) "*Antilocapra americana*." *Mammalian Species* 90:1–7.

——(1969) "Unique Aspects of Reproduction in the Female Pronghorn (*Antilocapra americana* Ord.)." *American Journal of Anatomy* 125:217–32.

코브 *Kobus kob*

물영양 *Kobus ellipsiprymnus*

리추에 *kobus leche*

푸쿠 *kobus vardoni*

동성애	트랜스젠더	행동	랭킹	관찰
● 암컷	● 간성	● 구애 ○ 짝 형성	● 중요	● 야생
○ 수컷	○ 복장도착	○ 애정표현 ○ 양육	○ 보통	○ 반야생
		● 성적인 행동	○ 부수적	○ 포획 상태

코브

식별 : 붉은 빛의 털을 가진 커다란 초식 영양. 몸의 하부는 흰색이고 다리에 칼날 모양 무
늬가 있다. 수컷은 수금 모양의 뿔이 있고 암컷은 더 날씬하다.

분포 : 케냐 서부부터 세네갈까지.

서식지 : 탁 트인 사바나의 물 주변.

연구지역 : 우간다 토로 야생동물 보호구역.

아종 : 우간다코브*K.k. thomsi.*

물영양

식별 : 어깨 높이 120센티미터 영양으로서 길고 늘어진 갈색이나 회색 털을 가지고 있으며
엉덩이는 희다. 수컷은 이랑이 있는 낫 모양의 뿔을 가지고 있다.

분포 : 사하라 사막 이남 아프리카.

서식지 : 초원, 사바나, 숲의 물 근처.

연구지역 : 우간다의 엘리자베스 공원.

아종 : 데파사물영양*K.e. deffasa.*

리추에

식별 : 코브와 비슷하지만 뿔이 더 길고 가늘고 털이 누런 갈색이나 검정색이다.

분포 : 자이르 남동부, 잠비아, 보츠와나.

서식지 : 습지.

연구지역 : 잠비아 초베 야생동물 보호구역과 로친바르 국립공원.

아종 : 카푸에리추에*K.l. kafuensis.*

푸쿠

식별 : 코브와 비슷하지만 뿔이 더 짧다.

분포 : 중남부 아프리카 전역에 흩어져 있다.

서식지 : 습기가 많은 사바나, 범람원, 삼림.

연구지역 : 잠비아의 카푸에 국립공원과 루앙와 야생동물 보호구역.

사회조직

코브 사회는 복잡하지만 대략 두 가지 유형의 사회체계로 구분할 수 있다. 성별로 구분된 무리와 구애장소에 모이는 무리다. 번식지가 아닌 곳에서 영양은 같은 성끼리 무리를 형성한다. 총각 무리는 400~600마리의 수컷을 포함하고 있고, 암컷 무리는 (암수 어린 개체와 함께) 보통 30~50마리의 성체가 있다. 어떤 경우 1,000마리에 이르는 영양이 모이는 경우도 있다. 번식지에서 해당 개체군은 레크leks라고 알려진 12개 이상의 작은 지역을 형성하게 된다. 이곳은 수컷(때로는 암컷)이 복잡한 구애 행위를 할 때 사용하는 작은 영역이며 다른 수컷의 침입을 막는 곳이다. 암컷은 이러한 레크에 가기 위해 자신의 무리를 떠난 다음, 짝짓기를 할 수컷을 선택하고 다른 암컷과도 성적으로 교류한다. 다른 코브들도 성별이 분리된 암컷 무리와 독신자 무리에 살지만, 일부 리추에는 혼성 무리를 이룬다. 또한 짝짓기를 가장 많이 하는 수컷 몇 마리는 영역권자가 되기도 한다. 하지만 일부 위성형satellites인 물영양 수컷도 영역권자 수컷과 관계하고 때로 암컷과도 교미한다.

설명

행동 표현 : 사실상 모든 코브 암컷은 어느 형태로든 동성애 활동을 한다. 그 범위는 다른 암컷을 단순히 성적으로 마운팅하는 것에서부터 정교한 구애 행위까지 다양하다. 이러한 상호작용은 보통 발정이 났을 때 일어나며 암컷 무리나 레크 어디서든 나타난다. 동성애 구애와 성적인 상호작용은 고정된 순서의 양식화한 움직임이 다채롭게 배열되어 있으며, 이것들은 모두 이성 간의 구애에도 사용된다. 다른 암컷에게 구애할 때 몇 가지 구애 행동을 사용하는가는 암컷마다 다르다. 어떤 암컷은 한두 개만 사용하는 반면, 다른 암컷은 레퍼토리 전체를 사용한다.

암컷은 보통 활보하기prancing로 동성애 구애를 시작한다. 즉 짧고 뻣뻣한 걸음걸이로 다른 암컷에게 접근하며 머리를 높이 들고 꼬리도 치켜올린다. 그다음 플레멘flehmen 혹은 입술말기lip-curling라고 알려진 동작을 한다. 다른 암컷이 웅크리고 소변을 볼 때 오줌 줄기에 코를 집어넣고 외음부의 냄새를 맡는데, 이렇게 하는 동안 윗입술을 말아 올리는 동작으로 소변 냄새를 채취할 수 있는 특별한 성적 후각기관을 노출하는 것이다. 이 암컷의 구애춤은 앞발차기foreleg kicking로 알려진 양식화한 몸짓으로 이어진다. 앞다리를 들어 올려 상대 암컷의 다리 사이로 뒤에서 부드럽게 만지는 것이다. 이때 상대 암컷은 구애하는 암컷 주위를 밀접하게 빙글빙글 돌면서 때로 그 암컷의 엉덩이를 살짝 물거나 머리로 부덮치는 의식적인 짝짓기돌기mating-circling로 반응한다. 이러한 반응은 이성애 교미 때와 마찬가지로, 첫 번째 암컷이 뒷다리로 서서 다른 암컷을 뒤에서 올라타는 마운팅을 이끌어낸다. 때로 마운팅하는 암컷은 수컷이 오르가슴에 도달했을 때 보여주는 것처럼 강하게 한 번 골반찌르기를 하기도 한다.

동성애 교미 뒤에는 정형화한 행동의 과시가 따라올 수 있다. 예를 들어 구애하는 암컷은 입을 다물고 콧구멍으로 공기를 세게 뱉어 독특한 휘파람 소리를 낸다. 두 암컷은 사타구니 코비비기inguinal nuzzling라고 알려진 것을 하기도 한다. 즉 마운트가 되었던 암컷은 뒷다리를 넓게 벌리고 꼬리를 치켜올리며, 등을 구부린 채 목을 우아하게 백조처럼 뻗는 독특한 자세를 취한다.

암컷 코브 간의 구애와 성적인 활동. '활보하기'(위), '앞발차기'(가운데) 및 마운팅.

그러면 다른 암컷 코브가이 파트너의 외음부와 젖통을 뒤에서 핥은 다음, 같은 부위에 위치한 두 개의 특별한 '사타구니 분비샘'을 코로 문지르고 핥는 데 집중한다. 이 분비샘은 톡 쏘는 듯한 냄새의 밀랍 같은 물질을 분비한다. 마지막으로 이러한 상호작용은 한 암컷이 다른 코브의 등에 머리를 얹은 채 배 아래에 다리를 올려 다른 암컷을 부드럽게 '집게pincers' 자세로 붙잡는 것으로 마무리된다. 때로는 암컷 코브 한 마리가 암컷 무리를 이끌기도 하고 심지어 암컷을 유혹하려는 수컷을 머리로 공격하여 자기 과시 영역을 방어하기도 한다. 이는 그 암컷이 대부분의 수컷은 가지고 있는 뿔이 없다는 점을 고려하면 대단한 일이다. 동성애 마운팅에 참여하는 코브의 대부분은 임신하여 새끼를 기르지만 이는 오직 암컷만 있는 무리에서 이루어진다. 양육과정에 수컷의 참여는 수정을 제외하고는 거의 또는 전혀 없다.

　암컷 동성애 마운팅은 물영양, 리추에, 푸쿠 등 세 종의 다른 영양 연관 종에서도 나타난다. 흥미롭게도, 서로를 마운트하는 물영양 암컷들은 코브와 달리 대개 발정 상태가 아니다. 드물게 물영양 암컷도 다른 암컷에게 구애하는 플레멘을 수행한다. 자웅동체 또는 간성 개체도 코브에서 가끔 발생한다. 예를 들어 어떤 코브는 염색체적으로 수컷이고 고환과 큰 뿔을 가지고 있었지만, 질과 자궁, 커다란 클리토리스도 동시에 가지고 있었다.

빈도 : 동성애 마운팅은 코브 사이에 흔하다. 짝짓기 시즌에 각 암컷은 (평균) 한 시간에 두 번 정도 같은 성 마운팅에 참여하며, 전체 짝짓기 기간 동안 암컷은 다른 암컷을 60회 이상 마운트하기도 한다(대부분의 암컷은 십여 차례 이러한 활동을 한다). 그러나 이성애 마운팅 비율이 동성애 마운팅보다 7배 이상 엄청나게 높기 때문에 같은 성 마운팅 비율은 전체 성적인 행동의 약 9%만을 차지한다. 이 종에서 동성애 구애 과시는 같은 성 마운팅보다 흔하지 않다. 푸쿠와 리추에 암컷들 사이의 마운팅도 역시 흔하지만, 물영양에서는 드물게 발생한다.

성적 지향 : 전부는 아니겠지만 대부분의 암컷 코브는 양성애자고, 이성애와 동성애 마운팅에 모두 참여한다. 하지만 각 개체는 성적 지향에 있어 연속체를 따라 다양하다. 어떤 개체는 같은 성 마운팅이 성적인 행동의 거의 60%를 차지하는 반면, 다른 개체는 1~3%에 불과하다. 평균은 약

암컷 코브는 동성애 마운팅에 이어 '사타구니 코비비기inguinal nuzzling'(왼쪽)와 '집
게 동작pincers movement'(오른쪽)을 하기도 한다.

11%다. 다른 암컷에게 구애 과시를 하는 코브 암컷의 수는 더 적지만 여
기에도 다양한 차이가 있다. 암컷의 약 7%는 다른 암컷들과 상호작용할
때 전체 구애 레퍼토리의 상당히 많은 부분을 사용한다. 다른 종의 코브
에서도 동성애 마운팅을 하는 암컷들은 이성애 활동에도 참여할 것이다.

비생식적이고 대체 가능한 이성애

위에서 설명한 바와 같이 코브 사회는 성별에 따라 구분되어 있고, 특히
수컷 중에 많은 수의 비번식 동물들이 있다. 수컷은 상대적으로 적은 비
율(약 5%)만이 한 번에 레크에 접근할 수 있으며, 암컷은 이 중 일부만을
짝짓기를 위해 선택한다. 물영양의 일부 개체군에서도 다수의 수컷이 비
번식 개체다. 어느 시기에 측정하든 수컷의 7%만이 영역보유자이고, 9%
는 위성형이며, 나머지는 독신자 무리 속에서 산다. 사실 이 종의 수컷
중 20%만이 생애 동안 영역보유자가 될 수 있다. 비록 몇몇 위성형과 독
신자 수컷들도 암컷들과 짝짓기를 하지만 대부분은 그렇지 않다. 암컷
코브는 보통 자기가 선택한 수컷과 반복적으로 짝짓기하며(일반적으로 임
신에 필요한 횟수보다 훨씬 더 많이 한다), 레크를 방문할 때 9마리에 이르는

각기 다른 수컷과 짝짓기를 하기도 한다. 물영양 암컷도 발정기에 반복적으로 짝짓기를 하는데 보통 매번 같은 수컷과 짝짓기를 한다. 코브의 이성애 교미에는 종종 수컷이 발기를 하지 않는, 수많은 비번식성 마운트가 선행한다. 게다가 완전한 삽입이 교미 중에 일어나지 않을 수도 있고, 흔히 수컷은 삽입에 성공해도 사정을 하지 않는다. 물영양 수컷은 삽입이 일어날 수 없는 측면 체위나 다른 체위로 암컷을 마운트하기도 한다. 모든 종류의 마운트를 고려해 볼 때 코브의 이성애 활동 비율은 엄청나다. 레크를 방문하는 24시간 동안 각각의 암컷은 수백 번의 마운팅에 참여하며, 그중 40번은 완전한 교미를 한다. 암컷 리추에는 흔히 그들과 짝짓기를 하려는 수컷(특히 영역보유자가 아닌 수컷)에게 쫓기고 괴롭힘을 당한다. 때로 몇몇 수컷들은 이성애 교미를 방해하는데, 혼성 무리에서는 단지 8%의 짝짓기에만 사정이 일어난다. 레크에서는 짝짓기의 42%에서 사정이 일어난다.

출처
*별표가 있는 출처는 동성애와 트랜스젠더에 대해 논의한다.

Balmford, A., S. Albon, and S. Blakeman (1992) "Correlates of Male Mating Success and Female Choice in a Lek–Breeding Antelope." *Behavioral Ecology* 3:112–23.

* Benirschke, K. (1981) "Hermaphrodites, Freemartins, Mosaics, and Chimaeras in Animals." In C. R. Austin and R. G. Edwards, eds., *Mechanisms of Sex Differentiation in Animals and Man*, pp. 421–63, London: Academic Press.

Buechner, H. K., J. A. Morrison, and W. Leuthold (1966) "Reproduction in Uganda Kob, with Special Reference to Behavior." In I. W. Rowlands, ed. *Comparative Biology of Reproduction in Mammals*, pp. 71–87. *Symposia of the Zoological Society of London* no. 15. London: Academic Press.

Buechner, H. K., and H. D. Roth (1974) "The Lek System in Uganda Kob." *American Zoologist* 14:145–62.

* Beuchner, H. K., and R. Schloeth (1965) "Ceremonial Mating Behavior in Uganda Kob (*Adenota kob thomasi* Neumann)." *Zeitschrift für Tierpsychologie* 22:209–25.

* DeVos. A., and R. J. Dowsett (1966) "The Behavior and Population Structure of Three Species of the Genus *Kobus*." *Mammalia* 30:30–55.

Leuthold, W, (1966) "Variations in Territorial Behavior of Uganda Kob *Adenota kob thomasi* (Neumann 1896)." *Behavior* 27:214–51.

Morrison, J. A., and H. K. Buechner (1971) "Reproductive Phenomena During the Post Partum–Preconception Interval in the Uganda Kob." *Journal of Reproduction and Fertility* 26:307–17.

Nefdt, R. J. C. (1995) "Disruptions of Matings, Harassment, and Lek–Breeding in Kafue Lechwe Antelope." *Animal Behavior* 49:419–29.

Rosser, A. M. (1992) "Resource Distribution, Density, and Determinants of Mate Access in Puku." *Behavioral Ecology* 3:13–24.

* Spinage, C. A. (1982) *A Territorial Antelope: The Uganda Waterbuck.* London: Academic Press.

——(1969) "Naturalistic Observations on the Reproductive and Maternal Behavior of the Uganda Defassa Waterbuck *Kobus defassa ugandae* Neumann." *Zeitschrift für Tierpsychologie* 26:39–47.

Wirtz, P. (1983) "Multiple Copulations in the Waterbuck (*Kobus ellipsiprymnus*)." *Zeitschrift für Tierpsychologie* 61:78–82.

——(1982) "Territory Holders, Satellite Males, and Bachelor Males in a High–Density Population of Waterbuck (*Kobus ellipsiprymnus*) and Their Associations with Conspecifics." *Zeitschrift für Tierpsychologie* 58:277–300.

인도영양 *Antilope cervicapra*

톰슨가젤 *Gazella thomsoni*

그랜트가젤 *Gazella granti*

동성애	트랜스젠더	행동		랭킹	관찰
● 암컷	○ 간성	● 구애 ● 짝 형성		● 중요	● 야생
● 수컷	○ 복장도착	● 애정표현 ○ 양육		○ 보통	● 반야생
		● 성적인 행동		○ 부수적	○ 포획 상태

인도영양

식별 : 중간 크기의 가젤이고 수컷은 독특한 나선형 뿔과 흑백의 털을 가지고 있다. 암컷과 어린 수컷은 황갈색을 띤다.

분포 : 인도, 취약,

서식지 : 반사막이나 개방 삼림지대.

연구지역 : 인도 마디아 프라데쉬의 칸하 국립공원, 프랑스 루앙의 클라레스 공원.

톰슨가젤, 그랜트가젤

식별 : 크기가 더 작은 가젤(어깨 높이 60~90센티미터)이고 암수 모두 링이 있는 느슨한 S자 모양의 뿔을 가지고 있다. 톰슨가젤은 눈에 띄는 검은색의 옆구리 띠를 가지고 있고, 그랜트가젤은 뿔이 바깥쪽으로 급격히 휘어나가기도 한다.

분포 : 동아프리카, 특히 케냐, 탄자니아, 수단.

서식지 : 풀이 무성한 스텝.

연구지역 : 탄자니아 세렝게티 국립공원과 응고로고로 크레이터.

아종 : 넓은뿔그랜트가젤*G.g. robertsi.*

사회조직

인도영양은 같은 성별끼리 10~50마리의 개체가 모인 작은 무리에 산다. 암컷 무리는 그들과 짝짓기를 하는 한 마리 또는 여러 마리의 성숙한 수컷의 영역 주변에 살며, 나머지 수컷들은 번식 영역 외곽의 '독신자' 무리에 산다. 톰슨가젤과 그랜트가젤도 비슷한 사회 조직을 가지고 있지만, 특별히 이주 시기에는 수컷과 암컷을 모두 포함하는 혼합 무리도 형성한다.

설명

행동 표현 : 대다수의 수컷 인도영양은 동성애 상호작용을 한다. 모든 연령층에서 이성애 교미 때 사용하는 체위를 사용해서 한 수컷이 다른 수컷을 마운팅하는 현상이 일어난다. 보통 마운팅은 놀이 싸움(에로틱한 속내로 하는 친근한 스파링 경기) 중에 일어나는데, 때로는 한 번에 세 마리의 수컷이 참여하기도 한다. 또한 성체 수컷은 마운팅을 하기 전에 청소년 수컷(1~2세)을 대상으로 구애 과시를 하는 경우가 많다. 이러한 과시는 나이가 많은 수컷의 과시걷기display walking로 시작되며 이성 간의 상호작용에서도 발생한다. 먼저 그 수컷은 관심 대상으로부터 약간 떨어진 곳에 선 다음, 귀를 낮추고 등에 닿도록 꼬리를 위로 말아 올린다. 그리고 어린 수컷과 나란히 걸어서 어린 수컷이 원을 그리며 걷게 만든다. 다음으로 목보여주기presenting the throat가 이어진다. 나이 든 수컷이 코를 공중으로 높이 치켜들어 나선형의 뿔이 목 뒤쪽에 닿도록 하는 것이다.

이렇게 하면 목의 선명한 흑백 무늬가 노출된다. 그러는 동안 이 수컷은 한쪽 앞다리를 힘차게 찬 다음 다른 쪽 앞다리도 차는 동작을 상대 수컷 앞에서 연속해서 몇 차례 한다. 때로 발이 다른 수컷의 배 밑이나 허벅지 사이에 닿기도 한다. 가끔 나이가 많은 수컷은 이 행동을 하면서 독특한 짖는 소리를 낸다. 그런 다음 나이가 많은 수컷이 어린 수컷을 마운팅하게 된다. 때로 암컷 인도영양이 다른 암컷을 마운트하기도 한다.

톰슨가젤에서 수컷 동성애 마운팅은 이동 시기에 일어나거나 두 비非영역권자 수컷 사이의 만남에서 일어나는 등 다양한 맥락에서 나타난다. 수컷들은 때로 서로에게 구애 과시를 한다. 여기에는 목펴기neck-stretch, 뒷다리차기foreleg kick, 코치켜들기nose-up posture, 뒤따라걷기pursuit march가 포함된다(후자는 이성애 구애와 유사하다). 동성애 구애 과시에는 맨 처음 한두 마리의 수컷이 다른 수컷에게 뿔을 내보

한바탕 놀이 싸움을 하다가 다른 수컷을 마운팅하는 인도영양 수컷.

이는 행위(흔히 위협적인 행동으로 해석되었다)가 나타난다. 그랜트가젤의 동성애 마운팅은 전형적으로 두 마리의 수컷이 서로를 향해 행진하는 형식화한 과시의 일부로서 발생한다. 이러한 과시 동안 두 마리는 머리를 높이 들어 상대가 옆에 위치할 때 하얀 목덜미를 보여준다. 마운트가 된 수컷이 성체일 경우에는 흔히 자신을 마운트하려는 수컷을 공격한다. 암컷도 때로 수컷의 접근에 공격적으로 반응하기도 한다(아래 참조).

빈도: 인도영양에서는 수컷 동성애 활동이 흔하다. 어느 시기든지 수컷

개체의 3/4은 동성애적 상호작용의 대부분이 일어나는 독신자 무리에 살고 있다. 톰슨가젤과 그랜트가젤에서 동성애 행동은 훨씬 드물게 일어난다. 즉 수컷 그랜트가젤 사이 접촉의 12%만이 마운팅과 관계되어 있고, 수컷 톰슨가젤 사이 접촉의 1~8%에서만 성적 행동이 나타난다.

성적 지향: 인도영양 수컷들은 3살이 넘으면 모두 암컷과 교미를 하기 위해 일시적으로 수컷 무리를 떠난다. 하지만 이것은 보통 각 수컷의 일생에 한두 차례밖에 일어나지 않는다. 남은 생애 동안 그들은 동성애적으로 상호작용한다. 엄밀히 말하면 모든 수컷 인도영양은 양성애자라고 해야겠지만, 실제로는 대부분 뚜렷한 동성애자인 셈이다. 톰슨가젤의 동성애 마운팅은 일반적으로 (주로 이성애 활동에 관여하는) 영역권자 수컷 사이가 아닌, 독신자들이나 이동하는 무리의 수컷들 사이에서 발생한다. 독신 수컷들은 때로 암컷에게 구애하고 마운트를 시도하지만, 성적인 상호관계의 대부분은 다른 수컷들과 일어나는 것으로 보인다. 그랜트가젤 수컷의 동성애 행동은 일부 영역권자 수컷 사이에 일어난다. 이 수컷들은 암수 모두에게 성적 행동을 하므로 기능적으로 양성애자다(물론 일반적으로 마운트를 당하는 수컷이 거부한다).

비생식적이고 대체 가능한 이성애

인도영양 사회는 성별에 따라 무리가 나눠지고 활발하게 번식하는 수컷들은 얼마 되지 않아서 수컷 개체의 극히 일부만이 이성애 활동을 한다. 게다가 모든 수컷이 독신자 무리를 떠나 암컷들과 짝짓기를 시도하지만, 대부분의 수컷들은 이미 번식 영역을 지키고 있는 수컷들 때문에 성공하기가 힘들다. 결과적으로 많은 수컷이 독신자 무리에서의 삶을 선호한다. 그랜트가젤과 톰슨가젤 사이에도 성별에 따른 분리와 이성애에 참여하지 않는 유사한 패턴이 있다. 실제로 어느 시기에 측정하든 수컷 그랜트가젤 개체의 90% 이상은 항상 비번식 개체로 나타난다. 또한 암컷 그랜트가젤은 종종 이성애 구애 동안 수컷에게 공격적으로 행동하거나 위협적인 행동을 하며, 때로는 원치 않는 접근을 막기 위해 수컷과 싸우기도 한다. 암컷 인도영양은 때로 새끼나 어린 개체에게 비생식적인 마운트를 하기도 한다.

출처   *별표가 있는 출처는 동성애와 트랜스젠더에 대해 논의한다.

* Dubost, G., and F. Feer (1981) "The Behavior of the Mak *Antilope cervicapra* L., Its Development According to Age and Social Rank." *Behavior* 76:62–127.

* Schaller, G. B. (1967) *The Deer and the Tiger.* Chicago: University of Chicago Press.

Walther, F. R. (1995) *In the Country of Gazelles.* Bloomington: Indiana University Press.

* ——(1978a) "Quantitative and Functional Variations of Certain Behavior Patterns in Male Thomson' Gazelle of Different Social Status." *Behavior* 65:212–40.

* ——(1978b) "Forms of Aggression in Thomson's Gazelle; Their Situational Motivation and Their Relative Frequency in Different Sex, Age, and Social Classes." *Zeitschrift für Tierpsychologie* 47:113–72.

* ——(1974) "Some Reflections on Expressive Behavior in Combats and Courtship of Certain Homed Ungulates." In V. Geist and F. Walther, eds., *Behavior in Ungulates and Its Relation to Management,* vol. 1, pp. 56–106. IUCN Publication no. 24. Morges, Switzerland: International Union for Conservation of Nature and Natural Resources.

——(1972) "Social Grouping in Grant's Gazelle (*Gazella granti* Brooke, 1827[sic])." in the Serengeti National Park." *Zeitschrift für Tierpsychologie* 31:348—403.

* ——(1965) "Verhaltensstudien an der Grantgazelle (*Gazella granti* Brooke, 1872) im NgorogoroKrater [Behavioral Studies on Grant's Gazelle in the Ngorogoro Crater]." *Zeitshcrift für Tierpsychologie* 22:167–208.

산양 / 유제류

큰뿔양 *Ovis canadensis*

가는뿔산양 *Ovis dalli*

아시아무플론 *Ovis orientalis*

동성애	트랜스젠더	행동		랭킹	관찰
● 암컷	○ 간성	● 구애	○ 짝 형성	● 중요	● 야생
● 수컷	● 복장도착	● 애정표현	○ 양육	○ 보통	● 반야생
		● 성적인 행동		○ 부수적	● 포획 상태

큰뿔양

식별 : 몸집이 큰 야생양(몸무게가 136킬로그램에 이른다)이고 수컷은 거대한 나선형 뿔을 가지고 있다. 털은 갈색이고 주둥이, 몸의 하부, 엉덩이 일부는 흰색이다.

분포 : 캐나다 남서부, 록키산에서 북부 멕시코까지.

서식지 : 산악 및 사막 바위 지형.

연구지역 : 앨버타 밴프 국립공원, 캐나다 브리티시 컬럼비아 주 쿠트네이 국립공원과 칠코틴 카리부 지역, 몬태나 주 국립 들소 목장.

아종 : 록키산큰뿔양*O.c. canadensis*, 캘리포니아큰뿔양*O.c. californiana*.

가는뿔산양

식별 : 더 작고 가는 뿔을 가진 것을 제외하고는 큰뿔양과 비슷하다. 털은 모두 흰색이거나 검은 빛을 띤 갈색에서 회색에 이른다.

분포 : 알래스카, 캐나다 북서부. 서식지 : 암석이 많은 고산지대와 북극지대.

연구지역 : 유콘강의 클루안 호수, 캐나다 브리티시 컬럼비아주의 카시아산맥.

아종 : 돌산양*O.d. dalli*과 돌맹이산양*O.d. Stonei*.

아시아무플론

식별 : 북아메리카 야생양과 비슷하지만 털이 적갈색 또는 흑갈색에서 연한 황갈색까지 다양하다. 수컷은 연한 색의 안장 모습의 무늬와 '턱의 털bib' 혹은 가슴 갈기를 가지기도 한다. 뿔은 최대 1.2미터 길이까지 자라며 나선형 또는 아치형이다.

분포 : 서남아시아(이란, 아프가니스탄, 파키스탄 포함), 코르시카, 사르데냐, 키프로스. 취약.

서식지 : 사막에서 산지의 구릉 또는 가파른 지형.

연구지역 : 프랑스 올코르시카 섬 바벨라, 파키스탄 칼라바 인근 소금산맥, 텍사스 존슨시.

아종 : 유럽무플론*O.o. musimon*, 펀잡우리알*O. o. punjabiensis*.

사회조직

산양은 보통 5~15마리의 개체가 성별에 따라 나뉜 무리에서 산다. 발정기가 되면 성별은 서로 뒤섞이고 문란한 짝짓기를 한다(수컷은 여러 파트너와 교미하고 장기적인 짝 관계를 형성하지 않으며 육아에 참여하지 않는다).

설명

행동 표현 : 큰뿔양과 가는뿔산양의 수컷들은 한 동물학자가 '동성애 사회'라고 묘사한 곳에 산다. 여기에서는 모든 숫양 간의 같은 성 구애와 성적인 활동이 일상적으로 일어난다. 전형적으로 나이가 많고 서열이 높

은 수컷이 일련의 양식화한 동작을 사용하여 자기보다 어린 수컷에게 구애한다. 같은 성 구애는 흔히 한 수컷이 머리와 목을 아래로 숙여 앞으로 길게 뻗는, 낮게목뻗기low-stretch 자세로 다른 수컷에게 다가가며 시작된다. 이때 고개돌리기twist 행동이 동반되기도 하는데, 수컷이 머리를 날카롭게 돌리면서 다른 수컷을 향해 주둥이를 겨누는 것이다. 그러면서 흔히 혀를 차고 그르렁거리거나 투덜거리는 소리도 같이 낸다. 보통 구애하는 숫양은 다른 수컷의 배나 뒷다리 사이를 자신의 앞다리로 뻣뻣하게 올려 차는 앞다리차기foreleg kick도 한다. 또한 때로 다른 수컷의 생식기 부위를 냄새 맡고 코로 비비기도 하며, 윗입술을 오므려 특수 후각 기관을 노출하는 방법으로 다른 수컷의 소변 냄새를 맡는 입술말기lip-curling 혹은 플레멘flehmen을 수행하기도 한다. 가는뿔산양 숫양은 심지어 구애하는 수컷의 음경을 핥기도 한다. 구애를 받는 수컷은 때로 다른 숫양의 얼굴에 이마와 뺨을 문지르기도 하고(어떤 경우 핥거나 부드럽게 야금야금 깨물기까지 한다), 다른 수컷의 목, 가슴, 어깨에 뿔을 문지르기도 하며 드물게 발기도 한다. 비슷한 구애 행동은 아시아무플론 수컷 사이에서도 발생한다.

　(가는뿔산양에서) 생식기를 핥는 것 외에도 숫양 사이의 성적인 행동에는 대개 마운팅과 항문성교도 일어난다. 이때 일반적으로 몸집이 큰 수컷은 뒷다리로 서서 앞다리를 몸집이 작은 다른 수컷의 옆구리에 올려놓게 된다. 마운티는 교미를 용이하게 하기 위해 등을 구부리는 등굽히기lordosis라고 알려진 특징적인 자세를 취한다(이러한 자세는 이성애 짝짓기를 하는 여러 포유류의 암컷에서도 볼 수 있다). 일반적으로 마운팅한 수컷은 발기한 페니스로 완전한 항문 삽입을 하며, 많은 경우 골반찌르기로 사정까지 하는 것으로 보인다. 수컷들 사이의 마운팅과 구애 상호작용은 때로 허들huddles이라고 알려진 모임에서도 일어난다. 즉 세 마리에서 열 마리에 이르는 숫양들이 원을 형성하며 모여 몸과 코를 비비고, 핥고,

뿔로 찌르며, 서로를 마운팅하는 것이다. 보통 허들은 모든 수컷이 기꺼이 참여하는 비공격적인 상호작용이다. 하지만 때로 허들의 몇몇 숫양들은 모두 동일한 수컷(대개 몸집이 작은)에게 온 관심을 집중해서 교대로 그 수컷을 마운팅하고 심지어 그 수컷이 도망가려고 하면 쫓기도 한다. 암컷 산양들도 때로 서로의 생식기 핥기, 마운팅하기, 그리고 때로 구애 행동 같은 성적인 활동에 참여한다.

큰뿔양과 가는뿔산양의 같은 성 구애와 성애가 너무 만연하고 기본적이어서, 암컷들은 수컷과 짝짓기를 하기 위해 수컷을 '모방mimic'한다. 암컷들은 나이 든 수컷에게 구애를 받는 전형적인 젊은 수컷의 행동 패턴을 채택하게 되는데, 아이러니하게도 이 암컷들은 이제 수컷을 닮았다는 이유로 숫양의 성적 관심을 불러일으키게 된다. 성별 역할과 성애에 대한 또 다른 왜곡으로 일부 개체군에서는 때로 '암컷 모방' 수컷이 존재하기도 한다. 주목할 만한 것은 그러한 수컷들이 일반적으로 동성애 마운팅과 구애에 참여하지 않는다는 점이다. 성전환을 한 수컷은 다른 숫양들과 신체적으로 구별하기 힘들지만 행동적으로는 암컷을 닮았다. 그들은 일 년 내내 성별에 따라 구분된 암양 무리에 머무르며, 흔히 암컷의 전형적인 웅크린 배뇨 자세를 취하며, 대부분의 수컷이나 심지어 여러 암컷보다 낮은 서열이며 덜 공격적이다(비록 서열을 매기는 일반적인 기준인 몸집이나 뿔의 크기가 더 크지만). 가장 중요한 점은 성전환을 한 숫양들이 보통 다른 수컷의 구애나 마운트를 허락하지 않는다는 것이다. 다시 설명하지만 이러한 모습이야말로 전형적인 암컷의 패턴이다. 왜냐하면 이 종의 암양들은 일반적으로 매년 며칠간의 발정기를 제외하고는 숫양의 구애나 마운트를 허락하지 않기 때문이다.

빈도 : 큰뿔양과 가는뿔산양에서 동성애 마운팅은 일 년 내내 흔하게 일어나지만, 이성애 활동이 일어나는 발정기에 더 빈번하게 일어나며, 해

당 시기의 모든 성적인 행동의 약 1/4을 차지한다(그리고 수컷 간 상호작용의 69%까지 차지한다). 발정기가 아닌 경우에 모든 마운팅 활동은 동성애적인 것이지만 이때의 마운팅은 수컷 간 상호작용의 2~3%만 차지할 뿐이다. 암컷들 사이에서는 1~2%의 상호작용만 마운팅과 관련이 있다. 적어도 수컷들 간 70%의 상호작용은 구애 행위와 관련이 있다. 아시아 무플론에서는 동성애 활동이 덜 빈번한 것으로 보인다. 즉 야생에서는 산발적으로만 관찰되며, 사육 상태에서는 약 10%의 마운팅과 일부 구애 행동이 같은 성별 사이, 특히 암컷 간에 나타난다. 행동적인 성도착은 큰뿔양 일부 개체군의 약 5%에 해당하는 숫양에서 발생한다.

성적 지향 : 사실상 모든 수컷 큰뿔양과 가는뿔산양은 동성애 구애와 마운팅에 참여하며, 발정기 동안 이성애를 추구하는 정도는 나이와 계급에 따라 다르다. 젊고 서열이 낮은 숫양들(수컷 개체수의 절반에 가깝다)은 암컷과 짝짓기를 거의 하지 않으며, 이러한 수컷 중 일부는 동성애 관계만 한다. 나이가 많고 서열이 높은 숫양들 사이에서는 이성애 행동이 훨씬 더 흔하긴 하지만, (앞에서 서술했듯이) 암컷에게 구애하고 마운팅을 하는 것이 흔히 암컷들이 사용하는 수컷을 닮은 행동 패턴 때문에 일어나기도 한다. 다시 말해 그들이 이성애를 함에도 불구하고 산양은 확실한 '동성애자'인 것으로 보인다.

비생식적이고 대체 가능한 이성애

큰뿔양과 가는뿔산양의 수컷 개체 중 많은 수가 앞에서 언급한 것처럼 번식에 참여하지 않는다. 비록 여러 젊고 서열이 낮은 수컷들이 암컷을 마운트하려 하지만, 암컷과 더 높은 서열의 숫양이 둘 다 교미를 허용하지 않기 때문에 짝짓기를 할 가능성은 20%가 채 되지 않는다. 그러나 비非번식 숫양들은 실제로 번식 숫양에 비해 거의 6배까지 훨씬 낮은 사망

록키산맥의 수컷 큰뿔양 한 마리가 다른 수컷을 마운팅하고 있다.

률을 보인다. 이는 생식에 따르는 스트레스(번식기의 단식, 싸움과 추격, 그리고 다른 주요 에너지 소비 등)가 없기 때문이다. 암양들은 흔히 나이가 많고 서열이 높은 숫양이 접근해도 거부하는데(큰뿔양의 경우 거의 65%), 이 것은 괴롭힘과 심지어 강제적인 교미나 강간으로 이어질 수 있다. 실제로 숫양들은 암컷과의 짝짓기를 하기 위해 세 가지 분명한 전략을 사용하는데, 그중 한 가지에만 구애와 합의된 교미가 있다. 배려하기tending는 짧은 시간 동안 특정한 암컷을 따라다니는 숫양과 관계가 있으며 그기간 동안 암컷에게 구애하고 보통 짝짓기가 허락된다. 몰이하기coursing는 숫양이 암양을 쫓고 때로는 뿔로 들이받는 행동으로 이루어지는데, 대개 암컷은 숫양의 추가적인 응징이라는 위협 때문에 교미를 하게 된다. 차단하기blocking는 위협이나 뿔로 들이받는 것처럼 더 폭력적인 행동으로 암컷을 강제로 구석에 가두어 놓는 것이다. 만일 암양이 탈출을 시도한다면 숫양이 때려눕히거나 나무에 부딪히게 만들어 한 번에 최대 9일까지 가두기도 한다. 평균적으로 발정기 암양의 거의 절반이 차단하기의 트라우마를 경험한다. 산양은 또한 때로 발정기의 암컷뿐만 아니라 새끼양에게도 마운트를 한다. 모든 이성애 마운트의 약 15%가 이처럼 생식이 불가능한 파트너에 대한 것이다. 수컷 산양은 몸을 웅크려 페니스를 앞다리 옆으로 지나게 하는 방법으로 '자위'와 (때로는 페니스를 코로 문지르거나 앞다리에 문질러) 사정을 한다. 앞에서 설명한 바와 같이 산양 사회는 연중 대부분 성별에 따라 분리되어 있다. 숫양과 암양은 발정기 두 달 정도만 관계를 맺으므로, 암컷은 보통 숫양의 도움이 전혀 없이 새끼를 기르게 된다. 때로 자기 새끼를 잃은 암양이 다른 어미의 새끼가 젖을 빨 수 있도록 돕기도 한다. 그러한 '도우미'는 높은 서열의 암양 사이에 더 흔하며, 새끼를 잃은 암양 어미의 30%가 다른 새끼의 유모가 된다.

기타종

몇몇 다른 종의 야생양과 염소에게도 북아메리카와 유럽 야생양에서 보이는 같은 성 간의 구애와 마운팅이 일어난다. 바랄 혹은 히말라야푸른양*Pseudois Nayaur*에서는 마운팅의 36~57%가 수컷들 사이에서 발생하며, 낮게목뻗기, 고개돌리기, 그리고 앞다리차기와 같은 구애 과시의 약 11%가 수컷들 간에 행해진다. 수컷은 또한 다른 수컷을 향해 '페니스 과시'를 하는데 그러면서 때로 자신의 페니스를 핥거나 빨기도 한다. 중앙아시아의 종인 마코르염소*Capra falconeri*와 야생염소, 혹은 베조아*Capra aegagrus* 수컷들도 수컷 간에 구애와 마운트를 한다. 북아프리카의 아우대드 혹은 바르바리양*Ammotragus Lervia* 수컷들도 마찬가지다.

출처   *별표가 있는 출처는 동성애와 트랜스젠더에 대해 논의한다.

* Berger, J. (1985) "Instances of Female-Like Behavior in a Male Ungulate." *Animal Behavior* 33:333-35.

Demarchi, D. A., and H. B. Mitchell (1973) "The Chilcotin River Bighorn Population." *Canadian Field Naturalist* 87:433-54.

Festa-Bianchet, M. (1991) "The Social System of Bighorn Sheep: Grouping Patterns,

Kinship, and Female Dominance Rank." *Animal Behavior* 42:71–82.

* Geist, V. (1975) *Mountain Sheep and Man in the Northern Wilds.* Ithaca, N.Y: Cornell University Press.

* ——(1971) *Mountain Sheep: A Study in Behavior and Evolution.* Chicago: University of Chicago Press.

* ——(1968) "On the Interrelation of External Appearance, Social Behavior, and Social Structure of Mountain Sheep." *Zeitschrift für Tierpsychologie* 25:199–215.

* Habibi, K. (1987a) "Behavior of Aoudad (*Ammotragus lervia*) During the Rutting Season." *Mammalia* 51: 497–513.

* ——(1987b) "Overt Sexual Behavior Among Female Aoudads." *Southwestern Naturalist* 32:148.

Hass, C. C. (1991) "Social Status in Female Bighorn Sheep (*Ovis canadensis*): Expression, Development, and Reproductive Correlates." *Journal of Zoology*, London 225:509–23.

* Hass, C. C., and D. A. Jenni (1991) "Structure and Ontogeny of Dominance Relationships Among Bighorn Rams." *Canadian Journal of Zoology* 69:471–76.

* Hogg, J. T. (1987) "Intrasexual Competition and Mate Choice in Rocky Mountain Bighorn Sheep." *Ethology* 75:119–44.

——(1984) "Mating in Bighorn Sheep: Multiple Creative Male Strategies." *Science* 225:526–29.

* Katz, I. (1949) "Behavioral Interactions in a Herd of Barbary Sheep (*Ammotragus lervia*)." *Zoologica* 34:9– 18.

* McClelland, B. E. (1991) "Courtship and Agonistic Behavior in Mouflon Sheep." *Applied Animal Behavior Science* 29:67–85.

* Pfeffer, P. (1967) "Le mouflon de Corse (*Ovis amtnon musimon*, Schreber 1782). Position systématique, écologie, et éthologie comparées [The Mouflon of Corsica: Comparative Systematics, Ecology, and Ethology]." *Mammalia* (suppl.) 31:1–262.

* Schaller, G. B. (1977) *Mountain Monarchs: Wild Sheep and Goats of the Himalaya.* Chicago: University of Chicago Press.

* Schaller, G. B., and Z. B. Mirza (1974) "On the Behavior of Punjab Urial (Ovis

orientalis punjabiensis)." In V. Geist and F. Walther, eds. *The Behavior of Ungulates and Its Relation to Management*, vol. 1, pp. 306–23. IUCN Publication no. 24. Morges, Switzerland: International Union for Conservation of Nature and Natural Resources.

* Shackleton, D. M. (1991) "Social Maturation and Productivity in Bighorn Sheep: Are Young Males Incompetent?" *Applied Animal Behavior Science* 29:173–84.

Valdez, R. (1990) "Oriental Wild Sheep." *In Grzimek's Encyclopedia of Mammals*, vol. 5, pp. 544–48. New York: McGraw–Hill.

* Wilson, P. (1984) "Aspects of Reproductive Behavior of Bharal (*Pseudois nayaur*) in Nepal." *Zeitschrift für Säugetiekunde* 49:36–42.

사향소 *Ovibos moschatus*
흰바위산양 *Oreamnos americanus*

동성애	트랜스젠더	행동	랭킹	관찰
●암컷	○간성	●구애 ●짝 형성	○중요	●야생
●수컷	○복장도착	○애정표현 ○양육	○보통	○반야생
		●성적인 행동	●부수적	●포획 상태

사향소

식별 : 길고 텁수룩한 털과 혹이 있는 어깨, 그리고 아래로 휩쓸며 내려가는 뿔을 가진 커다란(1.8~2.4미터 길이의) 포유동물이다.

분포 : 북미의 북극지대 및 그린란드.

서식지 : 툰드라 및 초지.

연구지역 : 알래스카 누니박 섬, 캐나다 노스웨스트 준주의 텔론 조수보호구역, 서스캐처원 대학교.

아종 : 와디사향소 *O.m. wardi*와 사향소 *O.m. moschatus*.

흰바위산양

식별 : 덥수룩한 흰 털과 날카로운 뿔을 가졌고, 다부지며 키가 90센티미터 정도인 염소를 닮은 포유동물이다.

분포 : 북미 서부의 알래스카 남동부부터 몬태나 서부까지.

서식지 : 가파른 산비탈, 언덕.

연구지역 : 캐나다 브리티시컬럼비아주의 캐시어 마운틴산맥, 몬태나주의 스완 마운틴과 글레이셔 국립공원, 워싱턴주의 올림픽 국립공원.

아종 : 아메리카산양*O.a. americanus*, 콜롬비아산양*O.a. columbiae*, 그리고 미줄라산양*O.a. missoulae*.

사회조직

사향소는 일반적으로 사회적인 동물로서 혼성 무리(대개 10~20마리)나 그보다 규모가 작은 수컷 무리에 산다. 또한 어떤 수컷들은 혼자 살기도 한다. 대체로 암수 흰바위산양은 여름 대부분을 서로 따로 지내며, 암컷 은 보통 15마리 미만으로 무리를 지어 다닌다. 발정기가 아닐 때의 암컷 흰바위산양은 혼자 지내는 수컷이나 무리 집단 주변에서 지내는 수컷에 게 지배적이다. 두 종의 짝짓기 시스템은 일부다처제이거나 난혼제다. 즉 이 동물들은 여러 마리의 파트너와 교미하고, 수컷들은 육아에 참여 하지 않는다.

설명

행동 표현 : 수컷 사향소들은 때로 서로 구애하고 마운트한다. 동성애 구 애는 이성애 상호작용 때 사용하는 것과 동일한 패턴 중 몇 가지를 보여 준다. 자리잡기positioning는 한 수컷이 다른 수컷 옆에 서는 것이다. 표 준적인 위치인 직각, 평행, 머리-꼬리 배치로 자리를 잡는다. 엉덩이냄 새맡기sniffing of the rear는 한 수컷이 다른 수컷의 항문과 생식기 부위를 냄새 맡고 살펴보는 행동이다. 앞발차기foreleg kicking를 할 때는 한 수컷 이 다른 수컷에게 부드럽게 자신의 앞다리를 휘두른다. 턱기대기chin-resting는 구애하는 수컷이 아래턱을 다른 수컷의 몸 위에 올려놓는 행동

이다. 수컷은 다른 수컷을 뒤에서 마운트하기도 한다(이성애 짝짓기처럼). 마운트가 된 수컷은 때로 저항하기도 하지만(수컷에 의해 마운트된 암컷처럼) 마운트를 허락하는 경우도 있다. 동성애 구애와 마운팅은 둘 다 젊은 수컷들 사이에서 일어나지만, 발정기가 되면 때로 성체 수컷이 젊은 수컷에게 구애를 한다(청소년 수컷이 대상인 경우도 있다). 또한 성체 수컷 사향소들은 함께 이동하고 풀을 뜯고 시간을 보내는 등 짝과 유사한 동반자 관계를 형성하기도 하지만, 명백한 구애와 성적인 행동은 그들 사이에 일어나지 않는 것으로 보인다.

성체 수컷 흰바위산양도 역시 전형적인 이성애 행동 패턴을 사용하여 어린 수컷(1년생)에게 구애한다. 구애를 하는 수컷은 몸을 웅크리고 머리를 앞으로 뻗은 채 엎드려 기어 상대방에게 다가간다(낮게목뻗기low-stretch라고 불린다). 또한 부드럽게 윙윙거리는 소리를 내면서 혀를 입 안팎으로 휘두르거나, 머리를 옆으로 홱 돌리기도 하고, 다른 수컷의 옆구리를 핥으려고도 한다. 전형적으로 1년생 수컷은 구애하는 성체에게 공격적으로 반응한다. 성체 수컷은 때로 다른 성체 수컷에게도 이러한 과시를 한다. 더불어 1년생 암컷들은 때로 자기 어미를 마운트하기도 한다.

빈도 : 사로잡힌 사향소의 경우 구애 행동의 약 40%와 마운팅 활동의 약 10%는 동성애다. 야생에서 비非번식 수컷 중 짝을 지어 다니는 개체의 비율은 1/4이 살짝 넘는다. 흰바위산양에서는 번식기에 성체와 1년생 수컷 사이의 구애는 전체의 거의 18%를 차지한다. 번식기가 아닐 때 구애 과시의 8%는 두

한 수컷 사향소가 다른 수컷에게 '앞발차기'와 '턱기대기'로 구애를 하고 있다.

마리의 성체 수컷 사이에서 일어난다. 한 연구에서 마운트 14번 중 1번은(7%) 1년생 흰바위산양 암컷이 자기 어미에 대해 한 같은 성 마운트였다

성적 지향: 수컷 사향소는 대부분 6살까지 번식을 하지 않기 때문에 일부 젊은 수컷은 오직 동성애 활동에만 참여하는 것으로 보인다. 이와는 대조적으로 나이 든 수컷에게 구애를 받는 1년생 수컷 흰바위산양은 대개 같은 성 접근을 거부하기 때문에 원칙적으로 이성애자다. 다른 수컷에게 구애하는 대부분의 성체 수컷 사향소와 흰바위산양은 수컷에게 하는 것보다 암컷들에게 더 자주 구애하기 때문에 양성애자인 것으로 보인다.

비생식적이고 대체 가능한 이성애

수컷 사향소는 2살이 되면 성적으로 성숙해지지만, 대부분의 수소들은 5년 동안 이성애 짝짓기를 하지 않는다. 그 이유는 일반적으로 나이가 더 많은 수컷이 암컷 무리와의 번식 기회를 독점하기 때문이다. 심지어 나이 든 수컷들 사이에서도 절반 미만(흔히 1/4 정도)만이 실제의 번식에 참여한다. 나머지는 비번식 수소들로서 흔히 혼자 지내거나 짝을 이루기도 하고 작은 무리를 지어 다른 수컷들과 관계를 형성한다. 때로는 무리에게서 떨어져 멀리 떠돌아다니기도 한다. 이 종이 송아지를 낳는 속도는 느리고(일반적으로 암컷은 2년에 한 번 새끼를 낳는다), 전체 개체군이 몇 년간 번식을 포기하기도 한다. 번식을 하는 해에도 사향소와 흰바위산양 모두에서 이성애 구애 행동이 1년생이나 새끼를 대상으로 하는 경우도 있다. 게다가 번식기가 아닐 때 수컷이 암컷에게 구애하거나 마운트를 하기도 하고, 심지어 출산을 하고 있는 암컷에게 구애를 하기도 한다. 이 종에서 암컷들이 수컷에게 마운팅하는 것, 그리고 자기 새끼에게 구애하고 마운팅을 하거나 혹은 새끼에게 마운트되는 것이 관찰되었다. 두

성 간의 관계는 흔히 다툼 현상이 두드러진다. 두 종의 암컷은 때로 수컷의 구애와 마운팅 시도를 거부한다. 수컷 사향소는 암컷에 대한 구애 발길질을 하는 동안 폭력적으로 변하기도 한다(암컷의 척추나 골반에 가해지는 타격의 영향이 꽤 클 수 있다). 사향소의 2/3는 사정을 하는 절정에 이르지 못하기도 하는데, 이는 수컷이 암컷에 올라타기에 해부학적으로 적합하지 않기 때문이다(수컷은 암컷보다 상당히 무겁고 마운트를 하는 동안 앞다리로 붙잡는 것이 불가능하다). 흰바위산양의 암컷은 종종 수컷에게 눈에 띄게 공격적이며 때로 날카로운 뿔로 공격해 큰 상처를 입히기도 한다. 더불어 송아지에 대한 폭력이 사향소에서 관찰되었다. 암컷이 때로 뿔로 자기 새끼가 아닌 다른 송아지를 들어 날려버리기도 하고, 수컷이 송아지를 죽이는 것도 알려져 있다.

기타 종

먼 친척인 히말라야산양 *Hemitragus jemlabicus* 에서는 간성이 때로 발생한다. 예를 들어 한 개체가 고환과 외음부, 커진 클리토리스, 그리고 암컷 염색체 패턴과 수컷의 일반적인 외모를 같이 가진 것이 발견되었다.

출처 *별표가 있는 출처는 동성애와 트랜스젠더에 대해 논의한다.

* Benirschke, K. (1981) "Hermaphrodites, Freemartins, Mosaics, and Chimaeras in Animals." In C. R. Austin and R. G. Edwards, eds., *Mechanisms of Sex Differentiation in Animals and Man*, pp. 421–63. London: Academic Press.

Chadwick, D. H. (1983) *A Beast the Color of Winter: The Mountain Goat Observed*. San Francisco: Sierra Club Books.

* ——(1977) "The Influence of Mountain Goat Social Relationships on Population Size and Distribution." In W. Samuel and W. G. Macgregor, eds., *Proceedings of the First International Mountain Goat Symposium*, pp. 74–91. Victoria, B. C.: Fish and Wildlife Branch.

* Geist, V. (1964) "On the Rutting Behavior of the Mountain Goat." *Journal of*

Mammalogy 45:551–68.

Gray, D. R. (1979) "Movements and Behavior of Tagged Muskoxen (*Ovibos moschatus*) on Bathurst Island, N.W.T." *Musk-ox* 25:29–46.

——(1973) "Social Organization and Behavior of Muxkoxen (*Ovibos moschatus*) on Bathurst Island, N.W.T." Ph.D. thesis, University of Alberta.

* Hutchins, M. (1984) "The Mother–Offspring Relationship in Mountain Goats (*Oreamnos americanus*)." Ph.D. thesis, University of Washington.

Jingfors, K. (1984) "Observations of Cow–Calf Behavior in Free–Ranging Muskoxen." In D. R. Klein, R. G. White, and S. Keller, eds., *Proceedings of the First International Muskox Symposium*, pp. 105–9, *Biological Papers of the University of Alaska* Special Report no. 4. Fairbanks: University of Alaska.

Lent, P, C. (1988) "*Ovibos moschatus*." *Mammalian Species* 302:1–9.

* Reinhardt, V. (1985) "Courtship Behavior Among *Musk-ox* Males Kept in Confinement." *Zoo Biology* 4:295–300.

* Smith, T. E. (1976) "Reproductive Behavior and Related Social Organization of the Muskox on Nunivak Island." Master's thesis, University of Alaska.

* Tener, J. S. (1965) *Muskoxen in Canada: A Biological and Taxonomic Review*. Ottawa: Canadian Wildlife Service.

아메리카들소 *Bison bison*

유럽들소 *Bison bonasus*

아프리카들소 *Syncerus caffer*

동성애	트랜스젠더	행동		랭킹	관찰
● 암컷	● 간성	○ 구애	● 짝 형성	● 중요	● 야생
● 수컷	○ 복장도착	● 애정표현	○ 양육	○ 보통	● 반야생
		● 성적인 행동		○ 부수적	● 포획 상태

아메리카들소

식별 : 거대한 몸체 앞부분과 튀어나온 어깨, 그리고 수염을 가진 커다란 들소(높이 2미터).

분포 : 이전에는 북미 북중앙 지역 전체에 있었으나 현재는 보호구역에만 산다.

서식지 : 초원, 숲.

연구지역 : 몬태나 주 국립 들소 목장, 캘리포니아주 카탈리나 섬, 사우스다코타 주 윈드케
이브 국립공원, 오클라호마주 위치타산 야생동물 보호구역, 와이오밍주 옐로스
톤 국립공원, 캐나다 노스웨스트준주 매켄지 들소 보호구역, 캐나다 매니토바
주 워터헨우드 들소 목장, 캐나다 서스캐처원주 스틸로즈 목장.

아종 : 평원들소*B.b. bison*와 삼림들소*B.b. athabascae.*

유럽들소

식별 : 아메리카들소와 비슷하지만 더 날씬하고 등이 덜 휘었으며 다리가 길다.

분포 : 이전에는 유럽과 중앙아시아 전역에 살았지만 지금은 보호지역에만 산다. 멸종
위기.

서식지 : 숲.

연구지역 : 폴란드 비알로비에자 원시림 보호구역과 리코포미체 보호구역, 폴란드 과학
아카데미.

아프리카들소

식별 : 거대한(3.3미터 길이) 검은 버팔로. 암수 모두 커다랗게 곡선을 그리는 뿔을 가지고
있다.

분포 : 아프리카 사하라 이남.

서식지 : 사바나, 숲.

연구지역 : 탄자니아 세렝게티 국립공원.

아종 : 케이프들소 *S.c. caffer*.

사회조직

아메리카와 유럽 들소의 성체 수컷은 일반적으로 암컷과 떨어져 살며,
최대 12마리까지 모일 수 있다. 암컷은 새끼들과 어린 수컷(일반적으로
3~4살 이하)과 함께 무리를 지어 산다. 발정기인 일 년 중 두 달에는 암
컷들이 모이게 되고 여기에 성체 수컷이 합류해 큰 무리(수백 마리의 동
물)를 이루게 된다. 짝짓기 체계는 일부다처제의 전반적인 틀 안에서 '순
차적인 일부일처제'의 모습이다. 즉 수컷은 여러 암컷과 짝짓기를 하지
만 각 암컷과 단기간 독점적으로 지낸다. 아프리카들소도 비슷한 사회조
직을 가지는데, 40~1,500마리 규모의 무리를 이룬다. 이 무리는 대부분
암컷과 어린 새끼로 이루어진 가족 집단이 모인 것이고 연중 일부 기간
에는 성체 수컷들이 참여한다. 그리고 성체 수컷의 약 15%는 규모가 더
작은 독신자 무리에 살고 있고, 나이 든 수컷들은 주변부 무리를 형성하
기도 한다.

설명

행동 표현 : 수컷 아메리카들소는 다양한 동성애 활동에 참여한다. 어린 수소들(5살 이하, 특히 1살에서 3살) 사이에서는 항문성교가 흔하다. 이때 한쪽 수컷은 페니스를 발기한 채 다른 수컷에 마운트하고 항문 삽입을 달성한다. 마운트가 된 수컷은 흔히 꼬리를 옆으로 튼 채 엉덩이를 대주거나 다른 수컷에게 향하는 방법으로 성적인 상호작용을 원활하게 한다. 동성애 교미는 이성애 교미보다 평균적으로 거의 2배 더 오래 지속한다. 동일한 수소를 한 마리가 여러 번 마운트하기도 하고 여러 마리의 다른 수컷이 연속해서 수차례 마운트하기도 하지만 상호 마운팅은 일반적이지 않다. 다른 수컷을 마운트한 수소는 흔히 자기가 마운트되는 것은 허락하지 않기 때문이다(비록 마운트된 수컷이 파트너를 마운트하려고 시도하긴 하지만). 다른 수컷에게 자주 마운트가 되는 수컷의 등은 척추 양쪽 피부가 종종 찢어져 있다. 이곳은 마운팅한 수소가 발굽을 비비는 부위다. 수컷에게 자주 마운트가 되는 암컷 들소에게서도 같은 피부 찰과상을 발견할 수 있다. 동성애 마운팅은 여러 가지 다른 맥락에서도 일어난다. 들소(아메리카와 유럽 모두)와 아프리카들소에서는 수컷들이 때로 놀이 싸움을 하다가 서로 마운트를 하기도 한다. 성체 수컷 아메리카들소는 또한 공격적인 상호작용이 끝날 때도 다른 수소를 마운트할 수 있다. 이러한 두 가지 맥락의 마운팅에서는 페니스의 발기 및 골반찌르기가 있다 하더라도 일반적으로 삽입까지 가지는 않는다. 때로 한 수컷이 마운팅의 전조로서 부드럽게 숨을 헐떡이며 상대의 엉덩이에 턱을 괴기도 한다. 암컷 동성애 마운팅과 턱기대기는 유럽들소와 아프리카들소에서도 일어난다.

수컷 아메리카들소, 특히 젊은 수컷은 때로 다른 수컷과 보살핌 관계tending bond 혹은 배우자 관계를 형성하기도 한다. 이러한 쌍의 관계는 발정기에 형성되는 암수 사이의 일시적 일부일처제 관계(몇 시간에서 며칠간 유지된다)와 유사하다. 동성애 보살핌에서는 한 수컷이 다른 수컷을 바짝 따라다니고 방어하며 때로 마운트를 하기도 한다. 어떤 쌍에서는 마운트가 상호적이지만 어떤 쌍에서는 한 파트너만 마운트하거나 마운트가 된다. 더불어 젊은 수컷들은 때로 서로 마운팅하거나 한 개체를 번갈아 마운팅하는 4~5마리로 이루어진 '보살핌 그룹'을 형성한다. 동성애 보살핌 그룹은 모든 수컷이 성적인 활동에 공동으로 참여하는 독특한 집단이다. 간혹 몇몇 수컷들이 종종 이성애 보살핌 짝을 동반하는 경우가 있더라도, 그들은 그러한 쌍의 구성원 중 어느 쪽과도 성적인 활동에 참여하지 않는다.

아메리카들소에서는 다양한 종류의 간성 또는 자웅동체가 자연에서 저절로 발생한다. 일부 트랜스젠더 개체는 버팔로옥스buffalo ox라고 불리는데 엄청나게 커다랗게 자란다. 이들은 트랜스젠더가 아닌 수소보다 1.5배 정도 덩치가 크고 일반적으로 털이 짧다. 다른 간성 개체들은 수컷과 암컷의 중간 크기이고, 수컷의 뿔을 가지고 있으며 암컷의 외부 생식기와 자궁과 함께 고환도 가지고 있다. 보살핌 관계를 형성할 때 이러한 동물들은 수컷과 암컷 모두와 관계를 맺는다. 즉 어떤 개체는 (이성애자) 수컷이 하는 것처럼 암컷을 보살폈지만, 이성애와 동성애 상호작용에서처럼 다른 수소들에 의한 보살핌도 받았다.

빈도: 아메리카 들소에서 동성애는 매우 흔해서 특히 발정기가 있는 계절이 되면 하루에도 여러 번 목격할 수 있을 정도다. 사실 이 종에서는 이성애 마운팅보다 동성애 마운팅이 더 흔하다. 각각의 암컷은 일 년에 한 번 이상 수컷과 짝짓기를 하는 경우는 거의 없는 반면, 각 수컷은 하루에 여러 번 같은 성 간의 마운팅을 할 수 있기 때문이다. 이러한 행동은 세 살배기들을 정점으로 젊은 수컷들 사이에 특히 빈번하다. 반半야생 개체군을 대상으로 한 연구는 젊은 수컷의 마운팅 행동 중 55% 이상

이 같은 성 사이에 일어난다는 것과 일부 연령대에서 마운팅하는 행동 전체가 동성애일 수 있다는 것을 밝혀냈다. 이러한 행동은 나이 든 성체 수컷과 3~4세 사이에서는 덜 흔하다. 들소와 아프리카들소에서는 암컷 간의 동성애 마운팅도 일어나고, 간혹 아프리카들소에서 같은 성 마운팅이 일어난다.

성적 지향 : 아메리카들소에서는(그리고 아마도 유럽들소도) 수컷 개체수의 거의 2/3에 해당하는 젊은 황소들이 기능적으로 양성애자다. 하지만 실제로 그들 중 많은 개체는 동성애 활동에만 참여한다. 한때 그러한 수컷들은 나이가 많은 황소들이 암컷에 접근하는 것을 방해하기 때문에, 어쩔 수 없이 동성애 마운팅을 한다고 여겨졌다. 그러나 사로잡힌 황소들에 관한 연구를 통해 나이 많은 황소들이 나타나지 않을 때도 그들은 여전히 동성애 활동에 광범위하게 참여한다는 것이 밝혀졌다. 유럽들소와 아프리카들소의 암컷들뿐만 아니라 나이가 많은 황소들도 기능적으로는 양성애자인 것으로 보이지만 주로는 이성애자고, 대다수의 개체는 동성애 활동을 전혀 하지 않는다.

비생식적이고 대체 가능한 이성애

위에서 언급한 바와 같이 들소 개체군의 많은 구성원이 번식을 하지 않는다. 미국과 유럽 종 수컷은 3살이 되면 성적으로 성숙하지만 나이가 더 많은 수컷과 경쟁할 수 있을 만큼 충분히 커지는 6살이 될 때까지는 번식할 기회를 얻지 못한다. 심지어 나이가 많은 황소 중에서도 발정기에 이성애 교미를 하지 않는 경우가 1/4이 넘고, 한 해에 암컷의 15%나 되는 수가 번식을 하지 않기도 한다. 유럽들소와 아프리카들소에는 번식 은퇴 수컷과 암컷도 있는데 이들은 생애 말년에 번식을 멈춘 노년층 개체들이다. 비생식적 성적인 활동은 이성애 들소의 사회생활에서도 나타난다. 예를 들어 암컷 아메리카들소가 보살핌 중에 수컷을 종종 마운트 하기도 하고, 수컷 유럽들소가 가끔 암컷의 옆구리에 페니스를 비벼서 사정을 하기도 한다. 아메리카들소 암컷의 20% 이상은 반복적인 교미를 하며(수정을 하는 데는 단 한 번의 짝짓기로 충분하지만), 유럽들소 암컷이 30분 내에 동일한 수컷과 짝짓기를 8번 하는 것도 관찰되었다. 또한 유럽들소 암컷은 임신 기간에도 때로 교미하며(출산 3~4일 전까지도), 번식기가 아닌 시기에 이성애 활동을 하기도 한다. 아메리카들소에서 성별 간에 주목할 만한 분리나 적대감도 존재한다. 앞에서 말한 바와 같이 수컷과 암컷은 일 년 내내 서로 떨어져 산다. 발정기에 암컷은 수컷의 접근을 자주 거부하며, 암컷은 종종 반복되는 이성애 교미에 의한 상처를 지니고 있다(위에서 다룸). 때로 유럽들소의 가족생활에는 폭력이나 학대가 두드러지게 나타난다. 즉 송아지가 발정이 난 황소에 의해 죽임을 당하기도 하고, 암컷이 때로 송아지(특히 출산 철에 늦게 태어난 개체)를 유기하기도 한다.

기타종

오스트레일리아의 야생물소*Bubalus bubalis*에서도 암컷의 동성애 마운팅이 흔하다. 발정이 나면 모든 암컷이 다른 암컷을 마운트하는데, 어느 시기에 측정하든 이러한 비율은 암컷 개체수의 15~20%에 이른다.

출처   *별표가 있는 출처는 동성애와 트랜스젠더에 대해 논의한다.

Caboń–Raczyńska, K., M. Krasińska, and Z. Krasiński (1983) "Behavior and Daily Activity Rhythm of European Bison in Winter." *Acta Theriologica* 28:273–99.

* Caboń–Raczyńska, K. M. Krasińska, Z. Krasiński, and J. M. Wójcik (1987) "Rhythm of Daily Activity and Behavior of European Bison in the Bialowieza Forest in the Period without Snow Cover." *Acta Theriologica* 32:335–72.

* Jaczewski, Z. (1958) "Reproduction of the European Bison, *Bison bonasus* (L.), in

Reserves." *Acta Theriologica* 1:333–76.

* Komers, P. E., F. Messier, and C. C. Gates (1994) "Plasticity of Reproductive Behavior in Wood Bison Bulls: When Subadults Are Given a Chance." *Ethology Ecology & Evolution* 6:313–30.

* ———(1992) "Search or Relax: The Case of Bachelor Wood Bison." *Behavioral Ecology and Sociobiology* 31:195–203.

Krasińska, M., and Z. A. Krasiński (1995) "Composition, Group Size, and Spatial Distribution of European Bison Bulls in Biaiowieia Forest." *Acta Theriologica* 40:1–21.

* Krasiński, Z., and J. Raczyński (1967) "The Reproduction Biology of European Bison Living in Reserves and in Freedom." *Acta Theriologica* 12:407–44.

* Lott, D. F. (1996–7) Personal communication.

* ———(1983) "The Buller Syndrome in American Bison Bulls." *Applied Animal Ethology* 11:183–86.

———(1981) "Sexual Behavior and Intersexual Strategies in American Bison (*Bison bison*)." *Zeitschrift für Tierpsychologie* 56:115–27.

* ———(1974) "Sexual and Aggressive Behavior of Adult Male American Bison (*Bison bison*)." In V. Geist and F. Walther, eds., *Behavior in Ungulates and Its Relation to Management*, vol. 1, pp. 382–94. Morges, Switzerland: International Union for Conservation of Nature and Natural Resources.

* Lott, D. F., K. Benirschke, J. N. McDonald, C. Stormont, and T. Nett (1993) "Physical and Behavioral Findings in a Pseudohermaphrodite American Bison." *Journal of Wildlife Diseases* 29:360–63.

* McHugh, T. (1972) *The Time of the Buffalo*. New York: Knopf.

* ———(1958) "Social Behavior of the American Buffalo (*Bison bison bison*)." *Zoologica* 43:1–40.

* Mloszewski, M, J. (1983) *The Behavior and Ecology of the African Buffalo*. Cambridge: Cambridge University Press.

* Reinhardt, V. (1987) "The Social Behavior of North American Bison." *International Zoo News* 203:3–8.

* ———(1985) "Social Behavior in a Confined Bison Herd." *Behavior* 92:209–26.

* Roe, F. G. (1970) *The North American Buffalo: A Critical Study of the Species in Its Wild State.* Toronto: University of Toronto Press.

Rothstein, A., and J. G. Griswold (1991) "Age and Sex Preferences for Social Partners by Juvenile Bison Bulls." *Animal Behavior* 41:227–37.

* Sinclair, A. R. E. (1977) *The African Buffalo: A Study of Resource Limitation of Populations.* Chicago: University of Chicago Press.

* Tulloch, D. G. (1979) "The Water Buffalo, *Bubalus bubalis*, in Australia: Reproductive and Parent–Offspring Behavior." *Australian Wildlife Research* 6:265–87.

산얼룩말 *Equus zebra*

사바나얼룩말 *Equus quagga*

몽골야생말 *Equus przewalskii*

동성애	트랜스젠더	행동	랭킹	관찰
● 암컷	○ 간성	● 구애　○ 짝 형성	○ 중요	● 야생
● 수컷	○ 복장도착	● 애정표현　○ 양육	○ 보통	○ 반야생
		● 성적인 행동	● 부수적	● 포획 상태

산얼룩말과 사바나얼룩말

식별 : 흑백의 줄무늬 무늬를 가진 익숙한 야생마. 산얼룩말은 보통 독특한 턱밑살을 가지

　　고 있다.

분포 : 남아프리카와 동아프리카, 산얼룩말은 멸종위기에 처해 있다.

서식지 : 산악 경사지 및 고원, 초원, 사막, 준사막.

연구지역 : 남아프리카의 마운틴 제브라 국립공원.

아종 : 케이프산얼룩말*E.z. zebra*, 네덜란드 버거스 동물원의 채프먼얼룩말*E.z. chapman*, 그

　　랜트얼룩말*E.z boehmi*.

몽골야생말

식별 : 가축인 말의 야생 조상. 털은 황갈색이나 밤색이며 곧게 선 갈기가 있다. 꼬리와 아
     랫다리는 검은색이며 주둥이는 흰색이다. 얇고 검은 줄무늬가 등을 따라 있고 위쪽
     앞다리에도 여러 개 있다.

분포 : 이전에는 중앙아시아(몽골, 카자흐스탄, 신장, 트랜스바이칼)에 있었지만 지금은 야생
     에서 멸종되었다.

서식지 : 스텝.

연구지역 : 뉴욕의 브롱크스 동물원.

사회조직

산얼룩말과 사바나얼룩말은 크게 두 가지의 사회적 단위가 있다. 종마
한 마리와 3~5마리의 암컷, 그리고 그들의 자식으로 이루어진 번식 무
리와 비非번식 혹은 '독신자' 무리가 그것이다. 사바나얼룩말은 이러한
무리가 모여 수만 마리까지 집단을 이루고 있다. 야생 몽골야생말은 야
생에서 사라졌으므로 사회조직에 대해서는 알려진 바가 거의 없다(하지
만 포획 상태의 개체군에서 야생으로 재도입이 되는 중이다). 이들도 독신자 무
리와 '하렘' 무리처럼 산얼룩말이나 사바나얼룩말과 유사한 체계를 가
지고 있을 가능성이 크다.

설명

행동 표현 : 수컷 산얼룩말 간의 마운팅에는 특별한 의례적 과시나 '인사'
의례가 먼저 일어난다. 두 마리의 종마가 행하는 이러한 행동은 이성애
상호작용 때도 볼 수 있는 것으로서 구애와 성적 행동의 요소가 결합해
있다. 두 종마가 만나면 친근함의 표시로 고개를 꼿꼿이 세우고 귀를 앞

쪽으로 향한 채 뻣뻣하고 높은 걸음걸이로 서로에게 다가간다. 그런 다음 먼저 서로 코를 비비고 그다음 몸을 비빈다. 몸을 비비는 것은 종마들이 같은 방향을 향한 채 행해지거나 한 수컷이 머리를 다른 수컷의 엉덩이에 대고 행해진다. 후자의 자세에서 한쪽 수컷은 주둥이로 다른 수컷의 생식기를 비비거나 냄새를 맡기도 한다. 이후 한 종마가 다른 종마에 마운트하거나 서로 교대로 마운팅을 한다. 이때 가끔 마운트를 당한 종마가 몇 발자국 걸어가는 일도 있다. 사바나얼룩말 수컷도 다른 수컷의 엉덩이에 머리를 얹는 것이 관찰되었는데, 이는 다른 수컷을 마운트하기 위한 의례화한 움직임(이성애 구애에서도 볼 수 있다)으로 여겨진다. 무리의 종마가 독신자 수컷을 만나는 경우에도 마운팅을 제외한 여러 가지 비슷한 행동이 일어난다. 게다가 독신자 수컷은 얼룩말 암컷들이 발정기 때 사용하는 것과 유사한 독특한 표정을 보인다. 즉 머리를 낮추고 입술과 입꼬리를 뒤로 당겨 치아를 드러내며 높은 음정의 소리를 내는 것이다. 독신자 수컷끼리도 역시 이런 식으로 서로 '인사'를 하며, 종종 서로를 부드럽게 물고 뒷다리로 일어서는 놀이 싸움으로 이어지기도 한다. 독신자 수컷들은 때로 놀이 싸움의 일부로서 서로 마운트하기도 한다.

몽골야생말 암컷들도 때로 서로 마운트를 한다. 어떤 경우에는 임신한 암컷이 다른 암컷과 이러한 성적인 행동을 한다. 암말들은 뒤에서 마운트를 하기도 하고 측면에서도 서로를 마운트한다(뒤에서 마운트 하는 것이 이성애 마운팅의 일반적인 체위이지만, 젊은 수컷들도 때로 측면 마운팅 체위를 사용한다). 그러한 암컷은 무리에서 가장 높은 계급인 암말일 수 있는데, 수컷에게 눈에 띄게 공격적으로 되어 수컷이 다른 암컷에게 구애하려고 할 때 발로 차거나 물어뜯기도 한다.

빈도: 포획 상태일 때 수컷 사바나얼룩말 간 상호작용의 약 60%에서 마운팅과 마운팅 시도가 일어난다. 야생 산얼룩말 사이의 동성애 상호작용

은 덜 빈번하다. 독신자 수컷 간에는 놀이 상호작용의 약 20%에서 마운 팅이 나타나는 반면, 무리의 종마는 독신자 수컷과 주어진 시간의 약 5% 를 함께할 뿐이다('인사' 상호작용을 포함해서). 몽골야생말에서는 암컷 동 성애 마운팅이 드물게 일어난다(포획 상태에서).

성적 지향: 얼룩말에서 동성애 마운팅을 하고 다른 수컷들과 구애 비슷 한 '인사'를 나누는 무리의 종마는 암컷에게도 구애를 하고 짝짓기를 한 다. 반면에 독신자 수컷은 전적으로 동성애자다. 왜냐하면 독신자 무리 에 있는 동안에는 대체로 이성애 활동에 참여하지 않기 때문이다. 산얼 룩말은 수컷 개체의 절반 이상이 독신자 수컷이다. 수컷들 대부분은 2살 이 조금 안 되었을 때 독신자 무리에 합류하고 평균 2년 반 동안 머무른 다. 이러한 독신자 수컷은 약 절반이 종마가 되므로 순차적인 양성애자 가 된다. 하지만 어떤 수컷은 평생 독신자 무리에 머무르며 이성애 교미 를 전혀 하지 않기도 한다. 몽골야생말의 경우 일부 암컷은 동성애 활동 을 하면서도 임신을 하므로 기능적으로 양성애자라고 할 수 있다.

비생식적이고 대체 가능한 이성애

위에서 언급한 바와 같이 얼룩말과 몽골야생말의 수컷 개체 중 많은 수 가 번식을 하지 않는 독신자다. 일부 얼룩말 암컷도 독신자 무리에 합 류하여 그곳에 있는 동안 이성애 활동에 참여하지 않는다(평균 1년 이하 로 머무른다). 얼룩말은 또한 다양한 비생식적인 이성애 활동을 한다. 이 러한 세 가지 종의 수컷이 때로 발기나 삽입이 없는 이성애 마운트를 하 기도 하고, 몽골야생말 암컷이 종마에게 역逆마운트를 할 수도 있다. 또 한 흔히 수컷 산얼룩말과 몽골야생말은 페니스를 발기시켜 배에 비비는 자위를 한다. 암컷 얼룩말도 구애의 일부인 클리토리스 깜빡이기clitoral winking라고 알려진 활동을 한다. 즉 클리토리스를 율동감 있게 발기시키고 음순을 적시는 것이다(대개 소변도 같이 본다). 산얼룩말은 간혹 근친 상간 교미를 한다. 아비와 딸 개체 사이, 그리고 형제자매 간의 교미가 기록되어 있다. 하지만 일반적으로 암컷은 성적으로 성숙하기 전에 가족 무리를 떠나기 때문에 그러한 짝짓기는 잘 일어나지 않는다. 또한 수컷 사바나얼룩말은 흔히 아직 성적으로 성숙하지 않은 비非친척관계의 어린 암컷과 교미를 시도한다. 실제로 종마(단독으로 또는 한 번에 최대 18마리가 무리를 지어)가 청소년 암컷을 가족 무리에서 분리하고 쫓아가는 '유괴'를 한 다음 어린 암컷과 교미를 시도하는 경우도 있다. 흥미롭게도 그러한 암컷은 실제로는 임신을 할 수 없는 나이임에도 '발정기' 행동 징후를 보인다. 대개 '유괴된' 암컷은 '발정' 기간이 끝난 후에야 가족 집단으로 돌아온다. 이와는 대조적으로 몽골야생말에서는 종종 암컷이 수컷에게 공격적으로 대한다.

이러한 얼룩말 종은 어린 새끼에게 여러 폭력적인 행동을 가한다. 산얼룩말과 몽골야생말 종마는 가끔 새끼를 죽인다. 후자의 종마는 어린 새끼의 목을 물고 흔들며 집어 던져 영아살해를 한다. 때로 암컷 산얼룩말도 실수로 자기 새끼를 발로 차서 죽이기도 한다. 아이러니하게도 이러한 일은 남의 새끼를 공격하는 다른 암말에게서 자기 새끼를 보호하려다 일어난다. 그러나 몇몇 경우에 암컷들은 다른 새끼를 입양하기도 하고, 심지어 어떤 암컷은 자기 새끼를 버리면서까지 입양했다. 사바나얼룩말 암컷도 다른 암말의 새끼에게 젖먹이기를 허락한다. 몽골야생말 수컷은 암말만큼 육아에 관여하지는 않지만 어미가 없는 경우 종마가 자기 새끼의 '대리모' 역할을 하는 경우가 있고, 새끼가 자기 페니스 포피를 '빠는' 것을 허락하기도 한다.

출처
*별표가 있는 출처는 동성애와 트랜스젠더에 대해 논의한다.

* Boyd, L. E. (1991) "The Behavior of Przewalski's Horses and Its Importance to Their

Management." *Applied Animal Behavior Science* 29:301–18.

* ——(1986) "Behavior Problems of Equids in Zoos." In S. L. Crowell–Davis and K. A. Houpt, eds., *Behavior*, pp. 653–64. The Veterinary Clinics of North America: Equine Practice 2(3). Philadelphia: W. B. Saunders.

* Boyd, L. E. and K. A. Houpt (1994) "Activity Patterns In L. Boyd and K. A. Houpt, eds., *Przewalski's Horse: The History and Biology of an Endangered Species*, pp. 195–227. Albany: State University of New York Press.

Houpt, K. A., and L. Boyd (1994) "Social Behavior." In L. Boyd and K. A. Houpt, eds. *Przewalski's Horse: The History and Biology of an Endangered Species*, pp. 229–54. Albany: State University of New York Press.

Klingel, H. (1990) "Horses." In *Grzimek's Encyclopedia of Mammals*, vol. 4, pp. 557–94. New York: McGraw Hill.

——(1969) "Reproduction in the Plains Zebra, *Equus burchelli boehtni*: Behavior and Ecological Factors." *Journal of Reproduction and Fertility*, suppl. 6:339–45.

Lloyd, P. H., and D. A. Harper (1980) "A Case of Adoption and Rejection of Foals in Cape Mountain Zebra, *Equus zebra zebra.*" *South African Journal of Wildlife Research* 10:61–62.

Lloyd, P. H., and O. A. E. Rasa (1989) "Status, Reproductive Success, and Fitness in Cape Mountain Zebra(*Equus zebra zebra*)." *Behavioral Ecology and Sociobiology* 25:411–20.

* McDonnell, S. M., and J. C. S. Haviland (1995) "Agonistic Ethogram of the Equid Bachelor Band." *Applied Animal Behavior Science* 43:147–88.

Monfort, S. L., N. P. Arthur, and D. E. Wildt (1994) "Reproduction in the Przewalski's Horse." In L. Boyd and K. A. Houpt, eds., *Przewalski's Horse: The History and Biology of an Endangered Species*, pp. 173–93. Albany: State University of New York Press.

* Penzhom, B. L. (1984) "A Long–term Study of Social Organization and Behavior of Cape Mountain Zebras *Equus zebra zebra.*" *Zeitschrift für Tierpsychologie* 64:97–146.

Rasa, O. A. E., and P. H. Lloyd (1994) "Incest Avoidance and Attainment of Dominance by Females in a Cape Mountain Zebra (*Equus zebra zebra*) Population." *Behavior* 128:169–88.

Ryder, O. A., and R. Massena (1988) "A Case of Male Infanticide in *Equus przewalskii*." *Applied Animal Behavior Science* 21:187–90.

* Schilder, M. B. H. (1988) "Dominance Relationships Between Adult Plains Zebra Stallions in Semi–Captivity." *Behavior* 104:300–319.

Schilder, M. B. H., and P. J. Boer (1987) "Ethological Investigations on a Herd of Plains Zebra in a Safari Park: Time–Budgets, Reproduction, and Food Competition." *Applied Animal Behavior Science* 18:45—56.

van Dierendonck, M. C., N. Bandi, D. Batdorj, S. Dtlgerlham, and B. Munkhtsag (1996) "Behavioral Observations of Reintroduced Takhi or Przewalski Horses (*Equus ferus przewalskii*) in Mongolia." *Applied Animal Behavior Science* 50:95–114.

혹멧돼지 *Phacochoerus aethiopicus*

목도리펙커리 *Tayassu tajacu*

동성애	트랜스젠더	행동	랭킹	관찰
● 암컷	○ 간성	○ 구애　● 짝 형성	○ 중요	● 야생
● 수컷	○ 복장도착	○ 애정표현　● 양육	● 보통	● 반야생
		● 성적인 행동	○ 부수적	● 포획 상태

혹멧돼지

식별 : 큰 머리와 튀어나온 엄니, 그리고 눈의 앞쪽과 턱에 독특한 사마귀를 가진 90센티미
　　　터 정도 크기의 야생 돼지.

분포 : 아프리카 사하라 이남.

서식지 : 스텝, 사바나.

연구지역 : 남아프리카의 안드리스 보슬로 쿠두 보호구역.

목도리펙커리

식별 : 반점 모양, 또는 희끗희끗한 무늬의 회색 털과 밝은색의 목깃을 가진 돼지와 유사한
　　　포유동물.

분포 : 애리조나, 뉴멕시코, 텍사스, 북아르헨티나의 남부까지.

서식지 : 사막, 삼림, 열대 우림까지 다양.

연구지역 : 투싼산맥과 애리조나 투싼 부근, 애리조나 대학, 프랑스 기아나 국립농경연
　구소.
아종 : 소노란목도리펙커리 *T.t. sonoriensis*.

사회조직

흑멧돼지는 여러 마리의 암컷과 새끼가 모인 모계 무리(사운더sounders라
고도 불린다)나 무리 전체가 수컷인 '독신자' 무리를 이루는 경향이 있다.
전체 무리의 3%만이 수컷과 암컷을 모두 포함하고 있으며, 많은 흑멧돼
지 수컷이 혼자 지낸다. 수컷은 짝짓기를 위해 잠시 동안만 암컷 무리에
합류하며, 암수 모두 무분별하게 여러 파트너와 짝짓기를 한다. 유일하
게 오래 지속하는 유대 관계는 같은 성별 간(주로 암컷들 사이)에 형성된
다. 목도리펙커리는 5~15마리씩 무리를 지어 살며 암수가 함께 지낸다.

설명

행동 표현 : 목도리펙커리와 흑멧돼지 모두에서 동성애 마운팅이 일어난
다. 목도리펙커리는 발정이 난 암컷이 흔히 다른 암컷을 올라타기ride를
하거나 마운트하며, 수컷도 가끔 서로 마운트를 한다. 흑멧돼지에서도
발정기의 암컷 사이에 동성애 마운팅이 일어나지만 흔하지는 않다. 때
로 암컷 흑멧돼지가 다른 암컷을 측면에서 마운트하는데 이성애 마운트
에서도 간혹 이 체위를 볼 수 있다. 흑멧돼지 암컷은 흔히 오래 지속하
는 유대 관계를 형성하는데, 이러한 짝 형성의 한 모습으로서 같은 성 마
운팅이 나타나기도 한다(안정적인 수컷-암컷 쌍은 이 종에서 보이지 않는다).
두 암컷은 여러 해 동안 함께 지내는데 새끼 무리를 합치거나 서로의 새
끼에게 젖을 빨리는 등 공동양육을 한다. 한 암컷이 상처를 입거나 일시

적으로 새끼를 돌볼 수 없을 때는 다른 암컷이 부모의 의무를 대신한다. 이러한 쌍이 자기들에게 접근하려는 수컷을 지속해서 쫓아내는 모습도 목격되었다. 혹멧돼지를 연구하는 생물학자들은 이와 같은 암컷 쌍, 또는 수컷과 새끼가 없는 성체 암컷 무리를 독신녀spinster 무리라고 부른다. 일반적으로 나이가 많은 암컷과 어린 암컷이 쌍을 이룬다. 이러한 쌍 중 일부는 자매나 모녀 사이 같은 친척관계 암컷일 수 있고(이 경우 같은 성 마운팅은 근친상간이 된다), 친척관계가 아닌 쌍도 발생한다. 간혹 두 마리의 수컷 혹멧돼지도 짝 형성을 하지만 둘 사이의 성적 행동은 관찰되지 않았다.

빈도 : 발정기가 되면 목도리펙커리에서 동성애 마운팅이 흔하게 발생한다. 혹멧돼지에서는 동성애 마운팅이 덜 흔해서 모든 마운팅의 1~3%만을 차지한다. 혹멧돼지 무리의 약 5%는 '독신녀'(암컷만으로 이루어진) 무리이다.

성적 지향 : 같은 성 마운팅에 참여하는 암컷은 이성애 관계에도 참여하므로 양성애자로 여겨진다. 예를 들어 혹멧돼지 암컷 동반자는 수컷과 지속적인 관계를 맺지는 않지만 짝짓기와 번식은 한다. 그러나 혹멧돼지 암컷의 1/4 이상은 시즌이 되어도 임신을 하지 않기 때문에 일부는 같은 성(유대 관계나 성적인 관계로) 활동에만 전적으로 참여한다고 할 수 있다.

비생식적이고 대체 가능한 이성애

혹멧돼지 개체군의 상당수는 번식하지 않는다. 앞에서 언급한 비非번식 암컷과 성별에 따라 분리된 무리 외에도, 성적으로 성숙한 1~2살의 새끼들은 어미 무리에 남아 (스스로 번식하기보다는) 더 어린 새끼를 키우는 것을 돕는다. 이 두 종은 또한 다양한 비생식적인 성적 행동을 한다. 예를 들어 목도리펙커리 이성애 활동의 약 6%에서는 암컷이 수컷을 마운트하고(역마운트), 다른 22%에서는 수컷이 불완전한 교미로 끝나는 마운트를 한다. 또한 수컷은 임신 중인 암컷에게 마운트를 하는 등, 흔히 임신이 불가능한 기간에도 암컷을 마운트한다. 수컷 혹멧돼지가 자발적인 사정을 하는 것도 관찰되었는데, 일부는 잠을 자는 도중에 일어났다. 더불어 두 종의 반대쪽

한 암컷 목도리펙커리가 다른 암컷에게 '올라타기'를 하고 있다.

성 마운팅에서는 때로 수컷이 실제적인 삽입 없이 암컷을 측면에서 마운팅한다. 더 나아가 질 마개viginal plugs로 인해 삽입을 했더라도 꼭 수정이 이루어지는 것은 아니다. 목도리펙커리와 혹멧돼지 모두 암컷의 생식기에는 수컷과의 교미로 젤라틴 같은 장벽이 쌓이므로 후속하는 정자가 암컷을 임신시킬 가능성은 매우 떨어진다. 암컷 혹멧돼지는 보통 한 마리 이상의 수컷과 교미하고, 암컷 목도리펙커리도 종종 같은 수컷과 반복적으로 짝짓기를 하므로(3시간 동안 18번까지) 대부분의 교미는 임신하지 못하는 교미가 될 것이다. 암컷은 또한 꼬리로 외음부를 덮거나 다리 근육을 위로 올리는 방법으로 교미를 거부하기도 한다. 목도리펙커리는 새끼의 생물학적 어미뿐 아니라 흔히 언니 같은 어린 개체도 '유모' 역할을 하며 자식을 돌본다. 이러한 유모는 흔히 성적으로 성숙하지 못한 생후 6개월 정도의 개체일 수 있다. 따라서 많은 유모가 여전히 자기 '유모'로부터 젖을 먹고 있는 놀라운 결과가 나타나기도 한다. 이들이 젖을 생산할 수 있는 이유는 어미가 출산할 때 부수물인 태반을 먹어서 어미의 호르몬 영향을 받았기 때문이라고 여겨진다. 혹멧돼지에서는 생식을 저해하는 폭력적인 활동도 여럿 일어난다. 성체 수컷이 때로 어린 동생

을 죽이거나 다른 수컷을 잡아먹기도 한다.

기타 종

흰입술펙커리*Tayassu pecari*도 암수 모두에서 같은 성 마운팅이 일어난다.

출처   *별표가 있는 출처는 동성애와 트랜스젠더에 대해 논의한다.

Bissonette, J. A. (1982) *Ecology and Social Behavior of the Collared Peccary in Big Bend National Park, Texas*. Scientific Monograph Series no. 16. Washington, D.C.: U.S. National Park Service.

Byers, J. A., and M. Bekoff (1981) "Social, Spacing, and Cooperative Behavior of the Collared Peccary, *Tayassu tajacu*." *Journal of Mammalogy* 62:767–85.

Child, G., H. H. Roth, and M. Kerr (1968) "Reproduction and Recruitment Patterns in Warthog (*Phacochoerus aethiopicus*) Populations." *Mammalia* 32:6–29.

Cumming, D. H. M. (1975) *A Field Study of the Ecology and Behavior of Warthog*. Salisbury, Rhodesia: Trustees of the National Museums and Monuments of Rhodesia.

* Dubost, G. (1997) "Comportements comparés du Pécari a levres blanches, *Tayassu pecari*, et du Pécari à collier, *T. tajacu* (Artiodactylea, Tayassuids) [Comparative Behaviors of the White–lipped Peccary and of the Collared Peccary (Artiodactyla, Tayassuidés)]." *Mammalia* 61:313–43.

Frädirch, H. (1965) "Zur Biologie und Ethologie des Warzenschweines (*Phacochoerus aethiopicus* Pallas), unter Berticksichtigung des Verhaltens anderer Suiden [On the Biology and Ethology of Warthogs, in View of the Behavior of Other Suidae]" *Zeitschrift für Tierpsychologie* 22:328–93.

Packard, J. M., K. J. Babbitt, K, M. Franchek, and P. M. Pierce (1991) "Sexual Competition in Captive Collared Peccaries (*Tayassu tajacu*)." *Applied Animal Behavior Science* 29:319–26.

Schmidt, C. R. (1990) "Peccaries." In *Grzimek's Encyclopedia of Mammals*, vol. 5, pp. 48–55. New York: McGraw–Hill.

* Somers, M. J., O. A. E. Rasa, and B, L. Penzhom (1995) "Group Structure and Social Behavior of Warthogs *Phacochoerus aethiopicus*." *Acta Theriologica* 40:257–81.

* Sowls, L. K. (1997) *Javelinas and Other Peccaries: Their Biology, Management, and Use*. College Station: Texas A&M University Press.

* ———(1984) *The Peccaries*. Tucson: University of Arizona Press.

* ———(1974) "Social Behavior of the Collared Peccary *Dicotyles tajacu* (L.)." In V. Geist and R Walther, eds., *The Behavior of Ungulates and Its Relation to Management*, vol. 1, pp. 144–65. IUCN Publication no. 24. Morges, Switzerland: International Union for Conservation of *Nature* and Natural Resources.

* ———(1966) "Reproduction in the Collared Peccary (*Tayassu tajacu*)." In I. W. Rowlands, ed., *Comparative Biology of Reproduction in Mammals, Symposia of the Zoological Society of London* no. 15, pp. 155–72. London and New York: Academic Press.

Torres, B. (1993) "Sexual Behavior of Free-Ranging Amazonian Collared Peccaries (*Tayassu tajacu.*)." *Mammalia* 57:610–13.

비쿠냐
Vicugna vicugna

동성애	트랜스젠더	행동		랭킹	관찰
● 암컷	○ 간성	○ 구애	○ 짝 형성	○ 중요	● 야생
● 수컷	○ 복장도착	● 애정표현	○ 양육	○ 보통	○ 반야생
		● 성적인 행동		● 부수적	○ 포획 상태

비쿠냐

식별 : 가느다란 몸에 길고 가는 목을 가진 작은 낙타처럼 생긴 동물(어깨 높이 90센티미터).

　털은 황갈색이나 모래색이며 하체는 흰색이고 가슴 갈기를 가지고 있다.

분포 : 페루, 볼리비아, 아르헨티나, 칠레의 안데스산맥.

서식지 : 고지대 초원, 평원.

연구지역 : 페루의 아리코마와 와일라르코.

사회조직

비쿠냐는 보통 수컷 1마리와 암컷 3~10마리, 그리고 새끼로 이루어진 혼성 무리에 산다. 또한 수컷으로만 이루어진 무리도 비쿠냐 개체군의 일반적인 모습이다. 보통 5~10마리의 동물이 모이지만 150마리까지 개체군이 커지기도 한다.

설명

행동 표현 : 암컷 비쿠냐들은 때로 한쪽이 다른 쪽의 등에 앞다리로 매달리며 서로 마운트를 한다. 이 행동은 동성애 짝짓기와 비슷하지만, 수컷이 마운트할 때처럼 마운트가 된 암컷이 눕는 전형적인 모습은 보이지 않는다(이성애 마운트에서도 암컷이 언제나 누우며 협력하는 것은 아니다). 한 사례에서는 임신한 암컷이 다른 암컷을 쫓아 마운트하기도 했다. 또한 청소년 수컷들도 때로 놀이 싸움 중에 서로 마운트를 하는데 최대 15분까지 이어진다. 놀이 싸움은 두 마리의 수컷이 머리와 긴 목을 가지고 서로 밀고 씨름하는 부드러운 놀이로서 도중에 추적이나 뒷다리로 버티고 올라타는 행동을 한다.

빈도 : 같은 성 마운팅은 비쿠냐에서 산발적으로 일어나는 것으로 보인다. 하지만 이성애 짝짓기 역시 드문 현상이다. 예를 들어 어느 7개월간의 연구 동안 암컷들 사이의 마운트는 한 번 일어난 데 비해, 이성애 교미는 5~11번 관찰되었다.

성적 지향 : 임신한 암컷도 마운트를 하므로 다른 암컷을 마운트하는 암컷 중 일부는 양성애자다. 청소년 수컷이 독신자 무리에서 사는 동안 행하는 마운팅은 대부분 같은 성 활동이다. 이러한 수컷 중 다수가 이성애 짝짓기도 하지만, 비번식 개체의 약 10%는 성체가 되어도 번식에 참여하지 않는다.

비생식적이고 대체 가능한 이성애

비쿠냐의 약 40%는 번식을 하지 않는다. 이 중 다수는 성별에 따라 나뉘진 수컷 무리에 사는 어린 수컷이고(일부 성체도 포함하지만), 혼자 사는 나이 든 동물도 존재한다. 번식하는 개체라 하더라도 흔히 성별 간에 상당한 적대감이 있다. 수컷은 임신한 암컷과 싸우는 것으로 알려져 있고, 텃세 수컷은 흔히 이웃한 무리의 암컷에게 대놓고 적대적이어서 쫓아내거나 공격을 한다. 짝짓기를 하는 동안 암컷은 때로 눕기를 거부한다. 따라서 수컷은 체중 전체를 파트너의 등에 싣는 방법으로 암컷을 밑에 쓰러지게 함으로써 짝짓기를 강요하기도 한다. 성체 수컷은 간혹 아직 어려서 새끼를 낳지 못할 법한 1년생 암컷과 교미한다. 번식기가 아닌 시기에 암수 간의 성적인 활동도 일어난다.

출처   *별표가 있는 출처는 동성애와 트랜스젠더에 대해 논의한다.

Bosch, P. C., and G. E. Svendsen (1987) "Behavior of Male and Female Vicufia (*Vicugna vicugna* Molina 1782) as It Relates to Reproductive Effort." *Journal of Mammalogy* 68:425–29.

Carwardine, M. (1981) "Vicuña." *Wildlife* 23:8–11.

Franklin, W. L., (1983) "Contrasting Socioecologies of South America's Wild Camelids: The Vicuña and Guanaco." In J. F. Eisenberg and D. G. Kleiman, eds., *Advances in the Study of Mammalian Behavior*, pp. 573–629. American Society of Mammalogists Special Publication no. 7. Stillwater, Okla.: American Society of Mammalogists.

——(1974) "The Social Behavior of the Vicuña." In V. Geist and E Walther, eds., *The Behavior of Ungulates and Its Relation to Management*, vol. 1, pp. 477–87. IUCN Publication no. 24. Morges, Switzerland: International Union for Conservation of *Nature* and Natural Resources.

Franklin, W. L., and W. Herre (1990) "South American lyiopods." *In Grzimek's Encyclopedia of Mammals*, vol. 5, pp. 96–111. New York: McGraw–Hill.

* Koford, C. B. (1957) "The Vicuña and the Puna." *Ecological Monographs* 27:153–219.

아프리카코끼리
Loxodonta africana

아시아코끼리
Elephas maximus

동성애	트랜스젠더	행동		랭킹	관찰
● 암컷	○ 간성	○ 구애 ● 짝 형성		○ 중요	● 야생
● 수컷	○ 복장도착	● 애정표현 ○ 양육		● 보통	○ 반야생
		● 성적인 행동		○ 부수적	○ 포획 상태

아프리카코끼리

식별 : 암수 모두 커다란 귀와 엄니를 가진 친숙한 대형(최대 7.5톤) 포유류.

분포 : 사하라 사막 이남 아프리카. 멸종위기.

서식지 : 숲, 사바나, 습지, 반사막, 산 등 다양.

연구지역 : 우간다와 짐바브웨의 잠베지 계곡을 포함한 일부 아프리카 지역, 독일 크론버그 동물원.

아종 : 아프리카코끼리*L.a. africana*, 둥근귀코끼리[*]*L.a. cydotis*.

아시아코끼리

식별 : 아프리카코끼리와 비슷하지만 더 작고, 수컷에만 엄니가 있으며, 얼굴과 귀는 종종 얼룩덜룩하다. 이마는 더 볼록하고 등은 더 기울어져 있고, 귀는 훨씬 작고, 두 손가락 모양의 코끝을 가지고 있다.

분포 : 인도, 스리랑카, 동남아시아, 중국. 멸종위기.

서식지 : 사바나, 삼림.

연구지역 : 인도 마나카발라의 페리야르 호랑이 보호구역, 스리랑카 라후갈라, 스리랑카 핀나왈라 코끼리 고아원.

아종 : 인도코끼리 *E.m. indicus*, 스리랑카코끼리 *E.m. maximus*.

사회조직

코끼리는 복잡하고 고도로 조직화한 공동체에서 생활한다. 암컷은 대개 모계 무리(가족 집단이 느슨하게 모임)에 산다. 이러한 무리는 50마리까지 개체가 모이며 나이 든 암컷이 이끄는데, 일반적으로 성체 수컷은 일부 기간만 함께 지낸다. 수컷은 흔히 7~15마리(특히 아프리카 종)가 모여 수 컷 무리를 이루지만, 혼자 지내는 개체도 있다. 번식을 하는 수컷은 암컷 무리와 일시적으로 함께 지내며 여러 마리 암컷들과 교미한다.

설명

행동 표현 : 아프리카코끼리와 아시아코끼리 수컷들은 모두 동성애 마운 팅을 한다. 아프리카코끼리들이 같은 성 활동을 할 때는(흔히 물웅덩이에 서 일어난다) 엄청난 횟수의 애무와 애정 어린 행동이 먼저 일어난다. 두 마리의 수컷이 코를 서로 얽고, 부드럽게 밀치며, 자신의 코끝으로 상대 의 입을 만지는 '키스'를 하며, 서로를 향해 뒹굴고, 함께 장난치며 논 다(때로 발기한 채로). 보통 한 수컷이 다른 수컷의 등을 따라 코를 뻗어 마운트하려는 의도를 나타내는데, 때로 엄니로 상대를 앞으로 밀기도 한

---

* 2010년 둥근귀코끼리는 아프리카코끼리와 다른 종인 것으로 밝혀졌다. 따라서 지 금은 아종이 아니고 아프리카코끼리속에 속한 별개의 종이다.

다(이 제스처는 암컷과 수컷 간의 성적인 상호작용에도 사용된다). 동성애 마운 팅이 일어나기 전에 한쪽 수컷이 다른 쪽 수컷 페니스의 냄새를 맡거나 코끝으로 만지기도 한다. 마운팅은 한 수컷이 다른 수컷의 뒤에 서는 전형적인 이성애 체위로 일어나며, 마운팅을 하는 수컷의 페니스는 흔히 발기되어 있다. 동성애 짝짓기는 이성애 짝짓기와 거의 같은 시간 동안 지속하므로 일반적으로 1분을 채 넘지 않지만, 같은 대상을 연속해서 여러 차례 마운트한다. 나이가 든 수컷과 어린 수컷 모두 이 활동에 참여한다. 아시아코끼리에서는 같은 성 마운팅이 때로 놀이 싸움의 하나로 나타난다. 놀이 싸움을 할 때 두 수컷은 코를 서로에게 휘두르며 부드럽게 달려들어 부딪친다. 아프리카코끼리 수컷 무리 내에서는 '에로틱한 전투' 형태도 발생한다. 두 마리의 수컷이 엄니와 코를 얽어매고 서로 밀치는 것이다. 이 활동은 수컷들을 성적으로 자극하므로 한바탕 싸움을 하는 동안 최대 6번까지 완전히 발기하고, 그 후에 마운트를 종종 한다.

수컷 아프리카코끼리가 다른 수컷 코끼리를 마운팅하고 있다.

아직 야생 코끼리에서 암컷의 동성애 활동은 관찰되지 않았지만, 포획 상태의 암컷은 때로 코를 가지고 서로를 자위해준다(암컷의 클리토리스는 발기하거나 커지면 길이가 거의 43센티미터에 이른다). 또한 아시아코끼리 암수는 모두 포획 상태에서 다양한 같은 성 상호작용을 하는데, 마운팅 활동을 하거나 코로 생식기를 만지는 등의 행동이 이에 해당한다. 임신한 암컷도 때

두 수컷 아프리카코끼리 사이의 '에로틱한 전투'.

로 이러한 상호작용에 참여한다.

또한 수컷 코끼리들은 대개 나이 든 수컷과 어린 수컷으로 이루어진 '동반자 관계'를 형성한다. 아프리카코끼리의 어린 수컷은 흔히 나이 든 수컷을 보호하거나 나뭇가지를 내려주는 등의 도움을 준다. 어린 수컷이 다치거나 실명이나 마비로 힘든 경우 나이 든 수컷이 돕기도 한다(그 반대도 가능하다). 두 수컷은 지속적인 동반자 관계를 이뤄 다른 코끼리와 따로 지내지만 때로 나이 든 수컷이 두 마리의 어린 동반자를 두는 예도 있다. 아시아코끼리에서 그러한 수컷 동반자 관계는 아프리카코끼리만큼 오래 지속하지 않은 것으로 보인다. 때로 아프리카코끼리 어린 동반자 수컷의 생식기가 커진 것이 보고된다.

빈도 : 야생 아프리카코끼리와 아시아코끼리의 동성애 마운팅은 상당히 흔하고 규칙적으로 발생한다. 특히 어린 수컷 코끼리 사이에서 자주 볼 수 있다. 또한 아시아코끼리 수컷은 놀이 싸움에 평균 10%의 시간을 쓰며(이때 수컷 간 마운팅이 일어날 수 있다), 아프리카코끼리 수컷은 연중 특정 시기 동안 하루 네다섯 번까지 에로틱한 전투에 참여하기도 한다. 대략 18%의 (혼성 무리에 살지 않는) 수컷 아시아코끼리가 수컷 동반자를 가

지고 있다. 포획 상태에서 아시아코끼리 암컷들 간 사회적 상호작용의 약 1/4은 성적인 활동과 관계가 있고, 수컷들 사이에서는 약 11% 정도가 성적인 활동이다. 전체적으로 성적인 상호작용의 약 45%는 같은 성 참가자들 사이에 일어난다.

성적 지향 : 동성애 활동에 참여하는 일부 어린 아시아코끼리 수컷은 암수 모두에게 성적인 관심을 보이므로 양성애자다. 하지만 많은 아시아코끼리와 아프리카코끼리 수컷은 나이가 들어도 이성애 활동에 참여하지 않기 때문에, 어떤 수컷은 생애에서 일부 기간은 동성애자라고 할 수 있다. 동반자 관계에 있는 아프리카코끼리 수컷들도 역시 번식에 참여하지 않으므로 배타적인 같은 성 지향을 가진다.

비생식적이고 대체 가능한 이성애

코끼리의 이성애 관계는 성별에 따른 분리와 적대감이 특징이다. 아시아코끼리 암수는 대개 서로 떨어져 산다. 수컷은 주어진 시간의 25~30% 정도만 암컷 무리와 관계하며, 약 60%의 암컷 무리는 수컷을 동반하지 않는다. 앞에서 설명한 바와 같이 코끼리 무리의 구조는 모계 중심이고, 암컷들은 수컷의 도움 없이도 양육을 하는 '새끼 돌보미' 형태를 발전시켰다. 아시아코끼리 어미는 흔히 자신의 새끼를 성체 암컷들이 교대로 돌보는 '육아 무리'에 맡겨놓고 먹이를 찾으러 다닌다. 암컷 아프리카코끼리도 종종 모계 무리 안의 다른 새끼를 돌보고 때로 젖을 주기도 한다. 또한 아프리카와 아시아 종 모두 수컷은 발정광포musth라고 알려진 성 주기性週期를 정기적으로 경험한다. 발정광포 상태에 있는 수컷은 공격성이 증가하고, 귀와 머리를 흔들며, 윙윙거리는 저주파 소리를 내며, 지속적으로 소변을 배출하고, 측두샘(머리 양쪽에 위치)에서 분비물을 내는 등 여러 가지 특징적인 생리 및 행동 변화를 보인다. 발정광포는 며칠에서 몇 달 동안 지속한다. 이 기간에 수컷은 암컷과 더 많이 관계하는 경향이 있지만, 일단 발정광포가 끝나면 수컷 무리로 대개 돌아간다. 발정광포가 아닌 시기에 아프리카코끼리 수컷은 다른 수컷과 독점적으로 상호작용할 수 있는 특별한 장소에 자주 들른다. 때로 한두 마리의 특정한 수컷 코끼리와 더 강한 관계를 형성하는 경우도 있다.

이성애 상호작용을 하는 동안 암컷이 수컷에게 과도하게 공격적일 수 있다. 예를 들어 암컷 아시아코끼리는 흔히 짝짓기를 시도하는 수컷(특히 어린 수컷)을 돌진해서 쫓아버린다. 또한 수컷은 때로 꽤액 소리를 내며 반항하는 어린 개체에게 마운트를 시도하다가 암컷의 개입으로 멈추기도 한다. 사실 수컷에 대한 암컷의 공격성은 이 종의 번식 지연에 지대한 영향을 주는 것으로 여겨진다. 수컷은 약 10살이 되면 성적으로 성숙하지만 대부분 약 17살이 될 때까지 번식을 시작하지 않는다. 생식 억제는 아프리카코끼리에서도 일어난다. 일부 개체군에서는 암컷의 청소년기가 사회적, 영양학적 또는 생리적 스트레스의 결과로 최대 10년까지 늦게 시작하기도 한다. 또한 대부분의 수컷은 30~35세가 될 때까지 첫 새끼를 낳지 않는다. 이는 성적으로 성숙해진 지 15~20년 후이다. 다른 비非번식 개체로는 외톨이 수컷(종종 나이 든 번식은퇴 개체이다)이나, '동반자 관계'에 있는 수컷(위에서 설명), 폐경 후 또는 갱년기의 암컷(일반적으로 50년 이상 된 개체), 그리고 새끼를 낳고 최대 13년까지 번식하지 않는 암컷 등이 있다. 이성애 관계는 수컷과 암컷 생식기의 명백한 불일치로 인해 더욱 어려움이 많다. 대부분의 포유동물과 달리 암컷의 질 입구는 배의 훨씬 앞쪽에 위치하므로 수컷이 접근하기가 어렵다. 비록 수컷의 페니스가 암컷의 외음부에 도달하기 위해 특별한 S자 모양을 가졌다고는 하지만 삽입은 항상 어렵다. 가끔 수컷의 페니스가 외음부가 아닌 항문에 닿기도 하고 삽입을 하기 전에 사정하기도 한다. 이성애 관계에서도 흔히 코로 생식기를 만지고 자극하는 활동이 일어난다. 또한 포획 상태의 한 암컷이 누워 있는 수컷의 옆구리에 자신의 클리토리스를 문지르는 행동도 관찰되었다.

기타종

인도코뿔소*Rhinoceros unicornis*에서 청소년 암컷들 간의 동성애 마운팅이 관찰되었다.

출처   *별표가 있는 출처는 동성애와 트랜스젠더에 대해 논의한다.

* Buss, I. O. (1990) *Elephant Life: Fifteen Years of High Population Density*. Ames, Iowa: Iowa State University Press.

Buss, I. O,. and N. S. Smith (1966) "Observations on Reproduction and Breeding Behavior of the African Elephant." *Journal of Wildlife Management* 30:375–88.

* Dixon, A., and M. MacNamara (1981) "Observations on the Social Interactions and Development of Sexual Behavior in Three Sub-adult, One-horned Indian Rhinoceros (*Rhinoceros unicornis*) Maintained in Captivity." *Zoologische Garten* 51:65-70.

Douglas-Hamilton, I., and O. Douglas-Hamilton (1975) *Among the Elephants*. London: Collins & Harvill.

Eisenberg, J. E, G. M. McKay, and M. R. Jainudeen (1971) "Reproductive Behavior of the Asiatic Elephant(*Elephas maximus maximus* L.)." *Behavior* 38:193–225.

* Grzimek, B. (1990) "African Elephant." In *Grzimek's Encyclopedia of Mammals*, vol. 4, pp. 502–20. New York: McGraw-Hill.

* Jayewardene, J. (1994) *The Elephant in Sri Lanka*. Colombo, Sri Lanka: Wildlife Heritage Trust of Sri Lanka.

* Kühme, W. (1962) "Ethology of the African Elephant (*Loxodonta africana* Blumenbach 1797) in Captivity." *International Zoo Yearbook* 4:113–21.

Laws, R. M. (1969) "Aspects of Reproduction in the African Elephant, *Loxodonta africana*." *Journal of Reproduction and Fertility*, suppl. 6:193–217.

Lee, P. C. (1987) "Allomothering Among African Elephants." *Animal Behavior* 35:278–91.

* McKay, G. M. (1973) *Behavior and Ecology of the Asiatic Elephant in Southeastern Ceylon*. Smithsonian Contributions to Zoology no. 125. Washington, D.C.: Smithsonian Institution Press.

* Morris, D. (1964) "The Response of Animals to a Restricted Environment." *Symposia of the Zoological Society of London* 13:99–118.

Moss, C. (1988) *Elephant Memories: Thirteen Years in the Life of an Elephant Family*. New York: William Morrow and Co.

Moss, C., and J. H. Poole (1983) "Relationships and Social Structure of African Elephants." In R. A. Hinde, ed., *Primate Social Relationships: An Integrated Approach*, pp. 315–25. Oxford: Blackwell Scientific Publications.

Poole, J. H. (1994) "Sex Differences in the Behavior of African Elephants." In R. V. Short and E. Balaban, eds., *The Differences Between the Sexes*, pp. 331–46. Cambridge: Cambridge University Press.

——(1987) "Rutting Behavior in African Elephants: The Phenomenon of Musth." *Behavior* 102:283– 316.

* Poole, T. B., V. J, Taylor, S. B. U. Fernando, W. D. Ratnasooriya, A. Ratnayeke, G. Lincoln, A. McNeilly, and A. M. V. R. Manatunga (1997) "Social Behavior and Breeding Physiology of a Group of Asian Elephants Elephas maximus at the Pinnawala Elephant Orphanage, Sri Lanka." *International Zoo Yearbook* 35:297–310.

* Ramachandran, K. K. (1984) "Observations on Unusual Sexual Behavior in Elephants." *Journal of the Bombay Natural History Society* 81:687–88.

* Rosse, I. C. (1892) "Sexual Hypochondriasis and Perversion of the Genetic Instinct." *Journal of Nervous and Mental Disease* 19(11): 795–811.

* Shelton, D. J. (1965) "Some Observations on Elephants." *African Wild Life* 19:161–64.

* Sikes, S. K. (1971) *The Natural History of the Elephant*. New York: Elsevier Publishing Co.

고양잇과 / 식육목

사자 *Panthera leo*

치타 *Acinonyx jubatus*

동성애	트랜스젠더	행동	랭킹	관찰
● 암컷	○ 간성	● 구애 ● 짝 형성	○ 중요	● 야생
● 수컷	○ 복장도착	● 애정표현 ● 양육	● 보통	● 반야생
		● 성적인 행동	○ 부수적	● 포획 상태

사자

식별 : 대형 야생 고양잇과 동물(무게가 250㎏까지 나간다) 이고 수컷은 눈에 띄는 갈기가
　　　있다.

분포 : 아프리카와 인도 북서부 구자라트. 취약.

서식지 : 평원, 사바나, 관목, 탁 트인 숲.

연구지역 : 탄자니아의 세렝게티 국립공원, 인도의 기르 야생동물 보호구역, 캘리포니아
　　　의 게이 라이언 농장.

아종 : 마사이사자*P.l. massaieus*, 아시아사자*P.l. persica*.

치타

식별 : 매끈한 그레이하운드 같은 체격에 얼룩무늬가 있는 중간 크기의 야생 고양이.

분포 : 아프리카 전역과 중앙아시아 및 중동에 산재한다. 취약.

서식지 : 반사막, 초원, 스텝.

연구지역 : 탄자니아 세렝게티 국립공원, 캘리포니아 라이온 컨트리 사파리, 워싱턴 D. C.

국립동물원, 유타주 호글 동물원.

아종 : 아프리카치타 *A.j. jubatus*.

사회조직

사자는 두 가지 뚜렷한 형태의 사회조직을 가지고 있다. 일부 사자는 정착 개체residents이며 19마리의 수컷과 최대 12마리 이상의 성체 암컷(대개 서로 친척이다)이 새끼와 함께 무리를 지어 산다. 다른 사자는 떠돌이 개체nomads이고 혼자서 또는 한 쌍으로 광범위한 지역을 돌아다닌다. 암컷 치타는 주로 혼자 지내지만, 수컷 치타는 정착할 수도 있고(자신의 영역을 가진다) 떠돌아다니기도 한다(상주하는 영역이 없다). 일부 수컷은 2~3마리(가끔 4마리)가 무리를 이루는데 흔히 형제관계다. 짝짓기 시스템은 난혼제이거나 일부다처제다. 대개 수컷과 암컷은 여러 파트너와 짝짓기를 하고, 장기적인 이성애 유대 관계를 형성하지 않으며, 수컷은 일반적으로 육아에 참여하지 않는다.

설명

행동 표현 : 암사자의 동성애 상호작용은 흔히 한 암컷이 다른 암컷을 쫓아간 다음 상대 밑으로 기어들어가 자신에게 마운트하도록 독려하면서 시작한다. 암사자가 다른 암컷을 마운팅할 때는 이성애 교미와 관련된

여러 가지 행동들을 보여준다. 마운티의 목을 부드럽게 물거나 으르렁거리고, 골반찌르기를 하다가 그 후에는 등으로 구른다. 때로 번갈아 마운팅을 한다. 무리 안에 있는 암컷 대부분은 보통 사촌 정도 되는 가까운 친척이기 때문에 암사자 사이에 벌어지는 동성애 행동의 대부분은 근친상간이다. 무리에서 짝을 이룬 수사자(정착 개체)끼리 동성애 활동을 할 때는 흔히 엄청난 횟수의 애정 활동을 먼저 한다. 여기에는 상호 머리문지르기(종종 낮은 신음소리나 흥얼거리는 소리를 동반한다), 다른 수컷에게 엉덩이 보여주기, 서로 몸을 미끄러뜨리거나 문지르기, 상대 주위로 원을 그리며 돌기, 페니스를 발기시킨 채 등을 대고 구르기 등이 포함된다. 이러한 행동은 상대 수사자의 강렬한 애무를 유발하고 결과적으로 골반찌르기와 마운팅이 일어난다. 때로 수사자 세 마리가 서로 문지르고 구르거나 교대로 마운팅을 하는 경우도 있다. 또 간혹 수사자는 성적인 행동을 하는 며칠 동안 상대와 함께 지내며 유혹을 한다. 전형적으로 이러한 수사자는 침입한 다른 수사자로부터 파트너를 방어하는데, 종종 무리의 다른 수사자도 함께 침입자를 공격한다. 암사자와 마찬가지로, 무리에서 짝을 이룬 수사자들도 보통 서로 친척관계이기 때문에(보통 배다른 형제 정도의 관계) 역시 근친상간일 수 있다. 떠돌이 수사자도 다른 수컷과 오랫동안 지속하는 플라토닉한 '동반자' 관계를 형성해서 거의 모든 시간을 같이 보낸다. 이러한 수컷 쌍, 혹은 수컷 세 마리 사이의 유대 관계는 일반적으로 정착 개체 간의 이성애 유대보다 더 강하다. 동반자 관계에 있는 수사자들은 대개 나이가 비슷하다. 모든 동반자의 약 절반은 친척관계가 아닌 개체이지만, 일부는 사자 무리에서의 짝이거나 형제다. 암사자끼리도 간혹 서로 짝을 형성한다.

암컷 치타는 때로 구애 추적이나 놀이 싸움, 짝짓기 맴돌기 등을 하며 다른 암컷에게 구애한다. 구애 추적은 이른 아침이나 늦은 오후, 또는 달 밝은 밤에 이루어지는데, 치타 무리(암컷 포함)는 발정기의 암컷을 약

140미터까지 쫓는다. 도중에 구애를 하는 동물(암컷 또는 수컷)이 뒷다리로 일어나 구애받는 암컷을 앞다리로 건드는 놀이 싸움이 일어난다. 때로 암컷들도 짝짓기 맴돌기mating circles에 합류한다. 수컷이 서로 싸우는 동안, 누워서 구애를 받고 있는 암컷 주위로 원을 그리며 도는 것이다. 또한 어떤 암컷 치타는 발정기의 암컷 치타에게 마운트한 다음, 앞다리로 목을 꼭 잡고 부드럽게 목덜미를 물며(이성애 교미처럼) 골반찌르기도 한다. 수컷 간의 동성애 마운팅도 역시 발생하며, 한 수컷이 암컷과 짝짓기를 할 때 다른 수컷이 그 수컷을 마운트하는 경우도 있다. 구애 상호작용을 하는 동안 수컷은 다른 수컷을 핥거나 코로 문지르며 가까이 다가가 생식기를 핥게 되는데, 구애하는 수컷이 발기한 모습도 드물게 볼 수 있다.

수컷 치타는 흔히 한 쌍이나 세 마리의 동물로 구성된 영구적인 동반자 관계, 혹은 연합 관계를 형성한다. 약 30%는 서로 친척관계가 아닌 개체이고 나머지는 형제들로 구성된다. 파트너끼리는 서로 강한 유대감을 가지고 있고, 관계는 평생 지속하는 것으로 보인다. 이들은 거의 모든 시간(93%)을 함께 보내는데 수컷 쌍은 빈번하게 서로 털손질을 하고(얼굴과 목을 핥고), 싸움에서 서로를 방어하며, 가까이 붙어 함께 쉬는 것을 좋아한다(심지어 한쪽이 한낮의 혹독한 태양에 노출될 때마저). 또한 유대 관계에 있는 수컷은 서로 떨어지면 크게 괴로워해서, 끊임없이 상대를 찾아 새울음 같은 입yip소리나 찍찍chirp거리는 소리를 크게 낸다. 다시 만나면 둘은 서로 발기한 채 마운팅하거나, 얼굴 문지르기, 웅얼거리기stuttering(흔히 성적인 흥분을 할 때 보이는 가르랑거리는 발성) 등 다양한 애정표현이나 성적인 활동을 한다. 이러한 활동은 형제 사이보다 형제 사이가 아닌 쌍에서 더 흔한 것으로 보인다. 매우 드물게 수컷 쌍이 일시적으로 길 잃은 새끼를 입양해 돌보는 경우가 있다(이 종에서 양육은 입양이든 입양이 아니든 대부분 어미 혼자 담당한다).

빈도 : 포획 상태에서는 암사자의 동성애 행동을 상당히 흔히 볼 수 있다. 한편 야생에서는 두 마리의 암사자가 이틀 동안 세 번 서로 마운트하는 것이 관찰되었다. 수사자의 동성애 마운팅은 전체 마운팅 사례의 최대 8%까지 차지한다. 모든 동반자 관계의 약 47%는 성체 떠돌이 사자를 포함한 수사자 사이에 발생하고, 약 37%는 암사자 사이에 일어난다. 치타의 (구애와 성적인) 동성애 행동도 꽤 빈번하다(포획 상태나 반야생 환경에서). 야생에서 수컷의 27~40%는 같은 성 쌍이고, 16~19%는 같은 성 트리오다. 한 연구에서 새끼를 입양해 기르는 11가지 사례 중 1가지 사례는 수컷 쌍이었다(입양과 비입양을 합한 모든 가족 형태의 1% 미만을 차지한다).

성적 지향 : 동성애 마운팅에 참여하는 암사자와 수컷 치타는 양성애자로 보인다. 때로 한 번의 활동시간 동안 이성애 마운팅과 같은 성 활동을 번갈아(또는 동시에) 하기 때문이다. 일부 암사자는 동성애 제안 자세에 공격적인 반응을 보이므로 이 개체들은 이성애가 우선일 것이다. 하지만 다른 암사자는 수컷이 있음에도 같은 성 마운팅을 하므로 동성애 활동을 더 '선호'한다고 할 수 있다. 파트너 관계에 있는 여러 수컷 치타들도 암컷에게 구애하고 짝짓기를 한다. 그러나 수컷 쌍이나 수컷 트리오는 시간의 9%만 암컷과 함께 하므로, 혼자 지내는 수컷에 비해 암컷과 이성애 교미를 할 기회가 적다. 또한 같은 성 연합 관계는 보통 평생 짝을 유지한다(이 종에서 암수 사이에는 이러한 관계가 형성되지 않는다). 두세 마리로 이루어진 수사자 동반자들은 그 절반만이 무리의 암사자와 교미하는 정착 개체가 된다. 정착 개체가 되지 않는 다른 수사자는 생애 대부분 동안 수컷과만 교제하며, 사자 무리에 들어간 일부도 같은 성 및 이성애 활동을 동시에 할 수 있다.

비생식적이고 대체 가능한 이성애

수사자(외톨이거나 동반자 관계에 있는)의 60% 이상은 생애 동안 정착 개체가 되지 않기 때문에 번식을 하지 않는다. 그러나 일단 정착 개체가 되면 엄청나게 높은 이성애 교미 횟수를 보여준다. 암컷이 발정기에 들면 연속으로 3일 밤낮 (잠도 자지 않고) 한 시간에 4번 정도 짝짓기하며, 때로 5마리의 수컷과도 짝짓기를 한다. 이는 단순한 수정에 필요한 짝짓기 횟수를 훨씬 초과한 것이다. 많은 다른 비생식적인 성적 행동들도 이들에게 일어난다. 사자는 때로 임신 중에 짝짓기하며(모든 성적인 활동의 13%까지 차지한다), 일부 무리에서는 이성애 짝짓기의 80%가 번식과 관계없이 일어난다. 실제로 새로운 수컷이 무리에 들어오면 암컷은 종종 생식을 줄이면서(배란을 하지 않고) 성적인 활동의 빈도를 올린다. 또한 이성애의 전희로서 '구강성교'가 특징적으로 일어난다. 암사자가 수사자의 생식기를 핥고 문지르기도 하고, 암수 치타가 이성애 구애의 하나로서 파트너의 생식기를 핥는다. 포획 상태의 수사자가 자위하는 것이 관찰되기도 한다. 이때 사자는 앞다리로 페니스를 문지르기 위해 등을 대고 누워 엉덩이를 머리 위로 말아 올리는 특이한 기술을 사용한다.

야생 치타에서 성체 수컷이 어미를 마운트하려 할 때 근친상간 활동이 간혹 일어나는데, 어미는 전형적으로 그러한 접근에 공격적으로 반응한다. 두 종의 이성애 관계의 특징은 일반적으로 성별 간에 엄청난 공격성이 있다는 것이다. 사자가 이성애 교미를 할 때는 흔히 이를 드러내며 으르렁거리거나, 물고, 위협하는데, 때로 암컷이 수컷 주위를 맴돌며 때리기도 한다. 치타가 구애할 때 수컷은 흔히 암컷을 쓰러뜨리거나 때리는데, 이러한 상호작용이 전면적인 싸움이 되기도 한다. 암컷이 발정기가 아니면 두 성별은 대체로 떨어져 지낸다. 이 두 종의 가족생활도 폭력으로 가득 차 있다. 영아살해는 치타뿐만 아니라 사자에서도 발생한다(모든 새끼 사자 죽음의 1/4 이상을 차지한다). 어미 치타가 새끼를 버리는 것은 치타 새끼 사망원인의 두 번째로 흔한 이유이고, 새끼가 포식자에 의해 죽임을 당하면 어미가 간혹 새끼를 먹기도 한다(성체 수컷 치타도 간혹 서로 잡아먹는다). 하지만 암사자들은 흔히 탁아소creches나 육아 무리 같은 대체 가족 형태를 형성해 공동 보살핌과 새끼 사자 젖먹이기를 한다. 때로 암컷 치타는 (고아가 되거나 길을 잃은) 새끼를 입양하기도 한다.

출처   *별표가 있는 출처는 동성애와 트랜스젠더에 대해 논의한다.

* Benzon, T. A., and R. P. Smith (1975) "A Case of Programmed Cheetah *Acinonyx jubatus* Breeding." *International Zoo Yearbook* 15:154–57.

Bertram, B. C. R. (1975) "Social Factors Influencing Reproduction in Wild Lions." *Journal of Zoology*, London 177:463–82.

* Caro, T. M. (1994) *Cheetahs of the Serengeti Plains: Group Living in an Asocial Species.* Chicago: University of Chicago Press.

* ——(1993) "Behavioral Solutions to Breeding Cheetahs in Captivity: Insights from the Wild." *Zoo Biology* 12:19–30.

* Caro, T. M., and D. A. Collins (1987) "Male Cheetah Social Organization and Territoriality." *Ethology* 74:52–64.

* ——(1986) "Male Cheetahs of the Serengeti." *National Geographic Research* 2:75–86.

* Chavan, S. A, (1981) "Observation of Homosexual Behavior in Asiatic Lion *Panthera leo persica." Journal of the Bombay Natural History Society* 78:363–64.

* Cooper, J. B. (1942) "An Exploratory Study on African Lions." *Comparative Psychology Monographs* 17:1– 48.

Eaton, R. L. (1978) "Why Some Felids Copulate So Much: A Model for the Evolution of Copulation Frequency." *Carnivore* 1:42–51.

* ——(1974a) *The Cheetah: The Biology, Ecology, and Behavior of an Endangered Species.* New York Nostrand Reinhold.

* ——(1974b) "The Biology and Social Behavior of Reproduction in the Lion." In R. L. Eaton, ed., *The World's Cats, vol. 2: Biology, Behavior, and Management of Reproduction*, pp. 3–58. Seattle: Woodland Park Zoo.

* Eaton, R. L., and S. J. Craig (1973) "Captive Management and Mating Behavior of the Cheetah." In R. L. Eaton, ed., *The World's Cats, vol. 1: Ecology and Conservation*, pp. 217–254. Winston, Oreg.: World Wildlife Safari.

Herdman, R. (1972) "A Brief Discussion on Reproductive and Maternal Behavior in the Cheetah *Acinonyx jubatus.*" In *Proceedings of the 48th Annual AAZPA Conference (Portland, OR)*, pp. 110–23. Wheeling, W. Va.: American Association of Zoological Parks and Aquariums.

Laurenson, M. K. (1994) "High Juvenile Mortality in Cheetahs (*Acinonyx jubatus*) and Its Consequences for Maternal Case." *Journal of Zoology*, London 234:387–408.

Morris, D. (1964) "The Response of Animals to a Restricted Environment." *Symposia of the Zoological Society of London* 13:99–118.

Packer, C., L. Herbst, A. E. Pusey, J. D. Bygott, J. P. Hanby, S. J. Cairns, and M. B. Mulder (1988) "Reproductive Success of Lions." In T. H. Clutton–Brock, ed., *Reproductive Success: Studies of Individual Variation in Contrasting Breeding Systems*, pp. 363–83. Chicago and London: University of Chicago Press.

Packer, C., and A. E. Pusey (1983) "Adaptations of Female Lions to Infanticide by Incoming Males." *American Naturalist* 121:716–28.

——(1982) "Cooperation and Competition Within Coalitions of Male Lions: Kin Selection or Game Theory?" *Nature* 296:740–42.

Pusey, A. E., and C. Packer (1994) "Non–Offspring Nursing in Social Carnivores: Minimizing the Costs." *Behavioral Ecology* 5:362–74.

* Ruiz–Miranda, C. R., S. A. Wells, R. Golden, and J. Seidensticker (1998) "Vocalizations and Other Behavioral Responses of Male Cheetahs (*Acinonyx jubatus*) During Experimental Separation and Reunion Trials." *Zoo Biology* 17:1–16.

* Schaller, G. B. (1972) *The Serengeti Lion*. Chicago: University of Chicago Press.

Subba Rao, M. V., and A. Eswar (1980) "Observations on the Mating Behavior and Gestation Period of the Asiatic Lion, *Panthera leo*, at the Zoological Park, Trivandrum, Kerala." *Comparative Physiology and Ecology* 5:78–80.

Wrogemann, N. (1975) *Cheetah Under the Sun*. Johannesburg: McGraw–Hill.

붉은여우 *Vulpes vulpes*

(회색)늑대 *Canis lupus*

덤불개 *Speothos venaticus*

동성애	트랜스젠더	행동		랭킹	관찰
● 암컷	○ 간성	○ 구애 ○ 짝 형성		○ 중요	○ 야생
● 수컷	○ 복장도착	○ 애정표현 ● 양육		○ 보통	○ 반야생
		● 성적인 행동		● 부수적	● 포획 상태

붉은여우

식별 : 무성한 꼬리와 적갈색 털(일부 변종은 은색이나 검은색)을 가진 작은 갯과 동물(몸길이 최대 90센티미터).

분포 : 유라시아 전역, 북아프리카와 북아메리카.

서식지 : 숲, 툰드라, 대초원, 농지 등 다양.

연구지역 : 영국 옥스퍼드 대학교.

(회색)늑대

식별 : 회색이나 갈색, 검은색, 흰색 털을 가진 가장 큰 야생 갯과 동물(몸길이 최대 2.1미터).

분포 : 북반구 대부분.

서식지 : 숲과 사막을 제외한 다양한 지역.

연구지역 : 독일 바이에른 삼림 국립공원, 스위스 바젤 동물원.

아종 : 유라시아늑대*C.l. lupus*.

덤불개

식별 : 짧은 다리와 꼬리를 가졌고, 곰처럼 생긴 작은 갯과 동물(90센티미터 길이).

분포 : 남아메리카 북부와 동부. 취약.

서식지 : 숲, 사바나, 늪, 강둑.

연구지역 : 영국 런던 동물원

사회조직

붉은여우 사회는 개체와 개체군에 따라 차이가 있는, 매우 복잡하고 유연한 생활방식과 사회적 상호작용이 특징이다. 대부분의 여우는 수컷 한 마리(드물게 여러 마리)와 성체 암컷 여러 마리로 이루어진 무리에 산다. 이들은 흔히 친척관계다. 다른 개체군에서는 특징적으로 두 마리가 짝을 이뤄 산다. 짝짓기 시스템은 일부일처제에서 일부다처제에 이르기까지 다양하다. 늑대는 무리를 중심으로 고도로 발달한 사회체계를 가지고 있다. 보통 12마리 정도의 개체가 모이고, 짝을 맺은 한 쌍과 최대 손자 세대까지의 자손으로 구성된다. 때로 몇몇 친척이 아닌 성체도 무리에 들어온다. 야생 덤불개의 사회생활에 대해서는 거의 알려진 것이 없지만, 역시 무리를 지어 살며(역시 쌍을 이루고) 보통 십여 마리씩 무리지어 사냥을 하는 것으로 보인다(수백 마리의 덤불개가 커다란 무리를 형성하는 것이 보고된 적도 있다).

설명

행동 표현 : 붉은여우 무리에서 번식이 가능한 암컷이 발정을 하면, 무리의 암수 구성원이 모두 성적인 관심을 보인다. 동성애 상호작용은 어린 암컷(대개는 딸)이 발정 난 암여우에게 달려가 생식기의 냄새를 맡고 마

운팅을 하며 일어난다. 마운팅하는 암컷이 앞다리로 꽉 움켜쥐지만, 나이 든 암여우는 보통 이러한 성적인 접근에 입을 벌리고 뒷다리로 일어나 '권투' 자세를 취하며 공격적으로 반응한다(수컷의 성적인 접근에도 대부분 같은 식으로 반응한다). 어린 암컷들 또한 서로 마운트를 하는데 그러는 동안 내내 목이 쉰 듯한 딸깍 소리를 날카롭게 낸다. 이 울음은 '젝젝geckering', '헥헥snirking' 소리라고 알려져 있다. 붉은여우 암컷 한 쌍은 때로 굴을 같이 쓰거나, 새끼를 함께 기르고, 음식을 서로 가져오고, 새끼에게 서로 젖을 먹이는 등 공동양육을 한다. 공동 부모들은 흔히 친척관계이지만, 일부는 친척이 아닌 경우도 있다.

무리 안에서 가장 높은 서열의 암컷이 발정하면(이성애 활동도 최고점에 도달하는 시기다) 수컷 늑대들은 흔히 서로 마운트를 한다. 늑대 무리 속의 수컷들은 흔히 친척관계이기 때문에 늑대의 동성애 활동은 붉은여우 경우처럼 근친상간일 수 있다. 수컷이 암컷 늑대를 마운팅할 때 다른 수컷이 그 수컷을 마운트하기도 한다. 수컷 덤불개에서도 종종 장난스럽게 다리나 엉덩이를 물어뜯으며 서로 마운팅하는 것이 관찰된다.

빈도 : 포획 상태에서 붉은여우와 늑대는 번식이 가능한 암컷이 발정기에 들면 동성애 마운팅을 자주 한다. 덤불개에서 수컷 간의 마운팅은 덜 흔하다. 야생에서 이러한 행동들의 발생률에 대해서는 알려진 것이 없다.

성적 지향 : 다른 암컷을 마운트하는 여러 암컷 붉은여우들은 전적으로 같은 성 성향이라고 보인다. 그 이유는 어리거나 서열이 낮은 개체는 대개 수컷과 짝짓기를 하지 않기 때문이다. 또한 암여우 중 50~70%는 자신이 태어난 무리를 떠나지 않으므로 이러한 동성애 성향이 오래(때로 평생) 이어지기도 한다. 서로 마운트를 하는 수컷 늑대는 양성애자여서 암컷에 대해서도 성적 관심을 보인다. 그러나 이들의 이성애 활동은 가장

높은 서열의 번식하는 암컷에만 한정되어 있고, 동성애 활동을 선호하는 낮은 서열의 암컷은 대개 무시한다.

비생식적이고 대체 가능한 이성애

이 세 종의 야생 갯과 동물에서 보이는 사회체계의 눈에 띄는 특징은 번식의 억제다. 예를 들어 암컷 붉은여우는 일부만이 번식하는데, 보통 전체 암여우의 1/3 이상(개체군에 따라 다름)이 비생식 개체이며, 일부 지역에서는 성체 암컷의 95%가 번식을 하지 않는다. 이와 같은 '출산 통제'에는 여러 가지 기전이 있다. 먼저, 번식을 하지 않는 암컷이 단순히 짝짓기를 하지 않거나 발정기에 들어가지 못하는 경우가 있다(비슷한 현상이 덤불개에서도 나타난다). 그리고 암컷이 임신을 해도 바로 태아를 낙태하거나 태어난 새끼를 곧바로 버리기도 한다. 붉은여우와 덤불개에서는 (새끼를 죽게 만드는) 유기와 학대가 기록되었고, 붉은여우가 새끼를 잡아먹는 것도 보고되었다. 가장 높은 서열의 늑대 개체(특히 수컷)는 흔히 다른 동물이 짝짓기를 하면 직접 끼어들거나 공격해서 방해한다. 전체 마운트의 1/4은 이런 식으로 방해받는다. 또 다른 경우에 늑대는 단순히 반대쪽 성에 성적인 관심을 전혀 보이지 않는다. 위와 같은 요소가 다 합쳐져 무리의 번식을 40~80% 정도까지 줄어들게 만든다. 무리가 전적으로 친척관계인 개체(대개 형제자매)로 이루어진 경우 근친상간 금기에 의해 번식이 일어나지 않기도 한다. 그러나 때로 모자와 남매간의 짝짓기가 관찰되기도 하고, 어떤 무리에서는 근친교배가 높은 비율로 일어나기도 한다. 붉은여우와 늑대 모두(그리고 그보다 정도는 덜하지만 덤불개)에서 비번식 개체는 때로 번식하는 암컷을 도와 새끼를 먹이고 지켜주는 '새끼 돌보미' 역할을 한다. 어떤 암컷 붉은여우가 어미를 잃은 한배 새끼 전체를 입양한 사례도 있다. 하지만 일부 비번식 붉은여우는 그러한 돌봄에 전혀 이바지하지 않으며, 실제로 무리에 '도우미'가 더 적을수록

다른 암컷을 마운팅하고 있는 암컷 붉은여우.

더 많은 자손을 성공적으로 양육할 수 있다는 일부 증거가 있다. 도우미 역할을 하지 않는 비번식 늑대는 일부 개체군에서 28%까지 차지한다.

이러한 갯과 동물에서는 생식 억제 패턴 외에도 여러 가지 비생식적인 이성애 활동이 발생한다. 암컷 붉은여우의 약 8%는 번식기가 아닌 시기에 짝짓기를 한다. 수컷도 비번식 성주기 동안에는 정자를 생산하지 않으므로 확실히 그러한 짝짓기는 비생식적 활동이 된다. 늑대 이성애 마운트의 약 절반에서는 골반찌르기나 삽입 또는 사정이 없으며, 암컷 늑대도 때로 수컷에게 마운트하거나(역마운팅) 골반찌르기를 한다. 늑대와 붉은여우는 짝짓기를 할 때 흔히 여러 번의 교미(즉 단순히 수정에 필요한 횟수 이상)를 한다. 이들은 종종 파트너와 장시간 생식기가 붙어있는 '교미결합copulation ties'을 유지한다. 이성애 관계는 때로 어려움이 가득하다. 예를 들어 암컷 붉은여우가 마운트를 시도하는 수컷에게 공격적으로 입을 벌리기도 하고, 암수 모두가 짝짓기하려는 개체에게 무관심하거나 공격성을 보이기도 한다. 실제로 한 연구에서는 늑대의 모든 이성애 구애의 3% 미만만이 정상적인 교미에 성공했다.

기타종

너구리Nyctereutes procyonoides에서 몇 가지 형태의 간성 또는 트랜스젠더가 종종 발생한다. 예를 들어 어떤 개체는 암컷의 생식기와 고환이 같이 있고, 다른 개체는 수컷 패턴XY과 암수 공동 패턴XXY이 결합한 모자이크 염색체 패턴을 가지고 있다.

출처　　　　　　　　　　*별표가 있는 출처는 동성애와 트랜스젠더에 대해 논의한다.

Creel, S., and D, Macdonald (1995) "Sociality, Group Size, and Reproductive Suppression Among Carnivores." *Advances in the Study of Behavior* 24:203–57.

Derix, R., J. van Hooff, H. de Vries, and J. Wensing (1993) "Male and Female Mating Competition in Wolves: Female Suppression vs. Male Intervention." *Behavior* 127:141–74.

Drtiwa, P. (1983) "The Social Behavior of the Bush Dog (*Speothos*)." Carnivore 6:46–71.

* Fentener van Vlissengen, J. M., M. A. Blankenstein, J. H. H. Thijssen, B. Colenbrander, A. J. E. P. Verbruggen, and C. J. G. Wensing (1988) "Familial Male Pseudohermaphroditism and Testicular Descent in the Raccoon Dog (*Nyctereutes*)." *Anatomical Record* 222:350–56.

van Hooff, J. A. R. A. M., and J. A. B. Wensing (1987) "Dominance and Its Behavioral Measures in a Captive Wolf Pack." In H. Frank, ed., *Man and Wolf: Advances, Issues, and Problems in Captive Wolf Research*, pp. 219–52. Dordrecht: Dr W. Junk.

* Kleiman, D. G. (1972) "Social Behavior of the Maned Wolf (*Chrysocyon brachyurus*) and Bush Dog(*Speothos venaticus*): A Study in Contrast." *Journal of Mammalogy* 53:791–806.

Lloyd, H. G. (1975) "The Red Fox in Britain." In M. W. Fox, ed., *The Wild Canids: Their Systematics, Behavioral Ecology, and Evolution*, pp. 207–15. New York: Van Nostrand Reinhold.

Macdonald, D. W. (1996) "Social Behavior of Captive Bush Dogs (*Speothos venaticus*)." *Journal of Zoology*, London 239:525–43.

* (1987) *Running with the Fox*. New York: Facts on File.

* (1980) "Social Factors Affecting Reproduction Amongst Red Foxes (*Vulpes vulpes* L., 1758)." In E. Zimen, ed., *The Red Fox: Symposium on Behavior and Ecology*, pp. 123–75. Biogeographica no. 18. The Hague: Dr W. Junk

——(1979) "'Helpers' in Fox Society." *Nature* 282:69–71.

—— (1977) "On Food Preference in the Red Fox." *Mammal Review* 7:7–23.

Macdonald, D. W., and P. D. Moehlman (1982) "Cooperation, Altruism, and Restraint in the Reproduction of Carnivores." In P. P. G. Bateson and P. H. Klopfer, eds., *Perspectives in Ethology*, vol 5: Ontogeny, pp. 433–67.

Meeh, L. D. (1970) *The Wolf: The Ecology and Behavior of an Endangered Species*. New York Natural History Press.

Packard, J. M., U. S. Seal, L. D. Meeh, and E. D. Plotka (1985) "Causes of Reproductive Failure in Two Family Groups of Wolves." *Zeitchrift für Tierpsychologie* 68:24–40.

Packard, J. M., L. D. Meeh, and U. S. Seal (1983) "Social Influences on Reproduction in Wolves." In L. N. Carbyn, ed., *Wolves in Canada and Alaska: Their Status, Biology, and Management*, pp. 78–85, Canadian Wildlife Service Series no. 45. Ottawa: Canadian Wildlife Service.

Porton, I. J., D. G. Kleiman, and M. Rodden (1987) "Aseasonality of Bush Dog Reproduction and the Influence of Social Factors on the Estrous Cycle." *Journal of Mammalogy* 68:867–71.

Schantz, T. von (1984) "'Non–Breeders' in the Red Fox *Vulpes vulpes*: A Case of Resource Surplus." *Oikos* 42:59–65.

——(1981) "Female Cooperation, Male Competition, and Dispersal in the Red Fox *Vulpes vulpes*." *Oikos* 37:63–68.

* Schenkel, R. (1947) "Ausdrucks–Studien an Wölfen: Gefangenschafts–Beobachtungen [Expression Studies of Wolves: Captive Observations]." *Behavior* 1:81–129.

Schott, C. S., and B. E. Ginsburg (1987) "Development of Social Organization and Mating in a Captive Wolf Pack." In H. Frank, ed., *Man and Wolf Advances, Issues, and Problems in Captive Wolf Research*, pp. 349–74. Dordrecht: Dr W. Junk.

Sheldon, J. W. (1992) *Wild Dogs: The Natural History of the Nondomestic Canidae*. San Diego: Academic Press.

Smith, D., T. Meier, E. Geffen, L. D. Meeh, J. W. Burch, L. G. Adams, and R. K. Wayne

기타 포유류

(1997) "Is Incest Common in Gray Wolf Packs?" *Behavioral Ecology* 8:384–91.

Storm, G. L, and G. G. Montgomery (1975) "Dispersal and Social Contact Among Red Foxes: Results From Telemetry and Computer Simulation." In M. W. Fox, ed., *The Wild Canids: Their Systematics, Behavioral Ecology, and Evolution*, pp. 237–46. New York: Van Nostrand Reinhold.

* Wurster–Hill, D. H., K. Benirschke, and D. I, Chapman (1983) "Abnormalities of the X Chromosome in Mammals." In A. A. Sandberg, ed., *Cytogenetics of the Mammalian X Chromosome*, Part B, pp. 283–300. New York: Alan R.Liss.

* Zimen, E. (1981) *The Wolf: His Place in the Natural World*. London: Souvenir Press.

* ——(1976) "On the Regulation of Pack Size in Wolves." *Zeitschrift für Tierpsychologie* 40:300–341.

회색곰 *Ursus arctos*

(아메리카)흑곰 *Ursus americanus*

동성애	트랜스젠더	행동	랭킹	관찰
● 암컷	● 간성	○ 구애　● 짝 형성	○ 중요	● 야생
● 수컷	○ 복장도착	○ 애정표현　● 양육	● 보통	○ 반야생
		● 성적인 행동	○ 부수적	○ 포획 상태

회색곰

식별 : 짙은 갈색이나 황금색, 크림색, 또는 검은색 털을 가진 커다란 곰(키 2~3미터).

분포 : 북미, 유럽, 중앙아시아, 중동, 북아프리카.

서식지 : 툰드라, 숲.

연구지역 : 와이오밍주 옐로우스톤 국립공원.

아종 : 회색곰 *U.a horribilis*.

(아메리카)흑곰

식별 : 검은색부터 회색, 갈색, 흰색까지 다양한 털빛을 가진 상대적으로 작은 곰(키 1.2~1.8
　　　미터).

분포 : 캐나다 및 미국 북부, 동부 및 남서부.

서식지 : 삼림.

연구지역 : 앨버타주 재스퍼 국립공원, 캐나다 서스캐처원주 프린스 앨버트 국립공원.

아종 : 올림픽흑곰 *U.a. altifrontalis*.

사회조직

회색곰과 흑곰은 주로 혼자 사는 동물이다. 그러나 일부 회색곰은 연어나, (해변에 좌초한) 해양 포유류, 쓰레기 더미, 그리고 곤충 떼와 같이 풍부한 먹이 공급원 주변에 모이는 경향이 있고, 이러한 상황에서 상당히 복잡한 사회적 상호작용이 발생할 수 있다. 이성애 짝짓기 체계는 일부 다처제이고 암수 모두 일반적으로 여러 파트너와 짝짓기를 한다. 수컷은 육아에 기여하지 않는다.

설명

행동 표현: 암컷 회색곰들은 때로 서로 유대 관계를 형성하고, 한 가족을 이뤄 새끼를 함께 기른다. 두 어미는 새끼를 기르는 여름과 가을 내내 이동과 먹이 찾기를 같이하며 불가분의 동반자 관계를 유지한다. 하지만 암컷 동반자 사이에 성적으로 상호작용하는 것은 관찰되지 않았다. 유대 관계를 맺은 암컷 쌍은 먹이(예를 들어 엘크나 들소의 사체)를 같이 지키고, 상대 암컷과 새끼들을 (수컷 회색곰의 공격을 막는 것도 포함해서) 보호한다. 새끼들은 두 마리의 암컷을 모두 부모로 간주하여 동등하게 따라가고 반응한다. 유대 관계에 있는 암컷이 때로 서로의 새끼에게 젖을 물리기도 한다. 만일 한쪽 암컷이 죽으면 동반자 암컷은 보통 그 새끼를 입양해서 자신의 새끼와 함께 돌본다.

겨울이 다가와 회색곰이 겨울잠을 준비할 때도 암컷 동반자들은 흔히 관계를 지속한다. 둘은 늦가을까지 함께 먹이를 찾는데 명백하게 관계가 끝나는 것을 꺼리는 것처럼 보이며, 심지어 겨울잠에 드는 것을 늦추기도 한다. 짝을 이룬 암컷들이 함께 겨울잠을 자지는 않지만, 겨울잠을 자기 전에 (새끼들과 함께) 빈번하게 서로 방문하고, 파트너가 굴을 준비하는 동안 근처에 머무른다. 또한 마지막 준비기간 동안 굴 밖에서 함께 잠을 자다가 눈이 너무 많이 내리면 그제야 각자의 굴로 들어간다. 대부분

두 어미 가족. 와이오밍에서 관찰된 유대 관계인 암컷 회색곰과 네 마리의 새끼들.

의 회색곰은 겨울잠을 자기 전에 혼자 있기를 좋아해서 동면 굴을 서로 몇 킬로미터 떨어진 곳(그리고 험준한 지형으로 분리된 곳)에 준비하지만, 유대 관계에 있는 암컷들은 흔히 비교적 가까운 곳에서 겨울잠을 잔다. 심지어 짝과 더 가까이 있기 위해 해마다 계속 사용해 왔던 굴도 버리는 것으로 알려져 있다. 예를 들어 한 암컷은 동반자와 더 가까운 장소를 찾아 평소의 굴보다 23킬로미터 이상 이동했다. 일반적으로 겨울잠이 끝나면서 짝 관계도 끝나지만, 돌아오는 봄에 동반자의 1년생 새끼를 입양하는 경우도 있다. 유대 관계를 맺는 암컷의 나이는 5살에서 19살 사이이며, 평균 나이는 약 11살이다. 동반자는 같은 나이일 수도 있고, 한 암컷이 다른 암컷보다 몇 살 더 많을 수도 있다. 때로 두 마리 이상의 암컷이 모여 3마리의 회색곰이 강하게 유대를 맺은 '삼두체triumvirate'를 만들거나, 4~5마리까지 암컷이 관계를 형성하기도 한다(때로 그러한 무리 내에서 쌍 또는 트리오 결합을 형성한다).

어린 수컷 흑곰(성체와 새끼)은 때로 형제자매에게 마운트를 한다. 먼저 한 수컷이 귀를 초승달crescent 모양으로 만들며(귀를 앞으로 향하게 하고 수직으로 세운다) 다른 수컷에게 다가간다. 그다음 뒷다리로 서는 기립standing over 자세를 취하며 다른 수컷의 등에 앞발을 올려놓는다. 이

기타 포유류

러한 행동은 성적인 행동으로 이어지는데 파트너를 앞발로 붙잡고 어깨의 느슨한 피부를 부드럽게 깨물며, 때로 골반찌르기를 하게 된다. 상대 수컷은 흔히 몸을 구르며 마운팅하는 수컷을 발로 차고 무는 놀이 싸움을 시작한다.

일부 개체군에서 간성 또는 자웅동체 흑곰과 회색곰이 발생한다. 이 개체들은 유전적으로 암컷이고 내부에는 암컷 생식기를 가지고 있지만, 외부에는 다양한 정도의 암수 생식기를 같이 가지고 있다. 어떤 사례에서는 내부 생식기에 연결되지 않은, 페니스를 닮은 (음경뼈baculum가 완비된) 기관이 확인되었고, 다른 경우에는 페니스가 좀 더 완전히 발달하여 비뇨기 역할 뿐만 아니라 자궁과 연결된 생식기 입구 역할을 하는 것이 관찰되었다. 대부분의 트랜스젠더 곰은 어미이고 수컷과 짝짓기를 한 후 새끼를 낳는다. 실제로 어떤 개체들은 자기 '페니스'를 통해 교미하고 출산한다. 즉 이들의 수컷 파트너는 페니스를 간성 곰의 페니스 끝에 삽입하고, 그렇게 생긴 새끼들도 페니스를 통해 출산하게 된다.

빈도 : 회색곰 사이의 암컷 유대 관계와 공동양육은 산발적으로 일어난다. 예를 들어 한 모집단에 대한 12년간의 연구에서, 암컷 간의 결합은 4년 동안 관찰되었고, 모든 암컷의 약 20%가 생애의 어떤 시점에 같은 성 유대 관계와 공동양육에 참여했다(대개 7~12년에 이르는 수명의 1~2년을 차지한다). 모든 회색곰의 약 9%는 두 마리(혹은 그 이상)가 짝 형성을 한 어미에 의해 양육된다. 어린 수컷 흑곰 사이의 성적인 행동은 놀이의 2% 미만으로 드물게 일어난다. 간성 곰의 발생은 일부 개체군에서는 상당히 높은 비율을 보이지만 대개 산발적이다. 예를 들어 앨버타에서 연구원들은 흑곰 38마리 중 4마리(11%)와 회색곰 4마리 중 1마리가 트랜스젠더라는 것을 발견했다.

성적 지향 : 회색곰에서 암수 커플에 의한 지속적인 이성애 짝결합과 양육은 일어나지 않는다. 단지 일부 암컷 유대 관계에 의한 공동양육만 발생한다. 따라서 어떤 개체는 다른 개체보다 같은 성 결합을 만들려는 경향이 더 있는 것으로 보이고, 한 번 이상 같은 성 유대 관계를 형성하기도 한다. 비록 이러한 암컷도 수컷과 짝짓기를 하지만(다음 해에 암컷과 유대를 맺지 않을 수도 있다), 암컷과 결합을 하는 기간의 우선적인 사회적 관계는 암컷 짝(그리고 새끼들)과 형성한다. 수컷 흑곰은 어릴 때와 청소년기에만 동성애 마운팅을 하며, 성체가 되면 대부분 이성애 짝짓기를 하는 것으로 보인다.

비생식적이고 대체 가능한 이성애

일부 회색곰과 흑곰 개체군에는 상당히 많은 수의 번식하지 않는 동물이 있다. 매년 모든 암컷 회색곰의 1/3에서 1/2이 짝짓기를 하지 않거나 출산하지 않으며(수컷과 교미를 했지만 임신이 되지 않는 경우를 포함해서), 어떤 개체는 평생 번식을 하지 않는다. 흑곰 개체군 사례에서는 성숙한 암컷의 16~50%만이 매년 번식을 하고, 많은 수가 몇 년 동안 번식을 거른다. 임신한 암컷 곰에서는 수정된 배아가 자궁에 착상하기 전에 약 5개월 동안 발육을 중단하는 지연 착상delayed implantation이 일어난다. 어떤 경우에는(예를 들어 영양이 불충분한 경우) 재흡수, 낙태 또는 착상방해로 인해 배아가 출산에 이르지 못한다. 또한 많은 암컷 회색곰과 흑곰은 성적으로 성숙해도 1~4년간 번식을 지연시킨다. 어린(성적으로 미성숙한) 흑곰과 회색곰도 마운팅과 외음부의 핥기 등의 성적인 활동을 한다. 성체 수컷 회색곰 가운데 서열이 높은 개체는 흔히 공격적인 상호작용에 집착하기 때문에 종종 교미율이 낮으며, 일부 개체군에서는 최고 서열의 수컷이 실제로 짝짓기를 전혀 못하고 번식기를 보내기도 한다. 짝짓기를 할 때 한쪽 파트너가 무관심이나 거절을 할 수 있고, 모든 커플의 47%는 완전한 삽입이나 사정을 하지 못하는 불완전 교미를 한다. 드물게 특별히 공격적인 수컷이 암컷에게 짝짓기를 강요할 수는 있지만, 대개 암컷이 상호작용에서 주도권을 가지고 있다. 실제로 회색곰 암컷의 경우 한 번의 번식기에 수컷 8마리와, 흑곰 암컷의 경우 수컷 4~6마리와 짝짓기하며, 한배 새끼의 아비가 여럿일 수 있다. 그런데도 간혹 수컷 흑곰과 회색곰은 암컷과 새끼에게 폭력적으로 변해 암컷이나 새끼를 죽인 다음 먹기도 한다. 두 종의 곰에서 어미가 고아가 되거나 버려진 새끼를 입양하는 일이 드물지 않지만, 때로 암컷 흑곰도 다른 새끼를 잡아먹는다.

기타 종

간성 개체 혹은 성전환 개체는 몇몇 동물 집단의 약 2%를 차지하는 북극곰 *Ursus maritimus* 사이에서도 발생한다.

출처   *별표가 있는 출처는 동성애와 트랜스젠더에 대해 논의한다.

Alt, G. L. (1984) "Cub Adoption in the Black Bear." *Journal of Mammalogy* 65:511–12.

Brown, G. (1993) *The Great Bear Almanac.* New York: Lyons and Beuford.

* Cattet, M. (1988) "Abnormal Sexual Differentiation in Black Bears (*Ursus americanus*) and Brown Bears(*Ursus arctos*)." *Journal of Mammalogy* 69:849–52.

* Craighead, E C., Jr. (1979) *Thick of the Grizzly.* San Francisco: Sierra Club Books.

* Craighead, E C., Jr., and J. J. Craighead (1972) "Grizzly Bear Prehibernation and Denning Activities as Determined by Radiotracking." *Wildlife Monographs* 32:1–35

* Craighead, J. J., J. S. Sumner, and J. A. Mitchell (1995) *The Grizzly Bears of Yellowstone: Their Ecology in the Yellowstone Ecosystem, 1959–1992.* Washington, D.C. and Covelo, Calif.: Island Press.

* Craighead, J. J., M. G. Hornocker, and F. C. Craighead Jr. (1969) "Reproductive Biology of Young Female Grizzly Bears." *Journal of Reproduction and Fertility*, suppl. 6:447–75.

Egbert, A. L. (1978) "The Social Behavior of Brown Bears at McNeil River, Alaska."

Ph.D. thesis, Utah State University.

Egbert, A. L., and A. W. Stokes (1976) "The Social Behavior of Brown Bears on an Alaskan Salmon Stream." In M. R. Pelton, J. W. Lentfer, and G. E. Folk, eds., *Bears—Their Biology and Management: Papers from the Third International Conference on Bear Research and Management*, pp. 41–56. Morges, Switzerland: International Union for Conservation of *Nature* and Natural Resources.

Erickson, A. W., and L. H. Miller (1963) "Cub Adoption in the Brown Bear." *Journal of Mammalogy* 44:584– 85.

Goodrich, J. M., and S. J. Stiver (1989) "Co–occupancy of a Den by a Pair of Great Basin Black Bears." *Great Basin Naturalist* 4:390–91.

* Henry, J. D., and S. M. Herrero (1974) "Social Play in the American Black Bear: Its Similarity to Canid Social Play and an Examination of Its Identifying Characteristics." *American Zoologist* 14:371–89.

Jonkel, C. J., and I. McT. Cowan (1971) "The Black Bear in the Spruce–Fir Forest." *Wildlife Monographs* 27:1–57.

Rogers, L. (1976) "Effects of Mast and Berry Crop Failures on Survival, Growth, and Reproductive Success of Black Bears." *Transactions of the North American Wildlife and Natural Resources Conference* 41:431– 38.

Schenk, A., and K. M. Kovacs (1995) "Multiple Mating Between Black Bears Revealed by DNA Fingerprinting." *Animal Behavior* 50:1483–90.

Stonorov, D., and A. W. Stokes (1972) "Social Behavior of the Alaska Brown Bear." In S. Herrero, ed., *Bears—Their Biology and Management: Papers from the Second International Conference on Bear Research and Management*, pp. 232–42. Morges, Switzerland: International Union for Conservation of *Nature* and Natural Resources.

Tait, D. E. N. (1980) "Abandonment as a Reproductive Tactic—the Example of Grizzly Bears." *American Naturalist* 115:800–808.

Wimsatt, W. A. (1969) "*Delayed Implantation* in the Ursidae, with Particular Reference to the Black Bear (*Ursus americanus* Pallus)." In A. C. Enders, ed., *Delayed Implantation*, pp. 49–76. Chicago: University of Chicago Press.

점박이하이에나
Crocuta crocuta

동성애	트랜스젠더	행동		랭킹	관찰
●암컷	○간성	○구애	●짝 형성	○중요	●야생
○수컷	●복장도착	○애정표현	○양육	●보통	○반야생
		●성적인 행동		○부수적	●포획 상태

식별 : 옆구리와 등에 얼룩이 있는 누르스름한 갈색 점박이하이에나. 둥근 귀와 급하게 경
사진 몸통을 가지고 있다. 암컷이 일반적으로 수컷보다 크다.

분포 : 아프리카 사하라 사막 이남.

서식지 : 평원, 준사막, 사바나.

연구지역 : 남아프리카 보츠와나의 칼라하리와 젬스복 국립공원, 캘리포니아 버클리 대
학교.

사회조직

점박이하이에나는 모계무리 안에서 30~80마리 정도가 모여 산다. 암컷
은 수컷에게 지배적이어서 평생 자신의 무리에 머무르지만, 수컷은 청소
년기가 되면 단일 성 무리로 이주한 뒤 성체가 되면 다른 무리에 합류한

다. 이 종은 협동 사냥과 공동 굴을 사용하는 고도로 조직화한 사회체계를 가지고 있다. 번식 체계는 일부다처제다. 일반적으로 각 무리에서 오직 한 마리의 수컷만이 여러 마리의 암컷과 짝짓기를 한다. 점박이하이에나는 주로 야행성이다.

설명

행동 표현 : 점박이하이에나는 특이한 생식기 형태를 가지고 있어서 외형상 수컷처럼 보인다. 클리토리스 길이는 수컷 페니스의 90%(20센티미터) 정도이며 직경이 동일하고 완전한 발기도 가능하다. 또한 음순이 합쳐지고 안에 지방 및 결합 조직을 포함하고 있어서 '음낭'과 생김새가 유사하다. 질 입구는 없다. 대신 암컷은 클리토리스의 끝을 통해 (소변도 보고) 짝짓기와 출산을 한다. 클리토리스를 배 쪽으로 수축하면 클리토리스의 안쪽이 바깥을 향하는데, 이성애 교미는 이렇게 암컷이 수컷에게 페니스를 삽입할 수 있는 통로를 만들어주며 이루어진다. 이 종에서는 암컷들 간의 동성애 마운팅도 일어난다. 때로 청소년이나 젊은 성체가 나이가 많은 성체에게 마운트한다. 동성애 만남을 할 때 한쪽 암컷은 클리토리스를 발기시킨 다음 성적인 흥분의 표시로서 다른 암컷의 배에 대고 '까딱flipping'거린다(짝짓기를 하려는 수컷에서도 볼 수 있다). 그다음 파트너의 등을 핥거나, 일어나서 앞발로 상대 암컷을 껴안으며 마운트하고, 머리를 다른 암컷의 목에 기대며 골반찌르기를 한다. 흔하지는 않지만 클리토리스 삽입도 일어날 수 있다. 때로 마운트가 된 암컷은 흥미가 없거나 무관심해 보이고 심지어 마운팅을 당한 채 돌아다니기도 한다. 이러한 모습은 이성애 구애와 교미의 특징이기도 하다. 암컷은 흔히 수컷이 삽입할 수 없도록 걸어가 버리거나 거부하며, 노골적인 공격성을 보이기도 한다. 또한 점박이하이에나는 클리토리스 발기하고 생식기를 핥는 만남의식meeting ceremony을 수행한다. 이때 두 암컷은 머리가 서

(왼쪽) 남아프리카에서 관찰된 젊은 암컷 점박이하이에나가 (클리토리스를 발기한 채) 나이 든 암컷을 마운트하는 모습. (오른쪽) 두 마리의 암컷 점박이하이에나가 '만남 의식' 동안 서로의 생식기에 코를 비비며 냄새를 맡고 있다. 다리를 들어 올리고 있는 암컷의 발기한 클리토리스와 '음낭'을 주목하라.

로의 생식기에 닿도록 반대 방향으로 나란히 선다. 한쪽(또는 양쪽)이 뒷 다리를 들어 올리면 다른 하나가 냄새를 맡고 코를 비비며 상대의 발기 한 클리토리스와 '음낭'을 핥게 된다. 때로 부드러운 신음이나 낑낑거리 는 소리를 낸다. 보통 한 번에 30초 정도 지속한다. 만남의식은 때로 암 수(또는 두 수컷) 사이에서도 행해지지만 암컷들 사이에서 가장 흔하다.

빈도 : 모든 성체 암컷 점박이하이에나는 길어진 클리토리스와 음순에서 유래한 '음낭'을 가지고 있다. 대부분의 만남의식이 암컷 사이에 일어나 지만(55~95%), 이 종에서 동성애 마운팅은 매우 드물게 일어난다.

성적 지향 : 같은 성 마운팅과 만남의식에 참여하는 대부분의 암컷은 (전 적인 이성애자까지는 아니고) 기능적인 양성애자로 여겨진다. 이들은 수컷 과도 짝짓기를 한다.

비생식적이고 대체 가능한 이성애

암컷 점박이하이에나의 생식기 해부구조와 외부 생식기는 번식에 적합하지 않다. 이성애 교미는 쉽지 않아서 수컷은 클리토리스의 위치를 찾고 구멍에 삽입하는데 곤란을 겪는다. 또한 많은 암컷(그리고 새끼들)은 출산 과정에서 심각한 상처를 입거나 죽기도 한다. 질 통로가 없기 때문에 하이에나는 클리토리스 자체를 통해 출산을 해야 하고, 새끼의 머리가 클리토리스의 지름보다 훨씬 크다는 점을 고려하면 이는 매우 고통스러운 과정이 된다. 따라서 첫 출산 때 모든 암컷의 클리토리스 귀두는 파열되고, 야생 암컷 중 약 9%는 첫 출산 중에 죽는 것으로 추정된다. 또한 새끼는 태어날 때 유별나게 긴 암컷의 산도를 지나 180도 방향을 바꾸며 클리토리스를 통과해야 한다. 탯줄이 산도 길이의 1/3 미만이기 때문에 많은 새끼가 태어나는 동안 질식사한다. 추정하기로 60% 새끼는 초산할 때 유산이 되고, 암컷이 평생 얻는 새끼는 이러한 합병증 때문에 25%까지 감소한다고 여겨진다. 일단 태어난다 해도 어린 점박이하이에나 중 1/4은 서로 공격적인 형제자매에 의해 극도의 경쟁 속에 살해된다. 영아살해도 (일반적으로 암컷에 의해) 점박이하이에나 사이에서 흔히 발생하며, 동족을 잡아먹는 것도 보고되었다. 대부분의 수컷은 번식을 전혀 못한다. 점박이하이에나의 사회체계에서는 한 무리에서 오직 한 마리의 수컷만이 암컷과 짝짓기를 할 수 있기 때문이다(비록 다른 수컷도 이성애 구애를 하긴 하지만). 일부 수컷은 교미를 할 수 없어서 페니스를 허공에 찌르다가 사정을 하는 '자위'를 한다. 새끼에게 마운팅을 하는 수컷도 관찰되었다.

기타 종

아프리카에 사는 족제비처럼 생긴 육식동물인 난쟁이몽구스*Helogale undulata*에서도 동성애 마운팅이 일어난다. 포획 상태로 연구된 난쟁이몽구스 무리에서는 마운팅의 16%가 같은 성 동물들(대부분 수컷이고 형제인 경우도 있다) 간에 일어났고, 일부 개체는 자주 교류하는 파트너를 선호했다. 또한 수컷 너구리*Procyon lotor*와 암컷 담비*Martes sp.* 같은 다른 소형 육식동물 종에서도 동성애 행동이 관찰되었다.

출처

*별표가 있는 출처는 동성애와 트랜스젠더에 대해 논의한다.

* Burr, C. (1996) *A Separate Creation: The Search for the Biological Origins of Sexual Orientation.* New York: Hyperion.

* East, M. L., H. Hofer, and W. Wickler (1993) "The Erect 'Penis' Is a Flag of Submission in a Female Dominated Society: Greetings in Serengeti Spotted Hyenas." *Behavioral Ecology and Sociobiology* 33:355–70.

* Frank, L. G. (1996) "Female Masculinization in the Spotted Hyena: Endocrinology, *Behavioral Ecology*, and Evolution." In J. L. Gittleman, ed., *Carnivore Behavior, Ecology, and Evolution*, vol. 2, pp. 78–131. Ithaca: Cornell University Press.

——(1986) "Social Organization of the Spotted Hyena (*Crocuta crocuta*). I. Demography. II. Dominance and Reproduction." *Animal Behavior* 34:1500–1527.

Frank, L. G., J. M. Davidson, and E. R. Smith (1985) "Androgen Levels in the Spotted Hyena *Crocuta crocuta*: The Influence of Social Factors." *Journal of Zoology*, London 206:525–31.

Frank, L. G., and S. E. Glickman (1994) "Giving Birth Through a Penile Clitoris: Parturition and Dystocia in the Spotted Hyena (*Crocuta crocuta*)." *Journal of Zoology*, London 234:659–90.

Frank, L. G., S. E. Glickman, and P. Licht (1991) "Fatal Sibling Aggression, Precocial Development, and Androgens in Neonatal Spotted Hyenas." *Science* 252:702–04.

* Frank, L. G., S. E. Glickman, and I. Powch (1990) "Sexual Dimorphism in the Spotted Hyena (*Crocuta crocuta*)." *Journal of Zoology*, London 221:308–13.

* Frank,. L. G., M. L. Weldele, and S. E. Glickman (1995) "Masculinization Costs in Hyenas." *Nature* 377:584–85.

* Glickman, S. E., C. M. Drea, M. Weldele, L, G. Frank, G. Cunha, and P. Licht (1995) "Sexual Differentiation of the Female Spotted Hyena (*Crocuta crocuta*)." Paper

presented at the 24th International Ethological Conference, Honolulu, Hawaii.

* Glickman, S. E., L. G. Frank, K. E. Holekamp, L. Smale, and P. Licht (1993) "Costs and Benefits of 'Androgenization' in the Female Spotted Hyena: The Natural Selection of Physiological Mechanisms." In P. P. G. Bateson, N. Thompson, and P. Klopfer, eds., *Perspectives in Ethology*, vol. 10: Behavior and Evolution, pp. 87–117. New York: Plenum Press.

* Hamilton, W. H., III, R. L. Tilson, and L.G. Frank (1986) "Sexual Monomorphism in Spotted Hyenas (*Crocuta crocuta*)." *Ethology* 71:63–73.

* Harrison Mathews, L. (1939) "Reproduction in the Spotted Hyena, *Crocuta crocuta* (Erxleben)." *Philosophical Transactions of the Royal Society of London*, Series B 230:1–78.

* Hofer, H., and M. L. East (1995) "Virilized Sexual Genitalia as Adaptations of Female Spotted Hyenas." *Revue Suisse de Zoologie* 102:895–906.

* Kinsey, A. C., W. B. Pomeroy, C. E. Martin, and P. H. Gebhard (1953) *Sexual Behavior in the Human Female*. Philadelphia: W. B. Saunders.

Kruuk, H. (1975) *Hyena*. Oxford: Oxford University Press.

——(1972) *The Spotted Hyena, a Study of Predation and Social Behavior*. Chicago: University of Chicago Press.

* Mills, M. G. L. (1990) *Kalahari Hyenas: Comparative Behavioral Ecology of Two Species*. London: Unwin Hyman.

* Neaves, W. B., J. E. Griffin, and J. D. Wilson (1980) "Sexual Dimorphism of the Phallus in Spotted Hyena (*Crocuta crocuta*)." *Journal of Reproduction and Fertility* 59:509–13.

* Rasa, O. A. E. (1979a) "The Ethology and Sociology of the Dwarf Mongoose (*Helogale undulata rufula*)." *Zeitschrift für Tierpsychologie* 43:337–406.

* ——(1979b) "The Effects of Crowding on the Social Relationships and Behavior of the Dwarf Mongoose(*Helogaleundulata rufula*)." *Zeitschrift für Tierpsychologie* 49:317–29.

기타 포유류   771

캥거루와 왈라비 / 유대류

동부회색캥거루
Macropus giganteus

붉은목왈라비
Macropus rufogriseus

채찍꼬리왈라비
Macropus parryi

동성애	트랜스젠더	행동		랭킹	관찰
● 암컷	● 간성	● 구애	● 짝 형성	○ 중요	● 야생
● 수컷	○ 복장도착	● 애정표현	○ 양육	● 보통	○ 반야생
		● 성적인 행동		○ 부수적	● 포획 상태

동부회색캥거루

식별 : 회색털과 털로 덮인 주둥이를 가진 큰(키가 90센티미터 이상) 캥거루.

분포 : 오스트레일리아 동부.

서식지 : 개방된 초원, 숲, 삼림.

연구지역 : 호주 웨일스의 내지 자연보호구역, 뉴사우스웨일스 대학의 코완필드 스테이

션(후가마라 자연보호구역).

붉은목왈라비

식별 : 목에 적갈색 털이 있는 작은(키 76센티미터) 캥거루.

분포 : 오스트레일리아 남동부.

서식지 : 삼림, 덤불 지역.

연구지역 : 미시간 주립대학교, 뉴사우스웨일즈 대학의 코완필드 스테이션(무오가마라 자연보호구역).

아종 : 베넷왈라비 *N.r. rufogriseus*, 그리고 붉은목왈라비 *M.r. banksianus*.

채찍꼬리왈라비

식별 : 키가 90센티미터에 이르는 옅은 회색의 캥거루이고, 얼굴에 흰 줄무늬와 긴 꼬리를 가지고 있다.

분포 : 호주 북동부.

서식지 : 개방된 숲, 사바나.

연구지역 : 오스트레일리아 뉴사우스웨일스 보날보 근교.

사회조직

동부회색캥거루는 흔히 40~50마리의 동물이 큰 무리(때로 몹mobs이라고 불린다)를 이룬다. 이 무리는 규모가 더 작은 최대 15마리의 개체가 모인 혼성 무리로 나눌 수 있으며, 대개 암컷과 어린 수컷, 그리고 소수의 수컷으로 이루어져 있다. 어떤 개체는 혼자 산다. 암수 사이에 짝결합은 일어나지 않으며, 짝짓기 체계는 일부다처제이거나 난혼제다. 채찍꼬리왈라비도 비슷한 사회 조직을 가지고 있지만, 붉은목왈라비는 대체로 혼자 지낸다(때에 따라 8~30마리가 무리를 형성하기도 한다).

설명

행동 표현 : 간혹 암컷 동부회색캥거루 사이에 짝 관계가 생기기도 하는데, 암컷 캥거루는 상대를 핥거나, 부드럽게 깨물거나, 앞발을 이용해 서로의 머리와 목에 난 털을 다정하게 쓰다듬는 등 애정 어린 털손질을 자주 한다. 이러한 관계에 있는 암컷들은 때로 구애하고 마운트를 한다. 서로 유대 관계를 맺지 않은 암컷들 사이에서도 성적인 활동이 일어난다. 중요한 것은 이성애 짝결합이 이 종에서 발견되지 않는다는 점이다. 붉은목왈라비에서는 암컷들이 서로 자주 마운트한다. 한 암컷이 뒤에서 다른 암컷을 붙잡은 다음, 앞팔로 배를 감싸 안으며 손을 허벅지 안에 집어넣는다. 이 자세는 마운팅하는 암컷이 파트너의 몸보다 위쪽에 위치한다는 점을 제외하곤 이성애 교미와 동일하다. 성적인 활동을 할 때 흔히 털손질이나, 털을 야금야금 깨물거나 핥기, 앞발로 쓸기, 코비비기 등도 같이 한다. 수컷도 때로 서로 마운트를 한다. 마운트는 보통 상대를 부드럽게 밀거나, 레슬링을 하거나, '권투'를 하는 놀이 싸움 중에 일어난다. 그러다가 간혹 털손질이나, 핥기, 껴안기, 그리고 만지기 같은 애정 어린 활동이 일어나거나, 한쪽 수컷이 다른 수컷 음낭의 냄새를 맡거나 코로 비비게 된다. 수컷 채찍꼬리왈라비들 간의 구애와 성적인 상호작용에서는 흔히 꼬리치기tail-lashing가 일어난다. 꼬리치기는 성적인 흥분을 나타내며 꼬리를 물결처럼 옆으로 움직이는 동작이고 때로 발기도 동시에 일어난다. 마운팅도 일어난다. 한쪽 수컷이 가슴을 땅에 대고 웅크린 자세로 엉덩이를 들어 올려 다른 수컷에게 보여주면, 상대 수컷이 여러 차례 음낭의 냄새를 맡은 뒤(붉은목왈라비가 하듯이) 마운팅을 한다. 구애 열기에 휩싸인 수컷이 이성애 상호작용의 한 부분으로서 동성애 추격을 하는 경우도 있다. 한 무리의 수컷이 발정기의 암컷 주위를 맹렬한 속도로 빙빙 돌며 질주하면, 옆에서 보던 다른 수컷도 이 야생의 추격전에 덩달아 흥분해서 암컷을 쫓는 수컷을 추적한다.

동부회색캥거루에서도 간성 혹은 자웅동체 개체가 관찰된다. 예를 들어 어떤 개체는 페니스와 육아낭(육아낭은 대개 암컷에게서 발견된다), 유선, 그리고 고환을 모두 가지고 있으며, 신체 비율은 일반적인 수컷과 암컷의 중간 모습을 보인다. 염색체상으로 이 개체들은 암컷형XX, 수컷형XY, 그리고 결합형XXY을 모자이크 식으로 가지고 있다.

빈도 : 동부회색캥거루에서 암컷 동성애 마운팅은 산발적으로 일어난다. 예를 들어 야생 개체군에 대한 연구에서 동성애 행동은 4개월간의 관찰 동안 8번 기록되었다. 주의할 점은 이성애 교미 역시 거의 관찰되지 않는다는 것이다. 동일한 기간에 오직 한 번의 암수 교미만이 목격되었고, 붉은목왈라비에 관한 3년간의 연구에서도 단지 3번의 이성애 교미만이 기록되었다. 포획 상태일 경우, 암컷 붉은목왈라비 간의 마운팅은 꽤 흔한 일이지만 수컷의 동성애 활동 빈도는 훨씬 낮다. 수컷 간의 놀이 싸움 동안에 일어나는 구애와 성적인 행동은 대략 5시간마다 한 번씩 발생한다. 채찍꼬리왈라비 수컷 사이의 동성애 마운트는 모든 마운팅 활동의 약 1%를 차지한다.

성적 지향 : 포획 상태의 동부회색캥거루 무리에서 여섯 마리의 암컷 중 네 마리가 같은 성 짝을 이뤘다. 붉은목왈라비 수컷은 생애 시기에 따른 순차적 양성애자로 보인다. 청소년기 때는 놀이 싸움 중에 성적인 상호작용을 하다가(놀이 싸움은 청소년기에 가장 흔하다), 성체가 되면 이성애를 지향하는 식이다. 다른 수컷에게 구애하거나 마운트를 하는 수컷 채찍꼬리왈라비는 암컷과도 성적인 상호작용을 한다. 즉 이들은 동시적 양성애자다.

비생식적이고 대체 가능한 이성애

암컷 붉은목왈라비는 짝짓기를 하려는 수컷들에게 흔히 괴롭힘을 당한다(비슷한 행동이 채찍꼬리왈라비에서도 일어난다). 한 번에 일곱 마리나 되는 수컷들이 암컷 한 마리를 쫓는 일도 있고, 짝짓기를 하며 암컷을 다치게도 한다. 이성애 교미 후에 암컷이 다리를 절거나 등에 상처를 입은 것이 목격되었다. 다른 수컷이 교미를 시도하는 짝에게 달려들거나 마운팅한 수컷을 떼어내기도 한다. 이 종에서 수컷의 약 18%만이 암컷과 짝짓기를 한다. 동부회색캥거루에서도 번식하지 않는 암컷이 있다. 또한 임신(말기 포함) 중이거나, 발정기가 아니거나 성적으로 미성숙한 암컷들도 때로 이성애 활동에 참여하며, 수컷도 발기한 페니스를 앞발 사이에 넣고 골반찌르기를 하며 정기적인 자위를 한다. 지연 착상delayed implantation은 이들 종의 생식 주기에서 주목할 만한 또 다른 특징이다.

기타 종

다른 캥거루와 왈라비 종에서도 동성애 마운팅이 일어난다. 예를 들면 노란발바위왈라비Petrogale xanthopus의 암컷들, 그리고 서부회색캥거루Macropus fuliginosus, 붉은캥거루Macropus rufus, 애절왈라비Macropus agilis, 검은발바위왈라비Petrogale lateralis, 늪왈라비Wallabia bicolor의 수컷들 사이에서 볼 수 있다. 다양한 형태의 트랜스젠더나 간성 개체도 붉은캥거루, 왈라루Macropus robustus, 타마왈라비Macropus erugenii, 쿠아카왈라비Setonix brachyurus 등 여러 종에서 발견된다. 이러한 개체의 일부는 암컷의 신체 비율과 외부 생식기, 암컷 또는 암수가 혼합된 내부 생식기와 음낭을 가지고 있지만, 육아낭과 유선이 없다. 또 다른 개체들은 수컷의 생식기와 암수 중간의 신체 비율, 그리고 육아낭과 유선을 가지고 있다.

출처

*별표가 있는 출처는 동성애와 트랜스젠더에 대해 논의한다.

Coulson, G. (1997) "Repertoires of Social Behavior in Captive and Free-Ranging Gray Kangaroos, *Macropus giganteus* and *Macropus fuliginosus* (Marsupialia: Macropodidae)." *Journal of Zoology*, London 242:119–30.

* ——(1989) "Repertoires of Social Behavior in the Macropodoidea." In G. C. Grigg, P. J. Jarman, and I. D. Hume, eds., *Kangaroos, Wallabies, and Rat-Kangaroos*, pp. 457–73. Chipping Norton, NSW: Surrey Beatty and Sons.

* Grant, T. R., (1974) "Observations of Enclosed and Free-Ranging Gray Kangaroos *Macropus giganteus*." *Zeitschrift für Säugetierkunde* 39:65–78.

* ——(1973) "Dominance and Association Among Members of a Captive and a Free-Ranging Group of Gray Kangaroos (*Macropus giganteus*)." *Animal Behavior* 21:449–56.

Jarman, P. J., and C. J. Southwell (1986) "Grouping, Association, and Reproductive Strategies in Eastern Gray Kangaroos." In D. 1. Rubenstein and R. W. Wrangham, eds., *Ecological Aspects of Social Evolution*, pp. 399 428. Princeton: Princeton University Press.

Johnson, C. N. (1989) "Social Interactions and Reproductive Tactics in Red-necked Wallabies (*Macropus rufogriseus banksianus*)." *Journal of Zoology*, London 217:267–80.

Kaufmann, J. H. (1975) "Field Observations of the Social Behavior of the Eastern Gray Kangaroo, *Macropus giganteus*." *Animal Behavior* 23:214–21.

* ——(1974) "Social Ethology of the Whiptail Wallaby, *Macropus parryi*, in Northeastern New South Wales." *Animal Behavior* 22:281–369.

* LaFollette, R. M. (1971) "Agonistic Behavior and Dominance in Confined Wallabies, *Wallabia rufogrisea frutica*." *Animal Behavior* 19:93–101.

Poole, W. E. (1982) "*Macropus giganteus* Shaw 1790, Eastern Gray Kangaroo." *Mammalian Species* 187:1–8.

——(1973) "A Study of Breeding in Gray Kangaroos, *Macropus giganteus* Shaw and *M. fuliginosus* (Desmarest), in Central New South Wales." *Australian Journal of Zoology* 21:183–212.

Poole, W.E., and P. C. Catling(1974) "Reproduction in the Two Species of Gray

Kangaroos, *Macropus giganteus* Shaw and *M. fuliginosus* (Desmarest). I. Sexual Maturity and Oestrus." *Australian Journal of Zoology* 22:277–302.

* Sharman, G. B., R. L. Hughes, and D. W. Cooper (1990) "The Chromosomal Basis of Sex Differentiation in Marsupials." *Australian Journal of Zoology* 37:451–66.

Stirrat, S. C., and M. Puller (1997) "The Repertoire of Social Behaviors of Agile Wallabies, *Macropus agilis.*" *Australian Mammalogy* 20:71–78.

* Watson, D. M., and D. B. Croft (1993) "Playfighting in Captive Red–Necked Wallabies, *Macropus rufogriseus banksianus.*" *Behavior* 126:219–245.

붉은쥐캥거루
Aepyprymnus rufescens

도리아나무캥거루
Dendrolagus dorianus

마취나무캥거루
Dendrolagus matschiei

동성애	트랜스젠더	행동		랭킹	관찰
● 암컷	○ 간성	● 구애	○ 짝 형성	○ 중요	○ 야생
○ 수컷	○ 복장도착	○ 애정표현	○ 양육	○ 보통	○ 반야생
		● 성적인 행동		● 부수적	● 포획 상태

붉은쥐캥거루

식별 : 쥐처럼 생긴 적갈색 털의 작은(2.7~3.2킬로그램) 캥거루.

분포 : 호주 동부와 남부.

서식지 : 풀이 있는 삼림.

연구지역 : 호주 타운즈빌의 국립공원 및 야생동물 관리센터, 독일 서베를린의 동물원.

도리아나무캥거루와 마취나무캥거루

식별 : 나무에 사는 다부진 체격을 가진 캥거루. 밤색이나 초콜릿색 계열의 갈색 털에, 연한
무늬가 있다.

분포 : 뉴기니 내륙. 도리아는 취약, 마취는 멸종위기.

서식지 : 산악 우림.

연구지역 : 독일 칼스루에 동물원, 워싱턴 시애틀 우드랜드파크 동물원.

사회조직

붉은쥐캥거루와 나무캥거루는 대개 혼자 살지만, 때로 짝이나 트리오를 형성할 수도 있고, 성체와 어린 개체가 작은 무리를 짓기도 한다. 붉은쥐캥거루 무리의 약 15%는 같은 성별이 모인 무리다. 이러한 종의 짝짓기 체계는 아직 잘 밝혀지지 않았지만, 일부 붉은쥐캥거루 개체군에서는 일부일처제 짝결합과 더불어 일부다처제와 난혼제가 같이 있는 것으로 여겨진다. 수컷은 일반적으로 새끼를 기르는 데 참여하지 않는다.

설명

행동 표현 : 암컷 붉은쥐캥거루는 반대쪽 성에게 구애하고 마운트할 때와 같은 행동 패턴으로 다른 암컷에게도 구애하고 마운트를 한다. 성적인 상호작용은 한 암컷이 다른 암컷에게 다가가 항문과 생식기, 육아낭의 입구의 냄새를 맡고, 코를 비비면서 시작된다. 구애하는 암컷은 성적으로 흥분하여 꼬리를 좌우로 물결처럼 빠르게 움직이는 꼬리치기taiL-lashing를 한다. 상대 암컷은 옆으로 누워 낮게 으르렁거리면서 뒷발로 차는 등, 처음에는 적대적으로 반응할 수 있다(암컷이 이성애 구애에 반응하듯이). 그러면 구애를 하는 암컷도 상대 암컷 근처에서 뒷발로 선 채 한쪽 발로 땅을 두드리는 발구르기foot-drumming를 한다. 만일 상대 암컷이 진정되면 구애하는 암컷은 뒤에서 상대의 허리를 잡고 골반찌르기를 한다. 붉은쥐캥거루의 일부 동성애 상호작용은 성체 암컷이 어린 암컷에

게 구애를 하는 형식이고, 그 반대의 경우도 일어난다. 어떤 때는 근처에 있는 수컷이 동성애 행동을 하는 암컷 사이에 끼어들어 방해하는 경우도 있지만, 그냥 무시하기도 한다. 도리아나무타기캥거루와 마취나무타기캥거루에서도 암컷 사이에 골반찌르기가 동반된 마운팅이 일어난다.

빈도 : 포획 상태의 붉은쥐캥거루에서는 동성애 상호작용이 매우 자주 일어난다. 한 연구에 따르면 암컷 간의 마운트는 전체 마운트 8번 중 3번을 차지했고, 동성애 활동도 한 달 동안 총 19번 관찰되었다. 나무타기캥거루에서는 같은 성 마운팅이 드물게 일어난다.

성적 지향 : 동성애 활동에 참여하는 암컷 붉은쥐캥거루는 양성애자로 보인다. 대부분 수컷과도 짝짓기를 하여 성공적으로 새끼를 낳기 때문이다. 다른 암컷을 마운트하는 대부분의 암컷 나무타기캥거루는 이성애 활동에도 참여하지만, 어떤 나무타기캥거루 개체는 같은 성 마운트만 하는 비번식 개체임이 밝혀졌다.

비생식적이고 대체 가능한 이성애

붉은쥐캥거루의 이성애 상호작용은 여러 가지 비생식적인 측면을 가지고 있다. 예를 들어 성체 수컷은 일반적으로 성적으로 성숙한 성체 암컷보다 청소년 암컷에게 성적인 접근을 더 자주 한다. 암컷이 수컷을 마운트하는 비생식적인 역逆마운트가 이 종에서 종종 발생하며, 수컷이 발정기가 아닌 암컷에게 하는 마운트 시도도 일어난다. 후자의 경우 대개 암컷은 상대를 발로 힘껏 차고 으르렁거리며 공격적으로 반응한다. 대부분의 이성애 상호작용은 쌍을 이룬 개체 사이에 일어나지만, 때로 두 마리의 암컷 붉은쥐캥거루가 한 수컷과 트리오를 이뤄 동시에 짝짓기를 한다. 마취나무타기캥거루에서는 육아낭도둑질pouch robbing이라고 알려진 영아살해의 한 형태가 드물게 관찰되는데, 암컷이 다른 새끼에게 극도로 공격적이어서 실제로 다른 어미의 육아낭에서 새끼를 꺼내 죽이기도 한다.

기타종

암컷 태즈메이니아쥐캥거루*Bettongia gaimardi*도 동성애 마운팅을 한다.

출처   *별표가 있는 출처는 동성애와 트랜스젠더에 대해 논의한다.

* Coulson, G. (1989) "Repertoires of Social Behavior in the Macropodoidea." In G. C. Grigg, P. J. Jarman, and I. D. Hume, eds., *Kangaroos, Wallabies, and Rat-Kangaroos*, pp. 457–73. Chipping Norton, NSW: Surrey Beatty and Sons.

Dabek, L. (1994) "Reproductive Biology and Behavior of Captive Female Matschie's Tree Kangaroos, *Dendrolagus matschiei*." Ph.D. thesis, University of Washington.

Frederick, H., and C. N. Johnson (1996) "Social Organization in the Rufous Bettong, *Aepyprymnus rufescens*." *Australian Journal of Zoology* 44:9–17.

Ganslosser, U. (1993) "Stages in Formation of Social Relationships—an Experimental Investigation in Kangaroos (Macropodoidea: Mammalia)." *Ethology* 94:221–47.

* ——(1979) "Soziale Kommunikation, Gruppenleben, Spiel– und Jugendverhalten des Doria Baumkänguruhs(*Dendrolagus dorianus* Ramsay, 1833) [Social Communication, Group Life, and Play Behavior of Doria's Tree Kangaroo]." *Zeitschrift für Säugetierkunde* 44:137–53.

* Ganslosser, U., and C. Fuchs (1988) "Some Quantitative Data on Social Behavior of Rufous Rat–Kangaroos (*Aepyprymnus rufescens* Gray, 1837 (Mammalia: Potoroidae)) in Captivity." *Zoologischer Anzeiger* 220:300–312.

George, G. G. (1977) "Up a Tree with Kangaroos." *Animal Kingdom* 80(2):20–24.

* Hutchins, M., G. M. Smith, D. C. Mead, S. Elbin, and J. Steenberg (1991) "Social Behavior of Matschie's Tree Kangaroo (*Dendrolagus matschiei*) and Its Implications for Captive Management." *Zoo Biology* 10:147–64.

Jarman, P. J. (1991) "Social Behavior and Organization in the Macropodoidea."

Advances in the Study of Behavior 20:1–50.

* Johnson, P. M. (1980) "Observations of the Behavior of the Rufous Rat–Kangaroo, *Aepyprymnus rufescens*(Gray), in Captivity." *Australian Wildlife Research* 7:347–57.

코알라

Phascolarctos cinereus

동성애	트랜스젠더	행동		랭킹	관찰
●암컷	○간성	○구애	○짝 형성	○중요	○야생
●수컷	○복장도착	○애정표현	○양육	●보통	○반야생
		●성적인 행동		○부수적	●포획 상태

식별 : 양털빛을 닮은 갈색이나 회색 털을 가졌고, 커다란 검은 코, 하얀 가슴, 긴 발톱을 가
진 곰처럼 생긴 유대류이다.

분포 : 호주 동부 및 남동부.

서식지 : 유칼립투스 숲.

연구지역 : 오스트레일리아 브리즈번의 로 파인 보호구역, 샌디에이고 동물원.

아종 : 퀸즐랜드코알라 *P.c. adustus*.

사회조직

코알라는 주로 야행성이고 혼자 살지만, 어떤 개체군에서는 2~6마리의
암컷과 몇 마리의 수컷이 느슨하게 무리를 지어 살기도 한다. 짝짓기 체
계는 난혼제이거나 일부다처제(한 개체가 다수의 파트너와 짝짓기를 한다)이

고, 수컷은 양육에 참여하지 않는다.

설명

행동 표현: 발정기의 암컷 코알라는 때로 나무 위에서 서로 마운트를 한다. 한 암컷이 나무에 수직으로 매달리면, 올라탄 다른 암컷도 팔을 뻗어 나무 주위를 감싼다. 이때 마운트한 암컷은 상대 암컷에게 골반찌르기를 하는 동안 이빨로 목을 무는, 전형적인 모습도 보여준다(이성애 마운팅 때 수컷처럼). 간혹 한 암컷이 다른 암컷을 측면에서 마운트하기도 한다(어린 수컷도 사용하는 체위이다). 대개 마운트가 된 암컷은 수용적인 자세(머리를 뒤로 젖히면서 등을 구부리는 자세)를 보이지 않으며, 동성애 마운트는 일반적으로 이성애 마운트보다 짧게 끝이 난다. 암수 간의 교미와 마찬가지로 동성애 상호작용에도 때로 참가자들 사이에 공격성이 나타난다. 한쪽 암컷이 다른 암컷에게 덤벼들거나 마운팅이 일어난 후 땅에 밀치기도 한다. 때로 두 암컷은 번갈아 마운트를 하며, 동성애 마운트 도중 추격이나, 벨로잉bellowing, 저킹jerking 등 성적으로 강하게 흥분한 징후를 보인다. 벨로잉은 끽끽거리기, 으르렁거리기, 쌕쌕거리기, 헐떡거리기, 윙윙거리기, 그리고 시끄럽게 울기 등으로 설명되는 특별한 소리이며(수컷도 벨로잉을 한다), 숨을 들이마실 때의 코를 고는 듯한 소리와, 숨을 내쉴 때의 트림하는 듯한 소리로 이루어져 있다. 저킹은 딸꾹질 같은 과시로서, 암컷이 몸을 위로 확 올리면서, 머리를 뒤로 휙 젖히는 동작을 반복하는 행동을 말한다. 수컷 코알라 또한 가끔 서로 마운트를 하고, 몇몇은 발정기의 암컷처럼 저킹 과시를 한다.

빈도: 포획 상태에서 같은 성 마운팅은 모든 교미 활동의 11%를 차지하는데, 대부분 암컷 간에 일어난다.

한 암컷 코알라가 다른 암컷을
마운팅하고 있다.

성적 지향 : 다른 암컷을 마운팅하는 암컷도 수컷과 짝짓기를 하는 것이 관찰되었기 때문에, 동성애 마운팅에 참여하는 코알라는 양성애 동물인 것으로 보인다.

비생식적이고 대체 가능한 이성애

코알라의 이성애 관계는 현저한 공격성과 폭력성이 특징이다. 싸움의 2/3 이상이 수컷끼리가 아니라 수컷과 암컷 사이에 일어난다. 수컷은 때로 암컷을 끈질기게 따라다니거나, 만지거나, 물거나, 물어뜯으며 '추격'한다. 만일 암컷이 물릴 때 반격한다면 그 만남은 심각한 싸움으로 번질 수 있다. 수컷은 암컷(임신한 어미와 젖먹이 어미를 포함)을 나무에서 밀치거나 무자비하게 물고 할퀴는 공격을 하는 것으로 알려져 있다. 실제로 수컷은 짝짓기를 하는 동안 거의 항상 암컷의 목을 물고, 이성애 교미는 수컷이 암컷을 공격하는 것으로 끝이 난다. 암컷도 수컷과 싸우는데(폭력성이 덜하긴 하지만), 수컷에 대한 공격성은 암컷 코알라 발정기의 중요한 특징으로 여겨진다. 때로 같은 무리의 성체가 새끼를 학대한다. 어미가 새끼를 물어뜯기도 하고, 어미와 마운트하는 것을 방해받은 수컷이 새끼를 공격하기도 한다. 수컷은 흔히 발정기가 아닌 암컷에게 마운트하기 때문에, 다수의 이성애 상호작용은 생식과 관련이 없다. 이 경우 암컷은 당연히 수컷의 접근을 거절하지만, 어떤 경우에는 수컷이 암컷을 마운트해 골반찌르기와 삽입 없는 사정을 할 때도 있다.

발정기의 암컷이 수컷을 마운트하기도 한다(역마운트).

많은 야생 코알라 개체군은 성병 때문에 암컷 불임의 비율이 매우 높다(그리고 번식률도 매우 떨어진다). 일부 지역에서는 전체 암컷의 절반 이상이 궁극적으로 불임증을 일으키는 박테리아인 생식기 클라미디아에 감염되어 있다. 이 병원체의 기원은 1890년대까지 거슬러 올라가기 때문에 비교적 오랜 시간 동안 코알라 개체군에 존재해 왔다. 정확한 전염 경로는 아직 완전히 파악되지 않았지만, 성적으로 전달되는 것과 어미에서 새끼로 전달되는 두 가지 경로가 있다. 코알라는 팹pap이라고 알려진 특별한 형태의 배설물을 생산해 새끼 코알라를 먹이기 때문에 이유기에 어미의 대변을 항문에서 직접 먹는 습관을 지닌 새끼는 이에 따라 클라미디아에 전염된다(이러한 모습은 다른 여러 유대류에서도 나타난다).

기타 종

또 다른 유대류인 주머니여우*Trichosurus vulpecula*에서 간성 혹은 자웅동체가 드물게 발생한다. 검진을 했던 어떤 개체는 수컷의 신체 비율과 털빛을 가지고 있었지만 유선과 육아낭도 함께 가지고 있었다.

출처   *별표가 있는 출처는 동성애와 트랜스젠더에 대해 논의한다.

Brown, A. S., A. A. Girjes, M. F. Lavin, P. Timms, and J. B. Woolcock (1987) "Chlamydial Disease in Koalas." *Australian Veterinary Journal* 64:346–50.

* Gilmore, D. P. (1965) "Gynandromorphism in *Trichosurus vulpecula*." *Australian Journal of Science* 28:165.

Lee, A., and R. Martin (1988) *The Koala: A Natural History*. Kensington, Australia: New South Wales University Press.

Phillips, K. (1994) *Koalas: Australia's Ancient Ones*. New York: Macmillan.

* Sharman, G. B., R. L. Hughes, and D. W. Cooper (1990) "The Chromosomal Basis of Sex Differentiation in Marsupials." *Australian Journal of Zoology* 37:451–66.

Smith, M. (1980a) "Behavior of the Koala, *Phascolarctos cinereus* (Goldfuss) in Captivity. III, Vocalizations." *Australian Wildlife Research* 7:13–34.

* ——(1980b) "Behavior of the Koala, *Phascolarctos cinereus* (Goldfuss) in Captivity. V. Sexual Behavior." *Australian Wildlife Research* 7:41–51.

——(1980c) "Behavior of the Koala, *Phascolarctos cinereus* (Goldfuss) in Captivity. VI. Aggression." *Australian Wildlife Research* 7:177–90.

——(1979) "Behavior of the Koala, *Phascolarctos cinereus* (Goldfuss) in Captivity. I. Non–Social Behavior." *Australian Wildlife Research* 6:117–29.

* Thompson, V. D. (1987) "Parturition and Development in the Queensland Koala *Phascolarctos cinereus adustus* at San Diego Zoo." *International Zoo Yearbook* 26:217–22.

Weigler, B. J., A. A. Girjes, N. A. White, N. D. Kunst, F. N. Carrick, and M. F. Lavin (1988) "Aspects of the Epidemiology of Chlamydia psittaci Infection in a Population of Koalas (*Phascolarctos cinereus*) in Southeastern Queensland, Australia." *Journal of Wildlife Diseases* 24:282–91.

살찐꼬리두나트
Sminthopsis crassicaudata

북부주머니고양이
Dasyurus hallucatus

동성애	트랜스젠더	행동		랭킹	관찰
● 암컷	○ 간성	○ 구애	○ 짝 형성	○ 중요	○ 야생
● 수컷	○ 복장도착	○ 애정표현	○ 양육	○ 보통	○ 반야생
		● 성적인 행동		● 부수적	● 포획 상태

살찐꼬리두나트

식별 : 쥐를 닮은 작은 유대류. 지방이 들어 있는 원뿔모양의 두꺼운 꼬리를 가지고 있다.

분포 : 오스트레일리아 남부 내륙.

서식지 : 암반 지역 등 다양.

연구지역 : 오스트레일리아 애들레이드 대학교.

북부주머니고양이

식별 : 회색빛을 띤 갈색 털과 흰 얼룩무늬를 가지고 있는 고양이를 닮은 유대류로서 몸길
이가 최대 60센티미터이다.

분포 : 오스트레일리아 북부 및 동부.

서식지 : 삼림 지대, 암반 지대.

연구지역 : 오스트레일리아 모나시 대학교.

사회조직

살찐꼬리두나트는 작은 무리나 쌍을 이뤄 둥지를 공유하며 함께 산다. 이러한 무리 형성은 일시적인 일이며, 때로 같은 성별의 개체로 구성된다(특히 번식기가 아닌 경우). 북부주머니고양이의 사회체계에 대해서는 거의 알려지지 않았지만, 대부분의 개체는 보통 단독생활을 하는 것으로 보인다. 두 종 모두 야행성이다.

설명

행동 표현 : 북부주머니고양이에서는 암컷 사이에 동성애 마운팅이 발생하며, 그보다 낮은 빈도로 수컷 사이에서도 발생한다. 이성애 교미 때처럼 한쪽이 상대 개체 위로 올라가 앞발로 상대의 가슴을 움켜쥐게 되는데, 때로 마운트된 동물이 상대를 태운 채 걸어다니기도 한다. 살찐꼬리두나트의 경우 발정기에 있는 암컷이 때로 다른 암컷을 마운트한다.

빈도 : 포획 상태에서 북부주머니고양이의 동성애 마운팅은 암컷 간 만남의 2/3 정도와 수컷 간 만남의 10%에서 발생하지만, 이러한 수치가 야생에서의 발생 빈도를 반영하는 것은 아닐 것이다. 살찐꼬리두나트는 암컷에서만 간혹 같은 성 마운팅이 일어난다.

성적 지향 : 이러한 종의 일부 개체는 같은 성 행동만 하고, 다른 개체는 양성애 행동을 하지만, 특정 개체의 생활사에 대해서는 알려진 것이 거의 없다. 한 연구에서 동성애 행동을 하는 북부주머니고양이는 이성애 마운팅을 하지 않았다(하지만 번식기 동안에는 관찰하지 않았다). 또한 거의 일 년 동안 지속한 어느 연구에서 다른 암컷을 마운트한 어떤 암컷 살찐꼬리두나트는 번식을 하지 않았다.

비생식적이고 대체 가능한 이성애

북부주머니고양이의 번식에는 특징적으로 수컷사멸male die-off이라고 알려진 특별한 현상이 나타난다. 많은 지역에서 사실상 수컷 개체 전부가 번식기가 끝날 즈음 사멸하고, 전형적으로 암컷은 번식을 위해 다음 두 계절을 더 생존한다(지리적 위치와 암수 생존 비율에 따라 약간의 변화가 있다). 이러한 수컷의 완전한 전멸은 다른 여러 육식 유대류 사회체계의 특징이기도 하며, 살찐꼬리두나트에서는 정도가 훨씬 덜하다. 아직 수컷이 죽는 원인의 정확한 기전이 완벽히 이해되지는 않았지만, 생식 참여와 직접 관련된 여러 스트레스 때문인 것으로 생각된다. 테스토스테론 수치가 낮은 비번식 수컷들, 즉 '서열이 낮은' 수컷이 번식하는 수컷보다 생존율이 더 높다는 증거가 있다. 또한 암컷 북부주머니고양이는 일상적으로 '유산' 혹은 태아제거를 한다. 암컷 자궁의 배아 수는 거의 17개에 이르지만, 일반적인 암컷 육아낭 안의 젖꼭지 수는 8개 이하이므로, 대부분의 태아나 신생아는 살아남지 못하게 된다. 살찐꼬리두나트에서는 암컷이 마운트를 시도하는 수컷에게 극도로 공격적일 수 있다. 즉 포획 상태에서 암컷은 수컷 짝을 죽인다고 알려져 있다. 이 종에서 이성애 교미는 놀랄 만큼 오래 지속하는데, 수컷이 암컷에게 한 번에 몇 시간씩(때로는 11시간까지) 마운트하므로, 암컷은 간혹 이러한 고된 짝짓기에서 벗어나려 몸부림치기도 한다. 북부주머니고양이에서는 짝짓기를 하는 동안 수컷이 암컷의 목과 가슴에 상처를 입히는 경우가 많다. 성체 수컷 살찐꼬리두나트가 어린 암컷에게 성적인 관심을 보이기도 하며, 근친상간 짝짓기도 기록되었다. 또한 발정기의 암컷은 간혹 수컷을 마운트한다(역마운팅).

기타 종

수컷 스튜어트주머니고양이*Antechinus Stuartii*는 짝짓기 기간에 암컷과 수컷 모두를 마운트한다. 트랜스젠더(간성) 태즈매니아데빌 *Sarcophilus harrisii*도 보고되었는데, 어떤 개체는 암컷의 내외부 생식기와 음낭, 그리고 한쪽에만 유선이 있는 육아낭을 가지고 있었다.

출처   *별표가 있는 출처는 동성애와 트랜스젠더에 대해 논의한다.

Begg, R. J. (1981) "The Small Mammals of Little Nourlangie Rock, N.T. III. Ecology of *Dasyurus hallticatus*, the Northern Quoll (Marsupialia: Dasyuridae)." *Australian Wildlife Research* 8:73–85.

Croft, D. B. (1982) "Communication in the Dasyuridae (Marsupialia): A Review." In M. Archer, ed., *Carnivorous Marsupials*, vol. l,pp. 291–309. Chipping Norton, Australia: Royal Zoological Society of New South Wales.

* Dempster, E. R. (1995) "The Social Behavior of Captive Northern Quolls, *Dasyurus hallucatus*." *Australian Mammalogy* 18:27–34.

Dickman, C. R., and R. W. Braithwaite (1992) "Postmating Mortality of Males in the Dasyurid Marsupials, Dasyurus and Parantechinus." *Journal of Mammalogy* 73:143–47.

* Ewer, R, F. (1968) "A Preliminary Survey of the Behavior in Captivity of the Dasyurid Marsupial, *Sminthopsis crassicaudata* (Gold)." *Zeitschrift für Tierpsychologie* 25:319–65,

* Lee, A. K., and A. Cockbum (1985) *Evolutionary Ecology of Marsupials*. Cambridge: Cambridge University Press.

Morton, S. R. (1978) "An Ecological Study of *Sminthopsis crassicaudata* (Marsupialia: Dasyuridae). II. Behavior and Social Organization. III. Reproduction and Life History." *Australian Wildlife Research* 5:163–211.

Schmitt, L. H., A. J. Bradley, C. M. Kemper, D. J. Kitchener, W. E Humphreys, and R. A. How (1989) "Ecology and Physiology of the Northern Quoll, *Dasyurus hallucatus* (Marsupialia, Dasyuridae), at Mitchell Plateau, Kimberley, *Western Australia*." *Journal of Zoology*, London 217:539–58.

* Sharman, G. B., R. L. Hughes, and D. W. Cooper (1990) "The Chromosomal Basis of Sex Differentiation in Marsupials." *Australian Journal of Zoology* 37:451–66.

(북미)붉은다람쥐
Tamiasciurus hudsonicus

회색다람쥐
Sciurus carolinensis

꼬마줄무늬다람쥐
Tamias minimus

동성애	트랜스젠더	행동		랭킹	관찰
● 암컷	○ 간성	○ 구애	● 짝 형성	○ 중요	● 야생
● 수컷	○ 복장도착	● 애정표현	● 양육	● 보통	● 반야생
		● 성적인 행동		○ 부수적	● 포획 상태

(북미)붉은다람쥐

식별 : 주로 나무에 사는 중간 크기 (25~38센티미터) 의 다람쥐이며, 적갈색 또는 황갈색 털을 가졌고 배 쪽은 흰색이다. 옆구리에는 종종 어두운 줄무늬가 있다.

분포 : 캐나다, 알래스카, 록키산맥 및 애팔래치아산맥, 미국 북동부.

서식지 : 침엽수림 또는 혼합림.

연구지역 : 뉴욕 이타카 부근, 캐나다 브리티시 컬럼비아의 매닝주립공원, 퀘벡 생띠폴리트 (몬트리올 대학).

아종 : 날쌘붉은다람쥐 *T.b. gymnicus*, 스트리터붉은다람쥐 *T.b. streatori*, 로렌티안붉은다람
쥐 *T.b. laurentianus*.

회색다람쥐

식별 : 길고 숱이 많은 꼬리와 회색이나 희끗희끗한 색, 또는 담황색 털을 가진 나무에 사는
큰 다람쥐 (50센티미터).

분포 : 미국 동부, 캐나다 남동부.

서식지 : 하드우드 숲과 공원.

연구지역 : 메릴랜드 대학.

아종 : 펜실베이니아회색다람쥐 *S.c. pensyivanicus*.

꼬마줄무늬다람쥐

식별 : 땅에 사는 작은 다람쥐로 등과 얼굴에 짙은 줄무늬와 밝은 줄무늬가 번갈아 나 있다.

분포 : 유콘에서 온타리오까지, 중서부 이북지역, 미국 서부 산악지대.

서식지 : 침엽수림, 산쑥지대.

연구지역 : 미시간주 수세인트마리의 레이크 슈페리어 주립대학.

아종 : 꼬마줄무늬다람쥐 *T.m. neglectus*.

사회조직

다람쥐는 번식기를 제외하고는 일반적으로 군집 생활을 하지 않는다. 붉은다람쥐는 일 년 내내 자신의 영역을 지킨다. 짝짓기 시스템은 난혼제여서 암수 모두 여러 파트너와 짝짓기를 한다. 새끼는 암컷이 혼자 기른다. 줄무늬다람쥐는 영역을 가지고 있고 정교한 땅굴에 산다.

설명

행동 표현 : 붉은다람쥐는 암수 모두 주로 비번식기에 동성애 마운팅을 한다. 한 개체가 다른 개체의 뒤에서 접근하여 허리를 붙잡는 식이다(땅에서는 뒤에서, 나무에서는 위아래로). 이 자세는 이성애 교미 때 사용하는 자세와 동일하며, 마운터는 다른 개체의 사타구니 골에 발을 끼운다. 마운터는 흔히 파트너의 목뒤 쪽이나 목 옆부분에 있는 털을 핥거나 야금야금 물거나 다듬는다. 또한 마운팅을 하는 동물들은 놀이 싸움(무해한 '권투' 또는 발차기 활동)을 하거나 부드럽게 윙윙거리는 소리mok-calls를 내기도 한다. 때로 세 마리의 같은 성별 동물이 동시에 마운팅 활동에 참여하는데, 이들은 번갈아 마운팅을 하거나 세 마리가 한꺼번에 서로 마운팅을 한다(차례로 줄지어서). 동성애 마운팅은 이성애 교미와는 달리 상호적인 행위이고, 대개 마운트가 된 동물이 더 기꺼이 참여하는 개체이다(물론 드물게 고개를 돌려 마운터를 물기도 한다). 또한 같은 성 마운팅은 일반적으로 삽입이나 골반찌르기가 없으며, 마운팅을 하기 전에 구애 추격이 발생하지도 않는다. 회색다람쥐에서는 유사한 형태의 같은 성 마운팅(털손질과 함께)이 주로 어린 개체들(때로 형제자매들 사이)에서 발생한다. 마운팅 활동의 시작은 마운터가 허리를 붙잡기 전에 파트너에게 뛰어오른다는 점에서 붉은다람쥐와 차이를 보인다. 성체 수컷 꼬마줄무늬다람쥐도 때로 서로 마운트한다.

드물게 두 마리의 암컷 붉은다람쥐는 성적인 활동과 애정 활동, 그리고 공동양육을 하는 유대 관계를 형성한다. 이 둘은 굴(나무 구멍)을 공유하고, 서로 따라다니며, 흔히 코를 만지거나 서로의 옆구리를 부드럽게 밀친다. 또한 번갈아 마운팅도 하며, 마운팅을 하는 동안 파트너의 털을 야금야금 물거나 쓰다듬는다. 이러한 쌍은 함께 새끼를 기르기도 하는데, 새끼들이 모두 한쪽 암컷의 생물학적 자손이라 하더라도 젖먹이기에는 둘 다 참여한다. 그리고 새끼돌보기를 할 때도 협력한다. 이러한 쌍이 길을 잃은 자기 새끼를 나무에서 찾아 길을 건너 굴로 데려가는 것이 목격되었다. 주의할 점은 일반적으로 이성애 쌍은 이 종에서 형성되지 않는다는 것이다. 전형적으로 암컷들은 새끼를 혼자 기르고 접근하려는 다른 성체에게 매우 공격적이다.

빈도 : 붉은다람쥐의 경우 전체 마운트의 18%는 동성애 마운트다. 이 중 대부분은 수컷들 사이에 발생하며, 번식기가 아닌 경우 최대 30분에 한 번씩 같은 성 마운팅에 참여한다. 이는 같은 시기의 이성애 마운팅 비율보다 약간 높은 수치다. 어린 회색다람쥐들은 훨씬 더 높은 비율로, 즉 어떤 연령대에서는 한 시간에 10번까지 같은 성 마운팅에 참여한다(이성애 마운팅보다 3배 더 높은 비율이다). 꼬마줄무늬다람쥐에서는 수컷 한 마리가 4일 동안 20차례 마운트하는 것이 관찰되었다. 암컷 붉은다람쥐 사이의 공동양육과 짝 형성은 드물게 일어나는 것으로 보이지만, 그 발생률을 확인하기 위한 체계적인 연구는 수행되지 않았다.

성적 지향 : 성체 붉은다람쥐는 계절에 따른 양성애자다. 번식기가 아닌 경우 같은 성 마운팅과 반대쪽 성 마운팅에 모두 참여하지만, 번식기에는 대부분 이성애 교미를 한다. 그러나 짝을 맺은 암컷들은 관계를 유지하는 동안에는 같은 성 활동을 우선적으로 한다. 물론 이 둘은 (둘 다 번식은 하므로) 기능적으로는 양성애자일 것이다. 어린 개체들은 형제자매에게 마운트를 하는 경향이 있으므로 양성애자고(암수 모두와 상호작용한다), 수컷들은 주로 동성애자다(암컷이 존재하더라도 대부분 다른 수컷과 상호작용한다). 회색다람쥐는 순차적인 혹은 시간적인 양성애자다. 어린 개체, 청소년 개체, 그리고 젊은 성체(1살 반까지)는 동성애 활동을 선호하지만, 그보다 나이가 들면 일반적으로 같은 성 마운팅을 훨씬 덜 한다. 수컷들은 보통 18개월이 될 때까지 번식을 시작하지 않기 때문에, 어떤

개체들은 그때까지 동성애에만 참여하게 된다.

비생식적이고 대체 가능한 이성애

붉은다람쥐와 회색다람쥐 모두 다양한 비생식적인 성적 활동을 한다. 특히 붉은다람쥐에서 번식기가 아닌 때의 이성애 마운팅을 흔하게 볼 수있다. 수컷은 계절에 따른 성주기를 가지고 있고 (암컷과 마찬가지로) 이러한 시기에는 생식 능력이 없으므로 비번식기 마운팅은 확실한 비생식적 행동이 된다. 또한 붉은다람쥐에서 마운팅 활동의 약 5%는 삽입이 없거나, 역마운팅(암컷이 수컷을 마운팅한다) 형식이다. 번식에 적합하지 않은 다른 상황에서도 성적인 행동이 일어난다. 예를 들어 두 종의 어린 개체들은 형제간의 마운팅이나 새끼가 어미를 마운트하는 등의 근친상간 마운팅이나 성적인 추격을 한다. 회색다람쥐와 여우다람쥐Sciurus niger 사이의 종간 짝짓기 추적도 관찰되었다.

　회색다람쥐의 짝짓기 추적에서는 34마리나 되는 수컷들이 암컷 한 마리를 쫓아 괴롭히기도 한다. 나무 구멍이나 막다른 곳에 다다르면, 암컷은 흔히 수컷들에게 소리를 지르고 달려들며 자신을 방어한다. 암컷은 대개 짝짓기를 시도하는 수컷으로부터 도망가기 때문에 수컷이 수행하는 완전한 교미는 40%밖에 되지 않는다. 게다가 짝짓기를 하는 쌍은 흔히 다른 수컷들에게 공격을 받는데, 나무에서 그 커플을 밀거나 잔인하게 물어뜯는다. 그 와중에 암컷이 치명적인 상처를 입는 경우도 있다. 일단 짝짓기가 일어나면 암컷은 여러 마리의 수컷과 교미하는데, 한 번의 짝짓기 동안 무려 8마리의 수컷과 교미하기도 한다. 붉은다람쥐의 짝짓기 추적은 한 번에 최대 7마리의 수컷이 참여한다. 암컷은 자신에게 마운트한 수컷을 달고 걸어가거나 등에서 떨치려고 힘껏 뿌리치기도 한다. 회색다람쥐에서 수컷의 정자는 교미 후 암컷의 질에서 응고되어 다른 수컷의 수정을 막는 마개를 형성한다. 그러나 암컷은 흔히 이러한 마개를 제거해서 막 짝짓기를 한 수컷에 의한 수정을 방지한다(동시에 다음 수컷이 수정을 할 수 있게 만든다). 어린 붉은다람쥐는 때로 영역싸움을 하는 수컷에게 치명적인 상처를 입기도 한다. 그리고 회색다람쥐 어린 개체는 가끔 성체에 의해 공격받아 잡아먹히기도 한다. 모든 성체가 번식에 참여하는 것은 아니다. 어떤 개체군에서 암컷 붉은다람쥐의 1/3은 비번식 개체였으며, 수컷 회색다람쥐의 약 30%는 암컷과 짝짓기를 거르는 시즌이 있는 개체였다(일부는 전체 시즌을 건너뛰었다).

출처   *별표가 있는 출처는 동성애와 트랜스젠더에 대해 논의한다.

Barkalow, F. S., Jr., and M. Shorten (1973) *The World of the Gray Squirrel*. Philadelphia and New York: J. B. Lippincott.

Ferron, J. (1981) "Comparative Ontogeny of Behavior in Four Species of Squirrels (Sciuridae)." *Zeitschrift für Tierpsychologie* 55:193-216.

* ——(1980) "Le comportement cohésif de l'Ecureuil roux (*Tamiasciurus hudsonicus*) [Cohesive Behaior of the Red Squirrel]." *Biology of Behavior* 5:118–38.

* Horwich, R. H, (1972) *The Ontogeny of Social Behavior in the Gray Squirrel* (*Sciurus carolinensis*). Berlin and Hamburg: Paul Parey.

Koprowski, J. L. (1994) "*Sciurus carolinensis.*" *Mammalian Species* 480:1–9.

——(1993) "Alternative Reproductive Tactics in Male Eastern Gray Squirrels: 'Making the Best of a Bad Job.'" *Behavioral Ecology* 4:165-71.

——(1992a) "Do Estrous Female Gray Squirrels, *Sciurus carolinensis*, Advertise Their Receptivity?" *Canadian Field–Naturalist* 106:392–94.

——(1992b) "Removal of Copulatory Plugs by Female Tree Squirrels." *Journal of Mammalogy* 73:572–76.

——(1991) "Mixed–species Mating Chases of Fox Squirrels, *Sciurus niger*, and Eastern Gray Squirrels, S. *carolinensis.*" *Canadian Field–Naturalist* 105:117–18.

* Layne, J. C. (1954) "The Biology of the Red Squirrel, *Tamiasciurus hudsonicus loquax* (Bangs), in Central New York." *Ecological Monographs* 24:227–67.

Moore, C. M. (1968) "Sympatric Species of Tree Squirrels Mix in Mating Chase." *Journal of Mammalogy* 49:531–33.

Price, K., and S. Boutin (1993) "Territorial Bequeathal by Red Squirrel Mothers." *Behavioral Ecology* 4:144–49.

* Reilly, R. E. (1972) "Pseudo–Copulatory Behavior in *Eutamias minimus* in an Enclosure." *American Midland Naturalist* 88:232.

Smith, C. C. (1978) "Structure and Function of the Vocalizations of Tree Squirrels (*Tamiasciurus*)." *Journal of Mammalogy* 59:793–808.

* (1968) "The Adaptive *Nature* of Social Organization in the Genus of Tree Squirrels *Tamiasciuru*." *Ecological Monographs* 38:31–63.

Thompson, D. C. (1978) "The Social System of the Gray Squirrel." *Behavior* 64:305–28.

——(1977) "Reproductive Behavior of the Gray Squirrel." *Canadian Journal of Zoology* 55:1176–84.

——(1976) "Accidental Mortality and Cannibalization of a Nestling Gray Squirrel." *Canadian Field–Naturalist* 90:52–53.

올림픽마멋 *Marmota olympus*

흰등마멋 *Marmota caligata*

동성애	트랜스젠더	행동	랭킹	관찰
● 암컷	○ 간성	○ 구애 ○ 짝 형성	○ 중요	● 야생
○ 수컷	○ 복장도착	● 애정표현 ○ 양육	● 보통	○ 반야생
		● 성적인 행동	○ 부수적	○ 포획 상태

식별 : 회갈색이나 적색, 또는 검은색 털을 가진 마멋을 닮은 설치류이다.

분포 : 워싱턴주 올림픽 반도, 알래스카 남쪽에서 미국 북서부까지.

서식지 : 고산지대 경사면.

연구지역 : 워싱턴주 올림픽 국립공원, 몬타나주 글레이셔 국립공원.

아종 : 하얀흰등마멋 *M.c. nivaria*.

사회조직

이 두 종의 마멋은 군집을 이뤄 사는 매우 사회적인 동물이다. 각각의 군집은 일련의 땅굴을 파고 그 안에 한 마리의 수컷과 1~3마리의 암컷, 그리고 새끼가 산다. 수컷은 일반적으로 새끼를 돌보는 데 직접적으로 관여하지 않는다. 드물게 위성형satellite 수컷이 근처에 살며 올림픽마멋

다른 암컷을 마운팅하고 있는 올림픽마멋.

군집과 관계를 맺는다.

설명

행동 표현 : 올림픽마멋과 흰등마멋 암컷은 발정기가 되면 흔히 다른 암컷을 마운트하고 같은 성 간에 애정 활동과 성적인 행동을 한다. 동성애 만남은 흔히 두 암컷이 서로 코나 입을 만지거나, 한 암컷이 다른 암컷의 뺨이나 입에 코를 비비는 '인사' 상호작용으로 시작한다. 또한 다른 암컷의 귀나 목을 부드럽게 씹기도 하는데, 그러면 상대는 꼬리를 들어 반응한다. 첫 번째 암컷은 때로 상대의 생식기 냄새를 맡거나 입으로 비비기도 한다. 그러다 상대 암컷을 마운트해서 골반찌르기를 하다가 목털을 부드럽게 물어뜯기도 한다. 마운트가 된 암컷은 등을 구부리고 꼬리를 옆으로 틀어 성적인 상호작용을 용이하게 한다.

빈도 : 마멋의 동성애 행동은 꽤 흔하다. 예를 들어 흰등마멋에 대한 한 연구에서, 성체가 행한 5번의 마운트 중 3번은 암컷 간에 일어난 것이었다.

성적 지향: 같은 성 마운팅에 참여하는 많은 암컷 마멋은 수컷과도 짝짓기를 한다. 하지만 흰등마멋의 일부 비非번식 암컷들도 동성애 마운팅에 참여하므로(아래 참고), 이들이 번식을 하지 않는 기간에는 오로지 동성애 상호작용만 한다는 것을 의미한다.

비생식적이고 대체 가능한 이성애

많은 마멋이 일부일처제 이성애 쌍결합을 형성하지만, 일부 개체군에서는 흰등마멋의 대다수(2/3)가 실제로 한 마리의 수컷과 두 마리의 암컷으로 이루어진 트리오를 이뤄 살고 있다. 때로는 한 마리의 수컷과 세 마리의 암컷이 '사인조quartet'를 이뤄 함께 살기도 한다. 일부 수컷 흰등마멋은 군집을 벗어나 암컷과 교미하는, 문란한 짝짓기를 추구하기도 한다. 이러한 행동은 갤리밴팅*gallivanting이라는 용어로 불린다. 이 종에서도 생식억제의 한 형태가 나타난다. 암컷은 보통 2년에 한 번 새끼를 낳지만, 암컷의 11%는 2년 연속 번식을 '거른다'. 이러한 모습은 특히 두 마리의 암컷이 번갈아 가며 번식거르기 패턴을 보이는 트리오에서 흔하다. 하지만 수컷은 번식하지 않는 암컷에게도 마운트를 시도한다. 어린 개체가 성체를 마운팅하는 성적인 활동도 볼 수 있다.

출처 {: *별표가 있는 출처는 동성애와 트랜스젠더에 대해 논의한다.}

* Barash, D. P. (1989) *Marmots: Social Behavior and Ecology*. Stanford: Stanford University Press.

——(1981) "Mate Guarding and Gallivanting by Male Hoary Marmots (*Marmota caligata*)." *Behavioral Ecology and Sociobiology* 9:187–93.

* (1974) "The Social Behavior of the Hoary Marmot (*Marmota caligata*)." *Animal Behavior* 22:25–61.

* ——(1973) "The Social Biology of the Olympic Marmot." *Animal Behavior*

---

* 갤리밴팅이란 신나게 여기저기 돌아다닌다는 뜻이다.

Monographs 6:171–245.

Holmes, W. G. (1984) "The Ecological Basis of Monogamy in Alaskan Hoary Marmots." In J. O. Murie and G. R. Michener, eds., *The Biology of Ground–Dwelling Squirrels: Annual Cycles, Behavioral Ecology, and Sociality*, pp. 250–74. Lincoln: University of Nebraska Press.

Wasser, S. K., and D. P. Barash (1983) "Reproductive Suppression Among Female Mammals: Implications for Biomedicine and Sexual Selection Theory." *Quarterly Review of Biology* 58:513–38.

남부산캐비 *Microcavia australis*

노랑이빨캐비 *Galea musteloides*

브라질기니피그 *Cavia aperea*

동성애	트랜스젠더	행동	랭킹	관찰
● 암컷	○ 간성	● 구애 ● 짝 형성	○ 중요	● 야생
● 수컷	○ 복장도착	● 애정표현 ● 양육	● 보통	● 반야생
		● 성적인 행동	○ 부수적	● 포획 상태

식별 : 거친 털을 가진 작은 기니피그처럼 생긴 설치류. 남부산캐비는 눈주위에 독특한 고리모양의 흰털을 가지고 있고, 노랑이빨캐비는 노란색 앞니를 가지고 있다.

분포 : 남아메리카, 주로 페루, 볼리비아, 아르헨티나, 칠레.

서식지 : 사바나, 덤불.

연구지역 : 막달레나, 톰퀴스트, 그리고 카르멘 데 파타곤네스 근처를 포함한 아르헨티나 부에노스 아이레스주의 몇몇 장소.

사회조직

캐비는 20~50마리가 군집을 이루고 살지만, 영구적인 사회 집단을 형성하지는 않는다. 각각의 암컷은 보통 자기 집 덤불home bush을 가지고, 거기에 살며 새끼를 기른다. 짝짓기 체계는 난혼제로서 암수가 짧게 이성애 유대 관계를 형성하고, 여러 파트너와 교미한다.

설명

행동 표현 : 캐비는 다양한 동성애 구애 패턴에 참여하는데, 대부분 이성애 상호작용에서도 발견되는 행동들이다. 남부산캐비 성체 수컷은 양쪽 성별의 어린 개체에게 성적으로 끌린다. 전형적인 동성애 구애는 성체 수컷과 어린 수컷이 조용히 함께 앉아 있을 때 시작된다. 흔히 어린 수컷의 어미 바로 앞에서 발생하는데 어미가 눈에 띄게 화난 상태가 아니어야 한다. 먼저 두 수컷이 입을 맞추고 코를 비비며, 그 후 성체가 어린 수컷의 엉덩이를 부드럽게 깨물기 시작한다. 그런 다음 흔히 뺨으로엉덩이쫓기chin-rump-following라고 알려진 구애 행동이 뒤따르는데, 이는 성체 수컷이 어린 수컷의 엉덩이에 뺨을 댄 채로 동그라미나 8자를 그리며 함께 움직이는 행동을 말한다. 만일 수컷이 특별히 흥분한다면, 어린 수컷의 엉덩이를 손으로 쓰다듬기 위해 멈추게 되고, 어린 수컷이 뒷다리를 들어 올리는 동안 항문과 회음부를 핥거나, 냄새를 맡거나, 코로 비비게 된다. 성체 수컷에게는 흔히 구애와 성적인 상호작용 하기를 선호하는 수컷이 있으며, 다른 개체는 무시하고 그 개체를 적극적으로 찾으러 다닌다.

　암컷 노랑이빨캐비(그리고 약간 덜 흔하지만 수컷 노랑이빨캐비도)들은 엉덩이따라가기rearing라고 알려진 동성애 구애의 양식화한 형태를 보여준다. 즉, 한 암컷이 다른 암컷에게 다가가 마운트를 하려는 듯 뒷다리로 서서 몸을 일으킨 뒤, 다시 네 발로 엎으려 다른 암컷을 따라가는 패턴을 반복한다. 그러다 때로 실제 마운팅으로 이어져, 한쪽 암컷이 다른 암컷 뒤에 똑바로 선 자세로 골반찌르기를 한다. 동성애 마운팅은 암컷이 발정기일 때 흔하게 나타나지만, 발정기가 아닐 때나 임신했을 때도 역시

한 암컷 브라질기니피그(오른쪽)가 다른 암컷에게 구애하면서 '룸바'를 추고 있다.

발생한다. 브라질기니피그 암컷은 룸바rumba를 추며 서로에게 구애한다. 이 구애춤은 한 암컷이 다른 암컷에게 천천히 다가가거나, 빙빙 돌거나, 또는 따라가면서 리듬에 맞춰 엉덩이를 좌우로 흔드는 동작이다. 이때 암컷이 럼블링rumbling이라고 알려진 보글보글 거리는 소리를 내기도 한다. 성체 수컷 브라질기니피그는 때로 어린 수컷에게 럼핑rumping을 하며 구애한다. 럼핑을 할 때 성체는 한쪽 또는 양쪽 뒷다리를 어린 수컷의 엉덩이 위로 올리게 된다.

또한 남부산캐비는 때로 같은 성별의 동물들과 '동반자' 관계를 맺고 공동양육을 한다. 두 암컷은(간혹 세 마리) 같은 덤불 아래에 살면서, 자주 함께 앉아 있고, 입과 코를 오랫동안 비비는 키스를 한다. 심지어 서로의 새끼를 젖먹이며 돕기도 한다. 성체 수컷은 때로 청소년 수컷과 동반자 관계를 형성한다. 두 수컷은 서로 키스도 하고 함께 앉아서 먹이고 같이 먹는다. 때로 성체 수컷은 동반자에게 자기가 구애하는 암컷을 마운트하도록 허락한다.

빈도 : 남부산캐비의 경우 동성애 구애는 성체−청소년 개체 간의 뺨으로 엉덩이쫓기 중 58%를 차지하며(그리고 모든 구애의 44%를 차지한다), 노랑

이빨캐비의 엉덩이따라가기 구애 상호작용은 1/3 이상이 암컷 사이에 이루어진다. 브라질기니피그에서 동성애 구애는 덜 흔하다.

성적 지향 : 같은 성 활동에 참여하는 대부분의 캐비는 양성애자인 것으로 보인다. 예를 들어 성체 수컷 브라질기니피그와 남부산캐비는 어린 수컷과 암컷 모두에게 구애하고, 같은 성 유대 관계에 있는 남부산캐비는 대개 반대쪽 성 구성원과도 교미한다. 그러나 동성애 상호작용에 대한 성체 수컷의 선호도에는 차이가 있다. 남부산캐비에서는 대부분의 성체-청소년 구애가 동성애인 반면, 브라질기니피그에서는 그러한 같은 성 구애의 비율이 더 낮다.

비생식적이고 대체 가능한 이성애

캐비는 정기적으로 비생식적인 이성애 구애와 성적인 행동을 한다. 암컷 노랑이빨캐비는 임신 중이거나 수유 중일 때, 또는 발정기가 아닐 때 흔히 마운팅과 구애를 한다(수컷에게 역마운팅도 한다). 수컷 브라질기니피그는 일상적으로 임신한 암컷에게 구애하고, 수컷 남부산캐비는 엉덩이로 앉아 골반을 앞으로 내민 다음 발기한 페니스를 핥고 코로 문지르며 자위행위를 한다. 앞에서 언급한 바와 같이 이들 종에서는 성체와 청소년 개체 간의 성적인 행동이 광범위하게 퍼져 있다. 남부산캐비의 모든 구애와 성적인 상호작용의 약 1/4은 성체 수컷과 청소년 개체 간에 발생하며, 성체 수컷 노랑이빨캐비는 생후 2주 정도 된 어린 암컷에게도 뺨으로엉덩이쫓기를 하며 따라다닌다. 또한 암컷과 수컷 청소년 노랑이빨캐비는 때로 어미를 포함해서 성체 암수 모두를 마운트한다. 노랑이빨캐비는 또한 대부분의 암컷이 자기 새끼뿐만 아니라 다른 새끼에게도 젖을 먹이는 광범위한 공동수유 체계를 발전시켰다. 물론 각각의 암컷은 다른 암컷보다는 더 오래 자기 새끼를 돌보지만, 실제 전체 시간을 따지면 자기 새끼가 아닌 개체를 돌보는데 더 많은 시간을 소비한다.

기타종

동성애 행동은 몇몇 다른 설치류에서도 발생한다. 다른 두 종의 캐비인 바위천축쥐*Kerodon rupestris*와 스픽스노랑이빨캐비*Galea spixii*의 수컷들 또한 때로 어린 수컷을 마운트하고, 어린 수컷들도 암수 성체 모두를 마운트한다. 오스트레일리아에 사는 수컷 스피니펙스껑충쥐*Notomys aclexis*는 성적인 활동과 유대 관계 활동을 같이 한다. 이러한 활동에는 둥지를 함께 짓기, 먹이를 같이 먹고 옆에서 쉬기, 그리고 나란히 굴을 파기 등이 있다. 갈색쥐*Rattus norvegicus*(보통의 집쥐와 실험용 쥐의 야생 조상)는 암수 모두 동성애 마운팅을 한다. 수컷 동부솜꼬리토끼*Sylvilagus floridanus*는 때로 암컷 외에도 다른 수컷에게 구애한다. 이러한 구애를 할 때는 두 수컷이 서로를 향해 돌진하다 상대를 뛰어 넘는 차례로점프하기jump sequence 등을 번갈아 하게 된다. 이 종의 수컷은 때로 다른 수컷을 마운트하려 한다. 캥거루쥐*Dipodomys ordii*의 일부 개체군에서는 16%의 개체가 양쪽 성별의 기관을 모두 가지고 있는(질과 페니스, 고환을 포함해서) 간성 동물이었다.

출처 *별표가 있는 출처는 동성애와 트랜스젠더에 대해 논의한다.

* Barnett, S. A. (1958) "An Analysis of Social Behavior in Wild Rats." *Proceedings of the Zoological Society of London* 130:107–52.

* Happold, M. (1976) "Social Behavior of the Conilurine Rodents (Muridae) of Australia." *Zeitschrift für Tierpsychologie* 40:113–82.

Ktinkele, J., and H. N. Hoeck (1995) "Communal Suckling in the Cavy Galea musteloides." *Behavioral Ecology and Sociobiology* 37:385–91.

* Lacher, T. E., Jr. (1981) "The Comparative Social Behavior of *Kerodon rupestris* and *Galea spixii* and the Evolution of Behavior in the Caviidae." *Bulletin of the Carnegie*

Museum of Natural History 17:1–71.

* Marsden, H. M., and N. R. Holler (1964) "Social Behavior in Confined Populations of the Cottontail and the Swamp Rabbit." *Wildlife Monographs* 13:1–39.

* Pfaffenberger, G. S., E W. Weckerly, and T. L. Best (1986) "Male Pseudohermaphroditism in a Population of Kangaroo Rats, *Dipodomys ordii.*" *Southwestern Naturalist* 31:124–26.

* Rood, J. P. (1972) "Ecological and Behavioral Comparisons of Three Genera of Argentine Cavies." *Animal Behavior Monographs* 5:1–83.

* (1970) "Ecology and Social Behavior of the Desert Cavy (*Microcavia australis*)." *American Midland Naturalist* 83:415–54.

Stahnke, A., and H. Hendrichs (1990) "Cavy Rodents." In *Grzimek's Encyclopedia of Mammals*, vol. 3, pp.325–37. New York: McGraw–Hill.

긴귀고슴도치

Hemiechinus auritus

동성애	트랜스젠더	행동	랭킹	관찰
●암컷	○간성	●구애　○짝 형성	○중요	○야생
○수컷	○복장도착	●애정표현　○양육	●보통	○반야생
		●성적인 행동	○부수적	●포획 상태

식별 : 모래색 가시와 흰 하체를 가졌고, 귀가 튀어나온 작은(길이 30센티미터 이하) 식충성
　　　동물이다.

분포 : 중앙 아시아, 중동 지역.

서식지 : 스텝, 사막.

연구지역 : 오스트리아 비엔나 비교곤충학 연구실.

아종 : 시리아긴귀고슴도치 *H.a. syriacus.*

사회조직

긴귀고슴도치는 주로 야행성으로 굴에서 혼자 살지만, 먹이를 먹는 장소
나 쉬는 곳에 작은 무리가 모이기도 한다. 수컷은 새끼를 돌보지 않는다.

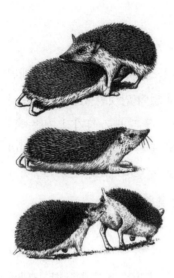

암컷 긴귀고슴도치의 구애와 성적인 활동. 미끄러지기(위), 오목한 아치만들기(중간), 커닐링구스(아래).

설명

행동 표현 : 암컷 긴귀고슴도치의 동성애 상호작용에는 엄청난 횟수의 구애와 애정 어린 행동뿐만 아니라, 흔히 구강성교를 포함한 직접적인 성적 만남까지 나타난다. 전형적인 레즈비언 상호작용은 보통 해질녘에 두 마리의 암컷이 서로 비비고, 상대의 몸을 따라 미끄러지고, 껴안는 것으로 시작한다. 한 암컷이 다른 암컷의 밑으로 기어들어 갔다가 목에서 배 쪽으로 다시 미끄러지기도 한다. 또 다른 구애 행위는 암컷 한 마리가 온몸을 쭉 뻗은 채, 등에 오목한 '아치'를 만들며 배를 땅에 대는 모습이 있다. 성적인 접촉을 하는 동안 암컷들은 서로 생식기를 핥고, 냄새를 맡고, 야금야금 문다. 때로 좀 더 접근하려고 한 암컷이 상대 암컷의 엉덩이를 앞발과 아래턱으로 높이 들어 올리므로, 핥기를 하는 동안 상대의 뒷다리는 땅에서 떨어지게 된다. 다른 때에는 한쪽 또는 양쪽의 암컷이 이성애 교미 때처럼 엉덩이를 들어 올리며 마운트에 초대하기도 한다. 종종 암컷이 흥분해서 엉덩이를 너무 높이 들어 올리면 상대 암컷이 완전히 마운트하기가 힘들어지지만, 그래도 마운트는 시도한다. 포획 상태에서는 한배새끼였던 성체 자매 사이의 동성애 만남이 관찰되었다.

빈도 : 포획 상태에서 짝을 이룬 암컷들 사이에서는 동성애 상호작용이 자주 발생했지만, 야생 긴귀고슴도치에서 그러한 활동의 발생률은 알려

져 있지 않다.

성적 지향 : 암컷 긴귀고슴도치는 양성애나 동성애 행동을 하려는 잠재된 성향을 가진 것으로 보인다. 왜냐하면 수컷 없이 암컷만 있으면 같은 성 활동이 나타나기 때문이다. 하지만 이러한 경향은 때로 장기간 지속하는 동성애에 대한 선호를 일으키기도 한다. 예를 들어 구애와 섹스를 했던 한 쌍의 암컷은 헤어진 후 2년 이상 이성애 활동에 참여하는 것을 거부하다가, 나중에야 수컷과 짝짓기를 하고 번식을 했다.

비생식적이고 대체 가능한 이성애

긴귀고슴도치의 이성애 만남에서는 수컷이 암컷의 생식기를 핥고 냄새를 맡는 구강−생식기 자극을 흔히 볼 수 있다. 동종포식도 이 종에서 일어나는데, 이미 죽은 고슴도치를 먹기도 하고 직접 동족을 죽여 잡아먹기도 한다.

기타 종

나무두더쥐는 동남아시아에서 발견되며 식충목(그리고 아마 영장류와도)과 근연 관계로 여겨지는 동물군動物群인데, 이들 몇몇 종에서도 동성애 활동이 나타난다. 예를 들어 커먼나무두더쥐*Tupaia glis*에서는 성적인 접근과 따라가기, 생식기 핥기와 냄새 맡기, 마운팅 등, 모든 성적인 활동의 약 1/3이 암컷들 사이에 일어난다. 가는나무두더쥐*T. gracilis*, 산나무두더쥐*T. montana*, 긴발나무두더쥐*T. longipes*에서도 같은 성별 마운팅이 관찰되었다. 후자의 종에서는 암컷 마운팅이 전체 마운팅 활동의 약 9%를 차지한다. 암컷 긴발나무땃쥐는 때로 배우자 관계를 형성한다. 이러한 관계는 보통 이성애 배우자 관계보다 더 오래 지속하며(수 시간 대 수개월), 서로 털손질을 하고, 상대 위에 눕거나 옆에 나란히 눕고, 함께 잠을 잔

다. 캐나다산미치광이*Erthizon dorsatum*에서도 수컷 동성애와 암컷 동성
애가 나타나는데, 수컷들은 배타적인 동성애 활동을 한다.

출처   *별표가 있는 출처는 동성애와 트랜스젠더에 대해 논의한다.

* Kaufmann, J. H. (1965) "Studies on the Behavior of Captive Tree Shrews (*Tupaia glis*)." *Folia Primatologica* 3:50–74.

* Kinsey, A. C., W. B. Pomeroy, C. E. Martin, and P. H. Gebhard (1953) *Sexual Behavior in the Human Female*. Philadelphia: W. B. Saunders.

Maheshwari, U. K. (1984) "Food of the Long Eared Hedgehog in Ravine Near Agra." *Acta Theriologica* 29:133–37.

* Poduschka, W. (1981) "Abnormes Sexualverhalten Zusammengehaltener, Weiblicher *Hemiechinus auritus syriacus* (Insectivora: Erinaceinae) [Abnormal Sexual Behavior of Confined Female *Hemiechinus auritus syriacus*]." *Bijdragen tot de Dierkunde* 51:81–88.

Prakash, I, (1953) "Cannibalism in Hedgehogs." *Journal of the Bombay Natural History Society* 51:730–31.

Reeve, N. (1994) *Hedgehogs*. London: T. and A. D. Poyser.

Schoenfeld, M., and Y. Yom–Tov (1985) "The Biology of Two Species of Hedgehogs, *Erinaceus europaeus concolor* and *Hemiechinus auritus aegyptus*, in Israel." *Mammalia* 49:339–55.

* Sorenson, M.W., and C. H. Conaway (1968) "The Social and Reproductive Behavior of *Tupaia montana* in Captivity." *Journal of Mammalogy* 49:502–12.

* ——(1966) "Observations on the Social Behavior of Tree Shrews in Captivity." *Folia Primatologica* 4:124–45.

회색머리큰박쥐
Pteropus poliocephalus

리빙스턴과일박쥐
Pteropus livingstonii

흡혈박쥐
Desmodus rotundus

동성애	트랜스젠더	행동		랭킹	관찰
● 암컷	○ 간성	○ 구애	● 짝 형성	○ 중요	● 야생
● 수컷	○ 복장도착	● 애정표현	○ 양육	● 보통	○ 반야생
		● 성적인 행동		○ 부수적	● 포획 상태

회색머리큰박쥐
식별 : 거대한 날개(최대 1.2미터)를 가진 큰 박쥐이며 개를 닮은 얼굴, 짙은 갈색 털, 옅은 회색 머리, 그리고 적황색의 갈기를 가지고 있다.

분포 : 오스트레일리아 동부.

서식지 : 열대 및 아열대숲. 나무에 둥지를 튼다.

연구지역 : 호주 퀸즐랜드주 남동부의 브리즈번 근처.

리빙스턴과일박쥐
식별 : 회색머리큰박쥐와 비슷하지만, 털이 검은색이고 어깨와 사타구니는 황갈색이다. 날개 길이는 1미터 이상이다.

분포 : 인도양 코모로 제도 앙주앙 및 호밀리 섬. 심각한 멸종위기.

서식지 : 고지 숲.

연구지역 : 영국 저지 야생동물 보호소.

흡혈박쥐

식별 : 회갈색 털과 뾰족한 귀를 가진 작은 박쥐.

분포 : 북부 멕시코에서 칠레, 아르헨티나, 우루과이까지. 트리니다드.

서식지 : 숲이나 탁 트인 지역. 동굴이나 나무 구멍에 산다.

연구지역 : 코스타리카의 하시엔다 라 파시피카와 산타로사, 트리니다드의 웨스트인디스 대학.

사회조직

회색머리큰박쥐는 수 천 마리의 개체가 모인 캠프camps라고 알려진 무리에 산다. 캠프는 연중 대부분의 기간 동안 성별에 따라 나뉘어 있다. 즉 수컷과 암컷은 번식기(일반적으로 3~4월)를 제외하고는 별도의 나무에 둥지를 틀거나, 같은 나무라 하더라도 별도의 장소에 둥지를 튼다. 번식기가 지나면 일부 개체는 떠돌이 생활을 하거나, 혼자 살거나, 훨씬 작은 무리로 모여 산다. 리빙스턴과일박쥐는 수컷이 여러 암컷 파트너를 가지는 일부다처제 짝짓기 체계를 가진 것으로 보이지만, 수컷은 새끼를 기르는 데 참여하지 않는다. 흡혈박쥐 무리는 대체로 20~100마리가 모이지만 최대 2,000마리까지 모이기도 한다. 암컷 무리는 8~12마리의 암컷(대부분 서로 친척관계다)과 새끼로 구성되어 있어서 일차적인 사회적 단위가 된다. 수컷은 때로 최대 8마리까지 '독신자' 무리를 형성하며, 간혹 암컷 무리와 같은 나무에 둥지를 틀기도 한다.

설명

행동 표현 : 회색머리큰박쥐 양쪽 성별은 분리된 캠프에 있을 때, 서로 동성애적인 털손질과 애무 형태를 보인다. 한 동물이 같은 성의 다른 동물을 날개로 감싸 안고, 가슴과 날개를 핥고 부드럽게 물며, 머리를 상대의 가슴에 문지르고, 발톱으로 털손질을 해준다. 이러한 활동을 하는 동안 수컷은 발기하기도 하며, 일반적으로 날카로운 펄스음을 지속적으로 낸다. 리빙스턴과일박쥐도 비슷한 형태의 털손질과 기타 동성애 활동에 참여한다. 이 종의 수컷과 암컷 모두 같은 성 간에 한쪽 방향이나 쌍방향의 격렬한 몸 핥기를 한다. 때로 핥기와 함께 코비비기, 생식기 냄새맡기도 일어난다(심지어 한 수컷이 이러한 활동 중 다른 수컷의 소변을 마시기도 했다). 상대를 움켜잡거나, 레슬링 놀이를 하거나, 부드럽게 입으로 무는 행동도 발생한다. 간혹 이러한 행동은 한쪽 박쥐가 뒤에서 상대 박쥐의 목덜미를 입에 물고 붙잡는 동성애 마운팅으로 이어진다(이는 이성애 교미 때의 모습이지만, 수컷은 보통 같은 성 활동 중에 발기나 삽입은 하지 않는다). 암컷은 때로 성체 딸에게 마운트하고 그 반대로 하는 경우도 있다. 한 예로 한 딸이 오랫동안 어미에게 바짝 붙어 쫓아 다니고, 마운트하는 것을 반복했으며, 심지어 어미와 짝짓기를 하려던 수컷을 성공적으로 물리친 일도 있었다.

수컷 뱀파이어박쥐들 역시 성적인 털손질과 서로 핥기를 한다. 두 수컷은 각각 페니스를 발기한 채로 배와 배를 맞대고 매달린다. 한 수컷이 다른 수컷의 몸 전체를 혀로 핥는데, 특히 생식기를 세심히 핥는다. 가끔은 한 수컷이 파트너를 핥음과 동시에 자유로운 발을 이용하여 자기 성기를 문지르며 자위하기도 한다. 비록 암컷 뱀파이어 박쥐들 사이에서는 명백한 성적인 행동이 관찰되지는 않았지만, 암컷들은 서로 오랫동안 지속하는 유대 관계를 형성한다. 동반자 관계의 암컷들은 보금자리를 공유하고, 서로 털손질을 하며, 함께 옹기종기 모이며, 사냥을 같이 한다. 이러한 암컷 동반자 관계의 또 다른 중요한 측면은 피를 나눈다는 것이다. 한 암컷이 다른 암컷을 먹이기 위해 피를 게워서 '공여'한다(수컷도 가끔 상호 간의 피 공유를 한다). 이와 같은 관계는 5년에서 10년 이상 지속할 수 있으며, 일부 암컷은 다른 여러 마리의 암컷과 동시에 동반자 관계를 맺는다.

빈도 : 회색머리큰박쥐와 흡혈박쥐에서는 노골적인 성적 행동이 가끔만 일어나지만(그리고 암컷보다 수컷 큰박쥐에서 더 흔하다), 리빙스턴과일박쥐에서는 다양한 같은 성 활동이 정기적으로 일어난다. 흡혈박쥐 모든 동반자 관계의 1/2에서 3/4은 암컷 사이에서 발생한다.

성적 지향 : 이들 박쥐의 각 개체에 대한 생활사는 알려진 것이 거의 없어서, 성적인 행동의 지향에 대해 정확한 결론을 내리기는 어렵다. 그럼에도 불구하고 많은 회색머리큰박쥐는 비번식기에 성별로 분리된 캠프에 있는 동안에는 동성애 활동에 참여하므로 계절적으로 양성애자일 가능성이 크다. 포획 상태의 흡혈박쥐 중에서 어떤 수컷은 다른 수컷과 성적으로 상호작용을 하기 위해 암컷을 무시하기 때문에, 어쩌면 동성애 활동에 대한 선호도를 보여준다고도 할 수 있다(하지만 이러한 '선호'가 일시적인지 오래 지속하는 것인지는 알 수 없다). 리빙스턴과일박쥐는 동시적인 양성애자일 수 있어서, 비교적 짧은 시간 내에 같은 성 활동과 반대쪽 성 활동을 번갈아 한다.

비생식적이고 대체 가능한 이성애

이 세 종의 박쥐의 이성애는 다양한 비생식적인 성적 행동이 특징이다. 회색머리큰박쥐는 암컷이 임신을 할 수 없는 비번식기까지 연중 내내 교미를 하며, 암컷이 임신한 상태에서도 교미를 한다. 또한 수컷은 정자 생산에 영향을 주는 뚜렷한 연간 호르몬 주기를 가지고 있으므로, 수컷의 짝짓기의 많은 부분이 비생식적 행동이 된다. 수컷 리빙스턴과일박쥐는 때로 발기나 삽입이 없는 이성애 마운팅을 하며, 암컷이 수컷에게 역마운트를 하기도 한다. 회색머리큰박쥐 성적 행동의 두드러진 모습은 수컷이 암컷의 생식기를 오랫동안 깊게 혀로 빠는 구강성교를 한다는 점이다. 리빙스턴과일박쥐도 수컷과 암컷 모두 이성애 교미 중에 파트너의 생식기를 핥는다. 흡혈박쥐에서는 자위행위가 어린 수컷들 사이에 일어났고, 수컷 리빙스턴과일박쥐에서는 발기하려고 자기 음경을 핥는 것이 관찰되었다. 암컷 흡혈박쥐는 때로 여러 마리의 수컷들과 연속해서 짝짓기를 한다. 이러한 종들에서는 교미 후에 질 마개가 암컷의 생식기에 형성되어, 후속하는 짝짓기의 수정을 막기도 한다. 발정기가 아닐 때의 암컷은 종종 수컷, 특히 공격적인 수컷과의 교미를 거부한다. 리빙스턴과일박쥐의 이성애 관계도 그다지 우호적이지 않다. 즉 암컷은 때로 수컷의 접근을 거부하거나 살짝 때리는데, 둘은 실제 구애와 짝짓기를 하는 동안 위협하고 몸싸움을 하고, 때리고 물어뜯을 수 있다. 흡혈박쥐는 암컷 무리 내에서 음식나누기food sharing라고 알려진 대체적인 육아 행동을 발달시켰다. 즉 암컷들이 때로 다른 개체의 새끼를 위해 피를 게워 서로 먹인다.

기타 종

유라시아 종인 문둥이박쥐*Eptesicus serotinus* 수컷이 포획 상태에서 다른 수컷에게 성적인 접근을 하는 것이 관찰되었다. 한 수컷이 거꾸로 매달린 상태에서 페니스를 발기한 채로 다른 수컷에게 다가가 뒤에서 마운트를 하는데, 상대의 목을 붙잡고 다리 사이에(다리 사이에 펼쳐진 날개 막의 아래로) 페니스를 넣어 골반찌르기를 하게 된다. 몇몇 영국 박쥐 종들의 동성애 활동은 봄과 여름 동안 야생 수컷들 사이에 흔하다. 여기에는 작은멧박쥐*Nyctalus noctula*, 유럽집박쥐*Pipistrellus pipistrellus*, 토끼박쥐*Plecotus auritus*, 물윗수염박쥐*Myotis daubentonii*, 흰배웃수염박쥐*Myotis nattereri*가 포함된다(뒤의 두 종은 종간 접촉도 한다). 북아메리카의 야생 작은갈색박쥐*Myotis lucifugus* 중에서, 수컷은 늦가을 동안에 종종 다른 수컷(암컷뿐만 아니라)을 마운트한다. 하지만 마운트가 된 개체는 참여에 열의가 별로 없다. 이러한 같은 성 교미는 보통 사정이 동반되고, 마운트가 된 개체는 흔히 꽥꽥거리는 소리를 낸다. 과일박쥐의 몇몇 다른 종에서도 동성애 행동이 나타난다. 수컷 로드리게스과일박쥐*Pteropus rodricensis*도 같은 성 마운팅에 참여하며, 어린 수컷 인도과일박쥐*Pteropus giganteus*는 종종 레슬링 놀이를 하다가 상대를 마운팅하기도 한다(발기와 골반찌르기도 한다).

출처   *별표가 있는 출처는 동성애와 트랜스젠더에 대해 논의한다.

* Barclay, R. M. R., and D. W. Thomas (1979) "Copulation Call of *Myotis lucifugus*; A Discrete Situation–Specific Communication Signal." *Journal of Mammalogy* 60:632–34.

* Courts, S. E. (1996) "An Ethogram of Captive Livingstone's Fruit Bats *Pteropus livingstonii* in a New Enclosure at Jersey Wildlife Preservation Trust." *Dodo* 32:15–37.

DeNault, L. K., and D. A. McFarlane (1995) "Reciprocal Altruism Between Male Vampire Bats, *Desmodus rotundus*." *Animal Behavior* 49:855–56.

* Greenhall, A. M. (1965) "Notes on the Behavior of Captive Vampire Bats." *Mammalia* 29:441–51.

Martin, L., J. H. Kennedy, L. Little, H. C. Luckhoff, G. M. O'Brien, C. S. T. Pow, P. A. Towers, A. K. Waldon, and D. Y. Wang (1995) "The Reproductive Biology of Australian Flying–Foxes (Genus *Pteropus*)." In P. A. Racey and S. M. Swift, eds., *Ecology, Evolution, and Behavior of Bats*, pp. 167–84. Oxford: Clarendon Press.

* Nelson, J. E. (1965) "Behavior of Australian Pteropodidae (Megachiroptera)." *Animal Behavior* 13:544–57.

* ——(1964) "Vocal Communication in Australian Flying Foxes (Pteropodidae; Megachiroptera)." *Zeitschrift für Tierpsychologie* 21:857–70.

* Neuweiler, V. G. (1969) "Verhaltensbeobachtungen an einer indischen Flughundkolonie (*Pteropus g. giganteus* Briinn) [Behavioral Observations on a Colony of Indian Fruit–Bats]." *Zeitschrift für Tierpsychologie* 26:166–99.

* Rollinat, R., and E. Trouessart (1896) "Sur la reproduction des chauves–souris [On the Reproduction of Bats]." *Mémoires de la Société Zoologique de France* 9:214–40.

* ——(1895) "Deuxième note sur la reproduction des Chiroptères [Second Note on the Reproduction the Chiroptera]." *Comptes Rendus Hebdomadaires des Séances et Mèmoires de la Société de Biologie* 47:534–36.

Schmidt, C. (1988) "Reproduction." In A. M. Greenhall and U. Schmidt, eds., *Natural History of Vampire Bats*, pp. 99–109. Boca Raton, Fla.: CRC Press.

* Thomas, D. W., M. B. Fenton, and R. M. R. Barclay (1979) "Social Behavior of the Little Brown Bat, *Myotis lucifugus*. I. Mating Behavior. II. Vocal Communication." *Behavioral Ecology and Sociobiology* 6:129–46.

Trewhella, W. J., P. F. Reason, J. G. Davies, and S. Wray (1995) "Observations on the Timing of Reproduction in the Congeneric Comoro Island Fruit Bats, *Pteropus livingstonii* and *P. seychellensis comorensis*." *Journal of Zoology*, London 236:327–31.

Turner, D. C. (1975) *The Vampire Bat: A Field Study in Behavior and Ecology*. Baltimore: Johns Hopkins University Press.

* Vesey–Fitzgerald, B. (1949) *British Bats*. London: Methuen.

Wilkinson, G. S. (1988) "Social Organization and Behavior." In A. M. Greenhall and U. Schmidt, eds., *Natural History of Vampire Bats*, pp. 85–97. Boca Raton, Fla.: CRC Press.

* ——(1985) "The Social Organization of the Common Vampire Bat. I. Pattern and Cause of Association. II. Mating System, Genetic Structure, and Relatedness." *Behavioral Ecology and Sociobiology* 17:111–34.

——(1984) "Reciprocal Food Sharing in the Vampire Bat." *Nature* 308:181–84.

제2장 조류

수금류와 기타 물새
거위, 백조, 오리

기타 물새

다리가 긴 섭금류

섭금류
도요새와 근연종

갈매기와 제비갈매기

횃대류와 명금류
장식새, 마나킨 외

제비, 솔새, 핀치 외

참새, 찌르레기사촌, 까마귀

극락조, 바우어새 외

기타 조류
날지 못하는 새

맹금류, 닭목

벌새, 딱따구리 외

거위 / 수급류

회색기러기
Anser anser

동성애	트랜스젠더	행동		랭킹	관찰
○ 암컷	○ 간성	● 구애	● 짝 형성	● 중요	○ 야생
● 수컷	○ 복장도착	○ 애정표현	● 양육	○ 보통	● 반야생
		● 성적인 행동		○ 부수적	○ 포획 상태

식별 : 은백색의 깃털 무늬를 가진 짙은 회색의 거위. 가축인 거위의 야생 조상이다.

분포 : 아이슬란드부터 중국 북동부까지의 유라시아 북부와 중부.

서식지 : 습지, 늪, 호수, 석호 등 다양

연구지역 : 오스트리아 그리나우의 콘라트-로렌츠 연구소, 독일 시비에센에 있는 막스-플
랑크 연구소, 독일 데사우의 볼리처 공원

아종 : 서부회색기러기 *A.a anser*.

사회조직

회색기러기는 보통 무리를 지어 산다. 이러한 무리에는 복잡한 쌍의 조합, 새끼와 그 가족, 독신으로 지내는 새들, 그리고 청소년으로 이루어진 하위 그룹이 섞여 있다. 번식기가 끝나고 이동하는 무리에는 때로 수천 마리까지 새들이 모인다. 짝짓기 체계는 일반적으로 장기간의 일부일처제 짝결합이다.

설명

행동 표현 : 두 마리의 수기러기로 구성된 동성애 쌍은 회색기러기의 짝결합에서 볼 수 있는 중요한 형태다. 수컷 커플은 안정적이고 오래 지속한다. 일부는 15년 이상 지속한 것으로 기록되었으며, 대부분의 동성애 쌍(이성애 쌍처럼)은 평생 파트너 관계를 유지하는 것으로 보인다(회색기러기는 수명은 20년 이상이다). 심지어 수컷 짝을 잃은 '홀아비' 수기러기는 풀이 죽어 무방비 상태가 되는 '비통'해하는 징후를 보이기도 한다. 대부분의 이성애 쌍도 평생 함께 살지만(그리고 역시 짝을 잃으면 비통해하지만), 많은 경우 수기러기 쌍은 암수 쌍보다 더 밀접하게 결합해 있다. 이것은 구애하는 정도를 보면 알 수 있다. 그중 하나가 승리의 의식triumph ceremony으로서 두 파트너는 목을 길게 뻗고 날개를 펼치며 서로 가까이 간 뒤 크게 왁자지껄한 소리를 내는 짝결합 행동을 보인다. 각각의 수기러기 쌍은 이성애 쌍보다 이 활동에 훨씬 더 많은 시간을 쓴다. 그들은 또한 일반적으로 암수 쌍보다 목소리가 높다. 흔히 뺨과 뺨을 맞댄 채 눌린수탉울음pressed cackling 소리(높은 압력의 공기가 지나가며 만드는 빠른 음절)를 내기도 하고, 호출rolling 소리(더 깊은 곳에서 내는 좀 더 큰 음절)를 내며 듀엣을 오랫동안 연주하기도 한다.

　또한 짝을 지은 수기러기들은 때로 서로 구애 행동과 성적인 행동을 한다. 짝결합은 흔히 목구부리기bent-neck 과시와 함께 시작된다. 이

짝결합한 수컷 회색기러기 두 마리가 '승리의 의식'을 하고 있다.

는 한 수컷이 부리를 아래로 하고 목은 눈에 띄게 '뒤틀며' 다른 수컷에게 접근해서 따라다니는 행동이다. 짝짓기를 하기 전 두 수컷은 목담그기neck-dipping 혹은 목구부리기neck-arching와 같은 수중 과시를 한다. 머리를 수면 아래로 내리고 목은 우아한 곡선을 유지하며, 깃털을 세워 독특한 무늬를 드러내는 자세다. 이러한 과시 후에 한쪽 수컷이 이성애 교미에서처럼 다른 수컷을 마운트를 할 수 있다. 만약 두 수컷 사이에 몸집의 차이가 있다면, 흔히 큰 수컷이 작은 수컷을 마운트한다. 두 수기러기의 크기가 같다면, 한 마리가 상대를 마운트하고 종종 다른 날 교미할 때는 체위를 바꾼다. 짝짓기가 끝나면 파트너를 마운트한 수컷은 머리를 들고 접힌 날개를 등 위로 거의 수직으로 세워, 아치 모양을 만드는 동작을 한다. 때로 동성애 활동 중에 한 수컷이 통나무나 다른 물체에 올라타서 '자위'를 하기도 한다(새들에게서 흔히 볼 수 있는 자위 형태다). 또한 때로 구애 중에 세 번째 새(암수 모두 가능)가 동성애 짝짓기 활동에 참여할 수도 있고, 심지어 수기러기 중 한 마리가 그 새를 마운트하기도 한다. 하지만 끝을 맺는 과시는 언제나 세 번째 새가 아닌 수컷 쌍 사이에서 일어난다. 일부 수기러기 쌍은 이러한 전체 마운팅 행동을 규칙적으로 하지 않는데, 그 이유 중 하나는 두 수컷이 모두 상대의 마운트를 허락받지 않고 마운트하는 것을 선호하기 때문이다.

수기러기 쌍은 그 둘의 우월한 힘과 배짱으로 흔히 무리에서 가장 강하고 높은 서열을 차지한다. 이들은 이성애 쌍보다 눈에 띄게 더 공격적이어서, 포식자와 다른 기러기(특히 짝을 이루지 않은 수컷)를 대상으로 위협하고, 돌진하고, 쫓고, 함께 공격하며, 종종 다른 새들을 '겁주기'도 한다. 역설적이게도 동성애 쌍의 수컷 각각은 이성애 쌍의 수컷보다 훨씬 덜 공격적이다. 동성애 쌍에게 이점을 주는 것은 바로 그들의 결합한 힘이다. 동성애 쌍은 특히 봄에 번식기가 되면 새 떼의 주변부나 먼 곳으로 가서 훨씬 더 많은 시간을 보낸다는 점에서 이성애 커플과 차이가 있다. 연구자들은 이러한 행동을 수기러기 쌍의 좀 더 강한 경계 행동과 결부시켜, 이들이 전체적으로 기러기떼의 '보호자' 역할을 하는 것이라고 주장했다. 때로 어떤 암컷은 힘과 높은 서열 때문에 수기러기 쌍에게 매력을 느껴 둘 중 하나 또는 둘 다와 유대감을 형성하려고 한다. 흔히 수컷들은 그런 암컷을 그냥 무시하지만, 어떤 경우에는 암컷을 받아들여 트리오를 형성하기도 한다. 이 경우에 동성애적 유대 관계는 우선적으로 유지하지만, 수기러기 중 한 마리 또는 둘 다 암컷과 교미할 수 있다. 트리오는 새끼를 함께 키우기도 하는데, 흔히 두 수거위와 함께 둥지 터를 찾고 알과 새끼를 공동으로 지킨다. 드물게 세 마리의 수기러기가 같은 성 트리오를 이뤄 결합하는데, 나중 여기에 암컷 한 마리가 더해져 '사인조'가 되기도 한다. 이 경우에도 네 마리의 기러기가 새끼를 함께 기른다.

대부분의 수기러기 쌍은 안정적인 동반자 관계이지만, 때로 한쪽이나 양쪽이 서로 적대적으로 행동할 수 있다. 한 수컷이 다른 수컷에 마운트하려고 할 때 싸움이 일어나기도 하고, 가끔은 침입자를 겨냥한 공격성

회색기러기 수거위 한 마리가 자신의 수컷 파트너를 마운팅하고 있다.

이 파트너 중 한 명을 향하기도 한다. 또한 유대 관계를 맺은 수기러기(특히 트리오에서)는 파트너가 다른 새에게 관심을 보이면 '질투'를 한다. 형제들이 장기간의 동성애 관계를 형성할 수 있기 때문에, 몇몇 수기러기 쌍은 근친상간이다. 게다가 회색기러기와 혹고니의 사이의 예처럼 이종간異種間 같은 성 쌍도 발생한다. 이러한 파트너 관계도 회색기러기 만으로 이루어진 수기러기 쌍처럼 오래 지속하며, 두 수컷이 빈번하게 침입자로부터 영역을 방어하면서 공격성을 보여준다.

빈도 : 회색기러기 쌍에서 동성애 커플은 상당한 비율을 차지한다. 일부 개체군에서는 평균 14%의 쌍이 같은 성별 쌍이고, 어떤 해에는 이 비율이 훨씬 더 높아져서 모든 쌍 중 20% 이상이 수기러기 쌍이 된다.

성적 지향 : 일부 회색기러기 수컷은 평생 같은 성 짝과 일부일처제를 고수하기 때문에, 전적으로 동성애자다. 그러나 그 외 수컷들은 양성애자다. 즉 어떤 개체는 주로 수컷(위에서 설명한 바와 같이)과 일차적인 유대 관계를 유지하면서 암컷과 교미하기도 하고, 다른 개체는 양성애 트리오에 참여한다. 또한 일부 수컷은 생애 동안 암컷과 수컷 파트너를 번갈아 바꾼다. 예를 들어 이성애 쌍을 유지하던 수기러기가 때로 짝이 죽으면 수컷 파트너를 찾는 식이다. 전체 홀아비의 절반 이상은 반대쪽 성의 새와 다시 짝을 형성하고, 1/3 미만은 독신을 유지하며, 나머지는 동성애 관계를 형성한다.

비생식적이고 대체 가능한 이성애

평생 지속하는 일부일처제 쌍결합에 대한 몇 가지 변형이 이 종에서 발생한다. 이혼이 드물게 발생하는데 예를 들어 어떤 개체군에서는 전체 암컷의 1/4이 짝을 버리고 새로운 짝을 찾았으며, 전체적으로는 5~8%의 쌍이 이혼한다. 때로 회색기러기는 다혼성多婚性 이성애 트리오를 형성하기도 하는데, 기본적으로 반대쪽 성 새들 간의 유대 관계를 바탕으로, 한 마리의 암컷과 두 수컷이, 또는 드물게 두 마리의 암컷과 한 수컷이 모인다. 덧붙여 어떤 가족은 다른 가족과 함께 새끼를 기르기도 하고, 드물게 홀아비가 된 수기러기가 새끼기러기를 입양하기도 한다. 이성애 교미를 하는 새들이 문란한 구애와 짝짓기를 하는 경우도 있다. 수기러기들은 때로 짝이 아닌 다른 암컷에게 마운트한다. 또한 암컷도 다른 수컷을 만나려고 하는데 그러면 암컷의 짝은 기겁해서 울부짖으며 흔히 '불륜'이 일어나는 것을 몸으로 막는다. 회색기러기는 3살이 되어야 성적으로 성숙하지만, 어떤 1년생 개체는 번식하기 한참 전에 이미 짝 관계를 맺고 구애 활동과 성적인 활동을 한다. 동성애 쌍처럼 이성애 관계도 친척관계의 새들(특히 부모-새끼 간에) 사이나 다른 종의 조류(예를 들어 캐나다기러기와) 사이에서 발생할 수 있다. 하지만 한배새끼 간에 이성애 쌍을 형성하는 일은 훨씬 드물다.

출처

*별표가 있는 출처는 동성애와 트랜스젠더에 대해 논의한다.

Ens, B. J., S. Choudhury, and J. M. Black (1996) "Mate Fidelity and Divorce in Monogamous Birds." In J. M. Black, ed., *Partnerships in Birds: The Study of Monogamy*, pp. 344–401. Oxford: Oxford University Press.

Huber, R. (1988) "Sex-Specific Behavior in Greylag Geese, *Anser anser L.*" *Texas Journal of Science* 40:107–9.

* Huber, R., and M. Martys (1993) "Male-Male Pairs in Greylag Geese (*Anser anser*)." *Journal für Ornithologie* 134:155–64.

* Lorenz, K. (1991) *Here Am I—Where Are You? The Behavior of the Greylag Goose*. New York: Harcourt Brace Jovanovich.

* ——(1979) *The Year of the Greylag Goose*. New York: Harcourt Brace Jovanovich.

Olsson, H. (1978) "Probable Polygamy in the Greylag Goose, *Anser anser*, and an Instance of Combined Broods." *Vår Fågelvårld* 37:257–58.

* Schönfeld, M. (1985) "Beitrag zur Biologie der Schwäne: 'Männchenpaar' zwischen Graugans und Höckerschwan [Contribution to the Biology of Swans: 'Male Pairing' Between a Greylag Goose and a Mute Swan]." *Der Falke* 32:208.

캐나다기러기
Branta canadensis

흰기러기
Anser caerulescens

동성애	트랜스젠더	행동	랭킹	관찰
● 암컷	○ 간성	● 구애 ● 짝 형성	○ 중요	● 야생
● 수컷	○ 복장도착	○ 애정표현 ● 양육	● 보통	● 반야생
		● 성적인 행동	○ 부수적	● 포획 상태

캐나다기러기

식별 : 갈색 깃털을 가진 기러기로, 독특한 검은색 목과 하얀 볼 부분을 가지고 있다. 크기
　　　는 1~11킬로그램까지 다양하다.

분포 : 대부분 북아메리카 전역.

서식지 : 호수, 강, 습지, 목초지 및 툰드라.

연구지역 : 위스콘신주 호리콘 습지야생동물 보호구역, 영국 호이캄 공원, 뉴욕 이타카에
　　　　서 포획 상태로.

아종 : 허드슨만캐나다기러기*B.c interior*, 대서양캐나다기러기*B.c. canadensis*.

흰기러기

식별 : 분홍빛이 도는 붉은 부리를 가진 기러기이며 흰색에서 푸른색(머리와 목이 흰색이고
　　　깃털은 회색이다)까지 이어지는 색상 단계를 가진다.

분포 : 알래스카와 캐나다 중북부, 그린란드 북서부. 겨울에는 미국 남부와 멕시코 북부.

서식지 : 툰드라, 습지, 범람지.

연구지역 : 캐나다 매니토바주 처칠의 라 피루즈 베이, 미네소타주의 카버파크.

아종 : 작은흰기러기*A.c. caerulescens*.

사회조직

흰기러기는 극단적인 군집 생활을 하며 수천 마리에 이르는 새가 밀집된 군락에 둥지를 튼다. 캐나다기러기 번식지는 일반적으로 밀집도가 덜 하다. 두 종 모두 대개 장기간의 일부일처제 유대 관계(물론 여러 변형이 있다 – 아래 참조) 속에 쌍을 이루며, 짝짓기 철이 지나면 큰 무리를 이룬다.

설명

행동 표현 : 캐나다기러기는 때로 같은 성을 가진 두 마리의 새가 짝을 이룬다. 수컷과 암컷 동성애자 쌍이 모두 발생하며, 성체나 청소년 개체 모두 파트너가 될 수 있다. 동성애 쌍 결합은 종종 (이성애 쌍처럼) 수년 동안 지속한다. 이러한 결합에서 머리담그기head-dipping 형태의 구애 행동을 자주 볼 수 있다. 이는 한 마리의 새가 의례적으로 머리를 물에 깊숙이 담갔다가 다시 들어 올리며 물을 고개 뒤로 뿌리는 행동이다. 이성애 맥락에서 이 행동은 흔히 교미의 서막으로 작용하지만, 같은 성 커플에서 동성애 교미는 두드러진 현상이 아니다. 한 가지 예외가 트리오에서 일어난다. 간혹 세 마리의 새들(암컷 두 마리와 수컷 한 마리) 사이에 유대가 형성되는데, 암컷 한 마리가 다른 암컷에게 마운트를 하고 교미를 하는 것이다. 일부 레즈비언 커플은 새끼를 기르려고 노력한다. 예를 들어 동성애 커플의 한 암컷은 파트너가 보초를 서는 동안 둥지를 짓고 알을 낳았고, 그 후 다른 암컷도 첫 번째 암컷 옆에 자신의 둥지를 짓고 알

암컷 캐나다기러기 쌍 사이의 구애 : '머리담그기' 과시.

을 낳았다. 하지만 암컷들이 계속해서 알을 두 둥지 사이에서 이리저리 굴려 모두 깨트렸기 때문에 어느 알도 부화하지는 못했다(알은 모두 무정란으로 보인다).

흰기러기에서는 좀 더 성공적인 레즈비언 양육이 일어난다. 흰기러기 암컷 사이의 짝결합은 튼튼해서, 짝과 떨어지면 다른 한쪽은 상대가 돌아올 때까지 큰 소리로 부르기 시작한다. 이 쌍은 하나의 둥지에 각각의 암컷이 알을 낳는다. 그 결과 이성애 둥지에서 발견되는 알 수의 2배를 포함하는(알 8개 대 4~5개) 평균초월 알둥지supernormal clutches가 만들어진다. 두 새는 모두 교대로 알을 품는다(이성애 쌍에서는 수컷이 알을 품지 않는다). 때로 이러한 쌍의 암컷 중 한두 마리가 수컷과 교미를 하므로, 알 중 일부는 유정란이 된다. 알이 부화하면 두 암컷은 알 위에 서서 날개로 감싸며 침입자와 포식자(재갈매기 등)로부터 알을 보호한다. 흰기러기에서 수컷 동성애 쌍은 발견되지 않지만, 때로 수컷 흰기러기와 수컷 캐나다기러기 사이에 이종간異種間 짝결합이 일어난다. 두 새는 끊임없이 서로를 따라다니며 가까운 곳에 홰를 틀지만, 둥지를 짓거나 교미하는 일은 보통 일어나지 않는다. 하지만 간혹 이성애 '집단강간'에 가담하는 수컷 흰기러기 사이에서는 같은 성 간의 마운팅이 일어날 수 있다.

이 종에서 수컷은 종종 암컷을 성적으로 괴롭히고, 쫓아다니며 교미를 강요한다. 어떤 경우에는 다른 수컷들이 커다란 '구경꾼spectator' 무리를 이뤄(때로 20~80 마리까지 수컷이 모인다) 그러한 상황을 지켜보기도 하고 심지어 동참하기도 한다. 드물게 한 수컷이 이러한 집단 성적 활동의 하나로서 다른 수컷을 마운트하기도 한다.

빈도 : 캐나다기러기의 일부 (반야생) 개체군에서는 약 12%에 이르는 쌍이 동성애 관계다. 흰기러기에서는 그 비율이 훨씬 더 낮아서 200개의 둥지 중 1개만이 암컷 쌍에 속한다. 흰기러기 수컷의 강간 시도 중에 일어나는 모든 마운팅의 약 4%는 수컷들 사이에 발생한다.

성적 지향 : 캐나다기러기에 대한 한 연구에 따르면, 수컷 중 18%가 동성애 짝결합을 형성한 반면, 암컷은 6~12%가 그렇게 했다. 같은 성 짝을 가진 일부 새는 이성애 상호작용의 기회가 있어도 동성애 관계를 '선호'하는 것처럼 보인다. 한 사례를 보면 어떤 수컷이 오래 지속하던 레즈비언 쌍의 한 암컷을 괴롭히다가, 그 암컷과 짝짓기하며 레즈비언 쌍을 갈라놓았다. 하지만 다음 해에 그 암컷은 레즈비언 파트너에게 다시 돌아왔고 짝 유대 관계도 재개되었다. 반면에 어떤 새들은 이성애 짝 형성을 선호한다. 많은 수컷은 만일 넘볼 만한 암컷이 없으면 동성애를 형성하기보다는 그냥 홀로 지낸다. 흰기러기에서 동성애 쌍의 암컷들은 기능적인 양성애자일 수 있다. 이들은 때로 알을 수정하기 위해 최대 3마리의 수컷과 교미를 하지만, 여전히 같은 성 짝 유대 관계가 주된 역할을 한다. 다른 수컷을 마운트하는 수컷은 우선적인 이성애자다. 왜냐하면 이들 대부분이 암컷과 짝을 맺고, 성적인 상호작용의 대부분을 암컷과 하기 때문이다.

비생식적이고 대체 가능한 이성애

위에서 언급한 바와 같이 흰기러기에서는 이성애 강간이 흔하다. 일부 짝짓기 시즌에 각각의 암컷은 (평균) 매 5일마다 강간 시도에 노출된다. 암컷은 때로 그러한 공격을 성공적으로 막아내지만, 강간을 하는 수컷들이 매우 공격적으로 무리를 지어 달려들기도 한다. 간혹 암컷의 짝이 침입자를 성공적으로 쫓아내기도 하지만, 흔히 자기도 다른 암컷을 강간하러 가기 때문에 암컷의 보호에 실패하곤 한다. 중요한 점은 대부분의 강간이 비생식적이라는 것이다. 모든 강간 시도의 80% 이상이 알을 품고 있는 새처럼, 임신할 수 없는 암컷을 대상으로 하며, 실제로 약 2%의 새끼만이 이런 방식으로 태어난다. 캐나다기러기 사이에서 강간은 훨씬 드물다. 하지만 수기러기들은 짝이 없을 때 흔히 이웃 암컷을 괴롭히고 공격하므로, 종종 이웃이 알을 버리는 결과를 초래한다. 모든 둥지의 1/4까지 이런 식으로 버려질 수 있다.

이들 종에서는 이성애 핵가족의 몇 가지 변형된 모습이 발생한다. 대부분의 암수 쌍은 평생을 함께 지내지만, 이혼과 재혼이 캐나다기러기와 흰기러기 양쪽에서 간혹 나타난다. 또한 대부분의 흰기러기 가족은 다음 번식기까지 함께 지내지만, 어떤 개체군에서는 20%에 이르는 가족이 그 전에 갈라지거나 흩어진다. 주된 이유는 청소년 개체가 떠나는 것이다. 캐나다기러기에서는 수컷 한 마리와 암컷 두 마리로 이루어진 일부다처제의, 이성애 트리오가 형성되기도 한다(이들은 암컷들이 서로 유대 관계를 맺지 않는다는 점에서 앞에서 설명한 양성애 트리오와는 다르다). 어떤 새들은 종을 넘어서 짝을 형성하는데, 실제로 흰기러기와 캐나다기러기는 서로 짝짓기를 하기도 한다. 간혹 캐나다기러기에서는 한 쌍이나 몇몇 이성애 쌍이 돌보는 탁아소creches 혹은 공동양육소(많게는 60마리의 새끼가 모인다)가 발견된다. 더불어 기러기 가족은 종종 임시로 또는 영구적으로나 자기 새끼가 아닌 다른 새끼를 돌보는 새끼 '교환하기'를 한다. 캐나다기러기에서는 최대 46%까지, 흰기러기에서는 최소 13%까지 입양된 새끼를 가질 수 있으며, 캐나다기러기의 일부 개체군에서는 가족의 60% 이상이 입양으로 새끼를 잃거나 얻는 것을 경험한다. 흰거위에서도 암컷이 흔히 자신의 둥지가 아닌 다른 둥지에 알을 낳기 때문에 '입양'이 흔하다. 모든 둥지의 15~22%는 이러한 알을 포함하고 있으며(일부 군락에서는 80% 이상이 영향을 받는다), 모든 새끼의 5% 이상이 친모가 아닌 암컷에 의해 양육된다. 다른 둥지에 알을 낳는 암컷은 종종 짝의 도움을 받는데, 수컷이 둥지를 소유한 수컷을 공격하여 유인하면 암컷이 둥지에 접근해 자신의 알을 낳는다. 때로 침입한 암컷이 실제로 둥지를 짓거나 수리하는 것을 돕기도 한다. 둥지를 튼 암컷은 흔히 직접 둥지에 낳지 못한 남의 알을 자기 둥지에 굴려 넣어 입양을 한다.

또한 흰기러기 암컷은 간혹 폐기둥지dump nests라고 알려진 곳에 알을 낳는 식으로 알을 '유기'한다. 폐기둥지란 여러 암컷이 낳은 수많은 알이 포란抱卵되지 못한 채 남아 있는 둥지다. 번식의 스트레스가 둥지 포기를 유발하기도 한다. 암컷은 알을 품는 동안 체중의 1/3까지 잃기도 하고, 어떤 개체는 그러한 고난 때문에 둥지를 버리거나 둥지에서 굶어 죽기도 한다. 또한 대부분의 흰기러기 둥지 군락 주변에는 비번식 무리가 모여 있다. 어떤 해에는 비번식 성체의 비율이 개체수의 40%에 이를 수 있으며, 때로는 군락 전체가 번식을 포기하기도 한다(예를 들어 기후가 유별나게 좋지 않은 경우). 많은 캐나다기러기 이성애 쌍 또한 비번식 개체다. 예를 들어 일부 개체군에서는 모든 암수 쌍의 1/4 이상이 교미는 자주 했지만 번식은 하지 않았다. 실제로 일부 비번식 개체들은 번식하는 쌍보다 거의 2배나 높은 성적인 활동 비율을 보였다.

출처

*별표가 있는 출처는 동성애와 트랜스젠더에 대해 논의한다.

* Allen, A. A. (1934) "Sex Rhythm in the *Ruffed Grouse* (*Bonasa umbellus* Linn.) and

Other Birds." *Auk* 51:180–99.

Ankney, C. D., and C. D. MacInnes (1978) "Nutrient Reserves and Reproductive Performance of Female Lesser Snow Geese." *Auk* 95:459–71.

* Collias, N. E., and L. R. Jahn (1959) "Social Behavior and Breeding Success in Canada Geese (*Branta canadensis*) Confined Under Semi–Natural Conditions." *Auk* 76:478–509.

* Conover, M. R. (1989) "What Are Males Good For?" *Nature* 342:624–25.

Cooke, F., and D. S. Sulzbach (1978) "Mortality, Emigration, and Separation of Mated Snow Geese." *Journal of Wildlife Management* 42ʼ.271–80.

Cooke, E, M. A. Bousfield, and A. Sadura (1981) "Mate Change and Reproductive Success in the Lesser Snow Goose." *Condor* 83:322–27.

* Diamond, J. M. (1989) "Goslings of Gay Geese." *Nature* 340:101.

Ewaschuk, E., and D. A. Boag (1972) "Factors Affecting Hatching Success of Densely Nesting Canada Geese." *Journal of Wildlife Management* 36:1097–106.

* Grether, G. F., and A. M. Weaver (1990) "What Are Sisters Good For?" *Nature* 345:392.

* Klopman, R. B. (1962) "Sexual Behavior in the Canada Goose." *Living Bird* 1:123–29.

Lank, D. B., P. Mineau, R. F. Rockwell, and F. Cooke (1989) "Intraspecific Nest Parasitism and Extra–Pair Copulation in Lesser Snow Geese." *Animal Behavior* 37:74–89.

Luekpe, K. (1984) "A Strange Goose: Canada–Snow Hybrid?" *Passenger Pigeon* 46:92.

MacInnes, C. D., R. A. Davis, R. N. Jones, B. C. Lieff, and A. J. Pakulak (1974) "Reproductive Efficiency of McConnell River Small Canada Geese." *Journal of Wildlife Management* 38:686–707.

Martin, K., F. G. Cooch, R. F. Rockwell, and F. Cooke (1985) "Reproductive Performance in Lesser Snow Geese: Are Two Parents Essential?" *Behavioral Ecology and Sociobiology* 17:257–63.

* Mineau, P., and F. Cooke (1979) "Rape in the Lesser Snow Goose." *Behavior* 70:280–91.

Nastase, A. J., and D. A. Sherry (1997) "Effect of Brood Mixing on Location and

Survivorship of Juvenile Canada Geese." *Animal Behavior* 54:503–7.

Prevett, J. P. and C. D, MacInnes (1980) "Family and Other Social Groups in Snow Geese." *Wildlife Monographs* 71:1–46.

* Quinn, T. W., J. C. Davies, F. Cooke, and B. N. White (1989) "Genetic Analysis of Offspring of a Female–Female Pair in the Lesser Snow Goose (*Chen c. caerulescens*)." *Auk* 106:177–84.

* Starkey, E. E. (1972) "A Case of Interspecific Homosexuality in Geese." *Auk* 89:456–57.

Syroechkovsky, E. V. (1979) "Podkladyvaniye byelymi gusyami yaits v chuzhiye gnyezda [The Laying of Eggs by White Geese into Strange Nests]." *Zoologichesky Zhurnal* 58:1033–41.

Williams, T. D. (1994) "Adoption in a Precocial Species, the Lesser Snow Goose: Intergenerational Conflict, Altruism, or a Mutually Beneficial Strategy?" *Animal Behavior* 47:101–7.

Zicus, M. C. (1984) "Pair Separation in Canada Geese." *Wilson Bulletin* 96:129–30.

검둥고니 *Cygnus atratus*

혹고니 *Cygnus olor*

동성애	트랜스젠더	행동		랭킹	관찰
● 암컷	○ 간성	● 구애	● 짝 형성	● 중요	● 야생
● 수컷	○ 복장도착	○ 애정표현	● 양육	○ 보통	● 반야생
		● 성적인 행동		○ 부수적	● 포획 상태

검둥고니

식별 : 깃털이 전부 검은색인 유일한 백조다. 날개 깃털은 흰색이고 부리는 밝은 빨간색이며, 목은 특별히 길다.

분포 : 오스트레일리아, 태즈메이니아, 뉴질랜드.

서식지 : 호수, 석호, 늪, 만, 범람지.

연구지역 : 오스트레일리아 뉴사우스웨일즈 주 조지 호수와 배서스트 호수, 포획 상태로는 오스트레일리아 캔버라 야생동물 연구국.

혹고니

식별 : 적황색 부리의 밑부분에 검은색 혹이 있는 큰 백조(최대 15킬로그램).

분포 : 아시아 온대지역과 유럽.

서식지 : 습지, 연못, 호수, 느리게 흐르는 강, 석호, 해안 지역.

연구지역 : 영국의 애보츠버리(도셋)와 레인워쓰 라찌(노츠), 스코틀랜드의 렌프루셔.

사회조직

검둥고니는 때로 수천 마리씩 모인다. 대개 짝을 맺으며(물론 수많은 변형이 있다 – 아래 참고), 군락에 둥지를 틀기도 하고 별도의 영역에 둥지를 만들기도 한다. 혹고니도 일반적으로 장기간의 일부일처제 유대 관계를 가지고 넓은 간격의 영역에 둥지를 튼다. 일부 쌍은 군락을 이루기도 한다. 번식기를 벗어나면 흔히 새 떼 무리를 형성한다.

설명

행동 표현 : 일부 수컷 검둥고니들은 안정적이고 오래 지속하는 동성애 쌍을 형성한다. 이성애 쌍처럼 같은 성 파트너와 종종 몇 해 동안 함께 사는 것이다. 두 수컷은 짝결합 과시인 인사의식greeting ceremony을 자주 수행한다. 이 의식은 파트너 관계를 굳건하게 다지는 역할을 하며, 두 새는 서로 마주 보며 날개를 치켜세운 채(때로는 흰 털을 드러내기 위해 날개를 퍼덕이며), 목을 길게 펴고 부리올리기를 반복하면서 소리를 낸다. 동성애 쌍 수컷은 또한 머리담그기head-dipping라고 알려진 구애 행동을 한다. 교미의 서곡 역할을 하는 이 과시에서 두 새는 처음에는 머리, 다음에는 목, 그리고 마지막에는 몸을 굽이치며 물에 담근다. 머리담그기가 반복적으로 최대 20~25분 간 이어지며 간혹 동성애 마운팅으로 이어지기도 한다. 물론 한 수컷이 성적인 활동에 참여할 뜻이 없으면, 파트너의 제안 자세에 공격적으로 반응할 수도 있다.

수컷 검둥고니 쌍은 짝짓기 기간 동안 이성애 쌍보다 훨씬 더 큰 영역을 맹렬히 방어한다. 두 마리의 수컷이 힘을 모을 수 있기 때문에, 다른 백조들을 쫓는데 더 성공적이어서 흔히 연못의 주요 부분(140~300제곱미터)을 영역으로 삼을 수 있다. 대조적으로 이성애 쌍은 종종 둥지를 지을 때 선호도가 떨어지는 지역으로 밀려나며 더 작은 영역(1.4~6제곱미터)을 갖게 된다. 또한 동성애 커플은 성공적인 부모로서 두 가지 방법을 통해 둥지와 알을 얻는다. 어떤 수컷 쌍은 일시적으로 암컷과 교미해서 함께 둥지를 짓고, 짝짓기를 한 다음, 암컷이 알을 낳으면 쫓아내버리고 수컷 커플로서 양육을 시작한다. 다른 동성애 커플은 알을 품고 있는 이성애 쌍을 쫓아내고 알을 입양한다. 이 두 마리의 수컷은 알을 품어 부화도 하고, 병아리도 함께 기른다. 사실 동성애 쌍은 흔히 이성애 쌍보다 새끼를 기르는 데 더 성공적인데, 부분적으로는 그들이 가장 좋은 둥지와 가장 큰 영역에 접근할 수 있어서이며, 더 평등하게 알품기 의무를 공유한다는 점도 일조할 것이다.

수컷 검둥고니 동성애 쌍이 '인사의식greeting ceremony'를 하고 있다.

평균적으로 이성애 양육은 약 30%가 성공하는데 비해, 동성애 양육은 80%가 성공적이다.

혹고니에서는 수컷과 암컷 동성애자 쌍이 모두 발생한다. 암컷 쌍은 두 마리 모두 둥지를 짓고 알을 낳아 품는다(대개 무정란이다). 때로 한 암컷이 둘의 둥지와 짝을 지키고 서서 영역을 방어하기도 한다. 만일 침입자에 의해 둘의 둥지가 망가진다면, 암컷들은 최대한 첫 번째 둥지를 지키면서, 두 번째 둥지를 만들어 새로 알을 낳는다. 수컷 쌍도 매년 둥지를 지어 교대로 앉기는 하지만, 검둥고니와는 달리 알을 뺏어오지는 않는다. 수컷 혹고니는 때로 휘파람고니*Cygnus buccinator*나 회색기러기 같은 다른 종과 동성애 짝결합을 형성하기도 한다.

빈도: 전체적으로 검둥고니의 모든 짝결합의 5~6%는 수컷 쌍이 차지한

다. 한 해로 따지면 평균 13%의 새들이 동성애 짝 유대 관계를 맺는데 때로 이 비율은 20%까지 올라간다. 동성애 부모는 성공적으로 새끼를 길러내는 가족의 20~25%를 차지한다. 흑고니에서 같은 성 유대 관계는 산발적으로만 나타난다.

성적 지향 : 많은 검둥고니와 흑고니의 같은 성 커플은 배타적인 동성애 자로 보인다. 이들이 이성애 교미나 이성애 짝결합을 하지 않고, 대개 반 대쪽 성의 짝 없는 새를 무시하기 때문이다. 그러나 일부 수컷 검둥고니 는 (일차적으로는 동성애자지만) 암컷과 짝짓기를 하기 위해 짧게 지속하는 양성애 트리오를 형성하고 자기 새끼를 가진다.

비생식적이고 대체 가능한 이성애

검둥고니와 흑고니 개체군은 둘 다 비번식 개체가 높은 비율을 차지한 다. 모든 흑고니의 절반 이상이 번식을 하지 않으며, 흔히 번식하는 쌍과 분리된 곳에서 자기들끼리 무리를 이룬다. 많은 새들은 일생 오직 한두 번만 둥지를 틀고(이 둥지는 15~20년 동안 지속한다), 몇몇은 아예 번식을 하지 않는다. 검둥고니는 전체적으로 약 1/5 만이 매년 둥지를 틀고, 일 부 개체군에서는 성체의 90% 이상이 번식을 하지 않는다. 어리지만 성 적으로 성숙한 검둥고니가 부모와 함께 지내며 번식을 수년 동안 늦추기 도 한다(어떤 사례에서는 3년에서 8년까지). 때로 그런 어린 개체가 부모와 근친상간 짝 유대 관계를 형성한다. 예를 들어 수컷 백조들은 아비가 죽 었을 때 어미와 짝짓기를 하는 것으로 알려져 있다. 또한 흑고니에서도 형제 자매와 부모-자식 간의 짝짓기가 일어나며, 다른 종의 백조(예를 들 어 뷰익고니, 고니, 큰고니, 휘파람고니)나 거위(예를 들어 흰기러기, 캐나다기러 기, 회색기러기)와의 이종간 교배도 역시 발생한다. 실제로 검둥고니와 흑 고니는 서로 짝을 형성할 수 있고, 검둥고니 수컷 한 마리와 흑고니 암컷 두 마리가 모인 트리오도 관찰되었다. 같은 종 내의 이성애 트리오 또한 흔하다. 검둥고니 모든 결합의 약 14%는 수컷 두 마리와 암컷 한 마리가 모인 것이다. 혹고니의 트리오는 보통 암컷 두 마리와 수컷 한 마리로 이루어져 있다.

이러한 다혼多婚 관계 외에도 몇 가지 다른 대체적인 가족 구성이 발생한다. 검둥고니에서는 '양부모' 양육하기, 혹은 입양이 자주 일어난다(그리고 드물게 혹고니에서도). 어떤 군락에서는 모든 백조 새끼의 2/3 이상이 2∼4개 가족의 새끼들이 모인 무리에서 자란다(가끔 30여개의 가족 출신이 모이기도 한다). 이러한 새끼혼합brood amalgamations으로 새끼가 40마리까지 모이기도 하며, 이들을 그렇게 모인 백조 새끼들의 친부모가 아닐 수도 있는 성체 한 쌍이 돌보게 된다. 성체가 둥지 근처의 알을 '도둑질'하여 자기 둥지로 굴리는 식으로도 입양이 종종 발생한다. 독신 양육은 검둥고니 사회생활의 눈에 띄는 특징이다. 흔히 수컷이나 암컷은 부화 중에 짝을 버리며, 어떤 군락에서는 부모 중 한쪽만 남은 둥지가 대다수를 차지하는 경우도 있다. 간혹 어떤 짝은 이혼보다는 '분리'를 택한다. 한쪽 새가 새로 부화한 어린 새끼들을 데리고 나가면 남은 새가 나머지 알을 품는 식이다. 혹고니의 이혼율은 모든 쌍의 3∼10%를 차지하고, 모든 새의 약 1/5은 평생 2∼4마리의 짝을 가지게 된다. 일부 혹고니는 자기 파트너와 짝을 유지하면서도 다른 새에게 구애하거나 짝짓기를 한다. 이러한 활동 중 일부는 역逆방향 교미다(암컷이 수컷을 마운트한다). 짝 간의 교미 중 많은 것이 비생식적인 교미인데, 그 이유는 대부분의 쌍이 수정에 필요한 횟수보다 훨씬 더 자주 짝짓기를 하기 때문이다. 또한 백조들은 때로 생식을 저해하는 행동을 한다. 예를 들어 모든 검둥고니 알의 1/3은 부모가 둥지를 버림으로써 소멸된다. 혹고니 부모도 3%는 둥지를 버린다. 그리고 백조는 종종 자기 영역을 돌아다니는 어린 개체를 공격하고 죽이기까지 한다. 간혹 영역다툼 중에 알이 부서지기도 하며, 성체 새가 그러한 공격의 직접적인 결과로 죽임을 당하기도 한다(전체 사망 원인의 3%를 차지한다).

출처 *별표가 있는 출처는 동성애와 트랜스젠더에 대해 논의한다.

Bacon, P. J., and P. Andersen-Harild (1989) "Mute Swan." In I. Newton, ed., *Lifetime Reproduction in Birds*, pp. 363–86. London: Academic Press.

Braithwaite, L. W. (1982) "Ecological Studies of the Black Swan. IV. The Timing and Success of Breeding on Two Nearby Lakes on the Southern Tablelands of New South Wales." *Australian Wildlife Research* 9:261–75.

* ——(1981) "Ecological Studies of the Black Swan. III. Behavior and Social Organization." *Australia Wildlife Research* 8:135–46.

* ——(1970) "The Black Swan." *Australian Natural History* 16:375–79.

Brugger, C., and M. Taborsky (1994) "Male Incubation and Its Effect on Reproductive Success in the Black Swan, *Cygnus atratus*." *Ethology* 96:138–46.

Ciaranca, M. A., C. C. Allin, and G. S. Jones (1997) "Mute Swan (*Cygnus olor*)." In A. Poole and F. Gill, eds., *The Birds of North America: Life Histories for the 21st Century*, no. 273. Philadelphia: Academy of Natural Sciences; Washington, D.C.: American Ornithologists' Union.

Dewer, J. M. (1942) "Ménage à Trois in the Mute Swan." *British Birds* 30:178.

Huxley, J. S. (1947) "Display of the Mute Swan." *British Birds* 40:130–34.

* Kear, J. (1972) "Reproduction and Family Life." In P. Scott, ed., *The Swans*, pp. 79–124. Boston: Houghton Mifflin.

* Low, G. C. and Marquess of Tavistock (1935) "The Extent to Which Captivity Modifies the Habits of Birds." *Bulletin of the British Ornithologists Club* 55:144–54.

Mathiasson, S. (1987) "Parents, Children, and Grandchildren—Maturity Process, Reproduction Strategy, and Migratory Behavior of Three Generations and Two Year-Classes of Mute Swans *Cygnus olor*." In M. O. G. Eriksson, ed., *Proceedings of the Fifth Nordic Ornithological Congress, 1985*, pp. 60–70. Acta Regiae Societatis Scientiarum et Litterarum Gothoburgensis *Zoologica* no. 14. Gdteborg: Kungl. Vetenskaps- och Vitterhets-Samhallet.

Minton, C. D. T. (1968) "Pairing and Breeding of Mute Swans." *Wildfowl* 19:41–30.

* O'Brien, R. M. (1990) "Black Swan, *Cygnus atratus*." In S. Marchant and P. J. Higgins, eds., *Handbook of Australian, New Zealand, and Antarctic Birds*, vol. 1, pp. 1178–89. Melbourne: Oxford University Press.

Ogilvie, M. A. (1972) "Distribution, Numbers, and Migration." In P. Scott, ed., *The Swans*, pp. 29–55. Boston: Houghton Mifflin.

Rees, E.C., P. Lievesley, R. A. Pettifor, and C. Perrins (1996) "Mate Fidelity in Swans: An Interspecific Comparison." In J. M. Black, ed., *Partnerships in Birds: The Study of Monogamy*, pp. 118—37. Oxford: Oxford University Press.

* Ritchie, J. R (1926) "Nesting of Two Male Swans." *Scottish Naturalist* 159:95.

* Schönfeld, M. (1985) "Beitrag zur Biologie der Schwäne: 'Männchenpaar' zwischen Graugans und Häckerschwan [Contribution to the Biology of Swans: 'Male Pairing' Between a Greylag Goose and a Mute Swan]." *Der Palke* 32:208.

Sears, J. (1992) "Extra-Pair Copulation by Breeding Male Mute Swan." *British Birds* 85:558–59.

* Whitaker, J. (1885) "Swans' Nests." *The Zoologist* 9:263–64.

Williams, M. (1981) "The Demography of New Zealand's *Cygnus atratus* Population." In G. V, T. Matthews and M. Smart, eds., *Proceedings of the 2nd International Swan Symposium (Sapporo, Japan)*, pp. 147–61. Slimbridge: International Waterfowl Research Bureau.

청둥오리
Anas platyrhynchos

푸른날개쇠오리
Anas discors

동성애	트랜스젠더	행동		랭킹	관찰
●암컷	○간성	●구애 ●짝 형성		○중요	●야생
●수컷	○복장도착	○애정표현 ●양육		●보통	●반야생
		●성적인 행동		○부수적	●포획 상태

청둥오리

식별 : 우리에게 익숙한 오리로 날개에 파란 부분이 있다. 수컷은 무지갯빛의 녹색 머리와
　　　흰 목깃을 가지고 있고, 암컷은 갈색의 얼룩덜룩한 깃털을 가지고 있다.

분포 : 북반구 전역, 오스트레일리아와 뉴질랜드.

서식지 : 습지.

연구지역 : 뉴저지주 J. 룰런 힐러 야생동물 보호구역, 네덜란드 하렌 앤 미들버그, 독일 아
　　　우구스부르크와 제비젠의 맥스-플랑크 연구소, 캐나다 매니토바 호수의 델타
　　　수금류 연구센터. 아종 청둥오리*A.p. platyrhynchos*.

푸른날개쇠오리

식별 : 회갈색의 오리이며, 날개 윗부분은 연한 파란색이고 아랫부분에 황갈색 점박무늬
　　　가 있으며, 수컷은 흰색 초승달 모양의 얼굴 줄무늬가 있다.

분포 : 북아메리카 북부와 중부, 겨울에는 중앙아메리카와 남아메리카 북부.

서식지 : 습지, 호수, 하천.

연구지역 : 캐나다 매니토바 호수의 델타 수금류연구소.

사회조직

청둥오리와 푸른날개쇠오리는 매우 사교적인 새들로서, 보통 연중 내내 수백 마리에서 수천 마리가 무리를 짓는다. 번식기에는 일반적으로 일부 일처제 모습을 보이지만 여러 가지 변형이 있다. 다른 여러 오리 종에서 보듯이 이성애 쌍은 보통 알품기가 시작되면 바로 헤어진다. 그 후 암컷이 알을 품고 새끼를 기른다.

설명

행동 표현 : 초가을이 되면 오리는 무리를 짓고 짝결합을 형성하기 시작하는데, 이때 암컷 청둥오리는 때로 다른 암컷을 마운트하고 교미한다. 두 암컷은 짝짓기의 서곡으로서 머리를 위아래로 까딱거려 부리가 수평 위치에서 물에 닿도록 하는 펌핑pumping 과시를 할 수 있다. 과시가 끝나면 한쪽 암컷이 물 위에 몸을 편평하게 하고 목을 길게 늘어뜨려 다른 암컷이 마운트하도록 자세를 잡는다. 짝짓기를 하는 동안 마운팅한 암컷은 파트너의 목 깃털을 부리로 잡거나 머리를 부드럽게 쪼기도 한다. 마운팅에서 내리면, 날개를 치면서 머리를 물에 담근 다음 흔들어 물방울을 등에 떨어뜨리는 끝맺음concluding 과시를 수행한다(이 과시는 이성애 상호작용에서도 암컷이 보여준다). 동성애 마운팅은 드물게 번식기 후반에 이성애로 짝을 이룬 암컷과 독신 암컷 사이에 일어난다.

 동성애 짝결합은 암컷과 수컷 청둥오리에서 모두 발생한다. 이성애 쌍과 마찬가지로 두 파트너는 함께 수영도 하고 휴식, 깃털고르기, 먹이찾기까지도 완벽하게 동시에 하는 가까운 동반자가 된다. 같은 성 파트너는 또한 자신의 짝을 다른 청둥오리의 접근으로부터 '방어'한다. 암컷은 이를 위해 특별한 재촉하기inciting 과시를 사용하는데, 어깨 너머로 돌아보며 떨리는 울음소리로 파트너를 끌고 가는 행동이다. 그러나 일반적으로 같은 성 파트너 관계에서는 성적인 행동이 공공연하게 일어나지 않는다. 예를 들어 수오리 쌍은 서로 머리펌핑과 날개퍼덕이기(교미 전에 하는 행동이다)를 하지만, 둘 다 마운트를 하지도 않고, 마운트하라고 초대하지도 않는다. 하지만 흥미롭게도 동성애 쌍의 일부 수컷이 짝이 아닌 수컷을 강간하거나 강제로 교미하려는 것이 관찰되었다(이는 이성애 쌍의 수오리가 일부일처제를 벗어나 다른 암컷을 강간하는 것과 동일한 양태다). 암컷 사이의 동성애 짝결합은 좀 더 일시적이며, 일반적으로 번식 전후에만 발생한다.

함께 자란 수컷 청둥오리들도 간혹 굳건하고 오래가는 동성애 유대 관계를 형성한다. 그리고 이러한 새들이 많이 모여 흔히 클럽clubs이라고 알려진 무리를 형성한다. 이들은 한 번에 몇 시간 혹은 며칠까지도 함께 모여 계속 꽥꽥거리며 신나게 뛰어다니고 수영도 같이 한다. 때로 암컷이 수오리 쌍에 섞여 양성애 트리오를 형성하기도 한다. 이 경우 한 마리 또는 양쪽 수컷이 암컷과 짝짓기를 할 수 있지만, 동성애 유대 관계가 여전히 우선이다. 조금 덜 흔하기는 하지만 함께 자란 암컷들 또한 짝을 이루어 둥지에서 함께 알을 품고, 수컷들과 문란하게 짝짓기 한 결과로 태어난 새끼오리들을 함께 기르기도 한다.

푸른날개쇠오리의 수오리는 암컷이 없을 때 서로 구애하는데, 다른 수컷의 관심을 얻기 위해 경쟁하고 싸우기까지 한다.

빈도 : 암컷 청둥오리 사이의 동성애 교미 및 짝 형성은 산발적으로 발생하며 가을 동안 가장 흔하다. 한 연구에서는 성적인 행동이 관찰된 날의

약 1/4에서 같은 성 마운팅도 일어났다. 수컷 동성애 쌍의 비율은 개체군에 따라 다르지만 대략 모든 쌍의 2~19%에 달한다.

성적 지향 : 청둥오리 사이에서는 몇 가지 형태의 양성애가 발생한다. 암컷은 수컷과 짝을 이룬 상태에서 동성애 교미에 참여할 수 있으며, 암수 모두 이성애 짝짓기를 하는 번식기 전후에 동성애 관계를 형성할 수 있다. 일부 수컷은 수년 동안 유지되는 같은 성 간의 유대 관계를 형성하므로, 좀 더 배타적인 동성애자로 여겨진다. 또한 대부분의 수컷은 잠재적인 양성애자인 것으로 보인다. 청둥오리 사이에서는 몇 가지 형태의 양성애가 발생한다. 암컷은 수컷과 짝을 이룬 상태에서 동성애 교미에 참여할 수 있으며, 암수 모두 이성애 짝짓기를 하는 번식기 전후에 동성애 관계를 형성할 수 있다. 일부 수컷은 수년 동안 유지되는 같은 성 간의 유대 관계를 형성하므로, 좀 더 배타적인 동성애자로 여겨진다. 또한 대부분의 수컷은 잠재적인 양성애자인 것으로 보인다. 왜냐하면 청둥오리가 수컷으로만 이루어진 무리에서 자라면, 보통 평생 지속하는 동성애 쌍을 형성하고, 짝을 잃어 홀아비가 될 때도 다시 다른 수컷과 짝을 맺기 때문이다. 함께 자라지 않은 수컷일지라도 대략 13~17%는 여전히 일생의 일부 기간에 동성애 짝 형성을 한다. 푸른날개쇠오리에서 동성애 행동은 주로 양성애 잠재력의 발현으로 보인다. 왜냐하면 지금까지 같은 성 짝짓기나 구애는 암컷으로부터 격리된 수컷에서만 관찰되었기 때문이다.

수컷 청둥오리의 동성애 쌍이 동기화한 깃털고르기를 하고 있다.

비생식적이고 대체 가능한 이성애

청둥오리 쌍은 정기적으로 비생식적인 짝짓기를 한다. 예를 들어 교미는 이성애 쌍이 번식기 전에 함께 지내는 5~7개월 동안 흔하게 일어난다(수컷이 정자를 생산하지 않는 시기다). 또한 번식기 후반에 암수 관계는 흔히 적대적으로 변해서, 강제적인 교미 혹은 강간이 청둥오리와 푸른날개쇠오리 모두에서 이성애 상호작용의 일상적인 모습이 된다. 암컷이 알을 낳으면 수컷 청둥오리는 으레 암컷 짝을 버리고(암컷은 단독 부모가 된다), 전부 수컷으로만 이루어진 무리에 가담한 다음 다른 암컷과 강제로 짝짓기를 하기 위해 쫓아다니기 시작한다. 강간은 두 종의 암오리 사이에서도 발생한다. 12~40마리 정도의 수컷이 공중 또는 수중 추격을 통해 암컷 한 마리를 쫓기도 한다. 수오리는 암컷이 다이빙을 할 때(탈출하려고) 물 속에서 붙잡아 마운팅을 하기도 하고 비행 중에 암컷을 땅에 떨어뜨리는 것으로도 알려져 있다. 어떤 개체군에서는 매년 전체 암컷의 7~10%가 익사하거나 강간 중에 발생한 다른 부상으로 사망한다. 때로 수컷이 죽은 암컷과 짝짓기를 시도하기도 한다. 번식기 초기에 짝 형성을 한 시기에도, 수컷은 빈번하게 짝이 아닌 암컷에게 구애하고 짝짓기(또는 강간)를 시도한다. 이러한 비非일부일처제 짝짓기의 결과

동성애 청둥오리 무리 혹은 클럽club.

로 태어난 새끼는 약 3~7%를 차지하고, 어떤 개체군에서는 새끼무리의 17~25%가 다수의 아비를 가진 무리인 것으로 밝혀졌다.

청둥오리는 때로 트리오 유대 관계를 형성하기도 하는데, 수컷 한 마리와 암컷 두 마리가 모이거나(모든 이성애 결합의 2~4%), 더 흔하게는 수컷 두 마리와 암컷 한 마리가 모이게 된다(모든 결합의 3~6%). 짝을 형성한 수컷은 번식기에 짝을 바꾸기도 하는데, 최소한 9%의 이성애 쌍은 번식기 동안 이혼한다. 이러한 종에서 전반적으로 오래 유지되는(2번의 번식기 이상 지속하는) 암수 짝결합은 드물다. 청둥오리 어미는 새끼를 보호하기 위해 극도로 공격적이어서, 길을 잃고 무리를 벗어난 다른 암컷의 새끼를 죽이기도 한다. 어떤 개체군에서는 다른 어미의 공격이 새끼오리 사망의 가장 큰 원인이 된다. 하지만 간혹 한 어미가 두 마리의 새끼무리를 모아 같이 보호하기도 한다.

기타 종

수컷 아메리카원앙*Aix sponsa* 사이에 새끼를 함께 기르는 동성애 쌍이 형성되기도 한다. 이러한 쌍은 평생 함께 살며, 두 수컷은 매해 함께 둥지를 찾기도 한다. 포획 상태에서 암컷 칠레홍머리오리*Anas sibilatrix*들도 짝 형성을 하는 것으로 알려져 있다. 두 파트너는 여러 해 동안 유대 관계를 맺고 둥지에 알을 같이 낳는다.

출처   *별표가 있는 출처는 동성애와 트랜스젠더에 대해 논의한다.

Bailey, R. O., N. R. Seymour, and G. R. Stewart (1978) "Rape Behavior in Blue-winged Teal." *Auk* 95:188- 90.

Barash, D. P. (1977) "Sociobiology of Rape in Mallards (*Anas platyrhynchos*): Responses of the Mated Male." *Science* 197:788-89.

Boos, J. D., T. D. Nudds, and K. Sjdberg (1989) "Posthatch Brood Amalgamation by Mallards." *Wilson Bulletin* 101:503-5.

* Bossema, I., and E. Roemers (1985) "Mating Strategy, Including *Mate Choice*, in Mallards." *Arden* 73:147– 57.

Cheng, K. M., J. T. Burns, and R McKinney (1983) "Forced Copulation in Captive Mallards. III. Sperm Competition." *Auk* 100:302–10.

Evarts, S., and C. J. Williams (1987) "Multiple Paternity in a Wild Population of Mallards." *Auk* 104:597– 602.

* Geh, G. (1987) "Schein–Kopula bei Weibchen der Stockente *Anas platyrhynchos* [Pseudo–Copulation of Female Mallard Ducks]." *Anzeiger der Ornithologischen Gesellschaft in Bayern* 26:131–32.

* Hochbaum, H. A. (1944) *The Canvasback on a Prairie Marsh.* Washington, D.C.: American Wildlife Institute.

Huxley, J. S. (1912) "A 'Disharmony' in the Reproductive Habits of the Wild Duck (*Anas boschas* L.)." *Biologisches Centralblatt* 32:621–23.

* Lebret, T. (1961) "The Pair Formation in the Annual Cycle of the Mallard, *Anas platyrhynchos* L." *Ardea* 49:97–157.

* Lorenz, K.(1991) *Here Am I—Where Are You? The Behavior of the Greylag Goose.* New York: Harcourt Brace Jovanovich.

* ——(1935) "Der Kumpan in der Umwelt des Vögels." *Journal für Ornithologie* 83:10–213, 289–413.

Reprinted as "Companions as Factors in the Bird's Environment." In K. Lorenz (1970), *Studies in Animal and Human Behavior,* vol. 1, pp. 101–258. Cambridge, Mass.: Harvard University Press.

Losito, M. P., and G. A. Baldassarre (1996) "Pair–bond Dissolution in Mallards." *Auk* 113:692–95.

McKinney, R, S. R. Derrickson, and P. Minneau (1983) "Forced Copulation in Waterfowl." *Behavior* 86:250–94.

Mjelstad, H., and M. Sastersdal (1990) "Reforming of Resident Mallard Pairs *Anas platyrhynchos,* Rule Rather Than Exception?" *Wildfowl* 41:150–51.

Raitasuo, K. (1964) "Social Behavior of the Mallard, *Anas platyrhynchos,* in the Course of the Annual Cycle." *Papers on Game Research (Helsinki)* 24:1–72.

* Ramsay, A. O. (1956) "Seasonal Patterns in the Epigamic Displays of Some Surface–Feeding Ducks." *Wilson Bulletin* 68:275–81.

* Schutz, F. (1965) "Homosexualität und Prägung: Eine experimentelle Untersuchung an Enten [Homosexuality and Developmental Imprinting; An Experimental Investigation of Ducks]." *Psychologische Porschung* 28:439–63.

* Titman, R. D., and J. K. Lowther (1975) "The Breeding Behavior of a Crowded Population of Mallards." *Canadian Journal of Zoology* 53:1270–83.

Weston, M. (1988) "Unusual Behavior in Mallards." *Vogeljaar* 36:259.

Williams, D. M. (1983) "*Mate Choice* in the Mallard." In P. Bateson, ed., *Mate Choice*, pp. 33–50. Cambridge: Cambridge University Press.

쇠검은머리흰죽지 수금류
Aythya affinis

호주혹부리오리
Tadorna tadornoides

사향오리
Biziura lobata

동성애	트랜스젠더	행동		랭킹	관찰
● 암컷	○ 간성	● 구애	● 짝 형성	○ 중요	● 야생
● 수컷	○ 복장도착	○ 애정표현	● 양육	● 보통	○ 반야생
		● 성적인 행동		○ 부수적	○ 포획 상태

쇠검은머리흰죽지

식별 : 넓은 부리를 가진 오리. 자줏빛을 띤 검은색 머리와 가슴, 그리고 흰색 하체를 가지고 있다. 암컷은 검은색 머리와 갈색 깃털을 가지고 있다.

분포 : 호수, 습지, 석호.

연구지역 : 매니토바주 매니토바호수(델타 하쉬)와 에릭슨 인근, 캐나다 브리티시컬럼비아 주의 150마일 호수 등 카리부 지역.

호주혹부리오리

식별 : 계피색 가슴, 짙은 녹색의 머리와 등, 그리고 희색 목깃을 가지고 있다. 성체 암컷은 눈과 부리에 흰색 고리모양 무늬가 있다.

분포 : 오스트레일리아 남부, 태즈메이니아.

서식지 : 습지, 호수, 석호.

연구지역 : 서부 오스트레일리아 로트네스트 섬.

사향오리

식별 : 아랫쪽 부리에 돌출된 엽을 가진 회색의 큰 오리. 끝이 뾰쪽한 부챗살모양의 꼬리를
가졌다.

분포 : 오스트레일리아 남부, 태즈메이니아.

서식지 : 늪, 호수, 기타 습지.

연구지역 : 오스트레일이라 빅토리아주 캥거루 호수.

사회조직

쇠검은머리흰죽지는 매우 사교적이어서 때로 수만 마리까지 수상水上무리, 일명 '래프트rafts'를 형성한다. 번식기에는 짝을 형성하지만, 일반적으로 알낳기가 끝나면 수컷은 짝을 떠나 규모가 큰 수컷 무리에 합류한다(아래 참고). 호주혹부리오리도 번식기 동안 짝 형성을 하지만(양쪽 부모가 새끼를 돌본다), 그 외 기간에는 무리를 짓는다. 사향오리는 번식기를 제외하고는 대부분 혼자 지낸다. 성체 수컷은 영역을 형성하며, 일부다처제 또는 난혼제(한 마리 이상의 암컷과 교미한다) 체계를 가진 것으로 보인다.

설명

행동 표현 : 수컷 쇠검은머리흰죽지들은 때로 서로 교미를 시도한다. 이러한 동성애 활동에 참여하는 수오리는 대개 짝을 이루지 못한 새다. 암컷끼리의 같은 성 마운팅이 일어나지 않지만 공동양육은 발생한다. 이 종

에서 수컷은 보통 알품기가 시작되면 바로 암컷 짝을 버린다. 대부분의 암컷은 전적으로 한 부모로서 새끼를 돌보지만, 때로 암컷 두 마리가 합쳐 새끼를 함께 기르기도 한다. 이 두 암컷은 다해서 20마리가 넘는 새끼오리를 함께 지키는 등 모든 부모의 의무에 협력한다. 만일 포식자나 침입자가 다가오면, 한 암컷은 대담하게 다가가 부상을 당한 척 주의를 끌고 그사이에 파트너는 슬그머니 모든 새끼오리들을 안전한 곳으로 이끈다. 그러나 새끼가 자라면 암컷 공동 부모는 이러한 '시선 끌기' 행동을 덜 보여준다. 포식자가 접근하면 둘 다 멀리 떨어져 일시적으로 새끼오리들이 알아서 살아남도록 남겨두기도 한다. 간혹 암컷 세 마리가 힘을 합쳐 새끼를 기르는 양육트리오를 형성하기도 한다. 이 경우 새끼오리는 50마리가 넘게 모일 수 있다. 흥미롭게도 암컷 부모가 두 마리(또는 세 마리)일 때의 새끼오리 생존율은 암컷 부모가 한 마리일 때와 큰 차이가 없다. 암컷 호주흑부리오리는 흔히 서로에게 구애하고 동성애 짝결합을 형성한다.

이 새들이 짝을 형성하는 12월이 되면, 암컷은 서로 의식적인 깃털 고르기 동작과 추적을 한다. 이것은 종종 완전한 물장구치기water-thrashing 과시로 발전하는데, 그러면서 한쪽 암컷이 머리와 목을 쭉 뻗어 옆을 가리키며 상대 암컷을 향해 헤엄친다. 또한 잠수했다가 다시 수면에 나타난 다음 상대 암컷을 뒤쫓기도 한다. 파트너 암컷은 이러한 공연에 번번이 매혹당해 열광적으로 다이빙과 답례 추적을 하는 식으로 반응한다. 결과적으로 두 암컷은 다음 번식기까지 지속하는 유대감을 형성할 수도 있다. 동성애 구애와 짝 형성을 하는 암컷은 대개 젊은 성체이거나 어린 개체다.

수컷 사향오리는 수컷과 암컷 모두를 유혹하는 독특한 구애 과시를 한다. 수컷은 등을 구부리고 머리를 들며 커다란 목주머니를 부풀린다. 동시에 날갯짓을 하며 꼬리를 등 쪽으로 극단적인 각도까지 구부린다. 두

수컷 사향오리(왼쪽)가 정교한 구애 과시의 하나로서 '휘슬킥whistle-kick'을 하는 다른 수컷에게 매혹되어 있다.

개의 척추뼈가 더 있어 가능해진 기술이고 놀랍도록 파충류를 닮은 외양이 된다. 그리고 이 자세에서 두 발을 뒤로 또는 옆으로 차서 엄청나게 큰 물방울을 튕겨낸다. 여러 종류의 다양한 킥을 연속으로 차는데, 흔히 구애를 하는 수컷은 킥 사이사이에 빠르게 발을 뒤로 젓는다. 또한 이러한 패들킥paddle-kick, 플롱킥plonk-kick, 그리고 휘슬킥whistle-kick 과시와 함께 매우 다양한 소리를 낸다. 예를 들면 커플롱ker-plonks(발로 차고 물을 튕긴다)을 할 때 윙whirr 소리나 꾹꾹cuc-cuc하는 소리로 울거나 독특한 휘파람 소리를 내기도 한다. 또한 과시를 하는 많은 수컷은 사향 냄새를 내뿜는데(이 새의 이름이 되었다), 깃털에 기름이 너무 많아 주변 물 표면에 기름 덩어리를 만들기도 한다. 이러한 과시(새들이 펼치는 가장 극적인 과시중 하나일 것이다)는 구애하는 수컷을 둘러싼 암수 모두의 관심을 끌게 된다. 흔히 수컷이 암컷보다 더 끌리는 것처럼 보이는데, 과시하는 수컷에게 훨씬 더 가까이 헤엄쳐 가기도 하고, 심지어 어떤 때는 부드럽게 그리고 반복적으로 그 수컷의 어깨를 가슴으로 툭툭 미는 신체 접촉을 하기도 한다. 과시 중인 수컷은 무아지경에 빠져있으므로 구경하는 새들에게 직접적으로 반응하는 경우는 거의 없다. 사실 동성애 교미가 이러한 과시의 한 부분으로서 관찰되지는 않았지만, 이성애 교미 역시 과시 활동시간에 목격된 적이 거의 없다.

빈도 : 쇠검은머리흰죽지에서 동성애 마운팅은 가끔만 나타나지만, 일부 개체군에서 암컷 공동양육은 전형적인 형태로 나타난다. 많을 때는 모든 가족의 1/4에서 1/3 혹은 그 이상에 어미 두 마리가 있지만, 다른 개체 군에서는 빈도가 낮아서 몇 년 동안 전체 가족 수의 약 12%만을 차지했다. 수컷 젊은 호주혹부리오리 암컷 사이에서는 같은 성 구애와 짝 형성이 빈번하게 일어나고, 사향오리는 과시하는 수컷 사향오리에게 일상적으로 매혹된다.

성적 지향 : 이러한 오리 종들은 다양한 양성애 모습을 특징적으로 보여준다. 일부 암컷 쇠검은머리흰죽지(대략 개체군의 30~40%)는 계절에 따라 같은 성과 반대쪽 성 짝 형성을 번갈아 한다. 번식기를 시작할 때는 이성애 쌍을 이루지만, 시즌의 끝은 같은 성관계 상태에서 맞이한다. 동성애 쌍을 형성한 대부분의 호주혹부리오리 암컷은 성체가 되면 이성애 유대 관계를 형성하는 것으로 보인다. 사향오리 수컷은 암컷과 수컷 모두에게 과시한다. 유혹당하는 수컷 중 일부는 암컷에게도 관심을 보이지만, 일부 수컷은 명백하게 과시 중인 수컷에게만 끌린다.

비생식적이고 대체 가능한 이성애

위에서 설명한 바와 같이, 이성애 쌍의 이혼과 그에 따른 암컷 한부모 양육(또는 공동양육)은 쇠검은머리흰죽지 가족 형태의 일반적인 모습이다. 이 종에서는 그 외에 몇 가지 대체적인 양육과 짝짓기 방식이 발생한다. 때로 암컷 쇠검은머리흰죽지는 짝을 이룬 쌍과 관계를 맺고 심지어 그들의 둥지에 알을 낳기도 한다. 사향오리는 흔히 다른 새의 둥지에 알을 낳는데, 그로 인해 자기 종 뿐만 아니라 다른 종의 새들도 수양부모가 된다. 예를 들어 짙은회색쇠물닭이나 여러 종의 오리(예를 들어 푸른부리오리*Oxyura australis*)가 이에 해당한다. 쇠검은머리흰죽지 입장에서 보았을 때는 아메리카흰죽지*Aythya americana* 같은 새가 자신의 둥지에 알을 낳은 결과로 간혹 다른 종의 새끼오리를 기른다. 호주혹부리오리도 때로 위탁병아리를 기른다. 모든 새끼무리의 약 5%에 다른 가족에서 온 '추가' 새끼오리가 있었으며, 모든 새끼오리의 약 1%는 입양되거나 또는 가족 간에 '교환'된 새끼였다. 쇠검은머리흰죽지 새끼오리는 때로 어미로부터 버림받으며 다른 가정으로 입양되기도 한다. 알을 유기하는 것 또한 빈도가 높다. 암컷 쇠검은머리흰죽지가 알둥지 전체를 버리는 경우도 있고, 호주 황오리도 알버리기egg dumping를 자주 한다. 많은 황오리 쌍은 교미를 하고도 알을 품거나 부화하지 않고 동굴이나 해안가, 섬에 낳고 유기한다. 이러한 쌍의 대부분이 자신의 번식 영역을 확보할 수 없었기 때문으로 보이며, 그 수는 개체군의 거의 절반에 이른다. 다른 많은 새 역시 비번식 개체다. 즉 쇠검은머리흰죽지에서는 암수 모두의 상당수가, 그리고 호주혹부리오리에서는 암컷의 상당수가 성적으로 성숙하지만 짝을 이루지 않는 젊은 새들이다. 덧붙여 젊은 수컷 황오리의 번식은 나이 든 수컷의 출현에 의해 억압을 받을 수 있다.

많은 호주혹부리오리가 이성애 유대 관계를 오랫동안 유지하지만, 양육을 하는 쌍의 약 10%는 이혼하고, 어린 개체로 이루어진 쌍은 더 높은 비율로 헤어진다. 쇠검은머리흰죽지에서는 비非일부일처제 짝짓기가 흔해서 모든 이성애 활동의 절반 이상을 차지한다. 이러한 짝짓기의 대부분은 짝을 이룬 수컷이 자기 짝이 아닌 암컷에게 행하는 강간이나 강제교미다. 때로 최대 8마리의 수컷이 암컷을 쫓아가 짝짓기를 시도하기도 한다. 이러한 강간 중 약 20%에서만 삽입이 일어난다. 대부분의 수금류처럼 수컷 쇠검은머리흰죽지도 페니스를 가지고 있다(하지만 조류 대부분은 페니스가 없다). 이러한 모든 강간 시도의 1/4 이상이 비생식적인 것인데, 번식기 극초반이나, 알품기 기간에, 번식기 후에, 또는 비번식 암컷을 대상으로 일어나기 때문이다. 실제로 강간미수는 깃털 갈이 직전의 암컷에게 가장 자주 발생하는데, 이때는 수정이 불가능한 기간이다. 호주혹부리오리에서는 암컷이 수컷을 맹렬히 추격하는데, 종종 극적인 공중추격을 하며 이미 짝을 이룬 수오리들에게 구애한다. 한 마리 또는 여러 마리의 암컷이 짝짓기를 하는 수컷을 떼어놓기 위해 그 사이에서 수단을 강구하는데, 심지어 암컷이 수컷의 꼬리 깃털을 잡아 자신을 향하게 만들기도 한다. 암컷은 그렇게 빠른 속도로 추격하다가 장애물에 부딪혀 날개가 부러지거나 쇠약해지기도 한다.

기타 종

종 간 동성애 쌍이 포획 상태의 여러 다른 종류의 오리와 거위 사이에 관찰되었다. 예를 들어 암컷 혹부리오리*Tadorna tadorna*와 암컷 이집트 거위*Alopocen aegyptiacus*로 구성된 한 쌍은, 함께 둥지를 틀고 번갈아 알을 품었다.

출처   *별표가 있는 출처는 동성애와 트랜스젠더에 대해 논의한다.

* Afton, A. D. (1993) "Post-Hatch Brood Amalgamation in Lesser Scaup: Female Behavior and Return Rates, and Duckling Survival." *Prairie Naturalist* 25:227-35.

——(1985) "Forced Copulation as a Reproductive Strategy of Male Lesser Scaup: A Field Test of Some Predictions." *Behavior* 92:146-67.

——(1984) "Influence of Age and Time on Reproductive Performance of Female Lesser Scaup." *Auk* 101:255-65.

Attiwell, A. R., J. M. Bourne, and S. A. Parker (1981) "Possible Nest-Parasitism in the Australian Stiff-Tailed Ducks (Anatidae: Oxyurini)." *Emu* 81:41-42,

Bellrose, F. C. (1976) *Ducks, Geese, and Swans of North America*. Harrisburg, PA: Stackpole.

Fullagar, P. J., and M. Carbonell (1986) "The Display Postures of the Male Musk Duck." *Wildfowl* 37:142-50.

Gehrman, K. H. (1951) "An Ecological Study of the Lesser Scaup Duck (*Aythya affinis*

Eyton) at West Medical Lake, Spokane County, Washington." Master's thesis, State College of Washington (Washington State University).

* Hochbaum, H. A. (1944) *The Canvasback on a Prairie Marsh*. Washington, D.C.: American Wildlife Institute.

* Johnsgard, P. A. (1966) "Behavior of the Australian Musk Duck and Blue-billed Duck." *Auk* 83:98–110.

* Low, G. C., and Marquess of Tavistock (1935) "The Extent to Which Captivity Modifies the Habits of Birds." *Bulletin of the British Ornithologists' Club* 55:144–54.

* Lowe, V. T. (1966) "Notes on the Musk Duck *Biziura lobata*." *Emu* 65:279–39.

* Munro, J. A. (1941) "Studies of Waterfowl in British Columbia: Greater Scaup Duck, Lesser Scaup Duck." *Canadian Journal of Research*, section D 19:113–38.

O'Brien, R. M. (1990) "Musk Duck, *Biziura lobata*." In S. Marchant and P. J. Higgins, eds., *Handbook of Australian, New Zealand, and Antarctic Birds*, vol 1, pp. 1152–60. Melbourne: Oxford University Press.

Oring, L. W. (1964) "Behavior and Ecology of Certain Ducks During the Postbreeding Period." *Journal of Wildlife Management* 28:223–33.

* Riggert, T. L. (1977) "The Biology of the Mountain Duck on Rottnest Island, Western Australia." *Wildlife Monographs* 52:1–67.

Rogers, D. I, (1990) "Australian Shelduck, *Tadorna tadornoides*." In S. Marchant and P. J. Higgins, eds., *Handbook of Australian, New Zealand, and Antarctic Birds*, vol.1, pp. 1210–18. Melbourne: Oxford University Press.

바다쇠오리와 알바트로스 / 기타 물새

바다오리
Uria aalge

레이산알바트로스
Diomedea immutabilis

동성애	트랜스젠더	행동		랭킹	관찰
● 암컷	○ 간성	● 구애	○ 짝 형성	○ 중요	● 야생
● 수컷	○ 복장도착	○ 애정표현	○ 양육	● 보통	○ 반야생
		● 성적인 행동		○ 부수적	○ 포획 상태

바다오리

식별 : 갈매기만한 크기에 물갈퀴가 달린 새로서 하체는 흑백깃털이 대조를 이루며 흰색
　　　의 눈테두리가 있다.

분포 : 북방의 대양 및 인접 해안.

서식지 : 해양 만과 섬.

연구지역 : 캐나다 래브라도주 가넷 섬, 웨일즈 스코머 섬.

아종 : 바다오리 *U.a. aalge*, 알비온바다오리 *U.a. albionis*.

레이산알바트로스

식별 : 크고 하얀 깃털을 가진 갈매기처럼 생긴 새로 거대한 날개 폭(2미터)을 가지고 있고, 등 쪽, 그리고 얼굴에 회색빛이 도는 검은색 자국을 가지고 있다.

분포 : 북태평양.

서식지 : 해양에 살며 대양의 섬에서 번식한다.

연구지역 : 미드웨이 환초에 있는 이스턴섬.

사회조직

바다오리와 레이산알바트로스는 일 년 중 8~9개월을 바다에서 보낸다. 나머지 시간에는 바다오리 군락처럼 수십만 쌍이 서식할 수 있는 엄청난 밀도의 전통적인 둥지 터에 모인다. 짝짓기 체계는 장기간 유지되는 짝 결합과 문란한 교미가 섞여 있다.

설명

행동 표현 : 수컷 바다오리(일반적으로 이성애 짝이 있다)는 종종 짝이 아닌 다른 새들과 교미를 시도하는데, 여기에는 다른 수컷도 포함된다.

　동성애 마운팅은 대개 보통 (먹이를 먹으러) 둥지를 떠났다가 군락으로 돌아오는 새에게 행해진다. 문란한 이성애 마운팅도 비슷한 식으로 일어난다. 수컷(혹은 암컷)이 도착하자마자 다른 수컷이 달려들어 거친 요들송 같은 울음소리를 낸다. 그리고 나서 다른 수컷에게 목을 걸고 교미를 시도한다. 다른 수컷은 보통 똑바로 서거나 도망치며 마운팅 시도를 막거나, 직접 공격하며 저항한다. 또한 동성애 마운팅은 '집단강간' 시도 중에도 일어나는데, 모든 문란한 짝짓기의 20~30%에서 발생한다. 한 번에 많게는 10마리에 이르는 한 무리의 수컷들이 암컷과 강제로 교미하

한 수컷 바다오리가 강제로 다른 수컷과 교미를 시도하는 중이다.

기 위해 모이고, 때로 수컷들도 성적인 활동을 하는 동안 서로 마운트를 한다.

비슷한 형태의 강간은 레이산알바트로스에서도 발생한다. 번식기 초반에 수컷은 종종 짝짓기 군락을 지나가는 수컷이나 암컷과 교미하기 위해 파트너 곁을 떠난다. 이는 특히 지나가는 개체가 순간적으로 무심코 날개를 펼치고 축 늘어뜨린 경우(일반적으로 암컷이 교미하기 전에 하는 신호이다)에 더 자주 일어난다. 대여섯 마리의 수컷들이 종종 한 개체를 쫓는데, 모두 그(녀)를 마운트하려고 밀치락달치락한다. 일반적으로 수컷은 쫓기는 새의 목에 자기 부리를 걸어 균형을 잃게 만든다. 동성애 마운팅은 이러한 집단강간 시도에서 흔히 볼 수 있으며, 서로 차곡차곡 위에 마운트한 수컷이 4마리까지 '쌓이거나' 혹은 더미를 이루는 것이 관찰되었다. 대상이 수컷이든 암컷이든 강간 시도에서는 사정을 하지 못한다. 왜냐하면 항상 마운트를 당한 새는 쫓는 새가 하려는 일에 저항하기 때문이다. 이 종들에서는 완전히 다른 양상의 동성애 활동도 일어난다. 때로 같은 성을 가진 두 마리의 새가 서로 정교한 구애춤을 춘다. 복잡하게 동기화한 이러한 과시는 25가지 이상의 자세를 보여준다. 두 새는 서로 마주 보고 서서 하늘향해울기sky calls와 하늘향해음메하기sky moos를 하는 동안 머리를 위로 뻗고, 부리를 딱딱 치며, 절하고, 뽐내며 걷고, 파트너 주변을 빙빙 돈다. 그러는 내내 딸깍거리고, 칭얼대고, 울부짖고, 헐떡거리는 소리가 모인 불협화음을 낸다.

빈도 : 군락에 도착한 바다오리에 대한 모든 난잡한 짝짓기 시도 중 적어도 5~6%는 동성애이고, 도착한 수컷 10마리 중 1마리는 다른 수컷에 의해 마운트된다(도착한 암컷 4마리 중 세 마리가 마운트 되는 것과 비교된다). 동성애 교미시도의 빈도는 (난잡한 교미와 짝 형성을 한 새들 사이의 교미 모두에서) 모든 마운팅의 1%나 그 이하가 될 것으로 보인다. 레이산알바트로스에서 강간 시도는 알을 낳기 전에 빈번하게 일어나며, 수컷과 암컷에게 동일한 규칙성을 가지고 발생하는 것으로 여겨진다. 구애춤의 약 9%는 암컷 두 마리 사이에서 일어나며, 4%는 수컷 두 마리 사이에서 나타난다.

성적 지향 : 모든 수컷 바다오리 중 약 2/3가 난잡한 교미에 참여하며, 이 중 극히 일부만이 동성애 마운팅에 관여한다. 수컷 레이산알바트로스는 강간 시도에서 암컷을 쫓아 마운트하는 것과 거의 같은 빈도로 다른 수컷을 쫓고 마운트한다. 개별 새에 관한 자세한 연구 없이는 확실한 결론을 내리기는 어렵지만, 이러한 종에서 동성애 행동을 하는 대부분의 수컷은 기능적인 양성애자일 것이다. 왜냐하면 이들이 대개 암컷과 짝을 이룬 상태이기 때문이다(물론 동성애 활동을 한 바다오리 몇몇은 짝이 없다). 하지만 일차적인 성향은 이성애인 것으로 보이는데, 그 이유는 다른 수컷과의 성적인 상호작용의 비율이 상대적으로 낮기 때문이다. 다른 수컷에게 마운트가 된 수컷도 마찬가지일 것이다. 그들은 보통 다른 수컷에 의한 강제적인 마운트를 거부하기 때문에, 대부분의 그러한 수컷은 이성애 지향일 가능성이 있다. 하지만 대부분의 암컷 또한 수컷에 의한 강제 교미에 저항하므로, 수컷은 자신을 마운팅하는 새의 성별에 반응하는 것이 아니라, 짝짓기 시도의 강제적인 성격에 부정적으로 반응하는 것일 수도 있다.

비생식적이고 대체 가능한 이성애

위에서 언급했듯이 이러한 종에서 문란한 짝짓기는 자주 발생하는 일이다. 모든 바다오리의 짝짓기 중 약 10%는 수컷과 그의 짝이 아닌 암컷 사이의 강제 교미이고, 어떤 날에는 각각의 암컷이 거의 매시간 강간 시도를 당한다. 암컷은 보통 그러한 시도에 공격적으로 반응하고, 암컷의 짝도 방어하려고 노력하지만, 어떤 때는 침입한 수컷이 파트너 수컷의 등을 쳐서 짝 사이의 교미를 방해하기도 한다. 모든 문란한 짝짓기의 약 15%에서, 암컷은 공격적으로 반응하지 않고 수컷이 생식기에 접촉할 수 있도록 협조하는 것으로 보인다. 암컷 레이산알바트로스는 항상 강간 시도에 저항하며 그 과정에서 심각한 상처를 입기도 한다. 예를 들어 한 암컷은 10분 만에 4개의 서로 다른 수컷 무리에 의해 공격당해서, 눈 한쪽을 잃고 심각한 날개 부상을 입기도 했다. 하지만 정자가 절대 전달되지 않으므로 이 종의 강제 교미는 언제나 비생식적이다. 바다오리의 난잡한 짝짓기 역시 대부분 비생식적이다. 총배설강 접촉은 흔히 일어나지 않으며(200마리 중 1마리 미만의 비율로 수정이 일어난다), 집단적으로 난잡한 짝짓기를 하는 동안 수컷은 종종 암컷의 머리 등 신체 아무 곳에나 올라타기도 한다. 게다가 난잡한 짝짓기의 약 15~30%는 암컷이 임신가능한 기간이 아닐 때 일어난다. 짝을 맺은 파트너 사이의 성적인 활동도 마찬가지다. 교미는 알을 낳기 4~5개월 전부터 시작되며, 일부 개체군에서 이성애 짝짓기의 절반은 임신할 수 없는 기간에 발생한다. 게다가 짝 간 교미의 거의 1/4분에서 생식기 접촉이 일어나지 않는다. 대부분의 다른 조류와 마찬가지로 바다오리 암컷도 생식기관의 특별한 도관에 정자를 저장할 수 있는 놀라운 능력을 갖추고 있어서 생식적인 교미에 직접 참여하지 않을 때도 난자를 수정시킬 수 있다.

다른 형태의 비생식적 성애도 발생한다. 비非번식 암컷 바다오리는 흔히 수컷들에게 난잡한 짝짓기를 간청하고, 비번씩 쌍이나 새끼를 잃은 쌍(모든 쌍의 1/3까지 이르기도 한다)은 자주 시즌 내내 교미를 한다. 비번식 레이산알바트로스 쌍도 가끔 교미를 한다. 이러한 종의 새는 한 살이면 성숙하고 실제로 번식하기 2년 전에 짝을 이루지만, 6~16살이 될 때까지는 번식을 하지 않는다. 마찬가지로 젊은 바다오리도 보통 5살이 될 때까지 번식을 미루며, 번식 군락 아래 갯바위에 있는 클럽clubs에 모인다. 이렇게 번식을 하지 않는 새는 개체군의 약 13%를 차지하고, 성체의 5~10%는 번식을 거르는 해가 있으며, 새의 1/3은 일생에 적어도 한 계절 동안은 번식하지 않는다. 덧붙여 자위 활동(새가 풀덤불에 마운트를 하고 '교미'한다)이 근연종인 큰부리바다오리Uria lomvia에서 최근에 발견되었는데, 바다오리에서도 유사한 행동이 일어날 가능성이 크다.

다양한 대체적인 양육방식 또한 이러한 종에서 발견된다. 모든 바다오리 새끼 중 약 8%가 '돌보미baby-sitters'를 가지고 있는데, 이들은 부모가 아닌 한 쌍의 새로서 알을 품고(따뜻하게), 보호하고, 때로는 새끼에게 먹이를 주며 도와준다. 그러한 돌보미 대부분은 비번식 개체다. 그 외에도 번식에 실패한 개체나, 새끼를 다 기른 개체, 자기 새끼를 기르는 중인 개체도 돌보미가 될 수 있다. 또한 바다오리에서는 짝의 이혼과 한부모 양육이 일상적으로 일어난다. 새끼가 군락을 떠날 수 있을 만큼 자라면, 아비만 새끼를 데리고 바다로 나가서 암컷 파트너 없이 12주 동안 새끼를 먹이고 보호한다. 레이산알바트로스에서는 230일의 번식기 중 불과 5~10일 정도의 놀랄 만큼 짧은 기간만 이성애 부모가 둥지에서 함께 지낸다. 부모가 둥지를 비우면 다른 새가 일시적으로 알을 품어 '입양'을 하는 경우도 있다. 심지어 비번식 암컷이 기존 쌍에 '합류'해 알을 품는 부모와 정기적으로 교대하며 알을 품기도 한다. 때로 암컷은 낯선 둥지에 두 번째 알을 낳기도 한다. 하지만 이 종의 번식은 흔히 난감한 일로 가득 차 있다. 부모(암수 모두)의 20% 이상이 둥지를 버리고(흔히 파트너가 알품기 교대 시간에 맞춰 돌아오지 못할 때), 커플은 간혹 이혼한다(모든 쌍 중 2%). 새끼가 부화하면 흔히 이웃 새로부터 학대를 당하는데, 맹렬히 쪼고나, 찌르고, 물며, 심지어 길을 잃은 새끼가 너무 가까이 오면 간혹 죽이기도 한다.

기타 종

동성애 교미는 레이저빌*Alca torda*이라는 작은바다오리류의 또 다른 종에서도 흔하게 볼 수 있는데, 비非일부일처 마운팅의 41%(모든 마운팅의 약 18%)가 수컷들 사이에서 발생한다. 어떤 개체군에서는 그러한 비일부일처 수컷 간 마운팅이 계절마다 최대 200회 이상 관찰되었다. 전체 수컷의 거의 2/3가 다른 수컷(평균 5마리의 파트너, 때로는 16마리까지)에게 마운트하고, 수컷의 90% 이상이 다른 수컷으로부터 마운트를 당했다. 여기에는 나이 든 수컷이 젊은 수컷보다 더 자주 참여하며, 때로 서로 번갈아 마운팅을 한다. 암컷과 마찬가지로 수컷도 보통 이러한 문란한 짝짓기 시도를 거부한다. 결과적으로 마운터가 총배설강(생식기) 접촉을 시도해도, 같은 성 마운팅의 약 1%에서만 생식기 접촉이나 사정이 일어난다(문란한 이성애 마운트의 경우 12%에서 일어난다).

출처   *별표가 있는 출처는 동성애와 트랜스젠더에 대해 논의한다.

Birkhead, T. R. (1993) *Great Auk Islands*. London: T. and AD. Poyser.

* ——(1978a) "Behavioral Adaptations to High Density Nesting in the Common Guillemot *Uria aalge*." *Animal Behavior* 26:321–31.

——(1978b) "Attendance Patterns of Guillemots *Uria aalge* at Breeding Colonies on Skomer Island." *Ibis* 120:219–29.

Birkhead, T. R., and P. J. Hudson (1977) "Population Parameters for the Common Guillemot *Uria aalge*." *Ornis Scandinavica* 8:145–54.

Birkhead, T. R., S. D. Johnson, and D. N. Nettleship (1985) "Extra–pair Matings and Mate Guarding in the Common Murre *Uria aalge*." *Animal Behavior* 33:608–19.

Birkhead, T. R., and D. N. Nettleship (1984) "Alloparental Care in the Common Murre (*Uria aalge*)." *Canadian Journal of Zoology* 62:2121–24.

Fisher, H. I. (1975) "The Relationship Between Deferred Breeding and Mortality in the Laysan Albatross." *Auk* 92:433–41.

* ——(1971) "The Laysan Albatross: Its Incubation, Hatching, and Associated Behaviors." *Living Bird* 10:19–78.

——(1968) "The 'Two–Egg Clutch' in the Laysan Albatross." *Auk* 85:134–36.

Fisher, H. I., and M. L. Fisher (1969) "The Visits of Laysan Albatrosses to the Breeding Colony." *Microttesica* 5:173–221.

Fisher, M. L. (1970) *The Albatross of Midway Island: A Natural History of the Laysan Albatross*. Carbondale, Ill.: Southern Illinois University Press.

* Frings, H., and M. Frings (1961) "Some Biometric Studies on the Albatrosses of Midway Atoll." *Condor* 63:304–12.

Gaston, T., and K. Kampp (1994) "Thick–billed Murre Masturbating on Grass Clump." *Pacific Seabirds* 21:30.

Harris, M. P., and S. Wanless (1995) "Survival and Non–Breeding of Adult Common Guillemots *Uria aalge*." *Ibis* 137:192–97.

* Hatchwell, B. J. (1988) "Intraspecific Variation in Extra–pair Copulation and Mate Defence in Common Guillemots *Uria aalge*." *Behavior* 107:157–85.

Hudson, P. J. (1985) "Population Parameters for *the Atlantic Alcidae*." In D. N. Nettleship and T. R. Birkhead, eds., *The Atlantic Alcidae*, pp. 233–61. London: Academic Press.

Johnson, R. A. (1941) "Nesting Behavior of the Atlantic Murre." *Auk* 58:153–63.

Meseth, E. H. (1975) "The Dance of the Laysan Albatross, *Diomedea immutabilis*." *Behavior* 54:217–57.

Rice, D. W., and K. W. Kenyon (1962) "Breeding Cycles and Behavior of Laysan and Black–footed Albatrosses." *Auk* 79:517–67.

Tuck, L. M. (1960) *The Murres: Their Distribution, Populations, and Biology*. Ottawa: Canadian Wildlife Service.

* Wagner, R. H. (1996) "Male–Male Mountings by a Sexually Monomorphic Bird: Mistaken Identity or Fighting Tactic?" *Journal of Avian Biology* 27:209–14.

——(1991) "Evidence That Female Razorbills Control Extra–Pair Copulations." *Behavior* 118:157–69.

민물가마우지
Phalacrocorax carbo

유럽가마우지
Phalacrocorax aristotelis

동성애	트랜스젠더	행동		랭킹	관찰
○ 암컷	○ 간성	● 구애	● 짝 형성	○ 중요	● 야생
● 수컷	○ 복장도착	○ 애정표현	○ 양육	○ 보통	○ 반야생
		○ 성적인 행동		● 부수적	● 포획 상태

민물가마우지

식별 : 물갈퀴가 있는 검은색의 커다란(90센티미터) 새로서, 목구멍이 희고 목뒤에 필라멘
트 모양의 깃털이 있다.

분포 : 유럽, 오스트레일리아, 아프리카 및 북아메리카의 대서양.

서식지 : 해안, 호수, 강.

연구지역 : 일본 도쿄의 시노바즈 연못, 네덜란드 암스테르담 동물원.

아종 : 유라시아민물가마우지 *P.c. sinensis* 및 하네다민물가마우지 *P.c. hanedae.*

유럽가마우지

식별 : 민물가마우지와 비슷하지만 크기가 더 작고 균일하게 검은 색이며, 눈에 띄는 이마
볏이 있다.

분포 : 북서유럽, 지중해 유역.

서식지 : 해안가 해상.

연구지역 : 영국 브리스톨 해협의 룬디 섬.

아종 : 유럽가마우지 *P.a. aristotelis*.

사회조직

민물가마우지와 유럽가마우지는 짝을 형성하고 보통 군락에 둥지를 짓는데, 일부 민물가마우지의 개체군에서 이러한 군락에 많게는 2만 쌍까지 모이기도 한다. 짝짓기 철을 벗어나면 이 종들은 중등도의 군집 생활을 한다. 즉 혼자 돌아다니지만 때로 무리를 짓는 식이다.

설명

행동 표현 : 민물가마우지에서는 수컷 두 마리로 이루어진 동성애 쌍이 만들어져 최장 5년까지 지속한다(이러한 종의 이성애 쌍은 대개 번식기 동안만 유지되지만 몇 년을 가는 경우도 있다). 수컷 쌍은 흔히 특대형의 둥지를 짓는데 그 이유는 두 마리의 새가 둥지를 짓는 데 힘을 보태기 때문이다. 이들은 종종 알을 품는 것처럼 둥지에 앉는데, 이러한 행동은 알을 낳기 전의 이성애 쌍에서도 볼 수 있는 모습이다. 일부 동성애 쌍에서는 한쪽 파트너가 전형적인 암컷의 발성법을 사용하기도 하고(예를 들어 헐떡이거나 푸르렁거리는 소리), 수컷과 암컷 발성 패턴 사이의 중간 정도의 발성을 사용하기도 한다. 수컷 쌍은 때로 두 형제로 이루어진 근친상간 관계다.

  유럽가마우지 수컷은 때로 다른 수컷에게 구애한다. 먼저 한 수컷이 바위를 깡충깡충 뛰어다니다 가끔 꼿꼿이 서는, 똑바로서서살펴보기upright-aware 자세라고 알려진 동작을 하며 접근한다. 그러면 다른 수컷은 두 가지 과시를 한다. 먼저 입벌려부리쏘기dart-gape를 하는데 머리를 뒤로 젖혔다 앞으로 쏘며, 동시에 부리를 벌려 노란색 입속을 드러내고 꼬리를 부채질하는 동작이다. 그리고 고개뒤로던지기throw-back에서는 등 뒤로 목을 젖혀 부리를 위로 향하면서 목주머니를 떤다. 때로 구애하는 수컷이 난폭해져 너무 가까이 접근하는 다른 수컷을 공격하기도 하는데, 이러한 모습은 암컷이 구애하는 수

두 수컷 유럽가마우지 사이의 구애 : '똑바로서서살펴보기|upright-aware' 자세(왼쪽) 및 '고개뒤로던지기|throw-back' 과시.

컷에게 가까이 갈 때도 자주 발생한다.

빈도 : 이 두 종에서 동성애 쌍의 형성과 구애는 가끔만 일어난다. 수컷 두 마리로 이루어진 쌍의 숫자는 500쌍의 민물가마우지 중 1쌍을 넘지 못하는 것으로 보인다.

성적 지향 : 민물가마우지 동성애 쌍은 때로 순차적인 양성애자여서, 수컷 파트너와 이혼하고 이성애 쌍으로서 번식을 계속한다. 그러나 어떤 개체는 다른 수컷 파트너와 다시 짝짓기를 하고, 일부 동성애 쌍은 평생 지속할 정도로 오래 가기도 한다. 이 경우 생애의 상당 부분 동안 배타적인(또는 장기간의) 동성애자라고 할 수 있다. 다른 수컷에게 구애하는 수컷 유럽가마우지는 동시적 양성애자며, 이성애 구애와 동성애 상호작용을 번갈아 한다(아마도 전자가 더 큰 비중을 차지할 것이다).

비생식적이고 대체 가능한 이성애

이러한 가마우지는 몇 가지 비생식적인 성행동을 보인다. 역逆마운팅이 유럽가마우지 이성애 교미의 8%에서 나타나며(민물가마우지에서도 나타난다), 또한 모든 성적인 활동의 최소 1/4은 암컷의 수정 가능한 기간 전에 일어난다. 민물가마우지는 부화기에 간혹 교미를 하고, 유럽가마우지는 새끼가 부화한 후에도 이성애 교미를 계속할 수 있다. 몇몇 사례에서 성체 수컷 유럽가마우지가 자기 새끼와 짝짓기를 하는 것이 관찰되었고, 아직 어린 시기에 형제자매간의 근친상간 쌍이 형성되기도 한다. 유럽가마우지에서 일어나는 이성애 교미 중 거의 절반은 생식기 접촉이 없는 마운팅이다. 이는 흔히 암컷이 교미를 허락하지 않아서 일어나는 현상이다. 게다가 수컷은 자주 구애의 초기 단계에 암컷에게 매우 적대적이다(위에서 서술).

이 두 종 모두에서 짝이 아닌 새에게 구애하고 짝짓기를 하는 비非일부일처제 모습이 나타난다. 예를 들어 유럽가마우지에서는 모든 교미의 14%가 불륜이다. 모든 새끼의 거의 18%는 어미의 짝이 아닌 다른 수컷의 자식이다. 하지만 비일부일처제 짝짓기의 거의 80%는 암컷이 수정 가능한 시기 이전에 발생하는 비생식적 행동이다. 모든 새끼의 최소 4%는 돌봐주는 부모 중 어느 쪽과도 관련이 없다. 이는 입양과 암컷들이 자기 둥지가 아닌 곳에 알을 낳는 것에서 비롯한다. 수컷 유럽가마우지의 약 3~5%는 암컷 두 마리와 일부다처제로 결합한다. 또한 이성애 유럽가마우지의 30~40%는 이혼한 뒤 다음 시즌에 새로운 짝과 재결합한다. 또한 각 개체는 짝짓기 시즌 중에도 짝을 바꿀 수 있다. 일부 유럽가마우지 부모는 자식을 먹이지 않는 등 심각하게 방치하므로, 새끼가 굶어 죽기도 한다. 또한 전체 알의 약 1/3은 일부다처제에 속한 암컷의 방해로 깨져버린다. 마지막으로 일부 유럽가마우지 개체군에는 일정한 비번식 개체가 있다는 특징이 있다. 즉 평균적으로 모든 성체의 12~25%는 일생에 적어도 한 번 이상 번식을 거르고, 어떤 해에는 모든 새 중 많게는 60%가 번식을 포기한다.

출처

*별표가 있는 출처는 동성애와 트랜스젠더에 대해 논의한다.

Aebischer, N. J., G. R. Potts, and J. C. Coulson (1995) "Site and Mate Fidelity of Shags *Phalacrocorax aristotelis* at Two British Colonies." *Ibis* 137:19–28.

Aebischer, N. J., and S. Wanless (1992) "Relationships Between Colony Size, Adult Non–Breeding, and Environmental Conditions for Shags *Phalacrocorax aristotelis* on the Isle of May, Scotland." *Bird Study* 39:43–52.

* Fukuda, M. (1992) "Male–Male Pairing of the Great Cormorant (*Phalacrocorax carbo hanedae*)." *Colonial Waterbird Society Bulletin* 16:62–63.

Graves, J., R. T. Hay, M. Scallan, and S. Rowe (1992) "Extra–Pair Paternity in the Shag, *Phalacrocorax aristotelis* as Determined by DNA Fingerprinting." *Journal of Zoology London* 226:399–408.

Harris, M. P. (1982) "Promiscuity in the Shag as Shown by Time–Lapse Photography." *Bird Study* 29:149–54.

Johnsgard, P. A. (1993) *Cormorants, Darters, and Pelicans of the World*. Washington and London: Smithsonian Institution Press.

* Kortlandt, A. (1995) "Patterns of Pair–Formation and Nest–Building in the European Cormorant, *Phalacrocorax carbo sinensis*." *Ardea* 83:11–25.

* ——(1949) "Textuur en structuur van het broedvoorbereidingsgedrag bij de aalscholver [Texture and Structure of Brooding–Preparatory Behavior in the Cormorant]." Ph.D. thesis, University of Amsterdam.

* Snow, B. K. (1963) "The Behavior of the Shag." *British Birds* 56:77–103,164–86.

은빛논병아리
Podiceps occipitalis

흰머리논병아리
Poliocephalus poliocephalus

동성애	트랜스젠더	행동	랭킹	관찰
● 암컷	○ 간성	● 구애　○ 짝 형성	○ 중요	● 야생
● 수컷	○ 복장도착	○ 애정표현　○ 양육	○ 보통	○ 반야생
		● 성적인 행동	● 부수적	○ 포획 상태

은빛논병아리

식별 : 회백색 깃털, 선명한 붉은색의 눈, 노란색의 얼굴 깃털 다발을 가진 오리를 닮은
　　　새다.

분포 : 남아메리카 서부 및 남부.

서식지 : 호수, 습지 연못.

연구지역 : 아르헨티나 파타고니아 남부 라구나 네바다.

흰머리논병아리

식별 : 은빛논병아리와 비슷하지만, 가슴에 담황색 또는 밤색 자국이 있고, 머리에 흰 줄무
　　　늬가 있으며 흑백의 눈을 가지고 있다.

분포 : 오스트레일리아, 태즈메이니아.

서식지 : 습지, 강어귀, 만.

연구지역 : 오스트레일리아 뉴사우스웨일스주 배서스트 호수.

사회조직

이 두 종의 논병아리는 보통 쌍이나 작은 무리를 지어 사회활동을 하지만, 때로 밀집한 무리를 이루기도 한다(흰머리논병아리는 수천 마리의 새가 모이기도 한다). 이들은 커다란 군락에 둥지를 틀며(흰머리논병아리는 400개가 넘는 둥지를 짓는다), 대부분 일부일처제 짝결합을 형성한다.

같은 성 및 반대쪽 성 파트너에게 구애할 때 사용하는 흰머리논병아리의 '뒷발로서기rearing' 과시.

설명

행동 표현 : 수컷 은빛논병아리는 간혹 이성애 교미 때와 같은 자세로 다른 수컷을 마운트한다. 하지만 이성애 짝짓기와는 달리, 마운트가 된 새는 전형적으로 다른 수컷에게 마운트 초대를 하지 않는다. 흰머리논병아리에서는 때로 같은 성을 가진 두 마리의 새가 물에 떠서 서로 구애하는 모습을 보여주기도 하고, 간혹 서로 마운트도 한다. 이러한 과시 중 하나는 뒷발로서기rearing라고 불리는데, 몸을 들어 올리고, 목 깃털을 펼치고, 머리와 목을 아래로 뻗는 동작이다. 그러다가 엉덩이를 내리고 고개를 구부리며 둥지에 목을 내리는, 다른 새를 마운트에 초대inviting하는 동작으로 이어진다.

빈도 : 이 두 종의 논병아리에서는 같은 성 활동이 가끔만 일어난다. 예를 들어 은빛논병아리에서는 약 300회의 마운트 중 1회가 수컷 두 마리 사이에 일어났다.

성적 지향 : 같은 성 활동에 참여하는 논병아리는 이성애 구성원과도 짝 짓기를 하는 양성애자로 보인다.

비생식적이고 대체 가능한 이성애

다른 여러 논병아리처럼 이 두 종의 논병아리도 이성애 역逆마운팅이 흔하다. 은빛논병아리 교미 중 평균 27%는 암컷이 수컷을 마운팅하는 것이며, 번식기 초반에는 모든 마운트의 40%까지 역마운트가 발생한다. 이러한 행동은 수정이 가능하기 훨씬 이전에 일어나므로 확실히 비생식적이라는 것을 의미한다. 또한 암컷은 생식기 접촉을 용이하게 하기 위해 꼬리 찌르기를 수행하지만, 역마운트 동안 사정은 일반적으로 일어나지 않는다. 논병아리는 15~20분 동안 5~6차례의 반복적인 교미를 하는데, 이러한 활동 중에 수컷과 암컷은 체위를 교환하는 상호 마운팅 형태를 보여주기도 한다. 대부분의 흰머리논병아리 이성애 교미는 짝을 맺은 사이에서 이루어지지만, 일부 교미는 짝이 아닌 새들 사이에서도 일어난다.

출처 *별표가 있는 출처는 동성애와 트랜스젠더에 대해 논의한다.

* Fjeldså, J. (1983) "Social Behavior and Displays of the Hoary-headed Grebe *Poliocephalus poliocephalus*." *Emu* 83:129–40.

Fjeldså, J. and N. Krabbe (1990) *Birds of the High Andes*. Copenhagen: Zoological Museum, University of Copenhagen; Svendborg, Denmark: Apollo Books.

Johnsgard, P. A. (1987) *Diving Birds of North America*. Lincoln and London: University of Nebraska Press.

* Nuechterlein, G. L., and R..W. Storer (1989) "Reverse Mounting in Grebes." *Condor* 91:341–46.

* O'Brien, R. M. (1990) "Hoary-headed Grebe, *Poliocephalus poliocephalus*." In S. Marchant and P. J. Higgins, eds., *Handbook of Australian, New Zealand, and*

Antarctic Birds, vol. 1, pp. 100–107. Melbourne: Oxford University Press.

Storer, R. W. (1969) "The Behavior of the Horned Grebe in Spring." *Condor* 71:180–205.

왜가리과 / 다리가 긴 섭금류

해오라기

Nycticorax nycticorax

동성애	트랜스젠더	행동		랭킹	관찰
● 암컷	○ 간성	● 구애	● 짝 형성	○ 중요	○ 야생
● 수컷	○ 복장도착	○ 애정표현	○ 양육	● 보통	● 반야생
		● 성적인 행동		○ 부수적	● 포획 상태

식별 : 머리에 검은색 왕관 모양 깃털이 있고, 검은색 등, 회색 날개, 흰색 하체, 목덜미에 흰
색 리본모양 깃털을 가진 땅딸막한 중간 크기(60센티미터)의 왜가리.

분포 : 유럽, 아시아, 아프리카, 북미 및 남미 지역 대부분.

서식지 : 습지.

연구지역 : 뉴욕 미국자연사박물관, 오스트리아 알텐베르크.

아종 : 호악틀해오라기*N.n boactli*, 검은머리해오라기*N.n. nycticorax*.

사회조직

해오라기는 상당한 군집 생활을 하는 새로서, 수백에서 수천 마리까지의 개체가 근접해서 둥지를 틀며 군락을 이루기도 한다. 일부일처제 쌍은 짝짓기 철에 주로 나타난다.

설명

행동 표현 : 수컷 해오라기는 때로 다른 수컷에게 구애하고 동성애 쌍을 형성한다. 다른 새를 유혹하기 위해 수컷은 스냅-히스snap-hiss 의식을 하는데, 이 동작은 머리를 반복적으로 쭉 펴서 아래로 낮추고, 동시에 깃털을 세우고 발로 '걸으며' 딸깍거리는 소리(또는 찰칵찰칵)와 쉭쉭거리는 소리*를 내는 행동이다. 이러한 구애 과시는 수컷과 암컷 모두를 대상으로 한다. 대부분의 수컷은 이 의식에 관심이 없지만, 매력을 느낀 새는 제안overture 과시에 참가한다(이성애 구애에도 사용하는 과시이다). 제안 과시는 수컷 한 마리 또는 두 마리가 머리를 앞으로 내밀고(다시 깃털도 세운다) 눈알을 안와로부터 돌출시키며, 동시에 부리를 찰칵거리며 상대에게 가져다 댄다. 동성애 쌍의 수컷들 또한 서로 마운트를 한다(이성애 교미에서도 사용되는 체위를 사용해서). 두 수컷 모두 마운트를 하거나 마운트가 될 수 있지만, 각 개체는 때로 한 가지만 선호하거나 다른 활동을 좋아하기도 한다. 일반적으로 짝이 있는 수컷 한 마리가 잔가지로 둥지를 짓는다. 때로 짝이 형성되기 전에 둥지를 짓기도 하고, 두 수컷이 함께 둥지를 찾아다니기도 한다. 일단 짝이 형성되면 두 수컷 모두 다른 새로부터 영역을 강력하게 방어한다. 동성애 짝결합은 (이성애 결합처럼) 튼튼해서 번식기 내내 지속한다. 또한 어린 해오라기도 쌍이나 '동반자 관계'를 형성하는데, 그중 일부는 같은 성을 가진 새들 사이에 만들어진다. 때로 어린 암컷이 한 마리 이상의 다른 암컷과 유대 관계를 맺기도 한다.

---

*   한글 의성어로 표현하면 꾸악-콰하가 적당해 보인다.

성체 암컷 사이의 동성애 쌍은 아직 관찰되지 않았지만, 암컷은 때로 스냅–히스 의식과 같은 전형적인 수컷 구애 과시를 한다.

빈도 : 일부 포획 상태의 개체군에서 성체 수컷 간의 동성애 쌍은 모든 짝의 20% 이상을 차지했고, 어린 개체 간의 쌍 중 38%는 같은 성 쌍이었다(이 중 3/4은 암컷 간에 발생했다). 야생에서 같은 성 짝의 발생률은 알려지지 않았다. 성체 수컷 파트너들은 짝짓기 철 동안 30회 이상 서로 마운트를 할 수 있다.

성적 지향 : 구애 단계의 수컷은 양쪽 성별에게 과시를 하는 동시적 양성애의 형태를 보여주며, 일부 수컷은 확실히 다른 수컷보다 같은 성 구애에 더 끌린다. 같은 성 유대 관계를 형성하는 대부분의 어린 암컷은 다른 암컷과만 짝짓기를 하지만, 몇몇은 동성애와 이성애 짝을 둘 다 형성한다. 일단 동성애 유대 관계가 형성되면, 몇 주 동안 떨어져 있어도 유대는 유지되므로 다시 만날 때는 이성애 유대를 만들기보다는 같은 성 파트너에게 돌아간다. 어떤 새는 어릴 때 동성애 짝 형성에 참여한 후에 나중 이성애 유대 관계를 형성하는, 순차적인 양성애를 보일 수 있다(반대 순서도 가능하다).

비생식적이고 대체 가능한 이성애

해오라기의 암수 관계는 때로 난감한 일로 가득 차 있다. 이성애 교미는 흔히 암컷이 협조하지 않기 때문에 불완전 짝짓기가 된다. 게다가 구애의 초기 단계에서 수컷은 종종 암컷이든 수컷이든 접근하는 모든 새에게 공격적이다. 부모는 보통 형제들이 다 태어나면, 늦게 부화한 새끼를 버린다. 흔히 이러한 새끼는 다른 둥지로 옮겨가고 그쪽 가족에게 입양된다. 또한 성체는 간혹 대백로*Casmerodius albus*와 같은 다른 왜가리가 자신의 둥지에 낳은 알을 받아들이기도 하고, 눈백로*Egretta thula*와 같은 다른 종의 둥지에 알을 낳기도 한다.

출처 *별표가 있는 출처는 동성애와 트랜스젠더에 대해 논의한다.

Allen, R. P., and F. P. Mangels (1940) "Studies of the Nesting Behavior of the Black-crowned Night Heron." *Proceedings of the Linnaean Society of New York* 50-51:1-28.

Cannell, P. F., and B. A. Harrington (1984) "Interspecific Egg Dumping by a Great Egret and Black-crowned Night Herons." *Auk* 101:889-91.

Davis, W. E., Jr. (1993) "Black-crowned Night heron (*Nycticorax nycticorax*)." in A. Poole and F. Gill, eds., *The Birds of North America: Life Histories for the 21st Century*, no. 74. Philadelphia: Academy of Natural Sciences; Washington, D.C.: American Ornithologists' Union.

Gross, A. O. (1923) "The Black-crowned Night heron (*Nycticorax nycticorax* naevius) of Sandy Neck." *Auk* 40:1-30,191-214.

Kazantzidis, S., V. Goutner, M. Pyrovetsi, and A. Sinis (1997) "Comparative Nest Site Selection and Breeding Success in 2 Sympatric Ardeids, Black-Crowned Night-heron (*Nycticorax nycticorax*) and Little Egret (*Egretta garzetta*) in the Axios Delta, Macedonia, Greece." *Colonial Waterbirds* 20:505-17.

* Lorenz, K. (1938) "A Contribution to the Comparative Sociology of Colonial-Nesting Birds." in F. C. R. Jourdain, ed., *Proceedings of the Eighth International Ornithological Congress, Oxford (July 1934)*, pp. 207-21. Oxford: Oxford University Press.

McClure, h. E., M. Yoshii, Y. Okada, and W. F. Scherer (1959) "A Method for Determining Age of Nestling herons in Japan." *Condor* 61:30-37.

* Noble, G. K., and M. Wurm (1942) "Further Analysis of the Social Behavior of the Black-crowned Night heron." *Auk* 59:205-24.

* Noble, G. K., M. Wurm, and A. Schmidt (1938) "Social Behavior of the Black-crowned Night heron." *Auk* 55:7-40.

Schorger, A. W. S. (1962) "Black-crowned Night heron." in R. S. Palmer, ed., *Handbook of North American Birds*, vol. 1: *Loons through Flamingos*, pp. 472-84. New haven and London: Yale University Press.

황로 *Bubulcus ibis*

쇠백로 *Egretta garzetta*

쇠푸른왜가리 *Egretta caerulea*

왜가리 *Ardea cinerea*

동성애	트랜스젠더	행동		랭킹	관찰
○ 암컷	○ 간성	○ 구애	○ 짝 형성	○ 중요	● 야생
● 수컷	○ 복장도착	○ 애정표현	○ 양육	● 보통	○ 반야생
		● 성적인 행동		○ 부수적	○ 포획 상태

황로, 쇠백로

식별 : 긴 다리를 가진 흰색 왜가리로서 등, 가슴, 목덜미에 장식용 기다란 깃털이 있다. 쇠
　　　백로에서 이러한 깃털은 황금빛을 띤다.

분포 : 아프리카 전역, 남부 유럽, 오스트랄라시아. 그리고 (쇠백로의) 북미 및 남미.

서식지 : 늪, 습지, 강, 호수, 목초지.

연구지역 : 일본 쓰시 근처.

아종 : 황로*B.i. coromanda*, 쇠백로*E.g. garzetta*.

쇠푸른왜가리

식별 : 쇠백로와 비슷하지만 크기가 더 작고, 암회색 깃털과 적갈색 머리와 목을 가지고
　　　있다.

분포 : 미국 남동부부터 남아메리카 북부까지.

서식지 : 호수, 습지, 개울.

연구지역 : 아칸소주 스완 레이크, 메사추세츠주 클리프톤빌.

왜가리

식별 : 등쪽은 회색이고 머리와 목은 흰색이며, 검은색 '눈썹' 모양 줄무늬와 목덜미 깃털을
가진 큰 왜가리(길이 90센티미터).

분포 : 유라시아와 아프리카 전역.

서식지 : 습지.

연구지역 : 스페인 도나나 국립공원.

아종 : 왜가리 *A.c. cinerea*.

사회조직

왜가리와 백로는 매우 사회적인 조류로서, 몇몇 다른 종의 새까지 모인 밀집된 군락지에 둥지를 튼다. 짝짓기 철의 일차적인 사회적 단위는 일부일처제 쌍이지만, 몇 가지 대안적인 짝짓기 체계가 발생한다(아래 참고). 번식기를 벗어나면 단독 또는 무리로 지낸다.

설명

행동 표현 : 이 네 종의 왜가리와 백로 종에서는 암컷과 짝을 이룬 수컷이 흔히 짝이 아닌 다른 새들과 교미한다. 어떤 경우에는 암컷 짝이 있는 수컷끼리 동성애 교미를 한다. 동성애 마운팅은 항상 짝짓기 철에 일어난다. 쇠백로 수컷 사이의 마운팅은 이성애 쌍이 만들어지는 초기 단계(둥지 형성이 시작되기 전)에 가장 흔하게 나타난다. 반면, 쇠푸른왜가리에서는 수컷이 알을 품고 있는 다른 수컷을 마운트하는 것이 목격되었기 때문에 최소한 일부 동성애 활동이 알을 품는 시기에 일어난다고 할 수 있

다. 일반적으로 수컷은 이웃 둥지에 있는 새를 마운트하지만, 쇠백로와 쇠푸른왜가리 수컷은 번식 군락의 다른 지역으로 이동해 '혼외' 혹은 문란한 짝짓기(동성애와 이성애 모두)를 한다.

황로(그리고 아마도 다른 종들도)에서는 동성애 마운팅이 항상 마운티의 둥지에서 일어난다. 전형적인 만남을 보면 먼저 '혼외' 정사를 원하는 수컷이 다른 수컷에게 릭랙rick rack 울음(거칠게 두 번 꺽꺽거리는 소리로서 이성애 만남에도 사용된다)을 내면서 다가간다. 그런 다음 첫 번째 수컷이 다른 새에 마운트해서 등에 웅크리고 앉는다. 어떤 수컷은 동성애 교미에서 마운터의 역할만 하는 반면, 어떤 수컷은 두 가지 역할을 모두 수행한다. 쇠푸른왜가리와 황로에서는 암컷과 교미하려는 수컷을 다른 수컷이 마운트할 때 동성애 마운팅이 발생할 수 있다. 때로 서너 마리의 수컷이 이런 식으로 차곡차곡 '쌓이기'도 한다. 일반적으로 마운티는 자기를 마운팅하는 수컷에게 공격적이며 총배설강 접촉을 허락하지 않는다. 비슷하게 수컷과 암컷의 '혼외' 교미는 암컷의 저항이나 짝의 방어 때문에 거의 이루어지지 않는다. 황로에서는 이성애 마운팅 시도의 거의 1/4이 총배설강 접촉과 무관하며, 쇠백로에서는 반대쪽 성 교미의 85% 이상이 '불완전' 교미다.

빈도: 동성애 마운팅은 꽤 흔할 수 있다. 예를 들어 쇠백로에서는 한 군락에서 4개월에 걸쳐 100번 이상 수컷 마운팅이 기록되었으며, 이러한 동성애 교미는 모든 '혼외' 성적인 활동의 5~6%를 차지했다. 쇠푸른왜가리에서 동성애 마운팅은 짝 유대 관계를 벗어난 모든 교미 중 3~6%를 차지한다. 황로에서는 수컷 간의 마운팅이 '혼외' 교미 중 5%와 모든 교미 중 3%를 차지하고, 왜가리에서는 수컷 간 마운팅이 문란한 교미의 8%와 전체 교미의 1%를 차지한다. 암컷 황로에 대한 '혼외' 교미 시도 중 18%에서, 추가로 수컷이 수컷 위에 쌓이는 마운트가 일어났다.

II부

성적 지향: 동성애 활동에 참여하는 수컷은 거의 항상 암컷 짝을 가지고 있기 때문에 이들은 분류상으로 양성애자다. (그리고 일부 새는 쇠푸른왜가리에서처럼 수컷과 암컷이 동시에 참여하는 '그룹' 성性활동을 한다.) 쇠백로에서는 수컷의 약 1/4이 동성애 마운팅에 참여하며, 왜가리에서는 수컷의 5~7%가 이러한 활동을 하고, 황로에서는 한 군락의 수컷 10마리 중 6마리가 같은 성 마운팅에 참여한다. 일부 개체는 다른 개체보다 동성애 행동을 더 많이 '선호'하는 것으로 보인다. 예를 들어 황로에서 어떤 수컷은 '혼외' 마운팅을 암컷이 아닌 수컷과만 했고, 이 종과 쇠백로에서 어떤 개체는 다른 개체보다 눈에 띄게 더 자주 같은 성 활동에 참여했다. 또한 어떤 수컷의 '혼외' 성행동에서 동성애 활동이 차지하는 비율은 다른 수컷에 비해 높게 나타난다.

비생식적이고 대체 가능한 이성애

위에서 설명한 바와 같이 이 네 종 모두에서 '혼외' 혹은 문란한 이성애 교미가 흔하게 일어난다. 황로에서는 모든 마운팅의 최대 60%가 수컷이 제 짝이 아닌 암컷에게 하는 활동이고, 왜가리에서는 이러한 짝짓기가 모든 성적인 활동의 12% 이상을 차지한다. 모든 쇠백로 교미 중 거의 1/3은 문란한 교미다. 사실 이러한 맥락에서 일어나는 교미는 암컷이 자발적으로 참여하는 것이 아니므로 대부분 강간이다(황로나 쇠백로에서는 암컷이 그러한 짝짓기에 동의하기도 한다). 황로 알의 7% 이상이 새의 (사회적) 아비가 아닌 수컷에 의해 수정될 수 있지만, 많은 '혼외' 교미는 비생식적이다. 왜냐하면 그러한 모든 마운팅의 거의 1/4은 암컷이 이미 알을 품었을 때 일어나기 때문이다. 다른 수컷 새끼의 계부가 되는 것 외에도, 몇 가지 다른 대체적인 가족 구성이 발생한다. 황로에서는 암컷 두 마리와 수컷 한 마리가 트리오로 가족을 꾸릴 수도 있고, 간혹 암컷이 다른 종의 백로와 왜가리 등 다른 새의 둥지에 알을 낳아 입양이 발생할 수도 있다.

　이 종들의 몇몇 짝짓기 행동은 이성애의 모든 측면이 번식을 중심으로 하는 것은 아니라는 것을 보여준다. 황로는 때로 수정이 불가능할 때 짝짓기를 한다. 예를 들어 알을 품는 시기나 새끼를 기르는 시기가 이에 해당한다. 그리고 짝 구성원 간의 교미 중 최대 14%는 생식기 접촉이나 정자 전달이 일어나지 않는다는 점에서 '불완전한' 것일 수 있다. 간혹 이러한 일은 암컷 짝이 짝짓기에 관심을 보여도 수컷이 '관심이 없는' 경우에 발생한다. 쇠푸른왜가리에서 일부 수컷은 암컷과 교미하면서도 '싱글' 상태를 유지하기도 하고(즉 짝 유대 관계를 형성하지 않는다), 어떤 수컷은 짝짓기 시즌 내내 암컷과 짝을 형성하지 않는다. 황로에서는 역마운트(암컷이 수컷을 마운트한다)도 나타나며, 일부다처제 트리오에서는 때로 세 마리의 새가 '쌓이기'도 한다(수컷을 마운팅하고 있는 암컷을 다른 암컷이 마운트한다).

　어린 백로와 왜가리의 삶은 여러 폭력적이고 번식에 역효과를 내는 행동들 때문에 가혹하게 변할 수 있다. 쇠푸른왜가리에서 불륜은 종종 파트너 중 한 마리 또는 두 마리가 둥지를 버리는 결과로 이어진다(부분적으로는 문란한 성적 활동을 하는 동안 알이 깨질 수 있기 때문이다). 수컷 황로는 파트너가 부상당하면 알을 부순 다음 새 암컷을 찾아 짝을 떠나는 것으로 알려져 있다. 수컷 왜가리는 때로 자기 알을 부리로 찔러 파괴하기도 한다. 쇠백로에서도 둥지버리기와 짝버리기가 흔하게 발생한다(특히 암컷이 버린다). 흔히 남아 있는 새가 한부모로서 새끼를 성공적으로 기르지만, 어떤 경우에는 새끼가 이러한 유기로 인해 죽기도 한다. 만일 한부모 수컷이 새로운 암컷과 짝을 이루면, 그 암컷은 수컷과 짝짓기를 하고 태어난 자기 새끼를 기르기 위해 수컷이 기르던 둥지의 새끼를 모두 쪼아 죽이기도 한다. 왜가리에서는 간혹 형제나 부모에 의한 동종포식이 일어난다. 또한 왜가리와 백로 가족 숫자는 흔히 체계적으로 '삭감'을 당하는데, 왜냐하면 가장 어린 새끼는 먹이 얻기 경쟁을 할 수 없어 굶어 죽기 때문이다. 쇠푸른왜가리 둥지에서 일어나는 모든 죽음의 3/4 이상 이 이러한 '삭감'의 결과로 발생한다.

출처

*별표가 있는 출처는 동성애와 트랜스젠더에 대해 논의한다.

Blaker, D. (1969) "Behavior of the Cattle Egret *Ardeola ibis.*" *Ostrich* 40:75–129.

* Fujioka, M. (1996) Personal communication.

——(1989) "Mate and Nestling Desertion in Colonial Little Egrets." *Auk* 106:292–302.

* ——(1988) "Extrapair Copulations in Little Egrets (*Egretta garzetta*)." Paper presented at the annual meeting of the Animal Behavior Society, University of Montana.

——(1986a) "Infanticide by a Male Parent and by a New Female Mate in Colonial Egrets." *Auk* 103:619– 21.

——(1986b) "Two Cases of Bigyny in the Cattle Egret *Bubulcus ibis.*" *Ibis* 128:419–22.

——(1985) "Sibling Competition and Siblicide in Asynchronously–Hatching Broods of the Cattle Egret *Bubulcus ibis.*" *Animal Behavior* 33;1228–42.

* Fujioka, M., and S. Yamagishi (1981) "Extramarital and Pair Copulations in the Cattle Egret." *Auk* 98:134– 44.

Lancaster, D. A. (1970) "Breeding Behavior of the Cattle Egret in Colombia." *Living Bird* 9:167–94.

McKilligan, N. G. (1990) "Promiscuity in the Cattle Egret (*Bubulcus ibis*)." *Auk* 107:334–41.

* Meanley, B. (1955) "A Nesting Study of the Little Blue Heron in Eastern Arkansas." *Wilson Bulletin* 67:84–99.

Milstein, P. le S., I. Prestt, and A. A. Bell (1970) "The Breeding Cycle of the Gray Heron." *Ardea* 58:171–257.

* Ramo, C. (1993) "Extra–Pair Copulations of Gray Herons Nesting at High Densities." *Ardea* 81:115–20.

Rodgers, J. A., Jr. (1980a) "Little Blue Heron Breeding Behavior." *Auk* 97:371–84.

——(1980b) "Breeding Ecology of the Little Blue Heron on the West Coast of Florida."

Condor 82:164–69.

Rodgers, J. A., Jr., and H. T. Smith (1995) "Little Blue Heron (*Egretta caerulea*)." In A. Poole and F. Gill, eds., *The Birds of North America: Life Histories for the 21st Century*, no. 145. Philadelphia: Academy of Natural Sciences; Washington, D.C.: American Ornithologists' Union.

Telfair, R. C., II (1994) "Cattle Egret (*Bubulcus ibis*)." In A. Poole and F. Gill, eds., *The Birds of North America: Life Histories for the 21st Century*, no. 113. Philadelphia: Academy of Natural Sciences; Washington, D.C.: American Ornithologists' Union.

* Werschkul, D. F. (1982) "Nesting Ecology of the Little Blue Heron: Promiscuous Behavior." *Condor* 84:381–84.

——(1979) "Nestling Mortality and the Adaptive Significance of Early Locomotion in the Little Blue Heron." *Auk* 96:116–30.

서부쇠물닭
Porphyrio porphyrio

태즈매니아쇠물닭
Tribonyx mortierii

짙은회색쇠물닭
Gallinula tenebrosa

동성애	트랜스젠더	행동	랭킹	관찰
● 암컷	○ 간성	● 구애 　○ 짝 형성	● 중요	● 야생
● 수컷	○ 복장도착	○ 애정표현 　○ 양육	○ 보통	○ 반야생
		● 성적인 행동	○ 부수적	○ 포획 상태

서부쇠물닭

식별 : 푸르스름한 자주색 깃털을 가진 커다란(거의 50센티미터) 섭금류. 앞머리에 빨간색
　　　차폐가 있고, 긴 발가락과 붉은색 발을 가지고 있다.

분포 : 지중해 서부부터 중동, 동아프리카와 남아프리카, 그리고 오스트랄라시아 전역.

서식지 : 습지대, 특히 늪과 소택지.

연구지역 : 뉴질랜드 북섬의 셰익스피어 리저널 공원.

아종 : 검은서부쇠물닭 *Pp. mealnotus*.

태즈매니아쇠물닭

식별 : 서부쇠물닭과 비슷하지만 날지 못하고 깃털이 회갈색이고, 붉은 앞면 차폐가 없으
　　　며 다리가 짧다.

분포 : 태즈메이니아.

서식지 : 목초지, 습지, 호수, 강.

연구지역 : 태즈메이니아 호바트 근처의 헌팅 그라운드.

짙은회색쇠물닭

식별 : 서부쇠물닭과 비슷하지만 검은색 깃털과 짧은 다리를 가졌다.

분포 : 호주, 뉴기니, 인도네시아.

서식지 : 습지.

연구지역 : 오스트레일리아 캔버라 근처의 크릭앤 궁가린.

아종 : 짙은회색쇠물닭 *G.t tenebrosa*.

사회조직

서부쇠물닭은 '공동' 번식 체계로 유명하다. 짝짓기 철이 되면 4~14마리의 새가 안정적인 무리를 형성하는데, 대개 같은 숫자의 수컷과 암컷으로 구성되어 있다. 모든 성체 구성원들(비번식 '도우미'를 제외하고, 아래 참조)은 일반적으로 서로 짝짓기하며 암수가 교대로 알을 품는데, 흔히 같은 둥지에 여러 마리의 암컷이 알을 낳는다. 어떤 새들은 (이성애) 짝을 형성하기도 하고, 공동체를 형성하기 보다는 혼자 지내기도 한다. 번식기가 지나면 서부쇠물닭은 보통 떼를 지어 생활한다. 많은 태즈메이니아 쇠물닭과 짙은회색쇠물닭도 다양한 종류의 다혼성 또는 난혼제 짝짓기 방식을 가진 공동 번식 무리에 산다(일반적으로 규모는 더 작다). 일부 태즈메이니아쇠물닭 암컷은 일부일처제 짝결합도 형성한다.

설명

행동 표현 : 암수 서부쇠물닭 모두 공동체 무리의 구성원과 동성애 구애

와 교미를 한다. 이러한 활동은 암컷 새들 사이에 더 흔하고 발달해 있다. 레즈비언 구애는 일련의 세 가지 활동으로 구성된다(이 행동은 이성애 상호작용에서도 나타난다). 먼저 구애는 상호깃털고르기allopreening로 시작한다. 한 암컷이 다른 암컷에게 다가가 절을 하며 서로 깃털고르기를 시작하는 것이다(부리로 서로의 깃털을 쓰다듬는다). 그다음 구애먹이주기courtship-feeding를 하는데, 두 암컷이 의식적인 음식 선물(대개 작은 잎이나 새싹)을 교환하는 행동이다. 마지막으로 교미가 일어나는데 구애하는 새가 콧노래부르기humming call를 하며 독특하게 몸을 세운 자세로 상대방에게 다가가면, 파트너는 몸을 굽힌 자세를 취해 마운팅을 받아들인다. 흔히 완전한 총배설강(생식기) 접촉도 함께 일어난다. 어떤 때는 암컷 두 마리가 상호적으로 행동하여 먼저 마운트 된 새가 다음 차례에 마운팅을 하기도 한다. 수컷

암컷 서부쇠물닭 사이의 구애와 성적인 활동 : '상호깃털고르기'(위), '콧노래부르기'(중간) 및 마운팅.

동성애에서는 대개 교미를 하고 때로 상호깃털고르기까지는 하지만, 구애먹이주기는 하지 않는다. 또한 같은 성 암컷 상호작용 때와는 달리 수컷 사이의 성적인 활동은 종종 마운트가 된 개체에 의해 시작되는데, 스스로 다른 수컷 앞에 몸을 굽혀 마운트에 초대한다.

태즈메이니아쇠물닭에서도 수컷(종종 어린 새)과 암컷 모두에서 동성애 교미가 발생하지만, 수컷 짙은회색쇠물닭에서는 수컷만 같은 성 마운팅을 한다. 세 종 모두에서 동성애 활동을 하는 새들은 둥지 만들기, 알 낳기, 부화, 그리고 새끼 보살피기와 같은 부모의 의무를 떠맡는다(자기 새끼이든 아니면 공동체 무리 다른 구성원의 새끼이든 상관없이). 실제로 암컷 서부쇠물닭의 동성애 활동은 (이성애 활동처럼) 알을 낳기 직전이나 알을 낳는 기간 동안 가장 빈번하다. 서부쇠물닭과 태즈메이니아쇠물닭 무리는 흔히 친척관계이기 때문에, 이성애 활동과 일부 동성애 활동은 근친상간이다.

빈도 : 서부쇠물닭의 동성애는 모든 공동체 무리의 거의 45%에서 발생할 정도로 흔하다. 이 종에서 모든 교미 중 7%는 동성애다. 또한 구애먹이 주기의 24%와 구애 상호깃털고르기의 59%는 같은 성 상호작용이다. 태즈메이니아쇠물닭과 짙은회색쇠물닭에서는 동성애 교미가 모든 성체 교미의 1~2%를 차지한다.

성적 지향 : 대부분의 번식하는 성체 서부쇠물닭은 동성애와 이성애 구애와 교미에 모두 참여할 수 있는 양성애자로 보인다. 어떤 경우에는 빠른 속도로 동성애와 이성애 교미를 번갈아 한다. 하지만 비번식 도우미는 보통 이성애 행동이나 동성애 행동에 참여하지 않는다. 태즈메이니아쇠물닭과 짙은회색쇠물닭에서는 동성애 행동에 참여하는 개체가 훨씬 적지만, 이러한 동성애자도 양성애자일 것이다.

비생식적이고 대체 가능한 이성애

위에서 설명한 바와 같이 뜸부기과의 이러한 종들의 가장 흔한 사회적 단위는 이성애 쌍이나 핵가족이 아니라 공동체 무리다. 서부쇠물닭의 일부 개체군에서 각각의 공동체 무리에는 부모의 의무를 돕는 최대 7마리의 비번식 개체가 있다. 이러한 '도우미'(지난해 봄에 태어난 새끼)는 최대 3년 동안(성체의 평균 18%가 비번식 개체인 태즈메이니아쇠물닭의 경우 1~2년 동안) 자신의 번식 경력을 지연시킨다. 서부쇠물닭 도우미는 흔히 완전히 발달하지 않은 생식기를 가지고 있으므로, 번식 억제에는 어떤 생리적 기제가 작용하고 있을 것이다. 이러한 무리에서는 일부다처제의 몇 가지 형태 외에도, 여러 다른 짝짓기와 양육 방식이 발견된다. 예를 들어 태즈메이니아쇠물닭 무리의 모든 새는 보통 서로 짝짓기를 하지만, 때로는 한 쌍의 수컷과 암컷만이 실제로 번식가능한 교미를 한다. 이러한 사회체계는 사회적 다혼제social polygamy(여러 파트너가 서로 짝짓기를 하므로) 내의 유전적 일부일처제genetic monogamy(오직 한 쌍만이 번식하므로)라고 불린다. 또한 대부분의 무리 구성원은 평생 함께 지내지만 때로 암컷은 자신의 짝과 '이혼'하고 새로운 무리에 합류한다. 이 경우에 그 암컷은 자기 새끼가 아닌 다른 새끼를 기르게 될 수도 있다. 때로 입양된 새끼에게 공격적으로 행동하기도 하고, 심지어 무리에서 쫓아내기도 한다. 때로 새끼가 길을 잃고 이웃의 영역에 들어가면 더 폭력적인 만남이 발생하는데, 새끼는 그곳에 사는 무리 구성원에 의해 죽임을 당하기도 한다. 하지만 때로 태즈메이니아쇠물닭과 짙은회색쇠물닭에서는 새끼가 이웃 무리에게 입양되기도 한다.

서부쇠물닭이 번식할 때는 최대 5마리의 수컷이 한 암컷을 연속적으로 구애하고 마운트를 하는데, 이 경우 수컷 중 일부는 암컷을 실제로 수정시키지 못할 수 있다. 사실 대부분의 이성애 교미에서 '성공' 비율은 그다지 높지 않다. 즉 교미의 1/2에서 2/3사이에서는 완전한 생식기 접촉이 없으므로 수정이 되지 않는다. 암컷은 흔히 수컷이 마운트하는 것을 거부하고, 마운트하는 수컷을 쪼아대며, 꼬리를 계속 내려 생식기 접촉을 막고, 짝짓기 시도를 일찍 끝냄으로써 이성애적인 접근을 거부한다. 암컷의 수정이 불가능한 시기, 예를 들어 알을 낳기 훨씬 전에도 교미가 일어난다. 또한 일부 수컷은 어떤 해에 새끼의 아비 노릇을 전혀 하지 않고 반복해서 교미를 한다. 마찬가지로 생식기 접촉이 없는 마운트가 짙은회색쇠물닭의 1/3 이상과 태즈메이니아쇠물닭 마운트의 60%를 차지한다. 그중 몇 가지는 암컷이 수컷에게 올라타는 역방향 교미다. 서부쇠물닭과 태즈메이니아쇠물닭에서는 근친상간 짝짓기도 흔하다. 일부 개체군에서는 서부쇠물닭 이성애 교미의 거의 2/3가 어미-아들, 아비-딸, 그리고 형제-자매 간 같은 친척 개체 간의 짝짓기다. 태즈메이니아 쇠물닭 번식 무리의 40% 이상은 서로 짝짓기를 하는 친척관계의 성체를 포함하고 있다(대부분 한배새끼). 게다가 교미의 약 10%는 부모가 어린 개체 등 자기 새끼를 마운트하는 것이다.

기타 종

포획 상태에서, 뜸부기과와 밀접한 관련이 있는 조류 집단인 두루미과(예를 들어 두루미 종의 새들*Grus* spp.)에서는 안정적인 동성애 쌍이 형성되는 경우가 많다.

출처 　　　　　*별표가 있는 출처는 동성애와 트랜스젠더에 대해 논의한다.

* Archibald, G. W. (1974) "Methods for Breeding and Rearing Cranes in Captivity." *International Zoo Yearbook* 14:147–55.

Craig, J. L. (1990) "Pukeko: Different Approaches and Some Different Answers." In P. B. Stacey and W. D. Koenig, eds., *Cooperative Breeding in Birds: Long-term Studies of Ecology and Behavior*, pp. 385–412. Cambridge: Cambridge University Press.

* ——(1980) "Pair and Group Breeding Behavior of a Communal Gallinule, the Pukeko, *Porphyrio p. melanotus.*" *Animal Behavior* 28:593–603.

——(1977) "The Behavior of the Pukeko." New Zealand Journal of Zoology 4:413–33.

Craig, J. L., and I. G. Jamieson (1988) "Incestuous Mating in a Communal Bird: A Family Affair." *American Naturalist* 131:58–70.

* Derrickson, S. R., and J. W. Carpenter (1987) "Behavioral Management of Captive Cranes—Factors Influencing Propagation and Reintroduction." In G. W. Archibald and R. F. Pasquier, eds., *Proceedings of the 1983 International Crane Workshop*, pp. 493–511. Baraboo, Wis.: International Crane Foundation.

Garnett, S. T. (1980) "The Social Organization of the Dusky Moorhen, *Gallinula tenebrosa* Gould (Aves: Rallidae)." *Australian Wildlife Research* 7:103—12.

* ——(1978) "The Behavior Patterns of the Dusky Moorhen, *Gallinula tenebrosa* Gould (Aves: Rallidae)." *Australian Wildlife Research* 5:363–84.

Gibbs, H. L., A. W. Goldizen, C. Bullough, and A. R. Goldizen (1994) "Parentage Analysis of Multi-Male Social Groups of Tasmanian Native Hens (*Tribonyx mortierii*): Genetic Evidence for Monogamy and Polyandry." *Behavioral Ecology and Sociobiology* 35:363–71.

Goldizen, A. W., A. R. Goldizen, and T. Devlin (1993) "Unstable Social Structure Associated with a Population Crash in the Tasmanian Native Hen, Ttibonyx mortierii." *Animal Behavior* 46:1013–16.

Goldizen, A. W., A. R. Goldizen, D. A. Putland, D. M. Lambert, C. D. Millar, and J. C. Buchan (1998) "'Wife-sharing' in the Tasmanian Native Hen (*Gallinula mortierii*): Is It Caused By a Male-biased Sex Ratio?" *Auk* 115:528–32.

* Jamieson, I. G., and J. L. Craig (1987a) "Male-Male and Female-Female Courtship and Copulation Behavior in a Communally Breeding Bird." *Animal Behavior* 35:1251–53.

——(1987b) "Dominance and Mating in a Communal Polygynandrous Bird: Cooperation or Indifference Towards Mating Competitors?" *Ethology* 75:317–27.

Jamieson, I. G., J. S. Quinn, P. A. Rose, and B. N. White (1994) "Shared Paternity Among Non-Relatives Is a Result of an Egalitarian Mating System in a Communally Breeding Bird, the Pukeko." *Proceedings of the Royal Society of London*, Series B 257:271–77.

* Lambert, D. M., C. D. Millar, K. Jack, S. Anderson, and J. L. Craig (1994) "Single- and Multilocus DNA Fingerprinting of Communally Breeding Pukeko: Do Copulations or Dominance Ensure Reproductive Success?" *Proceedings of the National Academy of Sciences* 91:9641–45.

* Ridpath, M. G. (1993) "Tasmanian Native-hen, *Tribonyx mortierii*." In S. Marchant and P. J. Higgins, eds., *Handbook of Australian, New Zealand, and Antarctic Birds*, vol. 2, pp. 615–24. Melbourne: Oxford University Press.

* ——(1972) "The Tasmanian Native Hen, Tyibonyx mortierii. I. Patterns of Behavior. II. The Individual the Group, and the Population." *CSIRO Wildlife Research* 17:1–90.

* Swengel, S. R., G. W. Archibald, D. H. Ellis, and D. G. Smith (1996) "Behavior Management." In D. H. Ellis, G. E Gee, and C. M. Mirande, eds., *Cranes: Their Biology, Husbandry, and Conservation*, pp. 105–22. Washington, D.C.: National Biological Service; Baraboo, Wis.: International Crane Foundation.

망치머리황새

Scopus umbretta

동성애	트랜스젠더	행동		랭킹	관찰
● 암컷	○ 간성	● 구애	○ 짝 형성	○ 중요	● 야생
● 수컷	○ 복장도착	○ 애정표현	○ 양육	● 보통	○ 반야생
		● 성적인 행동		○ 부수적	○ 포획 상태

식별 : 황새처럼 생긴, 중간 크기의 갈색 새로 거의 부리 길이만큼 볏이 튀어나와 있다.

분포 : 세네갈에서 동아프리카에 이르는 열대 아프리카 전역, 마다가스카르.

서식지 : 사바나 및 삼림지대 물근처 등 습지.

연구지역 : 말리의 니오노 부근, 케냐의 카렌과 나이로비.

사회조직

망치머리황새는 보통 8~10마리의 개체가 짝이나 무리를 짓지만, 최대 50마리까지 더 큰 규모로 모이기도 한다. 짝짓기 체계는 일부일처제 짝 결합을 하는 것으로 보인다. 이러한 쌍은 엄청나게 큰 돔형 둥지를 짓는데, 종종 같은 영역에 여러 개를 짓는다.

설명

행동 표현 : 망치머리황새는 같은 성 마운팅이 들어 있는 놀라운 단체 구애 의식을 수행한다. 새벽이 되면 탁 트인 잔디밭이나 강둑, 바위 또는 나무에 3~20마리(일부 짝을 포함해서)의 새들이 모여 일제히 울기 시작한다. 이들의 울음은 연이은 높은 음의 깽깽거리는yips 소리로 구성되는데, 이 소리는 '가르랑purring' 소리 혹은 떨리는 음을 빠르게 반복하는 과정으로 발전하며, 흔히 날개도 함께 퍼덕거린다. 그런 다음 두 마리 이상의 새가 서로에게 고개끄덕이기nodding 과시를 하는데, 부리를 빠르게 위아래로 흔들거나(때로는 깽깽-가르랑yip-purr 합창을 계속 부르기도 한다), 한 쌍의 새가 나란히 원을 그리며 달리기도 한다. 이 화려한 과시는 일련의 마운팅으로 절정을 이룬다. 마운팅은 한 새가 다른 새에게 달려가며 볏과 날개를 올렸다 내렸다 할 때 시작되거나, 한 새가 몸을 웅크리고 꼬리를 세우며 날개를 부분적으로 열었을 때 시작된다. 그것의 꼬리, 그리고 부분적으로 날개를 연다. 그런 다음 한 망치머리황새가 이성애 교미와 유사하게 다른 새의 등에 뛰어오른다. 수컷이 암컷을 마운팅하는 이성애 교미와 다른 점은 수컷이 수컷을, 암컷이 수컷과 암컷을 각각 마운트한다는 점이다. 마운팅하는 새는 날개를 두드리며 깽깽-가르랑 울음을 내고, 마운트가 된 새는 꼬리를 올려 마운터가 내린 꼬리에 대고 누른다(하지만 총배설강[생식기] 접촉은 일어나지 않는다). 때로 두 새는 서로 마주 보고 선다. 상호 마운팅(마운터와 마운티가 종종 연속해서 여러 번 체위를 교환한다) 또한 발생하며, 서너 마리가 모두 서로 마운트하는 '쌓아올리기'도 일어난다.

빈도 : 망치머리황새에서는 의식화한 같은 성 마운팅이 포함된 이러한 사회적 구애 행위가 1년 내내 흔하게 일어난다. 각각의 마운팅 활동시간은 10~40분간 지속하며 수십 회의 마운팅이 일어날 수 있다.

성적 지향 : 모든 망치머리황새는 집단 구애 과시에 참여하며, 아마 대부분의 새는 같은 성 마운팅과 이성애 마운팅에 모두 참여할 것이다.

비생식적이고 대체 가능한 이성애

위에서 언급한 바와 같이, 비생식적 이성애 활동(역마운트 및 총배설강 접촉이 없는 수컷–암컷 마운트)은 망치머리황새에서 흔히 볼 수 있다. 게다가 이성애 쌍의 상당한 비율이 비번식 개체다. 어떤 개체군에서는 3/4 정도의 둥지가 사용되지 않으며(물론 이 중 일부는 번식하는 쌍이 만든 '여분의' 둥지이다), 커플들은 한 번에 4년 이상 번식을 포기하기도 한다.

다른 암컷을 마운팅하는 암컷 망치머리황새.

기타 종

일부 유럽 개체군 가운데 반야생 흰황새*Ciconia ciconia*에서 같은 성의 짝짓기가 발생하며, 수많은 반대의 성 파트너가 있을 때도 동성 짝짓기를 한다. 같은 성의 짝은 성공적으로 알을 품고 부화하며 입양한 새끼를 기를 수 있다.

출처 *별표가 있는 출처는 동성애와 트랜스젠더에 대해 논의한다.

* Brown, L. H. (1982) "Scopidae, Hamerkop." In L. H. Brown, E. K. Urban, and K. Newman, eds., *The Birds of Africa*, voL 1, pp. 168–72. London and New York: Academic Press.

* Campbell, K. (1983) "Hammerkops." *E.A.N.H.S. (East Africa Natural History Society) Bulletin* (January–April):11.

Cheke, A. S. (1968) "Copulation in the Hammerkop *Scopus umbretta*." *Ibis* 110:201–3.

* Elliott, A. (1992) "Scopidae (Hamerkop)." In J. del Hoyo, A. Elliott, and J. Sargatal, eds., *Handbook of the Birds of the World*, vol, 1, *Ostrich* to Ducks, pp. 430–35. Barcelona: Lynx Edicións.

Goodfellow, C. E (1958) "Display in the Hamerkop, *Scopus umbretta*." *Ostrich* 29:1–4.

Kahl, M. P. (1967) "Observations on the Behavior of the Hamerkop Scopus utnbretta in Uganda." *Ibis* 109:25–32.

* King, C. E. (1990) "Reproductive Management of the Oriental White Stork Ciconia boyciana in Captivity." *International Zoo Yearbook* 29:85–90.

Stowell, R. E (1954) "A Note on the Behavior of *Scopus umbretta*." *Ibis* 96:150–51.

Wilson, R. T., and M. P. Wilson (1984) "Breeding Biology of the Hamerkop in Central Mali." In J. Ledger, ed., *Proceedings of the 5th Pan–African Ornithological Congress*, 855–65. Johannesburg: Southern African Ornithological Society.

홍학

Phoenicopterus ruber

동성애	트랜스젠더	행동	랭킹	관찰
●암컷	○간성	○구애　●짝 형성	○중요	○야생
●수컷	○복장도착	○애정표현　●양육	●보통	○반야생
		●성적인 행동	○부수적	●포획 상태

식별 : 가장 큰 홍학 종(키 1.2~1.5미터)으로서 깃털은 연한 흰색의 핑크색부터 밝은 오렌지-핑크색까지 다양하다.

분포 : 지중해, 사하라 이남 아프리카, 서아시아, 카리브해 및 갈라파고스 제도, 남미 온대 지역.

서식지 : 얕은 호수, 석호, 갯벌, 염전.

연구지역 : 조지아주 애틀랜타 동물원, 루이지애나주 뉴올리언스의 오듀본 파크 동물원, 영국 체스터 동물원, 네덜란드 호테르담 동물원, 스위스 바젤 동물원.

아종 : 카리브해홍학 *P. r. ruber*, 칠레홍학 *P. r. chilensis*.

사회조직

홍학은 매우 군집성이 강한 조류로서 종종 수만 마리에 이르는 거대한 무리를 짓는다. 짝짓기 철에는 짝결합을 하고 큰 군락에 둥지를 튼다.

설명

행동 표현: 홍학은 수컷과 암컷 모두 동성애 쌍을 형성한다. 이 같은 유대 관계는 이성애 짝 사이의 관계와 유사해서, 함께 먹이를 먹고 이동하며, 한목소리로 울고, 다른 새와 공격적인 상황에 맞닥뜨리면 서로 도우며, 나란히 자는 등의 활동을 공유한다. 또한 짝 유대 관계는 의례적인 예식을 통해 강화된다. 예를 들면 의식화한 깃털고르기와 먹이주기, 그리고 서로의 앞에서 (목을 우아하게 S자 곡선으로 하고) 경계 자세로 서있기와 같은 많은 양식화한 과시가 이에 해당한다. 파트너 간에 서로 마운팅과 교미를 할 수도 있다. 완전한 생식기 접촉은 암컷들 사이의 짝짓기에서는 일어나지만, 수컷들 사이에서는 보통 일어나지 않는다. 번식기 초반에 짝이 없는 수컷 홍학은 때로 다른 수컷을 마운트하기위해 쫓아다니는데, 이를 상대몰기driving라고 부른다. 심지어 수컷 파트너를 찾는 독신 수컷이 다른 수컷에게 접근하려고 이성애 쌍을 따라다니며 짝짓기와 알품기 교대를 방해하며 못살게 굴기까지 한다는 것이 알려져 있다.

일단 형성된 동성애 짝 유대 관계는 튼튼해서, 다음 번식기까지 지속할 수 있다. 대부분의 짝은 일부일처제이지만, 일부 수컷 짝은 다른 새(보통 알을 품고 있는 암컷이나 수컷)를 마운트하려고 시도한다. 때로 수컷 두 마리와 암컷 한 마리가 트리오triad를 형성하기도 하는데, 수컷 두 마리 사이의 유대 관계의 끈끈함이나 성적인 관심도는 암컷과의 그것 못지않게 높다. 동성애 파트너는 간혹 함께 둥지를 짓는다. 특히 수컷 쌍일 때는 양쪽 파트너의 기여로 인해 둥지(받침대 모양의 진흙 플랫폼)가 유난히 커질 수 있다. 어떤 수컷 쌍은 둥지를 짓기보다는 이성애 쌍의 둥지를 '도둑질'하거나 차지하는데, 그 과정에서 가끔 알을 깨기도 한다(이러한 행동은 이성애 쌍들 사이에서도 나타난다).

동성애 쌍은 종종 육아 행동을 한다. 수컷 쌍은 알을 품고 부화하며 입양한 새끼(예를 들어 포획 상태에서, 차지한 둥지나 공급받은 알에서 나온 새끼)를 성공적으로 기른다. '모범' 부모로 묘사되는 수컷은 심지어 새끼를 '수유'하기도 한다. 홍학 부모(암수 모두)는 보통 자기 먹이에서 만들어진 핏빛의 '우유'를 먹이고, 동성애 커플의 수컷들도 모두 이 먹이 우유로 새끼를 먹인다. 그러나 일부 수컷 쌍은 자신의 둥지를 가지고 있더라도 알을 획득하려고 하지 않고, 어떤 수컷 쌍은 자신이 얻은 둥지에서 알을 굴려내므로 육아에 전혀 관심이 없는 것으로 보인다. 암컷 쌍은 자기 둥지에서 번갈아 알을 품는다. 그러한 알은 암컷이 다른 둥지에서 얻은 것이 아니라 스스로 낳은 무정란일 수 있다. 이성애 쌍과 마찬가지로 각 파트너가 기여하는 알품기 시간의 양에도 차이가 존재한다. 어떤 암컷들은 똑같이 부화 의무를 공유하는 반면, 다른 쌍에서는 한 암컷이 다른 암컷보다 더 많은 부화 교대를 한다. 그러나 전반적으로 레즈비언 쌍의 암컷은 각각 약 5~6번의 부화 교대를 하는데, 이는 이성애 파트너의 평균과 비슷한 수준이다.

빈도 : 포획 상태 개체군 대부분은 약 5~6%의 동성애 쌍을 포함하고 있지만, 일부 개체군은 1/4 이상 같은 성 쌍을 가지고 있다. 야생에서 동성애 쌍이 관찰된 적은 없지만, 수컷 쌍이 만든 둥지와 비슷한 크기의 둥지가 대부분의 군락에서 발견되며, 실제로 이 둥지는 동성애 쌍의 것일 수 있다(특히 대부분의 현장 연구가 짝을 이룬 모든 새의 성별을 체계적으로 결정하지 않고, 모호하게 정했다는

두 마리의 수컷 홍학이 입양한 새끼에게 먹이 모유를 먹이고 있다.

점을 고려해야 한다).

성적 지향 : 전체적으로 개체군의 극히 일부만이 같은 성 간의 짝짓기에 참여하고 있다. 이들 중 일부 개체는 이전에 이성애 경험이 전혀 없다. 그러나 또 다른 일부, 동성애 쌍을 이룬 홍학은 이전에 이성애 쌍의 일원이었다(그 반대도 마찬가지이다). 같은 성 쌍을 이룬 일부 수컷은 때로 암컷을 포함한 다른 새에게 마운트하려고 한다. 이 두 가지 모습은 다른 유형의 양성애(순차적 및 동시적)의 예다. 암컷보다 수컷이 더 많은 개체군(또는 그 반대)에서, 많은 새는 같은 성 간의 유대 관계를 형성하기보다는 독신으로 남는데, 이는 그 새들의 이성애적 성향을 나타낸다고 할 수 있다.

비생식적이고 대체 가능한 이성애

홍학의 표준적인 사회 단위는 번식을 하는 일부일처제 쌍이지만, 대안적인 이성애 짝 형성과 가족 구성도 여럿 나타난다. 트리오 또는 사인조는 (적어도 동물원에서) 상당히 흔하다. 트리오는 수컷 한 마리와 암컷 두 마리 또는 암컷 한 마리와 수컷 두 마리로 이루어져 있다. 일반적으로 세 마리 모두 알품기와 새끼 키우기 임무를 공유한다(하지만 같은 성 유대 관계는 형성되지 않는다). 두 마리의 암컷이 있는 트리오의 경우, 두 마리의 암컷이 각각 둥지를 가질 수도 있고, 한 둥지를 공유할 수도 있다. 홍학 쌍은 때로 비생식적인 교미를 한다. 예를 들어 암컷의 수정 가능한 시기(혹은 수컷이 정자를 생산하는 시기)보다 훨씬 이전에 짝짓기를 하는 것이다. 또한 짝을 맺은 쌍의 상당수는 일부일처제를 따르지 않는 쌍으로서, 수컷과 암컷 모두 다른 파트너와의 교미를 추구한다. 한 동물원 개체군에서 암컷의 47%와 수컷의 79%가 이러한 '불륜'에 참여했으며, 모든 교미의 약 8%가 다른 파트너와 관계한 것이었다. 다른 동물원에서는 모든 쌍의 25~60%가 비非일부일처제였다. 게다가 야생 홍학에서는 이혼이 매우 흔하다. 거의 모든 새들이 다음 번식기에는 짝을 바꾸는데, 심지어 수컷의 약 30%는 번식기 동안에도 짝을 바꾼다(이와 대조적으로 동물원의 쌍은 오래 지속한다).

일단 새끼가 부화하면 친어미와 친아비의 양육 의무를 덜어줄 많은 사회체계가 가동된다. 예를 들어 번식하지 않는 새들이 때로 먹이 우유를 만들어 다른 새의 새끼를 '젖먹이'거나, 고아가 된 새끼의 수양 유모 역할을 한다. 게다가 전형적으로 홍학 새끼들은 조금 성장하면 육아 무리 혹은 탁아소creches에 모이는데, 때로 여기에는 새끼가 수천 마리까지 모인다. 이러한 무리는 부모의 직접적인 감독이 없는 상황에서도 안전을 보장해주며, 성체들은 때로 이 탁아소에서 자기 새끼가 아닌 다른 개체의 새끼에게 먹이를 주기도 한다. 새끼는 흔히 부모를 포함한 성체 새의 공격으로 인해 탁아소에 들어가게 되므로, 결과적으로 탁아소는 다른 홍학의 공격으로부터 피난처를 제공한다고 할 수 있다. 야생 홍학의 번식은 불규칙한 경우가 많아서, 때로는 전체 군락이 한 번에 3~4년 동안 번식을 포기하기도 한다. 프랑스의 한 군락에서는 34년 중 13년(시간 중 38%) 동안 새끼를 생산하지 못했다. 또한 일단 번식하더라도 갑자기 중단될 수 있어서, 군락의 전체 또는 상당 부분(종종 모든 쌍의 절반 정도)이 알을 버리기도 한다. 보통 둥지를 버리기 시작하는 개체는 암컷이다.

기타 종

포획 상태의 꼬마홍학*Phoeniconaias minor* 암수 모두에서 동성애 쌍이 발견된다. 이들은 둥지 짓기와 알낳기(암컷에서)를 한다. 두 성별 모두 동성애 마운팅에 참여하지만, 일반적으로 오직 수컷만이 완전한 생식기 접촉을 한다. 같은 성 짝을 맺은 수컷이 간혹 레즈비언 짝을 이룬 암컷을 쫓아가 마운트하는 일도 있고, 레즈비언 짝을 이룬 암컷이 알을 수정하기 위해 짝짓기를 하는 경우도 있다. 그러나 동성애 쌍을 이룬 대부분의 암컷은 수컷에게 관심을 보이지 않는다. 포획 상태에서 암컷 주홍따오기*Eudocimus ruber* 쌍이 함께 둥지를 틀고 간혹 유정란을 낳는 것이 관찰되었다.

출처 *별표가 있는 출처는 동성애와 트랜스젠더에 대해 논의한다.

Allen, R. P. (1956) *The Flamingos: Their Life History and Survival.* National *Audubon* Society Research Report no. 5. New York: National *Audubon* Society.

* Alraun, R., and N. Hewston (1997) "Breeding the Lesser Flamingo Phoenicorfaias minor." *Avicultural Magazine* 103:175–81.

Bildstein, K. L., C. B. Golden, and B. J. McCraith (1993) "Feeding Behavior, Aggression, and the Conservation Biology of Flamingos: Integrating Studies of Captive and Free-Ranging Birds." *American Zoologist* 33:117–25.

Cézzily, F. (1993) "Nest Desertion in the Greater Flamingo, Phoenicopterus ruber roseus." *Animal Behavior* 45:1038–40.

Cézzily, E, and A. R. Johnson (1995) "Re-Mating Between and Within Breeding Seasons in the Greater Flamingo Phoenicopterus ruber roseus." *Ibis* 137:543–46.

* Elbin, S. B., and A. M. Lyles (1994) "Managing *Colonial Waterbirds*: the Scarlet *Ibis* Eudocimus ruber as a Model Species." *International Zoo Yearbook* 33:85–94.

Kahl, M. P. (1974) "Ritualized Displays." In J. Rear and N. Duplaix-Hall, eds., *Flamingos*, pp. 142–49. Berkhamsted, UK: T. and A. D. Poyser.

* King, C. E. (1996) Personal communication.

* ——(1994) "Management and Research Implications of Selected Behaviors in a Mixed Colony of Flamingos at Rotterdam Zoo." *International Zoo Yearbook* 33:103–13.

* ——(1993a) "Ondergeschoven Kinderen [Supposititious Children]." *Dieren* 10(4): 116–19.

* ——(1993b) "Ongelukkige Flamingo Liefdes [Tales of Flamingo-Love Gone Awry]." *Dieren* 10(2):36–39.

Ogilvie, M., and C. Ogilvie (1989) *Flamingos.* Wolfeboro, N.H.: Alan Sutton.

II부

* Shannon, P. (1985) "Flamingo Management at *Audubon* Park Zoo and the Benefits of Long–Term Research." In *AAZPA Regional Conference Proceedings*, pp. 226–36. Wheeling, W.Va.: AAZPA.

* Stevens, E. F. (1996) Personal communication.

——(1991) "Flamingo Breeding: The Role of Group Displays." *Zoo Biology* 10:53–63.

* Studer–Thiersch, A. (1975) "Basle Zoo." In Rear and Duplaix–Hall, *Flamingos*, pp. 121–30.

Tourenq, C., A. R. Johnson, and A. Gallo (1995) "Adult Aggressiveness and Creching Behavior in the Greater Flamingo, Phoenicopterus ruber roseus." *Colonial Waterbirds* 18:216–21.

* Wilkinson, R. (1989) "Breeding and Management of Flamingos at Chester Zoo." *Avicultural Magazine* 95:51–61.

도요 / 섭금류

목도리도요
Philomachus pugnax

노랑가슴도요
Tryngites subruficollis

동성애	트랜스젠더	행동		랭킹	관찰
● 암컷	○ 간성	● 구애	● 짝 형성	● 중요	● 야생
● 수컷	● 복장도착	○ 애정표현	○ 양육	○ 보통	○ 반야생
		● 성적인 행동		○ 부수적	○ 포획 상태

목도리도요

식별 : 회색이나 갈색 깃털을 가진 큰(30센티미터) 도요. 일부 수컷의 경우 화려한 목장식과
머리의 깃털다발을 가지고 있는데, 색상과 무늬가 매우 다양하다(아래 참조).

분포 : 북유럽과 아시아. 겨울에는 지중해, 사하라 이남 아프리카, 중동, 인도.

서식지 : 툰드라, 호수, 습지 목초지, 농장, 홍수 지대.

연구지역 : 네덜란드의 텍셀, 시어몬니쿠그, 로더볼데와 기타 지역, 독일의 오이, 키르 제도.

노랑가슴도요

식별 : 중간 크기의 섭금류로서(18~20센티미터) 작은 머리와 짧은 부리, 담황색 얼굴과 하체를 가지고 있고, 등과 머리 꼭대기 부분에는 규칙적인 짙은 갈색 무늬를 가지고 있다.

분포 : 극지 캐나다, 알래스카, 북동부 시베리아 극지, 겨울에는 중남부 남아메리카.

서식지 : 툰드라, 초원, 갯벌.

연구지역 : 알래스카의 미드 리버.

사회조직

목도리도요와 노랑가슴도요는 둘 다 구애무대활동lekking을 하는 종이다. 이는 수컷이 레크lecks라고 알려진 공동 장소에 모여 정교한 구애 과시를 한다는 것을 말한다(몇몇 노랑가슴도요는 혼자 과시를 한다). 짝짓기 체계는 일부다처제이거나 난혼제다. 수컷(때로는 암컷)은 여러 짝과 짝짓기하며, 암컷은 혼자 새끼를 기른다. 번식기가 아닌 철에 이러한 도요는 떼를 지어 모이는 경향이 있는데, 목도리도요는 그 수가 수천 마리에 이르기도 한다.

설명

행동 표현 : 수컷 목도리도요에는 외관이나 사회적 행동, 성적 취향의 차이가 분명하게 구분되는 4가지 종류 혹은 '계급'이 있다. 먼저 상주형resident 수컷은 어두운 깃털(그리고 다양한 깃털 무늬를 가지고 있다)을 가지고 있고, 레크에서 자기 영역을 유지한다. 그리고 주변형marginal 수컷은 상주형 수컷과 비슷하지만 자기 영역이 없이 레크 주변에 머무르며, 그러다가 간혹 상주형 수컷의 공격을 받는다. 위성형satelite 수컷은 보통

흰색 또는 밝은색의 깃털을 가지고 있다. 이들은 영역를 소유하지는 않지만 종종 레크를 방문하고 특별한 상주형들과 관계를 맺는다. 마지막으로 벌거숭이형naked-nape 수컷은 다른 수컷의 혼인 깃털(목장식과 머리의 깃털 다발)이 없어서 외관상으로는 암컷처럼 보인다. 이들도 영역을 소유한 개체는 아니지만 짧은 기간 동안 레크를 방문하기도 한다. 벌거숭이형 계급은 번식 깃털이 생기기 전에 이주 여행을 하는 어린 수컷이나 성체도 포함할 수 있다. 상주형과 위성형은 유전적으로도 차이가 있다.

동성애 행동은 모든 종류의 수컷 사이에서 발생하며, 특히 상주형과 위성형 사이에서 두드러진다. 상주형 수컷이 자기 영역에서 과시를 하는 동안, 한 마리 이상의 위성형 수컷이 접근하여 구애 행동을 할 수 있다. 그중 가장 주목할 만한 것은 웅크려앉기squatting다. 이는 수컷이 목장식을 펴고 배를 땅에 대고 눕는 행동인데, 이렇게 함께 웅크리고 있으면 상주형은 위성형의 머리 위에 부리를 올려놓는다. 그러다가 상주형이나 위성형이 다른 수컷에게 마운트해서 생식기 접촉을 시도하는 동성애 교미로 이어질 수 있다. 즉 한 수컷이 상대 수컷의 머리 깃털을 부리로 잡은 다음 날개를 펼치고 몸을 낮춘다. 마운트가 된 새는 웅크린 채로 있거나 다른 수컷을 등에서 떨어뜨리려고 흔드는 식으로 반응한다. 두 마리 이상의 위성형 수컷이 레크에 나타난 경우, 이들은 때로 서로 마운트를 한다. 많은 위성형은 상주형 수컷을 '선호'해서 대부분의 시간을 함께 보내며, 상주형이 위성형 수컷을 과시 무대로 적극적으로 유인하기도 한다.

암컷은 흔히 상주형과 위성형 수컷 사이의 활동에 끌리는데, (상주형과 위성형이 관계하는) 이성애 구애와 교미는 동성애 활동과 동시에(또는 잇따라) 발생할 수 있다. 간혹 위성형 수컷은 암컷과 짝짓기 중인 상주형 수컷을 마운트하며, 상주형과 위성형은 서로 암컷과 짝짓기를 하지 못하게 방해하기도 한다. 벌거숭이형 수컷들도 역시 서로, 그리고 상주형과 동성애 마운팅을 한다. 벌거숭이형이 레크에 도착하면, 상주형 수컷은 웅크려 앉기로 반응할 수 있다. 그러면 벌거숭이형은 수평 자세로 접근하거나 스스로 쪼그려 앉는다. 때로 그런 다음 벌거숭이형이 상주형에게 마운트를 시도하는데, 교미를 '완성'하기 위해 몸을 아래로 내리지는 않는다. 벌거숭이형이 머리를 반대쪽으로 하고 마운트를 해 상주형의 꼬리를 향하는 경우도 있다. 상주형도 때로 벌거숭이형을 마운트하고, 벌거숭이형끼리도 서로 마운트를 한다. 또한 벌거숭이형 수컷은 봄철 이동 중

한 수컷 '주변형' 목도리도요가 웅크린 '위성형' 수컷에게 다가가(위) 마운트를 하고 있다.

에 기착지에서 다른 수컷의 구애를 받기도 한다. 주변형 수컷은 (수컷이나 암컷과 함께하는) 성적인 활동에 거의 참여하지 않지만, 간혹 다른 수컷을 마운팅하는 것이 목격되기도 한다.

암컷 목도리도요(리브스reeves라고도 불린다)도 동성애 활동에 참여한다. 암컷들은 흔히 무리를 지어 레크에 도착하는데, 상주형 수컷이 구애 행동을 하는 동안, 동시에 수컷 근처에 웅크리면서 서로 마운트를 하기도 한다. 이때 생식기 접촉이 일어날 수는 있지만, 이성애(또는 수컷 동성애) 교미 때처럼 확인하기는 어렵다. 또한 암컷은 또한 흔히 이성애 구애에서 볼 수 있는 날개 떨기와 같은 일부 양식화한 동작을 사용하여 서로에게 구애한다.

수컷 노랑가슴도요는 극적인 날개올리기wing-up 과시로 다른 새들을 레크 영역으로 유인한다. 한쪽 날개를 수직으로 들어 올려 화려하게 윤이 나는 흰색 하부깃털을 번쩍이는 이 과시는 수 킬로미터 떨어진 곳에

서도 볼 수 있을 정도다. 보통 암컷은 이런 구애 과시에 끌리는데, 때로 수컷 주위에 6마리까지 모이기도 한다. 그러나 종종 이웃한 영역의 수컷도 이러한 과시에 끌린다(혹은 암컷 무리에 암컷인 척 '위장'하여 끼어든다). 이웃 수컷은 때로 과시하는 수컷을 마운팅하거나 교미를 시도하며 구애를 방해한다. 또한 마운트 하는 중에 그 수컷의 머리와 목을 공격적으로 쫀 다음, 자기 영역으로 돌아가기도 한다. 때로 암컷들이 그를 따라오면, 이번에는 다른 수컷이 와서 구애를 훼방하는 식으로, 방해와 마운팅하는 패턴이 계속 반복된다. 이러한 이성애 구애와 동성애 마운팅은 한 시간 이상 왕복하며 여러 번 반복할 수 있다. 때로 수컷은 암컷과 함께 자신의 영토로 날아가는 대신 반복적으로 이웃의 영토로 돌아와 계속해서 이웃 수컷의 구애를 방해한다. 동성애 마운팅은 다른 맥락에서도 발생한다. 레크에 암컷이 많지 않을 때(특히 짝짓기 철 후반에), 한 마리 혹은 여러 마리의 수컷이 이웃의 영역에 들어가 그냥 마운트를 하는 식이다. 한 번에 최대 4마리의 수컷이 이러한 활동에 참여할 수 있다.

빈도 : 목도리도요에서는 특히 짝짓기 철이 시작될 때 동성애 마운팅이 정기적으로 일어난다. 예를 들어 3시간 30분 동안의 비공식 관찰 기간 동안 12번 중 3번(25%)이 수컷 사이의 동성애 마운팅이었다. 노랑가슴도요에서는 다른 수컷들이 구애를 방해하는 일이 흔하다. 모든 구애의 거의 1/3이 다른 수컷의 등장에 의해 방해받지만, 매번 동성애가 일어나는 것은 아니다. 하지만 암컷도 대개 교미를 하지 않고 떠나버리므로(방해가 없는 상황에서도) 이성애 역시 항상 일어나는 것은 아니다.

성적 지향 : 목도리도요의 동성애 행동은 주로 수컷 개체군의 약 40%를 차지하는 상주형 수컷과 전체 수컷의 약 15%에서 (평균) 33%를 차지하는 위성형 수컷 사이에서 나타난다. 이 모든 개체가 같은 성 마운팅을 하

는 것은 아니지만, 그렇다고 이들 모두가 이성애에 관여하는 것도 아니다. 어떤 레크에서는 상주형 수컷의 갓 절반이 넘는 개체만 암컷과 짝짓기를 하고(일부는 한 시즌에 한 번만 교미를 했다), 위성형 수컷의 40~90%는 암컷과 짝짓기를 하지 않았다. 동성애 행동에 참여하는 새 중 다수는 같은 성과 반대쪽 성 상호작용을 번갈아 하므로, 이들은 양성애자다. 암컷도 마찬가지이긴 하지만, 일부 목도리도요 암컷은 수컷을 무시하고 다른 암컷을 마운트하므로, 동성애 상호작용을 '선호'하는 것처럼 보인다. 벌거숭이형 수컷(수컷 인구의 10% 이하일 것이다)은 드물게 암컷과 짝짓기를 한다. 따라서 벌거숭이형 수컷과 짝짓기를 하지 않는 상주형과 위성형을 모두 고려해 보면, 수컷 목도리도요 개체군의 상당 부분(아마도 절반 이상)은 배타적까지는 아니더라도 우선적으로 다른 수컷과의 성적인 활동에 더 참여한다고 할 수 있다. 이러한 동성애 성향은 오랜 기간 유지된다. 예를 들어 위성형은 거의 평생 동안 상주형이 되지 않는다(이 두 계급이 유전적으로 다르므로). 다른 수컷을 마운트하는 대부분의 수컷 노랑가슴도요는 암컷과도 구애와 짝짓기를 하기 때문에 기능적인 양성애자일 것이다.

비생식적이고 대체 가능한 이성애

목도리도요와 노랑가슴도요 개체군의 중요한 특징은 짝짓기나 번식을 하지 않는 새가 있다는 점이다(위 참조). 평균적으로 수컷 목도리도요의 60% 이상이 암컷과 교미를 하지 않고(모든 계급의 수컷을 더했을 때), 영역을 가진 노랑가슴도요 수컷의 절반 이상이 짝짓기를 하지 않는다(그리고 이 종의 많은 수컷은 영역을 가지지 않으므로 역시 번식을 하지 않는다). 또한 암컷이 짝짓기를 원하는 수컷을 선택하고 특정 수컷과는 짝짓기를 거부하는 경우가 많아서, 수컷은 번식을 못하는 경우가 많다. 그러나 간혹 이두 종의 암컷은 한 마리 이상의 수컷을 선택해 짝짓기를 하기도 한다. 즉 모든 노랑가슴도요 둥지의 거의 1/4은 한 마리 이상의 수컷이 낳은 알을 가지고 있고, 목도리도요 암컷은 여러 마리의 서로 다른 수컷과 연속적으로 교미하는 것으로 알려져 있다. 때로 한 마리 이상의 수컷이 (대개 상주형과 위성형이 함께) 같은 암컷을 두고 동시에 교미를 시도하기도 한다. 이종 간의 성적인 활동도 관찰되었다. 예를 들어, 수컷 목도리도요는 때로 붉은가슴도요*Calidris canutus*와 같은 다른 도요종에게 구애하고 마운트를 시도한다.

전체 번식기 동안 암컷과 수컷이 함께 있는 시간은 사실상 구애와 짝짓기를 할 때뿐이다. 두 종 모두 수컷과 암컷 사이에 상당한 분리가 있다(장소도 분리되어 있고 시간상으로도 분리되어 있다). 암컷 목도리도요는 짝짓기를 한 후 흔히 레크를 떠나 북쪽으로 이동해 알을 낳는다. 때로는 마지막 짝짓기를 하고 2~3주 후에는 2,900킬로미터 이상 떨어진 곳으로 가기도 한다. 암컷이 이렇게 할 수 있는 것은 정자를 생식기관의 특별한 분비샘에 저장하여 정자 주입과 수정을 효과적으로 분리하기 때문이라고 생각된다. 수컷 노랑가슴도요는 육아에 관여하지 않으며, 실상 알이 부화하기도 전에 레크에서 멀리 떠난다. 수컷 목도리도요도 암컷에게 전적으로 양육을 맡긴다. 암컷들은 간혹 새끼를 돌보고 지키는 데 간혹 협력한다. 사실 알을 부화하고 나서 암수 사이에 무언가 일이 있다면 그것은 수컷이 새끼를 죽이는 일일 것이다. 영아살해는 노랑가슴도요에서 관찰되지 않지만, 암컷이 둥지를 버리는 일이 약 10%에서 나타나는데, 포식자가 알 일부를 가져가면서 나타나는 현상이다. 수컷과 암컷의 이동 패턴이 다르기 때문에 번식기 이후 목도리도요에서도 성별 분리가 일어난다. 암컷은 겨울을 나기 위해 더 남쪽으로 이동하는 경향이 있으며, 아프리카의 일부 월동지에서는 암컷이 수컷보다 15대 1 정도로 많다.

출처   *별표가 있는 출처는 동성애와 트랜스젠더에 대해 논의한다.

Cant, R. G. H. (1961) "Ruff Displaying to Knot." *British Birds* 54:205.

* Cramp, S., and K. E. L. Simmons (eds.) (1983) "Ruff (*Philomachus pugnax*)." In *Handbook of the Birds of Europe, the Middle East, and North Africa,* vol. 3, pp. 385–402. Oxford: Oxford University Press.

* Hogan–Warburg, A.J. (1993) "Female Choice and the Evolution of Mating Strategies in the Ruff *Philomachus pugnax* (L.)." *Ardea* 80:395–403.

* ——(1966) "Social Behavior of the Ruff, *Philomachus pugnax* (L.)." *Ardea* 54:109–229.

Hugie, D. M., and D. B. Lank (1997) "The Resident's Dilemma: A Female Choice Model for the Evolution of Alternative Mating Strategies in Lekking Male Ruffs (*Philomachus pugnax*)." *Behavioral Ecology* 8:218–25.

* Lanctot, R. B. (1995) "A Closer Look: Buff–breasted Sandpiper." *Birding* 27:384–90.

* Lanctot, R. B., and C. D. Laredo (1994) "Buff–breasted Sandpiper (*Tryngites subruficollis*)." In A. Poole and F. Gill, eds., *The Birds of North America: Life Histories for the 21st Century,* no. 91. Philadelphia: Academy of Natural Sciences; Washington, D.C.: American Ornithologists' Union.

Lank, D. B., C. M. Smith, O. Hanotte, T. Burke, and F. Cooke (1995) "Genetic Polymorphism for Alternative Mating Behavior in Lekking Male Ruff *Philomachus pugnax.*" *Nature* 378:59–62.

* Myers, J. P. (1989) "Making Sense of Sexual Nonsense." *Audubon* 91:4045.

——(1980) "Territoriality and Flocking by Buff–breasted Sandpipers: Variations in Non-breeding Dispersion." *Condor* 82:241–50.

——(1979) "Leks, Sex, and Buff–breasted Sandpipers." *American Birds* 33:823–25.

Oring, L. W. (1964) "Displays of the Buff–breasted Sandpiper at Norman, Oklahoma." *Auk* 81:83–86. Pitelka, F. A., R. T. Holmes, and S. F. MacLean, Jr. (1974) "Ecology and Evolution of Social Organization in Arctic Sandpipers." *American Zoologist* 14:185–204.

Prevett, J. P., and J. F. Barr (1976) "Lek Behavior of the Buff–breasted Sandpiper." *Wilson Bulletin* 88:500– 503.

Pruett–Jones, S. G. (1988) "Lekking versus Solitary Display; Temporal Variations in Dispersion in the Buffbreasted Sandpiper." *Animal Behavior* 36:1740–52.

* Scheufler, H., and A. Stiefel (1985) *Der Kampfläufer* [The Ruff]. Neue Brehm–Bücherei, 574. Wittenberg Lutherstadt: A. Ziemsen Verlag.

* Selous, E. (1906–7) "Observations Tending to Throw Light on the Question of Sexual Selection in Birds, Including a Day–to–Day Diary on the Breeding Habits of the Ruff (*Machetes pugnax*)." *Zoologist* 10:201–19,285–94,419–28;11:60–65,161–82, 367–80.

* Stonor, C. R. (1937) "On a Case of a Male Ruff (*Philomachus pugnax*) in the Plumage of an Adult Female." *Proceedings of the Zoological Society of London*, Series A 107:85–88.

* van Rhijn, J. G. (1991) *The Ruff. Individuality in a Gregarious Wading Bird*. London: T. and A. D. Poyser.

——(1983) "On the Maintenance and Origin of Alternative Strategies in the Ruff *Philomachus pugnax*." *Ibis* 125:482–98.

——(1973) "Behavioral Dimorphism in Male Ruffs, *Philomachus pugnax* (L.)." *Behavior* 47:153–229.

청다리도요 *Tringa nebularia*
붉은발도요 *Tringa totanus*

동성애	트랜스젠더	행동		랭킹	관찰
○ 암컷	○ 간성	● 구애	○ 짝 형성	○ 중요	● 야생
● 수컷	○ 복장도착	○ 애정표현	○ 양육	● 보통	○ 반야생
		● 성적인 행동		○ 부수적	○ 포획 상태

청다리도요

식별 : 줄무늬와 얼룩무늬가 있는 짙은 갈색 깃털을 가진 커다란 도요새(33~36센티미터). 길고 약간 뒤집힌 부리와 녹황색의 다리를 가지고 있다.

분포 : 북중유럽과 아시아, 겨울에는 서유럽, 아프리카, 오스트랄라시아.

서식지 : 습지, 늪지, 황야, 호수.

연구지역 : 스코틀랜드 스파이사이드와 북서부 고지.

붉은발도요

식별 : 청다리도요보다 약간 작고 깃털이 회갈색을 띠며, 검은색과 짙은 갈색 줄무늬와 반점이 있으며, 다리는 오렌지빛을 띤 적색이다.

분포 : 습윤 목초지, 황야, 습지, 호수, 강.

연구지역 : 영국 랭커셔의 리블 하쉬 국립 자연보호구역.

아종 : 붉은발도요 *T.t. totanus*.

사회조직

짝짓기 철이 아닐 때 청다리도요는 20~25마리가 떼를 지어 모이는 반면, 붉은발도요는 사회성이 덜해서 혼자 지내는 경우도 있다. 짝짓기 철에는 일부일처제 쌍이 우세한 사회 단위가 되지만, 번식하지 않는 새가 발생하는 등 여러 가지 변형이 발생한다(아래 참조).

설명

행동 표현: 청다리도요와 붉은발도요 모두 수컷들은 때로 서로 구애하고 교미한다. 청다리도요는 공중과 지상에서 화려한 과시를 하며 동성애 구애를 한다. 이 과시는 이성애 구애에서도 볼 수 있는 패턴이다. 수컷의 혼인비행nuptial flight 추격을 보면, 먼저 한 마리가 몸을 비틀고 기울이며 땅 위를 낮게 나는 추격으로 시작해서, 나중 두 마리 새가 높은 고도까지 날아오른다. 두 수컷은 높이 올라가면서 함께 방향을 틀거나 되돌아오는데, 가끔은 완전히 구름 속으로 사라지기도 한다. 그러다가 수컷들이 가파른 다이빙을 하며 땅으로 곤두박질치며 '공중춤'은 극적인 막을 내리게 된다. 두 수컷이 땅에서 구애 과시를 할 때는 절하고, 꼬리를 흔들고, 날개를 퍼덕이며, 깊게 으르렁거리거나 칩chip, 킵quip, 그리고 투-후too-hoo 같은 소리를 낸다. 이러한 행동은 교미로 이어질 수 있다(흔히 그루터기나 나뭇가지 위에서 행해진다). 교미를 할 때는 한 수컷이 다른 수컷의 등에 날개를 퍼덕이며 올라간 다음, 날개를 서서히 움직이며 몸을 낮춰 다른 수컷과 접촉하게 된다. 동성애 교미는 비슷한 이성애 행동을 할 때보다 빨리 끝난다. 수컷은 때로 나무꼭대기에 우는 다른 수컷과 교미를 시도하기도 하며, 암컷이 알을 품고 있을 때 그 짝인 수컷과 교미를 시도하기도 한다(후자의 경우 암컷은 동성애 상호작용이 벌어지는 동안 흔히 위협하는 울음이나 도전하는 울음을 낸다). 또한 수컷 청다리도요는 간혹 수컷 삑삑도요*Tringa ochropus*의 구애를 받는데, 삑삑도요는 날개를 내려뜨

붉은발도요의 동성애 구애. 한 수컷이 다른 수컷을 쫓아가는 '땅위추격'을 하고 있다.

리고 꼬리는 일부 펴서 올린 채 뒤에서 접근한다. 종내 동성애 짝짓기와는 달리, 수컷 청다리도요는 전형적으로 이러한 성적인 접근에 저항하며 도요새를 뿌리치고 격렬하게 쪼아 댄다.

수컷 붉은발도요는 다른 수컷에게 땅위추격ground chase를 하며 구애한다(이성애 구애에서도 사용한다). 이 과시에서 한 수컷은 몇 가지 종류의 곡선과 원을 그리며 다른 수컷을 쫓는데, 종종 깃을 세우고 꼬리를 부채 모양으로 편 다음 게가 걷는 듯한 독특한 옆 방향 달리기를 한다. 쫓는 수컷이 두 번씩 튜튜tyoo-tyoo...튜튜tyoo-tyoo...하는 '짝짓기 울음'을 내기도 하고, 추격을 하는 동안 두 새가 때로 쨱쨱거리는 소리나 지저귀는 소리를 내기도 한다. 간혹 한 수컷이 다른 수컷에게 올라타 교미를 시도하기도 하지만, 흔히 다른 수컷은 그러한 접근에 면박을 준다(이성애 교미에서도 흔하게 그렇듯이).

빈도 : 동성애 구애와 교미는 청다리도요와 붉은발도요에서만 이따금 발생하지만, 발생률에 대한 체계적인 장기 연구는 아직 수행되지 않았다.

성적 지향 : 많은 경우에 동성애 활동을 하는 개체는 양성애자다. 수컷 청다리도요와 붉은발도요는 양쪽 성별의 새에게 구애하며, 수컷 청다리도

요는 이성애적으로 짝을 이룬 아비이면서도 다른 수컷과 동성애 교미를 한다. 적어도 한 사례에서는 한 수컷 청다리도요가 이성애 한 쌍과 관계해서 암수 모두와 교미를 시도했다(그 수컷이 독신인지 암컷 짝이 있는지는 알려지지 않았다).

비생식적이고 대체 가능한 이성애

이 두 가지 종 도요의 성적인 행동은 흔히 수정이 불가능할 때 발생한다. 즉 수컷 청다리도요와 붉은발도요는 암컷이 알을 낳은 후인, 알을 품는 시기나 새끼를 품고 있는 시기에 암컷과 짝짓기를 한다. 또한 청다리도요에서는 역逆마운팅(암컷이 수컷을 마운트하는 것)도 일어난다. 작은 작은노랑발도요*Tringa flavipes*와 삑삑도요(위에서 언급한 바와 같이) 같은 다른 종의 도요와의 구애와 교미 기록도 있다. 이러한 새들에서는 대안적인 이성애 교미와 육아의 조합이 다양하게 발견된다. 청다리도요와 붉은발도요 모두 일부일처제이지만, 두 종의 수컷은 때로 짝이 아닌 다른 암컷과 짝짓기를 한다. 또한 일부 개체는 다양한 일부다처제 짝짓기 조합에 참여한다. 예를 들어 두 종 모두에서 암컷 두 마리와 수컷 한 마리로 이루어진 트리오가 나타난다. 이때 두 암컷은 같은 둥지에 알을 낳기도 하고, 별도의 둥지를 가질 수도 있으며, 한 암컷이 번식하지 않는 경우도 있다. 붉은발도요는 때로 연속적인 일부다처제에 참여하는데, 첫 번째 짝짓기를 해서 둥지에 알을 낳은 후, 수컷이 두 번째 암컷과 짝짓기를 하거나, 암컷이 두 번째 수컷과 짝짓기를 한다. 이 경우 처음의 짝을 버리거나 '이혼'하는 일이 생기는데, 보통 남겨진 파트너는 한 부모로서 새끼를 키운다. (청다리도요에서는 수컷 파트너가 암컷과 짝을 유지하면서도 암컷의 알품기를 돕지 않는, 또 다른 형태의 '한부모 양육'이 간혹 발생한다). 사실 붉은발도요의 11%(청다리도요에서는 1/4까지)는 번식기 사이나 번식기 내에 짝을 바꾼다(짝을 바꾸는 일은 수컷 사이에서 더 흔하게 나타난다). 결국 전체 수컷의 약 1/3과 암컷의 1/2만이 평생 짝을 유지한다. 어떤 새들은 이혼과 재결합을 하며 평생 최대 4마리의 파트너를 가진다. 몇몇 증례에서 암컷 붉은발도요는 다른 수컷과 짝을 맺기 위해 본래 짝을 떠났지만, 그다음 시즌에는 다시 '전前' 수컷에게 돌아와 수년간 함께 지내기도 했다. 붉은발도요에서는 입양 혹은 위탁양육도 나타난다. 즉 암컷은 때로 다른 암컷의 둥지에 알을 낳기도 하며(그러면 그 암컷은 모든 새끼를 자기 새끼처럼 기른다), 붉은발도요가 뒷부리장다리물떼새*Recurvirostra avosetta*와 같은 다른 섭금류 종의 새끼를 돌보는 것도 목격되었다.

어떤 청다리도요는 번식을 전혀 하지 않는데, 평균적으로 수컷의 약 1/4이 번식을 하지 않는다. (그리고 어떤 해에는 전체 수컷의 1/2에 이를 정도로 이 수치가 높아질 수 있다). 이러한 새에는 독신인 새들과 이성애 짝을 맺었지만 번식하지 않는 새가 포함된다. 이러한 비번식 쌍은 모든 쌍의 평균 15% 이상을 차지하며, 어떤 해에는 1/3 이상이 번식을 하지 않는다. 이성애 관계에 성별 간의 거부와 적대가 나타날 수도 있다. 예를 들어 암컷 붉은발도요는 때로 구애를 하며 쫓아오는 수컷에게 등을 돌려, 여러 번 쪼고 할퀴는 등 접근을 막으며 오랫동안 싸우기도 한다. 또한 두 종의 암컷은 수컷이 마운트하는 것을 거부할 수도 있다. 예를 들어 붉은발도요의 이성애 교미 시도 중 약 1/3은 암컷의 거부로 인해 완료되지 못했다.

출처

*별표가 있는 출처는 동성애와 트랜스젠더에 대해 논의한다.

* Cramp, S., and K. E. L. Simmons (eds.) (1983) "Redshank (*Tringa tetanus*)." In *Handbook of the Birds of Europe, the Middle East, and North Africa*, vol. 3, pp. 531–35. Oxford: Oxford University Press,

Garner, M. S. (1987) "Lesser Yellowlegs Attempting to Mate with Redshank." *British Birds* 80:283. Hakansson, G. (1978) "Incubating Redshank, *Tringa tetanus*, Warming Young of Avocet, Avocetta recurvirostra." *Vår fågelvårld* 37:137–38.

* Hale, W. G. (1980) *Waders*. London: Collins.

* Hale, W. G., and R. P. Ashcroft (1983) "Studies of the Courtship Behavior of the Redshank *Tringa tetanus*." *Ibis* 125:3–23.

* ——(1982) "Pair Formation and Pair Maintenance in the Redshank Tringa totanus." *Ibis* 124:471–501

* Nethersole–Thompson, D. (1975) *Pine Crossbills: A Scottish Contribution*. Berkhamsted: T. and A. D. Poyser.

* ——(1951) *The Greenshank*. London: Collins.

* Nethersole–Thompson, D., and M. Nethersole–Thompson (1986) *Waders: Their Breeding, Haunts, and Watchers*. Calton: T. and A. D. Poyser.

* ——(1979) *Greenshanks*. Vermillion, S.D.: Buteo Books.

Thompson, D. B. A., P. S. Thompson, and D. Nethersole–Thompson (1988) "Fidelity and Philopatry in Breeding Redshanks (*Tringa tetanus*) and Greenshanks (*T.nebularia*)." In H. Ouellet, ed., *Acta XIX Congressus Internationalis Ornithologici (Proceedings of the 19th International Ornithological Congress)*, 1986, Ottawa, vol. I, pp. 563–74. Ottawa; University of Ottawa Press.

* ——(1986) "Timing of Breeding and Breeding Performance in a Population of Greenshanks (*Tringa nebularia*)." *Journal of Animal Ecology* 55:181–99.

장다리물떼새
Himantopus himantopus

검은장다리물떼새
Himantopus novaezelandiae

동성애		트랜스젠더		행동		랭킹		관찰	
● 암컷		○ 간성		● 구애	● 짝 형성	○ 중요		● 야생	
○ 수컷		○ 복장도착		○ 애정표현	● 양육	● 보통		○ 반야생	
				● 성적인 행동		○ 부수적		○ 포획 상태	

장다리물떼새

식별 : 상당히 큰(30~38센티미터) 도요를 닮은 새로서 분홍색의 긴 다리와 흰색깃털, 검고
　　　가는 부리를 가지고 있으며 날개와 등은 검은색이다.

분포 : 오스트레일리아, 유럽, 아프리카, 중남미, 미국 서부와 남부 대부분의 지역.

서식지 : 열대 및 온대 습지.

연구지역 : 일본 이치카와시의 이치카와 성소, 모로코와 벨기에/네덜란드 국경 지역.

아종 : 장다리물떼새 *H.h. himantopus*.

검은장다리물떼새

식별 : 장다리물떼새와 비슷하지만 몸 전체에 검은 색의 깃털을 가지고 있다.

분포 : 뉴질랜드, 심각한 멸종위기.

서식지 : 강, 호수, 습지.

연구지역 : 뉴질랜드 남섬 맥켄지 분지.

사회조직

장다리물떼새류의 일차적인 사회 단위는 일부일처제 짝이다. 장다리물떼새는 흔히 2~50여 개 가족이 느슨하게 모인 군락에 둥지를 틀고, 검은장다리물떼새는 좀 더 군집성이 덜하다. 짝짓기 철이 아닌 계절에는 보통 10마리까지 무리를 짓지만, 수백 마리의 장다리물떼새가 모이기도 한다.

설명

행동 표현 : 장다리물떼새와 검은장다리물떼새에서는 모두 레즈비언 쌍이 나타난다. 이러한 파트너 관계의 두 암컷은 구애와 교미, 육아 활동을 같이 한다. 장다리물떼새의 동성애 짝 형성과 구애는 흔히 의례적인 둥지과시nest display 활동으로 시작된다. 각각의 암컷은 마치 알을 품은 것처럼 땅 위에 쪼그리고 앉아 상대에게 둥지의 위치를 '보여주고', 마치 알을 뒤집는 것처럼 진흙을 쪼아대는 동작을 한다. 이성애 짝짓기도 종종 이러한 활동으로 시작하지만, 레즈비언 짝짓기에서는 두 새가 둥지과시에 훨씬 더 많은 시간을 할애한다. 둥지과시는 본격적인 구애 활동으로 이어지기도 한다. 예를 들어 구멍파기dibbling에서는 두 파트너가 모두 부리를 물에 담그다가 물방울을 터는 동작을 하고, 의례적인 깃털고르기에서는 한 암컷이 상대 암컷에게 가까이 간 다음, 자기 가슴 옆 깃털을 고르며, 자주 물방울을 터는 동작을 곁들인다. 종종 한 암컷은 목펴기neck extended 자세를 취하는데, 이 자세는 다리를 약간 벌리고 목을 내려 수면 위로 뻗는 자세다. 한 암컷이 이 자세로 서 있는 동안, 다른 암컷은 파트너 뒤에서 한쪽에서 다른 쪽으로 왕복하며 반원형을 그리는 구애춤을 춘다. 두 마리의 암컷은 한 번에 최대 45분까지 구애를 이어 간다. 또한 성적인 활동도 레즈비언 쌍의 구성원들 사이에서 이루어지는데, 이성애 교미처럼 한 암컷이 다른 암컷을 마운팅한다.

일본의 장다리물떼새 암컷 쌍
이 기르는 '평균초월 알둥지'를
보이는 둥지.

일단 유대 관계가 형성되면 그 쌍은 침입하는 모든 가족으로부터 영역을 강하게 방어하고 나중 함께 둥지를 짓는다. 간혹 두 암컷 모두 알을 낳기 때문에, 그 경우 레즈비언 쌍의 둥지는 평균초월 알둥지supernormal clutches가 된다. 이러한 둥지는 이성애 쌍이 가지는 알(보통 3~4개의 알만 있다)보다 최대 2배가 더 많은 7~8개의 알을 가진다. 두 암컷 모두 교대로 알을 품는다. 이성애 쌍의 두 새 역시 알품기 의무를 공유한다. 하지만 많은 경우 암컷이 수컷보다 훨씬 더 긴 시간을 알품기에 할애한다. 포식자가 알을 잡아먹으면 레즈비언 쌍은 두 번째 알들을 낳아 다시 기른다(이성애 부모에게서도 흔히 일어나는 일이다). 같은 성 쌍이 낳은 대부분의 알은 불임일 것이다. 이성애 커플처럼 일부 장다리물떼새 쌍은 이혼한다. 예를 들어 이혼은 한 암컷이 다른 암컷과 새로운 짝을 형성할 때 발생한다. 이러한 짝 바꾸기는 헤어지기 전 암컷들 사이의 공격성에 의해 비롯된 것일 수 있지만, 이혼한 파트너는 여전히 새로운 쌍과 '친구'로 남아, 다른 새들과 달리 그들의 영역을 방문하는 것이 허용된다.

빈도: 장다리물떼새 암컷 쌍은 전체 쌍의 5~17%를 차지하고(개체군에 따라 다르다), 검은장다리물떼새에서는 레즈비언 쌍이 약 2%를 차지한다. 일부 장다리물떼새 암컷 쌍에서 동성애 교미는 상당히 높은 비율로 일어난다. 한 사례에서 두 마리의 암컷이 하루에 다섯 번씩 서로 짝짓기를 하는 것이 목격되었다.

성적 지향 : 레즈비언 쌍이 낳는 알은 보통 무정란이기 때문에, 그러한 쌍을 이루는 많은 암컷 장다리물떼새는 배타적인 동성애자일 가능성이 크다. 게다가 일부 암컷은 레즈비언 파트너 관계가 깨져도 다른 암컷과 재결합하기 때문에, 지속적인 암컷에 대한 성적 지향을 보인다고 할 수 있다.

비생식적이고 대체 가능한 이성애

장다리물떼새류에서는 오래 지속하는 일부일처제 외에도 다양한 대안적인 이성애 가족 형태가 나타난다. 검은장다리물떼새는 때로 암컷 두 마리와 수컷 한 마리가 트리오를 이루며(두 암컷이 모두 알을 낳는다), 장다리물떼새 쌍은 때로 다른 가족의 새끼를 입양하여 자기 새끼들과 함께 기르기도 한다. 장다리물떼새 쌍은 이혼과 재결합을 할 수 있으며, 일부 수컷은 짝이 아닌 암컷에게 구애와 교미를 한다. 검은장다리물떼새의 경우 이성애 쌍은 새끼가 자라면 갈라지기도 한다. 즉 수컷은 흔히 한 부모로서 새끼를 데리고 이주하는 반면 암컷은 뒤에 남는다. 돌아왔을 때 수컷은 이전의 짝과 다시 만날 수도 있고, 암컷이 새로운 짝을 찾을 수도 있다. 일부 온전한 검은장다리물떼새 가족에서는 아비가 수컷 새끼를 거부하는 등 어린 개체에 대한 학대가 일어난다(하지만 지금까지 이러한 일은 포획 상태에서만 보고되었다). 두 장다리물떼새 종 모두 개체들은 무생물체(유목 조각 등)에 올라타 교미 움직임을 하며 자위를 한다. 장다리물떼새에서는 이러한 현상이 매우 빈번하게 일어날 수 있는데, 한 활동시간 동안 대략 30초마다 한 번씩 총 20~30회 자위성 마운트를 하는 새가 기록되었다. 마지막으로 이 새들은 때로 자기 종이 아닌 개체와 짝을 짓는다. 일부 개체군에서는 검은장다리물떼새의 약 30%가 장다리물떼새와 짝짓기를 하며, 두 종의 잡종을 흔하게 볼 수 있다.

출처　　　　　　　*별표가 있는 출처는 동성애와 트랜스젠더에 대해 논의한다.

Cramp, S., and K. E. L. Simmons, eds. (1983) "Black–winged Stilt (*Himantopus himantopus*)." In *Handbook of the Birds of Europe, the Middle East, and North Africa*, vol. 3, pp. 36–47. Oxford: Orford University Press.

Goriup, P. D. (1982) Behavior of Black–winged Stilts." *British Birds* 75:12–24.

Hamilton, R. B. (1975) *Comparative Behavior of the American Avocet and the Black–necked Stilt (Recurvi rostridae)*. Ornithological Monographs no. 17. Washington, D.C.: American Ornithologists' Union,

Kitagawa, T. (1989) "Ethosodological Studies of the Black–winged Stilt *Himantopus himantopus himantopns*. I. Ethogram of the Agonistic Behaviors." *Journal of the Yamashina Institute of Ornithology* 21:52–75.

* ——(1988a) "Ethosodological Studies of the Black–winged Stilt *Himantopus himantopus himantopus*. III. Female–Female Pairing." *Japanese Journal of Ornithology* 37:63–67.

——(1988b) "Ethosodological Studies of the Black–winged Stilt *Himantopus himantopus himantopus*. II. Social Structure in an Overwintering Population." *Japanese Journal of Ornithology* 37:45–62.

* Pierce, R. J. (1996a) "Recurvirostridae (Stilts and Avocets)." In J. del Hoyo, A. Elliott, and J. Sargatal, eds., *Handbook of the Birds of the World*, vol 3: Hoatzin to *Auks*, pp. 332–47. Barcelona: Lynx Edicións.

——(1996b) "Ecology and Management of the Black Stilt *Himantopus novaezelandiae*." *Bird Conservation International* 6:81–88.

——(1986) *Black Stilt*. Endangered New Zealand Wildlife Series. Dunedin, New Zealand: John Mclndoe and New Zealand Wildlife Service.

* Reed, C. E. M. (1993) "Black Stilt." In S. Marchant and P. J. Higgins, eds., *Handbook of Australian, New Zealand, and Antarctic Birds*, vol. 2, pp. 769–80. Melbourne: Oxford University Press.

검은머리물떼새
Haematopus ostralegus

개꿩
Pluvialis apricaria

동성애	트랜스젠더	행동	랭킹	관찰
● 암컷	○ 간성	● 구애 ● 짝 형성	○ 중요	● 야생
● 수컷	○ 복장도착	● 애정표현 ● 양육	● 보통	○ 반야생
		● 성적인 행동	○ 부수적	○ 포획 상태

검은머리물떼새

식별 : 상체는 검은색, 하체는 흰색, 부리, 눈, 다리는 붉은 오렌지색을 띠는 크고(43센티미터) 다부진 섭금류이다.

분포 : 유라시아 전역, 겨울에는 아프리카, 중동, 남아시아.

서식지 : 해변, 해안 염습지, 암석 해안, 갯벌.

연구지역 : 네덜란드의 텍셀 섬, 빌란드 섬, 쉬어-몬니쿠그 섬.

아종 : 검은머리물떼새 *H.o. ostralegus.*

개꿩

식별 : 중간 크기(25센티미터)의 도요를 닮은 새로서 얼룩덜룩한 담황색과 검은색 깃털을 가지고 있다. 성체 수컷은 하얀색 경계에 접한 검은색 얼굴과 하체를 가지고 있다.

분포 : 북유럽, 겨울에는 남지중해와 북아프리카.

서식지 : 툰드라, 늪지, 황무지, 황야.

연구지역 : 스코틀랜드 도백 무어.

아종 : 유럽개꿩 *P.a. apricaria*.

사회조직

검은머리물떼새와 개꿩은 흔히 떼를 지어 산다. 짝짓기 체계는 일반적으로 일부일처제 짝 형성이지만, 많은 대안적인 조합도 존재한다(아래 참조). 번식하지 않는 검은머리물떼새는 클럽clubs이라고 알려진 무리에 모이는 경향이 있다.

설명

행동 표현 : 검은머리물떼새는 때로 같은 성 간의 구애와 교미에 참여한다. 이러한 행동은 일반적으로 양성애 트리오 안에서 일어난다. 즉, 한쪽 성별 두 마리와 다른 쪽 성별 한 마리, 이렇게 세 마리의 새가 모여 각각 유대 관계를 맺는 조합이다. 예를 들어 수컷 두 마리와 암컷 한 마리로 된 트리오를 보면, 반대쪽 성 간의 이성애 활동 외에도 두 수컷이 서로 구애와 마운트를 한다. 몇 가지 구별이 가능한 구애와 짝 형성 과시가 같은 성이나 반대쪽 성 맥락에서 모두 사용된다. 예를 들어, 두 수컷은 서로의 주변을 맴돌며, 균형잡기balancing라는 시소를 타는 듯한 움직임을 몸으로 표현한다. 또는 다부진 자세thick-set attitude 취하기를 하는데, 어깨 사이로 머리를 숙이고 꼬리와 등은 평형을 유지하는 동작이다. 그러는 내내 다리는 구부리고 발은 가볍게 디딘다. 때로는 두 수컷이 상호 구애의 하나로서 의식화한 둥지 짓기 동작을 수행한다. 예를 들어 지푸라기 던지기throwing straws처럼 지푸라기나 다른 물체를 뒤로 던지는 동작

을 하거나, 또는 구멍다지기pressing a hole처럼 반복적으로 앉으며 가슴과 날개로 땅을 눌러 둥지를 짓는 듯한 동작을 한다. 그러다가 교미의 서곡으로서, 한 수컷이 다른 수컷에게 잠행자세stealthy attitude를 취하며 다가간다. 잠행자세는 다부진 자세와 거의 비슷하지만, 머리를 한쪽으로 유지하고 꼬리는 펴서 아래로 내린다는 점이 다르다. 이렇게 한 수컷이 다른 수컷에게 마운트를 해서 교미를 시도하기도 하지만, 때로 상대 수컷의 공격 때문에 성적인 접근이 좌절되기도 한다. 흥미롭게도 이러한 트리오의 세 구성원은 모두 자기 파트너가 아닌 새와 이성애적인 구애나 교미를 하는 비非일부일처제 모습을 보이기도 한다.

또한 동성애 활동은 수컷과 양성애 트리오를 이루는 두 암컷 검은머리물떼새 사이에서도 일어난다. 이 유형의 조합 대부분은 이성애 트리오에 흔히 나타나는 모습인 암컷들 사이에 상당한 공격성을 가진 것으로 시작해서, 나중 서로 강한 유대를 형성하게 된다. 이들은 서로 가까이 지내면서 서로 깃털고르기를 하고 영역을 방어하는데 협력한다(수컷 파트너와 함께). 또한 이성애 짝짓기에서 볼 수 있는 동일한 행동 패턴을 사용하여, 두 암컷은 정기적으로 서로 교미한다. 먼저 암컷 한 마리가 몸을 굽히며 삡-삡pip-pip 소리를 내며 다른 한 마리에게 다가가면, 파트너는 꼬리를 위로 흔든다. 그리고 나서 마운팅을 하면서 암컷은 날개를 퍼덕여 균형을 유지하고, 생식기(총배설강) 접촉을 위해 꼬리를 다른 암컷의 꼬리 밑으로 밀어 넣기도 한다. 이때 암컷은 부드러운 위-위wee-wee 소리를 낸다. 이 두 새는 서로 교대로 마운팅을 하는데, 레즈비언 교미 중 약 47%에서 완전한 생식기 접촉이 발생한다(이성애 쌍의 짝짓기에서 일어나는 67%의 생식기 접촉과 이성애 트리오의 수컷-암컷 교미에서 일어나는 74%의 생식기 접촉과 비교된다). 또한 암컷은 수컷과 정기적으로 짝짓기하며, 나중 둥지를 함께 짓고 거기에 알을 낳는다. 이 둥지는 최대 7개의 알을 가진 평균초월 알둥지supernormal clutch가 된다(이성애 쌍의 둥지나 이성애 트리오의 분리된 두 개 둥지의 최대 4~5개 알과 비교된다). 세 파트너 모두 교대로 알을 품으며 새끼를 키우는데 협력한다. 하지만 각각의 새가 7개의 알을 동시에 덮을 수는 없기 때문에, 양성애 트리오는 일반적으로 이성애 쌍보다 더 적은 수의 알을 부화하고, 더 적은 수의 새끼를 기른다. 양성애 트리오는 검은머리물떼새 이성애 쌍에 견줘 최대 4~12년까지 함께 지낼 수 있으며, 이성애 트리오와 비교해도 좀 더 안정적이고 오래 지속한다(이성애 트리오는 전형적으로 4년 이하로만 지속한다).

수컷 개꿩들은 초봄에 간혹 서로 구애하고 짝을 짓는다. 구애 활동은 흔히 땅에서 하는 과시로 시작하는데, 수컷은 날개를 반쯤 펴고, 뒤쪽 깃털은 세우고, 꼬리는 펼쳐서 위아래로 움직이며, 머리를 숙인 채 다른 수컷을 추적한다. 이러한 과시는 화려한 공중 추적 비행으로 발전할 수 있어서, 두 수컷이 동시에 하강하다 날아오르고, 몸을 비틀며 땅 위를 스치듯 날아간다. 이와 같은 극적인 고속 추적은 보금자리 영역에서 아주 먼 곳까지 이어지기도 한다.

빈도 : 검은머리물떼새와 개꿩 개체군에서는 동성애 행동이 드물게 발생한다. 예를 들어 검은머리물떼새 중 2% 미만이 수컷 한 마리와 암컷 두 마리가 모이는 트리오를 이루며, 이러한 관계의 43%에서 동성애 유대와 성적인 행동이 나타난다. 전체적으로 185번의 교미 중 1번이 두 암컷 사이에서 일어난다. 즉, 레즈비언 짝짓기는 각각의 양성애 트리오 내에서 6~7시간마다 한 번씩 이루어지며, 이는 3~6시간마다 한 번씩 이루어지는 이성애 짝(이성애 쌍이나 이성애 트리오 내의)의 짝짓기와 비교된다. 비슷하게, 400마리의 검은머리물떼새 유대 관계 중 약 1쌍이 수컷 두 마리와 암컷 한 마리로 이루어진 트리오이며, 이들 중 일부만이 같은 성 활동을 한다. 그러나 두 마리의 암컷이 있는 양성애 트리오에서와 마찬가지로, 트리오 내에서 동성애 활동은 상당히 빈번하게 나타날 수 있다. 예

를 들어 그러한 트리오의 한 예에서는, 모든 구애 활동의 거의 2/3가 동성애적이었고, 모든 마운팅 활동의 15~19%가 동성애였다.

성적 지향 : 같은 성 활동에 참여하는 검은머리물떼새는 보통 양성애자여서, 반대쪽 성을 가진 구성원과 함께 트리오 유대 관계를 이루며, 때로 문란한 이성애 활동을 하기도 한다. 그러나 트리오 내에서 한 마리는 다른 새보다 동성애 지향성이 더 높을 수 있다. 즉 같은 성별의 새와 더 가까운 유대감을 가질 수 있다. 반면 다른 새는 더 강한 이성애 유대를 유지할 수 있다. 예를 들어 수컷 두 마리와 암컷 한 마리로 이루어진 한 양성애 트리오의 경우, 수컷 한 마리는 구애 활동 중 85%와 마운팅 활동의 33%가 동성애였다. 그에 비해 다른 수컷은 구애의 70%와 마운팅의 25%가 같은 성 활동이었다. 양성애 트리오의 일부 암컷 검은머리물떼새도 나중 트리오를 떠나 수컷과 짝을 이루기도 하지만, 이성애 트리오의 암컷보다는 그러한 현상이 덜 발생한다.

비생식적이고 대체 가능한 이성애

검은머리물떼새에서는 (같은 성 활동이 없는) 다혼제 이성애 트리오가 때로 형성되는데(위에서 언급), 개꿩에서도 같은 현상이 나타난다. 또한 이 종들에서는 장기간의 일부일처제 암수 공동양육 단위에 관한 몇 가지 변형이 나타난다. 검은머리물떼새와 개꿩의 짝 유대 관계는 흔히 평생 지속하지만, 이성애 파트너들은 이혼을 하고 새로운 짝과 재결합하기도 한다. 일부 검은머리물떼새 개체군에서는 6~10%의 커플이 이혼했으며, 평균 유대 관계 유지기간은 2~3년에 불과했다. 어떤 새들(특히 암컷)은 반복적으로 이혼을 해서 일생에 6~7마리의 다른 짝을 두기도 했고, 단지 전체 새의 절반만이 평생 같은 짝을 유지했다. 암컷 개꿩은 번식기 동안 짝을 버리기도 한다(흔히 새로운 수컷과 두 번째 가정을 꾸리기 위해). 그러면 이전 짝은 혼자서 새끼를 키워야 한다. 한부모 양육 외에도, '두 가족 육아'가 가끔 발생한다. 두 개꿩 가족은 때로 같은 영역을 공유하며(한 쌍이 다른 쌍보다 일찍 번식한다), 서로의 새끼를 지키는 데 도움을 주기도 한다. 장다리물떼새 쌍은 때로 댕기물떼새 *Vanellus vanellus*나 뒷부리장다리물떼새 *Recurvirostra avosetta* 같은 다른 근연종 새끼의 위탁 부모가 되고, 간혹 남의 알을 '입양'해 부화하기도 한다.

장다리물떼새 짝결합은 외도가 특징이다. 전체 교미의 7% 이상이 비非일부일처제 관계이며, 흔히 짝을 이룬 암컷과 독신인 수컷 사이에 일어난다(보통 암컷이 먼저 시작한다). 암컷은 종종 특정 수컷과 몇 년 동안 지속적인 '외도'를 하다가, 결국 그 수컷과 짝을 맺기 위해 원래 짝을 떠나기도 한다. 심지어 일부 암컷은 재혼한 후에도 '전前' 수컷 짝과 교미를 계속하므로, 새 파트너에게도 불성실하다고 할 수 있다. 그러나 비일부일처제 짝이 일반적으로 공고한 일부일처제 쌍보다 더 이혼할 가능성이 큰 것은 아니어서, 실제로 일부 증거에 따르면 짝 외부에서 성적인 활동을 하는 검은머리물떼새들이 좀 더 함께 붙어 있을 가능성이 크다. 한 연구는 일부일처제 쌍의 11%가 이혼한 반면, 외도를 하는 새들은 0~5%만이 이혼한다는 것을 발견했다. 많은 비일부일처제 짝짓기는 비생식적이어서, 수정이 가능하기엔 너무 이른 번식기 초반에 발생하거나, 비번식 개체 간에 발생한다. 실제로 모든 새끼의 2~5%만이 외도의 결과로 태어난다. 이러한 종에는 영역을 가진 비번식 쌍(모든 쌍의 약 5%)과 영역이 없는 떠돌이floaters 같은 몇 가지 구별되는 범주가 있다. 전반적으로 성체 개체수의 약 30%가 비번식 개체다. 그럼에도 불구하고 그러한 새들은 여전히 서로, 그리고 짝을 이룬 새들과 성적인 행동을 한다. 개꿩에서도 비번식 쌍과 개체가 나타나는데, 어느 때 측정해도 평균 개체군의 50%는 항상 비번식 개체다.

짝 사이에 일어나는 교미도 많은 부분이 비생식적이다. 번식기보다 너무 이르게 또는 너무 늦게 일어나는 교미와(검은머리물떼새에서), 알을 품는 중에 일어나는 교미가 거의 40%를 차지한다. 또한 한 쌍은 번식기에 700번 정도 교미를 하는 것으로 추정되는데, 이는 번식에 필요한 횟수를 훨씬 초과한다. 검은머리물떼새는 또한 때로 암컷이 수컷에 마운트를 하는 비생식적인 역reverse교미를 한다. 그리고 앞에서 언급했듯이 이성애 쌍 사이 마운팅의 1/4에서 1/3에서는 생식기 접촉이 없다. 대부분 암컷이 수컷을 등에서 떨어뜨리거나 다른 방식으로 참여를 거부하기 때문에 불완전한 교미가 되는 것이다. 수컷이 동의하지 않는 암컷을 강간하거나 강제로 교미를 하는 경우는 훨씬 드물다. 성체-청소년 간 상호작용은 때로 폭력과 방치라는 모습을 보인다. 검은머리물떼새 새끼가 다른 새의 영역에 들어가 잔인한 공격을 받아 죽기도 한다. 또한 뛰어넘기leapfrog 부모들은 흔히 새끼에게 충분한 음식을 가져다주지 않고 굶기게 된다. 뛰어넘기 새란 자기 둥지 영역이 내륙 먼 쪽에 위치해서, 먹이를 구하기 위해서는 해안과 인접한 곳에 둥지를 튼 새를 '뛰어넘어야' 하는 새를 말한다. 그러나 여러 연구에 따르면 그러한 검은머리물떼새의 영역이 뛰어넘기 부모가 아닌 새에 비해 과도한 시간이나 에너지 제약을 가하지 않는다는 것을 보여주었다. 따라서 뛰어넘기 새의 새끼가 때로 굶는 이유는 최상이 아닌 영역보다는 부적절한 부모의 보살핌에 더 기인한다.

출처

*별표가 있는 출처는 동성애와 트랜스젠더에 대해 논의한다.

Edwards, P. J. (1982) "Plumage Variation, Territoriality, and Breeding Displays of the Golden Plover *Pluvialis apricaria* in Southwest Scotland." *Ibis* 124:88–96.

* Ens, B. J. (1998) "Love Thine Enemy?" *Nature* 391:635–37.

* ——(1996) Personal communication,

——(1992) "The Social Prisoner: Causes of Natural Variation in Reproductive Success of the Oystercatcher." Ph.D. thesis., University of Groningen.

Ens, B. J., M. Kersten, A. Brenninkmeijer, and J. B. Hulscher (1992) "Territory

Quality, Parental Effort, and Reproductive Success of Oystercatchers (*Haetnatopus ostralegus*)." *Journal of Animal Ecology* 61:703–15.

Ens, B. J., U. N. Safriel, and M. P. Hanis (1993) "Divorce in the Long–lived and Monogamous Oystercatcher, *Haetnatopus ostralegus*: Incompatibility or Choosing the Better Option?" *Animal Behavior* 45:1199–217.

Hampshire, J. S., and F. J. Russell (1993) "Oystercatchers Rearing Northern Lapwing Chick." *British Birds* 86:17–19.

Harris, M. P., U. N. Safriel, M. de L. Brooke, and C. K. Britton (1987) "The Pair Bond and Divorce Among Oystercatchers *Haetnatopus ostralegus* on Skokholm Island, Wales." *Ibis* 129:45–57.

* Heg, D. (1998) Personal communication.

Heg, D., B. J. Ens, T. Burke, L. Jenkins, and J. P. Kruijt (1993) "Why Does the Typically Monogamous Oystercatcher (*Haetnatopus ostralegus*) Engage in Extra–Pair Copulations?" *Behavior* 126:247–89.

* Heg, D., and R. van Treuren (1998) "Female–Female Cooperation in Polygynous Oystercatchers." *Nature* 391:687–91.

* Makkink, G. F. (1942) "Contribution to the Knowledge of the Behavior of the Oystercatcher (*Haentatopus ostralegus* L.)." *Ardea* 31:23–74.

* Nethersole–Thompson, D., and C. Nethersole–Thompson (1961) "The Breeding Behavior of the British Golden Plover." In D. A. Bannerman, ed., *The Birds of the British Isles*, vol.10, pp. 206–14. Edinburgh and London: Oliver and Boyd.

* Nethersole–Thompson, D., and M. Nethersole–Thompson (1986) *Waders: Their Breeding Haunts, and Watchers*. Calton: T. and A. D. Poyser.

Parr, R. (1992) "Sequential Polyandry by Golden Plovers." *British Birds* 85:309.

——(1980) "Population Study of Golden Plover *Pluvialis apricaria*, Using Marked Birds." *Omis Scandinavica* 11:179–89.

——(1979) "Sequential Breeding by Golden Plovers." *British Birds* 72:499–503.

Tomlinson, D. (1993) "Oystercatcher Chick Probably Killed by Rival Adult." *British Birds* 86:223–25.

북미갈매기 *Larus delawarensis*

바다갈매기 *Larus canus*

동성애	트랜스젠더	행동	랭킹	관찰
● 암컷	○ 간성	○ 구애　● 짝 형성	○ 중요	● 야생
○ 수컷	○ 복장도착	○ 애정표현　● 양육	● 보통	○ 반야생
		○ 성적인 행동	○ 부수적	○ 포획 상태

북미갈매기

식별 : 등과 날개가 회색인 중간 크기의 갈매기(53센티미터)다. 날개 끝에 흑백의 점무늬가 있고, 부리, 다리 눈은 노란색이며, 부리에 검은 띠가 있다.

분포 : 캐나다 중부, 미국의 대부분. 겨울에는 남아메리카에서 중앙아메리카까지.

서식지 : 해안, 강, 호수, 대초원.

연구지역 : 오리건주 동부와 워싱턴주, 슈페리어호 그래나이트 섬, 몬트리올 근처의 일르 드 라 쿠비, 온타리오 호수의 걸 섬, 이리호와 온타리오 호, 그리고 휴론호의 기타 지역들.

바다갈매기

식별 : 북미갈매기와 비슷하지만 약간 작고(46센티미터) 더 가늘고 무늬가 없는 노란 부리를 가지고 있다.

분포 : 북반구에서는 거의 극지대까지. 겨울에는 남아프리카에서 북아프리카까지, 그리고 동아시아, 캘리포니아.

서식지 : 해안, 갯벌, 해변, 호수.

연구지역 : 스코틀랜드 셰틀랜드 제도의 페어 섬.

아종 : 바다갈매기 *L.c. canus*.

사회조직

바다갈매기는 꽤 사회적이어서 종종 100마리까지 무리를 지어 모인다. 번식기가 아닐 때는 때로 수만 마리의 새가 모인다. 북미갈매기도 군집성이 있다. 두 종의 새들은 일반적으로 일부일처제 짝결합을 형성한다(물론 몇 가지 변형이 존재한다. – 아래 참조). 바다갈매기의 둥지 군락은 수십에서 수백 쌍으로 이루어져 있고, 바다갈매기 군락은 훨씬 규모가 커서 수만 쌍에 이르기도 한다.

설명

행동 표현 : 북미갈매기와 바다갈매기 암컷들은 모두 때로 동성애 유대 관계를 형성하고, 함께 둥지를 만들고, 알을 낳고 품으며, 새끼를 기른다. 같은 성 커플은 흔히 장기간 지속하며(이성애 짝결합처럼), 암컷은 일반적으로 암컷 파트너와 함께 매해 같은 둥지로 돌아온다. 예를 들어, 장기간 추적한 5쌍의 북미갈매기는 모두 한 번 이상의 짝짓기 기간 동안 함께 지냈고, 암컷 바다갈매기는 동성애 유대 관계를 최소 8년 이상 지

속한 것으로 기록되었다. 그러나 일부 동성애 쌍은 일부 이성애 쌍이 그러는 것처럼 짝짓기 철이 바뀌면 이혼을 한다. 또한 드물게 암컷 북미갈매기는 짝짓기 철에도 짝을 바꾸는데, 처음에는 이 암컷과 짝을 맺고 그 담에는 다른 암컷과 짝을 맺는 식이다. 이러한 종의 같은 성 결합은 다른 동물의 암컷 동성애 결합에서 거의 발견되지 않는 여러 가지 흥미로운 특징을 보여준다. 예를 들어, 동성애 쌍 중 한 마리 또는 두 마리는 흔히 어린 암컷이다. 일부 개체군에서는 두 암컷 사이에 나이 차이가 있는 커플(한 마리는 성체, 다른 한 마리는 청소년 개체 또는 젊은 성체)이 특별히 흔하다. 또한, 어떤 암컷 북미갈매기들은 세 마리의 새가 동시에 서로 유대 관계를 맺은 동성애 트리오를 형성한다. 바다갈매기에서는 동성애 쌍이 몇 년 후에 양성애 트리오로 발전하기도 한다. 이러한 일은 수컷이 암컷 동성애 쌍의 한 마리 혹은 두 마리의 암컷과 유대 관계를 형성하며 암컷들의 관계 속으로 받아들여질 때 발생한다(그러면서도 암컷들은 여전히 서로 유대 관계를 유지한다). 북미갈매기에서는 반대 방향의 사건도 일어난다. 즉 적어도 한 사례에서는 수컷이 양성애 트리오를 떠난 후에 두 암컷이 여전히 서로 짝을 유지했다. 동성애 쌍에 속한 북미갈매기는 (다른 종의 이성애 쌍이나 동성애 쌍과는 달리) 구애 활동을 별로 하지 않는 것으로 보인다.

암컷 갈매기가 짝을 맺기 시작한 첫 번째 번식기에는, 분리는 되어있지만 서로 접한 '이중 둥지'를 만들 수 있다. 그러나 이어지는 해부터는 둘이 같이 알을 낳는 하나의 둥지만 짓게 된다(대부분의 북미갈매기 암컷 쌍처럼). 두 파트너가 모두 알을 낳기 때문에, 동성애 쌍의 둥지는 흔히 '초대형' 또는 평균초월 알둥지supernormal clutches가 된다. 이러한 둥지의 알 숫자는 5~8개(북미갈매기), 6개(바다갈매기)처럼 이성애 둥지에서 발견되는 알 숫자의 최대 2배에 이른다. 일부 북미갈매기 암컷 쌍은 다른 (이성애) 쌍의 둥지에 알을 낳기도 한다. 암컷 북미갈매기 쌍의 파트너 중 한 마리 또는 두 마리가 수컷과 비非일부일처제 짝짓기를 해서 일부 알을 수정시키는 경우도 있다. 양성애 트리오의 암컷 갈매기들은 수컷과 짝짓기를 통해 유정란을 낳을 수 있다. 두 암컷은 알품기 의무를 공유하며, 부화한 새끼를 기르는 데 협력한다. 북미갈매기의 동성애 부모는 이성애 부모만큼이나 많은 시간을 들여 새끼를 먹이고, 둥지 영역에서 시간을 보내며 영역을 지킨다. 이들은 수컷-암컷 쌍보다 새끼품기와 새끼 지키기를 더 열심히 하므로, 암컷 한 쌍의 새끼들은 이성애 부모의 새끼들보다 더 빠른 성장률을 보인다.

그럼에도 불구하고 암컷 쌍에 속하는 새끼들은 종종 부화할 때 덜 활발하고, 암컷 부모들은 일반적으로 수컷-암컷 쌍이 기르는 새끼 수의 절반 이하를 기르게 된다. 그러나 이러한 모습은 이성애 트리오에 속한 평균초월 알둥지의 특징이기도 하다. 따라서 의심할 여지 없이 부모의 성별이나 능력보다는 알둥지의 크기와 더 관련이 있다. 또한 일부 개체군에서는 암컷 쌍이 번식지의 주변이나 다른 영역 사이의 좀 더 작은, 평균 이하의 영역으로 밀려난다(경험이 없는 이성애 쌍이 그렇듯이). 어떤 경우에는 동성애 쌍이 실제로 밀접하게 붙은 10개의 둥지로 이루어진 군락을 형성하거나, 2~3개의 작은 무리(때로 직선 또는 삼각형 형태로)을 형성하기도 한다. 이 둥지 중 다수는 새끼를 키우기 어려운 지역, 즉 초목이 없는 곳이나 해변에서 떨어진 곳에 위치해 있다. 따라서 암컷 쌍이 그러한 최적의 환경이 아닌 곳에서 새끼를 성공적으로 기를 수 있다는 것이 오히려 놀라운 일이다.

빈도 : 북미갈매기의 암컷 짝형성 발생률은 매우 다양하다. 일부 개체군(특히 규모가 커지는 군락에서)에서는 6~12%의 쌍이 동성애 쌍이다. 다른 군락에서는 모든 쌍의 1~3%로 덜 흔하고, 또 어떤 곳에서는 둥지 700개 중 1개 또는 3,400개 중 1개만이 암컷 쌍에 속할 만큼 적을 수도

있다. 전반적으로 바다갈매기에서 암컷 사이의 결합은 가끔만 발생하지만, 한 연구 장소에서는 총 12쌍 중 1쌍이 동성애 쌍이었다.

성적 지향 : 북미갈매기 사이의 이성애, 양성애, 동성애 성향의 비율은 개체군마다 큰 차이가 있다. 일부 개체군에서는 암컷 쌍이 낳은 모든 알의 1/3 이하만이 유정란이다. 이는 이러한 암컷의 대다수가 배타적인 동성애자(최소한 이들이 암수 한 쌍의 관계를 유지하는 동안에는)임을 나타낸다. 다른 군락에서는 암컷 쌍의 알 수정율이 66%에서 90%에 이를 정도로 훨씬 높은데, 이는 양성애 활동이 더 자주 있음을 나타낸다. 그러나 그러한 암컷들 사이에도 다양성이 있다. 일부 같은 성 쌍은 암컷이 둘 다 수컷과 짝짓기를 하고 알을 낳는다. 다른 쌍은 한 파트너만 수컷과 짝짓기를 하거나, 각 파트너가 시간차를 두고 유정란과 무정란을 둘 다 낳을 수도 있다. 후자는 양성애 활동의 시간적 변화를 의미한다. 마찬가지로 바다갈매기 양성애 트리오에서는 암컷 파트너가 수컷과 짝짓기를 했음에도 불구하고 다른 암컷이 배타적인 동성애자로 남는다. 게다가 많은 수의 '이성애' 북미갈매기 암컷은 수컷을 만날 수 없는 상황에서 다른 암컷과 유대 관계를 형성할 수 있으므로, '잠재적인' 양성애 성향을 가지고 있을 것이다.

비생식적이고 대체 가능한 이성애

북미갈매기와 바다갈매기 이성애 쌍은 (동성애 쌍처럼) 다양한 유대 관계와 양육 형태를 보인다. 모든 수컷과 암컷 쌍이 평생 지속하는 것은 아니다. 두 종 모두 이성애 이혼율은 약 28%다. 일부다처제 이성애 트리오(두 마리의 암컷이 같은 수컷과 유대 관계를 맺지만 서로 결합하지는 않음)는 두 종 모두에서 발견되며, 때로는 사인조(세 마리의 암컷과 한 마리의 수컷)도 발견된다. 바다갈매기 쌍은 때로 양부모로서 새끼를 기르기도 하지만, 간혹 암컷이 다른 쌍의 둥지에 알을 낳거나 다른 둥지에서 자기 둥지로 알을 굴려 넣는 식의, '입양'의 다른 형태도 발생한다. 게다가 부모의 기술 부족이나 비효율성(잘 먹이지 못하는 것과 같은)으로 인해, 북미갈매기 새끼 중 적어도 8%는 버려지거나, 새끼가 '도망'간다. 이들 중 대부분은 다른 가족에 입양되어 보살핌을 받는다.

북미갈매기 쌍의 약 4%는 알이 부화한 후(성적인 활동이 비생식적인 시기)에도 구애와 교미를 계속하며, 성체의 약 5%는 새끼에게 구애하고 마운트를 한다. 이러한 활동 대부분은 암컷이 자기 새끼와 근친상간하는 행동이고, 어린 새들의 완전한 역reverse마운트 교미도 여기에 포함된다. 마운트가 된 새끼는 생후 2주 정도밖에 되지 않을 정도로 어리며, 보통 마운트하는 성체의 무게에 쓰러져 괴롭게 울부짖는다. 어떤 개체는 자신의 새끼를 포함하여 반복적으로 새끼들과 성적인 관계를 맺는 '습관적 성추행범'인 것으로 보인다. 성추행 외에도 북미갈매기 새끼는 흔히 부모가 집을 비웠을 때나 자기 보금자리 영역을 벗어난 경우, 이웃 성체로부터 잔인한 공격을 받는 경우가 많다. 새끼 300마리 중 1마리 정도가 이 같은 공격으로 목숨을 잃으며, 영아살해는 전체 새끼 사망의 5~80%를 차지할 수 있다(개체군에 따라 다르다).

기타 종

캘리포니아갈매기Larus Californicus에서도 암컷 쌍이 평균초월 알둥지를 만드는데, 모든 쌍 중 약 1%를 차지한다.

출처

*별표가 있는 출처는 동성애와 트랜스젠더에 대해 논의한다.

Brown, K. M., M. Woulfe, and R. D. Morris (1995) "Patterns of Adoption in Ring-billed Gulls: Who Is Really Winning the Inter-generational Conflict?" *Animal Behavior* 49:321-31.

* Conover, M, R. (1989) "Parental Care by Male-Female and Female-Female Pairs of

Ring–billed Gulls." *Colonial Waterbirds* 12:148–51.

* ——(1984a) "Frequency, Spatial Distribution, and Nest Attendants of Supernormal Clutches in Ring–billed and California Gulls." *Condor* 86:467–71.

* ——(1984b) "Consequences of Mate Loss to Incubating Ring–billed and California Gulls." *Wilson Bulletin* 96:714–16.

* ——(1984c) "Occurrence of Supernormal Clutches in the Laridae." *Wilson Bulletin* 96:249–67.

* Conover, M. R., and D. E. Aylor (1985) "A Mathematical Model to Estimate the Frequency of Female–Female or Other Multi–Female Associations in a Population." *Journal of Field Ornithology* 56:125–30.

* Conover, M. R., and G. L. Hunt, Jr. (1984a) "Female–Female Pairings and Sex Ratios in Gulls: A Historical Perspective." *Wilson Bulletin* 96:619–25.

* ——(1984b) "Experimental Evidence That Female–Female Pairs in Gulls Result From a Shortage of Males." *Condor* 86:472–76.

* Conover, M. R., D.E. Miller, and G. L. Hunt, Jr. (1979) "Female–Female Pairs and Other Unusual Reproductive Associations in Ring–billed and California Gulls." *Auk* 96:6–9.

Emlen, J. R., Jr. (1956) "Juvenile Mortality in a Ring–billed Gull Colony." *Wilson Bulletin* 68:232–38.

Fetterolf, P. M. (1983) "Infanticide and Non–Fatal Attacks on Chicks by Ring–billed Gulls." *Animal Behavior* 31:1018–28.

——(1984) "Ring–billed Gulls Display Sexually Toward Offspring and Mates During Post–Hatching." *Wilson Bulletin* 96:12–19.

* Fetterolf, P. M., and H. Blokpoel (1984) "An Assessment of Possible Intraspecific Brood Parasitism in Ring–billed Gulls." *Canadian Journal of Zoology* 62:1680–84.

* Fetterolf, P. M., P. Mineau, H. Blokpoel, and G. Tessier (1984) "Incidence, Clustering, and Egg Fertility of Larger Than Normal Clutches in Great Lakes Ring–billed Gulls." *Journal of Field Ornithology* 55:81–88.

* Fox, G. A., and D. Bosrsma (1983) "Characteristics of Supernormal Ring–billed Gull Clutches and Their Attending Adults." *Wilson Bulletin* 95:552–59.

Kinkel, L. K., and W. E. Southern (1978) "Adult Female Ring–billed Gulls Sexually Molest Juveniles." *Bird–Banding* 49:184–86.

* Kovacs, K. M., and J. P. Ryder (1985) "Morphology and Physiology of Female–Female Pair Members." *Auk* 102:874–78.

* ——(1983) "Reproductive Performance of Female–Female Pairs and Polygynous Trios of Ring–billed Gulls." *Auk* 100:658–69.

* ——(1981) "Nest–site Tenacity and Mate Fidelity in Female–Female Pairs of Ring–billed Gulls." *Auk* 98:625–27.

* Lagrenade, M., and P. Mousseau (1983) "Female–Female Pairs and Polygynous Associations in a Quebec Ring–billed Gull Colony." *Auk* 100:210–12.

Nethersole–Thompson, C., and D. Nethersole–Thompson (1942) "Bigamy in the Common Gull." *British Birds* 36:98–100.

* Riddiford, N, (1995) "Two Common Gulls Sharing a Nest." *British Birds* 88:112–13.

* Ryder, J. P. (1993) "Ring–billed Gull." In A. Poole, P. Stettenheim, and F. Gill, eds., *The Birds of North America: Life Histories for the 21st Century*, no. 33. Philadelphia: Academy of Natural Sciences; Washington, D.C.: American Ornithologists Union.

* Ryder, J. P., and P. L. Somppi (1979) "Female–Female Pairing in Ring–billed Gulls." *Auk* 96:1–5.

Southern, L. K., and W. E. Southern (1982) "Mate Fidelity in Ring–billed Gulls." *Journal of Field Ornithology* 53:170–71.

Trubridge, M. (1980) "Common Gull Rolling Eggs from Adjacent Nest into Own." *British Birds* 73:222–23.

서부갈매기
Larus occidentalis

(검은다리)세가락갈매기
Rissa tridactyla

동성애	트랜스젠더	행동	랭킹	관찰
● 암컷	○ 간성	● 구애　● 짝 형성	● 중요	● 야생
○ 수컷	○ 복장도착	○ 애정표현　● 양육	○ 보통	○ 반야생
		● 성적인 행동	○ 부수적	○ 포획 상태

서부갈매기

식별 : 등과 날개가 진회색인 큰 갈매기(69센티미터까지)이며, 날개 끝에 흑백이 대조되는
점무늬가 있고, 다리는 분홍색이며, 부리는 노란색이고 붉은 반점이 있다.

분포 : 북아메리카 태평양 연안.

서식지 : 절벽, 바위해안, 만.

연구지역 : 캘리포니아의 산타 바바라 섬과 다른 해협 섬들.

아종 : 와이먼서부갈매기*L.o. wymani*.

(검은다리)세가락갈매기

식별 : 청회색 목깃털을 가진 좀 더 작은 갈매기(43센티미터). 검은색 날개 끝이 좀 더 뾰족
하다. 비교적 짧은 검은색 다리와 어두운 눈, 그리고 황녹색 부리를 가지고 있다.

분포 : 북태평양과 대서양 대양, 북극해 주변.

서식지 : 해상, 번식은 해안에서 한다.

연구지역 : 영국 노스 쉴즈, 타인 위어.

아종 : 세가락갈매기 *R.t. tridactyla*.

사회조직

서부갈매기와 세가락갈매기는 짝결합을 하고 군락을 이루는데, 어떤 군락에는 1만 쌍이 넘게 모인다. 세가락갈매기는 흔히 절벽에 둥지를 짓는다. 번식기 이외에는 사회성이 덜하지만, 간혹 단독으로 있지 않을 때는 여럿이 느슨한 무리를 이루기도 한다.

설명

행동 표현 : 암컷 서부갈매기들은 세가락갈매기가 하듯이 때로 동성애 쌍을 이룬다. 서부갈매기 암컷들은 이성애 쌍의 기본적인 패턴과 유사한 구애, 교미, 양육 행동을 하지만 세부 사항에 있어서는 여러 차이가 있다. 암컷 두 마리는 머리젖히기head-tossing(부리를 하늘로 향하고 머리를 까딱거리는 의식화한 행동)와 구애먹이주기courtship-feeding(소량의 음식을 토해내 '선물'의 의미로 파트너에게 주는 행동)를 수행하며 서로에게 구애한다. 이성애 쌍에서 보통 수컷은 구애먹이주기를 더 많이 하고 암컷은 머리젖히기를 더 많이 한다. 동성애 쌍의 경우 두 마리 모두 이러한 행동을 하지만(흔히 같은 빈도로), 각각의 암컷은 이성애 쌍의 암컷이 하는 행동과 전반적으로 비슷한 비율을 보인다. 동성애 구애먹이주기를 할 때, 암컷은 자기 암컷 짝에게 많은 양의 음식을 제공하지 않고, 심지어 짝에게 주기보다는 그냥 '선물'을 삼켜버리기도 한다는 점에서 이성애 패턴과 구별된다. 어떤 암컷 쌍에서는 한 파트너가 상대에게 정기적으로 마운트를

하며, 이성애 교미의 특징인 교미 울음을 내기도 한다. 어떤 암컷은 마운팅을 할 때 옆 방향 체위나 머리-꼬리 체위(이성애 짝짓기에서는 볼 수 없다)를 취하기도 한다. 생식기 접촉은 보통 일어나지 않는다. 이성애 쌍과 마찬가지로 암컷 쌍도 침입자로부터 방어하는 자신들의 영역을 가진다. 두 암컷 모두 영역에서 많은 시간을 보내지만(일반적으로 이성애 쌍에서는 암컷만이 그렇게 한다), 침입자에 대해서는 두 마리 모두 공격적인 반응을 보인다(이성애 쌍에서는 수컷이 좀 더 전형적으로 보이는 행동이다). 일단 동성애 쌍이 형성되면 보통 수년간 지속하며, 두 암컷은 번식기마다 같은 영역으로 돌아온다. 예를 들어 한 연구에서는 8쌍의 동성애 쌍을 추적한 한 결과 그중 7쌍이 한 번 이상의 번식기를 함께 보낸다는 것을 밝혀냈다.

동성애 쌍은 보통 두 암컷이 하나의 둥지에 알을 낳는다. 이렇게 생긴 서부갈매기의 평균초월 알둥지supernormal clutch는 이성애 쌍의 둥지에서 발견되는 알 수의 최대 2배에 이르는 4~6개의 알을 가진다. 이 알 중 일부는 유정란인데, 그 이유는 동성애 짝을 맺은 암컷이 종종 수컷과도 교미를 하기 때문이다. 암컷 쌍이 낳는 알의 크기가 이성애 쌍 암컷의 것보다 작을 수는 있지만, 동성애 부모는 모든 의무를 분담하면서 성공적으로 알을 부화하고 새끼를 기른다.

빈도 : 어떤 서부갈매기 개체군에서는 10~15%의 쌍이 동성애 쌍이다. 세가락갈매기에서는 그 비율이 훨씬 낮아서 모든 쌍의 약 2%를 차지한다.

성적 지향 : 대부분의 세가락갈매기 암컷 쌍은 수컷과 짝짓기를 하지 않고, 무정란만 낳는 배타적인 동성애자다. 서부갈매기의 많은 암컷 쌍도 마찬가지다. 그러나 서부갈매기 같은 성 쌍이 낳은 알의 최대 15%는 수

정되기 때문에, 적어도 일부 암컷은
(동성애 쌍을 유지한 채 수컷과 교미하는)
동시적 양성애자라고 할 수 있다.

캘리포니아의 암컷 서부갈매기
동성애 쌍.

비생식적이고 대체 가능한 이성애

이러한 종의 모든 이성애 새들이 평생
일부일처제 유대 관계를 형성하여 새
끼를 기르는 것은 아니다. 세가락갈매
기 수컷–암컷 쌍의 약 30%가 이혼한
다. 어떤 때는 수컷 한 마리와 암컷 두
마리가 일부다처제 트리오를 형성하는
데, 이 경우 암컷들은 각각 자신의 둥지를 가진다(모든 짝결합의 약 3%).
서부갈매기 쌍(그리고 드물게는 독신자 수컷)은 때로 남의 새끼를 입양해
기르기도 한다. 또한 암컷이 짝을 잃은 수컷과 짝을 이룰 때는 '계모'도
발생한다. 입양해서 기르기는 세가락갈매기에서도 나타난다(모든 새끼의
약 8%는 입양된 새끼이다). 더불어 많은 새들은 생식을 하지 않거나 매우
드물게 한다. 즉 서부갈매기의 30~40%는 일생에 한두 번만 새끼를 낳
으며, 새끼를 한 마리도 성공적으로 기르지 못한다. 그리고 둥지를 틀려
는 세가락갈매기의 5%는 평생 새끼를 한 마리도 기르지 못한다(그리고
세가락갈매기 중 거의 2/3는 새끼를 낳지 못하는데, 보통 새끼를 낳기 전에 죽기
때문이다). 암컷 서부갈매기 중 번식 빈도가 낮은(또는 번식 나이를 늦추는)
개체는 실제로 번식을 자주 하는 개체보다 생존율이 높다. 세가락갈매기
에서는 번식하지 않는 새들이 번식 군락의 외곽에 그들만의 무리, 일명
클럽clubs을 형성한다. 서부갈매기 이성애 쌍은 때로 역reverse마운팅(암
컷이 수컷을 마운트하는데 일반적으로 생식기 접촉이 없다)같은 비생식적인 성
행동을 한다.

일부 수컷 서부갈매기는 짝이 아닌 다른 암컷(대개 이웃 영역에 사는 새)과 문란한 교미를 시도하지만, 번번이 성공하지 못한다. 간혹 수컷이 방금 (비일부일처제) 짝짓기를 한 암컷에게 공격적으로 행동하고 심지어 그 암컷을 공격하여 죽일 수도 있다. 전체적으로 공격성을 보인 사건의 40% 이상이 반대쪽 성 사이에서 발생한다. 이러한 사건에는 암컷이 문란한 수컷으로부터 자기를 방어하는 일, 수컷이 자신에게 구애하는 이웃 암컷을 공격하는 일, 영역 분쟁 등이 포함된다. 암컷이 자기 짝과의 교미를 거절할 때도 있는데, 짝짓기를 할 때 몸을 낮추지 않거나 짝짓기를 하는 동안 걸어 나가는 방법을 사용한다. 게다가 일부 쌍은 암컷이 수정 가능한 시기가 되기 전에 교미를 시작하는데, 이러한 현상은 세가락갈매기에서도 볼 수 있다. 그리고 이러한 종의 많은 교미에서 생식기 접촉이 일어나지 않는다(30% 이상). 세가락갈매기 이성애 교미의 15~27%에서는 다른 수컷들이 괴롭히고 방해한다. 때로 성체 서부갈매기는 새끼에게 폭력적이어서, 부모가 없이 혼자 남겨진 새끼를 공격하고 죽이기까지 한다. 세가락갈매기 어미(특히 경험이 없는 어미)는 때로 자신의 새끼를 방치하고(예를 들어 굶긴다), 자기 새끼나 다른 부모의 새끼를 공격하거나 절벽에서 떨어뜨리기도 한다. 사실 두 종에서 보이는 잦은 입양이나 새끼가 죽는 현상은 어린 개체들이 방치되거나 직접적으로 공격받고, 생물학적 가족을 떠나 '도망'가면서 발생한다. 일부 세가락갈매기 군락에서는 새끼 중 1/3이 버려지거나 둥지에서 쫓겨난다. 또한 두 종의 성체는 다른 부모가 자리를 비운 사이 알을 훔쳐 먹기도 한다.

출처　　　　　*별표가 있는 출처는 동성애와 트랜스젠더에 대해 논의한다.

* Baird, P. H. (1994) "Black-legged Kittiwake (*Rissa tridactyla*)." In A. Poole, P. Stettenheim, and F. Gill, eds., *The Birds of North America: Life Histories for the 21st Century*, no. 92. Philadelphia: Academy of Nat ural Sciences; Washington, D.C.: American Ornithologists' Union.

Carter, L. R., and L. B. Spear (1986) "Costs of Adoption in Western Gulls." *Condor* 88:253–56.

Chardine, J. W. (1987) "The Influence of Pair–Status on the Breeding Behavior of the Kittiwake *Rissa tridactyla* Before Egg–Laying." *Ibis* 129:515–26.

——(1986) "Interference of Copulation in a Colony of Marked Black–legged Kittiwakes." *Canadian Journal of Zoology* 64:1416–21.

* Conover, M. R. (1984) "Occurrence of Supernormal Clutches in the Laridae." *Wilson Bulletin* 96:249–67.

* Coulson, J. C., and C. S. Thomas (1985) "Changes in the Biology of the Kittiwake *Rissa tridactyla*: A 31 Year Study of a Breeding Colony." *Journal of Animal Ecology* 54:9–26.

——(1983) "Mate Choice in the Kittiwake Gull." In P. Bateson, ed., *Mate Choice*, pp. 361–76. Cambridge: Cambridge University Press.

Coulson, J. C., and E. White (1958) "The Effect of Age on the Breeding Biology of the Kittiwake *Rissa tridactyla*." *Ibis* 100:40–51.

Cullen, E. (1957) "Adaptations in the Kittiwake to Cliff–Nesting." *Ibis* 99:275–302.

* Fry, D. M., C. K. Toone, S. M. Speich, and R. J. Peard (1987) "Sex Ratio Skew and Breeding Patterns of Gulls: Demographic Toxicological Considerations." *Studies in Avian Biology* 10:26–43.

Hand, J. L. (1986) "Territory Defense and Associated Vocalizations of Western Gulls." *Journal of Field Ornithology* 57:1–15.

* ——(1980) "Nesting Success of Western Gulls on Bird Rock, Santa Catalina Island, California." In D. M. Power, ed., *The California Islands: Proceedings of a Multidisciplinary Symposium*, pp. 467–73. Santa Barbara: Santa Barbara Museum of Natural History.

* Hayward, J. L., and M. Fry (1993) "The Odd Couples/The Rest of the Story." *Living Bird* 12:16–19.

* Hunt, G. L., Jr. (1980) "Mate Selection and Mating Systems in Seabirds." In J. Burger, B. L. Olla, and H. E. Winn, eds., *Behavior of Marine Mammals*, vol.4, pp. 113–51. New York Plenum Press.

* Hunt, G. L., Jr., and M. W. Hunt (1977) "Female–Female Pairing in Western Gulls

(*Larus occidentalis*) in Southern California." *Science* 196:1466–67.

* Hunt, G. L., Jr., A. L. Newman, M. H. Warner, J. C. Wingfield, and J. Kaiwi (1984) "Comparative Behavior of Male–Female and Female–Female Pairs Among Western Gulls Prior to Egg–Laying." *Condor* 86:157– 62.

* Hunt, G. L., J. C. Wingfield, A.L. Newman, and D. S. Farner (1980) "Sex Ratio of Western Gulls on Santa Barbara Island, California." *Auk* 97:473–79.

Paludan, K. (1955) "Some Behavior Patterns of *Rissa tridactyla*." *Videnskabelige Meddelelser fra Dansk naturhistorisk Forening* 117:1–21.

Pierotti, R. J. (1991) "Infanticide versus Adoption: An Intergenerational Conflict." *American Naturalist* 138:1140–58.

* ——(1981) "Male and Female Parental Roles in the Western Gull Under Different Environmental Conditions." *Auk* 98:532–49.

——(1980) "Spite and Altruism in Gulls." *American Naturalist* 115:290–300.

* Pierotti, R. J., and C. A. Annett (1995) "Western Gull (*Larus occidentalis*)." In A. Poole and F. Gill, eds., *The Birds of North America: Life Histories for the 21st Century*, no. 174. Philadelphia: Academy of Natural Sciences; Washington, D.C.: American Ornithologists' Union.

Pierotti, R. J., and E. C. Murphy (1987) "Intergenerational Conflicts in Gulls." *Animal Behavior* 35:435–44.

Pyle, P., N. Nur, W. J. Sydeman, and S. D. Emslie (1997) "Cost of Reproduction and the Evolution of Deferred Breeding in the Western Gull." *Behavioral Ecology* 8:140–47.

Roberts, B. D., and S. A. Hatch (1994) "Chick Movements and Adoption in a Colony of Black–legged Kittiwakes." *Wilson Bulletin* 106:289–98.

Thomas, C. S., and J. C. Coulson (1988) "Reproductive Success of Kittiwake Gulls, *Rissa tridactyla*." In T. H. Clutton–Brock, ed., *Reproductive Success: Studies of Individual Variation in Contrasting Breeding Systems*, pp. 251-62. Chicago and London: University of Chicago Press.

* Wingfield, J. C., A. L. Newman, G. L. Hunt, Jr., and D. S. Famer (1982) "Endocrine Aspects of Female–Female Pairings in the Western Gull, *Larus occidentalis wymani*." *Animal Behavior* 30:9–22.

* Wingfield, J. C., A. L. Newman, M. W. Hunt, G. L. Hunt, Jr., and D. Famer (1980) "The

Origin of Homosexual Pairing of Female Western Gulls (*Larus occidentalis wymani*) on Santa Barbara Island." In D. M. Power, ed., *The California Islands: Proceedings of a Multidisciplinary Symposium*, pp. 461–66. Santa Barbara, Calif.: Santa Barbara Museum of *Natural History*.

은갈매기 *Larus novaehollandiae*

재갈매기 *Larus argentatus*

동성애	트랜스젠더	행동	랭킹	관찰
●암컷	○간성	●구애 ●짝 형성	●중요	●야생
●수컷	○복장도착	○애정표현 ●양육	○보통	○반야생
		●성적인 행동	○부수적	○포획 상태

은갈매기

식별 : 회색 등과 날개를 가진 중간 크기의(41센티미터) 갈매기. 날개 끝에는 흑백이 대조되는 점무늬가 있고, 밝은 빨간 색의 부리와 다리, 흰색 홍채를 가지고 있다.

분포 : 호주, 뉴질랜드, 뉴칼레도니아.

서식지 : 해변, 호수, 섬.

연구지역 : 뉴질랜드 카이코우라 반도.

아종 : 붉은부리은갈매기 *L.n. scopulinus*.

재갈매기

식별 : 은갈매기와 비슷하지만 좀 더 크고(61센티미터), 분홍색 다리, 붉은 색 점이 있는 노란색 부리, 노란색 홍채를 가지고 있다.

분포 : 북미, 서유럽, 시베리아. 겨울에는 중앙아메리카, 북아프리카, 남아시아.

서식지 : 해안, 만, 호수, 강.

연구지역 : 미시간호 걸 아일랜드 국립야생보호지역, 미시간호와 휴런호, 맥키낙 해협에 있는 수많은 섬, 독일 멤메르트 버드 아일랜드.

아종 : 스미스소니언재갈매기 *L.a. smithsonianus*, 재갈매기 *L.a. argentatus*.

사회조직

은갈매기와 재갈매기는 보통 수백, 수천 마리씩 떼를 지어 생활한다. 이들은 일반적으로 일부일처제 쌍을 형성하고 수백에서 수만 개의 둥지가 모여 군락을 이룬다.

설명

행동 표현 : 은갈매기와 재갈매기 모두 암컷은 때로 레즈비언 쌍을 이루며, 수컷도 간혹 동성애에 참여한다. 암컷 쌍은 이전에 수컷과 짝지었던 새들 사이에서 발달할 수도 있고, 이전에 짝지었던 적이 없는 새들이 만들 수도 있다. 어떤 경우에는 독신으로 번식을 하지 않는 암컷 재갈매기가 이성애 쌍의 영역을 방문해 암컷에게 구애하기도 한다. 예를 들어 머리를 숙였다가 위로 휙 올리는 머리젖히기head-tossing를 수행한다. 이성애 짝을 이룬 새들은 보통 공격적으로 반응하지만, 때로 이러한 행동은 다음 번식기에 동성애 짝결합으로 이어지기도 한다. 이성애 커플과 마찬가지로 동성애 관계도 오랫동안 지속하고 매해 다시 맺어진다. 같은 번식지로 돌아오는, 동성애 쌍 재갈매기 암컷 중 92%가 같은 암컷과 짝을 맺는다(이성애 쌍 재갈매기 중 93%가 재결합을 하는 것과 비교된다). 이혼한 새 중 일부는 독신으로 남고 다른 새들은 새로운 짝을 찾는다.

  같은 성 쌍을 맺은 암컷들은 대개 둥지를 짓고 알을 낳는다. 은갈매기 동성애 암컷은 일반적으로 이성애 쌍의 암컷보다 어린 나이에 둥지를 짓

는다. 즉 다른 암컷과 짝을 이룬 암컷은 수컷과 짝을 맺은 암컷보다 평
균적으로 약 1년 이른 나이에 짝을 맺으며, 동성애 암컷의 11%는 2살 때
부터 둥지를 튼다(이성애 암컷은 절대 이렇게 일찍 시작하지 않는다). 두 암컷
모두 알을 낳기 때문에, 같은 성 쌍에 속하는 둥지에는 흔히 이성애 쌍의
둥지보다 2배 이상 알이 많다. 이러한 평균초월 알둥지는 은갈매기의 경
우 4개 이상의 알을 포함하고 있으며(수컷-암컷 쌍에서는 2개), 재갈매기
의 경우 5~7개의 알을 포함하고 있다(이성애 쌍에서는 3개). 암컷은 때로
암컷 파트너와 짝을 유지한 상태에서도 비일부일처 형태로 수컷과 짝짓
기를 한다(또는 때로 강간을 당한다[아래 참조]). 그렇게 암컷 쌍이 낳은 알
중 일부는 유정란이 되는데, 은갈매기 암컷 쌍에서는 약 33%가, 헤링갈
매기에서는 4~30%가 유정란이다. 동성애 부모들은 흔히 이 알을 성공
적으로 부화시켜 새끼를 기른다. 전체 은갈매기 새끼의 약 3~4%는 같
은 성 쌍에 의해 길러지고, 또 다른 9%는 어미가 양성애자인 암컷-수컷
쌍에 의해 길러진다. 전체적으로 이러한 종의 번식하는 성체의 7%는 두
마리의 암컷 부모를 둔 가족 출신이다. 그러나 동성애자 암컷과 양성애
자 암컷은 일반적으로 양성애자 암컷보다 평생 더 적은 수의 새끼를 낳
는다.

은갈매기와 재갈매기 모두 이성애 짝을 맺은 수컷이 짝이 아닌 다른
새와 교미를 시도하며, 경우에 따라서는 다른 수컷에게도 마운트를 한
다. 암컷이 짝이 아닌 다른 수컷에게 마운트될 때 하는 반응처럼, 수컷
재갈매기도 자기를 마운트하는 수컷에게 공격적으로 반응할 수 있다.

빈도 : 은갈매기의 모든 짝결합 중 약 6%가 동성애이고, 암컷 한 쌍에 의
해 만들어지는 둥지는 번식기 전체 둥지의 약 12%에 이른다. 일부 재갈
매기 개체군에서는 거의 3%에 이르는 쌍이 동성애였지만, 다른 개체군
에서는 360쌍 중 1쌍 꼴로 발생률이 훨씬 낮았다. 또한 짝이 없는 암컷

이 이성애 쌍과 상호작용하는 구애 행동의 약 2%는 암컷 파트너를 향한 것이었다. 수컷 동성애 마운팅은 은갈매기 비일부일처 교미의 약 10%를 차지했는데, 이는 전체 교미 횟수의 2%에 해당한다. 재갈매기에서는 이러한 비율이 훨씬 낮을 것이다.

성적 지향 : 은갈매기에서 암컷의 21%는 일생에 한 번 이상 다른 암컷과 짝을 형성한다. 이 중 10%는 평생 동안 다른 암컷과 짝짓기를 하는 레즈비언이고, 11%는 (순차적인) 양성애자로서 수컷이나 암컷과 모두 짝을 맺는다. 재갈매기 동성애 쌍에 대한 한 연구에서는 암컷 8마리 중 6마리가 전년도에 이성애 쌍에 속했었고, 수컷이 돌아오지 않을 때 서로 같은 성 유대 관계를 형성했다. 나머지 새들 중 한 마리는 수컷 짝이 다른 암컷과 재결합을 하자 어떤 암컷과 짝짓기를 한 경우이고, 다른 한 마리는 같은 성 짝결합을 하기 전에는 독신 비번식 개체였던 경우였다. 또한 암컷 재갈매기는 동성애 짝형성에 대한 '선호'를 보일 수 있다. 그 이유는 이들이 같은 성 유대 관계가 깨진 후에도 다른 암컷과 재결합하는 경우가 있기 때문이다. 두 종 모두 동성애 쌍의 일부 암컷은 알을 수정시키기 위해 수컷과 교미하지만, 그러면서도 우선적인 동성애 유대 관계는 유지한다. 동성애 마운팅을 시작하는 수컷은 기능적으로는 이성애자지만, 주로 이성애자일 가능성이 크다. 왜냐하면 이들이 대개 암컷과 짝을 맺고 같은 성 행동은 드물게 하기 때문이다.

비생식적이고 대체 가능한 이성애

은갈매기와 재갈매기에서는 모두 많은 수의 비번식 개체들이 발견된다. 일부 은갈매기 개체군에서는 성체 암컷의 50%와 수컷의 14%가 비번식 개체이고, 모든 새의 3/4 이상이 번식 전에 죽었으며, 85% 이상이 번식에 성공하지 못했다. 번식을 하는 많은 암컷도 번식을 하지 않는 기간이 어떤 때는 16년까지 이어지기도 한다. 그리고 (이혼이나 죽음으로) 짝을 잃은 암컷 중 약 1/3은 다시는 번식을 하지 않으며, 때로는 독신으로 10년을 더 살기도 한다. 재갈매기 일부 개체군에서는 수컷의 4~12%와 암컷의 1/3~2/3가 비번식동물이다. 또 다른 개체군에서는 모든 새의 1/3 이상이 주어진 해에 번식하지 않았다. 이러한 종에서 비번식 암컷은 두 가지 종류로 나타난다. 먼저 떠돌이floaters는 진정한 독신 개체로서 어떠한 특정 갈매기와도 일관되게 어울리지 않는 암컷을 말하고, 둘째암컷secondary females은 짝짓기를 한 이성애 한 쌍과 지속적인 관계를 유지하며, 그들의 영역을 지켜주고 새끼 기르기를 돕는 암컷을 말한다(그러면서도 자기가 번식은 하지 않는다). 또한 재갈매기와 은갈매기는 때로 일부다처제 트리오를 이루기도 하는데, 두 마리의 암컷이 모두 한 수컷과 짝을 이루지만 서로 간에 짝을 맺지는 않는다. 그들은 종종 컵 두 개 모양의 '이중 둥지'를 지어 알을 낳는다.

이러한 종에는 몇 가지 변형된 짝결합과 가족 형태가 발견된다. 재갈매기 쌍 중 약 5~10%가 새끼를 입양하고, 때로는 줄무늬노랑발갈매기(Larus fuscus)와 같은 다른 종의 새끼를 입양하기도 한다. 재갈매기는 때로 줄무늬노랑갈매기나 다른 갈매기 종의 성체와 짝을 이루기도 한다. 양부모는 대개 자기 새끼도 같이 키우고, 한 가족 이상의 양부모들이 일부 입양된 새끼를 동시에 돌보기도 한다. 은갈매기에서도 가끔 입양이 일어난다. 또한 재갈매기는 탁아소creches를 형성하기도 하는데, 여기서 여러 마리의 성체가 새끼를 모아 놓고 교대로 지키며 먹이를 준다. 대부분의 이성애자 쌍은 오래 지속하지만, 재갈매기 쌍 중 3~7%와 은갈매기 쌍 중 5~10%는 이혼을 한다. 어떤 갈매기들은 평생 최대 7마리의 서로 다른 짝을 가지기도 하지만, 약 1/3은 오직 한 마리의 짝만 가진다. 또한 많은 짝결합은 일부일처제가 아니다. 은갈매기 교미 중 20% 이상의 교미가 짝이 아닌 사이에 일어나며, 암컷은 3/4 이상이, 수컷은 1/3이

'불륜'을 저지른다.

은갈매기의 문란한 교미의 대부분은 비생식적이다. 즉 11%는 알을 품고 있는(수정이 불가능한) 암컷과 관계한 것이며, 이 중 다수가 암컷이 적극적으로 참여하지 않은 실제 '강간'이나 강요된 교미다. 그 결과 이러한 짝짓기의 7%에서만 생식기 접촉이 일어난다. 많은 쌍 내內 교미 또한 비생식적이다. 즉 교미의 30% 이상은 암컷이 수정될 수 없는 시기에 발생하며(예를 들어 산란기 훨씬 이전), 절반 이상에서 생식기 접촉이나 정자 전달이 없다. 게다가 짝을 맺은 구성원들 사이 교미의 약 9%는 수컷이 암컷에게 강요하는 것이다. 재갈매기에서는 몇 가지 형태의 이성애 가족 학대와 성체-청소년 폭력도 보고되었다. 수컷은 때로 근친상간으로 자신의 새끼를 마운트하며, 심지어 자기 알을 깨서 먹는 모습도 목격되었다. 또한 두 종의 새끼가 보금자리를 떠나 길을 잃으면, 흔히 다른 성체가 쪼고, 두들기고, 던지고, 흔들고, 심지어 죽이기도 한다(간혹 동종포식도 한다). 재갈매기에서는 다른 갈매기(때로는 부모에게까지)에게 잡아먹히는 것이 중요한 사망 요인이 될 수 있다. 예를 들어 한 군락에서 새끼 사망 원인의 1/4(300마리 이상)이 동종포식에 의한 것이었다.

출처

*별표가 있는 출처는 동성애와 트랜스젠더에 대해 논의한다.

Burger, J., and M. Gochfeld (1981) "Unequal Sex Ratios and Their Consequences in Herring Gulls." *Behavioral Ecology and Sociobiology* 8:125–28.

Calladine, J., and M. P. Harris (1997) "Intermittent Breeding in the Herring Gull *Larus argentatus* and the Lesser Black–backed Gull *Larus fuscus*." *Ibis* 139:259–63.

Chardine, J. W., and R. D. Morris (1983) "Herring Gull Males Eat Their Own Eggs." *Wilson Bulletin* 95:477–78.

* Fitch, M. A. (1979) "Monogamy, Polygamy, and Female–Female Pairs in Herring Gulls." *Proceedings of the Colonial Waterbird Group* 3:44–48.

Fitch, M. A., and G. W. Shugart (1984) "Requirements for a Mixed Reproductive Strategy in Avian Species." *American Naturalist* 124:116–26.

——(1983) "Comparative Biology and Behavior of Monogamous Pairs and One Male–Two Female Trios of Herring Gulls." *Behavioral Ecology and Sociobiology* 14:1–7.

* Goethe, E (1937) "Beobachtungen und Untersuchungen zur Biologie der Silbermöwe (Larus a. argentatus Pontopp.) auf der Vogelinsel Memmerstand [Observations and Investigations on the Biology of the Herring Gull on Bird Island, Memmerstand]." *Journal für Ornithologie* 85:1–119.

Holley, A. J. F. (1981) "Naturally Arising Adoption in the Herring Gull." *Animal Behavior* 29:302–3.

MacRoberts, M. H. (1973) "Extramarital Courting in Lesser Black–backed and Herring Gulls." *Zeitschrift für Tierpsychologie* 32:62–74.

* Mills, J. A (1994) "Extra–Pair Copulations in the Red–billed Gull: Females with High–Quality, Attentive Males Resist." *Behavior* 128:41–64.

* ——(1991) "Lifetime Production in the Red–billed Gull." *Acta XX Congressus Internationalis Ornithologici, Christchurch, New Zealand (Proceedings of the 20th International Ornithological Congress)*, vol. 3, pp. 1522–27. Wellington, N.Z.: New Zealand Ornithological Trust Board.

* ——(1989) "Red–billed Gull." In I. Newton, ed., *Lifetime Reproduction in Birds*, pp. 387–404. Londo Academic Press.

——(1973) "The Influence of Age and Pair–Bond on the Breeding Biology of the Red–billed Gull, *Larus novaehollandiae* scopulinus." *Journal of Animal Ecology* 42:147–62.

* Mills, J. A., J. W. Yarrall, and D. A. Mills (1996) "Causes and Consequences of Mate Fidelity in Red–billed Gulls." In J. M. Black, ed., *Partnerships in Birds: The Study of Monogamy*, pp. 286–304. Oxford: Oxford University Press.

Nisbet, I. C. T., and W. H. Drury (1984) "Supernormal Clutches in Herring Gulls in New England." *Condor* 86:87–89.

Parsons, J. (1971) "Cannibalism in Herring Gulls." *British Birds* 64:528–37.

Pierotti, R. J. (1980) "Spite and Altruism in Gulls." *American Naturalist* 115:290–300.

Pierotti, R. J., and T. P. Good (1994) "Herring Gull (*Larus argentatus*)." In A. Poole and E Gill, eds., *The Birds of North America: Life Histories for the 21st Century*, no. 124. Philadelphia: Academy of Natural Sciences; Washington, D.C.: American

Ornithologists' Union.

Richards, C. E. (1995) "Attempted Copulation Between Adult and First-Year Herring Gulls." *British Birds* 88:226.

* Shugart, G. W. (1980) "Frequency and Distribution of Polygyny in Great Lakes Herring Gulls in 1978." *Condor* 82:426-29.

* Shugart, G. W., M. A. Fitch, and G. A. Fox (1988) "Female Pairing: A Reproductive Strategy for Herring Gulls?" *Condor* 90:933-35.

* ——(1987) "Female Floaters and Nonbreeding Secondary Females in Herring Gulls." *Condor* 89:902-6.

Tasker, C. R., and J. A. Mills (1981) "A Functional Analysis of Courtship Feeding in the Red-billed Gull, *Larus novaehollandiae* scopulinus." *Behavior* 77:221-41.

Wheeler, W. R., and I. Watson (1963) "The Silver Gull *Larus novaehollandiae* Stephens." *Emu* 63:99-173.

붉은부리갈매기

Larus ridibundus

동성애	트랜스젠더	행동	랭킹	관찰
○ 암컷	○ 간성	● 구애　● 짝 형성	● 중요	● 야생
● 수컷	○ 복장도착	○ 애정표현　● 양육	○ 보통	○ 반야생
		● 성적인 행동	○ 부수적	● 포획 상태

식별 : 눈에 띄는 검은색 또는 초콜릿빛 갈색 다리를 가지고 있으며 등과 날개는 회색인 중간 크기의 갈매기(43센티미터)이다.

분포 : 유라시아 전역, 겨울을 아프리카와 남아시아에서 보낸다.

서식지 : 호수, 늪, 강, 초원, 해안, 만 등 다양.

연구지역 : 러시아 모스크바 인근의 호수, 네덜란드 흐로닝언 대학교.

사회조직

붉은부리갈매기는 군집 생활을 하며, 연중 대부분 떼를 지어 다닌다. 이들은 짝결합을 하며, 최대 7,000쌍이 둥지를 트는 밀집 군락을 형성한다.

설명

행동 표현 : 붉은부리갈매기에서는 수컷 동성애 쌍이 발견되며, 보통 이성애 쌍에서 볼 수 있는 것과 같은 구애 행동으로 관계를 시작한다. 짝짓기 시즌이 되면 한 수컷이 광고과시advertisement display를 수행하는 다른 수컷의 영역에 착지한다. 광고과시는 일련의 크고 거친 울음이며 크리이이 크리이이kreeeee kreeee 소리처럼 들린다(긴 울음이다). 보통 사선자세oblique-posture(부리를 수평으로 한 채, 머리를 앞쪽 위로 뻗는 자세)를 취하며 이러한 소리를 낸다. 또한 과시하는 수컷은 전진자세forward-posture를 취하며 상대 수컷에게 다가가기도 하는데, 이는 머리를 숙여 몸의 나머지 부분과 수평을 유지하고, 목은 구부리며 꼬리를 펼치는 자세다. 이어지는 몇 주 동안 짝 유대 관계가 발달함에 따라 수컷 두 마리는 자주 만남의식meeting ceremonies을 수행한다. 이 의식은 광고과시에서도 볼 수 있는 여러 동작을 포함한 의식화한 상호작용으로서, 두 마리의 새가 교대로 머리를 상대방과 다른 곳을 가리키는 머리신호head-flagging와 함께 펼치게 된다. 이 두 마리의 새는 때로 구애먹이주기courtship feeding를 수행하는데, 수컷 한 마리가 다른 수컷에게 의례적으로 먹이를 구걸하면, 상대 수컷이 짝을 위해 의식 음식을 토해서 '제공'하게 된다. 동성애 쌍의 수컷은 일반적으로 이성애 쌍의 새보다 더 자주 만남의식을 수행한다. 즉, 이들이 긴 울음소리와 머리신호를 하는 횟수는 이성애 쌍의 수컷과 암컷이 하는 울음소리와 머리신호 횟수의 중간 정도이고, 구걸과 구애먹이주기는 대개 반대쪽 성 쌍의 암수가 하는 횟수보다 적다.

　일단 짝 유대 관계가 형성되면 수컷 파트너들은 성적인 행동도 한다. 한 수컷이 다른 수컷을 단순히 마운트하기도 하지만, 경우에 따라 두 수컷이 반복적으로 생식기 접촉을 하는 완전한 교미도 일어난다. 어떤 동성애 쌍은 두 수컷이 번갈아 서로 마운팅을 하지만, 대부분의 쌍은 한쪽은 마운터만 하고 다른 짝은 마운티만 한다. 수컷 쌍은 보통 두 마리 모두 둥지 짓기에 기여하며 같이 짓는데, 간혹 한쪽 파트너가 혼자 둥지를 짓기도 한다(이성애 쌍에서는 보통 수컷만 둥지를 짓는다). 대부분의 동성애 쌍은 알을 얻을 수 없지만 일부는 이성애 쌍이 버린 알을 '입양'하기도 한다. 게다가 이 종의 암컷은 때로 다른 새들의 둥지에 알을 낳기 때문에 수컷 쌍도 이러한 방법으로 알을 얻을 수 있다. 포획 상태에서 '입양 알'이 제공되면, 동성애 쌍은 성실히 알을 품어 부화하고, 경우에 따라 새끼를 성공적으로 함께 기르기도 한다.

더불어 일부일처제 동성애 쌍뿐만 아니라 같은 성 유대 관계에도 여러 가지 변형이 존재한다. 동성애 관계에 있는 수컷의 약 25%가 일부다처제다(이성애 관계에서 일부다처제 수컷 비율과 비슷하다). 이러한 수컷은 트리오를 이루는데, 수컷 두 마리와 관계를 맺거나, 암수 각각 한 마리씩과 관계를 형성한다(어떤 증례에서는 같은 성 트리오에 나중 암컷 한 마리가 합류해 양성애 '사인조'로 발전했다). 일부 수컷 커플은 일부일처제를 하지 않고, 한쪽 또는 양쪽 파트너가 자신의 짝이 아닌 다른 암컷이나 수컷에게 구애와 교미를 한다. 동성애 쌍은 일반적으로 이성애 쌍만큼 오래 지속하지 않는다. 즉 이성애 유대 관계의 56%가 최소 두 번의 번식기 동안 연이어 지속하는데 비해, 같은 성 유대 관계는 15%만 유지된다. 그럼에도 불구하고 많은 동성애 유대는 튼튼해서, 강제로 헤어지게 만들더라도 짝에 대한 애착을 유지해 재회한 후에는 다시 동반자 관계를 맺는다. 수컷은 또한 시간 순서에 따라 3~4마리의 다른 파트너(암수 모두 가능)와 유대를 형성하는 연쇄적인 짝결합도 한다. 때로 이 모든 다양한 가능성의 배열이 어지럽게 나타나기도 한다. 한 예로, 동성애 쌍이었던 한 수컷이 나중 한 암컷과 짝을 지었고, 그 기간 그는 한 이성애 짝을 맺은 암컷과 문란한 '근친상간' 구애와 짝짓기를 했는데, 그 암컷은 바로 이전에 그가 수컷 파트너와 함께 양부모로서 키웠던 새끼였다!

수컷 동성애 짝결합 패턴 외에도, 이성애 짝이 있는 수컷 붉은머리갈매기가 자기 짝이 아닌 새(수컷을 포함해서)와 교미를 하는 경우도 있다.

이러한 비非일부일처 교미는 마운트된 새가 성적인 활동을 요구하지 않았는데도 일어나고, 마운트한 수컷을 쪼아 쫓아버린다는 점에서 대개 '강압적'인 것이라고 할 수 있다. 문란한 수컷은 흔히 다른 수컷 위를 날며 마운트하려다 실패하지만, 어떤 경우에는 마운트에 성공해서 상대 수컷 위에 5분까지 머무르기도 한다(하지만 생식기 접촉은 일어나지 않는다). 때로는 문란한 마운팅이 같은 성 유대 관계로 이어지기도 한다. 예를 들어 이성애 쌍을 이루고 있던 한 수컷이 다른 이성애 쌍의 두 파트너에게 모두 마운트를 했는데, 다음 해에 그 쌍의 수컷 파트너와 동성애 관계를 형성하기도 했다.

빈도: 야생 개체군에서 수컷 쌍이 구애와 짝짓기를 하고, 둥지를 함께 짓는 것이 기록되었지만, 전체적인 발생률은 알려져 있지 않다. 포획 상태에서 동성애 쌍은 모든 유대 관계의 16~18%까지 차지할 수 있으며, 한 연구에서는 문란한 마운팅 9회 중 2회(22%)가 동성애 마운팅이었다. 구애가 절정기에 도달하면 동성애 쌍의 각 수컷은 한 시간에 40~60번 이상 의식적 만남이나 길게울기 같은 과시를 수행한다.

성적 지향: 포획 상태의 붉은부리갈매기에 대한 한 연구에서 수컷의 22%는 다른 수컷과만 유대 관계를 형성했고, 15%는 수컷과 암컷 모두와 유대 관계를 형성했으며, 63%는 반대쪽 성과만 유대 관계를 형성했다. 또한 이러한 짝결합 양상 위에 새 한 마리가 덧붙여지면 비일부일처제나, 양성애적 구애와 성적인 행동의 예가 된다(흔히 이성애 짝을 맺은 새들에게 같은 성 새가 참여하고, 동성애 짝을 맺은 새들에게 반대쪽 성 새가 합류한다). 더불어 젊은 수컷들은 동성애 짝짓기를 선호하는 것으로 보이며, 이러한 경향은 새들이 나이가 들면서 다소 감소한다. 즉 1~2살에서는 유대 관계의 55~60%가 같은 성 사이의 관계인 데 비해, 2~5살에서는

30~45%, 5~8살에서는 20%를 차지했다. 게다가 많은 수컷은 '잠재적인' 양성애 가능성을 가지고 있어서, 만날 수 있는 암컷이 없을 때 같은 성 유대 관계를 형성할 수 있다.

비생식적이고 대체 가능한 이성애

붉은부리갈매기에서는 동성애 맥락에서 볼 수 있는 장기적인 일부일처제 짝결합 변형 대부분을 이성애 관계에서도 볼 수 있다. 문란한 구애와 교미는 전적으로 이성애적일 수 있다. 즉, 일부 암컷은 자신의 짝이 아닌 수컷에게 구애하며, 일부 수컷은 자기 짝이 아닌 암컷을 강간하려 한다(가끔 짝 내에서도 공격과 내키지 않는 반응이 나타난다). 앞에서 언급한 바와 같이 이혼(번식기가 바뀌며 파트너를 바꾸는 것)은 이성애 쌍에서 상당히 자주 발생한다. 또한 번식기 내에 짝을 바꾸는 것도 매우 흔한 일이어서, 수컷의 절반 이상이 암컷과 며칠 동안만 교미하는 짧은 관계를 맺으며, 최대 7마리까지 다른 파트너와 짝짓기를 한다. 이 종에서는 일부다처제 트리오도 발생한다. 예를 들어 간혹 암컷이 짝을 맺은 쌍에 합류하여 수컷과 유대감을 형성하고 새끼 기르는 것을 돕는다. 그러면서도 그 암컷 자신은 번식하지 않는다. 일부 암컷은 다른 이성애 쌍의 영역에 알을 낳는데, 그러면 그 쌍이 알을 입양한다. 새끼를 입양하는 일도 일어난다. 많은 비생식적인 성적 행동 또한 이 종의 특징이다. 이성애 마운팅에는 흔히 생식기 접촉이 일어나지 않고, 암컷이 때로 수컷을 마운트하며(역reverse 마운트), 드물게 이성애 쌍이 알을 품는 중이나 알이 부화한 후에 짝짓기를 하기도 한다. 또한 수컷이 때로 태어난 지 며칠 안 된 새끼(자기 새끼 포함)에게 짝짓기를 시도하며, 청소년 개체도 서로 마운트를 한다. 더불어 어린 새들은 다른 이성애자 쌍의 영역을 지나갈 때 학대를 당하는데, 공격받거나 죽을 수도 있다. 동종포식도 이러한 종에서 보고되었다.

출처

*별표가 있는 출처는 동성애와 트랜스젠더에 대해 논의한다.

Axell, H. E. (1969) "Copulatory Behavior of Juvenile Black–headed Gull." *British Birds* 62:445.

Beer, C. G. (1963) "Incubation and Nest–Building Behavior of Black–headed Gulls IV: Nest–Building in the Laying and Incubation Periods." *Behavior* 21:155–76.

* Kharitonov, S. P., and V. A. Zubakin (1984) "Protsess formirovania par u ozyornykh chaek [Pair–bonding in the Black–headed Gull]." *Zoologichesky Zhurnal* 63:95–104.

Kirkman, F. B. (1937) *Bird Behavior.* London: Nelson.

Moynihan, M. (1955) *Some Aspects of Reproductive Behavior in the Black–headed Gull* (*Larus* ridibundus ridibundus L.) *and Related Species.* Behavior Supplement 4. Leiden: E. J. Brill.

* van Rhijn, J. (1985) "Black–headed Gull or Black–headed Girl? On the Advantage of Concealing Sex by Gulls and Other Colonial Birds." *Netherlands Journal of Zoology* 35:87–102.

* van Rhijn, J., and T. Groothuis (1987) "On the Mechanism of Mate Selection in Black–headed Gulls." *Behavior* 100:134–69.

* ——(1985) "Biparental Care and the Basis for Alternative Bond–Types Among Gulls, with Special Reference to Black–headed Gulls." *Ardea* 73:159–74.

웃는갈매기 *Larus atricilla*

북극흰갈매기 *Pagophila eburnea*

동성애	트랜스젠더	행동		랭킹	관찰
○ 암컷	○ 간성	● 구애	● 짝 형성	○ 중요	● 야생
● 수컷	○ 복장도착	○ 애정표현	● 양육	● 보통	○ 반야생
		● 성적인 행동		○ 부수적	● 포획 상태

웃는갈매기

식별 : 다리와 부리가 짙은 적색이고 눈 주위에 흰색 반달모양 무늬가 있는 중간 크기의(46 센티미터) 갈매기.

분포 : 북아메리카 대서양 연안, 카리브해. 겨울에는 북아메리카 북부로 향한다.

서식지 : 해안 해변, 섬, 염습지.

연구지역 : 뉴저지 스톤하버, 워싱턴 D.C. 뉴저스동물원.

아종 : 큰날개웃는갈매기 *L.a. megalopterus.*

북극흰갈매기

식별 : 검은 다리와 청회색 부리를 가졌고, 몸 전체가 흰색인 갈매기.

분포 : 고위도 극지방 전역.

서식지 : 총빙, 절벽, 섬.

연구지역 : 캐나다 노스웨스트 준주의 시모어 섬.

사회조직

웃는갈매기는 높은 사회성과 군집성을 가지며, 일 년 내내 큰 무리를 형성하는 반면, 북극흰갈매기는 좀 더 단독 생활을 즐기며 작은 무리를 짓는 경향이 있다. 이들의 짝짓기 체계는 짝결합을 바탕으로 하는데, 북극흰갈매기에서는 수십 쌍, 그리고 웃는 갈매기에서는 수백에서 2만 5,000쌍에 이르는 둥지가 군락을 이룬다.

설명

행동 표현: 때로 두 마리의 수컷 웃는갈매기는 성적인 활동, 양육활동, 독특한 구애와 영역 행동 등을 하는 유대 관계를 형성한다. 동성애 관계는 수컷 두 마리가 친구하기keep company를 하며 시작된다. 이 구애 활동에서 두 새는 우아한 얼굴외면하기facing-away나 머리던지기head-toss 과시(새들이 의례적으로 머리를 반대 방향으로 돌리거나 숙였다가 위로 던지는 행동)를 하면서 서로에게 원을 그리며 접근한다. 이어 다른 갈매기들과 약간 떨어져 함께 휴식하는 시간으로 이어진다. 두 마리의 수컷은 이성애 쌍이 구애를 시작하기 전인, 번식기 초기에 이런 식으로 구애를 시작하기도 한다. 또한 수컷 파트너들은 서로에게 상징적인 '선물'을 주는 구애먹이주기coutrship-feed를 한다. 이러한 행동은 이성애 쌍의 구애에서도 볼 수 있지만, 동성애 쌍에서는 독특한 특징이 있다. 즉, 수컷 쌍에서는 한 마리 또는 양쪽이 모두 먹이를 먹기 전에 여러 번 먹이를 주고받는 반면, 이성애 쌍에서는 수컷이 암컷에게 먹이를 주면 암컷이 즉시 먹어버린다. 짝을 맺은 수컷도 서로 마운트를 하지만, 생식기 접촉은 보통 일어나지 않는다. 한 수컷이 다른 수컷보다 마운터나 마운티 중 하나가 되는 것을 더 선호할 수 있지만, 일반적으로 한쪽으로 치우치지 않는다. 한 수컷 쌍을 예로 들면, 한 파트너가 상대를 해당 번식기 동안 9번 마운트하는 동안 상대는 그 새를 3번 마운트했다. 동성애 마운트

를 할 때는 (이성애 마운트와 마찬가지로) 마운팅하는 수컷이 카카카카카카카kakakakakaka하는 독특한 스타카토 교미울음copulation calls을 낸다. 동성애자 쌍을 이룬 두 수컷은 둥지를 함께 짓는다. 만일 포획 상태에서 알을 주면 이들은 번갈아 가며 알을 품는다. 알이 부화하면 수컷 두 마리 모두 새끼를 먹이고 보호하는 등 양육의 의무를 분담해 성공적으로 새끼를 키울 수 있다.

수컷 쌍은 매우 공격적일 수 있어서 이성애 쌍의 이웃 영역을 반복적으로 침범하는데, 이웃은 흔히 그들을 저지하려고 하지만 성공하지 못한다. 이러한 '습격'을 하는 동안, 수컷들은 서로 성적인 행동을 하고, 심지어 이웃 암컷에게 구애하거나 마운트를 시도한다. 때로 비슷한 영역 침범이 독신 수컷이나, 이성애 쌍을 맺은 수컷, 또는 두 수컷이 서로 유대 관계나 성관계 없이 '동맹'만 이룬 쌍에 의해서도 일어난다. 이러한 경우 침입하는 수컷들은 흔히 이성애 쌍의 수컷 파트너가 있으면 마운트를 하는데, 때로 그 수컷의 알을 품고 있는 암컷 앞에서 그렇게 한다(암컷은 보통 무관심하다). 침입하는 수컷이 두 마리일 경우, 교대로 수컷에게 동성애 마운트를 한다. 마운트가 된 수컷은 보통 마운터를 떨어뜨리기 위해 격렬하게 흔들고 쪼아대며 날개를 퍼덕이며 대항한다. 그러다가 마운터가 부리에 잡혀 머리 위로 던져지는 경우도 있다. 때로 침입한 수컷은 암컷과 교미하고 있는 수컷에게도 올라타므로, 세 마리의 새가 '쌓이는' 모습을 보이기도 한다.

북극흰갈매기에서도 비슷한 종류의 강압적인 동성애가 일어난다. 수컷들은 짝이 둥지에서 나가고 없는, 알을 품고 있는 새에게 접근한다. 침입하는 수컷은 둥지의 재료가 되는 물질(보통 이끼 덩어리)을 '선물'로 가지고 와서, 둥지 주위를 돌며 상대의 주의를 돌린다. 그리고는 갑자기 (상대가 수컷일지라도) 알을 품고 있는 새의 등에 올라타 교미를 시도한다. 붉은부리갈매기처럼 마운트가 된 새는 보통 격렬하게 저항한다.

빈도 : 한 동물원의 웃는갈매기 개체군에서는 총 4쌍 중 1쌍이 두 수컷 사이의 결합이었다. 야생 웃는갈매기에서 동성애 쌍의 발생률은 알려져 있지 않지만, 침입한 수컷에 의한 동성애 마운팅이 문서화되어 있다. 알을 품고 있는 북극흰갈매기에 대한 강제 마운팅은 일부 야생 군락에서 매우 자주 나타나지만, 이 중 같은 성 마운팅이 차지하는 비율은 구체적으로 알려져 있지 않다.

성적 지향 : 동성애 쌍을 이루는 수컷 웃는갈매기는 일차적으로 같은 성 유대 관계를 유지하는 동안 암컷에게 구애와 마운트를 하므로 동시성 양성애자다. 침입을 하며 동성애 마운트를 하는 수컷도 만일 자신이 암컷과 짝이 되어 있다면 양성애자일 수 있다. 물론 짝이 없는 수컷도 이러한 활동에 참여한다. 이러한 수컷은 침입을 하는 동안 암컷에게도 마운트를 하지만, 많은 경우 그들의 목표는 수컷이다. 예를 들어, 암컷이 알을 품고 있어도 완전히 무시하거나, '쌓기'를 하는 동안 상대 수컷이 암컷에게 마운트를 하고 내려와도 여전히 그 수컷을 마운트한다. 후자의 경우 암컷이 '이용 가능'하게 되어도 무시한다. 침입을 당해 마운트가 된 수컷들 대부분은 동성애 활동에 공격적으로 반응하기 때문에 일차적인 이성애 성향을 가지고 있을 것이다. 그러나 일차적인 이성애 유대 관계를 가진 암컷도 침입하는 수컷에 의해 마운트되면 격렬하게 반응한다는 것을 기억해야 한다.

비생식적이고 대체 가능한 이성애

웃는갈매기 암컷은 때로 다른 암컷이 자기 둥지에 낳은 알을 '입양'해서 품는다. 클래퍼뜸부기*Rallus longirostris* 같은 다른 종의 알이 들어와도 마찬가지다. 또한 이러한 종의 이성애 쌍은 매우 높은 교미 횟수를 보이는데, 알을 낳기 전 하루에 9번씩 짝짓기를 할 정도다. 앞에서 언급했듯이 강제적인 교미 시도는 웃는갈매기와 북극흰갈매기 둘 다 흔하며, 이들 중 다수는 이성애자다. 수컷 웃는갈매기 영역 침범자의 약 30%가 암컷을 강간하려고 시도하지만, 이러한 공격은 보통 암컷과 그 짝에 의해 좌절된다. 게다가 대부분 포란抱卵 중인 암컷을 향하기 때문에 비생식적이다. 또한 두 종 모두에서 이성애 부모가 새끼에게 가하는 학대와 폭력이 발생한다. 흰올빼미Nyctea scandiaca와 같은 포식자가 습격하면, 북극흰갈매기 번식지에서 대혼란이 일어나곤 하며, 어른 갈매기 무리가 겁에 질린 새끼들을 공격하여 죽이기도 한다. 다 자란 성체는 알에 구멍을 내 먹기도 한다. 부화하기 직전의 완전히 발달한 배아가 들어 있는 알을 깨서, 난황낭은 먹고 솜털이 덮인 배아는 버린다. 웃는갈매기도 간혹 이웃 영역의 새끼를 공격하고, 죽이고, 심지어 새끼를(알도) 잡아먹기도 한다. 이러한 동종포식을 반복적으로 수행하는 개체는 밀집된 군락 중 일부에 국한된 것으로 보인다.

출처 *별표가 있는 출처는 동성애와 트랜스젠더에 대해 논의한다.

Bateson, P. P. G., and R. C. Plowright (1959a) "The Breeding Biology of the Ivory Gull in Spitsbergen." *British Birds* 52:105–14.

———(1959b) "Some Aspects of the Reproductive Behavior of the Ivory Gull." *Ardea* 47:157–76.

Burger, J. (1996) "Laughing Gull (Larus atricUla)." In A. Poole and F. Gill, eds., *The Birds of North America; Life Histories for the 21st Century,* no. 225. Philadelphia: Academy of Natural Sciences; Washington, D.C.: American Ornithologists' Union.

———(1976) "Daily and Seasonal Activity Patterns in Breeding Laughing Gulls." *Auk* 93:308–23.

Burger, J., and C. G. Beer (1975) "Territoriality in the Laughing Gull (*L. atricilla*)." *Behavior* 55:301–20.

Hand, J. L. (1985) "Egalitarian Resolution of Social Conflicts: A Study of Pair–bonded Gulls in Nest Duty and Feeding Contexts." *Zeitschrift für Tierpsychologie* 70:123–47.

* ——(1981) "Sociobiological Implications of Unusual Sexual Behaviors of Gulls: The Genotype/Behavioral Phenotype Problem." *Ethology and Sociobiology* 2:135–45.

* Haney, J. C., and S. D. MacDonald (1995) "Ivory Gull (*Pagophila eburnea*)." In A. Poole and F. Gill, eds., *The Birds of North America: Life Histories for the 21st Century*, no. 175. Philadelphia: Academy of Natural Sciences; Washington, D.C.: American Ornithologists' Union.

MacDonald, S. D. (1976) "Phantoms of the Polar Pack–Ice." *Audubon* 78:2–19.

* Noble, G. K., and M. Wurm (1943) "The Social Behavior of the Laughing Gull." *Annals of the New York Academy of Sciences* 45:179–220.

Segrè, A., J. P. Hailman, and C. G. Beer (1968) "Complex Interactions Between Clapper Rails and Laughing Gulls." *Wilson Bulletin* 80:213-19.

카스피제비갈매기
Sterna caspia

붉은제비갈매기
Sterna dougallii

동성애	트랜스젠더	행동		랭킹	관찰
● 암컷	○ 간성	○ 구애	● 짝 형성	○ 중요	● 야생
○ 수컷	○ 복장도착	○ 애정표현	● 양육	○ 보통	○ 반야생
		○ 성적인 행동		● 부수적	○ 포획 상태

카스피제비갈매기

식별 : 검은색 모자모양 깃털과 볏, 옅은 회색 등과 날개, 그리고 갈라진 검은색 꼬리를 가진 갈매기처럼 생긴 커다란 새(56센티미터)이다.

분포 : 북미 대부분, 유럽, 오스트랄라시아, 아프리카 전역.

서식지 : 해안, 호수, 강어귀.

연구지역 : 워싱턴 주 동부에 있는 컬럼비아 강.

붉은제비갈매기

식별 : 카스피제비갈매기와 비슷하지만 더 작고(43센티미터) 더 깊게 갈린 꼬리와 좀 더 작은 부리를 가지고 있다.

분포 : 북대서양, 카리브해, 아프리카, 오스트랄라시아.

서식지 : 해변, 섬.

연구지역 : 매사추세츠주 매리언의 스완버드 섬, 코네티컷주 포크너 섬.

아종 : 붉은제비갈매기 *S.d. dougallii.*

사회조직

짝짓기 철에 카스피제비갈매기와 붉은제비갈매기는 대개 큰 군락을 이
룬다. 카스피제비갈매기는 500쌍까지, 붉은제비갈매기는 수천 쌍이 모
인다. 전형적인 사회적 단위는 일부일처제다. 짝짓기 철이 아닐 때 제비
갈매기는 군집 생활을 덜 하며, 보통 혼자 지내거나 작게 무리를 지은 모
습으로 발견된다.

설명

행동 표현 : 카스피제비갈매기와 붉은제비갈매기 모두 두 마리의 암컷이
암수 한 쌍처럼 서로 짝을 형성할 수 있다. 보통 이런 동성애 쌍도 둥지
를 짓고 알을 낳는다. 일반적으로 두 암컷 모두 알을 낳기 때문에 그 결
과 이성애 쌍의 둥지에서 발견되는 알의 최대 2배가 들어 있는 평균초
월 알둥지supernormal clutch가 만들어진다. 카스피제비갈매기 암컷 쌍은
4~6개의 알을, 붉은제비갈매기 암컷 쌍은 3~5개의 알을 갖는다. 암컷
두 마리 모두 교대로 알을 품는다(이성애 쌍의 짝들처럼). 때로 그 알들은
무정란이지만, 많은 경우에 부화한다. 같은 성 쌍의 알이 수정될만한 몇
가지 추측 가능한 정자의 출처가 있다. 예를 들어 암컷 한 마리 또는 두
마리가 특정한 수컷과 짝짓기를 하면서도 유대 관계를 유지한다. 또한
일부 개체군의 암컷은 다른 둥지에서 알을 '훔쳐서' 자신의 둥지로 알을
옮긴다. 때로 최대 3개의 서로 다른 둥지에서 알을 훔치기도 한다. 일부
지역의 평균초월 알둥지의 약 13%는 적어도 하나의 '훔친' 알을 가지고

있기 때문에, 최소한 동성애 쌍의 일부 암컷은 이 전략을 사용하는 것으로 보인다. 일단 알이 부화하면, 두 암컷은 새끼를 먹이고, 포식자로부터 새끼를 보호하며, 태양으로부터 그늘을 제공하고, 둥지 영역을 지키는 등 양육의 의무를 공유한다(이성애 쌍의 파트너들이 하듯이).

빈도 : 카스피제비갈매기에서는 모든 쌍의 3~6%가 동성애자고, 붉은제비갈매기 일부 개체군에서는 약 5%의 새끼가 암컷 쌍의 돌봄을 받는다.

성적 지향 : 동성애 쌍을 맺은 암컷이 알을 수정시키려고 다른 수컷과 교미하는 경우엔 기능적인 양성애자지만, 여전히 다른 암컷과 우선적인 유대 관계를 유지한다. 다른 암컷 쌍들은 유정란을 낳지 못하므로, 짝짓기 기간 동안에는 배타적인 동성애자라고 할 수 있다. 일부 암컷은 순차적인 양성애자여서, 번식기에 따라 수컷과 암컷을 바꿔가며 짝짓기를 한다.

비생식적이고 대체 가능한 이성애

위에서 동성애 쌍에 관해 설명한 바와 같이 제비갈매기는 간혹 다른 둥지에서 알을 '훔친다'. 일부 알이 옮겨진 둥지는 평균초월 알둥지가 아니므로, 이성애 쌍의 새들도 그렇게 알을 훔치는 것으로 보인다. 또한 암컷 붉은제비갈매기는 자신의 둥지가 아닌 다른 둥지에 알을 낳기도 하며, 이로 인해 '평균초월 알둥지'가 생기기도 한다. 예를 들어 어떤 군락에서는 약 1%의 둥지가 7개의 알을 가졌는데, 이는 평균초월 알둥지에서 볼 수 있는 알 숫자의 2배 이상이다. 이러한 둥지의 대부분은 이성애 쌍에 속하는 것으로 보인다. 카스피제비갈매기 또한 이혼율이 높다. 즉 모든 암컷-수컷 쌍 중 절반 이상이 한 번식기 이상 지속하지 못한다. 암컷 붉은제비갈매기는 수컷이 죽었을 때 한 부모로서 새끼를 성공적으로 기르기도 한다. 많은 갈매기와 마찬가지로, 일부 제비갈매기 종에서도 영아살해와 새끼에 대한 공격이 발생한다. 예를 들어 카스피제비갈매기는 종종 자신의 영역에 돌아다니는 새끼를 공격하고 죽이기까지 하며, 옥신각신하다가 알을 깨기도 한다. 또한 카스피제비갈매기는 흔히 탁아소creches를 형성한다. 새끼들은 빽빽하게 무리를 이뤄 부모가 먹이를 구하러 가는 동안 몇몇 성체의 돌봄을 받는다.

출처 *별표가 있는 출처는 동성애와 트랜스젠더에 대해 논의한다.

* Conover, M. R. (1983) "Female–Female Pairings in Caspian Terns." *Condor* 85:346–49.

Cramp, S., ed. (1985) "Caspian Tern (*Sterna caspia*)." and "Roseate Tern (*Sterna dougallii*)." In *Handbook of the Birds of Europe, the Middle East, and North Africa*, vol. 4, pp. 17–27, 62–71. Oxford: Oxford University Press.

Cuthbert, F. J. (1985) "Mate Retention in Caspian Terns." *Condor* 87:74–78.

* Gochfeld, M., and J. Burger (1996) "Stemidae (Terns)." In J. del Hoyo, A. Elliott, and J. Sargatal, eds., *Handbook of the Birds of the World*, vol. 3: Hoatzin to *Auks*, pp. 624–67. Barcelona: Lynx Ediciõns.

* Hatch, J. J. (1995) Personal communication.

* ——(1993) "Parental Behavior of Roseate Terns: Comparisons of Male–Female and Multi–Female Groups." *Colonial Waterbird Society Bulletin* 17:43.

Milon, P. (1950) "Quelques observations sur la nidification des stemes dans les eaux de Madagascar [Some Observations on the Nesting of Terns in the Waters of Madagascar]." *Ibis* 92:553.

* Nisbet, I. C. T. (1989) "the Roseate tern." in W, J. Chandler, ed., *Audubon Wildlife Report 1989/1990*, pp. 478–97. San Diego: Academic Press.

* Nisbet, I. C. T., J. A. Spendelow, J. S. Hatfield, J. M. Zingo, and G. A. Gough (1998) "Variations in Growth of Roseate tern Chicks: ii. Early Growth as an index of Parental Quality." *Condor* 100:305–15.

Penland, S. T. (1984) "An Alternative Origin of Supernormal Clutches in Caspian terns." *Condor* 86:496.

* Sabo, T. J., R. Kessell, J. L. Halverson, I. C. T. Nisbet, and J. J. Hatch (1994) "PCR–Based Method for Sexing Roseate terns (*Sterna dougallii*)." *Auk* 111:1023–27.

Shealer, D. A., and J. G. Zurovchak (1995) "three Extremely Large Clutches of Roseate tern Eggs in the Caribbean." *Colonial Waterbirds* 18:105–7.

* Spendelow, J. A., and J. M. Zingo (1997) "Female Roseate tern Fledges a Chick Following the Death of Her Mate During the incubation Period." *Colonial Waterbirds* 20:552–55.

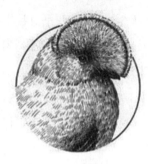

기아나바위새

Rupicola rupicola

동성애	트랜스젠더	행동	랭킹	관찰
○ 암컷	○ 간성	● 구애 ○ 짝 형성	● 중요	● 야생
● 수컷	○ 복장도착	○ 애정표현 ○ 양육	○ 보통	○ 반야생
		● 성적인 행동	○ 부수적	○ 포획 상태

식별 : 크기가 작은(25센티미터) 횃대류 새다. 성체 수컷은 오렌지색의 정교한 장식이 있는 날개 깃털과 인상적인 투구 같은 볏을 가지고 있고, 청소년 수컷은 갈색과 오렌지색 깃털이 얼룩덜룩한 반면 암컷은 전체적으로 어두운 색이다.

분포 : 주로 베네수엘라, 기아나, 브라질의 인접 지역 등 남아메리카 북부.

서식지 : 숲, 흔히 절벽 근처, 산, 암석노출지(여기에 암컷이 둥지를 지으므로 바위새라는 이름이 붙여졌다).

연구지역 : 남미 수리남 볼츠버그 자연보호구역 – 롤리 폭포.

사회조직

화려한 깃털을 가진 기아나바위새는 레크lek이라고 알려진 사회체계 혹은 짝짓기 체계를 가지고 있다. 레크는 수컷이 보통 과시와 구애를 위해 사용하는 공동 구역이며, 각 개체는 이곳에 영역을 갖는다. 모든 과시 '무대'는 숲 바닥의 빈 공간과 그곳을 둘러싸고 있는 횃대로 구성된다. 영역은 일 년 내내 유지되지만, 구애와 짝짓기는 12월 말부터 4월까지 벌어진다. 암컷(그리고 이 종에서 어린 수컷)은 짝짓기를 원하는 수컷을 선택하기 위해 이 지역을 방문한다. 레크에서 만남을 제외하면 수컷과 암컷은 사실상 떨어져 산다. 수컷은 둥지 짓기나 육아에 전혀 참여하지 않으며 번식기가 아니면 암컷을 거의 만나지 않는다.

설명

행동 표현: 기아나바위새에서는 성체와 청소년 수컷 사이의 동성애 활동뿐만 아니라 청소년 수컷들 사이의 동성애 활동이 일상적으로 일어난다. 수컷은 서로 구애하고 과시하며, 동성애 마운팅에도 참여한다. 전형적인 동성애 만남은 성체 수컷이 자신의 과시 무대에 앉아 있을 때 시작되는데, 각각의 새는 정글의 어둠 속에서 주황색 등불처럼 빛이 난다. 레크는 주변의 빛 특성을 이용하기 위해 숲에 세심하게 자리를 잡은 곳으로서, 암컷과 청소년(1년생) 수컷은 둘 다 여기에 매력을 느낀다. 구애 과정은 인사과시greeting display로 시작한다. 즉 수컷들이 요란하게 울기 시작하며, 각각 쿵 하는 소리와 함께 땅에 부딪치고, 흑백의 깃털 반점무늬를 번쩍이며 격렬하게 날개를 치기 시작한다. 흔히 이때 공기가 특별히 변형된 날개 깃털을 지나가며 휘파람 소리가 난다.

이러한 주의끌기 과정 다음에는 지면과시ground display가 이어진다. 즉 각각의 성체 수컷이 웅크리고 앉아 날개 덮개깃의 섬세한 가지가 보이도록 부채질하고, 가슴과 엉덩이 깃털을 부풀리며, 볏을 세워 화려한 시각 효과를 낸다. 이때쯤 과시에 매료된 청소년 수컷은 성체 옆에 내려와 과시 무대를 깡충깡충 뛰어다니게 되며, 종종 엎드려 구애 자세를 취하게 된다. 움직임이 없는 성체를 제외하고 모든 성체는 어린 수컷을 향해 등을 돌리고, 깃털을 최대한 뽐내며 마운트에 초대한다. 동성애 교미를 할 때 어린 수컷은 성체의 등에 올라타 단단히 자리를 잡고, 꼬리를 옆으로 움직여 생식기 접촉을 시도한다. 흔히 어린 수컷은 나이가 많은 수컷을 연속해서 여러 번 올라타며, 마운팅 사이에 구애와 과시가 번갈아 일어난다. 때로 수컷들은 구애 무대를 둘러싸고 있는 나무에서 서로 마운트를 하기도 한다. 동성애 상호작용은 이성애 때와 다르게 두 참가자 모두가 지면과시의 한 양상을 수행한다는 점에서 구별된다. 또한 암컷과 달리 수컷들은 마운팅을 하기 전 상대방의 엉덩이를 쪼거나 만지는 행동을 하지 않는다.

청소년 수컷은 보통 여러 성체 수컷의 과시 무대를 방문하지만, 일부 성체는 어린 수컷들로부터 더 많은 주의를 끌며 다른 수컷에 비해 확실히 '인기'가 있다. 보통 1년생 수컷은 어디서든 짝짓기철 동안 1~7마리의 성체 수컷과 동성애 상호작용을 한다. 또한 동성애 행위가 항상 성체 영역 소유자와 1년생 수컷 사이에만 일어나는 것은 아니다. 청소년 개체들은 흔히 자신의 과시 영역이 없는 비번식성 수컷을 마운트하기도 하며, 때로는 다른 청소년 수컷도 마운트를 한다. 동성애 활동은 이성애 구애나 교미와 별개로 일어나는 일이 아니고 같은 장소에서 일어나며, 흔히 주변에서 수컷-암컷 간의 상호작용이 일어나는 동안 발생한다. 그러나 동성애 구애와 마운팅은 종종 이성애 상호작용보다 우선한다. 만일 청소년 수컷이 암컷에게 구애하는 성체에게 접근하면, 암컷은 보통 떠나고(혹은 쫓겨나고), 두 수컷이 서로를 향해 관심을 돌리게 된다. 더욱이 만일 다른 수컷에게 구애를 하고 있거나 성적인 관계를 맺고 있는 수컷을 암컷이 만나는 경우에는, 보통 청소년 수컷이 떠날 때까지 기다렸다가 성체에게 접근한다.

빈도 : 기아나바위새 사이에서 동성애 활동은 매우 흔하다. 실제로 수컷 간의 마운팅 횟수는 수컷-암컷 간의 것과 빈도가 거의 비슷해서, 모든 교미의 절반을 차지한다. 이성애 구애의 약 10%는 구애하는 수컷을 찾아오는 청소년 수컷에 의해 중단된다. 이러한 '방해'는 대략 다섯 번 중 한 번꼴로 수컷 간의 구애나 성적인 행동으로 이어진다. 번식기에는 동성애 활동이 매일 일어날 수 있으며, 한 번식기 동안 청소년 수컷은 보통 동성애 만남을 6~7회 가진다. (일부 동성애 마운팅을 하는 수컷은 한 시즌에 15번 이상 참여한다.)

성적 지향 : 수컷 개체수의 40% 정도는 어떤 형태로든 동성애 활동에 참여한다. 나이에 따라서 같은 성 간 행동을 하는 새가 이성애 활동을 할 수도 있고 하지 않을 수도 있다. 성체 수컷(3세 이상)은 거의 1/4(23%)이 다른 수컷에게 마운트되며, 이 중 6%는 암컷에게 구애나 짝짓기를 전혀 하지 않는다. 사실 이성애 짝짓기를 하지 않는 성체는 종종 젊은 수컷에게 가장 많이 마운트가 된 성체이기도 하다. 1년생 수컷은 거의 2/3(64%)가 동성애 활동을 한다(실제로 이들은 암컷에게 전혀 마운트를 하지 않는다). 반면에 2년생 수컷은 동성애 활동을 거의 하지 않는다. 따라서 모든 연령대의 새들을 고려해 보면, 어느 시기에 측정해도 성체 개체 수의 거의 20%가 전적으로 동성애에

수리남의 숲에서 어린(청소년) 수컷 기아나바위새가 밝은 오렌지색의 성체 수컷을 마운트 하고 있다.

관여한다.

비생식적이고 대체 가능한 이성애

위에서 설명한 바와 같이, 본질적으로 수컷과 암컷 기아나바위새는 짝짓기 철이 아니면 서로 만나지 않는다. 번식기 동안이라 하더라도 종종 쌀쌀맞거나 지나치게 공격적이다. 수컷들이 과시 무대 주변에서 암컷을 쫓아다니며 괴롭히거나, 강제로 교미를 시도하는 경우도 종종 있다. 암컷들은 이러한 강간 시도 동안 격렬하게 몸부림치고 보통 도망칠 수 있지만, 그러한 상호작용으로 인해 눈에 띄게 스트레스를 받는다. 사실 암컷의 전체 레크 방문의 20%에서만 교미가 일어난다. 개체군 내에서도 상당한 비율의 비非번식 개체가 존재한다. 평균적으로 성체 수컷의 20%는 영역을 보유하지 않으며(따라서 암컷과 구애나 짝짓기를 하는 일이 드물다), 영역을 가진 수컷의 거의 2/3는 그 해에 짝짓기를 하지 못한다. 게다가, 수컷은 3~4살이 되기 전에는 자신의 영역을 가질 수 없다(따라서 암컷에게 구애할 수 없다). 또한 구애 무대를 방문하는 많은 암컷은 번식기 동안 수컷과 실제로 짝짓기를 하지 않는다.

출처

*별표가 있는 출처는 동성애와 트랜스젠더에 대해 논의한다.

Endler, J. A., and M. Thery (1996) "Interacting Effects of Lek Placement, Display Behavior, Ambient Light, and Color Patterns in Three Neotropical Forest-Dwelling Birds." *American Naturalist* 148:421–52.

Gilliard, E. T. (1962) "On the Breeding Behavior of the Cock-of-the-Rock (Aves, *Rupicola rupicola*)." *Bulletin of the American Museum of Natural History* 124:31–68.

Trail, P. W. (1989) "Active *Mate Choice* at Cock-of-the-Rock Leks: Tactics of Sampling and Comparison." *Behavioral Ecology and Sociobiology* 25:283–92.

* ——(1985a) "A Lek's Icon: The Courtship Display of a Guianan Cock-of-the-Rock." *American Birds* 39:235–40.

——(1985b) "Courtship Disruption Modifies *Mate Choice* in a Lek-Breeding Bird."

Science 227:778–80.

* ——(1983) "Cock–of–the–Rock: Jungle Dandy." *National Geographic Magazine* 164:831–39.

* Trail, P. W., and D. L, Koutnik (1986) "Courtship Disruption at the Lek in the Guianan Cock–of–the–Rock." *Ethology* 73:197–218.

카푸친새

Perissocephalus tricolor

동성애	트랜스젠더	행동		랭킹	관찰
● 암컷	○ 간성	● 구애	● 짝 형성	○ 중요	● 야생
● 수컷	○ 복장도착	○ 애정표현	○ 양육	● 보통	○ 반야생
		● 성적인 행동		○ 부수적	○ 포획 상태

식별 : 까마귀 크기의 새로서 깃털이 없는 청회색 얼굴과 계피색-갈색 깃털을 가지고
있다.

분포 : 베네수엘라, 기아나, 브라질 아마존 등 남아메리카 북중부.

서식지 : 열대.

연구지역 : 수리남 브라운스버그 자연공원, 기아나 카누쿠산맥 인근.

사회조직

카푸친새 수컷은 한 번에 8~10마리씩 열대 우림 임관林冠 아래의 과시
영역 혹은 레크에 모인다. 각각의 레크는 한 마리의 수컷이 차지한 중앙
햇대와 그 주변에 모인 나머지 수컷들의 자리로 구성된다. 보통 동이 틀
무렵 암컷은 구애를 하는 중앙의 수컷을 방문한다. 짝짓기는 일부다처제

이거나 문란하게 일어난다. 암컷은 혼자 둥지를 틀고 새끼를 기른다.

설명

행동 표현 : 수컷 카푸친새는 때로 레크에 끌리는 다른 수컷에게 구애하기도 한다. 동성애 구애는 수컷 한 마리가 과시 장소에 접근하면서 시작된다. 이때 그 수컷은 암컷이 레크에 들어갈 때의 자세를 취한다. 즉 몸통은 수평으로 유지하고, 고깔 깃털을 포함한 모든 깃털을 아래로 늘어뜨린다. 그 수컷은 중앙 수컷이 크고 윙윙거리는 소울음moo 소리를 내며 펼치는 극적인 과시에 매료되는데, 이 울음은 마치 그르르-아아아-우우우우grr-aaa-oooo처럼 들린다(새의 이름이 여기에서 유래되었다. 카푸친새의 영명은 calfbird이다.). 소울음을 내는 동안 과시하는 수컷은 먼저 몸을 부풀리고, 고깔 깃털을 위로 펴 올린 다음, 꼬리 양쪽에 있는 두 개의 밝은 오렌지색 공모양 깃털을 드러낸 채 절하는 동작을 하며 도로 내려앉는다. 수평 자세를 취한 수컷은 소울음을 내는 새에게 가까이 다가가고, 울음을 내는 수컷은 그 수컷을 향해 직접 구애 과시를 하기도 한다. 예를 들어 강하게 소울음을 내는 동안 깡충깡충 뛰어 가까이 가거나, 의식화한 날개 손질을 한다. 보통 접근하는 수컷이 너무 가까이 다가오면 쫓아내는데, 사실 이 종에서는 아직 동성애 교미가 관찰된 적은 없다. 그러나 이성애 짝짓기 자체도 매우 드물고(암컷의 새벽 구애 방문의 14%에만 해당한다), 과시하는 수컷은 종종 자신에게 접근하는 암컷도 쫓아낸다. 더불어 수컷은 공격적인 맥락으로 때로 레크 바깥에서 다른 수컷을 마운트하거나 마운트를 시도한다. 카푸친새는 또한 일반적으로 서로 '동반자 관계'를 형성한다. 즉 두 수컷이 딱 붙어 자리를 잡고 서로 번갈아 소울음을 내거나 절을 하면서 구애와 과시를 한다. 어떤 증례에서는 동반자들이 수컷 파트너가 없으면 구애 과시를 절대 하지 않았다. 또한 동반자들은 레크에서 함께 돌아다니고 심지어 서로 '보금자리'를 공유하기도 한

다. 카푸친새는 일반적으로 레크에 있지 않을 때 정기적으로 시간을 보내는, 특정한 위치 혹은 특별한 나무인 퇴각장소retreat라고 알려진 곳을 가지고 있다. 과시를 하는 파트너는 때로 동일한 퇴각장소를 공유한다.

암컷 카푸친새도 서로 유대 관계를 형성한다. 즉 두 동반자는 먹이를 먹을 때 서로 지켜주고, 레크를 여러 군데 함께 돌아다니며, 심지어 가까이에 둥지를 틀기도 한다. 이 종에 이성애 짝결합이 없다는 점을 고려하면 이는 더욱 놀라운 일이다. 암컷 쌍은 서로 의사소통을 하기 위해 여러 가지 독특한 울음을 사용한다. 예를 들어 함께 먹이를 먹는 동안 부드러운 왁wark 울음소리와 접촉을 유지한다. 암컷 한 마리가 둥지에 앉아 있으면 다른 한 마리는 규칙적으로 한 시간 이상 거친 와아아waaa 소리를 지르며 근처에 서 있기도 하는데, 아마도 짝을 위해 망을 보는 것으로 보인다. 그리고 가까이 둥지를 튼 암컷 두 마리는 때로 두근거리는 듯이 특이한 그뤄그뤄grewer grewer 소리로 낮게 으르렁거린다. 이러한 울음은 암컷 둘이 가까이 둥지를 튼 상황에서만 들을 수 있다. 아직 같은 성 간의 구애나 교미 행위가 관찰된 적은 없지만, 때로 암컷은 전형적으로 과시하는 수컷이 보여주는 행동을 한다. 예를 들어 한 암컷에게서 수컷이 레크에서 구애하듯이 반복적으로 울음을 내고 자세를 취하는 것이 목격되었다. 그 암컷의 울음소리는 수컷이 내는 소울음의 전반부와 같았고, 수컷의 구애 순서에서 흔히 볼 수 있는 주황색 꼬리 장식을 과시했다. 암컷의 목소리 또한 다른 암컷들보다 더 거칠었고, 유난히 큰 둥지를 만들었다. 또한 암컷들은 레크를 방문할 때, 때로 수컷의 특징인 서서 깃털을 부풀리는 자세를 취하기도 한다.

빈도 : 모든 구애 방문의 약 1~2%는 한 수컷이 다른 수컷에게 과시하는 것이다. 모든 수컷(중앙 수컷을 제외하고)은 수컷 과시 파트너를 가지고 있다. 수컷들 사이에 마운팅 시도는 자주 일어나지만, 얼마나 많은 암컷이

같은 성 활동을 하고 있는지는 알려져 있지 않다.

성적 지향: 오직 중앙의 수컷만이 암컷과 교미를 하기 때문에, 짝짓기 철 동안 수컷 개체군의 나머지는 다른 수컷과 과시 동반자 관계를 맺거나 구애나 마운팅을 하는 등 사실상 같은 성 활동에만 참여한다. 그러나 중앙의 수컷은 대부분 암컷에게, 그리고 간혹 수컷에게 과시를 하므로 행동은 양성애자지만 일차적으로는 이성애자다. 또한 다음 번식기에는 다른 수컷이 중앙 수컷이 될 수 있기 때문에 적어도 수컷 중 일부는 순차적 양성애를 보이는 반면, 나머지는 더 오랜 기간 배타적인 동성애를 경험한다.

비생식적이고 대체 가능한 이성애

위에서 논의한 바와 같이, 수컷 개체군의 대다수는 주어진 해에 번식을 하지 않고, 수컷 한 마리(레크 중앙의 수컷)만이 암컷과 번식을 한다. 게다가 오직 12%의 암컷만이 새벽 구애 방문 동안 짝짓기를 하므로 이성애 관계는 흔히 어려움이 많다. 교미는 짧고 종종 불완전하며 공격성을 동반한다. 레크를 방문하는 암컷은 중앙에 있지 않은 수컷에게 지속적으로 쫓긴다. 또한 수컷과 암컷 교미의 거의 1/3과 모든 구애 방문의 1/2 이상에서 다른 카푸친새에 의한 방해와 괴롭힘이 일어난다.

출처
*별표가 있는 출처는 동성애와 트랜스젠더에 대해 논의한다.

* Snow, B. K. (1972) "A Field Study of the Calfbird *Perissocephalus tricolor.*" *Ibis* 114:139–62.

——(1961) "Notes on the Behavior of Three Cotingidae." *Auk* 78:150–61.

Snow, D. (1982) *The Cotingas: Bellbirds, Umbrellabirds, and Other Species.* Ithaca: Cornell University Press.

* ——(1976) *The Web of Adaptation: Bird Studies in the American Tropics.* New York:

Quadrangle/New York Times Book Co.

* Trail, P. W. (1990) "Why Should Lek-Breeders Be Monomorphic?" *Evolution* 44:1837–52.

제비꼬리마나킨
Chiroxiphia caudata

푸른등마나킨
Chiroxiphia pareola

동성애	트랜스젠더	행동	랭킹	관찰
○ 암컷	○ 간성	● 구애 ○ 짝 형성	○ 중요	● 야생
● 수컷	○ 복장도착	○ 애정표현 ○ 양육	● 보통	○ 반야생
		● 성적인 행동	○ 부수적	○ 포획 상태

제비꼬리마나킨

식별 : 성체 수컷은 밝은 파란색이며 오렌지색 왕관 모양 깃털을 가지고 있고 머리와 날개
는 검은색이다. 암컷과 1년생 수컷은 모두 초록색인 반면, 어린 성체 수컷은 초록색
또는 청록색이며 오렌지색 왕관 모양 깃털을 가진다.

분포 : 브라질 동부, 파라과이, 아르헨티나 북서부.

서식지 : 습윤삼림.

연구지역 : 브라질 남동부.

푸른등마나킨

식별 : 성체 수컷은 붉은 왕관 모양과 검은색 깃털을 가지고 있으며 등에는 연한 파란색 반
점이 있다. 1년생 수컷과 암컷은 전체가 초록색이며, 어린 성체 수컷은 붉은 왕관 모
양과 초록색 깃털을 가지고 있다.

분포 : 토바고, 기아나, 아마존 분지.

서식지 : 숲 속 덤불, 삼림지.

연구지역 : 서인도제도의 토바고.

아종 : 대서양푸른등마나킨 *C.p. atlantica*.

사회조직

수컷 제비꼬리마나킨은 4~6마리가 안정적으로 오래 지속하는 관계를 형성하여 사실상 모든 시간을 함께 보낸다. 그들은 짝짓기철 내내 함께 지내고, 보통 매해 다시 만난다. 이러한 무리는 전통적인 무대 혹은 레크에서 과시를 같이 한다. 짝짓기 체계는 일부다처제이며 수컷(아마도 암컷도)이 여러 파트너와 교미한다. 그러나 대다수의 수컷은 비번식 개체다. 푸른등마나킨도 비슷한 사회조직을 가지고 있다.

설명

행동 표현 : 수컷 제비꼬리마나킨은 정교한 집단 구애 의식인 점프과시jump display를 수행한다. 이 과시는 때로 암컷을 향하기도 하지만, 때로는 1년생 수컷이나 젊은 성체 수컷을 향하기도 한다(후자는 녹색 깃털을 가진 암컷을 닮았지만 붉은색이나 오렌지색 모자 모양 때문에 구별된다). 하지만 일반적으로 다른 성체 수컷을 대상으로 하지는 않는다. 동성애 점프과시를 시작하기 위해 성체 수컷 2~3마리가 나란히 레크의 전시용 횃대에 모여 앉는데, 줄의 맨 앞에 과시를 받는 대상인 (가장 어린) 수컷이 앉는다. 개구리의 합창처럼 꽥꽥거리는 소리를 내면서 성체 수컷은 몸을 웅크리고, 몸을 떨며, 발을 끌며 걷게 되는데, 덩어리 하나가 뭉쳐 진동하는 듯한 모습이 된다. 그런 다음 구애하는 수컷들이 날카로운 딕딕

딕dik-dik-dik 울음을 내면서,
차례로 점프하고, 어린 수컷 앞
에서 맴돌며 날다가 옆에 착지
한다. 각각의 수컷이 점프하면
다른 수컷들은 횃대를 타고 그
수컷이 있던 위치로 내려오는
데, 여러 번 이 순서를 반복하
며 날아가는 새와 미끄러지는
새의 연속 회전을 만들어 낸다.
이들의 붉은 오렌지색 왕관 모
양 깃털은 같이 모여 구애를 받
는 새에게 '횃불이 소용돌이치
는' 듯한 모습으로 보이게 된

제비꼬리마나킨 무리에서의 동성애 구
애 : 한 수컷(오른쪽)이 젊은 수컷 앞에
떠 있는 동안 다른 수컷이 '점프과시'에
서의 자기 차례를 수행할 준비를 하고
있다.

다. 이렇게 협력해서 과시를 하는 동안, 가장 어린 수컷은 보통 똑바로
선 자세로 움직이지 않고 앉아 있다. 수컷들은 때로 서로 마운트를 하고
교미를 시도한다.

비슷한 방식으로 수컷 푸른등마나킨 한 쌍이 세 번째 새(때로는 더 어린
수컷)를 향해 구애를 한다. 이 과시는 잠재적인 짝을 유혹하기 위해 수컷
들이 듀엣을 하는 것으로 시작된다. 두 새는 나란히 나무에 걸터앉아 완
벽하게 동기화된 울음소리를 낸다. 일단 어린 수컷이 도착하면, 둘은 공
중제비 과시catherine wheel display로 구애를 시작한다. 각각의 성체 수컷
이 번갈아 뛰어올라 날개를 뒤쪽으로 퍼덕이며, 파트너를 '등위로 뛰어
넘기'를 하고, 파트너는 두 개의 저글링 공이 돌아가듯 정확한 시간 순
서로 상대를 대체하기 위해 앞으로 나아간다. 이 과정을 최대 60회 반복
하여 구애를 받는 수컷 방향으로 날아가는 새들의 '수레바퀴'를 만들어
내고, 속도는 점점 더 빨라진다. 한편 과시를 하는 수컷들은 주이쉬하프

[*]를 튕기는 듯한 콧소리 같은 윙윙 소리를 힘차게 낸다. 춤의 열기가 절정에 달하면 성체 수컷 중 한 마리가 날카롭게 울음을 내고 파트너는 사라진다. 그리고 첫 번째 수컷이 어린 수컷에게 일대일로 구애를 하기 시작한다. 그는 과시용 횃대위로 나비가 날듯이 제자리 날기를 하며 십자로 이동하다가, 다른 수컷 앞에 착지해 이따금 머리를 숙이고 날개와 무지갯빛 푸른 등을 진동하다가, 두 개의 뿔 모양 깃을 펼치며 찬란한 붉은색 볏을 과시한다. 이러한 공연을 하는 동안, 어린 수컷은 웅크려서 자신에게 구애하는 나이 든 수컷을 향해 반복적으로 얼굴을 돌리며, 때로는 과시 횃대를 가로지르며 유사한 통통 튀는 '나비' 비행으로 반응하기도 한다.

빈도 : 이러한 종에서 수컷들 사이에서 일어나는 구애나 마운팅의 전체적인 비율은 아직 알려져 있지 않지만, 비교적 드물 수도 있다. 그러나 푸른등마나킨에 대한 연구에서 관찰된 '나비' 구애 과시의 3번 중 2번이 수컷을 향한 것이었다. 제비꼬리마나킨에 대한 2년간의 연구에서는 단지 10차례의 이성애 짝짓기만이 기록되었다. 그러므로 동성 간의 활동이 모든 구애 활동과 성적인 활동의 상당 부분을 차지할 가능성이 있다.

성적 지향 : 레크에서 과시를 하는 모든 수컷 제비꼬리마나킨은 4~6마리 중 1마리만이 암컷과 교미를 한다. 따라서 수컷 중 상당수는 이성애 및 동성애 구애에 모두 참여하지만, 수컷-암컷 간의 성적(마운팅) 활동에는 직접적으로 참여하지 않는다. 비슷한 패턴이 푸른등마나킨에서도 나타난다.

---

[*] 주이쉬하프(jewish harp)는 이빨 사이에 물고 손가락으로 퉁기는 원시적인 현악기다.

비생식적이고 대체 가능한 이성애

제비꼬리마나킨 개체군에는 상당한 수의 비번식 수컷 외에도, 최적이라고 할 수 없는 이성애 특징이 나타난다. 수컷-암컷 구애 중 약 2/3에서만 짝짓기가 일어나는데, 절반 정도에서는 암컷이 그냥 떠나버리고, 나머지 경우에는 다른 수컷이 구애 과시를 방해한다. 그러나 짝짓기가 일어나면 암컷은 한 번 방문에 같은 수컷과 최대 6번까지 교미를 할 수 있고, 푸른등마나킨도 비슷하다.

출처　　　　　　*별표가 있는 출처는 동성애와 트랜스젠더에 대해 논의한다.

Foster, M. S. (1987) "Delayed Maturation, Neoteny, and Social System Differences in Two Manakins of the Genus *Chiroxiphia*." *Evolution* 11:547–58.

——(1984) "Jewel Bird Jamboree." *Natural History* 93(7):54–59.

——(1981) "Cooperative Behavior and Social Organization in the Swallow-tailed Manakin (*Chiroxiphia caudata*)." *Behavioral Ecology and Sociobiology* 9:167–77. Gilliard, E. T. (1959) "Notes on the Courtship Behavior of the Blue-backed Manakin (*Chiroxiphia pareola*)." *American Museum Novitates* 1942:1–19.

* Sick, H. (1967) "Courtship Behavior in the Manakins (Pipridae): A Review." *Living Bird* 6:5–22.

* ——(1959) "Die Balz der Schmuckvögel (Pipridae) (The Mating Ritual of Jewel Birds)." *Journal für Ornithologie* 100:269–302.

* Snow, D. W. (1976) *The Web of Adaptation: Bird Studies in the American Tropics*. New York: Quadrangle/New York Times Book Co.

——(1971) "Social Organization of the Blue-backed Manakin." *Wilson Bulletin* 83:35–38.

* ——(1963) "The Display of the Blue-backed Manakin, *Chiroxiphia pareola*, in Tobago, W.I." *Zoologica* 48:167–76.

이색개미잡이새

Gymnopithys bicolor

점박이개미잡이새

Phaenostictus mcleannani

동성애	트랜스젠더	행동	랭킹	관찰
○ 암컷	○ 간성	● 구애 ● 짝 형성	○ 중요	● 야생
● 수컷	○ 복장도착	○ 애정표현 ○ 양육	● 보통	○ 반야생
		○ 성적인 행동	○ 부수적	○ 포획 상태

이색개미잡이새

식별 : 갈색과 적갈색 깃털을 가진 작은(13~18센티미터) 새이며 눈 주위에 푸른 회색 반점이
　　　있다. 점박이개미잡이새는 등 깃털에 독특한 가리비무늬를 가지고 있다.

분포 : 중앙아메리카이카, 온두라스부터 에콰도르까지의 남아메리카 북서부.

서식지 : 열대 우림 덤불.

연구지역 : 파나마 바로 콜로라도 섬.

사회조직

개미잡이새는 군대개미 떼를 따라다니며 먹이를 찾기 때문에 그 이름이
붙여졌다. 간혹 무리 안에 여러 종의 다른 새들이 모인다. 이색개미잡이
새와 점박이개미잡이새 모두 일반적으로 오래 지속하는 일부일처제 쌍

을 형성한다. 또한 점박이개미잡이새는 전형적으로 3세대까지 내려가는 수컷들과 그 짝으로 이루어진 복잡한 대가족 혹은 '친족clan' 구조를 이루고 산다. 암컷은 다른 친족으로부터 이러한 가족단위에 합류하며, 수컷은 짝을 찾으면 종종 이전의 친족에게 돌아간다.

설명

행동 표현 : 이색개미잡이새와 점박이개미잡이새는 수컷 동성애 쌍이라는 독특한 사회생활 모습을 보여준다. 보통 수컷 한 마리가 다른 수컷에게 구애먹이주기courtship-feeds를 하며 먹이를 선물할 때(보통 벌레나 거미) 짝결합이 시작되고 강화된다(이성애 쌍처럼). 점박이개미잡이새 수컷들은 서로 이런 식으로 구애하며 특징적인 자세를 취하기도 하는데(역시 이성애 구애에서도 사용한다), 목덜미 깃을 세우고, 목을 뻣뻣이 위로 세우고, 몸통의 깃털을 부풀리며, 꼬리와 다리를 벌린다. 또한 캐롤carol을 부르는데, 음높이가 줄어드는 최대 15가지의 휘파람 소리를 낸다(치치츄츄 chee chee chew chew처럼 들린다). 이성애 짝과 달리 수컷 파트너는 일반적으로 먹이를 주고받는 상호 구애먹이주기를 한다. 이색개미잡이새의 동성애 구애먹이주기는 또한 여러 가지 면에서 이성애 형태와 구별된다. 즉 수컷 쌍에서는 양쪽 누구든지 그 활동을 시작할 수 있으며, 구애먹이주기에 대개 짧고 음악적인 첩cheup 소리의 찍찍거리기chirping를 동반한다. 이성애 쌍에서는 수컷만이 암컷에게 먹이를 주고, 파트너들은 일반적으로 구애먹이주기 중 으르렁거리는growls 소리를 낸다(거칠게 차우흐chauhh하듯이 들리는 빠른 쉿소리나 그르렁거리는 소리). 일단 짝을 형성하면 두 마리의 수컷은 반대쪽 성 한 쌍이 하는 것처럼 지속적인 동반자가 되어, 함께 개미 떼를 찾아다니며 나란히 먹이를 구한다. 동성애 짝결합은 여러 해 동안 지속하는 긴 유대 관계다. 파트너들은 둘 다 성체일 수도 있고, 나이 많은 새가 어린 새와 짝을 지을 수도 있다. 점박이개미잡

이새에서는 어린 수컷이 친족 구조 안에 있을 때도 가끔 부자간의 구애먹이주기가 일어난다.

빈도 : 이색개미잡이새 일부 개체군에서는 모든 쌍의 2~3%가 수컷 두 마리로 이루어져 있으며, 동성애 쌍은 특정 해에 전체 쌍의 4~6%까지 차지할 수 있다. 점박이개미잡이새에서의 수컷 쌍 발생률도 비슷할 것이다.

수컷 점박이개미잡이새(왼쪽)가 수컷 짝에게 '구애먹이주기'를 하고 있다.

성적 지향 : 이색개미잡이새 수컷의 대략 5~14%는 일생 중 어느 시점에 동성애 짝짓기나 구애에 참여한다. 두 종 모두 일부 수컷은 순차적인 양성애를 보인다. 예를 들어 수컷이 암컷과 짝을 맺은 다음 동성애 짝을 형성하거나(이들이 새끼를 낳은 아비이거나 홀아비인 경우도 있다), 동성애 짝결합이 깨진 후 암컷과 짝짓기를 할 수도 있다. 그러나 다른 수컷들은 이성애 짝짓기에 참여하는 기미가 보이지 않으므로, 이러한 새들은 적어도 생애의 일부 동안은 동성애 짝짓기에만 관여하는 것으로 보인다.

비생식적이고 대체 가능한 이성애

이색개미잡이새와 점박이개미잡이새 모두 상당한 수의 새들이 번식을 하지 않는다. 이색개미잡이새 성체 수컷의 최대 45%가 특정 해에 이성애적으로 짝을 맺지 않으며, 일부 수컷은 6년 이상 연속으로 짝을 얻지 못한다. 어린 수컷은 성적으로 성숙해진 후에도 최대 1년 동안 친족의 '보금자리'에 머물거나(점박이개미잡이새), 혼자 떠돌아다니면서(이색개미잡이새) 생식 활동을 지연시킬 수 있다. 또한 수컷 개미잡이새는 11년 이상 살며 비교적 수명이 긴 것으로 알려져 있다. 따라서 (죽거나 이혼을 통해) 암컷 파트너를 잃은 일부 개체는 생애에서 번식은퇴 기간을 겪을 수 있다. 암컷이 짝을 떠나 어린 수컷을 찾는 것 외에도, 성체 이색개미잡이새와 새로 짝결합을 한 점박이개미잡이새에서는 이혼과 짝교환도 간혹 일어난다. 흔히 이혼은 짝을 맺은 암컷과 짝이 없는 수컷 사이의 '혼외' 구애에 의해 시작된다. 또한 점박이개미잡이새 대가족은 때로 해체될 수 있다. 즉 이성애 쌍이 성공적으로 번식을 하지 못할 때 친족을 떠나기도 하고, 조부모가 스스로 친척들을 떠나기도 한다. 짝을 맺은 이성애 관계도 항상 순탄하지는 않다. 예를 들어 이색개미잡이새 수컷은 종종 암컷 짝에게 노골적으로 적대적이다. 이것은 특히 짝 유대 관계의 초기에 흔한데, 수컷은 공격적으로 암컷에게 쇳소리와 딸깍 소리를 내며 폭발한다. 또한 암컷 점박이개미잡이새가 수컷의 구애와 교미 접근을 단호히 거부하는 것도 관찰되었다. 마지막으로 이러한 종에서 근친상간 활동이 꽤 기록되었는데, 여기에는 점박이개미잡이새 수컷과 어미 사이의 구애와 교미 시도나, 이색개미잡이새 아비가 한 딸에 대한 구애 등이 포함된다.

출처
*별표가 있는 출처는 동성애와 트랜스젠더에 대해 논의한다.

Willis, E.O. (1983) "Longevities of Some Panamanian Forest Birds, with Note of Low Survivorship in Old Spotted Antbirds (*Hylophylax naevioides*)." *Journal of Field Ornithology* 54:413–14.

* ——(1973) *The Behavior of Ocellated Antbirds.* Smithsonian Contributions to Zoology no. 144. Washington, D.C.: Smithsonian Institution Press.

* ——(1972) *The Behavior of Spotted Antbirds.* Ornithological Monographs 10. Washington, D.C.; American Ornithologists' Union.

* ——(1967) *The Behavior of Bicolored Antbirds.* University of California Publications in Zoology 79. Berkeley: University of California Press.

황토색배딱새

Mionectes oleagineus

동성애	트랜스젠더	행동	랭킹	관찰
○ 암컷	○ 간성	● 구애 ○ 짝 형성	○ 중요	● 야생
● 수컷	● 복장도착	○ 애정표현 ○ 양육	○ 보통	○ 반야생
		○ 성적인 행동	● 부수적	○ 포획 상태

식별 : 긴 꼬리와 황토색 또는 황갈색의 가슴 아랫부분을 가진, 평범한 올리브녹색의 새다. 크기가 작다(13센티미터).

분포 : 멕시코에서 남쪽으로는 남아메리카의 아마존까지, 트리니다드 토바고.

서식지 : 습한 저지대 숲, 탁 트인 관목 숲.

연구지역 : 코스타리카 코르코바도 국립공원.

아종 : 성난황토색배딱새*M. o. dyscola*.

사회조직

황토색배딱새는 세 가지의 독특한 수컷 범주로 나눌 수 있는 복잡한 사회조직을 가지고 있다. 수컷의 약 42%는 영역형territorial 개체로서, 구애 과시를 수행하는 나뭇잎 안의 '무대'를 지킨다. 때로 2~6마리의 영역형 수컷들이 레크lek 대형을 이루며 서로 가까이 붙어 과시한다. 또 다른 수컷의 10%는 위성형satellites 개체인데, 영역형 수컷과 관계를 형성하지만 과시는 하지 않으며, 흔히 그 영역을 상속받는다. 마지막으로, 수컷의 48%는 널리 돌아다니고 영역을 소유하지 않는 떠돌이형floaters 개체다. 황토색배딱새의 짝짓기 체계는 일부다처제이거나 난혼제다. 수컷과 암컷의 짝 유대 관계는 형성되지 않으며, 수컷은 가능한 한 많은 암컷과 짝짓기를 한다. 암컷은 스스로 새끼를 기른다.

설명

행동 표현: 암컷 황토색배딱새는 보통 자신의 영역에서 과시하고 노래하는 수컷에게 끌리지만, 때로는 다른 수컷도 영역형 수컷에게 다가와 구애를 받기도 한다. 접근하는 수컷은 구애 무대의 중앙으로 이동해 날개를 재빠르게 움직이는, 암컷과 매우 비슷한 행동을 보인다. 상대 수컷은 더 격렬하게 노래를 부르고(휘파람 소리처럼 들린다), 몸을 웅크리며 날개를 퍼덕인다. 그런 다음 영역형 수컷은 다른 수컷을 따라다니며, 때로 부드러운 입ipp 소리를 내기도 한다. 이러한 구애 과정은 이성애 만남에서처럼 영역형 수컷이 일련의 세 가지 종류의 비행 과시를 하며 계속된다. 깡충깡충과시hop display는 수컷이 두 횃대 사이를 흥분해서 왔다 갔다 뛰어다니며 이이크eek 소리를 내는 것이다. 퍼덕이기비행flutterr flight에서는 과시하는 수컷이 천천히 날개를 퍼덕이는 형태로 두 개의 횃대 사이를 둥근 호 모양으로 가로지르게 되고, 제자리비행hover flight에서는 수컷이 횃대 위나 두 개의 횃대 사이를 천천히 맴돌며 종종 다른 수컷에게 아주 가깝게 다가간다. 일반적으로 구애 과정은 영역형 수컷이 추chur 소리를 내며 다른 수컷을 쫓아내는 것으로 갑작스레 끝을 맺는다.

빈도 : 구애 과정의 약 17%는 한 수컷이 다른 수컷에게 구애하는 것과 관련이 있으며, 수컷이 영역을 방문할 때 약 5%에서 구애가 나타난다. 수컷들이 마운팅을 하거나 교미를 시도한 적이 관찰된 적은 없지만, 이성애 짝짓기 역시 거의 목격되지 않았다. 예를 들어 한 연구 현장에서 10개월간 560시간 이상 관찰하는 동안, 오직 두 번의 수컷-암컷 마운팅만이 관찰되었다.

성적 지향 : 황토색배딱새에서 이성애 대 동성애 행동의 상대적 비율과 '선호'를 결정하는 것은 매우 어렵다. 일부 연구자들은 다른 수컷에게 구애하는 영역형 수컷은 자신이 같은 성별의 새에게 과시하고 있다는 것을 깨닫지 못하며, 이 경우 '복장도착'을 한 새에 대해 외관상의 이성애 행동을 하고 있는 것이라고 믿는다. 그러나 영역형 수컷에게 접근하는 수컷의 경우 상황은 더 혼란스럽다. 이들 중 다수는 아마도 다른 수컷에게 구애를 받고 있다는 것을 알고 있는 떠돌이형 개체일 것이다. 즉 표면적으로 동성애 활동에 참여하고 있다. 그러나 적어도 한 증례에서는 접근하는 수컷이 이웃 영역의 수컷이었으며, 그 수컷은 자신의 영역에 온 암컷에게도 구애를 했다. 즉 실제로 그의 구애 상호작용은 양성애적이었다.

비생식적이고 대체 가능한 이성애

위에서 언급한 바와 같이 수컷 개체수의 절반 이상은 비번식 개체인데, 이는 떠돌이형 개체와 위성형 개체가 이성애 짝짓기를 하는 경우가 드물기 때문이다. 게다가 이러한 수컷들이 번식 활동을 하지 않는 이유가 이용할 수 있는 과시 장소가 부족하기 때문이라고 할 수도 없다. 왜냐하면 적절한 영역의 3/4 이상이 사용되지 않기 때문이다(그리고 이러한 영역의 거의 1/4은 최상의 '부동산'이다).

출처

*별표가 있는 출처는 동성애와 트랜스젠더에 대해 논의한다.

Sherry, T. W. (1983) "*Mionectes oleaginea.*" In D. H. Janzen, ed., *Costa Rican Natural History*, pp. 586–87. Chicago; University of Chicago Press.

Skutch, A. F. (1960) "*Oleaginous pipromorpha.*" In *Life Histories of Central American Birds II*, Pacific Coast Avifauna no. 34, pp. 561–70. Berkeley: Cooper Ornithological Society.

Snow, B. K., and D. W. Snow (1979) "The Ocher–bellied Flycatcher and the Evolution of Lek Behavior." *Condor* 81:286–92.

Westcott, D. A. (1997) "Neighbors, Strangers, and Male–Male Aggression as a Determinant of Lek Size." *Behavioral Ecology and Sociobiology* 40:235–42.

——(1993) "Habitat Characteristics of Lek Sites and Their Availability for the Ocher–bellied Flycatcher, Mionectes oleagineus." *Biotropica* 25:444–51.

——(1992) "Inter– and Intra–Sexual Selection: The Role of Song in a Lek Mating System." *Animal Behavior* 44:695–703.

* Westcott, D. A., and J. N. M. Smith (1994) "Behavior and Social Organization During the Breeding Season in Mionectes oleaginous, a Lekking Flycatcher." *Condor* 96:672–83.

제비과 / 횃대류와 명금류

나무제비

Tachycineta bicolor

동성애	트랜스젠더	행동	랭킹	관찰
○ 암컷	○ 간성	○ 구애 ○ 짝 형성	○ 중요	● 야생
● 수컷	○ 복장도착	○ 애정표현 ○ 양육	● 보통	○ 반야생
		● 성적인 행동	○ 부수적	○ 포획 상태

식별 : 소형에서 중형 정도 크기의 제비로서 상체는 무지갯빛을 띤 청록색이고, 하체는 흰 색이며, 꼬리는 살짝 갈라져있다.

분포 : 캐나다와 미국 북부. 겨울에는 미국 남부에서 남아메리카 북서부까지 분포한다.

서식지 : 숲, 들판, 목초지, 습지, 보통 물 근처.

연구지역 : 미시간 주 알렌데일.

사회조직

나무제비는 매우 사회적인 새다. 짝짓기 철이 아닌 계절에는 수십만 마리가 큰 무리를 짓지만, 번식기에는 짝을 짓고 흔히 무리나 군락을 이룬다.

설명

행동 표현 : 수컷 나무제비 무리는 짝짓기철에 때로 다른 수컷과 교미하기 위해 쫓아간다. 만일 관심을 끄는 대상이 있다면, 그 수컷 위를 '구름'처럼 맴돌며 계속해서 날개를 퍼덕이고 틱틱틱tick-tick-tick 소리를 낸다. 이 소리는 수컷이 암컷과 교미할 때 내는 특징적인 울음이다. 이들 무리 중 한 마리가 수컷을 마운팅하는 데 성공하면 완전한 동성애 교미가 일어난다. 즉, 위에 있는 수컷은 부리로 다른 수컷의 목과 등 깃털을 붙잡고, 마운트가 된 수컷은 생식기가 접촉할 수 있도록 꼬리를 들어 올린다. 이성애 교미와 마찬가지로, 수컷 두 마리는 한 번의 교미 동안 여러 번의 반복적인 생식기 접촉을 하며, 최대 1분 동안 지속할 수 있다(수컷-암컷 사이 마운트는 보통 30초 동안 지속한다). 또한 수컷 무리는 몇 번의 연속적인 동성애 짝짓기를 할 수 있다. 마운트가 되었던 수컷이 날아오르면 무리는 그가 다시 땅에 내려앉을 때까지 계속 쫓아가며, 모든 과정이 다시 반복된다.

빈도 : 동성애 교미는 나무제비에서 가끔 관찰된다. 그러나 이 종에서는 이성애 비非일부일처제 짝짓기 또한 거의 볼 수 없다. 그런데도 그러한 짝짓기로 인한 새끼의 비율은 매우 높다(아래 참조). 따라서 이성애 비일부일처제 교미는 대부분 쉽게 관찰되지 않는 장소(또는 시간)에서 발생할 가능성이 있다. 마찬가지로 동성애 짝짓기(비일부일처제 교미의 양상을 따른다)도 관찰되는 것보다 더 자주 발생할 수 있다.

성적 지향 : 동성애 추적과 교미에 참여하는 일부 수컷은 양성애자일 것

이다. 예를 들어 다른 수컷에 의해 마운트가 된 한 수컷은 그가 동성애 활동에 참여할 당시 생후 6일 된 새끼들의 아비였다. 그러나 그 아비 수컷을 마운팅한 수컷은 같은 둥지 군락의 암컷과 짝을 이룬 상태가 아니었으며, 비번식 개체였을 수도 있다(물론 다른 군락에서 방문한, 이성애 쌍을 이룬 새였을 수도 있다).

비생식적이고 대체 가능한 이성애

이성애자 나무제비 한 쌍은 때로 암컷이 수정할 수 있는 시기가 되기 전에 교미를 자주 한다. 또한 알을 낳은 후나 새끼가 부화한 후에 비생식적인 짝짓기가 일어날 수도 있다. 전체적으로 각각의 쌍은 한 둥지의 새끼를 만들기 위해 약 50~70차례 교미를 한다. 짝짓기의 최소 15%는 암컷의 가임기 이후에 일어나며, 마운트의 20%이상에서 생식기 접촉이 일어나지 않는다. 게다가 알을 품는 시기에 일어나는 이성애 교미의 상당수는 짝을 맺지 않은 암컷과 수컷 사이의 비非일부일처제 짝짓기다(번식기에도 마찬가지로 외도가 나타난다). 비록 이 종의 많은 쌍이 일부일처제를 유지하지만(모든 암컷의 절반가량은 엄격하게 한 수컷에게 충실하다), 문란한 짝짓기는 나무제비 이성애 상호작용의 눈에 띄는 특징이다. 암컷은 흔히 (때로는 여러 다른 수컷에게) 그러한 문란한 교미를 요청하며, 또한 원치 않는 문란한 짝짓기를 효과적으로 끝낼 수도 있다. 짝짓기 종료는 암컷은 날아가거나, 생식기 접촉을 위해 꼬리를 드는 것을 거부하거나, 머리를 돌려 수컷을 향해 딱딱거리거나 혹은 '재잘거림'으로써 가능하다. 비일부일처제 짝짓기로 인한 새끼는 꽤 많다. 일부 개체군에서는 모든 둥지의 50~90%는 어미의 짝과 유전적으로 관련이 없는 새끼를 포함하고 있으며, 전체 새끼로 따지면 40~75%를 차지한다. 어떤 가족에서는 새끼 전부가 다른 수컷의 자식이다. 반대의 상황도 때로 발생한다. 즉 새끼들이 아비의 자식일 수 있지만, 그의 암컷 파트너는 그렇지 않은 경우다. 이러한 일은 짝바꾸기(이혼이나 재再짝결합)로 인한 것이거나, 암컷이 간혹 다른 암컷의 둥지에 알을 낳기 때문인 것으로 보인다(모든 둥지의 5~9%는 이런 식으로 탁란기생parasitized의 대상이 된다).

　일부 개체군에서는 수컷의 3~8%가 일부다처제 트리오를 형성하여 두 마리의 암컷과 동시에 유대 관계를 형성하고 번식을 한다. 만일 두 암 컷이 둥지를 공유한 상태에서 한 암컷의 알이 부화하지 않는다면, 그 암 컷은 다른 암컷이 둥지를 돌보는 것을 도울 수 있다. 또한 많은 개체군 이 번식하지 않는 새들을 다수 보유하고 있는데, 이들은 자기 영역을 가 지지 않고 널리 이동하는 경향이 있기 때문에 떠돌이floaters라고 불리기 도 한다. 생식적으로 성숙한 암컷의 거의 1/4이 떠돌이다. 나무제비는 자기 친척이 아닌 새끼를 기르는 것을 도울 뿐만 아니라, 때로 암청색큰 제비*Progne subis*이나 파랑새*Sialia* spp.와 같은 다른 새들의 둥지를 '입 양'하여, 자기 새끼와 함께 입양한 새끼를 기른다. 이성애 나무제비 한 쌍 중 절반 이상은 한 해 이상 번식기를 같이 지내지 않는다. 또한 짝짓 기 철에 부모 중 한쪽이 죽임을 당하거나 사망할 때에는 한부모 육아가 종종 발생한다. 그러나 홀로 된 부모는 흔히 다른 짝과 재결합한다. 만일 한 부모가 알을 낳거나 품고 있으면, 새 짝은 흔히 그 알을 받아들이지 만, 한 부모가 이전 짝의 새끼를 키우고 있으면, 새 짝은 흔히 자기 알을 낳기 위해 그 새끼를 (대개 부리로 쪼아서) 죽인다. 또한 영아살해는 한 암 컷이 어떤 짝의 이혼을 촉진하고 그 수컷과 짝짓기를 하기 위해, 짝을 이 룬 암컷 둥지의 새끼들을 죽이는 상황에서도 발생한다.

출처

*별표가 있는 출처는 동성애와 트랜스젠더에 대해 논의한다.

Barber, C. A., R. J. Robertson, and P. T. Boag (1996) "The High Frequency of Extra-Pair Paternity in Tree Swallows Is Not an Artifact of Nestboxes." *Behavioral Ecology and Sociobiology* 38:425-30.

Chek, A. A., and R. J. Robertson (1991) "Infanticide in Female Tree Swallows: A Role for Sexual Selection." *Condor* 93:454–57.

Dunn, P. O., and R. J. Robertson (1992) "Geographic Variation in the Importance of Male Parental Care and Mating Systems in Tree Swallows." *Behavioral Ecology* 3:291–99.

Dunn, P. O., and R. J. Robertson, D. Michaud–Freeman, and P. T. Boag (1994) "Extra–Pair Paternity in Tree Swallows: Why Do Females Mate with More than One Male?" *Behavioral Ecology and Sociobiology* 35:273–81.

Leffelaar, D., and R. J. Robertson (1985) "Nest Usurpation and Female Competition for Breeding Opportunities by Tree Swallows." *Wilson Bulletin* 97:221–24

——(1984) "Do Male Tree Swallows Guard Their Mates?" *Behavioral Ecology and Sociobiology* 16:73–79.

Lifjeld, J. T., P. O. Dunn, R. J. Robertson, and P. T. Boag (1993) "Extra–Pair Paternity in Monogamous Tree Swallows." *Animal Behavior* 45:213–29.

Lifjeld, J. T., and R. J. Robertson (1992) "Female Control of Extra–Pair Fertilization in Tree Swallows." *Behavioral Ecology and Sociobiology* 31:89–96.

* Lombardo, M. P. (1996) Personal communication.

——(1988) "Evidence of Intraspecific Brood Parasitism in the Tree Swallow." *Wilson Bulletin* 100:126–28.

——(1986) "Extrapair Copulations in the Tree Swallow." *Wilson Bulletin* 98:150–52.

* Lombardo, M. P., R. M. Bosman, C. A. Faro, S. G. Houtteman, andT.S. Kluisza (1994) "Homosexual Cop ulations by Male Tree Swallows." *Wilson Bulletin* 106:555–57.

Morrill, S. B., and R. J. Robertson (1990) "Occurrence of Extra–Pair Copulation in the Tree Swallow(*Tachycineta bicolor*)." *Behavioral Ecology and Sociobiology* 26:291–96.

Quinney, T. E. (1983) "Tree Swallows Cross a Polygyny Threshold." *Auk* 100:750–54.

Rendell, W. B. (1992) "Peculiar Behavior of a Subadult Female Tree Swallow." *Wilson Bulletin* 104:756–59.

Robertson, R. J. (1990) "Tactics and Counter–Tactics of Sexually Selected Infanticide in Tree Swallows." In J. Blondel, A. Gosler, J.–D. Lebreton, and R. McCleery, eds., *Population Biology of Passerine Birds: An Integrated Approach*, pp. 381–90. Berlin: Springer–Verlag.

Robertson, R. J.t B. J. Stutchbury, and R. R. Cohen (1992) "Tree Swallow (*Tachycineta bicolor*)." In A. Poole, P. Stettenheim, and F. Gill, eds., *The Birds of North America: Life Histories for the 21st Century*, no. 11. Philadelphia: Academy of Natural Sciences; Washington, D.C.: American Ornithologists' Union.

Stutchbury, B. J., and R. J. Robertson (1987a) "Signaling Subordinate and Female Status: Two Hypotheses for the Adaptive Significance of Subadult Plumage in Female Tree Swallows." *Auk* 104:717–23.

——(1987b) Behavioral Tactics of Subadult Female Floaters in the Tree Swallow." *Behavioral Ecology and Sociobiology* 20:413–19.

——(1987c) "Two Methods of Sexing Adult Tree Swallows Before They Begin Breeding." *Journal of Field Ornithology* 58:236–42.

——(1985) "Floating Populations of Female Tree Swallows." *Auk* 102:651–54.

Venier, L. A., P. O. Dunn, J. T. Lifjeld, and R, J. Robertson (1993) "Behavioral Patterns of Extra–Pair Copulation in Tree Swallows." *Animal Behavior* 45:412–15.

Venier, L. A., and R. J. Robertson (1991) "Copulation Behavior of the Tree Swallow, *Tachycineta bicolor*: Paternity Assurance in the Presence of Sperm Competition." *Animal Behavior* 42:939–48.

삼색제비
Hirundo pyrrhonota

갈색제비
Riparia riparia

동성애	트랜스젠더	행동	랭킹	관찰
○ 암컷	○ 간성	○ 구애 ○ 짝 형성	○ 중요	● 야생
● 수컷	○ 복장도착	○ 애정표현 ○ 양육	○ 보통	○ 반야생
		● 성적인 행동	● 부수적	○ 포획 상태

삼색제비

식별 : 청갈색 제비로서 배쪽은 연하고, 이마는 담황색이며, 밤나무색 목구멍을 가지고 있다. 꼬리는 갈라져 있지 않았다.

분포 : 북아메리카와 중앙아메리카. 겨울에는 남아메리카 남부.

서식지 : 개활지, 절벽.

연구지역 : 와이오밍주 잭슨 홀 인근(모런), 캔자스주 레이크뷰, 네브라스카주 노스플래트 강과 사우스플래트 강.

아종 : 처마삼색제비 *H.p. hypopolia*, 붉은등삼색제비 *H.p. pyrrhonota*.

갈색제비

식별 : 작고 참새 크기의 제비로서 약간 갈라진 꼬리, 갈색 깃털, 흰색 하체, 그리고 갈색 가슴 띠를 가지고 있다.

분포 : 북아메리카와 유라시아 전역. 겨울에는 남아메리카와 남아프리카.

서식지 : 근처에 물이 있는 개활지.

연구지역 : 위스콘신주 매디슨 인근과 스코틀랜드 던블레인.

아종 : 갈색제비 *R.r riparia.*

사회조직

삼색제비와 갈색제비는 군집성이 강해서 수백 또는 수천 마리씩 떼를 지어 모인다. 이들은 일반적으로 짝 유대 관계(하지만 많은 대안적인 조합이 있다. 아래 참조)를 형성하고 군락 속에 둥지를 튼다. 삼색제비의 군락은 흔히 둥지 숫자가 천 개에 이를 정도로 지구상의 어떤 제비의 것보다 크다(그리고 때로 이 숫자의 3배까지 이르기도 한다).

설명

행동 표현 : 수컷 삼색제비와 갈색제비는 흔히 자신의 짝이 아닌 수컷과 암컷 모두와 교미를 시도한다. 나무제비와는 달리 이러한 교미는 대개 강요된 교미 혹은 '강간'이다. 왜냐하면 수컷이든 암컷이든 간에 추적을 당한 새는 수컷의 성적인 접근을 환영하지 않기 때문이다. 삼색제비의 동성애 교미 시도는 땅에서 햇볕을 쬐거나 둥지를 만들기 위해 진흙이나 풀을 모으는 새들의 사회적 모임에서 일어난다. 이러한 무리는 한 번에 몇 마리에서 수백 마리까지 이를 수 있지만, 보통 10~30마리의 새가 모인다. 진흙 채집 시간에 한 수컷이 다른 수컷을 향해 위에서 덤벼드는데, 등에 착지해서 흔히 부리로 머리나 목의 깃털을 잡는다. 일광욕 장소에서 수컷은 보통 다른 새로부터 몇 센티미터 떨어진 곳에 착륙하여 등에 올라타기 전에 위협적인 머리앞으로내밀기head-forward 과시를 한다. 일단 마운트를 하면, 꼬리를 펴서 좌우로 움직이며 총배설강(생식기) 접촉

을 시도한다. 그러는 내내 격렬하게 날개를 퍼덕인다. 다른 수컷은 보통 강하게 저항하고 때로는 싸움이 일어나기도 한다. 교미 시도 시간은 대개 매우 짧지만, 최대 10초까지 지속한다(조류의 마운팅 시간에 비교하면 비교적 긴 시간이다). 강압적으로 암컷을 마운팅하는 것도 이와 같은 방식을 따른다. 수컷이 땅에서 진흙을 채집할 때, 양쪽 성별의 새들은 전형적으로 수컷이 등에 올라타지 못하도록 날개를 등 위로 펄럭인다.

수컷 갈색제비도 암컷과 수컷 모두를 쫓아 교미를 시도한다. 수컷은 먼저 따라갈 가치가 있는지를 결정하기 위해 낯선 새들을 조사추적investigatory chases한다. 만약 관심이 가는 새를 발견한다면(다른 수컷일 수도 있다), 완전한 성적인 추적sexual chase이 일어나고, 때로 여러 마리의 새들도 추적에 참여한다. 흔히 표적이 된 새는 도망칠 수 있지만, 가끔 추적은 강제 교미 시도로 끝을 맺는다. 동성애 마운팅은 또한 새들이 땅에 모여 둥지를 지을 재료를 모으거나 먼지 목욕을 할 때도 발생한다. 때로 수많은 수컷이 양쪽 성의 새에 마운트하려고 할 때 진정한 '난장판'이 벌어진다. 때로 한두 마리의 수컷이 이미 다른 새와 교미하고 있는 세 번째 수컷을 마운트하기도 한다.

빈도 : 갈색제비의 경우 성적인 추적의 8%가 동성애자고, 조사추적의 36~40%는 수컷이 다른 수컷을 쫓는 것과 관련이 있다. 삼색제비 강간 시도는 매우 흔해서, 일부 진흙을 채집하는 장소에서는 2~3분마다 일어난다. 수컷은 5~10분 간격으로 6~8마리의 서로 다른 새에게 마운트를 시도한다. 이러한 마운트는 수컷과 암컷을 대상으로 상당히 균등하게 일어나지만, 실제로 동성애 마운트가 더 자주 발생할 수 있다. 진흙을 채워 넣은 양쪽 성별의 새가 동일한 자세를 취했을 때, 수컷 삼색제비는 거의 65%의 경우에 다른 수컷을 마운트한다.

성적 지향 : 전부는 아니더라도, 다른 수컷과 교미를 하려는 대부분의 수컷 삼색제비와 갈색제비는 암컷에게도 강제로 마운트를 시도하는 양성애자다. 그러나 삼색제비는 소수의 수컷만이 암수 모두에게 그러한 행동을 하는 것으로 보인다. 이들 중 다수는 짝이 없는 새이지만, 이미 이성애 짝을 맺은 수컷(아비 포함)도 때로 문란한 짝짓기를 한다.

수컷 삼색제비 한 마리가 진흙 채집 시간에 다른 수컷(오른쪽)과 교미를 시도하고 있다.

비생식적이고 대체 가능한 이성애

삼색제비와 갈색제비의 이성애 사회생활은 일부일처제나 핵가족 모델에서 벗어난 행동들로 가득 차 있다. 앞에서 논의한 바와 같이, 이성애 짝을 맺은 제비 중 상당수는 짝이 아닌 다른 새와 교미를 추구하며, 여러 증거를 통해 이러한 마운팅 시도가 비생식적이라는 것을 알 수 있다. 마운트가 된 새의 저항 때문에 교미는 흔히 완료되지 못하고 정자도 거의 전달되지 않는다. 또한 번식기가 아닌, 수정 가능성이 없는 시기에도 이런 시도가 일어날 수 있다. 유전자 연구에 따르면 삼색제비 둥지 중 2~6%만이 비非일부일처제 성적인 행동으로 인한 새끼를 낳는 것으로 나타났다. 그러나 모든 둥지의 절반 이상에서, 거의 1/4에 달하는 새끼들은 생물학적 어미나 아비가 아닌 새에 의해 길러진다. 이것은 삼색제비가 가족 간에 알과 둥지를 교환하는, 특별한 조합 활동에 참여하기 때문이다. 예를 들어 모든 둥지의 43%는 다른 암컷이 낳은 알을 가지고 있다. 이러한 새는 자신의 둥지를 가지고 있지만, 다른 둥지에 알을 낳는 탁란parasitizes을 한다(그리고 흔히 자기도 탁란 알을 키운다). 어떤 증례에서는 암컷이 다른 새의 둥지로 돌아와 전체 알을 품기도 하지만(그중 한 개만 자기 알일지라도), 일단 새끼가 부화하면 양육을 돕지는 않는다. 종종 침입하는 암컷의 짝은 자기네 알의 자리를 마련하기 위해 숙주 둥지의 알을 파괴하거나 내다버린다(모든 둥지의 20%까지 알 파괴를 당할 수 있다). 다른 경우에는 수컷이 알을 낳는 암컷으로 하여금 성적인 수용성을 가지게 하고자 다른 둥지의 알을 파괴하는 것처럼 보인다. 이렇게 하면 비일부일처제 이성애 짝짓기의 가능성이 커진다. 새들은 때로 자신의 둥지에서 다른 둥지로 알을 옮기기도 한다. 모든 둥지의 약 6%는 이렇게 전달된 알을 가지고 있다. 마지막으로 몇몇 경우에 제비가 실제로 새끼를 다른 둥지로 옮기는 것이 목격되었다. 영아살해는 때로 새들이 이웃 둥지를 공격하여 새끼를 둥지 밖으로 내던질 때 발생한다. 두 종 모두 어린 새들은 커다란 탁아소creches 혹은 '주간보호센터'에 모인다. 이곳에는 때로 최대 1,000마리까지 새끼가 모이고, 부모가 먹이를 찾으러 떠난 동안 보호를 제공한다.

갈색제비에서도 이혼과 한부모 육아가 발생한다. 암컷은 때로 다른 수컷과 새로운 가정을 꾸리기 위해 자기 짝을 버리고, 첫 번째 짝으로 하여금 혼자 새끼를 기르도록 만든다. 앞에서 설명한 강간 시도 외에도 성별 간에 상당한 공격성이 존재한다. 역설적이게도 수컷 갈색제비는 흔히 다른 수컷의 접근으로부터 암컷 짝을 보호하려고 하다가, 자기 짝을 향해 폭력을 쓴다. 때로 짝을 땅에 쓰러뜨리거나, 암컷과 직접 싸우고, 강제로 굴속에 밀어 넣으려고 한다. 비생식적인 성적 행동 또한 이 두 종에 널리 퍼져 있다. 번식기가 아닌 시기의 교미와 집단 성행위 외에도(위에 언급), 삼색제비 쌍의 구성원은 흔히 단순히 알을 수정하기 위해 필요한 것보다 훨씬 더 높은 비율로 교미를 한다. 또한 두 종의 수컷이 죽은 새와 짝짓기를 시도하는 모습이 간혹 목격되기도 하며, 제비*Hirundo rustica*, 나무제비 등 다른 종과도 짝짓기를 시도한다.

출처   *별표가 있는 출처는 동성애와 트랜스젠더에 대해 논의한다.

* Barlow, J. C., E. E. Klaas, and J. L. Lenz (1963) "Sunning of Bank Swallows and Cliff Swallows." *Condor* 65:438–48.

Beecher, M. D., and I. M. Beecher (1979) "Sociobiology of Bank Swallows: Reproductive Strategy of the Male." *Science* 205:1282–85.

Beecher, M. D., I. M. Beecher, and S. Lumpkin (1981) "Parent–Offspring Recognition in Bank Swallows (*Riparia riparia*): I. Natural History." *Animal Behavior* 29:86–94.

Brewster, W. (1898) "Revival of the Sexual Passion in Birds in Autumn." *Auk* 15:194–95.

* Brown, C. R., and M.B. Brown (1996) *Coloniality in the Cliff Swallow: The Effect of Group Size on Social Behavior.* Chicago: University of Chicago Press.

* ——(1995) "Cliff Swallow (*Hirundo pyrrhonota*)." In A. Poole and F. Gill, eds., *The Birds of North America: Life Histories for the 21st Century*, no. 149. Philadelphia: Academy of Natural Sciences; Washington, D.C.: American Ornithologists' Union.

——(1989) "Behavioral Dynamics of Intraspecific Brood Parasitism in Colonial Cliff Swallows." *Anitnal Behavior* 37:777–96.

——(1988a) "A New Form qf Reproductive Parasitism in Cliff Swallows." *Nature* 331:66–68.

——(1988b) "The Costs and Benefits of Egg Destruction by Conspecifics in Colonial Cliff Swallows." *Auk* 105:737–48.

——(1988c) "Genetic Evidence of Multiple Parentage in Broods of Cliff Swallows." *Behavioral Ecology and Sociobiology* 23:379–87.

Butler, R. W. (1982) "Wing–fluttering by Mud–gathering Cliff Swallows: Avoidance of 'Rape' Attempts?" *Auk* 99:758–61.

* Carr, D. (1968) "Behavior of Sand Martins on the Ground." *British Birds* 61:416–17.

Cowley, E. (1983) "Multi–Brooding and Mate Infidelity in the Sand Martin." *Bird Study* 30:1–7.

* Emlen, J. T., Jr. (1954) "Territory, Nest Building, and Pair Formation in Cliff Swallows." *Auk* 71:16–35.

——(1952) "Social Behavior in Nesting Cliff Swallows." *Condor* 54:177–99.

Hoogland, J. L., and P. W. Sherman (1976) "Advantages and Disadvantages of Bank Swallow (*Riparia riparia*) Coloniality." *Ecological Monographs* 46:33–58.

* Jones, G. (1986) "Sexual Chases in Sand Martins (*Riparia riparia*): Cues for Males to Increase Their Reproductive Success." *Behavioral Ecology and Sociobiology* 19:179–85.

* Petersen, A. J. (1955) "The Breeding Cycle in the Bank Swallow." *Wilson Bulletin* 67:235–86. Thom, A. S. (1947) "Display of Sand–Martin." *British Birds* 40:20–21.

검은목아메리카노랑솔새
Wilsonia citrina

동성애	트랜스젠더	행동	랭킹	관찰
○ 암컷	○ 간성	○ 구애 ● 짝 형성	○ 중요	● 야생
● 수컷	● 복장도착	○ 애정표현 ● 양육	● 보통	○ 반야생
		○ 성적인 행동	○ 부수적	○ 포획 상태

식별 : 수컷과 일부 암컷은 배쪽이 밝은 노란색이고 상체는 올리브녹색이며, 검은 왕관(두
건) 모양 깃털이 있고 목구멍은 검은색이다(아래 참조).

분포 : 북아메리카 동부, 겨울에는 멕시코와 중앙아메리카.

서식지 : 낙엽수림, 편백수 늪.

연구지역 : 매릴랜드주 아나폴리스 근처의 스미스소니언 환경 연구센터.

사회조직

번식기가 되면 수컷 검은목아메리카노랑솔새는 영역을 설정하고 지키
며, 짝결합을 맺을 짝을 찾는다. 번식기를 벗어나면 겨울 보금자리로 이
동하고, 암수가 따로 떨어져 지낸다.

설명

행동 표현 : 수컷 검은목아메리카노랑솔새들은 때로 동성애 쌍을 형성하고 공동 부모가 된다. 번식기 초기에 한 수컷이 다른 수컷의 노래에 이끌려 그의 영역으로 들어가며 같은 성 짝결합이 시작된다. 어떤 경우에는 이 수컷은 앞선 번식기에 그 영역을 방문하여 '탐사'한 적이 있던 새일 수도 있다. 일단 짝결합이 이루어지면 수컷들은 관심을 양육 의무에 집중시킨다. 동성애 커플은 다양한 방법으로 둥지와 알을 얻는다. 어떤 쌍은 자신의 둥지를 만들기도 한다. 이성애 쌍의 수컷 검은목아메리카노랑솔새는 둥지를 거의 짓지 않지만, 동성애 쌍 중 최소 한 마리는 풀 섬유를 둥지로 옮긴 다음 자꾸 앉고 위치를 바꾸며 컵 모양을 만드는 것이 관찰되었다. 그러나 그가 둥지를 지었는지 아니면 단순히 다른 한 쌍이 지은 둥지에 재료를 첨가한 것인지는 알려져 있지 않다. 알에 관해 설명하자면, 일부 쌍은 다른 종의 새인 갈색머리흑조가 낳은 알을 품는다. 갈색머리흑조는 항상 다른 새들의 둥지에 알을 낳아 자신의 새끼를 기르게 '강요'하는 탁란parasite을 한다고 알려져 있다. 검은목아메리카노랑솔새는 특히 갈색머리흑조의 탁란에 취약하다. 일부 개체군에서는 전체 둥지의 3/4이 탁란이 될 정도로 갈색머리흑조는 다른 종보다 검은목아메리카노랑솔새의 둥지를 선호하는 것으로 보인다. 갈색머리흑조는 때로 완전히 비어있는 둥지에 알을 낳기도 하므로, 일부 검은목아메리카노랑솔새 동성애 쌍은 자기 둥지를 만들어

결국 갈색머리흑조의 알만 돌보게 된다. 그러나 보통 갈색머리흑조는 이미 알이 있는 둥지에 자신의 알(들)을 더하기만 한다(종종 있던 알의 일부를 제거한다). 때로 검은목아메리카노랑솔새 어미는 둥지가 이렇게 교란되면 그 둥지를 버리므로, 동성애자 쌍이 그렇게 버려진 둥지를 '입양'한다. 혹은 그렇게 어미가 둥지를 유기한 후 남겨진 아비가 다른 수컷과 다시 짝결합을 하기도 한다. 적어도 두 쌍의 수컷이 탁란이 된 둥

지를 돌보는 것이 관찰되었다. 왜냐하면 그 둥지에 각각 갈색머리흑조와 검은목아메리카노랑솔새 새끼가 모두 들어 있었기 때문이다. 다른 수컷 쌍은 포식자들의 공격을 받아 버려진 둥지를 입양하는 것으로 보인다. 종종 파랑어치와 다람쥐가 검은목아메리카노랑솔새 새끼를 잡아먹는데, 어미는 보통 새끼 한 마리만 잡혀가도 둥지 전체를 버린다. 마지막으로 일부 동성애 쌍은 암컷 검은목아메리카노랑솔새가 그들의 둥지에 직접 낳은 알을 돌볼 수도 있다. 많은 조류 종에서 암컷은 같은 종의 다른 새 둥지에 알을 낳는다(이것은 탁란의 또 다른 형태다). 이러한 일은 검은목아메리카노랑솔새에서는 드물게 발생하지만, 동성애 쌍에게 알 공급원이 될 수 있다.

일단 알이 찬 둥지를 얻고 나면, 수컷 쌍은 전형적으로 양육 의무를 나눈다. 즉 한 마리는 둥지를 수리하고 알과 새끼를 품으며, 다른 한 마리는 짝을 먹이고 영역을 지킨다. 두 마리 모두 새끼에게 각다귀 같은 곤충을 먹인다. 비록 이러한 노동의 분담이 이성애 쌍의 분담과 유사하지만 결정적인 차이가 있다. 이성애 쌍은 일반적으로 암컷이 둥지를 짓고 알을 품으며, 수컷은 영역을 방어하고 새끼를 먹인다. 동성애 쌍에서는 알을 품는 수컷을 흔히 짝이 먹여주는데, 이는 이성애자 쌍에서는 드물게 발생하는 일이다. 또한 전형적으로 '암컷' 부모의 의무에 종사하는 수컷이 나중에 영역 노래를 부르는 것이 관찰되었다(그러나 다른 수컷들의 노래 패턴과는 달랐다). 동성애 쌍에 속하는 둥지가 종종 포식자에게 전부 빼앗기는 경우가 있지만, 모든 이성애 둥지 중 50% 이상도 같은 방식으로 사라진다. 긴 시간 동안 관찰한 어느 수컷 쌍은 이어지는 번식기에 같은 짝과 다시 결합을 하지 않는 것으로 보였고, 이들의 이혼은 포식자에게 둥지를 빼앗긴 것과 관련이 있을 것이다. 검은목아메리카노랑솔새에서는 이성애 이혼도 역시 흔해서, 모든 암컷-수컷 쌍 중 절반 정도가 헤어지는데, 아마도 주 원인은 둥지를 잃었기 때문일 것이다. 아니면, 이혼

수컷 검은목아메리카노랑솔새
한 쌍이 새끼를 돌보고 있다.

이 둥지 손실과 무관한 이 종(이성애 또는 동성애)의 일반적인 결합특징일 수도 있고, 연구 중인 특정 쌍이 전체적인 모습을 보여주지 못하고 이혼으로 끝났을 수도 있다.

일부 암컷 검은목아메리카노랑솔새는 수컷처럼 검은색 후드를 가지고 있는 복장도착자다. 실제로 암컷에게는 트랜스젠더가 되는 신체 겉모습의 변화단계가 있다. 즉 일부는 머리에 검은 깃털이 전혀 없고, 일부는 목둘레에 검은 '가슴판'이 중간 정도로 둘러졌으며, 또 다른 일부는 수컷과 거의 구별이 안 된다. 또한 몇몇 암컷은 노래를 부를 수 있다(이 종에서는 일반적으로 수컷만이 노래를 할 수 있다). 트랜스젠더 암컷은 보통 수컷과 짝짓기를 하고 성전환하지 않은 암컷처럼 새끼를 기른다.

빈도 : 검은목아메리카노랑솔새에서 동성애 쌍의 전반적인 발생은 알려져 있지 않은데, 아직 발생률을 알기 위한 광범위하고 체계적인 연구가 이루어지지 않았기 때문이다. 그러나 3년 동안 관찰된 한 개체군의 경우, 짝결합 중 4%(80마리 중 3마리)가 수컷 간 결합이었다. 이러한 짝결합에서 아직 노골적인 성적 행동이 관찰된 적은 없지만, 이 종에서는 이성애 교미(쌍 내內 교미이든 비일부일처제 교미이든 모두) 역시 거의 관찰되지 않았다. 암컷의 복장도착은 자주 일어나는 현상으로서, 약 59%가 어느 정도 머리에 수컷을 닮은 검은색 깃털을 가지고 있다. 이 중 약 40%는 적은 정도로, 17%는 중간 정도로, 2%는 거의 완전한 검은색 두건을 가

진다.

성적 지향 : 일부 수컷 검은목아메리카노랑솔새는 수컷과만 짝결합을 하는 배타적인 동성애자인 것으로 보인다. 즉, 만일 한 수컷과 이혼하면 이어지는 번식기에 다른 수컷과 재결합한다. 이러한 수컷은 종종 이성애 쌍의 암컷이 전형적으로 수행하는 양육 의무를 따라 한다. 또 다른 수컷들은 번식기마다 동성애와 이성애를 번갈아 하는 양성애자다.

비생식적이고 대체 가능한 이성애

위에서 언급한 바와 같이, 검은목아메리카노랑솔새에서 이성애 이혼은 흔히 볼 수 있으며, 핵가족과 일부일처제의 결합의 여러 가지 다른 변형도 역시 볼 수 있다. 예를 들어 수컷의 약 4%는 트리오를 형성하는데, 이 경우 수컷과 짝을 맺은 두 마리의 암컷은 그 수컷의 영역에 동시에 둥지를 튼다. 또한 전체 수컷의 6%는 비번식개체이며 일부 암컷도 독신으로 지낸다. 짝을 이룬 새들 사이에서도 문란한 짝짓기가 매우 자주 일어난다. 즉 전체 암컷의 30~50%가 짝이 아닌 수컷(보통 이웃 수컷)과 교미하며, 일부 개체군에서는 모든 새끼의 1/3 이상이 어미의 짝이 아닌 다른 수컷의 자식이다. 또한 수컷은 때로 부모가 돌보지 않는, 이웃 가족의 어린 새끼들을 입양한다. 양아비는 일반적으로 이러한 새끼들을 자신의 새끼와 함께 먹인다. 입양이 된 새끼는 보통 양아비와 유전적으로 관련이 없다. 다시 말해, 입양한 새가 문란한 짝짓기를 해서 생긴 일이 아니다. 검은목아메리카노랑솔새에서는 한부모 양육도 자주 일어난다. 일단 새끼들이 날 수 있게 되면, 부모들은 헤어져서 각각 새끼의 절반씩 돌보게 된다. (암컷이 두 번째 가정을 꾸릴 때에는, 수컷이 모든 새끼를 책임진다.) 사실 이 종에서는 일반적으로 한부모 양육이 수컷과 암컷의 공동양육보다 더 광범위하고 오래 지속한다. 즉 양쪽 부모가 돌보는 경우 새끼들은

8~9일 동안만 보살핌을 받지만, 한부모 양육은 3~6주까지 지속하며, 먹이를 먹이는 비율도 공동 부모보다 3~5배나 높다. 이후 짝을 맺은 쌍은 분리되므로, 수컷과 암컷은 1년 중 약 45일 동안만 함께 지낸다. 겨울 동안 두 성별은 대개 따로 서식지를 가지는데, 수컷은 숲을 선호하고 암컷은 관목 지대를 선호한다.

출처
*별표가 있는 출처는 동성애와 트랜스젠더에 대해 논의한다.

Evans Ogden, L. J., and B. J. Stutchbury (1997) "Fledgling Care and Male Parental Effort in the Hooded Warbler (*Wilsonia citrina*)." *Canadian Journal of Zoology* 75:576–81.

——(1994) "Hooded Warbler (*Wilsonia citrina*)." In A. Poole and F. Gill, eds., *The Birds of North America: Life Histories for the 21st Century*, no. 110. Philadelphia: Academy of Natural Sciences; Washing ton, D.C.: American Ornithologists' Union.

Godard, R. (1993) "Tit for Tat Among Neighboring Hooded Warblers." *Behavioral Ecology and Sociobiology* 33:45–50.

——(1986) "Long–Term Memory of Individual Neighbors in a Migratory Songbird." *Nature* 350:228–29.

* Lynch, J. E, E. S. Morton, and M. E. Van der Voort (1985) "Habitat Segregation Between the Sexes of Wintering Hooded Warblers (*Wilsonia citrina*)." *Auk* 102:714–21.

* Morton, E. S. (1989) "Female Hooded Warbler Plumage Does Not Become More Male–Like With Age." *Wilson Bulletin* 101:460–62.

* Niven, D. K. (1997) Personal communication.

* ——(1993) "Male–Male Nesting Behavior in Hooded Warblers." *Wilson Bulletin* 105:190–93.

Stutchbury, B. J. M. (1998) "Extra–Pair Mating Effort of Male Hooded Warblers, *Wilsonia citrina*." *Animal Behavior* 55:553–61.

* ——(1994) "Competition for Winter Territories in a Neotropical Migrant: The Role of Age, Sex, and Color." *Auk* 111:63–69.

Stutchbury, B. J., and L. J. Evans Ogden (1996) "Fledgling Adoption in Hooded

Warblers (*Wilsonia citrina*): Does Extrapair Paternity Play a Role?" *Auk* 113:218–20.

* Stutchbury, B. J., and J. S. Howlett (1995) "Does Male–Like Coloration of Female Hooded Warblers Increase Nest Predation?" *Condor* 97:559–64.

Stutchbury, B. J., J. M. Rhymer, and E. S. Morton (1994) "Extrapair Paternity in Hooded Warblers." *Behavioral Ecology* 5:384–92.

푸른되새
Fringilla coelebs

스코틀랜드솔잣새
Loxia scotica

동성애	트랜스젠더	행동	랭킹	관찰
● 암컷	○ 간성	● 구애 ● 짝 형성	○ 중요	● 야생
● 수컷	○ 복장도착	○ 애정표현 ○ 양육	● 보통	○ 반야생
		○ 성적인 행동	○ 부수적	○ 포획 상태

푸른되새

식별 : 올리브갈색 깃털을 가진 참새 크기의 새. 독특한 흰색 어깨줄이 있고 수컷은 청회색 왕관 모양 깃털을 가진다.

분포 : 유럽, 시베리아, 중앙아시아, 북아프리카.

서식지 : 삼림, 농지.

연구지역 : 핀란드 일리비에스카, 영국 케임브리지 인근.

아종 : 푸른되새*F.c. coelebs*, 겡글러푸른되새*F.c. gengleri*.

스코틀랜드솔잣새

식별 : 올리브색에서 오렌지-빨간색 깃털을 가진 참새 크기의 새. 독특한 교차 부리를 가지고 있다.

분포 : 스코틀랜드 북부.

서식지 : 침엽수림.

연구지역 : 스코틀랜드 스파이사이드와 서덜랜드.

사회조직

푸른되새와 스코틀랜드솔잣새는 보통 무리를 짓는다. 짝짓기 체계는 (보통 일부일처제) 짝결합이다.

설명

행동 표현 : 암컷 푸른되새들은 때로 서로 동성애 짝결합을 형성한다. 이러한 종에서는 보통 수컷만 노래를 부르지만, 같은 성 쌍에서는 한 암컷이 눈에 잘 띄게 나무에 앉아 머리를 뒤로 젖히며 수컷처럼 노래를 부른다(이 방법으로 아마 암컷 짝을 꾀는 것으로 보인다). 암컷의 노래는 수컷 노래의 지속시간이나, 음량, 구조와 비슷해서, 하강하는 음조가 빠르게 떨리며 길게 이어지다가, 스타카토 맺음 구절 혹은 '장식음'으로 마무리된다. 그러나 수컷 노래와 달리 울리는 음색이 아니다. 수컷 푸른되새처럼, 암컷도 이웃한 수컷의 노래에 반응하여 화답가countersing를 노래할 수 있는데, 두 새는 번갈아 부르거나 동시에 노래하는 구절로 서로에게 '응답'한다. 같은 성 짝을 맺은 암컷들도 듀엣곡을 시도하지만, 한쪽 파트너가 불완전한 형태의 노래만 부르는 경우도 있다. 이 두 암컷은 짝을 맺은 쌍처럼 행동하며, 심지어 성적인 쫓기sexual chases라고 알려진 구애 추적까지 수행한다. 성적인 관심의 표현인 이 활동에서 한쪽 암컷은 짝을 쫓아 특별한 형태의 비행인 지그재그 날기를 한다. 이 비행은 나방비행moth flight이라고 알려져 있다(일반적인 비행에서의 전형적인 일시 정지나 물결모양으로 나는 것이 없이, 부드럽고 얕게 날갯짓을 한다). 때로 어린 수컷

도 다른 수컷에게 이러한 성적인 쫓기를 한다.

스코틀랜드솔잣새에서도 동성애 쌍이 발생하지만 수컷 사이에서만 생긴다. 수컷 한 마리가 나무꼭대기에서 노래를 부르며 자신의 존재를 광고하는데, 큰 소리의 음절을 연속해서 부르는데 칩칩칩기기기 칩칩칩chip-chip-chip-gee-gee-gee chip-chip-chip처럼 들린다. 대부분의 노래하는 수컷은 자신의 영역에 들어오는 다른 수컷에게 공격적으로 반응하지만, 가끔은 자신에게 매혹당한 다른 수컷을 쫓아내지 않는다. 그런 다음 이 두 수컷은 이성애 쌍과 거의 같은 방식으로 짝결합과 관계를 형성할 수 있다. 하지만 수컷 쌍 간의 교미는 아직 관찰된 적이 없다. 그들은 동기화된 동작을 수행하고, 나무숲 사이를 함께 돌아다니며, 때로 한 마리가 다른 한 마리를 이끌기도 한다. 간혹 각자 이성애 짝이 있는 이웃의 두 수컷이 동반자가 되기도 한다. 이 둘은 함께 먹이를 구하며, (주요 먹이 원천인) 소나무 숲을 공동으로 방어하는데, 그러면서도 여전히 반대쪽 성과의 유대 관계를 유지한다. 수컷 두 마리가 함께 자신들의 암컷 짝을 방문하여 먼저 한쪽을 돌보고 그다음 다른 쪽을 돌보기도 하는데, 수컷 한 마리가 자기 암컷 짝에게 먹이를 주는 동안 다른 수컷은 기다려 준다.

빈도 : 이 두 종 모두에서 동성애 쌍은 드물게 일어나는 것으로 보인다. 같은 성 짝결합의 발생에 관한 통계는 없지만, 푸른되새의 둥지는 대략 150개 중 1개꼴로 알 7~8개를 가진 평균초과 알둥지supernormal clutch 다. 다른 많은 종에서 이렇게 평균보다 큰 둥지는 암컷 쌍에 의해 형성되므로, 푸른되새에서도 이러한 둥지를 암컷 쌍이 만들었을 수 있다(하지만 이 둥지가 같은 성 쌍과 특별하게 관련이 있는지는 아직 밝혀지지 않았다).

성적 지향 : 같은 성관계를 맺은 푸른되새나 스코틀랜드솔잣새 각 개체가

평생 같은 성 구성원들과만 짝짓기를 하는지에 대한 추적조사는 아직 이뤄지지 않았다. 그러나 이 종은 이성애 쌍을 보통 평생 유지하므로, 동성애 쌍도 마찬가지일 가능성이 크다. 또한 일부 스코틀랜드솔잣새 수컷은 양성애자로서, 암수 양쪽과 동시에 유대 관계를 형성한다.

비생식적이고 대체 가능한 이성애

푸른되새와 스코틀랜드솔잣새에서는 다양한 비생식적 이성애 행동이 발견된다. 푸른되새 쌍은 때로 알을 품는 시기에(즉, 수정이 일어난 후에) 교미를 하며, 수정이 가능한 시기에도 모든 짝짓기의 40~50%에서만 완전한 생식기 접촉이 일어난다. 어떤 쌍은 한 둥지당 200회 이상, 한 시간에 4회꼴로 짝짓기를 시도한다. 마운트는 흔히 다양한 이유로 완료를 하지 못한다. 예를 들어 수컷이 암컷의 등에서 미끄러져 떨어지거나, 머리-꼬리가 뒤바뀐 자세로 마운트를 하거나, (더 많은 경우) 상대가 무서워 도망가거나 짝이 화를 내서 날아가기도 한다. 실제로 이러한 종의 이성애 구애와 짝짓기에서는 흔히 암수 사이의 상당한 공격성을 볼 수 있다. 또한 많은 새들이 번식에 전혀 참여하지 않는다. 많은 개체군에 독신 새 떼(스코틀랜드솔잣새의 수컷, 푸른되새의 수컷)가 있으며, 스코틀랜드솔잣새에는 비번식 쌍도 있다. 흥미롭게도 번식기가 아닌 시기의 성별에 따른 분리 규칙도 존재한다. 수컷과 암컷은 따로 이동하는 경향이 있고(겨울을 나는 무리는 흔히 같은 성별이다). 일반적으로 암컷이 수컷보다 더 멀리 이동하기 때문에 종종 지역 개체군에 암컷보다 수컷이 더 많을 수 있다. 사실 이러한 현상 때문에 푸른되새의 학명이 나왔다. 즉 코엘렙스coelebs는 라틴어로 '독신 남성'을 의미한다.

스코틀랜드솔잣새는 번식기 초기에 수컷이 암컷에게 자주 '상징적인' 짝짓기를 한다. 이때 수컷은 암컷을 마운트하지만 생식기 접촉을 하지는 않는다. 때로 이러한 마운트에는 암컷의 짝이 아닌 수컷 몇 마리가 참가하여 난잡한 마운트가 일어나기도 한다. 푸른되새의 이웃한 새들 사이에서도 일부일처제가 아닌 짝짓기를 흔히 볼 수 있다. 모든 짝짓기 활동의 약 8%는 외도이며, 모든 새끼의 17%가 이러한 교미로 인해 태어난다(전체 둥지 중 1/4에서 발생한다). 간혹 번식기 동안에 어떤 쌍은 '이혼'을 하는데, 그 후 홀로 된 암컷이 이미 짝을 맺은 여러 수컷과 교미를 하는 예도 있다. 만일 이러한 수컷 중 한 마리가 기존 짝에 더해 그 암컷과도 짝을 이루면 일부다처제 트리오가 발생하게 된다. 일부 스코틀랜드솔잣새도 일부다처제이며, 수컷 한 마리와 암컷 두 마리가 트리오를 이룬다. 이러한 종에서 부모(일부일처제 쌍)들은 고정적으로 한 부모가 된다. 즉 새끼가 날 수 있게 되면, 부모가 헤어지며 새끼를 나눠 각자 키운다. 어미와 아비는 흔히 멀리 떨어진 먹이 서식지로 이동하기 때문에, 같은 가족에 속하는 어린 개체라도 매우 다른 환경에서 자랄 수 있다. 간혹 (수컷과 암컷 모두) 친자식이 아닌 새에게 먹이를 주고, 생물학적 부모가 갈라진 뒤에 남겨진 새끼를 '양부모'로서 기르는 일도 발생한다.

출처

*별표가 있는 출처는 동성애와 트랜스젠더에 대해 논의한다.

Adkisson, C. S. (1996) "Red Crossbill (*Loxia curvirostra*)." In A. Poole, P. Stettenheim, and F. Gill, eds., *The Birds of North America: Life Histories for the 21st Century*, no. 256. Philadelphia: Academy of Natural Sciences; Washington, D.C.: American Ornithologists' Union.

Halliday, H. (1948) "Song of Female Chaffinch." *British Birds* 41:343-44.

Hanski, I. K. (1994) "Timing of Copulations and Mate Guarding in the Chaffinch *Fringilla coelebs*." *Ornis Fennica* 71:17-25.

Kling, J. W., and J. Stevenson-Hinde (1977) "Development of Song and Reinforcing Effects of Song in Female Chaffinches." *Animal Behavior* 25:215-20.

Knox, A. G. (1990) "The Sympatric Breeding of Common and Scottish Crossbills *Loxia curvirostra* and L. scotica and the Evolution of Crossbills." *Ibis* 132:454-66.

* Marjakangas, A. (1981) "A Singing Chaffinch *Fringilla coelebs* in Female Plumage

Paired with Another Female–Plumaged Chaffinch." *Ornis Fennica* 58:90–91.

* Marler, P. (1956) *Behavior of the Chaffinch Fringilla coelebs.* Behavior Supplement V. Leiden: E. J. Brill.

——(1955) "Studies of Fighting in Chaffinches. 2. The Effect on Dominance Relations of Disguising Females as Males." *British Journal of Animal Behavior* 3:137–46.

* Nethersole–Thompson, D. (1975) *Pine Crossbills: A Scottish Contribution.* Berkhamsted: T. and A. D. Poyser.

Sheldon, B. C. (1994) "Sperm Competition in the Chaffinch: The Role of the Female." *Animal Behavior* 47:163–73.

Sheldon, B. C., and T. Burke (1994) "Copulation Behavior and Paternity in the Chaffinch." *Behavioral Ecology and Sociobiology* 34:149–56.

Svensson, B. V. (1978) "Clutch Dimensions and Aspects of the Breeding Strategy of the Chaffinch *Fringilla coelebs* in Northern Europe: A Study Based on Egg Collections." *Ornis Scandinavica* 9:66–83.

Voous, K. H. (1978) "The Scottish Crossbill *Loxia scotica.*" *British Birds* 71:3–10.

붉은등때까치 *Lanius collurio*				
푸른박새 *Parus caeruleus*				
동부파랑새 *Sialia sialis*				

동성애	트랜스젠더	행동	랭킹	관찰
● 암컷	○ 간성	● 구애 ● 짝 형성	○ 중요	● 야생
● 수컷	○ 복장도착	○ 애정표현 ● 양육	○ 보통	○ 반야생
		○ 성적인 행	● 부수적	○ 포획 상태

붉은등때까치

식별 : 갈고리 모양의 두꺼운 부리, 회갈색 깃털, 그리고 어두운 얼굴 마스크(수컷은 검은색)
　　　를 가진 작은 새(16.5센티미터).

분포 : 유라시아 전역과 북동 아프리카, 겨울에는 남부 아프리카.

서식지 : 사바나, 삼림, 관목, 농지.

연구지역 : 영국 햄프셔 주 뉴 포레스트.

푸른박새

식별 : 밝은 파란색 왕관 모양 깃털, 흑백의 얼굴, 푸르스름한 녹색 깃털, 그리고 노란색 하
　　　체를 가진 아주 작은 박새 같은 새(11.4센티미터).

분포 : 유럽, 중동, 북아프리카.

서식지 : 삼림, 인간거주지

연구지역 : 영국 옥스퍼드셔의 말리 우드.

아종 : 영국푸른박새 *P.c. obscurus*..

동부파랑새

식별 : 밝은 파란색 깃털에 하체는 희고 목과 가슴은 밤색인 참새 크기의 새.

분포 : 북중 아메리카.

서식지 : 개활지, 과수원, 농지, 소나무 사바나.

연구지역 : 미시간주 워싱턴 시내.

사회조직

붉은등때까치는 일반적으로 짝짓기 철에 일부일처제 짝결합을 하고 부분적으로 겹치는 영역을 차지한다. 번식기를 벗어나면, 이 새들은 혼자 생활하며, 수컷과 암컷은 일반적으로 분리된 서식지에 산다(수컷은 좀 더 개방된 덤불 지역에 살고 암컷은 좀 더 빽빽한 숲 지대에 산다). 푸른박새와 동부파랑새도 영역형이며 짝결합을 형성하지만, 번식기가 지나면 무리를 짓고 산다.

설명

행동 표현 : 붉은등때까치와 푸른박새에서, 두 마리의 암컷은 때로 짝을 지어 둥지를 짓고 알을 낳는다. 붉은등때까치 동성애 쌍은 번갈아 가며 알을 품는다(이성애 쌍에서는 암컷만 알을 품는다). 때로 그들은 둥지에 함께 나란히 앉기도 하고, 한 마리가 다른 하나를 부분적으로 덮고 앉기도 한다. 두 마리의 암컷은 모두 알을 낳는다. 결과적으로 그들의 둥지는 대부분의 이성애 쌍 둥지보다 2배나 많은 숫자인 9~12개의 알을 가진 평균초월 알둥지supernormal clutches를 형성한다. 포식자에게 둥지를 빼앗기면, 둘은 두 번째 둥지를 새로 만들고(대부분 지상의 포식자가 접근할 수 없는 훨씬 높은 위치에) 다시 알을 낳는다(둥지를 잃었을 때 암수 한 쌍이 그러

하듯이). 그러나 암컷들은 둘 다 수컷과 짝짓기를 하지 않으므로, 낳는 알은 전형적으로 무정란이 된다. 알의 부화에 실패하면 두 암컷은 대개 둥지를 버리게 된다. 푸른박새 암컷 쌍은 대부분의 동성애 쌍과는 달리 한 마리의 암컷만이 알을 낳는다. 그 결과, 이러한 쌍이 만드는 둥지는 평균 초월 알둥지가 되지 않고, 오히려 예외적으로 알이 3개 정도만 있는 작은 알둥지가 된다(암수 쌍의 둥지에는 일반적으로 약 11개의 알이 있다). 암컷 두 마리는 모두 같은 방향을 향해 둥지에 앉아 동시에 알을 품는다. 붉은등때까치 동성애 쌍처럼, 알은 보통 무정란이고 두 암컷은 결국 둥지를 버리게 된다.

동부파랑새에서는 수컷 두 마리가 가끔 동성애 짝결합으로 보이는 관계를 형성한다. 즉 둘만 함께 돌아다니고(겨울을 함께 보내기도 한다), 이른 봄 동안 둥지를 만들 터를 같이 조사하고, 서로에게 구애한다. 후자의 활동에는 구애먹이주기courtship feeding(이성애 쌍에서도 볼 수 있는 행동)가 들어가는데, 한 수컷이 다른 수컷에게 거세미cutworm 같은 상징적인 음식 선물을 제공한다. 음식을 주기 전 흔히 독특한 울음을 낸다. 짝을 이룬 수컷들은 친척관계일 수 있다(아비-아들 또는 형제간). 때로 이성애 짝을 잃은 암컷이 다른 암컷에 합류하여 새끼 양육을 돕기도 한다. 두 암컷은 교대로 새끼를 먹이고, 지난 번식기에 태어난 한 마리 또는 여러 마리의 어린 개체로부터 도움을 받기도 한다.

빈도: 같은 성 쌍은 아마도 이 세 종에서 산발적으로만 발생할 것이다. 예를 들어 붉은등때까치에서는 암컷 쌍이 모든 쌍의 1%를 넘지 않았다.

성적 지향: 암컷 붉은등때까치와 푸른박새는 무정란을 낳기 때문에(수컷과 짝짓기를 하지 않았다는 것을 의미한다) 최소한 암컷 짝과 쌍을 유지하는 동안은 동성애자일 것이다. 이러한 새들이 이후에 이성애 짝결합을 형성

하였는지, 또는 이전에 형성한 적이 있
는지는 알려지지 않았다.

비생식적이고 대체 가능한 이성애

푸른박새에서는 반대쪽 성 쌍 간 성적
인 행동의 약 17%가 암컷의 수정이 불
가능한 시기에 일어난다. 수컷 동부파
랑새도 때로 암컷이 알을 품는 시기
나 번식기가 끝난 후처럼 불임인 시
기에 짝짓기를 시도한다. 다른 비생식

영국의 암컷 붉은등때까치 쌍
이 동시에 자신들의 알을 품고
있다.

적 짝짓기로는 간혹 일어나는 종간의 만남이 있다. 예를 들어 큰뿔솔딱
새Myiarchus crinitus가 어린 동부파랑새를 마운트한 것이 관찰되었다. 짝
을 이룬 동부파랑새 사이의 구애와 마운팅에는 때로 상당한 공격성이 있
어서, 수컷은 짝을 공격하고 머리를 격렬하게 쪼아대거나 발로 넘어뜨린
다. 또한 이성애 교미는 때로 이웃 새들의 공격에 의해 중단되기도 한다.
붉은등때까치 암컷의 가임기에, 쌍 내內 암컷의 교미 횟수는 하루 동안
약 3회로 상당히 높다. 게다가 이러한 종에서는 일부일처제가 아닌 짝짓
기가 흔하다. 예를 들어 푸른박새 교미의 약 10%는 짝을 맺지 않은 새
사이에서 일어나는 문란한 관계다. 파랑새 둥지의 약 1/4과 푸른박새 둥
지의 약 1/3~1/2에는 친아비의 새끼가 아닌 녀석이 들어 있다. 붉은등
때까치에서도 간혹 문란한 교미가 일어난다. 수컷이 암컷을 공격하고 마
운트하거나 횃대에서 거칠게 밀어버리며 강제로 짝짓기 혹은 강간을 하
는 일도 여기에 해당한다. 붉은등때까치 새끼의 약 5%는 어미의 짝이 아
닌 새의 자식이며, 이는 동부파랑새의 8~35%와 푸른박새의 11~14%와
비교된다.

　이러한 종에서는 몇 가지 대안적인 양육 방식이 나타난다. 붉은등때까

치 새끼는 때로 인접한 영역으로 이동해 다른 가족에 입양되며, 몇몇 암수 비번식 새들은 다른 쌍이 키우던 새끼를 먹이며 도움을 준다(때로 완전히 양육책임을 떠맡기도 한다). 이와 같은 '도우미' 수컷은 새끼들의 노래 배우기 모델까지 하며 생물학적 아비를 대신할 수도 있다. 또한 늦게 번식을 시작한 붉은등때까치는 때로 짝이 떠나버려서 한 부모가 된다. 가끔 이러한 새 두 마리가 합쳐 '혼합 가족'을 형성한다. 일부 개체군에서는 동부파랑새 어미 중 적어도 15%는 다른 가족이 낳고 간 알에서 태어난, 혈연관계가 없는 새끼를 키운다. 푸른박새의 이혼율은 8~85%로 상당히 변화가 심하다(개체군에 따라 다르다). 또한 일부 지역에서는 암컷의 약 1/3과 모든 수컷의 20%가 일부다처제 트리오(혹은 간혹 사인조)를 이룬다. 더욱 복잡한 가족 구성도 발생한다. 예를 들어 한 암컷 푸른박새는 다른 암컷, 수컷과 함께 일부다처제 트리오의 일원이었다. 그러다 두 번째 수컷과 문란하게 교미했고, 결국 두 수컷과 모두 다혼성多婚性 유대관계를 형성했다. 그러면서도 세 번째 수컷을 만났는데 이들 모두 새끼 돌보는 것을 도왔다! 그러나 전체적으로 푸른박새의 85% 이상이 번식에 성공하지 못했고, 모든 부모의 약 1/3은 손자 세대를 갖지 못했다. 빨간등때까치 어미는 때로 자신의 새끼나 알을 잡아먹는다.

기타종

일부 수컷 알락딱새*Ficedula hypoleuca*, 특히 어린 수컷은 암컷과 같은 갈색 깃털을 가진 복장도착 새다. 때로 다른 수컷은 이러한 새에게 구애한다.

출처   *별표가 있는 출처는 동성애와 트랜스젠더에 대해 논의한다.

Alsop, F. J., III (1971) "Great Crested Flycatcher Observed Copulating with an Immature Eastern Bluebird." *Wilson Bulletin* 83:312.

* Ashby, E. (1958) "Incidents of Bird Life [report on Red-backed Shrikes]." *The*

Countryman: A Quarterly Review and Miscellany of Rural Life and Progress 55:272.

Birkhead, T. R., and A. P. Moller (1992) *Sperm Competition in Birds: Evolutionary Causes and Consequences*. London: Academic Press.

* Blakey, J. K. (1996) "Nest–Sharing by Female Blue Tits." *British Birds* 89:279–80.

* Cramp, S., and C. M. Perrins, eds. (1993) "Red–backed Shrike (*Lanius collurio*)." In *Handbook of the Birds of Europe, the Middle East, and North Africa*, vol. 7, pp. 456–78. Oxford: Oxford University Press.

Dhondt, A. A. (1989) "Blue Tit." In I. Newton, ed., *Lifetime Reproduction in Birds*, pp. 15–33. London: Academic Press.

——(1987) "Reproduction and Survival of Polygynous and Monogamous Blue Tit *Parus caeruleus*." *Ibis* 129:327–34.

Dhondt, A. A., and F. Adriaensen (1994) "Causes and Effects of Divorce in the Blue Tit *Parus caeruleus*." *Journal of Animal Ecology* 63:979–987.

Fornasari, L., L. Bottoni, N. Sacchi, and R. Massa (1994) "Home–Range Overlapping and Socio–Sexual Relationships in the Red–backed Shrike *Lanius collurio*." *Ethology, Ecology, and Evolution* 6:169–177.

Gowaty, P. A., and W. C. Bridges (1991) "Behavioral, Demographic, and Environmental Correlates of Extrapair Fertilizations in Eastern Bluebirds, *Sialia sialis*." *Behavioral Ecology* 2:339–50.

Gowaty, P. A., and A. A. Karlin (1984) "Multiple Maternity and Paternity in Single Broods of Apparently Monogamous Eastern Bluebirds (*Sialia sialis*)." *Ecology and Sociobiology* 15:91–95.

Hartshorne, J. M. (1962) "Behavior of the Eastern Bluebird at the Nest." *Living Bird* 1:131–49.

Herremans, M. (1997) "Habitat Segregation of Male and Female Red–backed Shrikes *Lanius collurio* and Lesser Gray Shrikes *Lanius minor* in the Kalahari Basin, Botswana." *Journal of Avian Biology* 28:240– 48.

Jakober, H., and W. Stauber (1994) "Kopulationen und Partnerbewachung beim Neuntdter *Lanius collurio* [Copulation and Mate–Guarding in the Red–backed Shrike]." *Journal für Orinthologie* 135:535–47.

——(1983) "Zur Phänologie einer Population des Neuntöters (*Lanius collurio*) [On the Phenology of a Population of the Red–backed Shrike]" *Journal für Ornithologie* 124:29–46.

Kempenaers, B. (1994) "Polygyny in the Blue Tit: Unbalanced Sex Ratio and Female Aggression Restrict *Mate Choice.*" *Animal Behavior* 47:943–57.

——(1993) "A Case of Polyandry in the Blue Tit: Female Extra–Pair Behavior Results in Extra Male Help." *Ornis Scandinavica* 24:246–49.

Kempenaers, B., G. R. Verheyen, and A. A. Dhondt (1997) "Extrapair Paternity in the Blue Tit (*Parus caeruleus*): Female Choice, Male Characteristics, and Offspring Quality." *Behavioral Ecology* 8:481–92.

——(1995) "Mate Guarding and Copulation Behavior in Monogamous and Polygynous Blue Tits: Do Males Follow a Best–of–a–Bad–Job Strategy?" *Behavioral Ecology and Sociobiology* 36:33–42.

Krieg, D. C, (1971) *The Behavioral Patterns of the Eastern Bluebird (Sialia sialis).* New York State Museum and Science Service Bulletin no. 415. Albany: University of the State of New York.

Massa, R., L. Bottoni, L. Fornasari, and N. Sacchi (1995) "Studies on the Socio–Sexual and Territorial System of the Red–backed Shrike." *Proceedings of the Western Foundation of Vertebrate Zoology* 6:172–75.

Meek, S. B., R.J. Robertson, and P. T. Boag (1994) "Extrapair Paternity and Intraspecific Brood Parasitism in Eastern Bluebirds Revealed by DNA Fingerprinting." *Auk* 111:739–44.

* Owen, J. H. (1946) "The Eggs of the Red–backed Shrike." *Oologists' Record* 20:38–43.

* Pinkowski, B.C. (1977) "'Courtship Feeding' Attempt Between Two Male Eastern Bluebirds." *Jack–Pine Warbler* 55:45–46.

* Pounds, H, E. (1972) "Two Red–backed Shrikes Laying in One Nest." *British Birds* 65:357–58.

* Seetre, G.–P., and T. Slagsvold (1993) "Evidence for Sex Recognition from Plumage Color by the Pied Flycatcher, *Ficedula hypoleuca.*" *Animal Behavior* 44:293–99.

* Slagsvold, T., and G.–P. Sstre (1991) "Evolution of Plumage Color in Male Pied Flycatchers (*Ficedula hypoleuca*): Evidence for Female Mimicry." *Evolution* 45:910–17.

Stanback, M. T., and W. D. Koenig (1992) "Cannibalism in Birds." In M. A. Elgar and B. J. Crespi, eds., *Cannibalism: Ecology and Evolution Among Diverse Taxa*, pp. 277–98. Oxford: Oxford University Press.

* Zeleny, L. (1976) *The Bluebird: How You Can Help Its Fight for Survival*. Bloomington: Indiana University Press.

베짜기새 / 횃대류와 명금류

회색머리집단베짜기새
Pseudonigrita arnaudi

집단베짜기새   *Philetairus socius*

붉은목금란조   *Euplectes orix*

북부금란조   *Euplectes franciscanus*

동성애	트랜스젠더	행동		랭킹	관찰
○ 암컷	○ 간성	● 구애	● 짝 형성	○ 중요	● 야생
● 수컷	○ 복장도착	○ 애정표현	○ 양육	● 보통	○ 반야생
		● 성적인 행동		○ 부수적	● 포획 상태

회색머리집단베짜기새

식별 : 회색빛을 띤 담황색 몸체와 옅은 회백색의 왕관 모양부위가 있는 참새 크기의 새다.

분포 : 북동아프리카.

서식지 : 덤불, 아카시아 사바나.

연구지역 : 케냐 올로게실리 국립 선사유적.

아종 : 아르노회색머리집단베짜기새*P.a arnaudi*.

집단베짜기새

식별 : 회갈색 깃털과 검은색의 목 주변 반점을 가진 칙칙한 색의 참새를 닮은 새.

분포 : 남서아프리카.

서식지 : 관목, 사바나.

연구지역 : UCLA.

금란조속

식별 : 흑갈색 깃털을 가진 참새처럼 생긴 작은 새이며, 가슴, 목뒤, 머리 윗부분, 엉덩이에
다양한 다홍색, 붉은색 또는 주홍색 반점이 있다.

분포 : 아프리카 사하라 이남.

서식지 : 습한 초지.

연구지역 : 케이프타운, 호윅, 블룸폰테인 등 남아프리카 공화국의 여러 지역, 케이프타운
대학교, 빌레펠트 대학교.

사회조직

베짜기새는 그들이 엮은 복잡하고 거대한 둥지 때문에 붙여진 이름이다. 집단베짜기새는 수많은 둥지용 방이 들어 있는 거대한 콘도미니엄 같은 구조를 만든다. 각각의 방에는 최대 5마리까지 들어갈 수 있고, 전체 군락은 최대 500마리까지 수용할 수 있다. 회색머리집단베짜기새 군락은 가족 무리로 이루어져 있으며, 각각 여러 개의 매달려 있는 둥지를 짓는다(하나는 실제 알을 품기 위한 방이고 다른 것들은 잠을 자는 방이다). 여러 무리가 같은 나무에 자리를 차지하고, 각각의 무리는 자기들의 군집 속에 자리를 잡는다. 회색머리집단베짜기새와 집단베짜기새는 둘 다 번식하는 새들이 짝결합을 형성하고, '도우미' 새들은 양육 의무를 도울 수 있다. 성체 수컷 북부금란조들은 번식기에 영역을 형성하여 정교한 둥지를

만들고 미래의 짝에게 구애를 한다. 북부금란조의 번식 체계는 일부다처제다. 즉 수컷은 수많은 암컷과 짝짓기를 하며, 암컷은 그 수컷의 영역에 있는 둥지 중 하나에 알을 낳지만 수컷은 양육 의무에 참여하지 않는다. 번식기가 아닌 계절에 북부금란조는 전형적으로 종종 다른 종이 섞인 큰 무리에서 생활한다.

설명

행동 표현 : 수컷 회색머리집단베짜기새와 집단베짜기새는 때로 동성애 교미에 참여한다. 회색머리집단베짜기새에서 같은 성 마운팅에 참여하는 새는 보통 이성애적으로 짝을 맺은 수컷들이고, 흔히 같은 군락(나무)에 사는 높은 서열의 수컷들이다. 수컷 한 마리는 자기 가족 무리가 있는 나무에서 다른 수컷의 거주지로 날아가, 몸을 수평으로 유지하고, 머리와 꼬리를 위로 올리며, 날개를 아래로 늘어뜨린 채 진동시켜 상대를 짝짓기에 초대한다. 상대 수컷은 그 수컷에게 마운트를 해 완전한 교미 과정을 진행하는데, 총배설강(생식기) 접촉도 하는 것으로 보인다. 집단베짜기새에서도 수컷 사이의 마운팅이 발생한다. 이러한 마운트의 약 9%는 완전한 교미다. 즉 마운트가 된 수컷은 몸을 웅크리고 날개를 떨며 꼬리를 옆으로 움직이고, 마운팅한 수컷은 꼬리를 아래로 내린다(생식기 접촉을 위해). 모든 수컷은 서로 마운트를 하기도 하고 마운트가 되기도 하지만(그 비율에만 차이가 있다), 보통은 높은 서열의 수컷이 낮은 서열의 수컷을 마운트한다. 게다가 어떤 수컷들은 서로 '동반자 관계'를 형성하는 것으로 보인다. 수컷은 일반적으로 둥지 방에 다른 수컷과 함께 앉는 것을 허락하지 않지만, 때로 두 수컷이 정기적으로 만나며 같은 둥지에서 함께 잠을 자기도 한다. 수컷 중 한 마리가 암컷과 짝을 지은 상황에도 이런 현상이 발생할 수 있는데, 이 경우 세 마리 새가 둥지를 함께 차지한다. 이 두 수컷은 심지어 다른 새를 공격하는데 협력하면서 몇 년 동

안 함께 지내기도 한다. 일부 수컷 '동료'들은 서로 마운팅과 짝짓기에 참여하지만, 다른 경우에는 수컷들이 동료와의 성적인 행동을 선호하지 않는 것으로 보인다.

수컷 붉은목금란조는 자기 둥지 영역에서 암컷과 수컷 모두를 유혹하는데, 이때 유혹을 당하는 수컷은 보통 갈색 깃털을 가진 어린 수컷이다(암컷도 갈색 깃털을 하고 있다). 구애는 두 가지 요소인 비행과시와 횃대과시로 구성된다. 어린 수컷이 자신의 영역 근처에 나타나면, 성체 수컷은 특유의 호박벌비행bumble-flight을 하며 접근하는데, 호박벌처럼 깃털을 모두 부풀리고, 느린 박자의 날갯짓을 하며 날아다닌다. 과시하는 새는 밝은 붉은색 등이나 어깨 깃털을 눈에 띄게 보여주며, 호박

수컷 붉은목금란조가 털을 부풀려 '호박벌' 깃털을 과시하고 있다.
같은 성 및 반대쪽 성 파트너에게 구애할 때 사용하는 과시다.

벌비행을 하며 노래를 부르거나 펄럭이는 날개로 독특한 소리를 내기도 한다. 때로 수컷은 어린 수컷이 아닌 다른 성체 수컷을 향해 호박벌비행을 한다. 과시 비행이 끝나면 성체 수컷은 다른 수컷 근처에 착륙하여 회전과시swivel displays를 시작한다. 즉 횃대 주변을 깡충깡충 휘감아 돌며, 깃털을 세운 채 덜컹거리는 소리(직직직zik-zik-zik처럼 들리는 연속적인 음절의 흐름)와 함께 관심 대상에게 다가간다. 야생에서 동성애 교미는 관찰되지 않았지만, 이성애 짝짓기도 역시 흔하게 볼 수 없다. 포획 상태의 북부금란조에서는 성체 수컷과 어린 수컷이 모두 어린 수컷을 마운트

하려 한다(밀접한 근연종인 노란왕관금란조[*Euplectes afer*] 수컷도 대상이 된다). 동성애 만남에서는, 한 수컷이 다른 수컷에게 다가와 몸을 위아래로 왕복하며 깃털을 세우고, 이어서 다른 수컷과 교미를 시도한다(상대는 대개 접근을 거부한다).

빈도 : 포획 상태에서 연구한 집단베짜기새의 경우, 모든 마운팅 활동의 3/4이 수컷들 사이에서 나타났으며, 모든 완전한 교미의 5번 중 3번이 동성애였다. 야생에서 같은 성 마운팅의 발생은 알려져 있지 않지만, 그 발생률은 비슷할 것이다(특히 이성애 활동도 역시 명백하게 드물기 때문에). 야생 회색머리집단베짜기새에 대한 한 연구에 따르면, 관찰된 모든 성행위가 수컷들 사이에서 일어났다. 붉은목금란조의 경우, 구애 호박벌비행의 약 6%는 한 성체 수컷이 다른 성체 수컷을 향해 수행한 것이었다. 어린 수컷의 구애는 아마 이보다 흔하게 발생할 것이다.

성적 지향 : 다른 수컷과 교미하는 회색머리집단베짜기새 수컷은 암컷과도 짝짓기를 하고 쌍을 이룬다(그리고 실제로 이성애 쌍을 이룬 상태에서 동성애 활동을 하기도 한다). 일부 집단베짜기새도 이와 마찬가지지만, 대부분의 수컷은 짝을 맺지 않고도 수컷과 암컷을 모두 마운트한다. 그러나 이성애 교미에만 참여하는 수컷은 상대적으로 거의 없고, 이성애 교미에 참여해도 동성애 활동 비율이 더 높은 것으로 보인다. 일부 수컷 북부금란조도 수컷과 암컷 모두에게 구애하고 마운트를 시도할 정도로 양성애자다. 그러나 그들이 쫓는 수컷은 대개 접근에 무관심하기 때문에, 쫓는 쪽이 좀 더 이성애적인 성향을 가지고 있음을 나타낸다.

비생식적이고 대체 가능한 이성애

회색머리집단베짜기새(때로는 집단베짜기새)에서, 번식하지 않는 새들은 종종 이성애 쌍의 둥지 짓기와 새끼 먹이기를 돕는다.

이들 '도우미' 중 일부는 이전 번식기에 태어나 부모 쌍을 위해 자신의 번식 경력을 지연하는 어린 새들이고, 다른 도우미 일부는 완전히 성숙한 새들이다(모든 먹이의 약 18%를 제공한다). 그러나 일부 번식하지 않는 어린 새는 부모를 돕지 않는다. 집단베짜기새는 (위에서 기술한 동성애 짝짓기에 더해서) 비非일부일처제 이성애 마운팅에 참여하기도 한다. 대부분의 새는 짝에게 충실하지만, 포획 상태의 일부 수컷에서 짝이 아닌 다른 암컷에게 마운팅을 하는 것과 교미하는 것이 관찰되었다. 암컷 붉은목금란조는 때로 수컷의 마운트를 허락하지 않고, 강하게 쪼아대며 쫓아내기 위해 위협적인 자세를 취한다. 게다가 수컷은 종종 다른 종의 금관조에게 구애하는데, 상대는 보통 그러한 이종異種 간 과시에 끌리지 않는다. 마지막으로 암컷 붉은목금란조에서 자기 새끼나 다른 새끼를 동종포식하는 것, 그리고 알의 일부 또는 전부를 먹는 것이 관찰되었다.

기타 종

성체 수컷 붉은어깨천인조Euplectes axillaris도 때로 어린 수컷에게 구애한다.

출처　　　　*별표가 있는 출처는 동성애와 트랜스젠더에 대해 논의한다.

* Collias, E. C., and N. E. Collias (1980) "Individual and Sex Differences in Behavior of the Sociable Weaver *Philetairus socius*." In D. N. Johnson, ed., *proceedings of the Fourth Pan-African Ornithological Congress* (Seychelles, 1976), pp. 243–51. Johannesburg: Southern African Ornithological Society.

* ——(1978) "Nest Building and Nesting Behavior of the Sociable Weaver *Philetairus socius*." *Ibis* 120:1–15.

* Collias, N. E., and E. C. Collias (1980) "Behavior of the Gray-capped Social Weaver (*Psuedonigrita arnaudi*) in Kenya." *Auk* 97:213–26.

Craig, A. J. E K. (1982) "Mate Attraction and Breeding Success in the Red Bishop." *Ostrich* 53:246-48.

* ——(1980) "Behavior and Evolution in the Genus *Euplectes*." *Journal für Ornithologie* 121:144-61.

* ——(1974) "Reproductive Behavior of the Male Red Bishop Bird." *Ostrich* 45:149-60.

Craig, A. J. E K., and A. J. Manson (1981) "Sexing *Euplectes* Species by Wing-Length." *Ostrich* 52:9-16.

Maclean, G. L. (1973) "The Sociable Weaver." *Ostrich* 44:176-261.

Roberts, C. (1988) "Little Bishop Birds (*Euplectes orix*) in a Lafia Garden—Tom, Dick, Harry, and Fred." *Nigerian Field* 53:11-22.

Skead, C. J. (1959) "A Study of the Redshouldered Widowbird Coliuspasser *axillaris axillaris* (Smith)." *Ostrich* 30:13-21.

——(1956) "A Study of the Red Bishop." *Ostrich* 27:112-26.

Woodall, P. E (1971) "Notes on a Rhodesian Colony of the Red Bishop." *Ostrich* 42:205-10.

집참새 *Passer domesticus*

갈색머리흑조 *Molothrus ater*

코카코 *Creatophora cinerea*

동성애	트랜스젠더	행동	랭킹	관찰
○ 암컷	○ 간성	● 구애 ○ 짝 형성	○ 중요	● 야생
● 수컷	● 복장도착	○ 애정표현 ○ 양육	○ 보통	○ 반야생
		● 성적인 행동	● 부수적	● 포획 상태

집참새와 갈색머리흑조

식별 : 집참새는 검은색 턱받이가 있는 친숙한 참새다. 갈색머리흑조는 무지갯빛을 띤 검은색 새이고 머리는 어두운 갈색이다.

분포 : 북미와 남아메리카의 대부분 지역, 유라시아(집참새), 북중부 아메리카이카(갈색머리흑조).

서식지 : 삼림지, 대초원, 농지, 인간거주지.

연구지역 : 오클라호마주 스틸워터 인근과 뉴욕주 롱아일랜드.

아종 : 갈색머리흑조*M.a. ater*, 쑥빛갈색머리흑조*M.a. artemisiae*.

코카코

식별 : 연한 회색 깃털, 검은 날개와 꼬리, 그리고 (일부 새에서는) 털이 없는 노란색 머리와 통통한 검은 목장식을 가지고 있다.

분포 : 동아프리카와 남아프리카.

서식지 : 사바나, 초원, 삼림 지대.

연구지역 : 독일의 마인츠 대학교와 히더올름.

사회조직

코카코는 보통 유랑하는 작은 무리로 지내지만, 메뚜기 떼를 쫓아 천 마리까지 모이기도 한다. 마찬가지로 메뚜기가 있을 때 번식 군락에는 수천 개의 둥지가 생기기도 한다. 하지만 보통의 경우 새들은 최대 400쌍의 짝이 모인 작은 군락에 둥지를 튼다. 대부분의 개체는 일부일처제 짝 결합을 형성하며, 집참새도 마찬가지이다(일반적으로 군락에 둥지를 튼다). 갈색머리흑조는 매우 다양한 짝짓기 체계를 가지고 있다. 많은 개체군에서 새들은 짝결합을 이루지만, 다른 개체군에서는 난혼제일 수도 있고, 여러 개체와 일부다처제를 형성하기도 한다.

설명

행동 표현 : 수컷 갈색머리흑조는 때로 수컷 집참새에게 동성애 교미를 요청한다. 갈색머리흑조는 보통 다른 종의 새에게 깃털고르기를 하도록 초대하지만, 그러한 종간 만남에 간혹 집참새가 참여하면 동성애 마운팅이 일어난다. 이러한 특이한 행동은 전형적으로 수컷 갈색머리흑조가 집참새에게 머리숙이기head-down 자세를 취하며 시작된다. 이 자세에서 갈색머리흑조는 머리를 숙이고, 아랫부리를 가슴 깃털에 대며, 몸을 웅크리고, 날개를 어깨 위로 약간 들어 올린다. 그러면 집참새는 갈색머리흑조에게 마운트를 한 다음 부리로 머리 깃털을 움켜쥐고 교미를 시도한다. 만일 집참새가 한 번 올라탄 뒤 내리거나 관심이 없는 기색을 보이면 갈색머리흑조는 곧바로 집참새 옆에서 초대 자세를 다시 취하고, 머리

로 집참새를 밀며 다시 마운트
할 때까지 끈질기게 따라붙는
다. 한 번의 활동시간에 동성애
마운팅을 여러 차례(5회 이상)
반복하며 오랫동안 지속하기도
한다.

'머리숙이기' 자세를 취한 수컷 갈색머리
흑조(오른쪽)가 수컷 집참새에게 마운트
초대를 하고 있다.

　코카코에서는 동성애 구애가
이따금 일어난다. 수컷은 때로
다른 수컷에게 관심을 보이며
여러 가지 양식화한 자세를 보여준다. 이 중에는 측면과시laterla display처
럼 옆으로 돌아서서 날개를 옆으로 늘어뜨리는 것(흰색 깃털을 노출한다)
도 있고, 앞면과시frontal display처럼 과시하는 수컷이 배와 등 깃털을 부
풀리고, 날개를 치켜든 채 흔들며, 꼬리를 펼치는 것도 있다. 또한 독수
리자세vulture posture에서는 가슴 깃털을 불룩 내밀고, 날개를 독수리처
럼 옆구리에 꽉 접은 채, 온몸을 수직으로 뻗는 독특한 자세를 취한다.
이 종에서는 일부 암컷이 수컷처럼 보이는 깃털 복장도착도 발생한다.
번식기에 대부분의 수컷은 특별한 결혼 깃털을 가지게 되는데, 부리 옆
에도 양쪽으로 두 개의 목장식이 매달리듯 자라며, 대부분의 머리 깃털
이 빠지고, 그 결과 노란색 또는 검은색의 피부를 노출하며, 이마에는 두
개의 살이 빗처럼 돋아난다. 이렇게 깃털이 빠지는 현상은 그동안 인간
의 탈모와 유사한 '남성형 대머리'의 한 형태처럼 묘사되었는데, 실제로
남성호르몬에 의해 조절된다는 것이 밝혀졌다(인간 대머리처럼). 대부분
의 암컷은 깃털이 빠지는 특징을 전혀 보이지 않지만, 일부 암컷은 깃털
이 빠지고, 목장식과 빗이 있는 수컷의 외모를 갖추기도 한다.

빈도 : 야생 갈색머리흑조는 정기적으로 다른 종을 향해 머리숙이기 과시

를 하는데, 그러한 과시의 약 36%는 수컷 갈색머리흑조가 수컷 집참새에게 수행하는 것이다. 하지만 참새들은 산발적으로만 동성애에 반응하는 것으로 보인다. 비슷하게 코카코에서도 동성애 구애는 드물게 나타나는 현상일 가능성이 크다. 암컷 코카코의 약 2~10%는 완전한 목장식과 대머리를 보여주는 트랜스젠더. 다른 암컷들은 깃털 모양의 연속체상의 변화를 보이므로, 일부 개체는 부분적인 목장식 발육이나 불완전한 대머리만 가지게 된다.

성적 지향 :이 세 종 모두에서 동성애 활동에 참여하는 개체의 전반적인 성적 지향 프로필을 결정하기 위한 생애사生涯史에 대해서는 아직 충분히 알려지지 않았다. 그러나 적어도 일부 수컷 코카코는 구애할 때 다른 수컷을 선호하는 것으로 보인다.

비생식적이고 대체 가능한 이성애

대부분의 이성애 코카코는 일부일처제 짝결합을 하지만, 때로 수컷은 짝이 아닌 다른 암컷과 짝짓기를 한다. 따라서 만일 그 수컷과 교미를 한 암컷에게 짝을 맺은 수컷이 없다면, 그 암컷은 한 부모로서 새끼를 기르게 된다. 이 종에서는 수컷의 성주기sexual cycle가 특히 눈에 띄는데, 번식기에 발달하는 목장식과 대머리로 알 수 있다. 집참새들은 한 번의 짝짓기 회합 동안 여러 번 짝짓기를 한다. 즉 수컷이 암컷에게 마운트를 하고 생식기 접촉을 하는 횟수가 30회에 이를 수 있다. 게다가 이 종에서 문란한 짝짓기는 꽤 흔하다. 모든 둥지의 1/4 이상은 어미 새의 짝이 아닌 다른 수컷의 새끼를 적어도 한 마리 이상 포함하고 있다. 이 중 일부는 집단과시communal display 중에 일어나는 강제적인 짝짓기의 결과로 발생한다. 집단과시란 최대 10마리의 수컷으로 구성된 '패거리'가 암컷을 쫓아가 생식기를 쪼고 마운트를 시도하는 행동이다. 이러한 과시와 이와 관련된 성적인 활동은 흔히 수정이 불가능한 시기에도 일어난다. 구애를 하는 수컷 갈색머리흑조도 암컷을 자주 괴롭히는데, 이 종의 이성애 배우자 관계에서 교미로 끝나는 경우는 평균 12%에 불과하다. 갈색머리흑조의 짝결합 개체군에서 구애의 약 16%는 실제로 서로 짝이 아닌 새들 사이에 이루어지며, 일부 문란한 짝짓기도 일어난다. 이 종과 집참새 모두에서 몇몇 쌍은 번식기에 짝을 바꾸며, 일부 새(약 5~6%)는 일부다처제다.

많은 수컷 갈색머리흑조는 비번식 개체다. 즉 일부 개체군에서는 절반 이상의 수컷에게 짝이 없으며, 일부 해에 수컷의 1/3만이 실제로 암컷과 교미한다. 갈색머리흑조는 또한 탁란brood parasites을 하는데, 암컷은 항상 다른 새의 둥지에 알을 낳고 자신은 새끼를 기르는 데 참여하지 않는다. 영아살해가 집참새 둥지의 9~12%에서 일어나는데, 흔히 암컷이 짝을 잃고 새로운 수컷과 짝을 이룰 때 발생한다(수컷은 자기 새끼를 가지려고 기존의 새끼를 쪼아 죽인다). 일부다처제 트리오의 암컷들도 때로 새끼를 서로 죽일 수 있다. 하지만 때로 짝이 영아를 죽일 수 있는 수컷으로 대체된 암컷은 더 이상 새끼를 잃지 않기 위해 (배란을 중단하거나 지연시킴으로써) 알을 낳는 것을 멈추기도 하고, 대체된 수컷은 암컷의 새끼를 죽이는 대신 입양을 하기도 한다.

기타 종

북아메리카 종인 수컷 염습지참새*Ammodramus caudacutus*는 때로 다른 수컷을 마운트한다. 청소년 수컷 노랑딱딱새*Cacicus cela*는 남아메리카의 검은새로서 양쪽 성별의 새끼를 자주 마운트한다. 이러한 어린 새들을 향한 성적인 행동은 일반적으로 전반적인 괴롭힘의 한 부분이다. 청소년 수컷(종종 무리를 지어)은 어린 새를 쫓고, 쪼고, 공격하며, 심지어 횃대에서 어린 새를 떨어뜨리기도 한다(흔히 그러다가 물에 빠지면 익사할 수도 있

다). 이러한 괴롭힘(과 관련된 성적인 생동)의 약 36%는 같은 성 간의 상호
작용이다.

출처 *별표가 있는 출처는 동성애와 트랜스젠더에 대해 논의한다.

Craig, A. J. F. K. (1996) "The Annual Cycle of Wing Moult and Breeding in the Wattled Starling *Creatophora cinerea.*" *Ibis* 138:448–54.

Darley, J. A. (1978) "Pairing in Captive Brown–headed Cowbirds (*Molothrus ater*)." *Canadian Journal of Zoology* 56:2249–52.

* Dean, W. R. J. (1978) "Plumage, Reproductive Condition, and Moult in Non–Breeding Wattled Starlings." *Ostrich* 49:97–101.

Friedmann, H. (1929) *The Cowbirds: A Study in the Biology of Social Parasitism.* Springfield, Ill.: Charles C. Thomas.

* Greenlaw, J. S., and J. D. Rising (1994) "Sharp–tailed Sparrow (*Ammodramus caudacutus*)." In A. Poole and F. Gill, eds., *The Birds of North America: Life Histories for the 21st Century*, no. 112. Philadelphia: Academy of Natural Sciences; Washington, D.C.: American Ornithologists' Union.

* Griffin, D. N. (1959) "Apparent Homosexual Behavior Between Brown–headed Cowbird and House Spar. row." *Auk* 76:238–39.

* Hamilton, J. B. (1959) "A Male Pattern Baldness in Wattled Starlings Resembling the Condition in Man." *Annals of the New York Academy of Sciences* 83:429–47.

Laskey, A. R. (1950) "Cowbird Behavior." *Wilson Bulletin* 62:157–74.

Liversidge, R. (1961) "The Wattled Starling (*Creatophora cinerea* (Menschen])." *Annals of the Cape Provincial Museums* 1:71–80.

Lowther, P. E. (1993) "Brown–headed Cowbird (*Molothrus ater*)." In A. Poole, P. Stettenheim, and F. Gill, eds., *The Birds of North America: Life Histories for the 21st Century*, no. 47. Philadelphia: Academy of Natural Sciences; Washington, D.C.: American Ornithologist' Union.

Lowther, P. E., and C. L. Cink (1992) "House Sparrow (*Passer domesticus*)." In A. Poole, P. Stettenhelm, and F. Gill, eds., *The Birds of North America: Life Histories for the 21st Century*, no. 12. Philadelphia: Acad. emy of Natural Sciences; Washington,

D.C.: American Ornithologists' Union.

Møller, A. P. (1987) "House Sparrow, *Passer domesticus*, Communal Displays." *Animal Behavior* 35:203–10.

* Robinson, S. K. (1988) "Anti–Social and Social Behavior of Adolescent Yellow–rumped Caciques (Icterinae: *Cacicus cela*)." *Animal Behavior* 36:1482–95.

Rothstein, S. I. (1980) "The Preening Invitation or Head–Down Display of Parasitic Cowbirds: II. Experimental Analysis and Evidence for Behavioral Mimicry." *Behavior* 75:148–84.

Rothstein, S. I., D.A. Yokel, and R. C. Fleischer (1986) "Social Dominance, Mating and Spacing Systems, Female Fecundity, and Vocal Dialects in Captive and Free–Ranging Brown–headed Cowbirds." *Current Ornithology* 3:127–85.

Scott, T. W., and J. M. Grumstrup–Scott (1983) "Why Do Brown–headed Cowbirds Perform the Head–Down Display?" *Auk* 100:139–48.

* Selander, R. K., and C. J. La Rue, Jr. (1961) "Interspecific Preening Invitation Display of Parasitic Cowbirds." *Auk* 78:473–504.

* Sontag, W.A., Jr. (1991) "Habitusunterschiede, Balzverhalten, Paarbildung, und Paarbindung beim Lappenstar *Creatophora cinerea* (Behavior Differences, Courtship, Pair Formation, and Pair Bonding in the Wattled Starling)." *Acta Biologica Benrodis* 3:99–114.

——(1978/79) "Remarks Concerning the Social Behavior of Wattled Starlings, *Creatophora cinerea* (Menschen)." *Journal of the Nepal Research Center* 2/3:263–68.

Teather, K. L., and R. J. Robertson (1986) "Pair Bonds and Factors Influencing the Diversity of Mating Systems in Brown–headed Cowbirds." *Condor* : 88:63–69.

Uys, C. J. (1977) "Notes on Wattled Starlings in the Western Cape." *Bokmakierie* 28:87–89. Veiga, J. P. (1993) "Prospective Infanticide and Ovulation Retardation in Free–Living House Sparrows." *Animal Behavior* 45:43–46.

——(1990) "Infanticide by Male and female House Sparrows." *Animal Behavior* 39:496–502.

Wetton, J. H., and D. T. Parkin (1991) "An Association Between Fertility and Cuckoldry in the House Sparrow, *Passer domesticus*." *Proceedings of the Royal Society of London*, Series B 245:227–33.

Yokel, D. A. (1986) "Monogamy and Brood Parasitism: An Unlikely Pair." *Animal Behavior* 34:1348–58.

Yokel, D. A., and S. I. Rothstein (1991) "The Basis for Female Choice in an Avian Brood Parasite." *Behavioral Ecology and Sociobiology* 29:39–45.

검은부리까치 *Pica pica*

갈까마귀 *Corvus monedula*

큰까마귀 *Corvus corax*

동성애	트랜스젠더	행동	랭킹	관찰
● 암컷	○ 간성	● 구애 ● 짝 형성	○ 중요	● 야생
● 수컷	○ 복장도착	● 애정표현 ● 양육	● 보통	○ 반야생
		○ 성적인 행동	○ 부수적	● 포획 상태

검은부리까치

식별 : 비둘기 크기의 까마귀를 닮은 새로서 눈에 띄는 무지갯빛 흑백의 깃털과 길고 녹색
　　을 띤 자주색 꼬리를 가지고 있다.

분포 : 유라시아, 북아프리카, 북아메리카 서부.

서식지 : 삼림, 관목 지대, 초원, 사바나.

연구지역 : 네덜란드 하렌, 네덜란드 흐로닝언 대학교.

아종 : 검은부리까치 *Pp pica*,

갈까마귀

식별 : 검은 깃털과 뒷머리에 회색 깃털을 가진 작은 까마귀.

분포 : 유라시아, 북아프리카.

서식지 : 삼림, 초원, 농지.

연구지역 : 네덜란드의 하렌, 맥스 플랑크 연구소.

아종 : 수집가갈까마귀 *C.m. spermologus*.

큰까마귀

식별 : 까마귀와 비슷하지만 훨씬 체구가 큰 온몸이 검은 새(61센티미터).

분포 : 유라시아, 북아메리타.

서식지 : 숲, 평원, 사막 등 다양한 지역.

연구지역 : 맥스 플랑크 연구소.

아종 : 큰까마귀 *C.c. corax*.

사회조직

이 3종 모두 상당한 군집 생활을 하며, 흔히 떼를 지어 공동 횃대에 모인다. 각 개체는 일반적으로 장기간 지속하는 짝을 이루며, 보통 갈까마귀들은 군락 안에 둥지를 튼다. 까치는 때로 영역 획득과 관련된 것으로 보이는 색다른 단체 과시를 한다. 이러한 과시는 의례적 모임ceremonial gathering이라고도 불린다.

설명

행동 표현 : 검은부리까치는 때로 같은 성별의 새에게 구애하고, 짝결합을 한다. 짝결합은 성체 수컷과 (1살 미만의) 어린 수컷 사이에 이뤄지거나, 같은 연령의 성체 수컷 두 마리 사이나, 성체 암컷 두 마리 사이에 일어난다. 같은 연령인 경우 대개 청소년 개체들 사이에 생기지만 때로 성체 수컷 사이에서도 나타난다. 전형적인 동성애 구애(예를 들어 두 수컷 사이)는 한 새가 다른 새 앞에 웅크리고 앉아 날개를 퍼덕이거나 바르르 떠는 의례적인 애걸begging로 시작한다. 상대 수컷은 구애하는 새 주위로 바짝 붙어 깡충깡충 뛰며 빙글빙글 도는 식으로 반응한다. 이때 흰 깃털을 부풀리고 날개도 퍼덕인다. 때로 왁자지껄노래babble-sing를 부

르기도 하는데, 이는 지저 귀는 소리와 재잘거림, 그 리고 꺄악하는 음이 다양하 게 섞인 노래다. 원을 그리 며 도는 수컷은 흔히 구애 하는 수컷을 대상으로, 머 리와 꼬리로 옆을 가리키는 꺄우뚱tilting 자세를 취한다.

검은부리까치의 동성애 구애.
'갸우뚱(왼쪽)' 자세 및 '애걸' 자세.

만약 구애를 받는 수컷이 날아간다면, 한 수컷이 날기와 뛰기를 번갈아 하면서 상대 수컷을 따라가는 깡충깡충쫓기chase-hopping라고 알려진 구애 추적이 일어나기도 한다. 때로 이 두 마리의 새는 리듬감 있고 물 결 같은 비행 패턴으로 상대 새 앞에서 맴돌기비행hover-fly을 보여주기 도 한다. 이와 같은 일련의 행동은 (이성애 사이뿐만 아니라) 암컷들 사이 의 구애에서도 나타난다. 동성애 구애는 30분까지 지속할 수 있다. 구애 를 마친 같은 성별의 두 새는 짝결합을 형성하기도 한다. 이렇게 짝을 이 룬 새들은 서로 가까이 머무르며, 서로를 따라다니고, 종종 영역을 침범 한 새를 힘을 합쳐 쫓아낸다. 또한 흔히 서로 가까이 앉아 깃털손질을 하 거나, 서로의 부리를 다정하게 무는 상호 부리비비기billing에 참여하기 도 한다. 때로 동성애 쌍은 같은 잎이나 나뭇가지를 잡아당기거나 갉아 먹기도 하며, 이를 서로 주고받는다. 이러한 행동은 끌어당기기tugging라 고 불린다. 같은 성 쌍은 일반적으로 성체 이성애 결합보다 기간이 짧아 서, 수일에서 수개월 정도 지속한다. 그러나 때로 수컷 성체들은 더 오래 지속하는 동성애 쌍을 이루기도 하며, 두 마리 새가 둥지를 함께 짓기도 한다(완성하는데 보통 5~7주가 걸린다).

암컷 갈까마귀는 때로 다른 암컷과 짝결합을 맺는다. 어떤 증례에서는 나이 든 암컷이 어린 암컷과 짝을 맺어 둥지를 함께 짓기도 했다. 간혹 어린 암컷이 알을 낳기에는 너무 이른 경우도 있다. 나중에 이들은 두 개의 인접한 컵 모양처럼 보이는, 독특한 '이중 둥지'를 만들고 각각의 둥지에 무정란을 낳는다. 때로 수컷 한 마리가 동성애 암컷 쌍에 합류하여, 암컷 중 한 마리 또는 두 마리와 짝 관계를 맺는 트리오가 형성된다. 하지만 이 트리오는 흔히 새끼를 성공적으로 돌볼 수 없는데, 정확한 이유는 서로에 대한 유대 때문이다. 여기서 유대란 그들이 항상 함께 있으려고 노력한다는 것을 의미한다. 즉 두 암컷은 동시에 알을 품고 새끼를 기르며, 각각 한 컵에 앉는다. 그러나 수컷이 교대하러 도착하면, 암컷 둘은 동시에 떠나버리고, 남겨진 수컷은 두 둥지의 알과 새끼를 동시에 품거나 보호하려 한다(하지만 수컷에게는 대개 불가능한 일이다). 때로 양성애 트리오는 암컷 한 마리가 이성애 쌍에 합류해서 암컷 파트너와 강한 유대감을 형성할 때도 나타난다. 이 두 암컷은 상호 깃털고르기나 구애먹이주기courtship-feeding 같은 구애와 짝결합 활동을 하는데, 그러면서 한쪽이 상대에게 몸을 웅크리고, 날개를 퍼덕이며, 꼬리를 흔들며 애걸한다. 두 암컷 모두 수컷과 짝짓기하고 알을 낳을 수 있지만, 때로 암컷 사이의 유대감이 나중 원래의 이성애적인 유대보다 더 강해지기도 한다. 실제로 수컷이 암컷 '침입자'의 둥지 접근을 거부해서 암컷 파트너들이 새끼를 제대로 돌볼 수 없었던 사례도 있었다. 동성애 유대 관계는 과부가 된 암컷과 비번식 암컷 사이에서도 형성된다. 이 경우 짝짓기 철에 짝을 잃은 암컷이 짝결합을 하지 않은 암컷을 유인한다. 이러한 과부 암컷일부는 새끼를 가진 어미다. 양성애 트리오는 수년간 함께 지내지만, 이러한 암컷 간의 결합은 좀 더 일시적인 것으로 보이며, 번식기가 끝날 때까지 몇 주 동안만 지속한다.

큰까마귀에서도 간혹 암컷 동성애 쌍이 발생하며, 자매들 사이의 근친상간 짝결합도 이에 해당한다. 같은 성 쌍에 속한 새들은 이성애 쌍과 유사하게, 상호 깃털고르기나 구애먹이주기 같은 활발한 구애 활동을 벌인다.

빈도 : 야생의 갈까마귀 중, 트리오의 약 5%에서 두 암컷 파트너 사이의 유대감이 형성되며, 과부가 된 암컷 중 약 10%가 동성애 쌍을 형성한다. 그러나 전반적으로 같은 성 유대 관계는 아마도 모든 쌍(그리고 트리오)의 1% 이하를 차지하는 것으로 보인다. 검은부리까치와 큰까마귀에서도 동성애 활동은 산발적으로 일어난다. 예를 들어 약 1%의 까치둥지만 두 마리의 수컷으로 이루어져 있다. 까치들 간의 동성애 교미 기록은 아직 없지만, 이성애 교미 역시 드물게 관찰된다(예를 들어 300시간의 연구 동안 단 9건의 암수 교미만이 기록되었다).

성적 지향 : 동성애 행동은 젊은 검은부리까치 사이에서 가장 흔하며, 이들 중 일부는 반대쪽 성 개체에게도 구애한다. 이 새 중 많은 수가 성체가 되면 이성애 결합을 형성하지만, 같은 성 활동 기간에는 대부분 비번식 개체로 남는다. 하지만 일부 성체 수컷도 어린 수컷에게 구애하거나 다른 성체 수컷과 짝짓기를 계속한다. 갈까마귀와 큰까마귀에서는 다양한 형태의 양성애가 나타난다. 어떤 암컷은 수컷과 암컷 모두와 동시에 짝결합을 하며, 이러한 트리오는 처음에 생긴 이성애 짝결합이나 동성애 짝결합에서 비롯된다. 일부 암컷은 순차적인 양성애자여서, 수컷을 잃은 후에야 같은 성 간의 유대 관계를 형성한다. 그러나 그렇게 비번식 개체로서 동성애 쌍을 형성한 갈까마귀 암컷은 사전에 이성애 경험이 없을 수도 있다(이후에도 없을 수 있다).

비생식적이고 대체 가능한 이성애

검은부리까치와 갈까마귀는 여러 가지 비생식적 이성애 활동을 한다. 새들은 때로 알을 품거나 새끼를 기르는 시기에, 즉 수정이 이루어진 지 한

참 후에 짝짓기를 하고, 까치는 번식기 한참 전에도 구애와 마운팅을 한다. 이러한 종 모두 새끼를 기를 수 없는 청소년 때부터 짝결합을 한다. 까마귀 종에서는 일부일처제 쌍과 핵가족에 대한 몇 가지 대안적인 모습도 발견된다. 예를 들어 검은부리까치는 짝 내外 짝짓기보다 짝결합을 벗어난 교미를 더 자주 하는 경우가 있다. 또한 일부 쌍은 이혼한다. 즉 수컷의 약 절반과 암컷의 약 2/3가 짝을 바꾸며 일부 까치는 평생 3마리에 이르는 파트너와 짝을 맺는다. 그러나 다른 까치들은 평생 충실한 짝으로 남는다. 성체 갈까마귀 쌍의 약 6~10%와 모든 청소년 쌍의 1/3도 이혼을 한다. 때로 까치에서도 일부다처제 트리오가 발생하지만(모든 쌍의 1~2%), 갈까마귀에서는 모든 쌍의 약 14%를 차지할 정도로 상당히 흔하다. 이것은 보통 짝을 이루지 않은 암컷이 기존의 암수 쌍과 결합함으로써 발생한다. 앞에서 설명한 양성애 트리오와 달리, 보통 새로 온 암컷은 그 쌍의 수컷과만 유대 관계를 맺는다. 때로 새로 온 암컷은 이전의 암컷을 쫓아내고 수컷과 새로운 가족을 꾸리기도 하지만, 흔히 몇 년 동안 트리오를 유지하면서도 번식을 하지 않는다.

번식을 하지 않는 쌍은 갈까마귀나 큰까마귀에서도 볼 수 있으며, 번식하지 않는 독신 개체도 많이 발견된다. 후자인 독신 개체는 까치에서도 발견되며, 개체수의 20~60%를 차지하고, 혼자 지내거나 자기들끼리 무리를 형성할 수 있다. 또한 성체가 될 때까지 살아남은 모든 까치의 절반가량은 (번식을 시도하더라도) 자손을 남기지 못한다. 비번식 갈까마귀 쌍(또는 번식에 실패한 쌍)은 번식하는 쌍을 괴롭히는데, 그들의 둥지에 침입하거나, 싸우거나, 심지어 새끼를 공격하거나, 때로는 새끼를 격렬하게 쪼아 죽이기도 한다. 일부 개체군에서는 모든 번식 쌍의 거의 1/3이 이런 식으로 괴롭힘을 당한다. 갈까마귀에서는 번식을 하는 이웃 쌍에 의한 어린 새끼와 알의 동종포식도 종종 일어난다. 까치와 큰까마귀는 홀로 된 새와 짝을 맺을 때, 자기 자식이 아닌 새끼를 입양하기도 한다. 까치에서는 특이한 현상인 '알 전달'에 의해 최대 8%의 둥지에서 위탁 새끼 양육이 발생한다. 어떤 개체군에서는 8%에 이르는 둥지에 다른 까치의 알이 들어 있다. 이러한 알은 다른 까치가 거기에 낳은 것이 아니고, 숙주 부모가 알을 품고 새끼를 기르도록 부리로 자신의 알을 물어 그 둥지로 옮긴 것이다. 검은부리까치 사이에서도 새끼와 알에 대한 도둑질과 동종포식이 보고되었다. 이런 식으로 둥지의 약 7%가 다른 까치들에 의해 도둑맞는다. 게다가 최소 30%의 새끼는 형제들 간의 경쟁으로 굶어 죽거나, 서로 간의 공격이나 동종포식에 의해 죽는다.

기타 종

파랑어치의 일부 종(까마귀와 가까운 친척)에서도 동성애 구애가 발생하는데, 지금까지는 포획 상태에서만 관찰되었다. 미국 남서부와 멕시코에서 발견되는 회색가슴어치*Aphelocoma Ultramarina* 수컷이 혼성 무리에서 어린 수컷에게 구애먹이주기courtship-feeding를 하는 것이 관찰되었다. 이러한 행동에서(이성애 구애의 한 장면으로도 나타난다) 수컷 한 마리는 다른 수컷에게 먹이를 주게 되며, 상대는 몸을 웅크리고, 날개를 파르르 떨며, 낮게 콰콰콰kwa kwa kwa 소리를 내며 받아들인다. 상대 수컷은 먹이를 먹거나 은닉처에 보관한 후, 다른 수컷을 따라가 똑같은 일을 반복하기도 한다. 멕시코의 산블라스어치*Cyanocorax sanblasianus* 암컷은 포획 상태에서, 같은 성 무리의 다른 암컷에게 작은소리노래 과시*sotto voce song display를 사용하여 구애하는 것으로 알려져 있다. 이때 암컷은 부드럽고 목이 쉰 듯한 소리를 내며, 꼬리는 올리고 배 깃털을 부풀린 채, 횃대에서 다른 한 마리에게로 미끄러지듯이 다가간다.

---

* 소토 보체는 이탈리아어로서 '낮은 소리로'라는 악상 기호로 사용된다.

출처

*별표가 있는 출처는 동성애와 트랜스젠더에 대해 논의한다.

Antikainen, E. (1981) "The Breeding Success of the Jackdaw *Corvus monedula* in Nesting Cells." *Ornis Fennica* 58:72–77.

* Baeyens, G. (1981a) "Magpie Breeding Success and Carrion Crow Interference." *Ardea* 69:125–39.

——(1981b) "Functional Aspects of Serial Monogamy: The Magpie Pair–Bond in Relation to Its Territorial System." *Ardea* 69:145–66.

* ——(1979) "Description of the Social Behavior of the Magpie (*Pica pica*)." *Ardea* 67:28–41.

Birkhead, T. (1991) *The Magpies: The Ecology and Behavior of Black–billed and Yellow–billed Magpies.* London: T. and A. D. Poyser.

Birkhead, T., and J. D. Biggins (1987) "Reproductive Synchrony and Extra–Pair Copulation in Birds." *Ethology* 74:320–34.

Birkhead, T., S. F. Eden, K. Clarkson, S. F. Goodburn, and J. Pellatt (1986) "Social Organization of Magpies *Pica pica*." *Ardea* 74:59–68.

Buitron, D. (1988) "Female and Male Specialization in Parental Care and Its Consequences in Black–billed Magpies." *Condor* 90:29–39.

——(1983) "Extra–Pair Courtship in Black–billed Magpies." *Animal Behavior* 31:211–20.

Coombs, F. (1978) *The Crows: A Study of the Corvids of Europe.* London: B. T. Batsford.

Dhindsa, M. S., and D. A. Boag (1992) "Patterns of Nest Site, Territory, and Mate Switching in Black–billed Magpies (*Pica pica*)." *Canadian Journal of Zoology* 70:633–40.

Dunn, P. O., and S. J. Hannon (1989) "Evidence for Obligate Male Parental Care in Black–billed Magpies." *Auk* 106:635–44.

* Hardy, J. W. (1974) "Behavior and Its Evolution in Neotropical Jays (*Cissilopha*)." *Bird–Banding* 45:253–68.

* ——(1961) "Studies in Behavior and Phylogeny of Certain New World Jays (Garrulinae)." *University of Kansas Science Bulletin* 42:13–149.

Jerzak, L. (1995) "Breeding Ecology of an Urban Magpie *Pica pica* Population in

Zielona Gora (SW Poland)." *Acta Ornithologica* 29:123–33.

* Lorenz, K. (1972) "Pair–Formation in Ravens." In H. Friedrich, ed., *Man and Animal: Studies in Behavior,* pp. 17–36. New York: St. Martin's.

* ——(1935) "Der Kumpan in der Umwelt des Vögels." *Journal für Ornithologie* 83:10–213, 289–413 Reprinted as "Companions as Factors in the Bird's Environment." In K. Lorenz (1970) *Studies in Animal and Human Behavior,* vol.l, pp. 101–258. Cambridge, Mass.: Harvard University Press.

Ratcliffe, D. (1997) *The Raven: A Natural History in Britain and Ireland.* London: T. and A. D. Poyser.

Reynolds, P. S. (1996) "Brood Reduction and Siblicide in Black–billed Magpies (*Pica pica*)." *Auk* 113:189–99.

* Röell, A. (1979) "Bigamy in Jackdaws." *Ardea* 67:123–29.

——(1978) "Social Behavior of the Jackdaw, *Corvus monedula,* in Relation to Its Niche." *Behavior* 64:1–124.

Trost, C. H., and C. L. Webb (1986) "Egg Moving by Two Species of Corvid." *Animal Behavior* 34:294–95.

라기아나극락조

Paradisaea raggiana

빅토리아비늘극락조

Ptiloris victoriae

동성애	트랜스젠더	행동	랭킹	관찰
● 암컷	○ 간성	● 구애 ○ 짝 형성	○ 중요	● 야생
● 수컷	○ 복장도착	○ 애정표현 ○ 양육	○ 보통	○ 반야생
		● 성적인 행동	● 부수적	● 포획 상태

라기아나극락조

식별 : 까마귀 크기의 새. 수컷은 밝은 노란색 머리와 무지갯빛의 녹색 목 부위, 주황색 옆
구리 깃털로 된 긴 '꼬리'를 가지고 있다. 암컷은 어두운 노란색 머리와 갈색 얼굴 마
스크를 가지고 있고, 주황색 '꼬리'는 없다.

분포 : 파푸아뉴기니 남부와 북동부.

서식지 : 저지대 및 나지막한 숲.

연구지역 : 파푸아뉴기니 마운트하겐 바이에르강 보호구역에서 사육 중인 개체.

아종 : 제왕라기아나극락조*P.r. augustaevictoirae*.

빅토리아비늘극락조

식별 : 성체 수컷은 검은 색이며, 무지갯빛 광택과 금속빛의 왕관 모양 부위와, 목 부위, 중
　　　앙 꼬리 깃털이 있다. 암컷과 어린 수컷은 더 칙칙하고, 갈색과 담황색, 그리고 황백
　　　색의 깃털을 가지고 있다.

분포 : 오스트레일리아 북동부 퀸즐랜드.

서식지 : 열대 우림, 유칼립투스 숲, 습지 삼림.

연구지역 : 타운즈빌 근처와 잉햄과 팔머스톤 국립공원을 포함한 오스트레일리아 퀸즐랜
　　　　드주 서던 어튼 테이블랜드.

사회조직

수컷 라기아나극락조는 한 번에 최대 8마리까지 무리를 지어 공동 '무
대' 혹은 레크leks(나무 가지에 위치)에서 구애 과시를 한다. 암컷들은 쌍
을 지어 오거나, 작은 무리로 레크를 방문한다. 수컷 빅토리아비늘극락
조는 혼자 과시한다. 이 두 종은 일부다처제 혹은 난혼제 체계여서, 수컷
은 한 마리 이상의 암컷과 교미를 하지만, 부모의 의무에는 전혀 참여하
지 않는다.

설명

행동 표현 : 수컷 빅토리아비늘극락조는 때로 젊은 수컷에게 (이성애 구애
에서도 볼 수 있는) 일련의 화려한 과시를 한다. 성체 수컷은 양쪽 성별의
개체들을 자신의 과시 횃대로 끌어드리기 위해 반복적으로 큰 소리의 얏
쓰yass 음을 내고, 밝은 노란색인 입 안쪽을 드러낸다. 관심을 보이는 수
컷(또는 암컷)이 다가오면, 구애하는 수컷은 날개를 부채처럼 펼쳐 머리
위에서 끝부분이 만나게 해서, 완벽한 원을 만든다. 이 행동은 원형날개

와 입벌리기circular wings and gape 과시라고 알려져 있다. 이렇게 부리를 벌리고 다른 수컷에게 무지갯빛 목 깃털을 선보일 때 원형날개는 수직으로 유지한다. 다른 수컷이 과시 횃대에 내려앉으면 구애는 마지막 단계인 놀라운 번갈아날개박수치기alternate wings clap 과시로 넘어간다. 성체 수컷이 몸을 좌우로 흔들고 비틀기 시작하며, 양쪽 날개가 머리 위에서 부딪히도록 번갈아 올렸다 내렸다 하며, 둔탁하고 쿵하는 소리인 '박수' 소리가 나게 만든다. 그렇게 박수를 치면서 점점 날개를 앞으로 가져가 어린 수컷을 감싸게 된다. 과시하는 박자는 클라이맥스에서 날개박수가 엄청난 속도에 도달할 때까지 증가하며, 각 날개는 초당 2회 정도에 이를 때까지 수컷을 교대로 감싸게 된다. 구애를 받은 수컷은 과시하는 수컷의 빛나는 금속성의 푸르스름한 목 부근 무늬에 넋을 잃고, 앞뒤로 격렬하게 움직이며, 동시에 자기도 번갈아날개박수치기 과시를 하면서 반응하기도 한다. 만약 두 수컷이 과시를 하면, 둘 다 날개가 번갈아 움직이며, 머리를 뒤로 젖히고 온몸을 떨면서 점차 웅크린다. 둘은 흔히 중간에 짧은 휴식을 취하면서 몇 차례 상호 과시를 하는데, 때로 한 수컷이 다른 수컷을 잠깐 마운트하기도 한다. 그러나 마운트가 된 수컷이 마운트를 한 수컷 아래에서 흔히 그냥 날아가 버리기 때문에 완전한 교미는 보통 일어나지 않는다.

암컷 라기아나극락조 사이의 구애 표시는 이 종의 이성애 구애에서 사용하는 것과 같은 자세와 움직임을 보인다. 암컷 한 마리가 등 위로 날개를 아치형으로 구부린 다음 다시 옆구리에 부딪치는데, 다른 암컷 앞에서 춤을 추는 내내 펄쩍펄쩍 뛰며 등과 옆구리의 깃털을 세운다. 때로 우르 우르ur, ur 소리를 내기도 하고, 심지어 날개를 퍼덕이고 소리치면서 나뭇가지에 거꾸로 매달리기도 한다. 이러한 극적인 포즈는 한 번에 1분 또는 그 이상 동안 계속된다. 수컷은 구애할 때 주황색 '꼬리' 깃털을 뽐내기 위해 이 뒤집힌 자세를 취하지만, 암컷은 깃털이 화려하지 않더라

도 이 동작을 수행한다. 때로는 두 마
리의 암컷이 날개를 등 위로 뻣뻣하게
들고 펄쩍펄쩍 뛰며 마주 보는, 상호
과시를 할 수도 있다.

빈도 : 수컷 빅토리아비늘극락조 사이
의 구애는 일 년 중 특정 시기, 특히 털
갈이를 하고 난 2월에서 3월 사이에 자
주 일어난다. 이 종에서 동성애를 하는
것은 흔하지 않지만, 이성애 교미 역시
야생에서 100번 이상의 구애 행위가
벌어지는 동안 몇 번밖에 관찰되지 않
았다.

빅토리아비늘극락조 수컷이 다
른 수컷에게 '원형날개와 입벌
리기' 과시를 하고 있다.

성적 지향 : 적어도 일부 수컷 빅토리아
비늘극락조는 기능적으로 양성애자며, 수컷과 암컷 모두에게 구애와 짝
짓기를 시도한다. 현재까지 라기아나극락조에서 암컷 사이의 구애 과시
는 수컷이 없는 포획 상태에서만 관찰되었으므로, 이러한 행동은 잠정적
인, 또는 '내재한' 양성애 가능성을 나타낸다고 할 수 있다. 그러나 이러
한 활동에 참여하는 개체의 성적 성향에 대한 명확한 진술이 나오기 위
해서는 좀 더 상세한 현장 관찰과 생활사가 필요하다.

비생식적이고 대체 가능한 이성애

암컷 라기아나극락조 레크 방문의 약 11%에서만 이성애 교미가 일어난
다. 짝짓기가 일어나기 직전에 십중팔구 암컷에 의해 구애 상호작용이
끊어지는 것이다. 게다가 수컷은 흔히 레크에서 암컷을 추적하거나 공격

적으로 행동하기 때문에, 암컷은 성적 상호작용을 단념하게 된다. 짝짓기가 일어날 때, 암컷은 종종 교미하기 전에 수컷에게 마운트를 한다. 이러한 역reverse 마운트가 일어나면, 그다음에 수컷이 암컷을 날개로 때리는 듯한 모습이 나타난다. 암컷은 횃대에 웅크리고 앉아 20~35초 동안 매를 맞다가, 그 후 교미를 한다. 번식기가 아닌 시기에 일어나는 비생식적인 짝짓기도 있다. 많은 수컷은 성적으로 성숙한다 해도 (구애 과시에 사용하는) 화려한 깃털이 아직 없으므로, 번식이 5년 이상 늦어진다.

기타 종

라기아나극락조의 근연종인 큰극락조*Paradisaea apoda* 수컷도, 때로 어린 수컷에게 구애하고 마운트한다.

출처 *별표가 있는 출처는 동성애와 트랜스젠더에 대해 논의한다.

Beehler, B.M. (1989) "The Birds of Paradise." *Scientific American* 261(6); 116–23.

——(1988) "Lek Behavior of the Raggiana Bird of Paradise." *National Geographic Research* 4:343–58.

* Bourke, P. A., and A. F. Austin (1947) "The Atherton Tablelands and Its Avifauna." *Emu* 47:87–116.

Davis, W. E., Jr., and B. M. Beehler (1994) "Nesting Behavior of a Raggiana Bird of Paradise." *Wilson Bulletin* 106:522–30.

* Frith, C. B. (1997) Personal communication.

——(1981) "Displays of Count Raggi's Bird-of-Paradise *Paradisaea raggiana* and Congeneric Species." *Emu* 81:193–201.

* Frith, C. B., and W. T. Cooper (1996) "Courtship Display and Mating of Victoria's Riflebird *Ptiloris victoriae* with Notes on the Courtship Displays of Congeneric Species." *Emu* 96:102–13.

Frith, C. B., and D. W. Frith (1995) "Notes on the Nesting Biology and Diet of Victoria's Riflebird *Ptiloris victoriae*." *Emu* 95:162–74.

Gilliard, E. T. (1969) "Queen Victoria Rifle Bird." and "Count Raggi's Bird of Paradise." In *Birds of Paradise and Bower Birds*, pp. 112–17,222–29. Garden City, N.Y.: Natural History Press.

Lecroy, M. (1981) "The Genus *Paradisaea*–Display and Evolution." *American Museum Novitates* 2714:1–52.

* Mackay, M. (1981) "Display Behavior by Female Birds of Paradise in Captivity." *Newsletter of the Papua New Guinea Bird Society 185/186* (November–December):5.

리젠트바우어새

Sericulus chrysocephalus

동성애	트랜스젠더	행동	랭킹	관찰
○ 암컷	○ 간성	● 구애 ○ 짝 형성	○ 중요	● 야생
● 수컷	● 복장도착	○ 애정표현 ○ 양육	● 보통	○ 반야생
		○ 성적인 행동	○ 부수적	● 포획 상태

식별 : 벨벳 같은 검은 깃털과 화려한 노란색 왕관, 뒷목, 등 윗부분, 날개깃을 가진 개똥지빠귀 크기의 새다.

분포 : 호주 동부.

서식지 : 습한 숲.

연구지역 : 호주 퀸즐랜드 사라바 레인지.

사회조직

리젠트바우어새는 일부다처제 또는 난혼제 짝짓기 체계를 가지고 있다. 수컷은 과시 영역에서 여러 파트너에게 구애하고 짝짓기를 한다(아래 참조). 짝짓기 철이 지나면 같은 성별의 새 10~20마리씩 무리를 짓는 경우가 많다.

설명

행동 표현: 수컷 리젠트바우어새는 바우어bowers라고 불리는 정교한 구조물을 짓고, 그곳에서 수컷과 암컷 모두에게 구애한다. 성체 수컷이 만든 바우어는 두 개의 평행한 나뭇가지로 된 벽이 땅 위에 '통로'를 형성한 모양이다. 나뭇가지 벽은 높이 25~30센티미터, 길이 18~20센티미터이고, 연단을 이루며 꽂혀 있다. 어떤 바우어는 벽이 아치형 통로를 형성하고 있는 반면, 다른 바우어는 각기 다른 크기의 삼각형 모양의 벽을 가지고 있다. 탑은 보통 십여 개의 '과시용 물체'로 장식되어 있는데, 주로 색깔에 따라 선택하여 연단에 흩뿌려져 있다. 여기에는 갈색 달팽이 껍데기, 산딸기 열매, 녹색 또는 자줏빛 잎, 갈색 과일과 씨앗, 매미 껍질, 때로는 노란색 또는 분홍색 꽃잎, 심지어 파란색 플라스틱 조각들이 포함된다. 놀랍게도 몇몇 새들은 침과 섞어 불린 식물 성분을 부리로 벽에 '페인트칠'해서, 잔가지 중 일부에 황록색을 덧입힌다. 성체 수컷은 바우어에서 암컷과 어린 수컷에게 과시할 때, 날개를 휙휙 뒤집고 머리를 숙여 화려한 주황색과 노란색의 목 깃털을 뽐낸다. 또한, 때로 수컷은 통로에서 상대를 바라보고 장식품 중 하나를 부리로 집어 든 다음, 의례적인 과시 물체 '선물'을 한다.

어린 수컷도 바우어를 만들고 수컷과 암컷 모두에게 구애한다. 일부 경우에는 성체의 것과 같은 모양의 바우어를 만들고 장식을 한다. 하지만 어떤 경우에는 자신만의 패턴을 사용하기도 하며, 그중 일부는 같은 성 상호작용에만 특별히 나타날 수도 있다. 젊은 수컷이 만든 바우어 중에는 한쪽으로만 입구가 열려 있고, 막대가 세로가 아닌 수평으로 엮어진, 좀 더 편자를 닮은 형태도 있다. 성체 수컷에게 구애할 때, 젊은 수컷은 바우어 안으로 들어가 입구를 향해 꼬리를 내놓고 웅크리고 앉는다. 그러면 성체 수컷은 바우어의 닫힌 쪽 뒤에 있는 젊은 수컷을 향해 달려가기도 하고, 때로는 입구 쪽으로 가서 젊은 수컷의 꼬리를 잡아당기기

수컷 리젠트바우어새가 만든
바우어. 수컷과 암컷 모두에게
구애 과시를 할 때 사용한다.

도 한다. 양쪽 성별의 어린 새에게 구애할 때 젊은 수컷은 바우어 중앙에서 장식을 집어 들고, 날개를 반쯤 펴고, 펄쩍펄쩍 뛰면서, 바우어 벽 너머로 물체를 던지며 춤을 추기도 한다. 이 과시를 보고 있는 새(들)는 날개로 땅을 쓸고 닦는다.

많은 젊은 수컷들은 성체 수컷보다는 성체 암컷에 더 가까운 깃털 색을 가지고 있는 복장도착 개체다. 수컷은 일반적으로 노란색, 주황색, 검은색 깃털이 모두 발달하려면 최대 7년이 걸리며, 이 기간 동안 수컷과 암컷 패턴의 중간 정도 깃털을 보이는 경우가 많다.

빈도 : 성체 수컷 리젠트바우어새의 경우, 바우어 구애 시간의 15%를 다른 수컷에게 과시하는 데 사용하는 반면, 어린 수컷은 과시 시간의 28%를 같은 성 대상으로 사용한다.

성적 지향 : 다른 수컷에게 구애하는 리젠트바우어새는 양성애자인 것으로 보인다.

비생식적이고 대체 가능한 이성애

리젠트바우어새 수컷 개체군 중 상당수는 비번식 개체다. 전체 수컷의 약 1/3만이 바우어를 가지고 있으며, 그중 암컷과 실제로 짝짓기를 하는 수컷은 일부에 불과하다. 또한 이성애 구애 상호작용이 교미로 끝을 맺는 경우는 거의 없다. 암컷은 수컷이 과시하는 동안 자리를 뜨는 경우가 많으므로 암컷의 약 7%만이 실제로 짝짓기를 한다(그리고 암컷이 방문해도 그중 10%에서는 수컷이 과시를 전혀 하지 않는다).

기타 종

오스트레일리아의 성체 수컷 비단바우어새*Ptilonorhyncus violaceus*가 젊은 수컷에게 구애하는 모습도 관찰되었다.

출처　　　　　*별표가 있는 출처는 동성애와 트랜스젠더에 대해 논의한다.

Chaffer, N. (1932) "The Regent Bird." *Emu* 32:8–11.

* Gilliard, E, T. (1969) "Australian Regent Bower Bird." In *Birds of Paradise and Bower Birds*, pp. 335–44. Garden City, N.Y.; *Natural History* Press.

Goddard, M. T. (1947) "Bower-Painting by the Regent Bower-bird." *Emu* 47:73-74.

* Lenz, N. (1994) "Mating Behavior and Sexual Competition in the Regent Bowerbird *Sericulus chrysocephalus.*" *Emu* 94:263–72.

* Marshall, A. J. (1954) "Satin Bower-bird, *Ptilonorhynchus violaceus* (Vieillot)." and "Regent Bower-bird, *Sericulus chrysocephalus* (Lewin)." In *Bower-birds: Their Displays and Breeding Cycles*, pp. 26–71,109–18. Oxford: Oxford University Press.

* Phillipps, R. (1905) "The Regent Bird (*Sericulus melinus*)." *Avicultural Magazine* (new series) 4:51–68, 88-96, 123-31.

Plomley, K. F. (1935) "Bower of the Regent Bower-bird." *Emu* 34:199.

큰거문고새

Menura novaehollandiae

동성애	트랜스젠더	행동	랭킹	관찰
● 암컷	○ 간성	● 구애 ● 짝 형성	● 중요	● 야생
● 수컷	○ 복장도착	○ 애정표현 ○ 양육	○ 보통	○ 반야생
		● 성적인 행동	○ 부수적	● 포획 상태

식별 : 회갈색 깃털, 강력한 다리와 발톱, 길고 화려한 꼬리 깃털을 가진 꿩 크기의 새.

분포 : 호주 남동부.

서식지 : 우림, 유칼립투스 숲, 기타 숲.

연구지역 : 호주 멜버른 근처의 셔브룩 숲, 사우스오스트레일리아주 애들레이드 동물원.

사회조직

큰거문고새는 영역에 91~152센티미터 폭의 흙무더기를 만들어 구애 과
시를 하는 장으로 사용한다. 짝짓기 체계는 일부다처제이거나 난혼제다.
새들은 오랫동안 지속하는 짝결합을 만들지 않고, 여러 파트너와 짝짓기
를 하며, 수컷은 새끼를 기르는 데 기여하지 않는다. 청소년 거문고새는
흔히 작은 무리를 이루는데, 종종 이 무리는 수컷으로만 이루어져 있다.

설명

행동 표현: 수컷 큰거문고새는 흔히 젊은 수컷(청소년)을 보면 집단으로, 또는 단독으로 구애한다. 성체 수컷은 젊은 수컷을 한 번에 몇 시간씩이나 가까이 붙어 따라다니다가, 주기적으로 날개올리기 과시wing-raising display를 한다. 이는 상대 쪽으로 한쪽 날개를 들어 올려 펼치는 동작이다. 수컷은 목을 쭉 뻗은 채, 다른 수컷에게 다양하고 특별한 발성으로 세레나데를 연주한다. 이러한 소리에는 '속삭이는 노래'나, '깔깔대기', 클롱크 클롱크 클리케티 클리케티 클릭clonk clonk clickety clickety click처럼 들리는 울음소리, 또는 가위로 종이를 잘게 가는 듯한 소리, 다른 새들의 노래를 기묘하게 흉내 내는 듯한 소리 등이 있다. 때로 수컷이 길고 아름다운 꼬리 깃털을 화려하게 펼치는 과시를 이어가기도 한다. 예를 들어 눈부신 정면 과시full-face display에서, 성체 수컷은 은색의 가지 모양 깃털을 펼치고, 꼬리를 머리 위로 아치형으로 구부려서, 우아한 테두리를 가진 거미줄 같은 부채 뒤에 몸을 숨긴다. 이 테두리는 밤색 줄무늬의 바깥 꼬리 깃털로 된 우아한 거문고 모양이다(이 모양을 따서 새의 이름이 지어졌다). 종종 꼬리 전체가 진동하여 다른 수컷을 향해 반짝이는 효과를 내기도 한다. 그런 다음 초대 과시invitation display가 이어질 수 있는데, 수컷이 부들부들 떨고 있는 꼬리 부채를 전방으로 유지한 채 거의 '닫게' 된다(깃털 끝이 새 앞의 땅에 거의 닿게 된다). 그러는 내내 수컷은 블릭 블릭blick blick 소리를 낸다. 간혹 성체의 구애를 받는 젊은 수컷이 그의 자식인 경우도 있다. 성체 수컷은 때로 청소년 수컷을 마운트하기도 하는데, 심지어 성체 새가 털갈이를 해서 화려한 꼬리 깃털이 없는 비번식기에도 일어난다. 그러나 젊은 수컷은 보통 상호작용을 이어가지 않기 때문에 생식기 접촉은 일어나지 않는 것으로 보인다.

청소년 수컷 거문고 새들도 때로 동성애 구애 과시에 참여하며 서로 마운트를 한다. 젊은 수컷들 사이의 구애는 보통 상호적이며, 두 마리 새

오스트레일리아의 성체 수컷 큰거문고새가 젊은 수컷을 마운팅하고 있다.

가 서로 노래하고 과시한다. 때로는 성체와 청소년 수컷도 서로 과시하며, 포획 상태의 성체 암컷도 서로 유사한 구애 과시를 하는 것이 관찰되었다. 일반적으로 청소년 수컷 두 마리는 과시둔덕에서 부채꼴 꼬리를 들어 올려 둘의 깃털을 뒤섞은 채, 부리가 거의 닿은 상태에서 서로 원을 그리며 돌며 듀엣으로 노래한다. 어떤 수컷은 정면 과시나 초대 과시를 보여주기도 하며, 그의 파트너는 때로 이성애 구애 동안 암컷이 하는 것처럼, 상대의 뻗은 꼬리 아래로 달려가기도 한다. 때로 수컷들은 구애먹이주기courtship-feeding의 한 형태를 수행한다. 한 수컷이 다른 수컷에게 애걸하면, 그 새는 벌레나 다른 먹이를 토해서 제공하고, 상대는 즉시 그것을 먹는다. 이런 행동은 동성애 구애에만 있는 것으로 보인다. 어린 수컷 두 마리는 종종 '동반자 관계'를 형성한다. 즉 서로 구애하는 것 외에도, 서로를 따라다니고, 함께 먹고(먹이를 구하기 위해 같은 구멍을 파헤치기도 한다), 서로의 옆에 둥지를 틀고, 목욕 웅덩이를 공유한다. 이러한 수컷의 짝짓기는 보통 며칠 동안만 지속하며, 청소년 수컷은 종종 이런 종류의 연이은 유착 관계를 형성한다.

빈도 : 큰거문고새에서 동성애 구애는 꽤 자주 일어난다. 성체 수컷은 번식기 동안에는 약 3일에 한 번, 번식기가 아닐 때에는 약 1.5일에 한 번 청소년 수컷 무리에 접근하며, 이러한 만남의 93%에서 구애 행동이 나타난다. 이에 비해 이성애적 만남은 번식기 동안에는 약 4배 더 자주, 그리고 번식기가 아닐 때는 약 2배 더 자주 일어난다. 성체 수컷이 청소년

수컷과 관계를 할 때(무리를 짓거나 단독으로), 그 시간의 절반 이상은 과시용 둔덕에서 떨어져 하게 된다. 같은 성 마운팅은 수컷들 간의 상호작용보다 빈도가 낮게 발생한다.

성적 지향 : 대부분의 성체 수컷은 기능적으로 양성애자여서, 암컷과 어린 수컷 모두에게 구애하고 마운트를 한다. 청소년 수컷은 좀 더 배타적인 동성애자인 것으로 보인다. 즉 대부분의 개체

두 마리의 수컷 큰거문고새가 상호 구애 과시를 수행하고 있다.

들은 이성애 짝짓기를 하기 전인 몇 년 동안 같은 성 동반자 관계를 형성하고, 동성애 구애(그리고 간혹 마운팅까지)를 한다. 어떤 암컷은 수컷이 없을 때(예를 들어 포획 상태에서) 드러나는 양성애 잠재력을 가지고 있는 것으로 보인다.

비생식적이고 대체 가능한 이성애

수컷과 암컷 큰거문고새는 대체로 분리되어 생활한다. 번식기 동안 잠깐의 구애와 짝짓기 시간을 제외하고는 암수 간에 교류가 거의 없다. 즉 전체 큰거문고새 관찰의 약 8~10%에서만 암수가 함께 있는 모습을 볼 수 있다. 수컷은 육아에 전혀 기여하지 않기 때문에, 부화 및 새끼를 기르는 일은 암컷의 책임이다. 이는 알이나 새끼에게 잠재적인 해가 된다. 부화 초기에 암컷은 먹이를 먹기 위해 한 번에 최대 낮 7시간 동안 알을 정기적으로 방치하게 되는데, 이때 알의 온도가 급격히 떨어지게 된다. 전반적으로 암컷은 상대적으로 '관심이 없는' 부모로서, 활용 가능한 낮 시간의 27~45% 동안만 알을 품는다. 이것은 일반적으로 60~80%를 소비

하는 다른 횃대류보다 현저히 적은 시간이다. 겨울의 가장 추운 몇 달 동안 알을 낳고 품기 때문에, 알은 위험할 정도로 낮은 온도(때로는 영점 이하의 온도까지)에 노출되고, 이로 인해 태아의 발육이 대개 늦어진다. 부화를 한 후, 어미가 둥지로부터 너무 오래 떨어져 있게 되면 간혹 과도한 추위 노출로 죽게 된다.

출처 *별표가 있는 출처는 동성애와 트랜스젠더에 대해 논의한다.

Kenyon, R. F. (1972) "Polygyny Among Superb Lyrebirds in Sherbrooke Forest Park, Kallista, Victoria." *Emu* 72:70–76.

Lili, A. (1986) "Time–Energy Budgets During Reproduction and the Evolution of Single Parenting in the Superb Lyrebird." *Australian Journal of Zoology* 34:351–71.

* ——(1979a) "An Assessment of Male Parental Investment and Pair Bonding in the Polygamous Superb Lyrebird." *Auk* 96:489–98.

——(1979b) "Nest Inattentiveness and Its Influence on Development of the Young in the Superb Lyrebird." *Condor* 81:225–31.

Reilly, P. (1988) *The Lyrebird: A Natural History*. Kensington, Australia: New South Wales University Press.

* Smith, L. H. (1996–97) Personal communication.

* ——(1988) *The Life of the Lyrebird*. Richmond, Australia: William Heinemann.

——(1982) "Molting Sequences in the Development of the Tail Plumage of the Superb Lyrebird, *Menura novae–hollandiae*." *Australian Wildlife Research* 9:311–30.

* ——(1968) *The Lyrebird*. Melbourne: Lansdowne Press.

Watson, I. M. (1965) "Mating of the Superb Lyrebird, *Menura novae–hollandiae*." *Emu* 65:129–32.

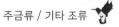

타조 *Struthio camelus*

에뮤 *Dromaius novaehollandiae*

아메리카레아 *Rhea americana*

동성애	트랜스젠더	행동	랭킹	관찰
○ 암컷	○ 간성	● 구애 ● 짝 형성	○ 중요	● 야생
● 수컷	● 복장도착	○ 애정표현 ● 양육	● 보통	○ 반야생
		● 성적인 행동	○ 부수적	● 포획 상태

타조

식별 : 수컷은 눈에 띄는 흑백의 깃털과 강력한 다리와 발톱을 가졌다. 현존하는 가장 큰 새다(키 183센티미터).

분포 : 남부, 동부, 서부 중앙아프리카.

서식지 : 열린 사바나, 건조한 초원, 스텝, 준사막.

연구지역 : 나미비아의 나미브 야생동물 보호구역

아종 : 남아프리카타조 *S.c. australis.*

에뮤

식별 : 현존하는 새 중 두 번째로 크다(키 152~183센티미터).

분포 : 오스트레일리아.

서식지 : 건조한 평원, 반사막, 관목지대, 개활지.

연구지역 : 오스트레일리아 중앙퀸즐랜드 바쿠 강 및 앨리스 다운스 지역, 서부 오스트레일리아 헬레나 밸리 야생동물 연구부서, 베를린 동물원과 멜버른 동물원.

사회조직

타조는 무리를 지어 살고, 종종 성별에 따라 분리된 무리를 형성한다. 수컷 무리에는 최대 40마리까지 포함되며, 이들 중 다수는 청소년 개체로서 오랜 시간 동안 함께 이동한다. 에뮤는 일반적으로 쌍으로 지내거나, 3~10마리씩 무리를 짓고, 아메리카레아는 짝짓기 철이 아닌 시기에 15~40마리씩 모인다. 이 3종 모두 다양한 짝짓기 체계를 가지고 있다(아래에서 논의한다). 이 종들은 다양한 형태의 일처다부제polyandry(암컷이 여러 수컷과 교미한다)를 가지고 있다는 것과 에뮤와 아메리카레아에서는 암컷의 도움 없이 모든 부화와 새끼 양육을 수컷이 한다는 사실로 유명하다.

설명

행동 표현 : 수컷 타조들은 서로 이성애 상호작용과 구별되는 동성애 구애춤을 춘다. 같은 성 구애는 완전한 혼인 깃털(흑백 깃털과 다리와 얼굴의 빨간 홍조)을 가진 성체 수컷이 수행하는 세 가지 순서로 구성된다. 먼저, 극적인 접근approach을 한다. 한 수컷이 자신이 선택한 짝을 향해 빠르게 달려가다가(종종 시속 40~48km/hr 속도에 이른다) 다른 수컷 바로 앞

에서 갑자기 급정거한다. 그런 다음 수컷 타조는 파트너 옆을 빠르게 도는 광란의 피루엣 춤pirouette dancing을 시작한다. 이러한 선회 행동은 일련의, 몇 분 동안씩 지속하는 한바탕의 춤 형식으로 나타날 수 있다. 마지막으로 캔틀링kantling에서는 수컷이 파트너 옆 땅에 앉아 꼬리를 부풀리고 좌우로 꾸준히 흔들면서 과장되게 날개로 땅을 쓸어내린다. 그러는 동안 그는 머리와 목을 코르크 따개가 회전하듯 꼬고, 목을 부풀렸다 빼기를 반복한다. 과시의 대상이 된 수컷은 자세와 춤으로 반응할 수도 있고, 아니면 단순히 불안 행동이나 공격 행동 없이 침착한 자세를 유지할 수도 있다. 동성애 구애는 여러 가지 면에서 이성애와 구별된다. 즉 달리기 접근이나 피루엣 춤은

수컷 타조(오른쪽. 땅바닥)가 '캔틀링'을 하며 다른 수컷에게 구애하고 있다.

수컷과 암컷 간의 상호작용 사이에서는 일어나지 않는다. 캔틀링은 이성애적인 맥락에서도 수행하지만, 일반적으로 노래(수컷이 암컷에게 과시할 때 자주 우렁찬 소리를 낸다)도 같이하고 상당히 짧다. 같은 성 간의 과시는 10~20분 정도 지속하는데 반해, 반대쪽 성 간의 과시는 3분을 넘는 경우가 드물다. 또한, 상징적인 먹이주기 과시와 둥지 과시는 이성애적 구애의 구성 요소이지만 동성애적인 구애에서는 보이지 않는다.

수컷 타조 사이에서 교미는 일어나지는 않지만, 수컷 에뮤 한 쌍에서는 동성애 교미가 관찰되었다. 에뮤의 성적인 교류는 한 수컷이 다른 수컷에게 접근해, 깊게 헐떡거리면서, 목을 위로 뻗고, 목 깃털을 세워 수직으로 눈에 띄도록 하는 것으로 시작한다. 이 두 마리의 새는 서로를 따

라다니고 쫓기 시작한다. 만약 활동을 시작한 수컷이 상대 새의 뒤에 있다면, 그 새는 다른 새에 마운팅을 하려는 의도를 나타내며 발로 내딛는 움직임을 할 수 있다. 그러나 흔히 다른 수컷이 올라타도록 초대하려고 땅에 납작 엎드리는 새는 활동을 시작한 수컷이 된다. 수컷은 교대로 서로 마운팅을 하기도 한다. 마운팅한 수컷은 파트너 뒤에 누워서 다른 수컷의 엉덩이에 가슴을 대고, 상대를 거의 덮을 때까지 발뒤꿈치를 이용해 앞으로 미끄러지듯이 나아간다. 짝짓기를 하는 동안, 마운티는 부드럽게 헐떡이는 소리를 내고(일반적으로 이성애 짝짓기에서는 들을 수 없는 소리이다), 마운터는 파트너의 등 윗부분의 깃털로 부드럽게 장난을 친다. 짝짓기 후에 마운터의 발기한 페니스를 흔히 볼 수 있다. 수컷 에뮤는 다른 주금류走禽類들과 함께 페니스를 가진 세계에서 몇 안 되는 새다(대부분의 수컷 새는 단순히 총배설강 혹은 생식기 개구부를 가지고 있다).

　수컷 에뮤들도 때로 서로 공동 부모가 된다. 즉 두 마리의 수컷(때로는 세 마리)이 동시에 둥지를 돌보며, 모든 알을 함께 품는다. 이러한 둥지는 흔히 14~16개의 알이 있는 평균초월 알둥지supernormal clutches가 되고, 때로는 20개 이상의 알을 가진다. 이는 수컷 한 마리의 둥지에서 발견되는 수의 2배 이상인데, 아마도 한 마리 이상의 암컷이 둥지에 알을 낳았기 때문일 것이다. 단독 아비와 달리 수컷 공동 부모는 짝이 둥지에 앉아 있는 동안 알 품기에서 벗어나 휴식을 취할 수도 있고, 가까이 있는 둥지 간에 알을 굴리기도 한다. 비록 서로 성적으로 관련이 없을지라도, 두 아비는 새끼를 함께 기르는데 협력하며, 낮고 부드러운 '가르랑 그르렁' 소리로 부르고, 포식자로부터 공동으로 보호한다. 이와 유사한 현상이 아메리카레아에서도 발견된다. 즉 수컷 한 쌍은 때로 서로 가까이 있거나 닿아 있는 '이중 둥지'에 앉는다. 이들은 알을 함께 품으며 새끼가 부화하면 공동으로 새끼를 돌본다. 대부분의 둥지는 수컷 한 마리만 알을 품는 보통의 둥지로 시작되는데, 그 후 다른 수컷 한 마리가 합류해 자기 둥지로 알을 옮기기 시작한다. 나중에 알은 두 둥지에 번갈아 옮겨지게 된다. 수컷 공동 부모가 키우는 에뮤 둥지와 달리, 아메리카레아의 이중 둥지는 알의 개수를 합쳐도 단일 둥지와 같은 수의 알을 가지고 있다. 수 컷 공동 부모는 아메리카레아에서도 발견되는 수컷 둥지 도우미와는 다 른 것이다. 즉, 번식하는 수컷의 약 1/4은 청소년 수컷의 도움을 받는데, 청소년 수컷은 성체가 품고 있던 알을 받아서 (혼자) 품고 기르며, 성체 수컷은 다시 새로운 가족을 꾸리기 위해 떠난다. 이 경우 두 둥지는 서로 멀리 떨어져 있고, 각각의 둥지는 한 둥지가 보통 가지는 알 개수를 보유 하며, 두 수컷은 양육의 의무를 전혀 공유하지 않고, 도우미는 항상 청소 년 수컷이라는 점에서 수컷 공동 부모와는 다르다.

암컷 타조는 때로 수컷처럼 완전한 흑백의 깃털을 가진 복장도착을 보 인다(난소는 발달이 저해되어 있다).

빈도: 일부 개체군에서 타조의 동성애 구애는 꽤 흔해서, 하루에 2~4 번(보통 아침에) 정도 일어난다. 수컷 에뮤 사이의 성적인 행동은 지금까 지 사육 상태에서만 관찰되었지만, 파트너 사이에서 반복적으로 발생한 다. 아메리카레아 수컷들 사이의 공동 육아는 전체 둥지의 약 3%에서 일 어난다. 에뮤의 공동 부모도 비슷한 비율로 발생할 것이다.

성적 지향: 일부 개체군에서 타조는 성체 수컷의 1~2%가 동성애 구애를 한다. 다른 수컷에게 구애하는 수컷 타조는 일반적으로 주변의 모든 암 컷을 무시한다. 이들은 이성애 상호작용을 거의 하지 않는 독신 수컷일 것이다. 수컷 공동 육아에 참여하는 대부분의 에뮤와 아메리카레아는 다 른 수컷과 양육을 하기 전에 암컷과 교미를 했거나 짝을 맺은 상태일 것이다. 또한 수컷 에뮤는 잠재적인 양성애 가능성을 보인다. 이는 포획 상태 수컷 사이에서 발생하는 성적인 행동으로 증명되었다(최소 그중 한

마리는 이전에 이성애 짝짓기를 한 적이 있었다). 그러나 각 개체의 생활사와 성적 지향의 전체 패턴은 아직 체계적으로 연구되지 않았다.

비생식적이고 대체 가능한 이성애

주금류에서의 이성애 짝짓기는 핵가족 모델에서 상당히 벗어나서, 복잡한 사회적 조합이 독특한 다양성을 보이며 발생한다. 타조는 반半난혼 일부일처제semipromiscuous monogamy라고 알려진 짝짓기 체계를 가지고 있다. 수컷과 암컷 타조는 서로 짝 유대 관계 형태를 맺는데, 한 생물학자는 두 파트너 모두 주된 파트너 외에도 여러 마리의 다른 새와 교미를 하기 때문에 일종의 '개방 결혼open marriage'이라고 묘사했다. 또한 암컷은 흔히 자신의 둥지가 아닌 다른 둥지에 알을 낳는다. 그 결과 한 쌍이 품는 알(그리고 그들이 기르는 어린 새끼들)은 자기 자식이 아닐 수 있다. 또한 새끼 무리가 결합한 육아 그룹이나 탁아소creches가 형성될 때도 입양이 일어난다. 탁아소에는 수백 마리의 새끼가 모이기도 하며 한 마리 이상의 성체가 돌보게 된다. 때로 에뮤는 짝짓기 체계에서 연쇄적인 일처다부제를 보인다. 예를 들어, 암컷은 수컷 한 마리와 짝을 짓고 부화가 시작될 때까지 함께 있다가, 알이 깨자마자 짝을 떠나 새로운 수컷과 짝을 맺고 두 번째 둥지를 시작한다. 많은 암컷은 짝이 아닌 수컷과 짝짓기를 하는 비非일부일처제를 추구한다. 한 연구는 교미의 대다수인 거의 3/4이 문란한 것임을 발견했다. 또한 쌍을 이룬 구성원의 교미는 비생식적일 수 있어서, 알을 낳기 몇 달 전부터 일어난다. 아메리카레아도 연쇄적인 다부다처제serial polygynandry라고 특징지을 수 있는 다양한 짝짓기 체계를 가지고 있다. 즉 수컷은 3~10마리의 암컷 '하렘'과 관계를 맺으며, 모든 암컷과 교미한다. 암컷들은 한 둥지에 공동으로 알을 낳는다. 수컷이 알을 품기 시작하면, 암컷들은 다른 수컷에게로 이동해서 과정을 반복하게 되고, 이러한 반복은 최대 수컷 7마리까지 이른다. 앞에서 언급한 바와 같이, 대부분의 에뮤와 아메리카레아 수컷은 한부모이며, 이는 고된 임무다. 수컷 아메리카레아는 알을 돌보는 6주간의 부화 기간 동안 몇 분 이상 둥지를 떠나지 않는다. 수컷 에뮤도 종종 8주간의 부화 기간 동안 먹지도 마시지도 배변도 하지 않고, 둥지를 떠나지도 않아 심하게 수척해지고 쇠약해진다. 비번식과 번식 실패는 아메리카레아에서도 높은 비율로 일어난다. 즉, 수컷의 20% 미만이 매년 번식을 시도하고, 전체 수컷의 5~6%만이 매년 번식에 성공한다.

수컷 아메리카레아의 공동육아: 아르헨티나에서 두 마리의 수컷(위)이 이중 둥지에 앉아 있으며, 이 둥지에는 두 쌍의 알(아래)이 들어 있으며, 이 알들은 종종 공동 부모 사이에서 굴려진다.

위에서 논의한 바와 같이, 타조 사이에 성별에 따라 분리된 무리는 흔하며, 그러한 무리 중 다수는 이성애를 추구하지 않는다. 또한 이성애 구애는 흔히 동기화에 실패한다. 예를 들어 암컷은 일반적으로 수컷이 성적으로 관심을 갖기 몇 주 전에 접근을 시작하며, 이 기간에 수컷은 종종 암컷의 접근을 무시하거나 무관심한 것처럼 보인다. 수컷 성주기의 시작은 다리와 얼굴에 붉은 홍조가 나타나고, 페니스가 커지고 발기하는 것으로 알 수 있는데, 수컷은 흔히 특별한 '페니스 흔들기' 의식으로 이를 과시한다. 그러나 수컷이 구애를 시작하면, 거의 1/3의 경우에 암컷이 접근을 거부한다. 에뮤와 아메리카레아에서는 수컷이 알 품기를 시작하면 종종 암수 사이에 노골적인 적대감이 발생한다. 수컷은 전형적으로 자신에게 접근하는 암컷 에뮤를 위협하거나, 쫓거나 공격한다. 반면 암컷이 매서운 양발차기로 맞대응해서 수컷을 곤두박질하게 만드는 모습도 목격되었다. 영아살해도 때로 발생한다. 예를 들어 수컷이 새끼를 돌볼 때 암컷이 가까이 다가가 새끼를 죽일 수도 있다. 타조에서는 흔히 다른 암컷이 낳은 알을 유기하거나 파괴하는 일이 벌어진다. 아메리카레아에서도 알 유기가 일어나는데, 이런 식으로 알 품기 도중 둥지의 거의 2/3가 수컷에 의해 버려진다. 또한 둥지와 알을 돌봐줄 수컷을 찾지 못한 암컷 레아는 종종 탁 트인 곳에 알을 낳고 버린다. 이러한 알은 고아 알orphan eggs이라고 불린다. 일단 알(고아 알이 아닌)이 부화하면, 아비는 흔히 다른 무리에서 새끼를 입양하고, 자기 새끼들과 같이 기른다. 수컷 아메리카레아의 약 1/4이 입양을 하는 부모이며, 그들 각각의 새끼무리 중 최대 37%가 수양새끼다. 연구자들은 입양된 새끼가 배다른 형제자매들보다 실제로 생존할 가능성이 더 높다는 것을 발견했다.

출처

*별표가 있는 출처는 동성애와 트랜스젠더에 대해 논의한다.

Bertram, B. C. (1992) *The Ostrich Communal Nesting System*. Princeton: Princeton University Press. Brown, J. L. (1987) *Helping and Communal Breeding in Birds: Ecology and Evolution*. Princeton: Princeton University Press.

Bruning, D. F. (1974) "Social Structure and Reproductive Behavior in the Greater Rhea." *Living Bird* 13:251–94.

Coddington, C. L., and A. Cockbum (1995) "The Mating System of Free-Living Emus." *Australian Journal of Zoology* 43:365–72.

Codenotti, T. L, and E Alvarez (1998) "Adoption of Unrelated Young by Greater Rheas." *Journal of Field Ornithology* 69:58–65.

——(1997) "Cooperative Breeding Between Males in the Greater Rhea *Rhea americana*." *Ibis* 139:568–71.

* Curry, P. J. (1979) "The Young Emu and Its Family Life in Captivity." Master's thesis,

University of Melbourne.

Femdndez, G. J., and J. C. Reboreda (1998) "Effects of Clutch Size and Timing of Breeding on Reproductive Success of Greater Rheas." *Auk* 115:340–48.

* ——(1995) "Adjacent Nesting and Egg Stealing Between Males of the Greater Rhea *Rhea americana.*" *Journal of Avian Biology* 26:321–24.

Fleay, D. (1936) "Nesting of the Emu." *Emu* 35:202–10.

Folch, A. (1992) "Order Struthioniformes." In J. del Hoyo, A. Elliott, and J. Sargatal, eds., *Handbook of the Birds of the World*, vol. J: *Ostrich* to Ducks, pp. 76–110. Barcelona: Lynx Ediciόns.

* Gaukrodger, D. W. (1925) "The Emu at Home." *Emu* 25:53–57.

* Heinroth, O. (1927) "Berichtigung zu 'Die Begattung des Emus (*Dromaeus novaehollandiae*)' [Correction to 'Mating Behavior of Emus']." *Ornithologische Monatsberichte* 35:117–18.

* ——(1924) "Die Begattung des Emus, *Dromaeus novaehollandiae* [Mating Behavior of Emus]." *Ornithologische Monatsberichte* 32:29–30.

* Hiramatsu, H., K. Ihsaka, S. Shichiri, and F. Hashizaki (1991) "A Case of Masculinization in a Female *Ostrich.*" *Journal of Japanese Association of Zoological Gardens and Aquariums* 33:81–84.

Navarro, J. L.} M. B. Martella, and M. B. Cabrera (1998) "Fertility of Greater Rhea Orphan Eggs: Conservation and Management Implications." *Journal of Field Ornithology* 69:117–20.

O'Brien, R, M. (1990) "Emu, *Dromaius novaehollandiae.*" In S. Marchant and P. J. Higgins, eds., *Handbook of Australian, New Zealand, and Antarctic Birds*, vol. 1, part A, pp. 47–58. Melbourne: Oxford University Press.

Raikow, R. J. (1968) "Sexual and Agonistic Behavior of the Common Rhea." *Wilson Bulletin* 81:196–206.

* Sauer, E. G. F. (1972) "Aberrant Sexual Behavior in the South African *Ostrich.*" *Auk* 89:717–37.

Sauer, E. G. F., and E. M. Sauer (1966) "The Behavior and Ecology of the South African *Ostrich.*" *Living Bird* 5:45–75.

훔볼트펭귄 *Spheniscus humboldti*

임금펭귄 *Aptenodytes patagonicus*

젠투펭귄 *Pygoscelis papua*

동성애	트랜스젠더	행동		랭킹	관찰
● 암컷	○ 간성	● 구애	● 짝 형성	○ 중요	● 야생
● 수컷	○ 복장도착	● 애정표현	● 양육	● 보통	○ 반야생
		● 성적인 행동		○ 부수적	● 포획 상태

훔볼트펭귄

식별 : 가슴에는 검은 띠가 있고, 부리 밑부분에는 붉은 피부 반점이 있는 작은 펭귄(약 61센
티미터)이다.

분포 : 페루 해안에서 칠레 중부.

서식지 : 해양 지역. 섬이나 바위 해안에 둥지를 튼다.

연구지역 : 네덜란드 에멘 동물원, 오리건주 포틀랜드의 워싱턴 파크 동물원.

임금펭귄

식별 : 귀에 오렌지색 반점과 가슴 부분에 오렌지-노란색 자국을 가진 큰 펭귄(91센티미터).

분포 : 남극 바다.

서식지 : 바다, 섬과 해변에 둥지를 튼다.

연구지역 : 스코틀랜드 에든버러 동물원.

아종 : 파타고니아임금펭귄 *A.p. patagonicus*.

젠투펭귄

식별 : 눈 위에 흰 반점이 있는 중간 크기의 펭귄이다(76센티미터).

분포 : 남반구 극지 주변.

서식지 : 바다, 섬과 해안에 있는 둥지를 튼다.

연구지역 : 포클랜드 제도 사우스조지아, 스코틀랜드 에든버러 동물원.

아종 : 파푸아젠투펭귄 *Pp. papus*.

사회조직

훔볼트펭귄은 번식기에 짝을 짓고, 작은 군락에 둥지를 튼다. 이들은 10~60마리의 새들로 이루어진 사회적 집단을 이루어 바다에서 먹이를 찾는다. 임금펭귄은 고도의 군집 생활을 하며, 30만 쌍에 달하는 거대한 군락을 형성하는데, 일반적으로 일부일처제 짝결합을 한다. 젠투펭귄도 비슷한 사회체계를 가지고 있지만, 둥지가 모인 군락의 크기는 그렇게 크지 않다.

설명

행동 표현 : 수컷 훔볼트펭귄들 사이에서는 평생 지속하는 동성애 짝결합이 때로 나타난다. 이성애 쌍과 마찬가지로, 같은 성 파트너들도 여러 해 동안 함께 지낸다. 일부 수컷 쌍은 파트너 중 하나가 사망할 때까지 최대 6년 동안 함께 지내기도 했다. 같은 성 쌍(이성애 쌍처럼)도 서로를 만지며, 많은 시간 동안 가까이 붙어 지낸다. 또한 보통 땅속의 굴이나, 땅에 얕게 파놓은 구덩이나, 나뭇가지가 늘어서 있는 바위 틈새 등 자기들이 만든 둥지에서 함께 생활한다. 그러나 다른 수컷 새들 한 쌍과는 달리, 훔볼트펭귄 동성애 쌍은 어떠한 알도 얻지 못한다. 구애와 짝결합 활

동도 동성애 동반자 관계에서 두드러지게 나타난다. 여기에는 수컷이 머리와 목을 위로 뻗고, 지느러미를 활짝 펴고 파닥거리며, 길고 매우 시끄러운 당나귀울음 같은 소리를 여러 번 내지르는 열광 과시ecstatic display가 포함된다. 때로는 수컷 두 마리가 나란히 서서 상호작용을 한다. 동성애 파트너들은 부리로 상대의 깃털을 다정하게 긁어내리는 상호 깃털고르기allopreen도 한다. 때로 수컷 한 마리가 부리를 아래로 향하고 머리를 좌우로 흔드는 같은 성 인사bowing도 발생한다. 교미의 서막으로서, 한 수컷이 다른 수컷의 뒤로 다가가, 상대의 몸을 누르고 지느러미를 떠는 행동을 한다. 이러한 독특한 과시는 팔행동arms act이라고 알려져 있다. 동성애 교미는 앞쪽에 있는 새가 가슴을 대고 엎드려 다른 수컷이 등에 올라타도록 허락할 때 발생한다. 생식기 접촉은 마운트 된 수컷이 꼬리를 위로 올리거나, 옆으로 돌리며 총배설강을 노출시킬 때 일어날 수 있다. 때로 동성애 마운팅은 이성애 마운팅보다 짧은 시간 동안 일어나지만, 흔히 두 수컷이 번갈아 서로를 마운팅한다. 모든 동성애 쌍이 같은 성 구애와 성적인 행동을 하는 것은 아니다. 암컷과 짝을 이룬 수컷은 때로 다른 이성애 짝을 이룬 수컷에게 구애를 하고 교미한다.

임금펭귄에서는 수컷과 암컷 모두에서 같은 성 쌍이 나타난다. 이러한 유대 관계는 훔볼트의 동성애 쌍만큼 오래 지속하지는 않는 것으로 보인다. 왜냐하면 때로 같은 성 파트너는 한 번의 번식기 동안만 함께 있다가 이혼을 하기 때문이다(일반적으로 이 종에서는 이성애 짝도 마찬가지로 이혼한다). 임금펭귄 동성애 짝결합에서는 구애 활동이 나타나는데, 특히 수컷에서 더 잘 볼 수 있다. 이러한 과시 중 하나는 인사bowing로서, 한 새가 공손하게 절을 하며 다른 새에게 다가가는 것인데, 흔히 상호 인사로 발전하게 된다. 또 다른 과시로는 찰싹거리기dabbling가 있는데, 새들이 빠르게 부리를 부딪치면서, 마주 보고 상대의 깃털을 부드럽게 물어뜯거나 다듬으며, 때로는 지느러미와 꼬리도 함께 흔드는 행동이다. 이 동작은 동성애 교미로 이어지기도 하는데, 이때 한쪽 새는 다른 새의 등을 눌러 누우라고 재촉한 뒤 마운트하게 된다. 이러한 모습은 수컷들과 암컷들 모두에서 발생한다. 또한 암컷 쌍은 때로 (무정란) 알을 낳아 교대로 품는다.

젠투펭귄의 동성애 구애 또한 번식기 초기에 나타난다. 수컷이나 암컷은 조약돌이나 풀을 '공물'로 바치는데, 가져온 것을 같은 성별 새의 발치에 놓고 절을 하며, 약간의 쇳소리를 낸다. 상대 새가 만일 관심이 있다면, 절을 하며 응대하거나 공물로 받은 것으로 둥지를 꾸미기도 한다. 암컷들은 보통 둥지에 알을 낳고 함께 돌본다. 이들은 일반적으로 수컷과 교미를 하지 않으므로 알은 무정란이다. 하지만 포획 상태의 암컷 쌍에게 유정란이 지급되면, 알을 품고 부화해서 성공적으로 새끼를 기르게 된다.

빈도 : 몇몇 동물원 개체군에서는 훔볼트펭귄 모든 쌍의 최소 5%가 동성애이고, 모든 교미의 12%가 수컷 사이에 발생한다. 짝을 이룬 새들 중 마운팅의 10%는 수컷 쌍 사이에서 나타난다. 그리고 모든 문란한 짝짓기(짝이 아닌 관계에서 벌어지는)의 15%는 동성애적인 것이다. 수컷이 짝이 아닌 다른 새에게 행하는 구애 과시 중, 팔행동의 약 1/4은 동성애적인 것이며, 구애 인사의 약 2%는 같은 성을 대상으로 한다. 임금펭귄 5마리로 구성된 한 동물원 군락에서는 9년 동안 새들 사이에 형성된 유대 관계 10개 중 2개가 동성애였다. 야생에서 이러한 종의 같은 성 교미는 아직 관찰되지 않았지만, 야생 젠투펭귄에서는 동성애 구애를 볼 수 있었다. 즉 한 비공식 조사에서는 젠투펭귄의 구애 13건 중 3건(23%)이 같은 성 행동이었다.

성적 지향 : 일부 수컷 훔볼트펭귄은 배타적인 동성애자며, 평생 수컷 파

한 암컷 임금펭귄이 다른 암컷에게 마운트하기 전에, 누우라고 재촉하고 있다.

트너와 관계를 유지하거나, 원래의 짝을 잃어도 다른 수컷과 다시 짝짓기를 한다. 다른 수컷들은 순차적인 양성애자여서, 이전의 암컷 짝을 잃으면 수컷과 짝짓기를 한다. 또 다른 일부 수컷들은 동시적인 양성애자로서, 같은 성 및 반대쪽 성 구애와 교미를 함께 수행한다. 이러한 동시적 양성애 펭귄 중 일부는 우선적인 이성애 유대감을 가지고 있으면서도, 때로 다른 번식하는 수컷과 동성애 활동을 하는데, 모든 같은 성 교미 중 약 47%가 이러한 유형의 교미다(유대결합을 형성한 파트너 사이에 발생하는 것이 그 나머지이다). 몇몇 경우, 그 반대 현상이 발생한다. 즉 동성애 짝짓기를 하는 수컷이 이성애 짝짓기에 참여하는 것이다. 임금펭귄 중에서, 같은 성 쌍을 이룬 새는 짝 유대 관계가 유지되는 동안에는 배타적인 동성애자인 것으로 보이며(왜냐하면 이들이 낳은 알이 전부 무정란이므로), 짝짓기를 하지 않은 다른 성별의 새가 있을 때도 같은 성 짝을 '선호'한다. 그러나 이러한 새 대부분은 동성애 쌍이 해체된 이후에는 이성애 쌍을 형성하고 새끼도 기르므로, 일생을 놓고 보면 순차적인 양성애자라고 할 수 있다. 동성애 구애에 참여하는 대부분의 젠투펭귄은 (대부분 이성애 새와 함께 새끼를 기르므로) 일차적으로는 이성애 성향을 가지고 있다 하더라도, 암수 모두에게 구애하므로 양성애자일 가능성이 크다. 짝을 맺은 암컷들은 유대 관계가 유지되는 동안에는 배타적인 동성애자다(이러한 관계는 한 마리 또는 양쪽 새의 평생 유지된다). 일부 암컷은 암컷 파트너가 죽은 후에 이성애 짝과 쌍을 형성한다.

비생식적이고 대체 가능한 이성애

위에서 언급한 바와 같이, 훔볼트펭귄에서는 이성애 쌍을 이룬 새들 간에 문란한 짝짓기가 나타난다. 즉, 전체 이성애 교미의 1/3에서 1/2은 짝이 아닌 구성원들 사이에 이루어지며, 짝이 아닌 다른 새들에 대한 구애도 빈번하다. 임금펭귄과 젠투펭귄 사이에서도 문란한 구애와 교미가 일어난다. 쌍 내에서조차 성적인 행동은 비생식적일 수 있다. 훔볼트펭귄의 경우 교미는 번식기 초기나 후반에도 이루어지는데, 이 경우 수정 가능성은 작거나 아예 존재하지 않는다. 또한 이성애 마운트에서도 생식기 접촉이나 정자 전달이 일어나지 않는 경우가 있다(훔볼트펭귄과 젠투펭귄 모두에서). 암컷 젠투펭귄은 때로 짝을 마운트하며(역reverse마운팅), 수컷 젠투펭귄은 간혹 풀 덩이에 마운팅을 해 자위를 한다. 수컷이 죽은 펭귄과 교미를 시도하는 것도 관찰되었다.

평생 지속하는 일부일처제 짝결합과 핵가족에 대한 다른 여러 가지 변형도 존재한다. 훔볼트펭귄 암수 쌍의 약 1/4은 이혼을 하는데, 흔히 암컷이 다른 수컷 때문에 짝을 떠난다. 또한 젠투펭귄 쌍 10~50%에서도 이혼이 발생하며, 몇 년이 지나면서 모든 쌍은 헤어지게 된다. 이러한 일은 특히 임금펭귄에서 흔해서, 한 번식기에서 다음 번식기까지 오직 30%의 새들만이 같은 짝을 유지한다. 또한 일부 임금펭귄은 번식기 동안에 짝을 버리며, 약 6%의 새끼가 버려지거나 한부모(짝이 떠나거나 죽어서)에 의해 길러진다. 때로 훔볼트펭귄은 수컷 한 마리와 암컷 두 마리, 또는 암컷 두 마리와 수컷 한 마리로 구성된 트리오를 이루기도 한다. 이러한 조합은 모든 이성애 유대 관계의 약 5%를 차지한다. 임금펭귄에서는 번식하지 않는 암컷 한 마리가 이성애 쌍과 관계를 형성해 새끼 양육을 돕기도 한다. 이 경우 새끼는 세 마리를 모두 부모로 인식한다. 한부모 양육도 마찬가지로 흔하다. 트리오에 속하지 않는 비번식 개체들이 다른 새의 새끼를 먹이기도 하는데, 특히 새끼가 탁아소creches에 있을 때 자주 그렇게 한다. 때로 수천 마리의 새끼가 모이는 이 거대한 탁아소 무리는 부모가 떠나있는 동안 형성된다. 탁아소는 젠투펭귄에서도 발생하며, 흔히 성체 돌보미 몇 마리가 지킨다. 겨울 동안, 임금펭귄 아비는 흔히 물고기를 찾아 오랜 기간 자리를 비우므로, 새끼는 한 번에 몇 주 또는 몇 달 동안 먹이를 먹지 못하기도 한다. 새끼 중 무려 10%가 이 장기간의 단식과 기아로 죽는다. 어떤 부모는 새끼나 알을 버리며(특히 기후가 좋지 않을 때), 새끼를 '납치'하려는 비번식 새와 부모 간의 다툼으로 새끼가 죽기도 한다. 또한 임금펭귄은 때로 다른 쌍의 알을 '도둑질' 한다.

번식은 성체에게도 피해를 줄 수 있다. 즉 수컷 임금펭귄은 구애와 알품기 기간 동안 50일 이상 단식을 하게 되는데, 이때 체중의 10~12%가 줄어든다. 게다가 이성애 교미를 할 때는 괴롭힘이 일어나는데, 이웃 새들이 짝짓기를 하는 쌍에게 우르르 모여들어, 공격하고 성적인 행동을 방해하려고 한다. 많은 새들이 번식을 포기한다. 매년 개체군의 40% 이상은 비번식 개체이며, 새들은 일반적으로 매해 번식을 하지 않는다(기본적으로는 특이하게 긴 16개월에 이르는 번식주기 때문이다). 젠투펭귄에서도 광범위한 비번식이 특징적으로 나타난다. 즉, 성체의 최대 1/4은 매년 번식을 거를 수 있으며, 번식기 후반에 번식하는 새의 15% 이상이 무정란을 낳는다. 또한 어린 임금펭귄과 젠투펭귄은 생리적, 사회적 요인 때문에 1~2년 동안 번식을 지연시킨다. 일부 훔볼트펭귄은 여전히 다른 새들과 성적인 행동을 하면서도, 독신으로 남아 번식을 하지 않는다.

기타 종

상호 동성애 교미는 (완전한 생식기[총배설강] 접촉을 포함해서) 아르헨티나의 수컷 아델리펭귄*Pygoscelis adeliae* 사이에서도 나타난다. 이들은 큰인사deep bowing이나 팔행동arms act 같은 과시도 함께 수행한다. 마운터가 사정을 하면, 마운티는 총배설강을 수축하는데, 아마도 생식기에 있는 파트너 정액의 이동을 촉진하는 것으로 보이며, 오르가슴을 나타내는 것일 수도 있다. 동성애 활동에 참여하는 일부 수컷은 이성애 짝을 맺기도 한다.

출처   *별표가 있는 출처는 동성애와 트랜스젠더에 대해 논의한다.

Bagshawe, T. W. (1938) "Notes on the Habits of the Gentoo and Ringed or Antarctic Penguins." *Transactions of the Zoological Society of London* 24:185–306.

Bost, C. A., and P. Jouventin (1991) "The Breeding Performance of the Gentoo Penguin *Pygoscelis papua* at the Northern Edge of Its Range." *Ibis* 133:14–25.

* Davis, L S., F. M. Hunter, R. G. Harcourt, and S. M. Heath (1998) "Reciprocal Homosexual Mounting in Adelie Penguins *Pygoscelis adeliae*." *Emu* 98:136–37.

* Gillespie, T. H. (1932) *A Book of King Penguins*. London: Herbert Jenkins Ltd.

Kojima, I. (1978) "Breeding Humboldt's Penguins *Spheniscus humboldti* at Kyoto Zoo." *International Zoo Yearbook* 18:53–59.

* Merritt, K., and N. E. King (1987) "Behavioral Sex Differences and Activity Patterns of Captive Humboldt Penguins." *Zoo Biology* 6:129–38.

* Murphy, R. C. (1936) *Oceanic Birds of South America*, vol. 1, p.340. New York: American Museum of *Natural History*.

Olsson, O. (1996) "Seasonal Effects of Timing and Reproduction in the King Penguin: A Unique Breeding Cycle." *Journal of Avian Biology* 27:7–14.

* Roberts, B. (1934) "The Breeding Behavior of Penguins, with Special Reference to *Pygoscelis papua*(Forster)." *British Graham Land Expedition Science Report* 1:195–254.

Schmidt, C. R. (1978) "Humboldt's Penguins *Spheniscus humboldti* at Zurich Zoo." *International Zoo Yearbook* 18:47–52.

* Scholten, C. J. (1996) Personal communication.

* ——(1992) "Choice of Nest-site and Mate in Humboldt Penguins (*Spheniscus humboldti*)." *SPN(Spheniscus Penguin Newsletter)* 5:3–13.

* ——(1987) "Breeding Biology of the Humboldt Penguin *Spheniscus humboldti* at

Emmen Zoo." *International Zoo Yearbook* 26:198–204.

* Stevenson, M. F. (1983) "Penguins in Captivity." *Avicultural Magazine* 89:189–203 (reprinted in International Zoo News 189 (1985):17–28).

Stonehouse, B. (1960) "The King Penguin *Aptenodytes patagonica* of South Georgia. I. Breeding Behavior and Development." *Falkland Islands Dependencies Survey Scientific Reports* 23:1–81.

van Zinderen Bakker, E M., Jr. (1971) "A Behavior Analysis of the Gentoo Penguin *Pygoscelis papua.*" In E. M. van Zinderen Bakker Sr., J. M. Winterbottom, and R. A. Dyer, eds., *Marion and Prince Edward Islands: Report on the South African Biological and Geological Expedition*, pp. 251–72. Cape Town: A. A. Balkema.

Weimerskirch, H., J. C. Stahl, and P. Jouventin (1992) "The Breeding Biology and Population Dynamics of King Penguins *Aptenodytes patagonica* on the Crozet Islands." *Ibis* 134:107–17.

* Wheater, R. J. (1976) "The Breeding of Gentoo Penguins *Pygoscelis papua* in Edinburgh Zoo." *International Zoo Yearbook* 16:89–91.

Williams, T. D. (1996) "Mate Fidelity in Penguins." In J. M. Black, ed., *Partnerships in Birds: The Study of Monogamy*, pp. 268–85. Oxford: Oxford University Press.

——(1995) *The Penguins: Spheniscidae.* Oxford: Oxford University Press.

Williams, T. D., and S. Rodwell (1992) "Annual Variation in Return Rate, Mate and Nest–Site Fidelity in Breeding Gentoo and Macaroni Penguins." *Condor* 94:636–45.

Wilson, R. P., and M.–P. T. Wilson (1990) "Foraging Ecology of Breeding Spheniscus Penguins." In L. S. Davis and J. T. Darby, eds., *Penguin Biology*, pp. 181–206. San Diego: Academic Press.

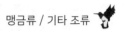

황조롱이 *Falco tinnunculus*

그리폰독수리 *Gyps fulvus*

동성애	트랜스젠더	행동	랭킹	관찰
● 암컷	○ 간성	● 구애 ● 짝 형성	○ 중요	● 야생
● 수컷	○ 복장도착	○ 애정표현 ○ 양육	● 보통	○ 반야생
		● 성적인 행동	○ 부수적	● 포획 상태

황조롱이

식별 : 검은 얼룩이 있는 밤색 깃털을 가진 작은 매(30~38센티미터). 수컷의 머리와 꼬리는
　　　회색이다.

분포 : 유라시아와 아프리카 전역.

서식지 : 평원, 스텝, 삼림, 습지 등 다양.

연구지역 : 덴마크 니보.

아종 : 황조롱이 *F.t. tinnunculus.*

그리폰독수리

식별 : 흰 머리와 목, 갈색 깃털을 가진 큰 독수리(날개폭이 2.8에 이른다).

분포 : 남부 유럽, 북아프리카, 중동, 히말라야.

서식지 : 산, 스텝, 삼림.

연구지역 : 베를린 동물원, 프랑스 종트 고흐쥬 협곡 및 마시프 센트럴산맥의 다른 지역, 스페인 룸비어.

아종 : 그리폰독수리 *G.f. fulvus*.

사회조직

초봄부터 여름까지 황조롱이는 짝결합을 하며, 각 쌍은 영역을 갖는다. 또한 개체군에는 상당한 수의 비非번식 집단이 있다. 번식기가 아닐 때, 수컷과 암컷은 흔히 따로 지내며, 대개 홀로 생활한다. 때로는 쌍 중 한쪽(일반적으로 암컷)만이 이동하기도 하지만, 수컷이 암컷보다 더 멀리 이동하는 경우가 많다. 겨울 동안에는 수컷과 암컷은 따로 떨어져 서식지를 차지하는데, 수컷은 일반적으로 좀 더 숲이 우거진 지역에 산다. 그리폰독수리는 훨씬 더 사회적이어서, 15~20쌍, 때로는 50~100쌍까지 무리를 지어 둥지를 튼다. 황조롱이처럼 짝짓기 쌍은 흔히 여러 해 동안 지속한다.

설명

행동 표현 : 황조롱이와 그리폰독수리에서는 간혹 같은 성의 두 마리(보통 수컷들) 새가 서로 유대 관계를 맺고 짝을 이룬다. 수컷 황조롱이들은 흔히 이른 봄에 함께 날아오르며, 짝짓기 관계를 강화하는 극적인 구애 비행을 한다(이러한 과시는 이성애 쌍에서도 볼 수 있다). 이러한 과시 중 하나는 요동 비행rocking flight으로서, 두 파트너는 엄청난 고도로 올라가 날개를 파닥거리며 좌우로 흔들거리며 난다. 또 다른 과시로는 느린 바람고르기 비행winnowing flight이 있는데, 날개 치기를 얕게 거의 진동하듯

이 하므로, 날개 끝부분만 움직이거나 '흔들리는' 느낌을 준다. 이 두 가지의 과시를 할 때는 모두 칙tsik울음(칙tsick이나 킷kit 소리처럼 들리는 일련의 파열음)과 랜lahn울음을 같이 낸다. 랜 울음은 꿔르르르-르르 퀴르르르-르르quirr-rr quirr-rr 같은 고음의 지저귐이 이어지는 것이다. 이 두 수컷은 때로 함께 과시를 하거나, 상대 수컷이 그의 횃대에 앉아 있는 동안 혼자 날아오르기도 한다. 또한 같은 성 파트너들은 끼끼끼kee-kee-kee나 끽끽끽kik-kik-kik처럼 들리는 독특한 교미 울음을 내며 교미를 한다. 동성애 마운트는 10~15초 동안 지속한다(이성애 교미와 비슷하다).

수컷 그리폰독수리도 동성애 쌍을 맺고, 번식기가 시작되는 12월부터 짝짓기를 반복하며, 이러한 쌍을 몇 년 동안 유지한다. 두 수컷은 매해 함께 험준한 바위에 나뭇가지를 모아 평평한 60~90센티미터 폭의 전형적인 둥지를 만든다. 황조롱이처럼, 그리폰독수리 쌍도 일렬 비행tandem flying이라고 불리는 멋진 공중 짝결합 과시를 한다. 이 두 새는 난기류를 타고 아주 높은 높이까지 나선형으로 올라간 다음, 매우 가깝게 날며 미끄러지듯이 하강하다가, 몇 초 동안 한쪽이 상대를 '올라타고', 이후 갈라진다. 대부분의 일렬 비행은 이성애 짝을 맺은 새들이 수행하지만, 같은 성별의 수리도 이러한 활동에 참여한다.

빈도 : 황조롱이에서 동성애 쌍은 가끔만 발생하며, 아직 그 빈도에 관한 체계적인 연구는 이루어지지 않았다. 야생에서 그리폰독수리 수컷 쌍은 아직 완전히 검증되지 않았다. 하지만 야생에서 같은 성 파트너(수컷 쌍과 암컷 쌍 모두) 사이의 일렬 비행은 모든 과시 비행의 약 20%를 차지하며, 이들 중 일부는 동성애 쌍으로 추정된다.

성적 지향 : 맹금류 동성애 쌍의 생활사에 관한 자세한 연구는 아직 시행되지 않았다. 그러나 적어도 같은 성 일렬 비행을 하는 일부 수컷 그리

폰독수리는 암컷 짝을 가지고 있으므로 양성애자일 가능성이 있고, 같은 성 일렬 비행을 하는 일부 어린 암컷은 이전에 이성애 경험이 없는 것으로 보인다.

비생식적이고 대체 가능한 이성애

매년 많은 황조롱이가 번식을 하지 않는다. 일부 개체군의 약 1/3은 짝을 짓지 않고, 이성애적으로 짝을 맺은 새의 6~13%는 알을 낳지 않는다. 또한 그리폰독수리 수컷-암컷도 번식을 자제할 수 있어서, 어떤 쌍은 번식을 하지 않는 해를 8~9년 동안 지속한다. 아직 번식을 시작하지 않은 어린 그리폰독수리뿐만 아니라, 알을 낳지 않는 쌍도 여전히 성적인 활동을 하며, 흔히 번식 군락 근처에서 서로 짝짓기를 한다. 여러 종류의 다른 비생식적 교미도 이러한 종에서 두드러지게 나타난다. 황조롱이와 그리폰독수리는 때로 수정할 가능성이 없는, 번식기가 아닌 시기에(가을과 겨울)도 짝짓기를 한다. 이것은 알을 품는 기간, 새끼를 키우기 기간, 또는 번식기 전前 매우 이른 시기를 포함한다. 그러나 번식기가 아닐 때 암컷은 수컷이 마운트를 시도할 때 공격하며 짝짓기를 거부하기도 한다. 황조롱이 수컷과 암컷은 겨울 동안 따로 떨어져 산다(위에서 언급). 또한 두 종 모두에서 이성애 짝짓기는 놀라울 정도로 빠른 속도로 이루어지는데, 이는 짝짓기가 단순한 생식 활동이 아님을 보여준다. 즉 그리폰독수리 이성애 쌍은 때로 30분마다 짝짓기를 하고, 황조롱이는 평균적으로 45분에 한 번 교미를 하고, 혹은 번식기 동안 하루에 7~8번 짝짓기를 한다. 일부 황조롱이는 시간당 최대 3번까지 짝짓기를 하는 것으로 보고되었으며, 결과적으로 번식기 동안 황조롱이 한 쌍은 최대 230번 짝짓기를 하는 것으로 추정된다. 수컷 황조롱이는 때로 자기 암컷 짝이 아닌 다른 암컷에게 구애하고 짝짓기를 시도하지만, 상대 암컷의 저항과 그 짝인 수컷의 방어 때문에 대개 성공하지 못한다. 그런데도 모든 새끼

무리의 5~7%는 어미의 짝이 아닌 새의 새끼를 포함하고 있으며, 몇몇 경우에는 새끼 전부가 돌보는 아비와 유전적으로 관련이 없는 경우도 있다. 그리폰독수리에서도 일부일처제 이외의 교미가 일어나는 것으로 보인다.

황조롱이에는 이성애 가족 구성의 대안적인 모습도 널리 퍼져 있다. 예를 들어, 어떤 해에 수컷의 10% 이상은 두 마리의 암컷 짝을 두고 있으며(보통 두 암컷은 각각 다른 둥지에 가족을 형성한다), 한 암컷이 두 마리의 수컷과 트리오를 이루기도 한다. 황조롱이에서 이혼은 꽤 흔하다. 즉, 암컷의 약 17%와 수컷의 6%는 번식기가 끝나면 짝을 바꾸며, 때로 번식기 동안에 쌍이 갈라지기도 한다. 그리폰독수리의 이혼율은 약 5%다. 일부 황조롱이 수컷은 알을 품는 동안 짝에게 충분한 먹이를 줄 수 없어서, 암컷이 떠나거나 둥지 알까지 모두 잃게 된다(모든 둥지 알품기 실패의 절반 이상을 차지한다). 마지막으로 이러한 종에서도 동종포식이 기록되었다. 즉 황조롱이 새끼는 때로 형제들을 죽이고 잡아먹기도 하고, 드물지만 두 종의 부모가 자기 새끼를 잡아먹기도 한다.

기타 종

포획 상태의 다른 맹금류에서도 같은 성 짝짓기와 공동양육이 관찰되었다. 암컷 가면올빼미 _Tyto alba_ 들을 같이 기르면, 이들은 때로 수컷을 무시하고 서로 유대 관계를 형성하는데, 함께 둥지를 틀고, 각각 무정란을 낳아 나란히 앉아 품는다. 암컷 공동 부모는 양육 의무를 공유하며 성공적으로 새끼를 양육할 수 있다. 오스트레일리아의 한 암컷 큰솔부엉이 _Ninox strenua_ 쌍에서도 구애와 짝결합, 둥지 형성, 공동양육 등이 보고되었다. 또한 시베리아와 동아시아가 원산지인 한 쌍의 수컷 참수리 _Haliaeetus pelagicus_ 가 서로 구애하고 둥지를 함께 만드는 것도 관찰되었다. 그들은 심지어 다른 독수리의 알을 품어 부화시켰고, 새끼들을 성공적으로 키웠다.

출처   *별표가 있는 출처는 동성애와 트랜스젠더에 대해 논의한다.

Blanco, G., and F. Martinez (1996) "Sex Difference in Breeding Age of Griffon Vultures (*Gyps fulvus*)." *Auk* 113:247–48.

Bonin, B., and L. Strenna (1986) "The Biology of *the Kestrel Falco tinnunculus* in Auxois, France." *Alauda* 54:241–62.

Brown, L., and D. Amadon (1968) "*Gyps fulvus*, Griffon Vulture." In *Eagles, Hawks, and Falcons of the World*, pp. 325–28. New York: McGraw–Hill.

Cramp, S., and K. E. L. Simmons, eds. (1980) "Griffon Vulture (*Gyps fulvus*)." and "Kestrel (*Falco tinnunculus*)." In *Handbook of the Birds of Europe, the Middle East, and North Africa*, vol. 2, pp. 73–81,289–300. Oxford: Oxford University Press.

* Fleay, D. (1968) *Nightwatchmen of Bush and Plain: Australian Owls and Owl–like Birds*. Brisbane: Jacaranda Press.

* Heinroth, O., and M. Heinroth (1926) "Der Gänsegeier (*Gyps fulvus* Habl.) [The Griffon Vulture]." In *Die Vögel Mitteleuropas*, vol. 2, pp. 66–69. Berlin and Lichterfeld: Bermühler.

* Jones, C. G. (1981) "Abnormal and Maladaptive Behavior in Captive Raptors." In J. E. Cooper and A. G. Greenwood, eds., *Recent Advances in the Study of Raptor Diseases (Proceedings of the International Symposium on Diseases of Birds of Prey, London, 1980)*, pp. 53–59. West Yorkshire: Chiron Publications.

Korpimäki, E. (1988) "Factors Promoting Polygyny in European Birds of Prey–A ypothesis." *Oecologia* 77:278–85.

Korpimäki, E., K. Lahti, C. A. May, D. T. Parian, G. B. Powell, P. Tolonen, and J. H. Wetton (1996) "Copula tory Behavior and Paternity Determined by DNA Fingerprinting in Kestrels: Effects of Cyclic Food Abundance." *Animal Behavior* 51:945–55.

Mendelssohn, H., and Y. Leshem (1983) "Observations on Reproduction and Growth of Old World Vultures." In S. R. Wilbur and J. A. Jackson, eds., *Vulture Biology and Management*, pp. 214–41. Berkeley: University of California Press.

* Mouze, M., and C. Bagnolini (1995) "Le vol en tandem chez le vautour fauve (*Gyps fulvus*) [Tandem Flying in the Griffon Vulture]." *Canadian Journal of Zoology* 73:2144–53.

* Olsen, K. M. (1985) "Pair of Apparently Adult Male Kestrels." *British Birds* 78:452–53.

Packham, C. (1985) "Bigamy by *the Kestrel*." *British Birds* 78:194.

* Pringle, A. (1987) "Birds of Prey at Tierpark Berlin, DDR." *Avicultural Magazine* 93:102–6.

Sarrazin, F., C. Bagnolini, J. L. Pinna, and E. Danchin (1996) "Breeding Biology During Establishment of a Reintroduced Griffon Vulture *Gyps fulvus* Population." *Ibis* 138:315–25.

Stanback, M. T., and W. D. Koenig (1992) "Cannibalism in Birds." In M. A. Elgar and B. J. Crespi, eds., *Cannibalism: Ecology and Evolution Among Diverse Taxa*, pp. 277–98. Oxford: Oxford University Press.

Terrasse, J. F., M. Terrasse, and Y. Boudoint (1960) "Observations sur la reproduction du vautour fauve, du percnoptère, et du gypaète barbu dans les Basses–Pyrénées [Observations on the Reproduction of the Griffon Vulture, the Egyptian Vulture, and the Bearded Vulture in the Lower Pyrenees]." *Alauda* 28:241–57.

Village, A. (1990) *The Kestrel*. London: T. and A. D. Poyser.

산쑥들꿩 *Centrocercus urophasianus*
부채꼬리뇌조 *Bonasa umbellus*

동성애	트랜스젠더	행동	랭킹	관찰
● 암컷	○ 간성	● 구애 ○ 짝 형성	○ 중요	● 야생
● 수컷	○ 복장도착	○ 애정표현 ● 양육	● 보통	○ 반야생
		● 성적인 행동	○ 부수적	● 포획 상태

산쑥들꿩

식별 : 얼룩무늬 깃털, 뾰족한 꼬리 깃털, 가슴에 부풀릴 수 있는 공기 주머니를 가진 회갈
색 뇌조.

분포 : 서부 북아메리카.

서식지 : 세이지 초원, 반사막.

연구지역 : 와이오밍주 그린 리버 유역과 래러미 평원, 캘리포니아주 롱밸리.

부채꼬리뇌조

식별 : 부채꼴 모양의 꼬리가 띠 모양으로 나 있고, 목옆에 독특한 검은 목 깃털을 가지고
있다.

분포 : 북아메리카 북부와 중부.

서식지 : 숲.

연구지역 : 뉴욕 이타카, 포획 상태에서.

사회조직

번식기 동안 수컷 산쑥들꿩과 부채꼬리뇌조는 영역에서 과시를 한다. 이러한 영역은 산쑥들꿩에서는 커다란 공동 '뽐내기 구역', 또는 레크leks이며, 부채꼬리뇌조에서는 각 개체가 가지는 '드러밍 통나무'다. 두 종모두 난혼제 짝짓기 체계를 가지며, 새들은 여러 파트너와 짝짓기를 하고, 짝결합은 하지 않는다. 그리고 암컷은 수컷의 도움 없이 새끼를 돌본다. 번식기가 아닌 시기에 때로 새들이 모여 혼성 무리를 짓기도 한다.

설명

행동 표현 : 새벽 무렵 암컷 산쑥들꿩은 대초원 과시 장소에서 8~10마리(때로는 그 이상)씩 모인다. 이러한 무리는 클러스터clusters라고 불린다. 수컷과 짝짓기를 하기 위해 온 개체도 많지만, 일부 암컷들은 서로 구애하고 짝짓기를 한다. 동성애 구애 과시는 수컷이 사용하는 것과 유사하며 뽐내며 걷기strutting라고 불린다. 암컷은 기다란 꼬리 깃털을 동그란부채모양으로 펴고, 가슴의 공기주머니를 부풀리며, 목 깃털을 세워 산들거리는 등의 화려한 자세를 취하며 종종걸음으로 앞으로 갔다가 다시되돌아온다. 그러나 수컷과 달리 암컷은 공기주머니의 크기가 작기 때문에 구애할 때 '퐁퐁' 소리가 나지는 않는다. 한 암컷이 뽐내며 걷기를마치면, 다른 암컷은 몸을 웅크리고, 날개를 아치모양으로 구부리며, 땅에 날개깃을 부채질하여 교미를 요청하기도 한다. 그러면 흔히 그 암컷에 올라타 완전한 짝짓기 과정을 진행하는데, 균형을 잡기 위해 마운트가 된 암컷의 양쪽으로 날개를 펴고, 발로 등을 밟은 다음, 총배설강(생식기) 접촉을 하기 위해 꼬리를 내리고 회전시킨다. 일부 암컷은 무리 속에서 다른 암컷을 쫓아가 마운트를 시도하기도 하며, 서너 마리의 암컷이 서로 올라탄 '쌓아올리기'가 발생하기도 한다. 대부분의 레즈비언 짝짓기 동안 수컷은 암컷에게 주의를 기울이지 않는다. 그러나 때로 수컷

은 레즈비언의 마운팅을 방해하거나, 심지어 다른 암컷을 마운트하고 있는 암컷에게 마운팅을 시도하기도 한다. 어떤 경우에는, 서로 마운팅을 하던 암컷들을 마운트하는 수컷을 다른 수컷이 또 마운트하는 경우도 있었다! 번식기 후반이 되면 암컷 두 마리는 때로 각자의 새끼들을 합쳐서 한 무리로 만들어 돌보는 공동양육을 한다.

수컷 부채꼬리뇌조도 서로 구애를 하고 마운트를 한다. 새벽이나 해가 질 무렵이 되면, 숲 속 깊은 곳의 수컷들은 저마다 날개로 빠르게 공기를 '드러밍drumming'하면서, 고동치는 드럼 연타 같은 소리로 자신의 존재를 알린다. 만약 다른 부채꼬리뇌조가 드러밍 통나무에 도착하면, 그 수컷은 뽐내며 걷기 과시를 시작한다. 칠면조처럼 꼬리를 활짝 편 다음, 날개는 내리고, 목깃털은 곧게 세우고, 머리를 힘차게 돌리며, 쇳소리를 계속 내며 상대 새에게 다가간다. 상대 새가 암컷이면 짝짓기가 일어나고, 다른 수컷이면 일반적으로 싸움이 뒤따른다. 그러나 어떤 경우에는 상대 수컷이 과시하는 수컷에게 도전을 하지 않는다. 그러

산쑥들꿩의 동성애 구애 : 와이오밍의 평원에서 '뽐내며 걷기'를 하고 있는 암컷.

면 구애하는 수컷은 '부드럽게' 접근하여, 깃털을 내리고, 꼬리를 땅에 끌며, 때로 머리를 흔든다. 그리고 때로 상대 수컷의 부리 밑부분을 부드럽게 쪼아대거나, 등에 발을 올려놓고, 이성애 교미처럼 마운트를 하기도 한다(하지만 마운트가 된 새는 일반적으로 암컷의 전형적인 교미 자세를 취하지 않는다).

빈도 : 산쑥들꿩 암컷의 약 2~3%는 동성애 구애와 교미에 참여한다. (평

균적으로) 암컷이 레크를 방문하는 다섯 번 중 한 번 정도에서 볼 수 있다. 야생의 부채꼬리뇌조에서의 동성애 행동의 발생률은 알려져 있지 않다.

성적 지향 : 암컷과 짝짓기를 하는 일부 암컷 산쑥들꿩은 이성애 교미를 하지 않으며, 다른 암컷 산쑥들꿩은 동성애와 이성애를 번갈아 한다(때로 수 시간 내 혹은 수 분 내에). 앞에서 설명한 것처럼, 같은 성 또는 반대쪽 성의 새들이 동시에 서로 마운팅하는 양성애 '쌓아올리기'도 일어난다. 야생의 부채꼬리뇌조에서 동성애 활동은 거의 알려진 바가 없지만, 양성애와 간헐적인 배타적 동성애가 합쳐진 유사한 조합이 있을 가능성이 크다. 다른 수컷을 마운트하는 과시 수컷은 암컷에게도 구애와 짝짓기를 하며, 과시 수컷에게 접근하는 수컷은 이성애 짝짓기를 하지 않고, 드러밍을 하지 않는 '대체alternate' 수컷일 가능성이 크다(아래 참조).

비생식적이고 대체 가능한 이성애

두 종 모두 개체군의 상당 부분이 비번식 개체다. 수컷 부채꼬리뇌조 중 30%는 이성애 짝짓기를 하지 않는 비非드러머이며, 어떤 새들은 평생 번식을 하지 않는다. 사실 어떤 연구자는 비번식 새가 번식하는 새보다 더 오래 살고 생존율이 더 높다는 것을 발견했다. 많은 비번식 새는 아직 드러밍 통나무를 차지하지 못한 어린 수컷들이고, 다른 수컷들은 드럼을 치지 않고 다른 수컷의 과시 장소에서 관계를 맺는 대체代替 수컷들이다. 또 다른 일부 수컷은 과시 영역을 포기하거나 '넘겨주고' 비번식 새가 된다. 일부 개체군의 암컷 산쑥들꿩 20~32%가 그러하듯이, 암컷 부채꼬리뇌조의 25%는 특정 해에 둥지를 틀지 않을 수 있다. 게다가 암컷 산쑥들꿩의 14~16%는 둥지를 버린다(특히 방해받을 때). 이는 알이나 새끼도 살아남을 수 없다는 것을 의미한다. 이러한 일은 부채꼬리뇌조에서

산쑥들꿩의 동성애 집단 교미 : 쭈그리고 앉은 암컷(왼쪽)을 다른 암컷(가운데. 곧은 새)이 마운트하고 있으며, 마운트한 암컷을 세 번째 암컷(오른쪽. 목을 두 번째 암컷의 등 위로 뻗은 상태)이 동시에 마운트하고 있다. 네 번째 암컷(전경. 정면을 향함)은 이러한 '쌓아올리기'에 속하지 않는다.

도 가끔 발생한다. 수컷 개체군의 일부가 대부분의 산쑥들꿩의 교미를 수행하므로, 수컷의 2/3에서 1/2은 전혀 짝짓기를 하지 않는다. 또한 각 번식기마다 암컷의 3~6%는 배란을 하지 않는다.

심지어 짝짓기를 하는 새들 사이에서도 이성애 교미는 종종 여러 가지 요인에 의해 어려움을 겪는다. 즉 암컷 산쑥들꿩이 마운트를 거부할 수도 있고, 수컷이 짝짓기를 원하는 암컷의 유혹을 무시하기도 하며(특히 번식기 후반에), 짝짓기가 이웃 수컷에 의해 방해받기도 한다. 교미의 10~18%는 이런 식으로 공격을 받아 무산된다. 또한 수컷과 암컷은 물리적으로 서로 떨어져 있는 경우가 많다. 두 종 모두 번식기 동안 암수가 서로 접촉하는 유일한 상황은 짝짓기뿐이다. 각각의 암컷은 보통 한 번만 교미를 하기 때문에, 암컷은 대체로 수컷 없이 혼자다. 과시 장소에서도 산쑥들꿩은 실제 짝짓기를 하지 않을 때는 일반적으로 성별에 따라 분리되어 있다. 이러한 종에서는 몇 가지 대안적인 성적 행동도 일어난다. 수컷 산쑥들꿩은 흔히 흙더미나 똥더미에 마운팅해 완전한 교미 동작으로 '자위'를 한다. 수컷 부채꼬리뇌조와 수컷 산쑥들꿩은 모두 때로 다른 뇌조 종의 암컷에게 구애하고 짝짓기를 한다. 그리고 수컷 산쑥들꿩은 종종 암컷을 마운트하고도 수정시키려는 노력을 하지 않는다(생식기 접촉을 하지 않는다). 대부분의 암컷은 한 번만 짝짓기를 하지만(알을 수정하는데 필요한 최소한의 횟수만), 간혹 여러 번 교미를 하기도 한다. 예를 들어, 어떤 암컷은 한 시간 동안 22번 이상 마운트가 되기도 했다. 암컷 산쑥들꿩들은 때로 새끼들을 갱브러드gang brood라고 불리는 무리에 모으는데, 이것은 일종의 공동 '양육 새 떼'라고 할 수 있다.

기타 종

동성애 활동은 여러 종의 비둘기에서도 나타난다. 예를 들어 야생 바위 비둘기Columba livid는 암수 모두 같은 성 쌍을 형성하며, 구애와 짝짓기, 성적인 활동, 둥지 활동 등을 완전하게 수행한다. 포획 상태의 암컷 고리무늬목비둘기Streptopelia risorid의 동성애 쌍은 일반적으로 이성애 쌍보다 더 잘 알을 품으며, 알을 버릴 가능성이 더 낮다.

출처   *별표가 있는 출처는 동성애와 트랜스젠더에 대해 논의한다.

* Allen, A. A. (1934) "Sex Rhythm in the *Ruffed Grouse* (*Bonasa umbellus* Linn.) and Other Bink." *Auk* 51:180–99.

* Allen, T. O., and C. J. Erickson (1982) "Social Aspects of the Termination of Incubation Behavior in the Ring Dove (*Streptopelia risoria*)." *Animal Behavior* 30:345–51.

Bergerud, A. T., and M. W. Gratson (1988) "Survival and Breeding Strategies of Grouse." In A. T. Bergerud and M. W. Gratson, eds., *Adaptive Strategies and Population Ecology of Northern Grouse*, pp. 473–577. Minneapolis: University of Minnesota Press.

* Brackbill, H. (1941) "Possible Homosexual Mating of the Rock Dove." *Auk* 58:581.

* Gibson, R. M., and J. W. Bradbury (1986) "Male and Female Mating Strategies on Sage Grouse Leks." In D. I. Rubenstein and R. W. Wrangham, eds., *Ecological Aspects of Social Evolution*, pp. 379–98. Princeton: Princeton University Press.

Gullion, G. W. (1981) "Non–Drumming Males in a *Ruffed Grouse* Population." *Wilson Bulletin* 93:372–82.

——(1967) "Selection and Use of Drumming Sites by Male *Ruffed Grouse*." *Auk* 84:87–112.

Hartzler, J. E. (1972) "An Analysis of Sage Grouse Lek Behavior." Ph.D. thesis, University of Montana.

Hartzler, J. E., and D. A. Jenni (1988) "*Mate Choice* by Female Sage Grouse." In A. T. Bergerud and M. W.

Gratson, eds., *Adaptive Strategies and Population Ecology of Northern Grouse*, pp. 240–69. Minneapolis: University of Minnesota Press.

Johnsgard, P. A. (1989) "Courtship and Mating." In S. Atwater and J. Schnell, eds., *Ruffed Grouse*, pp. 112–17. Harrisburg, Pa.: Stackpole Books.

* Johnston, R. E, and M. Janiga (1995) *Feral Pigeons*. New York: Oxford University Press. Lumsden, H. G. (1968) "The Displays of the Sage Grouse." *Ontario Department of Lands and Forests Research Report* (Wildlife) 83:1–94.

* Patterson, R. L. (1952) *The Sage Grouse in Wyoming*. Denver: Sage Booh.

Schroeder, M. A. (1997) "Unusually High Reproductive Effort by Sage Grouse in a Fragmented Habitat in North–Central Washington." *Condor* 99:933–41.

* Scott, J. W. (1942) "Mating Behavior of the Sage Grouse." *Auk* 59:477–98.

Simon, J. R. (1940) "Mating Performance of the Sage Grouse." *Auk* 57:467–71.

Wallestad, R. (1975) *Life History and Habitat Requirements of Sage Grouse in Central Montana*. Helena: Montana Department of Fish and Game.

* Wiley, R. H. (1973) "Territoriality and Non–Random Mating in Sage Grouse, *Centrocercus urophasianus*." *Animal Behavior Monographs* 6:87–169.

긴꼬리벌새 *Phaethornis superciliosus*

안나벌새 *Calypte anna*

동성애	트랜스젠더	행동	랭킹	관찰
○ 암컷	○ 간성	● 구애 ○ 짝 형성	○ 중요	● 야생
● 수컷	○ 복장도착	○ 애정표현 ○ 양육	● 보통	○ 반야생
		● 성적인 행동	○ 부수적	○ 포획 상태

긴꼬리벌새

식별 : 중간 크기의 벌새로서, 상체는 보라색 또는 녹색을 띠며, 얼굴에는 줄무늬가 있고, 아래쪽으로 굽은 긴 부리와 긴 꼬리 깃털을 가지고 있다.

분포 : 멕시코 남서부, 중앙아메리카, 남아메리카 북서부.

서식지 : 열대림 덤불.

연구지역 : 코스타리카 사라피키 라 셀바 생물 보존구역.

안나벌새

식별 : 중간 크기의 벌새(최대 10센티미터 길이)로, 수컷은 목과 머리가 무지갯 빛이고 등은 청동녹색이다.

분포 : 미국 서부에서 북서부 멕시코까지.

서식지 : 삼림, 쉐퍼랠, 덤불, 목초지.

연구지역 : 캘리포니아 샌타모니카산맥 프랭클린 캐니언.

사회조직

긴꼬리벌새는 10여 마리 정도의 수컷이 모여 노래하는 무리, 혹은 레크leks를 형성하며, 다혼제 또는 난혼제 짝짓기 체계를 가지고 있다(새들이 여러 파트너와 짝짓기를 한다). 안나벌새는 특별히 사회적이지 않다. 즉 각각의 새는 자신의 영역을 방어하고 일반적으로 다른 새들과 관계를 형성하지 않는다. 짝짓기 체계의 일부로서 짝결합은 없으며, 수컷은(그리고 아마 암컷도) 여러 다른 짝과 짝짓기를 한다.

설명

행동 표현 : 수컷 긴꼬리벌새는 빽빽한 개울가 덤불 속의 레크, 혹은 구애 과시 영역에 모여, 노래를 불러 자신의 존재를 알리고, 짝짓기를 할 새들을 유혹한다. 이들의 단조로운 노래는 한 번에 최대 30분 동안 반복되는 다양한 종류의 단일 음으로 구성되어 있다. 때로 이러한 소리는 카칭kaching, 척churk, 슈리shree, 또는 츄릭chrrik처럼 들린다. 암컷과 수컷이 레크를 방문하면, 영역 수컷은 암수 모두에게 구애하고 마운트를 한다. 전형적인 동성애 만남에서, 한 수컷은 자신의 영역에 내려앉은 상대 수컷에게 접근하여 공중부양float이라고 알려진 비행술을 수행한다. 이러한 과시에서 수컷은 몸을 좌우로 회전하며, 앉아 있는 수컷 앞으로 천천히 날아간다. 그 수컷은 종종 부리를 활짝 벌리고 밝은 오렌지색 입안과 눈에 띄는 얼굴 줄무늬를 드러내는데, 이 두 가지가 합쳐져 아주 매력적

기타 조류

인 시각 패턴을 만들어 낸다. 앉아 있는 새는 자기 부리를 벌린 채, 계속해서 부리를 상대 쪽으로 향하게 하면서, 그 앞에서 빙빙 돌며 맴도는 수컷의 움직임을 '추적'하는 식으로 반응할 수 있다. 그러면 구애하는 수컷은 상대 수컷의 원을 그리며 뒤로 돌아가 짝짓기를 한다. 상대 수컷의 등에 내려앉으면, 날개를 떨면서 꼬리를 비틀고 진동하며, 총배설강(생식기) 접촉에 성공한다. 동성애 교미 시간은 일반적으로 3~5초 정도 지속하는 이성애적 짝짓기 기간보다 다소 짧으며, 마운티가 협력하지 않는 경우도 있다(예를 들어 생식기 접촉을 용이하게 하기 위해 자신의 꼬리를 비틀지 않는다).

수컷 안나벌새도 암컷과 수컷(청소년 수컷을 포함해서) 모두에게 구애와 마운트를 한다. 이 새들은 보통 수컷의 영역에 꿀이 풍부한 까치밥나무와 구스베리꽃을 먹기 위해 방문한다. 만약 방문한 수컷이 횃대에 내려앉으면, 텃세 수컷은 보통 화려한 다이브 과시dive display를 한다. 그는 먼저 다른 수컷 위로 맴돌며 몇 번의 브즈즈bzz 음을 내뱉은 다음, 거의 수직으로 46미터 또는 그 이상 흔들흔들 올라가 다른 수컷을 내려다본다. 그러다 최고 높이에 오르면 상대 수컷을 덮치는 것처럼 갑자기 엄청난 속도로 아래쪽으로 다이빙을 하는데, 날카로운 금속성을 터트리거나 끽끽거리는 소리를 낸다. 그런 다음 전체 공연을 몇 번 더 반복한다. 이 새의 다이빙 끝부분의 놀랄 정도로 큰 소리는 꼬리 깃털 사이로 공기가 빠르게 지나가며 만들어지며, 종종 다양한 지저귀는 소리나 윙윙거리는 소리를 먼저 노래하기도 한다. 급강하 폭격을 퍼붓는 수컷은 실제로 자신의 곡예 같은 과시가 세밀하게 태양을 향하도록 방향을 바꾸고, 자기 왕관 모양 부위와 목구멍의 무지갯빛 장미색 깃털을 빛나게 해서, 관심의 대상을 눈부시게 만든다. 흐린 날에는 매혹적인 시각 효과를 얻을 수 없어서 그런 다이빙을 거의 하지 않는다. 다이빙을 한 후에 상대 수컷은 보통 날아가고 영역으로부터 멀리 떨어진 낮은 초목 더미에 앉아 숨을 곳을 찾는다. 텃세 수컷은 바짝 추격하며 따라간다. 쫓아가는 수컷은 상대 수컷을 향해 격렬하게 노래를 부르며, 크고 복잡한 일련의 음을 내는데 마치 브즈즈 브즈즈 츄르 즈위 찌! 찌! 브즈즈 브즈즈 브즈즈bzz-bzz-bzz chur-ZWEE dzi! dzi! bzz-bzz-bzz처럼 들린다. 또한 과시하는 수컷은 왕복 과시shuttle display(긴꼬리벌새의 공중부양 과시와 비슷하다)를 공연하기도 하는데, 상대 수컷의 위를 왔다 갔다 하며, 몸으로 일련의 반원을 그려낸다. 그 후 수컷이 이성애 마운트처럼 상대의 등에 내려앉는, 동성애 교미 시도가 뒤따르기도 한다. 만일 마운트된 수컷이 도망가려고 하면, 쫓아가는 수컷은 낮게 목구멍이 울리는 소리인 브르르르트brrrt 음을 내면서, 몸싸움을 하고 공중제비를 하며 상대를 쳐서 쓰러뜨리기도 한다. (비슷한 이성애 짝짓기 시도에서도 공격적인 상호작용이 특징적으로 나타난다. 아래 참조).

빈도 : 이러한 종에서 동성애 교미가 흔하지는 않지만, 이성애 교미 역시 드물다. 그리고 실제로 수컷들 사이에서 성적인 활동이 상대적으로 높은 비율(최대 25%까지)로 발생한다. 몇몇 광범위한 연구에서, 긴꼬리벌새의 교미 관찰 대상 8마리 중 2마리는 수컷 사이에서 나타났고, 안나벌새(새의 성별을 확실하게 알 수 있는 상황) 성적인 만남의 4번 중 1번은 동성애적인 만남이었다. 또한 수컷 안나벌새에게 양쪽 성별의 봉제 인형을 제공하면, 암컷에게 하는 것과 마찬가지로 수컷에게 구애하고 마운트를 한다.

수컷 긴꼬리벌새(오른쪽)가 '공중부양' 과시로 다른 수컷에게 구애하고 있다.

성적 지향 : 긴꼬리벌새의 경우, 텃세 수컷의 약 7%와 전체 수

컷의 11%가 동성애 활동에 참여한다. 이 두 종의 텃세 수컷 벌새는 암컷과 수컷 모두를 추적하고, 구애하고, 마운팅하는 양성애자인 것으로 보인다. 다른 수컷의 영역을 방문하는 긴꼬리벌새 수컷 중 일부는 비번식 개체이며(자신의 영역을 가지지 않음), 이는 어떠한 이성애 행동에도 참여하지 않는다는 것을 의미한다(최소한 번식기 동안). 수컷 안나벌새는 보통 다른 수컷이 마운트하는 것에 강하게 저항하는데, 그 경우 이성애 성향이 우세한 것을 나타낸다고도 할 수 있다(하지만 암컷도 이성애 교미 시도에 저항하곤 한다).

비생식적이고 대체 가능한 이성애

안나벌새의 이성애 교미에서는 앞에서 설명한 동성애 짝짓기를 할 때의 공격적이고 폭력적인 특성이 모두 나타난다. 즉, 수컷은 빠른 속도로 암컷을 쫓아가고, 때로는 공중에서 때리기도 하며, 짝짓기를 하기 위해 암컷을 아래로 끌어내리기도 한다. 일부 짝짓기는 번식기가 아닌 시기에 이루어지기 때문에 비생식적이다. 수컷은 7월부터 11월까지 정자 생산과 호르몬 수치가 현저하게 감소하는, 뚜렷한 계절적 성性주기를 가지고 있다. 수컷 안나벌새는 알렌벌새*Selasphorus sarin*와 코스타벌새*Costa's costae*와 같은 다른 종의 암컷에게도 자주 구애한다. 긴꼬리벌새 중에서 수컷은 종종 작은 무생물 물체(거미줄에 매달린 나뭇잎 등)에 마운팅해서 교미하며 자위를 한다(다른 은둔벌새 종들처럼).

이 두 종의 수컷과 암컷은 짝짓기를 할 때를 제외하고는 거의 만나지 않는다. 번식기 동안 안나벌새 양쪽 성별은 명확히 다른 서식지를 갖는다. 수컷은 주로 언덕 경사면이나 협곡 측면과 같은 개방된 곳에 살며, 암컷은 숲처럼 좀 더 덮여 있는 지역에 산다. 각각의 암컷 긴꼬리벌새는 둥지를 틀기 전에 레크를 방문하게 되는데, 보통 2~4주에 한 번씩만 수컷과 마주친다. 두 종의 수컷은 둥지를 틀거나 새끼를 기르는 데 관여하지 않는다. 또한 상당수의 새들이 비번식 개체다. 모든 긴꼬리벌새 수컷의 거의 1/4은 영역을 가지지 않기 때문에 이성애 구애나 교미에 참여하지 않는다. 결과적으로 이들은 암컷과 짝짓기를 거의 하지 않는다.

출처

*별표가 있는 출처는 동성애와 트랜스젠더에 대해 논의한다.

Gohier, E, and N. Simmons–Christie (1986) "Portrait of Anna's Hummingbird." *Animal Kingdom* 89:30–33.

Hamilton, W. J., III (1965) "Sun–Oriented Display of the Anna's Hummingbird." *Wilson Bulletin* 77:38–44.

* Johnsgard, P. A. (1997) "Long–tailed Hermit." and "Anna Hummingbird." In *The Hummingbirds of North America*, 2nd ed., pp. 65–69,195–99. Washington, D.C.: Smithsonian Institution Press.

Ortiz–Crespo, E I. (1972) "A New Method to Separate Immature and Adult Hummingbirds." *Auk* 89:851– 57.

Russell, S. M. (1996) "Anna's Hummingbird (Calypte anna)." In A. Poole and R Gill, eds., *The Birds of North America: Life Histories for the 21st Century*, no. 226. Philadelphia: Academy of Natural Sciences; Washington, D.C.: American Ornithologists' Union.

Snow, B. K. (1974) "Lek Behavior and Breeding of Guy's Hermit Hummingbird *Phaethornis guy*." *Ibis* 116:278–97.

——(1973) "The Behavior and Ecology of Hermit Hummingbirds in the Kanaku Mountains, Guyana." *Wilson Bulletin* 85:163–77.

Stiles, E G. (1983) "*Phaethornis superciliosus*." In D. H. Janzen, ed., *Costa Rican Natural History*, pp. 597–599. Chicago: University of Chicago Press.

* ——(1982) "Aggressive and Courtship Displays of the Male Anna's Hummingbird." *Condor* 84:208–25.

* Stiles, E G., and L. L. Wolf (1979) *Ecology and Evolution of Lek Mating Behavior in the Long–tailed Hermit Hummingbird*. Ornithological Monographs np. 27. Washington, D.C.: American Ornithologists' Union.

Tyrell, E. Q., and R. A. Tyrell (1985) *Hummingbirds: Their Life and Behavior.* New York: Crown Publishers.

Wells, S., and L. E Baptista (1979) "Displays and Morphology of an Anna X Allen Hummingbird Hybrid." *Wilson Bulletin* 91:524–32.

Wells, S., L. E Baptista, S. E Bailey, and H. M. Horblit (1996) "Age and Sex Determination in Anna's Hummingbird by Means of Tail Pattern." *Western Birds* 27:204–6.

Wells, S., R. A. Bradley, and L. E Baptista (1978) "Hybridization in Calypte Hummingbirds." *Auk* 95:537–49.

Williamson, F. S. L. (1956) "The Molt and Testis Cycle of the Anna Hummingbird." *Condor* 58:342–66.

검은엉덩이화염등딱따구리
Dinopium benghalense

도토리딱따구리
Melanerpes formicivorus

동성애	트랜스젠더	행동		랭킹	관찰
● 암컷	○ 간성	● 구애	○ 짝 형성	○ 중요	● 야생
● 수컷	○ 복장도착	○ 애정표현	● 양육	● 보통	○ 반야생
		● 성적인 행동		○ 부수적	○ 포획 상태

검은엉덩이화염등딱따구리
식별 : 금색 등, 검은 엉덩이, 얼굴과 목에 흑백 무늬를 가졌다. 붉은 볏이 있는 중간 크기의 딱따구리.

분포 : 인도, 파키스탄, 스리랑카.

서식지 : 삼림, 관목, 정원.

연구지역 : 인도 치투르 인근.

아종 : 남부검은엉덩이화염등딱따구리 *D.b. puncticolle*.

도토리딱따구리
식별 : 눈에 띄는 흑백의 얼굴, 검은 상체와 흰 하체, 검은색 가슴 띠, 붉은색 머리를 가진 딱따구리.

분포 : 태평양 및 미국 남서부, 멕시코부터 콜롬비아까지.

서식지 : 참나무 숲 및 소나무 숲.

연구지역 : 헤이스팅스 하투랄 역사 보호구역(몬테레이)과 캘리포니아 로스 알토스 인근.

사회조직

도토리딱따구리는 매우 다양하고 복잡한 사회조직을 가지고 있다. 많은 개체군에서 새들은 최대 15마리의 개체로 구성된 공동 가족집단을 형성하며, 보통 번식하는 수컷 4마리와 암컷 3마리로 구성되어 있다(물론 비번식 무리도 역시 발생한다. 아래 참고). 무리의 나머지 새들은 어미 역할을 분담하는 비번식 '도우미'들이다. 집단 내에서, 짝짓기 체계는 다부다처제polygynandry로 알려져 있는데, 이는 각각의 수컷이 여러 마리의 암컷과 짝짓기를 하고, 그 반대의 경우도 일어난다는 뜻이다. 다른 개체군에서는 일부일처제 쌍이나 일부다처제의 여러 변형이 발생한다. 검은엉덩이화염등딱따구리의 사회구조에 대해서는 알려진 바가 거의 없지만, 일부일처제 짝을 이루는 것으로 생각된다.

설명

행동 표현 : 검은엉덩이화염등딱따구리 수컷들은 때로 서로 교미한다. 한 수컷이 다른 수컷의 등에 올라타 꼬리를 내려 상대 수컷의 배 밑으로 밀어 넣어 총배설강(생식기) 접촉을 한다(이성애 짝짓기 때처럼). 마운트 된 수컷이 자신을 막 마운트한 수컷과 교미하는 상호 마운팅이 일어날 수 있다. 같은 성 마운팅 활동에 참여하는 새는 독특한 자세를 취하는데, 몸을 앉아 있는 나뭇가지에 수직으로 하고, 날개 양 끝은 땅을 향해 호를 그리며 발로 매달린다. 수컷은 동성애 마운팅을 하기 전에 나무줄기를 두드리기도 한다.

도토리딱따구리는 성적인 행동이나 구애 행동과 관련된 매력적인 집단 과시에 참여한다. 이때 동성애 마운팅도 일어날 수 있다. 나무 구멍에 들기 전인 해질녘에 도또리딱따구리 무리는 함께 모인다. 점점 더 많은 새들이 도착함에 따라, 가능한 모든 조합으로 서로 마운트를 시작한다. 즉, 수컷이 암컷과 다른 수컷을 마운트하거나, 암컷이 수컷과 다른 암컷을 마운트하고, 어린 딱따구리가 나이가 많은 새를 마운트하거나, 그 반대로도 한다. 이러한 마운팅 행동은 이성애 짝짓기를 닮았지만, 더 짧고 일반적으로 생식기 접촉도 일어나지 않는다(간혹 생식기 접촉이 일어날 수도 있다). 상호 마운팅도 흔하며, 때로 두 마리의 딱따구리가 동시에 같은 새를 마운트하려고도 한다. 과시가 있고 나면, 무리 구성원들은 잠을 자기 위해 둥지 구멍으로 날아간다. 의례적인 마운팅은 새들이 둥지 구멍에서 나오는 새벽에 일어나기도 한다. 많은 무리 구성원이 서로 친척관계이기 때문에, 적어도 이러한 마운팅의 일부는 근친상간이다. 암컷 도토리딱따구리들은 흔히 공동 부모가 되는데, 같은 둥지 구멍에 같이 알을 낳는다. 이러한 '공동 둥지'는 종종 친척관계에 일어나지만(어미와 딸, 또는 자매), 때로는 친척이 아닌 두 암컷이 둥지를 함께 쓰기도 한다. 공동 둥지 암컷은 특정 해에 번식을 하지 않더라도 계속해서 관계를 유지할 수 있다.

빈도 : 검은엉덩이화염등딱따구리의 동성애 행동은 아마도 가끔만 일어나는 것으로 보인다. 그러나 야생에서 이 종의 이성애 교미 역시 관찰된 적이 없으므로, 이 딱따구리의 행동에 대해서는 더 많은 연구가 필요하다. 도토리딱따구리 마운팅 과시(동성애 마운팅을 포함해서)는 이 종에서 일 년 내내 나타나는 사회생활의 일반적인 특징이며, 대부분의 무리에서는 매일 일어나는 현상이다. 전체 암컷 도토리딱따구리의 1/3 이상이 공동으로 둥지를 틀고, 전체 무리의 약 1/4이 공동 둥지를 튼 암컷을 보유

하며, 이 중 14%는 서로 친척관계가 아닌 암컷끼리 공동 부모가 된다.

성적 지향: 집단 과시에서 수컷과 암컷을 모두 마운트한다는 점에서 도토리딱따구리는 양성애자라고 할 수 있다(물론 그러한 마운팅은 흔히 의례적인 마운팅이어서 생식기 접촉이 항상 일어나지는 않는다). 검은엉덩이화염등딱따구리 각 개체의 생활사에 대해서는 알려진 바가 부족하여 성적인 성향을 일반화할 수 없다.

비생식적이고 대체 가능한 이성애

위에서 설명한 바와 같이, 도토리딱따구리는 여러 가지 형태의 다혼제가 일어날 수 있는 독특한 공동 가족 또는 사회조직을 가지고 있다. 또한 많은 새들이 번식을 하지 않는다. 즉 전체 집단의 1/3 이상이 해당 연도에 번식을 하지 않기도 하며, 모든 성체 새의 1/4에서 1/2이 번식을 하지 않는다. 일부 개체군에서는 비번식 새의 비율은 85%에 이를 수 있다. 이들 중 다수는 부모의 양육을 돕고자, 성적으로 성숙한 지 몇 년이 지나서도 가족집단에 남아 있는 새들이다. 일부는 3~4년 동안 번식을 미루기도 한다. 다른 비번식 새(1/4에 이른다)들은 새끼를 기르는 데 전혀 도움을 주지 않는다. 일부 그룹은 모든 성체 구성원이 같은 성별이기 때문에 비생식적이다. 즉, 번식하지 않는 집단의 거의 15%에는 성체 암컷이 없고, 거의 4%에는 성체 수컷이 없다. 앞에서 언급한 비생식적 이성애 행동(역reverse마운팅, 집단 성행동, 생식기 접촉이 없는 마운팅) 외에도, 암컷 도토리딱따구리들은 때로 여러 수컷과 빠르게 교미를 이어가기도 한다. 가족 중 약 3%는 집단 밖에서 수컷과 문란한 짝짓기로 인해 태어난 새끼를 가진다. 근친상간 이성애 교미는 피하려는 것처럼 보이지만, 간혹 발생한다. 사실 근친상간 기피로 인해 한 집단이 오랜 시간 동안 번식을 포기하기도 한다. 이러한 종의 육아는 비생식적이고 폭력적인 행동이 다양하게 나타나는 것으로 유명하다. 알 파괴는 매우 흔하다. 이는 특히 둥지를 같이 쓰는 암컷 사이에서 나타나는데, 두 암컷이 흔히 알 낳기가 동기화 될 때까지 자신과 상대의 알을 깨부순다(먹는다). 수컷은 또한 때로 자기 집단의 알을 파괴한다. 또한 도토리딱따구리에서는 영아살해와 동종포식이 정기적으로 발생한다. 일반적인 패턴은 한 무리의 새로운 새(종종 암컷)가 와서 새끼들을 쪼아 죽이고 그중 일부를 먹는 것인데, 이는 집단의 다른 성체와 번식을 하려는 행동으로 보인다. 또한 부모들은 다른 새끼들이 부화한 지 하루 지나서 태어난 새끼는 대개 굶겨 죽인다.

출처　　　　　*별표가 있는 출처는 동성애와 트랜스젠더에 대해 논의한다.

* Koenig, W. D. (1995–96) Personal communication.

Koenig, W. D., and R. L. Mumme (1987) *Population Ecology of the Cooperatively Breeding Acorn Woodpecker*. Princeton, N. J.: Princeton University Press.

Koenig, W. D., R. L. Mumme, M. T. Stanback, and E. A. Pitelka (1995) "Patterns and Consequences of Egg Destruction Among Joint–Nesting Acorn Woodpeckers." *Animal Behavior* 50:607–21.

Koenig, W. D., and P. B. Stacey (1990) "Acorn Woodpeckers: Group–Living and Food Storage Under Contrasting Ecological Conditions." In P. B. Stacey and W. D. Koenig, eds., *Cooperative Breeding in Birds: Long–Term Studies of Ecology and Behavior*, pp. 415–53. Cambridge: Cambridge University Press.

Koenig, W. D., and E. A. Pitelka (1979) "Relatedness and Inbreeding Avoidance: Counterploys in the Communally Nesting Acorn Woodpecker." *Science* 206:1103–5.

* MacRoberts, M. H., and B. R. MacRoberts (1976) *Social Organization and Behavior of the Acorn Woodpecker in Central Coastal California*. Ornithological Monographs no. 21. Washington, D.C.: American Ornithologists' Union.

Mumme, R. L., W. D. Koenig, and E. A. Pitelka (1988) "Costs and Benefits of Joint Nesting in the Acorn Woodpecker." *American Naturalist* 131:654–77.

——(1983) "Reproductive Competition in the Communal Acorn Woodpecker: Sisters Destroy Each Other's Eggs." *Nature* 306:583–84.

Mumme, R. L., W. D. Koenig, R. M. Zink, and J. A. Marten (1985) "Genetic Variation and Parentage in a California Population of Acorn Woodpeckers." *Auk* 102:305–12.

* Neelakantan, K, K. (1962) "Drumming by, and an Instance of Homo–sexual Behavior in, the Lesser Goldenbacked Woodpecker (*Dinopium bengbalense*)." *Journal of the Bombay Natural History Society* 59:288–90.

Short, L. L. (1982) W*oodpeckers of the World.* Delaware Museum of *Natural History* Monograph Series no. 4. Greenville, Del.: Delaware Museum of *Natural History.*

——(1973) "Habits of Some Asian Woodpeckers (Aves, Pisidae)." *Bulletin of the American Museum of Natural History* 152:253–364.

Stacey, P. B. (1979) "Kinship, Promiscuity, and Communal Breeding in the Acorn Woodpecker." *Behavioral Ecology and Sociobiology* 6:53–66.

Stacey, P. B., and T. C. Edwards, Jr, (1983) "Possible Cases of Infanticide by Immigrant Females in a Group–breeding Bird." *Auk* 100:731–33.

Stacey, P. B., and W. D. Koenig (1984) "Cooperative Breeding in the Acorn Woodpecker." *Scientific American* 251:114–21.

Stanback, M. T. (1994) "Dominance Within Broods of the Cooperatively Breeding Acorn Woodpecker." *Animal Behavior* 47:1121–26.

* Troetschler, R. G. (1976) "Acorn Woodpecker Breeding Strategy as Affected by Starling Nest–Hole Competition." *Condor* 78:151–65.

Winkler, H., D. A. Christie, and D. Nurney (1995) "Black–rumped Flameback (*Dinopium bengbalense*)." In *Woodpeckers: A Guide to the Woodpeckers of the World*, pp. 375–77. Boston: Houghton Mifflin.

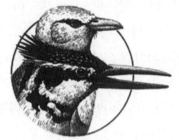

뿔호반새 *Ceryle rudis*

푸른배파랑새
Coracias cyanogaster

동성애	트랜스젠더	행동		랭킹	관찰
● 암컷	○ 간성	○ 구애 ● 짝 형성		○ 중요	● 야생
● 수컷	○ 복장도착	○ 애정표현 ○ 양육		○ 보통	○ 반야생
		● 성적인 행동		● 부수적	○ 포획 상태

뿔호반새

식별 : 볏이 있고, 얼룩덜룩한 흑백의 깃털과 긴 부리를 가진, 개똥지빠귀 크기의 새다.

분포 : 사하라 이남 아프리카, 중동, 인도, 동남아시아.

서식지 : 호수와 강.

연구지역 : 세네갈의 바세 카사망스 지역.

아종 : 아프리카뿔호반새 *C.r. rudis*.

푸른배파랑새

식별 : 검푸른 깃털과 건장한 체격을 한 36센티미터 크기의 새. 긴 청록색의 갈라진 꼬리와
크림빛의 백색 머리와 가슴을 가지고 있다.

분포 : 서아프리카.

서식지 : 사바나 삼림지.

연구지역 : 세네갈의 바세 카사망스 지역.

사회조직

뿔호반새는 때로 80마리 또는 그 이상의 새가 떼를 지어 모이기도 하며, 짝짓기 철이 되면 작은 무리를 짓기도 한다. 번식하는 새들은 일부일처제 쌍을 이루지만, 번식하지 않는 수컷도 많이 있으며, 그들 중 다수는 이성애 쌍이 새끼를 기르는 것을 돕는다. 푸른배파랑새는 쌍을 이루거나, 3~13마리 정도의 새들이 작은 무리를 이루어 생활하는데, 이러한 무리는 확장된 가족이나 친족의 모임일 것이다. 짝짓기는 몇몇 무리 구성원 사이에서 문란하게 일어나는 것으로 보인다.

설명

행동 표현 : 뿔호반새에서는 수컷 두 마리가 가끔 짝결합을 하며, 동성애 마운팅을 하거나 교미를 시도한다. 유대 관계를 맺지 않은 수컷들 사이에서도 동성애 마운팅이 일어날 수 있다. 두 가지 모두 동성애 활동은 번식하지 않는 수컷들 사이에서 발견되는데, 몇 가지 범주가 있다. 일부 수컷은 이성애 쌍의 새끼 양육을 돕는 도우미helpers다. 이러한 도우미에는 두 가지 유형이 있다. 일차적primary 도우미는 자기 부모를 돕는 성체 자식 새이고, 이차적secondary 도우미는 그들이 돕는 쌍과 친척관계가 아닌 새다. 다른 일부 번식하지 않는 새들은 이성애 쌍을 전혀 돕지 않는 비非도우미들이다. 동성애 짝짓기는 주로 후자 집단에서 일어나는 것으로 보이는데, 이는 일차적 도우미는 부모를 돕는 데 전념하고, 흔히 이차적 도우미를 적대시하며, 공개적으로 공격하고 싸우기 때문이다. 일부 동성애 행동이 이차적 도우미 사이에서 일어날 수도 있지만, 이들은 자신이 돕는 쌍의 암컷에게 먹이를 주는 데 몰두하기 때문에 가능성은 낮다(하지만 이차적 도우미의 양육의무는 일차적 도우미의 것보다 범위가 좁다).

　푸른배파랑새 사이에서는 주목할 만한 의식화한 성적 행동의 형태가 발생하는데, 여기에 참여하는 새들의 성별이 같은 경우도 있다. 한쪽 새가 상대 새를 일반적인 교미 모습으로 마운트하는데, 날개를 파닥거리거나 부리로 파트너의 목이나 머리 깃털을 물기도 한다. 마운티가 날개를 내리고 꼬리를 올리면, 마운터는 꼬리를 내려, 어떤 경우에는 총배설강(생식기) 접촉에 성공한다. 사례의 거의 3/4에서 마운팅은 상호적이었다(마운티가 역으로 마운터가 된다). 그러나 반대쪽 성 새들 사이에서는 상호 마운팅이 더 흔할 수 있다. 때로는 계속 자리를 바꿔가며 마운트를 반복적으로 수행하기도 하는데, 파트너 간에 최대 28번의 마운트를 연속적으로 교대하기도 한다. 이러한 마운팅 행동은 흔히 다른 새를 향한 의례적인 표현이며, 때로 완전한 성적 행동의 특징인 꼬리 움직임과 다른 제스처가 더 양식화하여 간략하게 나타난다. 마운팅은 많은 극적인 공중 과시가 동반될 수 있다(간혹 공격성을 표현하는 징후로도 여겨진다). 여기에는 곡예 추적, 치솟기soars(추격하는 새에 의해 '잡히기' 전에 날개를 V자 모양으로 하고 급상승하는 것), 급강하swoops(날개를 접고 내려오는 기가 막힌 하강) 등이 해당한다. 이 새들은 또한 기계음인 가가각rattles 소리를 커다랗게 내거나, 마운팅을 하는 동안이나 공중 과시와 관련해서 쉰 듯한rasp 소리를 낼 수도 있다.

빈도 : 뿔호반새에서 동성애 짝결합과 마운팅은 가끔만 일어난다. 푸른배파랑새의 의례적인 마운팅 동작은 일 년 내내 흔하게 발생하지만, 정확한 같은 성 간의 마운팅 비율은 알려지지 않았다.

성적 지향 : 뿔호반새 일부 개체군의 약 30%는 번식하는 새나 도우미가 아니고, 약 18%는 이차적 도우미다. 이러한 30%의 새들에서 수컷 간의 동성애 활동이 발견되지만, 아마도 이들 중 극히 일부만이 관련되었을 것이다. 이차적 도우미가 이성애 짝짓기를 하는 경우는 많지만, 동성애 활동에 참여하는 새나 비非도우미가 이성애 짝짓기를 하는지 여부는 알

수 없다. 그러나 비교적 짧은 수명(1~3년)과 높은 사망률 때문에 적어도 일부 수컷은 평생 이성애 교미 없이 동성애 활동만 할 가능성이 크다.

비생식적이고 대체 가능한 이성애

위에서 논의한 바와 같이, 뿔호반새 개체군에는 많은 수의 비번식 새들이 있다. 수컷의 45~60%가 이성애 짝짓기를 하지 않는다. 놀랍게도, 여러 연구에서 일차적 도우미의 생식기관이 실제 생리적으로 억제된다는 것이 나타났다. 즉, 남성호르몬 수치가 감소되었고, 고환이 작으며, 정자 생산이 없다. 도우미를 한 뒤 짝짓기를 하는 일차적 도우미는 3마리 중 1마리에 불과하며, 일부는 평생 번식을 하지 않을 가능성이 크다. 대조적으로, 이차적 도우미는 생식기관이 휴면상태가 아님에도 불구하고, 대부분의 개체군은 수컷의 비율이 더 높으므로 암컷 짝을 만날 수가 없다. 이차적 도우미는 그들이 돕는 새들과 유전적으로 관련이 없기 때문에, 많은 수의 뿔호반새는 '양아비'가 되는 셈이다.

푸른배파랑새 수컷과 암컷 사이의 성적인 활동은 비생식적인 부분이 눈에 띈다. 예를 들어 성적인 활동이 번식기뿐만 아니라 일 년 내내 발생할 수도 있고, 비생식적 역reverse마운트나 생식기 접촉이 없는 마운팅이 일어나기도 한다. 또한 수정에 필요한 횟수를 훨씬 초과하는 여러 번의 교미도 흔하게 나타난다. 새들은 한 번에 수십 차례 반복하여 서로 마운트를 한다. 암수 모두 여러 파트너와 교미할 수 있으며, 때로는 최대 세 마리까지 연속으로 교미한다.

출처   *별표가 있는 출처는 동성애와 트랜스젠더에 대해 논의한다.

Douthwaite, R. J. (1978) "Breeding Biology of the Pied Kingfisher *Ceryle rudis* in Lake Victoria." *Journal of the East African Natural History Society* 166:1–12.

Dumbacher, J. (1991) Review of Moynihan (1990). *Auk* 108:457–58.

Fry, C. H., and K. Fry (1992) *Kingfishers, Bee-eaters, and Rollers.* London: Christopher

Helm.

* Moynihan, M. (1990) *Social, Sexual, and Pseudosexual Behavior of the Blue-bellied Roller, Coracias cyanogaster; The Consequences of Crowding or Concentration*. Smithsonian Contributions to Zoology 491. Washington, D.C.: Smithsonian Institution Press.

Reyer, H.-U. (1986) "Breeder-Helper-Interactions in the Pied Kingfisher Reflect the Costs and Benefits of Cooperative Breeding." *Behavior* 82:277-303.

——(1984) "Investment and Relatedness: A Cost/Benefit Analysis of Breeding and Helping in the Pied Kingfisher (*Ceryle rudis*)." *Animal Behavior* 32:1163-78.

——(1980) "Flexible Helper Structure as an Ecological Adaptation in the Pied Kingfisher (*Ceryle rudis rudis* L.)." *Behavioral Ecology and Sociobiology* 6:219-27.

Reyer, H.-U., J. P. Dittami, and M. R. Hall (1986) "Avian Helpers at the Nest: Are They Psychologically Castrated?" *Ethology* 71:216-28.

Thiollay, J.-M. (1985) "Stratégies adaptatives comparées des Rolliers (*Coracias* sp.) sédentaires et migrateurs dans une Savane Guinéenne [Comparative Adaptive Strategies of Sedentary and Migratory Rollers in a Guinean Savanna]." *Revue d'Ecologie* 40:355-78.

갈라 *Eolophus roseicapillus*

벚꽃모란앵무 *Agapornis roseicollis*

반달잉꼬 *Aratinga canicularis*

동성애	트랜스젠더	행동	랭킹	관찰
● 암컷	○ 간성	● 구애 ● 짝 형성	● 중요	● 야생
● 수컷	○ 복장도착	● 애정표현 ● 양육	○ 보통	○ 반야생
		● 성적인 행동	○ 부수적	● 포획 상태

갈라

식별 : 중간 크기의 앵무새(약 36센티미터)로서 이마와 볏이 연분홍색이고, 얼굴과 하체는 장미빛 분홍색이며, 상체는 회색이다.

분포 : 오스트레일리아 내륙.

서식지 : 사바나 삼림 지대, 잔디, 관목 지대.

연구지역 : 오스트레일리아 빅토리아주 헤일스빌 보호구역 및 호나시 대학교, 웨스턴오스트레일리아주 헬레나 밸리.

벚꽃모란앵무

식별 : 짧은 꼬리와 녹색 깃털, 파란색 엉덩이, 그리고 빨간색 또는 분홍색 가슴과 얼굴을 가진 작은 앵무새(15센티미터).

분포 : 서남아프리카.

서식지 : 사바나.

연구지역 : 뉴욕 코넬 대학교, 독일 빌레펠트 대학교.

반달잉꼬

식별 : 긴 꼬리와 오렌지색 이마, 녹색 깃털을 가진 작은 앵무새.

분포 : 멕시코에서 코스타리카까지 이르는 중앙아메리카 서부지역.

서식지 : 열대 및 관목 숲.

연구지역 : 니카라과 마나과 인근, 캔자스 대학교와 캘리포니아-로스앤젤레스 대학교.

아종 : 주황이마반달잉꼬*A.c. canicularis*, 상아색부리반달잉꼬*A.c. eburnirostrum*.

사회조직

갈라와 벚꽃모란앵무는 군집성 조류로서, 갈라는 수천 마리까지, 벚꽃모란앵무는 수백 마리까지 큰 무리를 이룬다. 이들은 보통 짝결합을 하며, 벚꽃모란앵무는 대개 집단으로 둥지를 튼다. 또한 갈라는 청소년 개체와 젊은 비번식 성체가 떠돌이 무리를 형성한다. 반달잉꼬는 12~15마리(종종 짝결합을 한 쌍들로 구성된다)가 무리를 지어 이동하며, 때로는 50~200마리씩 무리를 짓기도 한다. 짝짓기 철에는 보통 짝을 이룬 쌍은 무리를 떠나 자기 둥지로 흩어지지만, 주기적으로 작은 무리를 지어 모인다.

설명

행동 표현 : 갈라 암컷과 수컷은 안정적이고 오래 지속하는 동성애 짝을 맺고, 구애 활동, 성적인 활동, 짝결합이나 양육 활동에 참여한다. 같은 성 간의 유대는 튼튼해서, 흔히 청소년 새일 때부터 발달해서 남은 평생 지속한다(다른 대부분의 이성애 유대 관계처럼). 포획 상태에서는 적어도 6년 이상 지속한 동성애 쌍이 기록되었다. 만약 한 파트너가 다른 짝보다 먼저 죽으면, 남은 갈라는 홀로 지내거나, 나중 다른 새와 동성애(또는 이성애) 관계를 맺는다. 짝 유대 관계를 맺은 갈라들은 거의 항상 붙어 지

내며(몇 센티미터 이상 떨어지는 일이 없이), 먹이를 먹고 둥지에 앉아 있을 때 언제나 함께 한다. 한 마리가 새로운 장소로 날아갈 때는, 씹씹sip-sip 혹은 리크리크lik-lik처럼 들리는 특이한 두 음절의 지저귀는 소리를 사용하여, 짝에게 오라고 부른다. 만일 다른 새가 둘 사이에 끼어들면, 두 파트너 모두 침입자를 위협하고, 밀어서 쫓아내거나, 함께 부리로 찌른다. 짝을 맺은 쌍은 상대의 깃털을 골라주는데 상당한 시간을 사용한다. 상호깃털고르기alloipreening라고 알려진 이 친밀한 행동에서 한쪽 새는 상대 새 앞에서 머리를 숙여, 짝이 부드럽게 부리로 물거나 깃털 사이로 부리를 움직일 수 있게 만든다. 잠시 후 새들은 위치를 바꾸고, 흔히 부리를 부드럽게 부딪치거나 피하는 장난스러운 펜싱 시합을 한다.

동성애(그리고 이성애) 갈라 쌍은 고도로 양식화한 과시를 하는데, 나란히 앉거나, 마주 보거나, 서로 멀어지는 등의 여러 가지 동작을 동기화해서 수행한다. 그중 가장 우아한 것이 바로 두 새가 동시에 날개를 펴는 날개펼치기wing-stretching다. 흔히 한쪽 새는 왼쪽 날개를 펼치고, 다른 한쪽은 오른쪽 날개를 열어 완전한 대칭의 '거울 이미지' 효과를 내기도 하고, 다른 경우에는 한 쌍의 구성원이 같은 날개를 평행하게 비대칭적으로 펼친다. 다른 동기화한 과시로는 머리흔들기head-bobbing(새가 고개를 아래와 옆으로 숙이는 것)가 있다. 이 동작을 할 때는 볏을 올리고 날개를 퍼덕인다. 또한 한 쌍의 구성원들은 자신의 깃털고르기, 먹이 먹기, 잎과 나무껍질 다듬기와 같은 활동을 동시에 수행한다. 실제로 동성애 쌍은 주어진 시간의 약 65% 동안 모든 활동을 동기화한다. 동성끼리 짝을 맺은 갈라는 서로 구애하고 교미를 할 수도 있다. 구애를 할 때는 볏을 세우고 얼굴 깃털을 앞으로 펼친 다음, 상대를 향해 옆으로 발을 끌며 걷는 동작을 하며, 뒤이어 머리흔들기, 가슴가리키기breast pointing(짝이 부리로 자신의 가슴 깃털이나 상대의 가슴 깃털을 만지는 행동)를 한다. 성적인 행동을 할 때는 한 새가 다른 새를 마운팅해서 짝에게 골반찌르기를 하게 된다.

벚꽃모란앵무 또한 갈라처럼 안정적인 동성애 쌍을 형성한다. 이러한 쌍은 젊었을 때 만들어져서 평생 지속하는 것으로 보인다. 동성애 쌍은 구애와 성적인 행동을 할 때 수컷과 암컷의 행동 요소를 같이 수행한다. 예를 들어, 암컷 쌍에서는

동성애 암컷 갈라 쌍이 거울상의 '날개펼치기 과시'를 수행하고 있다.

각 파트너가 상대에게 먹이를 주거나(이성애 쌍에서 보이는 전형적인 수컷의 활동), 다른 짝을 마운트에 초대한다(전형적인 암컷의 활동). 일부 다른 쌍에서는 좀 더 역할이 나뉜 모습을 보이는데, 한 새가 일반적으로 수컷과 관련된 행동을 하고, 다른 새가 암컷의 패턴을 보이는 식이다. 그러나 양육 행동을 할 때 암컷 동성애 쌍의 두 구성원은 전형적인 '암컷'의 의무를 수행한다. 몇 군데 쓸 만한 둥지 위치를 조사하고 나면, 이들은 공동으로 함께 지낼 적당한 구멍을 선택하고, 각각의 암컷은 둥지를 짓는 데 힘을 보탠다. 벚꽃모란앵무는 둥지 소재를 수집할 때 독특한 방법을 사용한다. 즉 긴 나무껍질이나, 풀, 또는 잎을 등과 엉덩이 깃털에 직접 끼워 둥지로 운반한다. 두 파트너 모두 알을 낳고(보통 무정란) 동시에 품는다. 반대로 수컷 동성애 쌍은 둥지를 절대 짓지 않는다.

반달잉꼬에서도 수컷 동성애 쌍과 암컷 동성애 쌍이 모두 발생한다. 같은 성 쌍은 흔히 나란히 앉아 깃털을 부풀린 채로, 서로의 깃털을 골라주고 부리를 비벼댄다(때로는 한 번에 30분 이상). 때로 수컷들은 짝과 성적인 행동을 한다. 즉 한 새가 다른 새에 마운트하는데, 그 전에 보통 비위맞추기fawning, 또는 발톱질clawing이라고 알려진 과시를 한다. 이 과시는 한 발을 들어 올려 다른 수컷의 등이나 날개에 부드럽게 올려놓는 행

동이다. 암컷 파트너들은 종종 서로 구애먹이주기courtship-feed를 한다. 즉 한 암컷이 먹이를 게워 짝 암컷에게 먹이고, 둘은 머리를 앞뒤로 흔들면서 부리를 맞댄다. 이성애자 쌍과는 달리 양쪽 모두 상대에게 먹이를 줄 수 있다. 이 과시는 보통 여러 가지 양식화한 시각적인 과시나 목소리 과시를 동반한다. 여기에는 머리흔들기나, 나뭇가지에 부리를 문지르거나 짓누르는 것, 뺨 깃털을 부풀리는 것, 휘파람 소리를 내며 눈의 홍채를 번쩍이는 것 등이 해당한다. 두 짝은 때로 놀이 싸움의 일종인 부리싸움bill-sparring을 하며 서로의 부리를 잡고 잡아당긴다. 또한 암컷 쌍은 함께 둥지를 준비하는데, 보통 나무 위의 흰개미 둥지에 둥지를 짓는다. 이때 한 암컷은 입구 쪽 굴을 만들고(이성애 쌍에서는 수컷이 하듯이), 다른 암컷은 둥지로 쓸 방을 만든다(이성애 쌍에서 암컷이 하는 역할이다). 일부 암컷 쌍은 둥지를 쓸 장소를 고를 때 이성애 쌍에게 그냥 지지 않는다. 짝을 맺은 암컷들은 흔히 서로를 돕는 강력한 동맹을 형성하는데, 심지어 공격과 위협 행동을 통해 이성애 쌍을 이기기도 한다.

빈도: 이들 앵무새 종에서 동성애 유대 관계는 흔히 볼 수 있다. 예를 들어, 일부 갈라의 포획 개체군에서는 짝결합의 2/3가 같은 성별의 새들 사이에 형성되었다. 포획 상태의 벚꽃모란앵무에 대한 어떤 연구는 12쌍 중 4쌍(33%)이 암컷 간에 형성된 것임을 밝혀냈다. 반달잉꼬에 대한 비슷한 연구도 9쌍 중 5쌍(56%)이 암컷들 사이에 생성되었다고 보고했다. 반달잉꼬의 수컷 동성애 쌍이 야생에서도 발견되고 있지만, 야생에서 같은 성 유대 관계의 전체적인 발생률은 아직 어느 종에서도 밝혀지지 않았다. 그러나 야생 갈라의 180개 둥지 중 약 1곳은 평균초월 알둥지supernormal clutch다. 이러한 둥지에는 대부분의 다른 둥지보다 2배나 많은 10~11개의 알이 있다. 의심할 여지 없이 두 마리의 암컷이, 아마도 동성애 쌍의 구성원이 낳은 알로 보인다(물론 변형된 이성애 조합의 결과

한 수컷 반달잉꼬가 자신의 수컷 짝을 코로 비비고 있다.

일 수도 있다. – 아래 참고).

성적 지향 : 어떤 식으로든 일종의 짝결합을 하는 포획 상태의 갈라를 보면, 44%의 새는 동성애 유대 관계를 형성하고, 또 다른 44%는 이성애 짝짓기만을 하는 반면, 약 11%는 양쪽 성별의 새와 유대 관계를 맺는다. 후자의 그룹에서는 다양한 양성애가 발생하는데, 보통 트리오나 사인조 형식이 나타난다. 예를 들어, 어떤 암컷은 두 마리의 수컷과 일처다부제 유대 관계를 형성한 후, 이 트리오 관계를 유지한 채 다른 암컷과 유대 관계를 발전시켰다. 또 다른 어느 암컷은 다른 암컷 파트너와 함께 있는 한 수컷과 유대 관계를 맺었다가, 곧 그 수컷과 '이혼'하고 다른 암컷과 짝을 맺었다. 동성애 쌍에 속하던 어느 수컷은 나중에 두 마리의 암컷과 동시에 유대 관계를 형성했다. 반달잉꼬에서도 비슷한 양성애 트리오와 사인조가 발생한다. 그리고 이 종의 암컷은 때로 다른 암컷의 관심을 끌기 위한 수컷이나 암컷과의 경쟁을 훌륭히 수행한다. 야생 갈라(특히 수컷)의 경우, 청소년 무리에서 많은 새들이 같은 성 짝을 형성할 수 있으며, 일부는 나중에 성체가 되어 반대쪽 성관계로 발전하기도 한다. 모란앵무에서는 적어도 동성애 유대 관계를 형성한 일부 새는 좀 더 배타적으로 같은 성을 지향하는 것으로 보인다(같은 성 쌍만을 고집하는 갈라와 반달잉꼬도 마찬가지이다). 예를 들어, 주변에 짝이 없는 수컷이 있어도 암컷 간에 유대 관계가 형성되기도 하고, 어떤 암컷은 자기 암컷 짝이 죽었을 때 또 다른 동성애 쌍을 형성하기도 한다.

기타 조류

비생식적이고 대체 가능한 이성애

대부분의 갈라 이성애 유대 관계는 평생 지속하며, 두 마리의 새만 참여하는 것이지만, 몇 가지 변형이 존재한다. 즉, 일부 새들은 다혼제 트리오를 이루며(위에서 언급), 갈라의 6~10%는 짝과 이혼하고 새로운 짝을 찾는다. 갈라에서 짝이 아닌 다른 새와 짝짓기를 하는, 교미 형태의 불륜 행위는 특히 부화기에 흔하다. 때로 짝을 맺은 쌍은 알을 낳은 후에 짝을 바꾸기도 하는데, 이 경우 보통 알은 버려진다(부화하지 못하는 전체 알의 약 2%를 차지한다). 또한 이러한 종의 육아는 핵가족 구조에만 국한되지 않는다. 몇몇 가족의 어린 새끼들은 둥지를 떠날 나이가 되면 탁아소creche, 혹은 '주간 보호' 무리로 모여든다. 이를 통해 부모들은 먹이를 찾으러 다닐 수 있게 된다(물론 탁아소에는 돌봐주는 부모들이 항상 몇 마리씩 머문다). 어린 개체들은 둥지에서 부모에게 온전히 보살핌을 받는 것만큼이나 탁아소에서도 많은 시간을 보낸다. 때로는 두 쌍이 같은 둥지 구멍을 공유하고, 두 암컷이 함께 알을 낳기도 한다.

벚꽃모란앵무에서는 이혼과 대안적 유대 관계가 두드러지게 나타나지는 않지만, 그럼에도 불구하고 이성애 쌍의 성별 사이에 상당한 반목이 존재한다. 수컷이 암컷보다 먼저 성적으로 준비가 되는 경향이 있기 때문에, 수컷의 구애는 종종 무시당하거나 거절당하며, 심지어 암컷이 노골적인 공격으로 반응하기도 한다. 이성애 마운트는 흔히 사정까지 이르지 못하는데, 이는 암컷이 수컷을 위협하면서, 앞으로 걸어가 버리거나 날아가며 수컷이 마운트를 유지하지 못하게 거부하기 때문이다. 갈라에서도 유사한 암수 성性주기의 불일치가 나타날 수 있다. 어떤 해에는 수컷이 암컷보다 먼저 짝짓기를 할 준비가 되지만, 암컷이 짝짓기를 할 때쯤이면 수컷은 흥미를 잃어버리므로, 많은 짝들이 번식을 하지 못한다. 특정 해에 번식하지 않는 쌍 외에도 상당한 비율의 독신 새가 존재한다. 먹이를 찾아다니는 새 무리의 갈라 성체 중 60%는 떠돌이 개체군에서 온 비번식 새다. 때로 번식하지 않는 암컷이 번식하는 쌍과 정기적으로 관계를 맺는 경우가 있는데, 수컷이 둥지를 떠날 때 그를 '졸졸 따라다니는' 식이다(어쩌면 그 수컷과 짝을 맺을 희망을 가지고). 이러한 암컷은 비록 그들이 관계하는 새들과 친척관계가 아닐지라도 '이모'라고 이름이 붙여진다.

암컷 벚꽃모란앵무가 짝짓기에 동의하면, 비생식적인 역reverse마운트가 일어날 수 있다. 즉 수컷은 때로 구애 목적으로 암컷에게 간청하는데, 암컷은 수컷이 하듯이 잠시 마운트를 해준다. 다른 형태의 비생식적인 성적 행동도 일어난다. 벚꽃모란앵무와 갈라 둘 다 새끼를 낳기 훨씬 전에 짝결합을 한다. 실제로 갈라는 새끼를 기를 수 있게 되기 3년 전부터 짝결합을 하고 교미를 시작한다. 또한 어린 갈라들 사이의 짝짓기 활동 중 일부는 생식기 부위가 아니라 파트너의 머리에 마운팅해서 골반찌르기를 하는 모습이다. 성체 간 교미의 적어도 12%는 수정이 가능하기 전(알을 낳기 4~5주 전)에 발생한다.

기타 종

동성애 쌍은 이러한 종의 연관 종에서도 나타난다. 아프리카의 황금모란앵무*Agapornis personata*, 붉은얼굴모란앵무*Agapornis pullaria*나 중앙아메리카의 암컷 아즈텍잉꼬*Aratinga astec* 등이 이에 해당한다. 앵무새의 여러 다른 종에서도 수컷과 암컷 모두 같은 성 쌍이 보고된 바 있다(보통 포획 상태에서). 카나리아날개앵무새*Brotogeris versicolurus*와 아프리카목고리앵무*Psittacula kratneri*의 동성애 쌍은 자주 상호 깃털고르기를 하고, 서로의 부리를 부드럽게 잡고 야금거린다. 수컷 세네갈앵무새*Poicephalus senegalus*와 흰이마아마존앵무새*Atnazona albifrons* 쌍이 그러하듯이, 오스트레일리아의 멋쟁이도라지앵무*Neophema elegans* 암컷 쌍도 서로 구애먹이주기와 마운트를 한다. 민무늬아마존앵무*Amazona farinosa*에서도 수컷 쌍이 보고되었다. 또한 오색청해앵무*Trichoglossus ornatus*에서도 동성애 짝결합이 발견되었고, 동남아시아 제도의 여러 가지 로리 종에서는 같은 성 쌍 사이에 정기적인 구애먹이주기와 교미가 이루어진다. 붉은장수앵 무*Lorius garrulus flavopalyatus* 수컷 한 쌍은 14년을 넘게 함께 지냈다.

출처　　　　　*별표가 있는 출처는 동성애와 트랜스젠더에 대해 논의한다.

Arrowood, P. C. (1991) "Male–Male, Female–Female, and Male–Female Interactions Within Captive Canary–winged Parakeet *Brotogeris v. versicolurus* Flocks." *Acta XX Congressus Internationalis Ornithologici, Christchurch, New Zealand (Proceedings of the 20th International Ornithological Congress)*, vol. 2, pp. 666–72. Wellington, N.Z.: New Zealand Ornithological Trust Board.

* ——(1988) "Duetting, Pair Bonding, and Agonistic Display in Parakeet Pairs." *Behavior* 106:129–57.

* Buchanan, O. M. (1966) "Homosexual Behavior in Wild Orange–fronted Parakeets." *Condor* 68:399–400.

* Callaghan, E. (1982) "Breeding the Senegal Parrot *Poicephalus senegalus*." *Avicultural Magazine* 88:130–34.

* Clarke, P. (1982) "Breeding the Spectacled (White–fronted) Amazon Parrot *Amazona albifrons nana*." *Avicultural Magazine* 88:71–74.

* Dilger, W. C. (1960) "The Comparative Ethology of the African Parrot Genus *Agapornis*." *Zeitschrift für Tierpsychologie* 17:649–85.

* Fischdick, G., V. Hahn, and K. Immelmann (1984) "Die Socialisation beim Rosenköpfchen *Agapornis roseicollis* [Socialization in the Peach–faced Lovebird]." *Journal für Ornithologie* 125:307–19.

Forshaw, J. M. (1989) *Parrots of the World*. 3rd ed. London: Blandford Press.

* Goodwin, D. (1983) "Notes on Feral Rose–ringed Parakeets." *Avicultural Magazine* 89:84–93.

* Hampe, H. (1940) "Beobachtungen bei Schmuck– und Feinsittichen, *Neophema elegans* und *chrysostotnus* [Observations on Blue–winged and Elegant Parrots]." *Journal für Ornithologie* 88:587–99.

* Hardy, J. W. (1966) "Physical and Behavioral Factors in Sociality and Evolution of Certain Parrots(*Aratinga*)." *Auk* 83:66–83.

* ——(1965) "Flock Social Behavior of the Orange-fronted Parakeet." *Condor* 67:140–56.

* ——(1963) "Epigamic and Reproductive Behavior of the Orange-fronted Parakeet." *Condor* 65:169– 99.

* Kavanau, J. L. (1987) *Lovebirds, Cockatiels, Budgerigars: Behavior and Evolution*. Los Angeles: Science Software Systems.

* Lack, D. (1940) "Courtship Feeding in Birds." *Auk* 57:169–78.

* Lantermann, W. (1990) "Breeding the Mealy Amazon Parrot *Amazona farinosa farinosa* (Boddaert) at Oberhausen Ornithological Institute, West Germany." *Avicultural Magazine* 96:126–29.

* Low, R. (1977) *Lories and Lorikeets: The Brush-Tongued Parrots*. London: Paul Elek.

Pidgeon, R. (1981) "Calls of the Galah *Cacatua roseicapilla* and Some comparisons with Four Other Species of Australian Parrots." *Emu* 81:158–68.

* Rogers, L. J., and H. McCulloch (1981) "Pair-bonding in the Galah *Cacatua roseicapilla*." *Bird Behavior* 3:80–92.

* Rowley, I. (1990) *Behavioral Ecology of the Galah Eolophus roseicapillus in the Wheatbelt of Western Australia*. Chipping Norton, NSW: Surrey Beatty.

이 프로젝트는 수많은 개인과 단체가 사랑의 수고를 한 것으로서 그들의 참여와 공헌이 없었다면 불가능했을 것입니다. 저는 이 책에 생명을 불어넣는 데 도움을 준 여러 사람에게 엄청난 감사의 빚을 지고 있습니다.

특히 다양한 종의 질문에 대한 답변으로 (종종 이전에 공개되지 않은) 정보, 데이터와 원본 사진을 아낌없이 제공해 주신 다음의 여러 동물학자, 야생 생물학자, 자연사 사진가, 동물원의 생물학자에게 감사드립니다(그러나 모든 잘못된 점과 그에 대한 해석은 전적으로 저의 책임입니다). 아서 A. 앨런과 데이비드 G. 앨런(조류 사진, 뉴욕) - 캐나다기러기, 존 J. 크레이그헤드와 존 W. 크레이그헤드(몬태나 크레이그헤드 야생동물 야생지역연구소) - 회색곰, 제임스 D. 달링(캐나다 서해안 고래 연구 재단) - 쇠고래, 브루노 J. 엔스(네덜란드 임업 및 자연 연구소[IBN-DLO]) - 검은머리물떼새, 론 엔티우스(네덜란드 아티스 동물원) - 홍학, J. 브리스톨 포스터(브리티시 콜롬비아의 시에라 클럽) - 기린, 클리포드 B. 프리스(프리스 & 프리스 북스, 호주) - 극락조, 마사히로 후지오카(응용조류학연구소, 국립농업연구센터, 일본) - 백로, 미치오 후쿠다(도쿄 바다생물 공원) - 민물가마우지, 발레리우스 가이스트(캘거리 대학교) - 큰뿔양, 제레미 해치(매사추세츠 대학) - 붉은제비갈매기, 딕 헤그(네덜란드 그로닝겐 대학교) - 검은머리물떼새, 데니스 L. 허징(플로리다 아틀란틱 대학교 야생동물 프로젝트팀) - 병코돌고래와 대서양알락돌고래, 캐서린 A. 하우트(코넬 대학교 뉴욕주립 수의과 대학) - 몽골야생말, 조지 L. 헌트 Jr.(캘리포니아 어바인 캠퍼스) - 서부갈매기, 앨런 R. 존슨(프랑스 라 뚜흐 드 발라 생물학연구소) - 홍학, 캐서린 E. 킹(네덜란드 로테르담 동물원) - 홍학, 타마키 기타가와(일본 이치가와 고등학교) - 장다리물떼새, 월터 D. 쾨니그(헤이스팅스 자연사 보존관/UC-버클리) - 도토리딱따구리, 아드리안 코틀랜드(영국) - 민물가마우지, 제임스 N. 레인(플로리다 아치볼드 생물학연구소) - 보토, 마이클 P. 롬바르도(미시간 그랜드 밸리 주립대학교) - 나무제비, 데일 F. 로트(캘리포니아 데이비스 대학교) - 아메리카들소, 스테판 G. 마카(매사추세츠 야생동물/환경 사진) - 기린, 마이클 마티스(알펜주 인스부르크) - 회색기러기, 도널드 B. 마일즈(오하이오 대학교/워싱턴 대학교) - 채찍꼬리도마뱀 식별, 거스 밀스(남아프리카공화국 크루거 국립공원 하이에나 전문가 모임) - 점박이하이에나, 다니엘 K. 니벤(스미스소니언 환경 조사팀/일리노이 자연사 탐구팀) - 검은목아메리카노랑솔새, 제니 노먼(호주 매커리 대학교) - 동부회색캥거루, 요시아키 오바라(농업기술 도쿄 대학교) - 배추흰나비와 UV 인식, 데이비드 파웰(메릴랜드 대학교) - 홍학, 미치 리어돈(사진 조사가, 뉴욕/독일 오카피아 빌트 아카이브) - 아프리카코끼리, 후안 C. 레보레다(부에노스아이레스 대학교) - 아메리카레아, 케이틀린 리드(노스캐롤라이나 대학교/케임브리지 대학교) - 검정짧은꼬리원숭이, H. D. 라이크슨(임업과 자연 연구소(IBN-DLO)/네덜란드 골든 아크 파운데이션) - 오랑우탄, 레너드 리류 III와 렌 류 Jr.(뉴저지 레너드 류 기업) - 흰꼬리사슴, 큰뿔양, 수잔 새비지-럼보(조지아 주립대학 언어연구센터) - 보노보, 캐롤리엔 J. 숄텐(네덜란드 엠멘 동물원) - 훔볼트펭귄, 존 W. 스콧과 존 P. 스콧(오하이오 볼링 그린 주립대학) - 산쑥들꿩, 폴 E. 시먼스(오리건 대학교) - 보넷원숭이, L. H. 스미스(호주) - 큰거문고새, 주디 스틴버그(워싱턴 우드랜드 파크 동물원) - 나무캥거루, 엘리자베스 스티븐스(애틀랜타 동물원/디즈니 월드 동물 프로그램) - 홍학, 유키마루 스기야마(교토 대학 영장류 연구소) - 보넷원숭이, 안젤리카 티플러-슐라거(오스트리아) - 회색기러기, 페퍼 W. 트레일(오리선) - 기아나바위새, 폴 L. 베이시(몬트리올 대학) - 일본원숭이와 기타 종, 프랜스 B. M. 드 발(에모리 대학교/조지아 여키스 지역 영장류 연구센터) - 보노보, 주이치 야마기와(도쿄 대학교) - 고릴라. 또한 이미지를 제공한 옐로스톤 국립공원의 사진 보관소와 미국 자연사 박물관, 그리고 이전에 출판된 사진을 재인쇄할 수 있도록 허락해 준 여러 출판사와 저널 편집자, 과학자들에게도 감사를 드립니다(부록의 '사진 사용의 허락' 참조).

마이클 데네니가 편집 능력과 귀중한 통찰력, 또한 지칠 줄 모르는 열정과 개인적인 헌신으로 이 프로젝트를 도와준 것에 깊이 감사드립니다. 이 책은 그가 제시하는 방향이 없었다면 탄생하지 못했을 것입니다. 또한 로버트 클라우드, 헬렌 베린스키, 스티븐 볼트, 사라 루티글리아노를 포함해서 이 프로젝트에 참여한 세인트 마틴 출판사의 다른 많은 사람들에게도 감사의 말을 전하고 싶습니다. 처음부터 이 책을 믿어 주었고 출판업계의 (때로는 위험한) 바다를 지나 이 책이 항해하도록 도움을 준 나타샤 컨과 오리아나 그린에게도 진심으로 감사를 드립니다. 또한 이 프로젝트를 초기에 지원해 준 로버트 존스와 에릭 스틸에게도 감사드립니다.

특히 존 매거헌(미시건 대학 동물학 박물관)에게 감사의 말을 전합니다.

그의 뛰어난 그림은 이 책에 대한 저의 비전을 현실로 만들어 주었습니다. 존은 우아함과 쾌활함으로 이 프로젝트의 수많은 압박을 견뎌내면서 거의 200마리에 달하는 동물을 정확하고 침착하게, 활기 넘치는 시각적 형태로 그려 생명을 불어넣었습니다. 존은 이 프로젝트 동안 귀중한 지원과 피드백을 제공한 그의 아내 앤에게 감사를 전하고 싶어 합니다. 또한 삽화를 제공하거나 시각 자료 준비를 지원한 다음과 같은 다른 개인과 조직에게도 많은 감사를 드립니다. 스튜어트 켄터와 톰 매카시(스튜어트 켄터 협회) - 사진 연구 및 허가, 게리 안토네티와 존 도게리티(오르텔리우스 디자인) - 지도 제작, 필리스 우드(필리스 우드 과학 삽화 협회) - 아이콘 디자인, 투리드 오렌 - 법률 서비스, 그리고 자연과학 삽화 길드가 그들입니다.

또한 도서관의 사서, 정보 전문가와 다른 직원들에게 감사를 표하고 싶습니다. 이들은 수많은 난해한 서지 및 전자 검색을 통해 저를 안내하고 소장품을 탐색하는 데 도움을 주었습니다. 워싱턴 대학교 도서관, 브리티시컬럼비아 대학교 도서관, 사이먼 프레이저 대학 도서관, 캘리포니아-로스앤젤레스 도서관(생의학 도서관의 희귀 도서 컬렉션 포함), 하와이 대학 도서관, 국립 해양 포유류 실험실 도서관, 우드랜드 공원 동물원 도서관, 밴쿠버 공공 수족관 도서관, 시애틀 공공 도서관, 밴쿠버 공공 도서관이 그들입니다. 또한 많은 희귀 저널, 서적, 단행본, 논문 및 기술 보고서는 이러한 기관에서 구할 수 없어서 주로 시애틀 공립도서관의 도서관 상호대차 부서를 통해 입수했습니다. 이 부서에서 열심히 일하는 직원들과 도서관 소장 목록에서 희귀하거나 찾기 어려운 항목을 대여하거나 제공해 준 다음 기관 및 조직에 감사드립니다. 캘리포니아 과학 아카데미, 에버그린 주립대학, 훔볼트 주립대학교, 아이다호 주립 대학교, 몬태나 주립대학교, 오리건 지역 영장류 연구센터, 포틀랜드 주립대학교, 왕립 오스트랄라시아 조류학자 연합, 알래스카 대학교, 앨버타 대학교,

캘리포니아 대학교 데이비스 캠퍼스, 캘리포니아 대학교 어바인 캠퍼스, 캘리포니아 대학교 산타크루즈 캠퍼스, 캔자스 대학교, 미네소타 대학교, 몬태나 대학교, 오리건 대학교, 텍사스 대학교 오스틴 캠퍼스, 유타 대학교, 빅토리아 대학교, 위스콘신 대학교 밀워키 캠퍼스, 와이오밍 대학교, 미국 조류야생국 북부 프레리 야생연구센터, 밴쿠버 워싱턴 주립 대학교 공립도서관이 그들입니다. 과학 기사 번역에 도움을 주신 세르게이 V. 미하일로프(러시아인), 존 R. 반 손(네덜란드인), 코트니 썰-리지(독일인)에게 감사드립니다.

 마지막으로, 이 책을 쓸 동안 (그리고 태어날 때!) 개인적인 지지와 용기를 주고, 피드백과 위로, 영감을 준 다른 여러 사람에게도 저는 진정한 빚을 지고 있습니다. 돈 바테즈, 니콜라 베셀, 톰 필드, 닐 그레이브스, 에드 카플란, 클라라 마, 네이선 오렌, 쟈칼 플럼브, 마이클 로체몽과 리사 화이트가 그들입니다. 제가 공허 속으로 뛰어들 때 손을 잡아 준 니콜라에게 가장 큰 감사를 드립니다.

『생물학적 풍요』는 인간의 동성애에 관한 책이 아니다. 동물의 동성애에 관한 책이다. 대신 브루스 배게밀은 이 현상을 백과사전 같은 목록으로 만들어 전달하고, 자연을 바라보는 '인간(특히 과학자)의 해석'에 관해 논증한다. 동물에 관한 이야기가 바로 그 현상을 바라보는 인간의 이야기가 되는 것은 당연하다. 우리가 가진 생활 경험과 사회 구조, 문화를 바탕으로 동물 사회를 이해해야 하기 때문이다. 또한 자연주의자 헨리 베스톤의 말처럼 "동물은 그저 우리와 함께 삶과 시간의 그물에 갇힌, 이 땅의 화려함과 고통을 함께하는 동료 수감자들일 뿐"이지만, 어찌 보면 인간의 거울이기도 하기 때문이다.

크게 봐서 배게밀의 논증 순서는 3단계다. 1장과 2장에서는 동물의 동성애에 관한 정의와 분류, 빈도 등 존재하는 현상을 설명한다. 그다음 3장과 4장에서는 지금까지 동성애 연구의 역사와 다양한 해석이 어떻게 이어져 왔는지를 평가한다. 마지막으로 5장과 6장에서는 동성애의 가치에 관한 이론과 앞으로 우리가 취해야 할 이해 방식을 제시한다. 이러한 I부의 과학적 현상 설명과 해석에 관한 주장은 II부에 나열한 각 동물의 프로필로 하나하나 증거 삼아 뒷받침했다.

배게밀이 정리한 450여 종의 동물 동성애 목록은 생물학자들에 의해 현재 1,500여 종까지 늘어났다. 지금까지 과학자들은 동물의 동성애 행동이 진화론적 수수께끼라는 생각에 그 비용이나 이점, 기원을 찾으려고 노력했다. 하지만 이는 암묵적으로 이원적二元的인 이성애가 진화의 기본형태라는 생각을 기반으로 한다(배게밀은 이를 '노아의 방주 견해'라고 부른다). 저자는 자연의 다채롭고 대책 없는 풍요의 결과로 동물 세계에서 수많은 성별의 존재와 그만큼 다양한 성적 행동이 나타난다고 주장한다. 이 파격적인 주장으로 인해 이 책『생물학적 풍요』이후 생물학자들은 자연에서 보이는 성별의 기원은 모든 성을 향한 무차별적인 성적 행동이라는 개념에 익숙해졌다. 캄브리기아 대폭발 시기에 나타난 눈이 다섯 개인 동물의 화석을 보고 눈이 두 개인 고생물학자가 별로 놀라지 않듯이, 이제 다섯 가지 성별을 가진 물고기를 보아도 이성애자인 생물학자가 이상하게 여기지 않는 것이다.

이처럼 과학적 사실은 '사실' 자체의 힘이 있다. 그 힘은 꾸준하게 되돌릴 수 없는 방향으로 작용하므로 이를 받아들이는 사회가 아무리 종교나 신념, 문화나 도덕률에 따라 저항해도 소용이 없다.『생물학적 풍요』를 읽다 보면 독자는 진실의 힘을 감지하게 된다. 갈릴레오 갈릴레이가 느꼈던 감정을 가져볼 수 있게 되는 것이다. 갈릴레오가 과학적 관찰 내용을 이야기하다가 종교재판을 받기 수십 년 전, 지동설을 주장한 조르다노 브루노는 이단으로 몰려 화형을 당했다. 이 사실을 알고 있는 갈릴레오는 따로 협박이나 회유가 없었음에도 살벌한 재판의 분위기에 식겁해 알아서 자신의 주장을 철회했다. 종교재판에서 풀려나며 "그래도 지구는 돈다"라고 중얼거렸다는 갈릴레오나, 이 책을 읽고 나서 동물의 동성애에 관한 이야기를 전하다가 다수의 눈길에 입을 다물며 "그래도 동성애는 자연적인 현상이 맞는데?"라고 혼잣말을 하게 되는 독자는 본질적으로 차이가 없다. 100년쯤 지나 교황은 갈릴레이의 유죄를 취소했다.

가톨릭교회가 지동설을 받아들이는 데 한 세기가 걸렸다면, 『생물학적 풍요』 이후 지난 20년간 동성애에 대한 사회 이해의 변화 속도는 좀 더 빠르다. 2001년 미국에서 동성애를 도덕적으로 수용하겠냐는 질문에 응답자의 40%만이 '예'라고 대답했지만 2010년과 2022년에는 그 비율이 52%와 71%로 증가했다. 미국 갤럽Gallup이 제시한 그래프는 앞으로 20년쯤 뒤에 100%에 도달할 것처럼 기울기가 가파르다. 대중은 점점 이성애 중심적인 사고에서 벗어나 다양한 성이 존재하는 사회를 받아들이고 있다. 이러한 변화는 일방향一方向적이다. 조용히 과학적 진실을 바라보기만 하는 대중이 많지만 침묵은 죄악이라고 여긴 사람도 있었다.

이러한 변화에 앞장선 『생물학적 풍요』가 사회에 영향을 끼친 두 가지 사례를 보자. 먼저 노르웨이에서 생긴 일이다. 노르웨이 기록보관소, 도서관 및 박물관 담당국Norwegian Archive, Library and Museum Authority(ABM)이라는 긴 이름을 가진 노르웨이 정부의 산하 기관은 2006년 9월 오슬로 대학교 자연사 박물관에서, 세상의 이목을 끌 만한 전시회를 열었다. 주로 『생물학적 풍요』의 저자인 브루스 배게밀과 스탠퍼드 대학의 생물학자인 조안 러프가든Joan Roughgarden의 연구 성과를 기반으로 동물의 동성애에 관한 내용을 준비했다. 영국 BBC 방송을 포함한 여러 매체에서 흥미롭게 다룬 이 전시회의 제목은 〈자연스럽지 않다고요? Against Nature?〉였다. 동성애가 '자연'스럽지 않다고 보는 시선을 비튼 제목이다.

박물전시장 특유의 어둡고 조용한 실내 한쪽에는 얼굴만 검은색인 수컷 바다갈매기 한 마리가 똑같은 얼굴의 다른 수컷 갈매기를 마운트하며 멋쩍게 고개를 살짝 왼쪽으로 돌리고 있는 모습이 보였다. 산들거리는 버드나무 가지를 배경으로 수컷 백조가 동성인 다른 수컷 백조에게 목을 길게 빼고 날개를 넓게 편 채 구애하는 생생한 박제도 눈길을 끌었다. 천장에는 수컷 돌고래가 아래쪽의 상대 수컷 분수공에 자기 생식기를 넣고 자위하는 커다란 모형도 걸렸다. 그 외에도 양, 사슴, 오리, 원숭이, 홍학 등 수많은 동물이 전시장을 가득 채우며 자신들이 이성애만 하지 않는다고 이야기하는 듯했다.

전시장에는 동물 동성애를 증명하는 사진도 많이 보였다. 특히 수만 마리가 모인 황제펭귄 서식지 사진에는 10마리 중 1마리꼴로 펭귄을 분홍색으로 색칠해 놓았다. 그 앞에는 방금 사진에서 튀어나온 듯 5마리의 펭귄 박제 중 몇 마리가 목에 분홍색 목도리를 한 채 검은 눈을 반짝이고 있었다. 전체 황제펭귄 쌍 중 1/10을 차지하고 있는 동성애 커플의 비율을 시각화한 것이리라.

노아의 방주에서도 이 박물관처럼 어두컴컴한 실내에 동물들이 옹기종기 모여 있었을 것이다. 차이가 있다면 노아의 방주에서는 암수 한 쌍만이 날마다 쏟아지는 비를 보며 땅이 마를 날을 기다렸고, 이 박물관에서는 '자연스럽게' 같은 성을 가진 동물들이 쌍을 이루고 서서 가족 단위로 찾아오는 오슬로 시민을 맞이했다는 점이다. 전시회는 노르웨이의 다른 도시와 스웨덴, 네덜란드, 이탈리아 등지에서 이어졌고 가는 곳마다 이슈를 만들며 금기에 관한 질문을 제공했다.

그다음은 미국에서 있었던 일이다. 2003년 로런스라는 백인 남성이 가너라는 흑인 남성과 동성애를 하다 자신의 아파트에서 소도미법Sodomy law을 위반한 혐의로 체포되었다. 우리에게 조금은 생소한 소도미법이란 항문성교, 구강성교, 동물과의 성교 등 '자연스럽지 못한' 모든 성적인 행동을 규제하는 법을 말한다. 노르웨이의 전시회 제목에서 제기된 의문처럼 '자연스럽다'와 '자연스럽지 못하다'라는 구별은 여기서 상당히 중요한 의미를 갖는다. 자연스럽지 못한 사람에 대한 처벌은 야단이나 훈계 정도로 끝나지 않는다. 지금도 전 세계의 67개 나라는 소도미법에 의해 동성애를 범죄로 간주하며, 그중 11개 나라는 사형에 처할 정도로 중범죄로 다룬다. 성서에 나오는 소돔과 고모라의 죄인들이 지은 범죄라는 이러한 개념은 6세기 로마의 유스티아누스 법전에 처음 나오는데, '자연에 반하는' 이러한 동성 간의 행동으로 인해 기아와 지진, 전염병이 따라온다고 주장했다. 중세 수도사들은 이러한 소도미 행위의 범위를 자위나 이성애 간의 항문성교 등 '자연스럽지 않은' 모든 성행위로 확장했고 그 처벌은 화형이 정당하다고 주장했다.

이 법규가 근대를 지나 현대까지 이어졌고, 로런스는 텍사스주를 대상으로 연방대법원에 소송을 제기했다(로런스 대 텍사스Lawrence v. Texas). 이때 미국정신의학회는 법정 과학전문가 자격으로 장문의 의견서를 제출했다. 학회는 '성적인 행동의 발달'이라는 챕터에서 "이성애와 동성애는 둘 다 인간 성애의 정상적인 모습이고 여러 문화와 역사에서 나타나며, 다양한 동물에서도 볼 수 있는 자연스러운 현상이다"라고 보고하며 브루스 배게밀의 『생물학적 풍요』를 인용했다. 결국 연방대법원은 소도미법이 국민의 기본권인 사생활권을 침해한다고 판결했다. 책이 생각을 바꾸고 생각이 사회를 바꾼다면 바로 이런 경우를 말하는 것이리라.

요즘 같은 문명사회에서 이러한 처벌은 먼 과거의 이야기로 여겨지지만 미국에서 소도미법이 철폐된 것은 겨우 20년 전이다. 로런스 대 텍사스 판결로 미국 사회에서 동성애에 대한 차별이 완전히 사라진 것은 아니다. 일상생활이나 직업 또는 공적인 영역에서 불이익은 그대로이고 증오범죄나 폭력에 노출되는 것도 여전하다. 우리나라에는 동성애자를 처벌하는 소도미법이 존재하지 않는다. 하지만 암묵적인 차별과 혐오는 서구 여러 나라에서보다 오히려 훨씬 심하다. 게다가 법을 만드는 국회의 발걸음도 더디다. 하지만 이 책은 2018년 인도 대법원이 성소수자에 대한 차별 금지를 명시하는 헌법 조항을 해석하는 과정에서 인용되었고, 앞으로도 각국에서 동물계에 만연한 동성애 현상을 이해하고자 할 때 기초자료 역할을 할 것으로 보인다.

이 책이 가져온 두 가지 사회 현상에서 볼 수 있는 것처럼, 브루스 배게밀은 백과사전 같은 건조한 과학적 사실만으로 어떤 웅변, 시위, 주장보다 더 큰 영향을 세상에 끼쳤다. 진화론, 양자론, 상대성이론, 빅뱅이론, 판구조론 등 새롭게 제기되는 모든 과학적 사실은 처음에는 지독한 반발에 시달렸다. 지금은 사람들이 이러한 이론들을 공기처럼 자연스럽게 받아들인다. 우리 사회에서도 동물의 동성애라는 현상과 그 이해가 『생물학적 풍요』를 통해 과학적 진실의 대기에 녹아들 것을 기대한다.

부록

기타 종

다음은 동성애 행동이 보고된 파충류/양서류, 어류, 곤충 및 기타 무척추동물, 가축 사육 동물 등의 일부 목록이다.

약어는 각 종에서 동성애의 일반적인 유형을 가리킨다.

F = 암컷 동성애   FTvM = 암컷이 수컷이 된 성전환   P = 처녀생식
M = 수컷 동성애   MTvF = 수컷이 암컷이 된 성전환

국명	일반명	학명	유형
파충류와 양서류			
정글경주도마뱀	Common Ameiva	*Ameiva chrysolaema*	M
자메이카거대아놀도마뱀	Jamaican Giant Anole	*Anolis garmani*	MTvF, M
녹색아놀도마뱀	Green Anole	*Anolis carolinensis*	M
갈색아놀도마뱀	Brown Anole	*Anolis sagrei*	M
쿠바초록아놀도마뱀	Cuban Green Anole	*Anolis porcatus*	M
큰머리아놀도마뱀	Largehead Anole	*Anolis cybotes*	M
아놀도마뱀류	Anole sp.	*Anolis inaguae*	M
그물무늬채찍꼬리도마뱀	Checkered Whiptail Lizard	*Cnemidophorus tesselatus*	P, F
사막풀밭채찍꼬리도마뱀	Desert Grassland Whiptail Lizard	*Cnemidophorus uniparens*	P, F

국명	일반명	학명	유형
고원줄무늬채찍꼬리도마뱀	Plateau Striped Whiptail Lizard	*Cnemidophorus velox*	P, F
치와와점무늬채찍꼬리도마뱀	Chihuahuan Spotted Whiptail Lizard	*Cnemidophorus exsanguis*	P, F
러레이도줄무늬채찍꼬리도마뱀	Laredo Striped Whiptail Lizard	*Cnemidophorus laredoensis*	P, F
넓적머리스킹크도마뱀	Broad-headed Skink	*Eumeces laticeps*	F, M
오선스킹크도마뱀	Five-lined Skink	*Eumeces fasciatus*	M
붉은꼬리도마뱀	Red-tailed Skink	*Eumeces egregius*	F
이구아나말린꼬리도마뱀	Inagua Curlytail Lizard	*Leiocephalus inaguae*	M
매끈비늘도마뱀붙이	Mourning Gecko	*Lepidodactylus lugubris*	P, F
서부줄무늬도마뱀붙이	Western Banded Gecko	*Coleonyx variegatus*	M
울타리도마뱀	Fence Lizard	*Sceloporus undulatus*	M
옆줄무늬도마뱀	Side-blotched Lizard	*Uta stansburiana*	M, F
우드터틀	Wood Turtle	*Clemmys insculpta*	M
사막거북	Desert Tortoise	*Gopherus agassizii*	M
작은두꺼비	Tengger Desert Toad	*Bufo raddei* = *Strauchbufo raddei*	M
참개구리	Black-spotted Pond Frog	*Rana nigromaculata*	M
붉은뺨도롱뇽	Appalachian Woodland Salamander	*Plethodon (tnetcalfi) jordani*	M, MTvF
산어스름도롱뇽	Mountain Dusky Salamander	*Desmognathus ochrophaeus*	M, MTvF

국명	일반명	학명	유형
가터얼룩뱀	Common Garter Snake	*Thamnophis sirtalis*	MTvF, M
황소뱀	Pine (Gopher) Snake	*Pituophis melanoleucus*	M
늪살모사	Water Moccasin	*Agkistrodon piscivorus*	M
붉은다이아몬드방울뱀	Red Diamond Rattlesnake	*Crotalus ruber*	M
점박이방울뱀	Speckled Rattlesnake	*Crotalus mitchelli*	M
서부방울뱀	Western Rattlesnake	*Crotalus viridis*	M
어류			
검은줄무늬킬리피쉬	Blackstripe Topminnow	*Fundulus notatus*	F
푸른검상꼬리송사리	Green Swordtail	*Xiphophorus helleri*	M
문피시	Southern Platyfish	*Platypoecilus maculatus*	M
아마존몰리	Amazon Molly	*Poecilia formosa*	P, F
유럽납줄개	European Bitterling	*Rhodeus amarus*	F
열마디가시고기	Ten–spined Stickleback	*Pygosteus pungitius*	M
세마디가시고기	Three–spined Stickleback	*Gasterosteus aculeatus*	M
블루길	Bluegill Sunfish	*Lepomis macrochirus*	MTvF, M
기아나낙엽고기	Guiana Leaffish	*Polycentrus schomburgkii*	MTvF, M
빗살지느러미물고기	Least Darter	*Microperca punctulata*	M

기타 종

국명	일반명	학명	유형
보석어	Jewel Fish	*Hemichromis bimaculatus*	F
틸라피아류	Mouthbreeding Fish sp.	*Tilapia macrocephala*	F
북극곤들매기	Arctic char	*Salmo alpinus*	M, F
민물백송어	Houting Whitefish	*Coregonus lavaretus*	M, F
회색숭어	Grayling	*Thymallus thymallus*	M, F
곤충			
측범잠자리종	Clubtail Dragonfly spp.	*Trigomphus melampus*	M
		Hagenius brevistylus	M
		Gomphus adelphus	M
		G. apomyius	M
		G. geminatus	M
		G. parvidens	M
		G. viridifrons	M
		G. dilatatus	M
		G. lineatifrons	M
		G. modestus	M
		G. ozarkensis	M
		G. vastus	M
물잠자리류	Broadwinged Damselfly sp.	*Calopteryx haemorrhoidalis*	M

국명	일반명	학명	유형
청실잠자리종	Spreadwinged Damselfly spp.	*Lestes disjunctus*	M
		L. sponsa	M
		L. barbarus	M
		L. viridis = *Chalcolestes viridis*	M
		Sympecma paedisca	M
		Enallagma cyathigerum	M
실잠자리종	Narrow-winged Damselfly spp.	*Ischnura graellsii*	M
		I. elegans	M
		I. senegalensis	M
		Ceriagrion tenellum	M
		C. nipponicum	M
		Nehalennia gracilis	M
진주잠자리종	Common Skimmer Dragonfly spp.	*Sympetrum striolatum*	M
		Leucorrhinia hudsonica	M
		L. dubia	M
		L. rubicunda	M
		L. caudalis	M
		Cercion hieroglyphicum	M

기타 종

국명	일반명	학명	유형
왕귀뚜라미류	Field Cricket sp.	*Acheta firmus*	M
이동메뚜기종	Migratory Locust	*Locusta migratoria*	M
	Cockroach spp.	*Byrsotria fumigata*	M
		Periplaneta americana	M
		P. fuliginosa	M
		Petasodes dominica	M
		Nauphoeta cinerea	M
		Henchoustedenia flexivitta	M
큰알락긴노린재	Large Milkweed Bug	*Oncopeltus fasciatus*	M
남쪽풀색노린재	Southern Green Stink Bug	*Nezara viridula*	M
물벌레	Water Boatman Bug	*Palmacorixa nana*	M
접시벌레 류	Creeping Water Bug sp.	*Ambrysus occidentalis*	M
소금쟁이종	Water Strider spp.	*Limnoporus dissortis*	M
		L. notabilis	M
빈대와 기타 종	Bedbug and other Bug spp.	*Xylocoris maculipennis*	M
		Alloeorhynchus furens	M
		Latrocimex spectans	M
		Cimex lectularius	M
		Afrocimex sp.	M

국명	일반명	학명	유형
		Embiophila sp.	M
		Hesperoctenes sp.	M
풀잠자리	Green Lacewing	*Chrysopa carnea*	M
여왕나비	Queen Butterfly	*Danaus gilippus*	M
제왕나비	Monarch Butterfly	*Danaus plexippus*	M
어리표범나비	Checkerspot Butterfly	*Euphydryas editha*	M
마드론나비	Madrone butterfly	*Eucheira socialis*	M
배추흰나비	Cabbage (Small) White	*Pieris rapae*	M
큰흰나비	Large White	*Pieris brassicae*	M
유리날개나비	Glasswing Butterfly	*Acraea andromacha*	M
후치령부전나비	Mazarine Blue	*Cyaniris semiargus*	M
가문비좀벌레나방	Spruce Budworm Moth	*Choristoneura fumiferana*	M
회색솔애기잎말이나방	Larch Bud Moth	*Zeiraphera diniana*	M
버찌가는잎말이나방	Grape Berry Moth	*Eupoecilia ambiguella*	M
누에나방	Silkworm Moth	*Bombyx mori*	M
물집딱정벌레종	Blister Beetle spp.	*Meloe angusticollis*	F
		M. dianella	F
		M. proscarabaeus	M, F
		M. violaceus	M, F
바수염반날개종	Rove Beetle spp.	*Aleochara curtula*	M, MTvF

기타 종

국명	일반명	학명	유형
		Leistotrophus versicolor	M, MTvF
사슴벌레종	Stag Beetle spp.	*Lucanus sp.*	M
		Dorcus sp.	M
		Platycerus sp.	M
		Ceruchus sp.	M
거짓쌀도둑거저리	Red Flour Beetle	*Tribolium castaneum*	M
유칼립투스긴뿔나무좀	Eucalyptus Longhorned Borer	*Phoracantha semipunctata*	M
포도호랑하늘소	Grape Borer	*Xylotrechus pyrrhoderus*	F
알팔파바구미	Alfalfa Weevil	*Hypera postica*	F
팥바구미류	Bean Weevil sp.	*Callosobruchus chinensis*	F
기타 바구미	Other Weevils	*Otiorrhynchus pupillatus*	F, P
		Diaprepes abbreviatus	F
남부일년사탕수수벌레	Southern One–Year Canegrub	*Antitrogus consanguineus*	M
녹색콩풍뎅이	Japanese Scarab Beetle	*Popillia japonica*	M, F
북미장미풍뎅이	Rosechafer	*Macrodactylus subspinosa*	M
남부가면풍뎅이	Southern Masked Chafer	*Cyclocephala lurida*	M
기타유월풍뎅이류	Other Melolonthine Scarab Beetles	*Polyphylla hammondi*	M
		Cotalpa lanigera	M

국명	일반명	학명	유형
		Pelidnota punctata	M
		Melolontha vulgaris	M
파스닙잎벌레	Parsnip Leaf Miner	*Euleia fratria*	M
집파리	House Fly	*Musca domestica*	M
체체파리	Tsetse Fly	*Glossina morsitans*	M
침파리류	Stable Fly sp.	*Fannia femoralis*	M
똥파리	Blowfly	*Protophormia terrae-novae*	M
깔따구류	Midge sp.	*Stictochironomus crassiforceps*	M
초파리	Pomace Fly	*Euarestoides acutangulus*	M
장다리파리종	Long-legged Fly spp.	*Dolichopus popularis*	M
		Medetera spp.	M
순록파리	Reindeer Warble Fly	*Hypoderma tarandi*	M
구더기파리	Screwworm Fly	*Cochliomyia hominivorax*	M, F
지중해광대파리	Mediterranean Fruit Fly	*Ceratitis capitata*	M, F
기타 초파리종	Other Fruit Fly spp.	*Drosophila melanogaster*	M, F
		D. affinis	M
기타 파리종	Other Fly spp.	*Fucomyia frigida*	M
		Fucellia maritima	M
		Scatella sp.	M

기타 종

국명	일반명	학명	유형
유럽닭벼룩	Hen Flea	*Ceratophyllus gallinae*	M
사막벌	Digger Bee	*Centris pallida*	M
남동부블루베리벌	Southeastern Blueberry Bee	*Habropoda laboriosa*	M
동부거대맵시벌	Eastern Giant Ichneumon	*Megarhyssa macrurus*	M
맵시벌류	Ichneumon Wasp sp.	*Megarhyssa atrata*	M
오스트레일리아기생말벌	Australian Parasitic Wasp sp.	*Cotesia rubecula*	MTvF, M
불개미종	Red Ant sp.	*Formica subpolita*	M
거미와 기타 무척추동물			
하와이왕거미	Hawaiian Orb–Weaver	*Doryonychus raptor*	M
깡충거미류	Jumping Spider sp.	*Portia fimbriata*	M, F
수확거미류	Harvest Spider sp.	*(not identified)*	M
범무늬만두게	Box Crab	*Calappa lophos*	M
좀진드기류	Mite sp.	*Promesomachilis hispanica*	M
구두충	Acanthocephalan Worms	*Moniliformis dubius*	M
		Acanthocephalus parksidei	M
		Echinorhynchus truttae	M
		Polymorphus minutus	M

국명	일반명	학명	유형
문어종	Incirrate Octopus spp.	*(2 unidentified spp., family Incirrata)*	M
가축			
양	Sheep	*Ovis aries*	M, F
염소	Goat	*Capra hircus*	M, F
소	Cattle	*Bos taurus*	M, F
말, 당나귀	Horse, Donkey	*Equus caballus, E. asinus*	M, F
돼지	Pig	*Sus domesticus*	M, F
고양이	Cat	*Felis catus*	M, F
개	Dog	*Canis familiaris*	M, F
기니피그	Guinea Pig	*Cavia porcellus*	M, F
토끼	Rabbit	*Oryctolagus cuniculus*	M, F
쥐	Rat	*Rattos norvegicus*	M, F
쥐	Mouse	*Mus musculus*	M, F
햄스터	Hamster	*Mesocricetus auratus*	F
십자매	Bengalese Finch	*Lonchura striata*	F
금화조	Zebra Finch	*Taeniopygia guttata*	M, F
칠면조	Turkey	*Meleagris gallopavo*	F
닭	Chicken	*Gallus gallus*	F
비둘기	Pigeon	*Columba livia*	M, F
사랑앵무	Budgerigar	*Melopsittacus undulatus*	M, F

기타 종

파충류와 양서류

Arnold, S. J. (1976) "Sexual Behavior, Sexual Interference, and Sexual Defense in the Salamanders *Ambystoma maculatum*, *Ambystoma trigrinum*, and *Plethodon jordani*." *Zeitschrift für Tierpsychologie* 42:247−300.

Bulova, S. Ji (1994) "Patterns of Burrow Use by Desert Tortoises: Gender Differences and Seasonal Trends." *Herpetological Monographs* 8:133−43.

Cole, C. J., and C. R. Townsend (1983) "Sexual Behavior in Unisexual Lizards." *Animal Behavior* 31:724−28.

Crews, D., and K. T. Fitzgerald (1980) "'Sexual' Behavior in Parthenogenetic Lizards (Cnemidophorous)." *Proceedings of the National Academy of Sciences* 77:499−502.

Crews, D., and L. J. Young (1991) "Pseudocopulation in Nature in a Unisexual Whiptail Lizard." *Animal Behavior* 42:512−14.

Crews, D., J. E. Gustafson, and R. R. Tokarz (1983) "Psychobiology of Parthenogenesis." In R. B. Huey, E. R. Pianka, and T. W. Schoener, eds., *Lizard Ecology: Studies of a Model Organism*, pp. 205−31. Cambridge: Harvard University Press.

Eifler, D. A. (1993) "*Cnemidophorus uniparens* (Desert Grassland Whiptail), Behavior." *Herpetological Review* 24:150.

Greenberg, B. (1943) "Social Behavior of the Western Banded Gecko, *Coleonyx variegatus* Baird." *Physiological Zoology* 16:110−22.

Hansen, R. M. (1950) "Sexual Behavior in Two Male Gopher Snakes." *Herpetologica* 6:120.

Jenssen, T. A., and E. A. Hovde (1993) "*Anolis carolinensis* (Green Anole). Social Pathology." *Herpetological Review* 24:58−59.

Kaufmann, J. H. (1992) "The Social Behavior of Wood Turtles, *Clemmys insculpta*, in Central Pennsylvania." *Herpetological Monographs* 6:1−25.

Klauber, L. M. (1972) *Rattlesnakes: Their Habits, Life Histories, and Influence on*

Mankind. Vol. 1. Berkeley: University of California Press.

Liu, Ch'eng—Chao (1931) "Sexual Behavior in the Siberian Toad, *Bufo raddei* and the Pond Frog, *Rana nigromaculata*" *Peking Natural History Bulletin* 6:43—60.

Mason, R. T. (1993) "Chemical Ecology of the Red—Sided Garter Snake, *Thamnophis sirtalis parietalis.*" *Brain Behavior and Evolution* 41:261—68.

Mason, R. T., and D. Crews (1985) "Female Mimicry in Garter Snakes." *Nature* 316:59—60.

Mason, R. T., H. M Fales, T. H. Jones, L. K. Pannell, J. W. Chinn, and D. Crews (1989) "Sex Pheromones in Snakes." *Science* 245:290—93.

McCoid, M. J., and R. A. Hensley (1991) "Pseudocopulation in *Lepidodactylus lugubris.*" *Herpetological Review* 22:8—9.

Moehn, L. D. (1986) "Pseudocopulation in *Eumeces laticeps.*" *Herpetological Review* 17:40—41.

Moore, M. C., J. M. Whittier, A. J. Billy, and D. Crews (1985) "Male—like Behavior in an All—Female Lizard: Relationship to Ovarian Cycle." *Animal Behavior* 33:284—89.

Mount, R. H. (1963) "The Natural History of the Red—Tailed Skink, *Eumeces egregius* Baird." *American Midland Naturalist* 70:356—85.

Niblick, H. A., D. C. Rostal, and T. Classen (1994) "Role of Male—Male Interactions and Female Choice in the Mating System of the Desert Tortoise, *Gopherus agassizii.*" *Herpetological Monographs* 8:124—32.

Noble, G. K. (1937) "The Sense Organs Involved in the Courtship of Storeria, Thamnophis, and Other Snakes." *Bulletin of the American Museum of Natural History* 73:673—725.

Noble, G. K., and H. T. Bradley (1933) "The Mating Behavior of Lizards; Its Bearing on the Theory of Sexual Selection." *Annals of the New York Academy of Sciences* 35:25—100.

Organ, J. A. (1958) "Courtship and Spermatophore of *Plethodon jordani metcalfi.*" *Copeia* 1958:251—59.

Paulissen, M. A., and J. M. Walker (1989) "Pseudocopulation in the Parthenogenetic Whiptail Lizard *Cneimidophorous laredoensis* (Teiidae)." *Southwestern*

기타 종의 참고문헌

Naturalist 34:296–98.

Shaw, C. E. (1951) "Male Combat in American Colubrid Snakes With Remarks on Combat in Other Colubrid and Elapid Snakes." *Herpetologica* 7:149–68.

————(1948) "The Male Combat 'dance' of Some Crotalid Snakes." *Herpetologica* 4:137–45.

Tinkle, D. W. (1967) *The Life and Demography of the Side-blotched Lizard, Uta stansburiana.* Miscellaneous Publications, Museum of Zoology, no. 132. Ann Arbor: University of Michigan.

Trivers, R. L. (1976) "Sexual Selection and Resource–Accruing Abilities in *Anolis garmani.*" *Evolution* 30:253–69.

Verrell, P., and A. Donovan (1991) "Male–Male Aggression in the Plethodontid Salamander *Desmognathus ochrophaeus.*" *Journal of Zoology* 223:203–12.

Werner, Y. L. (1980) "Apparent Homosexual Behavior in an All–Female Population of a Lizard, *Lepidodactylus lugubris* and Its Probable Interpretation." *Zeitschrift für Tierpsychologie* 54:144–50.

어류

Aronson, L. R. (1948) "Problems in the Behavior and Physiology of a Species of African Mouthbreeding Fish." *Transactions of the New York Academy of Sciences* 2:33–42.

Barlow, G. W. (1967) "Social Behavior of a South American Leaf Fish, *Polycentrus schotnburgkii,* with an Account of Recurring Pseudofemale Behavior." *American Midland Naturalist* 78:215–34.

Carranza, J., and H. E. Winn (1954) "Reproductive Behavior of the Blackstripe Topminnow, *Fundulus notatus.*" *Copeia* 4:273–78.

Döbler, M., I. Schlupp, and J. Parzefall (1997) "Changes in Mate Choice with Spontaneous Masculinization in *Poecilia formosa.*" In M. Taborsky and B. Taborsky, eds., *Contributions to the XXV International Ethological Conference,* p. 204. Advances in Ethology no. 32. Berlin: Blackwell Wissenschafts–Verlag.

Dominey, W. J. (1980) "Female Mimicry in Male Bluegill Sunfish – a Genetic Polymorphism?" *Nature* 284:546–48.

Duyvené de Wit, J. J. (1955) "Some Observations on the European Bitterling (*Rhodens amarus*)." *South African Journal of Science* 51:249–51.

Fabricius, E. (1953) "Aquarium Observations on the Spawning Behavior of the Char, *Salmo alpinus*." Institute of Freshwater Research, Drottningholm, report 35:14–48.

Fabricius, E., and K.–J. Gustafson (1955) Observations on the Spawning Behavior of the Grayling, *Thymallus thymallus* (L.)." *Institute of Freshwater Research, Drottningholm*, report 36:75–103.

————(1954) "Further Aquarium Observations on the Spawning Behavior of the Char, Salmo alpinus L." *Institute of Freshwater Research, Drottningholm*, report 35:58–104.

Fabricius, E., and A. Lindroth (1954) "Experimental Observations on the Spawning of the Whitefish, *Coregonus lavaretus* L., in the Stream Aquarium of the Hdlle Laboratory at River Indalsälven." *Institute of Freshwater Research, Drottningholm*, report 35:105–12.

Greenberg, B. (1961) "Spawning and Parental Behavior in Female Pairs of the Jewel Fish, *Hemichromis bimaculatus* Gill." *Behavior* 18:44–61.

Morris, D. (1952) "Homosexuality in the Ten–Spined Stickleback." *Behavior* 4:233–61.

Petravicz, J. J. (1936) "The Breeding Habits of the Least Darter, *Microperca punctulata* Putnam." *Copeia* 1936:77–82.

Schlosberg, H., M. C. Duncan, and B. Daitch (1949) "Mating Behavior of two Live–bearing Fish *Xiphophorous helleri* and *Platypoecilus maculatus*." *Physiological Zoology* 22:148–61.

Schlupp, I., J. Parzefall, J. T. Epplen, I. Nanda, M. Schmid, and M. Schartl (1992) "Pseudomale Behavior and Spontaneous Masculinization in the All–Female Teleost *Poecilia formosa* (Teleostei: Poeciliidae)." *Behavior* 122:88–104.

곤충

Aiken, R. B. (1981) "The Relationship Between Body Weight and Homosexual Mounting in *Palmacorixa nana* Walley (Heteroptera: Corixidae)." *Florida Entomologist* 64:267–71.

Alcock, J. (1993) "Male Mate−Locating Behavior in Two Australian Butterflies, *Anaphaeis java teutonia* (Fabricius) (Pieridae) and *Acraea andromacha andromacha* (Fabricius) (Nymphalidae)." *Journal of Research on the Lepidoptera* 32:1−7.

Alcock, J., and S. L. Buchmann (1985) "The Significance of Post−Insemination Display by Males of *Centris pallida* (Hymenoptera: Anthophoridae)." *Zeitschrift für Tierpsychologie* 68:231−43.

Alexander, R. D. (1961) "Aggressiveness, Territoriality, and Sexual Behavior in Field Crickets (Orthoptera: Gryllidae)." *Behavior* 17:130−223.

Allsopp, P. G., and T. A Morgan (1991) "Male−Male Copulation in *Antitrogus consanguineus* (Blackburn) (Coleoptera: Scarabaeidae)." *Australian Entomological Magazine* 18(4):147−48.

Anderson, J. R., A. C. Nilssen, and I. Folstad (1994) "Mating Behavior and Thermoregulation of the Reindeer Warble Fly, *Hypodertna tarandi* L. (Diptera: Oestridae)." *Journal of Insect Behavior* 7:679−706.

Arita, L. H., and K. Y. Kaneshiro (1983) "Pseudomale Courtship Behavior of the Female Mediterranean Fruit Fly, *Ceratitis capitata* (Wiedemann)." *Proceedings of the Hawaiian Entomological Society* 24:205−10.

Barrows, E. M., and G. Gordh (1978) "Sexual Behavior in the Japanese Beetle, *Popillia japonica*, and Comparative Notes on Sexual Behavior of Other Scarabs (Coleoptera: Scarabaeidae)." *Behavioral Biology* 23:341−54.

Barth, R. H., Jr. (1964) "Mating Behavior of *Byrsotria fumigata* (Guerin) (Blattidae, Blaberinea)." *Behavior* 23:1−30.

Bennett, G. (1974) "Mating Behavior of the Rosechafer in Northern Michigan (Coleoptera: Scarabaeidae)." *Coleopterists Bulletin* 28:167−68.

Benz, G. (1973) "Role of Sex Pheromone and Its Insignificance for Heterosexual and Homosexual Behavior of Larch Bud Moth" *Experientia* 29:553−54.

Berlese, A. (1909) *Gli insetti: loro organizzazione, sviluppo, abitudini, e rapporti coll'uomo.* Vol. 2 (*Vita e costumi*). Milano: Society Editrice Libraria.

Bologna, M. A., and C. Marangoni (1986) "Sexual Behavior in Some Palaearctic Species of *Meloe*(Coleoptera, Meloidae)." *Bollettino della Societd Entomologica Italiana*

118(4-7):65-82.

Bristowe, W. S. (1929) "The Mating Habits of Spiders with Special Reference to the Problems Surrounding Sex Dimorphism." *Proceedings of the Zoological Society of London* 1929:309-58.

Brower, L. P., J. V. Z. Brower, and F. P. Cranston (1965) "Courtship Behavior of the Queen Butterfly, *Danaus gilippus berenice* (Cramer)." *Zoologica* 50:1-39.

Cane, J. H. (1994) "Nesting Biology and Mating Behavior of the Southeastern Blueberry Bee, *Habropoda laboriosa* (Hymenoptera: Apoidea)." *Journal of the Kansas Entomological Society* 67:236-41.

Carayon, J. (1974) "Insémination traumatique hétérosexuelle et homosexuelle chez *Xylocoris maculipennis* (Hem. Anthocoridae)." *Comptes rendus hebdomadaires des séances de l'Académie des Sciences, Série D - Sciences naturelles* 278:2803-6.

————(1966) "Les inseminations traumatiques accidentelles chez certains *Hémiptères Cimicoidea*." *Comptes rendus hebdomadaires des séances de l'Académie des Sciences, Série D - Sciences naturelles* 262:2176-79.

Castro, L., M. A. Toro, and C. Fanjul-Lopez (1994) "The Genetic Properties of Homosexual Copulation Behavior in *Tribolium castaneum*: Artificial Selection." *Genetics Selection Evolution* (Paris) 26:361-67.

Constanz, G. (1973) "The Mating Behavior of a Creeping Water Bug, *Ambrysus occidentalis* (Hemiptera: Naucoridae)." *American Midland Naturalist* 92:230-39.

Cook, R. (1975) "'Lesbian' Phenotype of *Drosophila melanogaster*?" *Nature* 254:241-42.

David, W. A. L, and B. O. C. Gardiner (1961) "The Mating Behavior of *Pieris rassicas* (L.) in a Laboratory Culture." *Bulletin of Entomological Research* 52:263-80.

Dunkle, S. W. (1991) "Head Damage from Mating Attempts in Dragonflies (Odonata: Anisoptera)." *Entomological News* 102:37-41.

Dyte, C. E, (1989) "Gay Courtship in Medetera." *Empid and Dolichopodid Study Group Newsheet* 6:2-3.

Field, S. A, and M. A. Keller (1993) "Alternative Mating Tactics and Female Mimicry as Post—Copulatory Mate—Guarding Behavior in the Parasitic Wasp *Cotesia rubecula*." *Animal Behavior* 46:1183—89.

Finley, K. D., B. J. Taylor, M. Milstein, and M. McKeown (1997) "dissatisfaction, a Gene Involved in Sex—Specific Behavior and Neural Development of *Drosophila melanogaster*." *Proceedings of the National Academy of Sciences* 94:913—18.

Fleming, W. E. (1972) *Biology of the Japanese Beetle*. U.S. Department of Agriculture Technical Bulletin no.1449. Washington, D.C.: Agricultural Research Service.

Fletcher, L. W., J. J. O'Grady Jr., H. V. Claborn, and O. H. Graham (1966) "A Pheromone from Male Screwworm Flies." *Journal of Economic Entomology* 59:142—43.

Forsyth, A, and J. Alcock (1990) "Female Mimicry and Resource Defense Polygyny by Males of a Tropical Rove Beetle, *Leistotrophus versicolor* (Coleoptera: Staphyiinidae)." *Behavioral Ecology and Sociobiology* 26:325—30.

Gadeau de Kerville, H. (1896) "Perversion sexuelle chez des Coléoptères mâles." *Bulletin de la Société Entomologique de France* 1896:85—87.

Gill, K. S. (1963) "A Mutation Causing Abnormal Courtship and Mating Behavior in Males of *Drosophila melanogaster*." *American Zoologist* 3:507.

Hanks, L. M., J. G. Millar, and T. D. Paine (1996) "Mating Behavior of the Eucalyptus Longhomed Borer (Coleoptera: Cerambyddae) and the Adaptive Significance of Long 'Horns'." *Journal of Insect Behavior* 9:383—93.

Harari, A. R. (1997) "Mating Strategies of Female *Diaprepes abbreviates* (L.)." In M. Taborsky and B. Taborsky, eds., *Contributions to the XXV International Ethological Conference*, p. 222. Advances in Ethology no. 32. Berlin: Blackwell Wissenschafts—Verlag.

Harris, V. E., and J. W. Todd (1980) "Temporal and Numerical Patterns of Reproductive Behavior in the Southern Green Stinkbug, *Nezara viridula* (Hemiptera: Pentatomidae)." *Entomologia Experimentalis et Applicata* 27:105—16.

Hayes, W. P. (1927) "Congeneric and Intergeneric Pederasty in the Scarabaeidae (Coleop.)." *Entomological News* 38:216—18.

Heatwole, H., D. M. Davis, and A. M. Wenner (1962) "The Behavior of Megarhyssa, a Genus of Parasitic Hymenopterans (Ichneumonidae: Ephilatinae)." *Zeitschrift für*

Tierpsychotogie 19:652−64.

Henry, C. (1979) "Acoustical Communication During Courtship and Mating in the Green Lacewing, *Chrysopa camea* (Neuroptera; Chrysopidae)." *Annals of the Entomological Society of America* 72:68−79.

Humphries, D. A. (1967) "The Mating Behavior of the Hen Flea *Ceratophyllus gallinae* (Schrank) (Siphonaptera: Inserta)." *Animal Behavior* 15:82−90.

Iwabuchi, K. (1987) "Mating Behavior of *Xylotrechus pyrrhoderus* Bates (Coleoptera: Cerambyddae). 5. Female Mounting Behavior." *Journal of Ethology* 5:131−36.

Laboulmène, A. (1859) "Examen anatomique de deux *Melolontha vulgaris* trouvés accouplés et paraissant du sexe mâle." *Annales de la Société Entomologique de France* 1859:567−70.

LeCato, G. L., Ill, and R. L. Pienkowski (1970) "Laboratory Mating Behavior of the Alfalfa Weevil, *Hypera postica.*" *Annals of the Entomological Society of America* 63:1000−7.

Leong, K. L. H. (1995) "Initiation of Mating Activity at the Tree Canopy Level Among Overwintering Monarch Butterflies in California" *Pan-Pacific Entomologist* 71:66−68.

Leong, K. L. H., E. O'Brien, K. Lowerisen, and M. Colleran (1995) "Mating Activity and Status of Overwintering Monarch Butterflies (Lepidoptera: Danaidae) in Central California." *Annals of the Entomological Society of America* 88:45−50.

Loher, W., and H. T. Gordon (1968) "The Maturation of Sexual Behavior in a New Strain of the Large Milkweed Bug *Oncopeltus fasciatus.*" *Annals of the Entomological Society of America* 61:1566−72.

Mathieu, J. (1967) "Mating Behavior of Five Species of Lucanidae (Coleoptera: Insecta)." *American Zoologist* 7:206.

Matthiesen, F. A. (1990) "Comportamento sexuale outros aspectos biologicos da barata selvagem, *Petasodes dominicana* Burmeister, 1839 (Dictyoptera, Blaberidae, Blaberinae)." *Revista Brasileira de Entomologia* 34(2):261−66.

Maze, A. (1884) "Communication." *Journal official de la République française* 2:2103.

McRobert, S., and L. Tompkins (1988) "Two Consequences of Homosexual Courtship Performed by *Drosophila melanogaster* and *Drosophila affinis* Males."

Evolution 42:1093—97.

————————(1983) "Courtship of Young Males Is Ubiquitous in *Drosophila melanogaster.*" *Behavior Genetics* 13:517—23.

Mika, G. (1959) "Uber das Paarungsverhalten der Wanderheuschrecke *Locusta migratoria R.* und *F.* und deren Abhängigkeit vom Zustand der inneren Geschlechtsorgane." *Zoologische Beitrdge* 4:153—203.

Nakamura, H. (1969) "Comparative Studies on the Mating Behavior of Two Species of *Callosobruchus* (Coleoptera: Bruchidae)." *Japanese Journal of Ecology* 19:20—26.

Napolitano, L. M., and L. Tompkins (1989) "Neural Control of Homosexual Courtship in *Drosophila melanogaster.*" *Journal of Neurogenetics* 6:87—94.

Noel, P. (1895) "Accouplements anormaux chez les insectes." *Miscellanea entomologica* 1:114.

Obara, Y. (1970) "Studies on the Mating Behavior of the White Cabbage Butterfly, *Pieris rapae crucivora* Boisduval. III. Near—Ultra—Violet Reflection as the Signal of Intraspecific Communication." *Zeitschrift für vergleichende Physiologie* 69:99—116.

Obara, Y., and T. Hidaka (1964) "Mating Behavior of the Cabbage White, *Pieris rapae crucivora.* I. The 'Flutter Response' of the Resting Male to Flying Males." *Zoological Magazine (Dobutstigaku Zasshi)* 73:131—35

O'Neill, K. M. (1994) "The Male Mating Strategy of the Ant *Formica subpolita* Mayr (Hymenoptera: Formicidae): Swarming, Mating, and Predation Risk." *Psyche* 101:93—108.

Palaniswamy, P., W. D. Seabrook, and R. Ross (1979) "Precopulatory Behavior of Males and Perception of Potential Male Pheromone in Spruce Budworm, *Choristoneura fumiferana.*" *Annals of the Entomological Society of America* 72:544—51.

Pardi, L. (1987) "La 'pseudocopula' delle femmine di *Otiorrhynchus pupillatus cyclophtalmus* (Sol.) (Coleoptera Curculionidae)." *Bollettino dell'Istituto di Entomologia "Guido Grandi" della Università degli Studi di Bologna* 41:355—63.

Parker, G. A. (1968) "The Sexual Behavior of the Blowfly, *Protophormia terraenovae*

R.−D." *Behavior* 32:291−308.

Peschke, K. (1987) "Male Aggression, Female Mimicry and Female Choice in the Rove Beetle, *Aleochara curtula* (Coleoptera, Staphylinidae)." *Ethology* 75:265−84.

Pinto, J. D., and R. B. Selander (1970) *The Bionomics of Blister Beetles of the Genus Meloe and a Classification of the New World Species*. University of Illinois Biological Monographs no. 42. Urbana: University of Illinois Press.

Piper, G. L. (1976) "Bionomics of *Euarestoides acutangulus* (Diptera: Tephritidae)." *Annals of the Entomological Society of America* 69:381−86.

Prokopy, R. J., and J. Hendrichs (1979) "Mating Behavior of *Ceratitis capitata* on a Field−Caged Host Tree." *Annals of the Entomological Society of America* 72:642−48.

Qvick, U. (1984) "A Case of Abnormal Mating Behavior of *Dolichopus popularis* Wied. (Diptera, Dolichopodidae)." Notulae Entomologicae 64:93.

Rich, E. (1989) "Homosexual Behavior in Three Melanic Mutants of *Tribolium castaneum*." *Tribolium Information Bulletin* 29:99−101.

Rocha, I. R. D. (1991) "Relationship Between Homosexuality and Dominance in the Cockroaches, *Nauphoeta cinerea* and *Henchoustedenia flexivitta* (Dictyoptera, Blaberidae)." *Revista Brasileira de Entomologia* 35(1): 1−8.

Rothschild, M. (1978) "Hell's Angels." *Antenna* 2:38−39.

Sanders, C. J. (1975) "Factors Affecting Adult Emergence and Mating Behavior of the Eastern Spruce Budworm, *Choristoneura fumiferana* (Lepidoptera: Totricidae)." *Canadian Entomologist* 107:967−77.

Schaner, A M., P. D. Dixon, K. J. Graham, and L. L. Jackson (1989) "Components of the Courtship−Stimulating Pheromone Blend of Young Male *Drosophila melanogaster*: (Z)−13−tritriacontene and (Z)−ll− tritriacontene." *Journal of Insect Physiology* 35:341−45.

Schlein, Y., R. Galun, and M. N. Ben−Eliahu (1981) "Abstinons: Male−Produced Deterrents of Mating in Flies." *Journal of Chemical Ecology* 7:285−90.

Schmieder−Wenzel, C., and G. Schruft (1990) "Courtship Behavior of the European Grape Berry Moth, *Eupoecilia ambiguella* Hb. (Lepidoptera, Tortricidae) in Regard to Pheromonal and Tactile Stimuli." *Journal of Applied Entomology*

기타 종의 참고문헌

109:341−46.

Serrano, J. M., L. Castro, M. A Torro, and C. López−Fanjul (1991) "The Genetic Properties of Homosexual Copulation Behavior in *Tribolium castaneum*: Diallel Analysis." *Behavior Genetics* 21:547−58.

Shah, N. K., M. C. Singer, and D. R. Syna (1986) "Occurrence of Homosexual Mating Pairs in a Checkerspot Butterfly." *Journal of Research on the Lepidoptera* 24:393.

Shapiro, A. M. (1989) "Homosexual Pseudocopulation in *Eucheira socialis* (Pieridae)." *Journal of Research on the Lepidoptera* 27:262.

Simon, D., and R. H. Barth (1977) "Sexual Behavior in the Cockroach Genera *Periplaneta* and *Blatta*. I. Descriptive Aspects. II. Sex Pheromones and Behavioral Responses." *Zeitschrift für Tierpsychologie* 44:80−107,162−77.

Spence, J. R., and R. S. Wilcox (1986) "The Mating System of Two Hybridizing Species of Water Striders (Gerridae)." *Behavioral Ecology and Sociobiology* 19:87−95.

Spratt, E. C. (1980) "Male Homosexual Behavior and Other Factors Influencing Adult Longevity in *Tribolium castaneum* (Herbst) and *T. confusum* Duval." *Journal of Stored Products Research* 16:109−14.

Syrajämäki, J. (1964) "Swarming and Mating Behavior of *Allochironomus crassiforceps* Kieff. (Dipt., Chironomidae)." *Annales Zoologici Fennici* 1:125−45.

Tauber, M. J. (1968) "Biology, Behavior, and Emergence Rhythm of Two Species of *Fannia* (Diptera: Muscidae)." *University of California Publication in Entomology* 50:1−86.

Tauber, M. J., and C. Toschi 1965) "Bionomics of *Euleia Fratria* (Loew) (Diptera: Tephritidae). I. Life history and Mating Behavior." *Canadian Journal of Zoology* 43:369−79.

Tennent, W. J. (1987) "A Note on the Apparent Lowering of Moral Standards in the Lepidoptera." *Entomologists Record and Journal of Variation* 99:81−83.

Tilden, J. W. (1981) "Attempted Mating Between Male Monarchs." *Journal of Research on the Lepidoptera* 18:2.

Tompkins, L. (1989) "Homosexual Courtship in Drosophila." *MBL (Marine Biology Laboratory) Lectures in Biology (Woods Hole)* 10:229−48.

Urquhart, F. (1987) *The Monarch Butterfly; International Traveler.* Chicago: Nelson−

Hall.

————(1960) *The Monarch Butterfly*. Toronto: University of Toronto Press.

Utzeri, C., and C. Belfiore (1990) "Tandem anomali fra Odonati (Odonata)." *Fragmenta Entomologica* 22:271–87.

Vaias, L. J., L. M. Napolitano, and L. Tomkins (1993) "Identification of Stimuli that Mediate Experience–Dependent Modification of Homosexual Courtship in *Drosphila melanogaster*." *Behavior Genetics* 23:91–97.

거미와 기타 무척추동물

Abele, L. G., and S. Gilchrist (1977) "Homosexual Rape and Sexual Selection in Acanthocephalan Worms." *Science* 197:81–83.

Bristowe, W. S. (1939) *The Comity of Spiders*. London: Ray Society.

————(1929) "The Mating Habits of Spiders with Special Reference to the Problems Surrounding Sex Dimorphism." *Proceedings of the Zoological Society of London* 1929:309–58.

Gillespie, R. G. (1991) "Homosexual Mating Behavior in Male *Doryonychus raptor* (Araneae, Tetragnathidae)." *Journal of Arachnology* 19:229–30.

Jackson, R. R. (1982) "The Biology of *Portia fimbriata*, a Web–building Jumping Spider (Araneae, Salticidae) from Queensland: Intraspecific Interactions." *Journal of Zoology, London* 196:295–305.

Kazmi, Q. B., and N. M. Tirmizi (1987) "An Unusual Behavior in Box Crabs (Decapoda, Brachyura, Calappidae)." *Crustaceana* 53:313–14.

Lutz, R. A., and J. R. Voight (1994) "Close Encounter in the Deep." Nature 371:563.

Mirsky, S. (1995) "Armed and Amorous." *Wildlife Conservation* 98(6):72.

Sturm, H. (1992) "Mating Behavior and Sexual Dimorphism in *Promesomachilis hispanica* Silvestri, 1923 (Machilidae, Archaeognatha, Insecta)." *Zoologischer Anzeiger* 228:60–73.

가축

Aronson, L. R. (1949) "Behavior Resembling Spontaneous Emissions in the Domestic

Cat." *Journal of Comparative and Physiological Psychology* 42:226-27.

Banks, E. M. (1964) "Some Aspects of Sexual Behavior in Domestic Sheep, *Ovis aries*." *Behavior* 23:249-79.

Beach, H. A. (1971) "Hormonal Factors Controlling the Differentiation, Development, and Display of Copulatory Behavior in the Hamster and Related Species." In E. Tobach, L. R. Aronson, and E. Shaw, eds., *The Biopsychology of Development*, pp. 249-96. New York: Academic Press.

Beach, F. A., and P. Rasquin (1942) "Masculine Copulatory Behavior in Intact and Castrated Female Rats." *Endocrinology* 31:393-409.

Beach, R. A, C. M. Rogers, and B. J. LeBoeuf (1968) "Coital Behavior in Dogs: Effects of Estrogen on Mounting by Females." *Journal of Comparative and Physiological Psychology* 66:296-307.

Blachhaw, J. K., A. W. Blackshaw, and J. J, McGlone (1997) "Buller Steer Syndrome Review." *Applied Animal Behavior Science* 54:97-108.

Brockway, B. R (1967) "Social and Experimental Influences of Nestbox-Oriented Behavior and Gonadal Activity of Female Budgerigars (*Melopsittacus undulatus* Shaw)." *Behavior* 29:63-82.

Burley, N. (1981) "Sex Ratio Manipulation and Selection for Attractiveness." *Science* 211:721-22.

Collias, N. E. (1956) "The Analysis of Socialization in Sheep and Goats." *Ecology* 37:228-39.

Craig, J. V. (1981) *Domestic Animal Behavior: Causes and Implications for Animal Care and Management*. Englewood Cliffs, N.J.: Prentice-Hall.

Craig, W. (1909) "The Voices of Pigeons Regarded as a Means of Social Control." *American Journal of Sociology* 14:86-100.

Feist, J. D., and D. R. McCullough (1976) "Behavior Patterns and Communication in Feral Horses." *Zeitschrift für Tterpsychologie* 41:337-71.

Ford, C. S., and F. A Beach (1951) *Patterns of Sexual Behavior*. New York: Harper and Row.

Fuller, J. U and E. M. DuBuis (1962) "The Behavior of Dogs." In E. S. E. Hafez, ed., *The Behavior of Domestic Animals*, pp. 415-52. Baltimore: Williams and

Wilkins.

Grant, E. C., and M. R. A Chance (1958) "Rank Order in Caged Rats." *Animal Behavior* 6:183–94.

Green, J. D., C, D. Clemente, and J. de Groot (1957) "Rhinencephalic Lesions and Behavior in Cats: An Analysis of the Klüver–Bucy Syndrome with Particular Reference to Normal and Abnormal Sexual Behavior." *Journal of Comparative Neurology* 108:505–36.

Grubb, P. (1974) "Mating Activity and the Social Significance of Rams in a Feral Sheep Community." In V. Geist and F. Walther, eds., *Behavior in Ungulates and Its Relation to Management*, vol. 1, pp. 457–76. Morges, Switzerland: International Union for Conservation of Nature and Natural Resources.

Guhl, A. M. (1948) "Unisexual Mating in a Flock of White Leghorn Hens." *Transactions of the Kansas Academy of Science* 5:107–11.

Hale, E. B. (1955) "Defects in Sexual Behavior as Factors Affecting Fertility in Turkeys." *Poultry Science* 34:1059–67.

Hale, E. B., and M. W. Schein (1962) "The Behavior of Ihrkeys " In E. S. E. Hafez, ed., *The Behavior of Domestic Animals*, pp. 531–64. Baltimore: Williams and Wilkins.

Hulet, C. V., G. Alexander, and E. S. E. Hafez (1975) "The Behavior of Sheep." In E. S. E. Hafez, ed., *The Behavior of Domestic Animals*, 3rd ed., pp. 246–94. London: Baillfere Tindall.

Humik, J. R, G. J. King, and H. A. Robertson (1975) "Estrous and Related Behavior in Postpartum Holstein Cows." *Applied Animal Ethology* 2:55–68.

Immelmann, IC, J. P. Hailman, and J. R. Baylis (1982) "Reputed Band Attractiveness and Sex Manipulation in Zebra Finches." *Science* 215:422.

Jefferies, D. J. (1967) "The Delay in Ovulation Produced by pp'–DDT and Its Possible Significance in the Field." *Ibis* 109:266–72.

Kavanau, J. L. (1987) *Lovebirds, Cockatiels, Budgerigars: Behavior and Evolution*. Los Angeles: Science Software Systems.

Kawai, M. (1955) "The Dominance Hierarchy and Homosexual Behavior Observed in a Male Rabbit Group." *Dobutsu shinrigaku nenpo (Annual of Animal*

Psychology) 5:13-24.

King, J. A. (1954) "Closed Social Groups Among Domestic Dogs." *Proceedings of the American Philosophical Society* 98:327-36.

Klemm, W. R., C. J. Sherry, L. M. Schake, and R. R Sis (1983) "Homosexual Behavior in Feedlot Steers: An Aggression Hypothesis." *Applied Animal Ethology* 11:187-95.

LeBoeuf, B. J. (1967) "Interindividual Associations in Dogs." *Behavior* 29:268-95.

Leyhausen, P. (1979) *Cat Behavior: The Predatory and Social Behavior of Domestic and Wild Cats.* New York and London: Garland STPM Press.

Masatomi, H. (1959) "Attacking Behavior in Homosexual Groups of the Bengalee, *Uroloncha striata* var. *domestic* Flower." *Journal of the Faculty of Science, Hokkaido University* (Series 6) 14:234-51.

————(1957) "Pseudomale Behavior in a Female Bengalee." *Journal of the Faculty of Science, Hokkaido University* (Series 6) 13:187-91.

McDonnell, S. M., and J. C. S. Haviland (1995) "Agonistic Ethogram of the Equid Bachelor Band." *Applied Animal Behavior Science* 43:147-88.

Michael, R. P. (1961) "Observations Upon the Sexual Behavior of the Domestic Cat (*Felis catus L.*) Under Laboratory Conditions." *Behavior* 18:1-24.

Morris, D. (1954) "The Reproductive Behavior of the Zebra Finch (*Poephilia guttata*), with Special Reference to Pseudofemale Behavior and Displacement Activities." *Behavior* 6:271-322.

Mykytowycz, R., and E. R. Hesterman (1975) "An Experimental Study of Aggression in Captive European Rabbits, *Oryctolagus cuniculus* (L.)." *Behavior* 52:104-23.

Mylrea, P. J., and R. G. Beilharz (1964) "The Manifestation and Detection of Oestrus in Heifers." *Animal Behavior* 12:25-30.

Perkins, A., J. A. Fitzgerald, and G. E. Moss (1995) "A Comparison of L. H. Secretion and Brain Estradiol Receptors in Heterosexual and Homosexual Rams and Female Sheep." *Hormones and Behavior* 29:31-41.

Perkins, A., J. A. Fitzgerald, and E. O Price (1992) "Luteinizing Hormone and Testosterone Response of Sexually Active and Inactive Rams." *Journal of Animal Science* 70:2086-93.

Prescott, R. G. W. (1970) "Mounting Behavior in the Female Cat." *Nature* 228:1106–7.

Reinhardt, V. (1983) "Flehmen, Mounting, and Copulation Among Members of a Semi-Wild Cattle Herd." *Animal Behavior* 31:641–50.

Resko, J. A., A. Perkins, C. E. Roselli, J. A. Fitzgerald, J. V .A. Choate, and F. Stormshak (1996) "Endocrine Correlates of Partner Preference in Rams." *Biology of Reproduction* 55:120–26.

Rood, J. P. (1972) "Ecological and Behavioral Comparisons of Three Genera of Argentine Cavies." *Animal Behavior Monographs* 5:1–83.

Rosenblatt, J. S., and T. C. Schneirla (1962) "The Behavior of Cats." In E. S. E. Hafez, ed., *The Behavior of Domestic Animals*, pp. 453–88. Baltimore: Williams and Wilkins.

Schaller, G. B., and A. Laurie (1974) "Courtship Behavior of the Wild Goat." *Zeitschrift für Sdugetierkunde* 39:115–27.

Shank, C. C. (1972) "Some Aspects of Social Behavior in a Population of Feral Goats (*Capra hircus* L.)." *Zeitschrift für Tierpsychologie* 30:488–528.

Signoret, J. P., B. A. Baldwin, D. Fraser, and E. S. E. Hafez (1975) "The Behavior of Swine." In E. S. E. Hafez, ed., *The Behavior of Domestic Animals*, 3rd ed., pp. 295–329. London: Baillière Tindall.

Tiefer, L. (1970) "Gonadal Hormones and Mating Behavior in the Adult Golden Hamster." *Hormones and Behavior* 1:189–202.

van Oortmerssen, G. A. (1971) "Biological Significance, Genetics, and Evolutionary Origin of Variability in Behavior Within and Between Inbred Strains of Mice (*Mus musculus*)."*Behavior* 38:1–92.

van Vliet, J. H., and F. J. C. M. van Eerdenburg (1996) "Sexual Activities and Oestrus Detection in Lactating Holstein Cows." *Applied Animal Behavior Science* 50:57–69.

Vasey, P. L. (1996) Personal communication.

Verberne, G., and F. Blom (1981) "Scentmarking, Dominance, and Territorial Behavior in Male Domestic Rabbits." In K. Myers and C. D. MacInnes, eds., *Proceedings of the World Lagomorph Conference*, pp. 280–90. Guelph: University of Guelph.

Whitman, C. O. (1919) *The Behavior of Pigeons.* Posthumous Works of C. O. Whitman, vol. 3. Washington, D.C.: Carnegie Institution of Washington.

Young, W. C., E. W. Dempsey, and H. I. Myers (1935) "Cyclic Reproductive Behavior in the Female Guinea Pig." *Journal of Comparative Psychology* 19:313−35.

1부의 어떤 종에 대한 참고문헌이 적혀 있지 않다면 그 정보와 출처는 II 부의 각 종에 대한 설명을 참조하라. 설명한 종에 대한 주석이 있는 경우(예를 들어 더 자세한 정보를 제공하기 위해), 인용 형식에는 종의 이름, 저자, 연도 및(대부분의 경우) 출처의 페이지 번호를 포함시켰으며 설명에 대한 모든 참조를 적었다. II 부에서 설명되지 않은 종에 대한 참고문헌은 주석에 직접 포함했다.

서문

1   Einstein, A. (1930) "What I Believe." *Forum and Century* 84(4): 193-94.

제 1 장 새와 벌

1   Haldane, J. B. S. (1928) Possible Worlds and Other Papers, p. 298(New York: Harper & Brothers).

2   원문에 대문자로 표기된 동물 명칭은 II 부에 설명되어 있거나, 부록에 언급되어 있는 가까운 종 또는 그룹을 말한다.

3   예를 들어 영장류의 동성애는 적어도 2,400만 년에서 3,700만 년 전의 올리고세 시대로 거슬러 올라간다. 일부 과학자들은 약 2억 년 전에 포유류로 이어지는 진화 선상에서 처음 모습을 드러냈으며(Baker and Bellis 1995: 5), 다른 동물들 사이에서는 훨씬 더 오래 존재했을 것으로 추측하고 있다. Vasey, P. L. (1995) "Homosexual Behavior in Primates: A Review of Evidence and Theory." *International Journal of Primatology* 16: 173-204; Balter, R. and M. A. Bellis(1995) *Human Sperm Competition: Copulation, Masturbation and Infidelity*(London: Chapman and Hall).

4   더 자세한 표(이 집계에 포함되지 않은 종에 대한 논의를 포함)는 주석 29와 Ⅱ부 및 부록을 참조하라.

5   동물의 성적 성향과 동물과 인간의 동성애의 비교에 대한 자세한 설명은 제2장을 참조하라. Vasey("Homosexual Behavior in Primates.", p. 175)에 따르면, homosexual이라는 용어는 '기능이나 맥락 또는 행위자의 나이와 동기'에 대한 어떠한 것도 전혀 암시하지 않고, 주로 행동의 형태를 지정하기 위해 사용된다. 동물에 적용되는 용어(그리고 동물학 문헌에서 사용되는 일부 논쟁점들)의 대체적인 정의에 대한 논의를 포함하여, 동물에서 같은 성 활동을 기술하는 데 사용되는 용어에 대한 추가적인 고려는 제3장을 참조하라. 동성애 행동의 '기능'과 맥락에 대한 자세한 내용은 제4-5장을 참조하라.

6   기아나바위새(Endler and Théry 1996), 안나벌새(Hamilton 1965), 노랑가슴도요(Myers 1989).

7   놀이 싸움에 대한 일반적인 조사는 Aldis, O. (1975) Play Fighting. (New York: Academic Press)을 참조하라.

8   긴부리돌고래(Norris et al. 1994: 250).

9   이성애 맥락에서 자위하는 동안 일어나는 암수 모두의 정액 섭취는 황금원숭이에서도 발생한다(Clarke 1991: 371).

10 수컷 에뮤 한 쌍에서도 평균초월 알둥지가 보고된 바 있는데, 아마도 한 마리 이상의 암컷이 둥지에 알을 낳았기 때문일 것이다. '평균이하' 둥지(즉 평균적인 이성애 쌍의 둥지보다 적은 수의 알을 포함하는 둥지)는 암컷 푸른박새 쌍에서 보고되었다. 그리고 '평균초월초과' 둥지도 간혹 이성애 붉은제비갈매기 쌍에서 발생한다. 이는 종 내內 탁란과 알 이동(이 현상에 대한 좀 더 자세한 설명은 제5장을 보라)의 결과로서, 일부 둥지는 평균초월둥지에서 발견되는 알 개수의 2배를 가진 둥지가 되기도 한다(많은 오리와 거위 종의 '유기' 둥지에서도 마찬가지이다).

11 이러한 종에서 같은 성 쌍이 오직 자식을 기르는 순수한 목적만을 위해 형성된다는 생각에 대한 논의와 반박은 제5장을 참조하라. 뇌조(예: 뾰족꼬리들꿩, 큰초원뇌조, 눈메추라기)와 오리(예: 솜털오리, 큰머리흰뺨오리)와 같은 일부 조류는 한 마리 이상의 암컷의 새끼 무리가 결합하거나 '혼합'되지만, 같은 성 공동육아는 일어나지 않는다(한 마리의 암컷이나 이성애 쌍이 모든 새끼를 돌본다). 다음과 비교하라. Bergerud and Gratson 1988: 545(Grouse); Afton 1993(Ducks); Eadie, J. McA., F. P. Kehoe and T. D. Nudds(1988) "Pre-Hatch and Post-Hatch Brood Amalgamation in North American Anatidae: A Review of Hypotheses," *Canadian Journal of Zoology*

66: 1709-21.

12 북미갈매기(Conover 1989: 148).

13 같은 성 쌍이 스스로 유정란을 얻을 수 없는 일부 조류 종(혹은 야생에서 동성애 육아가 아직 관찰되지 않은 종)에서, 그들의 양육 기술은 포획 상태의 동성애 쌍에게 '입양' 알이나 새끼를 지급함으로써 입증되었다. 예를 들어 홍학, 홍부리황새, 붉은부리갈매기, 참수리, 가면올빼미, 젠투펭귄은 모두 이러한 알을 부화하고 입양한 새끼를 성공적으로 길렀다.

14 검둥고니(Braithwaite 1981: 140-42). 더 자세한 내용은 제5장과 Ⅱ부를 보라.

15 북미갈매기(Conover 1989: 148), 서부갈매기(Hayward and Fry 1993: 17-18). 최상이 아닌 영역 때문에 제한을 받는 같은 성 쌍에 대한 더 자세한 설명은 제2장을 보라. 몇몇 다른 연구들은 암컷 동성애 커플에 의한 더 '매력적인' 양육의 가능성을 제시한다. 예를 들어 연구자들은 같은 성 쌍을 맺은 암컷 북미갈매기들이 이성애 쌍의 암컷보다 둥지 형성 및 부화 행동과 관련된 여성호르몬인 프로게스테론 수치가 더 높을 수 있다고 주장했다(Kovacs and Ryder 1985). 같은 성 활동에 관련된 동물의 호르몬 성향은 제4장을 참조하라. 이와 관련한 포획 상태 연구에서 일련의 반복 관찰을 통해, 일부 연구자들은 이성애 쌍보다 암컷 동성애 쌍에서 더 '강한' 둥지 행동을 보고했다. 예를 들어 고리무늬목비둘기의 암컷 쌍이 이성애 쌍보다 더 지속적인 알 품기를 하며, 무정란을 가졌을 때 둥지를 버리고 부화를 끝낼 가능성이 이성애 쌍보다 적다는 것을 발견하였다(Allen and Erickson 1982: 346, 350). 또 암컷 사랑앵무 동성애 쌍이 이성애 쌍의 암컷보다 훨씬 더 빨리 둥지에 지속적 앉기를 시작한다는 것을 발견했다(Brockway 1967: 76). 그러나 암컷 쌍은 이 종의 이성애 쌍보다 상당히 늦게 둥지에 간헐적 앉기를 시작하기 때문에, 둥지 활동의 전체 양과 알을 낳는 시기는 근본적으로 비슷해진다.

16 공동체 무리에서의 동성애 활동과 종종 '도우미'와 같은 성 활동 사이의 복잡한 관계에 대한 자세한 설명은 제5장을 참조하라.

17 또한 많은 종에서, 어린 새끼는 이성애 트리오, 즉 성체들 사이에 이성애적 유대 관계만이 존재하는 세 마리의 부모를 둔 가족 단위에서도 자랄 수 있다. 몇 가지 예는 제5장을 참조하라.

18 보통 두 마리의(이성애) 부모가 새끼를 키우는 동물에 있어서 한 부모 양육에 관한 논의와, 종의 특징적인 패턴에서 벗어난 다른 이성애 양육 형태의 예는 제5장을 참조하라.

19 생물학적 연구에서 남성 편견에 대한 추가적인 논의는 제3장과 제5장을 참조하라.

20   히말라야원숭이(Altmann 1962: 383, Lindburg 1971: 69), 망토개코원숭이(Abegglen 1984: 63), 겔라다개코원숭이(Bernstein 1970: 94), 태즈메이니아쇠물닭(Ridpath 1972: 30), 회색머리날여우박쥐(Nelson 1965: 546).

21   서부쇠물닭(Jamieson and Craig 1987a:l251), 보노보(Thompson-Handler et al. 1984: 349, Kano 1992: 187, Kitamura 1989: 55-57), 몽땅꼬리원숭이(Chevalier-Skolnikoff 1974: 101, 110), 붉은큰뿔사슴(Hall 1983: 278), 붉은목왈라비(LaFollette 1971: 96), 북부주머니고양이(Dempster 1995: 29).

22   돼지꼬리원숭이(Oi 1990a: 350-51), 갈라(Rogers and McCulloch 1981), 가지뿔영양(Kitchen 1974: 44).

23   고릴라(Fischer and Nadler 1978: 660-61, Yamagiwa 1987a: 12, 1987b: 37).

24   서부쇠물닭(Jamieson and Craig 1987a: 1251-52), 홍학(C. E. King, personal communication). 그러나 꼬마홍학의 경우에는 그 반대로 나타난다. 즉, 동성애 마운팅을 하는 동안 총배설강 접촉을 하는 것은 수컷들이지 암컷들이 아니다(Alraun and Hewston 1997: 176).

25   일본원숭이(Hanby 1974: 838-40; Wolfe 1984: 149, Fedigan 1982: 143).

26   동물과 인간 동성애의 비교에 대한 자세한 논의는 제2장을 참고하라.

27   이 공식은 또한 한 개체군에서 양성애나 이성애 트리오의 수를 추정하는 데 사용된다. Conover and Aylor 1985: 127(북미갈매기) 참조.

28   코브(Buechner and Schloeth 1965), 긴꼬리벌새(Stiles and Wolf 1979). 비슷하게 30쌍에 이르는 재갈매기 동성애 쌍이 일부 지역에서 측정되었다. 이는 한 번에 나타난 같은 성관계로서는 비교적 높은 수치다. 하지만 1만 쌍 이상이 모이는 군락에서 이러한 수치는 전체 쌍의 1% 미만이다(Shugart 1980: 426-27).

29   포유류 167종, 조류 132종, 파충류와 양서류 32종, 어류 15종, 곤충 및 기타 무척추동물 125종 등, 총 471종에서 같은 성 간의 구애, 성적인 활동, 짝짓기 및 양육 형태가 과학 문헌에 기록되어 있다(전체 목록은 II부와 부록을 참조하라). 이 수치는 가축 동물(최소한 19종, 부록 참조)이나 성적으로 미성숙한 동물 또는 청소년 개체만이 동성애 활동을 하는 종들은 포함하지 않았다(포유류에서 후자에 대한 조사는 Dagg 1984를 보라). 여러 가지 이유로 이 수치는 과소평가된 것으로 보인다(특히 포유류나 조류 이외의 종들, 완전히 다뤄지지 않은 종들이 그렇다). 이에 대한 논쟁은 제3장을 참조하라. 분류학 체계에 따른 전체 종 숫자의 차이도 고려해야 함을 알린다. 예를 들어 이 책에서 아종으로 함께 묶인 동물은 일부 분류학에서 별도의 종으로 여겨진다(예: 사

바나개코원숭이, 홍학, 엘크/붉은사슴의 다양한 아종들). 이 목록에는 동성애 활동에 대한 증거가 확정적이지 않은 다양한 사례도 포함되어 있다. 예를 들면 다음과 같다.

1) 동성애 행동이 의심되는 종(그리고 때로 Dagg 1984와 같은 동성애 행동에 대한 종합적인 조사에 포함되기도 한다), 참여자들의 성별이 아직 밝혀지지 않은 종(예: 인도코뿔소[Laurie 1982: 323], 노랑배마못[Armitage 1962: 327], 남아프리카삼색제비[Eark 1985: 46], 띠꼬리미늘목벌새[Harms and Ahumada 1992], 캘리오페벌새[Armstrong 1988], 장미목도리앵무[Hardy 1964]).

2) 같은 성 쌍이 만든 것이라는 직접적인 증거가 없는 평균초월 알둥지집단이 보고된 조류 종(예: 다수의 갈매기 및 기타 조류 종. 제4장 주 70 참조).

3) 구애, 섹스 또는 쌍결합의 결정적인 증거가 거의 또는 전혀 없는 같은 성 트리오 또는 공동육아 형태(예: 쌀먹이새[Bolinger et al. 1986], 다양한 오리, 뇌조[제1장 주 11 참조]).

4) 수컷이 이성애 구애 동안 공동 과시를 위해 다른 수컷과 '짝'이나 '동반자 관계'를 형성하지만, 그러한 짝이나 다른 같은 성 개체 사이에 공공연한 구애나 성적인 행동이 일어나지 않는 조류 종(예: 키록시피아속, 피프라속, 마차롭테루스속, 마시우스속 등 몇몇 마나킨─ 그러나 이 종의 수컷은 종종 '암컷 깃털'을 가진 새들에게 구애하는데, 이들 중 대부분은 성별이 밝혀지지 않은 반면, 다른 두 종에서는 이들 중 일부가 수컷인 것이 밝혀졌다). 야생 칠면조, 임금극락조 그리고 다른 극락조. 다른 출처로는 McDonald 1989: 1007 and Trainer and McDonald 1993: 779을 보라.

5) 기록된 유일한 형태의 '같은 성' 활동이 이성애 짝짓기 쌍을 이루는 개체와 관련된 종이며, 마운팅 활동이 반드시 동성 개체에게만 제한되지 않거나 같은 성 동기나 지향이 명확하지 않는 종(예를 들어 낙타[Gauthier-Pilters and Dagg 1981: 92], 불러스알바트로스[Warham 1967: 129]).

6) 성적 요소가 없이 완전히 공격성만 보이는 개체의 마운팅이 그 종의 유일한 같은 성 활동인 종(예: 북부목걸이레밍, 데구, 땅다람쥐, dagg 1984와 그 안에 언급된 자료를 참조. 공격성 또는 '지배적' 마운팅과 이를 성적인 마운팅과 구분하기 힘든 점에 대한 토론은 제3장을 보라). 그리고 유일한 같은 성 활동이 '애정 활동'이거나 '플라토닉'한 동반자 관계이고, 다른 성적인 흥분이나 완전한 구애나 성적인 행동이 없는 종.

7) 2차 출처에서는 동성애를 나타내는 것으로 보고되었지만, 원본 출처에서는 같은 성 활동을 명확하게 기록하지 않거나(예: 뒷부리장다리물떼새, Terres[1980: 813]에서 보고됨), 동성애 마운팅이 있지만 출처가 명시되지 않은 종처럼 결론적이지 않

은 사례. (Makkink[1936] and Hamilton[1975]은 이 종의 가장 포괄적인 1차 현장 연구와 이 정보에 대한 가장 가능성 있는 출처다. 여기서는 의례적인 마운팅과 자위 ['분출하는 교미']에 대해서는 설명하지만 동성애 마운팅에 대해서는 말이 없다).

Armitage, K. B. (1962) "Social Behavior of a Colony of the Yellow-bellied Marmot(*Marmota flaviventris*)." *Animal Behavior* 10: 319-31; Armstrong, D. P. (1988) "Persistent Attempts by a Male Calliope Hummingbird, *Stellula calliope*, to Copulate with Newly Fledged Conspecifics." *Canadian Field-Naturalist* 102: 259-60; Bollinger, E. K., T. A. Gavin, C. J. Hibbard and J. T. Wootton(1986) "Two Male Bobolinks Feed Young at the Same Nest." *Wilson Bulletin* 98: 154-56; Dagg, A. I. (1984) "Homosexual Behavior and Female-Male Mounting in Mammals - a First Survey." *Mammal Review* 14: 155-85; Earlé, R. A. (1985) "A Description of the Social, Aggressive and Maintenance Behavior of the South African Cliff Swallow *Hirundo spilodera*(Aves: Hirundinidae)." *Navorsinge van die nasionale Museum, Bloemfontein* 5: 37-50; Gauthier-Pilters, H. and A. I. Dagg(1981) *The Camel: Its Evolution, Ecology, Behavior and Relationship to Man*(Chicago: University of Chicago Press); Hardy, J. W. (1964) "Ringed Parakeets Nesting in Los Angeles, California." *Condor* 66: 445- 47; Harms, K. E. and J. A. Ahumada(1992) "Observations of an Adult Hummingbird Provisioning an Incubating Adult." *Wilson Bulletin* 104: 369-70; Laurie, A. (1982) "Behavioral Ecology of the Greater One-horned Rhinoceros(*Rhinoceros unicornis*)." *Journal of Zoology*, London 196: 307-41; Makkink, G. F. (1936) "An Attempt at an Ethogram of the European Avocet(*Recurvirostra avosetta* L.), With Ethological and Psychological Remarks." *Ardea* 25: 1-63; McDonald, D. B. (1989) "Correlates of Male Mating Success in a Lekking Bird with Male-Male Cooperation." *Animal Behavior* 37: 1007-22; Terres, J. K. (1980) *The Audubon Society Encyclopedia of North American Birds*(New York: Alfred A. Knopf); Trainer, J. M. and D. B. McDonald(1993) "Vocal Repertoire of the Long-tailed Manakin and Its Relation to Male-Male Cooperation." *Condor* 95: 769-81; Warham, J. (1967) "Snares Island Birds." *Notomis* 14: 122-39.

30 Wilson(1992)에 따르면, 대략 103만 2,000종이 과학계에 알려져 있다. 실제로 존재하는 종의 수는 의심할 여지없이 더 많아서 천만-1억 종 정도가 되겠지만, 전체 종의 수를 추정하는 데에는 많은 복잡함이 있다. 이에 대한 자세한 토론은 다음을 보라. Wilson, E. O. (1992) *The Diversity of Life*, pp. 131ff(Cambridge, Mass.: Belknap

Press); Wilson, E. O. (1988) "The Current State of Biological Diversity." in E. O. Wilson, ed., *BioDiversity*, pp. 3-18. (Washington, D. C.: National Academy Press); May, R. M. (1988) "How Many Species Are There on Earth?" *Science* 241: 1441-49.

31 Le Boeuf and Mesnick 1991: 155(Elephant Seal); 또한 Wilson, E. O. (1975) *Sociobiology: The New Synthesis*(Cambridge and London: Belknap Press)도 보라. 이 수치는 동성애에 관한 자료로 나타난다. 동성애 행위가 관찰된 과학 연구의 평균 관찰시간은 약 1,050시간(관찰시간이 기록된 47종 자료기준)이다.

32 Marten, M., J. May and R. Taylor(1982) *Weird and Wonderful Wildlife*, p. 7. (San Francisco: Chronicle Books). 종의 수에 대해 좀 더 철저히 연구한, 어느 정도 정확한 추정치는 Zoological Record(지난 20년 동안 전 세계 6,000개 이상의 저널의 기사를 포함하여 백만 개 이상의 동물학 자료들을 색인화한 포괄적인 전자 데이터베이스)를 사용하여 얻을 수 있다. 1978-1997년의 Zoological Record에는 구애, 성적인 행동, 짝 결합, 짝짓기 체계, 양육 행동(동성애가 있을 경우 발견될 가능성이 있는 행동 카테고리)의 일부 측면이 연구된 825종의 포유류가 나열되어 있다. 동성애 행동은 이들 종 중 133종, 즉 약 16%에서 보고되었다. 이는 Marten et al.의 추정치를 사용하여 얻은 좀 더 낮은 값과 비슷하다(Zoological Record의 색인인 다음 주제 표제/행동 범주는 이 추정치를 추정하는 데 사용되었다. Courtship, Lek, Sexual Display, Precopulatory Behavior, Copulation, Mating, Pair Formation, Monogamy, Polygamy, Cooperative Breeding, Breeding Habits, Parental Care, Care of Young, Homosexuality).

33 이러한 요인에 대한 자세한 내용은 제4장을 참조하라.

34 처녀생식 또는 자웅동체 동물처럼 '이성애' 교미를 전혀 하지 않는 종은 다음 절을 참조하라.

35 Clapham, P. J. (1996) "The Social and Reproductive Biology of Humpback Whales: An Ecological Perspective." p. 37, *Mammal Review* 26: 27-49.

36 Scott, P. E. (1994) "Lucifer Hummingbird(*Calothorax lucifer*)."in A. Poole and F. Gill, eds., *The Birds of North America: Life Histories for the 21st Century*, no. 134, p. 9. (Philadelphia: *Academy of Natural Sciences*; Washington, D. C.: American Ornithologists' Union); Dejong, M. J. (1996) "Northern Rough-winged Swallow(*Stelgidopteryx serripennis*)." in *Poole and Gill, The Birds of North America*, no. 234, p. 9; Kricher, J. C. (1995) "Black-and-

white Warbler(*Pheucticus melanocephalus*)."in *Poole and Gill, The Birds of North America*, no. 158, p. 9; O'Brien, R. M. (1990) "Red-tailed Tropic bird(*Phaethon rubricaudd*).", in S. Marchantand P. J. Higgins, eds., *Handbook of Australian, New Zealand and Antarctic Birds*, vol. 1, part B, p. 940 (Melbourne: Oxford University Press); Johnsgard, P. A. (1983)*Cranes of the World*(Bloomington: Indiana University Press); Powers, D. R. (1996) "Magnificent Hummingbird(*Eugenes fidgens*)." in Poole and Gill, *The Birds of North America*, no. 221, p. 10; Hili, G. E. (1994) "Black-headed Grosbeak(*Pheucticus melanocephalus*)." in Poole and Gill, *The Birds of North America*, no. 143, p. 8; Victoria's Riflebird(Frithand Cooper 1996: 103; Gilliard 1969: 13); Cheetah(Caro 1994: 42); Lepson, J. K. and L. A. Freed(1995) "Variation in Male Plumage and Behavior of the Hawaii Akepa." *Auk* 112: 402-14; Spotted Hyena(Frank 1996: 117); Agile Wallaby(Stirrat and Fuller 1997: 75); Birds of Paradise(Davis and Beehler 1994: 522); Nelson, S. K. and S. G. Sealy(1995) "Biology of the Marbled Murrelef Inland and at Sea(Symposium Introduction)." *Northwestern Naturalist* 76: 1-3; Orang-utan(Schilrmann 1982; Schtirmann and van Hoof 1986; Maple 1980); Rowe, S. and R. Empson(1996) "Observations on the Breeding Behavior of the Tanga'eo or Mangaia Kingfisher(Halcyon tuta ruficollaris)." *Notomis* 43: 43-48; Common Chimpanzee(Gagneux et al. 1997; Wrangham 1997); Harbor Seal(Perry and Amos 1998).

37 에뮤(Coddington and Cockbum 1995; Heinroth 1924), 검은엉덩이화염등딱따구리(Neelakantan 1962), 검은두건랑구르(Poirier 1970a,b), 잔점박이물범(Johnson 1976: 45), 북부주머니고양이(Dempster 1995), 회색머리집단베짜기새(Collias and Collias 1980), 바다코끼리(Miller 1975; Fay et al. 1984), 도토리딱따구리(Koenig and Stacey 1990: 427), 호주혹부리오리(Riggert 1977: 20), 범고래(Jacobsen 1990: 78; Rose 1992: 1-2). 전에 알려지지 않은 두 종의 심해 문어(이성애 교미는 아직 어떤 종에서도 관찰되지 않은 그룹)에서, 수컷 두 마리 사이의 교미 행동에 대한 최초의 기록은 Lutz and Voight 1994를 참조하라. 같은 성 행동이 기록되었으나, 이성애가 거의 관찰되지 않는 다른 동물로는 사향소(Smith 1976: 62), 붉은목왈라비(Johnson 1989a: 275), 비쿠냐(Koford 1957: 182-84), 사향오리(Lowe 1966: 285) 그리고 부채꼬리뇌조(Johnsgard 1983: 295)가 있다. 현장 조건에서 성행위를 관찰하고 연구하려고 할 때 종종 극복할 수 없는 어려움에 대한 자세한 설명은 제4장을 참조하라.

38 북미갈매기(Conover and Aylor 1985). 동성애 쌍을 평균초월 알둥지와 동일시하는

것이 갖는 몇 가지 함정에 관한 논의는 제4장을 참조하라.

39 잠자리(Dunkle 1991).

40 서부쇠물닭(Craig 1980), 가지뿔영양(Kitchen 1974). 이 행동은 가지뿔영양에서 드문 것으로 추정해서 분류하였는데, 그 이유는 같은 성 간 활동량을 이성 간 활동량과 비교한 것이 아니라, 주로 비성적인 활동으로 구성된 '지배적' 행동(이렇게 분류하였다)의 총량과 비교하였기 때문이다. '지배적' 활동으로 해석되는 동성애에 대한 더 많은 토론과 비판은 제3장을 참조하라.

41 범고래(Rose 1992: 116), 리젠트바우어새(Lenz 1994: 266(table 2)), 흰손긴팔원숭이 (Edwards and Todd 1991: 233 [table 1]), 필리핀원숭이(Thompson 1969: 465).

42 기린(Pratt and Anderson 1985, 1982, 1979). 다른 기린 개체군에 대한 연구에서는 수컷 간에 일어나는 마운트가 3건 만이 기록되었지만, 관찰시간은 400시간에 불과했다(Dagg and Foster 1976: 124).

43 산양(Geist 1968: 210-11 [tables 4, 6]); 1971: 152 [table 30]).

44 왜가리(Ramo 1993: 116-17). 일부 종(예: 쇠백로, 쇠푸른왜가리)에서는 동성애(더 높은 수치)인 문란한 교미 비율에 대해서만 양적인 정보를 알 수 있다. 두 가지 비율을 모두 알 수 있는 경우(예: 황로, 왜가리), 종간 빈도를 비교 계산할 때는 두 가지 비율의 평균을 취한다(아래 참조). 또한 교미와 비교미(또는 '의례적') 마운팅의 차이를 고려하는지 여부에 따라 다른 빈도를 얻을 수 있다. (이 두 유형의 마운팅 사이의 차이에 대한 - 때로는 임의적인 - 논의에 대한 자세한 내용은 제3장을 참조하라.) 돼지꼬리원숭이와 검정짧은꼬리원숭이 같은 경우에 상당한 차이가 난다. 돼지꼬리원숭이의 경우 교미하지 않는 마운트만 고려한다면 82%가 같은 성 마운트이고(Oi 1990a: 35Q-51 [table 4]), '완전한' 이성애 교미를 포함하면 모든 마운트의 7-23%가 같은 성 마운트가 된다(Bernstein 1967: 226-7; Oi 1996: 345). 검정짧은꼬리원숭이의 경우 교미가 없는 마운트의 약 1/3이 수컷 사이에서 일어나지만, 교미를 하는(이성애) 마운트를 여기에 합치면 이러한 활동은 마운팅 활동의 약 8%를 차지하게 된다(C. Reed, personal communication). 이러한 경우, 후자의 (작은) %가 전체 같은 성 활동률로 간주된다. 그러나 다른 종의 경우 두 가지 비율은 비슷하다. 예를 들어 침팬지에서 Nishida and Hosaka(1996: 122, 129 [표 9.7, 9.17a])는 123회의(비의례적) 수컷-암컷 교미와 비교하여, 61회의 의례적인 수컷 간의 마운팅을 기록하는 방법으로 33%의 같은 성 마운팅 비율을 산출했다. 이것은 Bygott(1974; Hanby 1974: 845 [*Japanese Macaque*]에서 인용)의 전적으로 교미와 무관한 수치와 비교할 수 있다. 그는 14회의 의례적인 마운트 중 4회(29%)가 수컷 사이에서 발생한다는 것을 발견했다.

45 물론 이러한 종간 비교는 동성애 행동이 관찰되고 적절한 정량적 정보를 이용할 수 있는 동물에만 적용된다. 많은 종에서 같은 성 행동은 이러한 측정에서 얻은 최대 및 최소 수치보다 다소 흔하다. 하지만 정량화되지 않았으므로 이러한 예와 비교할 수 없다. 이러한 계산을 위해 동일한 종에 대해 여러 빈도 비율을 사용할 수 있는 경우(위에서 논의한 대로) – 개체군이나, 개체수 요인 또는 행동 차이로 인해 발생한다 – 이러한 비율은 다른 종의 수치와 결합하기 전에 평균을 냈다. 구애 행동에 대한 비율은 21종의 양적 정보(평균 = 23% 같은 성 활동)와 77종의 성적인 행동(평균 = 26%), 45종의 짝짓기 행동(평균 = 14%), 56종의 개체군 비율(평균 = 27%)에 기초하여 얻었다. 비교를 위해 각 종에서 관찰된 동성애 및 이성애 행동의 집계는 실제로 발생하는 빈도를 나타내는 것으로 가정한다. 짝짓기 및 성행위에 대한 통계에는 짝짓기, 공동양육 또는 관찰된 성적 행동의 유일한 형태가 동성애 개체 사이에서 발생한 종은 포함하지 않았다. 즉 짝의 100%나, 공동 부모 또는 관찰된 성적 상호작용이 모두 동성애인 경우다(이것이 포함된다면 그 비율은 상당히 그리고 아마도 비전형적으로 높게 나타날 것이다). 그러나 이 중 다섯 가지 경우(북방코끼리바다표범, 치타, 회색곰, 쇠검은머리흰죽지, 아메리카레아)에서 같은 성 쌍 또는 트리오(독신 개체와는 반대되는 것)가 돌보는 모든 가족이나 둥지의 비율은 같은 성 쌍의 비율로 대체된다. 개체수 계산의 경우, 수치는 정량화된 성별 또는 활동만을 나타낸다(예: 암컷만 같은 성 쌍을 형성하거나 암컷 쌍만 집계된 종의 경우, 그러한 쌍에서는 암컷의 비율만 포함시켰다). 더욱이 많은 조류 종(특히 소수의 개체만이 같은 성 활동에 참여하는 조류 종)의 경우 개체수 비율을 알 수가 없다. 그러나 같은 성 쌍을 이루는 종에서 동성애 쌍의 비율은 동성애 활동에 참여하는 개체의 비율과 대략 비슷하다(물론 어느 쪽 성별과도 쌍을 형성하지 않는 비非번식 조류가 상당히 많다면 둘은 달라진다). 따라서 표본이 상대적으로 높은 개체군 비율을 가진 종으로 편향되지 않도록, 야생조류 개체군의 짝짓기 비율이 대체되었다. 다른 개체군 자료를 사용할 수 없는 종에서 이 수치는 같은 성 활동에 관련된 개체의 비율을 대략적으로 추정한 값이다.

46 트랜스젠더라는 용어를 사람에게 적용할 때는 두 가지 용도로 사용된다. 먼저 트랜스섹슈얼(다양한 수준의 호르몬 및/또는 외과적 변형을 포함), 트랜스젠더(크로스드레서, 여장남자 및 남장여자, 여성 및 남성 사칭 포함), 간성애(다양한 형태의 자웅동체 포함)와 심지어 극단적인 부치–펨 표현까지 다 포함하는 젠더 교차 또는 젠더 혼합 현상을 말할 때가 있다. 또한 개인이 자신의 해부학적 성별과 반대되는 성별로 하루 종일 생활하는 특정 형태의 젠더 혼합에 대한 명칭으로도 사용된다(예: 트랜스젠더의 완전한 신체적 전환을 거치지 않고 여성을 대신하는 남성). 추가적인 논의와 예시는 Feinberg, L(1996) *Transgender Warriors: Making History from Joan of Arc* *to RuPaul*(Boston: Beacon Press)를 보라.

47   Foltz, D. W., H. Ochman, J. S. Jones, S. M. Evangelisti and R. K. Selander(1982) "Genetic Population Structure and Breeding Systems in Arionid Slugs(Mollusca: Pulmonata)." *Biological Journal of the Linnean Society* 17: 225–41.

48   물론 복장도착transvestism이라는 용어를 사람에게 적용할 때는 주로 상대방의 옷(그리고 그에 수반되는 모든 사회적, 문화적 영향)을 입는 것을 의미한다. 그러나 동물학적으로 사용할 때는 단순히 해당 종 반대쪽 성의 전형적인 신체적 또는 행동적 특성을 나타내는 것을 말한다. 이 용어에 대한 과학적인 사용은 이 절 주석의 참고문헌과 다음을 보라. Weinrich, J. D. (1980) "Homosexual Behavior in Animals: (A New Review of Observations from the Wild and Their Relationship to Human Sexuality." in R. Forleo and W. Pasini, eds., *Medical Sexology: The Third International Congress*, pp. 288–95. (Littleton, Mass.: PSG Publishing).

49   Owen, D. F. (1988) "Mimicry and Transvestism in *Papilio phorcas*(Lepidoptera: Papilionidae)." *Journal of the Entomological Society of Southern Africa* 51: 294–96; Weldon, P. J. and G. M. Burghardt(1984) "Deception Divergence and Sexual Selection." *Zeitschrift für Tierpsychologie* 65: 89–102.

50   Rohwer, S., S. D. Fretwell and D. M. Niles(1980) "Delayed Maturation in Passerine Plumages and the Deceptive Acquistion of Resources." *American Naturalist* 115: 400–437.

51   Estes, R. D. (1991) "The Significance of Horns and Other Male Secondary Sexual Characters in Female Bovids." *Applied Animal Behavior Science* 29: 403–51; Guthrie, R. D. and R. G. Petocz(1970) "Weapon Automimicry Among Mammals." *American Naturalist* 104: 585–88.

52   Kirwan, G. M. (1996) "Rostratulidae(Painted–Snipes)." p. 297, in J. del Hoyo, A. Elliott and J. Sargatal, eds., *Handbook of the Birds of the World*, vol. 3, Hoatzin to *Auk*s, pp. 292–301(Barcelona: Lynx Ediciόns). 이와 같은 예는 종종 생물학자들이 성역할이라고 부른다.

53   제4장에서 동성애 성역할과 동성애를 '유사 이성애'로 해석하는 것에 대한 논의를 참조하라.

54   큰뿔양(Berger 1985). 인간과 동물의 비교에 대한 추가 논의는 제2장을 참조하라.

55   Policansky, D. (1982) "Sex Change in Plants and Animals." *Annual Review of*

Ecology and Systematics 13: 471–95; Forsyth, A. (1986) *A Natural History of Sex: The Ecology and Evolution of Mating Behavior*, chapter 13. (New York: Scribner's).

56 어류의 성전환에 대한 조사는 다음을 보라. Potts, G. W. and R. J. Wootton, eds., (1984) *Fish Reproduction: Strategies and Tactics*(London: Academic Press); Warner, R. R. (1978) "The Evolution of Hermaphroditism and Unisexuality in Aquatic and Terrestrial Vertebrates." in E. S. Reese and F. J. Lighter, eds., *Contrasts in Behavior: Adaptations in the Aquatic and Terrestrial Environments*, pp. 77–101(New York: Wiley); Warner, R. R. (1975) "The Adaptive Significance of Sequential Hermaphroditism in Animals." *American Naturalist* 109: 61–82; Warner, R. R. (1984) "Mating Behavior and Hermaphroditism in Coral Reef Fishes." *American Scientist* 72: 128–36; Policansky, "Sex Change."; Armstrong, C. N. (1964) *Intersexuality in Vertebrates Including Man*(London: Academic); Smith, C. L. (1975) "The Evolution of Hermaphroditism in Fishes." in R. Reinboth, ed., *Intersexuality in the Animal Kingdom*, pp. 295–310(New York: Springer Verlag); Smith, C. L. (1967) "Contribution to a Theory of Hermaphroditism." *Journal of Theoretical Biology* 17: 76–90.

57 Robertson, D. R. and R. R. Warner(1978) "Sexual Patterns in the Labroid Fishes of the Western Caribbean, II: The Parrotfishes(Scaridae)." *Smithsonian Contributions to Zoology* 255: 1–26; Warner, R.R. and I. F. Downs(1977) "Comparative Life Histories: Growth versus Reproduction in Normal Males and Sex−changing Hermaphrodites in the Striped Parrotfish, *Scartis croicensis.*" *Proceedings of the Third International Symposium on Coral Reefs I*(Biology): 275–82; Thresher, R. E. (1984) *Reproduction in Reef Fishes*(Neptune City, N.J.:T. F.H. Publications).

58 Paketi: Jones, G. P. (1980) "Growth and Reproduction in the Protogynous Hermaphrodite *Pseudolabrus celidotus*(Pisces: Labridae) in New Zealand." *Copela* 1980: 660–75; Ayling, T. (1982) *Sea Fishes of New Zealand*, p. 255(Auckland: Collins). Humbug damselfish: Coates, D. (1982) "Some Observations on the Sexuality of Humbug Damselfish, *Dascyllus aruanus*(Pisces, Pomacentridae) in the Field." *Zeitschrift für Tierpsychologie* 59: 7–18. Red Sea anemonefish: Fricke, H. W. (1979) "Mating System, Resource Defence

and Sex Change in the Anemonefish *Amphiprion akallopisos.*" *Zeitschrift für Tierpsychologie* 50: 313−26. Lantern bass and others: Petersen, C. W. and E. A. Fischer(1986) "Mating System of the Hermaphroditic Coral−reef Fish, *Serranos baldwini.*" *Behavioral Ecology and Sociobiology* 19: 171−78; Nakashima, Y., K. Karino, T. Kuwamura and Y. Sakai(1997) "A Protogynous Wrasse May Have a Functionally Simultaneous Hermaphrodite Phase." in M. Taborsky and B. Taborsky, eds., *Contributions to the XXV International Ethological Conference*, p. 214, Advances in Ethology no. 32(Berlin: Blackwell Wissenschafts−Verlag). Coral goby: Kuwamura, T., Y. Nakshima and Y. Yogo(1994) "Sex Change in Either Direction by Growth−Rate Advantage in the Monogamous Coral Goby, *Paragobiodon echinocephalus.*" *Behavioral Ecology* 5: 434−38; Nakashima, Y., T. Kuwamura and Y. Yogo(1995) "Why Be a Both−ways Sex Changer?" *Ethology* 101: 301−7.

제 2 장 인간 같은 동물, 동물 같은 인간

1 각 종의 개별 동물의 이름과 그들이 참여하는 활동은 다음 출처에서 가져왔다. 고릴라(Yamagiwa 1987a, Stewart 1977), 병코돌고래(Tavolga 1966), 서인도제도매너티(Hartman 1971), 샤망(Fox 1977), 보노보(Idani 1991), 검정짧은꼬리원숭이(Poirier 1964), 히말라야원숭이(Reinhardt et al. 1986), 일본원숭이(Sugiyama 1960), 필리핀원숭이(Hamilton 1914), 아시아무플론(Pfeffer 1967), 회색곰(Craighead 1979), 긴귀고슴도치(Poduschka 1981), 회색기러기(Lorenz 1991), 흰손긴팔원숭이(Edwards and Todd 1991), 오랑우탄(Rijksen 1978).

2 문화에 따른 다양한 인간 동성애에 대한 다른 조사는 다음을 참조하라. Ford, C. S. and F. A. Beach(1951) *Patterns of Sexual Behavior*(New York: Harper and Row); Bell, A. P. and M. S. Weinberg(1978) *Homosexualities: A Study of Diversity Among Men and Women*(New York: Simon and Schuster); Blackwood, E., ed., (1986) *The Many Faces of Homosexuality: Anthropological Approaches to Homosexual Behavior*(New York: Harrington Park Press); Greenberg, D. F. (1988) *The Construction of Homosexuality*(Chicago and London: University of Chicago Press); Murray, S. O., ed., (1992) Oceanic Homosexualities(New York: Garland); Plummer, K., ed., (1992) *Modern Homosexualities: Fragments of Lesbian and Gay Experience*(London: Routledge); Murray, S. O. (1995) *Latin*

American Homosexualities(Albuquerque: University of New Mexico Press); Murray, S. and W. Roscoe(1997) *Islamic Homosexualities: Culture, History and Literature*(New York: New York University Press).

3 캥거루: Dagg, A. I. (1984) "Homosexual Behavior and Female−Male Mounting in Mammals−a First Survey." p. 179, *Mammal Review* 14: 155−85. 큰뿔야생양: Weinrich, J. D. (1987) *Sexual Landscapes*, p. 294(New York: Charles Scribner's Sons). 병코돌고래(Caldwell and Caldwell 1977: 804).

4 감옥 동성애('강간'과 반대되는 남성 '짝 결합'을 포함해서)에서 발견되는 매개변수, 복잡성 및 변형에 대한 일부 논의는 다음을 참고하라. Donaldson, S. (1993) "A Million Jockers, Punks and Queens: Sex Among American Male Prisoners and Its Implications for Concepts of Sexual Orientation." *lecture delivered at the Columbia University Seminar on Homosexualities*; Wooden, W. S. and J. Parker(1982) *Men Behind Bars: Sexual Exploitation in Prison*(New York: Plenum). 다른 유형의 '상황적' 동성애의 유사한 요인에 대한 논의(즉 구성원 전체가 남성으로 이루어진 그룹에서 일어나는 성행위의 비획일적 특성에 대한 증거)는 다음을 참고하라. Williams, W. L. (1986) "Seafarers, Cowboys and Indians: Male Marriage in Fringe Societies on the Anglo−American Frontier." chapter 8 in *The Spirit and the Flesh: Sexual Diversity in American Indian Culture*, pp. 152−74(Boston: Beacon Press).

5 Donaldson, S. and W. R Dynes(1990) "Typology of Homosexuality." in W. R. Dynes, ed., *Encyclopedia of Homosexuality*, vol 2, pp. 1332−37(New York and London: Garland). Donaldson과 Dynes의 유형학은 성적 지향, 성별 표현, 시간적 또는 시간적 패턴을 나타내는 세 가지 주요 축을 사용한다. 여기에서는 이 3축 도해가 다른 여러 축을 포함하도록 확장시켰다.

6 여기에서 구체적으로 고려되지 않은 '축', 예를 들어 성별화한 동성애 상호작용이나 같은 성 맥락에서의 성별 역할의 복잡한 표현 같은 것에 대한 논의는 제4장을 참조하라.

7 Weinrich, J. D. (1982) "Is Homosexuality Biologically Natural?" in W. Paul, J. D. Weinrich, J. C. Gonsiorek and M. E. Hotveldt, eds., *Homosexuality: Social, Psychological and Biological Issues*, pp. 197−211(Beverly Hills, Calif: SAGE Publications).

8 Gadpaille, W. J. (1980) "Cross−Species and Cross−Cultural Contributions to Understanding Homosexual Activity." *Archives of General Psychiatry* 37: 349−

56; Dagg, "Homosexual Behavior and Female-Male Mounting in Mammals."; Vasey, P. L. (1995) "Homosexual Behavior in Primates: A Review of Evidence and Theory." *International journal of Primatology* 16: 173-204.

9   여기에는 가축화한 양에 대한 최근의 행동 및 생리학적 연구에서와 같이, 배타적 동성애에 대한 증거가 때로 훨씬 더 결정적으로 보이는 가축화한 종은 포함하지 않았다. Adler, T. (1996) "Animals' Fancies(Why Members of Some Species Prefer Their Own Sex." *Science News* 151: 8-9; Resko et al. 1996; Perkins et al. 1992, 1995를 보라. 또한 동성애 지향 또는 '선호도'에 대한 질문은 동물 동성애가 대체로 '불가피한 일' 또는 '최후의 수단'이라는, 즉 이성의 부재 또는 이용 불가에 대한 대응이라고 보는 일반적인 오해와 관련이 있다. 이 문제는 제4장에서 더 자세히 다룰 것이다.

10   은갈매기(Mills 1991), 회색기러기(Huber 및 Martys 1993), 훔볼트펭귄(Scholten 1992 및 개인적인 통신). 또한 비록(다른 종과 달리) 반대쪽 성의 새가 없을 때 발생하긴 했지만, (포획 상태) 수컷 노란등로리 간의 짝 결합은 14년이 넘게 지속한 것으로 기록되었다(Low 1977: 134).

11   갈라(Rogers and McCulloch 1981), 바다갈매기(Riddiford 1995), 붉은부리갈매기(van Rhijn and Groothuis 1985, 1987), 민물가마우지(Fukuda 1992), 이색개미잡이새(Willis 1967, 1972), 검둥고니(Braithwaite 1981), 북미갈매기(Kovacs and Ryder 1981), 서부갈매기(Hunt and Hunt 1977), 검은목아메리카노랑솔새(Niven 1993). 또한 Clarke(1982: 71)의 포획 상태 수컷 흰이마아마존앵무 사이에 최소 2년 이상 지속한 짝 결합에 대한 문서를 참조하라.

12   병코돌고래(Wells 1991, 1995; Wells et al. 1987). 또 다른 가능한 예로는 평생 동안 서로 '연합 관계'를 형성하는 수컷 치타가 있다. 이 중 많은 개체가 암컷과 짝짓기를 하고, 특히 수컷 짝 간의 성적인 행동은 포획 상태에서 최근에야 확인되었지만(Ruiz-Miranda et al. 1998), 적어도 일부 짝을 이룬 수컷은 생애의 상당한 부분 동안 이성애 접촉의 기회가 없을 것이다(특히 그러한 수컷의 반대쪽 성과의 교미 기회가 흔히 감소한다는 사실을 고려하면 더욱 그러하다[Caro 1994: 252, 304]).

13   동성애와 이성애 패턴의 유사점과 차이점은 다음 절 '성적인 거장'에서 더 자세히 논의한다.

14   Kleiman, D. G. (1977) "Monogamy in Mammals." *Quarterly Review of Biology* 52: 39-69; Clutton-Brock, T. G. (1989) Mammalian Mating Systems." *Proceedings of the Royal Society of London*, Series B 235: 339-72. 이러한 쌍을 이루는 대부분의 포유류에서 동성애는 보고되지 않았다. 그러나 같은 성 활동은 긴팔

원숭이, 제프로이타마린 및 늑대 사이에서 발생하지만, 짝으로 서로 결합한 동물 사이에서는 발생하지 않는다. 긴팔원숭이에서 동성애 상호작용은 근친상간, 즉 아비와 아들(들) 사이에서 일어난다. 삐딱하게 보면, 이러한 동성애 패턴은 일종의 '일부일처제'다. 왜냐하면 성적인 활동이 주요 관계나 가족 단위 외부에서는 추구되지 않기 때문이다. 흥미롭게도 긴팔원숭이는 때로 배우자가 아닌 파트너와 문란한 교미를 추구한다. 그러나 지금까지 보고된 그러한 모든 사례는 동성애가 아니라 이성애 불륜이었다(예를 들어 Palombit 1994s,b 참조).

15   고릴라(Robbins 1995: 29, 30, 38), 하누만랑구르(Rajpurohit et al. 1995: 292).

16   물론 그러한 맥락에서 동성애는 암컷이 없기 때문에 발생한다는 주장, 즉 엄격히 '상황적'이거나 '기본적'이라는 주장이 자주 제기됐다. 이것은 수컷이 필연적으로 같은 성 그룹에 살고, 동성애 활동에 참여하도록 '강제'된다고 가정하는, 지나치게 단순화한 것이다. 이 해석에 대한 추가 토론 및 증거는 제5장을 참조하라. 더 나아가, 동성애 행위는 '기본적으로' 여전히 동성애 행위다. '진정한' 동성애를 구별하기 위해 참가자의 '동기'나 욕구를 고려한다면, 다른 성 간의 상호작용에 대해서도 동일하게 그러한 요소를 고려해야 한다. 실상은 많은 상황에서 이성애 행동도 역시 '상황적'이며, 파트너 중 하나 또는 둘 모두가 적극적으로 추구하지 않거나 심지어 명백하게 저항하지만, 여전히 '이성애'라는 우산 아래 속한다는 것이다(이에 대한 논의와 예시에 대해서는 제4장과 제5장을 참고하라).

17   산얼룩말(Rasa and Lloyd 1994: 172), 아메리카들소(Komers et al. 1992: 197, 201).

18   검은두건랑구르(Hohmann 1989: 445-47), 목도리도요(van Rhijn 1991; Hogan-Warburg 1966), 흰손긴팔원숭이(Edwards and Todd 1991), 붉은여우(Macdonald 1980: 137; Schantz 1984: 200; Storm and Montgomery 1975: 239).

19   이러한 패턴 대부분은 인간의 양성애에서도 일부 증명된다. 계절적 양성애(잘 알려지지 않은 패턴 중 하나)의 예는 남성이 겨울에 여성 파트너를 갖고 여름에 남성 파트너를 가졌던 중세 페르시아 관습에 대한 설명을 참조하라(Murray and Roscoe, Islamic Homosexualities, p. 139).

20   Kinsey, A. C., W. B. Pomeroy and C. E. Martin(1948) *Sexual Behavior in the Human Male*, pp. 638-41 (Philadelphia: W. B. Saunders).

21   계산은 다음 출처의 자료에 기초했다. 보노보(Idani 1991: 90-91 [tables 5-6]), 붉은큰뿔사슴(Hall 1983: 278 [table 2]), 보넷원숭이(Sugiyama 1971: 259-60 [tables 8-9]), 돼지꼬리원숭이(Tokuda et al. 1968: 288, 290 [tables 3, 5]), 코브(Buechner and Schloeth 1965: 219 [table 2]).

22 R. Wrangham, quoted in Bull, C. (1997) "Monkey Love." *The Advocate*, June 10, 735: 58. 이것은 과학자들과 대중 언론에 의해 영구화되는, 동물 동성애에 대한 흔한 오해의 소지가 있는 진술의 한 예에 불과하다. 자세한 논의는 제3장을 참조하라.

23 암컷은 평균 5.2마리의 서로 다른 암컷 파트너와 4.1마리의 수컷 파트너를 가졌고, 암컷 파트너의 숫자 범위는 4-9마리였고(10개의 무리에서), 수컷 파트너의 숫자 범위는 1-9마리였다(10개의 무리에서)(Idani 1991: 91). 물론 이 모든 수치는 보노보 행동의 비교적 짧은 '스냅샷'(3개월을 관찰했다)에 불과하지만, 장기간 또는 평생 동안 이어지는 패턴은 비슷한 범위의 변동을 보일 가능성이 있다. 암컷 보노보는 전적인 이성애자도 아니고 전적인 동성애자도 아니기 때문에 de Waal(1997: 192)은 이들의 성적 취향을 설명하기 위해 범성애pansexual라는 용어의 사용을 옹호한다. 이렇게 특성을 매기는 것은 개체가 다양한 같은 성 대對 반대쪽 성 상호작용을 나타낸다는 것을 주지하는 한, 양성애라는 용어만큼 적절하다(즉 이 종에 '범성애' 또는 '양성애'의 많은 단계가 있다).

24 물론 성적 '선호도' 외에도 여러 다른 요인들이 짝 선택에 관련되며, 특히 짝의 가용성 및 특정 특성과 관련해서는 더욱 그러하다. 그러나 일부 동물만이 동성애 또는 이성애 활동에 참여한다는 사실은 성적 지향의 차이가 개체 수준에서도 존재할 수 있음을 나타내는 중요한 지표다. 동성애(및 이성애) 활동의 발생에서 파트너 가용성이 나타낼 수 있는 역할에 대한 추가적인 논의는 제4장을 참조하라.

25 은갈매기: Mills 1991: 1525(표 1)에서, 야생에서 전 생애 동안 추적한 암컷 131마리에 대한 자료, 붉은부리갈매기: van Rhijn과 Groothuis 1985: 161(표 3)에 근거하여 7년 동안 연구한 포획 상태 무리의 수컷 27마리에 대한 자료, 일본 원숭이: Wolfe 1979: 526에서 반야생 개체군에서 연속된 2년간 암컷 46-58마리의 평균, 갈라: Rogers와 McCulloch 1981에서 27마리의 새로 구성된 2개의 포획 상태 개체군에서 수집한 6년 동안의 짝 결합 자료를 기반으로 했다.

26 Vasey, "Homosexual Behavior in Primates." p. 197.

27 같은 성 활동을 보는 이성애 짝이나 그 개체의 부모 등, 주변 동물의 무심한 반응에 대한 명쾌한 관찰은 다음을 보라. 침팬지(Kortlandt 1962: 132), 고릴라(Harcourt et al. 1981: 276), 흰손긴팔원숭이(Edwards and Todd 1991: 232-33), 일본원숭이(Wolfe 1984; Vasey 1995: 190), 범고래(Jacobsen 1986: 152), 쇠고래(Darling 1978: 55), 북방물개(Bartholomew 1959: 168), 아프리카물소(Mloszewski 1983: 186), 사자(Chavan 1981: 364), 붉은쥐캥거루(Johnson 1980: 356), 남부산캐비(Rood 1970: 442), 웃는갈매기(Noble and Wurm 1943: 205), 산쑥들꿩(Scott 1942: 495). 동성애

활동이 주변 동물로부터 아무런 반응을 얻지 못하면, 대부분의 경우 과학적 관찰자들은 단순히 다른 동물의 행동을 언급하지 않았다. 푸른배파랑새 종에서는 같은 성(및 반대쪽 성) '과시' 마운팅은 다른 새가 보고 있을 때만 수행된다(그러나 끼어들지는 않는다).

28 아프리카들소(Mloszewski 1983: 186), 사향소(Tener 1965: 75).

29 동성애 활동이 아닌 이성애 행동에 대한 괴롭힘이 보고된 다른 종은 다음과 같다. 코주부원숭이(Yeager 1990a: 224), 다람쥐원숭이(DuMond 1968: 121–22; Baldwin and Baldwin 1981: 304), 리추에(Neftd 1995), 늑대(Zimen 1976, 1981; Derixetal. 1993), 붉은목왈라비(Johnson 1989: 275), 회색다람쥐(Koprowski 1992a: 393; 1993: 167–68), 세가락갈매기(Chardine 1986), 임금펭귄(Stonehouse 1960: 32). 하누만랑구르에서는 이성애 교미의 83% 이상이 괴롭힘을 당하는 반면, 동성애에 대한 괴롭힘은 가끔만 발생한다(Sommer 1989a: 208; Srivastava et al. 1991: 497). 이성애 마운팅에 대한 더 심한 간섭에 대해서는 다음을 보라. 일본원숭이(Hanby 1974: 840), 무어마카크원숭이(Matsumura and Okamoto 1998: 227–28). 또한 이성애 짝짓기에 대한 추가적인 논의는 제5장을 참조하라.

30 보노보(de Waal 1995: 48, 1997: 117, 120; Hashimoto 1997: 12), 갈까마귀(Rdell 1978: 29), 기아나바위새(Ifail 및 Koutnik 1986: 210–11). 때로 여러 종(예: 히말라야원숭이와 필리핀원숭이, 얼룩하이에나)에서 희생양scapegoating이라고 알려진 현상이 발생한다. 이 현상은 여러 개체가 분쟁에 직접 관련되지 않은 다른 개체를 공격하기 위해 힘을 합치는 것이다. 주목할 점은, 동성 활동에 참여하는 개체는 희생양으로 특별히 표적이 되지 않는다는 것이며, 실제로 이러한 행동은 보통 성적인 활동과 전혀 관련이 없다(Harcourt, A. H. 및 FBM de Waal, eds., (1992) *Coalitions and Alliances in Humans and Other Animals*, pp. 87, 91, 129, 240 [Oxford: Oxford University Press]).

31 사바나개코원숭이(Marais 1922/1969), 붉은큰뿔사슴(Darling 1937), 가터얼룩뱀(Mason and Crews 1985).

32 회색기러기(Lorenz 1979, 1991; Huber and Martys 1993; Schbnfeld 1985), 검둥고니(Braithwaite 1981).

33 예를 들어 일본원숭이, 사바나개코원숭이, 코브, 흑고니, 장다리물떼새, 카스피제비갈매기, 검은부리까치.

34 회색기러기(Huber and Martys 1993), 검둥고니(Braithwaite 1981), 홍학(King 1994, 1993a,b; E. Stevens, 개인적인 통신), 장미목도리앵무(Hardy 1963: 187, 1965:

150), 웃는갈매기(Noble and Wurm 1943: 205; Hand 1981: 138–39), 아프리카목고리앵무(Goodwin 1983: 87), 검은두건랑구르(Hohmann 1989: 452), 사자(Cooper 1942: 27–28), 히말라야원숭이(Fairbanks et al. 1977: 247), 일본원숭이(Vasey 1998), 침팬지(de Waal 1982: 64–66), 리빙스턴과일박쥐(Courts 1996: 27), 사바나개코원숭이(Marais 1922/1969: 205–6). 길들인 십자매의 동성애 쌍도 다른 새를 공격한다(Masatomi 1959). 또한 많은 포유류(예: 침팬지, 보넷원숭이, 사바나개코원숭이, 병코돌고래, 대서양알락돌고래, 치타)에서는 수컷 쌍이 '연합' 또는 '동맹'을 맺어, 다른 동물에게 도전하고 공격한다. 양성애 트리오 일부인 검은머리물떼새에의 동성애 유대 관계에 있는 암컷에서도 비슷한 현상이 나타난다.

35 검은머리꼬리감기원숭이(Linn et al. 1995: 50), 붉은쥐캥거루(Ganslosser and Fuchs 1988: 311), 산쑥들꿩(Patterson 1952: 155–56), 고릴라(Harcourt et al. 1981: 276; Fisher and Nadler 1978: 660–61), 보노보(de Waal 1997: 114, 130), 캐나다기러기 (Allen 1934: 197–98), 엘크(Franklin and Lieb 1979: 188–89), 일본원숭이(Vasey 1998), 히말라야원숭이(Akers and Conaway 1979: 76), 갈까마귀(Rdell 1979: 124–25). 청다리도요에서는 동성애 교미를 하는 수컷의 암컷 파트너는 같은 성 간의 상호작용 중에 위협적인 울음을 내었지만 방해하지는 않았다(Nethersole–Thompson 1951: 109–10).

36 흰꼬리사슴(Thomas et al. 1965). 트랜스젠더 동물이 괴롭힘을 당하는 또 다른 가능한 예는 파케티(뉴질랜드 물고기)에서 찾을 수 있다. Ayling(1982: 255)은 복장도착 물고기의 진짜 성별이 밝혀지면 공격('구타')을 당한다고 주장한다. 그러나 이 설명의 기초가 된 Jones(1980)는 실제로 그러한 행동에 대해 언급하지 않았다. (Ayling, T. [1982] Sea Fishes of New Zealand[Auck land: Collins]; Jones, G. P. [1980] "Growth and Reproduction in the Protogynous Hermaphrodite *Pseudolabrus celidotus*[Pisces: Labridae] in New Zealand." *Copeia* 1980: 660–75).

37 Manakadan, R. (1991) "A Flock of One–Legged Greenshanks Tringa nebularia." *Journal of the Bombay Natural History Society* 88: 452.

38 북미갈매기(Kovacs and Ryder 1983; Fetterolf et al. 1984), 일본원숭이(Wolfe 1986: 272; Gouzoules and Goy 1983: 41), 회색기러기(Huber and Martys 1993: 161–62), 청둥오리(Schutz 1965). 또한 Heg and van Treuren(1998: 689)은 검은머리물떼새의 양성애 트리오가 최적의 영역에서 비非최적인 영역만큼 흔하다는 것을 발견했다.

39 Weinrich, *Sexual Landscapes*, p. 308.

40 보노보(de Waal 1997: 107), 병코돌고래(Wells et al. 1987: 294), 오랑우탄(Galdikas 1981: 285, 297, 1995: 172; Kaplan and Rogers 1994: 82).

41 의심할 여지없이, 이러한 모든 범위의 특성을 나타내는 다른 종도 발견될 수 있다. 이 중 여러 모습이 몽땅꼬리원숭이의 성적인 특징이라고 알려져 있다. 예를 들면, 숨겨진 발정 주기(de Waal 1989: 150 참조), 항문 및 구강성교, 짝과 비슷한 '성적인 우정' 혹은 '선호하는 파트너'가 있다(아직 야생에서 이 종에 대해 배워야 할 것이 많이 남아 있다). 유사하게 일본원숭이는 짝 관계를 이룬 배우자, 얼굴을 마주 보는 성관계 그리고 성관계/짝짓기 활동에 있어서 '사회계급'의 차이가 있다(참고 Corradino 1990: 360). 반면 고릴라는 얼굴을 마주 보고 교미를 하고, 유대 관계 또는 '선호하는 파트너', 숨겨진 발정 주기(cf. Wolfe 1991: 125), 구강성교를 한다. 이러한 특성 중 일부는 영장류와 고래류 이외의 동물 그룹에서도 개별적으로 발생한다. 예를 들어 눈표범은 때로 얼굴을 마주 보는 짝짓기 체위를 사용하고, 목도리도요는(다른 특징 중에서도) 다양한 성적 행동을 하는 수컷 간에 고도로 구조화된 '서열' 체계를 가지고 있다(Freeman, H. [1983] "Behavior in Adult Pairs of Captive Snow Leopards[Panthera uncia]", *Zoo Biology* 2: 1-22). 인간이 독특하다는 또 다른 잘못된 주장은 어떤 동물도 '(상호) 안드로필리아'로 알려진 일종의 동성애를 나타내지 않는다는 것이다. 안드로필리아는 두 성체 남성 모두 전형적으로 '여성스러운' 젠더 표현이나 성적 행동을 채택하지 않는 상호작용을 말한다. 동물에서 안드로필리아가 없을 것이라는 가정에 대한 내용은 Houser, W. [1990] "Animal Homosexuality.", W. R. Dynes, ed., *Encyclopedia of Homosexuality*, vol. 1, pp. 60-63 [New York and London: Garland]를 참조하라. 사실, 정확히 이런 종류의 동성애는 회색기러기와 청둥오리 수컷 쌍뿐만 아니라 다른 많은 종에서도 발생한다. 동성애 상호작용에서 성 역할(또는 그 부재)에 대한 자세한 논의는 제4장을 참조하라.

42 Weinrich, *Sexual Landscapes*, p. 305(where this idea is formulated as the "technique puzzle." and characterized as "a disturbing generalization."); Masters, W. H. and V. E. Johnson(1979) *Homosexuality in Perspective*(Boston: Little, Brown).

43 마찬가지로 이성애 행위와 반대되는 동성애의 기간(예: 마운팅)은 일반적으로 비슷하다. 그러나 일부 종(예: 고릴라, 흰손긴팔원숭이, 아메리카들소, 서인도제도매너티)에서는 동성애 상호작용이 일반적으로 더 오래 지속하는 반면, 다른 종(예: 잔점박이물범, 붉은여우, 훔볼트펭귄, 긴꼬리벌새)에서는 이성애 만남이 일반적으로 더 오래 지속한다. 많은 종에서 동성애 상호작용은 파트너의 역할 차이 측면에서 더 큰 가변성

또는 유연성을 나타낸다(추가 논의는 제4장을 참조하라).

44 보노보(Kitamura 1989: 53-57, 61; Kano 1992: 187), 고릴라(Fischer and Nadler 1978: 660-61; Yamagiwa 1987J: 12-14, 1987b: 37; Harcourt and Stewart 1978: 611-12), 하누만랑구르(Weber and Vogel 1970: 76; Srivastava ct al. 1991: 496-97).

45 일본원숭이(Hanby and Brown 1974: 164; Hanby 1974: 838-40).

46 홍학(C. E. King, personal communication).

47 머리와 꼬리를 맞대는 자세는 투쿠시돌고래와의 종간 동성애 상호작용에서 발생한다. (파트너의 성별과 관계없이) 마운팅 위치가 동일한 종 내內에서 일어날 때와 종간에서 일어날 때 차이가 나타나는 현상은 다른 고래류에서도 발견된다. 예를 들어 병코돌고래에서 배-배 교미 체위는 동성애와 이성애 모두의 동종 접촉의 전형인 반면(특히 McBride와 Hebb 1948: 115를 참조하라), 옆으로 하는 등-배 체위는 대서양알락돌고래 암수와의 종간 접촉에서 나타난다(Herzing and Johnson 1997: 92, 96).

48 Anderson, S. (1993) "Stitchbirds Copulate Front to Front." *Notornis* 40: 14; Tyrrell, E. Q. (1990) *Hummingbirds of the Caribbean*, pp. 114, 155(New York: Crown Publishers); "Red-capped Plover, *Charadrius ruficapillus*." in S. Marchant and P. J. Higgins, eds. (1993) *Handbook of Australian, New Zealand and Antarctic Birds*, vol. 2, pp. 836-47(Melbourne: Oxford University Press); Wilkinson, R. and T. R. Birkhead(1995) "Copulation Behavior in the Vasa Parrots *Coracopsis vasa* and *C. nigra*." *Ibis* 137: 117-19; Kilham, L. (1983) *Life History Studies of Woodpeckers of Eastern North America*, pp. 49-50, 143, 160(Cambridge, Mass.: Nuttall Ornithological Club); Southern, W. E. (1960) "Copulatory Behavior of the Red-headed Woodpecker." *Auk* 77: 218-19.

49 Vasey, "Homosexual Behavior in Primates." p. 195.

50 자세한 내용은 II부의 영장류 설명과 제5장의 비생식적 이성애에 대한 논의를 참조하라.

51 많은 특정 사례에 대한 언급을 포함하여 동물의 문화적 전통에 대한 논의는 다음을 참조하라. Bonner, J. T. (1980) *The Evolution of Culture in Animals*(Princeton, N.J.: Princeton University Press); Galef, B. G., Jr. (1995) "Why Behavior Patterns That Animals Learn Socially Are Locally Adaptive." *Animal Behavior* 49: 1325-34; Lefebvre, L. (1995) "The Opening of Milk Bottles by Birds: Evidence for Accelerating Learning Rates, but Against the Wave-of-Advance Model of Cultural

Transmission." *Behavioral Processes* 34: 43-54; Menzel, E.W., Jr., ed. (1973) *Precultural Primate Behavior*(Symposia of the Fourth International Congress of Primatology, vol. 1)(Basel: S. Karger); Gould, J. L. and C. G. Gould(1994) *The Animal Mind*(New York: Scientific American Library). For an excellent survey of animal cultural traditions, see Mundinger, P. C. (1980) "Animal Cultures and a General Theory of Cultural Evolution." *Ethology and Sociobiology* 1: 183-223.

52 일본원숭이(Itani 1959; Gouzoules and Goy 1983: 47; Eaton 1978; Wolfe 1984: 152), 몽땅꼬리원숭이(Chevalier-Skolmkoff 1976: 512; Bertrand 1969: 193-94), 사바나개코원숭이(Ransom 1981: 139). 하누만랑구르에서 암컷 사이의 마운팅은 개체 간에도 나타나고 지리적 영역에 따라서도 넓은 다양성을 나타내기 때문에, 문화적 요소를 가질 수도 있다. 일부 지역(예: 인도의 조드푸르)에서는 자주 발생하고, 다른 지역(예: 인도의 아부 및 사리스카)에서는 덜 발생하며, 또 다른 지역(예: 스리랑카)에서는 거의 발생하지 않고, 어떤 지역(예: 네팔의 일부 지역)에서는 전혀 발생하지 않는다(Srivastava et al. 1991: 504-5 [table V]). 침팬지의 이성애 구애 방식도 문화적 차이를 보인다(특히 Nishida 1997: 394를 참조하라).

53 보노보(Savage-Rumbaugh et al. 1977; Savage-Rumbaugh and Wilkerson 1978; Savage와 Bakeman 1978; Roth 1995; S. Savage-Rumbaugh, 개인적인 통신). 그림, 구두 설명 및 수신호의 '주석'과 첨부된 그림의 의미는 위 출처를 기반으로 한다. 성적이지 않은 상황에서 사용되는 제스처뿐만 아니라, 이러한 제스처 중 일부에 대한 대체할 만한 설명은 de Waal 1988: 214-21을 참조하라.

54 보노보(Savage-Rumbaugh and Wilkerson 1978: 334; Roth 1995: 75, 88).

55 보노보(Savage-Rumbaugh et al. 1977: 108).

56 예를 들어 미국 수화의 구조를 연구하는 언어학자들은 투명한 기호(수화 사용자가 아닌 경우에도 형태에서 의미를 쉽게 식별할 수 있는 유사 모방 제스처)에서 반투명 기호(의미와 형식 사이의 연결을 식별할 수 있지만 기호의 의미를 알지 못하면 자동으로 식별이 불가능한 제스처) 그리고 불투명한 기호(모든 형식-의미 대응이 손실된 제스처)까지 이르는 기호 상징성에 연속체 성격이 있다고 본다. 이러한 기준에 따르면 보노보 제스처는 주로 투명-반투명 범위에 속한다. 추가적인 논의는 Klima, E. S and U. Bellugi(1979) The Signs of Language, 특히 제1장, "Iconicity in Signs and Signing." (Cambridge: Harvard University Press)을 참조하라.

57 이 제스처 체계는 '훈련받지 않은' 보노보이긴 하지만, 포획 상태에서만 관찰되었다. 야생 보노보에 대한 연구는 성행위와 관련해서 정교함이 조금 떨어지는 의사소통 레

퍼토리를 밝혀냈지만, 연구자들은 성행위의 일부 에피소드 이전에 나타나는 유사한 유형의 의사소통 교환을 확인했다(예: Kitamura 1989: 54-55; Enomoto 1990: 473-75). 또한 많은 행동이 현장에서 쉽게 놓칠 수 있음을 기억해야 한다(특히 야생 보노보를 관찰할 때의 특별한 어려움을 감안해야 한다. de Waal 1997: 12, 63-64, 70, 76-77 참조). 따라서 더 정교한 제스처 레퍼토리가 야생 보노보에서 발생하지만 아직 관찰되지 않았을 가능성이 있다. 야생이 아닌 포획 상태에서만 관찰되는 행동 문제에 대한 자세한 내용은 제4장을 참조하라.

58   Hewes, G. W. (1973) "Primate Communication and the Gestural Origin of Language." *Current Anthropology* 14: 5-24; Hewes, G. W. (1976) "The Current Status of the Gestural Theory of Language Origin." in S. Harnad, H. Steklis and J. Lancaster, eds., *Origins and Evolution of Language and Speech. Annals of the New York Academy of Science*, vol. 280, pp. 482-504(New York: New York Academy of Sciences).

59   보노보(Roth 1995: 4-45).

60   Beck, B. B. (1980) *Animal Tool Behavior: The Use and Manufacture of Tools by Animals*(New York: Garland); Goodall 1986: 545-48, 559(Common Chimpanzee); van Lawick-Goodall, J., H. van Lawick and C. Packer(1973) "Tool-Use in Free-living Baboons in the Gombe National Park, Tanzania." *Nature* 241: 212-13; McGrew, W. C. (1992) *Chimpanzee Material Culture: Implications for Human Evolution*(Cambridge: Cambridge University Press); Berthelet, A. and J. Chavaillon, eds., (1993) *The Use of Tools by Human and Nonhuman Primates*(Oxford: Clarendon Press); Weinberg, S. M. and D. K. Candland(1981) "'Stone-Grooming' in Macaco fuscata." *American Journal of Primatology* 1: 465-68.

61   오랑우탄(Rijksen 1978: 262-63; Nadler 1982: 241; Harrison 1961: 61).

62   침팬지(Bingham 1928: 148-50; Kollar et al. 1968: 456-57; Goodall 1986: 559-60; McGrew, *Chimpanzee Material Culture*, p. 183), 보노보(Takeshita and Walraven 1996: 428; Walraven et al. 1993: 28, 30; Becker, C. [1984] *Orang-Utans und Bonobos im Spiel: Untersuchungen zum Spielverhalten von Menschenaffen*[Orang-utans and Bonobos at Play: Investigations on the Play Behavior of Apes], pp. 149, 152, 193-94 [Munich: Profil-Verlag]). 암컷 일본원숭이는 자위를 위해 무생물을 사용하는 것으로 보고되었지만(Rendall and Taylor

1991: 321), 이것이 '도구'의 사용인지, 아니면 단순히 표면에 성기를 문지르는 것인지는 분명하지 않다(다른 많은 종에서 볼 수 있다). 영장류 이외의 동물에 대한 자위 도구 사용도 가끔 보고된다. 예를 들어 수컷 및 암컷 고슴도치가 생식기를 자극하기 위해 물건에 걸터앉은 상태에서, 앞발에 막대기를 들고 있는 것에 대한 Shadle의 설명을 참조하라(Shadle, A. R. [1946] "Copulation in the Porcupine." *Journal of Wildlife Management* 10: 159-62; Shadle, A. R., M. Smelzer and M. Metz[1946] "The Sex Reactions of Porcupines[*Erethizon d. dorsatum*] Before and After Copulation." *Journal of Mammalogy* 27: 116-21). 때로 침팬지와 보노보는 물체 또는 '도구'를 이성애 구애 및 간청 중에 사용한다(참조. McGrew, *Chimpanzee Material Culture*, pp. 82, 188; Nishida 1997: 385, 394 [Common Chimpanzee]; de Waal 1997: 120 [Bonobo]).

63 보넷원숭이(Sinha 1997). Sinha(1997: 23)는 이 암컷이 도구를 사용하여 질을 '긁었다'고 생각한다. 아마도 '약간의 자극' 때문일 수 있지만 그 존재가 확정되지는 않았다. 도구를 사용하지 않는 자위행위가 암수 보넷원숭이에서 규칙적으로 발생한다는 점을 특별히 고려한다면, 성적인 자극은 관찰된 행동('긁는 것' 대신에 또는 이와 함께)과도 양립 가능하다(cf. Makwana 1980: 11; Kaufman and Rosenblum 1966: 221, Rahaman and Parthasarathy 1969: 155).

64 예로는 다음을 참조하라. Rawson, P. (1973) *Primitive Erotic Art*, especially pp. 20, 71(New York: G. P. Putnam's Sons); Kinsey, A. C., W. B. Pomeroy, C. E. Martin and P. H. Gebhard(1953) *Sexual Behavior in the Human Female*, p. 136(Philadelphia: W. B. Saunders). (자신에 대한 자극이 아닌) 파트너의 성적 자극에 사용하는 도구의 예는 인간이 아닌 종에서 아직 보고되지 않았다. 인간이 아닌 영장류와 초기 인간 도구 사용의 진화에서, 성적 쾌락의 역할에 대한 최근 논의에 대해서는 다음을 보라. Vasey, P. L. (1998) "Intimate Sexual Relations in Prehistory: Lessons from Japanese Macaques." *World Archaeology* 29: 407-25.

65 근친상간 발생과 금기의 문화적 다양성뿐만 아니라, 이러한(그리고 기타) 예에 대한 추가적인 논의는 다음을 보라. Leavitt, G. C. (1990) "Sociobiological Explanations of Incest Avoidance: A Critical Review of Evidential Claims." *American Anthropologist* 92: 971-93; Arens, W. (1986) *The Original Sim Incest and Its Meaning*(New York and Oxford: Oxford University Press); Livingstone, F. B. (1980) "Cultural Causes of Ge netic Change." in G. W. Barlow and J. Silverberg, eds., *Sociobiology: Beyond Nature/Nurture?* pp. 307-29, AAAS Selected

Symposium, no. 35(Boulder: Westview Press); Schneider, D. M. (1976) "The Meaning of Incest." *Journal of the Polynesian Society* 85: 149−69.

66 멜라네시아 동성애 관계에 대한 다양한 친족 제한에 대한 개요는 다음을 보라. Schwimmer, E. (1984) "Male Couples in New Guinea." pp. 276−77, in G. H. Herdt, cd., *Ritualized Homosexuality in Melanesia*, pp. 248−91(Berkeley: University of California Press); Murray, S. O. (1992) "Age−Stratified Homosexuality: Introduction." pp. 10−12, in Murray, *Oceanic Homosexualities*, pp. 293−327. 뉴기니 동성애에 관한 자세한 내용은 제6장을 참고하라.

67 Leavitt, "Sociobiological Explanations." pp. 974−75; Livingstone, "Cultural Causes." p. 318. 동물에서 어떤 형태의 근친교배(예: 사촌 간)가 실제로 유익한 유전적, 사회적 효과를 가질 수 있고 일부 종(예: 버빗원숭이, 메추라기)에서 선호된다는 주장은 다음을 보라. Moore and Ali 1984(Bonnet Macaque); Bateson, P. (1982) "Preferences for Cousins in Japanese Quail." *Nature* 295: 236−37; Shields, W. M. (1982) *Philopatry, Inbreeding and the Evolution of Sex*(Albany: State University of New York Press); Cheney, D. M. and R. M. Seyforth(1982) "Recognition of Individuals Within and Between Groups of Free−Ranging Vervet Monkeys." *American Zoologist* 22: 519−30.

68 일본원숭이(Wolfe 1979; Chapais and Mignault 1991; Vasey 1996: 543; Chapais et al. 1997), 하누만랑구르(Srivastava et al. 1991: 509 [table II]; Sommer and Rajpurohit 1989: 304, 310), 보노보(Hashimoto et al. 1996: 315−16). 간혹 보노보 어미−딸 동성애 관계도 발생한다(Thompson−Handler et al. 1984: 355).

69 사바나개코원숭이(Smuts and Watanabe 1990: 167−70).

70 Berndt, R. and C. Berndt(1945) "A Preliminary Report of Field Work in the Ooldea Region, Western South Australia." pp. 245, 260−66, *Oceania* 15: 239− 75; Meggitt, M. J. (1962) *Desert People: A Study of the Walbiri Aborigines of Central Australia*, pp. 262−63. (Sydney: Angus and Robertson); Eibl−Eibesfeldt, I. (1977) "Patterns of Greeting in New Guinea." pp. 221, 226, in S. A. Wurm, ed., *New Guinea Area Languages and Language Study*, Vol. 3: *Language, Culture, Society and the Modem World*, pp. 209−47, Pacific Linguistics Series C, no. 40(Canberra: Australian National University Press). 베다미니족과 다른 뉴기니 부족에서 나타나는 의례적인 동성애에 대한 자세한 내용은 제6장을 참조하라.

71 흥미롭게도 고래와 돌고래처럼, 또 다른 고도로 지능적인 생물 그룹의 동성애 활동

도 여기에서 확인된 문화 활동의 여러 특징을 가지고 있다. 많은 고래류의 같은 성 활동은 개체나, 개체군 및 기간에 따라 상당히 다양하다. 예를 들어 수컷 범고래 사이의 성적인 상호작용은 지역에 따라 빈도와 발생이 다른 것으로 보이고(Rose 1992: 7), 병코돌고래 수컷 쌍은 다양한 개체군에서 다른 특성을 나타낸다(제5장 참조). '근친상간 금기'는 대부분의 수컷 범고래 동성애 상호작용에서 작용하는 것으로 보이며(Rose 1992: 112), 병코돌고래의 성적 활동에는 때로 의례적 혹은 '인사' 요소가 있다(Ostman 1991: 313). 또한 병코돌고래는 암수 모두 무생물을 사용하여 '자위' 또는 생식기 자극을 하는 것이 관찰되었다(Caldwell and Caldwell 1972: 430).

72   Hamer, D. and P. Copeland(1994) *The Science of Desire*: The Search for the Gay Gene and the Biology of Behavior, p. 213(New York: Simon and Schuster).

73   Ward, J. (1987) "The Nature of Heterosexuality." in G. E. Hanscombe and M. Humphries, eds., *Heterosexuality*, pp. 145–69. (London: GMP Publishers).

74   Weinrich, J. D. (1982) "Is Homosexuality Biologically Natural?" in W. Paul, J. D. Weinrich, J. C. Gonsiorek and M. E. Hotvedt, eds., *Homosexuality: Social, Psychological and Biological Issues*, pp. 197–208(Beverly Hills, Calif.: SAGE Publications). '자연스러움' 문제와 관련된 동물 동성애에 대한 초기 토론은 다음을 참조하라. Gide, A. (1911/1950) Corydon(New York Farrar, Straus and Co.).

75   Weinrich, ibid.; Plant, R. (1986) *The Pink Triangle: The Nazi War Against Homosexuals*, pp. 27, 185(New York Henry Holt); Grau, G., ed., (1995) *Hidden Holocaust? Gay and Lesbian Persecution in Germany* 1933–45, p. 284(London: Cassell); Mann, M. (1797/1866) *The Female Review: Life of Deborah Sampson, the Female Soldier in the War of the Revolution*, p. 225(Boston: J. K. Wiggin & W. P. Lunt) [excerpts reprinted in Katz, J. (1976) *Gay American History*, pp. 212–214(New York: Thomas Y. Crowell)]. Boswell, J. (1980) *Christianity, Social Tolerance and Homosexuality: Gay People in Western Europe from the Beginning of the Christian Era to the Fourteenth Century*, p. 309(Chicago: University of Chicago Press).

76   이러한 실험 연구(예: 호르몬 관련)의 요약 및 개요는 다음을 참조하라. Mondimorc, F. M. (1996) *A Natural History of Homosexuality*, pp. 111–13, 129–30(Baltimore: Johns Hopkins University Press). 일반적으로 실험용 쥐를 대상으로 하는 이러한 연구는 호르몬과 기타 실험적 치료에 의해 '유도된' 동성애 행동이, 관련된 실험용 동물의 야생 조상에서도 자발적으로 발생한다는 사실

을 계속 무시한다. 예를 들면, (유럽) 시궁쥐(참고, Barnett 1958)가 있다. '본성 대對 양육' 논쟁에 대한 일반적인 논의뿐만 아니라, 실험동물로부터 추론할 때 발생하는 추가적인 함정에 대해서는 다음을 참조하라. Byne, W. (1994) "The Biological Evidence Challenged." *Scientific American* 270(5): 50-55; LeVay, S. and D. H. Hamer(1994) "Evidence for a Biological Influence in Male Homosexuality." *Scientific American* 270(5): 44-49.

77   Weinrich, "Is Homosexuality Biologically Natural?" p. 207.

78   구체적인 예는 제5장과 Ⅱ부의 동물 설명을 참조하라.

79   동성애가 '자연스럽지 않다'는 내용의 동성애자에 대한 노골적인 진술은 다음을 참조하라. Comstock, G. D. (1991) *Violence Against Lesbians and Gay Men*, p. 74(New York: Columbia University Press).

80   Middleton, S. and D. Liittschwager(1996) "Parting Shots?" *Sierra* 81(1): 40-45.

81   이러한 활동에 대한 문서는 다음 출처를 참조하라. Ligon, J. D. (1970) "Behavior and Breeding Biology of the Red-cockaded Woodpecker." *Auk* 87: 255-78; Lennartz, M. R., R.G. Hooper and R. F. Harlow(1987) "Sociality and Cooperative Breeding of Red-cockaded Woodpeckers, Picoides borealis." *Behavioral Ecology and Sociobiology* 20: 77-88; Walters, J. R., P. D. Doerr and J. H. Carter III(1988) "The Cooperative Breeding System of the Red-cockaded Woodpecker." *Ethology* 78: 275-305; Walters, J. R. (1990) "Red-cockaded Woodpeckers: A 'Primitive' Cooperative Breeder." in P. B. Stacey and W. D. Koenig, eds., *Cooperative Breeding in Birds: Long-Term Studies of Ecology and Behavior*, pp. 69-101(Cambridge: Cambridge University Press); Haig, S. M., J. R. Walters and J. H. Plissner(1994) "Genetic Evidence for Monogamy in the Cooperatively Breeding Red-cockaded Woodpecker." *Behavioral Ecology and Sociobiology* 34: 295-303; Rossell, C. R., Jr. and J. J. Britcher(1994) "Evidence of Plural Breeding by Red-cockaded Woodpeckers." *Wilson Bulletin* 106: 557-59.

82   참고문헌의 전체 목록은 부록을 참조하라. 일화적이고 비과학적인 설명의 예는 다음을 참조하라. O'Donoghue, B. P. (1996) My Lead Dog Was a Lesbian: Mushing Across Alaska in the Iditarod-the World's Most Grueling Race, p. 42(New York: Vintage). 흥미롭게도 암컷과 수컷 모두에게 관심을 보인 암컷 개는 이 책에서 '성적으로 혼란스러운' 것으로 묘사하고 있으며 '가까이에 있는 모든 개'에게 기꺼이 마운트를 하려고 한다. 이는 야생동물의 양성애와 동성애에 대해 과학이 하던 설명과 비슷한,

주관적 특성화의 일종이다(3장과 제4장 참조).

83   Ford and Beach, *Patterns of Sexual Behavior*, p. 142; Denniston, R. H. (1980)
      "Ambisexuality in Animals." p. 34, in J. Marmor, ed., *Homosexual Behavior: A
      Modem Reappraisal*, pp. 25—40(New York Basic Books).

84   Kelley, K. (1978) *Playboy* interview: Anita Bryant, *Playboy*, May 1978, p. 82.
      Quoted in Weinrich, "Is Homosexuality Biologically Natural?" p. 198.

85   Lillian Faderman, interviewed in the *Seattle Gay News*, October 21, 1994, p.
      26. 또한 자신의 반려동물 테리어의 동성 활동에 대한 Faderman의 언급을 보라.
      Faderman, L. (1998) "Setting Love Straight." *The Advocate*, February 17, 753: 72.

제 3 장 야생의 동성애를 바라보는 지난 200년간의 시선

1   Edwards, G. (1758—64) *Gleanings of Natural History. Exhibiting figures of
      quadrupeds, birds, insects, plants, etc., many of which have not, till now, been
      either figured or described*, vol. 3, p. xxi(London: Royal College of Physicians),
      오랑우탄(Morris 1964: 502), 나무제비(Lombardo et al. 1994: 555).

2   비서구권 과학 전통, 특히 토착 문화의 동물 동성애 관찰에 대한 논의는 제6장을 참조
      하라.

3   Horapollo(1835) *Hieroglyphica*, Greek text edited by Conradus
      Leemans(Amsterdam: J. Muller; English translation by George Boas[New
      York: Pantheon, 1950]); Cory, A. T., ed. and trans., (1840) *The Hieroglyphics
      of Horapollo Nilous*(London: Pickering); Buffon, G. L. L. Count de(1749—
      67) *Histoire naturelle générale et particulière*(Natural History, General and
      Particular), 15 vols. (Paris: De l'Imprimerie royale); Edwards, Gleanings of
      Natural History. 동물 동성애에 대한 이들 및 기타 초기 참고문헌에 대한 주석이 달
      린 문헌 목록은 다음을 참조하라. Dynes, W. R. (1987) "Animal Homosexuality."
      in *Homosexuality*: A Research Guide, pp. 743—49(New York and London:
      Garland Publishing). 아리스토텔레스, 호라폴로 등에 대한 추가적인 논의는 다음을
      참조하라. Boswell, J. (1980) *Christianity, Social Tolerance and Homosexuality:
      Gay People in Western Europe from the Beginning of the Christian Era to
      the Fourteenth Century*, especially chapters 6 and 11(Chicago and London:
      University of Chicago Press).

4 Laboulmène 1859, Gadeau de Kerville 1896(곤충); Rollinat and Trouessart 1895, 1896(박쥐); Whitaker 1885(흑고니); Selous 1906-7(목도리도요); Karsch, F. (1900) "Päderastie und Tribadie bei den Tieren auf Grund der Literatur(문학을 기반으로 한 동물의 유행과 이성애)." *Jahrbuch für sexuelle Zwischenstufen* 2: 126-60.

5 Morris 1964(오랑우탄), Morris 1954(금화조), Morris 1952(청가시고기), Fossey 1983, 1990, Harcourt, Stewart and Fossey 1981, Harcourt, Fossey, Stewart and Watts 1980(고릴라), Lorenz 1979, 1991(회색기러기), Lorenz 1935, 1972(갈까마귀, 큰까마귀).

6 흑고니(Low and M. of Tavistock 1935: 147).

7 흰기러기(Quinn et al. 1989), 검은머리물떼새(Heg and van TYeueren 1998), 보노보(Hashimoto et al. 1996; Roth 1995; Savage-Rumbaugh et al. 1977), 붉은제비갈매기(Sabo et al. 1994), 목도리도요(Lank et al. 1995), 은갈매기(Mills 1989, 1991), 병코돌고래(Wells 1991, 1995; Wells et al. 1987), 붉은여우(Macdonald 1980; Storm and Montgomery 1975), 점박이하이에나(Mills 1990), 회색곰(Craighead and Craighead 1972; Craighead et al. 1995), 그리폰독수리(Mouze and Bagnolini 1995), 빅토리아비늘극락조(Frith and Cooper 1996), 장다리물떼새(Kitagawa 1988a).

8 분리 - 히말라야원숭이(Erwin and Maple 1976), 병코돌고래(McBride and Hebb 1948), 치타(Ruiz-Miranda et al. 1998), 긴귀고슴도치(Poduschka 1981), 붉은부리갈매기(van Rhijn 1985; van Rhijn and Groothuis 1987), 또한 Clarke 1982: 71(White-fronted Amazon Parrot)도 보라. 파트너 제거 - 반달잉꼬(Hardy 1963: 187). 전극이식 - 몽땅꼬리원숭이(Goldfoot et al. 1980). 귀머거리 만들기 - 다람쥐원숭이(Talmage-Riggs and Anschel 1973). 거세 - 필리핀원숭이, 히말라야원숭이(Hamilton 1914), 흰꼬리사슴(Taylor et al. 1964). 뇌엽절제술 - 집고양이(Green et al. 1957). 죽이거나 조직 채취 - 가터얼룩뱀(Noble 1937), 검은목아메리카노랑솔새(Niven 1993), 젠투펭귄(Roberts 1934). 동성애와 관련된 영장류 호르몬 치료 연구에 대해서는 다음 문헌 조사를 참조하라. Vasey, P. L. (1995) "Homosexual Behavior in Primates: A Review of Evidence and Theory." *International Journal of Primatology* 16: 173-204. 트랜스젠더 동물에게 투여된 호르몬 치료의 예는 다음을 참조하라. 사바나개코원숭이(Bielert 1984b, 1985), 흰꼬리사슴(Thomas et al. 1970).

9 Wolfe, L. D. (1991) "Human Evolution and the Sexual Behavior of Female Primates." p. 130, in J. D. Loy and C. B. Peters, eds., *Understanding Behavior:*

What Primate Studies Tell Us About Human Behavior, pp. 121-51(New York: Oxford University Press). 동물 동성애에 대한 과학적 정보가 아직 공개되지 않은 상태(이로 인해 부정확성이 지속된다)에 대한 다른 예로는 Weinrich가 동물학자와의 개인적인 대화와 편지에서 대부분의 정보를 어떻게 얻어야 했는지에 대한 설명을 참조하라. 이 절차는 10년 후, 이 책을 준비하면서 여전히 필요한 절차였다.(Weinrich, J. D. [1987] *Sexual Landscapes*, p. 308[New York: Charles Scribner's Sons]).

10 예는 다음을 보라. Hubbard, R., M. Henifin and B. Fried, eds., (1979) *Women Look at Biology Looking at Women: A Collection of Feminist Critiques*(Cambridge: Schenkman); Hrdy, S. B. and G. C. Williams(1983) "Behavioral Biology and the Double Standard," in S. K. Wasser, ed., *Social Behavior of Female Vertebrates*, pp. 3-17(New York: Academic Press); Shaw, E. and J. Darling(1985) *Female Strategies*(New York: Walker and Company); Kevles, B. (1986) *Females of the Species: Sex and Survival in the Animal Kingdom*(Cambridge, Mass.: Harvard University Press); Haraway, D. (1989) *Primate Visions: Gender, Race and Nature in the World of Modern Science*(New York; Routledge); Gowaty, P. A., ed. (1996) *Feminism and Evolutionary Biology: Boundaries, Intersections and Frontiers*(New York: Chapman Hall); Cunningham, E. and T. Birkhead(1997) "Female Roles in Perspective," *Trends in Ecology and Evolution* 12: 337-38. 생물학적 이론 대부분의 일반적인 남성 중심성에 대해서는 다음을 참조하라. Eberhard, W. G. (1996) *Female Control: Sexual Selection by Cryptic Female Choice*, pp. 34-36. (Princeton: Princeton University Press); Batten, M. (1992) Sexual Strategies(New York: Putnam's); Gowaty, P. A. (1997) "Principles of Females' Perspectives in Avian Behavioral Ecology," *Journal of Avian Biology* 28: 95-102.

11 물론 이것이 동성애자인 과학자들만이 편향되지 않은 방식으로 다룰 수 있다는 뜻은 아니다. 확실히 많은 현대 이성애 생물학자들은 동성애에 대해 부정적인 견해를 품지 않는 반면, 일부 게이나 레즈비언 동물학자들은 의심할 여지없이 자기 분야의 침묵과 편견을 영구화했다(동성애자라는 것이 그 주제에 대한 게이나 레즈비언 과학자의 객관성을 실제로 무효화한다고 믿는 사람들도 있다. 그러나 성적 지향이 그러한 편견을 낳는다면, 이성애 동물학자는 번식이나 암컷-수컷 관계와 관련이 없는 연구 주제만 다뤄야 할 것이다). 그럼에도 불구하고 생물학에서의 성차별과 남성적 편견은 여성과 페미니스트 과학자들의 연구를 통해 가장 직접적으로 밝혀졌으며, 일단 공개적인 게이나 레즈비언 또는 양성애 동물학자들이 자신의 솔직함 때문에 더 이상 재직, 연구

보조금 또는 직업을 잃는 것을 두려워할 필요가 없게 되면, 이성애주의와 동성애혐오에 관한 유사한 통찰력이 그들에게서 나올 가능성이 있다. 그러나 자신의 성적 취향과 관계없이 많은 동물학자는 동성애를 연구하거나 그 결과에 대해 널리 말하는 것을 피했다. 왜냐하면 주제가 여전히 '합법적인' 조사 영역으로 간주되지 않기 때문이다(예를 들어 앞의 Wolfe의 논평 참조, 또한 Anne Perkins는 그녀가 임기를 확보할 때까지 가축 양의 동성애에 대한 그녀의 발견에 대해 논의하지 않기로 결정했다[Anne Perkins "Counting Sheep." Advocate, July 8, 1997, 737: 21]). 인류학과 역사 분야에도 비슷한 상황이 존재한다. 이들은 다른 문화나 역사적 시기를 연구하며 오랫동안 인간 동성애에 관한 정보를 부정, 생략, 억압, 비난했다. 이 현상에 대한 특히 훌륭한 논의는 Read, K. E. (1984) "The Nama Cult Recalled.", G. H. Herdt, ed., *Ritualized Homosexuality in Melanesia*, pp. 211-47(Berkeley: University of California Press)를 참조하라. 인류학자들의 동성애 논의가 관련된 관찰자 '객관성' 신화에 대해서는 다음을 참조하라. Lewin, E. and W. L. Leap, eds. (1996) *Out in the Field: Reflections of Lesbian and Gay Anthropologists*(Urbana and Chicago: University of Illinois Press). 토착적인 인간 동성애에 대한 추가적인 논의는 제6장을 참조하라.

12 Dagg, A. I. (1984) "Homosexual Behavior and Female-Male Mounting in Mammals-a First Survey." *Mammal Review* 14: 155-85; Vasey, "Homosexual Behavior in Primates."; Vasey 1996, 1998(일본원숭이); Vasey, P. L. (in press) "Homosexual Behavior in Male Birds." "Homosexual Behavior in Male Primates." in W. R. Dynes, ed., *Encyclopedia of Homosexuality*, 2nd ed., vol. 1: Male Homosexuality(New York: Garland Press). 최근 참고문헌도 참조하라. Williams, J. B. (1992) *Homosexuality in Nonhuman Primates: A Bibliography*: 1940-1992(Seattle: Primate Information Center). 상대적으로 가치중립적인 동물 동성애에 대한 설명(즉 동성애 행동을 본질적으로 문제가 있는 것으로 보지 않음) 또는 행동에 대한 '원인'이나 '설명'을 찾는 데 지나치게 관심이 없는 설명은 다음을 참조하라. Yeager 1990a(코주부원숭이), Marlow 1975(오스트레일리아바다사자, 뉴질랜드바다사자), Sowls 1974, 1984(목도리펙커리), Schaller 1967(인도영양, 바라싱가사슴), Braithwaite 1981(검둥고니), King 1994(홍학), Riddiford 1995(바다갈매기), Smith 1988(거문고새), Neelakantan 1962(검은엉덩이화염등딱따구리) and Rogers and McCulloch 1981, Rowley 1990(갈라). 일상적이거나 '정상적인' 행동 현상으로 인식하는 동성애 활동에 대한 설명은 다음을 참조하라. Porton and White 1996(고릴라), Akers and Conaway 1979(히말라야원숭이), Eaton 1978, Fedigan 1982, Wolfe 1984, 1986, Chapais and Mignault 1991, Vasey 1996(일본원숭이), Chevalier-

Skolnikoff 1976(몽땅꼬리원숭이), Wells et al. 1987, Wells 1991, Wells et al. 1998(병코돌고래), Rose 1992(범고래), Hartman 1971, 1979(서인도제도매너티), Lott 1983(아메리카들소), Coe 1967(기린). 또한 나와 개인적인 통신을 하는 많은 동물학 자는 대부분의 분야에 불행한 특징을 부여하는 부정적인 판단이나 해석에서 새로운 자유를 얻었다. 다음은 그들 중 몇몇이다. B. J. Ens(검은머리물떼새), C. B. Frith(극락조), M. Fujioka(백로), M. Fukuda(민물가마우지), D. Hcg(검은머리물떼새), D. L. Herzing(돌고래), C. E. King(홍학), W. D. Koenig(도토리딱따구리), D. F. Lott(아메리카들소), M. Martys(회색기러기), M. G. L. Mills(점박이하이에나), C. Reed(검정 짧은꼬리원숭이), S. Savage-Rumbaugh(보노보), C. J. Scholten(훔볼트펭귄), L. H. Smith(큰거문고새), Y. Sugiyama(영장류) and P. L. Vasey(일본원숭이와 기타 종).

13 동성애혐오homophobia라는 단어는 문자 그대로 동성애에 대한 비합리적인 두려움 을 의미하지만, 이 용어는 혐오감, 섬뜩함, 증오 또는 공개적인 적대감 그리고 동성애 나 동성애 개인에 대한 불쾌감, 꺼림이나 반감 같은 미묘한 편견도 뜻한다(반드시 두 려움을 동반하는 것은 아니다). 동성애혐오의 성격과 결과에 대한 더 많은 토론과 추 가적인 내용은 Blumenfcld, W. J., cd.(1992) *Homophobia: How We All Pay the Price*(Boston: Beacon Press)를 보라.

14 목도리도요(Selous 1906-7: 420, 423), 아메리카들소(McHugh 1958: 25), 물영양 (Spinage 1982: 118).

15 예를 들어 과학자들은 적어도 30종의 포유류와 조류(흔히 각 종에 대해 여러 출처) 의 동성애 행동이나 트랜스젠더에 비정상, 일탈, 부자연스러움, 변태적이라는 명칭을 적용했다. 1980년대 중반 출판된 일부 설명도 마찬가지이다(세가락갈매기[Coulson and Thomas 1985: 20], 큰뿔양[Berger 1985]). 더 최근에는(Finley et al 1997: 914-15, 917), 과일파리에서의 같은 성 구애 및 성적인 행동(및 이성애 접근 거부)은 '비정 상적', '일탈적', '결함'으로 특징지어졌으며, 일부 동물학자들은 나와의 개인적인 통신 에서 이와 유사한 용어를 사용하기도 했다. 다소 경멸적인 용어인 기괴한(이상한 커 플 포함), 특이한, 불규칙한, 기이한 등은 적어도 15종의 다른 포유류와 조류에서 동 성애 또는 트랜스젠더를 설명하는 데 사용되었다. 물론 파충류, 양서류, 어류, 곤충 및 기타 생물에 대한 설명에서도 다른 많은 예를 찾을 수 있다. 이성애 행위나 이성애 를 하는 개체는 다음 과학 출판물에서 동성애 행위나 동성애를 하는 개체에 반대되는 '정상'으로 특징지어진다. 다음은 그중 일부다. 침팬지(Adang et al, 1987: 242), 고 릴라(Harcourt 1988: 59), 코브(Buechner and Schloeth 1965: 2219), 캐나다기러기 (Collias and Jahn 1959: 484), 장다리물떼새(Kitagawa 1988a: 64), 붉은부리갈매기

(van Rhijn and Groothuis 1985: 161), 잉꼬(Dilger 1960: 667), 검은목아메리카노랑솔새(Niven 1994: 192), 타조(Sauer 1972: 729).

16 Gadeau de Kerville(1896); Grollet and L. Lepinay(1908) "L'inversion sexuelle chez les animaux," (Sexual Inversion in Animals), *Revue de l'hypnotisme* 23: 34-37. 사바나개코원숭이(Marais 1922/1969), 십자매(Masatomi 1957), 타조(Sauer 1972), 긴귀고슴도치(Poduschka 1981), 채찍꼬리도마뱀(Crews and Young 1991).

17 후치령부전나비(Ibnnent 1987: 81-82).

18 가축(Klemm et al. 1983: 187); 코끼리(Rosse 1892: 799); 사자(Cooper 1942: 26-28); 노랑가슴도요(Myers 1989); 가축 칠면조(Hale 1955: 1059); 긴부리돌고래(Wells 1984: 470); 범고래(Rose 1992: 112); 순록(Bergerud 1974: 420); 아델리펭귄(Davis et al. 1998: 137); 검은부리까치(Baeyens 1979: 39-40); 기아나바위새(Trail 1985a: 238-39); 산쑥들꿩(Scott 1942: 494). 다른 용어는 반드시 경멸적인 것은 아니지만, 대체적이거나 비생산적 활동 같은 종류로 보는, 과학자들의 특별한 해석을 반영한다. 즉, 고릴라의 같은 성 마운팅을 '대리' 성행위라고 하고(Fossey 1983: 74, 188-89), 아프리카들소의 동성애 마운팅은 '불임의 성적인 행동'으로 분류한다(Mloszewski 1983: 186). 동성애 활동을 특징짓기 위한 거짓 또는 모의 성적 행동과 같은 용어의 광범위한 사용에 대한 논의는 이어지는 '모의 구애와 가짜 짝짓기' 섹션을 참조하고, 동성애에 대한 다른 해석에 대해서는 제4장과 제5장을 참조하라.

19 긴귀고슴도치(Poduschka 1981: 84, 87), 동부회색캥거루(Grant 1974: 74), 해오라기(Noble et al. 1938: 29), 임금펭귄(Gillespie 1932: 95, 98), 고릴라(Harcourt 1988: 59), 청해앵무(Low 1977: 24), 붉은여우(Macdonald 1987: 101), 청다리도요(Nethersole-Thompson and Nethersole-Thompson 1979: 112-13; Nethersole-Thompson 1951: 109).

20 물론 이 말이 동성애 '접근'을 결단코 싫어한다는 뜻은 아니다. 동성애를 보이는 포유류와 조류 종의 약 1/4에서 같은 성 동물 간의 다양한 형태의 동의 없는 구애나 성적인 접근이 보고되었다. 그러나 많은 경우에 이들은 같은 종에서 '합의한' 동성애 상호작용과 함께 발생하며, 한 파트너가 내키지 않을 때 하는 행동 징후를 통해 극명하게 구별된다. 동의하지 않은 이성애 상호작용(동성애 행동이 기록된 종의 1/3 이상에서 보고되었고, 일반적으로 동물에서 흔하다고 할 수 있다 - 제5장 참조)에서와 같이 실제로는 무관심에서 '거부' 행동에 이르는 연속적인 단계가 존재한다. 동물은 성적인 접근이나 접촉을 전혀 허용하지 않거나, 성적인 접촉을 허용하지만 상호작용을 촉진하지 않거나, 접촉을 적극적으로 차단함으로써(도망을 시도하거나 상대 동물을 공격함

으로써) 의사를 표시할 수 있다. '원치 않는' 동성애 관심에 대한 과학자들의 주장은 그러한 행동 증거가 존재하는지 여부(또는 어느 정도까지 합의가 없는지)에 관계없는, 대개 의인화한 투사이다.

21 큰뿔양(Geist 1975: 100), 히말라야원숭이(Carpenter 1942: 137, 151–52), 웃는갈매기(Noble and Wurm 1943: 205–6), 황로(Fujioka and Yamagishi 1981: 139), 산쑥들꿩(Gibson and Bradbury 1986: 396), 오랑우탄(Rijksen 1978: 264–65), 코브(Buechner and Schloeth 1965: 211–12, 217, 219), 타조(Sauer 1972: 729, 733), 기아나바위새(Trail and Koutnik 1986: 210–11, 215), 청둥오리(Schutz 1965: 458), 히말라야원숭이(Kempf 1917: 136). 또한 어느 동물학자는 레즈비언 상호작용 중에 '밑에 있는' 암컷 보노보가 그러한 위치에 있는 것을 싫어하지 않는 것 같아 놀랍다며, 동성애 및 이성애 상호작용에 관한 자신의 오해를 드러냈다. "만일 우리가 바닥에 눌려 있다면, 아마도 복종적이고 열등하다고 느낄 것이다. 그러나 암컷 피그미침팬지는 그런 식으로 받아들이지 않는 것 같다… 바닥에 있는 암컷은… 자랑스럽고 다정해 보인다"(Kano 1992: 193).

22 회색기러기(Huber and Martys 1993: 161). 수기러기 쌍이 이성애 짝보다 더 밀접하게 관계를 형성하는 것에 대해서는 Lorenz(1991: 241–42)를 참조하라.

23 점박이개미잡이새(Willis 1973: 31), 개미잡이새의 이성애 이혼에 대해서는 Willis(1983: 414)를 참조하라.

24 고릴라(Fischer and Nadler 1978: 660–61), 서부갈매기(Hunt et al. 1984: 160), 기아나바위새(Tail 1985a;238, 240), 붉은여우(Macdonald 1987: 101), 보노보(de Waal 1989a: 25). 이성애 맥락에서 표준적이지 않는 마운팅 체위(측면, 머리-꼬리)에 대한 설명은(예로써) 다음을 참조하라. 일본원숭이(Hanby and Brown 1974: 156, 164), 보토(Best and da Silva 1989: 15), 병코돌고래/알락돌고래(Herzing and Johnson 1997: 92, 96), 물영양(Spinage 1969: 41–42), 큰뿔양(Geist 1971: 139–40), 산양(Hutchins 1984: 268), 몽골야생말(Boyd and Houpt 1994: 202), 목도리펙커리(Byers and Bckoff 1981: 771), 흑멧돼지(Cumming 1975: 118–19), 코알라(Smith 1980c: 48), 목도리도요(Hogan–Warburg 1966: 176), 망치머리황새(Brown 1982: 171; Campbell 1983: 11), 홍학(Shannon 1985: 229), 푸른되새(Marler 1956: 114), 붉은날개검은새(Monnett, C., L. M. Rotterman, C. Worlein, K. Halupka[1984] Halupka[1984] "Copulation Patterns of Red–winged Blackbirds[*Agelaius phoeniceus*]," p. 759, *American Naturalist* 124: 757– 64). 이 중 주관적이거나 경멸적인 용어는 Monnett et al. 1984('비정상적', '일탈적')나 Hutchins 1984('서투른', '어

색한')에서만 사용했다. 일반적으로 동성애 상호작용을 '표준' 이성애와 얼마나 닮았는지에 대해서만 따지는 동물학자들은 측면이나 머리-꼬리로 마운트하는 등의 표준적이지 않은 동성애 마운팅 체위를 '실수' 또는 '불완전한' 마운팅 시도라고 분류하였다. 즉, 수컷이 암컷에게 앞-뒤 체위로 행하는 생식기 삽입(또는 새의 경우 총배설강 접촉)에서 조금이라도 벗어나는 것은 모두 '오류'라는 것이다. 더 나아가, 이러한 마운팅 체위는 흔히 암컷 동물이(양쪽 성별 개체에 마운트할 때) 사용하기 때문에, 이러한 행동에는 흔히 성차별적 해석을 덧붙였다. 그리고 수컷의 마운팅 행동을 모방하려는 암컷의 '완벽하지 않은' 시도를 나타내는 것이라고 주장한다. 그러나 비슷한 타당성을 가진 관점은 이것이 이성애 자세에 대한 잘못된 모방이 아니고, 대안적이거나 더 '유연한' 성행위(성기 삽입 '요구'에 얽매이지 않음)를 나타낸다는 것이다. 유사한 예는 필리핀원숭이의 '옆으로 선보이기' 행동에서 찾을 수 있다. 이전에는 '방향감각 혼란'이나 '부적절함'으로 분류된 이 자세는 나중에 체계적인 행동의 변형인 것으로 밝혀졌다(Emory and Harris 1978). 동성애가 이성애의 불완전한 유사품이라는 널리 퍼진 견해에 대한 추가적인 토론과 비판은 제4장을 참조하라. 이성애 섹스가 질 삽입과 사정에만 초점을 맞추지 않는다는 증거는 제5장을 참조하라.

25   웃는갈매기(Hand 1981: 138-39), 붉은부리갈매기(van Rhijn and Groothuis 1985: 161), 재갈매기(Shugart et al. 1988: 934). 암컷 쌍의 부화율에 무정란을 포함한 문헌: 북미갈매기(Kovacs and Ryder 1983: 661-62, Ryder and Somppi 1979: 3); Burger, J. and M. Gochfield(1996) "Laridae(Gulls)." p. 584, in J. del Hoyo, A. Elliott and J. Sargatal, eds., *Handbook of the Birds of the World*, vol. 3, Hoatzin to *Auks*, pp. 572-623 (Barcelona; Lynx Ediciόns). 이성애와 동성애 평균초월 알둥지의 공통된 특성에 관한 것: Kovacs and Ryder 1983: 660-62, Lagrenade and Mousseau 1983, Ryder and Somppi 1979: 3 (북미갈매기와 기타 종) (갈매기 이외의 종에서 이성애 쌍이 참여하는 평균초월 알둥지의 낮은 생산성에 대해서는 다음을 참조하라. Sordahl, T. A[1997] "Breeding Biology of the American Avocet and Black-necked Stilt in Northern Utah." pp. 350, 352, *Southwestern Naturalist* 41: 348- 54). 동성애 및 이성애 쌍의 동등한 양육 능력에 관한 문헌: Hunt and Hunt 1977: 1467, Hayward and Fry 1993: 17-18 (서부갈매기); Conover 1989: 148 (북미갈매기); Nisbet et al. 1998: 314 (붉은제비갈매기). 이성애 부모로부터의 '탈주하기' 문헌: Pierotti and Murphy 1987 (서부갈매기와 기타 종); Brown et al. 1995 (북미갈매기); Roberts and Hatch 1994 (세가락갈매기).

26   쇠고래(Darling 1977: 10-11).

27 실제로 과학적 연구를 할 때, 동성애 활동이 관찰될 것을 예상하고 수행한 것은 아직 없다고 단언할 수 있다. 동성애 행동은 언제나 '놀라움'을 준다. 대조적으로, 많은 현장 연구가 이성애 짝짓기를 연구하기 위한 명확한 목적으로 시작되었으나, 예상치 못한 같은 성 활동의 발생이나 이성애 상호작용의 부재(또는 희소)로 처리되는 경우가 많다.

28 웃는갈매기(Burger and Beer 1975: 312), 바다오리(Hatchwell 1988: 167), 세가락갈매기(Chardine 1986: 1416, 1987: 516), 그리폰독수리(Blanco and Martinez 1996: 247).

29 논병아리(Nuechterlein and Storer 1989: 344-45).

30 잘 알려지지 않은 종에 관한 최근 사례는 다음을 참조하라. Dyrcz, A. (1994) "Breeding Biology and Behavior of the Willie Wagtail *Rhipidura leucophrys* in the Mdang Region, Papua New Guinea," *Emu* 94: 17-26.

31 에뮤(Heinroth 1924, 1927), 리젠트바우어새(Gilliard 1969: 341), 듀공(Jones 1967; Nair et al. 1975: 14). 또한 큰거문고새 어린 수컷과 성체 암컷 사이의 시각적 유사성도 야생에서 이 종의 행동에 대한 일부 오해와 수정된 해석을 초래했다. Smith(1968: 88-89, 1988: 30-32, 75-78) and Lili(1979a: 496)는 성체 수컷이 어린 수컷에게 구애(그리고 마운팅까지)한다고 분명히 명시(사진 기록도 제공)했지만 일부 개체는 그렇게 간단하지 않았다. 성체 수컷이 구애 중일 때 사진에 찍힌 한 마리의 새(완전한 구애 과시를 포함해서)는 처음에는 수컷일 '가능성이 있는' 것으로 확인되었고(Smith 1968: 60), 나중에는 암컷인 것으로 확인되었다(Smith 1988: 30). 하지만 L. H. Smith는 성체 암컷과 어린 수컷의 깃털 특성을 검토한 후, 이 경우에 어린 새가 실제로는 수컷이고 성체 수컷의 아들일 가능성이 가장 높다는 것을 확인했다(개인적인 통신). 불행하게도, 어린 새의 성별이 불분명하다는 이전에 발표된 보고서로 인해 Reilly(1988: 32)는 수컷이 다른 수컷에게 완전한 구애 행위를 하지 않는다고 잘못 진술했을 수 있다. 다른 수컷들에게 완전한 과시를 수행하는 수컷의 추가적인 사진은 Smith(1988: 77) 및 p. 35(이 책)을 보라.

32 임금펭귄(Gillespie 1932: 96-120).

33 흰기러기(Quinn et al. 1989), 북미갈매기(Kovacs and Ryder 1981), 붉은등때까치(Pounds 1972), 푸른박새(Blakey 1996), 기아나바위새(Trail and Koutnik 1986), 몽땅꼬리원숭이(Chevalier-Skolnikoff 1976: 522 [table III]), 갈까마귀(Röell 1979: 126-27), 치타(Eaton and Craig 1973: 248, 250), 보노보(Parish 1996: 65, 86; de Waal 1997: 112-15). 마찬가지로, Hartman(1971)의 서인도제도매너티의 동성애에

관한 원래의 설명을 인용하면서, Ronald et al.(1978: 37)은 이성애 행동과 함께 발생하는 같은 성 활동의 예에 관해서만 초점을 맞추고, 반대쪽 성 만남과 무관한 행동을 경시한다(이러한 독립적인 만남이 동등하게 흔함에도 불구하고). 이와 관련하여 과학자들은 초파리의 동성애 활동을 조절하는 것으로 생각되는 유전자에 이성애 및 번식에 대한(부정적인) 영향을 언급하는 명칭을 부여했다. 즉, 한 유전자는 불만족 dissatisfaction(이 유전자의 보인자가 동성애 활동에 관심이 있을 뿐만 아니라, 일반적으로 이성애적인 접근을 거부하거나 '불만족'한다는 사실을 암시한다)이라고 명명되고, 또 다른 유전자는 무익함fruitless이라고 명명되었다(이 유전자를 가진 보인자는 암수 모두에게 구애를 한다는 것과 불임이라는 사실을 암시한다[Finley et al. 1997: 917]).

34 사바나(올리브)개코원숭이(Owens 1976: 254), 참고래(Clark 1983: 169), 말코손바닥사슴(Van Ballenberghe and Miquelle 1993: 1688), 황로(Fujioka and Yamagishi 1981: 136).

35 다람쥐원숭이(Talmage-Riggs and Anschel 1973: 70-71), 보노보(Savage-Rumbaugh and Wilkerson 1978: 338; Savage and Bakeman 1978: 614), 점박이하이에나(Burr 1996: 118-19). 점박이하이에나의 클리토리스 삽입 발생에 대한 상충되는 정보는 Glickman(1995)을 참조하라. 또 Morris(1956: 261)가 구애를 '성적 행동을 완성시키는 이성애 생식 의사소통 체계'로 정의한 것도 보라(Morris, D. [1956] "The Function and Causation of Courtship Ceremonies." in M. Autuori and Fondation Singer-Polignac, L'instinct dans le comportement des animaux et de l'homme[Paris: Masson et Cie.]).

36 사바나(차크마)개코원숭이(Marais 1922/1969: 215).

37 목도리도요(van Rhijn 1991: 21), 보넷원숭이(Nolte 1955: 179).

38 바다코끼리(Miller and Boness 1983: 305), 아프리카코끼리(Shelton 1965: 163-64), 고릴라(Maple, T. [1977] "Unusual Sexual Behavior of Nonhuman Primates.", J. Money and H. Musaph, eds., Handbook of Sexology, pp. 1169-70 [Amsterdam: Excerpta Medica]), 산쑥들꿩(Scott 1942: 495), 하누만랑구르(Mohnot 1984: 349), 침팬지(Kortlandt 1962: 132), 사향소(Reinhardt 1985: 297-98), 청동오리(Lebret 1961: 111-12), 푸른배파랑새(Moynihan 1990: 17), 사자(Cooper 1942: 26-28), 오랑우탄(Rijksen 1978: 257), 사바나개코원숭이(N08 1992: 295, 311), 검은꼬리사슴(Halford et al. 1987: 107), 망치머리황새(Brown 1982: 171; Campbell 1983: 11), 보노보(Thompson-Handler et al. 1984: 358; de Waal 1987: 319, 1997: 102), 일

본원숭이(Green 1975: 14), 히말라야원숭이(Reinhardt et al. 1986: 56), 붉은여우 (Macdonald 1980: 137), 다람쥐(Ferron 1980; Horwich 1972; Reilly 1972). 이러한 용어 중 일부는 비생식적 이성애 활동에도 적용되며, 이 경우 '거짓falseness'이란, 그 행동이 동성애 맥락 자체가 아니라 출산으로 이어지지 않는다는 사실을 나타낸다. 동물학의 역사에서 '비정상적'인 비생식적 이성애 행동에 대한 유사한 취급을 다룬 추가 적인 논의는 제5장을 참조하라.

39 동성애 행동을 '진정한' 성적 행동에 못 미치는 것으로 분류하는 현상은 중요한 문제이며, 같은 성행위를 탈脫성애화하는 다양한 방식은 다음 절에서 더 자세히 살펴보겠다.

40 보노보(Kano 1992), 침팬지(de Waal 1982), 흰기러기(Diamond 1989), 꼬마홍학 (Alraun and Hewston 1997), 검은머리물떼새(Heg and van Treuren 1998), 검은부리까치(Baeyens 1979), 검은장다리물떼새(Reed 1993), 초파리(Cook 1975), 장다리 파리과 종(Dyte 1989).

41 Gowaty, P. A. (1982) "Sexual Terms in Sociobiology: Emotionally Evocative and Paradoxically, Jargon." *Animal Behavior* 30: 630-31. 문제의 기사 제목(Abele and Gilchrist 1977, on Acanthocephalan Worms)에도 강간이라는 단어가 포함되어 있으므로 과학자들이 이에 대해 '키득거릴' 만도 하다. Gowaty는 동성애나 단성애 같이 모든 '숨은 뜻이 있는' 용어를 보다 '중립적인' 단어로 대체할 것을 제안했다. 예를 들면, 강간은 강제적 교미로, 도적혼kleptogamy은 바람피기cuckoldry로, 하렘은 단일 수컷 사회 단위로 바꾸는 식이다. 그러한 대체 용어에 대한 그녀의 주장 중 많은 부분은 유효하다. 예를 들어 '숨은 뜻이 있는' 용어는 종종 과학적으로 정확하지 않다. 그러나 특별히 동성애라는 단어에 대한 그녀의 주요 주장은 그것이 정확하지 않다는 것이 아니라, 이 용어의 사용이 '선동적'이기도 하고, 다른 과학자들의 편견을 촉발하여 그 단어가 설명하는 것의 너머를 보지 못하도록 막는다는 것이다. 또한 이전에 이성애 행동에 대해 논란이 많았던 많은 용어가 이제 과학계에서 받아들여진다는 점도 지적해야 한다. 예를 들어 이혼divorce이라는 단어는 새의 짝 결합이 끊어지는 것을 설명할 때 처음 '소란스러운' 반응을 일으켰으며, 많은 과학자는 이를 보다 '중립적인' 단어로 대체할 것을 제안했다. 그러나 이 용어는 현재 조류학 문헌에서 널리 사용된다 (Milius, S. [1998] "When Birds Divorce: Who Splits, Who Benefits and Who Gets Nest," p. 153, *Science News* 153: 153-55).

42 기린(Coe 1967: 320; Leuthold, W. [1977] *African Ungulates: A Comparative Review of Their Ethology and Behavioral Ecology*, p. 130 [Berlin: Springer-Verlag]).

43   Connor, J. (1997) "Courtship Testing." *Living Bird* 16(3)31–32; Depraz, V., G. Leboucher, L. Nagle and M. Kreutzer(1997) "'Sexy' Songs of Male Canaries: Are They Necessary for Female Nest−Building?" in M. Taborsky and B. Taborsky, eds., *Contributions to the XXV International Ethological Conference*, p. 122, *Advances in Ethology* no. 32 (Berlin: Blackwell Wissenschafts−Verlag); Emlen, S. T. and N. J. Demong(1996) "All in the Family." *Living Bird* 15(3): 30—34; Savanna Baboon(Smuts 1985: 223, 1987: 39, 43); Tasmanian Native Hen(Goldizen et al. 1998); Mirande, C. M. and G. Archibald(1990) "Sexual Maturity and Pair Formation in Captive Cranes at the International Crane Foundation." in *AAZPA Annual Conference Proceedings*, pp. 216−25 (Wheeling, W. Va.: American Association of Zoological Parks and Aquariums); Bonobo(de Waal 1997: 117); Eisner, T., M. A. Goetz, D. E. Hill, S. R. Smedley and J. Meinwald(1997) "Firefly 'Femmes Fatales' Acquire Defensive Steroids(Lucibufegins) from Their Firefly Prey." *Proceedings of the National Academy of Sciences* 94: 9723−28; Domestic Goat(Shank 1972: 500). 제2장의 검은엉덩이화염등딱따구리 '가족 가치'에 대한 논의도 참조하라.

44   회색기러기(Lorenz 1991: 241–43) (동일한 구절에서 그러한 수컷 쌍은 단순히 수컷 간의 플라토닉한 '우정'이 아니라 수컷−암컷 짝짓기 쌍에 해당한다는 Lorenz 자신의 주장을 참조하라). 비슷하게, Kortlandt(1949)(민물가마우지)는 같은 성 쌍이 나중에 이성애 유대 관계를 형성할 경우, 같은 성 쌍을 '동성애'가 아닌 '가성 동성애자'라고 표시하고, 다시 한번 '진정한' 동성애를 평생 동안 지속하는 배타적인 같은 성 짝 결합과 동일시했다. '진정한' 동성애라는 모호한 개념과 성적 지향의 정교한 특성화라는 관계는 제2장에서 자세히 다루니 참조하라. Lorenz가 동성애라는 용어를 수거위 쌍에 적용하여 인간−동물 비교(또는 완전한 이성애−동성애 동등성을 암시함)를 원하지 않는 것은 제3 제국 시기 그의 활동에 비추어 볼 때 특히 문제가 된다. 오스트리아 나치당의 일원이자 인종정책국의 공식 강사인 Lorenz는 동물과 사람을 비유하여 '생물학적 퇴보', '인종적 순수성' 및 '열등한' 또는 '비사회적인' 요소의 '제거'라는 등의 용어를 사용할 때 주저함이 없었다(Deichmann, U. [1996] *Biologists under Hitler*, 특히 "Konrad Lorenz, Ethology and National Socialist Racial Doctrine." pp. 179–205. Cambridge, Mass.: Harvard University Press). 이와 관련하여 그의 가장 노골적인 주장 중에는 사람의 신체적, 도덕적 '쇠퇴'가 동물을 가축화한 영향과 '동일하다'면서(1940년), 인간 중 '결함 유형'은 '가장 더러운 마구간에서 어떠한 성적 파트너와도 번식할 수 있도록 길들인 동물'과 같다는 진술(1943년)이 있다(ibid., pp. 186,

188; cf. Lorenz's[1935/1970: 203] 갈까마귀의 같은 성 짝짓기는 포획 상태에서만 발생하며 '자연' 개체군의 특징은 아니라고 추정한다). 그는 또한(1941년에) "확실히 본능적 행동이라는 넓은 분야에서 인간과 동물을 직접 비교할 수 있다… 우리는 이러한 연구가 인종 정책의 이론적 관심사와 실제적 관심사 모두에 유익할 것이라고 자신 있게 예측한다"라고 주장했다(ibid., p. 186). 나치 독일의 반反동성애적 분위기와 일부 생물학자들의 나치 동조가 동물 동성애에 대한 과학적 담론을 형성하는 데 어떻게 도움이 되었는지에 대한 주제는 더 조사할 가치가 있다. 결국 이 현상에 대한 여러 동물학 연구는 이 시기에 독일과 오스트리아에서 작성되었거나 이 시기에 기원한 연구의 영향을 많이 받았다. 더욱이, 동물 동성애에 대한 최초의 과학적 조사 중 하나(Karsh, "Päderastie und Tribadie bei den Tieren."[1990])가 정기 간행물인 *Jahrbuch für sexuelle Zwischenstufen*(Yearbook for Sexual Intermediate Types)에 실렸는데, 발행인인 저명한 유대인 동성애자 Magnus Hirschfield의 거대한 기록물과 성학性學 도서관은 나중에 나치에 의해 파괴되었다.

45 서부갈매기(Hayward and Fry 1993). 또한 Diamond와 Burns는 갈매기의 같은 성 짝 결합을 생식 기능을 강조하기 위해, 동성애가 아니라 '공동양육'이나 '공동 부모'라고 불러야 한다고 제안했다(Diamond, M. and J. A. Burns[1995]) Burns[1995] "Human-Nonhuman Comparisons in Sex: Valid and Invalid." paper presented at the 24th International Ethological Conference, Honolulu, Hawaii). 같은 성 짝 결합이 일차적으로 생식 행위가 아니라는 주장에 대해서는 제4장과 제5장을 참조하라.

46 과학자가 동성애(또는 레즈비언 또는 게이)라는 용어를 명백한 성적 활동이 관련되지 않은 경우에도(즉 구애, 짝짓기 또는 양육 같은 관련 행동을 언급하기 위해) 사용하는 예는 다음을 보라 Sauer 1972 (타조), Nethersole-Thompson 1975 (스코틀랜드솔잣새), Wingfield et al. 1980 (서부갈매기), Braithwaite 1981 (검둥고니), Smith 1988 (거문고새), Diamond 1989 (흰기러기), Reed 1993 (검은장다리물떼새).

47 그리고 실제로 많은 경우에 이성애에 대한 '넓은 의미의' 정의가 필요하다. 파트너 간에 성행위가 거의 또는 전혀 발생하지 않는 '이성애 쌍'이 회색기러기(위에 언급됨) 및 쇠검은머리흰죽지에서 보고되었다(Afton 1985: 150). 그 외에 마운팅이나 교미를 하지 않는 히말라야원숭이 수컷과 암컷 사이의 '성적' 유대에 대해서는 Loy(1971: 26)를 참조하고, 플라토닉한 '수컷과 암컷 사바나개코원숭이' 사이의 '짝 결합' 또는 '우정'은 Smuts(1985: 18, 163—66, 199, 213)을 보라. 또한 화려한요정굴뚝새splendid fairywren의 일부 '이성애 쌍'에서 모든 자손의 아비는 암컷과 쌍을 이룬 짝이 아닌 다른 수컷이다(즉 자기 짝과 교미하지 않거나 최소한 짝에 의해 수정되지 않는

다). Russell, E., I. Rowley(1996) "Partnerships in Promiscuous Splendid Fairy-wrens.", J. M. Black, ed., *Partnerships in Birds: The Study of Monogamy*, pp. 162-73 (Oxford: Oxford University Press). 노골적인 교미 행동뿐만 아니라 구애 활동까지 포함하는, (이)성애를 '넓은 의미'로 정의한 예는 Tinbergen, N. (1965) "Some Recent Studies of Sexual Behavior." in F. A. Beach, ed., *Sex and Behavior*, pp. 1-33(New York: John Wiley and Sons)를 보라.

48 생물학자인 John Bonner는 용어에서 나타날 수 있는 의인화의 위험에 대해 다음과 같이 말했다. "인류학자는 개미 군집에 대해 노예나 카스트와 같은 단어를 사용하는 것이 극도로 바람직하지 않다고 생각할 수 있다. 예를 들어 일부 개미 종의 구성원들에게 아주 나쁜 점을 꼽으라고 한다면, 그것은 가장 혐오스러운 인간 도덕이 개미가 노예가 되었을 때 자연스러운 현상처럼 보인다는 것이다. 이러한 주장은 그다지 합리적이지 않으며, 극도로 열정에 휩싸였을 때만 전개할 수 있는 것이다. 더 합리적인 반대는 개미와 인간의 동기가 근본적으로 다를 수 있지만, 동일한 단어를 사용하면 이러한 구분이 상실된다는 주장이다. 반면에 생물학자는 앞에서 언급한 요점들이 이 단어의 이중적인 사용을 방해하기에는 너무 뜻이 명확하다고 생각한다. 어떤 문제도 있다고 보지 않는다. 개미 노예와 인간 노예 모두에서 개인은 자신의 종 또는 관련 종의 구성원을 강제로 포획하고 포로가 포획자의 이익을 위해 일하도록 만든다. 가능한 정치적, 심리적 또는 엄격하게 인간적인 뉘앙스를 모두 끌어들이는 것은 불필요하다. 단어의 매우 간단한 정의로 충분하다. 말의 횡포에 눌릴 필요가 없다. 만일 생물학자가 일반적인 단어를 사용하지 않는다면, 인간이 아닌 사회에 대한 완전히 새로운 전문 용어 세트를 고안해야 할 것이다. 모든 과학에는 전문 용어가 이미 너무 많기 때문에, 그렇게 하면 불행한 방향으로 가게 될 것이다. 나는 처음에 인간 사회에서 발명되었거나 자주 사용되는 단어가 동물 사회에도 사용된다는 것과 그 의미가 인간적인 것을 내포하지 않는다는 점을 분명히 하면 충분하다고 본다. 그것들은 조건에 대한 단순한 설명으로 간주되어야 한다." (Bonner, J. T. [1980] *The Evolution of Culture in Animals*, pp. 9-10. [Princeton, N.J.: Princeton University Press]). 불행히도, 동성애와 관련된 대부분의 생물학자들은 이 뛰어나게 합리적인 입장을 채택하지 않았다. 대담을 보려면 Gowaty, "Sexual Terms in Sociobiology."를 참조하라.

49 동성애 활동이 이성애 활동에 비해 피상적인 취급만을 받는 종의 예는 나열하기에는 너무 많지만 다음 몇 가지를 보라. 흰꼬리사슴(Hirth 1977), 와피티(Harper et al. 1967), 살찐꼬리두나트(Ewer. 1968), 마취나무캥거루(Hutchins et al. 1991), 코카코(Sontag 1991), 산쑥들꿩(Wiley 1973, Gibson and Bradbury 1986) 카나리아날개잉꼬(Arrowood 1988). 그러나 몇몇 연구에서는 동성애 행동에 대한 상세한 양적 정보

와 설명이 제공된다. 예를 들어 Kitamura 1989, Kano 1992, de Waal 1987, 1995, 1997(보노보), Edwards and Todd 1991(흰손긴팔원숭이), Hanby 1974, Eaton 1978, Chapais and Mignault 1991, Vasey 1996(일본원숭이), Pratt and Anderson 1985(기린), Jamieson and Craig 1987a(서부쇠물닭), van Rhijn and Groothuis 1985, 1987(붉은부리갈매기), Rogers and McCulloch 1981(갈라)가 있다. 어떻게 같은 성 활동을 '진정한' 성적인 행동으로 간주하지 않는지에 대한 추가 논의는 다음 절을 참조하라.

50 긴부리돌고래(Wells 1984: 468; Bateson 1974), 코브(Buechner and Schloeth 1965: 219 [table 2]), 검정짧은꼬리원숭이(Dixson 1977), 검은머리꼬리감기원숭이(Linn et al. 1995), 기린(Dagg and Foster 1976: 75-77).

51 서부갈매기(Hunt et al. 1984: 160)(성적인 행동이 다시 한 번 경시되는 이 연구의 결과에 대한 최근의 반복은 Hayward and Fry[1993: 16, 18]를 보라), 해오라기(Noble et al. 1938: 28-29). 야생 군락에서 비슷한 수준으로 붐비는 것은 Gross 1923: 13-15, Davis 1993: 6, Kazantzidis et al. 1997: 512, 웃는갈매기(Hand 1985: 128), 카나리아날개잉꼬(Arrowood 1988, 1991), 아메리카레아(Fernndez and Reboreda 1998: 341), 금화조(Burley 1981: 722)를 보라.

52 고릴라(Harcourt 1979a: 255). Harcourt et al. (1981: 266) 또한 이성애 교미를 '희귀한' 것으로 특징지었다. 또한 그들은 암컷 간의 10회의 에피소드와 비교하여, 이성애 교미 에피소드 69회(다른 교미는 들리지만 보이지 않음)만을 직접 관찰했다고 보고했으며, 거의 13%를 넘을 정도로 동성애 활동 비율이 아주 높다.

53 서부갈매기(Hunt et al 1980: 474), 점박이하이에나(Glickman 1995; Burr 1996: 118-19). 야생동물과 포획 상태 동물을 비교한 추가적인 논의는 다음 장을 참조하라.

54 나무제비(M. P. Lombardo, 개인적 통신; Venier et al. 1993: 413; Lombardo 1986; Leffelaar and Robertson 1984: 78). 이와 유사하게 북방물개에서는 동성애가 매우 드물다고 주장되지만, 이 종에서 대부분의 이성애 짝짓기는 밤에 일어나기 때문에 관찰자들이 놓치고 있다(Gentry 1998: 75-77, 107, 145).

55 구체적인 예는 검은두건랑구르(Poirier 1970; Hohmann 1989), 흰꼬리사슴(Hirth 1977; Rue 1989), 검은꼬리사슴(Geist 1981; Halford et al. 1987; Wong and Parker, 1988), 붉은큰뿔사슴(Lincoln et al. 1970, Guiness et al. 1971, Hall 1983), 아메리카들소(McHugh 1958, Lott 1983 및 개인적 통신), 붉은다람쥐(Layne 1954, Smith 1968, Ferron 1980), 청둥오리(Ramsay 1956; Schutz 1965; Bossema and Roemers 1985; Geh 1987), 목도리도요(Selous 1906-7; Hogan-Warburg 1966; Scheufler

와 Stiefel 1985; van Rhijn 1991), 검은머리물떼새(Makkink 1042; Heg and van Treuren 1998), 검은목아메리카노랑솔새(Niven 1994 및 개인적 통신), 삼색제비 (Emlen 1954; Barlow et al. 1963; Brown and Brown 1996), 붉은등때까치(Owen 1946; Ashby 1958; Pounds 1972), 빅토리아비늘극락조(Bourke and Austin 1947; Frith and Cooper 1996; C. B. Frith, 개인적 통신), 산쑥들꿩(Scott 1942; Patterson 1952; Wiley 1973; Gibson and Bradbury 1986), 도토리딱따구리(MacRoberts and MacRoberts 1976; Troetschler 1976; W. D. Koenig, 개인적 통신), 젠투펭귄(Roberts 1934; Wheater 1976; Stevenson 1983) 그리고 제4장의 주석 99-100에서 야생 대 포획 상태 관찰의 예를 보라.

56 서부쇠물닭(Craig 1980: 594; Jamieson and Craig 1987a: 1252), 붉은부리갈매기(van Rhijn and Groothuis 1985: 161, 165).

57 예를 들어 Vasey("Homosexual Behavior in Primates.", p. 181)는 이성애 행위와 비교하여 동성애 행위가 '5% 이하'로 나타나면 '희귀', '6-24%'면 '간혹', '25% 이상'이면 '자주'라고 일반적인 빈도의 척도를 설정했다. 확실히 이 척도는 표준화 및 다면적 평가 기준(비정량적 측정도 포함해서)에 대해 칭찬을 받을 만하다. 그러나(대부분의 척도와 마찬가지로) 자의성이 일부 존재하며, 이성애 '5%' 기준과도 상충한다. 이성애 짝짓기 체계에서 '소수'를 차지한다고 말할 수 있는(즉 일부일처제 종의 일부다처제), 5%의 빈도를 오히려 의미 있는 것으로 인식하는 '다부제 역치polygyny threshold' 모델은 원래 다음에서 제안되었다. Verner, J. and M. F. Willson(1966) "The Influence of Habitats on Mating Systems of North American Passerine Birds," *Ecology* 47: 143-47. 5% 임계값을 '일반적'이라고 보는 일부다처제 기준은 계속해서 널리 사용되고 있다. 보다 최근의 예는 다음을 보라. Quinney 1983 (나무제비); Moller, A. P. (1986) "Mating Systems Among European Passerines: A Review," *Ibis* 128: 234-50; Petit, L. J. (1991) "Experimentally Induced Polygyny in a Monogamous Bird Species: Prothonotary Warblers and the Polygyny Threshold," *Behavioral Ecology and Sociobiology* 29: 177-87.

58 참새/갈색머리흑조(Griffin 1959), 사바나개코원숭이(Marais 1922/1969: 214-18), 황조롱이(Olsen 1985). 참새/갈색머리흑조 사례와 관련하여 많은 후속 연구자(예: Selander and LaRue 1961; Rothstein 1980)도 이 행동을 '공격성' 또는 '유화적'이라고 해석했다. 동성애 마운팅과 관련된 활동이 갈색머리흑조의 '공격적인' 또는 '깃털 다듬기 초청' 과시와 완전히 동일하지 않다는 사실은 놔두더라도(참조. Laskey 1950), '비성애적'이라는 해석은 갈색머리흑조가 참새의 동성애 마운팅을 '용인'하고 심지어

적극적으로 권유까지 하는 이유를 설명할 수 없다. 더욱이, 이러한 '머리 숙이기' 과시의 기능(들)은 논란의 여지가 있고, 추측건대 동성애 활동과는 완전히 별개이다(Scott and Grumstrup-Scott 1983을 참조하라). 이러한 유형의 행동에 대한 '공격적' 또는 '유화적'이라는 해석에 반대하는 특별한 주장(같은 성 간의 마운팅이 관련되어 있는지 여부와 관계없이)은 다음에 제시되어 있다. Verbeek, N. A. M., R. W. Butler and H. Richardson(1981) "Interspecific Allopreening Solicitation in Female Brewer's Blackbirds." *Condor* 83: 179-80. 유사한 예는 Selous(1906-7)가 암컷 목도리도요의 동성애에 대한 초기 설명을 '암컷 깃털을 가진' 수컷의 이성애 활동이라고 '재해석'한 Stonor(1937: 88)가 있다. 보다 최근의 관찰자(예: Hogan-Warburg 1966; van Rhijn 1991)는 암컷 및 수컷 동성애 활동의 존재뿐만 아니라 '암컷 깃털을 가진' 수컷(즉 소위 벌거숭이형 수컷)의 동성애 참여까지 밝혀냄으로써, Selous의 원래 관찰을 뒷받침했다.

59 푸른되새(Marjakangas 1981), 리젠트바우어새(Phillipps 1905; Marshall 1954). 마찬가지로, 제비꼬리마나킨 수컷들 사이의 구애 활동에 대한 Sick(1959, 1967)의 초기 보고는 Foster(1981: 174)에 의해 무시되었다. Foster는 성체 수컷에게 구애를 받는 어린 수컷 새들이 실제로는 수컷과 같은 깃털을 가지고 있는 암컷이거나, 비非성적인 공격성 과시를 하는 수컷 관찰자나 참가자라고 주장했다. 그러나 Sick(1959: 286)은 이 새들을 해부하여 수컷 성性을 확인했고, 과시에는 어떠한 공격성도 포함되지 않았다고 명시적으로(Sick 1967: 17) 언급했다. 더욱이 그의 설명(Sick 1959: 286)에서 Foster(1981)가 공격적이라고 주장한 과시 유형은 어린 수컷이 있을 때 발생하는 것이 아니라, 어린 수컷이 없을 때 발생한다. 그러한 과시를 공격적이라고 Foster가 분류한 것은 행동의 고유한 차이가 아니라, 주로 수컷 사이에 발생한다는 사실에 근거한 것으로 보인다. Foster가 인정하는 것처럼, 그러한 과시는 구애 행동과 '매우 유사'하고 '강력하게 연상'시킨다. Foster가 Sick이 수컷 사이에서 나타난다고 보고한 그 유형의 구애 과시를 직접 관찰할 수 없었던 것은 행동이 지리적이나 아종에 따른 차이 때문일 수도 있다. Sick은 브라질의 개체군을 연구했고, Foster는 파라과이의 새를 관찰했다. 두 개체군 사이에 구애 과시의 차이가 날 수 있는 다른 요소로는 사용된 발성이나, 과시 중 수컷이 날아가는 방향 같은 것이 있다(브라질에서는 구애받는 새에서 가장 멀리 떨어진 수컷이 구애 '바퀴'를 시작하고, 파라과이에서는 구애받는 새와 가장 가까운 새가 시작한다). Snow(1963)가 가까운 친척관계인 푸른등마나킨 수컷 사이의 구애를 독립적으로 관찰했음도 지적해야 한다.

60 Vasey "Homosexual Behavior in Primates." p. 197. 그리고 유사한 관찰은 다음을 보라. Wolfe, "Human Evolution and the Sexual Behavior of Female Primates." p.

130.

61 Hyde, H. M. (1970) *The Love That Dared Not Speak Its Name: A Candid History of Homosexuality in Britain*, p. 1 (Boston: Little, Brown and Company).

62 범고래(Balcomb et al. 1979: 23); published version: Balcomb, K. C.,Ill, J. R. Boran, R. W. Osborne and N, J. Haenel(1980) "Observations of Killer Whales(*Orcinus orca*) in Greater Puget Sound, State of Washington." report no. MMC-78/13 to U.S. Marine Mammal Commission, NTIS PB80-224728. (Washington, D.C.: U.S. Department of Commerce).

63 사향소(Smith 1976; Tener 1965; Reinhardt 1985), 바다코끼리(Miller 1976), 잔점박이물범(Johnson 1974, 1976; Johnson and Johnson 1977).

64 Halls, L. K., ed., (1984) *White-tailed Deer: Ecology and Management*(Harrisburg, Pa.: Stackpole Books); Gerlach, D., S. Atwater and J. Schnell, eds., (1994) *Deer*(Mechanicsburg, Pa.: Stackpole Books); Jones, M. L., S. L. Swartz and S. Leatherwood, eds., (1984) *The Gray Whale, Eschrictius robustus*(Orlando: Academic Press). In contrast, a similarly comprehensive book on Mule Deer does mention homosexual activity(Geist 1981), as does another volume on White-tailed Deer(Rue 1989).

65 딱따구리(Short 1982; Winkler et al. 1995); Skutch, A. F. (1985) *Life of the Woodpecker*, p. 44 (Santa Monica: *Ibis* Publishing). 앵무새 가족에 대한 표준적인 '포괄적' 설명집에서 동성애에 대한 모든 정보를 유사하게 생략한 것에 대해서는 Forshaw(1989)를 참조하라.

66 예를 들어 다음을 보라. 바다코끼리(Fay 1982), 까치(Birkhead 1991), 참새(Lowther and Cink 1992), 해오라기(Davis 1993), 갈색머리흑조(Lowther 1993), 황로(Telfeir 1994), 웃는갈매기(Burger 1996), 안나벌새(Russell 1996), 혹고니(Ciaranca et al. 1997).

67 검은목아메리카노랑솔새(Niven 1993: 190), 개미잡이새(Willis 1967, 1972, 1973), 반달잉꼬(Buchanan 1966), 개꿩(Nethersole-Thompson and Nethersole-Thompson 1961, 1986), 청둥오리(Lcbret 1961), 검둥고이(Braithwaite 1970, 1981), 스코틀랜드솔잣새(Nethersole-Thompson 1975), 검은부리까치(Baeyens 1981a), 물총새(Moynihan 1990). 회색기러기에 대한 Lorenz의 설명에도 유사한 진술을 볼 수 있어서, 수컷 간의 장기적인 쌍 결합은 거위와 오리에서만 발생한다고 주장했다(Konrad Lorenz, 1991: 241). 야생 조류에서 동성애 짝 결합에 대한 이전 보고를 알지 못한 경

우는 다음을 보라. Hunt and Hunt(1977: 1467 [Western Gull]).

68 붉은부리갈매기(van Rhijn and Groothuis 1985: 165; Kharitonov and Zubakin 1984), 아델리펭귄(Davis et al. 1998: 136), 훔볼트펭귄(Scholten 1992: 8); Kestrel(Olsen 452). 다른 종을 연구하는 과학자들에 의해서도 유사한 진술이 발표되었다. 예를 들어 Sylvestre(1985: 64)는 Layne 등 다음 문헌에서 상당히 광범위한 설명을 볼 수 있음에도 불구하고 보토에서 동성애 활동에 대한 이전 기록을 알 수 없다고 보고했다. Layne and Caldwell(1964), Caldwell et al. (1966), Spotte(1967) and Pilleri et al. (1980). Walther(1990: 308)는 수컷 유제류 사이의 구애가 야생에서 관찰되지 않았다고 주장했는데, 사실 그러한 행동은 가지뿔영양, 인도영양, 산양(큰뿔양, 가는뿔산양, 아시아무플론)을 포함한 수많은 이전 연구에서 보고되었다. (Walther, F. R. [1990] "Bovids: Introduction." in *Grzimek's Encyclopedia of Mammals*, vol. 5, pp. 290-324 [New York: McGraw-Hill]).

69 예를 들어 Takahata et al. (1996: 149)은 "GG 문지르는 것이 성적인 행동입니까?"라고 묻는다. 그런 다음 긴장 완화, 음식 교환, 안심시키기, 발정하지 않은 암컷의 참여 그리고 보노보(일본원숭이와 달리)가 '배타적인 동성애 암컷-암컷 쌍'을 형성하지 않는다는 사실을 모아, '비성애적' 측면이 더 두드러진다고 결론을 내린다. 실제로는 이러한 특성 중 어느 것도 완전히 '성적인' 해석을 부정하지 않는다. 특히, 보노보가 같은 성 쌍을 형성하지 않거나 짝을 이루지 않는다는 사실은 생식기 문지르기의 성적인 특성과는 거의 관련이 없다. 그냥 단순히 이 종의 동성애 상호작용에 광범위한 짝 결합이 나타나지 않는다는 것을 의미할 뿐이다. 만일 이러한 기준을 따르자고 한다면, 보노보의 이성애 상호작용도 종종 동일한 '사회적' 또는 '비非성적'인 상황과 연관되거나, 개체가 '배타적인 이성애 수컷-암컷 쌍'을 형성하지 않기 때문에 비성적 상호작용이라고 해야 할 판이다. 또한 Kuroda(1980: 190)는 암컷 간의 생식기 문지르기가 긴장 완화나 음식 교환과 관련이 없는 상황에서 발생하는 경우, '해석불가'라고 간주한다. 또한 Kano는 보노보의 같은 성 활동을 '성적'이라기보다는 주로 '사회적'인 것으로 분류하고, 그것에 일차적인 인사, 긴장 완화, 화해, 음식 교환의 기능을 부여했다(그러나 어떤 경우에는 성적인 측면이 이차적으로 관련될 수 있음을 인식했다) Kano(1980: 253-54, 1992: 139, 1990: 66-67, 69). 최근인 1997년까지도 연구자들은 보노보 동성애 활동의 비非성적인 '기능'에 대해 여전히 추측과 강조를 멈추지 않았다(Hohmann and Fruth 1997).

70 산양(Geist 1975: 97-98).

71 Vasey, P. L. (1997, August 19) "Summary: Homosexual or Dominance Behavior?

(Discussion)." message posted to *Primate Talk*(on-line discussion list).

72 히말라야원숭이(Hamilton 1914). 지배적인 관계 해석에 대한 표준적이고 널리 인용되는 설명은 다음을 보라. Wickler, W. (1967) "Socio-sexual Signals and Their Intra-specific Imitation Among Primates." in D. Morris, ed., *Primate Ethology*, pp. 69-147 (London: Weidenfield and Nicolson).

73 동성애가 없는 다양한 포유류와 조류의 지배적 위계 발생 및 추가적인 참고문헌은 다음을 보라. Wilson, E. O. (1975) *Sociobiology: The New Synthesis*, p. 283 (Cambridge and London: Belknap Press); Welty, J. C. and L. Baptista(1988) *The Life of Birds*, 4th ed., pp. 206-210 (New York W. B. Saunders).

74 이러한 종 또는 개체군에서 지배적 위계질서가 없거나, 중요하지 않거나 또는 무관함에 대한 명확한 설명은 다음을 참조하라. 고릴라(Yamagiwa 1987a: 25; Robbins 1996: 957), 사바나(올리브)개코원숭이(Row ell 1967b: 507-8), 병코돌고래(Shane et al. 1986: 42), 얼룩말(Penzhorn 1984: 113; Schilder 1988: 300), 사향소(Smith 1976: 92-93), 코알라(Smith 1980: 187), 노랑가슴도요(Lanctot and Laredo 1992: 7), 나무제비(Lombardo et al. 1994: 556). 무리 전체가 수컷인 고릴라 그룹에서는 비록 지배적 '위계질서'가 존재하고, 수컷이 분명히 서로 다른 서열을 가지고 있음에도 불구하고, 지배는 사회적 상호작용(동성애 상호작용을 포함해서)의 중요한 측면을 구성하지 않는다. 같은 성 상호작용이 발생하는 하누만랑구르 수컷 무리나(Weber and Vogel 1970: 75), 목도리펙커리 혼성 무리(Sowls 1997: 151-53)의 경우에도 마찬가지일 수 있다. 노랑가슴도요에서 수컷 사이의 마운팅이 공격성을 동반할 수 있으므로 표면적으로는 '지배'와 관련이 있는 것처럼 보이지만, 실제로 이 종에 지배 계급이 존재하거나 사회조직의 중요한 측면을 구성한다는 증거는 없다. 이러한 종(예: 얼룩말, 사향소, 병코돌고래) 중 일부에서는 동성애 활동이 야생 및 포획 상태 모두에서 발생하지만, 지배적 위계질서는 포획 상태에서 더 두드러진다. 마지막으로 J. Steenberg(개인적 통신)는 마취나무캥거루 암컷 사이의 마운팅이 지배를 과시하는 것이라고 제안하지만, 이러한 행동이 관찰된 개체군 연구에서는 명확한 지배적 위계질서를 찾지 못했다(Hutchins et al.[1991: 154-56, 161]).

75 태즈매니아쇠물닭(Ridpath 1972: 81) (야생에서 이 종에게 먹이를 제공하면 위계질서가 나타나지만, 먹이 공급 이외의 활동에서 지배는 아무런 역할도 하지 않는다. 즉, 동성애를 포함하여 어떤 활동이든 지배의 유발과는 관련이 없다.), 쇠푸른왜가리(Werschkul 1982: 383-84), 흰눈썹참새베짜기새 및 기타 베짜기새(Collias, N. E. 및 E. C. Collias[1978] "Co-operative Breeding Behavior in the White-browed

Sparrow Weaver." *Auk* 95: 472-84; Collias, N. E. and E. C. Collias[1978] "Group Territory, Dominance Hierarchy, Co-operative Breeding in Birds and a New Factor." *Animal Behavior* 26: 308-9). 마찬가지로, 지배 체계는 대부분의 원숭이에서 발생하지만 일부 종, 예를 들어 바르바리마카크(*Macaca sylvanus*)에서는 동성애 행동이 분명히 존재하지 않는다. 이에 대해서는 Vasey, "Homosexual Behavior in Primates." pp. 178-79를 보라. 또한 같은 성 마운팅에 대한 언급 없이 이 종에 대한 광범위한 연구 요약은 다음을 보라. Fa, J. E., ed. (1984) *The Barbary Macaque: A Case Study in Conservation*(New York: Plenum Press). 그러나 다음 최근 연구에 따르면 같은 성 마운팅이 실제로 발생하는 것으로 보인다. Di Trani, C. M. P. (1998) "Conflict Causes and Resolution in Semi-Free-Ranging Barbary Macaques(*Macaca sylvanus*)." *Folia Primatologica* 69: 47-48. 따라서 이 예는 동성애 행동의 명백한 '부재'와 관련된 다른 많은 경우와 마찬가지로 주의해서 해석해야 한다(자세한 내용은 제4장 참조).

76 늑대(Zimen 1976, 1981), 점박이하이에나(Frank 1986), 다람쥐원숭이(Baldwin and Baldwin 1981: 294-95; Castell and Heinrich 1971: 187-88), 병코돌고래(Samuels and Gifford 1997: 82, 88-90). 붉은다람쥐는 양쪽 성별이 모두 지배 체계를 가지고 있지만 수컷들 사이에서 같은 성 마운팅이 훨씬 더 두드러진다(Ferron 1980: 135-36). 보노보에서는 수컷들 사이에서 지배 체계가 훨씬 더 발달하거나 중요하지만(de Waal 1997: 72-74), 동성애 활동은 암수 모두에서 발생한다. 관련 관찰에 따르면, 큰뿔양에서 두 성별은 정연한 지배 체계를 가지고 있으며 같은 성 마운팅을 보이지만, 동성애 활동은 수컷 사이에서만 약간의 상관관계를 보일 뿐이다.

77 종간 동성애 마운팅에 참여하는 동물의 예를 보려면 II부의 필리핀원숭이, 병코돌고래, 바다코끼리, 청다리도요, 북부금란조, 참새에 대한 설명을 참조하라. 종간 위계의 발생에 대해서는 다음의 예를 보라. Fisler, G. F. (1977) "Interspecific Hierarchy at an Artificial Food Source." *Animal Behavior* 25: 240-44; Morse, D. H. (1974) "Niche Breadth as a Function of Social Dominance." *American Naturalist* 108: 818-30.

78 히말라야원숭이(Reinhardt et al. 1986: 56), 일본원숭이(Chapais and Mignault 1991: 175-76; Vasey et al. 1998), 침팬지(Niahida and Hosaka 1996: 122 [table 9.7]). Hanby 1974: 845 [Japanese Macaque]에 인용된 Bygott(1974)도 보라. Bygott은 수컷 침팬지 사이 마운팅의 59%가 지배 개체의 부하나 동등한 서열의 참가자에 의한 것임을 발견했다.

79 사향소(Reinhardt 1985: 298). 황로에서는 동성애 교미를 시도하는 수컷은 언제나 그들이 마운트하는 수컷보다 서열이 높거나 같다고 한다(Fujioka와 Yamagishi[1981: 139]). 그러나 그 연구 대상인 개체군에서 다른 수컷을 마운트한 두 수컷은 분명히 지배 위계질서의 일부가 아니었으며(표3 참조), 가장 높은 서열의 수컷은 어떠한 같은 성 마운트에도 참여하지 않았다. M. Fujioka(개인적 통신)는 수컷의 순위가 실제로 동성애 마운팅의 중요한 요소가 아닐 수 있음을 인정했다.

80 검정짧은꼬리원숭이(Dixson 1977: 77; Poirier 1964: 96), 아메리카들소(Reinhardt 1985: 218, 222, 1987: 8), 돼지꼬리원숭이(Oi 1990a: 350), 붉은큰뿔사슴(Hall 1983: 278); 서부쇠물닭(Jamieson and Craig 1987b: 319-22), 일본원숭이(Chapais and Mignault 1991: 175-76), 큰뿔양(Shackleton 1991: 179-80).

81 "쌓아 올리기 마운트", 즉 3마리가 서로 마운트한 경우(쌓이기)에 논쟁할 사항이 새로 발생한다. 이 경우 마운터-마운티 관계는 지배 순서를 따르는 경우가 거의 없다. 즉, 지배적 위계질서가 없는 종(예: 산쑥들꿩, 바다오리)에서 발생하거나, 중간에 있는 동물이 자기가 마운팅하는 동물보다 서열이 더 높고, 자기를 마운팅하는 동물보다 서열이 더 낮은 경우에 해당하지 않는다(예: 늑대, 보노보). 쌓아 올리기 마운트에 대한 자세한 내용은 제4장을 참조하라.

82 침팬지(Nishida and Hosaka 1996: 122; Bygott 1974[Hanby 1974: 845(일본 원숭이)에서 인용]), 흰목꼬리감기원숭이(Manson et al 1997: 771, 780), 인도영양(Dubost and Feer 1981: 89-90), 캐비(Rood 1972: 36), 회색머리집단베짜기새(Collias and Collias 1980: 218, 220). 포획 상태에서 수컷 사향소 사이에 마운팅은 지배순서를 따르는 것으로 보이지만(Reinhardt 1985), 야생 무리에서는 성별이나 연령 집단 내에서 (사이가 아니라) 지배적 위계질서를 발견하지 못했다(Smith 1976). 야생에서 같은 성 마운팅은 동년배 사이에서 발생한다(따라서 본질적으로 서열이 같다. 예를 들어 2년생 수컷들은 서로 마운트를 한다).

83 예를 들어 다음을 보라. Bertrand 1969: 191 (몽땅꼬리원숭이), Simonds 1965: 183, Sugiyama 1971: 259 (보넷원숭이), Bernstein 1972: 406 (돼지꼬리원숭이), Dixson et al. 1975: 195-96 (탈라폰원숭이), Kaufmann 1974: 309 (채찍꼬리왈라비).

84 합의를 한 동성애와 합의를 하지 않은 동성애의 구별은 30종 이상의 포유류와 조류에서 발견된다. 마운팅을 당하는 동물의 성적 흥분과 자극에 대한 직접적인 증거는 많은 종에서 찾을 수 있다. 예를 들어 마운트 되는 암컷 일본원숭이, 히말라야원숭이, 몽땅꼬리원숭이 및 돼지꼬리원숭이의 오르가슴(및 기타) 반응 그리고 수컷 마운터인 히말라야원숭이, 돼지꼬리원숭이 및 검정짧은꼬리원숭이의 발기 및 자위 행위, 마운트

된 수컷 보노보의 골반찌르기 동작, 하누만랑구르와 일본원숭이에서 암컷의 파트너의 골반찌르기로 인한 마운티의 클리토리스 자극 등이 그것이다. 마운팅하는 동안의 직간접적인 생식기 자극 외에도 항문성교 중에 삽입을 당하는 수컷 동물도 전립선(직장벽을 누르는)의 자극을 경험할 가능성이 크다. 인간 남성의 경우, 항문성교를 할 때의 예처럼 전립선의 직접적인 자극은 매우 자극적일 수 있어서, 오르가슴을 촉진하거나 향상시킬 수 있다. 비슷한 능력이 아마도 모든 수컷 포유류에 존재할 것이다. 물론 이러한 활동이 유쾌하다거나 자극적이라는 직접적인 증거(직접 설명의 형태로)는 인간이 아닌 동물에서는 부족하지만, 일부 직접적인 증거도 있다. 수컷 포유동물에서 발기와 사정(인공 수정을 목적으로)을 유도하는 표준 기술은 항문이나 전립선 자극을 통한 것이다. 전기 사정으로 알려진 이 기술은 항문에 탐침을 삽입하고 직장, 특히 전립선 부위를 자극하게 된다. 이때 탐침을 앞뒤로 움직이고(골반찌르기), 약한 전류도 내보낸다. 이 기술은 수컷 동성애 마운팅이나 항문 삽입이 일어나는 거의 모든 포유류를 포함해서, 수많은 종의 포유류에서 효과적인 것으로 입증되었다. 전기 사정에 대한 추가 정보는 다음을 참조하라. Watson, P. E. cd. (1978) *Artificial Breeding of Non-Domestic Animals*, Symposia of the Zoological Society of London no. 43, especially pp. 109, 129, 208–10, 221, 295 (London: Academic Press).

85   하누만랑구르(Srivastava et al. 1991: 506–7). 이 종의 수컷 간 동성애 활동에 관한 유사한 평가는 Weber and Vogel(1970: 77–78)을 참조하라. 또한 사바나(노란)개코원숭이의 '성적인' 마운팅과 '지배적인' 마운트는 사실상 구별할 수 없다고 언급한 Rowell(1967a: 23)과 보노보에서 성적인 지배와 의례화한 지배 사이에는 단계적 차이가 있어서, 이를 구별하는 것이 어렵다고 언급한 Enomoto(1990: 473)도 참조하라. Weinrich(*Sexual Landscapes*, p. 294)는 수컷 산양 사이의 마운팅에 대해 논하면서 성애와 지배력이 어떻게 동일한 행동의 일부가 될 수 있는지 지적하고, 인간 성애와의 유사점을 제안한다. 실제로 합의된 '지배'나 권력 놀이라는 요소는 거의 인정되지는 않지만, 흔히 인간의 성관계와 성적 쾌락의 일부이며, 부드러운 '키스 마크'에서부터 완전한 사도마조히즘에 이르기까지 연속체를 따라 분포한다(그리고 여러 인간의 성적 상호작용, 특히 이성애 상호작용에서는 합의되지 않은 지배도 두드러지게 나타난다).

86   일본원숭이(Wolfe 1986: 268), 히말라야원숭이(Akers and Conaway 1979: 78), 회색기러기(Lorenz 1991: 206), 장다리물떼새(Kitagawa 1989: 65, 69) (타조의 같은 성 구애와 공격적/애정적 속임수 사이의 차이점은 다음을 보라[Sauer 1972: 731; Bertram 1992: 15, 50–51]). 성적인 맥락과 비非성적인 맥락의 마운팅 사이에 명확한 구별이 있는 이와 같은 종의 경우에는 전자만이(이 책과 대부분의 출처에서) 동성애 행동으로 간주된다. 제1장에서 언급했듯이 Dagg(1984)가 동성애를 나타내는 것으로

분류한 일부 종(예: 나무다람쥐와 데구)은 이 기준에 따라 명단에서 제외된다. 왜냐하면 이러한 종에서 모든 같은 성 마운팅은 진정한 비非성적인 범주에 속하기 때문이다. 다음을 보라. Viljoen, S. (1977) "Behavior of the Bush Squirrel, Paraxerus cepapi cepapi." *Mammalia* 41: 119-66; Fulk, G. W. (1976) "Notes on the Activity, Reproduction and Social Behavior of Octodon degas." *Journal of Mammology* 57: 495-505.87.

87 바다코끼리(Miller 1975: 607), 회색바다표범(Anderson and Fedak 1985), 검은머리물떼새(ED6, B. J and J. D. Goss-Custard(1986) "Wintering Oystercatchers Haematopus ostvalcgus." *Ibis* 128: 382-91. 이 종의 초기 관찰자(예: Makkink 1942)는 파이핑 과시를 구애 활동으로 잘못 해석했는데, 이는 그 과시가 흔히 수컷과 암컷 사이에서 발생하기 때문이었다.

88 이 종에서 우성이 표현되는 방식에 대한 자세한 내용은 Savanna(노란)개코원숭이(Maxim and Buettner-Janusch 1963: 169), 망토개코원숭이(Stammbach, E. [1978] "On Social Differentiation in Groups of Captive Female Hamadryas Baboons." *Behavior* 67: 322-38), 병코돌고래(Samuels and Gifford 1997), 범고래(Rose 1992: 108-9), 순록(Espmark, J. [1964] "Studies in Dominance-Subordination Relationship in a Group of Semi-Domestic Reindeer(*Rangifer tarandus* L.)." *Animal Behavior* 12: 420-26), 인도영양(Dubost and Feer 1981: 97-100), 늑대(Zimen 1976, 1981), 딤불개(Macdonald) 1996), 점박이하이에나(Frank 1986: 1511), 회색곰(Craighead et al. 1995: 109ff); 아메리카큰곰(Stonorov and Stokes 1972: 235, 242), 붉은목왈라비(Johnson 1989: 267), 캐나다기러기(Collias and Jahn 1959: 500-501), 스코틀랜드솔잣새(Nethèrsole-Thompson 1975: 53), 검은부리까치(Birkhead 1991), 갈까마귀(Röell 1978), 도토리딱따구리(Stanback 1994), 갈라(Rowley 1990: 57). 가지뿔영양에서 수컷 사이의 마운팅은 원래 지배 행동을 나타내는 것으로 주장되었지만(Kitchen 1974), 이 종의 지배에 대한 최근 연구에서는 같은 성 마운팅이 포함되지 않았다(Bromley 1991).

89 어떤 경우에는 마운팅 이외의 성적인 행동이 지배와 연관될 수 있다. 예를 들어 검은두건랑구르와 검정짧은꼬리원숭이 수컷 사이의 털 고르기는 흔히 더 지배적인 동물의 하위 개체에 의해 수행된다. 그럼에도 불구하고, 이 활동에는 분명히 성적인 요소도 포함되어 있다. 몸단장을 하는 동안 수컷 한 마리 또는 수컷 두 마리가 모두 격렬하게 흥분하여 발기를 하고, 심지어 사정까지 할 수 있다(검은두건랑구르는 Poirier 1970a: 334를, 검정짧은꼬리원숭이는 Poirier 1964: 146-47을 보라). 유사하게, 성체(지배

적) 보노보는 흔히 청소년(하위) 수컷의 생식기를 자위해주거나 마사지하지만, 이 활동에도 명백한 성적 자극이 포함된다(de Waal 1987, 1995, 1997 참조). 또한 다람쥐원숭이 생식기 과시는 때로 지배와 상관관계가 있지만, 연관성이 확실하지 않거나, 같은 성 동물 사이의 명백한 성적 맥락에서 발생하는 경우도 있다(참조 Talmage–Riggs and Anschel 1973: 70, Travis and Holmes 1974: 55, Baldwin and Baldwin 1981: 295–97, Castell and Heinrich 1971: 187–88).

90 많은 생물학자가 지배적 요인에 호소할 때 다른 활동을 배제하고 마운팅 행동에 초점을 맞추는 것은 그들의 이성애주의 때문이라고 추측하지 않을 수 없다. 왜냐하면 오직 마운팅할 때만 참가자들의 체위가 이성애 상호작용에서 암수의 체위와 매우 유사할 수 있기 때문이다. Fedigan(1982: 101 [일본원숭이])이 지적한 바와 같이, 같은 성 간의 상호작용에서 지배에 대한 전체적인 논의의 바탕에는 동성애 마운팅이 본질적으로 이성애 교미의 치환이라는 가정이 깔려 있다. 이 견해에 반대하는 추가적인 증거를 보려면 제4장의 '가성 이성애pseudoheterosexuality'의 한 형태로서의 동성애에 관한 논의를 참조하라.

91 가능한 예외는 산양(Geist 1968, 1971), 사향소(Reinhardt 1985), 캐비(Rood 1972)에서 같은 성 간의 구애 상호작용으로서, 이는 지배를 반영하는 것으로 해석된다. 또한 같은 성 짝 결합 내에서의 마운팅이나 기타 성적인 행동은 여러 조류 종에서 흔히 볼 수 있지만, 지배 해석에 쉽게 들어맞지 않는다. 왜냐하면 이러한 행동들은 일반적으로 (개체 간의 네트워크 내에서 위계질서의 위치를 설정하기보다는) 오직 한 마리인 다른 동물과의 지속적인 상호작용이기 때문이다.

92 기린(Pratt and Anderson 1985: 774–75, 780–81), 검정짧은꼬리원숭이(Dixson 1977: 77–78; Reed et al. 1997: 255), 몽땅꼬리원숭이(Bernstein 1980: 40), 돼지꼬리원숭이(Giacoma and Messeri 1992: 187), 사바나(올리브)개코원숭이(Owens 1976: 250–51), 다람쥐원숭이(Baldwin and Baldwin 1981: 295–97; Baldwin 1968: 296, 311), 붉은다람쥐(Ferron 1980: 136), 스피니펙스깡충쥐(Happold 1976: 147), 아메리카들소(Reinhardt 1985: 222–23), 서부쇠물닭(Lambert et al. 1994), 집단베짜기새(Collias and Collias 1980: 246, 248). 여기서 보이는 지배 상태의 불일치는 이 종에서 가끔 볼 수 있는 일시적인 지배 역전의 사례 중 하나가 아니다. 암컷 다람쥐원숭이에서 지배적 위계질서는 야생 사회조직의 눈에 띄는 특징으로 간주하지 않는다(Baldwin and Baldwin 1981: 294–95). 그러나 지배 체계가 발전하는 것처럼 보일 때(예: 일부 포획 상태에서), 조사자들은 동성애 활동을 기반으로 한 암컷의 서열이 다른 서열 측정 결과와 일치하지 않는다는 것을 발견했다(Anschel and Talmage–

Riggs 1978: 602 [table 1]).

93   지배 개념에 대한 일부 재평가나 비판은 다음을 보라. Gartlan, J. S. (1968) "Structure and Function in Primate Society." *Folia Primatologica* 8: 89–120; Bernstein 1970 (필리핀원숭이); Richards, S. M. (1974) "The Concept of Dominance and Methods of Assessment." *Animal Behavior* 22: 914–30; Ralls, K. (1976) "Mammals in Which Females Are Larger Than Males." *Quarterly Review of Biology* 51: 245–76; Lodewood, R. (1979) "Dominance in Wolves: Useful Construct or Bad Habit?" in E. Klinghammer, ed., *Behavior and Ecology of Wolves*, pp. 225–44 (New York: Garland); Baldwin and Baldwin 1981 (다람쥐원숭이); Bernstein, I. S. (1981) "Dominance: The Baby and the Bathwater." *Behavioral and Brain Sciences* 4: 419–57; Hand, J. L. (1986) "Resolution of Social Conflicts: Dominance, Egalitarianism, Spheres of Dominance and Game Theory." *Quarterly Review of Biology* 61: 201–20; Walters, J. R. and R. M. Seyfarth(1987) "Conflict and Cooperation." in B. B. Smuts, D. L. Cheney, R. M. Seyfarth, R. W. Wrangham and T. T. Struhsaker, eds., *Primate Societies*, pp. 306–17 (Chicago and London: University of Chicago Press); Drews, C. (1993) "The Concept and Definition of Dominance in Animal Behavior." *Behavior* 125: 283–313; Lambert et al. 1994 (서부쇠물닭).

94   일본원숭이(Fedigan 1982: 92–93).

95   보노보(Kano 1992: 253–54; Kitamura 1989: 57, 63), 고릴라(Harcourt et al. 1981: 276; Yamagiwa 1987a: 25; Harcourt 1988: 59), 하누만랑구르(J. J. Moore, in Weinrich 1980: 292), 일본원숭이(Vasey 1996: 549; Chapais and Mignault 1991: 175–76; Tartabini 1978: 433, 435; Hanby 1974: 841), 히말라야원숭이(Alters and Conaway 1979: 78; Reinhardt et al. 1986: 55; Gordon and Bernstein 1973: 224), 돼지꼬리원숭이(Tokuda et al. 1968: 293), 검정짧은꼬리원숭이(Dixson 1977: 77–78; Poirier 1964: 20, 49; Reed et al. 1997: 255), 사바나개코원숭이(Owens 1976: 256), 겔라다개코원숭이(Mori 1979: 134–35; R. Wrangham, Weinrich 1980: 291), 다람쥐원숭이(Talmage–Riggs and Anschel 1973: 70), 병코돌고래(Caldwell and Caldwell 1972: 427), 인도영양(Dubost and Feer 1981: 89–90), 기린(Pratt and Anderson 1985: 774–75, 780), 아메리카들소(Reinhardt 1985: 222, 1987: 8), 붉은다람쥐(Ferron 1980: 136), 쇠푸른왜가리(Werschkul 1982: 383–84), 나무제비 (Lombardo et al. 1994: 556).

96 후속연구에 의해 반박된 지배의 연관성에 대한 초기 주장의 예는 다음을 보라. 침팬지
(Yerkes 1939: 126-27; Nishida 1970: 57 - Bygott 1974 [Hanby 1974: 845 (일본
원숭이)에서 인용-], Nishida 참조) and Hosaka 1996: 122 [table 9.7]), 하누만랑구르
(Weber 1973: 484 - Srivastava et al. 1991: 506-7; J. J. Moore, in Weinrich 1980:
292), 히말라야원숭이(Carpenter 1942 - Akers and Conaway 1979: 78; Rein hardt
et al. 1986; Gordon and Bernstein 1973: 224), 일본원숭이(Sugiyama 1960: 136
- Hanby 1974: 841; Chapais and Mignault 1991: 175-76), 보넷원숭이(Rahaman
and Parthasarathy 1968: 68, 263 - Makwana 1980: 10), 돼지꼬리원숭이(Tokuda
et al. 1968 - Oi 1990a: 353-54), 범고래(Balcomb et al. 1979: 23 - Rose 1992:
108-9), 기린(Dagg and Foster 1976, Leuthold 1979: 27-29 - Pratt and Anderson
1985: 774-75), 인도영양(Schaller 1967 - Dubost and Feer 1981: 89-90), 아메
리카들소(Lott 1974: 391 - Reinhardt 1986: 222-23), 늑대(Schenkel 1947 - van
Hooff and Wensing 1987: 232). 또한 웃는갈매기에서 상응하는 예는 지배의 연관성
에 대한 간접적인 논박이 들어 있다(Noble과 Wurm[1943: 205-6]). Noble 등은 마
운팅하는 수컷이 자신의 암컷 짝을 '지배'하지 않았다는 사실을 그의 낮은 서열의 증거
로 인용하면서, 웃는갈매기의 동성애 마운팅을 마운팅되는 수컷이 낮은 서열일 것이
라는 추정과 연관시켰다. 그러나 웃는갈매기의 이성애 쌍 파트너 사이의 상호작용에
대한 보다 최근의 상세한 연구에서는 일반적으로 이 종의 수컷이 암컷 짝을 지배하지
않는다는 결론을 내렸다(Hand 1985). 뒷받침하는 증거가 거의 또는 전혀 없으면서도,
동성애 활동을 지배적 활동이라고 주장하는 연구들은 다음을 보라. 오랑우탄(Rijksen
1978: 257), 다람쥐원숭이(DuMond 1968: 124), 서인도제도매너티(Rath bun et al.
1995: 150), 뿔호반새(Moynihan 1990: 19).

97 채찍꼬리왈라비(Kaufmann 1974: 307, 309), 히말라야원숭이(Gordon and Bernstein
1973: 224). Kaufmann은 채찍꼬리왈라비의 동성애 마운팅 자체가 아마 지배와 관련
이 없을 것이라고 결론지었다. 어쨌든 일반적으로 우세한 동물이 하위 서열 동물에게
마운팅하도록 초대하기 때문이었다('일반적인' 지배 패턴의 반대다).

98 큰뿔양(Hogg 1987: 120; Hass and Jenni 1991: 471), 검정짧은꼬리원숭이(Poirier
1964: 54).

99 Vasey, "Homosexual Behavior in Primates." p. 191.

100 오랑우탄(Maple 1980: 118).

101 서인도제도매너티(Rathbun et al. 1995: 150). 또한 Buss(1990: 19-21)는 수컷 아프
리카 코끼리에서 같은 성 놀이 싸움 동안의 성적인 흥분은 고통을 무디게 하는 역할을

한다고 주장했다. 이것이 가능하기는 하지만 그러한 의식 싸움(Buss가 '에로틱'하다고 묘사함)이 거의 폭력적이지 않다는 점을 고려할 때 이는 다소 억지스러운 주장이다.

102 Vasey, P. L. (in press) "Homosexual Behavior in Male Birds." in W. R. Dynes, ed., *Encyclopedia of Homosexuality*, 2nd ed., vol. 1: Male Homosexuality(New York: Garland Press).

103 아메리카들소(Reinhardt 1985: 222) (참조. 또한 Kaufmann[1974: 107]는 채찍꼬리 왈라비에서 다음과 같이 주장했다. "꼬리 채찍질은 분명한 성적 흥분의 표시로 보이지만, 간혹 수컷은 성적이지 않은 상황에서 하위 수컷이 접근했을 때 수행했다."), 아시아무플론(McClelland 1991: 80), 몽땅꼬리원숭이(O'Keefe and Lifshitz 1985: 149), 듀공(Nair et al. 1975: 14), 레이산알바트로스(Frings and Frings 1961: 311), 난쟁이몽구스(Rasa 1979a: 365), 보넷원숭이(Nolte 1955: 179). 유사하게, Frank et al. (1990: 308)은 점박이하이에나의 성기 발기는 구애 중에 수컷이 암컷에게 과시하지 않는 한 '성적인 의미'가 없다고 말했다. 이 행동의 '성적인 요소를 제거'하는 근거는 대개 같은 성(특히 암컷) 사이에 발기가 자주 나타난다는 사실과(이성애) 마운팅이 없는 상황(예를 들어 '인사 의식' 중)에서도 발기가 나타난다는 것에 기인한다. 발기는 의심할 여지없이 마운팅 상황이 아닐 때엔 '비非성적인' 의미를 갖지만(예: East et al. 1993 참조), 이성애 구애와 짝짓기 범주에 속하지 않는 상황이라는 이유로, 모든 '성적 중요성'을 제거하는 것은 지나치게 제한적인 것으로 보인다.

104 붉은발도요(Hale and Ashcroft 1983: 21). 이 동작에 대한 역사적인 해석에 대한 요약은 Cramp and Simmons 1983: 533도 참조하라.

105 검정짧은꼬리원숭이(Dixson 1977: 71, 76; Poirier 1964: 147). Dixson(1977: 77)은 마운트와 간청이 성적인지 비非성적인지의 구분이 주관적인 것임을 인정했지만, 그것이 이성애적 맥락에서만 일어난다고 보았고, 동성애적 상호작용은 명백히 비성적인 것이라고 가정했다.

106 비큐냐(Koford 1957: 183, 184), 사향소(Smith 1976: 51), 기린(Dagg and Foster 1976: 127; Pratt and Anderson 1985: 777-78; Leuthold 1979: 27, 29), 갈색제비 (Beecher and Beecher 1979: 1284), 사바나개코원숭이(Smuts 1985: 18, 14S-49, 163-66, 199, 213), 히말라야원숭이(Loy 1971: 26), 검은머리물떼새(Makkink 1942; Ens and Goss-Custard, "Piping as a Display of Dominance.").

107 검정짧은꼬리원숭이(Dixson 1977: 70-71), 병코돌고래(Ostman 1991: 313; Dudok van Heel and Mettivier 1974: 12; Saayman and Tayler 1973), 긴부리돌고래(Norris and Dohl 1980a: 845; Norris et al. 1994: 199), 바다오리(Birkhead 1978a: 326);

푸른배파랑새(Moynihan 1990).

108 히말라야원숭이(예를 들어 Sade 1968: 32-33 참조), 일본원숭이(Hanby 1974: 843, 845; Wolfe, "Human Evolution and the Sexual Behavior of Female Primates," p. 129).

109 자세한 내용은 제5장을 참조하라. 관련된 사항을 보면, 공격적인 행동은 일부 종의 동성애 상호작용을 수반할 수 있으므로, 그러한 행동이 '실제로' 성적이지 않다고 주장하는 데 사용된다. 그러나 공격성은 수많은 종의 이성애 관계에서도 보이는 특징이며, 수컷-암컷 상호작용에 공격성이 보여도 여전히 그 행동은 '성적'인 것이라고 분류된다.

110 코브(Buechner and Schloeth 1965: 218), 기린(Pratt and Anderson 1985: 774—75), 북방자카나(del Hoyo, J., A. Elliott and J. Sargatal, eds. [1996] *Handbook of the Birds of the World*, vol. 3: Hoatzin to *Auk*s, p. 282. [Barcelona: Lynx Ediciόns]), 오랑우탄(Galdikas 1981: 286).

111 바다코끼리(Dittrich 1987: 168), 사향소(Smith 1976: 62), 큰뿔양(Hogg 1984: 527; Geist 1971: 139), 아시아무플론(McClelland 1991: 81), 회색곰(Craighead et al. 1995: 161), 올림픽마멋(Barash 1973: 212), 흰꼬리사슴(Hirth 1977: 43), 오랑우탄(Galdikas 1981: 286), 흰목꼬리감기원숭이(Manson et al. 1997: 775), 북방물개(Gentry 1998: 172), 목도리도요(Hogan-Warburg 1966: 167-68). 또한 마취나무캥거루는 연구자들이 암컷 사이의 마운팅이(동)성애가 아니라고 부정하는 종인데(J. Steenberg, 개인적 통신), 그 종에 대한 어떤 연구에서는, 관찰된 반대쪽 성 간에 나타난 모든 마운트가 삽입이나 골반찌르기가 없는 '불완전'한 것이었다(Hutchins et al. 1991: 158). 같은 개체군에 대한 또 다른 연구에서는 수컷과 암컷 사이의 '완전한' 교미가 드물고, 이성애적 맥락에서 암컷은 성적인 흥분의 명확한 징후를 거의 나타내지 않는 것으로 나타났다(Dabek 84, 93-94, 116).

112 나무제비(Morrill and Robertson 1990; Scott, M. P. 및 T. N. Tan 1985) "A Radiotracer Technique for the Determination of Male Mating Success in Natural Populations," *Behavioral Ecology and Sociobiology* 17: 29-33. 보다 최근에는 설치류에서 형광 분말을 사용한 교미 검증 기술을 시험하였다. 수컷에게 뿌린 가루는 짝짓기 중에 암컷에게 옮겨지며 자외선으로 확인할 수 있다. 아이러니하게도, 이 절차를 시험하는 동안 한 쌍의 암컷이 '대조군'으로 사용되었다. 왜냐하면 그들이 서로를 마운팅하는 행동에 관여하지 않을 것이라고 가정했기 때문이다. 그럼에도 불구하고, 암컷 쌍의 12%는 가루 전달을 했고, 당연히 연구원들은 이것을 암컷 사이의 비

非성적인 접촉의 증거로 해석했다(Ebensperger, L. A. and R. H. Tamarin[1997] "Use of Fluorescent Powder to Infer Mating Activity of Male Rodents." *Journal of Mammalogy* 78: 888–93).

113 히말라야원숭이(Erwin and Maple 1976), field report of penetration and ejaculation(Sade 1968: 27). 또한(포획 상태) 수컷 히말라야원숭이 간의 항문 삽입에 대한 훨씬 더 이른 문서에 대해서는 Kempf(1917: 134)도 참조하라. Walther(1990: 308)는 유제류에서 발기와 항문 삽입이 항상 관찰되는 것은 아니기 때문에, 유제류 수컷 사이의 마운팅 활동은(동)성애 행동일 수 없다는 비슷한 주장을 한다(Walther, "Bovids: Introduction."). 이와 관련하여 Tuttle(1986: 289)은 수컷 보노보들이 서로 엉덩이를 문지르고 마운팅하는 것이 생식기 접촉으로서의 '자격'이 없다는 점을 지적하기 위해 애를 쓰며 다음과 같이 말했다. "무슨 남색처럼 움직이지만 항문은 생식기가 아니다"(International Anatomical Nomenclature Commitee, 1977, p. A49). 그러나 Tuttle은 암컷 간의 성적인 활동(그가 '기괴한 동성애 모색'(ibid., p. 282)이라고 부른 것)은 생식기 접촉에 해당한다고 인정했다(Tuttle, R. H. [1986] *Apes of the World: Their Social Behavior, Communication, Mentality and Ecology*[Park Ridge, N. J.: Noyes Publications]). 영장류의 동성애 행동에서 삽입이나 성적흥분, 오르가슴의 발생을 그 행동의 정의 기준에서(현명하게) 제외한 최근 조사에 대해서는 다음을 보라. Vasey, "Homosexual Behavior in Primates." p. 175.

114 수컷 새 마운팅 행동의 유사한 단계적 차이에 대해서는 다음을 참조하라. Moynihan 1955: 105(붉은부리갈매기).

115 다양한 종에서 보이는, 긴장 완화의 한 형태로서의 동성애 활동에 대한 구체적인 주장은 다음을 보라. 고릴라(Yamagiwa 1987a: 23, 1987b: 37), 흰손긴팔원숭이(Edwards and Todd 1991: 234–35), 일본 원숭이(Vasey 1996: 549–50), 겔라다개코원숭이(R. Wrangham, Weinrich 1980: 291). 놀이의 한 형태로서의 동성애를 반대하는 것은 다음을 보라. 다람쥐원숭이(Talmage–Riggs and Anschcl 1973: 71), 나무제비(Lombardo et al. 1994: 556). 화해나 안심 행동으로서의 동성애를 반대하는 것은 다음을 보라. 일본원숭이(Vasey 1996: 550), 히말라야원숭이(Alters and Conaway 1979: 78), 나무제비(Lombardo et al. 1994: 556). 연합이나 동맹을 형성하는 수단으로서 동성애 활동에 반대하는 경우는 다음을 보라. 보넷원숭이(Silk 1994: 285–87)(또한 Silk 1993: 187에서는 이 종의 수컷 사이의 연합–짝 결합이 수컷의 지위 향상이나, 자원에 대한 접근 또는 포괄적인 적합성 측면에서 '기능적'이지 않다고 주장했다). 유화 제스처나 달래는 행동으로서 동성애에 반대하는 경우는 다음을 보라. 흰목

꼬리감기원숭이(Manson et al. 1997: 783), 붉은다람쥐(Ferron 1980: 136), 나무제비 (Lombardo et al. 1994: 556). 관계하는 동물이 일차적으로 서로 친족이므로(소위 친족 선택), 개체 간의 '친족동맹'이지, 동성애 관계가 아니라는 주장에 대해서는 다음을 보라. 아메리카레아(Fernandez and Reboreda 1995: 323), 검은머리물떼새(Heg and van Tteuren 1998: 688-89, Ens 1998: 635), 쇠검은머리흰죽지(Afton 1993: 232), 범고래(Rose 1992: 104, 112), 보노보(Hashimoto et al. 1996: 316). 이러한 비非성적인 '설명'에 반대하는 증거에 대한 요약 및 검토를 위해서는 Vasey, "Homosexual Behavior in Primates."도 보라.

116 일본원숭이(Vasey 1996).

117 보노보(de Waal 1987, 1995 [그중에서도]; Savage-Rumbaugh and Lewin 1994: 110), 고릴라(Yamagiwa 1987a: 23, 1987b: 37).

118 보다 자세한 논의는 보넷원숭이(Silk 1994: 285-87)를 참조하라.

119 이와 같은 성적인 흥분의 징후는 90종 이상의 포유류와 조류의 동성애 상호작용에서 문서화되었다. 또한 많은 과학자가(비성적인 측면에 추가하거나 또는 대신해서) 같은 성 간의 상호작용의 명백한 성적인 특성을 주장했다. 예는 다음을 보라. 보노보 (de Waal 1995: 45-46), 고릴라(Yamagiwa 1987a, Harcourt 1988: 59, Porton and White 1996: 724), 흰손긴팔원숭이(Edwards and Todd 1991), 하누만랑구르(Weber and Vogel 1970: 76-77), 일본원숭이(Vasey 1996: 550, Rendell and Taylor 1991: 324, Wolfe 1984: 147), 히말라야원숭이(Akers and Conaway 1979: 78-79, 몽땅꼬리원숭이(Chevalier-Skolnikoff 1976: 525), 하누만랑구르(Srivastava et al. 1991), 겔라다개코원숭이(R. Wrangham, Weinrich 1980: 291), 흰목꼬리감기원숭이(Manson et al. 1997: 775-76), 병코돌고래와 대서양알락돌고래(Herzing and Johnson 1997: 85, 90), 범고래(Saulitis 1993: 58), 쇠고래(Darling 1978: 60, 1977: 10-11), 기린 (Coe 1967: 320), 흰꼬리사슴(Rue 1989: 313), 아프리카코끼리(Buss 1990: 20), 검은머리물떼새(Heg and van Treuren 1998: 688), 아델리펭귄(Davis et al. 1998), 안나벌새(Stiles 1982: 216). 같은 성 간의 상호작용을 특징짓기 위해 에로틱erotic이라는 단어를 사용한 예는 다음을 보라. 보노보(de Waal 1987: 323, 1997: 103-4, Kano 1992: 192, 1990: 66), 쇠고래(Darling 1977: 10-11), 바다코끼리(Mathews 1983: 72), 아프리카코끼리(Buss 1990: 19).

120 그러나 때로 이성애 행동에 여러 가지 '기능'이 부여된다. 예로는 다음을 보라. 히말라야원숭이(Lindburg 1971), 보노보(de Waal 1987, 1995, 1997, Kano 1990: 67), 흰목꼬리감기원숭이(Manson et al. 1997), Hanby, J. (1976) "Sociosexual Development

in Primates." in P. P. G. Bateson and P. H. Klopfer, eds., *Perspectives in Ethology*, vol. 2, pp. 1-67 (New York: Plenum Press).

제 4 장 동물의 동성애에 대한 얼버무리기 설명

1   M. Grober, 1995년 8월 12일 하와이 호놀룰루에서 열린 제24차 국제 윤리 회의에서 성적性的지향에 관한 본회의 개회사.

2   이전에 동물의 동성애 행동에 대해 광범위하게 문서화하거나 저술한 적이 있지만, 이 주제에 대해 이야기하지 않은 참석자는 다음과 같다. B. Le Boeuf(북방코끼리바다표범), C. Clark(참고래), W. D. Koenig(도토리딱따구리), M. Moynihan(제프로이타마린, 뿔호반새, 푸른배파랑새), A. Srivastava(하누만랑구르), F. B. M. de Waal(보노보, 가타 영장류) and J. C. Wingfield(기러기). 이 심포지엄에서 발표된 논문 중에는 다른 당혹스러운 경향도 많이 나타났다. 예를 들어 많은 논문이 동성애나 트랜스젠더에 대해, 야생동물의 정보는 제외하고 실험실 또는 포획 동물에 대한 연구를 기반으로 했다. 실제로 한 발표자(Ulibarri)는 야생 몽골저빌의 행동에 대한 정보가 영어로 제공되지 않는다고 말하기까지 했다. 최소한 이러한 연구 중 하나는 몇 년 전에 이미 저명한 동물학 저널에 발표했었다(Ulibarri, C. [1995] "Gonadal Steroid Regulation of Differentiation of Neuroanatomical Structures Underlying Sexual Dimorphic Behavior in Gerbils." paper presented at the 24th International Ethological Conference, Honolulu, Hawaii; Agren, G., Q. Zhou and W. Zhong[1989] "Ecology and Social Behavior of Mongolian Gerbils, *Meriones unguiculatus*, at Xilinhot, Inner Mongolia, China." *Animal Behavior* 37: 11-27).

3   Caprio, F. S. (1954) Female Homosexuality, pp. 19, 76 (New York: Grove); Northern Fur Seal(Bartholomew 1959: 168).

4   이러한 생각은 40종 이상의 포유류와 조류의 동성애에 대한 설명에서 나타난다.

5   심지어 동물의 동성애 및 관련 현상은 '이형적異形的 행동'으로 분류되었다(참조. Haug, M., R F. Brain and C. Aron, eds., [1991] *Heterotypical Behavior in Man and Animals*[New York: Chapman and Hall]). 이 용어가 의도하는 의미는 같은 성 상호작용 중에 파트너 중 적어도 한 동물의 행동은 이성애 활동 참가자의 '전형적'인 것으로 추정되지만, 같은 성 맥락으로 옮겨진다는 것이다. 즉, 동성애는 이성애가 수정된 버전으로 재구성된 것에 불과하다는 뜻이다.

6   반달잉꼬, 아즈텍잉꼬(Hardy 1966: 77, 1963: 171). 비슷한 맥락에서 암컷 몽땅꼬리

원숭이가 오르가슴 때 나타내는 소리나 성적인 반응은 주로 이성애가 아닌 동성애 상호작용에서 연구되었다. 그런 다음 이 정보는 이성애 맥락으로 일반화되거나 추정되었다(참조. Gold-foot et al. 1980; Leinonen et al. 1991: 245). 마찬가지로 갈라에 대한 어떤 연구는 짝 결합 활동의 전형적인 동기화 모습을 반대쪽 성 쌍이 아닌 같은 성 쌍의 양적인 정보로부터 얻었다(Rogers and McCulloch 1981: 87).

7 Freud, S. (1905/1961) *Drei Abhandlungen zur Sexualtheorie*(Frankfurt: Fischer). 또한 다음도 보라. Ellis, H. (1936) *Sexual Inversion: Studies in the Psychology of Sex*(New York: Random House).

8 Morris 1954 (금화조), Morris 1952 (청가시고기). 보다 최근의 기사는 Schlupp et al. 1992 (아마존몰리)를 보라. 또한 같은 성 간의 상호작용 중에 동물이 중간 형태가 아닌, '순전히' 수컷 또는 암컷의 행동(이성애적 맥락에서 정의한 것)만을 나타낸다는, 초기의(잘못된) 진술을 참조하라(Lorenz 1972: 21[큰까마귀]).

9 몽골야생말(Boyd 1986: 661), 청둥오리(Ramsay 1956: 277), 흰기러기(Starkey 1972). 침팬지와 관련해서 다른 주목할 만한 예도 있는데, 동성애 상호작용에서 '반대쪽 성' 역할과 '역전된' 성별 특성(및 기타 '일탈적인' 특성)을 융합한 것이다. 한 과학자는 수년 동안 명백하게 레즈비언이었던(그리고 '이성애자' 암컷과 어울리던) 한 암컷 침팬지를 성적으로 '일탈'을 했을 뿐만 아니라 '건장한 태도'를 갖고 '수컷처럼 보였으며', '두 얼굴의 비열한', '악의에 찬', '기만적'이라고 묘사했다. 훈련받지 않은 관찰자들도 그 암컷을 마녀에 비유한 논평을 단서도 없이 반복하였다(de Waal 1982: 64-65). 이러한 특성 중 일부는 그 암컷의 외모나 행동, 성격의 진정한 측면을 반영할 수 있지만, 이러한 묘사가 얼마나 다른 뜻을 내포하고 의인화했는지, 또한 언급을 위해 선별한 특성 중 얼마나 많은 것이 인간의 '부치' 레즈비언에 대한 부정적이고 왜곡된 고정 관념에 정확히 일치하는지 생각하면 놀랍다. 또한 많은 동물에서(이성애) 암컷은 '발정'을 하면 높은 수준의 공격성을 발휘한다. 한 과학자는 암컷 침팬지가 '발정'을 시작하면서 '수컷화'한다고 묘사하기까지 했다(Nishida 1979: 103). 특별한 경우에 사실이 아닐 수도 있다는 점을 제외하고도, 동성애 맥락의 '수컷 같은' 암컷에게만 좀 더 공격성이 있다고 보는 것은 정확하지 않다. 이것이 실제로는 암컷의 성적인 흥분의 독립적인 특징일 수 있기 때문이다. 또한 최근 700종 이상의 포유류 종에 대한 포괄적인 조사는 '수컷화한' 암컷 생식기의 발생과 암컷의 공격성이나 지배 사이에 상관관계가 없음을 발견했다(Teltscher, C., H. Hofer and M. L. East[1997] "Virilized Genitalia are Not Required for the Evolution of Female Dominance." in M. Taborsky and B. Taborsky, eds., *Contributions to the XXV International Ethological Conference*,

p. 281, Advances in Ethology no. 32. [Berlin: Blackwell Wis-senschafts-Verlag]). 덧붙여 말하자면, 앞에서 언급한 암컷 침팬지는 다른 암컷의 성행위를 명백하게 규제하기 때문에 '마담'이라는 별명을 얻기도 했다. 이는 이전에 이성애자인 사바나개코원숭이를 '창녀'라고 불렀던 별명을 연상시킨다(Marais 1922/1969: 205-6). 이러한 예는 인간의 매춘과 여성 동성애/성별 다양성에 관계된 놀라운 유사점을 제공한다. 둘 다 '일탈적인' 활동으로 간주되며 신화적이고 대중적인 상상뿐만 아니라, 때로 실제 역사적, 사회적 현실과도 연결된다(참조. Nestle, J. [1987] "Lesbians and Prostitutes: A Historical Sisterhood." in *A Restricted Country*, pp. 157-77 [Ithaca: Firebrand Books]; Salessi, J. [1997] "Medics, Crooks and Tango Queens: The National Appropriation of a Gay Tango." pp. 151, 161-62, in C. E. Delgado and J. E. Muñoz, eds., *Everynight Life; Culture and Dance in Latin/o America*, pp. 141-74 [Durham: Duke University Press]).

10 많은 동물학자가 동성애에 대한 '설명'이나 해석을 무비판적으로 옹호했지만, 몇몇 과학자들은 그러한 분석에 대해 명백한 논거를 제시했다. Wolfe 1979: 532, Lunardini 1989: 183 (일본원숭이), Srivastava et al. 1991: 506-7 (하누만랑구르), Huber and Martys 1993: 160 (회색기러기), Huntet al. 1984 (서부갈매기), Rogers와 McCulloch 1981: 90 (갈라).

11 수컷 보노보 사이의 '페니스 펜싱'이 특히 여기에 해당하며, 이 종의 암컷 사이의 상호 생식기 문지르기의 경우는 독특함이 덜하다. 후자는 대개 한 암컷이 '마운팅'하거나 얼굴을 마주 보는 자세로 다른 암컷을 껴안으므로, 이성애 상호작용에 사용하는 체위와 유사할 수 있다.

12 그러나 이러한 경우에도 '가성 이성애'라는 틀이 그 행동에 부과되었다. 일부 종에서 두 동물이 서로를 향해 등을 대고 항문과 생식기를 함께 문지르는 상호 엉덩이 문지르기는 두 동물이 '암컷'의 이성애 초대 자세를 취하는 것으로 해석되었다(예: 보노보[Kitamura 1989: 56-57], 몽땅꼬리원숭이[Chevalier-Skolnikoff 1976: 518]). 이 해석은 두 참가자가 단순히 엉덩이를 수동적으로 제시하기 보다는, 흔히 적극적으로 엉덩이를 비비고 골반찌르기를 한다는 사실을 무시하는 것이다. 심지어 두 동물은 그러면서 손으로 서로의 성기를 애무하고 자극한다. 즉, 단순히 이성애 행위나 체위의 한 버전이 아니라 분명한 성적인 행동을 한다.

13 병코돌고래(Ostman 1991). 이성애 역逆마운팅에 대한 자세한 내용은 제5장과 II부의 각 종에 대한 설명을 참조하라.

14 예를 들어 회색기러기 수컷 쌍의 한 구성원이 '가성 암컷'의 역할을 채택한다는 생각에

대한 명확한 반박에 대해서는 다음을 참조하라. Huber and Martys(1993: 160).

15 예를 들어 청둥오리, 해오라기, 붉은부리갈매기, 에뮤, 갈까마귀에서 그렇다.

16 붉은큰뿔사슴(Hall 1983: 278 table 2에 기초했다).

17 Byne, W. (1994) "The Biological Evidence Challenged." p. 53, *Scientific American* 270(5): 50-55.

18 북방자카나(del Hoyo, J., A. Elliott and J. Sargatal, eds., [1996] *Handbook of the Birds of the World*, vol. 3, Hoatzin to *Auks*, p. 282 [Barcelona: Lynx Ediciōns]); arctic tern and other species(Weldon, P. J. and G. M. Burghardt[1984] "Deception Divergence and Sexual Selection." *Zeitschrift für Tierpsychologie* 65: 89-102, especially table 1).

19 산얼룩말(Penzhorn 1984: 119), 푸른되새(Marler 1956: 69, 96-97, 119)(Marler는 반대쪽 성 흉내를 내는 일부 사례에 '동성애 행동'이라는 잘못된 딱지를 붙이면서, 이러한 맥락에서 같은 성 마운팅이 발생하지 않는다는 점을 명시적으로 언급했다.), 제프로이타마린(Moynihan 1970: 48, 50), 해오라기(Noble and Wurm 1942: 216), 세가락갈매기(Paludan 1955: 16-17), 코알라(Smith 1980: 49). 반대쪽 성 모방이 적어도 일부 동성애 상호작용의 구성 요소로 나타나는 두 종은 노랑가슴도요와 황토색배딱새다.

20 북방코끼리바다표범(Le Boeuf 1974: 173), 붉은부리갈매기(van Rhijn 1985: 87, 100), 붉은사슴(Darling 1937: 170), 가터얼룩뱀(Mason and Crews 1985: 59). 또한 연구원들은 트랜스젠더 파케티(어류 종의 하나)가 트랜스젠더가 아닌 수컷보다 약 5배 더 큰 고환을 가지고 있어서, 더 많은 알을 수정시킬 수 있다는 것을 발견했다(Ayling, T. [1982] Sea Fishes of New Zealand, p. 255 [Auckland: Collins]; Jones, G. P. [1980] "Growth and Reproduction in the Protogynous Hermaphrodite *Pseudolabrus celidotus*[Pisces: Labridae] in New Zealand." *Copeia* 1980: 660-75).

21 태즈매니아쇠물닭(Ridpath 1972: 30), 히말라야원숭이(Akers and Conaway 1979: 76). 이러한 사실과 관련하여, 수컷 레이산알바트로스는 상대가 암컷이 짝짓기에 초대하는 것과 유사한 자세를 취하는 경우(일반적으로 날개를 내리고 펼치는 등의 자세), 양쪽 성별의 새 모두에게 마운트하도록 자극받는다. 예를 들어 한 새의 오른쪽 날개가 처진 경우 그 새의 오른쪽에 있는 수컷은 마운트를 시도하지만, 왼쪽에 있는 수컷은 그렇지 않다. 그러나 이러한 '방아쇠' 효과는 부분적인 설명일 뿐이다. 왜냐하면 그러한 새의 자세와 처진 날개가 짝짓기 초대와 매우 흡사함에도 불구하고, 수컷은 일

반적으로 둥지에 앉아 있는 암컷을 마운트하려고 하지 않기 때문이다. 이 종을 연구하는 연구원(예: Fisher 1971: 45-46)은 이러한 맥락에서 방아쇠 효과의 명백한 실패에 대해 당혹감을 표시했으며, 아마도 알을 품고 있는 중인 암컷의 키(이 종의 둥지 높이는 15-20센티미터이다)가 억제 요인일 것이라고 제안했다. 그러나 이 제안은 수컷이 때로 동시에 서로에게 마운팅하며 최대 3마리의 다른 수컷이 만드는, 더 높은 '쌓아 올리기'에도 마운트한다는 사실과 일치하지 않는다. 유사하게, 과학자들은 어느 붉은사슴 수사슴이 다른 수컷에게 마운트하는 것을 관찰했는데, 그 수사슴의 자세는 안정제의 영향을 받기 시작하면서 암컷의 것과 '유사'해졌다(Lincoln et al. 1970: 101; 마취한 산얼룩말 종마에 관한 유사한 관찰은 다음을 참조하라. Klingel[1990: 578]). 결과적으로, 그들은 동성애 행동이란 암컷과 유사한 시각적 신호의 '유발' 효과를 다른 동물이 제시하는 것이라고 해석했다. 하지만 짝짓기를 할 준비가 된 암컷 붉은사슴과 약을 먹인 수컷 사이의 유사성이 의심스럽다는 사실 외에도, 이 종의 같은 성 마운팅은 반대쪽 성 '유사함'과는 어떠한 관련도 없이 일반적으로 발생한다(참조. Hall 1983, Guiness et al. 1971, 얼룩말에서도 마찬가지이다).

22 큰뿔양(Berger 1985: 334; Geist 1971: 161-63, 185, 219). 동성애를 모델로 한 이성애 상호작용의 또 다른 가능한 사례는 대서양알락돌고래에서 발생한다. 즉, 이성애 교미 중에 일부 개체가 병코돌고래와의 종간 동성애 교미 중에 사용하는, 측면 마운팅 체위를 '모방'하는 것이 분명하게 관찰되었다(Herzing and Johnson 1997: 96). 흥미롭게도, 이성애 관계가 동성애를 따라하는 패턴은 일부 인간 문화에서도 발견된다. 예를 들어 중세 바그다드와 안달루시아에서는(대개 세대 간) 동성애 관계가 대세여서, 이성애 여성이 소년들과 경쟁해 남성의 관심을 끌기 위해 흔히 남성 청년처럼 여장을 했다(때로는 수염을 칠하기도 했다)(Murray and Roscoe, Islamic Homosexualities, pp. 99, 151). 현대 북아메리카에서 일부 남성은 자신을 레즈비언 커플로 상상하는 것을 즐기기 때문에 아내나 여자 친구와 섹스를 할 때 여장을 한다(다음의 예를 보라. Money, J. [1988] *Gay, Straight and In-Between: The Sexology of Erotic Orientation*, pp. 105-6 (New York: Oxford University Press], Bolin, A. (1994] "Transcending and Transgendering: Male-to-Female Transsexuals, Dichotomy and Diversity." p. 484, in G. Herdt, ed., *Third Sex, Third Gender: Beyond Sexual Dimorphism in Culture and History*, pp. 447-85 (New York: Zone Books], Rothblatt, M. [1995] *The Apartheid of Sex: A Manifesto on the Freedom of Gender*, pp. 159-60 [New York' Crown]).

23 이 세 가지 '유형'이 서로 과도하게 작용하거나, 동일한 종이나 개체 내에서 다양한 정도로 동시에 발생하기 때문에, 이것은 어느 정도 임의적인 분류다. 그럼에도 불구

하고, 그것들은 토론을 위한 유용한 출발점이라고 할 수 있는 광범위한 패턴을 나타낸다.

24 이 종을 연구하는 과학자들의 말에 따르면 "암컷의 성적인 표현은 암컷처럼 행동하는 수컷부터 정상적인 암컷까지 이어지는 연속체를 형성했다"(Buechner and Schloth 1965: 219).

25 고릴라(Yamagiwa 1987a: 13 (table 7), 1987b: 36-37 [table 4]), 하누만랑구르 (Srivastava et al. 1991: 492-93 [table II]), 보넷원숭이(Sugiyama 1971: 260 [table 9]), 돼지꼬리원숭이(Tokuda et al. 1968: 291[table 7]).

26 서부갈매기(Hunt et al. 1984).

27 수컷-암컷 쌍에서 알 품기, 먹이 주기의 희귀성에 관하여는 다음을 보라. Evans Ogden and Stutchbury 1994: 8.

28 명확하게 역할이 분화된 행동의 일부 사례는 더 자세히 조사해 보면 그다지 정확하게 성별에 따라 구분되지 않는다. Kitagawa(1988a: 65-66)는 장다리물떼새의 동성애 쌍의 암컷을 '수컷 같은' 파트너와 '암컷 같은' 파트너로 나눌 수 있다고 제안한다. 그러나 '물 튀기기'나 '관련 없는 털 고르기'처럼 이러한 구별을 위해 사용되는 구애 행동이나 짝 결합 행동의 대부분은 다른 출처를 보면 이성애 쌍의 암수 모두가 수행한 것들이다(예: Goriup 1982; Hamilton 1975). 비록 우리가 Kitagawa의 일부 행동 분류를 수컷 또는 암컷에서 더 전형적이라고 받아들인다 해도, 적어도 다음 한 쌍의 동성애 쌍을 묘사한 것처럼, 이것이 어떻게 성별에 따른 행동으로 해석되는지는 알기 힘들다. 즉, 어느 동성애 쌍은 '목 늘리기'와 알 낳기처럼 암컷의 활동으로 추정되는 것, '반 바퀴 돌기'처럼 수컷의 행동으로 추정되는 것, '둥지 자리 보여주기'와 알 품기 같은 성별과 관련이 없는 것으로 추정되는 활동을 모두 수행했다.

29 이러한 행동은 암컷이 기존의 쌍을 향한 구애를 시작할 때나, 수컷이 무차별 짝짓기를 할 때 나타난다(참조. Coddington and Cockburn 1995).

30 제비꼬리마나킨(Foster 1987: 555; Sick 1967: 17, 1959: 286).

31 이성애 쌍에서 이러한 부모 의무의 역할 구분에 대해서는 다음을 보라. Martin et al. 1985: 258.

32 붉은부리갈매기(van Rhijn 1985: 92-94 그림 3-6에 근거). 이러한 비교는 포획 상태의 새에 관한 연구에서 가져온 것이다. 그러나 야생 갈매기의 행동도 유사한 것으로 보인다. 예를 들어 야생에서 관찰한 동성애 쌍에서 적어도 한 파트너는 '수컷'과 '암컷' 행동의 조합을 나타냈다(Kharitonov and Zubakin[1984: 103]).

33 레즈비언 부치-펨의 전체적인 복잡성과 다양성에 대한 보다 광범위한 논의는 다음을
보라. Nestle, J. (1981) "Butch-Fem Relationships: Sexual Courage in the 1950's."
Heresies No. 12, 3(4): 21-24; Nestle, J., ed. (1992) *The Persistent Desire: A
Femme-Butch Reader*(Boston: Alyson); Buraaa, L., Roxxie and L. Due, eds.
(1994) *Dagger: On Butch Women*(Pittsburgh and San Francisco: Cleis Press);
Newman, L.(1995) *The Femme Mystique*(Boston: Alyson); Pratt, M. B. (1995)
S/HE(Ithaca: Firebrand Books); Harris, L. and E. Crocker, eds. (1997) *Femme:
Feminists, Lesbians and Bad Girls*(New York: Routledge).

34 호주혹부리오리(Riggert 1977: 60-61), 북미갈매기(Conover and Hunt 1984a), 혹고
니(Kear 1972: 85-86), 산양(Geist 1971: 162), 병코돌고래(Tavolga 1966: 729-30),
범고래(Rose 1992: 112), 흰손긴팔원숭이(Edwards and Todd 1991: 234), 서인도제
도매너티(Hartman 1979: 107-8), 하누만랑구르(Srivastava et al. 1991: 508-9), 아
시아코끼리(Ramachandran 1984), 사자(Chavan 1981), 산쑥들꿩(Scott 1942: 488).

35 동물 동성애를 연구하는 다양한 동물학자에 의한 부족 가설에 대한 명확한 거부(와
반대 증거)에 대해서는 다음을 보라. 고릴라(Harcourt et al. 1981: 276), 일본원숭이
(Fedigan and Gouzoules 1978: 494; Vasey 1996: 550, 1998: 17), 히말라야원숭이
(Akers and Conaway 1979: 77), 홍학(King 1994: 107), 바다갈매기(Riddiford 1995:
112), 갈까마귀(Röell 1978: 103), 갈라(Rogers and McCulloch 1981: 90; Rowley
1990: 59-60).

36 오랑우탄(Rijksen 1978: 259), 일본원숭이(Vasey 1996과 개인적 통신; Corradino
1990: 360; Wolfe 1984), 몽땅꼬리원숭이(Chevalier-Skolikoff 1976: 520), 히말라야
원숭이(Akers and Conaway 1979: 76-77), 바다갈매기(Riddiford 1995: 112), 붉은
부리갈매기(van Rhijn 1985: 91-93), 임금펭귄(Murphy 1936: 340-41), 갈라(Rogers
and McCulloch 1981: 90; Rowley 1990: 59-60).

37 병코돌고래(Ostman 1991: 310), 다람쥐원숭이(Mendoza and Mason 1991: 476-77;
Travis and Holmes 1974: 55, 63), 보노보(Kano 1992: 149; Savage-Rumbaugh
and Wilkerson 1979: 338), 몽땅꼬리원숭이(Chevalier-Skolikoff 1976: 524), 사바
나(노란)개코원숭이(Maxim and Buettner-Janusch 1963: 176), 서인도제도매너티
(Hartman 1979: 101, 106), 서부쇠물닭(Jamieson and Craig 1987a: 1251), 바다오
리(Birkhead et al. 1985: 614), 집단베짜기새(Collias and Collias 1980b: 248), 보넷
원숭이(Sugiyama 1971: 252, 259-60), 일본원숭이(Vasey 1996: 543 및 개인적인 통
신). 동성애 마운팅 비율은 반대쪽 성 동물의 존재 여부와도 무관할 수 있다. 예를 들

어 모든 암컷 돼지꼬리원숭이 무리에서 같은 성 마운팅의 비율은 수컷이 나타난 전후에 거의 동일했다(Giacoma 및 Messeri 1992: 183 [table 1]). 동성애와 이성애 비율 사이에 상관관계가 있다는 발견은 인간에서 성별에 따라 구분된 환경에서의 일부 자료와 유사하다. 연구자들은 아내의 부부 방문을 받은 교도소 내 기혼 남성이 실제로 부부 방문이 없는 남성보다 다른 남성 수감자와 성관계를 할 가능성이 더 높다는 것을 발견했다(Wooden, W. S. and J. Parker[1982] *Men Behind Bars: Sexual Exploitation in Prison*, pp. 55-56 [New York: Plenum]).

38   편향된 성비를 가지고 있지만 동성애는 없는 종의 경우는 다음을 보라. Welty, J. C. and L. Baptista(1988) *The Life of Birds*, 4th ed., p. 154 (New York: W. B. Saunders); Newton, I. (1986) *The Sparrowhawk*, pp. 37, 151 (Calton, England: T. and A. D. Poyser); Taborsky, B. and M. Taborsky(1991) "Social Organization of North Island Brown Kiwi: Long-Term Pairs and Three Types of Male Spacing Behavior." *Ethology* 89: 47-62. 동성애를 보이는 개체군에서 균형 잡힌 성비를 확인하려면 다음을 보라. 보노보(Thompson-Handler et al. 1984: 349), 보넷원숭이(Simonds 1965), 서인도제도매너티(Hartman 1979: 139), 흰기러기(Quinn et al. 1989: 184), 캘리포니아갈매기(Conover et al. 1979), 서부쇠물닭(Craig 1980: 594).

39   다양한 바다표범과 바다사자의 성비에 대해서는 다음을 보라. Fay 1982: 256 (Walrus); lunulated and salvins antbirds, Willis, E. O. (1968) "Studies of the Behavior of Lunulated and Salvin's Antbirds." *Condor* 70: 128-48. 짝을 짓지 않은 '잉여' 수컷이 있지만 동성애 쌍은 없는 다른 개미잡이새 종에 대해서는 다음을 보라. Willis, E. O. (1969) "On Behavior of Rhegmatorhina, Ant-Following Antbirds of the Amazon Basin." *Wilson Bulletin* 81: 363-95.

40   필리핀원숭이(Poirier and Smith 1974), 서부쇠물닭(Craig 1980: 594), 히말라야원숭이(Lindburg 1971: 14, 69), 나무제비(Stutchbury and Robertson 1985, 1987b), 갈라(Rogers and McCulloch 1981: 90), 홍따오기(Elbin and Lyles 1994: 90-91), 홍학(King 1994: 104-5), 검은두건랑구르(Hohmann 1989: 449), 쇠백로(M. Fujioka, 개인적 통신), 쇠푸른왜가리(Werschkul 1982: 382).

41   검은장다리물떼새(Reed 1993: 772), 훔볼트펭귄(Scholten 1992: 6 및 개인적 통신), 사바나(노란)개코원숭이(Rowell 1967a: 16, 22-23 [table 2, 3]), 청둥오리(Lebret 1961: 108 [table I]).

42   돼지꼬리원숭이(Oi 1990a: 340), 병코돌고래(Wells 1991: 222), 치타(Eaton and Craig 1973: 252), 코알라(Smith 1980: 184), 캐나다기러기(Collias and Jahn 1959:

484), 홍학(C. E. King, 개인적 통신), 꼬마홍학(Alraun and Hewston 1997: 175–76).

43　일본원숭이(Chapais and Mignault 1991: 172; Wolfe 1984: 155), 기린(Dagg and Foster 1976: 28, 124, 144), 회색기러기(Huber and Martys 1993: 160). 마찬가지로, 모든 수컷에 대해 최대 40마리 이상의 암컷이 있는 북방물개 개체군에서는 많은 행동요인과 기타 요인으로 인해 거의 모든 암컷이 여전히 이성애 짝짓기를 할 수 있다(Gentry 1998: 167, 192–93). 히말라야원숭이의 경우, 일부 연구자들은 암컷이 수컷 그 자체보다는 '새로운' 수컷 파트너를 박탈당할 때(즉 새로운 파트너가 '부족할' 때 또는 그들과 지나치게 친해졌을 때) 동성애에 의존한다고 제안했다(Wolfe 1984: 155, 1986: 274 [일본원숭이]; Huynen 1997 [히말라야원숭이]). 그러나 Vasey(1996: 550)가 지적한 바와 같이, 이러한 설명은 그 암컷이 찾은 새로운 암컷이 수컷보다 더 '참신하지' 않기 때문에(그리고 이 종의 높은 수준의 암컷 유대감과 친숙함 때문에라도) 결함이 있다. 또한 일부 암컷은 새로운 수컷이 있는 무리에서도 계속해서 다른 암컷을 파트너로 선택한다.

44　고릴라(Robbins 1996; Fossey 1983, 1984; Harcourt et al. 1981), 하누만랑구르(Weber and Vogel 1970), 검정짧은꼬리원숭이(Reed et al. 1997; Dixson 1977), 다람쥐원숭이(DuMond 1968; Travis and Holmes 1974; Akers and Conaway 1979; Denniston 1980; Mendoza and Mason 1991), 바다코끼리(Miller and Boness 1983; Sjare and Stirling 1996), 사자(Schaller 1972; Chavan 1981), 청둥오리(Bossema and Roemers 1985; Schutz 1965: 457–59), 붉은부리갈매기(Kharitonov and Zubakin 1984), 서인도제도매너티(Hartman 1971, 1979), 치타(Eaton and Craig 1973; Eaton 1974a). 이러한 경우 중 일부(예: 고릴라, 하누만랑구르)에서 수컷 간의 동성애 활동은 같은 성 무리에서 훨씬 더 흔하지만, 성별이 혼합된 무리에서도 여전히 산발적으로 또는 '잉여로' 발생한다. 다른 경우(예: 다람쥐원숭이, 검정짧은꼬리원숭이)의 동성애 활동은 일부 성별혼합 무리에서 더 흔하지는 않더라도, 최소한 거의 동등하게 나타난다.

45　다람쥐원숭이(Talmage–Riggs and Anschel 1973: 68, 71), 긴귀고슴도치(Poduschka 1981: 81).

46　은갈매기(Mills 1991: 1523, 1526), 청둥오리(Schutz 1965: 442), 캐나다기러기(Collias and Jahn 1959: 500), 갈까마귀(Röell 1979: 126, table 1), 쇠검은머리흰죽지(Bellrose 1976: 344), 순록(Bergerud 1974: 432).

47　홍학(Wilkinson 1989: 53–54; King 1994: 105; C. E. King, 개인적 통신), 웃는갈매

기(Hand 1981: 138–39), 훔볼트펭귄(Scholten 1992: 5), 젠투펭귄(Stevenson 1983: 192), 뿔호반새(Moynihan 1990: 19; Reyer 80: 220), 벚꽃모란앵무(Fischdick et al. 1984: 314), 갈라(Rogers and McCulloch 1981: 90), 이색개미잡이새(Willis 1967: 112).

48   황로(Fujioka 1986b: 421–22), 황제펭귄과 기타 펭귄(Williams, T. D. [1995] The Penguins: Spheniscidae, pp. 80, 160 [Oxford: Oxford University Press]), 물까마귀(Wilson, J. D. [1996] "The Breeding Biology and Population History of the Dipper Cinclus cinclus on a Scottish River System." *Bird Study* 43: 108–18), 검은머리물떼새(Heg and van Treuren 1998), 오스트레일리아검은얼굴꿀빨이새(Dow, D. D. and M. J. Whitmore[1990] "Noisy Miners: Variations on the Theme of Communality." in P. B. Stacey and W. D. Koenig, eds., *Cooperative Breeding in Birds: Long-Term Studies in Behavior*, pp. 559–92 [Cambridge: Cambridge University Press]), 쇠청다리도요사촌(Oring, L. W., J. M. Reed and S. J. Maxson[1994] "Copulation Patterns and Mate Guarding in the Sex-Role Reversed, Polyandrous Spotted Sandpiper, *Actitis macularia*." *Animal Behavior* 47: 1065–72).

49   붉은발도요(Nethersole–Thompson 및 Nethersole–Thompson 1986: 228), 콧수염솔새(Fessl, B., S. Kleindorfer and H. Hoi[1996] "Extra Male Parental Behavior: Evidence for an Alternative Mating Strategy in the Moustached Warbler *Acrocephalus melanopogon*." *Journal of Avian Biology* 27: 88–91), 타조(Bertram 1992: 125–26, 178), 아메리카레아(Navarro et al. 1998: 117–18), 나무제비(Leffelaar and Robertson 1985), 열대 집굴뚝새(Freed, L. A. [1986] "Territory Takeover and Sexually Selected Infanticide in Tropical House Wrens." *Behavioral Ecology and Sociobiology* 19: 197–206), 제비(Crook, J. R. and W. M. Shields[1985] "Sexually Selected Infanticide by Adult Male Barn Swallows." *Animal Behavior* 33: 754–61), 검은장다리물떼새(Pierce 1996: 85), 은갈매기(Mills 1989: 388), 재갈매기(Burger and Gochfeld 1981: 128), 아프리카코끼리(Buss and Smith 1966: 385–86; Kühme 1963: 117).

50   흰손긴팔원숭이(Edwards and Todd 1991: 234; Reichard 1995 a,b; Mootnick and Baker 1994), 타조(Sauer 1972: 737), 노랑가슴도요(Lanctot and Laredo 1994: 8; Pruett–Jones 1988: 1748).

51   아메리카들소(Romers et al. 1994: 324; D. F. Lott, 개인적 통신), 보노보(Hashimoto

1997: 12-13).

52   사향소(Smith 1976: 37, 56, 75-77; Gray 1979; Reinhardt 1985), 아시아코끼리
      (Poole et al. 1997: 304, 306-7[figure 5]), 뉴질랜드바다사자(Marlow 1975: 186,
      203), 늑대(Zimen 1981: 140), 범고래(Rose 1992: 73, 83-84, 112, 116).

53   목도리도요(Hogan-Warburg 1966: 178-79, 199-200; van Rhijn 1991: 69), 서
      부쇠물닭(Jamieson et al. 1994: 271; Jamieson and Craig 1987a), 황토색배딱새
      (Westcott 1993: 450), 부채꼬리뇌조(Gullion 1981: 377, 379-80), 검은머리물떼새
      (Heg and van Treueren 1998: 689-90), 갈색머리흑조(Rothstein et al. 1986: 150,
      154-55, 167; Darley 1978), 기아나바위새(Trad and Koutnik 1986: 209).

54   기린(Dagg and Foster 1976: 123; Innis 1958: 258-60), 일본원숭이(Vasey 1996
      및 개인적 통신; Corradino 1990: 360; Wolfe 1984), 하누만랑구르(Srivastava et al.
      1991), 회색바다표범(Back house 1960: 310), 범고래(Jacobsen 1990: 75-78), 얼
      룩말(Rasa and Lloyd 1994: 186), 민물가마우지(Kortlandt 1949), 반달잉꼬(Hardy
      1965: 152-53), 엘크(Lieb 1973: 61; Graf 1955: 73; Harper et al. 1967: 37), 오리
      (McKinney et al. 1983). 이러한 사례의 대부분은 참여하는 개체의 동성애 활동에 대
      한 '선호도'를 보여주는 예이기도 하다.

55   흰이마아마존앵무새(Clarke 1982: 71), 긴귀고슴도치(Poduschka 1981: 81), 참수
      리(Pringle 1987: 104), 가면올빼미(Jones 1981: 54), 히말라야원숭이(Erwin and
      Maple 1976: 12-13), 필리핀원숭이(Hamilton 1914: 307-8), 병코돌고래(McBride
      and Hebb 1948: 121), 치타(Ruiz-Miranda et al. 1998: 7, 12), 붉은부리갈매기(van
      Rhijn and Groothuis 1987: 142-43; van Rhijn 1985: 91-93), 청둥오리(Schutz
      1965: 442, 449-50, 460).

56   북미갈매기(Conover and Hunt 1984a), 회색기러기(Huber and Martys 1993:
      157(fig. 1 J).

57   Willson, M. E and E. R-Pianka(1963) "Sexual Selection, Sex Ratio and Mating
      Systems." *American Naturalist* 97: 405-7; Verner, J. (1964) "Evolution of
      Polygamy in the Long-billed Marsh Wren." *Evolution* 18: 252- 61; Verner, J.
      and M. F. Willson(1966) "The Influence of Habitats on Mating Systems of North
      American Passerine Birds." *Ecology* 47: 143-47; Wittenberger, J. F. (1976) "The
      Ecological Factors Selecting for Polygyny in Altricial Birds." *American Naturalist*
      109: 779-99; Wittenberger, J. F. (1979) "The Evolution of Vertebrate Mating
      Systems." in P. Marler and J. Vandenbergh, eds., *Handbook of Neurobiology:*

Social Behavior and Communication, pp. 271-349 (New York: Plenum Press); Goldizen et al. 1998 (Tasmanian Native Hen). 성비가 짝짓기 체계를 결정하는 것이 아니라, 반대로(이성애) 짝짓기 체계가 실제로 성비를 결정하는 예는 다음을 참조하라. Hamilton, W. D. (1967) "Extraordinary Sex Ratios." *Science* 156: 477-88; Wilson, D. S. and R. K. Colwell(1981) "Evolution of Sex Ratio in Structured Demes." *Evolution* 35: 882-97.

58   예를 들어 붉은제비갈매기의 동성애 쌍은 처음에는 이 종의 성비가 아직 확실하게 결정되지 않았음에도 불구하고, 왜곡된 성비의 증거로 간주되었다(최근까지도 개체의 성을 정확하게 결정하는 것이 어렵기 때문에) (Sabo et al. 1994: 1023, 1026).

59   서부갈매기(Hunt and Hunt 1977; Hunt et al. 1980; Wingfield et al. 1980; Fry and Toone 1981; Fry et al. 1987; Hayward and Fry 1993), 재갈매기(Fitch 1979; Shugart et al. 1987, 1988; Pierotti and Good 1994).

60   암컷 동성애 쌍과 환경 독소 사이의 연관성에 대한 명시적인 논박은 다음을 참조하라. 서부갈매기(Hunt 1980), 북미갈매기(Lagrenade and Mousseau 1983; and Conover 1984c).

61   Fry et al. 1987; Fry, D. M. and C. K. Toone(1981) "DDT-induced Feminization of Gull Embryos." *Science* 213: 922-24.

62   Fry et al. 1987: 37, 39; Fry and Toone 1981: 923. 잠재적으로 관련이 있을 수 있는 행동 변화는 다른 조류 종에서만 관찰되었으며, 여성호르몬인 에스트로겐을 직접 주입한 결과로만 관찰되었고, 독소(에스트로겐의 일부 효과를 모방함) 노출의 결과로는 관찰되지 않았다.

63   실제로 독소로 인한 '여성화'가 행동 변화를 가져온다면, 수컷 동성애로 직접 나타날 것으로 예상할 수도 있지만(특히 '가성 이성애' 해석이나 동성애를 간성애와 동일시하는 해석에서), 독소에 노출된 개체군에서 그러한 사실은 보고되지 않았다. 그러나 그러한 동성애가 발생하더라도 번식하는 수컷의 수가 줄어들었다고 주장하는 것은 아귀에 맞지 않다. 여러 조류 종(붉은부리갈매기와 웃는갈매기 등)에서 동성애 짝을 이룬 수컷은 흔히 암컷과 계속 교미한다(즉 기능적으로 양성애자고, 같은 성 쌍의 유대 관계는 일부일처제다).

64   재갈매기 및 기타 종(Fitch and Shugart 1983: 6).

65   서부갈매기(Fry et al. 1987); 재갈매기(Burger and Gochfeld 1981; Nisbet and Drury 1984: 88). 이 개체군에서 과학자들은 아마도 보조인자(둥지 위치의 유용성)가 관련되어 있을 것이라고 제안했다(Fry et al. 1987: 40). 가설에 따르면 동성애 쌍

은 암컷 쌍이 밀집한 군락에서 영역을 놓고 경쟁할 수 없기 때문에, 성별이 치우친 개체군에서, 그것도 빈 둥지가 있는 경우에만 형성된다는 것이다. 그러나 Hand(1980: 471)는 동성애 쌍이 밀집한 군락에서도 효과적으로 영토를 획득(및 방어)할 수 있다고 주장한다. 또한 Fetterolf et al.(1984)은 붐비는 군락에 있는 암컷 북미갈매기 쌍은 경쟁이나 과밀이 있다 해도 애초에 밀려나지(또는 해체되지) 않고, 최적의 둥지 위치를 가질 수 있다는 것을 보여준다. 이러한 '보조인자'는 다른 조류 종에도 적용하는데 한계가 있다. 예를 들어 반달잉꼬 암컷 쌍은 둥지 위치를 차지하기 위한 이성애 쌍과의 경쟁에 밀리지 않으며(Hardy 1963: 187), 많은 종에서 암컷 쌍은 둥지 위치를 획득하는 것과 무관하게 형성된다(즉 동성애 쌍이 만들어지는 것은 둥지 형성과는 관계가 없다).

66   재갈매기(Shugart et al. 1987, 1988); 북미갈매기(Conover and Hunt 1984a,b).

67   Watson, A. and D. Jenkins(1968) "Experiments on Population Control by Territorial Behavior in Red Grouse." *Journal of Animal Ecology* 37: 595-614; Weatherhead, P. J. (1979) "Ecological Correlates of Monogamy in Tundra-Breeding Savannah Sparrows." *Auk* 96: 391-401; Smith, J. N. M., Y. Yom-Tov and R. Moses(1982) "Polygyny, Male Parental Care and Sex Ratio in Song Sparrows: An Experimental Study." *Auk* 99: 555-64; Hannon, S. J. (1984) "Factors Limiting Polygyny in the Willow Ptarmigan." *Animal Behavior* 32: 153-61; Greenlaw, J. S. and W. Post(1985) "Evolution of Monogamy in Seaside Sparrows, *Ammodramus maritimus*: Tests of Hypotheses." *Animal Behavior* 33: 373-83; Gauthier, G. (1986) "Experimentally-Induced Polygyny in Buffleheads: Evidence for a Mixed Reproductive Strategy?" *Animal Behavior* 34: 300-302; Björklund, M. and B. Westman(1986) "Adaptive Advantages of Monogamy in the Great Tit(*Rants major*): An Experimental Test of the Polygyny Threshold Model." *Animal Behavior* 34: 1436-40; Stenmark, G., T. Slagsvold and J. T. Lifjeld(1988) "Polygyny in the Pied Flycatcher, *Ficedula hypoleuca*: A Test of the Deception Hypothesis." *Animal Behavior* 36: 1646-57; Brown-headed Cowbird(Yolil and Rothstein 1991).

68   서부갈매기(Hunt and Hunt 1977), 재갈매기(Shugart et al. 1988). 환경 독소와 관련이 없는 다른 갈매기 종의 동성애 쌍 수정율은 상당히 다양하다. 예를 들어 세가락갈매기 암컷 쌍의 수정란은 0%이고(Coulson and Thomas 1985), 은갈매기는 33%(Mills 1991), 북미갈매기의 경우 94%(Ryder and Somppi 1979; Kovacs and Ryder 1983)

다. 덧붙여서, 암컷 서부갈매기 동성애 쌍과 교미하는 수컷 중 일부만이 이미 쌍을 이룬 것으로 알려져 있다. 나머지는 실제로 암컷이 짝 결합을 위해 잠시 만나는 독신 수컷일 수 있으며, 알을 수정시키려 이용한다(Pierotti 1981: 538-39 참조). 또한 동성애 쌍의 일부 은갈매기는 수컷에게 강간당하기도 한다. 즉 번식에 참여하는 것이 '합의'가 아니라 '강제'일 수 있다(Mills 1989: 397).

69 재갈매기(Fitch and Shugart 1984: 123), 북미갈매기(Conover 1984b: 714-16; Fetterolf and Blokpoel 1984: 1682), 서부갈매기(Pierotti 1980: 292), 붉은제비갈매기(Spendelow and Zingo 1997: 553). 붉은제비갈매기에서는 한부모 양육 능력을 갖춘 암컷이 여전히 동성애 쌍을 형성하는 경우가 있는데, 이는 그들의 같은 성 파트너십이 단지 공동 부모를 찾아야 하는 '필요성' 때문에 생긴 것이 아님을 나타낸다(예: 어떤 암컷은 수컷 파트너가 직전 해에 죽었을 때 성공적으로 혼자 새끼를 키웠다).

70 평균초월 알둥지가 발견된 광범위한 종의 목록(그중 극히 일부만이 암컷 쌍으로 확인됨)은 Conover 1984c(북미갈매기)를 참조하라. 평균초월 알둥지의 다른 출처(및 보통 크기의 알둥지를 가진 암컷 쌍의 발생)에 대해서는 다음을 보라. 서부갈매기와 기타 종(Conover 1984), 북미갈매기와 기타 종(Conover and Aylor 1985; Conover and Hunt 1984; Ryder and Somppi 1979), 바다갈매기(Trubridge 1980), 제비갈매기(Penland 1984; Shealer and Zurovchak 1995; Gochfeld and Burger 1996: 631), 아비새(McNiehoII, M. K. [1993] "Supernumerary Clutdies of Common Loons, *Gavia immer* in Ontario." *Canadian Field-Naturalist* 107: 356-58), 도요와 관련 종(Mundahl, J. T., O. L Johnson and M.L. Johnson[1981] "Observations at a Twenty-Egg Killdeer Nest." *Condor* 83: 180-82; Sordahl, T. A. [1997] "Breeding Biology of the American Avocet and Black-necked Stilt in Northern Utah." pp. 350, 352, *Southwestern Naturalist* 41: 348-54), 레이산알바트로스(Fisher 1968). 평균초월 알둥지가 있음에도 암컷 쌍이 발생하지 않는 일부 종에 대해서는 다음을 보라. Narita A. (1994) "Occurrence of Super Normal Clutches in the Blade-tailed Gull *Larus crassirostris*." *Journal of the Yamashina Institute of Ornithology* 26: 132-34; Chardine, J. W. and R. D. Morris(1996) "Brown Noddy(*Anous stolidus*)." in A. Poole and F. Gill, eds., *The Birds of North America: Life Histories for the 21st Century* no. 220, pp. 10, 18 (Philadelphia: Academy of Natural Sciences; Washington, D.C.: American Ornithologists' Union).

71 그리고 때로 양 끝 사이의 상관관계 자체가 의심스럽다. 예를 들어 평균초월 알둥지는 재갈매기 뉴잉글랜드 개체군보다 오대호 개체군에서 더 흔하다고 주장되었는데, 이

는 오대호의 DDT 중독 수준이 더 높거나(Conover 1984c: 254), 뉴잉글랜드에서 사용 가능한 둥지 장소의 없다(Fry et al. 1987: 46, 앞의 주석 65 참조)는 사실 때문이었다. 그러나 Nisbet과 Drury(1984: 88)는 오대호에서 평균초월 알둥지가 '높은 비율'로 나타나는 곳이 단 하나의 특정 군락 장소임을 보여준다. 개체군 조사를 시행한 다른 3곳의 오대호 지역에서 평균초월 알둥지의 발생률은 뉴잉글랜드보다 높지 않았다. 더욱이, 그러한 평균초월 알둥지가 오대호 지역에서 더 흔하다 치더라도, 그것이 여전히 뉴잉글랜드에서도 발생한다는 사실은 그 존재가 전적으로 오염 물질 관련(또는 둥지 장소의 가용성) 요인에 기인할 수 없음을 나타낸다.

72   서부갈매기에서, 독소로 인한 평균초월 알둥지 발생을 뒷받침하는 증거라고 주장되는 것은 다음과 같다. 즉 연대기적 증거로서, 1950년대-1970년대 남부 캘리포니아에서 살충제가 널리 사용되기 전에는 커다란 알둥지가 흔하지 않은 것으로 추정되며, 반면 당시 암컷 쌍은 '훨씬 낮은' 비율로 발생했었거나(Hayward and Fry 1993: 19), 살충제 사용이 중단된 현재는 암컷 쌍이 거의 사라졌다(Pierotti and Annett 1995: 11)고 주장한다. 그러나 오늘날 암컷 쌍의 실제 발생률을 평가할, 영향 지역에 대한 포괄적인 조사는 수행되지 않았다(설사 이러한 연구를 시행해서 지속적으로 낮은 비율의 암컷 쌍을 발견하는 경우에도, 여전히 중요성을 가진다. 왜냐하면 다른 많은 종에서처럼, 독소의 영향이나 반대쪽 성의 '부족'과 무관한, 같은 성 활동의 구성 요소를 보여주기 때문이다). 또한 이 전체 50-60년 기간의 추정상 상관관계를 추적하기 위한 상세한 추적연구나 지리적 연구도 수행되지 않았다. 사실 북미갈매기의 평균초월 알둥지에 대한 기록은 훨씬 더 이른 1900년대 초반으로 거슬러 올라가며(다른 종은 1800년대 후반까지), 일부 제비갈매기의 경우 1950년대 이후에 실제로 빈도가 감소했다(Conover 1984c). 따라서 연대기적 질문은 아직 해결되지 않았다. 적어도 이러한 일시적인 문제를 다룬 한 연구자는 대다수의 사례에 DDT(또는 기타 오염물질)를 연결하는 것을 거부한다. Conover(1984c: 254)는 1950년 이전과 이후 비율을 비교하는 등, 34종에서 평균초월 알둥지의 발생에 대한 광범위한 조사를 수행했는데, 대부분의 갈매기 및 제비갈매기 종에서 1940년대 이후 빈도가 높지 않다는 결론을 내렸다. 마지막으로, 발트해, 바덴해, 아일랜드 해, 세인트로렌스만, 멕시코만 북부 등, DDT 및 관련 오염물질로 인한 오염 수준이 가장 높은 세계의 다른 지역에서 동성애 짝 결합이나 평균초월 알둥지의 발생률을 결정한 연구는 아직 없다. (Nisbet, I. C. T. [1994] "Effects of Pollution on Marine Birds." p. 13, in D. N. Nettleship, J. Burger and M. Gochfeld, eds., *Seabirds on Islands: Threats, Case Studies and Action Plans*, pp. 8-25. [Cambridge: BirdLife International]).

73   Hayward and Fry 1993: 19; Luoma, J. R. (1995) "Havoc in the Hormones."

Audubon 97(4): 60–67; Robson, B. (1997) "A Chemical Imbalance," *Nature Canada* 26(1): 29–33; 다음도 보라. Coulson 1983 (카스피제비갈매기). 동성애를 환경 및 생리학적 '파멸'과 동일시하는 것은 좀 더 대중화한 담론으로 접어들었다. 즉 최근 공개 라디오 방송에서는 환경오염으로 인한 호르몬 불균형의 증거로 갈매기 레즈비언 쌍을 언급했다("Gator Envy," *All Things Considered*, National Public Radio, February 1, 1995). 이 보고서에서 고려되지 않은 몇 가지 사항은 다른 종의 같은 성 짝 결합에 대한 더 넓은 맥락과 특정 사례의 복잡성이었다. 동성애의 병리화病理化에 대한 자세한 내용은, 다음 섹션 '행동의 총체적인 이상'을 참조하라.

74 예를 들어 물벌레과 곤충에 대한 Aiken(1981)을 참조하라. 그러나 이 종의 전체 짝짓기 시도 중 절반 이상이 한 수컷이 다른 수컷에게 하는 짝짓기 시도이기 때문에, 이 경우도 확정적인 것은 아니다.

75 기아나바위새(Trail 1985a: 238, 240), 기린(Spinage 1968: 130), 검은부리까치(Baeyens 1979: 39–40), 산양(Geist 1968: 208). 동성애 상호작용을 '실수'나 '오류'라고 명확하게 표시한 예(성별 오인의 경우를 포함하되 이에 국한되지 않음)는 다음을 참조하라. 아시아무플론(Schaller and Mirza 1974: 318–20), 바다오리(Birkhead et al. 1985: 610–11), 검은머리물떼새(Makkink 1942: 60), 웃는갈매기(Hand 1981: 139–40), 아메리카레아(Fernandez and Reboreda 1995: 323).

76 붉은발도요(Hale and Ashcroft 1982: 471). 동성애의 발생이 오직 잘못된 성별 인식이나 '무차별'적인 짝짓기나 구애 때문에 발생한다고 간주되는 다른 종은 다음과 같다. 캐비(Rood 1970: 449), 작은갈색박쥐(Thomas et al. 1979: 134), 유럽가마우지(Snow 1963: 93–94), 쇠백로(Fujioka 1988), 검은머리물떼새(Makkink 1942: 67–68), 붉은부리갈매기(van Rhijn 1985: 87, 93), 큰거문고새(Lili 1979a and King: 496), 임금펭귄(Murphy 1936: 340). 또한 '무차별적인' 성적 행동이라는 주장은 흔히 상당히 과장되어 있음을 지적해야 한다. 즉, 같은 성 활동이 단순히 존재한다는 사실을 파트너의 성별이 중요하지 않다는 증거로 해석하는 경우가 꽤 많다. 심지어 어떤 동물이 명확한 파트너 선호도를 보여줄 때나, 심지어 그 동물이 때로는 동성애 활동을 선호하는 경우조차 그렇다. 예를 들어 1년생 기아나바위새는 충분히 오래 올라탈 수 있는 아무 새나 마운트를 한다는 주장이 있었다(Trail and Koutnik[1986: 210–11]). 하지만 실제로는 1년생 기아나바위새가 수백 회에 이르는 동성애 마운팅을 하는 것에 비해, 이성애 마운팅 시도는 단 한 번만이 기록되었으며, 그들이 특정 성체 수컷을 다른 종류보다 더 자주 마운트하는 것이 분명했다(ibid., 211–12, 215).

77 노란눈펭귄(Richdale, L. E. [1951] *Sexual Behavior in Penguins*, p. 73 [Lawrence,

Kans.: University of Kansas Press]), 은빛논병아리(Nuechterlein and Storer 1989: 344), 붉은얼굴모란앵무(Dilger 1960: 667).

78 성체 암컷이 어린 수컷과 유사성을 가진 종에 대해서는 다음을 보라. Rohwer, S., S. D. Fretwell and D. M. Niles(1980) "Delayed Maturation in Passerine Plumages and the Deceptive Acquisition of Resources." *American Naturalist* 115: 400–437. 성체 암컷이 성체수컷을 닮은 종에 대해서는 다음을 보라. Burley, N. (1981) "The Evolution of Sexual Indistinguishability." in R. D. Alexander and D. W. Tinkle, eds., *Natural Selection and Social Behavior*, pp. 121–37 (New York: Chiron Press). 이러한 경우에 한 가지 주의해야 할 점은 어느 종에 동성애가 존재하지 않는다는 사실이, 꼭 믿을만한 증거의 형태로 나타나지는 않는다는 것이다. 왜냐하면 현장에서(1–3장에서 논의된 바와 같이) 동성애 행동은 흔히 관찰하기 어렵거나, 간과하기 쉽거나, 고의적으로 무시하기 때문이다.

79 인도영양(Dubost and Feer 1981: 74–75), 기아나바위새(Trail and Koutnik 1986: 199; Trail 1983), 제비꼬리마나킨(Foster 1987: 549; Sick 1967: 17; 1959: 286), 푸른등마나킨(Snow 1963: 172), 라기아나극락조, 빅토리아비늘극락조(Gilliard 1969: 113, 223), 리젠트바우어새(Gilliard 1969: 337), 큰거문고새(Smith 1982 및 개인적 통신).

80 산양(Chadwick 1983: 14, 189–91), 금관조(Craig and Manson 1981: 13), 갈라 (Rogers and McCulloch 1981: 81; Rowley 1990: 4), 훔볼트펭귄(Scholten 1987: 200), 임금펭귄(Stonehouse 1960: 11), 큰거문고새(Smith 1982 및 개인적 통신), 황토색배딱새(Westcott and Smith 1994: 678, 681; Snow and Snow 1979: 286), 나무제비(Stutchbury and Robertson 1987c), 안나벌새(Ortiz–Crespo 1972; Wells et al. 1996).

81 Andersson, S., J. Ornborg and M. Andersson(1998) "Ultraviolet Sexual Dimorphism and Assortative Mating in Blue Tits." *Proceedings of the Royal Society of London*, Series B 265: 445–50; Hunt, S., A. T. D. Bennett, I. C. Cuthill and R. Griffiths(1998) "Blue Tits Are Ultraviolet Tits." *Proceedings of the Royal Society of London*, Series B 265: 451–55; Witte, K. and M. J. Ryan(1997) "Ultraviolet Ornamentation and Mate Choice in Bluethroats." in M. Taborsky and B. Taborsky, eds., *Contributions to the XXV International Ethological Conference*, p. 201, Advances in Ethology no. 32 (Berlin: Blackwell Wissenschafts–Verlag); Roper, T. J. (1997) "How Birds Use Sight and Smell."

Journal of Zoology, London 243: 211-13; Bennett, A. T. D., I. C. Cuthill, J. C. Partridge and E. J. Maier(1996) "Ultraviolet Vision and Mate Choice in Zebra Finches," *Nature* 380: 433-35; Waldvogel, J. A. (1990) "The Bird's Eye View," *American Scientist* 78: 342-53. 배추흰나비(Obara 1970 and personal communication; Obara, Y. [1995] "The Mating Behavior of the Cabbage White Butterfly," paper presented at the 24th International Ethological Conference, Honolulu, Hawaii). 큰거문고새(Reilly 1988: 45).

82 산양(Geist 1964: 565), 사향소(Smith 1976: 56), 캐비(Rood 1972: 27, 54, 1970: 443), 큰뿔양(Geist 1968: 208), 바다오리(Birkhead et al. 1985: 610-11), 홍학(C. E. King, 개인적 통신), 가지뿔영양(Kitchen 1974: 44 [table 22]). 또한 흰바위산양과 가지뿔영양의 일부 동성애 활동은 같은 연령의 개체들끼리 서로 상호작용하는 것도 포함한다(흰바위산양의 성체 수컷들, 가지뿔영양의 젊은 수컷들). 레이저빌에 대한 Wagner(1996)도 참조하라.

83 제비꼬리마나킨(Foster 1987: 555), 웃는갈매기(Noble and Wurm 1943: 205), 붉은부리갈매기(van Rhijn and Groothuis 1985: 163). 반대로, 동성애는 때로 수컷과 암컷 사이의 행동적 정체성 탓으로 돌려졌다. 예를 들어 부채꼬리뇌조에서는 수컷의 공격적이지 않거나 '복종하는' 자세는 구애 중의 암컷의 행동과 유사하고, 따라서 수컷은 '암컷을 연기하는' 수컷을 실제 암컷과 구별할 수 없기 때문에, 암수 모두에게 구애하는 것이라고 주장했다(Allen 1934: 185; 이 장의 앞부분에 나오는 '가성 이성애'에 대한 논의도 참조하라). 하지만 이 종에서 수컷과 암컷은 시각적으로 매우 다르기 때문에 "수컷이 암컷을 알아보지 못할 여지가 없다"(Allen[1934: 180-81] 관찰)는 점도 문제이고, 근연종인 붉은뇌조 수컷에서도 '복종하는' 자세와 암컷의 구애 행동을 한다는 유사점이 나타나지만, 붉은뇌조 종의 수컷은 다른 수컷에게 구애를 하지 않는다는 점을 고려해야 한다(Watson, A., D. Jenkins[1964] "Notes on the Behavior of the Red Grouse,' *British Birds* 57:157).

84 나무제비(Stuchbury and Robertson 1987a: 719-20, 1987b: 418). 또한 성체 수컷 간의 동성애 활동은 서로를(성체) 암컷으로 착각한 결과일 것 같지 않다. Lombardo et al. (1994)는 비록 이 종의 두 성별이 비슷해 보이지만, 동성애 활동을 하는 적어도 한 수컷의 성별은 그의 총배설강(생식기) 돌출, 포란반(抱卵斑)이가 적은 점 그리고 날개 길이가 다른 점으로 식별할 수 있다고 지적했다. 대부분의 성체 암컷 또한 이마에 갈색 반점이 있기 때문에 수컷과 시각적으로 구별된다(짧은 날개도 미성숙 암컷과 미성숙 수컷의 구별점이 된다)(Stuch bury and Robertson 1987c). 또한 같은 성 교미

는 이 종에서 상당히 드문 것으로 보인다(Lombardo, 개인적 통신). 확실히 성별 인식의 '실수'는 기대만큼 빈번하지 않다.

85 붉은부리갈매기(van Rhijn 1985: 87, 100).

86 검은목아메리카노랑솔새(Niven 1993: 191) (다른 수컷의 평균 치수는 Lynch et al. [1985: 718]을 참조하라). Niven(1993 및 개인적 통신)은 동성애 짝짓기를 '촉발'한 것도 이 수컷의 암컷 행동 패턴이었다고 제안했다. 그러나 이 새의 행동은 실제로는 수컷과 암컷 패턴이 혼합된 것이었다. 예를 들어 암컷의 의무인 알 품기를 한다든지 수컷이 하는 노래를 하는 식이다. 더욱이, 수컷 검은목아메리카노랑솔새는 특히 노래 패턴의 차이에 적응해서 그 정보를 이용하여 개별 새를 인식한 다음, 나중에 사용할 수 있도록 장기 기억에 저장한다(Godard 1991). 이 수컷의 노래는 매우 독특했으므로, 다른 수컷들이 단순히 그 수컷 행동의 이러한 측면만을 '무시'했거나, 그 수컷의 상태(특히 그의 신체적 특징을 감안할 때)를 '인식하지 못했다'는 것은 불가능하다. 또한 이 개체에 기록된 모든 '암컷' 행동은 짝 결합이 형성된 후에 발생했다. 번식기 초기에 짝을 관찰하지 않았기 때문에 이 개체가 구애나 짝형성 시기에 '암컷 같은' 행동을 보였는지 여부는 사실 알 수 없다.

87 검은목아메리카노랑솔새: 수컷의 차별적인 공격(Stutchbury 1994: 65–67), 수컷 같은 암컷의 짝짓기 성공(둥지가 어두운 암컷과 밝은 암컷 간에 상당히 균등하게 분포되어 있다는 사실에 의해 입증됨)(Stutchbury et al. 1994: 389[fig.6]; Stutchbury and Howlett 1995: 95), 두건을 가진 암컷에 대한 난잡한 짝짓기 시도(Stutchbury et al. 1994: 388).

88 가터얼룩뱀(Mason 1993: 261, 264; Mason et al. 1989: 292; Mason and Crews 1985; Noble 1937: 710–11), 기타 종(Muma, K. and P. J. Weatherhead[1989] "Male Traits Expressed in Females: Direct or Indirect Sexual Selection?" *Behavioral Ecology and Sociobiology* 25: 23–31; Potti, J. [1993] "A Male Trait Expressed in Female Pied Flycatchers *Ficedula hypoleuca*: The White Forehead Patch." *Animal Behavior* 45: 1245–47 [cf. also Sastre and Slagsvold 1992: 295–96]; Tella, J. L, M. G. Forero, J. A. Dondzar and F. Hiraldo[1997] "Is the Expression of Male Traits in Female Lesser Kestrels Related to Sexual Selection?" *Ethology* 103: 72–81; McDonald, D. B. [1993] "Delayed Plumage Maturation and Orderly Queues for Status: A Manakin Mannequin Experiment." p. 38, *Ethology* 94: 31–45). 한 개체를 이성으로 보이게 하는 실험적인 '변장'이 자동으로 '동성애' 행동을 유도하는 것은 아니다. 예를 들어 암컷 푸른되새의 깃털을 수컷의 패턴과 유사하

게 칠해도, 다른 암컷은 그 암컷을 수컷으로 '오해'해서 구애하지 않는다(또한 짝을 이루지도 않는다)(Marler 1955). 이 종에서 동성애 짝짓기가 발생하지만 수컷처럼 보이지 않는 암컷 사이에서 발생한다. 마찬가지로, 노랑목솔새(조류 종)는 반대쪽 성을 닮도록 얼굴색을 조작해도 수컷과 암컷 모두의 '진정한' 성을 인식할 수 있었다. 실잠자리에서도 유사한 결과가 나타났다.(Lewis, D. M. [1972] "Importance of Face–Mask in Sexual Recognition and Territorial Behavior in the Yellowthroat." *Jack-Pine Warbler* 50: 98–109; Gorb, S. N. [1997] "Directionality of Tandem Response by Males of a Damselfly, *Coenagrion puella*," in M. Taborsky and R. Taborsky, eds., *Contributions to the XXV International Ethological Conference*, p. 138, Advances in Ethology no. 32 [Berlin: Blackwell Wissenschafts–Verlag]). 또한 어린 수컷이 성체 암컷과 유사한 푸른멧새와 같은 종의 실험연구에서도, 성체 수컷은 실제로 일관되게 두 성별을 구별할 수 있다는 것이 입증되었다(Muehter, V. R., E. Greene and L. Ratcliffe[1997] "Delayed Plumage Maturation in Lazuli Buntings: Tests of the Female Mimicry and Status Signalling Hypotheses." *Behavioral Ecology and Sociobiology* 41: 281–90).

89   나무 제비(Lombardo et al. 1994: 555–56; Venier et al. 1993; Venier and Robertson 1991) 해오라기(Noble et al. 1938: 29), 리전트바우어버드(Marshall 1954: 114–16), 청다리도요(Nethersole–Thompson and Nethersole–Thompson 1979: 114; Nethersole–Thompson 1951: 104). 나무제비 수컷은 동성애 교미 중에 자신을 마운팅하는 새를 '달래기' 위해 협력하는 것 같지 않다. 따라서 공격이나 부상을 피할 목적도 아니다(Lombardo et al. 1994: 556에서 제안한 대로). 이 종의 공격적인 행동은 공격자 측의 여러 가지 독특한 행동 요소(예: 위협 표시, 붙잡고 싸우기, 쪼기)와 공격을 받고 있는 새의 행동(예: 유화 행동, 복종 행동 및 구원요청 울음)으로 알 수 있다(cf. Robertson et al. 1992: 6, 8). 그리고 동성애 마운팅에 이러한 특징적인 모습은 나타내지 않는다.

90   이러한 경우는 흰바위산양, 바다오리, 안나벌새와 같이 추적을 받는 동물이 분명히 자발적인 참여자가 아닌 경우와 현저하게 대조된다. 그러나 이 경우에 성별 오인 분석에 반하는 다른 주장이 있다(이전에 언급한 바와 같이).

91   백조(Rear 1972: 85–86).

92   볼망태찌르레기(Sontag 1991: 6), 침팬지(Kollar et al. 1968: 444, 458), 고릴라(Coffin 1978: 67), 몽땅꼬리원숭이(Bernstein 1980: 32), 사향소(Reinhardt 1985: 298–99), 코알라(Smith 1980: 186), 긴귀고슴도치(Poduschka 1981: 81; Reeve 1994: 189),

흡혈박쥐(Greenhall 1965: 442), 해오라기(Noble et al. 1938: 14, 28-29). 스트레스나 밀집과 같은 요인은 푸른배파랑새와 같은 야생동물에게도 적용되었다(Moynihan 1990).

93 돌고래(Pilleri, G. [1983] "Cetaceans in Captivity." *Investigations on Cetacea* 15: 221-49), 가면올빼미(Jones 1981), 히말라야원숭이(Strobel, D. [1979] "Behavior and Malnutrition in Primates." in D. A. Levitsky, ed., *Malnutrition, Environment and Behavior: New Perspectives*, pp. 193-218 [Ithaca: Cornell University Press]). 동물 동성애와 트랜스젠더에 대한 많은 보고가 의학 저널과 병리학을 다루는 다른 출판물에 실렸다. 예를 들어 침팬지 사이의 같은 성 활동에 대한 설명('변태적인 성적 행동'이라고 특징지었다)을 참조하라(Kollar et al. 1968). 이 논문은 〈신경과와 정신과 질병〉 저널에 발표되었다.

94 치타(Eaton 1974a: 116), 금화조(Immelmann et al. 1982: 422). 야생에서 치타의 이성애 활동을 관찰하기가 극히 어렵다는 사실에 비추어 볼 때, 이 종에 대한 평가는 특히 부적절하다. 제1장에서 언급했듯이 치타에 대한 10년간의 연구에서, 이성애 교미는 5,000시간 이상의 관찰시간 동안 관찰되지 않았으며, 이 종의 모든 과학적인 연구를 더해도 야생에서의 교미는 총 5회만 관찰되었다(Caro 1994: 42). 그러므로 동성애 구애와 짝짓기 활동이 지금까지 포획 상태에서만 볼 수 있었다는 것은 놀라운 일이 아니다. 또한 수컷 '연합'(결합한 쌍 또는 트리오)이 야생 치타와 포획 상태의 치타 모두에서 관찰되었다는 점을 지적해야 한다(야생[Caro and Collins 1986, 1987; Caro 1994]; 포획 상태[Eaton and Craig 1973: 223; Ruiz-Miranda et al. 1998]). 포획 상태로 생활하는 수컷 치타의 성별에 따른 분리가 완전히 '인공적'이라는 가정도 사실과 다르다(아래 논의 참조).

95 일본원숭이(Fedigan 1982: 143). 다음도 참조하라. Crews et al. (1983: 228-30) and Crews and Young(1991: 514). Crews 등은 포획 상태 대對 야생 채찍꼬리도마뱀을 비교하며, 같은 성 교미의 '비정상성'이 나타날 것이라는 예측에 의문을 제기하는 유사한 설명을 한다.

96 일부 사례에서, 동성애 자체가 아니라, 특정한 어느 동성애 활동이 야생 또는 포획 상태에서 단독으로 관찰되었다. 예를 들어 보노보에서는 페니스펜싱(성기 문지름의 한 형태)을 야생에서만 볼 수 있었고, 펠라티오는 포획 상태에서만 관찰되었다(de Waal 1997: 103-4). 또한 성행위의 지속 시간이 상황에 따라 다르기도 했다. 예를 들어 암컷 보노보 사이의 성기문지르기 행동이 야생(평균 약 15초)보다 포획 상태(평균 약 9초)에서 상당히 짧다는 것이 밝혀졌다(de Waal 1987: 326).

97   오랑우탄(Nadler 1988: 107), 망토개코원숭이(Kummer and Kurt 1965: 74), 검은꼬리사슴(Halford et al. 1987: 107), 사향소(Reinhardt 1985: 298).

98   보노보, 야생(Kano 1992: 187 [table 24], 140; Kitamura 1989: 53, 55–57, 61), 보노보, 포획 상태(de Waal 1995: 41 [table 3.1]), 검둥고니(Braithwaite 1981: 141–42). 관련 정량 정보를 사용할 수 있는 5개의 다른 종은 돼지꼬리원숭이, 검정짧은꼬리원숭이, 몽땅꼬리원숭이, 침팬지 그리고 사바나원숭이다. 이 경우 야생(또는 반야생) 및 포획 상태의 개체는 비교하기가 더 어렵지만(그룹 크기나 구성, 관찰된 행동, 연구 기간 등의 차이로 인해) 일반적으로 상당히 유사한 비율을 보여준다. 야생 돼지꼬리원숭이의 경우 7–23%가 동성이며, 포획 상태인 경우 약 25%다(야생에서 비율의 정보 근거: Oi 1990a: 350–1[table IV 포함]; Oi 1996: 345, Bernstein 1967: 226–27, 포획 상태에서 비율의 정보 근거: Tokuda et al. 1968: 287, 291 [table 7]). 검정짧은꼬리원숭이 수컷 사이의 마운팅은 포획 상태에서 약 5%가(Dixson 1977: 74, 77), 야생에서는 약 8%가 발생했다(C. Reed, 개인적 통신 ; 이 두 종의 수치는 '교미'와 '비非교미' 마운팅을 합한 것이다). 그러나 이러한 종에 대한 다른 연구는 포획 상태에서 훨씬 더 높은 같은 성 마운팅 비율을 보여주었다(Bernstein 1970: 94[table IV]). 즉 돼지꼬리원숭이의 경우 49%, 검정짧은꼬리원숭이의 경우 22%다. 이는 개별 연구 간에 상당한 차이가 있을 수 있음을 보여준다. (야생과 포획 상태의 돼지꼬리원숭이를 비교한 자세한 내용은 Bernstein(1967: 228)도 참조하라). 몽땅꼬리원숭이에서 포획 상태의 성적인 상호작용(모든 유형)의 25%는 동성애다(Chevalier–Skolnikoff 1974: 100–101, 110). 이는 반야생군(이전에는 포획 상태였다가 이주해서 방사한 동물)에서 동성애 마운팅이 30–40%를 차지하는 것과 비교된다(Estrada et al. 1977: 667(fig.14); Estrada and Estrada 1978: 672 [table 4]). 침팬지에서 같은 성 마운팅은 실제로 야생에서 더 자주 발생한다. 즉, 포획 상태 수컷에서 마운팅은 분쟁 중에 일어나는 안심시키기, 지지 얻기 및 기타 활동에 관련된 행동의 1–2%만을 구성하는 반면(de Waal and van Hooff(1981: 182[table 2]), 야생 침팬지에서 마운팅 행동은 그러한 행동의 1/3에서 1/2을 차지한다는 것이 발견되었다(Nishida와 Hosaka 1996: 120–21[table 9.5–9.6]). 마찬가지로, 포획 상태에서는 사바나원숭이 마운팅 활동의 9%가 같은 성 사이에 발생했고(Bernstein 1970: 94 [Table IV]), 야생에서는 11%의 같은 성 마운팅이 기록되었다(Gartlan 1969: 144, 146 and Struhsaker(1967: 21, 27 [tables 8, 10]). 사바나(올리브)개코원숭이에서도 야생과 포획 상태에서의 행동 빈도에 대한 정량적 비교가 시행되었다(Rowell 1967b). 불행히도 포획 상태에서 같이 가두어 놓은 수컷들이 너무 공격적이어서, 야생에서 수컷 간 마운팅 행동(및 기타 성적인 행동)의 비율은 포획 상태의 그것과 비교가 불가능했다. 이와 관련하여 Rasa(1979:

321)는 밀집한 포획 상태 조건과 그렇지 않은 포획 상태 조건에서의 행동을 비교했을 때, 난쟁이몽구스의 같은 성(및 반대쪽 성) 마운팅 비율에 실질적인 차이가 없음을 발견했다(통제된 관찰 체계를 기반으로). 마찬가지로, 야생 검은머리물떼새에서는 개체군 밀도가 증가해도, 동성애 유대 결합(양성애 트리오의 형태로)이 유의하게 더 높은 비율로 발견되지 않았다(Heg and van Treuren 1998: 689 - 90).

99 병코돌고래(McBride and Hebb 1948: 114, 122; Wells et al. 1987; Wells 1991; Wells et al. 1998: 65 - 67), 고릴라(Schaller 1963: 278; Stewart 1977; Yamagiwa 1987a,b; Harcourt 1988; Porton and White 1996: 723-24)

100 갈까마귀(Lorenz 1935/1970; Röell 1979), 코끼리(Rosse 1892; Shelton 1965), 검정짧은꼬리원숭이(Poirier 1964: 147; Dixson 1977; Reed et al. 1997), 반달잉꼬(Buchanan 1966), 사자(Cooper 1942; Chavan 1981), 민물가마우지(Kortlandt 1949; Fukuda 1992), 리젠트바우어새(Phillipps 1905; Lenz 1994), 돌고래(Brown et al. 1966; Herzing and Johnson 1997). 트랜스젠더와 관련해서도 비슷한 잘못된 주장이 때로 나타난다. 예를 들어 Payne(1984: 14)은 암컷 깃털을 가졌거나 복장도착 수컷 목도리도요가 포획 상태에서만 발생한다고 주장했다(Stonor 1937를 인용하며). 사실, 이 종에서 일반적으로 벌거숭이형 수컷이라고 불리는 암컷의 깃털을 가진 수컷은, 현재는 야생 목도리도요 개체군의 일반적인 특징으로 알려져 있으며(cf. van Rhijn 1991), 또한 이전의 과학적 논문에서도 논의되던 것이다. 다음을 보라. Hogan-Warburg(1966). Payne, R. B. (1984) *Sexual Selection, Lek and Arena Behavior and Sexual Size Dimorphism in Birds*, Ornithological Mongraphs no. 33 (Washington, D.C.: American Ornithologists' Union).

101 이와 관련하여 어느 종에서는 동성애가 특이하거나 비정상적인 환경조건이나 기후조건에 '의해' 일어난다는 주장이 있다. 예를 들어 개펄을 괴롭히는 심한 겨울철 눈보라라든지(Nethersole-Thompson and Nethersole-Thompson 1961: 207 - 8), 타조를 과도하게 '자극'하는 예외적인 우기 같은 것이 있다(Sauer 1972: 717). 이러한 종류의 생태학적 요인이 관련될 수 있다고 가정하면(이는 논란의 여지가 있음), 그 종의 사회적 및 성적 체계의 고유한 유연성이 생태학적 변화나 스트레스 시기에 나타난다는 말이 된다. 따라서 그러한 행동 가소성을 '비정상적 조건의 산물'이라고 보기보다는, 환경의 변화에 대해 '창조적으로'(분명히 아직 완전히 이해되지 않은 방식으로) 반응한다고 보아야 한다. 자세한 논의는 제6장을 참조하라.

102 치타(Herdman 1972: 112, 123; Caro 1993: 27-28, 1994: 362; Ruiz-Miranda et al. 1998: 1, 13). 동물에 대한 '야생' 대 '포획 상태' 연구의 잘못된 이분법 그리고

둘 사이의 일반적인 호환성과 연속성에 대한 자세한 내용은 다음을 보라. 보노보(de Waal 1989a: 27-33, 1997;119).

103 보토(Best and da Silva 1989: 12-13), 오랑우탄(van Schaik, C. P. "Manufacture and Use of Tools in Wild Sumatran Orangutans: Implications for Human Evolution." *Naturwissenschaften* 83: 186 - 88), 사바나(올리브)개코원숭이(DeVore, I. (1965) "Male Dominance and Mating Behavior in Baboons," p. 286, in F. A. Beach, ed., *Sex and Behavior*, pp. 266-89 (New York: John Wiley and Sons]), 톰슨가젤(Walther 1995: 30-31), 임금펭귄(Gillespie 1932, Stonehouse 1960), 붉은부리갈매기(Kharitonov and Zubakin 1984: 103, van Rhijn and Groothuis 1987: 144), 홍학(Cézilly and Johnson 1995).

104 그리폰독수리(Blanco and Martinez 1996: 247; Sarrazin et al. 1996: 316 1992: 108), 임금펭귄(Weimerskirchet al. 1992: 108), 젠투펭귄(Williams and Rodwell 1992: 637; Bost and Jouventin 1991: 14), 홍학(A. R. Johnson과의 개인적인 통신), 듀공(Anderson 1997: 640, 458; Preen 1989: 384). 이 종들 및 다른 종의 현장 연구 중에, 성별을 결정하는 방법의 이성애적 편견에 대한 추가적인 논의는 제3장을 참조하라.

105 갯과동물(Macdonald 1980, 1996), 히말라야원숭이(OI 1990a; Reed et al. 1997), 긴팔원숭이(Fox 1977; Edwards Todd 1991), 범고래(Rose 1992: 1-2), 브라질기니피그(Rood 1972: 42), 붉은쥐캥거루(Johnson 1980: 347).

106 오랑우탄(Schürmann 1982: 270-71, 282), 검은머리물떼새(Angier, N. (1998) "Birds' Design for Living Offers Clues to Polygamy." *New York Times*, March 3, pp. B11-12).

107 van Lawick-Goodall, J. (1970) "Tool-Using in Primates and Other Vertebrates." p. 208, Advances in *the Study Behavior* 3: 19 - 249.

108 산쑥들꿩(Scott 1942: 495), 히말라야원숭이(Carpenter 1942: 150), 살찐꼬리두나트(Ewer 1968: 351), 긴귀고슴도치(Poduschka 1981: 84), 몽골야생말(Boyd 1986: 660).

109 가터얼룩뱀(Noble 1937: 710-11), 검은목아메리카노랑솔새(Niven 1993: 192).

110 아프리카코끼리(Sikes 1971: 265 - 66), 흰기러기와 캐나다기러기(Starkey 1972: 456-57).

111 서부갈매기(Wingfield et al. 1982), 북미갈매기(Kovacs and Ryder 1985). 제1장의

참고 15에서 논의된 고리무늬목비둘기와 사랑앵무 암컷 쌍의 보다 '강한' 알 품기 행동의 예를 참조하라. 이는 호르몬 효과와도 관계가 있을 수 있다.

112 이러한 결과에 대한 요약을 보려면 다음을 보라. Vasey, P. L. (1995) "Homosexual Behavior in Primates: A Review of Evidence and Theory." *International Journal of Primatology* 16: 173-204. 동성애 행동과 관련하여 연구된 종으로는 히말라야원숭이(Akers and Conaway 1979; Turner et al. 1989)와 하누만랑구르(Srivastava et al. 1991)가 있다. (Turner, J. J., J. G. Herndon, M.-C. Ruiz de Elvira, D. C. Collins[1989] "A Ten-Month Study of Endogenous Testosterone Levels and Behavior in Outdoor-Living Female Rhesus Monkeys(Macaca mulatta)." Primates 30: 523-30). 실험용 쥐에서 동성애 행동과 호르몬 사이의 연관성을 보여준다고 주장하는 연구를 할 때 나타나는, 문제의 성격에 대한 논의는 다음을 보라. Mondimore, FM(1996) *A Natural History of Homosexuality*, pp. 111-13, 129-30 (Baltimore: Johns Hopkins University Press), Byne, W. (1994) "The Biological Evidence Challenged." *Scientific American* 270(5): 50-55.

113 뿔호반새(Reyer et al. 1986: 216), 오랑우탄(Kingsley 1982: 227), 점박이하이에나(Frank 1996; Frank et al. 1985, 1995; Glickman et 1993), 서부갈매기(Wingfield et al. 1982). 또한 수컷화한 암컷 아프리카들소, 즉 '수컷의 2차 성징을 가진' 암컷이 다른 호르몬 조합의 영향을 일부 받아, 트랜스젠더가 아닌 개체보다 동성애 활동에 더 자주 참여하지 않는(덜 참여할 수도 있다) 것도 참조하라(Mloszewski 1983: 186). 하위 집단 개체들이 다른 호르몬 조합(동성애 활동과 관련이 없음)을 갖는 다른 종에 대해서는 다음을 보라. Solomon, N. G. and J. A. French, eds. (1997) Cooperative Breeding in Mammals, pp. 241, 304-5, 370 (Cambridge: Cambridge University Press).

114 몽골야생말(Boyd 1986: 660). 임신 중인 몽골야생말에 대한 자세한 호르몬 연구가 수행되었지만, 안드로겐이나 기타 남성호르몬은 채취하지 않았다. 다음을 보라. Monfort et al. 1994; Monfort, S. L., N. P. Arthur and D. E. Wildt(1991) "Monitoring Ovarian Function and Pregnancy by Evaluating Excretion of Urinary Oestrogen Conjugates in Semi-Free-Ranging Przewalski's Horses(*Equus przewalskii*)." *Journal of Reproduction and Fertility* 91: 155-64.

115 가축 말(McDonnell, S. (1986) "Reproductive Behavior of the Stallion." especially p. 550, in S. L. Crowell-Davis and K. A. Houpt, eds., *Behavior*, pp. 535-55. Veterinary Clinics of North America: Equine Practice 2(3) [Philadelphia: W. B.

Saunders]).

116 가축 양의 성적 지향에 관한 최근 연구는 이러한 패러다임에서 멀어지기 시작했다. 즉, 호르몬 조합을 연구할 때, 단순히 다른 수컷에 의해 마운트되는('성별 이형의') 수 컷보다는, 다른 수컷에게 마운팅하는 것을 선호하는 수컷에 대해서 평가를 할 정도 다. 이 경우, 동성애 양과 이성애 양 사이에 약간의 차이가 있는 것으로 보인다(참 조. Adler, T. (1996) "Animals' Fancy: Why Members of the Members Prefer their own Sex." *Science News* 151: 8-9; Resko et al. 1996; Perkins et al. 1992, 1995). 그러나 이러한 연구에서 논의된 생물학과 행동 사이의 양방향 영향은 거의 없다. 즉, 생물학(호르몬, 뇌 구조)을 성적인 행동을 결정하는 것으로 변함없이 간주하지만, 실 제로는 행동(및 기타 사회적 요인)이 동물의 호르몬 조합이나 뇌 구조를 변경시키거나 영향을 줄 수 있다. 더욱이, 호르몬 차이에 대한 조사는 동성애에 대한 생리학적 '원 인'을 찾아야 할 필요성이 이어진 것에 불과하다. 비생식적 행동이 여전히 변칙적인 것으로 간주되는 전반적인 틀 내에서, 이것은 이전 연구의 특징인 동성애를 명백하게 병리적으로 보는 것에서 몇 발자국 물러난 예에 불과하다.

117 사바나개코원숭이(Marais 1922/1969: 205); Baker, J. R. (1929) *Man and Animals in the New Hebrides*, pp. 22, 117 (London: George Routledge and Sons).

118 큰뿔양(Berger 1985: 334-35); 흰꼬리사슴(Thomas et al. 1964: 236; see also Taylor et al. 1964; Thomas et al. 1965, 1970), 사바나개코원숭이(Marais 1922/1969; Bielert 1984b, 1985).

119 간성 사바나개코원숭이에 관한 초기 기술은 다음을 보라. Marais 1922/1969, 1926. 벨벳뿔과 다른 성별이 섞인 사슴에 관한 초기 관찰을 요약한 것은 다음을 보라. Thomas et al. 1970: 3 (흰꼬리사슴) and Anderson 1981: 94-95 (검은꼬리사슴).

120 북방코끼리바다표범(Le Boeuf 1974: 173), 붉은큰뿔사슴(Darling 1937: 170), 붉은 부리갈매기(van Rhijn 1985: 87, 100), 가터얼룩뱀(Mason and Crews 1985: 59).

제 5 장 새끼를 낳는 것이 전부가 아니다: 일상생활과 번식

1 Hutchinson, G. E. (1959) "Speculative Consideration of Certain Possible forms of Sexual Selection in Man." *American Naturalist* 93: 81-91.

2 사회생물학자 James Weinrich에 따르면 유전병과 같은 생물학적 '실수'는 대략 10,000분의 1 이하인 매우 낮은 비율로 발생한다(Weinrich, J. D. [1987] *Sexual Landscapes*, p. 334(New York: Charles Scribner's Sons). 게다가, 그러한 유전적 '결

함'은 전적으로 해롭지는 않고, 때로 보인자에게 독특한 능력을 부여한다. 예를 들어 약 20,000명 중 1명에게서 발생하는 윌리엄 증후군이라는 유전적 장애를 가진 사람들은 종종 특별한 음악적 능력을 보여준다. 비록 전형적으로 낮은 IQ와 몇몇 의학적 합병증을 가지게 되지만 뛰어난 언어 능력과 발군의 공감 능력을 갖추게 된다(Lenhoff, H. M., P. P. Wang, F. Greenberg and U. Bellugi[1997] "William's Syndrome and the Brain." *Scientific American* 277[6]: 68–73).

3   동성애에 대한 다른 여러 '설명'과 마찬가지로 여기에는 '근접' 요인이나 '궁극적' 요인이 모두 포함된다(진화생물학에서 널리 사용되는 구분이다). '근접' 설명은 동성애 활동을 '촉발'하거나 유도하는 직접적인 행동적, 사회적, 생리적, 인구통계학적, 환경적 요인에 초점을 맞추는 반면, '궁극적'인 설명은 그러한 활동에서 발생하는 것으로 추정되는 더 넓은 번식이나 진화적 이점에 초점을 맞춘다.

4   Weinrich, *Sexual Landscapes*: Ruse, M. (1982) "Are There Gay Genes? Sociobiology and Homosexuality." *Journal of Homosexuality* 6: 5–34; Kirsch, J. A. W. and J. E. Rodman(1982) "Selection and Sexuality: The Darwinian View of Homosexuality." in W. Paul, J. D. Weinrich, J. C. Gonsiorek and M. E. Hotveldt, eds., *Homosexuality: Social, Psychological and Biological Issues*, pp. 183–95 (Beverly Hills, Calif.: SAGE Publications); Wilson, E. O. (1978) *On Human Nature*, pp. 142–47 (Cambridge, Mass.: Harvard University Press); Trivers, R. L. (1974) "Parent–Offspring Conflict." pp. 260–62, *American Zoologist* 14: 249–64. 인간에게 적용되는 이러한 이론에 대한 비판은 다음을 보라. Futuyama, D. J. and S. J. Risch(1984) "Sexual Orientation, Sociobiology and Evolution." *Journal of Homosexuality* 9: 157–68. 일부 종에서 개체수 과잉에 대한 스트레스 유발로 나타나는 비생식적 성애와, 인간 '피임'의 한 형태로서의 동성애 등, 가능한 인구 조절 기전으로 인용되는 동성애의 구체적인 예는 다음을 보라. Calhoun, J. B. (1962) "Population Density and Social Pathology." *Scientific American* 206(2): 139–48; von Holst, D. (1974) "Social Stress in the Tree–Shrew: Its Causes and Physiological and Ethological Consequences." in R. D. Martin, G. A. Doyle and A. C. Walker, eds., *Prosimian Biology*, pp. 389–411 (Pittsburgh: University of Pittsburgh Press); Denniston 1980: 38 (Squirrel Monkey); Hanis, M. (1980) *Culture, People and Nature*, p. 208 (New York: Harper and Row). 일부 토착 문화에서 동성애자와 트랜스젠더의 특별한 '역할'에 대한 자세한 내용은 제6장을 참조하라.

5   1장의 같은 성 양육에 대한 논의를 참조하라.

6   이들 및 기타 대안적 양육 방식에 대한 추가 논의는 358–362페이지를 참조하라.

7   도우미가 있는 새 종의 전체 목록은 다음을 보라. Brown, J. L. (1987) Helping and Communal Breeding in Birds, pp. 18–24(table 2.2)(Princeton: Princeton University Press). 동성애 행동이 나타나는 다른 세 종(타조, 참새, 집단베짜기새)은 Brown이 도우미가 있는 것으로 분류했지만, 이들이 진정한 도우미에 해당하는지는 분명하지 않다. 그러나 그렇다고 해도 동성애가 이 종의 도우미에게만 국한되지 않고, 모든 도우미가 동성애 행동에 참여하는 것도 아니기 때문에, 이 목록이 동성애에 대한 '도우미' 이론을 여전히 뒷받침하는 것은 아니다. 타조에서 '돕는' 행동은 실제로 번식하는 수컷과 암컷 쌍의 위탁 양육에 해당한다(같은 책, p. 161). 동성애는 이 종의 수컷에게만 발생하며, 아마도 그 당시에는 비번식 개체일 것이다. 참새의 도우미 행동은 청소년 개체에서, 때로 암수 모두, 일부 개체군에서만 발생하는 반면(p. 31), 동성애 행동은(몇몇) 성체 간에만 발생한다. 그리고 집단베짜기새의 번식하는 쌍은 공동 둥지를 지을 때 도움이 되며, 아마도 암수 모두의 새가 그렇게 할 것이다. 그러나 새끼 먹이기를 할 때는 도움을 주지 않는다(Maclean 1973 참조). 동성애는 번식 개체와 비번식 개체 모두에서 발생하지만, 수컷에서만 발생한다. 최근에 청소년 수컷의 도우미 행동이 아메리카레아에서도 발견되었다. 그러나 이 현상은 성체 수컷 등이 하는, 이 종의 같은 성 공동양육(및 성행위)과 구별된다(Codenotti and Alvarez, 1997: 570). 조류의 공동 번식 및 도우미 현상에 대한 다른 조사는 다음을 보라. Skutch, A. F. (1987) *Helpers at Birds' Nests: A Worldwide Survey of Cooperative Breeding and Related Behavior*(Iowa City: University of Iowa Press); Stacey, P. B. and W. D. Koenig, eds., (1990) *Cooperative Breeding in Birds*(Cambridge: Cambridge University Press).

8   동물 동성애의 많은 사례가 아마도 놓쳤거나, 간과하였거나, 발견되지 않은 채로 남아 있다는 사실에 대한 논의는 제1장과 제4장을 참조하라.

9   Moynihan은 수컷 비번식 뿔호반새 사이에 동성애 짝짓기나 마운팅이 발견된다고 했지만, 이 종에 존재하는 것으로 알려진 비번식 개체(1차 도우미, 2차 도우미 또는 비非도우미)의 범주 중 어디에 속하는지는 밝히지 않았다(Moynihan 1990: 19). 그러나 그들이 도우미가 아닐 가능성은 각 범주의 행동에 대한 독립적인 설명에서 추론할 수 있다. 동성애는 번식하는 수컷과 보조 도우미 사이에 일어나지 않을 것이다. 전자는 후자에 적대적이며 '강렬한 장기간의 싸움'을 하기 때문이다(Reyer 1986: 288). 1차 및 2차 도우미의 경우에도 마찬가지로 전자가 후자를 공격하고 싸운다(Reyer 1986:

291). 따라서 동성애는 아마도 도움을 주지 않는 비非도우미나 2차 도우미 사이에서 주로 발생할 것이다. 그러나 후자의 관심은 대개 다음 번식기의 잠재적인 짝이 될 수 있는 암컷에게 먹이를 주는 데 집중되기 때문에 가능성이 낮다(Reyer 1984: 1170; Reyer 1980: 222). 조류의 예와 유사한 도우미나 번식 그리고 동성애에 참여하는 패턴은 포유류에서도 발생한다. 예를 들어 붉은여우에서 같은 성 마운팅은 어린 암컷(비번식 개체나 도우미) 사이나, 어린 암컷과 번식하는 나이 든 암컷 사이에서 모두 발생하지만, 각각의 하위 집합에서만 나타난다. 덤불개에서는 양쪽 성별의 비번식 개체가 도우미 역할을 하지만(Mac donald 1996: 535), 간혹 수컷만이 같은 성 마운팅에 참여할 뿐이다.

10 사실, 동성애 쌍이 입양을 하는 가능한 사례로는 검은목아메리카노랑솔새(암컷은 포식자에게 약탈당하거나 탁란이 일어나면 둥지를 버리는데, 일부 수컷 쌍이 그 둥지를 인수할 수 있다)나, 검은머리갈매기(이 경우 수컷이 입양한다고 알려졌지만 아직 문서화되지는 않았다[van Rhijn and Groothuis 1985: 165-66]), 치타(짝을 이룬 수컷이 때로 길 잃은 새끼를 돌보는 치타가 일시적으로 관찰됨[Caro 1994: 45, 91]). 두 암컷이 입양한 새끼를 공동으로 번식시키는 것은 북방코끼리바다표범, 회색바다표범, 점박이바다표범에서도 발생하지만, 두 암컷이 서로 '짝 결합'을 하거나, 성적인 관계를 하는 것으로는 보이지 않는다.

11 추가적인 예를 보려면 다람쥐원숭이, 바다오리, 재갈매기를 참조하라. 또 다른 유형의 '도우미' 체계에는 동물의 극소수만이 번식하고 나머지 동물은 돕기만 하는 계층적 사회가 있으며, 흔히 각 비非번식 계급이 고유한 전문적인 의무가 있는 복잡한 '카스트' 체계가 있다. 이것은 개미나 꿀벌과 같은 여러 사회적 곤충에서 전형적으로 나타나지만 두더지쥐 같은 일부 포유류에서도 발견된다. 다시 말하지만, 이러한 체계와 동성애 사이에는 특별한 연관성이 없다. 동성애 행동은 이러한 유형의 사회 조직을 가진 소수의 곤충 종에서만 보고되었으며, 이러한 종의 도우미와 구체적인 연관성이 없다. 실제로 대부분의 사회적 곤충 도우미는 무성(유전적으로 불임)이며, 동성애 행동은 실제로 번식하는 개체 사이에서 발견된다. 예를 들어 결혼비행에 참여하는 생식력이 있는 수컷 사이에서 나타나는 식이다(유럽불개미에 관한 O'Neill 1994 참조).

12 하누만랑구르(Srivastava et al. 1991: 506). 동성애 관계가 '친족 선택'(즉 비록 간접적일지라도, 주로 친척관계에서 잠재적으로 자신의 유전자에 '이익이 될' 것이므로 서로 상호작용하거나 도움을 주는 개체 간의 연합)의 한 형태라는 생각에 반대하는 구체적인 증거 또는 논증은 다음을 보라. 아메리카레아(Ferndndez and Reboreda 1995: 323), 쇠검은머리흰죽지(Afton 1993: 232), 범고래(Rose 1992: 104, 112), 보노보

(Hashimoto et al. 1996: 316), 검은머리물떼새(Ens 1998: 635h), 그 외 근친상간이 아닌 동성애 관계나, 근친상간 금기를 가진 수많은 종.

13 대부분의 생물학자들은 동물의 '개체수 조절' 기전의 일반적인 개념이 가지는 이론적 근거를 거부한다. 왜냐하면 동물의 행동이 때로 개체가 아닌 집단에 이익이 된다고 주장하는, '집단선택'이라는 일반적으로 믿기 어려운 개념에 의존하기 때문이다. 이것은 유기체가 자신의 이익을 위해서만 행동한다는 진화생물학의 가장 기본적인 원칙 중 하나와 모순된다. 그러나 일부 과학자들은 집단선택의 개념을 강력하게 옹호했으며, 여전히 흥미롭고 논쟁의 여지가 있는 제안이다. 다음 예를 보라. Wynne-Edwards, V. C. (1986) *Evolution through Group Selection*(Oxford: Blackwell Scientific). 인간에 있어서 인구조절 개념에 대한 전반적인 비판은 다음을 보라. Bates, D. G. and S. H. Lees(1979) "The Myth of Population Regulation." in N. A. Chagnon and W. Irons, eds., *Evolutionary Biology and Human Social Behavior: An Anthropological Perspective*, pp. 273-89 (North Scituate, Mass.: Duxbury Press).

14 다마랄랜드두더지쥐(Bennett, N.C. [1994] "Reproductive Suppression in Social Cryptomys damarensis Colonies - a Lifetime of Socially-Induced Sterility in Males and Females." *Journal of Zoology*, London 234: 25-39), 범고래(Olesiuk et al. 1990: 209). 안정적인 은갈매기 개체군에 대한 장기 연구에 따르면, 모든 알의 93%는 살아서 번식할 수 있는 새가 되는 데 실패하고, 새의 3%가 살아남은 모든 자손의 절반을 낳으며, 새의 84-86%는 번식할 수 있는 자손을 전혀 낳지 않는 것으로 나타났다. 다른 많은 조류 종에서도 마찬가지로 '기여하지 않는' 개체의 비율은 62-87%로 매우 높다(Mills 1991: 1525-26). 주어진 시간에 적어도 한 성별에서 50% 이상의 비번식 개체가 있는 종은 다음과 같다. 들소(54%: Lott 1981: 98의 수치에서 근거함), 리젠트바우어새(67%: Lenz 1994: 264, 267의 수치에서 근거), 가지뿔영양(75%: Kitchen 1974: 11, 48, 50의 수치에서 근거), 그랜트가젤(92%: Walther 1972: 358의 table 2의 수치에서 근거). 다른 예로는 여기 pp. 342-348를 보라.

15 포유류(Macdonald, D, W., ed. [1993] *The Encyclopedia of Mammals*, pp. 633, 646, 654, 656-57, 722-23[New York: Facts on File]), 조류(Piersma, T. [1996] "Scolopacidae[Snipes, Sandpipers and Phalaropes]." p. 476, in J. del Hoyo, A. Elliott and J. Sargatal, eds., *Handbook of the Birds of the World* vol. 3: Hoatzin to *Auks*, pp. 444-533 [Barcelona: Lynx Edicións]), 뇌조(Bergerud, A. T. [1988] "Population Ecology of North American Grouse." in A. T. Bergerud and M. W.

Gratson, eds., *Adaptive Strategies and Population Ecology of Northern Grouse*, pp. 578–685. [Minneapolis: University of Minnesota Press]).

16   검은머리물떼새에서 동성애 유대 관계의 발생은 이 종에서 나타나는 환경적으로 유발된 개체군 변동에 따라 변하지 않는다(Heg and van Tkeuren 1998: 689–90). 반면에 벨벳뿔(트랜스젠더) 흰꼬리사슴의 발생률은 개체수 과잉이나 가뭄 주기와 관련이 있을 수 있다. 일부 지역의 목장주와 오랜 거주민의 일화 보고에 따르면, 이러한 사슴(불임)의 발생은 주기적이며 가뭄이 끝나는 시기와 관련이 있다(Thomas et al. 1970: 3). 어떤 개체군을 연구하는 과학자들은 비번식 수사슴이 전반적으로 너무 많이 존재한다고 해도, 개체군의 번식률은 감소하지 않음을 발견했다(ibid., p. 19). 사실, 연구자들의 데이터에 따르면 이러한 개체군은 실제로 번식률이 높아진 것으로 나타났다. 그러나 이 왜곡은 인구 조절이나 인구 변동 가설과 일치할 수 있다. 상당한 수의 벨벳뿔이 있는 무리에서 성체와 1년생 암컷 모두 배란율, 임신율, 새끼와 함께 있는 암사슴의 숫자가 더 높았다(이 중 적어도, 1960년 성체 암컷의 배란율을 조사한 것은 통계적으로 의미가 있었다). 과학자들은 실제로 이 명백히 '반대되는' 발견에 대해 어리둥절했다. "그 결과는 무리에 벨벳뿔이 존재함으로써… 번식에 부정적인 영향을 받을 것이라고 예상한 것과 반대였다"(ibid., p. 17). 사실 우리는 벨벳뿔이 많아진 현상이 개체수 압력에 대한 반응이라면, 즉각적인 효과가 아니라 약간 지연된 효과를 예상할 수 있다. 1959–61년에 이 지역의 개체수가 크게 증가했으며 벨벳뿔의 수는 실제로 몇 년 후인 1962년(9.4%)에 정점에 이르렀다. Taylor et al은 이 기간에 이 지역의 사슴 무리에서 가뭄과 개체수 과잉의 기간을 보고했다(같은 책, p. 25). 또한 벨벳뿔이 있는 개체군과 없는 개체군 간에 전체 번식률이 동일하다면, 벨벳뿔의 효과는 개체수가 실제로 점점 더 빠르게 증가하는 시기에 개체수 증가를 줄이는 것일 수 있다. 물론 이러한 그럴법한 연결에 대해 결론을 내리려면 훨씬 더 체계적인 장기 조사가 필요하다.

17   멸종 위기에 처한 종의 집계 및 지정은 세계보존연맹의 공식 명단을 기반으로 한다. 세 가지 범주(심각한 멸종 위기, 멸종 위기 및 취약)는 종의 개체군 감소율, 지리적 분포의 제한, 개체군의 변동 정도, 연령 분포, 인간의 교란(오염물질, 도입종, 착취) 등 다섯 가지 정량적 기준의 정도에 따라 정해진다 다음을 보라. Baillie, J. and B. Groombridge, eds., (1996) *1996 IUCN Red List of Threatened Animals*(Gland, Switzerland and Cambridge, UK: IUCN–World Conservation Union).

18   말할 필요도 없이, 이 뉴질랜드 새가 거의 멸종에 이른 것은 이 종의 동성애의 결과가 아니라, 배수 시설과 수력 발전으로 인한 서식지 손실, 섬에 도입된 외래종에 의한 고갈 등, 인간 활동의 파괴적인 영향 때문이다(Reed 1993: 771).

19 이러한 전략 중 일부에 대한 검토와 다른 가능한 기전에 대한 정보는 '동물의 비번 식성 이성애와 대체 가능한 이성애' 절의 논의와 다음 문헌을 참조하라. Cohen, M. N., R. S. Malpass and H. G. Klein, eds. (1980) *Biosocial Mechanisms of Population Regulation*(New Haven: Yale University Press); Wilson, E. O. (1975) *Sociobiology: The New Synthesis*, pp. 82–90 (Cambridge, Mass.: Belknap Press); Wynne-Edwards, V. C. (1965) "Social Organization as a Population Regulator." in P. Ellis, ed., *Social Organization of Animal Communities*, pp. 173–80, Symposia of the Zoological Society of London no. 14 (London: Academic Press); Wynne-Edwards, V. C. (1959) "The Control of Population–Density Through Social Behavior: A Hypothesis." *Ibis* 101: 436–41.

20 이 가설에 대한 다양한 설명은 다음을 보라 Hutchinson, "A Speculative Consideration of Certain Possible Forms of Sexual Selection in Man."; Kirsch and Rodman, "Selection and Sexuality: The Darwinian View of Homosexuality." 반박 에 대해서는 다음을 보라. Futuyama and Risch, "Sexual Orientation, Sociobiology and Evolution." 동성애 유전자가 열성일 가능성도 있다. 즉, 이성애 유전자와 결합 할 때 발현되지 않는 것인데, 이러한 개인은 양성애자가 아니지만 여전히 번식에 유 리할 수 있다. 그러나 실제 유전 정보가 없다면 이 가설을 평가할 방법이 없다. 왜 냐하면 열성 동성애 유전자를 가진 개인은 아마도 두 개의 이성애 유전자를 가진 사 람들과(표면적으로) 구별할 수 없을 것이기 때문이다. 이 가설의 다른 버전은 다음 을 보라. McKnight, J. [1997] *Straight Science? Homosexuality, Evolution and Adaptation*[London: Routledge] 참조). 따라서 후속 논의는 그러한 개인이 실제로 행동에서 양성애자인 버전(예: Weinrich의 1987 버전)을 평가하는 데 국한된다. '양성 애 우월성' 가설의 신념하에, 병코돌고래의 양성애는 성애가 생식 활동에 국한되지 않 고, 또한 한 성별의 파트너에게만 제한되지 않았기 때문에, '더 진화한' 상태를 나타낸 다는 제안이 있다(Caldwell and Caldwell 1967: 15). 이 과학자들은 돌고래가 배타적 인 동성애를 나타내지 않거나, (그들의 말로) '생물학적으로 적절한 것을 제외하려는, 생물학적으로 부적절한 자극에 집착하지 않는다'라고 말했다. 배타적 동성애와 관련 된, 인간의 독특함에 관한 신화에 대한 자세한 내용은 제2장을 참조하라.

21 이는 Braithwaite 1981: 140의 그림 2의 자료를 바탕으로 한다. 알 품기 의무의 이 성애 분할 및 수컷이 더 많이 참여할 때의 이점에 대해서는 다음을 보라. O'Brien 1990: 1186 and Brugger and Taborsky 1994. 양성애 쌍이 번식에 더 성공적일 수 있는 또 다른 사례는 흰기러기와 관련이 있다. 수컷과 교미하여 알을 수정시키는 암 컷 쌍(이 종과 다른 종에서)이 이성애 쌍보다 더 많은 자손을 낳을 수 있다는 추측이

있다(Diamond1989: 101). 그러나 이것은 실제 사례인 것으로 보이지 않는다. 처음의 제안은 전적으로 추측에 불과했으며, 같은 성 대 반대쪽 성 쌍의 생식 결과에 대한 실제적인 장기 연구를 기반으로 하지 않았다. 더욱이, 이 아이디어는 나중에 잘못된 추론에 근거한 것으로 나타났다. 번식 이점을 비교하는 중요한 요소는 한 쌍 전체가 아니라, 한 쌍의 각 암컷이 낳은 새끼 기러기의 수이기 때문이다(암컷 쌍은 일반적으로 친척이 아니다). 자세한 논의는 다음을 보라. Conover(1989); Grether and Weaver(1990).

22 목도리도요(Hogan-Warburg 1966: 179; van Rhijn 1973: 197, 1991: 76; Hugie and Lank 1997: 220), 회색기러기(Lorenz 1979: 59-60), 서부쇠물닭(Jamieson and Craig 1987a: 1251), 기아나바위새(Trail and Koutnik 1986: 211, 215), 검은머리물떼새(Heg and van Treuren 1998: 690; Ens 1998: 635).

23 집단베짜기새(based on data in Collias and Collias 1980: 248 [table 5]), 보넷원숭이(based on data in Sugiyama 1971: 252, 259-60 [tables 2, 8, 9]), 아시아무플론(based on data in Poole et al. 1997: 306-7 [fig.5]), 일본원숭이(Hanby 1974: 838; Vasey 1996 and personal communication).

24 일부 '배타적인 레즈비언' 암컷은 수컷과 교미하여 알을 수정하므로, 기술적으로는 성적 행동에 있어 양성애다. 그러나 짝 결합의 관점에서 이 암컷은 다른 암컷만을 파트너로 선택하므로, 나는 Mills가 번식 결과를 평가할 목적으로 이러한 개체를 양성애자로 분류하지 않는다는 점에서 Mills의 의견을 따른다. 그러나 그들을 양성애 범주에 포함한다고 해도, 배타적인 동성애 암컷은 양성애자보다 훨씬 적은 자손을 낳기 때문에, 양성애 암컷의 번식력이 떨어진다는 전반적인 결론이 바뀌지는 않을 것이다.

25 은갈매기(Mills 1991: 1525).

26 은갈매기(Mills 1989: 397-98 [table 23.5]).

27 Kirsch와 Rodman(1982: 189)은 이 가설을 검증하기 위해 "중요한 실험을 구성하는 것은 어려울 것"이라고 말했고, Futuyama와 Risch(1984: 158)는 "이러한 이론들 중 일부가 어떻게 적절한 과학적 테스트를 받을 수 있을지 의문이다."라고 했다. 이들은 주로 인간 동성애와 양성애에 대한 조사를 고려하고 있지만, (우리가 본 바와 같이) 야생동물의 동성애 연구는 종종 이러한 아이디어를 평가하는 데 필요한 정보 유형을 정확히 제공할 수 있다.

28 Kirsch and Rodman, "Selection and Sexuality." p. 189.

29 인간의 양성애와 생식 결과에 대해 수행된 소수의 연구 역시 은갈매기(및 기타 동물)에서 발견된 것과 비슷한 경향을 보인다. 로스앤젤레스와 영국에서 양성애 여성을 대

상으로 한 2건의 설문조사에서, 평생 동안 이성애 여성보다 자녀수가 적거나 통계적으로 동등한 것으로 나타났다(한 연구는 25세 이전에, 양성애 여성은 일반적으로 이성애 여성보다 더 많은 아이들을 가지지만, 이러한 차이는 평생 가임률을 고려하면 균일해진다는 것을 발견했다(Baker, R. R. and M. A. Bellis[1995] *Human Sperm Competition: Copulation, Masturbation and Infidelity*, pp. 117-18 [London: Chapman and Hall]; Essock-Vitale, S. M. and M. T. McGuire[1985] "Women's Lives Viewed from an Evolutionary Perspective: I. Sexual Histories, Reproductive Success and Demographic Characteristics of a Random Subsample of American Women," *Ethology and Sociobiology* 6: 137-54). 이것은 '양성애 우월성' 가설을 검증하는 데 사용할 수 있는, 인간에 관련된 몇 안 되는 정량적 자료다. 이들은 동성애가 생식 능력에 미치는 영향에 대한 질문을 다루지만, 주된 관심은 양성애가 생식 능력을 향상시키기보다는 감소시킨다는 가설을 평가하는 것이다. 그들은 '양성애 우월성' 가설을 구체적으로 다루지 않는다(Baker and Bellis 1995).

30 갈까마귀(Lorenz 1970: 202-3), 캐나다기러기(Allen 1934: 187-88), 검은머리물떼새(Heg and van Treuren 1998: 688-89; Ens 1998: 635), 카푸친새(Snow 1972: 156; Snow 1976: 108), 노랑가슴도요(Myers 1989: 44-45), 치타(Caro and Collins 1987: 59, 62; Caro 1993: 25, 1994: 252, 304).

31 은갈매기(Mills 1991: 1525 [table 1]), 붉은부리갈매기(based on table 3, van Rhijn and Groothuis 1985: 161), 갈라(based on figures in Rogers and McCulloch 1981: 83-85). 제2장의 성적인 지향 설명도 참조하라.

32 코브(Buechner and Schloeth 1965: 219 [table 2에 기초함]), 보노보(Idani 1991: 90-91 [tables 5-6에 기초함]), 일본원숭이(Chapais and Mignault 1991: 175 [table II에 기초함]), 돼지꼬리원숭이(Tokuda et al. 1968: 288, 290 [tables 3 and 5에 기초함]).

33 예를 들어 어떤 동물은 많은 수의 이성애 교미에 참여할 수 있으며, 그중 소수만이 실제로 수정으로 이어지지만(성공적인 출산이나 자손 양육은 말할 것도 없다), 이성애 만남이 적은 동물도 수정이나 성공적인 임신의 비율 또는 더 나은 부모가 될 수 있다. 더욱이, 한 번식기 동안 반복적으로 교미하는 암컷은 한 번만 임신하거나 수정될 수 있어서, 이성애 교미에 더 많이 참여하고 덜 참여하는 차이는 효과적으로 균일화된다(문란한 행위가 양육의 성공과 상관관계가 있는 경우를 제외하고). 교미 빈도가 생식 결과를 반드시 반영하지 않는 이유에 대한 자세한 내용은 다음을 보라. Eberhard, W. G. (1996) *Female Control: Sexual Selection by Cryptic Female Choice*, 특히 pp.

418ff(Princeton: Princeton University Press).

34 번식의 성공과 성적인 취향에 대한 상세한 추적연구도 다시 나와야 한다(은갈매기에서 수행한 것과 비교할 수 있다). 양성애와 번식 사이에 있을 수 있는 관계를 확인하기 위한 조사는 아직 이러한 종에서 수행된 적이 없다. 더욱이, 이 모든 경우는 한 성별로 이루어진 구성원 간의 동성애라서, 역시 '양성애 우월성' 가설과 일치하지 않는다.

35 보노보(Hashimoto 1997: 12-13), 고릴라(Fossey 1990: 460, 1983: 74, 188-89), 다람쥐원숭이(Mendoza and Mason 1991: 476-77), 늑대(Zimen 1976: 311, 1981: 140), 커먼나무두더쥐(Kaufmann 1965: 72), 병코돌고래(Ostman 1991: 310). 이것이 단순히 '대체된', '방향을 튼' 또는 '대리적인' 이성애(Fossey[1990: 460]와 다른 사람들이 이름붙인 것)가 아니라는 주장에 대해서는 제4장의 '부족' 가설에 대한 논의를 참조하라.

36 기아나바위새(Trail and Koutnik 1986: 215), 검은머리물떼새(Heg and van Treuren 1998: 690; D. Heg, 개인적 통신).

37 코브(Buechner and Schloeth 1965: 219 [table 2]).

38 황로 Fujioka and Yamagishi 1981: 136, 139 [table 1, 3,4 포함]).

39 자세한 내용과 삽화는 목도리도요 설명을 참조하라.

40 목도리도요(Van Rhijn 1991: 87; Hogan-Warburg 1966: 176).

41 목도리도요(Lank et al. 1995). 거의 30년 전에, 깃털 모습에 따른 행동의 차이라는 간접적인 증거와, 수컷 범주가 변하지 않는다는 사실에 기초하여, 다양한 범주의 수컷 사이에 유전적 차이가 있을 수 있다는 제안이 있었다(Hogan-Warburg 1966; van Rhijn 1973). 이 가설은 이후에 DNA와 유전 연구에 의해 확인되었다.

42 거짓쌀도둑거저리(Castro et al. 1994; Serrano et al. 1991), 초파리(Finley et al. 1997에 요약된 수많은 참고문헌). 또한 인간 동성애에서 유전의 역할에 대해서는 다음을 보라. Hamer and Copeland(1994).

43 이것은 몽땅꼬리원숭이, 흰목꼬리감기원숭이, 범고래, 북방코끼리바다표범, 서인도제도매너티, 기린, 회색머리큰박쥐, 북미갈매기, 붉은부리갈매기, 황토새배딱새, 기아나바위새, 카푸친새, 큰거문고새, 아델리펭귄 같은 종에서 제안되었다. 또한 동성애 행동을 '놀이'로 분류하는 일부 종에서는 그것이 '실제'(즉 이성애) 활동을 위한 연습으로 기능한다는 의미도 함축되어 있다.

44 히말라야원숭이(Akers and Conaway 1979: 76-77), 나무제비(Lombardo et al. 1994: 556).

45   그러나 많은 종에서 동성애 활동은 청소년 동물이나 젊은 동물에서만 일어난다(그런 경우에 대한 조사는 다음을 참조하라 Dagg, "Homosexual Behavior and Female-Male Mounting in Mammals.").

46   Baker and Bellis, *Human Sperm Competition*, pp. 118-19을 보라. 여기에서 이 '설명'은 인간과 동물 모두를 대상으로 했다.

47   기아나바위새(Trail and Koutnik 1986: 209, 215). 이 과학자들은 수컷 간의 구애 상호작용이 실제로 나중 어린 수컷의 이성애 수행을 더 향상시킨다는 추측을 뒷받침하는 구체적인 자료가 없음을 인정했다.

48   동성애가 이 종의 구애 '방해'의 한 형태라는(관련) 아이디어에 대한 토론과 논박은 아래를 참조하라.

49   북방코끼리바다표범에 관한 이러한 취지의 진술은 다음을 보라. Rose et al. (1991: 188). 황토색배딱새는 이러한 행동의 상대적 빈도가 낮고, 추정되는 '연습' 기능과 이상하게도 상충하는 또 다른 종이다(이 종의 수컷 간의 구애 상호작용이 어린 새들이 구애 경험을 얻기 위한 것이라는 주장에 대해서는 다음을 보라. Westcott and Smith[1994: 681]).

50   산쑥들꿩(Patterson 1952: 153-54); Pandolfi, M. (1996) "Play Activity in Young Montagu's Harriers(Circus pygargus)" *Auk* 113: 935-38.

51   영장류에 대한 이 '설명'에 관한 유사한 결론은 다음을 참조하라. Vasey, "Homosexual Behavior in Primates." p. 192. 또한 레이저빌에 관한 다음 것도 보라. Wagner(1996: 212).

52   특별하게 암컷과 관련된 유일한 예는 북미갈매기이며, 주목할 점은 이 경우 암컷이 동성애 동반자 관계를 통해 획득한다고 주장되는 것은 성적인 행동이 아니라, 양육이나 짝 결합에 대한 경험이다(Fox and Boersma 1983: 555).

53   이와 관련하여 여성의 행동과 생리학에 대한 일반적으로 성차별적인 해석뿐만 아니라 성적 상호작용에서 여성의 수동성에 대한 신화에 대해서는 다음을 보라. Eberhard, *Female Control*, pp. 34-41, 238, 420-21; Batten, M. (1992) Sexual Strategies(New York: Putnam's); Gowaty, P. A. (1997) "Principles of Females' Perspectives in Avian Behavioral Ecology." *Journal of Avian Biology* 28: 95-102. 그리고 제3장 주석10의 여러 참고문헌.

54   동성애가 사회적 유대나 일반적인 사회적 결속과 안정을 촉진하거나 강화한다고 주장(또는 제안)한 과학자의 예는 다음과 같다. Kano 1992: 192 (보노보), Yamagiwa

1987a: 1, 23, 1987b: 37, Robbins 1996: 944 (고릴라), Weber and Vogel 1970: 79 (하누만랑구르), Reinhardt et al. 1986: 55 (히말라야원숭이), Rose 1992: 97-98, 116-17 (범고래), Coe 1967: 319 (기린), Nelson 1965: 552 (회색머리큰박쥐), Heg and van Treuren 1998: 688, Ens 1998: 635 (검은머리물떼새), Sauer 1972: 735 (타조), Rogers와 McCulloch 1981: 90 (갈라). 한 과학자는 보노보의 동성애 활동이 같은 성 간의 유대를 촉진하기는 하지만, 실제로 이성애 관계에서 더 중요한 역할을 한다고 다음처럼 말했다. "동성애 활동은 수컷과 암컷을 더 큰 무리로 묶는 방법이 되었다."(de Waal 1997: 138). 이러한 종류의 이성애 중심적 해석에 대한 논박은 Parish(1996: 65)를 참조하라. 또한 동성애를 이성애 배우자를 얻기 위한 목적이나, 동맹 또는 연합 구축의 전략이라고 주장하는 과학자는 다음을 보라. Kano 1992, Idani 1991 (보노보), Vasey 1996 (일본원숭이, 기타 종), Bernstein 1980: 40 (몽땅꼬리원숭이), Smuts and Watanabe 1990 (사바나개코원숭이), Colmenares 1991 (망토개코원숭이), R. Wrangham and S. B. Hrdy, Weinrich 1980: 291 (겔라다개코원숭이, 하누만랑구르), Wells 1991: 218-20 (병코돌고래).

55 이것이 동성애 관계에 대한 동기(또는 적응 기능)라는 생각에 대한 추가적인 토론과 논박에 대해서는 제4장을 참조하라.

56 히말라야원숭이(Carpenter 1942: 149), 병코돌고래(Wells 1991: 220). 이 두 경우 모두 매우 추측을 기반으로 한다. 히말라야원숭이의 예는 단일 배우자 관계에 대한 고립된 관찰을 기반으로 하는 의심스러운 해석이고, 병코돌고래의 경우는 처음 보이는 것보다 훨씬 더 복잡하다(아래 논의 참조).

57 Parker, G. A. and R. G. Pearson(1976) "A Possible Origin and Adaptive Significance of the Mounting Behavior Shown by Some Female Mammals in Oestrus." *Journal of Natural History* 10: 241-45, 보노보(Thompson-Handler et al. 1984: 355-57), 아프리카코끼리(Buss 1990), 청다리도요, 개펭(Nethersole-Thompson 1975: 55).

58 암컷 사이의 동성애 활동이 번식기 외에(또는 암컷이 발정이 아닐 때)만 보고된 종에는 엘크, 바라싱가사슴, 물영양, 회색머리큰박쥐가 있다.

59 일본원숭이(Gouzoules and Goy 1983: 47), 하누만랑구르(Srivastava et al. 1991: 508).

60 하누만랑구르(Srivastava et al. 1991: 508), 카푸친새(Trail 1990: 1849-50), 치타(Caro and Collins 1987: 59, 62; Caro 1993: 25, 1994: 252, 304), 사바나개코원숭이(Noë 1992: 295). 반대쪽 성 동물이 동성애 활동에 관심이 없거나 끌리지 않는 것

에 대한 구체적인 설명은 다음을 보라. 고릴라(Harcourt et al. 1981: 276), 흰손긴팔원숭이(Edwards and Todd 1991: 232-33), 일본원숭이(Wolfe 1984, Vasey 1995: 190; Corradino 1990: 360), 범고래(Jacobsen 1986: 152), 쇠고래(Darling 1978: 51-52), 북방물개(Bartholomew 1959: 168), 아프리카들소(Mloszewski 1983: 186), 붉은쥐캥거루(Johnson 1980: 356), 남부산캐비(Rood 1970: 442), 웃는갈매기(Noble and Wurm 1943: 205), 산쑥들꿩(Scott 1942: 495).

61 병코돌고래(플로리다 — Wells 1991: 219-20, Wells 1995, 에콰도르 — Félix 1997: 14, 오스트레일리아 — Connor et al. 1992: 419, 426, 바하마 — Herzing and Johnson 1997).

62 다람쥐원숭이(Travis and Holmes 1974: 55), 몽땅꼬리원숭이(Chevalier-Skolnikoff 1976: 524), 늑대(Zimen 1981: 140), 사바나(노란)개코원숭이(Maxim and Buettncr-Janusch 1963: 176), 산양(Geist 1971: 162). 이것이 단순한 '대체'나 '방향을 바꾼' (이)성애 행동이라는 것에 대한 주장은 제4장을 참조하라. 이와 관련하여 과학자들은 검은머리물떼새 트리오에서 수컷은 암컷 파트너 사이에 동성애 활동이 생기도록 영향을 미치거나, '촉진'할 수 없다는 것을 관찰했다. 물론, 수컷은 그러한 같은 성 활동에 수반되는 암컷 간의 협력이 없다면, 생식력 상실을 겪을 수 있다(Heg and van Treuren 1998: 690). 따라서 수컷은 암컷 간의 동성애 활동이 그들에게 도움이 될 수 있음에도, 암컷의 동성애 활동을 증진시키는데 본질적으로 무력하다.

63 Dagg, "Homosexual Behavior and Female-Male Mounting in Mammals." p. 179.

64 한 가지 예외는 R. Wrangham(Weinrich 1980: 291에서 인용-)이다. 그는 수컷 겔라다개코원숭이들이 본질적으로 짝짓기 '기량'을 보여주기 위해 암컷 앞에서 동성애 마운팅을 '수행'할 수 있다고 제안한다. 그러나 암컷 동성애가 수컷을 대상으로 한 것이라고 주장되는 것과 같은 방식으로, 그러한 활동이 암컷을 성적으로 자극한다고 주장되지는 않는다.

65 4장의 논의 참조.

66 세가락갈매기(Coulson and Thomas 1985), 서부갈매기(Hunt and Hunt 1977), 재갈매기(Shugart et al. 1988), 은갈매기(Mills 1991), 북미갈매기(Ryder and Somppi 1979; Kovacs and Ryder 1983). 갈매기의 암컷 쌍이 주로 번식 전략으로서 형성된다는 주장에 반대하는 증거를 더 보려면 제4장을 참조하라.

67 서부갈매기(Hunt et al. 1984), 장다리물떼새(Kitagawa 1988), 쇠검은머리흰죽지(Afton 1993; Munro 1941), 도토리딱따구리(W. D. Koenig, 개인적 통신), 다람쥐원숭이(Plog 1967: 159-60), 회색기러기(Lorenz 1979, 1991), 검은머리물떼새(Heg

and van Treuren 1998). 도토리딱따구리의 암컷 공동 부모는 서로 특별히 구애나 성적 행동을 하지 않는다는 점에서 '플라토닉'하지만, 여전히 이 종의 특징적인 단체 마운팅 과시에 참여한다(그때 일반적인 동성애 마운팅이 일어나며 실제로 공동 부모 간에 마운팅이 있을 수 있다).

68 아메리카레아(Fernindez and Reboreda 1995: 323, 1998: 340-46), 쇠검은머리흰죽지(Afton 1993). 아메리카레아에서 수컷 둥지 도우미를 갖는 것의 '이점'도 명확하지 않다. 연구자들은 혼자 키우는 수컷과 도우미가 있는 수컷 사이의 번식 성공률에서 통계적으로 유의미한 차이가 거의 없음을 입증했다(그러나 이 현상은 최근에야 발견되었기 때문에, 결과는 아직 예비적이다. Codenotti 및 Alvarez 1997 참조).

69 흰기러기(Martin et al. 1985: 262-63), 검은부리까치(Dunn and Hannon 1989; Buitron 1988).

70 큰거문고새(Lill 1979b, 1986). 다양한 조류 종에서 한쪽 파트너가 짝을 버리거나, 새끼를 유기하는 것에 대한 조사는 다음을 보라. Székely, T., J. N. Webb, A. I. Houston, J. M. McNamara(1996) "An Evolutionary Approach to Offspring Desertion in Birds.", especially pp. 275-76, 310, in V. Nolan Jr. and E. D. Ketterson, eds., *Current Ornithology*, vol. 13, pp. 271-330 (New York: Plenum Press). 15종 이상의 조류 종에서 짝을 제거한 효과에 대한 요약은 다음을 보라. Bart, J. and A. Tomes(1989) "Importance of Monogamous Male Birds in Determining Reproductive Success: Evidence for House Wrens and a Review of Male-Removal Studies." *Behavioral Ecology and Sociobiology* 24: 109-16.

71 카푸친새(Snow 1972: 156, 1976: 108), 일본원숭이(Vasey 1998: 13-14, 16), 검은머리물떼새(Heg and van Treuren 1998: 688-89; Ens 1998: 635), 갈까마귀(Lorenz 1970: 202-3), 쇠검은머리흰죽지(Munro 1941: 130-31), 캐나다기러기(Allen 1934: 187-88).

72 예를 들어 암컷 하누만랑구르에 대한 Srivastava et al. (1991: 508-9), 암컷 히말라야원숭이에 대한 Huynen(1997:211), 암컷 산쑥들꿩에 대한 Gibson and Bradbury(1986: 396), 수컷 서부쇠물닭에 대한 Jamieson and Craig(1987a: 1252), 수컷 레이저빌에 대한 Wagner(1996: 213)을 보라.

73 일본원숭이에서 이 가설에 대한 명백한 반박은 다음을 보라. Gouzoules and Goy(1983: 47). 또한 영장류에서의 보다 일반적인 반박은 다음을 보라. Vasey, "Homosexual Behavior in Primates.". 그리고 제3장과 제4장에서 동성애를 촉진하거나 시작하는 것에 대한 논의를 참조하라.

74   서부쇠물닭(Jamieson and Craig 1987a: 1252, 1987b: 321-23; Jamieson et al.
      1994: 275-76), 황토색배딱새: 수컷 간의 구애 상호작용 12건 중 4건만이 암컷이 있
      을 때 발생했다(West cott and Smith 1994: 680). 기아나바위새(Trail and Koutnik
      1986).

75   노랑가슴도요(Myers 1989: 44-45; Pruett-Jones 1988: 1745-47; Lanctot and
      Laredo 1994: 9).

76   A. P. Moller, in Lombardo et al. 1994: 556 (나무제비).

77   Lombardo et al. (1994: 556). 나무제비에서 번식을 지향하는 '정자 교환'이 아마도
      없을 것이라는 다른 주장이 있다. 이 종의 동성애 교미에 대한 어느 관찰에서, 다른
      수컷이 교미하고 있던 새는 이미 새끼를 키우는 중이었다. 즉 더 이상 수정이 불가능
      한 상태였다(동성애 교미는 번식기 한참 후반에 일어난다). 물론 일부 암컷은 아직 알
      을 낳지 않았기 때문에, 그 시점에서 여전히 수정이 가능할 수 있고(M. P. Lombardo,
      개인적 통신), 이 종에서 생식이 가능한 교미가 번식기 후반에 발생할 수도 있지만
      (Robertson et al. 1992: 11), 동성애 짝짓기는 일반적으로 번식 기회를 이용하기 위
      한 시간이 정해져 있는 것 같지 않다. 특히, '정자 교환'이라고 볼만한 것이 수정을 초
      래할 가능성은 번식기 초기라고 더 커 보이지 않는다(Lombardo, 개인적 통신).

78   서부쇠물닭. Craig(1980: 593, 601-2)에서 "동성애 암컷 간 총배설강 접촉 중 정자 교
      환 가능성"과 산란 동기화에 대한 추측을 참조하라. 모호한 친자관계 및 공유 양육을
      독립적으로 보장하는 기전에 대해서는 다음을 보라. Jamieson et al. 1994: 274-76;
      Jamieson and Craig 1987b: 323-25.

79   Best, R. I. and M. A. O'Brien(1967) *The Book of Leinster*, vol. 5, lines 35670-
      35710. (Dublin; Dublin Institute for Advanced Studies); Greene, D. (1976) "The
      'Act of Truth' in a Middle-Irish Story." *Saga och Sed*(Kungliga Gustav Adolfs
      Akademiens Arsbok) 1976: 30-37.

80   Boswell, J. (1994) *Same-Sex Unions in Premodern Europe*, pp. xxviii-xxix(New
      York: Villard Books). 이 이야기를 논의하면서 Greene(1976: 33-34)은 1800년대
      후반의 '극히 드문' 몇 가지 사례를 인용한다. 이 방법에 의한 수정이 '문서화'되었거나
      생물학적으로 가능한지 여부와 관계없이, 인간 및 동물 동성애에 대한 이러한 설명에
      서 두드러지는 것은 이성애에 대한 그들의 관심이다. 즉, 수정을 촉진하는 동성애 활
      동의 추정적인 역할을 강조하고, 동성애 활동에 생식 기능을 부여하는 고집을 부린다.

81   이 분야에서 현재 일어나고 있는 몇 가지 사고방식에 대한 적당한 요약과 조사는 다
      음을 보라. Abramson, P. A. and S. D. Pinkerton, eds. (1995) *Sexual Nature,*

Sexual Culture(Chicago: University of Chicago Press).

82 아프리카코끼리(Sikes 1971: 266).

83 Cordero, A. (1995) "Correlates of Male Mating Success in Two Natural Populations of the Damselfly *Ischnura graellsii*(Odonata: Coenagrionidae)." *Ecological Entomology* 20: 213-22.

84 자세한 정보와 참고자료는 동물 프로필을 참조하라. 동성애가 문서화되고 비번식 개체에 대한 정량적인 정보가 있는 이러한 48가지의 종 가운데, 개체수(또는 한 성별)의 평균 절반이(동성애와 무관하게) 번식에 참여하지 않는다.

85 다람쥐원숭이(Baldwin and Baldwin 1981: 295; Baldwin 1968: 296, 311), 회색곰 (Craighead et al. 1995: 139).

86 Chalmers, N. R. (1968) "Group Composition, Ecology and Daily Activities of Free-Living Mangabeys in Uganda." *Folia Primatologica* 8: 247-62, 사향소(Gray 1973: 170-71).

87 Searcy, W. A. and K. Yasukawa(1995) *Polygyny and Sexual Selection in Red-winged Blackbirds*, pp. 6, 169 (Princeton: Princeton University Press). 다른 종에 대해서는 II부의 프로필과 성적 지향에 대한 설명을 참조하라.

88 Bennett, N. C. (1994) "Reproductive Suppression in Social Cryptomys damarensis Colonies—a Lifetime of Socially—Induced Sterility in Males and Females." *Journal of Zoology*, London 234: 25-39, 북방코끼리바다표범(Le Boeuf and Reiter 1988: 351). 두더지쥐의 경우 많은 수의 성체가 '영구적으로' 번식하지 않는다. 또한 북방코끼리바다표범의 경우 많은 수컷이 일반적으로 번식이 시작되는 상대적으로 많은 나이까지 생존하지 못한다. 실제로 번식하는 수컷은 절반 미만이다.

89 Waser, P. M. (1978) "Postreproductive Survival and Behavior in a Free-Ranging Female Mangabey." *Folia Primatologica* 29: 142-60; Ratnayeke, S. (1994) "The Behavior of Postreproductive Females in a Wild Population of Toque Macaques(*Macaca sinica*) in Sri Lanka." *International Journal of Primatology* 15: 445-69; Bester, M. N. (1995) "Reproduction in the Female Subantarctic Fur Seal, *Arctocephalus tropicalis*." *Marine Mammal Science* 11: 362-75. For further examples, see profiles of species indexed under "postreproductive individuals."

90 Marsh, H. and T. Kasuya(1991) "An Overview of the Changes in the Role of

a Female Pilot Whale With Age." in K. Pryor and K. S. Norris, eds., *Dolphin Societies: Discoveries and Puzzles*, pp. 281–85 (Berkeley: University of California Press).

91   캐나다기러기(Collias and Jahn 1959: 505). 이러한 쌍 중 일부가 알을 낳았지만 알 품기에 실패했다는 이유로, 단순히 번식을 위해 '더 열심히 노력'한 것은 아니다. 오히려 부모가 아니므로 더 많은 성적인 행위에 '탐닉'할 수 있었던 것으로 보인다.

92   Birkhead, T. R. and A. P. Moller(1993) "Why Do Male Birds Stop Copulating While Their Partners Are Still Fertile?" *Animal Behavior* 45: 105–18; Eberhard, *Female Control*, p. 395.

93   Wasser, S. K. and D. P. Barash(1983) "Reproductive Suppression Among Female Mammals: Implications for Biomedecine and Sexual Selection Theory." *Quarterly Review of Biology* 58: 513–38; Abbott, D. H. (1987) "Behaviorally Mediated Suppression of Reproduction in Female Primates." *Journal of Zoology*, London 213: 455–70; Reyer et al. 1986 (뿔호반새); Macdonald and Moehlman 1982 (들개); Jennions, M. D. and D. W. Macdonald(1994) "Cooperative Breeding in Mammals." *Trends in Ecology and Evolution* 9: 89–93; Creel and Macdonald 1995 (들개); Solomon, N. G. and J. A. French, eds. (1997) *Cooperative Breeding in Mammals*, pp. 304–5 (Cambridge: Cambridge University Press).

94   아메리카들소(Komers et al. 1994: 324 [4장의 논의도 보라]), 뿔호반새(Reyer et al. 1986: 216), 타마린과 마모셋(Snowdon, C. T. [1996] "Infant Care in Cooperatively Breeding Species." *Advances in the Study of Behavior* 25: 643–89, especially pp. 677–80), 기타 종(Solomon and French, *Cooperative Breeding in Mammals*, p. 5).

95   Rohrbach, C. (1982) "Investigation of the Bruce Effect in the Mongolian Gerbil(*Meriones unguiculatus*)." *Journal of Reproduction and Fertility* 65: 411–17.

96   큰뿔양(Geist 1971: 181, 295), 붉은큰뿔사슴(Clutton-Brock et al. 1983: 371–72), 북부주머니고양이 및 기타 육식성 유대류(Dickman and Braithwaite 1992), 부채꼬리뇌조(Gulion 1981: 379–80), 서부갈매기(Pyle et al. 1997: 140, 145), 점박이하이에나(Frank and Glickman 1994). 개체가 스트레스를 받거나 잠재적으로 해로운 영향 때문에 번식을 피하는 것에 대한 추가적인 논의는 다음을 보라. Hand 1981: 140–42(웃는갈매기).

97   Wagner, R. H. (1991) "The Use of Extrapair Copulations for Mate Appraisal by Razorbills, *Alca torda.*" *Behavioral Ecology* 2: 198–203; Sheldon, B. C. (1993) "Sexually Transmitted Disease in Birds: Occurrence and Evolutionary Significance." *Philosophical Transactions of the Royal Society of London,* Series B 339: 491–97; Hamilton, W. D. (1990) "Mate Choice Near or Far." *American Zoologist* 30: 341–52; Freeland, W. J. (1976) "Pathogens and the Evolution of Primate Sociality." *Biotropica* 8: 12–24. See also Birkhead, T. R. and A. P. Moller(1992) *Sperm Competition in Birds: Evolutionary Causes and Consequences,* p. 194 (London: Academic Press); Eberhard, *Female Control,* p. 111.

98   Watson, L. (1981) *Sea Guide to Whales of the World,* p. 174 (New York: E.P. Dutton).

99   더 많은 논의는 다음을 보라. Peterson 1968, Gentry 1981(북방물개), Smith 1976: 71(사향소).

100   Lee and Cockburn 1985: 87–90, 163–70 (육식 유대류).

101   Birkhead, T. R. and A. P. Moller(1993) "Sexual Selection and the Temporal Separation of Reproductive Events: Sperm Storage Data from Reptiles, Birds and Mammals." *Biological Journal of the Linnaean Society* 50: 295–311; Birkhead and Møller, Sperm Competition in Birds; Shugart, G. W. (1988) "Uterovaginal Sperm storage Glands in Sixteen Species with Comments on Morphological Differences." *Auk* 105: 379–84; Stewart, G. R. (1972) "An Unusual Record of Sperm Storage in a Female Garter Snake(*Genus Thamnophis*)." *Herpetologica* 28: 346–47; Racey, P. A. (1979) "The Prolonged Storage and Survival of Spermatozoa in Chiroptera." *Journal of Reproduction and Fertility* 56: 391–96; Baker and Bellis, *Human Sperm Competition,* pp. 42–43; Eberhard, *Female Control,* pp. 50–61, 167–69.

102   Sandell, M. (1990) "The Evolution of Seasonal Delayed Implantation." *Quarterly Review of Biology* 65: 23–42; York and Scheffer 1997: 680 (북방물개); Renfree, M. B. and J. H. Calaby(1981) "Background to Delayed Implantation and Embryonic Diapause." in A. P. F. Flint, M. B. Renfree and B. J. Weir, eds., *Embryonic Diapause in Mammals, Journal of Reproduction and Fertility,* supplement no. 29: 1–9; Riedman, M. (1990) *The Pinnipeds: Seals, Sea Lions and Walruses,* pp.

224-25 (Berkeley: University of California Press).

103   회색기러기(Lorenz 1979: 74).

104   Francis, C. M., E. L. P. Anthony, J. A. Brunton and T. H. Kunz(1994) "Lactation in Male Fruit Bats." *Nature* 367: 691-92.

105   McVean, G. and L. D. Hurst(1996) "Genetic Conflicts and the Paradox of Sex Determination: Three Paths to the Evolution of Female Intersexuality in a Mammal." *Journal of Theoretical Biology* 179: 199-211; King, A. S. (1981) "Phallus." in A. S. King and J. McLelland, eds., *Form and Function in Birds*. vol. 2, pp. 107-47 (London: Academic Press).

106   바다코끼리(Fay 1982: 39-40). Layne, J. N. (1954) "The Os Clitoridis of Some North American Sciuridae." *Journal of Mammalogy* 35: 357-66; Bray, K. (1996) "Size Is Nothing at All: Female Fish Has Novel Way to Adapt to Mate's Lack of Penis." *BBC Wildlife* 14(11): 15.

107   푸른되새(Marler 1956: 113-14, 163 [table XI]); African jacana(Jenni, D. A. [1996] "Jacanidae[Jacanas]." p. 282, in J. del Hoyo, A. Elliott and J. Sargatal, eds., *Handbook of the Birds of the World*, vol. 3: Hoatzin to *Auk*s, pp. 276-91 [Barcelona: Lynx Edicións]). 수정에 '실패한' 교미의 광범위한 발생에 대한 추가적인 사례와 통계는 다음을 보라. Eberhard, *Female Control*, pp. 399-403.

108   영장류에서 짝짓기 괴롭힘에 대한 일반적인 조사는 다음을 보라. Niemeyer, C. L., J. R. Anderson(1983) "Primate Harassment of Matings." *Ethology and Sociobiology* 4: 205-20.

109   아시아코끼리(Eisenberg et al. 1971: 205). '적합'하지 않은 수컷 및 암컷 생식기의 구체적인 예는 다음을 보라. Eberhard, W. G., (1985) Sexual Selection and Animal Genitalia(Cambridge, Mass.: Harvard University Press). 정자에 대한 암컷 생식기관의 적대적인 조건에 대해서는 다음을 보라. Birkhead, T. R., A. P. Møller and W. J. Sutherland(1993) "Why Do Females Make It So Difficult for Males to Fertilize Their Eggs?" *Journal of Theoretical Biology* 161: 51-60; Birkhead, T. and A. Moller(1993) "Female Control of Paternity." *Trends in Ecology and Evolution* 8: 100-104; Eberhard, *Female Control*, pp. 331-49.

110   사향소(Smith 1976: 54-55).

111   Clutton-Brock, T. H. and G. A. Parker,(1995) "Sexual Coercion in Animal

Societies." *Animal Behavior* 49: 1345–65; Smuts, B. B. and R. W. Smuts(1993) "Male Aggression and Sexual Coercion of Females in Nonhuman Primates and Other Mammals: Evidence and Theoretical Implications." *Advances in the Study of Behavior* 22: 1–63; Palmer, C. T. (1989) "Rape in Nonhuman Animal Species: Definitions, Evidence and Implications." *Journal of Sex Research* 26: 355–74; McKinney et al. 1983 (Ducks).

112 더 많은 예와 참고자료를 보려면 다음을 보라. Le Boeuf and Mesnick 1991(북방코끼리바다표범), Miller et al. 1996 (북방물개).

113 가지뿔영양(Geist 1990: 283).

114 비非번식기나 월경 또는 임신기간에 짝짓기를 하는 것 외에도, 많은 암컷 포유류는 무배란 주기, 즉 배란이 일어나지 않는 월경 주기 동안에도 교미를 한다(Baker and Bellis, *Human Sperm Competition*, pp. 69–70; Eberhard, *Female Control*, pp. 133–39).

115 Eberhard, *Female Control*, pp. 3–5, 202.

116 Birkhead et al., "Why Do Females Make It So Difficult for Males to Fertilize Their Eggs?" p. 52; Birkhead and Moller, "Female Control of Paternity." p. 101; Ginsberg, J. R. and U. W. Huck(1989) "Sperm Competition in Mammals." *Trends in Ecology and Evolution* 4: 74–79; Eberhard, *Female Control*, pp. 81–94.

117 설치류(Voss, R. S. [1979] "Male Accessory Glands and the Evolution of Copulatory Plugs in Rodents." *Occasional Papers of the Museum of Zoology, University of Michigan* 689: 1–27; Baumgardner, D. J., T. G. Hartung, D. K. Sawrey, D. G. Webster and D. A. Dewsbury[1982] "Muroid Copulatory Plugs and Female Reproductive Tracts: A Comparative Investigation." *Journal of Mammalogy* 63: 110–17); 다람쥐원숭이(Srivastava et al. 1970: 129–30), 고슴도치(Reeve 1994: 178; Deansley, R. [1934] "The Reproductive Processes of Certain Mammals. VI. The Reproductive Cycle of the Female Hedgehog." especially p. 267, *Philosophical Transactions of the Royal Society of London*, Series B 223: 239–76), 여우원숭이상과와 다른 원원류 동물(Dixson, A. F. [1995] "Sexual Selection and the Evolution of Copulatory Behavior in Nocturnal Prosimians." in L. Alterman, G. A. Doyle and M. K. Izard, eds., *Creatures of the Dark: The Nocturnal Prosimians*, pp. 93–118 [New York: Plenum Press]), 돌고래(Harrison, R. J. [1969] "Reproduction and Reproductive Organs, p. 272, in H. T. Andersen,

ed., *The Biology of Marine Mammals*, pp. 253-348 [New York and London: Acade mic Press]), 박쥐의 '순결 마개'에 대해서는 다음을 참조하라. Fenton, M. B. (1984) "Sperm Competition? The Case of Vespertilionid and Rhinolophid Bats." in Smith, R. L. (1984) *Sperm Competition and the Evolution of Animal Mating Systems*, pp. 573-87 (Orlando: Academic Press), 다람쥐(Koprowski 1992). 추가적인 종과 암컷이 마개를 제거하는 다른 예에 대해서는 다음을 보라. Eberhard, *Female Control*, pp. 146-55.

118 침팬지(Dahl et al. 1996).

119 Bruce, H. M. (1960) "A Block to Pregnancy in the Mouse Caused by Proximity of Strange Males." *Journal of Reproduction and Fertility* 1: 96-103; Schwagmeyer, P. L. (1979) "The Bruce Effect: An Evaluation of Male/Female Advantages." *American Naturalist* 114: 932-38; Labov, J. B. (1981) "Pregnancy Blocking in Rodents: Adaptive Advantages for Females." *American Naturalist* 118: 361-71. See also Eberhard, *Female Control*, pp. 162-66.

120 Springer, S. (1948) "Oviphagous Embryos of the Sand Shark, Carcharias taurus." *Copeia* 1948: 153-57; Gilmore, R. G., J. W. Dodrill and P. A. Linley(1983) "Reproduction and Embryonic Development of the Sand Tiger Shark, *Odontaspis taurus*(Rafinesque)." *Fishery Bulletin* U.S. 81: 201-25; Gilmore, R. G. (1991) "The Reproductive Biology of Lamnoid Sharks." *Underwater Naturalist* 19: 64-67; Kuzmin, S. L. (1994) "Feeding Ecology of Salamandra and Mertensiella: A Review of Data and Ontogenetic Evolutionary Rends." *Mertensiella* 4: 271-86.

121 Geist, V. (1971) "A Behavioral Approach to the Management of Wild Ungulates." in E. Duffey and A. S. Watt, eds., *The Scientific Management of Animal and Plant Communities for Conservation*, pp. 413-24 (London: Blackwell).

122 캘리포니아바다사자(Le Boeuf, B. J., R. J. Whiting and R. F. Gantt[1972] "Perinatal Behavior of Northern Elephant Seal Females and Their Young." p. 129, *Behavior* 43: 121-56; Odell, D. K. [1970] "Premature Pupping in the California Sea Lion." in *Proceedings of the Seventh Annual Conference on Biological Sonar and Diving Mammals*, pp. 185-90 [Menlo Park, Calif.: Stanford Research Institute]). 암컷이 친자관계를 통제하기 위해 사용하는 기전으로서의 선택적 낙태에 대해서는 다음을 보라. Birkhead and Møller, *"Female Control* of Paternity." p. 102. On possible deliberate ingestion of abortifacient plants by Primates, see Bewley,

D. (1997) "Healing Meals?" BBC Wildlife 15(9): 63; Garey, J. D. (1997) "The Consumption of Human Medicinal Plants, Including Abortifacients, by Wild Primates." *American Journal of Primatology* 42: 111. II부에서 설명되지 않은 다른 종의 낙태에 대해서는 다음을 보라. Stehn, R. A. and F. J. Jannett, Jr. (1981) "Male−induced Abortion in Various Microtine Rodents." *Journal of Mammalogy* 62: 369−72; Gosling, L. M. (1986) "Selective Abortion of Entire Litters in the Coypu: Adaptive Control of Offspring Production in Relation to Quality and Sex." *American Naturalist* 127: 772−95; Berger, J. (1983) "Induced Abortion and Social Factors in Wild Horses." *Nature* 303: 59−61; Kozlowski, J. and S. C. Steams(1989) "Hypotheses for the Production of Excess Zygotes: Models of Bet−Hedging and Selective Abortion." *Evolution* 43: 1369−77; Schadker, M. H. (1981) "Postimplantation Abortion in Pine Voles(Microtus pinetorum) Induced by Strange Males and Pheromones of Strange Males." *Biology of Reproduction* 25: 295−97.

123   살란에 대해서는 다음을 보라. Heinsohn, R. G. (1988) "Inter−group Ovicide and Nest Destruction in Cooperatively Breeding White−winged Choughs." *Animal Behavior* 36: 1856−58. On egg ejection, see St. Clair, C. C., J. R. Waas, R. C. St. Clair and P. T. Boag(1995) "Unfit Mothers? Maternal Infanticide in Royal Penguins." *Animal Behavior* 50: 1177−85.

124   Hausfater, G. and S. B. Hrdy, eds., (1984) *Infanticide: Comparative and Evolutionary Perspective*(New York: Aldine Press).

125   암컷도 때로 이 전략을 사용한다. 도토리딱따구리와 쇠백로 그리고 다음을 참조하라. Ichikawa, N. (1995) "Male Counterstrategy Against Infanticide of the Female Giant Water Bug Lethocerus deyrollei(Hemiptera: Belostomatidae)." *Journal of Insect Behavior* 8: 181−88; Stephens, M. L. (1982) "Mate Takeover and Possible Infanticide by a Female Northern Jacana(*Jacana spinosa*)." *Animal Behavior* 30: 1253−54.

126   Hoagland, J. L. (1995) *The Black-tailed Prairie Dog: Social Life of a Burrowing Mammal*(Chicago: University of Chicago Press). 암컷의 영아살해라는 흔히 무시되는 주제에 대한 추가적인 논의는 다음을 보라. Digby, L. (1995) "Infant Care, Infanticide and Female Reproductive Strategies in Polygynous Groups of Common Marmosets(*Callithrix jacchus*)." *Behavioral Ecology and Sociobiology*

37: 51-61; Digby, L., M. Y. Merrill and E. T. Davis(1997) "Infanticide by Female Mammals. Part I: Primates." *American Journal of Primatology* 42: 105.

127   동물 사이의 동족 잡아먹기 습성에 대한 일반적인 조사는 다음을 보라. Elgar, M. A. and B. J. Crespi, eds. (1992) *Cannibalism: Ecology and Evolution Among Diverse Taxa*(Oxford: Oxford University Press); Jones, J. S. (1982) "Of Cannibals and Kin." *Nature* 299: 202-3; Polis, G. (1981) "The Evolution and Dynamics of Intraspecific Predation." *Annual Review of Ecology and Systematics* 12: 225-51; Fox, L. R. (1975) Cannibalism in Natural Populations." *Annual Review of Ecology and Systematics* 6: 87-106.

128   Daly, M. and M. I. Wilson(1981) "Abuse and Neglect of Children in Evolutionary Perspective." in R. D. Alexander and D. W. Tinkle, eds., *Natural Selection and Social Behavior: Recent Research and New Theory*, pp. 405-16 (New York: Chiron Press); Reitc, M. and N. G. Caine, eds., (1983) *Child Abuse: The Nonhuman Primate Data. Monographs in Primatology*, vol. l(New York: Alan R. Liss); Székely et al., "An Evolutionary Approach to Offspring Desertion in Birds."

129   Stoleson, S. H. and S. R. Beissinger(1995) "Hatching Asynchrony and the Onset of Incubation in Birds, Revisited: When Is the Critical Period?" in D. M. Power, ed., *Current Ornithology*, vol. 12, pp. 191-270 (New York: Plenum Press); Evans, R. M. and S. C. Lee(1991) "Terminal-Egg Neglect: Brood Reduction Strategy or Cost of Asynchronous Hatching?" *Acta XX Congressus Internationalis Ornithologici*(Proceedings of the 20th International Ornithological Congress, Christchurch, New Zealand), vol. 3, pp. 1734-40 (Wellington, NZ: New Zealand Ornithological Rust Board); Mock, D. W. (1984) "Siblicidal Aggression and Resource Monopolization in Birds." *Science* 225: 731-32; O'Connor, R. J. (1978) "Brood Reduction in Birds: Selection for Fratricide, Infanticide, or Suicide?" *Animal Behavior* 26: 79-96.

130   Skeel and Mallory(1996) "Whimbrel(*Numenius phaerops*)."in A. Poole and F. Gill, eds., *The Birds of North America: Life Histories for the 21st Century*, no. 219, p. 17 (Philadelphia: Academy of Natural Sciences; Washington, D.C.: American Ornithologists' Union); Skutch, A. F. (1976) *Parent Birds and Their Young* pp. 349-50(Austin: University of Texas Press); Anthonisen, K., C. Krokene and J. T. Lifjeld(1997) "Brood Division Is Associated with Fledgling

Dispersion in the Bluethroat(*Luscinia s. svecica*)." *Auk* 114: 553-61; Székely et al. "An Evolutionary Approach to Offspring Desertion in Birds." pp. 275-76.

131   p. 301-303과 이 장의 주석 7을 참조하라.

132   Pierotti and Murphy 1987 (서부갈매기와 세가락갈매기), Redondo, T., F. S. Tortosa and L. A. de Reyna(1995) "Nest Switching and Alloparental Care in Colonial White Storks." *Animal Behavior* 49: 1097-110; Tella, J. L., M. G. Forero, J. A Dondzar, J. J. Negro and F. Hiraldo(1997) "Non-Adaptive Adoptions of Nestlings in the Colonial Lesser Kestrel: Proximate Causes and Fitness Consequences." *Behavioral Ecology and Sociobiology* 40: 253-60. 입양을 통한 알 전달은 검은 부리까치, 카스피제비갈매기, 삼색제비를 보라. 알을 삼켰다가 토해서 옮기는 방식 의 알 전달은 다음을 보라. Vermeer, K. (1967) "Foreign Eggs in Nests of California Gulls." *Wilson Bulletin* 79: 341. 반드시 입양이 되는 것은 아닌 알 전달은 다음을 보라. Truslow, F. K. (1967) "Egg-Carrying by the Pileated Woodpecker." *Living Bird* 6: 227-36.

133   동물이 자기 새끼가 아닌 다른 새끼를 돌보는 예를 보려면 색인과 다음 논문을 참조 하라. Riedman, M.L. (1982) "The Evolution of Alloparental Care and Adoption in Mammals and Birds." *Quarterly Review of Biology* 157: 405-35; Lank, D. B., M. A. Bousfield, F. Cooke and R. F. Rockwell(1991) "Why Do Snow Geese Adopt Eggs?" *Behavioral Ecology and Sociobiology* 2: 181-87; Andersson, M. (1984) "Brood Parasitism Within Species." in C. J. Barnard, ed., *Producers and Scroungers: Strategies of Exploitation and Parasitism*, pp. 195-228 (London: Croom Helm); Yom-Tov, Y. (1980) "Intraspecific Nest Parasitism in Birds." *Biological Reviews* 55: 93-108; Quiatt, D. (1979) "Aunts and Mothers: Adaptive Implications of Allomaternal Behavior of Nonhuman Primates." *American Anthropologist* 81: 310-19; Packer, C., S. Lewis and A. Pusey(1992) "A Comparative Analysis of Non-Offspring Nursing." *Animal Behavior* 43: 265-81; Solomon and French, *Cooperative Breeding in Mammals*, especially pp. 335-63.

134   다양한 유형의 짝짓기 체계에 대한 조사에 대해서는 다음을 보라. Rowland, R. (1966) *Comparative Biology of Reproduction in Mammals*(Orlando: Academic Press); Slater, P. J. B. and T. R. Halliday, eds. (1994) Behavior and Evolution(Cambridge: Cambridge University Press); Clutton-Brock, T. G. (1989)

"Mammalian Mating Systems." *Proceedings of the Royal Society of London*, Series B 235: 339-72.

135 예를 들어 Palombit(1994a, b, 1996)를 참조하라. 특히 긴팔원숭이의 짝 결합, 충실도 및 일부일처제의 성격과 다양성을 재평가하는 것과 관련해서 보라. 또한 짝을 이룬 파트너 사이에 불륜이 발생하는 것은 비교적 최근에야 인식되었기 때문에, 흔히 동물학 문헌에서 일부일처제라는 용어는 단순히 짝 결합의 동의어로 사용된다는 점을 알아야 한다.

136 일부일처제(절대적이거나 거의 절대적인 경우): Gyllensten, U. B., S. lakobsson and H. Temrin(1990) "No Evidence for Illegitimate Young in Monogamous and Polygynous Warblers." *Nature* 343: 168-70; Holthuijzen, A. M. A. (1992) "Frequency and Timing of Copulations in the Prairie Falcon." *Wilson Bulletin* 104: 333-38; Decker, M. D., P. G. Parker, D. J. Minchella and K. N. Rabenold(1993) "Monogamy in Black Vultures: Genetic Evidence from DNA Fingerprinting." *Behavioral Ecology* 4: 29-35; Vincent, A C. J. and L. M. Sadler(1995) "Faithful Pair Bonds in Wild Seahorses, *Hippocampus whitei*." *Animal Behavior* 50: 1557-69; Mauck, R. A., T. A. Waite and P. G. Parker(1995) "Monogamy in Leach's Storm-Petrel: DNA-Fingerprinting Evidence." *Auk* 112: 473-82; Haydock, J., P. G. Parker and K. N. Rabenold(1996) "Extra-Pair Paternity Uncommon in the Cooperatively Breeding Bicolored Wren." *Behavioral Ecology and Sociobiology* 38: 1-16; Fleischer, R. C., C. L. Tarr, E. S. Morton, A Sangmeister and K. C. Derrickson(1997) "Mating System of the Dusky Antbird, a Tropical Passerine, as Assessed by DNA Fingerprinting." *Condor* 99: 512-14; Piper, W. H., D. C. Evers, M. W. Meyer, K. B. Tischler, J. D. Kaplan and R. C. Fleischer(1997) "Genetic Monogamy in the Common Loon(*Gavia immer*)." *Behavioral Ecology and Sociobiology* 41: 25-31; Kleiman, D. G. (1977) "Monogamy in Mammals." *Quarterly Review of Biology* 52: 39-69; Foltz, D. W. (1981) "Genetic Evidence for Long-Term Monogamy in a Small Rodent, *Peromyscus polionotus*." *American Naturalist* 117: 665-75; Ribble, D. O. (1991) "The Monogamous Mating System of *Peromyscus califomicus* As Revealed by DNA Fingerprinting." *Behavioral Ecology and Sociobiology* 29: 161-66; Brotherton, P. N. M., J. M. Pemberton, P. E. Komers and G. Malarky(1997) "Genetic and Behavioral Evidence of Monogamy in a Mammal, Kirk's Dik-dik(*Madoqua kirkit*)." *Proceedings of the Royal Society of London*,

Series B 264: 675-81. Infidelity or nonmonogamy: Gladstone, D. E. (1979) "Promiscuity in Monogamous Colonial Birds." *American Naturalist* 114: 545-57; Gowaty, P. A and D. W. Mock, eds., (1985) *Avian Monogamy*(Washington, D.C.: American Ornithologists' Union); Birkhead, T. R., L. Atkin and A. P. Moller(1986) "Copulation Behavior of Birds." *Behavior* 101: 101-38; Westneat, D. F., P. W. Sherman and M. L. Morton(1990) "The Ecology and Evolution of Extra-pair Copulations in Birds." *Current Ornithology* 7: 331-69; Black, J. M., ed. (1996) *Partnerships in Birds: The Study of Monogamy*(Oxford: Oxford University Press); Richardson, P. R. K. (1987) "Aardwolf Mating System: Overt Cuckoldry in an Apparently Monogamous Mammal." *South African Journal of Science* 83: 405-10; Palombit 1994a, b(Gibbons); Sillero-Zubiri, C., D. Gottelli and D. W. Macdonald(1996) "Male Philopatry, Extra-Pack Copulations and Inbreeding Avoidance in Ethiopian Wolves(*Canis simensis*)." *Behavioral Ecology and Sociobiology* 38: 331-40.

137 앞서 언급한 바와 같이, 암컷도 이러한 마운팅 중에 성기 접촉을 자제함으로써 성병을 피한다. 레이저빌과 쇠청다리도요사촌 두 종에 대해서 다음을 보라. Wagner, R. H. (1991) "The Use of Extrapair Copulations for Mate Appraisal by Razorbills, *Alca torda*." *Behavioral Ecology* 2: 198-203. 또한 야생 개체군에서 높은 비율의 성병이 있는 종의 예로 코알라를 참조하라(Brown et al. 1987; Weigler et al. 1988). 일부일처제 교미의 상당 부분에 번식력이 없는 다른 종의 경우는 흰기러기, 쇠검은머리흰죽지, 바다오리, 검은머리물떼새, 은갈매기 그리고 제비의 프로필을 참조하라.

138 일부 개체가 비非일부일처제나 대안적인 양육 방식을 채택하는 짝 결합 종에 더해, 반대 상황도 발생한다. 즉 일반적으로 일부다처제이거나 수컷이 대개 양육에 참여하지 않는 일부 종에서, 어떤 개체는 짝짓기 조합이 이 패턴을 벗어나는 것이다. 예를 들어 일부일처제 짝 결합이 일부 회색바다표범(Amos et al. 1995)과 목도리도요(Cramp and Simmons 1983: 391)에서 발생한다. 또한 이러한 종 대부분의 개체가 일부다처제이지만, 일부 수컷 청둥오리(Losito and Baldassarre 1996: 692)나 큰거문고새 (Smith 1988: 37-38)는 해당 종의 수컷이 일반적으로 부모 의무를 수행하지 않음에도 불구하고 때로 자손을 양육한다.

139 76종의 서로 다른 조류의 140개 개체군에서 얻은 자료에 따르면 평균 이혼율은 약 20%다. 이 개체군에서 약 11%만이 이성애 이혼이 전혀 없거나 1% 미만으로 나타났다. 다음을 보라. appendix 19.1 in Ens, B. J., S. Choudhury and J. M. Black(1996)

"Mate Fidelity and Divorce in Monogamous Birds." in J. M. Black, ed., *Partnerships in Birds: The Study of Monogamy*, pp. 344-401 (Oxford: Oxford University Press). 이혼에 대한 좀 더 자세한 내용은 다음을 보라. Choudhury, S. (1995) "Divorce in Birds: A Review of the Hypotheses." *Animal Behavior* 50: 413-29; Rowley, I. (1983) "Re-Mating in Birds." in P. Bateson, ed., *Mate Choice*, pp. 331-60 (Cambridge: Cambridge University Press).

140 검은머리물떼새(Harris et al. 1987: 47, 55), 점박이개미잡이새(Willis 1973: 35-36), 혹멧돼지(Cumming 1975: 89-90), 흰꼬리사슴(Gerlach, D., S. Atwater and J. Schnell, eds. [1994] Deer, pp. 145, 150 [Me chanicsburg, Pa.: Stackpole Books]), 흰기러기(Prevett and MacInnes 1980: 25, 43).

141 샤망(Fox 1977: 409, 413-14).

142 바다오리(Hatchwell 1988: 161, 164, 168에 근거; Kleiman, D. G. and D. S. Mack(1977) "A Peak in Sexual Activity During Mid-Pregnancy in the Golden Lion Tamarin, *Leontopithecus rosalia*(Primates: Callitrichidae)." *Journal of Mammalogy* 58: 657-60, 코주부원숭이(Gorzitze 1996: 77).

143 히말라야원숭이(Rowell et al. 1964: 219), 산양(Hutchins 1984: 45), 아닥스영양(Manski, D.A. [1982] "Herding of and Sexual Advances Toward Females in Late Stages of Pregnancy in Addax Antelope, *Addax nasomaculatus*." *Zoologische Garten* 52: 106-12; wildebeest(Watson, R. M. (1969) "Reproduction of Wildebeest, *Connochaetes taurinus albojubatus Thomas*, in the Serengeti Region and Its Significance to Conservation," p. 292, *Journal of Reproduction and Fertility,* supp. 6: 287-310. 한 과학자(Loy 1970: 294)는 발정기(estrus)라는 용어(대략 암컷이 '발정'을 나타내는 기간을 의미함)가 배란을 언급하지 않도록 히말라야원숭이에서는 재정의되어야 한다고 제안하기까지 했다. 왜냐하면, 비非생식적인 이성애 행동이 이 종에서 매우 만연하기 때문이다(전통적으로 발정기라는 용어는 배란을 하는 '생식' 현상과 관련해서만 엄격하게 정의되므로).

144 종간 조사와 추가적인 예는 다음을 보라. 북방코끼리바다표범(Rose et al. 1991); Robinson, S. K. (1988) "Anti-Social and Social Behavior of Adolescent Yellow-rumped Caciques(Icterinae: *Cacicus cela*)." *Animal Behavior* 36: 1482-95; Thornhill, N. W. (1992) *The Natural History of Inbreeding and Outbreeding: Theoretical and Empirical Perspectives*(Chicago: University of Chicago Press); Krizek, G. O. (1992) "Unusual Interaction Between a Butterfly and a Beetle:

'Sexual Paraphilia' in Insects?" *Tropical Lepidoptera* 3(2): 118; Ishikawa, H. (1985) "An Abnormal Connection Between *Indolestes peregrinus* and *Cercion hieroglyphicum*." *Tombo*(Tokyo) 28(1–4): 39; Matsui, M. and T. Satow(1975) "Abnormal Amplexus Found in the Breeding Japanese Toad." *Niigata Herpetological Journal* 2: 4–5; Riedman, M. (1990) *The Pinnipeds: Seals, Sea Lions and Walruses*, pp. 216–17 (Berkeley: University of California Press).

145   사자(Eaton 1978; Bertram 1975: 479), 맹금류(Korpimiiki et al. 1996).

146   검은머리물떼새(Heg et al. 1993: 256), 코브(Buechner 및 Schloeth 1965: 218–19).

147   이러한 마운트는 흔히 '불완전한' 것으로 기술되거나, '전체' 교미의 구성 요소나 서곡으로 간주된다. 이것은 모든 성행위의 '목표'가 삽입과 사정 그리고 궁극적으로 수정임을 의미한다. 많은 성행위에 대해서는 확실히 그 말이 맞지만, 모든 성행위에 대한 획일적인 특성은 결코 아니다. 한 생물학자는 '성공적인' 교미(수정으로 이어지는 교미)에만 초점을 맞춘 채로 동물 교미를 바라보는 대다수 과학 설명의 편협함과 편견을 '수정 근시ferfilization myopia'라고 적절하게 명명했다. 다음을 보라. Eberhard, *Female Control*, pp. 28–34. Ⅱ부에서 프로파일링되지 않은 조류 종의 '과시' 교미의 예와 다른 종의 예는 다음을 보라. Eberhard, *Female Control*, pp, 94–102; Strahl, S. D. and A. Schmitz(1990) "Hoatzins: Cooperative Breeding in a Folivorous Neotropical Bird." p. 145, in P. B. Stacey and W. D. Koenig, eds., *Cooperative Breeding in Birds: Long-term Studies of Ecology and Behavior*, pp. 131–56 (Cambridge: Cambridge University Press).

148   역逆마운팅이 일어나는 포유류 종에 대한 조사는 Dagg(1984)를 보라. 역마운팅은 일반적으로 암컷이 수컷 위로 올라가는 것이다(그리고 드물게[포유류의 경우] 삽입이나 [새의 경우] 총배설강 접촉이 일어난다). 그러나 돌고래의 이성애 교미는 일반적으로 수컷이 암컷 아래 거꾸로 된 상태에서 발생하기 때문에 이 종의 '역'마운팅은 암컷이 수컷 아래 위치를 취하는 것이 된다.

149   Ⅱ부에서 설명한 종에 대한 참조 외에도 다양한 기타 동물의 자위행위에 대한 설명과 논의는 다음 논문에서 찾을 수 있다. Shadle, A. R. (1946) "Copulation in the Porcupine." *Journal of Wildlife Management* 10: 159–62; Ficken, M. S. and W. C. Dilger(1960) "Comments on Redirection with Examples of Avion Copulations with Substitute Objects." *Animal Behavior* 8: 219–22; Snow, B. K. (1977) "Comparison of the Leks of Guy's Hermit Hummingbird *Phaethomis guy* in Costa Rica and Trinidad." *Ibis* 119: 211–14; Buechner, H. K. and S. F. Madder(1978)

"Breeding Behavior in Captive Indian Rhinoceros." *Zoologische Garten* 48: 305-22; Harger, M. and D. Lyon(1980) "Further Observations of Lek Behavior of the Green Hermit Hummingbird *Phaethornis guy* at Monteverde, Costa Rica." *Ibis* 122: 525-30; Wallis, S. J. (1983) "Sexual Behavior and Reproduction of *Cercocebus albigena johnstonii* in Kibale Forest, Western Uganda." *International Journal of Primatology* 4: 153-66; Poglayen-Neuwall, I. and I. Poglayen-Neuwall(1985) "Observations of Masturbation in two Carnivora." *Zoologische Garten* 1985 55: 347-348; Frith, C. B. and D. W. Frith(1993) "Courtship Display of the Tooth-billed Bowerbird *Scenopoeetes dentirostris* and Its Behavioral and Systematic Significance." *Emu* 93: 129-36; Post, W. (1994) "Redirected Copulation by Male Boat-tailed Crackles." *Wilson Bulletin* 106: 770-71; Frith, C. B. and D. W. Frith(1997) "Courtship and Mating of the King of Saxony Bird of Paradise *Pteridophora alberti* in New Guinea with Comment on their Taxonomic Significance." *Emu* 97: 185-93.

150   예를 들어 1978-1997년의 동물학 기록(Zoological record)에는 클리토리스에 대한 것이 7개 항목에 불과한 데 비해, 수컷의 페니스에 대해서는 539개의 항목이 나열되어 있다. 이는 암컷 생식기에 반대되는, 수컷의 생식기에 대한 압도적인 관심의 대략적인 척도다(동물학 기록은 전 세계적으로 6,000개 이상의 저널에서 나온 기사를 포함하여 백만 개 이상의 동물학 기초 문서를 색인화하는 포괄적인 전자 데이터베이스다. 이 추정치를 얻으려고 다음 키워드/검색 용어를 사용했다. penis/penile/penial/penes, phallus/phallic, baculum, hemipenes, clitoris/clitoral/clitorides, [os] clitoridis).

151   몽땅꼬리원숭이(Goldfoot et al. 1980), 히말라야원숭이(Zumpe, D. and R. P. Michael[1968] "The Clutching Reaction and Orgasm in the Female Rhesus Monkey[*Macaca mulatto*]." *Journal of Endocrinology* 40: 117-23). 아마도 이 유형의 가장 극단적인 '실험'은 히말라야원숭이 암컷을 철과 나무로 만든 기구에 묶은 다음, 딜도나 '음경 대체품'으로 자극하고 전극으로 반응을 기록한 것일 것이다 (Burton, F. D. [1971] "Sexual Climax in Female *Macaca mulatto*." in J. Biegert and W. Leutenegger, eds., *Proceedings of the 3rd International Congress of Primatology*, vol. 3, pp. 180-91 [Basel: S. Karger]).

152   이 논쟁의 일부 예를 보려면 다음을 보라. Allen, M. L. and W. B. Lemmon(1981) "Orgasm in Female Primates." *American Journal of Primatology* 1: 15-34; Rancour-Laferriere, D. (1983) "Four Adaptive Aspects of the Female Orgasm."

Journal of Social and Biological Structures 6: 319-33; Baker, R. and M. A. Bellis(1995) *Human Sperm Competition: Copulation, Masturbation and Infidelity*, pp. 234-49 (London: Chapman and Hall); Hrdy, S. B. (1996) "The Evolution of Female Orgasms: Logic Please but No Atavism." *Animal Behavior* 52: 851-52; Thornhill, R. and S. W. Gangstead(1996) "Human Female Copulatory Orgasm: A Human Adaptation or Phylogenetic Holdover." *Animal Behavior* 52: 853-55. 클리토리스의 '기능'과 다양한 특정 성적 행동(예: 성교 중 골반찌르기, 여러 차례의 사정, 긴 교미와 같은 자극에 따른 움직임)과 관련하여 성적 쾌락의 문제를 회피하는 최근 토론은 다음을 보라. Baker and Bellis, *Human Sperm Competition*, pp. 126-31; Eberhard, *Female Control*, pp. 142-46, 204-45, 248-54.

153 조류의 수컷 교미 기관의 '기능'에도 비슷한 난제가 나타난다. 대부분의 수컷 새는 페니스가 없다. 수정은 수컷과 암컷 생식기 구멍의 단순한 접촉을 통해 이루어진다. 따라서 일부 새에서 페니스가 발생하는 것은 기능적 관점에서 '불필요한' 것으로 보일 수 있다(아마 다른 모든 종에서 페니스의 발생에 대해서도 말할 수 있을 것이다). 더욱이 남근이 있는 종(모든 조류의 약 3%)에서 사정과 정액 전달에 관한 페니스의 정확한 역할은 여전히 불분명하다(King, A. S. [1981] "Phallus.", A. S. King and J. McLelland, eds., *Form and Function in Birds*, vol. 2, pp. 107-47 [London: Academic Press); Briskie, J. V., R. Montgomerie[1997] "Sexual Selection and the Intromittent Organ of Birds." *Journal of Avian Biology* 28: 73-86). 예를 들어 오리와 거위뿐만 아니라 타조, 레아, 에뮤와 같은 주조류走鳥類의 페니스에는 수컷의 내부 생식기와 연결된 구멍이 없으며, 페니스가 없는 다른 모든 수컷 새와 마찬가지로, 단순히 총배설강(페니스의 바닥에 있다)을 통해 사정한다. 이는 외부 표면에 홈이 있어 삽입 중에 정액을 직접 전달하는 데 도움이 될 수 있지만, 페니스는 내부에서 정액을 운반하지는 않는다. 더욱이, 버팔로베짜기새와 같은 일부 새의 페니스에는 그러한 홈도 전혀 없어서(또는 내부 관에도 없다), 페니스의 정자 수송이라는 역할은 훨씬 애매해진다. 결과적으로, 생물학자들에게 이 종에서 페니스가 가지는 생식 '기능'은 클리토리스만큼이나 난해하다. 그것이(수컷이나 암컷에게) 성적인 쾌락을 줄 가능성은 거의 고려조차 되지 않았다. 실제로 이 기관의 해부학과 기능(들)이 수정(즉 정자 수송)과 직접 관련이 없을 수 있으므로, 이러한 경우 실제 '페니스'를 수컷 '클리토리스'라고 부르는 것이 적절할 것이다. 또한 페니스 과시는 일부 종에서 구애(교미와 반대되는) 활동의 중요한 요소일 수 있다. 다음 예를 보라. 수컷 타조의 '페니스 흔들기' 의식(Sauer and Sauer 1966: 56-57), 흰부리버팔로베짜기새에서 볼 수 있는 페니스 과

시(Birkhead, T. R., M. T. Stanback, R. E. Simmons[1993] "The Phalloid Organ of Buffalo Weavers Bubalornis," p. 330, *Ibis* 135: 326–31).

154 성적 쾌감(또는 성적인 흥분, 만족, 리비도, 성적인 끌림, 애정표현 혹은 '에로틱'한 끌림과 같은 연관된 모습)이 동성애나 이성애 상호작용에서 중요한 역할을 할 수 있다는 것을 인식한 과학자는 다음과 같다. 영장류(Wolfe, "Human Evolution and the Sexual Behavior of Female Primates," p. 144; Vasey, "Homosexual Behavior in Primates," p. 196), 보노보(Kano 1992: 195–96, 1990: 66; Thompson–Handler et al. 1984; de Waal 1995: 45–46, 1997: 1, 4,104, 111, 158), 오랑우탄(Maple 1980: 158–59), 히말라야원숭이(Hamilton 1914: 317–18; Akers and Conaway 1979: 78–79; Erwin and Maple 1976: 13), 일본원숭이(Vasey 1996), 몽땅꼬리원숭이(Chevalier–Skolnikoff 1976: 525), 범고래(Rose 1992: 116–17), 쇠고래 (Darling 1978: 60; 1977: 10), 북방코끼리바다표범(Rose et al. 1991: 186), 아프리카코끼리(Buss 1990: 20), 은갈매기(Mills 1994: 57–58), 웃는갈매기(Hand 1981: 139–40), 산쑥들꿩(Scott 1942: 495). 다음도 보라. Small에 대한 M. O'Neil's and J. D. Paterson의 응답(Small, M. F. (1988) "Female Primate Sexual Behavior and Conception: Are There Really Sperm to Spare?" pp. 91–92, *Current Anthropology* 29: 81–100) 그리고 다음에서의 P. Vasey의 최근 언급. Adler, T. (1996) "Animals' Fancies: Why Members of Some Species Prefer Their Own Sex," *Science News* 151: 8–9.

155 Birkhead, T. (1995) "The Birds in the Trees Do It," *BBC Wildlife* 13(2): 46–50; 갈색머리흑조(Rothstein et al. 1986: 127–28).

156 몇 가지 구체적인 예를 보려면 다음을 보라. Marais 1922/1969: 196–97 (사바나개코원숭이), Fredrich 1965: 379 (멧돼지), Greenhall 1965: 450 (흡혈박쥐), Rear 1972: 85–86 (백조), Kharitonov and Zubakin 1984: 103 (붉은부리갈매기), Coulson and Thomas 1985: 20 (세가락갈매기), Nuechterlein and Storer 1989: 341 (논병아리), Székely et al., "An Evolutionary Approach to Offspring Desertion in Birds," pp. 272–73.

157 바다오리(Birkhead and Nettleship 1984: 2123–25).

158 앞에서 제공한 거의 모든 참조는 이러한 현상 각각의 '기능'에 대해, 진행 중인 논쟁과 혼란상을 알려줄 것이다. 추가적인 예는 다음을 참조하라.
입양 – Hansen, T. E. (1995) "Does Adoption Make Evolutionary Sense?" *Animal Behavior* 51: 474–75.

비생식적 교미 – Hatchwell 1988 (바다오리); Small, "Female Primate Sexual Behavior and Conception."

다중 교미 – Gowaty, P. A. (1996) "Battles of Sexes and Origins of Monogamy," in J. M. Black, ed., *Partnerships in Birds: Study of Monogamy*, pp. 21–52 (Oxford: Oxford University Press); Hunter, F. M., M. Petrie, M. Otronen, T. Birkhead and A. P. Moller(1993) "Why Do Females Copulate Repeatedly With One Male?" *Trends in Ecology and Evolution* 8: 21–26; Petrie, M. (1992) "Copulation Behavior in Birds: Why Do Females Copulate More Than Once with the Same Male?" *Animal Behavior* 44: 790–92.

새끼살해 – Hrdy, S. B., C. Janson and C. van Schaik(1994/1995) "Infanticide: Let's Not Throw Out the Baby with the Bath Water." *Evolutionary Anthropology* 3: 151–54; Sussman, R. W., J. M. Cheverud and T. Q. Bartlett(1984/1985) "Infant Killing as an Evolutionary Strategy: Reality or Myth?" *Evolutionary Anthropology* 3: 149–51; Small, "Female Primate Sexual Behavior and Conception."

성별에 따른 분리(새들의 이동 포함) – Miquelle. 1992 (Moose); Myers, J. P. (1981) "A Test of Three Hypotheses for Latitudinal Segregation of the Sexes in Wintering Birds." *Canadian Journal of Zoology* 59: 1527–34; Stewart and DeLong 1995 (북방 코끼리바다표범).

자위 – Baker, R. R. and M. A. Bellis(1993) "*Human Sperm Competition*(Ejaculate Adjustment by Males and the Function of Masturbation." *Animal Behavior* 46: 861–85; Wikelski, M. and S. Bäurle(1996) "Pre–Copulatory Ejaculation Solves Time Constraints During Copulations in Marine Iguanas." *Proceedings of the Royal Society of London*, Series B 263: 439–44.

이와 관련하여, 성적인 행동과 생식 행동의 수수께끼 같은 측면을 보는 생물학적 사고에 비교적 최근(보완적인) 두 가지 통찰력 있는 분석 경향이 나타났다. 그중 하나는 '정자경쟁' 이론이다. 이 이론은 다른 수컷의 정자가 암컷의 생식관에 동시에 존재하므로, 수정을 위해 경쟁하는 현상이 생기고, 생식 해부학과 생리학 및 행동이 근본적으로 형성된다고 주장한다. 다른 하나는 '비밀스러운 암컷 선택' 이론이다. 이는 암컷이 정자가 수정에 사용할지 여부와 그 방법을 제어하여, 교미가 이루어진 후 암컷 스스로 수컷의 정자 선택에 상당한 영향을 미친다는 주장이다. 그러나 이러한 분석(심지어 인간에 관한 경우에도)에서 성적 쾌락에 대한 논의가 전혀 없다는 점은 주목할 만하다.

성적 쾌락은 많은 '정자경쟁' 및 '비밀스러운 암컷 선택' 분석과 양립할 수 있는 '동기를 부여하는 힘'일 뿐만 아니라(따라서 중요한 보조 요인으로 간주되어야 한다), 이러한 두 가지 접근 방식(일부일처제 맹금류의 비정상적으로 높은 교미율이나, 정자 저장 시기보다 훨씬 앞선 새들의 짝짓기, 자기 짝이 아닌 수정이 불가능한 암컷과 교미하기 등)조차 계속 피하는 현상에 대한 중요한 통찰력을 제공한다. 이러한 이론에 대한 논의는 다음을 보라. Baker and Bellis, *Human Sperm Competition*; Birkhead and Møller, Sperm Competition in Birds; Ginsberg and Huck, *"Sperm Competition in Mammals."*; Smith, ed., *Sperm Competition and the Evolution of Animal Mating Systems*; Eberhard, *Female Control*; Birkhead and Moller, "Female Control of Paternity." 대부분의 정자경쟁 연구의 일반적인 남성 중심성에 대한 비판은 다음을 보라. Gowaty, P. A. (1997) "Principles of Females' Perspectives in Avian Behavioral Ecology." pp. 97–98, *Journal of Avian Biology* 28: 95–102. 검은머리물떼새 같은 종에 적용된 정자경쟁(및 성 선택) 이론의 한계에 대한 추가적인 관찰도 보라. Ens(1998: 637).

159   다양한 종에서 나타나는 키스의 '기능'에 대해서는 다음을 보라. 침팬지(Nishida 1970: 51–52), 오랑우탄(Rijksen 1978: 204–6), 다람쥐원숭이(Peters 1970), 서인도제도매너티(Moore'1956; Hartman 1979: 110). 인간의 키스를 다양한 문화에 따라 유사하게 분석한 것은 다음을 보라. Eibl-Eibesfeldt, I. (1972) *Love and Hate: Natural History of Behavior Patterns*, pp. 134–39(New York: Holt, Rinehart and Winston).

160   cummings, e. e. (1963) *Complete Poems* 1913–1962, p. 556 (New York and London: Harcourt Brace Jovanovich).

161   Dawson, W. L. (1923) *The Birds of California*, pp. 1090–91 (San Diego: South Moulton Co.); Jehl, J. R., Jr. (1987) "A Historical Explanation for Polyandry in Wilson's Phalarope." *Auk* 104: 555–56. 다양한 유기체 사이에서 짝짓기를 할 때 암컷이 선택한다는 사실은 역시 훨씬 더 '무해한' 현상임에도, 20년 전까지만 해도 '논쟁의 여지가 있는' 것으로 간주되었다(Eberhard, *Female Control*, pp. 420–21). 왜냐하면 생물학자들 사이에 암컷은 짝짓기 활동에서 단순히 수동적인 참여자나 '용기'라는 믿음이 널리 퍼져 있었기 때문이다. 불행히도, 오늘날 많은 생물학자 사이에 여전히 이러한 생각이 남아 있다(참조. Gowaty, "principles of Females' Perspectives in Avian Behavioral Ecology.") 비슷하게 de Waal(1997: 76)은 문화적 편견과 성차별로 인해 1992년까지 과학자들이 보노보에서 암컷 지배가 나타나는 것을 부정했을 것

이라고 말한다. 실제로 그는 만일 30년 전에 어떤 과학자라도 – 현재는 보노보의 생활 모습이라고 알려진 모든 특성(풍부하고 정교하게 다듬어진 비생식적 성애를 포함해서)과 함께 – 암컷 지배를 제안했다면, '과학의 전당에서 비웃음을 당했을 것'이라고 지적한다(ibid., p. 160).

제 6 장 새로운 패러다임: 생물학적 풍요

1   Boswell, J. (1980) *Christianity, Social Tolerance and Homosexuality: Gay People in Western Europe from the Beginning of the Christian Era to the Fourteenth Century*, pp. 48–49 (Chicago: University of Chicago Press); Carse, J. P. (1986) *Finite and Infinite Games*, pp. 75, 159 (New York: Ballantine Books).

2   남아메리카, 아시아, 아프리카, 태평양 제도, 호주의 수많은 토착 문화에서도 다양한 유형의 동성애와 트랜스젠더가 보고되었으며, 이러한 여러 문화가 동물의 성별과 성애 체계를 어떻게 인식하는지에 대한 조사를 필요로 한다. 동물의 동성애와 트랜스젠더에 대한 잠재적인 두 가지 풍부한 지식의 출처는 아프리카와 남미의 여러 원주민 문화다. 예를 들어 콩고(자이르)의 몽간두(Mongandu)족은 암컷 보노보 간의 성적인 행동(생식기 문지르기)을 호카호카라고 부르며, 오래전부터 알고 있었다. 나이지리아의 하우사족 중 '얀 다우두(yan daudu)'로 알려진 트랜스젠더 남성(그들은 일반적으로 여성과 결혼하고 때로는 동성애 관계를 가진다)은 이성애 짝을 이룬 수컷이 때로 다른 수컷과 짝짓기를 하는 종인 쇠백로와 문화적으로 연결되어 있다(Wrangham, R. and D. Peterson[1996] *Demonic Males: Apes and the Origins of Human Violence*, p. 209 [New York: Houghton Mifflin); Gaudio, R. P. [1997] "Not Talking Straight in Hausa." p. 420–22, in A. Livia and K. Hall, eds., *Queerly Phrased: Language, Gender and Sexuality*, pp. 416–29 [New York: Oxford University Press). 남아메리카에서 콜롬비아의 우와족은 수컷 여우와 수컷 주머니쥐 사이의 교미뿐만 아니라, 수컷 여우의 임신, 수컷 주머니쥐가 여자로 변신하는 것과 같은 다양한 형태의 성별 혼합과 관련된 신화를 가지고 있다(Osborn, A. [1990] "Eat and Be Eated: Animals in U'wa[1110650) Oral Tradition." pp. 152–53, in R. Wills, ed., *Signifying Animals: Human meaning in the Natural World*, pp. 140–58 [London: Unwin Hyman]). 아마존 문두루쿠족의 창조 신화 주기에는 항문 출생과 남성 동성애 생식능력을 상징하는 새의 이미지가 포함되며, 수컷 맥이 상징적인 여성의 성기를 가진 생물로 등장해, 여자로 변장한 남자가 항문 삽입을 할 때 성적인 매력을 느끼는 모습이 나타난다(Nadelson, L. [1981] "Pigs, Women and the Men's House in Amazonia:

An Analysis of Six Mundurucu Myths." pp. 250, 254, 260-61, 270, in S. B. Ortner and H. Whitehead, eds., *Sexual Meanings: The Cultural Construction of Gender and Sexuality*, pp. 240-72 [Cambridge: Cambridge University Press]). 그리고 와이와이 다른 문화권에서는 수컷과 암컷 펙커리의 등에 있는 냄새샘이 양성적인 성기능을 갖는 것으로 간주된다(Morton, J. [1984] "The Domestication of the Savage Pig: The Role of Peccaries in Tropical South and Central America and Their Relevance for the Understanding of Pig Domestication in Melanesia." pp. 43-44, 63, *Canberra Anthropology* 7: 20-70). 이 주제는 인류학 문헌에서 아직 체계적으로 조사하지 않았기 때문에, 의심할 여지없이 여기에서 조사한 문화 지역(뉴기니, 시베리아와 북극 및 북아메리카 원주민) 내에서도, 다른 수많은 비슷한 예가 아직 발견되지 않고 연구과제로 남아 있다.

3   물론 이 네 가지 주제는 개별적이거나 상호 배타적이지 않다. 왜냐하면 이들은 흔히 특정 문화에서 중첩되거나 상호 연결되고, 문화 간에 또는 문화 내에서 획일적이지 않기 때문이다. 여기에서는 이 주제들을 단순히 광범위한 신념과 관행을 체계화하고 논의하는 방법으로 사용하여 여러 가지 눈에 띄는 특징을 강조한다. 이 절 전체에서 '민족지학적 현재 시제'가 사용된다. 즉, 일부는 식민지 개척자와 주류 문화 그리고 동성애혐오적 태도(특히 북미와 시베리아에서)의 유산에 의해 적극적으로 억압되고 근절되었지만(또는 현재 진행 중이지만), 토착적인 신앙과 관습은 현재 진행 중인 것으로 설명된다. 그러나 거의 극복할 수 없는 장애물에 직면하여 심각한 쇠퇴와 소멸에도 불구하고, 이러한 전통 중 많은 부분이 변경된 형태로 계속 유지되고 있고, 때로 대대적인 문화 부흥을 겪고 있다. 이것들을 '죽은' 것이나 '잃어버린' 것으로 간주해서는 안 된다.

4   아메리카 원주민의 두-영혼에 대한 자세한 내용은 예를 들어 다음을 보라. Callender, C. and L. M. Kochems(1983) "The North American Berdache." *Current Anthropology* 24: 443-70; Williams, W. L. (1986) *The Spirit and the Flesh: Sexual Diversity in American Indian Culture*(Boston: Beacon Press); Allen, P. G. (1986) "Hwame, Koshkalaka and the Rest: Lesbians in American Indian Cultures." in *The Sacred Hoop: Recovering the Feminine in American Indian Traditions*, pp. 245-61 (Boston: Beacon Press); Gay American Indians(GAI) and W. Roscoe, coordinating ed., (1988) *Living the Spirit: A Gay American Indian Anthology*(New York-St. Martin's Press); Jacobs, S. E., W. Thomas and S. Lang, eds., (1997) *Two-Spirit People: Native American Gender Identity, Sexuality and Spirituality*(Urbana: University of Illinois Press); Roscoe, W. (1998) *Changing*

Ones: Third and Fourth Genders in Native North America(New York St. Martin's Press).

5   Whitman, W. (1937) The Oto, pp. 22, 29, 30, 50 (New York: Columbia University Press); Callender and Kochems, "The North American Berdache." p. 452.

6   Cushing, E. H. (1896) "Outlines of Zuni Creation Myths." pp. 401-2, *Bureau of American Ethnology Annual Report* 13: 321-447; Parsons, E. C. (1916) "The Zuñi La'mana." p. 524, *American Anthropologist* 18: 521-28.

7   Boas, E. (1898) "The Mythology of the Bella Coola Indians." *Memoirs of the American Museum of Natural History* 2(2): 38-40 (reprinted in GAI and Roscoe, *Living the Spirit*, pp. 81-84); Mcllwraith, T. E. (1948) The Bella Coola Indians(Toronto: University of Toronto Press); Gifford, E. W. (1931) "The Kamia of Imperial Valley." pp. 79-80, *Bureau of American Ethnology Bulletin* 97: 1-94. 카미아 두 영혼이 만난 다른 두 마리 새의 이름도 이 이야기에 언급되어 있지만 (토크윌과 쿠사울), Gifford는 이들이 어떤 종이었는지 밝히지 않았다.

8   Haile, B., I. W. Goossen and K. W. Luckert(1978) *Love-Magic and Butterfly People: The Slim Curly Version of the Ajilee and Mothway Myths*, pp. 82-90, 161. American Tribal Religions, vol. 2 (Flagstaff: Museum of Northern Arizona Press); Luckert, K. W. (1975) *The Navajo Hunter Tradition*, pp. 176-77 (Tucson: University of Arizona Press); Levy, J. E., R. Ncutra and D. Parker(1987) *Hand Trembling, Frenzy Witchcraft and Moth Madness: A Study of Navajo Seizure Disorders*, p. 46 (Tucson: University of Arizona Press).

9   Wissler, C. (1916) "Societies and Ceremonial Associations in the Oglala Division of the Teton-Dakota." pp. 92-94, *Anthropological Papers of the American Museum of Natural History* 11: 1-99; Howard, J. H. (1965) "The Ponca Tribepp. 142-43, *Bureau of American Ethnology Bulletin* 195: 572-97; Powers, W. (1977) Oglala Religion, pp. 58-59 (Lincoln: University of Nebraska Press); Thayer, J. S. (1980) "The Berdache of the Northern Plains: A Socioreligious Perspective." p. 289, *Journal of Anthropological Research* 36: 287-93; Williams, Spirit and the Flesh, pp. 28-29; Allen, "Hwame, Koshkalaka and the Rest."; GAI and Roscoe, *Living the Spirit*, pp. 87-89; Fletcher, A. C. and F. La Flesche(1911) "The Omaha Tribe." p. 133, Bureau of *American*

Ethnology Annual Report 27: 16-672.

10 Kenny, M. (1975-76) "Tinselled Bucks: A Historical Study in Indian Homosexuality." *Gay Sunshine* 26-27: 15-17 (reprinted in GAI and Roscoe, *Living the Spirit*, pp. 15-31); Grinnell, G. B. (1923) *The Cheyenne Indians: Their History and Ways of Life*, vol. 2, pp. 79-86 (New Haven: Yale University Press); Moore, J. H. (1986) "The Ornithology of Cheyenne Religionists." pp. 181-82, *Plains Anthropologist* 31: 177-92; Tafoya, T. (1997) "M. Dragonfly: Two-Spirit and the Tafoya Principle of Uncertainty." p. 194, in Jacobs et al., *Two-Spirit People*, pp. 192-200.

11 Kroeber, A. (1902-7) "The Arapaho." pp. 19-20, *Bulletin of the American Museum of Natural History* 18: 1-229; Bowers, A. W. (1992) *Hidatsa Social and Ceremonial Organization*, pp. 325, 427(reprint of the *Bureau of American Ethnology Bulletin* no. 194, 1965) (Lincoln: University of Nebraska Press).

12 Pilling은 닥터 메디슨이라고도 불리며, 유명한 여장을 하는 톨로와 샤먼의 '늑대의 힘'을 언급한다(Pilling, A. R. [1997] "Cross-Dressing and Shamanism among Selected Western North American Tribes." p. 84, in Jacobs et al., *Two-Spirit People*, pp. 69-99). Turner는 생물학적으로 남성이지만 '여자 같고', 회색곰의 힘과 무지개의 능력을 갖춘 유명한 스노쾰미 샤먼을 보고했다(Turner, H. [1976] "Ethnozoology of the Snoqualmie.", p. 84 [unpublished manuscript, available in the Special Collections Division, University of Washington Library, Seattle, Wash.]). 카스카 인디언에서 곰과 성적인 다양성이나 성별 차이가 연관되었을 다른 가능성도 보고되었다(광범위하게 인용된다). Honigmann은 이성의 복장을 한 여성에 대해 언급한다. 그녀는 어린 시절에는 여장을 하고, 남자의 일을 하며, 다른 여성과 동성애 관계를 가질 수 있는 여성이며, 임신을 방지하기 위해 곰의 말린 난소로 만든 부적을 안쪽 벨트에 묶어 평생을 착용한다(Honigmann, J. J. [1954] *The Kaska Indians: An Ethnographic Reconstruction*, p. 130, Yale University Publications in *Anthropology* no. 51 [New Haven: Yale University Press]). 그러나 Goulet은 특별히 성별이 섞인 것으로 추정되는 여성의 이성의 옷 입기, 동성애 그리고 곰 부적의 독창성에 관련해 이 예에 도전해 재해석을 했다(Goulet, J.-G. A. [1997] "The Northern Athapaskan 'Berdache' Reconsidered: On Reading More Than There Is in the Ethnographic Record." in Jacobs et al., *Two-Spirit People*, pp. 45-68).

13 Miller, J. (1982) "People, Berdaches and Left-Handed Bears: Human Variation in

Native America." *Journal of Anthropological Research* 38: 274-87.

14   호피족 사이에는 매와 독수리에 관해 유사한 견해가 존재한다. 이 동물들을 모두 어미라고 생각하며, 따라서 각각의 맹금류는 때로 암컷 곰과 같은 이름을 받기도 한다(Tyler, H. A. [1979] Pueblo Birds and Myths, p. 54 [Norman: University of Oklahoma Press]).

15   곰과 월경에 관한 원주민의 견해와 어미 곰에 대한 추가 정보는 다음을 참조하라. Rockwell, D. (1991) *Giving Voice to Bear: North American Indian Rituals, Myths and Images of the Bear*, pp. 14-17, 123-25, 133 (Niwot, Colo.: Roberts Rinehart Publishers); Buckley, T. and A. Gottlieb(1988) *Blood Magic: The Anthropology of Menstruation*, p. 22 (Berkeley: University of California Press); Shepard, P. and B. Sanders(1985) *The Sacred Paw: The Bear in Nature, Myth and Literature*, pp. 55-59 (New York: Viking); Hallowell, A. I. (1926) "Bear Ceremonialism in the Northern Hemisphere." American Anthropologist 28: 1-175; Rennicke, J. (1987) *Bears of Alaska in Life and Legend*(Boulder, Colo.: Roberts Rinehart).

16   Miller, "People, Berdaches and Left-Handed Bears." pp. 277-78; Drucker, P. (1951) *The Northern and Central Nootkan Tribes*, p. 130, *Bureau of American Ethnology Bulletin* no. 144 (Washington, D.C.: Smithsonian Institution); Clutesi, G. (1967) "Ko-ishin-mit Invites Chims-meet to Dinner." in *Son of Raven, Son of Deer: Fables of the Tse-shaht People*, pp. 62-69 (Sidney, B.C.: Gray's Publishing); Sapir, E. (1915) *Abnormal Types of Speech in Nootka*, Geological Survey, Memoir 62, Anthropological Series no. 5 (Ottawa: Government Printing Bureau).

17   Teit, J. A. (1917) "Okanagon Tales." *Memoirs of the American Folk-Lore Society* 11: 75-76 (reprinted in GAI and Roscoe, *Living the Spirit*, pp. 89-91); Mandelbaum, M. (1938) "The Individual Life Cycle." p. 119, in L. Spier, ed., *The Sinkaietk or Southern Okanagon of Washington*, pp. 101-29, General Series in *Anthropology* no. 6 (Menasha, Wis.: George Banta); Brooks, C. and M. Mandelbaum(1938) "Coyote Tricks Cougar into Providing Food." in Spier, The *Sinkaietk*, pp. 232-33, 257; Kroeber, "The Arapaho." p. 19; Kenny, "Tinselled Bucks." p. 22; Jones, W. (1907) "The Turtle Brings Ruin Upon Himself." in *Fox Texts*, pp. 314-31, Publications of the American Ethnological Society no. 1

(Leyden: E. J. Brill); Radin, P. (1956) *The Trickster: A Study in American Indian Mythology*, pp. 20–24, 137–39 (New York: Greenwood Press). 팍스족 사이에서는 동성애와 거북이 사이의 더 직접적인 연관성이 나타난다. 예를 들어 서로 바람을 피웠던 두 여성에 대한 교훈적인 이야기에서, 레즈비언 섹스 중 발기한 한 여성의 클리토리스는 거북이의 성기처럼 묘사되고, 그러한 결합으로 낳은 아이는 부드러운 껍질을 가진 거북이로 비유된다("Two Maidens Who Played the Harlot with Each Other." Jones, *Fox Texts*, pp. 151–53).

18   Brant, B. (Degonwadonti) (1985) "Coyote Learns a New Trick." in *Mohawk Trail*, pp. 31–35 (Ithaca: Firebrand Books) (imprinted in GAI and Roscoe, *Living the Spirit*, pp. 163–66); Steward, D. H. (1988) "Coyote and Tehoma." in GAI and Roscoe, *Living the Spirit*, pp. 157–62; Cameron, A. (1981) "Song of Bear." in *Daughters of Copper Woman*, pp. 115–19 (Vancouver: Press Gang); Tafoya, "M. Dragonfly."; Robertson, D. V. (1997) "I Ask You to Listen to Who I Am." p. 231, in Jacobs et al., *Two-spirit People*, pp. 228–35; Brant, B. (1994) *Writing as Witness: Essay and Talk*, pp. 61, 69–70, 75, 108 (Toronto: Women's Press); Chrystos(1988) *Not Vanishing*(Vancouver: Press Gang); Chrystos(1991) *Dream On*(Vancouver: Press Gang); Chrystos(1995) *Fire Power*(Vancouver: Press Gang).

19   조지 캐틀린(George Catlin)의 1867년 이 의식에서 나타난 동성애 의식과 기타 성적인 이미지에 대한 원래의 설명은 당시에 너무 추잡한 것으로 여겨져서 논문 출판 버전에서는 대부분 삭제되었다. 학자들에게 전달된 이 책의 초판본 중 몇 부에만 이 자료가 포함되어 있으며, 그때도 특별 부록으로 따로 보관되어 있었다. Catlin, G. (1867/1967) *O-kee-pa: A Religious Ceremony and Other Customs of the Mandans*, pp. 83–85, centennial edition, edited and with an introduction by J. C. Ewers(New Haven and London: Yale University Press); Bowers, A. W. (1950/1991) *Mandan Social and Ceremonial Organization*, pp. 131, 145–46 (reprint of the 1950 University of Chicago Press edition) (Moscow, Idaho: University of Idaho Press); Campbell, J. (1988) *Historical Atlas of World Mythology*, Vol. 1: The Way of the Animal Powers, Part 2: *Mythologies of the Great Hunt*, pp. 226–31 (New York: Harper & Row).

20   보기엔 이상하지만 이와 같은 의식은 이전에 상상했던 것보다 훨씬 더 오래되고 널리 퍼져 있다. 예를 들어 프랑스 라스코의 구석기 시대 동굴 벽화 중에는 들소 수컷의 뿔이 항문을 관통하는 모습, 무속적이거나 성적인 황홀경, 사냥 모티브, 자웅동체 동물

형상을 결합한 이미지가 있다. 이는 오피카 의식이나 기타 아메리카 원주민 신앙 체계의 특정 요소에 대한 놀라운 반향이다. 전체 라스코 벽화에서 가장 중요한 것으로 간주되는 한 그림은 들소 수컷 앞에 페니스를 발기한 채 황홀경에 빠져 누워 있는 샤먼의 모습이다. 황소를 뒤에서 관통하는 것은 창인데, Joseph Campbell에 따르면 '항문에 박혀 생식기를 통해 나왔다'. 들소의 남근 이미지는 삐져나온 내장이나 짐승의 상처 모양을 통해 외음부 상징주의와 결합한다. 라스코 동굴 다른 곳의 한 프레스코화에서는 성별이 섞인 것으로 보이는 유제류의 놀랍고 불가사의한 모습이 눈에 띈다. 원형 홀(Rotunda)로 알려진 동굴의 벽에는 '두 개의 길고 곧은 뿔이 머리에서 바로 앞으로 향하고⋯ [그의] 무거운 배가 거의 바닥에 매달려 있는' 임신한 황소의 이미지가 있다. 기원전 1만 2,000년경으로 거슬러 올라가는 이 작품은 젠더 혼합 동물에 대한 가장 오래된 것으로 알려진 묘사이며, 동물과 인간의 다양한 젠더와 성적 표현 사이의 깊은 연관성에 대한 고대의 증거다(이 이미지에 대한 자세한 논의는 다음을 보라. Campbell, Historical Atlas of World Mythology, pp. 58-66). Campbell은 또한 이러한 그림 중 일부와 오스트레일리아의 아란다족의 현대 샤머니즘 관행 사이에, 남근, 항문 및 남성-여성 이미지의 혼합 측면에서 기이한 일치를 보여주는 유사점을 이야기한다. 우연이 아닐 수도 있겠지만, 아란다족은 노골적이거나 '의례화한' 다양한 동성애 관행에 참여한다(남성 간의 의례적인 '인사' 제스처로서의 아란다족의 페니스 잡기에 대한 논의는 제2장을 참조하라, 명백한 동성애 활동에 대해서는 다음을 보라. Ford, C. S. and F. A. Beach[1951] *Patterns of Sexual Behavior*, p. 132 [New York: Harper and Brothers); Berndt, R. and C. Berndt[1943] "A Preliminary Report of Field Work in the Ooldea Region, Western South Australia." pp. 276-77, *Oceania* 13: 239-75; Murray, S. O. [1992] "Age-Stratified Homosexuality: Introduction." pp. 5-6, in S. O. Murray, ed., *Oceanic Homosexualities*, pp. 293-327 [New York: Garland]).

21 Schlesier, K. H. (1987) *The Wolves of Heaven: Cheyenne Shamanism, Ceremonies and Prehistoric Origins*, pp. 7, 14-15, 66-73, 78-111 (Norman: University of Oklahoma Press); Grinnell, The Cheyenne Indians, vol. 2, pp. 285-336; Hoebel, E. A. (1960) *The Cheyennes: Indians of the Great Plains*, pp. 16-17 (New York-Holt, Rinehart and Winston).

22 Powers, M. N. (1980) "Menstruation and Reproduction: An Oglala Case." p. 61, Signs 6: 54-65; Parsons, E. C. (1939) *Pueblo Indian Religion*, pp. 831-32 (Chicago: University of Chicago Press); Tyler, H. A. (1975) *Pueblo Animals and Myths*, pp. 98, 131, 148-50 (Norman: University of Oklahoma Press);

Duberman, M. B., F. Eggan and R. O. Clemmer(1979) "Documents in Hopi Indian Sexuality: Imperialism, Culture and Resistance." pp. 119-20, *Radical History Review* 20: 99-130; Du Bois, C.A. (1935) "Wintu Ethnography." p. 50, *University of California Publications in American Archaeology and Ethnology* 36: 1-148.

23   Hill, W. W. (1935) "The Status of the Hermaphrodite and Transvestite in Navaho Culture." p. 274, American Anthropologist 37: 273-79; Haile et aL, *Love-Magic and Butterfly People*, p. 163; Luckert, *The Navajo Hunter Tradition*, pp. 176-77; Hill, W. W. (1938) *The Agricultural and Hunting Methods of the Navaho Indians*, pp. 99, 110, 119, 126-27, Yale University Publications in *Anthropology* no. 18 (New Haven: Yale University Press).

24   뉴기니와 멜라네시아의 의식적 동성애와 대안적인 성별 체계에 대한 개요는 다음을 보라. Herdt, G. H. (1981) *Guardians of the Flutes: Idioms of Masculinity*(New York McGraw-Hill); Herdt, G. H., ed., (1984) *Ritualized Homosexuality in Melanesia*(Berkeley: University of California Press). '제3의 성' 분류에 대해서는 다음을 보라. Herdt, G. (1994) "Mistaken Sex: Culture, Biology and the Third Sex in New Guinea." in G. Herdt, ed., *Third Sex, Third Gender: Beyond Sexual Dimorphism in Culture and History*, pp. 419-45 (New York: Zone Books); Poole, F. J. P. (1996) "The Procreative and Ritual Constitution of Female, Male and Other: Androgynous Beings in the Cultural Imagination of the Bimin-Kuskusmin of Papua New Gunea." in S. P. Ramet, ed., *Gender Reversals and Gender Cultures: Anthropological and Historical Perspectives*, pp. 197-218 (London: Routledge). 의식적인 복장도착과 '남성 생리'에 관해서는 다음 예를 보라. Schwimmer, E. (1984) "Male Couples in New Guinea." in Herdt, *Ritualized Homosexuality in Melanesia*, pp. 248-91; Lutkehaus, N. C. and P. B. Roscoe, eds., (1995) *Gender Rituals: Female Initiation in Melanesia*, pp. 16—17, 36, 49, 69, 107, 120, 198-200, 229 (New York: Routledge); A. Strathem, in Callender and Kochems, "The North American Berdache." p. 464.

25   Herdt, *Guardians of the Flutes*, p. 94; Schwimmer, "Male Couples in New Guinea." p. 271; Van Baal, J. (1984) "The Dialectics of Sex in Marind-anim Culture." in Herdt, *Ritualized Homosexuality in Melanesia*, pp. 128-66.

26   Herdt, *Guardians of the Flutes*, pp. 87-94; Poole, "The Procreative and Ritual

Constitution of Female, Male and Other." pp. 205, 217; Sorum, A. (1984) "Growth and Decay: Bedamini Notions of Sexuality." in Herdt, *Ritualized Homosexuality in Melanesia*, pp. 318-36; Lindenbaum, S. (1984) "Variations on a Sociosexual Theme in Melanesia." in Herdt, *Ritualized Homosexuality in Melanesia*, pp. 83-126.

27 이러한 믿음과 유사한 것은 북미 원주민에서도 찾아볼 수 있다. 체로키족은 암컷 주머니쥐(북아메리카 유대류)가 본질적으로 단위생식적이라고 주장한다. 즉, 수컷 없이 번식한다고 본다(Fradkin, A. [1990] *Cherokee Folk Zoology: The Animal World of a Native American People*, 1700-1838, pp. 377-78 [New York; Garland]).

28 Herdt(*Guardians of the Flutes*, p. 91)는 이것을 '낫머리관극락조'라고 잠정적으로 확인했다. 그러나 둥그런 과시 연단(중앙에 기둥이 있고 나뭇가지와 짚으로 구성됨)에 대한 설명은 이것이 실제로 바우어새의 일종임을 강력하게 암시한다. 즉 맥그레거정원사바우어새(*Amblyomis macgregoriae*)일 가능성이 가장 높으며, 이 새의 '메이폴(maypole)'이란 유럽의 5월제를 기념하는 기둥을 말한다. 기둥을 꽃으로 장식하고 사람들이 주위를 돌며 춤을 춘다.' 바우어 유형이 묘사와 일치하고 주황색 볏도 Herdt가 제공한 이 종의 설명과 일치한다. 자세한 내용은 다음을 보라. Gilliard, E. T. (1969) "MacGregor's Gardener Bower Bird." in B*irds of Paradise and Bower Birds*, pp. 300-311 (Garden City, N.Y.: Natural History Press); Johnsgard, P. A. (1994) *Arena Birds: Sexual Selection and Behavior*, pp. 206, 211-12 (Washington, D.C. and London: Smithsonian Institution Press). 칼룰리족은(수컷) 라기아나극락조와 다른 밝은색의 새들도 암컷으로 간주한다. 남자들은 이 여성스러운 생물체의 아름다움을 얻기 위해 깃털로 자신을 장식한다(Feld, S. [1982] *Sound and Sentiment: Birds, Weeping, Poetics and Song in Kaluli Expression*, pp. 55, 65-66[Philadelphia: University of Pennsylva nia Press]).

29 Poole(1996: 205)은 이것을 '밤새night bird'라고만 말했지만, 이것은 아마도 쏙독새과(Caprimulgidae)의 일종이거나, 넓은부리쏙독새과(Podargidae) 또는 부엉이쏙독새과(Aegothelidae)의 종일 가능성이 크다.

30 Herdt, *Guardians of the Flutes*, pp. 131-57; Gardner, D. S. (1984) "A Note on the Androgynous Qualities of the Cassowary: Or Why the Mianmin Say It Is Not a Bird." *Oceania* 55: 137-45; Bulmer, R. N. H. (1967) "Why Is the Cassowary Not a Bird? A Problem of Zoological Taxonomy Among the Karam of the New Guinea Highlands." Man 2: 5-25; Juillerat, B., ed., (1992) *Shooting the Sun:*

Ritual and Meaning in West Sepik, pp. 65, 282 (Washington, D.C.: Smithsonian Institution Press); Feld, *Sound and Sentiment*, pp. 68-71; Tuzin, D. (1997) *The Cassowary's Revenge: The Life and Death of Masculinity in a New Guinea Society*, pp. 80-82, 94, 209-10 (Chicago: University of Chicago Press). 일부 오스트레일리아 원주민도 비슷한 믿음을 가지고 있다. 관련된 조류인 에뮤에 대해, 모두 암컷이거나, 모호하거나 또는 두 가지 성별을 동시에 가지고 있다고 여긴다(Maddock, K. [1975] "The Emu Anomaly." pp. 112-13, 118, 121, in L. R. Hiatt, ed., *Australian Aboriginal Mythology*, pp. 102-22 [Canberra: Australian Institute of Aboriginal Studies]).

31   Gell, A. (1975) *Metamorphosis of the Cassowaries: Umeda Society, Language and Ritual*, pp. 180, 182, 184, 225-26, 233-34, 239-40, 250, L. S. E. Monographs on Social Anthropology no. 51 (London: Athlone Press); Gell, A. (1971) "Penis Sheathing and Ritual Status in a West Sepik Village." pp. 174-75, *Man* 6: 165-81.

32   이 사람들은 '음순 주름을 가지고 태어나 소녀로 양육되다가, 성인식 전날에 뚜렷하지만 작은 남성 생식기로 변해가는 모습이라면 욤녹의 후손으로 인정된다." 이러한 유형의 간성(의학적으로 5-알파 리덕타아제 남성 가성자웅동체증이라고 알려져 있다)은 삼비아족에서 상당히 자주 발생하며, '제3의 성'으로 인식된다(Poole, "The Procreative and Ritual Constitution of Female, Male and Other." pp. 209, 218; Herdt, "Mistaken Sex."). 언급된 바늘두더지의 종은 아마도 긴코가시두더지(*Zaglossus bruijni*)일 것이다. 뉴기니의 바늘두더지에 대한 토착민의 견해에 대한 자세한 내용은 다음을 보라. Jorgensen, D. (1991) "Echidna and Kuyaam: Classification and Anomalous Animals in Telefolmin." *Journal of the Polynesian Society* 100: 365-80.

33   Poole, "The Procreative and Ritual Constitution of Female, Male and Other." pp. 197, 203-5, 209-10, 216-17; Poole, F. J. P. (1981) "Transforming 'Natural' Woman: Female Ritual Leaders and Gender Ideology Among Bimin-Kuskusmin." pp. 117, 120, 153-60, in S. B. Ortner and H. Whitehead, eds., *Sexual Meanings: The Cultural Construction of Gender and Sexuality*, pp. 116-65 (Cambridge: Cambridge University Press); Poole, F. J. P. (1982) "The Ritual Forging of Identity: Aspects of Person and Self." in Bimin-Kuskusmin Male Initiation, pp. 125-31, in G. H. Herdt, ed., *Rituals of Manhood: Male*

Initiation in Papua New Guinea, pp. 99–154 (Berkeley: University of California Press).

34 Layard, J. (1942) Stone Men of Malekula, especially pp. 482–94 (London: Chatto and Windus); Allen, M. (1981) "Innovation, Inversion and Revolution as Political Tactics in West Aoba." in M. Allen, ed., *Vanuatu: Politics, Economics and Ritual in Island Melanesia*, pp. 105–34 (Sydney: Academic Press); Allen, M. R. (1984) "Ritualized Homosexuality, Male Power and Political Organization in North Vanuatu: A Comparative Analysis." in Herdt, *Ritualized Homosexuality in Melanesia*, pp. 83–126; Battaglia, D. (1991) "Punishing the Yams: Leadership and Gender Ambivalence on Sabari Island." p. 94, in M. Godelier and M. Strathem, eds., *Big Men and Great Men: Personifications of Power in Melanesia*, pp. 83–96 (Cambridge: Cambridge University Press).

35 Baker, J. R. (1925) "On Sex–Intergrade Pigs: Their Anatomy, Genetics and Developmental Physiology." *British Journal of Experimental Biology* 2: 247–63; Baker, J. R. (1928) "Notes on New Hebridean Customs, with Special Reference to the Intense Pig." Man 28: 113–18; Baker, J. R. (1928) "A New Type of Mammalian Intersexuality." *British Journal of Experimental Biology* 6: 56–64; Baker, J. R. (1929) *Man and Animals in the New Hebrides*, pp. 22, 30–31, 115–30 (London: George Routledge & Sons); Jolly, M. (1984) "The Anatomy of Pig Love: Substance, Spirit and Gender in South Pentecost, Vanuatu." pp. 84–85, 101, 104–5, *Canberra Anthropology* 7: 78–108; Jolly, M. (1991) "Soaring Hawks and Grounded Persons: The Politics of Rank and Gender in North Vanuatu." pp. 54, 59, 67, 71, in Godelier and Strathem, *Big Men and Great Men*, pp. 48–80; Rodman, W. (1996) "The Boars of Bali Ha'i: Pigs in Paradise." in J. Bonnemairon, C. Kaufinann, K. Huffman and D. Ttyon, eds., *Arts of Vanuatu*, pp. 158–67 (Honolulu: University of Hawaii Press); Huffman, K. W. (1996) "Tiding, Cultural Exchange and Copyright: Important Aspects of Vanuatu Arts." and "Plates and Bowls from Northern and Central Vanuatu." pp. 183, 192, 228, in Bonnemaison et al., *Arts of Vanuatu*, pp. 182–94, 226–31.

36 많은 인류학자들은 북미 이누이트 문화를 다룰 때, 여러 특징을 공유하는 시베리아 문화 복합체에 포함시킨다. 물론 이누이트 문화는 고유하고 다양한 특징뿐만 아니라, 비非이누이트 아메리카 원주민(많은 시베리아 문화와 마찬가지로)과도 많은 유사점을

보여준다. 그리고 이러한 분류는 실제로 또는 인식된 문화적 관계의 반영이라기보다는 대체로 설명의 문제다.

37   Balzer, M. M. (1996) "Sacred Genders in Siberia: Shamans, Bear Festivals and Androgyny," in Ramet, *Gender Reversals and Gender Cultures*, pp. 164–82; Bogoras, W. (1904–9) *The Chukchee*, pp. 448–57, Memoirs of the American Museum of Natural History, vol. 11, Publications of the Jesup North Pacific Expedition, vol. 7 (Leiden: E. J. Brill; New York: G. E. Stechert[reprinted in 1975, New York: AMS Press]); Jochelson, W. (1908) *The Koryak*, pp. 47, 65, 469, 502, 525, 733, Memoirs of the American Museum of Natural History, vol. 10, Publications of the Jesup North Pacific Expedition, vol. 6 (Leiden: E. J. Brill; New York: G. E. Stechert[reprinted in 1975, New York: AMS Press]); Murray, S. O. (1992) "Vladimir Bogoraz's Account of Chukchi Transformed Shamans," and "Vladimir Iokalson's Reports of Northeastern Siberian Transformed Shamans," in S. O. Murray, ed., *Oceanic Homosexualities*, pp. 293–327 (New York: Garland).

38   Serov, S. I. (1988) "Guardians and Spirit–Masters of Siberia," pp. 241, 247–49, in W. W. Fitzhugh and A. Crowell, eds., *Crossroads of Continents: Cultures of Siberia and Alaska*, pp. 241–55 (Washington, D.C.: Smithsonian Institution Press); Pavlinskaya, L. R. (1994) "The Shaman Costume: Image and Myth," in G. Seaman and J. S. Day, eds., *Ancient Traditions: Shamanism in Central Asia and the Americas*, pp. 257–64 (Niwot, Colo.: University Press of Colorado); Zomickaja, M. J. (1978) "Dances of Yakut Shamans," in V. Didwegi and M. Hoppil, eds., *Shamanism in Siberia*, pp. 299–307 (Budapest: Akadémiai Kiadó); Hamayon, R. N. (1992) "Game and Games, Fortune and Dualism in Siberian Shamanism," in M. Hoppdl and J. Penkäinen, eds., *Northern Religions and Shamanism*, pp. 134–37 (Budapest: Akaddmiai Kiadd); Bogoras, *The Chukchee*, pp. 268–9.

39   Saladin d'Anglure, B. (1986) "Du foetus au chamane: la construction d'un 'troisième sexs' inuit." (From Fetus to Shaman: The Construction of an Inuit "Third Sex."), especially pp. 72, 84, 86, *Études/Inuit/Studies* 10: 25–113 (selections translated into English and reprinted in A. Mills and R. Slobodin, eds., [1994] *Amerindian Rebirth: Reincarnation Belief among North American Indians and Inuit*, pp. 82–106 [Toronto: University of Toronto Press]); Saladin d'Anglure,

B. (1983) "Ijiqqat: voyage au pays de l'invisible inuit(Ijiqqat: Travel to the Land of the Inuit Invisible), pp. 72, 81, *Études/Inuit/Studies* 7: 67–83; Saladin d'Anglure, B. (1990) "Frère–Iune(Thqqiq), soeur–soleil(Siqiniq), et l'intelligence du monde(Sila): Cosmologie inuit, cosmographie arctique, et espace–temps chamanique." (Brother–Moon[Taqqiqj, Sister–Sun[Siqiniq] and the Intelligence of the World[Sila]: Inuit Cosmology, Arctic Cosmography and Shamanistic Space–Time), pp. 96–98, *Études/Inuit/Studies* 14: 75–139; Boas, F. (1901–7) "The Eskimo of Baffin Land and Hudson Bay." p. 509, *Bulletin of the American Museum of Natural History* 15: 1–570.

40   Saladin d'Anglure, B. (1990) "Nanook, Super–Male: The Polar Bear in the Imaginary Space and Social Time of the Inuit of the Canadian Arctic." especially pp. 190, 193, in R. Wills, ed., *Signifying Animals: Human Meaning in the Natural World*, pp. 178–95 (London: Unwin Hyman).

41   Balzer, "Sacred Genders in Siberia." pp. 169–74.

42   Fienup–Riordan, A. (1994) *Boundaries and Passages: Rule and Ritual in Yup'ik Eskimo Oral Tradition*, pp. 114, 139, 274–79, 293, 297–98, 307–12, 320, 345–50 (Norman: University of Oklahoma Press); Kaplan, S. A. (1984) "Note." in E. S. Burch Jr., ed., *The Central Yup'ik Eskimos, supplementary issue of Études/Inuit/Studies* 8: 2; Morrow, P. (1984) "It Is Time for Drumming: A Summary of Recent Research on Yup'ik Ceremonialism." pp. 119, 138, in E. S. Burch Jr., ed., *The Central Yup'ik Eskimos, supplementary issue of Études/Inuit/Studies* 8: 113–40; Fienup–Riordan, A. (1996) *The Living Tradition of Yup'ik Masks: Agayuli-yararput(Our Way of Making Prayer)*, pp. 39, 63, 87–88, 92, 98, 100, 176 (Seattle: University of Washington Press); Chaussonnet, V. (1988) "Needles and Animals: Women's Magic." p. 216, in Fitzhugh and Crowell, *Crossroads of Continents*, pp. 209–26. 캐나다 동부의 컴벌랜드 사운드 이누이트 중에는 영혼의 수호자이자 해양 포유류의 어머니인 세드나(sedna)가 있고, 그녀에게는 의식 중에 여성 의상을 입은 남자가 대표하는 케일러트탕(Qailertetang)이라는 수행자가 있다 (Boas, "The Eskimo of Baffin Land and Hudson Bay." pp. 139–40).

43   Bogoras, *The Chukchee*, pp. 79, 84; Diachenko, V. (1994) "The Horse in Yakut Shamanism." pp. 268–69, in Seaman and Day, Ancient Traditions, pp. 265–71.

44   동물의 잘 쓰는 손 혹은 편측성에 관한 것은 다음을 보라. Marino, L. and J.

Stowe(1997) "Lateralized Behavior in Two Captive Bottlenose Dolphins(*Tursiops truncatus*)." *Zoo Biology* 16: 173–77; Marino, L. and J. Stowe(1997) "Lateralized Behavior in a Captive Beluga Whale(*Delphinapterus leucas*)." *Aquatic Mammals* 23: 101– 3; McGrew, W. C. and L. E. Marchant(1996) "On Which Side of the Apes? Ethoiogical Study of Laterality of Hand Use." in W. C. McGrew, L. F. Marchant and T. Nishida, eds., *Great Ape Societies*, pp. 255–72 (Cambridge: Cambridge University Press); Clapham, P. J., E. Leimkuhler, B. K. Gray and D. K. Mattila(1995) "Do Humpback Whales Exhibit Lateralized Behavior?" *Animal Behavior* 50: 73–82; Morgan, M. J. (1992) "On the Evolutionary Origin of Right–Handedness." *Current Biology* 2: 15–17; MacNeilage, P. R, M. G. Studdert–Kennedy and B. Lindblom(1987) "Primate Handedness Reconsidered." *Behavioral and Brain Sciences* 10: 247–303; Rogers, L. J. (1980) "Lateralization in the Avian Brain." *Bird Behavior* 2: 1–12; Cole, J. (1955) "Paw Preference in Cats Related to Hand Preference in Animals and Man." *Journal of Comparative and Physiological Psychology* 48: 337–45; Friedman, H. and M. Davis(1938) "'Left Handedness' in Parrots." *Auk* 55: 478–80.

45   Beck, B. B. (1980) *Animal Tool Behavior: The Use and Manufacture of Tools by Animals*, p. 39 (New York: Garland); Koch, T. J. (1975) *The Year of the Polar Bear*, p. 32 (Indianapolis and New York: Bobbs–Merrill); Bruemmer, F. (1972) *Experiences with Arctic Animals*, p. 92 (Toronto: McGraw–Hill Ryerson); Perry, R. (1966) *The World of the Polar Bear*, pp. 11, 76 (Seattle: University of Washington Press); Haig–Thomas, D. (1939) *Tracks in the Snow*, p. 230 (New York: Oxford University Press).

46   Lindesay, J. (1987) "Laterality Shift in Homosexual Men." *Neuropsychologia* 25: 965–69; McCormick, C. M., S. F. Witelson and E. Kinstone(1990) "Left–handedness in Homosexual Men and Women: Neuroendocrine Implications." *Psychoneuroendocrinology* 1: 69–76; Watson, D. B. and S. Coren(1992) "Left–handedness in Male–to–Female." *Transsexuals JAMA*(Journal of the American Medical Association) 267: 1342; Coren, S. (1992) *The Left-Hander Syndrome: The Causes and Consequences of Left-Handedness*, pp. 199–202 (New York: Free Press).

47   과학적 실험에 대해서는 다음을 보라. Cushing, B. S. (1983) "Responses of Polar

Bears to Human Menstrual Odors." in E. C. Meslow, ed., *Proceedings of the Fifth International Conference on Bear Research and Management*(1980), pp. 270-274 (West Glacier, Mont: International Association for Bear Research and Management); Cushing, B. S. (1980) *The Effects of Human Menstrual Odors, Other Scents and Ringed Seal Vocalizations on the Polar Bear*(master's thesis, University of Montana). 이 현상에 대한 추가적인 토론은 다음을 보라. March, K. S. (1980) "Deer, Bears and Blood: A Note on Nonhuman Animal Response to Menstrual Odor." *American Anthropologist* 82:125-27. 과학적 증거에 대한 대안적인 평가와 이러한 발견이 곰이 여성을 공격할 가능성이 더 높다는 의미로 잘못 해석한 방식과 그에 따라 특정한 숲 작업에서 여성을 배제하는 정책을 정당화했던 것에 대한 논의는 다음을 보라. Byrd, C. P. (1988) *Of Bears and Women: Investigating the Hypothesis That Menstruation Attracts Bears*(master's thesis, University of Montana).

48 곰(Cattet 1988).

49 침팬지(Egozcue 1972), 히말라야원숭이(Sullivan and Drobeck 1966; Weiss et al. 1973), 사바나개코원숭이(Bielert 1984; Bielert et al. 1980; Wadsworth et al. 1978), 북극고래와 기타 고래 및 돌고래(Tarpley et al. 1995), 동부회색캥거루 및 기타 유대류(Sharman et al. 1990).

50 생물학자들은 특정 유형의 성별 혼합을 설명하기 위해, 다른 용어 단위를 특별히 사슴에게 적용하는데, 사슴은 흔히 이러한 개체들이 특이한 뿔 모양을 보인다. 이러한 동물은 흰꼬리사슴에서는 벨벳뿔이라고 부르며, 검은꼬리사슴에서는 선인장 수사슴(cactus bucks), 말코손바닥사슴과 다양한 유럽 사슴에서 퍼룩(perukes), 붉은큰뿔사슴에서는 허믈(hummels)이라고 한다. 자세한 내용은 II부의 동물 프로필을 참조하라.

51 Benirschke, K. (1981) "Hermaphrodites, Freemartins, Mosaics and Chimaeras in Animals." in C. R. Austin and R. G. Edwards, eds., *Mechanisms of Sex Differentiation in Animals and Man*, pp. 421-63 (London: Academic Press); Reinboth, R., ed., (1975) *Intersexuality in the Animal Kingdom*(New York: Springer-Verlag); Perry, J. S, (1969) *Intersexuality*(Proceedings of the Third Symposium of the Society for the Study of Fertility), *Journal of Reproduction and Fertility supplement* no. 7 (Oxford: Blackwell Scientific Publications); Armstrong, C. N. and A. J. Marshall, eds., (1964) *Intersexuality in Vertebrates*

Including Man(London and New York: Academic Press). 인간의 간성에 관한 개요는 다음을 보라. Fausto-Stirling, A. (1993) "The Five Sexes: Why Male and Female Are Not Enough." *The Sciences* 33(2): 20-24.

52 Graves, G. R. (1996) "Comments on a Probable Gynandromorphic Black-throated Blue Warbler." *Wilson Bulletin* 108: 178-80; Stratton, G. E. (1995) "A Gynandromorphic Schizocosa(Araneae, Lycosidae)." *Journal of Arachnology* 23: 130-33; Patten, M. A. (1993) "A Probable Gynandromorphic Black-throated Blue Warbler." *Wilson Bulletin* 105: 695-98; Kumerloeve, H. (1987) "Le gynandromorphisme chez les oiseaux-récapitulation des données connues." *Alauda* 55: 1-9; Dexter, R. W. (1985) "Nesting History of a Banded Hermaphroditic Chimney Swift." *North American Bird Bander* 10: 39; Hannah-Alava, A. (1960) "Genetic Mosaics." *Scientific American* 202(5): 1 18-30; Kumerloeve, H. (1954) "On Gynandromorphism in Birds." *Emu* 54: 71-72.

53 Fredga, K. (1994) "Bizarre Mammalian Sex-Determining Mechanisms." in R. V. Short and E. Balaban, eds., *The Differences Between the Sexes*, pp. 419-31 (Cambridge: Cambridge University Press); Ishihara, M. (1994) "Persistence of Abnormal Females That Produce Only Female Progeny with Occasional Recovery to Normal Females in Lepidoptera." *Researches on Population Ecology* 36: 261-69.

54 두더지(Jimenez, R., M. Burgos, L. Caballero and R. Diaz de la Guardia[1988] "Sex Reversal in a Wild Population of *Talpa occidentalis*[Insectivora, Mammalia]." *Genetical Research* 52[2]: 135-40; McVean, G. and L. D. Hurst[1996] "Genetic Conflicts and the Paradox of Sex Determination: Three Paths to the Evolution of Female Intersexuality in a Mammal." *Journal of Theoretical Biology* 179: 199-211), 북부두더지들쥐(Fredga, "Bizarre Mammalian Sex-Determining Mechanisms."), 오랑우탄(Dutrillaux et al. 1975; Turleau et al. 1975), 하누만랑구르(Egozcue 1972).

55 Johnsgard, *Arena Birds*, p. 242.

56 화식조 짝짓기 체계에 대해서는 다음을 보라. Crome, F. H. J. (1976) "Some Observations on the Biology in Northern Queensland.", *Emu* 76: 8-14.

57 실제로 화식조에는 명확하게 구별되지만 밀접하게 관련된 세 가지 종이 있다. 이 생식기 구성은 모룩(moruk) 혹은 베넷화식조(*Casuarius bennettii*)를 기초로 했다. King,

A. S..(1981) "Phallus." in A. S. King and J. McLelland, eds., *Form and Function in Birds*, vol. 2, pp. 107–47 (London: Academic Press). 오리와 거위 그리고 타조와 레아 같은 날지 못하는 관련 종의 수컷과 암컷도 유사한 생식기와 항문 구성을 가지고 있다. 덧붙여서, 화식조의 남근과 음핵은(다른 새들과 마찬가지로) 발기할 때 항상 왼쪽으로 구부러지며(내부 조직의 비대칭 배열로 인해), 수컷은 남근이 굽어 있으므로 암컷을 왼쪽에서 올라탄다고 한다. 이러한 해부학적 및 행동적 사실은 왼손잡이(성별 혼합) 곰에 대한 아메리카 원주민의 믿음과 흥미로운 유사점을 시사한다. 화식조의 '왼손잡이 성질'에 대한 토착적인 뉴기니의 믿음에 관한 보고는 없지만, 아라페시족은 화식조 어미의 형상을 조상 영혼의 왼발로 나타낸다(Tuzin, The Cassowary's Revenge, p. 115). 이와 유사한 다른 연결점은 조사할 가치가 있다.

58 Callender and Kochems, "The North American Berdache." pp. 448–49; Roscoe, *Changing Ones*, p. 9; Allen, "Ritualized Homosexuality, Male Power and Political Organization in North Vanuatu." p. 117, 아메리카들소(Roe 1970: 63–64), 사바나(차크마)개코원숭이(Marais 1922/1969: 205–6; Bielert et al. 1980: 4–5), 검은목아메리카노랑솔새(Niven 1993: 191 [cf. Lynch et al. 1985: 718]), 북방코끼리바다표범(Le Boeuf 1974: 173), 붉은큰뿔사슴(Darling 1937: 170), 붉은부리갈매기(van Rhijn 1985: 87, 100), 가터얼룩뱀(Mason and Crews 1985: 59; Mason 1993: 264), 큰뿔양(Berger 1985: 334). '과잉 남성성'은 또한 다른 문화, 특히 현대 북아메리카 지역 남성 동성애의 특징이다. 최근 게이 장면을 목격한 한 목격자는 이렇게 말했다. "매우 강렬한 남성의 유대감 같은 것입니다. 그것은 궁극적인 남성다움이죠. 사람들은 게이들을 퀴어라고 생각합니다. 호모라고 하죠. 하지만 아닙니다. 그들은 완전한 동성애자기 때문에 어떤 육체보다 남성적입니다. 이보다 얼마나 더 남성미를 얻을 수 있겠습니까?"("Walter." quoted in Devor, H. [1997] *FTM: Female-to-Male Transsexuals in Society*, p. 504 [Bloomington: Indiana University Press]).

59 Wilson, E. O. (1992) *The Diversity of Life*(Cambridge, Mass.: Belknap/Harvard University Press). 서구의 학자 또는 동물학자의 분류와 거의 일치하는 뉴기니(포트) 토착 조류 분류의 다른 예는 다음을 보라. Diamond, J. (1966) "Zoological Classification System of a Primitive People." *Science* 151: 1102–4.

60 Milton M. R. Freeman, quoted in Mander, J. (1991) *In the Absence of the Sacred: The Failure of Technology and the Survival of the Indian Nations*, p. 259 (San Francisco: *Sierra* Club Books).

61 바다코끼리: 목주머니(Fay 1960; Schevill et al. 1966), 입양(Fay 1982; Eley 1978),

전체가 수컷인 무리(Miller 1975; 1976), 압사(Fay and Kelly 1980).

62 사향소(Smith 1976: 126-27; Tener 1965: 89-90). 다른 토론도 보라. Freeman, M. M. R. (1984) "New/Old Approaches to Renewable Resource Management in the North." in *Northern Frontier Development-Alaska/Canada Perspectives*(Twenty-Third Annual Meeting of the Western Regional Science Association, Monterey, Calif., February 1984); Freeman, M. M. R. (1986) "Renewable Resources, Economics and Native Communities." in *Native People and Renewable Resource Management*, 1986 Symposium of the Alberta Society of Professional Biologists(Edmonton: Alberta Society of Professional Biologists); Mander, In *the Absence of the Sacred*, pp. 257-60.

63 Norris, K. S. and K. Pryor(1991) "Some Thoughts on Grandmothers." in K. Pryor and K. S. Norris, eds., *Dolphin Societies: Discoveries and Puzzles*, pp. 287-89 (Berkeley: University of California Press).

64 Feit, H. A. (1986) "James Bay Cree Indian Management and Moral Consideration of Fur-Bearers." in *Native People and Renewable Resource Management*, pp. 49-62; Mander, *In the Absence of the Sacred*, pp. 59-61.

65 Miller, "People, Berdaches and Left-handed Bears." p. 286. (트랜스젠더가 아니라) 동물의 동성애에 대한 직접적인 지식이 토착 신앙 체계에 기여했는지 여부는 여전히 해결되지 않고 남아 있다. 물론 어느 종의 같은 성 활동에 대한 관찰이 샤머니즘적인 '힘을 가진 동물'로서 지위에 영향을 미쳤을 가능성은 상당히 커 보인다. 민족지학적 문헌(그러나 성적 취향, 특히 동성애 문제와 관련하여 불완전하기로 악명 높은)에는 이에 대한 구체적인 보고가 없지만, 몇 가지 암시하는 사례가 있다. 많은 아메리카 원주민 문화에서 동물의 생태와 행동이 특히 두드러지거나 '비정상적인' 특징을 나타나는 경우, 그 동물은 샤머니즘 행위에서 상징적으로 중요한 것으로 선택된다. 예를 들어 태평양 북서부 문화 지역에서 "샤먼이 영혼의 조력자로 의존했던 동물(바닷새, 바다 포유류, 수달, 흰바위산양 등)은 해안선이나 수면 또는 나무 꼭대기 같은, 환경의 경계 지역에 서식하는 동물이었다. 그 동물들의 행동은 우주의 여러 영역을 이동할 수 있는 초자연적인 능력을 나타내는 것으로 생각되었다." 이것은 다른 세계를 횡단하는 주술사의 능력을 반영한다(또한 이것은 숲과 초원이 만나는 지역처럼 주요 생태계 사이의 경계 지대에서 가장 많은 다양성이나 유연성 그리고 환경의 풍요로움이 나타난다는 서양 과학의 잘 정립된 생태 원리와 일치한다). 이것은 특히 틀링키트족 샤머니즘에서 영적 동물로서의 탁월한 지위를 차지하고 있는 (아메리카) 검은머리

물떼새에도 해당한다. 그 근거는 이 새가 접경 지역에 살 뿐만 아니라, 위험이 접근할 때 경보를 울리는 맨 처음 생물이라는 은밀한 행동과 습성에 기반을 둔 것이다(동족을 위한 '보호자'로서의 샤먼의 기능에 비유됨). (Wardwell, A. [1996] *Tangible Visions: Northwest Coast Indian Shamanism and Its Art*, pp. 40-43, 96, 239 [New York: Monacelli Press]). 유픽족과 뉴기니 문화의 토템이나 샤먼 동물에 관한 유사한 관찰은 다음을 보라. Fienup-Riordan, *Boundaries and Passages*, pp. 124, 130-31 and Jorgensen, "Echidna and Kuyaam." pp. 374, 378). 동성애는 또한 이러한 여러 종의 생물학적 레퍼토리(예: 다양한 바닷새, 바다 포유류 및 흰바위산양)나 근연 종(예: [유라시아] 검은머리물떼새)의 일부다. 그러므로 동물에서 관찰된 성적 차이 (샤먼이 성적인 경계를 넘나드는 것과 궤를 같이한다)가 그러한 생물의 영적 중요성에 기여했을 수도 있다. 또 다른 흥미로운 예는, 캘리포니아 중남부의 여러 토착 문화(이 모든 문화는 우연히도 두 영혼을 인식한다)에서 특별하게 샤머니즘을 돕는 유럽불개미(*Formica subpolita*)에 관한 것이다. 개미의 종교적, 문화적 중요성은 개미의 강력한 의약적 특성과 환각 특성과도 관련이 있고, 의식 활동에서의 사용과 관련이 있다. 여기에는 비전을 유도하기 위해 많은 양의 살아 있는 개미를 삼키는 특별한 관행과 영적 동물 도우미를 얻는 과정이 들어 있다. 이 종(뿔개미속에 속하는 것으로 확인됨)에 대한 동성애 활동은 아직 보고되지 않았으며, 인간의 성별이나 성적인 차이가 이러한 개미에 관련한 믿음이나 행위에 직접적으로 관련되어 있지는 않지만, 몇 가지 흥미로운 단서가 보인다. 예를 들어 최근에 미국 서부의 반사막 지역 고유종인 유럽불개미의 다른 종에서 동성애 활동이 발견되었다(O'Neill 1994: 96). 더욱이 카와이이수족(샤머니즘 개미 관행이 특히 두드러진 곳)에서는 동물의 특이한 습성이 강력한 영적 징조로 지목되고, 두 영혼의 사람들(예: 족장 같은 권력자의 위치를 차지할 수 있음)은 그러한 동물의 행동과 같은 행동을 하는 것으로 알려져 있다(Groark, K. P. [1996] "Ritual and Therapeutic Use of 'Hallucinogenic' Harvester Ants[Pogonomyrmex] in Native South-Central California." *Journal of Ethnobiology* 16: 1-29; Zigmond, M. [1977] "The Supernatural World of the Kawaiisu." pp. 60-61, 74, in T. C. Blackbum, ed., *Flowers of the Wind: Papers on Ritual, Myth and Symbolism in California and the Southwest*, pp. 59-95 [Socorro, N.Mex.: Ballena Press]). 다시 한 번 말하지만, 유럽불개미의 동성애(또는 기타 성적인 차이)에 대한 토착적인 지식이나 관찰이 그들의 종교적 명성을 높이는 추가적인 요인이 되었을 수 있다고 가정하는 것은 틀린 말이 아니다. 확실히 이러한 예는 사변적이긴 하지만, 동물 생물학과 샤머니즘 관행 및 추가 조사가 필요한 두 영혼 개념 사이의 몇 가지 매혹적인 연결점을 제시한다.

66   Roe 1970: 63-64 (American Bison); Powers, *Oglala Religion*, p. 58; Wissler, "Societies and Ceremonial Associations in the Oglala Division of the Ibton Dakota," p. 92; Dorsey, J. O. (1890) "A Study of Siouan Cults." p. 379, *Bureau of American Ethnology Annual Report* 11: 361-544.

67   Haile et al., Love-Magic and Butterfly People, p. 163. 또한 나들레라는 용어는 간성 염소, 말, 소 및(아마도) 기타 야생 사냥감 동물에 적용된다. 치시스타스족 언어에서 동물의 트랜스젠더를 인식할 수 있다는 증거도 있다. 고유명사 세모즈(Sêmoz)는 '여성스러운 황소'로 번역할 수 있다(Petter, R. C. [1915] *English-Cheyenne Dictionary*, p. 196 [Kettle Falls, Wash.: Valdo Peter]). 그러나 이것은 인간 두 영혼을 나타내는 치시스타스족 용어인 헤마네(hemaneh)와 관련이 없지만, 두 영혼을 가진 사람의 이름일 가능성이 있다.

68   Reid, B. (1979) "History of Domestication of the Cassowary in Mendi Valley, Southern Highlands Papua New Guinea." *Ethnomedizin/Ethnomedicine* 5: 407-32; Reid, B. (1981/82) "The Cassowary and the Highlanders: Present Day Contribution and Value to Village Life of a Traditionally Important Wildlife Resource in Papua New Guinea." *Ethnomedizin/Ethnomedicine* 7: 149-240.

69   Gardner, "A Note on the Androgynous Qualities of the Cassowary." p. 143. 그러나 삼비아족과 아라페시족은 분명히 새의 성기를 인식하지 못한다(Herdt, *Guardians of the Flutes*, p. 145; Tuzin, The Cassowary's Revenge, pp. 80-82). 이 종의 성적 행동에 대한 기준이 되는 서양의 과학적 참고문헌(Crome 1976)에 수컷 화식조의 남근에 대한 언급이 없으며, 종합적인 조류학 핸드북에서 보이는 종의 프로필에도 암컷의 남근이나 음핵에 대한 언급이 없다. 다음을 보라. Folch, A. (1992) "Casuariidae(Cassowaries)." in J. del Hoyo, A. Elliott and J. Sargatal, eds., *Handbook of the Birds of the World*, vol. 1: Ostrich to Ducks, pp. 90-97 (Barcelona: Lynx Ediciónis); Marchant, S. and P. J. Higgins, eds., (1990) *Handbook of Australian, New Zealand and Antarctic Birds*, vol. 1, pp. 60-67 (Melbourne: Oxford University Press).

70   Koch, *Year of the Polar Bear*, p. 32; Harington, C. R. (1962) "A Bear Fable?" *The Beaver*: A Magazine of the North 293: 4-7; Perry, World of the Polar Bear, p. 91; Miller, "People, Berdaches and Left-Handed Bears." p. 286

71   Roe 1970 (especially appendix D: "Albinism in Buffalo." pp. 715-28); McHugh 1972: 123-29; Banfield, A. W. F. (1974) *The Mammals of Canada*, p. 405

(Toronto: University of Toronto Press); Berger, J. and M. C. Pearl(1994) *Bison: Mating and Conservation in Small Populations*, p. 34 (New York: Columbia University Press); Pickering, R. B. (1997) *Seeing the White Buffalo*(Denver: Denver Museum of Natural History Press; Boulder: Johnson Books).

72   아메리카흰목쏙독새는 일부 벌새 그리고 근연종인 아메리카쏙독새나 쏙독새과의 다른 많은 새처럼 때로 대개 24시간 미만으로 지속하는 매일 밤의 야행성 휴면에 들어간다. 그러나 아메리카흰목쏙독새는 장기간의 휴면을 보이는 유일한 종이다. 다음을 보라. E. C. (1949) "Further Observations on the Hibernation of the Poor-will." *Condor* 51: 105-9; Jaeger, E. C. (1948) "Does the Poor-will 'Hibernate'?" *Condor* 50: 45-46; Brigham, R. M. (1992) "Daily Torpor in a Free-Ranging Goatsucker, the Common Poorwill(*Phalaenoptilus nuttallii*)." *Physiological Zoology* 65: 457-72; Kissner, K. J. and R. M. Brigham(1993) "Evidence for the Use of Torpor by Incubating and Brooding Common Poorwills *Phalaenoptilus nuttallii Ornis Scandinivica*." 24: 333-34; Csada, R. D. and R. M. Brigham(1994) "Reproduction Constrains the Use of Daily Torpor by Free-ranging Common Poor-wills(*Phalaenoptilus nuttallii*)." *Journal of Zoology, London* 234: 209-16; Brigham, R. M., K. H. Morgan and P. C. James(1995) "Evidence That Free-Ranging Common Nighthawks May Enter Torpor." *Northwestern Naturalist* 76: 149-50.

73   Russell, F. (1975) *The Pima Indians*, p. x(Tucson: University of Arizona Press); Grant, V. and K. A. Grant(1983) "Behavior of Hawkmoths on Flowers of *Datura meteloides*." *Botanical Gazette* 144: 280-84; Nabham, G. P. and S. St. Antoine(1993) "The Loss of Floral and Faunal Story: The Extinction of Experience." in S. R. Kellert and E. O. Wilson, eds., *The Biophilia Hypothesis*, pp. 229-50 (Washington, D.C.: Island Press).

74   Bulmer, R. (1968) "Worms That Croak and Other Mysteries of Karam[sic] Natural History." *Mankind* 6: 621-39. 특히 '목소리'를 내는 것으로 확인된 지렁이 종 중에는 인도네시아의 페레티마 무지카(Pheretima musica)가 있다. 그러나 Bulmer는 지렁이보다는 개구리가 카람Karam과 벌레와 관련된 실제 소리의 원인일 가능성이 더 높다고 지적한다.

75   Bauer, A. M. and A. P. Russell(1987) "Hoplodactylus delcourti(Reptilia: Gekkonidae) and the Kawekaweau of Maori Folklore." *Journal of Ethnobiology* 7:

83-91.

76 리구스티쿰 포르테리(Ligusticum porteri)로 확인된 이 식물은 미국 남서부와 멕시코 전역에서 토착 약초로 널리 사용되며, 오슈드(oshd), 추추파스테(chuchupa(s)te), 냄새나는 뿌리 등 다양한 이름으로 불린다. Sigstedt, S. (1990) "Bear Medicine: 'Self-Medication' by Animals." *Journal of Ethnobiology* 10: 257; Clayton, D. H. and N. D. Wolfe(1993) "The Adaptive Significance of Self-Medication." *Trends in Ecology and Evolution* 8: 60-63; Rodriguez, E. and R. Wrangham(1993) "Zoopharmacognosy: The Use of Medicinal Plants by Animals." in K. R. Downum, J. T. Romeo and H. A. Stafford, eds, *Phytochemical Potential of Tropical Plants*, pp. 89-105, Recent Advances in Phytochemistry vol. 27 (New York: Plenum Press); Beck, J. J. and F. R. Stermitz(1995) "Addition of Methyl Thioglycolate and Benzylamine to(Z)-Ligustilide, a Bioactive Unsaturated Lactone Constituent of Several Herbal Medicines." *Journal of Natural Products* 58: 1047-55; Linares, E. and R. A. Bye Jr. (1987) "A Study of Four Medicinal Plant Complexes of Mexico and Adjacent United States." *Journal of Ethnopharmacology* 19: 153-83.

77 Arima, E. Y. (1983) *The West Coast People: Nootka of Vancouver Island and Cape Flattery*, British Colum bia Provincial Museum Special Publication no. 6, pp. 2, 102 (Victoria: British Columbia Provincial Museum). 물론 이 문화(대부분의 다른 토착 문화와 마찬가지로)는 비교적 최근에 유럽 이민자들이 가져온 질병이나 집단 학살, 문화적 억압에 의해 '중단'되었다.

78 일부 연구자들이 지적했듯이, 이는 대부분의 서구 과학자들이 전통적인 원주민 지식을 '비과학적'이고 그 문화적 맥락(종종 겉보기에 '환상적'이거나 '신화적'인 요소가 있고, 정통적인 서구 과학 원리와 맞지 않는 것)에서 분리하기 어렵다고 생각하기 때문이다. 토착민과 서구 과학자 간의 협력 가능성뿐만 아니라 이 견해에 대한 추가적인 논의는 다음을 보라. Pearson, D. and Ngaanyatjarra Council(1997) "Aboriginal Involvement in the Survey and Management of Rock-Wallabies." *Australian Mammalology* 19: 249-56.

79 Dumbacher, J. P., B. M. Beeler, T. F. Spande, H. M. Garrafo and J. W. Daly(1992) "Homobatrachotoxin in the Genus Pitohui: Chemical Defense in Birds?" *Science* 258: 799-801; Dumbacher, J. P. (1994) "Chemical Defense in New Guinean Birds." *Journal für Ornithologie* 135: 407; Majnep, I. S.

and R. Bulmer(1977) *Birds of My Kalam Country*(Mnmon Yad Kalam Yakt), p. 103 (Aukland: Aukland University Press); Dumbacher, J. P. and S. Pruett–Jones(1996) "Avian Chemical Defense." in V. Nolan Jr. and E. D. Ketterson, eds., *Current Ornithology*, vol. 13, pp. 137–74 (New York: Plenum Press). 다음의 토착 뉴기니인의 극락조의 구애 행동에 대한 관찰도 보라. Frith, C. B. and D. W. Frith(1997) "Courtship and Mating of the King of Saxony Bird of Paradise *Pteridophora alberti* in New Guinea with Comment on Their Taxonomic Significance." pp. 186, 190–91, *Emu* 97: 185–93.

80   Stephenson, R. O. and R. T. Ahgook(1975) "The Eskimo Hunter's View of Wolf Ecology and Behavior." in M. W. Fox, ed., *The Wild Canids: Their Systematics, Behavioral Ecology and Evolution*, pp. 286–91 (New York–Van Nostrand Reinhold). 범고래의 행동과 분포에 대한 이누이트족의 관찰을 포함한 다음 논문도 보라. Reeves and Mitchell(1988).

81   Dean Hamer에게 쓴 편지와 익명으로 쓴 그의 책에서 발췌. *The Science of Desire: The Search for the Gay Gene and the Biology of Behavior*, p. 213 (New York: Simon and Schuster, 1994).

82   Steward, "Coyote and Tehoma." p. 160.

83   Beston, H. (1928) *The Outermost House: A Year of Life on the Great Beach of Cape Cod*, p. 25 (New York: Rinehart); Bey, H. (1994) *Immediatism*, p. 1 (Edinburgh and San Francisco: AK Press).

84   R. Pirsig, quoted in Carse, *Finite and Infinite Gaines*.

85   Ibid., p. 127.

86   Worster, D. (1990) "The Ecology of Chaos and Harmony." *Environmental History Review* 14: 1–18.

87   Bunyard P. and E. Goldsmith, eds., (1989) "Towards a Post–Darwinian Concept of Evolution." in P. Bunyard and E. Goldsmith, eds., *Gaia and Evolution, Proceedings of the Second Annual Camelford Conference on the Implications of the Gaia Thesis*, pp. 146–51 (Camelford: Wadebridge Ecological Centre). 이 사상을 주장하는 학파는 다윈 이후에 발생한 좀 더 과거의 진화론적 이론과 차이점을 강조하기 위해, 때로 '포스트신다윈주의' 진화라고도 한다(따라서 그 전 다윈주의는 일반적으로 '신다윈주의'라고 불린다).

88   Ho, M. W. and P. T. Saunders(1984) "Pluralism and Convergence in Evolutionary Theory." and preface, in M. W. Ho and P. T. Saunders, eds., *Beyond Neo-Darwinism: An Introduction to the New Evolutionary Paradigm*, pp. ix–x, 3–12 (London: Academic Press).

89   더 많은 논의와 예시를 보려면 다음을 보라. Ho, M. W., P. Saunders and S. Fox(1986) "A New Paradigm for Evolution." *New Scientist* 109(1497): 41–43; and the numerous articles in Ho and Saunders, Beyond NeoDarwinism. 포스트신다윈주의 사상에서 등장한 몇 가지 새로운 아이디어에 대한 보다 최근의 요약은 다음을 보라. Wieser, W. (1997) "A Major Transition in Darwinism." *Trends in Ecology and Evolution* 12: 367–70.

90   예를 들어 다음의 수많은 기고자를 참조하라. Barlow, C. (1994) *Evolution Extended: Biological Debates on the Meaning of Life*(Cambridge, Mass.: MIT Press).

91   Wilson, E. O. (1978) *On Human Nature*, p. 201 (Cambridge, Mass.: Harvard University Press).

92   von Bertalanfly, L. (1969) "Chance or Law." in A. Koestler and R. M. Smithies, eds., *Beyond Reductionism*(London: Hutchinson); Lewontin, R. and S. J. Gould(1979) "The Spandrels of San Marco and the Panglossian Paradigm: A Critique of the Adaptationist Programme." *Proceedings of the Royal Society of London*, Series B 205: 581–98; Hamilton, M. (1984) "Revising Evolutionary Narratives: A Consideration of Evolutionary Assumptions About Sexual Selection and Competition for Mates." *American Anthropologist* 86: 651– 62; Levins, R. and R. C. Lewontin(1985) The Dialectical Biologist(Cambridge, Mass.: Harvard University Press); Rowell, T. (1979) "How Would We Know If Social Organization Were Not Adaptive?" in I. Bernstein and E. Smith, eds., *Primate Ecology and Human Origins*, pp. 1–22 (New York: Garland). 다음 토론도 보라. Ho et al., "A New Paradigm for Evolution." and in Ho and Saunders, *Beyond Neo-Darwinism*.

93   May, R. (1989) "The Chaotic Rhythms of Life." *New Scientist* 124(1691): 37–41; Ford quote in Gleick, J. (1987) *Chaos: Making a New Science*, p. 314 (New York: Viking); Ferriére, R. and G. A. Fox(1995) "Chaos and Evolution." *Trends in Ecology and Evolution* 10: 480–85; Robertson, R. and A. Combs, eds., (1995)

Chaos *Theory in Psychology and the Life Sciences*(Mahwah, N.J.: Lawrence Erlbaum Associates); Degn, H., A. V. Holden and L. F. Olsen, eds., (1987) *Chaos in Biological Systems*(New York: Plenum Press). 다음도 보라. Abraham, R. (1994) *Chaos, Gaia, Eros: A Chaos Pioneer Uncovers the Three Great Streams of History*(San Francisco: Harper San Francisco).

94 Alados, C. L., J. M. Escos and J. M. Emlen(1996) "Fractal Structure of Sequential Behavior Patterns: An Indicator of Stress." *Animal Behavior* 51: 437–43; Cole, B. J. (1995) "Fractal Time in Animal Behavior: The Movement Activity of Drosophila." *Animal Behavior* 50: 1317–24; Erlandsson, J. and V. Kostylev(1995) "Trail Following, Speed and Fractal Dimension of Movement in a Marine Prosobranch, Littorina littorea, During a Mating and a Non–Mating Season." *Marine Biology* 122: 87–94; Solé, R. V., O. Miramontes and B. C. Goodwin(1993) "Oscillations and Chaos in Ant Societies." *Journal of Theoretical Biology* 161: 343–57; Fourcassie, V., D. Coughlin and J. E. A. Traniello(1992) "Fractal Analysis of Search Behavior in Ants." *Naturwissenschaften* 79: 87–89; Camazine, S. (1991) "Self–Organizing Pattern Formation on the Combs of Honey Bee Colonies." *Behavioral Ecology and Sociobiology* 28: 61–76; Cole, B. J. (1991) "Is Animal Behavior Chaotic? Evidence from the Activity of Ants." *Proceedings of the Royal Society of London*, Series B 244: 253–59.

95 Gleick, Chaos: Making a New Science; Botkin, D. B. (1990) *Discordant Harmonies: A New Ecology for the Twenty-first Century*(New York: Oxford University Press).

96 Savalli, U. M. (1995) "The Evolution of Bird Coloration and Plumage Elaboration: A Review of Hypotheses." in D. M. Power, ed., *Current Ornithology*, vol. 12, pp. 141–90 (New York: Plenum Press).

97 이와 관련하여 유망한 연구 방향에 대해서는 단일 수학 방정식에서 광범위한 동물 털 패턴을 생성할 수 있다는 제안을 참조하라(Alan Turing의 작업에 근거함). Murray, J. D. (1988) "How the Leopard Gets Its Spots." *Scientific American* 258(3): 80–87.

98 Goerner, S. (1995) "Chaos, Evolution and Deep Ecology." in Robertson and Combs, *Chaos Theory in Psychology and the Life Sciences*, pp. 17–38; Worster, "The Ecology of Chaos and Harmony." p. 14; Haldane, J. B. S. (1928) *Possible Worlds and Other Papers*, p. 298 (New York: Harper & Brothers).

99   Goerner, "Chaos, Evolution and Deep Ecology," p. 24.

100   Lovelock, J. E. (1988) "The Earth as a Living Organism," in E. O. Wilson, ed., *BioDiversity*, pp. 486–489 (Washington, D.C.: National Academy Press).

101   Lovelock, J. E. (1979) *Gaia: A New Look at Life on Earth*(Oxford: Oxford University Press); Margulis, L. and D. Sagan(1986) *Microcosmos: Four Billion Years of Microbial Evolution*(New York: Summit Books); Bunyard, P. and E., Goldsmith, eds., (1988) *Gaia: The Thesis, the Mechanisms and the Implications*, Proceedings of the First Annual Camelford Conference on the Implications of the Gaia Hypothesis(Camelford: Wadebridge Ecological Centre); Lovelock, J. E. (1988) *The Ages of Gaia: A Biography of Our Living Earth*(New York: W. W. Norton and Company); Bunyard and Goldsmith, *Gaia and Evolution*; Schneider, S. H. and P. J. Boston, eds., (1991) *Scientists on Gaia*, Proceedings of the American Geophysical Union's Annual Chapman Conference(Cambridge, Mass.: MIT Press); Williams, G. R. (1996) *The Molecular Biology of Gaia*(New York: Columbia University Press).

102   Lambert, D. and R. Newcomb(1989) "Gaia, Organisms and a Structuralist View of Nature," in Bunyard and Goldsmith, *Gaia and Evolution*, pp. 75–76.

103   Lovelock, "The Earth as a Living Organism," p. 488.

104   Tilman, D. and J. A. Downing(1994) "Biodiversity and Stability in Grasslands," *Nature* 367: 363–65.

105   기술적으로 이 그룹은 섭금류(Charadrii)라고 알려진 상위 그룹(또는 '아목')에 묶인 13종의 별개의 새들로 구성된다. 이 가족의 이성애 짝짓기 시스템에 대한 정보는 다음을 보라. del Hoyo, J., A. Elliott and J. Sargatal, eds., (1996) *Handbook of the Birds of the World*, vol. 3: Hoatzin to *Auks*, pp. 276–555 (Barcelona: Lynx Ediciόns); Paton, P. W. C. (1995) "Breeding Biology of Snowy Plovers at Great Salt Lake, Utah," *Wilson Bulletin* 107: 275–88; Nethersole–Thompson, D. and M. Nethersole–Thompson(1986) *Waders: Their Breeding, Haunts and Watchers*(Calton: T. and A. D. Poyser); Pitelka, F. A., R. T. Holmes and S. F. MacLean Jr. (1974) "Ecology and Evolution of Social Organization in Arctic Sandpipers," *American Zoologist* 14: 185–204. 동성애 활동과 관련된 종에 대한 자세한 내용은 II부의 프로필 및 참조를 보라.

106   Carranza, J., S. J. Hidalgo de Trucios and V. Ena(1989) "Mating System Flexibility

in the Great Bustard: A Comparative Study." *Bird Study* 36: 192-98. 환경적 또는 사회적 가변성에 대한 반응으로서 행동 가소성 및 다양한 성적인 행동이 제공하는 가능한 이점에 대한 논의는 다음을 보라. Komers, P. E. (1997) "Behavioral Plasticity in Variable Environments." *Canadian Journal of Zoology* 75: 161-69; Carroll, S. P. and P. S. Corneli(1995) "Divergence in Male Mating Tactics Between Two Populations of the Soapberry Bug: II. Genetic Change and the Evolution of a Plastic Reaction Norm in a Variable Social Environment." *Behavioral Ecology* 6: 46-56; Rodd, E. H. and M. B. Sokolowski(1995) "Complex Origins of Variation in the Sexual Behavior of Male Trinidadian Guppies, Poecilia reticulata: Interactions Between Social Environment, Heredity, Body Size and Age." *Animal Behavior* 49: 1139-59. 환경적 다양성에 대한 적응적 반응으로서 비챾번식에 대한 분석은 예로서 다음을 보라. Aebischer and Wanless 1992 (Shag).

107 개꿩(Nethersole-Thompson and Nethersole-Thompson 1961: 207-8 [개꿩의 연관 종에서 이성애 짝 결합의 '파괴'가 눈이 늦게 녹기 때문일 가능성에 관해서는 다음을 보라. Johnson, O. W., P. M. Johnson, P. L. Bruner, A. E. Bruner, R. J. Kienholz and P. A. Brusseau(1997) "Male-Biased Breeding Ground Fidelity and Longevity in American Golden-Plovers." *Wilson Bulletin* 109: 348-351]), 회색곰(Craighead et al. 1995: 216-17; J. W. Craighead, 개인적 통신), 타조(Sauer 1972: 717), 북미갈매기와 캘리포니아갈매기(Conover et al. 1979), 히말라야원숭이 (Fairbanks et al. 1977: 247-48), 몽땅꼬리원숭이와 기타 영장류(Bernstein 1980: 32; Vasey, "Homosexual Behavior in Primates." pp. 193-94). 환경 '스트레스'가 웃는갈매기와 기타 종에서 '가소성' 있는 사회적 반응과 성적인 반응(예: 동성애 짝짓기)을 유발할 수 있다는 제안에 대해서는 Hand(1985)를 참조하라. 제4장에서 언급했듯이 동성애와 '비정상적인' 생태학적(또는 기타) 조건이 가끔 일치하는 것은 대개 과학자들이 부정적으로 해석한다. 즉, 진행 중인 환경 흐름에 대한 유연한 반응(또는 시너지 효과)이라기보다는 '교란된' 생물학적 또는 사회적 질서의 증거로 간주한다. 더욱이, 이러한 많은 사례에 대한 증거(흥미롭긴 하지만)는 기껏해야 일화적인 것에 불과하며, 관련하여 결론이나 추가적인 추측이 나오기 전에, 보다 체계적인 조사가 필요할 것이다.

108 일본원숭이(Eaton 1978: 55-56). 또한 Vasey는 동성애 자체가 적응적인 것이 아닐 수 있지만, 행동 가소성처럼 적응이 가능한 다른 특성의 중립적인 행동 '부산물'로 나타날 수 있다고 제안했다("Homosexual Behavior in Primates." p. 196). 동물의 문화 및 원시 문화현상에 대한 자세한 내용은 제2장을 참조하라.

109   Bataille, G. (1991) *The Accursed Share*, vol. 1, p. 33 (New York: Zone Books).

110   Gleick, *Chaos: Making a New Science*, pp. 4, 221, 306.

111   Wilson, *Diversity of Life*, pp. 201, 210.

112   Catchpole, C. K. and P. J. B. Slater(1995) *Bird Song: Themes and Variations*, pp. 187, 189 (Cambridge: Cambridge University Press).

113   Eberhard, W. G. (1996) *Female Control: Sexual Selection by Cryptic Female Choice*, pp. 55, 81 (Princeton: Princeton University Press); Eberhard, W. G. (1985) *Sexual Selection and Animal Genitalia*, p. 17 (Cambridge, Mass.: Harvard University Press).

114   Weldon, P. J. and G. M. Burghardt(1984) "Deception Divergence and Sexual Selection." *Zeitschrift für Tierpsychologie* 65: 89–102.

115   Batiille, *Accursed Share*.

116   예를 들어 풍부한 자원과 충분한 여가 시간이 있는 현대 산업사회와 대조적으로 토착 '생존' 문화는 자원의 부족과 생존을 위한 고되고 심지어 필사적인 투쟁을 특징으로 한다고 잘못 생각한다. 그러나 실제 상황은 일반적으로 반대다. 산업사회는 본질적으로 강제적으로 부족함이 있는 체계다. 성인은 일주일에 40–60시간이나 되는 노동을 해도 주택, 음식, 주거와 같은 기본 필수품을 대다수의 사람들이 얻기 힘들다. 대조적으로, 많은 수렵-채집 사회(남아프리카의 사막과 같이 가장 '가장 혹독한' 환경에 사는 사회를 포함하여)의 경제에 대한 상세한 연구에 따르면 모든 사람의 '일하는 시간'은 일주일에 15–25시간에 불과하다(일부 소수의 특권층 이야기가 아니다). 기본 자원은 매우 풍부하고 물질적 필요를 최소화하며 공평한 형태의 사회 조직(모든 사람이 자원을 자유롭게 사용할 수 있도록 함) 때문에 그러한 사회에서 사람들은 나머지 시간을 '여가 활동'으로 채운다. 추가적인 논의는 다음을 보라. Sablins, M. (1972) *Stone Age Economics*(Chicago: Aldine Publishing); Lee, R. B. (1979) *The !Kung San: Men, Women and Work in a Foraging Society*(Cambridge: Cambridge University Press); Mander, "Lessons in Stone-Age Economics." chapter 14 in *In the Absence of the Sacred*.

117   cummings, e. e. (1963) *Complete Poems* 1913–1962, p. 749 (New York and London: Harcourt Brace Jovanovich).

118   유성 생식의 '문제'에 대한 자세한 내용은 다음을 보라. Dunbrack, R. L., C. Coffin and R. Howe(1995) "The Cost of Males and the Paradox of Sex: An

Experimental Investigation of the Short-Term Competitive Advantages of Evolution in Sexual Populations." *Proceedings of the Royal Society of London*, Series B 262: 45-49; Collins, R. J. (1994) "Artificial Evolution and the Paradox of Sex." in R. Parton, ed., Computing With Biological Metaphors, pp. 244-63 (London: Chapman & Hall); Slater, P. J. B. and T. R. Halliday, eds., (1994) *Behavior and Evolution*(Cambridge: Cambridge University Press); Michod, R. E. and B. R. Levin, eds., (1987) *The Evolution of Sex: An Examination of Current Ideas*(Sunderland, Mass.: Sinauer Associates); Alexander, R. D. and D. W. Tinkle(1981) Natural Selection and Social Behavior: Recent Research and New Theory(New York-Chiron Press); Daly, M. (1978) "The Cost of Mating." *American Naturalist* 112: 771-74.

119 사실, 많은 동물학자가 각자 동성애(및 대체 이성애) 활동을 '에너지가 많이 드는', '낭비적인', '비효율적인' 또는 '과도한' 것으로 특징지었다. 다음 예를 보라. 서부갈매기 같은 성 짝 결합에 대한 Fry et al. (1987: 40). 체체파리와 집파리의 동성애 구애에 관한 Schlein et al. (1981: 285). 푸른배파랑새의 교미를 하지 않는 마운팅에 관한 Moynihan(1990: 17), 작은갈색박쥐의 수컷 동성애 상호작용 중 정자의 '낭비'에 관한 Thomas et al. (1979: 135), 참새의 '집단 과시'(집단 구애와 난잡한 성적인 활동)에 관한 Moller(1987: 207-8), '방대한 양의 에너지'를 소비하는 비번식 검은머리물떼새와 검은부리까치 사이의 '엄한 의식'에 대해서는 Ens(1992: 72), 상당한 '비효율'과 '에너지 낭비'를 수반하는 암컷 영장류의 '과도한' 비생식적 이성애 활동에 대해서는 J. D. Paterson in Small(p. 92), (Small, M. F. [1988] "Female Primate Sexual Behavior and Conception: Are There Really Sperm to Spare?" *Current Anthropology* 29: 81-100) 그리고 서로 다른 종의 물개 사이의 폭력적이고 종종 생식적이지 않은 이성애 짝짓기와 관련된 '과도한' 성적인 선택에 대해서는 Miller et al. (1996: 468), 성적(및 기타) 충동의 '과잉' 때문에 동기가 부여되는 일부 동물 행동의 초창기 특징화에 대해서는 다음을 보라. Tinbergen, N. (1952) "Derived Activities: Their Causation, Biological Significance, Origin and Emancipation During Evolution." especially pp. 15, 24, *Quarterly Review of Biology* 27: 1-32. 초기의 비과학적인 이론에서 (수컷) 동성애를 자연의 '과다', '과잉', '방탕'으로 표현한 다음 문헌도 보라. Gide, A. (1925/1983) *Corydon*, especially pp. 41, 48, 68 (New York: Farrar Straus Giroux).

120 von Hildebrand, M. (1988) "An Amazonian Tribe's View of Cosmology." in Bunyard and Goldsmith, *Gaia: The Thesis, the Mechanisms and the*

Implications, pp. 186–195.

121   Bataille, *Accursed Share*, vol. 1, p. 28.

122   Wilson, E. O., *Diversity of Life*, pp. 43, 350ff.

123   Abraham, Chaos, Gaia, Eros, p. 63. 프랙털이나 혼돈 패턴이 일부 아메리카 원주민 및 뉴기니 문화의 기초가 될 수 있다는 가능성에 대한 논의는 다음을 보라. Blitz, M. R., E. Duran and B. R. Tong(1995) "Cross–Cultural Chaos," in Robertson and Combs, *Chaos Theory in Psychology and the Life Sciences*, pp. 319–30; Wagner, R. (1991) "The Fractal Person," in Godelier and Strathern, *Big Men and Great Men*, pp. 159–73.

124   See, for example, Ehrlich, P. R. (1988) "The Loss of Diversity: Causes and Consequences," in Wilson, *BioDiversity*, pp. 21–27; Takacs, D. (1996) *The Idea of Biodiversity: Philosophies of Paradise*, pp. 254–70 (Baltimore and London: Johns Hopkins University Press); Wilson, *On Human Nature*. 과학의 '영성화'와 그것이 낳은 논쟁에 대한 최근 개요에 대해서는 다음을 보라. Easterbrook, G. (1997) "Science and God: A Warming Trend?" *Science* 277: 890–93.

125   Nelson, R. (1993) "Searching for the Lost Arrow: Physical and Spiritual Ecology in the Hunter's World," in Kellert and Wilson, *The Biophilia Hypothesis*, pp. 202–28; Nabham and St. Antoine, "The Loss of Floral and Faunal Story."; Diamond, J. (1993) "New Guineans and Their Natural World," in Kellert and Wilson, *The Biophilia Hypothesis*, pp. 251–71.

126   Chadwick 1983: 15 (Mountain Goat); Grumbie, R. E. (1992) *Ghost Bears: Exploring the Biodiversity Crisis*, pp. 69–71 (Washington, D.C.: Island Press); Soulé, M. E. (1988) "Mind in the Biosphere; Mind of the Biosphere," in Wilson, *BioDiversity*, pp. 465–69.

127   Goldsmith, E. (1989) "*Gaia and Evolution*," in Bunyard and Goldsmith, Gaia and Evolution, p. 8; Bunyard, P. (1988) "Gaia: Its Implications for Industrialized Society," in Bunyard and Goldsmith, *Gaia: Die Diesis, the Mechanisms and the Implications*, pp. 218–20.

128   LaPena, F. (1987) *The World Is a Gift*(San Francisco: Limestone Press); 다음도 보라. Theodoratus, D. J. and F. LaPena(1992) "Wintu Sacred Geography," in L. J. Bean, ed., *California Indian Shamanism*, pp. 211–25 (Menlo Park, Calif.: Ballena Press).

129 Littlebird, L. (1988) "Cold Water Spirit," in Wilson, *BioDiversity*, pp. 476-80.

130 Miller, "People, Berdaches and Left-Handed Bears," pp. 278-80; Lange, C. H. (1959) *Cochiti: A New Mexico Pueblo, Past and Present*, pp. 135, 256 (Austin: University of Texas Press). On the kokwimu or two-spirit, see Gutiérrez, R. A. (1991) *When Jesus Came, the Corn Mothers Went Away: Marriage, Sexuality and Power in New Mexico*, 1500-1846, pp. 33-35 (Stanford: Stanford University Press); Parsons, E. C. (1923) "Laguna Genealogies," p. 166, *Anthropological Papers of the American Museum of Natural History* 19: 133-292; Parsons, E. C. (1918) "Notes on Acoma and Laguna," pp. 181-82, American Anthropologist 20: 162-86.

131 비록 리틀버드의 이야기에서 정확한 종의 이름이 나오지는 않았지만, 이야기에 언급 된 여러 특성에 기초하여 상당히 정확하게 종을 식별할 수 있다. 외모(녹색 등을 따라 짙은 회색 선이 이어진다), 습성(몸을 움직이면서 리드미컬하게 가슴을 위아래로 들어 올리고, 빠르게 달리고, 건조하고 먼지가 많은 곳을 자주 다니며, 덤불 아래에서 피난 처를 찾는다), 장소(뉴멕시코 서부 중부)가 그것이다. 파충류학자인 Donald Miles는 이것이 채찍꼬리도마뱀 종일 가능성이 가장 높으며 아마도 사막풀밭채찍꼬리도마뱀 (*Cnemidophorus uniparens*)일 것이라고 확인했다(개인적 통신). 이 도마뱀과 다른 채찍꼬리도마뱀의 단성 생식과 동성애 교미에 대해서는 부록에서 이들 종의 참조를 보라.

132 Anguksuar(Richard LaFortune) (1997) "A Postcolonial Colonial Perspective on Western(Mis)Conceptions of the Cosmos and the Restoration of Indigenous Taxonomies," p. 219, in Jacobs et al., *Two-Spirit People*, pp. 217-22.

133 Barlow, *Evolution Extended*, pp. 292-93, 298, 300.

134 Harjo, J. (1988) "The Woman Hanging from the Thirteenth Floor Window," in C. Morse and J. Larkin, eds., *Gay & Lesbian Poetry in Our Time*, pp. 179-81 (New York: St. Martin's Press); Harjo, J. (1990) *In Mad Love and War*(Middletown, Conn.: Wesleyan University Press); Harjo, J. (1994) *The Woman Who Fell from the Sky*(New York: W. W. Norton and Company); Harjo, J. (1996) *The Spiral of Memory: Interviews*(Ann Arbor: University of Michigan Press), pp. 28, 57, 68, 108, 115-17, 126, 129; Randall, M. (1990) "Nothing to Lose," *Women's Review of Books* 7: 17-18.

135 Geist, V. (1996) *Buffalo Nation: History and Legend of the North American*

Bison, p. 55 (Stillwater, Minn.: Voyageur Press). 사진은 3살짜리 수컷이 또 다른 3 살짜리 수컷을 마운팅하고 있는 모습이다. 마운티의 성별과 나이는 뿔과 머리의 모양 과 크기, 눈에 띄는 포피(페니스) 다발로 식별할 수 있다(D. F. Lott, 개인적 통신).

136 Brant, B. (1994) "Anodynes and Amulets," in Brant, *Writing as Witness*, pp. 25–34; Shaw, C. (1995) "A Theft of Spirit?" *New Age Journal*(July/August 1995): 84–92.

137 Serum, A. (1984) "Growth and Decay: Bedamini Notions of Sexuality," in Herdt, *Ritualized Homosexuality in Melanesia*, pp. 318–36.

138 Schlesier, *The Wolves of Heaven*, pp. 13–14, 66–67, 190.

139 Nataf, Z. I. (1996) *Lesbians Talk Transgender*, p. 55 (London: Scarlet Press); with quotations from Smith, S. A. (1993) "Morphing, Materialism and the Marketing of Xenogenesis." *Genders* 18: 67–86.

140 cummings, e. e. *Complete Poems*, p. 809.

141 Monarch Butterfly(Leong et al. 1995; Leong 1995; Urquhart 1987; Tilden 1981; Rothschild 1978; Malcolm, S. B. and M. P. Zalucki, eds., [1993] *Biology and Conservation of the Monarch Butterfly, Science Series* no. 38 [Los Angeles: Natural History Museum of Los Angeles County]).

142 Bey, H. (1991) T.A.Z: *The Temporary Autonomous Zone, Ontological Anarchy, Poetic Terrorism*, p. 137 (New York: Autonomedia).

143 별개이지만 관련된 '점들' 사이의 궤적에서 개념적 위치를 찾는 이미지는 다음에서 가 져왔다. Hakim Bey(*Immediatism*, p. 32).

144 MacNeice, L. (1966) "Snow." in *Collected Poems*(Oxford: Oxford University Press).

145 Bey, *T.A.Z.*, pp. 23, 55.

Plate 2a−b, p.137) with the permission of David W. Macdonald. © 1980 by David W. Macdonald.

Page 302 (Takhi/Przewalski's Horse): Photo by Judy Rosenthal and Amy Kasuda. Printed with the permission of Katherine A. Houpt. © 1999 by Katherine A. Houpt.

Pages 332, 925 (Black−winged Stilt): Photos by Tamaki Kitagawa. Reprinted from Kitagawa (1988: Fig.2a−b, p.64) with the permission of Tamaki Kitagawa. © 1988 by Tamaki Kitagawa.

Pages 332, 1030 (Red−backed Shrike): Photos by Eric Ashby. Reprinted from Ashby (1958: p. 272) with the permission of The Countrymart/Link House Magazines. © 1958 by *The Countryman*/Link House Magazines and Eric Ashby.

Page 366 (White−tailed Deer): Photo by Leonard Lee Rue III. Reprinted from Marchinton and Hirth (1984: p.150) with the permission of Leonard Rue Enterprises. © 1984 by Leonard Lee Rue III and Len Rue Jr.

Page 369 (Common Chimpanzee): Photo by Toshisada Nishida. Reprinted from Nishida (1970: Fig.6, p.81) with the permission of Yukimaru Sugiyama/Japan Monkey Centre. © 1970 by *Primates*/Japan Monkey Centre.

Page 380 (American Bison): Photo by S. Oberhansley. Courtesy Record Group 79, National Archives and Records Administration, Yellowstone National Park.

Page 394 (Inuit shaman's cloak): Photo by P. Hollenbeak. Image 2A13527, courtesy Department of Library Services, American Museum of Natural History.

Page 407 (Eastern Gray Kangaroo): Photo by Jenny Norman and Ron Oldfield. Printed with the permission of D. W. Cooper. © 1999 by D. W. Cooper.

Pages 464, 465, 466 (Bonobo): Photos by Takayoshi Kano. Reprinted from Kano (1992: pp.178,179,192) with the permission of Stanford University Press and Takayoshi Kano. © 1992 by the Board of Trustees of the Leland Stanford Junior University.

Page 467 (Bonobo): Photo by Frans de Waal. Reprinted from de Waal (1987: Fig.6, p.325) with the permission of Frans de Waal. © 1987 by Frans de Waal.

Page 485 (Gorilla): Photos by Juichi Yamagiwa. Reprinted from Yamagiwa (1987: Figs. 5a−b, p.12) with the permission of Yukimaru Sugiyama/Japan Monkey Centre and Juichi Yamagiwa. © 1987 by *Primates*/Japan Monkey Centre.

Page 507 (Hanuman Langur): Photo by Volker Sommer. Reprinted from Srivastava et al. (1991: Fig.1, p.495) with the permission of Plenum Publishing Corporation and Volker Sommer. © 1991 by Plenum Publishing Corporation.

Page 530 (Rhesus Macaque): Reprinted from Akers and Conaway (1979: Fig.7, p.73) with the permission of Plenum Publishing Corporation. © 1979 by Plenum Publishing Corporation.

Page 545 (Bonnet Macaque): Photo by Paul Simonds. Reprinted from Simonds (1965: Fig.6−5, p.183) with the permission of Holt, Rinehart, and Winston and Paul Simonds. © 1965 by Holt, Rinehart, and Winston and renewed 1993 by Irven DeVore.

Page 563 (Savanna Baboon): Photo by Timothy W. Ransom. Reprinted from Ransom (1981: Plate5−A[3], p.84) with the permission of Associated University Presses. © 1981 by Associated University Presses, Inc.

Page 565 (Savanna Baboon): Photo by K. R. L. Hall Reprinted from Hall (1962: Plate 1, Fig.2, p.326) with the permission of Cambridge University Press. © 1962 by the Zoological Society of London.

Page 573 (Squirrel Monkey): Photo by Frank DuMond. Reprinted from DuMond (1968: Fig.12, p.125) with the permission of Academic Press, Inc. © 1968 by Academic Press, Inc.

Page 587 (Boto): Photo by James N. Layne. Reprinted from Layne and Caldwell (1964: Plate1, Fig.2, p.108) with the permission of James N. Layne. © 1964 by James N. Layne.

Page 597 (Bottlenose/Atlantic Spotted Dolphins): Photo by Wild Dolphin Project. Reprinted from Herzing and Johnson (1997: Fig.8, p.92) with the permission of Denise Herzing and *Aquatic Mammals*. © 1997 by Wild Dolphin Project, Inc.

Page 654 (White−tailed Deer): Photo by Len Rue Jr. Printed with the permission of Leonard Rue Enterprises. © 1999 by Leonard Rue III and Len Rue Jr.

Page 664 (Wapiti/Red Deer): Reprinted from Guiness et al. (1971: Plate2, Fig.4, p.435) with the permission of the *Journal of Reproduction and Fertility*. © 1971 by the *Journal of Reproduction and Fertility*.

Page 676 (Giraffe): Photo by Stephen Maka. Printed with the permission of Stephen G.

Maka. © 1999 by Stephen G. Maka.

Page 701 (Bighorn Sheep): Photo by Valerius Geist. Reprinted from Geist (1975: p.106) with the permission of Valerius Geist. © 1975 by Valerius Geist.

Page 737 (African Elephant): Photo by Mitch Reardon. Printed with the permission of Photo Researchers, Inc. © 1999 by Photo Researchers, Inc.

Page 761 (Grizzly Bear): Photo by John J. Craighead. Printed with the permission of Craighead Wildlife−Wildlands Institute. © 1999 by John Craighead.

Page 768 (Spotted Hyena): Photos by Gus Mills. Reprinted from Mills (1990: Fig.5.4, p.173; Fig.7.6, p.243) with the permission of M. G. L. Mills. © 1990 by Gus Mills.

Page 824 (Greylag Goose): Photo by Robert Huber. Reprinted from Huber and Martys (1993: Fig.2, p.158) with the permission of Michael Martys. © 1993 by Michael Martys.

Page 826 (Greylag Goose): Photo by Michael Martys. Printed with the permission of Michael Martys. © 1999 by Michael Martys.

Page 911 (Ruff): Photos by Horst Scheuder. Reprinted from Scheuder and Stiefel (1985: Fig. 23a−b, p. 57) with the permission of Westarp−Wissenschaften. © 1985 by Westarp−Wissenschaften/A. Ziemsen Verlag.

Page 947 (Western Gull): Photo by George L. Hunt Jr. Printed with the permission of George L. Hunt Jr. © 1999 by George L. Hunt Jr.

Page 980 (Guianan Cock−of−the−Rock): Photo by Pepper W. Trail. Reprinted from Trail (1985: Fig.16, p.240) with the permission of Pepper W. Trail. © 1985 by Pepper W. Trail.

Page 1071 (Superb Lyrebird): Photo by L. H. Smith. Reprinted from Smith (1988) with the permission of L. H. Smith. © 1988 by L. H. Smith.

Page 1072 (Superb Lyrebird): Photo by L. H. Smith. Reprinted from Smith (1968: p. 92) with the permission of L. H. Smith. © 1968 by L. H . Smith.

Page 1080 (Greater Rhea): Photos by Juan C. Reboreda. Reprinted from Ferndndez and Reboreda (1995: Fig.IB−C, p.323) with the permission of Munksgaard International Publishers Ltd., Gustavo J. Ferndndez, and Juan C. Reboreda. © 1995 by the *Journal of Avian Biology*.

Page 1101 (Sage Grouse): Photos by John W. Scott. Reprinted from Scott (1942: Plate17, Figs.17−18, p. 498) with the permission of *The Auk*/American Ornithologists' Union and John P. Scott. © 1942 by *The Auk*/American Ornithologists' Union and John P. Scott.

Cartography by Ortelius Design; icon design by Phyllis Wood.

All others drawings © 1999 by John Megahan.

본문 수록명	영명	학명	통용명
(검은다리) 세가락갈매기	(Black-legged) Kittiwake	*Rissa tridactyla*	세가락갈매기
(북미) 붉은다람쥐	American red squirrel	*Tamiasciurus hudsonicus*	(북미) 붉은다람쥐
(아메리카) 흑곰	(American) Black bear	*Ursus americanus*	(아메리카) 흑곰
(회색) 늑대	(Gray) Wolf	*Canis lupus*	(회색) 늑대
가는뿔산양	Thinhorn or Dall's sheep	*Ovis dalli*	가는뿔산양
가지뿔영양	Pronghorn	*Antilocapra americana*	가지뿔영양
갈까마귀	(Eurasian) Jackdaw	*Corvus monedula*	갈까마귀
갈라	Galah or Roseate cockatoo	*Eolophus roseicapillus*	
갈색머리흑조	Brown-headed cowbird	*Molothrus ater*	갈색머리흑조
갈색제비	Bank swallow or Sand martin	*Riparia riparia*	갈색제비
개꿩	(Eurasian) Golden plover	*Pluvialis apricaria*	개꿩
개미잡이새	Antbirds	*Jynx torquilla*	개미잡이

본문 수록명	영명	학명	통용명
검둥고니	Black swan	*Cygnus atratus*	검둥고니
검은꼬리사슴	Mule or Black-tailed deer	*Odocoileus hemionus*	검은꼬리사슴
검은두건랑구르	Nilgiri langur	*Presbytis johnii*	검은두건랑구르
검은머리물떼새	(Eurasian) Oystercatcher	*Haematopus ostralegus*	검은머리물떼새
검은목아메리카노랑솔새	Hooded warbler	*Wilsonia citrina*	
검은부리까치	Black-billed magpie	*Pica pica*	검은부리까치
검은엉덩이화염등딱따구리	Black-rumped flameback	*Dinopium benghalense*	
검은장다리물떼새	Black stilt	*Himantopus novaezelandiae*	
검정짧은꼬리원숭이	Crested black macaque	*Macaca nigra*	검정짧은꼬리원숭이
겔라다개코원숭이	Gelada baboon	*Theropithecus gelada*	겔라다개코원숭이
고릴라	Gorilla	*Gorilla gorilla*	고릴라
그랜트가젤	Grant's gazelle	*Gazella granti*	그랜트가젤
그리폰독수리	(Eurasian) Griffon vulture	*Gyps fulvus*	그리폰독수리
기린	Giraffe	*Giraffa camelopardalis*	기린
기아나바위새	Guianan cock-of-the-rock	*Rupicola rupicola*	

본문 수록명	영명	학명	통용명
긴귀고슴도치	Long-eared hedgehog	*Hemiechinus auritus*	긴귀고슴도치
긴꼬리벌새	Long-tailed hermit hummingbird	*Phaethornis superciliosus*	
긴부리돌고래	Spinner dolphin	*Stenella longirostris*	긴부리돌고래
꼬마줄무늬다람쥐	Least chipmunk	*Tamias minimus*	꼬마줄무늬다람쥐
나무제비	Tree swallow	*Tachycineta bicolor*	
남부산캐비	Dwarf cavy	*Microcavia australis*	남부산캐비
노랑가슴도요	Buff-breasted sandpiper	*Tryngites subruficollis*	노랑가슴도요
노랑이빨캐비	Cui or Yellow-toothed cavy	*Galea musteloides*	노랑이빨캐비
뉴질랜드바다사자	New zealand sea lion	*Phocarctos hookeri*	뉴질랜드바다사자
다람쥐원숭이	(Common) Squirrel monkey	*Saimiri sciureus*	다람쥐원숭이
덤불개	Bush dog	*Speothos venaticus*	덤불개
도리아나무캥거루	Doria's tree kangaroo	*Dendrolagus dorianus*	도리아나무캥거루
도토리딱따구리	Acorn woodpecker	*Melanerpes formicivorus*	
동부파랑새	Eastern bluebird	*Sialia sialis*	
동부회색캥거루	Eastern gray kangaroo	*Macropus giganteus*	동부회색캥거루

본문 수록명	영명	학명	통용명
돼지꼬리원숭이	pig-tailed macaque	*Macaca nemestrina*	돼지꼬리원숭이
라기아나극락조	Raggiana's bird of paradise	*Paradisaea raggiana*	라기아나극락조
레이산알바트로스	Laysan albatross	*Diomedea immutabilis*	
리빙스턴과일박쥐	Livingstone's fruit bat	*Pteropus livingstonii*	리빙스턴과일박쥐
리젠트바우어새	Regent bowerbird	*Sericulus chrysocephalus*	
리추에	Lechwe	*Kobus leche*	리추에
마취나무캥거루	Matschie's tree kangaroo	*Dendrolagus matschiei*	마취나무캥거루
말코손바닥사슴	Moose	*Alces alces*	말코손바닥사슴
망치머리황새	Hammerhead	*Scopus umbretta*	망치머리황새
망토개코원숭이	Hamadryas baboon	*Papio hamadryas*	망토개코원숭이
모홀갈라고	Lesser bushbaby or mohol galago	*Galago moholi*	모홀갈라고
목도리도요	Ruff	*Philomachus pugnax*	목도리도요
목도리펙커리	Collared peccary or Javelina	*Tayassu tajacu*	목도리펙커리
몽골야생말	Takhi or Przewalski's horse	*Equus przewalskii*	몽골야생말
몽땅꼬리원숭이	stumptail macaque	*Macaca arctoides*	몽땅꼬리원숭이

본문 수록명	영명	학명	통용명
물영양	Waterbuck	*Kobus ellipsiprymnus*	물영양
민물가마우지	Great cormorant	*Phalacrocorax carbo*	민물가마우지
바다갈매기	Common or Mew gull	*Larus canus*	
바다오리	Common murre or guillemot	*Uria aalge*	바다오리
바다코끼리	Walrus	*Odobenus rosmarus*	바다코끼리
바라싱가사슴	Barasingha or Swamp deer	*Cervus duvauceli*	바라싱가사슴
반달잉꼬	Orange-fronted parakeet	*Aratinga canicularis*	
버빗원숭이	Vervets	*Chlorocebus pygerythrus*	버빗원숭이
범고래	Orca or Killer whale	*Orcinus orca*	범고래
벚꽃모란앵무	Peach-faced lovebird	*Agapornis roseicollis*	벚꽃모란앵무
베록스시파카	Verreaux's sifaka	*Propithecus verreauxi*	베록스시파카
병코돌고래	Bottlenose dolphin	*Tursiops truncatus*	병코돌고래
보넷원숭이	Bonnet macaque	*Macaca radiata*	보넷원숭이
보노보 혹은 피그미침팬지	Bonobo or Pygmy chimpanzee	*Pan paniscus*	보노보 혹은 피그미침팬지
보토 혹은 아마존강돌고래	Boto or Amazon river dolphin	*Inia geoffrensis*	보토 혹은 아마존강돌고래

본문 수록명	영명	학명	통용명
부채꼬리뇌조	Ruffed grouse	*Bonasa umbellus*	부채꼬리뇌조
북극고래	Bowhead whale	*Balaena mysticetus*	북극고래
북극흰갈매기	Ivory gull	*Pagophila eburnea*	북극흰갈매기
북미갈매기	Ring-billed gull	*Larus delawarensis*	북미갈매기
북방물개	Northern fur seal	*Callorhinus ursinus*	북방물개
북방코끼리바다표범	Northern elephant seal	*Mirounga angustirostris*	북방코끼리바다표범
북부금란조	Orange bishop bird	*Euplectes franciscanus*	북부금란조
북부주머니고양이	Northern quoll	*Dasyurus hallucatus*	북부주머니고양이
붉은등때까치	Red-backed shrike	*Lanius collurio*	붉은등때까치
붉은목금란조	Red bishop bird	*Euplectes orix*	
붉은목왈라비	Red-necked wallaby	*Macropus rufogriseus*	붉은목왈라비
붉은발도요	(Common) Redshank	*Tringa totanus*	붉은발도요
붉은부리갈매기	Black-headed gull	*Larus ridibundus*	붉은부리갈매기
붉은여우	Red fox	*Vulpes vulpes*	붉은여우
붉은제비갈매기	Roseate tern	*Sterna dougallii*	붉은제비갈매기

본문 수록명	영명	학명	통용명
붉은쥐캥거루	Rufous bettong or Rat kangaroo	*Aepyprymnus rufescens*	붉은쥐캥거루
브라질기니피그	Aperea or wild cavy	*Cavia aperea*	브라질기니피그
비쿠냐	Vicuna	*Vicugna vicugna*	비쿠냐
빅토리아비늘극락조	Victoria's riflebird	*Ptiloris victoriae*	빅토리아비늘극락조
뿔호반새	Pied kingfisher	*Ceryle rudis*	
사바나개코원숭이	Savanna baboon	*Papio cynocephalus*	사바나개코원숭이
사바나얼룩말	Plains zebra	*Equus quagga*	사바나얼룩말
사자	Lion	*Panthera leo*	사자
사향소	Musk-ox	*Ovibos moschatus*	사향소
사향오리	Musk duck	*Biziura lobata*	사향오리
산쑥들꿩	Sage grouse	*Centrocercus urophasianus*	산쑥들꿩
산얼룩말	Mountain zebra	*Equus zebra*	산얼룩말
살찐꼬리두나트	Fat-tailed dunnart	*Sminthopsis crassicaudata*	살찐꼬리두나트
삼색제비	Cliff swallow	*Hirundo pyrrhonota*	
샤망	Siamang	*Hylobates syndactylus*	샤망

본문 수록명	영명	학명	통용명
서부갈매기	Western gull	*Larus occidentalis*	서부갈매기
서부쇠물닭	Pukeko or Purple swamphen	*Porbyrio porphyrio*	
서인도제도매너티	West indian manatee	*Trichechus manatus*	서인도제도매너티
쇠검은머리흰죽지	Lesser scaup duck	*Aythya affinis*	쇠검은머리흰죽지
쇠고래	Gray whale	*Eschrichtius robustus*	쇠고래
쇠백로	Little egret	*Egretta garzetta*	쇠백로
쇠푸른왜가리	Little blue heron	*Egretta caerulea*	
순록	Caribou or Reindeer	*Rangifer tarandus*	순록
스코틀랜드솔잣새	Scottish crossbill	*Loxia scotica*	스코틀랜드솔잣새
아메리카들소	American bison	*Bison bison*	아메리카들소
아메리카레아	Greater rhea	*Rhea americana*	아메리카레아
아시아무플론	Asiatic mouflon or Urial	*Ovis orientalis*	아시아무플론
아시아코끼리	Asiatic elephant	*Elephas maximus*	아시아코끼리
아프리카들소	African buffalo	*Syncerus caffer*	아프리카들소
아프리카코끼리	African elephant	*Loxodonta africana*	아프리카코끼리

본문 수록명	영명	학명	통용명
안나벌새	Anna's hummingbird	*Calypte anna*	안나벌새
에뮤	Emu	*Dromaius novaehollandiae*	에뮤
엘크 또는 붉은큰뿔사슴	Wapiti, Elk, or Red deer	*Cervus elaphus*	엘크 또는 붉은큰뿔사슴
오랑우탄	Orang-utan	*Pongo pygmaeus*	오랑우탄
오스트레일리아바다사자	Australian sea lion	*Neophoca cinerea*	오스트레일리아바다사자
올림픽마멋	Olympic marmot	*Marmota olympus*	올림픽마멋
왜가리	Gray heron	*Ardea cinerea*	왜가리
웃는갈매기	Laughing gull	*Larus atricilla*	웃는갈매기
유럽가마우지	European shag	*Phalacrocorax aristotelis*	
유럽들소	Wisent or European bison	*Bison bonasus*	유럽들소
은갈매기	Silver gull	*Larus novaehollandiae*	은갈매기
은빛논병아리	Silvery grebe	*Podiceps occipitalis*	은빛논병아리
이색개미잡이새	Bicolored antbird	*Gymnopithys bicolor*	
인도영양	Blackbuck	*Antilope cervicapra*	인도영양
일본원숭이	Japanese macaque	*Macaca fuscata*	일본원숭이

본문 수록명	영명	학명	통용명
임금펭귄	King penguin	*Aptenodytes patagonicus*	임금펭귄
잔점박이물범	Harbor seal	*Phoca vitulina*	잔점박이물범
장다리물떼새	Black-winged stilt	*Himantopus himantopus*	장다리물떼새
재갈매기	Herring gull	*Larus argentatus*	재갈매기
점박이개미잡이새	Ocellated antbird	*Phaenostictus mcleannani*	
점박이하이에나	spotted hyena	*Crocuta crocuta*	점박이하이에나
제비꼬리마나킨	Swallow-tailed manakin	*Chiroxiphia caudata*	
제프로이타마린	Rufous-naped tamarin	*Saguinus geoffroyi*	제프로이타마린
젠투펭귄	Gentoo penguin	*Pygoscelis papua*	젠투펭귄
집단베짜기새	Sociable weaver	*Philetairus socius*	집단베짜기새
집참새	House sparrow	*Passer domesticus*	집참새
짙은회색쇠물닭	Dusky moorhen	*Gallinula tenebrosa*	짙은회색쇠물닭
참고래	Right whale	*Balaena glacialis*	참고래
채찍꼬리왈라비	Whiptail or Pretty-faced wallaby	*Macropus parryi*	채찍꼬리왈라비
청다리도요	(Common) Greenshank	*Tringa nebularia*	청다리도요

본문 수록명	영명	학명	통용명
청둥오리	Mallard duck	*Anas platyrhynchos*	청둥오리
초파리	Fruit Flies	*Drosophilidae*	초파리
치타	Cheetah	*Acinonyx jubatus*	치타
침팬지	Common Chimpanzee	*Pan troglodytes*	침팬지
카스피제비갈매기	Caspian tern	*Sterna caspia*	카스피제비갈매기
카푸친새	Calfbird	*Perissocephalus tricolor*	
캐나다기러기	Canada goose / Canada Geese	*Branta canadensis*	캐나다기러기
코브	Kob	*Kobus kob*	
코알라	Koala	*Phascolarctos cinereus*	코알라
코주부원숭이	Proboscis monkey	*Nasalis larvatus*	코주부원숭이
코카코	Wattled starling	*Creatophora cinerea*	
큰거문고새	Superb lyrebird	*Menura novaehollandiae*	큰거문고새
큰까마귀	(Common) Raven	*Corvus corax*	큰까마귀
큰뿔양	Bighorn sheep	*Ovis canadensis*	큰뿔양
타조	Ostrich	*Struthio camelus*	타조

본문 수록명	영명	학명	통용명
태즈매니아쇠물닭	Tasmanian native hen	*Tribonyx mortierii*	
톰슨가젤	Thompson's gazelle	*Gazella thomsoni*	톰슨가젤
푸른날개쇠오리	Blue-winged teal	*Anas discors*	푸른날개쇠오리
푸른되새	Chaffinch	*Fringilla coelebs*	푸른되새
푸른등마나킨	Blue-backed manakin	*Chiroxiphia pareola*	
푸른박새	Blue tit	*Parus caeruleus*	푸른박새
푸른배파랑새	Blue-bellied roller	*Coracias cyanogaster*	
푸쿠	Puku	*Kobus vardoni*	푸쿠
필리핀원숭이	Crab-eating macaque	*Macaca fascicularis*	필리핀원숭이
하누만랑구르	Hanuman langur	*Presbytis entellus*	하누만랑구르
해오라기	Black-crowned night heron	*Nycticorax nycticorax*	해오라기
호주혹부리오리	Australian shelduck	*Todorna tadornoides*	호주혹부리오리
혹고니	Mute swan	*Cygnus olor*	혹고니
혹멧돼지	Warthog	*Phacochoerus aethiopicus*	혹멧돼지
홍학	Flamingo	*Phoenicopterus ruber*	홍학

본문 수록명	영명	학명	통용명
황금원숭이	Golden monkey	*Pygathrix roxellana*	황금원숭이
황로	Cattle egret	*Bubulcus ibis*	황로
황조롱이	(Common) Kestrel	*Falco tinnunculus*	황조롱이
황토색배딱새	Ocher-bellied flycatcher	*Mionectes oleagineus*	
회색곰	Grizzly or Brown bear	*Ursus arctos*	회색곰
회색기러기	Graylag goose	*Anser anser*	회색기러기
회색다람쥐	Gray squirrel	*Sciurus carolinensis*	회색다람쥐
회색머리집단베짜기새	Gray-capped social weaver	*Pseudonigrita arnaudi franciscanus*	회색머리집단베짜기새
회색머리큰박쥐	Gray-headed flying fox	*Pteropus poliocephalus*	회색머리큰박쥐
회색바다표범	Gray seal	*Halichoerus grypus*	회색바다표범
훔볼트펭귄	Humboldt penguin	*Spheniscus humboldti*	훔볼트펭귄
흡혈박쥐	(Common) Vampire bat	*Desmodus rotundus*	흡혈박쥐
흰기러기	Snow goose	*Anser caerulescens*	흰기러기
흰꼬리사슴	White-tailed deer	*Odocoileus virginianus*	흰꼬리사슴
흰등마멋	Hoary marmot	*Marmota caligata*	흰등마멋

본문 수록명	영명	학명	통용명
흰머리논병아리	Hoary-headed grebe	*Poliocephalus poliocephalus*	
흰바위산양	Mountain goat	*Oreamnos americanus*	흰바위산양
흰손긴팔원숭이	White-handed gibbon	*Hyalobates lar*	흰손긴팔원숭이
히말라야원숭이	Rhesus macaque	*Macaca mulatta*	히말라야원숭이

61, 85, 94, 98, 106, 108, 116,
121, 129, 136, 156, 165, 167,
176, 177, 184, 196, 217, 234,
237, 246, 277, 280, 300, 316,
481~486

브루스 배게밀
Bruce Bagemihl

캐나다 출신의 생물학자이자 언어학자다. 위스콘신-밀워키 대학교에서 생물지리학을 전공하고, 브리티시컬럼비아 대학교에서 1988년 언어학 박사 학위를 취득했다. 같은 학교에서 언어학과 인지과학을 강의했다. 『생물학적 풍요』에서 450종이 넘는 동물의 동성애를 비롯한 성적 다양성을 보여주고, 동성애가 주요한 생물학적 기능의 하나일 뿐이라는 성적행동이론을 제시하면서 유명해졌다. 또한 『벨라쿨라의 음절 구조』, 『대안적 음운론과 형태론』, 『인간과 다른 동물의 성행동 과학』 등 언어학, 생물학, 젠더 및 섹슈얼리티 문제에 관한 여러 논문과 기사를 발표했다. 워싱턴주 시애틀에 살고 있다.

옮긴이 **이성민**

의사이자 번역가. 환자를 진료하고, 책을 번역한다. 사회에서 조명받지 못한 진실에 관심이 많다. 옮긴 책으로는 TLE(측두엽뇌전증)의 역사를 다룬 『사로잡힌 사람들』이 있다. 제주에서 아내와 두 자녀와 함께 살고 있다.

마약 하는 마음, 마약 파는 사회
일상을 파고든 마약의 모든 것 | 양성관 지음

미국 필라델피아 켄싱턴을 좀비 거리로 만든 펜타닐, 우유 주사 프로포폴, 어느새 우리 사회로 스며들고 있는 코카인과 필로폰까지. 마약 하는 사람의 마음과 마약 파는 사회의 시스템을 총체적으로 진단한 현직 의사의 본격 마약 해부학.

후성유전, 당신을 기록하다
유전자가 같아도 삶이 달라지는 이유 | 장연규 지음

유전자가 모든 것을 결정한다는 유전자 결정론은 의심할 여지없는 사실일까? 그렇다면 쌍둥이의 삶이 달라지는 이유는 무엇일까? 다윈의 진화론에 가려졌던 라마르크의 가설은 우리에게 무엇을 알려주고 있을까? 연세대학교 시스템생물학과 장연규 교수가 우리의 운명을 바꾸는 후성유전학의 진실을 전해준다.

내 눈이 우주입니다
안과 의사도 모르는 신비한 눈의 과학 | 이창목 지음

우리의 감각기관 중 가장 중요한 눈. 시력과 색맹, 망막 구조 등 생물학적 사실에서부터 젊은 눈을 지키기 위한 건강 상식, 그리고 각종 수술에 대한 정확한 정보까지. 이창목 안과 전문의가 과학과 인문학의 힘을 빌려 눈을 둘러싼 모든 질문에 답한다.

나는 생명을 꿈꾼다
변형되는 삶과 죽음, 의료의 시대에 살아가는 방법 | 최윤재 지음

"1000세까지 살 인간은 이미 태어났다." 노화생물학자 오브리 드 그레이의 말이다. 이처럼 생명공학은 무서운 속도로 발전하고 있다. 신체 일부를 기계로 대체하고, 컴퓨터로 뇌를 이식하는 포스트휴먼 시대로 향하는 지금, 우리는 이대로 괜찮은 걸까? 냉동인간, AI 의료, 안락사 등 지금 이 순간 전 세계에서 일어나는 다양한 생명 이슈와 그에 대응하는 윤리적 사유를 한 권의 책에 담았다.

스테로이드 연대기

기적의 약은 어떻게 독이 되었을까? | 백승만 지음

『전쟁과 약, 기나긴 악연의 역사』, 『분자조각가들』을 펴낸 바 있는 백승만 경상국립대학교 약학대학 교수의 신작. 지난 작품들에서 전쟁에 얽힌 약들과 신약 개발에 대한 이야기를 다뤘다면 이 책에서는 스테로이드를 파헤친다. 주로 근육 강화를 위한 약물로 알려져 있는 스테로이드는 우리의 생각보다 훨씬 복잡한 약물이다. 백승만 교수는 『스테로이드 연대기』에서 이 약의 탄생부터 피임약 개발, 항암제로의 사용까지 우리 사회에 스테로이드가 등장했던 중요한 역사적 대목들을 샅샅이 파헤치며 또 한번 우리를 지적 모험의 환희로 이끈다.

몸을 말하다

의사가 바라본 소우주, 몸 | 양성관 지음

다양한 의료 분야를 포괄하는 의학 분야인 가정의학과 의사 양성관이 우리 몸에 얽힌 다채로운 이야기를 펼쳐낸다. 인체의 각 기관을 중심으로 생물학적 사실과 최신 의학, 과학, 인문학 등 풍부한 지식들을 소개하며, 건강과 회복, 역사와 현재, 생과 사와 같은 묵직한 주제들도 함께 고민하도록 이끈다.

피임, 물어봐도 돼요

당당하게 묻고 재미있게 배우는 피임 이야기 | 김선형 지음

청소년의 눈높이를 고려해 탄생한 피임 가이드 책이다. 피임이 낯선 청소년에게 자신의 몸과 미래를 안전하게 지킬 수 있도록, 피임이 왜 필요하고, 어떻게 해야 하는 것인지 친절하게 전달한다. 저자 김선형은 '피임은 건강에 직결되는 문제인 동시에 인권이며 모든 인간 삶의 과제' 라는 사실을 강조한다. 청소년뿐만 아니라 사회 초년생과 피임 교육을 앞둔 부모들에게도 유용한 책이다.

Let's talk SHIT

Disease, Digestion and Fecal Transplants

Sabine Hazan MD, Thomas Borody MD, Sheli Ellsworth 지음 | 이성민 옮김

장내 미생물에 대한 최신 연구와 식생활 가이드를 담은 책이다. 위장병 및 간 질환 전문의인 사빈 하잔과 공저자 토머스 보로디, 셸리 엘스워스는 미생물학 전문가들로 장내 미생물 군계microbiome의 결핍이 위장 장애, 심장병, 비만, 자폐증 등 다양한 질환을 일으킬 수 있음을 역설한다. 그와 함께 일상의 식품 섭취를 통한 개선 방법과 미생물 이식까지 해당 분야에 대한 풍부한 정보를 제공한다.

The Minor Illness Manual

Gina Johnson, Ian Hill-Smith, Chirag Bakhai 지음

경미한 질병 증상에 대처할 수 있는 정보를 제공하는 매뉴얼이다. 열과 감염, 신체 각 부위의 질환에서 정신 건강까지 1차 진료에 대한 전문적 지식을 항목별로 구성했다. 간호사, 의사, 구급대원 등 현장 전문가들이 명확하고 빠른 처치를 수행할 수 있도록 도움을 준다. 최신 임상 지침과 처방 정보를 반영하여 업데이트됐다.

The Unexected Gift of Trauma

The Path to Posttraumatic Growth

Edith Shiro 지음 | 이성민 옮김

죽음에 상응하는 공포를 경험한 이들에게 찾아오는 외상 후 스트레스 장애PTSD는 당사자의 삶과 생활을 파괴한다. 하지만 에디스 시로 임상심리학 박사는 트라우마를 견뎌낸 이들에게 강한 생명력이 있음을 발견하고, 그들이 트라우마를 넘어 오히려 도약할 수 있다고 말하며 트라우마 후 성장Posttraumatic Growth 개념을 제시한다. 저자는 인식, 각성, 형성, 존재, 전환 총 5단계의 구체적인 프로세스를 제공하며, 임상심리학자로서의 경험을 통해 친절한 예시와 실천법을 설명하고 있다. 시대적 트라우마를 겪는 우리 모두에게 필요한 책이다.

Back in Control

A Surgeon's Roadmap out of Chronic Pain

Dr. David Hanscom 지음 | 이성민 옮김

30년간 척추 외과 의사로 일해온 데이비드 한스컴 박사의 통증 탈출기. 개업의로 수술을 시작한 지 2년 후에 시작된 통증으로 15년간 만성 통증을 경험한 저자가 직접 통증을 다스리기 위해 만들어 낸 '자가치료지휘DOC, Direct Your Own Care'를 소개한다. 한스컴 박스는 기존의 의학이 만성 통증에 정확하게 대처하고 있지 않다고 보고 종합적 지식을 통해 신경계와 통증을 인식하는 우리 뇌에 대한 깊은 이해로 나아간다. 통증에서 벗어나기 위한 4단계의 프로세스뿐 아니라 의학적으로 점검해야 할 우리 삶의 면모들에 대해서도 두루 살펴보고 있다. 만성 통증으로 힘들어하고 있다면 꼭 읽어봐야 할 책이다.

생물학적 풍요

성적 다양성과 섹슈얼리티의 과학

초판 1쇄 찍은날	2023년 7월 25일
초판 1쇄 펴낸날	2023년 8월 8일
지은이	브루스 배게밀
옮긴이	이성민
펴낸이	한성봉
편집	김선형·전유경
콘텐츠제작	안상준
디자인	권선우·최세정
마케팅	박신용·오주형·강은혜·박민지·이예지
경영지원	국지연·송인경
펴낸곳	히포크라테스
등록	2022년 10월 5일 제2022-000102호
주소	서울시 중구 퇴계로30길 15-8 [필동1가 26] 무석빌딩 2층
페이스북	www.facebook.com/dongasiabooks
전자우편	dongasiabook@naver.com
블로그	blog.naver.com/dongasiabook
인스타그램	www.instargram.com/dongasiabook
전화	02) 757-9724, 5
팩스	02) 757-9726

ISBN	979-11-983566-0-4　93400

만든 사람들

책임 편집	김선형
편집	전인수·문혜림·전유경
교정 교열	김대훈
크로스교열	안상준
디자인	최진규·장상호